物理学核心课程习题精讲系列

格里菲斯
《量子力学概论》学习指导

刘成延　赵　珂　贾　瑜　编著

科 学 出 版 社

北　京

内 容 简 介

本书为格里菲斯等编写的《量子力学概论》(第 3 版)的学习指导书. 本书的编写宗旨是使习题解答能够独立于原著, 让使用其他量子力学教材的读者也能够顺利阅读本书. 本书每章首先对本章的主要内容给出简明扼要的总结和学习指导, 然后对所涉及的全部习题作出了详细的解答并进行适当的讨论. 本书习题丰富, 既有经典的量子力学习题, 更有一些问题源自当前物理学各个领域的发展前沿, 同时配有大量的计算机求解量子力学问题的实例, 便于读者深入地理解和掌握量子力学的基本原理和方法.

本书适合高等学校物理专业以及相关专业的学生学习量子力学使用, 同时也可供相关专业的教师、科研人员和工程技术人员参考.

图书在版编目(CIP)数据

格里菲斯《量子力学概论》学习指导/刘成延, 赵珂, 贾瑜编著. —北京: 科学出版社, 2024.1

物理学核心课程习题精讲系列

ISBN 978-7-03-076840-7

Ⅰ. ①格… Ⅱ. ①刘… ②赵… ③贾… Ⅲ. ①量子力学 高等学校 教学参考资料 Ⅳ. ①O413.1

中国国家版本馆 CIP 数据核字(2023) 第 210439 号

责任编辑: 罗　吉　孔晓慧 / 责任校对: 杨聪敏

责任印制: 师艳茹 / 封面设计: 蓝正设计

科学出版社 出版

北京东黄城根北街 16 号

邮政编码: 100717

http://www.sciencep.com

北京建宏印刷有限公司印刷

科学出版社发行　各地新华书店经销

*

2024 年 1 月第 一 版　开本: 720 × 1000 1/16

2024 年11月第三次印刷　印张: 48

字数: 968 000

定价: 128.00 元

(如有印装质量问题, 我社负责调换)

前 言

格里菲斯教授是美国著名的物理教育学家, 他所撰写的许多教材都被美国著名高校所使用. 其中《量子力学概论》(第 3 版, 剑桥大学出版社) 一书是美国许多一流理工科大学 (包括麻省理工学院和加州大学洛杉矶分校等) 物理系的教学用书, 在欧美被认为是最合适和最现代的量子力学教材之一. 该书第 2 版、第 3 版中文翻译版由机械工业出版社出版发行, 深受我国广大读者的欢迎.

《量子力学概论》在内容安排上物理概念清晰、方式简明、易于初学者理解, 相比原书第 2 版, 第 3 版增加了很多新的内容. 作者不仅注重量子力学体系的完整性, 调整和增加了一些章节, 如 "对称性与守恒量" 等; 同时还加强了量子力学发展的一些前沿内容的讨论, 如贝尔定理、量子测量、薛定谔猫态等. 该书原版另外一个特点是配置了大量具有启发意义的习题. 这些习题除了常见的经典题目外, 还有相当一大部分题目拓展到粒子物理、凝聚态物理、天体物理、原子和分子物理等学科分支的前沿, 让读者充分体会到量子力学在现代科技中的作用. 在第 3 版中, 作者在习题方面更是下了一番功夫, 新增了一些原创的习题, 这些习题多数源自一些新的科研文献和教学论文, 同时作者也利用计算机来求解量子力学中相对复杂的问题, 通过计算机的模拟可以让学生更好地理解量子力学的基本原理, 把量子力学的学习和教学引向深入.

量子力学是物理学和材料学专业重要的基础课, 教好量子力学对我国目前新工科的建设有很大的促进作用和示范意义. 作为新入门的读者, 选择并使用好一本合适的量子力学教材十分重要. 格里菲斯《量子力学概论》无疑是一个不错的选择. 同时, 演算一定量的习题是学习量子力学的一个必备的过程, 初学者只有通过对习题的具体演算才能更深刻地理解课本中所讲的内容. 正如格里菲斯教授所说的那样：这不是任何一个人都有直观感觉的课程——这里你们正在开发一个全新的肌体, 运动锻炼是不可替代的. 鉴于《量子力学概论》(第 3 版) 中的习题特色, 我们编写了这本书. 在编写过程中, 编者在参考了相关文献的基础上, 对所有的习题给出了详细的解答过程, 并给出了必要的文字说明; 对计算机求解的量子力学习题, 也给出了源程序, 力求使解题思路更加清晰、方式更加简洁.

无 *：一般性问题，可当作普通习题进行练习.

*：重要的问题，每个读者都应该学习.

**：有难度的问题.

***：非常具有挑战性的问题，可能要花一个多小时的时间.

(鼠标图标)：需要使用计算机编程才能解决的问题.

需要指出的是, 编者不赞成读者在没有进行深入思考和具体演算之前就阅读习题解答, 这种学习方式是有百害而无一利的. 这有悖于我们出版这本学习指导的目的. 习题解答的目的仅是在完成习题后用来检验解题思路是否恰当、演算方式和答案是否正确，在同习题解答作对比的过程中读者会进一步体会到习题所包含的物理思想，很多时候读者会发现自己给出了比习题解答更好的解答方法. 本书中的习题有相当一部分与课本内容有直接关联，编者力图使习题解答能够独立于原著，让使用其他量子力学教材的读者也能够顺利阅读本书中的习题解答，使更多的读者受益. 希望本书的出版能够对我国的量子力学教学发展起到积极的作用.

本书中习题的演算编写由刘成延、赵珂同志完成，贾瑜同志编写了习题前面的内容概要并对书中解题做了修订和完善. 在编写过程中，科学出版社高教数理分社昌盛社长和罗吉编辑对本书从策划到最后完稿给予了很大的帮助和支持；郑州大学胡行教授、赵维娟教授，河南大学张伟风教授给了很大的指导和帮助，特别是胡行教授提出了一些很好的建议. 在此编者一并感谢. 由于编者水平所限，难免有不当之处，欢迎广大读者不吝指正，以便再版完善.

编　者

2022 年 5 月

目　　录

第Ⅰ部分 理　论

第 1 章 波 函 数

本章主要内容概要

1. 薛定谔方程

微观粒子的状态由波函数描写, 该波函数通过求解薛定谔 (Schrödinger) 方程得到:

$$i\hbar\frac{\partial\Psi\left(x,t\right)}{\partial t}=\left[-\frac{\hbar^2}{2m}\frac{\partial^2}{\partial x^2}+V\left(x,t\right)\right]\Psi\left(x,t\right). \quad (一维情况)$$

$$i\hbar\frac{\partial\Psi\left(\boldsymbol{r},t\right)}{\partial t}=\left[-\frac{\hbar^2}{2m}\nabla^2+V\left(\boldsymbol{r},t\right)\right]\Psi\left(\boldsymbol{r},t\right). \quad (三维情况)$$

$\hbar$ 是普朗克 (Planck) 常量——或者最初的常数 (h) 除以 2π:

$$\hbar=\frac{h}{2\pi}=1.054572\times10^{-34}\ \mathrm{J\cdot s}.$$

从逻辑上讲, 薛定谔方程所起的作用等同于牛顿第二定律: 在经典力学中, 牛顿定律可以确定以后任意时刻的位置 $x(t)$; 换句话说, 量子力学利用给定的初始条件 (一般来说是 $\Psi(x,0)$), 通过求解薛定谔方程也可以得到以后任意时刻的波函数 $\Psi(x,t)$.

2. 波函数的统计解诠释

玻恩 (Born) 给出波函数的统计诠释, 当微观粒子处于态 $\Psi(\boldsymbol{r},t)$ 时, t 时刻在 $\boldsymbol{r}$ 处的体积 V 内发现该粒子的几率[①]为

$$\int_V\left|\Psi\left(\boldsymbol{r},t\right)\right|^2\mathrm{d}^3\boldsymbol{r}=\{在\ t\ 时刻发现粒子处于\ V\ 内的几率\}.$$

所以, $\left|\Psi\left(\boldsymbol{r},t\right)\right|^2$ 是几率密度, 它给出在 t 时刻 $\boldsymbol{r}$ 处的单位体积 V 内发现粒子的几率. 由于 $\left|\Psi\left(\boldsymbol{r},t\right)\right|^2$ 是几率密度, 物理上的波函数必须满足归一化条件, 即

$$\int_{整个空间}\left|\Psi\left(\boldsymbol{r},t\right)\right|^2\mathrm{d}^3\boldsymbol{r}=1.$$

波函数还需要满足连续、单值条件.

3. 力学量的期望值、标准差

期望值是对一个相同系统的系综测量的平均值, 而不是对同一个系统和相同系统的重复测量的平均值. 对一个系综 (对大量相同的 Ψ 态中的每一个进行测量) 测量的统计平均值 (期望值) 是

$$\left\langle Q\left(\boldsymbol{r},\boldsymbol{p}\right)\right\rangle=\int\Psi^*\left(\boldsymbol{r},t\right)\hat{Q}\left(\boldsymbol{r},-i\hbar\nabla\right)\Psi\left(\boldsymbol{r},t\right)\mathrm{d}^3\boldsymbol{r}.$$

标准差是

$$\sigma_Q=\sqrt{\left\langle Q^2\right\rangle-\left\langle Q\right\rangle^2}.$$

---

① 现称: 概率. 原书第 3 版翻译版译为 “几率”, 本书沿用此译法.

4. 测量对波函数的影响

给定初始波函数, 体系的波函数将按薛定谔方程演化, 但是如果对体系进行测量将导致波函数的坍缩. 对坐标进行测量, 如果测量结果是 x_0, 波函数将坍缩为 x_0 处的一个尖峰.

5. 力学量算符

量子力学中每一个力学量有一个对应算符. x "表示" 位置算符, $-\mathrm{i}\hbar(\partial/\partial x)$ "表示" 动量算符. 在计算期望值时, 我们将适当的算符 "三明治式" 夹在 Ψ^* 和 Ψ 之间, 然后求积分.

6. 海森伯不确定性原理

粒子的位置确定得越精确, 它的动量就越不精确. 定量地有

$$\sigma_x\sigma_p \geqslant \frac{\hbar}{2}$$

其中 σ_x 是位置 x 的标准差, σ_p 是动量 p 的标准差.

7. 位置测量的几种哲学观点

测量了一个粒子的位置, 发现它就在 C 点. 测量的前一时刻这个粒子的位置在哪里?

(a) 现实主义学派观点: 粒子是在 C 点. Ψ 不是故事的全部——需要提供某些附加的信息 (称为**隐变量, hidden variable**) 才可能对粒子进行完整的描述.

(b) 正统学派观点: 粒子哪儿也不在. 观测本身不仅扰动了被观测量, 而且还产生了它 …… 我们强迫 (粒子) 出现在特定的位置.

(c) **不可知论学派观点: 拒绝回答这个问题.** 我们无需为某些我们根本无法知道的事情绞尽脑汁.

***习题 1.1** 对 1.3.1 节中所给出的年龄分布的例子:

(a) 计算 $\langle j^2\rangle$ 和 $\langle j\rangle^2$.

(b) 对每一个 j 求出其 Δj, 并利用方程 (1.11) 计算标准差.

(c) 利用 (a) 和 (b) 所得结果验证方程 (1.12).

解答 (a) 1.3.1 节中所给的年龄分布为

$$\begin{aligned}N(14)&=1,\\N(15)&=1,\\N(16)&=3,\\N(22)&=2,\\N(24)&=2,\\N(25)&=5.\end{aligned}$$

相应的几率分布由 $P(j)=N(j)\Big/\sum\limits_j N(j)$ 确定为

$$\begin{aligned}P(14)&=1/14,\\P(15)&=1/14,\end{aligned}$$

$$
\begin{aligned}
P(16) &= 3/14, \\
P(22) &= 2/14, \\
P(24) &= 2/14, \\
P(25) &= 5/14.
\end{aligned}
$$

年龄平方的平均值为

$$
\begin{aligned}
\langle j^2 \rangle &= \sum_j j^2 P(j) \\
&= (14)^2 \frac{1}{14} + (15)^2 \frac{1}{14} + (16)^2 \frac{3}{14} + (22)^2 \frac{2}{14} + (24)^2 \frac{2}{14} + (25)^2 \frac{5}{14} \\
&= \frac{6434}{14} = 459.571.
\end{aligned}
$$

而年龄平均值的平方为

$$
\begin{aligned}
\langle j \rangle^2 &= \left[\sum_j jP(j)\right]^2 \\
&= \left[(14)\frac{1}{14} + (15)\frac{1}{14} + (16)\frac{3}{14} + (22)\frac{2}{14} + (24)\frac{2}{14} + (25)\frac{5}{14}\right]^2 \\
&= \left(\frac{294}{14}\right)^2 = 21^2.
\end{aligned}
$$

(b) 由

$$
\Delta j = j - \langle j \rangle,
$$

对年龄 14, 15, 16, 22, 24, 25 可计算出 $\Delta j = -7, -6, -5, +1, +3, +4$.

由

$$
\begin{aligned}
\sigma^2 &= \left\langle (\Delta j)^2 \right\rangle \\
&= (-7)^2 \frac{1}{14} + (-6)^2 \frac{1}{14} + (-5)^2 \frac{3}{14} + (1)^2 \frac{2}{14} + (3)^2 \frac{2}{14} + (4)^2 \frac{5}{14} \\
&= 18.571
\end{aligned}
$$

得

$$
\sigma = \sqrt{\frac{260}{14}} = \sqrt{18.571} = 4.309.
$$

(c)

$$
\sigma = \sqrt{\langle j^2 \rangle - \langle j \rangle^2} = \sqrt{\frac{6434}{14} - 21^2} = \sqrt{\frac{260}{14}} = 4.309.
$$

这与 (b) 中的结果是一致的.

习题 1.2

(a) 求例题 1.2 中所给出的分布的标准差.

(b) 随机选择一张拍摄的照片, 其下落距离 x 比平均值多出一个标准差的几率是多少?

例题 1.2　假设从高度为 h 的悬崖上释放一石块. 当石块下落时, 以随机的时间间隔拍摄一百万张照片, 并对每一张照片测量石块已经下落的距离. 问题: 所有这些测量的距离的平均值是多少? 也就是说, 下落距离的时间平均值是多少? ①

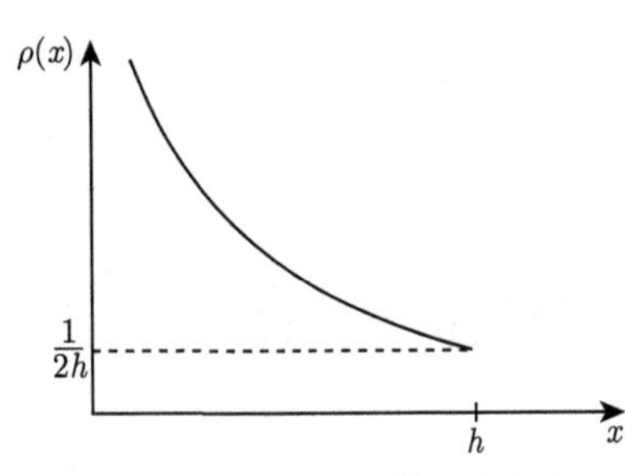

图 1.1　例题 1.2 中的几率密度

原例题解　石块由静止开始下落, 下落过程中逐渐加速; 在靠近悬崖顶端处石块运动所花费的时间较多, 所以平均距离一定比 $h/2$ 小. 忽略空气阻力, t 时刻下落距离 x 为

$$x(t) = \frac{1}{2}gt^2.$$

速度为 $\mathrm{d}x/\mathrm{d}t = gt$, 总下降时间为 $T = \sqrt{2h/g}$. 在时间间隔 t 到 $t + \mathrm{d}t$ 内拍照的几率是 $\mathrm{d}t/T$, 所以所拍照片中一张照片处于 x 到 $x + \mathrm{d}x$ 时间间隔内的几率为

$$\frac{\mathrm{d}t}{T} = \frac{\mathrm{d}x}{gt}\sqrt{\frac{g}{2h}} = \frac{1}{2\sqrt{hx}}\mathrm{d}x.$$

很明显, 几率密度 (方程 (1.14), 见图 1.1) 是

$$\rho(x) = \frac{1}{2\sqrt{hx}}, \quad (0 \leqslant x \leqslant h)$$

(当然, 超出这个区间, 其几率密度为零.)

解答　(a) 标准差

$$\langle x \rangle = \int_0^h x\frac{1}{2\sqrt{hx}}\mathrm{d}x = \frac{1}{2\sqrt{h}}\left(\frac{2}{3}x^{3/2}\right)\Big|_0^h = \frac{h}{3},$$

$$\langle x^2 \rangle = \int_0^h x^2\frac{1}{2\sqrt{hx}}\mathrm{d}x = \frac{1}{2\sqrt{h}}\left(\frac{2}{5}x^{5/2}\right)\Big|_0^h = \frac{h^2}{5},$$

$$\sigma_x = \sqrt{\langle x^2 \rangle - \langle x \rangle^2} = \sqrt{\frac{1}{5}h^2 - \left(\frac{1}{3}h^2\right)^2} = \sqrt{\frac{4}{45}}h = 0.2981h.$$

(b) 设

$$x_+ = \langle x \rangle + \sigma_x = \frac{h}{3} + \sqrt{\frac{4}{45}}h = \frac{1}{3}\left(1 + \sqrt{\frac{4}{5}}\right)h,$$

$$x_- = \langle x \rangle - \sigma_x = \frac{h}{3} - \sqrt{\frac{4}{45}}h = \frac{1}{3}\left(1 - \sqrt{\frac{4}{5}}\right)h.$$

随机拍摄一张照片, 其显示距离 x 比平均值差一个标准差以上的几率为总的几率减去比平均值差一个标准差以内的几率, 即

$$P(x > x_+; x < x_-) = 1 - \int_{x_-}^{x_+}\rho(x)\,\mathrm{d}x = 1 - \int_{x_-}^{x_+}\frac{1}{2\sqrt{hx}}\mathrm{d}x$$
$$= 1 - \frac{1}{2\sqrt{h}}\left(2x^{1/2}\right)\Big|_{x_-}^{x_+}$$

① 统计学家可能会抱怨我们混淆了有限样本 (本例中为一百万) 的平均和"真正"的平均 (对整个的连续区间). 特别是当样本的尺度很小时, 对实验科学家来说是个棘手的问题, 但是这里我仅考虑的是"真正"的平均, 所用样本的平均是一个很好的近似.

$$= 1 - \left[\sqrt{\frac{1}{3}\left(1+\sqrt{\frac{4}{5}}\right)} - \sqrt{\frac{1}{3}\left(1-\sqrt{\frac{4}{5}}\right)}\right]$$

$$= 0.393.$$

***习题 1.3** 考虑**高斯**分布

$$\rho(x) = A\mathrm{e}^{-\lambda(x-a)^2},$$

其中 A, a 和 λ 是正实数.

(a) 利用方程 (1.16) 确定 A.

(b) 求 $\langle x\rangle, \langle x^2\rangle$ 和 σ.

(c) 画出 $\rho(x)$ 的草图.

解答 (a) 由

$$\int_{-\infty}^{\infty}\rho(x)\,\mathrm{d}x = 1$$

及定积分公式

$$\int_0^{\infty}\mathrm{e}^{-\lambda x^2}\mathrm{d}x = \frac{1}{2}\sqrt{\frac{\pi}{\lambda}} \quad (\lambda > 0)$$

作变量变换, 令 $\xi = x - a$, 则

$$\int_{-\infty}^{\infty}A\mathrm{e}^{-\lambda(x-a)^2}\mathrm{d}x = \int_{-\infty}^{\infty}A\mathrm{e}^{-\lambda\xi^2}\mathrm{d}\xi = 2A\int_0^{\infty}\mathrm{e}^{-\lambda\xi^2}\mathrm{d}\xi = A\sqrt{\frac{\pi}{\lambda}} = 1.$$

所以

$$A = \sqrt{\frac{\lambda}{\pi}}.$$

(b) 求期望值

$$\begin{aligned}\langle x\rangle &= \int_{-\infty}^{\infty}Ax\mathrm{e}^{-\lambda(x-a)^2}\mathrm{d}x = \int_{-\infty}^{\infty}A(\xi+a)\,\mathrm{e}^{-\lambda\xi^2}\mathrm{d}\xi \\ &= A\int_{-\infty}^{\infty}\xi\mathrm{e}^{-\lambda\xi^2}\mathrm{d}\xi + Aa\int_{-\infty}^{\infty}\mathrm{e}^{-\lambda\xi^2}\mathrm{d}\xi \\ &= 0 + 2Aa\int_0^{\infty}\mathrm{e}^{-\lambda\xi^2}\mathrm{d}\xi \\ &= Aa\sqrt{\frac{\pi}{\lambda}} = a,\end{aligned}$$

第一项的积分利用了 $\xi\mathrm{e}^{-\lambda\xi^2}$ 是奇函数的性质.

$$\begin{aligned}\langle x^2\rangle &= \int_{-\infty}^{\infty}Ax^2\mathrm{e}^{-\lambda(x-a)^2}\mathrm{d}x = \int_{-\infty}^{\infty}A(\xi+a)^2\,\mathrm{e}^{-\lambda\xi^2}\mathrm{d}\xi \\ &= A\int_{-\infty}^{\infty}\xi^2\mathrm{e}^{-\lambda\xi^2}\mathrm{d}\xi + 2Aa\int_{-\infty}^{\infty}\xi\mathrm{e}^{-\lambda\xi^2}\mathrm{d}\xi + Aa^2\int_{-\infty}^{\infty}\mathrm{e}^{-\lambda\xi^2}\mathrm{d}\xi \\ &= A\int_{-\infty}^{\infty}\xi^2\mathrm{e}^{-\lambda\xi^2}\mathrm{d}\xi + a^2,\end{aligned}$$

利用了定积分公式

$$\int_0^{\infty} x^{2n} \mathrm{e}^{-\lambda x^2} \mathrm{d}x = \frac{(2n-1)!!}{2^{n+1}\lambda^n}\sqrt{\frac{\pi}{\lambda}}, \quad (\lambda > 0)$$

所以

$$\begin{aligned}\langle x^2 \rangle &= A\int_{-\infty}^{\infty} \xi^2 \mathrm{e}^{-\lambda\xi^2} \mathrm{d}\xi + a^2 = 2A\int_0^{\infty} \xi^2 \mathrm{e}^{-\lambda\xi^2} \mathrm{d}\xi + a^2 \\ &= \frac{1}{2\lambda} + a^2.\end{aligned}$$

标准差为

$$\sigma = \sqrt{\langle x^2\rangle - \langle x\rangle^2} = \sqrt{\frac{1}{2\lambda} + a^2 - a^2} = \sqrt{\frac{1}{2\lambda}}.$$

(c) $\rho(x) = \sqrt{\dfrac{\lambda}{\pi}} \mathrm{e}^{-\lambda(x-a)^2}$ 的示意图如图 1.2 所示.

```
lamda = 1;
Pi = 3.1415926;
a = 1;
rho[x_]-Sqrt[namda/Pi]*Exp[-namda*(x-a)^2];
Plot[rho[x], {x, -3, 5}, Axes->True, AxesLabel->{x, rho}]
```

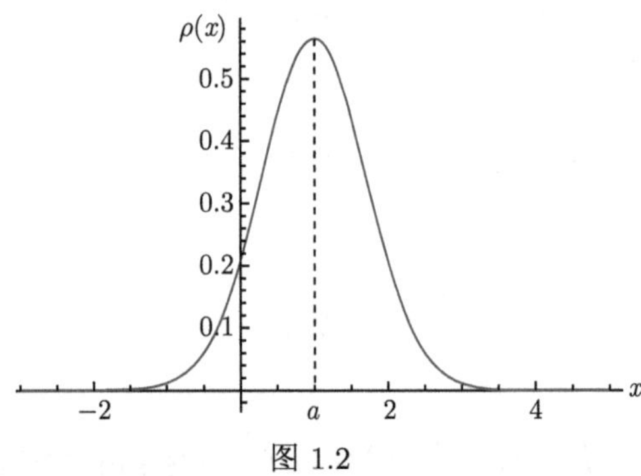

图 1.2

可以看出这个图是以 a 为中心的高斯分布, $x = a$ 时几率最大, a 既是分布的中值, 也是平均值, λ 衡量分布的标准差. (这个图可以用 Mathematica 软件, 通过设置 λ 和 a 的值以及 x 的取值范围画出 $\rho(x)$.)

习题 1.4 在 $t = 0$ 时刻粒子的波函数为

$$\Psi(x,0) = \begin{cases} A(x/a), & 0 \leqslant x \leqslant a, \\ A(b-x)/(b-a), & a \leqslant x \leqslant b, \\ 0, & \text{其他}, \end{cases}$$

其中 A, a 和 b 是 (正的) 常数.

(a) 归一化 Ψ (即求出用 a 和 b 表示的 A 的值).

(b) 以 x 为函数变量, 画出 $\Psi(x,0)$ 的草图.

(c) 在 $t = 0$ 时刻, 最有可能发现粒子的位置在哪里?

(d) 在 a 的左边发现粒子的几率是多少? 考虑 $b=a$ 和 $b=2a$ 两种极限情况来验证结果.

(e) x 的期望值是多少?

解答 (a)

$$1=\int_{-\infty}^{\infty}|\Psi(x,0)|^2\mathrm{d}x=|A|^2\left[\int_0^a\frac{x^2}{a^2}\mathrm{d}x+\int_a^b\frac{(b-x)^2}{(b-a)^2}\mathrm{d}x\right]$$
$$=|A|^2\left[\frac{a}{3}+\frac{(b-a)}{3}\right]=|A|^2\frac{b}{3},$$

所以

$$A=\sqrt{\frac{3}{b}}.\quad \text{(不考虑可能的相因子, 以后都是如此.)}$$

(b) $\Psi(x,0)$ 的示意图如图 1.3 所示.

(c) 在 $x=a$ 处, $|\Psi(x,0)|^2$ 有最大值, 所以在此处发现粒子的几率最大.

(d) 由几率公式, 得

$$P(x<a)=\int_0^a|\Psi(x,0)|^2\,\mathrm{d}x=\frac{3}{b}\int_0^a\frac{x^2}{a^2}\mathrm{d}x=\frac{a}{b}.$$

当 $b=a$ 时, 在 b 左边发现粒子的几率是 1; 当 $b=2a$ 时, 发现粒子的几率是 1/2.

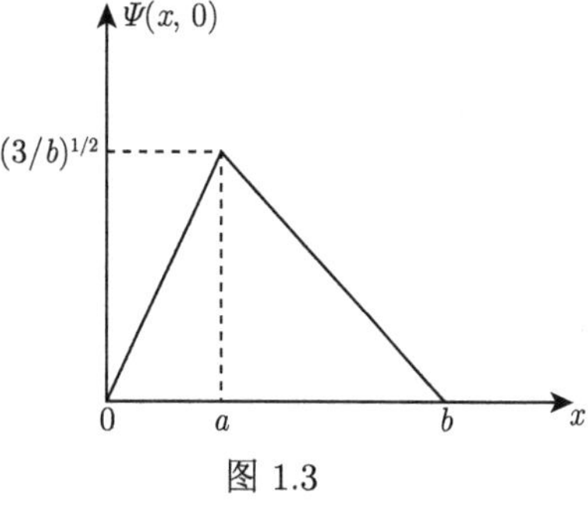

图 1.3

(e) 坐标的期望值

$$\langle x\rangle=\int_{-\infty}^{\infty}\Psi^*(x,0)\,x\Psi(x,0)\,\mathrm{d}x=\frac{3}{b}\left[\int_0^a\frac{x^3}{a^2}\mathrm{d}x+\int_a^b\frac{x(b-x)^2}{(b-a)^2}\mathrm{d}x\right]$$
$$=\frac{3}{b}\left[\frac{1}{a^2}\left(\frac{x^4}{4}\right)\Big|_0^a+\frac{1}{(b-a)^2}\left(b^2\frac{x^2}{2}-2b\frac{x^3}{3}+\frac{x^4}{4}\right)\Big|_a^b\right]$$
$$=\frac{3}{4b(b-a)^2}\left[a^2(b-a)^2+2b^4-8b^4/3+b^4-2a^2b^2+8a^3b/3-a^4\right]$$
$$=\frac{2a+b}{4}.$$

***习题 1.5** 考虑波函数

$$\Psi(x,t)=A\mathrm{e}^{-\lambda|x|}\mathrm{e}^{-\mathrm{i}\omega t},$$

其中 A,λ 和 ω 是正实数.

(a) 归一化 Ψ.

(b) 求出 x 和 x^2 的期望值.

(c) 求出 x 的标准差. 画出 $|\Psi|^2$ 以 x 为函数的草图, 并在图上标出点 $(\langle x\rangle+\sigma)$ 和 $(\langle x\rangle-\sigma)$, 解释在何种意义上 σ 代表 x 的"弥散". 在该区域之外发现粒子的几率是多少?

解答 (a) 归一化

$$1=\int_{-\infty}^{\infty}|\Psi(x,t)|^2\mathrm{d}x=|A|^2\int_{-\infty}^{\infty}\mathrm{e}^{-2\lambda|x|}\mathrm{d}x=2|A|^2\int_0^{\infty}\mathrm{e}^{-2\lambda|x|}\mathrm{d}x=\frac{|A|^2}{\lambda}$$
$$\to|A|^2=\lambda\to A=\sqrt{\lambda}.$$

(b) 坐标期望值

$$\langle x\rangle=\int_{-\infty}^{\infty}x|\Psi(x,t)|^2\mathrm{d}x=\lambda\int_{-\infty}^{\infty}x\mathrm{e}^{-2\lambda|x|}\mathrm{d}x=0.\quad\text{(积分利用了奇函数的性质.)}$$

$$\langle x^2\rangle=\int_{-\infty}^{\infty}x^2|\Psi(x,t)|^2\mathrm{d}x=2\lambda\int_0^{\infty}x^2\mathrm{e}^{-2\lambda x}\mathrm{d}x=2\lambda\frac{2}{(2\lambda)^3}=\frac{1}{2\lambda^2}.$$

(c) 标准差

$$\sigma_x=\sqrt{\langle x^2\rangle-\langle x\rangle^2}=\frac{1}{\sqrt{2}\lambda}.$$

$$P(|x|>\sigma)=2\int_{\sigma}^{\infty}|\Psi(x,t)|^2\mathrm{d}x=2\lambda\int_{\sigma}^{\infty}\mathrm{e}^{-2\lambda|x|}\mathrm{d}x=\mathrm{e}^{-2\lambda\sigma}=\mathrm{e}^{-\sqrt{2}}=0.243.$$

在 $-\sigma<x<\sigma$ 区域, $|\Psi|^2$ 有较大的值, 发现粒子的几率主要集中在这个区间. σ 越大, 这个区间就越大, 对系综多次测量 x 所得结果中与平均值的差别较大的次数就越多, 即 x 的弥散就越大. 几率密度分布如图 1.4 所示.

```
lamda = 0.5;
delta = 1/lamda/Sqrt[2]
psi[x_] = lamda*Exp[-2*lamda*Abs[x]];
Plot[psi[x], {x, -3, 3}, Axes->True, AxesLabel->{x, rho}]
```

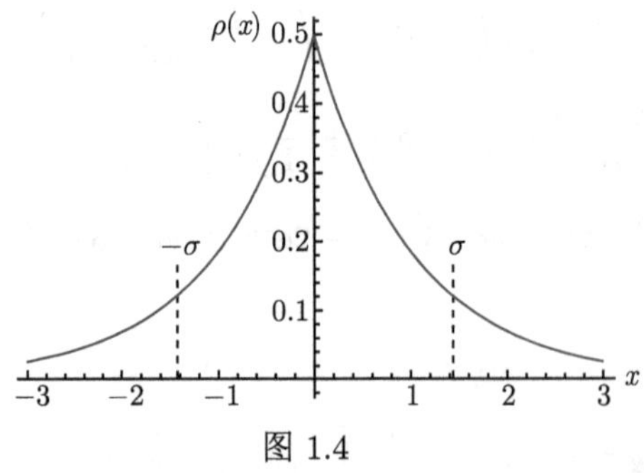

图 1.4

习题 1.6 为什么不能直接对方程 (1.29) 的中间一步进行分部积分——转化为对 x 的时间导数, 利用 $\partial x/\partial t=0$ 得到 $\mathrm{d}\langle x\rangle/\mathrm{d}t=0$ 的结论?

解答 方程 (1.29) 为

$$\frac{\mathrm{d}\langle x\rangle}{\mathrm{d}t}=\int x\frac{\partial}{\partial t}|\Psi|^2\,\mathrm{d}x,$$

故

$$\frac{\partial}{\partial t}\left(x|\Psi|^2\right)=\frac{\partial x}{\partial t}|\Psi|^2+x\frac{\partial|\Psi|^2}{\partial t}=x\frac{\partial|\Psi|^2}{\partial t},$$

所以

$$\int x\frac{\partial}{\partial t}|\Psi|^2\,\mathrm{d}x=\int\frac{\partial}{\partial t}\left(x|\Psi|^2\right)\mathrm{d}x.$$

但是

$$\int_a^b x\frac{\partial}{\partial t}|\Psi|^2\,\mathrm{d}x=\int_a^b\frac{\partial}{\partial t}\left(x|\Psi|^2\right)\mathrm{d}x\neq\left(x|\Psi|^2\right)\Big|_a^b.$$

因为这里是对 x 进行积分, 被积函数中却是对 t 求导.

***习题 1.7** 计算 $\mathrm{d}\langle p\rangle/\mathrm{d}t$. 答案:

$$\frac{\mathrm{d}\langle p\rangle}{\mathrm{d}t}=\left\langle-\frac{\partial V}{\partial x}\right\rangle.$$

这是**埃伦菲斯特定理**的一个实例, 这个定理告诉我们期望值遵从经典定律.[①]

解答 直接对动量期望值的表达式求时间的导数

$$\begin{aligned}\frac{\mathrm{d}\langle p\rangle}{\mathrm{d}t}&=\frac{\mathrm{d}}{\mathrm{d}t}\int_{-\infty}^{\infty}\Psi^*(x,t)\,\hat{p}\Psi(x,t)\,\mathrm{d}x\\&=\int_{-\infty}^{\infty}\left[\frac{\partial\Psi^*(x,t)}{\partial t}\hat{p}\Psi(x,t)\,\mathrm{d}x+\Psi^*(x,t)\,\hat{p}\frac{\partial\Psi(x,t)}{\partial t}\right]\mathrm{d}x.\end{aligned}$$

利用薛定谔方程

$$\begin{aligned}\mathrm{i}\hbar\frac{\partial\Psi}{\partial t}&=\left[-\frac{\hbar^2}{2m}\frac{\partial^2}{\partial x^2}+V(x)\right]\Psi\Rightarrow\frac{\partial\Psi}{\partial t}=\left[\frac{\mathrm{i}\hbar}{2m}\frac{\partial^2}{\partial x^2}-\frac{\mathrm{i}}{\hbar}V(x)\right]\Psi,\\-\mathrm{i}\hbar\frac{\partial\Psi^*}{\partial t}&=\left[-\frac{\hbar^2}{2m}\frac{\partial^2}{\partial x^2}+V(x)\right]\Psi^*\Rightarrow\frac{\partial\Psi^*}{\partial t}=\left[-\frac{\mathrm{i}\hbar}{2m}\frac{\partial^2}{\partial x^2}+\frac{\mathrm{i}}{\hbar}V(x)\right]\Psi^*,\end{aligned}$$

并代入 $\hat{p}=-\mathrm{i}\hbar\partial/\partial x$, 得

$$\begin{aligned}\frac{\mathrm{d}\langle p\rangle}{\mathrm{d}t}&=\int_{-\infty}^{\infty}\left\{\left[-\frac{\mathrm{i}\hbar}{2m}\frac{\partial^2\Psi^*}{\partial x^2}+\frac{\mathrm{i}}{\hbar}V(x)\Psi^*\right](-\mathrm{i}\hbar)\frac{\partial\Psi}{\partial x}\right.\\&\quad\left.+\Psi^*(x,t)\left(-\mathrm{i}\hbar\frac{\partial}{\partial x}\right)\left[\frac{\mathrm{i}\hbar}{2m}\frac{\partial^2\Psi}{\partial x^2}-\frac{\mathrm{i}}{\hbar}V(x)\Psi\right]\right\}\mathrm{d}x\\&=\int_{-\infty}^{\infty}\left\{-\frac{\hbar^2}{2m}\frac{\partial^2\Psi^*}{\partial x^2}\frac{\partial\Psi}{\partial x}+\frac{\hbar^2}{2m}\Psi^*\frac{\partial^3\Psi}{\partial x^3}+\Psi^*\left[-\frac{\partial V(x)}{\partial x}\right]\Psi\right\}\mathrm{d}x.\end{aligned}$$

对第一项进行分部积分两次, 并利用边界条件 ($x=\pm\infty$ 时, 波函数及导数为零), 所以前面两项相互抵消, 最后得

$$\frac{\mathrm{d}\langle p\rangle}{\mathrm{d}t}=\int_{-\infty}^{\infty}\Psi^*\left[-\frac{\partial V(x)}{\partial x}\right]\Psi\mathrm{d}x=\left\langle-\frac{\mathrm{d}V}{\mathrm{d}x}\right\rangle,$$

这就是量子力学中的牛顿运动方程.

$$\frac{\mathrm{d}\langle p\rangle}{\mathrm{d}t}=\frac{\mathrm{d}}{\mathrm{d}t}\langle\Psi|\,\hat{p}\,|\Psi\rangle=\frac{1}{\mathrm{i}\hbar}\left[\langle\Psi|\left(\hat{p}\hat{H}-\hat{H}\hat{p}\right)|\Psi\rangle\right].$$

利用哈密顿算符与动量算符的对易关系, 得

$$\hat{p}\hat{H}-\hat{H}\hat{p}=\hat{p}V(x)-V(x)\,\hat{p}=-\mathrm{i}\hbar\frac{\partial V(x)}{\partial x},$$

所以

$$\frac{\mathrm{d}\langle p\rangle}{\mathrm{d}t}=\langle\Psi|\left(-\frac{\partial V}{\partial x}\right)|\Psi\rangle=\left\langle-\frac{\partial V}{\partial x}\right\rangle.$$

① 一些作者把这个公式限制在下面一对方程里: $\langle p\rangle=m\mathrm{d}\langle x\rangle/\mathrm{d}t$ 和 $\langle-\partial V/\partial x\rangle=\mathrm{d}\langle p\rangle/\mathrm{d}x$.

习题 1.8 假定在势能项中增加了一个常数 V_0 (这里常数的意思是它不依赖 x 和 t). 在经典力学中这不改变任何结论, 但在量子力学中是什么样的情况? 证明: 波函数将增加一个含时的相因子 $\exp(-\mathrm{i}V_0t/\hbar)$. 它对动力学变量的期望值有何影响?

解答 设 $\Psi(x,t)$ 是薛定谔方程

$$\mathrm{i}\hbar\frac{\partial\Psi(x,t)}{\partial t}=\left[-\frac{\hbar^2}{2m}\nabla^2+V(x)\right]\Psi(x,t)$$

的解, 可以证明 $\Phi(x,t)=\exp(-\mathrm{i}V_0t/\hbar)\Psi(x,t)$ 将是薛定谔方程

$$\mathrm{i}\hbar\frac{\partial\Phi(x,t)}{\partial t}=\left[-\frac{\hbar^2}{2m}\nabla^2+V(x)+V_0\right]\Phi(x,t)$$

的解. 将 $\Phi(x,t)=\exp(-\mathrm{i}V_0t/\hbar)\Psi(x,t)$ 代入, 得

$$\begin{aligned}&\mathrm{i}\hbar\exp(-\mathrm{i}V_0t/\hbar)\frac{\partial\Psi(x,t)}{\partial t}+V_0\exp(-\mathrm{i}V_0t/\hbar)\Psi(x,t)\\&=\exp(-\mathrm{i}V_0t/\hbar)\left[-\frac{\hbar^2}{2m}\nabla^2+V(x)+V_0\right]\Psi(x,t).\end{aligned}$$

消去两边相同的项和公共因子 $\exp(-\mathrm{i}V_0t/\hbar)$ 后, 得

$$\mathrm{i}\hbar\frac{\partial\Psi(x,t)}{\partial t}=\left[-\frac{\hbar^2}{2m}\nabla^2+V(x)\right]\Psi(x,t).$$

所以, 在势能中增加了一个常数势, 波函数将增加一个含时的相因子 $\exp(-\mathrm{i}V_0t/\hbar)$. 显然

$$|\Phi(x,t)|^2=|\Psi(x,t)|^2,$$

几率密度不变. 若力学量不显含时间 (实际上只要力学量算符不含有对后面波函数的对时间的求导运算, 该结论就成立, 我们几乎从来没有遇到算符中含有对时间的求导运算), 则

$$\int\Phi^*(x,t)\hat{F}(x,\hat{p})\Phi(x,t)\,\mathrm{d}x=\int\Psi^*(x,t)\hat{F}(x,\hat{p})\Psi(x,t)\,\mathrm{d}x$$

期望值也不改变.

***习题 1.9** 质量为 m 的粒子, 其波函数是

$$\Psi(x,t)=A\mathrm{e}^{-a\left[\left(mx^2/\hbar\right)+\mathrm{i}t\right]},$$

其中 A 和 a 为正实数.

(a) 求出 A.

(b) 对什么样的势能函数 $V(x)$, 波函数 Ψ 满足薛定谔方程?

(c) 计算 x, x^2, p 和 p^2 的期望值.

(d) 求 σ_x 和 σ_p, 它们的乘积满足测不准关系吗?

解答 (a) 归一化

$$1=\int_{-\infty}^{\infty}|\Psi(x,t)|^2\mathrm{d}x=|A|^2\int_{-\infty}^{\infty}\exp\left(-2amx^2/\hbar\right)\mathrm{d}x=|A|^2\sqrt{\frac{\hbar\pi}{2am}},$$

得

$$A=\left(\frac{2am}{\hbar\pi}\right)^{1/4}.$$

(b) 在第 2 章, 我们讨论一维谐振子, 你将会发现势能为 $\frac{1}{2}m\omega^2x^2$ 时会得到这样的波函数解. 现在我们直接从如下所示的薛定谔方程求解得到对应的势能:

$$\mathrm{i}\hbar\frac{\partial\Psi(x,t)}{\partial t}=\left[-\frac{\hbar^2}{2m}\frac{\partial^2}{\partial x^2}+V(x)\right]\Psi(x,t),$$

将所给的波函数代入薛定谔方程, 经过对 t 和 x 的求导运算后, 得

$$\hbar a\Psi(x,t)=-\frac{\hbar^2}{2m}\left[\left(-\frac{2am}{\hbar}\right)+\left(-\frac{2amx}{\hbar}\right)^2\right]\Psi(x,t)+V(x)\Psi(x,t).$$

两边消去相同的项后, 得

$$V(x)=2a^2mx^2.$$

(顺便提及, 如果让 $a=\omega/2$, 则 $V(x)=\frac{1}{2}m\omega^2x^2$, 所给的波函数其实就是一维谐振子的基态, 对应的基态能量为 $E_0=\frac{1}{2}\hbar\omega=\hbar a$, 你将在学习第 2 章后看到这些结果.)

(c) 期望值

$$\langle x\rangle=\int_{-\infty}^{\infty}x|\Psi|^2\mathrm{d}x=0.\quad \text{(被积函数是 } x \text{ 的奇函数)}$$

$$\begin{aligned}\left\langle x^2\right\rangle&=\int_{-\infty}^{\infty}x^2|\Psi|^2\mathrm{d}x=|A|^2\int_{-\infty}^{\infty}x^2\mathrm{e}^{-2amx^2/\hbar}\mathrm{d}x\\&=2|A|^2\frac{1}{2^2(2am/\hbar)}\sqrt{\frac{\pi}{2am/\hbar}}=\frac{\hbar}{4am}.\end{aligned}$$

$$\langle p\rangle=m\frac{\mathrm{d}\langle x\rangle}{\mathrm{d}t}=0.$$

$$\begin{aligned}\left\langle p^2\right\rangle&=\int_{-\infty}^{\infty}\Psi^*(-\mathrm{i}\hbar\partial/\partial x)^2\Psi\mathrm{d}x=-\hbar^2\int_{-\infty}^{\infty}\Psi^*\left[-\frac{2am}{\hbar}\left(1-\frac{2amx^2}{\hbar}\right)\right]\Psi\mathrm{d}x\\&=2am\hbar\int_{-\infty}^{\infty}|\Psi|^2\mathrm{d}x-(2am)^2\int_{-\infty}^{\infty}x^2|\Psi|^2\mathrm{d}x\\&=2am\hbar-(2am)^2\left\langle x^2\right\rangle=2am\hbar-(2am)^2\frac{\hbar}{4am}=am\hbar.\end{aligned}$$

(d)

$$\sigma_x=\sqrt{\langle x^2\rangle-\langle x\rangle^2}=\sqrt{\frac{\hbar}{4am}},$$

$$\sigma_p=\sqrt{\langle p^2\rangle-\langle p\rangle^2}=\sqrt{am\hbar},$$

得

$$\sigma_x\sigma_p=\sqrt{\frac{\hbar}{4am}}\sqrt{am\hbar}=\frac{\hbar}{2}.$$

这刚好是不确定性原理的下限.

补充习题

习题 1.10　考虑 π 的十进制展开中的前 25 位数 $(3,1,4,1,5,9,\cdots)$.

(a) 如果你随机从这套数字中选取一个, 得到 10 个数字 $(0\sim 9)$ 中每一个数字的几率是多少?

(b) 最可几的数字是哪一个? 中值数字是哪一个? 平均值是多少?

(c) 给出这个分布的标准差.

解答　(a) 圆周率 π 的前 25 位数是 $\pi=3.141592653589793238462643$. 由

$$P(j)=\frac{N(j)}{\sum\limits_j N(j)},$$

得

$$\begin{aligned}
&N(0)=0, &&P(0)=0,\\
&N(1)=2, &&P(1)=2/25,\\
&N(2)=3, &&P(2)=3/25,\\
&N(3)=5, &&P(3)=5/25,\\
&N(4)=3, &&P(4)=3/25,\\
&N(5)=3, &&P(5)=3/25,\\
&N(6)=3, &&P(6)=3/25,\\
&N(7)=1, &&P(7)=1/25,\\
&N(8)=2, &&P(8)=2/25,\\
&N(9)=3. &&P(9)=3/25.
\end{aligned}$$

(b) 显然, 最可几数字是 3, 它出现的几率最大, 为 1/5.

中值数字是 4，因为所有数字出现的次数之和是 25，中值数字的次序是 13，第 13 号数字对应的是 4. 平均值为 4.72.

$$\langle j\rangle=\frac{1}{25}\left[0\cdot 0+1\cdot 2+2\cdot 3+3\cdot 5+4\cdot 3+5\cdot 3+6\cdot 3+7\cdot 1+8\cdot 2+9\cdot 3\right]=4.72.$$

(c) 标准差

$$\langle j\rangle=\sum_j jP(j)=118/25=4.72,$$

$$\langle j^2\rangle=\sum_j j^2P(j)=710/25=28.4,$$

$$\sigma=\sqrt{\langle j^2\rangle-\langle j\rangle^2}=\sqrt{28.4-(4.72)^2}=2.474.$$

习题 1.11 [本题是例题 1.2 的推广]　假设能量为 E、质量为 m 的粒子位于势阱 $V(x)$ 中, 粒子沿 a 和 b 两个经典转折点之间做无摩擦的往返运动 (图 1.5). 从经典物理上来讲, 发现粒子处在 $\mathrm{d}x$ 范围内的几率 (例如, 在一个随机的时间点 t 拍了一张快照) 等于粒子在 $\mathrm{d}x$ 间隔内运动的时间和粒子从 a 运动到 b 所需时间 T 的比:

$$\rho(x)\,\mathrm{d}x=\frac{\mathrm{d}t}{T}=\frac{(\mathrm{d}t/\mathrm{d}x)\,\mathrm{d}x}{T}=\frac{1}{v(x)\,T}\mathrm{d}x,$$

这里 $v(x)$ 是速度, 且

$$T=\int_0^T \mathrm{d}t=\int_a^b \frac{1}{v(x)}\mathrm{d}x.$$

因此

$$\rho(x)=\frac{1}{v(x)T}.$$

这大概是与 $|\Psi|^2$ 最接近的经典类比.①

(a) 利用能量守恒定律把 $v(x)$ 用 E 和 $V(x)$ 表示出来.

(b) 作为例子, 求出简谐振子势能为 $V(x)=kx^2/2$ 的 $\rho(x)$. 画出 $\rho(x)$, 并验证它是严格归一化的.

(c) 在 (b) 问中, 对于经典谐振子情况, 求出 $\langle x\rangle, \langle x^2\rangle$ 和 σ_x.

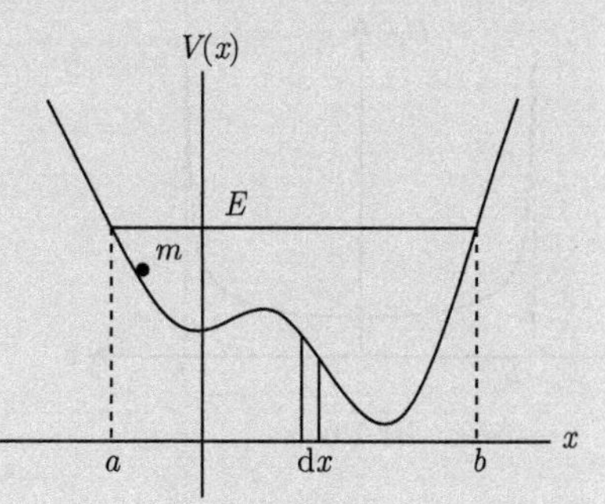

图 1.5 经典粒子在一个势阱中

解答 (a) 能量守恒式为

$$\frac{1}{2}mv^2+V=E\Rightarrow v(x)=\sqrt{\frac{2}{m}[E-V(x)]}.$$

(b) 由题得几率密度 $\rho(x)=\dfrac{1}{v(x)T}$, 且 (a) 部分已得到 $v(x)$ 的表达式, 所以要得到几率密度需要求出 T.

$$T=\int_0^T \mathrm{d}t=\int_a^b \frac{1}{v(x)}\mathrm{d}x=\int_a^b \frac{1}{\sqrt{\frac{2}{m}\left(E-\frac{1}{2}kx^2\right)}}\mathrm{d}x$$

$$=\sqrt{\frac{m}{k}}\int_a^b \frac{1}{\sqrt{\frac{2E}{k}-x^2}}\mathrm{d}x,$$

在转折点处: $v=0\Rightarrow E=V=\dfrac{1}{2}kb^2\Rightarrow b=\sqrt{\dfrac{2E}{k}}$; $a=-b$. 故上式可写为

$$T=2\sqrt{\frac{m}{k}}\int_0^b \frac{1}{\sqrt{b^2-x^2}}\mathrm{d}x=2\sqrt{\frac{m}{k}}\arcsin\left(\frac{x}{b}\right)\Big|_0^b=2\sqrt{\frac{m}{k}}\arcsin(1)$$

$$=2\sqrt{\frac{m}{k}}\left(\frac{\pi}{2}\right)=\pi\sqrt{\frac{m}{k}},$$

其中第一步积分用到了偶函数的对称性, 故几率密度

$$\rho(x)=\frac{1}{v(x)T}=\frac{1}{\pi\sqrt{\frac{m}{k}}\sqrt{\frac{2}{m}\left(E-\frac{1}{2}kx^2\right)}}$$

① 如果你愿意, 不要随机拍摄一个系统的照片, 而是拍摄一组这样的系统的照片, 所有这些系统都具有相同的能量, 但具有随机的起始位置, 并同时拍摄它们. 分析是一样的, 但这种解释更接近于量子概念的不确定性.

$$= \frac{1}{\pi\sqrt{b^2 - x^2}}.$$

作图如图 1.6 所示.

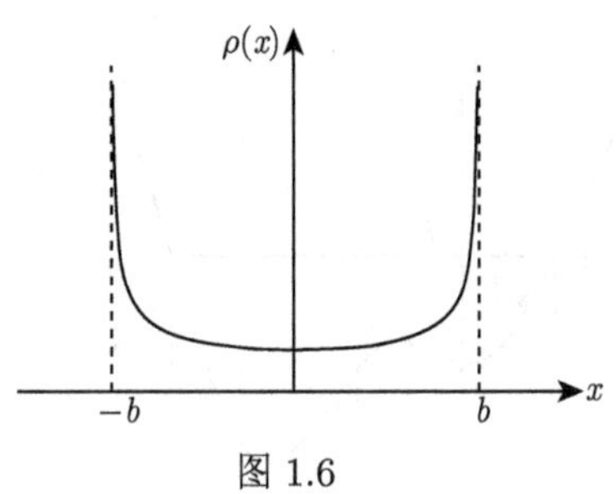

图 1.6

验证归一性,

$$\int_a^b \rho(x)\,\mathrm{d}x = \frac{2}{\pi}\int_0^b \frac{1}{\sqrt{b^2 - x^2}}\mathrm{d}x = \frac{2}{\pi}\left(\frac{\pi}{2}\right) = 1.$$

(c) 利用了奇函数的对称性

$$\langle x\rangle = \int_{-b}^{b} x\rho(x)\,\mathrm{d}x = \int_{-b}^{b} x\frac{1}{\pi\sqrt{b^2 - x^2}}\mathrm{d}x = 0.$$

$$\begin{aligned}\langle x^2\rangle &= \int_{-b}^{b} x^2\rho(x)\,\mathrm{d}x = \int_{-b}^{b} x^2\frac{1}{\pi\sqrt{b^2 - x^2}}\mathrm{d}x \\ &= 2\int_0^b x^2\frac{1}{\pi\sqrt{b^2 - x^2}}\mathrm{d}x \\ &= \frac{2}{\pi}\left[-\frac{x}{2}\sqrt{b^2 - x^2} + \frac{b^2}{2}\arcsin\left(\frac{x}{b}\right)\right]\Bigg|_0^b \\ &= \frac{b^2}{2} = \frac{E}{k}.\end{aligned}$$

因此,

$$\sigma_x = \sqrt{\langle x^2\rangle - \langle x\rangle^2} = \sqrt{\langle x^2\rangle} = \frac{b}{\sqrt{2}} = \sqrt{\frac{E}{k}}.$$

****习题 1.12** 对于经典谐振子 (习题 1.11(b)), 若感兴趣的是动量的分布 ($p = mv$).

(a) 求出经典几率分布 $\rho(p)$ (注意 p 的取值范围是从 $-\sqrt{2mE}$ 到 $+\sqrt{2mE}$).

(b) 计算 $\langle p\rangle, \langle p^2\rangle$ 和 σ_p.

(c) 对该系统, 经典的不确定乘积 $\sigma_x\sigma_p$ 是多少? 一般来说, 只要 $E \to 0$, 这个乘积值就可以足够小. 但是在第 2 章将会看到, 在量子力学中简谐振子的能量不会小于 $\hbar\omega/2$, 其中 $\omega = \sqrt{k/m}$ 是经典频率. 在这种情况下, 你对乘积 $\sigma_x\sigma_p$ 有什么看法?

解答 (a) 在 $\mathrm{d}p$ 动量间隔内找到粒子的几率为

$$\rho(p)\,\mathrm{d}p = \frac{\mathrm{d}t}{T} = \frac{|\mathrm{d}t/\mathrm{d}p|\,\mathrm{d}p}{T},$$

因为时间 $\mathrm{d}t$ 总是正的, 但 $\mathrm{d}p/\mathrm{d}t = F = -kx$ 可以为负值, 所以这里取绝对值. 将 $\mathrm{d}p/\mathrm{d}t = F = -kx$ 代入

$$\rho(p)\,\mathrm{d}p = \frac{\mathrm{d}t}{T} = \frac{|\mathrm{d}t/\mathrm{d}p|\,\mathrm{d}p}{T},$$

得

$$\rho(p)\,\mathrm{d}p = \frac{\mathrm{d}p}{k|x|T},$$

因此动量几率密度为

$$\rho(p) = \frac{1}{k|x|T}.$$

再者, 用动量表示坐标 x 和总时间 T, 由能量守恒定律, 得

$$\frac{p^2}{2m}+\frac{1}{2}kx^2=E\Rightarrow x=\pm\sqrt{\frac{2}{k}\left(E-\frac{p^2}{2m}\right)}.$$

由习题 1.11(b) 得

$$T=\pi\sqrt{\frac{m}{k}}.$$

所以, 最终动量几率密度为

$$\rho(p)=\frac{1}{\pi\sqrt{\frac{m}{k}}k\sqrt{\frac{2}{k}\left(E-\frac{p^2}{2m}\right)}}=\frac{1}{\pi\sqrt{2mE-p^2}}=\frac{1}{\pi\sqrt{c^2-p^2}},$$

其中 $c=\sqrt{2mE}$, 这与坐标几率密度 $\rho(x)=\dfrac{1}{\pi\sqrt{b^2-x^2}}$ 类似, 只是将 b 替换为 c.

(b) $\langle p\rangle=\displaystyle\int_{-c}^{c}p\frac{1}{\pi\sqrt{c^2-p^2}}\mathrm{d}p=0$, 利用了奇函数的对称性.

$$\begin{aligned}\langle p^2\rangle&=\int_{-c}^{c}p^2\frac{1}{\pi\sqrt{c^2-p^2}}\mathrm{d}p=2\int_{0}^{c}p^2\frac{1}{\pi\sqrt{c^2-p^2}}\mathrm{d}p\\&=\frac{2}{\pi}\left[-\frac{p}{2}\sqrt{c^2-p^2}+\frac{c^2}{2}\arcsin\left(\frac{p}{c}\right)\right]\Bigg|_0^c\\&=\frac{c^2}{\pi}\frac{\pi}{2}=\frac{c^2}{2}=\frac{2mE}{2}=mE.\end{aligned}$$

$$\sigma_p=\sqrt{\langle p^2\rangle-\langle p\rangle^2}=\sqrt{\langle p^2\rangle}=\frac{c}{\sqrt{2}}=\sqrt{mE}.$$

(c) 由于

$$\sigma_x\sigma_p=\sqrt{\frac{E}{k}}\sqrt{mE}=\sqrt{\frac{m}{k}}E=\frac{E}{\omega},$$

对于经典情况, 可以取 $E\to 0$, 因此 $\sigma_x\sigma_p$ 可以等于 0. 对于量子情况, $E\geqslant\dfrac{1}{2}\hbar\omega$, 所以 $\sigma_x\sigma_p\geqslant\dfrac{\hbar}{2}$, 这就是精确的海森伯不确定性原理.

习题 1.13 用下面的"数值实验"检验习题 1.11(b) 中的结果, t 时刻谐振子的位置是

$$x(t)=A\cos(\omega t).$$

你也可以取 $\omega=1$ (设置时间标度) 和 $A=1$ (设置长度标度). 取 10000 个随机时间点画出 x 的值, 并和 $\rho(x)$ 作对比.

提示 使用 Mathematica 软件, 首先定义

X[t_]:=Cos[t]

然后构造一个位置的表格

snapshots=Table[x[πRandomReal[j]],{j,10000}]

最后, 作所得数据的柱状图:

Histogram[snapshots,100, "PDF", PlotRange→{0,2}]

与此同时, 作密度函数 $\rho(x)$ 图, 使用 **Show**, 将两个叠加起来比较.

解答

```
x[t_]:=Cos[t]
snapshots = Table[x[Pi *RandomReal[j]],{j,10000}]
Histogram[snapshots, 100, "PDF", PlotRange->{0, 2}]
```

取 10000 个随机时间点画出的 x 值如图 1.7 所示.

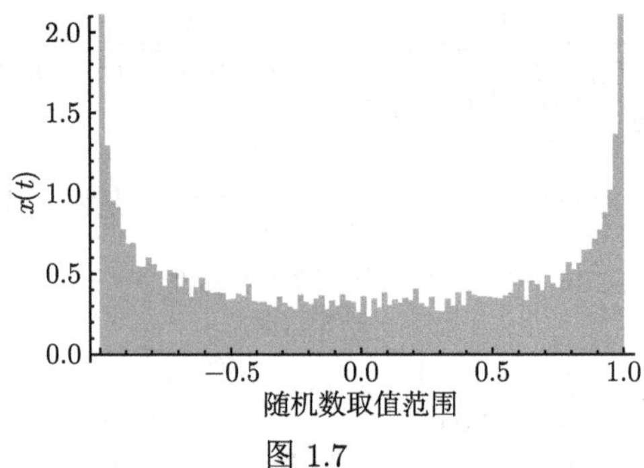

图 1.7

```
x[t_]:=Cos[t];
snapshots = Table[x[Pi *RandomReal[j]],{j,10000}];
r[y_]:=1/Pi/Sqrt[1-y^2];
Show[
 Histogram[snapshots, 100, "PDF", PlotRange->{0, 2}],
 Plot[r[y],{y,-1,1},PlotRange->{0,2}]]
```

将几率密度函数合并到图 1.7 中, 见图 1.8.

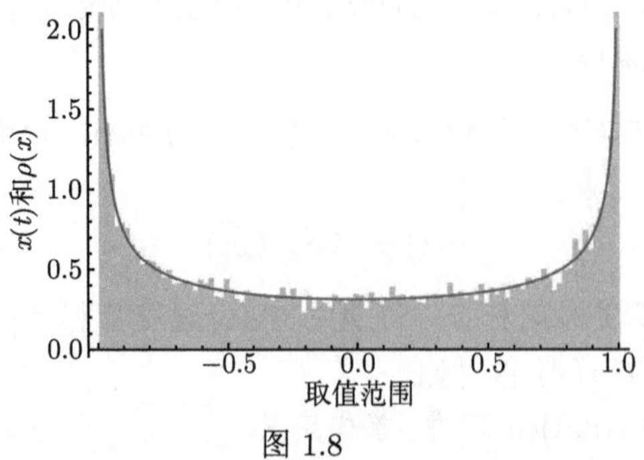

图 1.8

习题 1.14 设 $P_{ab}(t)$ 为 t 时刻发现粒子处在区间 $(a < x < b)$ 内的几率.

(a) 证明:

$$\frac{\mathrm{d}P_{ab}}{\mathrm{d}t} = J(a,t) - J(b,t),$$

其中

$$J(x,t) \equiv \frac{\mathrm{i}\hbar}{2m}\left(\Psi\frac{\partial\Psi^*}{\partial x} - \Psi^*\frac{\partial\Psi}{\partial x}\right).$$

$J(x,t)$ 的单位是什么? 注释 J 称为**几率流**, 因为它告诉你"流"过 x 点几率的速率. 若 $P_{ab}(t)$ 随时间增加, 则该区域流进端的几率大于流出端.

(b) 求习题 1.9 中波函数的几率流. (这不是一个非常简单的例子, 恐怕在以后的课程中会遇到更多类似的问题.)

解答 (a) 由波函数的统计诠释, 在 t 时刻发现粒子处在区间 $(a < x < b)$ 内的几率是

$$P_{ab} = \int_a^b \Psi^*(x,t)\Psi(x,t)\,\mathrm{d}x.$$

求这个几率对时间的变化率

$$\frac{\mathrm{d}P_{ab}}{\mathrm{d}t} = \int_a^b \left[\frac{\partial\Psi^*(x,t)}{\partial t}\Psi(x,t) + \Psi^*(x,t)\frac{\partial\Psi(x,t)}{\partial t}\right]\mathrm{d}x.$$

将薛定谔方程

$$\mathrm{i}\hbar\frac{\partial\Psi}{\partial t} = -\frac{\hbar^2}{2m}\frac{\partial^2\Psi}{\partial x^2} + V(x)\Psi$$

及其共轭式

$$-\mathrm{i}\hbar\frac{\partial\Psi^*}{\partial t} = -\frac{\hbar^2}{2m}\frac{\partial^2\Psi^*}{\partial x^2} + V(x)\Psi^*$$

代入上式, 并将对时间的导数转换为对坐标的导数, 得

$$\begin{aligned}\frac{\mathrm{d}P_{ab}}{\mathrm{d}t} &= \int_a^b \left\{\left[\frac{\hbar}{2\mathrm{i}m}\frac{\partial^2\Psi^*(x,t)}{\partial x^2} - \frac{1}{\mathrm{i}\hbar}V(x)\Psi^*(x,t)\right]\Psi(x,t)\right.\\ &\quad\left. +\Psi^*(x,t)\left[-\frac{\hbar}{2\mathrm{i}m}\frac{\partial^2\Psi(x,t)}{\partial x^2} + \frac{1}{\mathrm{i}\hbar}V(x)\Psi(x,t)\right]\right\}\mathrm{d}x\\ &= \int_a^b \frac{\mathrm{i}\hbar}{2m}\left[\Psi^*(x,t)\frac{\partial^2\Psi(x,t)}{\partial x^2} - \frac{\partial^2\Psi^*(x,t)}{\partial x^2}\Psi(x,t)\right]\mathrm{d}x.\end{aligned}$$

注意到方括号内的式子可以表示为

$$\Psi^*(x,t)\frac{\partial^2\Psi(x,t)}{\partial x^2} - \frac{\partial^2\Psi^*(x,t)}{\partial x^2}\Psi(x,t) = \frac{\partial}{\partial x}\left[\Psi^*(x,t)\frac{\partial\Psi(x,t)}{\partial x} - \frac{\partial\Psi^*(x,t)}{\partial x}\Psi(x,t)\right],$$

所以

$$\begin{aligned}\frac{\mathrm{d}P_{ab}}{\mathrm{d}t} &= \int_a^b \frac{\mathrm{i}\hbar}{2m}\frac{\partial}{\partial x}\left[\Psi^*(x,t)\frac{\partial\Psi(x,t)}{\partial x} - \frac{\partial\Psi^*(x,t)}{\partial x}\Psi(x,t)\right]\mathrm{d}x\\ &= -\int_a^b \frac{\partial J(x,t)}{\partial x}\mathrm{d}x = J(a,t) - J(b,t).\end{aligned}$$

$J(x,t)$ 的单位与 $\left[\frac{\hbar|\Psi|^2}{mx}\right]$ 相同, 在一维情况下 ($|\Psi|^2$ 的量纲为 $[\mathrm{L}^{-1}]$), $J(x,t)$ 的单位是秒$^{-1}$, 它表示在单位时间流过点 x 的几率密度. 在三维情况下, $|\Psi|^2$ 的量纲是 $[\mathrm{L}^{-3}]$, $\boldsymbol{J}(\boldsymbol{r},t)$ 是一个矢量, 它的单位是米$^{-2}$· 秒$^{-1}$, 表示单位时间流过垂直于 $\boldsymbol{J}(\boldsymbol{r},t)$ 单位面积的几率.

(b) 习题 1.9 中的波函数为

$$\Psi(x,t)=\left(\frac{2am}{\hbar\pi}\right)\mathrm{e}^{-a\left[\left(mx^2/\hbar\right)+\mathrm{i}t\right]}.$$

将其代入一维几率流的表达式

$$J(x,t)=\frac{\mathrm{i}\hbar}{2m}\left[\frac{\partial\Psi^*(x,t)}{\partial x}\Psi(x,t)-\Psi^*(x,t)\frac{\partial\Psi(x,t)}{\partial x}\right],$$

得到

$$J(x,t)=0.$$

这是因为 $\Psi(x,t)=\left(\frac{2am}{\hbar\pi}\right)\mathrm{e}^{-amx^2/\hbar}\mathrm{e}^{-\mathrm{i}at}$ 对空间的依赖是实函数, 上面式中的两项相互抵消.

习题 1.15 证明: 对 (处于同样的势场 $V(x)$) 任何两个同时满足薛定谔方程的 (归一化) 解 Ψ_1 和 Ψ_2 有

$$\frac{\mathrm{d}}{\mathrm{d}t}\int_{-\infty}^{\infty}\Psi_1^*\Psi_2\mathrm{d}x=0.$$

证明

$$\frac{\mathrm{d}}{\mathrm{d}t}\int_{-\infty}^{\infty}\Psi_1^*\Psi_2\mathrm{d}x=\int_{-\infty}^{\infty}\left(\frac{\partial\Psi_1^*}{\partial t}\Psi_2+\Psi_1^*\frac{\partial\Psi_2}{\partial t}\right)\mathrm{d}x.$$

因为两个波函数满足具有相同势函数的薛定谔方程, 所以

$$-\mathrm{i}\hbar\frac{\partial\Psi_1^*}{\partial t}=-\frac{\hbar^2}{2m}\frac{\partial^2\Psi_1^*}{\partial x^2}+V(x)\Psi_1^*,$$

$$\mathrm{i}\hbar\frac{\partial\Psi_2}{\partial t}=-\frac{\hbar^2}{2m}\frac{\partial^2\Psi_2}{\partial x^2}+V(x)\Psi_2.$$

将上述两式代入前面的式子, 得

$$\begin{aligned}\frac{\mathrm{d}}{\mathrm{d}t}\int_{-\infty}^{\infty}\Psi_1^*\Psi_2\mathrm{d}x=&\int_{-\infty}^{\infty}\left\{\left[\frac{\hbar}{2m\mathrm{i}}\frac{\partial^2\Psi_1^*}{\partial x^2}-\frac{V(x)}{\mathrm{i}\hbar}\Psi_1^*\right]\Psi_2\right.\\&\left.+\Psi_1^*\left[-\frac{\hbar}{2m\mathrm{i}}\frac{\partial^2\Psi_2}{\partial x^2}+\frac{V(x)}{\mathrm{i}\hbar}\Psi_2\right]\right\}\mathrm{d}x\\=&\int_{-\infty}^{\infty}\left[\left(\frac{\hbar}{2m\mathrm{i}}\frac{\partial^2\Psi_1^*}{\partial x^2}\right)\Psi_2+\Psi_1^*\left(-\frac{\hbar}{2m\mathrm{i}}\frac{\partial^2\Psi_2}{\partial x^2}\right)\right]\mathrm{d}x\\=&\frac{\hbar}{2m\mathrm{i}}\int_{-\infty}^{\infty}\frac{\partial}{\partial x}\left(\frac{\partial\Psi_1^*}{\partial x}\Psi_2-\Psi_1^*\frac{\partial\Psi_2}{\partial x}\right)\mathrm{d}x\\=&\frac{\hbar}{2m\mathrm{i}}\left(\frac{\partial\Psi_1^*}{\partial x}\Psi_2-\Psi_1^*\frac{\partial\Psi_2}{\partial x}\right)\Bigg|_{-\infty}^{\infty}=0,\end{aligned}$$

其中, 最后一步利用了 $x=\pm\infty$ 时, 波函数为零的条件.

习题 1.16 在 $t=0$ 时刻, 粒子运动由如下波函数描述:

$$\Psi(x,0)=\begin{cases}A\left(a^2-x^2\right), & -a\leqslant x\leqslant+a,\\0, & \text{其他}.\end{cases}$$

(a) 确定归一化常数 A.

(b) x 的期望值是多少?

(c) p 的期望值是多少? (注意 不能通过 $p = m\mathrm{d}\langle x\rangle/\mathrm{d}t$ 来得到它, 为什么?)

(d) 求出 x^2 的期望值.

(e) 求出 p^2 的期望值.

(f) 求出 x 的不确定度 (即 σ_x).

(g) 求出 p 的不确定度 (即 σ_p).

(h) 验证所得到的结果符合不确定性原理.

解答 (a) 由归一化条件

$$1 = \int_{-\infty}^{\infty} |\Psi(x,0)|^2 \mathrm{d}x = |A|^2 \int_{-a}^{a} \left(a^2 - x^2\right)^2 \mathrm{d}x$$
$$= |A|^2 \int_{-a}^{a} \left(a^4 - 2a^2x^2 + x^4\right) \mathrm{d}x = |A|^2 \frac{16a^5}{15},$$

得

$$A = \sqrt{\frac{15}{16a^5}}.$$

(b) 坐标期待值

$$\langle x\rangle = \int_{-\infty}^{\infty} x\,|\Psi(x,0)|^2 \mathrm{d}x$$
$$= |A|^2 \int_{-a}^{a} x\left(a^4 - 2a^2x^2 + x^4\right) \mathrm{d}x = 0.$$

(注意 被积函数是奇函数, 所以很容易得出积分结果, 对下面动量的期望值也是如此.)

(c) 动量期待值

$$\langle p\rangle = \int_{-\infty}^{\infty} \Psi^*(x,0)\left(-\mathrm{i}\hbar\frac{\partial}{\partial x}\right)\Psi(x,t)\,\mathrm{d}x$$
$$= -\mathrm{i}\hbar A^2 \int_{-a}^{a} \left(a^2 - x^2\right)(-2x)\,\mathrm{d}x = 0.$$

(注意 因为本题仅给出 $t=0$ 的波函数, 故求出的仅是坐标在 $t=0$ 时刻的期望值, 无法知道 $\langle x\rangle$ 随时间的变化规律, 所以不能从 $p = m\mathrm{d}\langle x\rangle/\mathrm{d}t$ 得到动量的期望值.)

(d) 坐标平方期待值

$$\left\langle x^2\right\rangle = \int_{-\infty}^{\infty} x^2\,|\Psi(x,0)|^2 \mathrm{d}x$$
$$= |A|^2 \int_{-a}^{a} x^2\left(a^4 - 2a^2x^2 + x^4\right) \mathrm{d}x$$
$$= |A|^2 \frac{16a^7}{105} = \frac{a^2}{7}.$$

(e) 动量平方期待值

$$\left\langle p^2\right\rangle = \int_{-\infty}^{\infty} \Psi^*(x,0)\left(-\hbar^2\frac{\partial^2}{\partial x^2}\right)\Psi(x,t)\,\mathrm{d}x$$
$$= -\hbar^2 A^2 \int_{-a}^{a} \left(a^4 - x^2\right)(-2)\,\mathrm{d}x$$
$$= \frac{5\hbar^2}{2a^2}.$$

(f) 坐标标准差

$$\sigma_x = \sqrt{\langle x^2 \rangle - \langle x \rangle^2} = \frac{a}{\sqrt{7}}.$$

(g) 动量标准差

$$\sigma_p = \sqrt{\langle p^2 \rangle - \langle p \rangle^2} = \sqrt{\frac{5}{2}}\frac{\hbar}{a}.$$

(h) 不确定性原理

$$\sigma_x \sigma_p = \sqrt{\frac{5}{14}}\hbar = \sqrt{\frac{10}{7}}\frac{\hbar}{2} \geqslant \frac{\hbar}{2}.$$

****习题 1.17** 描述一个**不稳定粒子**, 它以“寿命” τ 自发衰变. 在这种情况下, 整个空间发现粒子的几率不再是常数, 而是 (比如说) 按指数衰减:

$$P(t) \equiv \int_{-\infty}^{\infty} |\Psi(x,t)|^2 \,\mathrm{d}x = \mathrm{e}^{-t/\tau}.$$

下面的粗略方法给出如何得到这个结果. 在方程 (1.24) 中, 默认假设 V (势能) 是实数. 这当然是合理的, 但是它导致了方程 (1.27) 隐含着“几率守恒”. 如果在 V 中添加上一个虚数部分:

$$V = V_0 - \mathrm{i}\Gamma,$$

其中 V_0 是真实的势能, Γ 是一个正的实常数, 将会怎么样?

(a) 证明: (取代方程 (1.27)) 存在关系

$$\frac{\mathrm{d}P}{\mathrm{d}t} = -\frac{2\Gamma}{\hbar}P.$$

(b) 求出 $P(t)$, 并用 Γ 表示粒子的寿命.

解答 (a)

$$P(t) = \int_{-\infty}^{\infty} \Psi^*(x,t)\Psi(x,t)\,\mathrm{d}x,$$

$$\frac{\mathrm{d}P(t)}{\mathrm{d}t} = \int_{-\infty}^{\infty} \left[\frac{\partial \Psi^*(x,t)}{\partial t}\Psi(x,t) + \Psi^*(x,t)\frac{\partial \Psi(x,t)}{\partial t}\right]\mathrm{d}x.$$

将薛定谔方程

$$\mathrm{i}\hbar\frac{\partial \Psi}{\partial t} = -\frac{\hbar^2}{2m}\frac{\partial^2 \Psi}{\partial x^2} + (V_0 - \mathrm{i}\Gamma)\Psi$$

及其共轭式

$$-\mathrm{i}\hbar\frac{\partial \Psi}{\partial t} = -\frac{\hbar^2}{2m}\frac{\partial^2 \Psi^*}{\partial x^2} + (V_0 + \mathrm{i}\Gamma)\Psi^*$$

代入上面的式子, 并把对时间的导数转换为对坐标的导数, 得

$$\begin{aligned}\frac{\mathrm{d}P(t)}{\mathrm{d}t} &= \int_{-\infty}^{\infty}\left[\frac{\hbar}{2\mathrm{i}m}\frac{\partial^2\Psi^*(x,t)}{\partial x^2} - \frac{1}{\mathrm{i}\hbar}(V_0 + \mathrm{i}\Gamma)\Psi^*(x,t)\right]\Psi(x,t)\,\mathrm{d}x \\ &\quad + \int_{-\infty}^{\infty}\Psi^*(x,t)\left[-\frac{\hbar}{2\mathrm{i}m}\frac{\partial^2\Psi(x,t)}{\partial x^2} + \frac{1}{\mathrm{i}\hbar}(V - \mathrm{i}\Gamma)\Psi(x,t)\right]\mathrm{d}x \\ &= \int_{-\infty}^{\infty}\frac{\mathrm{i}\hbar}{2m}\left[\Psi^*(x,t)\frac{\partial^2\Psi(x,t)}{\partial x^2} - \frac{\partial^2\Psi^*(x,t)}{\partial x^2}\Psi(x,t)\right]\mathrm{d}x \\ &\quad - \frac{2\Gamma}{\hbar}\int_{-\infty}^{\infty}\Psi^*(x,t)\Psi(x,t)\,\mathrm{d}x.\end{aligned}$$

第一项的积分仍然同以前一样, 由于在 $x=\pm\infty$ 时波函数为零, 积分为零. 所以

$$\begin{aligned}\frac{\mathrm{d}P(t)}{\mathrm{d}t} &= -\frac{2\Gamma}{\hbar}\int_{-\infty}^{\infty}\Psi^*(x,t)\Psi(x,t)\,\mathrm{d}x \\ &= -\frac{2\Gamma}{\hbar}P(t).\end{aligned}$$

(b) 将上式进行积分, 得

$$P(t)=A\exp(-2\Gamma t/\hbar).$$

当 $t=0$ 时, $P(0)=1$, 所以积分常数 $A=1$,

$$P(t)=\exp(-2\Gamma t/\hbar).$$

粒子的 (平均) 寿命可以表示为

$$\tau=\frac{\displaystyle\int_0^{\infty}t\mathrm{e}^{-2\Gamma t/\hbar}\mathrm{d}t}{\displaystyle\int_0^{\infty}\mathrm{e}^{-2\Gamma t/\hbar}\mathrm{d}t}=\frac{\hbar}{2\Gamma}.$$

习题 1.18 粗略地讲, 当粒子的德布罗意波长 (h/p) 比体系的特征长度 (d) 大时, 就要涉及量子力学. 在温度 T(K) 下粒子处于热平衡时, 其平均动能是

$$\frac{p^2}{2m}=\frac{3}{2}k_{\mathrm{B}}T$$

(其中 k_{B} 是玻尔兹曼常量), 所以对应的德布罗意波长为

$$\lambda=\frac{h}{\sqrt{3mk_{\mathrm{B}}T}}.$$

这个问题的目的是确定哪些体系必须用量子力学的方法处理, 哪些体系可以有把握地用经典方法来描述.

(a) **固体**. 典型固体的晶格间距大约是 $d=0.3$ nm. 求在什么温度以下固体中的自由电子[①]需要用量子力学来处理, 什么温度以下固体中的核子需要用量子力学处理 (以硅为例).

原则上: 固体中的自由电子总是量子力学的; 原子核通常不是量子力学的. 对液体也有同样的结果 (原子的间隔和固体情况差不多), 但是 4 K 以下的氦是个例外.

(b) **气体**. 压强为 P 的理想气体中原子的量子力学温度是多少? **提示** 利用理想气态定律 $(PV=Nk_{\mathrm{B}}T)$ 导出原子之间间距.

答案: $T<(1/k_{\mathrm{B}})\left(h^2/3m\right)^{3/5}P^{2/5}$. 显然 (为了使气体显示量子行为) 希望 m 应当尽可能地小, 而 P 尽可能地大. 对氦来讲, 把一个大气压下的数据代入上式. 遥远宇宙中的氢 (温度大约 3 K, 原子间距大约 1 cm) 需要用量子力学处理吗? (假设它是单原子氢, 而不是 H_2.)

① 在固体中内壳层的电子是归属于某一个原子核的, 对它们而言, 涉及的尺度是原子的半径. 但是外壳层的电子是不归属于某一个原子核的, 对它们而言, 涉及的尺度是晶格间距. 本题是指外壳层的电子.

解答　要求

$$\lambda = \frac{h}{\sqrt{3mk_{\mathrm{B}}T}} > d \to T < \frac{h^2}{3mk_{\mathrm{B}}d^2}.$$

$$h = 6.62620 \times 10^{-34}\ \mathrm{J \cdot s}, \quad k_{\mathrm{B}} = 1.38062 \times 10^{-23}\ \mathrm{J \cdot K^{-1}}.$$

(a) 固体中电子 $\left(m = 9.10956 \times 10^{-31}\ \mathrm{kg}\right)$：

$$T < \frac{\left(6.6 \times 10^{-34}\right)^2}{3\left(9.1 \times 10^{-31}\right)\left(1.4 \times 10^{-23}\right)\left(3 \times 10^{-10}\right)^2} = 1.266 \times 10^5\ (\mathrm{K}).$$

可以看出, 这个温度远大于一般固体熔化温度, 所以固体中的电子总是量子力学的.

固体中的核子 (钠原子为例)：

钠原子核质量 $m_{\mathrm{Na}} = 23m_{\mathrm{p}} = 3.9 \times 10^{-26}\ \mathrm{kg}$.

$$T < \frac{\left(6.6 \times 10^{-34}\right)^2}{3\left(3.9 \times 10^{-26}\right)\left(1.4 \times 10^{-23}\right)\left(3 \times 10^{-10}\right)^2} = 2.955\ (\mathrm{K}).$$

所以在一般温度时, 固体中的原子核不是量子力学的.

(b) 由理想气体公式, 气体密度为

$$n = \frac{N}{V} = \frac{P}{k_{\mathrm{B}}T},$$

粒子间距为

$$d = \frac{1}{n^{1/3}} = \left(\frac{k_{\mathrm{B}}T}{P}\right)^{1/3}.$$

所以

$$T < \frac{h^2}{3mk_{\mathrm{B}}d^2} = \frac{h^2}{3mk_{\mathrm{B}}\left(k_{\mathrm{B}}T/P\right)^{2/3}} \to T < \frac{1}{k_{\mathrm{B}}}\left(\frac{h^2}{3m}\right)^{3/5} P^{2/5}.$$

对处在一个大气压 $\left(P = 1.0 \times 10^5\ \mathrm{N \cdot m^{-2}}\right)$ 的氦气 $\left(m = 4m_{\mathrm{p}} = 6.8 \times 10^{-27}\ \mathrm{kg}\right)$,

$$T < \frac{1}{1.4 \times 10^{-23}}\left[\frac{\left(6.6 \times 10^{-34}\right)^2}{3\left(6.8 \times 10^{-27}\right)}\right]^{3/5}\left(1.0 \times 10^5\right) = 2.828\ (\mathrm{K}),$$

所以在极低温下氦将是量子力学的.

对遥远宇宙中的氢气 $\left(m = 2m_{\mathrm{p}} = 3.4 \times 10^{-27}\ \mathrm{kg}, d = 0.01\ \mathrm{m}\right)$：

$$T < \frac{\left(6.6 \times 10^{-34}\right)^2}{3\left(3.4 \times 10^{-27}\right)\left(1.4 \times 10^{-23}\right)(0.01)^2} = 3.050 \times 10^{-14}\ (\mathrm{K}),$$

在 3 K 时遥远宇宙中的稀薄氢气显然不是量子力学的.

第 2 章　定态薛定谔方程

本章主要内容概要

1. 定态薛定谔方程与定态的性质

在势能不显含时间的情况下, 含时薛定谔方程可以通过分离变量法来求解. 首先求解定态薛定谔方程 (能量本征值方程)

$$-\frac{\hbar^2}{2m}\frac{\mathrm{d}^2\psi}{\mathrm{d}x^2}+V\psi=E\psi.$$

求解时需考虑波函数的标准条件 (连续、有限、单值等). 能量本征函数 ψ_n 具有正交归一性 (分立谱)

$$\int_{-\infty}^{\infty}\psi_m^*(x)\,\psi_n(x)\,\mathrm{d}x=\delta_{mn},$$

或 δ 函数正交归一性 (连续谱)

$$\int_{-\infty}^{\infty}\psi_q^*(x)\,\psi_{q'}(x)\,\mathrm{d}x=\delta(q-q').$$

由能量本征函数 ψ_n 可以得到定态波函数

$$\Psi_n(x,t)=\psi_n(x)\,\mathrm{e}^{-\mathrm{i}E_nt/\hbar}.$$

定态波函数满足含时薛定谔方程.

对分立谱, 定态是物理上可实现的态, 粒子处在定态时, 能量具有确定值 E_n, 其他力学量 (不显含时间) 的期待值不随时间变化. 对连续谱, 定态不是物理上可实现的态 (不可归一化), 但是它们可以叠加成物理上可实现的态.

含时薛定谔方程的一般解可由定态解叠加而成, 在分立谱情况下为

$$\Psi(x,t)=\sum_n c_n\Psi_n(x,t).$$

系数 c_n 由初始波函数确定:

$$\Psi(x,0)=\sum_n c_n\psi_n(x),\quad c_n=\int_{-\infty}^{\infty}\psi_n^*(x)\Psi(x,0)\mathrm{d}x.$$

由波函数 $\Psi(x,t)$ 的归一性, 可以得到系数 c_n 的归一性, 即

$$\sum_n|c_n|^2=1.$$

对 $\Psi(x,t)$ 态测量能量只能得到能量本征值, 得到 E_n 的几率是 $|c_n|^2$, 能量的期望值可由

$$\langle H\rangle=\sum_n|c_n|^2E_n$$

求出. 这种方法与

$$\langle H\rangle=\int_{-\infty}^{\infty}\Psi^*(x,t)\,\hat{H}\Psi(x,t)\,\mathrm{d}x$$

方法等价.

2. 束缚态和散射态

粒子的运动被"限制"在势阱内不能逃逸, 称之为**束缚态**. 不能被囚禁在势场中成为散射态. 薛定谔方程的两类解对应着束缚态和散射态. 条件是

$$\begin{cases} E<[V(-\infty)\text{ 和 }V(\infty)] & \text{束缚态,}\\ E>[V(-\infty)\text{ 或 }V(\infty)] & \text{散射态.}\end{cases}$$

对自然界中大多数的势场, 在无限远处趋于零, 上面的判据变得更为简化:

$$\begin{cases} E<0 & \text{束缚态,}\\ E>0 & \text{散射态.}\end{cases}$$

由于无限深方势阱和谐振子势在 $x\to\pm\infty$ 都是趋于无限大, 它们仅存在束缚态; 由于自由粒子的势是处处为零, 它仅存在散射态.

3. 典型一维情况

(a) 一维无限深方势阱 (分立谱, 束缚态):

$$V(x)=\begin{cases}0, & 0<x<a,\\ \infty, & \text{其他,}\end{cases}$$

能量本征函数和能量本征值分别为

$$\psi_n(x)=\sqrt{\frac{2}{a}}\sin\left(\frac{n\pi x}{a}\right),\quad 0<x<a,\quad n=1,2,3,\cdots,$$

$$E_n=\frac{n^2\pi^2\hbar^2}{2ma^2}.$$

若

$$V(x)=\begin{cases}0, & -a<x<a,\\ \infty, & \text{其他,}\end{cases}$$

则能量本征函数和能量本征值为

$$\psi_n(x)=\sqrt{\frac{1}{a}}\sin\left[\frac{n\pi}{2a}(x+a)\right],\quad -a<x<a,\quad n=1,2,3,\cdots,$$

$$E_n=\frac{n^2\pi^2\hbar^2}{2m(2a)^2}.$$

$n=1$ 是基态 (能量最低), $n=2$ 是第一激发态. 波函数相对于势阱的中心是奇偶交替的: ψ_1 是偶函数, ψ_2 是奇函数, ψ_3 是偶函数, 依次类推.

(b) 一维简谐振子 (分立谱, 束缚态):

$$V(x)=\frac{1}{2}m\omega^2x^2,\quad -\infty<x<\infty.$$

能量本征函数和能量本征值为

$$\psi_n(x)=\left(\frac{m\omega}{\pi\hbar}\right)^{1/4}\frac{1}{\sqrt{2^n n!}}H_n(\xi)\,\mathrm{e}^{-\xi^2/2},\quad \xi\equiv\sqrt{\frac{m\omega}{\hbar}}x;$$

$$E_n=\left(n+\frac{1}{2}\right)\hbar\omega,\qquad n=1,2,3,\cdots.$$

其中 $H_n(\xi)$ 为厄米多项式, 可由母函数 $\mathrm{e}^{-\xi^2}$ 生成, 即

$$H_n(\xi)=(-1)^n\,\mathrm{e}^{\xi^2}\left(\frac{\mathrm{d}}{\mathrm{d}\xi}\right)^n\mathrm{e}^{-\xi^2}.$$

厄米多项式满足递推关系, 即

$$H_{n+1}(\xi)=2\xi H_n(\xi)-2nH_{n-1}(\xi),$$

$$\frac{\mathrm{d}H_n(\xi)}{\mathrm{d}\xi}=2nH_{n-1}(\xi).$$

定义产生算符 $\hat{a}_+$ 与湮灭算符 $\hat{a}_-$:

$$\hat{a}_\pm=\frac{1}{\sqrt{2\hbar m\omega}}(m\omega\hat{x}\mp\mathrm{i}\hat{p}),$$

则

$$\hat{x}=\sqrt{\frac{\hbar}{2m\omega}}(\hat{a}_++\hat{a}_-),\quad \hat{p}=\mathrm{i}\sqrt{\frac{\hbar m\omega}{2}}(\hat{a}_+-\hat{a}_-),$$

$$\hat{a}_+\psi_n=\sqrt{n+1}\psi_{n+1},\quad \hat{a}_-\psi_n=\sqrt{n}\psi_{n-1},$$

$$\psi_n=\frac{1}{\sqrt{n!}}(\hat{a}_+)^n\psi_0,\quad \hat{a}_-\psi_0=0.$$

当处于能量本征态时,

$$\langle x\rangle=0,\quad \langle p\rangle=0,$$

$$\langle T\rangle=\left\langle\frac{p^2}{2m}\right\rangle=\langle V\rangle=\left\langle\frac{1}{2}m\omega^2x^2\right\rangle=\frac{1}{2}E_n=\frac{1}{2}\left(n+\frac{1}{2}\right)\hbar\omega.$$

(c) 一维自由粒子 (连续谱, 散射态):

定态薛定谔方程为

$$-\frac{\hbar^2}{2m}\frac{\mathrm{d}^2\psi}{\mathrm{d}x^2}=E\psi,\quad -\infty<x<\infty.$$

能量本征函数和本征值为

$$\psi_k(x)=\frac{1}{\sqrt{2\pi}}\mathrm{e}^{\mathrm{i}kx},\quad k\equiv\frac{\sqrt{2mE}}{\hbar},\quad -\infty<k<\infty,$$

$$E_k=\frac{\hbar^2k^2}{2m}.$$

能量本征函数满足 δ 函数正交归一性

$$\int_{-\infty}^{\infty}\psi_{k'}^*\psi_k\mathrm{d}x=\frac{1}{2\pi}\int_{-\infty}^{\infty}\mathrm{e}^{\mathrm{i}(k-k')x}\mathrm{d}x=\delta(k-k').$$

定态波函数为

$$\Psi_k(x,t)=\frac{1}{\sqrt{2\pi}}\mathrm{e}^{\mathrm{i}kx}\mathrm{e}^{-\mathrm{i}E_kt/\hbar}=\frac{1}{\sqrt{2\pi}}\mathrm{e}^{\mathrm{i}\left[kx-\hbar k^2t/(2m)\right]}=\frac{1}{\sqrt{2\pi}}\mathrm{e}^{\mathrm{i}(kx-\omega t)}.$$

定态不是物理上可实现的态 (不可归一化), 它代表一个向右传播的正弦波 ($k>0$) 或向左传播的正弦波 ($k<0$), 波的传播速度 (相速度) 为

$$v_{\text{相速}}=\frac{\omega}{k}=\frac{\hbar k}{2m}.$$

尽管定态不是物理上可实现的态, 但是定态叠加成的波包

$$\Psi(x,t)=\int_{-\infty}^{\infty}\phi(k)\Psi_k(x,t)\,\mathrm{d}k=\frac{1}{\sqrt{2\pi}}\int_{-\infty}^{\infty}\phi(k)\,\mathrm{e}^{\mathrm{i}\left[kx-\hbar k^2t/(2m)\right]}\mathrm{d}k$$

是物理上可实现 (可归一化) 的态. 其中叠加系数 $\phi(k)$ 由初始波包 $\Psi(x,0)$ 决定, 即

$$\Psi(x,0)=\frac{1}{\sqrt{2\pi}}\int_{-\infty}^{\infty}\phi(k)\,\mathrm{e}^{\mathrm{i}kx}\mathrm{d}k.$$

由能量本征函数满足 δ 函数正交归一性

$$\phi(k)=\frac{1}{\sqrt{2\pi}}\int_{-\infty}^{\infty}\Psi(x,0)\,\mathrm{e}^{-\mathrm{i}kx}\mathrm{d}k.$$

波包在空间的传播速度称为群速度

$$v_{\text{群速}}=\frac{\mathrm{d}\omega}{\mathrm{d}k}=\frac{\hbar k}{m}=2v_{\text{相速}}.$$

(d) 一维 δ 函数势阱:

$$V(x)=-\alpha\delta(x).$$

$\delta(x)$ 函数的性质为

$$\delta(x)=\begin{cases}\infty, & x=0,\\ 0, & x\neq 0,\end{cases}$$

$$\int_{-\infty}^{\infty}\delta(x)\,\mathrm{d}x=1,\quad \int_{-\infty}^{\infty}f(x)\,\delta(x-a)\,\mathrm{d}x=f(a).$$

在 $x=0$ 处, 由于 $\delta(x)$ 函数势的存在, 波函数的导数出现跃变

$$\Delta\left(\frac{\mathrm{d}\psi}{\mathrm{d}x}\right)\equiv\left.\frac{\mathrm{d}\psi}{\mathrm{d}x}\right|_{0+\varepsilon}-\left.\frac{\mathrm{d}\psi}{\mathrm{d}x}\right|_{0-\varepsilon}=-\frac{2m\alpha}{\hbar^2}\psi(0).$$

(如果是 $\delta(x-a)$ 函数势, 上式中做 $0\to a$ 代换.)

$E<0$ 束缚态: 只有一个束缚态, 能量本征函数和本征值为

$$\psi(x)=\sqrt{\kappa}\mathrm{e}^{-\kappa|x|},\quad \kappa\equiv\frac{m\alpha}{\hbar^2},$$

$$E=-\frac{\hbar^2\kappa^2}{2m}=-\frac{m\alpha^2}{2\hbar^2}.$$

$E>0$ 散射态 (连续谱): 定态薛定谔方程的解为

$$\psi(x)=\begin{cases}A\mathrm{e}^{\mathrm{i}kx}+B\mathrm{e}^{-\mathrm{i}kx}, & x<0,\quad k\equiv\dfrac{\sqrt{2mE}}{\hbar},\\ F\mathrm{e}^{\mathrm{i}kx}+G\mathrm{e}^{-\mathrm{i}kx}, & x>0.\end{cases}$$

尽管散射态不是可归一化的态，但是可以用它作为代表来讨论入射粒子 (波包) 被势反射或透射的情况. 由波函数及其导数在 $x=0$ 处连续和跃变条件, 可以得出反射波振幅 B、透射波振幅 F 与入射波振幅 A 的关系 (设 $G=0$, 没有从右向左入射的波). 计算出反射波几率流密度 J_R、透射波几率流密度 J_T 和入射波几率流密度 J_I, 可以得到反射系数 R 和透射系数 T. 由几率流密度定义

$$J=\frac{\mathrm{i}\hbar}{2m}\left(\Psi\frac{\partial\Psi^*}{\partial x}-\Psi^*\frac{\partial\Psi}{\partial x}\right),$$

(三维情况为 $\boldsymbol{J}=\dfrac{\mathrm{i}\hbar}{2m}\left(\Psi\nabla\Psi^*-\Psi^*\nabla\Psi\right)$.) 计算出

$$R=\left|\frac{J_R}{J_I}\right|=\left|\frac{B}{A}\right|^2=\frac{1}{1+2\hbar^2E/(m\alpha^2)},$$

$$T=\left|\frac{J_T}{J_I}\right|=\left|\frac{F}{A}\right|^2=\frac{1}{1+m\alpha^2/(2\hbar^2E)},$$

反射系数 R 和透射系数 T 之和为 1, 即 $R+T=1$.

(e) 有限深方势阱:

有限深方势阱势函数

$$V(x)=\begin{cases}-V_0, & -a\leqslant x\leqslant a,\\ 0, & |x|>a,\end{cases}$$

其中 V_0 是正常数 (教材图 2.16). 薛定谔方程为

在 $x<-a$ 和 $x>a$ 区域, 薛定谔方程为 $\left(\text{设 }\kappa\equiv\dfrac{\sqrt{-2mE}}{\hbar}\right)$

$$\frac{\mathrm{d}^2\psi}{\mathrm{d}x^2}=\kappa^2\psi,$$

在 $-a<x<a$ 区域, 薛定谔方程为 $\left(\text{设 }l\equiv\dfrac{\sqrt{2m(E+V_0)}}{\hbar}\right)$

$$\frac{\mathrm{d}^2\psi}{\mathrm{d}x^2}=-l^2\psi,$$

解为

$$\psi(x)=\begin{cases}F\mathrm{e}^{-\kappa x}, & x>a,\\ D\cos(lx), & 0<x<a,\\ \psi(-x), & x<0.\end{cases}$$

波函数 $\psi(x)$ 和 $\mathrm{d}\psi/\mathrm{d}x$ 连续性要求, 取 $z\equiv la$, 以及 $z_0\equiv\dfrac{a}{\hbar}\sqrt{2mV_0}$, 得 z_0 的函数的超越方程

$$\tan z=\sqrt{(z_0/z)^2-1}.$$

(1) 宽和深势阱情况：能级有

$$E_n+V_0\cong\frac{n^2\pi^2\hbar^2}{2m(2a)^2}.\quad(n=1,3,5,\cdots)$$

对任何有限的 V_0 值, 仅存在有限数目束缚态.

(2) 浅和窄势阱情况: 透射系数

$$T^{-1}=1+\frac{V_0^2}{4E(E+V_0)}\sin^2\left(\frac{2a}{\hbar}\sqrt{2m(E+V_0)}\right).$$

完全透射的能量为

$$E_n+V_0=\frac{n^2\pi^2\hbar^2}{2m(2a)^2},$$

这恰好是**无限深方势阱**所允许的能量.

***习题 2.1** 证明下列三个定理:

(a) 对归一化的解, 其分离变量常数 E 必为实数. **提示** 把 (方程 (2.7) 中) E 写成 $E_0+\mathrm{i}\Gamma$ 的形式 (E_0 和 Γ 都是实数), 然后证明对任何时间 t, 如果方程 (1.20) 都成立, 则 Γ 必定为零.

(b) 定态波函数 $\psi(x)$ 总可以取作实数 (不像 $\Psi(x,t)$ 一定是复数). 这并不是说任何定态薛定谔方程的解一定是实数; 而是说, 如果得到的不是实数解, 总可以通过这些 (具有相同能量) 解的线性组合得到一个实数解. 所以, 总可以说薛定谔方程的解 ψ 可以取作实数. **提示** 对于一个给定的能量 E, 如果 $\psi(x)$ 满足方程 (2.5), 那么 $\psi(x)$ 的共轭复数也满足; 这样它们的线性组合 $(\psi+\psi^*)$ 和 $\mathrm{i}(\psi-\psi^*)$ 为实数解, 它们同样也满足方程 (2.5).

(c) 如果 $V(x)$ 是**偶函数** (也就是说, $V(-x)=V(x)$), 那么 $\psi(x)$ 总可以取作偶函数或者奇函数. **提示** 对于给定的能量 E, 如果 $\psi(x)$ 满足方程 (2.5), 那么 $\psi(-x)$ 也一定满足, 因此它们的奇函数和偶函数的组合 $\psi(x)\pm\psi(-x)$ 也满足.

证明 (a) 把定态实数解 E 改写成复数 $(E_0+\mathrm{i}\Gamma)$ 的形式, 则

$$\Psi(x,t)=\psi(x)\,\mathrm{e}^{-\mathrm{i}E_0t/\hbar}\mathrm{e}^{\Gamma t/\hbar}.$$

$t=0$ 时刻, 波函数是归一化的, 即

$$\int_{-\infty}^{\infty}|\Psi(x,0)|^2\mathrm{d}x=\int_{-\infty}^{\infty}|\psi(x)|^2\mathrm{d}x=1.$$

在以后任何时刻

$$\int_{-\infty}^{\infty}|\Psi(x,t)|^2\mathrm{d}x=\mathrm{e}^{2\Gamma t/\hbar}\int_{-\infty}^{\infty}|\psi(x)|^2\mathrm{d}x=\mathrm{e}^{2\Gamma t/\hbar}.$$

所以要求在任何时刻满足

$$\int_{-\infty}^{\infty}|\Psi(x,t)|^2\mathrm{d}x=1.$$

必须有 $\Gamma=0$, 即 E 必须为实数.

(b) 设 $\psi(x)$ 满足定态薛定谔方程

$$\left[-\frac{\hbar^2}{2m}\frac{\partial^2}{\partial x^2}+V(x)\right]\psi(x)=E\psi(x),$$

将该式取复共轭, 注意到 $V(x),E$ 是实的, 得

$$\left[-\frac{\hbar^2}{2m}\frac{\partial^2}{\partial x^2}+V(x)\right]\psi^*(x)=E\psi^*(x).$$

显然 $\psi(x)$ 和 $\psi^*(x)$ 是同一个薛定谔方程的解, 所以它们的线性叠加

$$\varphi(x) = \psi(x) + \psi^*(x),$$

或

$$\varphi(x) = \mathrm{i}\left[\psi(x) - \psi^*(x)\right]$$

也是同一薛定谔方程的解. 显然 $\varphi^*(x) = \varphi(x)$ 是实函数, 所以一维定态薛定谔方程的解总可以取为实函数.

(c) 对

$$\left[-\frac{\hbar^2}{2m}\frac{\partial^2}{\partial x^2} + V(x)\right]\psi(x) = E\psi(x)$$

进行空间反演 $x \to -x$, 得

$$\left[-\frac{\hbar^2}{2m}\frac{\partial^2}{\partial(-x)^2} + V(-x)\right]\psi(-x) = E\psi(-x).$$

如果势能 $V(x) = V(-x)$ 是偶函数, 则

$$\left[-\frac{\hbar^2}{2m}\frac{\partial^2}{\partial x^2} + V(x)\right]\psi(-x) = E\psi(-x).$$

因此 $\psi(x)$ 和 $\psi(-x)$ 是同一薛定谔方程的解, 所以它们的线性叠加

$$\varphi_\pm(x) = \psi(x) \pm \psi(-x)$$

也是同一薛定谔方程的解. $\varphi_\pm(-x) = \pm\varphi_\pm(x)$, 所以当势能是偶函数时, 定态薛定谔方程的解总可以取为有确定宇称的解.

***习题 2.2**　证明: 对于定态薛定谔方程的每一个归一化解, E 必须要大于 $V(x)$ 的最小值. 这句话在经典力学中的对应是什么? **提示**　把方程 (2.5) 重新写为

$$\frac{\mathrm{d}^2\psi}{\mathrm{d}x^2} = \frac{2m}{\hbar^2}\left[V(x) - E\right]\psi;$$

如果 $E < V_{\min}$, 那么 ψ 和它的二阶导数有相同的符号, 在这种情况下认为该波函数是不可归一化的.

解答　如果 $E < V_{\min}$, 那么 ψ 和它的二阶导数有同样的符号. 如果 ψ 是正值, 它将一直增大, 这与 $x \to \pm\infty, \psi \to 0$ 的要求不符, 导致函数是不可归一化的. 如果 ψ 是负值, 它将一直减小 (绝对值在增大), 这同样与 $x \to \pm\infty, \psi \to 0$ 的要求不符, 导致函数是不可归一化的.

还可以从另一个方面讨论该问题. 设 $\psi(x)\mathrm{e}^{-\mathrm{i}Et/\hbar}$ 是定态薛定谔方程的一个归一化解, 所以

$$E = \langle H\rangle = \left\langle\frac{p^2}{2m}\right\rangle + \langle V(x)\rangle \geqslant \langle V(x)\rangle \geqslant V_{\min}.$$

在经典力学中, 在势场中运动的粒子, 它的总能量为动能和势能之和, 因为动能 $\geqslant 0$, 所以总能 $\geqslant$ 势能 $\geqslant$ 势能最小值. 如果总能 $\leqslant$ 势能最小值, 将意味着动能为负值, 这显然是不可能的. 在量子力学中, 如果 $E < V_{\min}$, 则意味着动能的期望值为负值, 或 p^2 的期望值为负值. 这对归一化的解是不可能的.

习题 2.3　证明：对于一维无限深方势阱，在 $E=0$ 或 $E<0$ 的情况下，(定态) 薛定谔方程不存在物理上成立的解. (这是在习题 2.2 中所讨论的一般定理的一个特殊情况，但这次需要直接求解薛定谔方程，并证明其无法满足边界条件.)

证明　一维无限深方势阱的定态薛定谔方程为

$$-\frac{\hbar^2}{2m}\frac{\mathrm{d}^2\psi}{\mathrm{d}x^2}=E\psi,\quad 0<x<a$$

和

$$\psi(0)=\psi(a)=0.$$

如果 $E=0$，方程的解为

$$\psi=A+Bx.$$

$\psi(0)=\psi(a)=0$，要求 $A=0,B=0$，只有零解.

如果 $E<0$，方程可以写为

$$-\frac{\hbar^2}{2m}\frac{\mathrm{d}^2\psi}{\mathrm{d}x^2}=-|E|\psi,$$

其解为

$$\psi(x)=A\mathrm{e}^{\beta x}+B\mathrm{e}^{-\beta x},$$

其中，

$$\beta\equiv\frac{\sqrt{2m|E|}}{\hbar}.$$

由 $x=0,a$ 时波函数连续条件，得

$$\psi(0)=A+B=0,$$
$$\psi(a)=A\mathrm{e}^{\beta a}+B\mathrm{e}^{-\beta a}=0.$$

因此，要么 $A=B=0$，要么有 $\mathrm{e}^{-2\beta a}=1\to\beta=0\to E=0$，但是这两种情况下，只有非物理的零解. 所以在 $E=0$ 或 $E<0$ 的情况下，一维无限深方势阱的 (定态) 薛定谔方程不存在物理上可接受的解.

***习题 2.4**　对一维无限深方势阱中的第 n 个定态计算 $\langle x\rangle,\langle x^2\rangle,\langle p\rangle,\langle p^2\rangle,\sigma_x$ 和 σ_p 的值. 验证不确定性原理是成立的. 指出哪个态最接近不确定性原理的极限.

解答　一维无限深方势阱的定态波函数为

$$\psi(x)=\sqrt{\frac{2}{a}}\sin\left(\frac{n\pi x}{a}\right),\quad 0<x<a.$$

$$\begin{aligned}\langle x\rangle&=\frac{2}{a}\int_0^a x\sin^2\left(\frac{n\pi x}{a}\right)dx=\frac{2}{a}\int_0^a x\frac{1-\cos\left(\dfrac{2n\pi x}{a}\right)}{2}\mathrm{d}x\\&=\frac{2}{a}\int_0^a\frac{x}{2}\mathrm{d}x-\frac{2}{a}\int_0^a\frac{x}{2}\frac{a}{2n\pi}\cos\left(\frac{2n\pi x}{a}\right)\mathrm{d}\left(\frac{2n\pi x}{a}\right)\\&=\frac{2}{a}\frac{a^2}{4}-\frac{2}{a}\frac{a}{2n\pi}\int_0^a x\mathrm{d}\sin\left(\frac{2n\pi x}{a}\right)\\&=\frac{a}{2}-\frac{1}{n\pi}\left[x\sin\left(\frac{2n\pi x}{a}\right)\Big|_0^a-\int_0^a\sin\left(\frac{2n\pi x}{a}\right)\mathrm{d}x\right]\end{aligned}$$

$$= \frac{a}{2}.$$

$$\begin{aligned}
\langle x^2 \rangle &= \frac{2}{a}\int_0^a x^2 \sin^2\left(\frac{n\pi x}{a}\right)\mathrm{d}x = \frac{2}{a}\int_0^a x^2 \frac{1-\cos\left(\dfrac{2n\pi x}{a}\right)}{2}\mathrm{d}x \\
&= \frac{1}{a}\left.\frac{x^3}{3}\right|_0^a - \frac{1}{a}\int_0^a x^2 \cos\left(\frac{2n\pi x}{a}\right)\mathrm{d}x \\
&= \frac{a^2}{3} - \frac{1}{a}\left(\frac{a}{2n\pi}\right)\int_0^a x^2 \mathrm{d}\sin\left(\frac{2n\pi x}{a}\right) \\
&= \frac{a^2}{3} - \frac{1}{2n\pi}\left[\left. x^2\sin\left(\frac{2n\pi x}{a}\right)\right|_0^a - \int_0^a 2x\sin\left(\frac{2n\pi x}{a}\right)\mathrm{d}x\right] \\
&= \frac{a^2}{3} + \frac{1}{n\pi}\left[\int_0^a x\sin\left(\frac{2n\pi x}{a}\right)\mathrm{d}x\right] \\
&= \frac{a^2}{3} + \frac{1}{n\pi}\frac{a}{2n\pi}\int_0^a x\mathrm{d}\left[-\cos\left(\frac{2n\pi x}{a}\right)\right] \\
&= \frac{a^2}{3} - \frac{a}{2n^2\pi^2}\left[\left. x\cos\frac{2n\pi x}{a}\right|_0^a - \int_0^a \cos\left(\frac{2n\pi x}{a}\right)\mathrm{d}x\right] \\
&= \frac{a^2}{3} - \frac{a^2}{2n^2\pi^2}.
\end{aligned}$$

$$\sigma_x = \sqrt{\langle x^2\rangle - \langle x\rangle^2} = a\sqrt{\frac{1}{12} - \frac{1}{2n^2\pi^2}}.$$

$$\begin{aligned}
\langle p \rangle &= \frac{2}{a}\int_0^a \sin\left(\frac{n\pi x}{a}\right)\left(-\mathrm{i}\hbar\frac{\mathrm{d}}{\mathrm{d}x}\right)\sin\left(\frac{n\pi x}{a}\right)\mathrm{d}x \\
&= -\mathrm{i}\hbar\frac{2}{a}\int_0^a \sin\left(\frac{n\pi x}{a}\right)\mathrm{d}\sin\left(\frac{n\pi x}{a}\right) = 0.
\end{aligned}$$

$$\begin{aligned}
\langle p^2 \rangle &= \frac{2}{a}\int_0^a \sin\left(\frac{n\pi x}{a}\right)\left(-\hbar^2\frac{\mathrm{d}^2}{\mathrm{d}x^2}\right)\sin\left(\frac{n\pi x}{a}\right)\mathrm{d}x \\
&= \hbar^2\frac{n^2\pi^2}{a^2}\frac{2}{a}\int_0^a \sin^2\left(\frac{n\pi x}{a}\right)\mathrm{d}x = \frac{\hbar^2 n^2\pi^2}{a^2}.
\end{aligned}$$

$$\sigma_p = \sqrt{\langle p^2\rangle - \langle p\rangle^2} = \frac{\hbar n\pi}{a},$$

$$\sigma_x\sigma_p = \hbar\sqrt{\frac{n^2\pi^2}{12} - \frac{1}{2}} = \frac{\hbar}{2}\sqrt{\frac{n^2\pi^2-6}{3}}.$$

显然, 当 $n=1$ (基态) 时最接近不确定性原理的极限.

***习题 2.5**　在一维无限深方势阱中, 粒子初始波函数由前两个定态波函数叠加而成:

$$\Psi(x,0) = A\left[\psi_1(x) + \psi_2(x)\right].$$

(a) 归一化 $\Psi(x,0)$. (即求出 A. 利用 ψ_1 和 ψ_2 的正交归一性会使计算变得很简单. 请记住, 你可以认为在 $t=0$ 时波函数 Ψ 是归一化的, 那么在以后时间也是归一化的——如对此有疑问, 在做完 (b) 后验证一下.)

(b) 求 $\Psi(x,\mathrm{t})$ 和 $|\Psi(x,\mathrm{t})|^2$. 像例题 2.1 一样, 把后者用含时正弦函数表示. 为简化计算结果, 令 $\omega \equiv \pi^2\hbar/2ma^2$.

(c) 计算 $\langle x\rangle$ 的值. 注意结果是随时间振荡的. 振荡的角频率是多少? 振幅是多少? (如果你得到的振幅大于 $a/2$, 计算一定有错.)

(d) 计算 $\langle p\rangle$ 的值.(正如彼得·洛所讲, "当然要做, 约翰尼! ")

(e) 如果对粒子的能量进行测量, 可能得到的值是什么? 所得到每个值的几率是多少? 求出 H 的期望值, 并与 E_1 和 E_2 作对比.

解答　(a) 利用哈密顿量本征函数的正交归一性

$$\int \psi_m^* \psi_n \mathrm{d}x = \delta_{mn},$$

$$\begin{aligned}
1 &= \int |\Psi(x,0)|^2 \mathrm{d}x = |A|^2 \int |\psi_1(x) + \psi_2(x)|^2 \mathrm{d}x \\
&= |A|^2 \int [\psi_1(x)^* + \psi_2(x)^*][\psi_1(x) + \psi_2(x)] \mathrm{d}x \\
&= |A|^2 \int \left[|\psi_1|^2 + |\psi_2|^2 + \psi_1^*\psi_2 + \psi_2^*\psi_1\right] \mathrm{d}x \\
&= 2|A|^2,
\end{aligned}$$

所以

$$A = \frac{1}{\sqrt{2}}.$$

(b) 含时波函数可以写成定态部分 $\psi_i(x)$ 与时间因子 $\mathrm{e}^{-\mathrm{i}E_i t/\hbar}$ 的乘积

$$\Psi(x,t) = \frac{1}{\sqrt{2}}\left[\psi_1(x)\mathrm{e}^{-\mathrm{i}E_1 t/\hbar} + \psi_2(x)\mathrm{e}^{-\mathrm{i}E_2 t/\hbar}\right],$$

$$\begin{aligned}
|\Psi(x,t)|^2 &= \frac{1}{2}\left|\psi_1(x)\mathrm{e}^{-\mathrm{i}E_1 t/\hbar} + \psi_2(x)\mathrm{e}^{-\mathrm{i}E_2 t/\hbar}\right|^2 \\
&= \frac{1}{2}\left[|\psi_1|^2 + |\psi_2|^2 + \psi_1^*\psi_2 \mathrm{e}^{-\mathrm{i}(E_2-E_1)t/\hbar} + \psi_1\psi_2^* \mathrm{e}^{\mathrm{i}(E_2-E_1)t/\hbar}\right].
\end{aligned}$$

将 $\psi_n(x) = \sqrt{\dfrac{2}{a}}\sin\left(\dfrac{n\pi}{a}x\right)$ $(0 \leqslant x \leqslant a)$ 和 $E_n = \dfrac{n^2\pi^2\hbar^2}{2ma^2}$ 代入上式, 并令 $\omega \equiv \dfrac{E_2 - E_1}{\hbar}$, 得

$$\begin{aligned}
|\Psi(x,t)|^2 &= \frac{1}{2}\left|\psi_1(x)\mathrm{e}^{-\mathrm{i}E_1 t/\hbar} + \psi_2(x)\mathrm{e}^{-\mathrm{i}E_2 t/\hbar}\right|^2 \\
&= \frac{1}{a}\left[\sin^2\left(\frac{\pi}{a}x\right) + \sin^2\left(\frac{2\pi}{a}x\right) + \sin\left(\frac{\pi}{a}x\right)\sin\left(\frac{2\pi}{a}x\right)\left(\mathrm{e}^{\mathrm{i}\omega t} + \mathrm{e}^{-\mathrm{i}\omega t}\right)\right] \\
&= \frac{1}{a}\left[\sin^2\left(\frac{\pi}{a}x\right) + \sin^2\left(\frac{2\pi}{a}x\right) + 2\sin\left(\frac{\pi}{a}x\right)\sin\left(\frac{2\pi}{a}x\right)\cos(\omega t)\right].
\end{aligned}$$

(c) $t \neq 0$ 时,

$$\begin{aligned}
\langle x\rangle &= \int_0^a x|\Psi(x,t)|^2 \mathrm{d}x \\
&= \frac{1}{2}\int_0^a x\frac{2}{a}\left[\sin^2\left(\frac{\pi}{a}x\right) + \sin^2\left(\frac{2\pi}{a}x\right) + 2\sin\left(\frac{\pi}{a}x\right)\sin\left(\frac{2\pi}{a}x\right)\cos(\omega t)\right]\mathrm{d}x.
\end{aligned}$$

将上式完成积分, 得

$$\langle x\rangle = \frac{a}{2} - \frac{16a}{9\pi^2}\cos(\omega t)$$

(以 $a/2$ 为中心的振荡) 振幅为 $\dfrac{16a}{9\pi^2}$, 角频率为 $\omega=\dfrac{3\pi^2\hbar^2}{2ma^2}$.

(d) 由动量期望值与坐标期望值之间的关系, 得

$$\langle p\rangle=m\frac{\mathrm{d}\langle x\rangle}{\mathrm{d}t}=m\omega\frac{16a}{9\pi^2}\sin(\omega t).$$

(e)

$$\begin{aligned}\langle H\rangle&=\int\Psi^*(x,t)H\Psi(x,t)\,\mathrm{d}x\\&=\frac{1}{2}\int\left(\psi_1^*\mathrm{e}^{\mathrm{i}E_1t/\hbar}+\psi_2^*\mathrm{e}^{\mathrm{i}E_2t/\hbar}\right)H\left(\psi_1\mathrm{e}^{-\mathrm{i}E_1t/\hbar}+\psi_2\mathrm{e}^{-\mathrm{i}E_2t/\hbar}\right)\mathrm{d}x\\&=\frac{1}{2}\int\left(\psi_1^*\mathrm{e}^{\mathrm{i}E_1t/\hbar}+\psi_2^*\mathrm{e}^{\mathrm{i}E_2t/\hbar}\right)\left(H\psi_1\mathrm{e}^{-\mathrm{i}E_1t/\hbar}+H\psi_2\mathrm{e}^{-\mathrm{i}E_2t/\hbar}\right)\mathrm{d}x\\&=\frac{1}{2}\int\left(\psi_1^*\mathrm{e}^{\mathrm{i}E_1t/\hbar}+\psi_2^*\mathrm{e}^{\mathrm{i}E_2t/\hbar}\right)\left(E_1\psi_1\mathrm{e}^{-\mathrm{i}E_1t/\hbar}+E_2\psi_2\mathrm{e}^{-\mathrm{i}E_2t/\hbar}\right)\mathrm{d}x\\&=\frac{1}{2}\Big[E_1\int|\psi_1|^2\,\mathrm{d}x+E_2\int|\psi_2|^2\,\mathrm{d}x+E_2\mathrm{e}^{\mathrm{i}(E_1-E_2)t/\hbar}\int\psi_1^*\psi_2\mathrm{d}x\\&\quad+E_1\mathrm{e}^{-\mathrm{i}(E_1-E_2)t/\hbar}\int\psi_2^*\psi_1\mathrm{d}x\Big]\\&=\frac{1}{2}(E_1+E_2).\end{aligned}$$

对 $\Psi(x,t)$ 测量能量, 得到 E_1 的几率为 1/2, 得到 E_2 的几率为 1/2. 这个几率同 $t=0$ 时刻是一样的, 也就是说, $\langle H\rangle$ 不随时间变化, 这体现了能量守恒.

为什么 $\langle x\rangle,\langle p\rangle$ 会随时间变化, 而 $\langle H\rangle$ 不随时间变化? 这是因为 ψ_n 是哈密顿算符的本征函数, $H\psi_n=E_n\psi_n$, 相干项为

$$E_2\mathrm{e}^{\mathrm{i}(E_1-E_2)t/\hbar}\int\psi_1^*\psi_2\mathrm{d}x+E_1\mathrm{e}^{-\mathrm{i}(E_1-E_2)t/\hbar}\int\psi_2^*\psi_1\mathrm{d}x.$$

由于本征函数的正交性, 结果为零. 但是, 对于 x,p 算符, 该相干项一般不为零 ($x\psi_2$ 与 $\psi_1,\hat{p}\psi_2$ 与 ψ_1 一般不会正交).

习题 2.6 虽然波函数整体的相因子常数都没有任何物理意义 (在计算一个可观测量的时候可以将其抵消掉), 但是方程 (2.17) 中的系数的相对相因子却起作用. 例如, 假定改变习题 2.5 中 ψ_1 和 ψ_2 的相对相因子:

$$\Psi(x,0)=A\left[\psi_1(x)+\mathrm{e}^{\mathrm{i}\phi}\psi_2(x)\right],$$

其中 ϕ 是一些常数. 求解 $\Psi(x,t),|\Psi(x,t)|^2$ 和 $\langle x\rangle$, 并与前面 (习题 2.5) 的结果做比较. 研究当 $\phi=\pi/2$ 和 $\phi=\pi$ 时的特殊情况. (对该问题的一个图示, 可在教材脚注 9 所给出的网页中找到.)

解答 先对波函数进行归一化

$$\begin{aligned}1&=\int|\Psi(x,0)|^2\mathrm{d}x=|A|^2\int\left|\psi_1+\mathrm{e}^{\mathrm{i}\phi}\psi_2\right|^2\mathrm{d}x\\&=|A|^2\int\left(|\psi_1|^2+|\psi_2|^2+\psi_1^*\psi_2\mathrm{e}^{\mathrm{i}\phi}+\psi_2^*\psi_1\mathrm{e}^{-\mathrm{i}\phi}\right)\mathrm{d}x\\&=2|A|^2,\end{aligned}$$

$$A=\frac{1}{\sqrt{2}}.$$

$$\Psi(x,t)=\frac{1}{\sqrt{2}}\left(\psi_1\mathrm{e}^{-\mathrm{i}E_1t/\hbar}+\mathrm{e}^{\mathrm{i}\phi}\psi_2\mathrm{e}^{-\mathrm{i}E_2t/\hbar}\right).$$

$$\begin{aligned}|\Psi(x,t)|^2&=\frac{1}{2}\left(\psi_1\mathrm{e}^{-\mathrm{i}E_1t/\hbar}+\mathrm{e}^{\mathrm{i}\phi}\psi_2\mathrm{e}^{-\mathrm{i}E_2t/\hbar}\right)^*\left(\psi_1\mathrm{e}^{-\mathrm{i}E_1t/\hbar}+\mathrm{e}^{\mathrm{i}\phi}\psi_2\mathrm{e}^{-\mathrm{i}E_2t/\hbar}\right)\\&=\frac{1}{2}\left[|\psi_1|^2+|\psi_2|^2+\psi_1^*\psi_2\mathrm{e}^{\mathrm{i}\phi}\mathrm{e}^{-\mathrm{i}(E_2-E_1)t/\hbar}+\psi_2^*\psi_1\mathrm{e}^{-\mathrm{i}\phi}\mathrm{e}^{\mathrm{i}(E_2-E_1)t/\hbar}\right]\\&=\frac{1}{a}\left[\sin^2\left(\frac{\pi x}{a}\right)+\sin^2\left(\frac{2\pi x}{a}\right)+2\sin\left(\frac{\pi x}{a}\right)\sin\left(\frac{2\pi x}{a}\right)\cos(\omega t-\phi)\right],\end{aligned}$$

其中

$$\omega\equiv\frac{E_2-E_1}{\hbar},$$

$$\begin{aligned}\langle x\rangle&=\frac{1}{a}\int_0^a x\left[\sin^2\left(\frac{\pi x}{a}\right)+\sin^2\left(\frac{2\pi x}{a}\right)\right.\\&\qquad\left.+2\sin\left(\frac{\pi x}{a}\right)\sin\left(\frac{2\pi x}{a}\right)\cos(\omega t-\phi)\right]\mathrm{d}x\\&=\frac{a}{2}-\frac{16a}{9\pi^2}\cos(\omega t-\phi).\end{aligned}$$

当 $\phi=\pi/2$ 时,

$$\langle x\rangle=\frac{a}{2}-\frac{16a}{9\pi^2}\cos\left(\omega t-\frac{\pi}{2}\right)=\frac{a}{2}-\frac{16a}{9\pi^2}\sin(\omega t);$$

当 $\phi=\pi$ 时,

$$\langle x\rangle=\frac{a}{2}-\frac{16a}{9\pi^2}\cos(\omega t-\pi)=\frac{a}{2}+\frac{16a}{9\pi^2}\cos(\omega t).$$

***习题 2.7**　一维无限深方势阱中粒子的初始波函数为

$$\Psi(x,0)=\begin{cases}Ax, & 0\leqslant x\leqslant a/2,\\ A(a-x), & a/2\leqslant x\leqslant a.\end{cases}$$

(a) 画出 $\Psi(x,0)$ 的草图, 然后求出常数 A.

(b) 求 $\Psi(x,\mathrm{t})$.

(c) 对粒子能量进行测量, 得到结果为 E_1 的几率是多少?

(d) 利用方程 (2.21), 求能量的期望值.①

解答　(a) $\Psi(x,0)$ 的图形如图 2.1 所示.

归一化波函数

$$1=\int_{-\infty}^{\infty}|\Psi(x,0)|^2\mathrm{d}x$$

① 请记住: 只要初始波函数是归一化的, 原则上对初始波函数的形状没有限制. 特别是, $\Psi(x,0)$ 不必有一个连续的导数. 不过, 在这种情况下, 如果你试图用 $\int\Psi(x,0)^*H\Psi(x,0)\,\mathrm{d}x$ 计算 $\langle H\rangle$, 会遇到技术上的困难, 因为 $\Psi(x,0)$ 的二次导数定义不清. 在处理类似习题 2.9 时没有问题是因为不连续发生在端点, 此处的波函数为零. 在习题 2.39 中, 你将看到如何处理类似习题 2.7 的情况.

$$
\begin{aligned}
&= |A|^2 \left[\int_0^{a/2} x^2 \mathrm{d}x + \int_{a/2}^{a} (a-x)^2 \mathrm{d}x\right] \\
&= |A|^2 \frac{a^3}{12}.
\end{aligned}
$$

所以

$$
A = \sqrt{\frac{12}{a^3}}.
$$

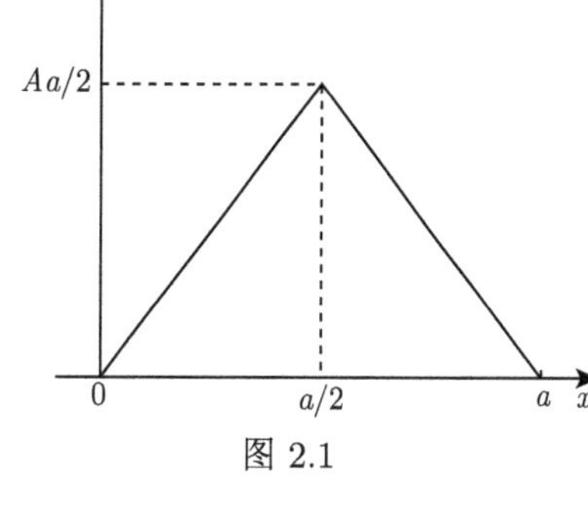

图 2.1

(b) 一维无限深方势阱的定态波函数为

$$
\psi_n(x) = \sqrt{\frac{2}{a}} \sin\left(\frac{n\pi x}{a}\right), \quad 0 < x < a.
$$

把初始波函数用定态展开

$$
\Psi(x,0) = \sum_n c_n \psi_n(x),
$$

其展开系数为

$$
\begin{aligned}
c_n &= \int_0^a \psi_n^*(x) \Psi(x,0) \mathrm{d}x \\
&= \frac{\sqrt{24}}{a^2} \left[\int_0^{a/2} x \sin\left(\frac{n\pi x}{a}\right) \mathrm{d}x + \int_{a/2}^{a} (a-x) \sin\left(\frac{n\pi x}{a}\right) \mathrm{d}x\right].
\end{aligned}
$$

利用积分公式

$$
\int_b^d x \sin(kx) \mathrm{d}x = \left[\frac{1}{k^2} \sin(kx) - \frac{x}{k} \cos(kx)\right]\Bigg|_b^{\mathrm{d}}
$$

得

$$
c_n = \frac{4\sqrt{6}}{(n\pi)^2} \sin\left(\frac{n\pi}{2}\right) = \begin{cases} 0, & n = 2, 4, 6, \cdots \\ (-1)^{(n-1)/2} \dfrac{4\sqrt{6}}{n^2\pi^2}, & n = 1, 3, 5, \cdots \end{cases}
$$

所以

$$
\Psi(x,t) = \sum_n c_n \mathrm{e}^{-\mathrm{i}E_n t/\hbar} \psi_n(x), \quad E_n = \frac{\hbar^2 n^2 \pi^2}{2ma^2}.
$$

(c) 测量能量得到结果为 E_1 的几率是 $P_1 = |c_1|^2 = \left(\dfrac{4\sqrt{6}}{\pi^2}\right)^2 = 0.9855.$

(d)

$$
\begin{aligned}
\langle E \rangle &= \sum_n |c_n|^2 E_n \\
&= \frac{\hbar^2}{2ma^2} \frac{16 \times 6}{\pi^2} \sum_{n=\text{奇数}} \frac{1}{n^2} \\
&= \frac{6\hbar^2}{ma^2}.
\end{aligned}
$$

其中利用了级数求和公式 (这些公式可由函数的傅里叶级数展开式得到, 可在数学手册上查到), 即

$$
\sum_{n=\text{奇数}} \frac{1}{n^2} = 1 + \frac{1}{3^2} + \frac{1}{5^2} + \frac{1}{7^2} + \cdots = \frac{\pi^2}{8}.
$$

习题 2.8 质量为 m 的粒子处在 (宽度为 a) 一维无限深方势阱中, 初态为

$$\Psi(x,0)=\begin{cases}A, & 0\leqslant x\leqslant a/2,\\ 0, & a/2<x\leqslant a,\end{cases}$$

对于常数 A, 势阱中左半边的区域中 ($t=0$ 时) 每一点发现粒子的可能性相同. (在以后的时刻 t) 对能量进行测量得到数值为 $\pi^2\hbar^2/(2ma^2)$ 的几率是多少?

解答 初始波函数为

$$\Psi(x,0)=\begin{cases}A, & 0\leqslant x\leqslant a/2,\\ 0, & a/2<x\leqslant a,\end{cases}$$

归一化

$$1=\int_0^a|\Psi(x,0)|^2\mathrm{d}x=|A|^2\int_0^{a/2}\mathrm{d}x=|A|^2\frac{a}{2},$$

得

$$A=\sqrt{\frac{2}{a}}.$$

一维无限深方势阱的定态波函数为

$$\psi_n(x)=\sqrt{\frac{2}{a}}\sin\left(\frac{n\pi x}{a}\right),\quad 0<x<a.$$

将初始波函数用定态展开:

$$\Psi(x,0)=\sum_n c_n\psi_n(x),$$

其中展开系数为

$$\begin{aligned}c_n&=\int_0^a\psi_n^*(x)\Psi(x,0)\,\mathrm{d}x\\&=\frac{2}{a}\int_0^{a/2}\sin\left(\frac{n\pi x}{a}\right)\mathrm{d}x\\&=\frac{2}{n\pi}\left[1-\cos\left(\frac{n\pi}{2}\right)\right].\end{aligned}$$

所以测量能量得到基态 $E_1=\dfrac{\pi^2\hbar^2}{2ma^2}$ 的几率为 $|c_1|^2=\dfrac{4}{\pi^2}$.

习题 2.9 对例题 2.2 中的波函数, 用下面的“老式”公式求在 $t=0$ 时刻 H 的期望值:

$$\langle H\rangle=\int\Psi(x,0)^*\hat{H}\Psi(x,0)\,\mathrm{d}x.$$

并同例题 2.3 的结果作对比. 注意 因为 $\langle H\rangle$ 是含时的, 所以用 $t=0$ 求解也不失其一般性.

解答 例题 2.2 中一维无限深方势阱的归一化初始波函数是

$$\Psi(x,0)=\sqrt{\frac{30}{a^5}}x(a-x),\quad 0<x<a.$$

$$\begin{aligned}\langle H\rangle &= \int_0^a \Psi^*(x,0)\,\hat{H}\Psi(x,0)\,\mathrm{d}x\\ &= -\frac{\hbar^2}{2m}\frac{30}{a^5}\int_0^a x(a-x)\frac{\mathrm{d}^2}{\mathrm{d}x^2}[x(a-x)]\,\mathrm{d}x\\ &= \frac{\hbar^2}{2m}\frac{30}{a^5}\int_0^a 2x(a-x)\,\mathrm{d}x = \frac{5\hbar^2}{ma^2}.\end{aligned}$$

这与例题 2.3 中用

$$\langle E\rangle = \sum_n |c_n|^2 E_n$$

所求出的结果是一样的.

***习题 2.10**

(a) 构造出 $\psi_2(x)$.

(b) 画出 ψ_0,ψ_1 和 ψ_2 的草图.

(c) 通过直接积分, 检验 ψ_0,ψ_1 和 ψ_2 的正交性. **提示**　如果利用函数的奇偶性, 仅需做一个积分.

解答　(a) 由

$$\psi_0(x) = \left(\frac{m\omega}{\pi\hbar}\right)^{1/4}\mathrm{e}^{-\frac{m\omega}{2\hbar}x^2},$$

$$\psi_1(x) = \left(\frac{m\omega}{\pi\hbar}\right)^{1/4}\sqrt{\frac{2m\omega}{\hbar}}x\mathrm{e}^{-m\omega x^2/(2\hbar)},$$

$$\psi_n(x) = \frac{1}{\sqrt{n}}a_+\psi_{n-1}(x) = \frac{1}{\sqrt{n!}}(a_+)^n\psi_0(x),$$

$$a_+ = \frac{1}{\sqrt{2\hbar m\omega}}(-\mathrm{i}\hat{p}+m\omega x) = \frac{1}{\sqrt{2\hbar m\omega}}\left(-\hbar\frac{\partial}{\partial x}+m\omega x\right),$$

可以求出

$$\begin{aligned}\psi_2 &= \frac{1}{\sqrt{2}}\cdot\frac{1}{2\hbar m\omega}\left(\frac{m\omega}{\pi\hbar}\right)^{1/4}\left(-\hbar\frac{\partial}{\partial x}+m\omega x\right)^2\mathrm{e}^{-m\omega x^2/(2\hbar)}\\ &= \left(\frac{m\omega}{\pi\hbar}\right)^{1/4}\mathrm{e}^{-m\omega x^2/(2\hbar)}\frac{1}{2\sqrt{2}}\left(4\frac{m\omega}{\hbar}x^2-2\right).\end{aligned}$$

(b) ψ_0,ψ_1 和 ψ_2 的图如图 2.2 所示. (为了简化程序, 我们令 $\dfrac{m\omega}{\hbar}=1$.)

```
psi0[x_]=(1/Pi)^(1/4)*Exp[-0.5x^2];
psi1[x_]=(1/Pi)^(1/4)*Sqrt[2]*x*Exp[-0.5x^2];
psi2[x_]=(1/Pi)^(1/4)*0.5/Sqrt[2]*(4x^2-2)*Exp[-0.5x^2];
Plot[psi0[x],{x,-5,5},Axes->True,PlotRange->Automatic]
Plot[psi1[x],{x,-5,5},Axes->True,PlotRange->Automatic]
Plot[psi2[x],{x,-5,5},Axes->True,PlotRange->Automatic]
```

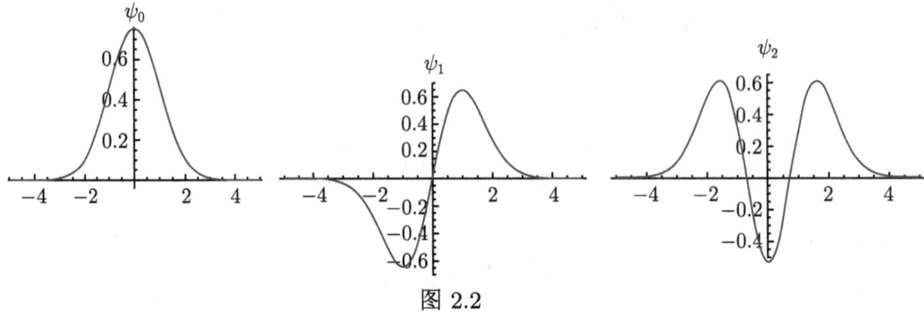

图 2.2

(c) 因为被积函数是奇函数, 所以

$$\int_{-\infty}^{\infty} \psi_0^*(x)\,\psi_1(x)\,\mathrm{d}x = \left(\frac{m\omega}{\pi\hbar}\right)^{1/2}\sqrt{\frac{2m\omega}{\hbar}}\int_{-\infty}^{\infty} x\mathrm{e}^{-m\omega x^2/\hbar}\mathrm{d}x = 0,$$

$$\begin{aligned}&\int_{-\infty}^{\infty} \psi_1^*(x)\,\psi_2(x)\,\mathrm{d}x\\ &= \left(\frac{m\omega}{\pi\hbar}\right)^{1/2}\sqrt{\frac{2m\omega}{\hbar}}\frac{1}{2\sqrt{2}}\int_{-\infty}^{\infty} x\left(4\frac{m\omega}{\hbar}x^2-2\right)\mathrm{e}^{-m\omega x^2/\hbar}\mathrm{d}x = 0,\end{aligned}$$

$$\begin{aligned}\int_{-\infty}^{\infty} \psi_0^*(x)\,\psi_2(x)\,\mathrm{d}x &= \left(\frac{m\omega}{\pi\hbar}\right)^{1/2}\frac{1}{2\sqrt{2}}\int_{-\infty}^{\infty}\left(4\frac{m\omega}{\hbar}x^2-2\right)\mathrm{e}^{-m\omega x^2/\hbar}\mathrm{d}x\\ &= \frac{1}{\sqrt{2\pi}}\int_0^{\infty}\left(4\xi^2-2\right)\mathrm{e}^{-\xi^2}\mathrm{d}\xi = \frac{1}{\sqrt{2\pi}}\left(4\frac{\sqrt{\pi}}{4}-2\frac{\sqrt{\pi}}{2}\right) = 0,\end{aligned}$$

即 ψ_0, ψ_1 和 ψ_2 是互相正交的.

***习题 2.11**

(a) 通过直接积分, 计算 ψ_0 (方程 (2.60)) 和 ψ_1 (方程 (2.62)) 态的 $\langle x\rangle, \langle p\rangle, \langle x^2\rangle$ 及 $\langle p^2\rangle$. 注意　在以后涉及谐振子的问题中, 如果引入变量 $\xi \equiv \sqrt{m\omega/\hbar}x$ 和常数 $\alpha \equiv [m\omega/(\pi\hbar)]^{1/4}$, 可以把问题简化.

(b) 通过这些态来验证不确定性原理.

(c) 计算这些态的 $\langle T\rangle$ 和 $\langle V\rangle$. (无需再做积分！) 你预期它们的和会是什么?

解答　(a) 因为 ψ_0 是偶函数, ψ_1 是奇函数, 在何种情况下它们的模平方 $|\psi|^2$ 都是偶函数, 因此

$$\langle x\rangle = \int_{-\infty}^{\infty}\psi_n^*(x)\,x\psi_n(x)\,\mathrm{d}x = 0, \quad (\text{因为被积函数是奇函数})$$

$$\langle p\rangle = m\frac{\mathrm{d}\langle x\rangle}{\mathrm{d}t} = 0. \quad (\text{因为定态 }\langle x\rangle\text{ 不随时间变化, 是常数})$$

所以, 只需要计算 $\langle x^2\rangle$ 及 $\langle p^2\rangle$.

$n=0$ 时,

$$\psi_0(x) = \left(\frac{m\omega}{\pi\hbar}\right)^{1/4}\mathrm{e}^{-m\omega x^2/(2\hbar)},$$

$$\langle x^2\rangle = \int_{-\infty}^{\infty}\psi_0^*(x)\,x^2\psi_0(x)\,\mathrm{d}x$$

$$= \left(\frac{m\omega}{\pi\hbar}\right)^{1/2} \int_{-\infty}^{\infty} x^2 \mathrm{e}^{-m\omega x^2/\hbar} \mathrm{d}x$$
$$= \frac{\hbar}{2m\omega},$$

其中利用了定积分公式

$$\int_0^{\infty} x^{2n} \mathrm{e}^{-ax^2} \mathrm{d}x = \frac{(2n-1)!!}{2^{n+1}a^n}\sqrt{\frac{\pi}{a}}, \quad a > 0,$$

$$\langle p^2 \rangle = -\hbar^2 \int_{-\infty}^{\infty} \psi_0^*(x) \frac{\mathrm{d}^2\psi_0(x)}{\mathrm{d}x^2} \mathrm{d}x$$
$$= -\hbar^2 \left(\frac{m\omega}{\pi\hbar}\right)^{1/2} \int_{-\infty}^{\infty} \left(-\frac{m\omega}{\hbar} + \frac{m^2\omega^2}{\hbar^2}x^2\right) \exp\left(-\frac{m\omega x^2}{\hbar}\right) \mathrm{d}x$$
$$= \frac{1}{2}m\hbar\omega.$$

$n = 1$ 时,

$$\psi_1(x) = \left(\frac{m\omega}{\pi\hbar}\right)^{1/4} \sqrt{\frac{2m\omega}{\hbar}} x \mathrm{e}^{-m\omega x^2/(2\hbar)},$$

$$\langle x^2 \rangle = \int_{-\infty}^{\infty} \psi_1^*(x) x^2 \psi_1(x) \mathrm{d}x$$
$$= \left(\frac{m\omega}{\pi\hbar}\right)^{1/2} \frac{2m\omega}{\hbar} \int_{-\infty}^{\infty} x^4 \mathrm{e}^{-m\omega x^2/\hbar} \mathrm{d}x$$
$$= \frac{3\hbar}{2m\omega},$$

$$\langle p^2 \rangle = -\hbar^2 \int_{-\infty}^{\infty} \psi_1^*(x) \frac{\mathrm{d}^2\psi_1(x)}{\mathrm{d}x^2} \mathrm{d}x$$
$$= -\hbar^2 \left(\frac{m\omega}{\pi\hbar}\right)^{1/2} \frac{2m\omega}{\hbar} \int_{-\infty}^{\infty} x \mathrm{e}^{-m\omega x^2/2\hbar} \frac{\mathrm{d}^2\left(x\mathrm{e}^{-m\omega x^2/(2\hbar)}\right)}{\mathrm{d}x^2} \mathrm{d}x$$
$$= -\hbar^2 \left(\frac{m\omega}{\pi\hbar}\right)^{1/2} \frac{2m\omega}{\hbar} \int_{-\infty}^{\infty} \left[\left(\frac{m\omega}{\hbar}\right)^2 x^4 - 3\left(\frac{m\omega}{\hbar}\right) x^2\right] \mathrm{e}^{-m\omega x^2/\hbar} \mathrm{d}x$$
$$= \frac{3m\hbar\omega}{2}.$$

上面的结果再次利用了前面的定积分公式.

(b) $n = 0$ 时,

$$\sigma_x \sigma_p = \sqrt{\langle x^2 \rangle - \langle x \rangle^2} \sqrt{\langle p^2 \rangle - \langle p \rangle^2} = \sqrt{\frac{\hbar}{2m\omega}} \sqrt{\frac{m\hbar\omega}{2}} = \frac{\hbar}{2},$$

可以看出, 基态刚好是不确定性原理的极限.

$n = 1$ 时,

$$\sigma_x \sigma_p = \sqrt{\langle x^2 \rangle - \langle x \rangle^2} \sqrt{\langle p^2 \rangle - \langle p \rangle^2} = \sqrt{\frac{3\hbar}{2m\omega}} \sqrt{\frac{3m\hbar\omega}{2}} = \frac{3\hbar}{2} > \frac{\hbar}{2}.$$

(c)

$$\langle T \rangle = \frac{1}{2m} \langle p^2 \rangle = \begin{cases} \dfrac{\hbar\omega}{4}, & n = 0, \\ \dfrac{3\hbar\omega}{4}, & n = 1. \end{cases}$$

$$\langle V\rangle = \frac{1}{2}m\omega^2\langle x^2\rangle = \begin{cases} \dfrac{\hbar\omega}{4}, & n=0, \\ \dfrac{3\hbar\omega}{4}, & n=1. \end{cases}$$

$$\langle H\rangle = \langle T\rangle + \langle V\rangle = \begin{cases} E_0 = \dfrac{\hbar\omega}{2}, & n=0, \\ E_1 = \dfrac{3\hbar\omega}{2}, & n=1. \end{cases}$$

***习题 2.12** 利用例题 2.5 中的方法, 计算谐振子第 n 个态的 $\langle x\rangle, \langle p\rangle, \langle x^2\rangle, \langle p^2\rangle$ 及 $\langle T\rangle$. 验证它们满足不确定性原理.

解答

$$x = \sqrt{\frac{\hbar}{2m\omega}}(a_+ + a_-),$$

$$p = \mathrm{i}\sqrt{\frac{\hbar m\omega}{2}}(a_+ - a_-),$$

$$a_+\psi_n = \sqrt{n+1}\psi_n, \quad a_-\psi_n = \sqrt{n}\psi_{n-1}.$$

$$\begin{aligned}\langle x\rangle &= \int_{-\infty}^{\infty}\psi_n^* x\psi_n \mathrm{d}x \\ &= \sqrt{\frac{\hbar}{2m\omega}}\int_{-\infty}^{\infty}\psi_n^*(a_+ + a_-)\psi_n \mathrm{d}x \\ &= \sqrt{\frac{\hbar}{2m\omega}}\int_{-\infty}^{\infty}\psi_n^*\left(\sqrt{n+1}\psi_{n+1} + \sqrt{n}\psi_{n-1}\right)\mathrm{d}x = 0.\end{aligned}$$

$$\begin{aligned}\langle p\rangle &= \int_{-\infty}^{\infty}\psi_n^* \hat{p}\psi_n \mathrm{d}x \\ &= \mathrm{i}\sqrt{\frac{\hbar m\omega}{2}}\int_{-\infty}^{\infty}\psi_n^*(a_+ - a_-)\psi_n \mathrm{d}x \\ &= \mathrm{i}\sqrt{\frac{\hbar m\omega}{2}}\int_{-\infty}^{\infty}\psi_n^*\left(\sqrt{n+1}\psi_{n+1} - \sqrt{n}\psi_{n-1}\right)\mathrm{d}x = 0.\end{aligned}$$

$$\begin{aligned}\langle x^2\rangle &= \int_{-\infty}^{\infty}\psi_n^* x^2\psi_n \mathrm{d}x \\ &= \frac{\hbar}{2m\omega}\int_{-\infty}^{\infty}\psi_n^*(a_+ + a_-)^2\psi_n \mathrm{d}x \\ &= \frac{\hbar}{2m\omega}\int_{-\infty}^{\infty}\psi_n^*(a_+ + a_-)\left(\sqrt{n+1}\psi_{n+1} + \sqrt{n}\psi_{n-1}\right)\mathrm{d}x \\ &= \frac{\hbar}{2m\omega}\int_{-\infty}^{\infty}\psi_n^*\left[\sqrt{n+2}\sqrt{n+1}\psi_{n+2} + (n+1)\psi_n + n\psi_n + \sqrt{n}\sqrt{n-1}\psi_{n-2}\right]\mathrm{d}x \\ &= \frac{(2n+1)\hbar}{2m\omega}.\end{aligned}$$

$$\begin{aligned}\langle p^2\rangle &= \int_{-\infty}^{\infty}\psi_n^* \hat{p}^2\psi_n \mathrm{d}x \\ &= -\frac{\hbar m\omega}{2}\int_{-\infty}^{\infty}\psi_n^*(a_+ - a_-)^2\psi_n \mathrm{d}x\end{aligned}$$

$$= -\frac{\hbar m\omega}{2}\int_{-\infty}^{\infty}\psi_n^*\left(a_+ - a_-\right)\left(\sqrt{n+1}\psi_{n+1} - \sqrt{n}\psi_{n-1}\right)\mathrm{d}x$$
$$= -\frac{\hbar m\omega}{2}\int_{-\infty}^{\infty}\psi_n^*\left[\sqrt{n+2}\sqrt{n+1}\psi_{n+2} - (n+1)\psi_n - n\psi_n + \sqrt{n}\sqrt{n-1}\psi_{n-2}\right]\mathrm{d}x$$
$$= \frac{(2n+1)\hbar m\omega}{2}.$$

$$\begin{aligned}\langle T\rangle &= \left\langle\frac{p^2}{2m}\right\rangle \\ &= \frac{1}{2}\left(n+\frac{1}{2}\right)\hbar\omega.\end{aligned}$$

$$\begin{aligned}\sigma_x\sigma_p &= \sqrt{\langle x^2\rangle - \langle x\rangle^2}\sqrt{\langle p^2\rangle - \langle p\rangle^2} \\ &= \left(n+\frac{1}{2}\right)\hbar \\ &\geqslant \frac{\hbar}{2}.\end{aligned}$$

所以它们满足不确定性原理.

习题 2.13　处于谐振子势场中粒子的初态为

$$\varPsi(x,0) = A\left[3\psi_0(x) + 4\psi_1(x)\right].$$

(a) 求 A.

(b) 给出 $\varPsi(x,t)$ 和 $|\varPsi(x,t)|^2$. 如果得到的 $|\varPsi(x,t)|^2$ 是以经典频率振荡, 也不要太高兴; 如果指定的是 $\psi_2(x)$, 而不是 $\psi_1(x)$, 会是什么情况呢? ①

(c) 计算 $\langle x\rangle$ 和 $\langle p\rangle$. 对于此波函数, 验证埃伦菲斯特定理 (方程 (1.38)) 成立.

(d) 如果对该粒子的能量进行测量, 可能得到哪些值? 各自出现的几率是多少?

解答　(a) 归一化 $\varPsi(x,0)$

$$\begin{aligned}1 &= \int_{-\infty}^{\infty}|\varPsi(x,0)|^2\mathrm{d}x \\ &= |A|^2\int_{-\infty}^{\infty}(3\psi_0 + 4\psi_1)^*(3\psi_0 + 4\psi_1)\,\mathrm{d}x \\ &= |A|^2\int_{-\infty}^{\infty}\left(9|\psi_0|^2 + 16|\psi_1|^2 + 12\psi_1^*\psi_0 + 12\psi_0^*\psi_1\right)\mathrm{d}x \\ &= (9+16)|A|^2,\end{aligned}$$

所以

$$A = \frac{1}{5},$$
$$\varPsi(x,0) = \frac{3}{5}\psi_0(x) + \frac{4}{5}\psi_1(x).$$

(b)

$$\varPsi(x,t) = \frac{3}{5}\psi_0(x)\,\mathrm{e}^{-\mathrm{i}E_0t/\hbar} + \frac{4}{5}\psi_1(x)\,\mathrm{e}^{-\mathrm{i}E_1t/\hbar},$$

① 然而, $\langle x\rangle$ 确实是经典振荡的频率——见习题 3.40.

其中 $E_0=\dfrac{1}{2}\hbar\omega$, $E_1=\dfrac{3}{2}\hbar\omega$ 是谐振子基态和第一激发态的能量.

$$\begin{aligned}|\Psi(x,t)|^2&=\left[\frac{3}{5}\psi_0(x)\mathrm{e}^{-\mathrm{i}E_0t/\hbar}+\frac{4}{5}\psi_1(x)\mathrm{e}^{-\mathrm{i}E_1t/\hbar}\right]^*\left[\frac{3}{5}\psi_0(x)\mathrm{e}^{-\mathrm{i}E_0t/\hbar}+\frac{4}{5}\psi_1(x)\mathrm{e}^{-\mathrm{i}E_1t/\hbar}\right]\\&=\frac{9}{25}|\psi_0(x)|^2+\frac{16}{25}|\psi_1(x)|^2+\frac{12}{25}\psi_0^*(x)\psi_1(x)\mathrm{e}^{-\mathrm{i}\omega t}+\frac{12}{25}\psi_1^*(x)\psi_0(x)\mathrm{e}^{\mathrm{i}\omega t}\\&=\frac{9}{25}|\psi_0(x)|^2+\frac{16}{25}|\psi_1(x)|^2+\frac{12}{25}\psi_0(x)\psi_1(x)\left(\mathrm{e}^{\mathrm{i}\omega t}+\mathrm{e}^{-\mathrm{i}\omega t}\right)\\&=\frac{9}{25}|\psi_0(x)|^2+\frac{16}{25}|\psi_1(x)|^2+\frac{24}{25}\psi_0(x)\psi_1(x)\cos(\omega t).\end{aligned}$$

如果用 $\psi_2(x)$ 替换 $\psi_1(x)$, 那么频率是 $(E_2-E_0)/\hbar=\left(\dfrac{5}{2}\hbar\omega-\dfrac{1}{2}\hbar\omega\right)\Big/\hbar=2\omega$.

(c)

$$\begin{aligned}\langle x\rangle&=\int_{-\infty}^{\infty}x|\Psi(x,t)|^2\mathrm{d}x\\&=\int_{-\infty}^{\infty}x\left[\frac{9}{25}|\psi_0(x)|^2+\frac{16}{25}|\psi_1(x)|^2+\frac{24}{25}\psi_0(x)\psi_1(x)\cos(\omega t)\right]\mathrm{d}x\\&=\frac{24}{25}\cos(\omega t)\int_{-\infty}^{\infty}x\psi_0(x)\psi_1(x)\mathrm{d}x.\end{aligned}$$

利用

$$x=\sqrt{\frac{\hbar}{2m\omega}}(a_++a_-),\quad \hat{p}=\mathrm{i}\sqrt{\frac{\hbar m\omega}{2}}(a_+-a_-),$$
$$a_+\psi_n=\sqrt{n+1}\psi_n,\quad a_-\psi_n=\sqrt{n}\psi_{n-1},$$

则

$$\begin{aligned}\langle x\rangle&=\frac{24}{25}\cos(\omega t)\int_{-\infty}^{\infty}x\psi_0(x)\psi_1(x)\mathrm{d}x\\&=\frac{24}{25}\cos(\omega t)\sqrt{\frac{\hbar}{2m\omega}}\int_{-\infty}^{\infty}\psi_1(x)\psi_1(x)\mathrm{d}x\\&=\frac{24}{25}\sqrt{\frac{\hbar}{2m\omega}}\cos(\omega t),\\\langle p\rangle&=m\frac{\mathrm{d}\langle x\rangle}{\mathrm{d}t}=-m\omega\frac{24}{25}\sqrt{\frac{\hbar}{2m\omega}}\sin(\omega t)\\&=-\frac{24}{25}\sqrt{\frac{m\omega\hbar}{2}}\sin(\omega t).\end{aligned}$$

或者

$$\begin{aligned}&\int_{-\infty}^{\infty}\Psi(x,t)\hat{p}\Psi(x,t)\mathrm{d}x\\&=\mathrm{i}\sqrt{\frac{\hbar m\omega}{2}}\int_{-\infty}^{\infty}\mathrm{d}x\left[\frac{3}{5}\psi_0(x)\mathrm{e}^{-\mathrm{i}E_0t/\hbar}+\frac{4}{5}\psi_1(x)\mathrm{e}^{-\mathrm{i}E_1t/\hbar}\right]^*(a_+-a_-)\\&\quad\cdot\left[\frac{3}{5}\psi_0(x)\mathrm{e}^{-\mathrm{i}E_0t/\hbar}+\frac{4}{5}\psi_1(x)\mathrm{e}^{-\mathrm{i}E_1t/\hbar}\right]\\&=\mathrm{i}\sqrt{\frac{\hbar m\omega}{2}}\int_{-\infty}^{\infty}\mathrm{d}x\left[\frac{3}{5}\psi_0(x)\mathrm{e}^{-\mathrm{i}E_0t/\hbar}+\frac{4}{5}\psi_1(x)\mathrm{e}^{-\mathrm{i}E_1t/\hbar}\right]^*\end{aligned}$$

$$
\begin{aligned}
&\cdot\left[\frac{3}{5}\psi_1(x)\,\mathrm{e}^{-\mathrm{i}E_0t/\hbar}+\frac{4}{5}\sqrt{2}\psi_2(x)\,\mathrm{e}^{-\mathrm{i}E_1t/\hbar}-\frac{4}{5}\psi_0(x)\,\mathrm{e}^{-\mathrm{i}E_1t/\hbar}\right]\\
&=\mathrm{i}\sqrt{\frac{\hbar m\omega}{2}}\frac{12}{25}\left(\mathrm{e}^{\mathrm{i}\omega t}-\mathrm{e}^{-\mathrm{i}\omega t}\right)\\
&=-\frac{24}{25}\sqrt{\frac{\hbar m\omega}{2}}\sin(\omega t).
\end{aligned}
$$

由埃伦菲斯特定理

$$\frac{\mathrm{d}\langle p\rangle}{\mathrm{d}t}=\left\langle-\frac{\partial V}{\partial x}\right\rangle,$$

将谐振子势能 $V(x)=\frac{1}{2}m\omega^2x^2$ 及 $\langle p\rangle$ 代入上式, 得

$$\frac{\mathrm{d}\langle p\rangle}{\mathrm{d}t}=-\frac{24}{25}\omega\sqrt{\frac{m\hbar\omega}{2}}\cos(\omega t),$$

$$
\begin{aligned}
\left\langle-\frac{\partial V}{\partial x}\right\rangle&=-m\omega^2\langle x\rangle\\
&=-m\omega^2\frac{24}{25}\sqrt{\frac{\hbar}{2m\omega}}\cos(\omega t)=-\frac{24}{25}\omega\sqrt{\frac{m\hbar\omega}{2}}\cos(\omega t).
\end{aligned}
$$

显然满足埃伦菲斯特定理.

如果用 $\psi_2(x)$ 替代 $\psi_1(x)$, 则

$$\Psi(x,t)=\frac{3}{5}\psi_0(x)\,\mathrm{e}^{-\mathrm{i}E_0t/\hbar}+\frac{4}{5}\psi_2(x)\,\mathrm{e}^{-\mathrm{i}E_2t/\hbar},$$

其中 $E_2=\frac{5}{2}\hbar\omega$, 重复上面的计算, 得

$$
\begin{aligned}
\langle x\rangle&=\frac{24}{25}\cos(2\omega t)\int_{-\infty}^{\infty}x\psi_0(x)\,\psi_2(x)\,\mathrm{d}x\\
&=\frac{24}{25}\cos(2\omega t)\sqrt{\frac{\hbar}{2m\omega}}\int_{-\infty}^{\infty}\psi_1(x)\,\psi_2(x)\,\mathrm{d}x\\
&=0.
\end{aligned}
$$

$$\langle p\rangle=m\frac{\mathrm{d}\langle x\rangle}{\mathrm{d}t}=0.$$

显然, 此时仍然满足 (也必须满足).

讨论: 当不同的谐振子定态叠加, 只有叠加态中有相邻态时, 即有 ψ_n 态时, 必须还有 $\psi_{n\pm1}$ 态, $\langle x\rangle$ 才会以 $\cos(\omega t)$ 的形式振荡.

(d) 测量能量得到 $E_0=\frac{\hbar\omega}{2}$ 的几率是 $|c_0|^2=\frac{9}{25}$, 得到 $E_1=\frac{3\hbar\omega}{2}$ 的几率是 $|c_1|^2=\frac{16}{25}$.

习题 2.14　对处在谐振子基态的粒子, 在经典理论所允许范围之外发现粒子的几率是多少 (精确到三位有效数字)?

提示　在经典情况下, 谐振子的能量为 $E=(1/2)\,ka^2=(1/2)\,m\omega^2a^2$, 其中 a 是振幅. 所以具有能量为 E 的谐振子的“经典允许范围”是从 $-\sqrt{2E/(m\omega^2)}$ 到 $+\sqrt{2E/(m\omega^2)}$. 参考“正态分布”或“误差函数”的数值积分, 或者使用计算机进行数值计算.

解答 设 $x_0=\sqrt{2E/(m\omega^2)}=\sqrt{\hbar/(m\omega)}$, 需要做积分

$$P\left(x>|x_0|\right)=2\int_{x_0}^{\infty}|\psi_0|^2\mathrm{d}x=2\sqrt{\frac{m\omega}{\pi\hbar}}\int_{x_0}^{\infty}\exp\left(-m\omega x^2/\hbar\right)\mathrm{d}x.$$

令

$$\frac{z}{\sqrt{2}}=\sqrt{\frac{m\omega}{\hbar}}x,$$

显然, 当 $x=x_0$ 时, $z=z_0=\sqrt{2}$, 积分变为

$$P\left(z>\left|\sqrt{2}\right|\right)=\frac{2}{\sqrt{2\pi}}\int_{\sqrt{2}}^{\infty}\exp\left(-z^2/2\right)\mathrm{d}z.$$

查询正态分布表可得

$$\Phi(y)=\frac{1}{\sqrt{2\pi}}\int_{-\infty}^{y}\exp\left(-x^2/2\right)\mathrm{d}x,$$

$$\Phi\left(\sqrt{2}\right)\approx 0.921.$$

所以,

$$P\left(z>\left|\sqrt{2}\right|\right)=2\left[1-\Phi\left(\sqrt{2}\right)\right]=0.157.$$

显然, 在经典区域以外发现粒子的几率要远小于经典区域以内.

习题 2.15 利用递归公式 (方程 (2.85)) 计算 $H_5(\xi)$ 和 $H_6(\xi)$. 按照惯例选择适当常数使 ξ 最高次幂的系数是 2^n.

解答 厄米多项式系数的递推公式为

$$a_{j+2}=\frac{-2(n-j)}{(j+1)(j+2)}a_j.$$

选 a_0 或 a_1 的值使最高次幂的系数是 2^n, 或者从最高项系数向下递推. 对 H_6, 有

$$a_6=2^6=\frac{-2(6-4)}{5\times 6}a_4,\quad a_4=-30\times 2^4=-480,$$

$$a_4=-480=\frac{-2(6-2)}{3\times 4}a_2,\quad a_2=+720,$$

$$a_2=720=\frac{-2(6-0)}{1\times 2}a_0,\quad a_0=-120.$$

所以,

$$H_6(\xi)=64\xi^6-480\xi^4+720\xi^2-120.$$

对 H_5, 有

$$a_5=2^5=\frac{-2(5-3)}{4\times 5}a_3,\quad a_3=-160,$$

$$a_3=-160=\frac{-2(5-1)}{2\times 3}a_1,\quad a_1=120.$$

所以

$$H_5(\xi)=32\xi^5-160\xi^3+120\xi.$$

****习题 2.16**　在下面问题中, 探讨关于厄米多项式的一些非常有用的定理 (不加证明).

(a) **罗德里格斯**公式为

$$H_n(\xi) = (-1)^n e^{\xi^2}\left(\frac{d}{d\xi}\right)^n e^{-\xi^2}.$$

利用该式推导出 H_3 和 H_4.

(b) 利用前两个厄米多项式 H_{n-1} 和 H_n 表示 H_{n+1} 的递归关系:

$$H_{n+1}(\xi) = 2\xi H_n(\xi) - 2nH_{n-1}(\xi).$$

利用该式和 (a) 中的结果, 求 H_5 和 H_6.

(c) 如果对一个 n 阶多项式进行求导, 可以得到一个 $(n-1)$ 阶的多项式. 事实上, 对厄米多项式有

$$\frac{dH_n}{d\xi} = 2nH_{n-1}(\xi).$$

通过对 H_5 和 H_6 求导检验上式.

(d) $H_n(\xi)$ 是**母函数** $\exp(-z^2+2z\xi)$ 对 z 求 n 次导数后, 再取 $z=0$ 时的值; 换言之, 它是母函数泰勒展开式中 $z^n/n!$ 项的系数:

$$e^{-z^2+2z\xi} = \sum_{n=0}^{\infty} \frac{z^n}{n!} H_n(\xi).$$

利用该公式求 H_1, H_2 和 H_3.

解答　(a)

$$H_3(\xi) = (-1)^3 e^{\xi^2}\left(\frac{d}{d\xi}\right)^3 e^{-\xi^2} = -e^{\xi^2}\left(\frac{d}{d\xi}\right)^2\left(-2\xi e^{-\xi^2}\right)$$
$$= e^{\xi^2}\left(\frac{d}{d\xi}\right)\left(2e^{-\xi^2} - 4\xi^2 e^{-\xi^2}\right) = 8\xi^3 - 12\xi.$$

$$H_4(\xi) = (-1)^4 e^{\xi^2}\left(\frac{d}{d\xi}\right)^4 e^{-\xi^2}$$
$$= e^{\xi^2}\left(\frac{d}{d\xi}\right)^3\left(-2\xi e^{-\xi^2}\right) = e^{\xi^2}\left(\frac{d}{d\xi}\right)^2\left(-2e^{-\xi^2} + 4\xi^2 e^{-\xi^2}\right)$$
$$= e^{\xi^2}\left(\frac{d}{d\xi}\right)\left(4\xi e^{-\xi^2} + 8\xi e^{-\xi^2} - 8\xi^3 e^{-\xi^2}\right)$$
$$= 16\xi^4 - 48\xi^2 + 12.$$

(b)

$$H_5(\xi) = 2\xi H_4(\xi) - 8H_3(\xi)$$
$$= 2\xi\left(16\xi^4 - 48\xi^2 + 12\right) - 8\left(8\xi^3 - 12\xi\right)$$
$$= 32\xi^5 - 160\xi^3 + 120\xi.$$

$$H_6(\xi) = 2\xi H_5(\xi) - 10H_4(\xi)$$
$$= 2\xi\left(32\xi^5 - 160\xi^3 + 120\xi\right) - 10\left(16\xi^4 - 48\xi^2 + 12\right)$$
$$= 64\xi^6 - 480\xi^4 + 720\xi^2 - 120.$$

(c) $\frac{\mathrm{d}H_5}{\mathrm{d}\xi}=120-480\xi^2+160\xi^4=2\times 5H_4$.

$$\begin{aligned}\frac{\mathrm{d}H_6}{\mathrm{d}\xi}&=\frac{\mathrm{d}}{\mathrm{d}\xi}\left(64\xi^6-480\xi^4+720\xi^2-120\right)\\&=6\times 64\xi^5-4\times 480\xi^3+2\times 720\xi\\&=12\left(32\xi^5-160\xi^3+120\xi\right)=2\times 6H_5(\xi).\end{aligned}$$

(d) $\frac{\mathrm{d}}{\mathrm{d}z}\left(\mathrm{e}^{-z^2+2z\xi}\right)=(-2z+2\xi)\,\mathrm{e}^{-z^2+2z\xi}$;

设 $z=0, H_1(\xi)=2\xi$.

$$\frac{\mathrm{d}^2}{\mathrm{d}z^2}\left(\mathrm{e}^{-z^2+2z\xi}\right)=\frac{\mathrm{d}}{\mathrm{d}z}\left[(-2z+2\xi)\,\mathrm{e}^{-z^2+2z\xi}\right]=\left[-2+(-2z+2\xi)^2\right]\mathrm{e}^{-z^2+2z\xi}.$$

设 $z=0$, 则 $H_2(\xi)=-2+4\xi^2$.

$$\begin{aligned}\frac{\mathrm{d}^3}{\mathrm{d}z^3}\left(\mathrm{e}^{-z^2+2z\xi}\right)&=\frac{\mathrm{d}}{\mathrm{d}z}\left\{\left[-2+(-2z+2\xi)^2\right]\mathrm{e}^{-z^2+2z\xi}\right\}\\&=\left\{2(-2z+2\xi)(-2)+\left[-2+(-2z+2\xi)^2\right](-2z+2\xi)\right\}\mathrm{e}^{-z^2+2z\xi}.\end{aligned}$$

设 $z=0$, 则 $H_3(\xi)=-8\xi+\left(-2+4\xi^2\right)(2\xi)=-12\xi+8\xi^3$.

***习题 2.17** 证明: $\left[A\mathrm{e}^{\mathrm{i}kx}+B\mathrm{e}^{-\mathrm{i}kx}\right]$ 和 $[C\cos(kx)+D\sin(kx)]$ 为 x 的同一函数的等价形式, 并用 A 和 B 将常数 C 和 D 表示出来, 以及用 C 和 D 表示出 A 和 B. 注释 在量子力学中, 当 $V=0$ 时, 用指数形式代表的行波讨论自由粒子时最为方便; 而正弦和余弦对应于驻波, 自然它们出现在讨论无限深方势阱问题中.

证明 由数学公式

$$\mathrm{e}^{\mathrm{i}kx}=\cos(kx)+\mathrm{i}\sin(kx),\quad \mathrm{e}^{-\mathrm{i}kx}=\cos(kx)-\mathrm{i}\sin(kx),$$

则

$$\begin{aligned}A\mathrm{e}^{\mathrm{i}kx}+B\mathrm{e}^{-\mathrm{i}kx}&=A[\cos(kx)+\mathrm{i}\sin(kx)]+B[\cos(kx)-\mathrm{i}\sin(kx)]\\&=(A+B)\cos(kx)+\mathrm{i}(A-B)\sin(kx).\end{aligned}$$

所以

$$C=A+B,\quad D=\mathrm{i}(A-B),$$
$$A=\frac{C-\mathrm{i}D}{2},\quad B=\frac{C+\mathrm{i}D}{2}.$$

习题 2.18 求自由粒子波函数方程 (2.95) 的几率流 J (习题 1.14), 几率流流向哪个方向?

解答 方程 (2.95) 给出

$$\Psi_k(x,t)=A\mathrm{e}^{\mathrm{i}\left(kx-\frac{\hbar k^2}{2m}t\right)},$$

将其代入

$$J(x,t)=\frac{\mathrm{i}\hbar}{2m}\left[\Psi(x,t)\frac{\partial\Psi^*(x,t)}{\partial x}-\Psi^*(x,t)\frac{\partial\Psi(x,t)}{\partial x}\right],$$

得

$$J(x,t)=\frac{k\hbar}{m}|A|^2.$$

显然, 几率流是朝 x 正方向, 即波的传播方向流动.

****习题 2.19** 本题从一个有限区间的普通傅里叶级数理论出发, 引导你"证明"普朗克尔定理, 并将有限区间扩展到无限大区间.

(a) 普朗克尔定理表述为位于区间 $[-a,+a]$ 的"任何"函数 $f(x)$ 都可以展开成傅里叶级数

$$f(x)=\sum_{n=0}^{\infty}\left[a_n\sin\left(\frac{n\pi x}{a}\right)+b_n\cos\left(\frac{n\pi x}{a}\right)\right].$$

证明：上式可以等价写为

$$f(x)=\sum_{n=-\infty}^{\infty}c_n\mathrm{e}^{\mathrm{i}n\pi x/a},$$

并把 c_n 用 a_n 和 b_n 表示出来.

(b) 证明：(通过适当修改傅里叶变换技巧)

$$c_n=\frac{1}{2a}\int_{-a}^{a}f(x)\,\mathrm{e}^{-\mathrm{i}n\pi x/a}\mathrm{d}x.$$

(c) 引入新变量 $k=\dfrac{n\pi}{a}$ 和 $F(k)=\sqrt{\dfrac{2}{\pi}}ac_n$ 取代 n 和 c_n. 证明：(a) 和 (b) 变为

$$f(x)=\frac{1}{\sqrt{2\pi}}\sum_{n=-\infty}^{\infty}F(k)\,\mathrm{e}^{\mathrm{i}kx}\Delta k,\quad F(k)=\frac{1}{\sqrt{2\pi}}\int_{-a}^{a}f(x)\,\mathrm{e}^{-\mathrm{i}kx}\mathrm{d}x,$$

其中 Δk 是 n 变化到 $n+1$ 时 k 的增量.

(d) 取 $a\to\infty$ 时的极限得到普朗克尔定理. **注释** 鉴于它们完全不同的起源, 很惊奇 (也很有趣) 这两个公式——一个是以 $f(x)$ 表示的 $F(k)$, 另一个是以 $F(k)$ 表示的 $f(x)$——在 $a\to\infty$ 时有一个相似的结构形式.

解答 (a) 由数学公式

$$\cos\theta=\frac{1}{2}\left(\mathrm{e}^{\mathrm{i}\theta}+\mathrm{e}^{-\mathrm{i}\theta}\right),\quad \sin\theta=\frac{1}{2i}\left(\mathrm{e}^{\mathrm{i}\theta}-\mathrm{e}^{-\mathrm{i}\theta}\right),$$

$f(x)$ 可以表示为

$$\begin{aligned}
f(x)&=\sum_{n=0}^{\infty}\left[a_n\sin\left(\frac{n\pi x}{a}\right)+b_n\cos\left(\frac{n\pi x}{a}\right)\right]\\
&=b_0+\sum_{n=1}^{\infty}\left\{\frac{a_n}{2\mathrm{i}}\left[\exp\left(\frac{\mathrm{i}n\pi x}{a}\right)-\exp\left(-\frac{\mathrm{i}n\pi x}{a}\right)\right]\right.\\
&\quad\left.+\frac{b_n}{2}\left[\exp\left(\frac{\mathrm{i}n\pi x}{a}\right)+\exp\left(-\frac{\mathrm{i}n\pi x}{a}\right)\right]\right\}\\
&=b_0+\sum_{n=1}^{\infty}\left(\frac{b_n-\mathrm{i}a_n}{2}\right)\exp\left(\frac{\mathrm{i}n\pi x}{a}\right)+b_0+\sum_{n=1}^{\infty}\left(\frac{b_n+\mathrm{i}a_n}{2}\right)\exp\left(-\frac{\mathrm{i}n\pi x}{a}\right)\\
&=b_0+\sum_{n=1}^{\infty}\left(\frac{b_n-\mathrm{i}a_n}{2}\right)\exp\left(\frac{\mathrm{i}n\pi x}{a}\right)+b_0+\sum_{n=-1}^{-\infty}\left(\frac{b_{-n}+\mathrm{i}a_{-n}}{2}\right)\exp\left(\frac{\mathrm{i}n\pi x}{a}\right)
\end{aligned}$$

$$= \sum_{-\infty}^{\infty} c_n \exp\left(\frac{\mathrm{i}n\pi x}{a}\right)$$

其中

$$\begin{aligned}
&c_0 = b_0, \\
&c_n = (b_n - \mathrm{i}a_n)/2, \quad n = 1, 2, 3, \cdots, \\
&c_n = (b_{-n} - \mathrm{i}a_{-n})/2, \quad n = -1, -2, -3, \cdots.
\end{aligned}$$

(b) 在函数

$$f(x) = \sum_{-\infty}^{\infty} c_n \exp\left(\frac{\mathrm{i}n\pi x}{a}\right)$$

两边同时乘以 $\exp\left(\frac{-\mathrm{i}m\pi x}{a}\right)$, 并对区间 $(-a, a)$ 积分, 得

$$\begin{aligned}
&\int_{-a}^{a} f(x) \exp\left(-\frac{\mathrm{i}m\pi x}{a}\right) \mathrm{d}x \\
&= \sum_{-\infty}^{\infty} c_n \int_{-a}^{a} \mathrm{d}x \exp\left[\frac{\mathrm{i}(n-m)\pi x}{a}\right] \\
&= 2a \sum_{-\infty}^{\infty} c_n \delta_{nm} = 2ac_m,
\end{aligned}$$

所以,

$$c_n = \frac{1}{2a} \int_{-a}^{a} f(x) \exp\left(-\frac{\mathrm{i}n\pi x}{a}\right) \mathrm{d}x.$$

(c) 引入新变量 $k = \frac{n\pi}{a}$, n 变化 1 时 k 的增量为 $\Delta k = \frac{\pi}{a}$, 把它们及 $F(k) = \sqrt{\frac{2}{\pi}} a c_n$ 代入

$$f(x) = \sum_{-\infty}^{\infty} c_n \exp\left(\frac{\mathrm{i}n\pi x}{a}\right),$$

并取代 n 和 c_n, 得

$$\begin{aligned}
f(x) &= \frac{1}{\sqrt{2\pi}} \sum_{-\infty}^{\infty} \sqrt{\frac{2}{\pi}} c_n a \exp\left(\frac{\mathrm{i}n\pi x}{a}\right) \frac{\pi}{a} \\
&= \frac{1}{\sqrt{2\pi}} \sum_{-\infty}^{\infty} F(k) \exp(\mathrm{i}kx) \Delta k.
\end{aligned}$$

将 $c_n = \frac{1}{2a} \int_{-a}^{a} f(x) \exp\left(-\frac{\mathrm{i}n\pi x}{a}\right) \mathrm{d}x$ 代入 $F(k) = \sqrt{\frac{2}{\pi}} a c_n$, 得

$$\sqrt{\frac{2}{\pi}} c_n a = \sqrt{\frac{2}{\pi}} \frac{1}{2} \int_{-a}^{a} f(x) \exp(-\mathrm{i}kx) \mathrm{d}x,$$

所以

$$F(k) = \frac{1}{\sqrt{2\pi}} \int_{-a}^{a} f(x) \exp(-\mathrm{i}kx) \mathrm{d}x.$$

(d) 令 $a \to \infty, k = \frac{n\pi}{a}$ 的变化趋于连续, 即 $\Delta k \to 0$.

所以

$$f(x)=\lim_{a\to\infty}\frac{1}{\sqrt{2\pi}}\sum_{-\infty}^{\infty}F(k)\exp(\mathrm{i}kx)\Delta k=\frac{1}{\sqrt{2\pi}}\int_{-\infty}^{\infty}F(k)\,\mathrm{e}^{\mathrm{i}kx}\mathrm{d}k,$$

$$F(k)=\frac{1}{\sqrt{2\pi}}\int_{-\infty}^{\infty}f(x)\,\mathrm{e}^{-\mathrm{i}kx}\mathrm{d}x.$$

习题 2.20 自由粒子的初始波函数为

$$\Psi(x,0)=A^{-a|x|},$$

其中 A 和 a 是正的实常数.

(a) 归一化 $\Psi(x,0)$.

(b) 求 $\phi(k)$.

(c) 以积分形式写出 $\Psi(x,t)$.

(d) 讨论极限情况 (a 很大和 a 很小).

解答 (a) 归一化波函数, 得

$$1=|A|^2\int_{-\infty}^{\infty}\mathrm{e}^{-2a|x|}\mathrm{d}x=2|A|^2\int_0^{\infty}\mathrm{e}^{-2ax}\mathrm{d}x=\frac{|A|^2}{a},$$

所以 $A=\sqrt{a}$.

(b)

$$\begin{aligned}\phi(k)&=\frac{1}{\sqrt{2\pi}}\int_{-\infty}^{\infty}\Psi(x,0)\,\mathrm{e}^{-\mathrm{i}kx}\mathrm{d}x=\sqrt{\frac{a}{2\pi}}\int_{-\infty}^{\infty}\mathrm{e}^{-a|x|}\mathrm{e}^{-\mathrm{i}kx}\mathrm{d}x\\&=\sqrt{\frac{a}{2\pi}}\int_{-\infty}^{0}\mathrm{e}^{ax-\mathrm{i}kx}\mathrm{d}x+\sqrt{\frac{a}{2\pi}}\int_0^{\infty}\mathrm{e}^{-ax-\mathrm{i}kx}\mathrm{d}x\\&=\sqrt{\frac{a}{2\pi}}\left(\frac{1}{a-\mathrm{i}k}+\frac{1}{a+\mathrm{i}k}\right)=\sqrt{\frac{a}{2\pi}}\frac{2a}{a^2+k^2}.\end{aligned}$$

(c)

$$\begin{aligned}\Psi(x,t)&=\frac{1}{\sqrt{2\pi}}\int_{-\infty}^{\infty}\phi(k)\exp\left[\mathrm{i}\left(kx-\hbar k^2t\right)/(2m)\right]\mathrm{d}k\\&=\frac{a^{3/2}}{\pi}\int_{-\infty}^{\infty}\frac{\exp\left[\mathrm{i}\left(kx-\hbar k^2t\right)/(2m)\right]}{a^2+k^2}\mathrm{d}k.\end{aligned}$$

这个积分可以用复变函数中的留数定理计算.

当 $x>0$ 时,

$$\begin{aligned}\Psi(x,t)&=\frac{a^{3/2}}{\pi}\int_{-\infty}^{\infty}\frac{\exp\left[\mathrm{i}\left(kx-\hbar k^2t/(2m)\right)\right]}{a^2+k^2}\mathrm{d}k\\&=\frac{a^{3/2}}{\pi}2\pi\mathrm{i}\frac{1}{2\mathrm{i}a}\exp\left\{\mathrm{i}\left[\mathrm{i}ax-\hbar(\mathrm{i}a)^2t/(2m)\right]\right\}\\&=\sqrt{a}\exp\left[-ax+\mathrm{i}\hbar a^2t/(2m)\right].\end{aligned}$$

当 $x<0$ 时,

$$\Psi(x,t)=\frac{a^{3/2}}{\pi}2\pi\mathrm{i}\frac{1}{2\mathrm{i}a}\exp\left\{\mathrm{i}\left[-\mathrm{i}ax-\hbar(-\mathrm{i}a)^2t/(2m)\right]\right\}$$
$$=\sqrt{a}\exp\left[ax+\mathrm{i}\hbar a^2t/(2m)\right].$$

所以,

$$\Psi(x,t)=\sqrt{a}\exp\left[-a|x|+\mathrm{i}\hbar a^2t/(2m)\right].$$

粒子能量的期望值是

$$\langle E\rangle=\frac{\hbar^2a^2}{2m}.$$

(d) 当 a 很大时, 坐标的不确定较小, 动量的不确定较大, $\phi(k)\approx\sqrt{\frac{2}{\pi a}}$; 当 a 很小时, 坐标的不确定较大, 动量的不确定较小, $\phi(k)\approx\sqrt{\frac{2a}{\pi}}\frac{a}{k^2}$.

***习题 2.21 高斯波包**. 自由粒子的初始波函数为

$$\Psi(x,0)=A^{-ax^2},$$

其中 A 和 a 是常数 (a 是正的实数).

(a) 归一化 $\Psi(x,0)$.

(b) 求 $\Psi(x,t)$. 提示 积分式

$$\int_{-\infty}^{\infty}\mathrm{e}^{-\left(ax^2+bx\right)}\mathrm{d}x$$

可以通过"配平方"的方法处理; 令 $y\equiv\sqrt{a}[x+(b/2a)]$, 并注意到 $(ax^2+bx)=y^2-(b^2/4a)$.

(c) 求 $|\Psi(x,t)|^2$, 用下面的量表示结果:

$$\omega\equiv\sqrt{\frac{a}{1+(2\hbar at/m)^2}}.$$

画出 $t=0$ 时和 t 很大时的 $|\Psi|^2$ 草图 (作为 x 的函数). 当时间增加时, 定性地讨论 $|\Psi|^2$ 有什么变化.

(d) 求 $\langle x\rangle$, $\langle p\rangle$, $\langle x^2\rangle$, $\langle p^2\rangle$, σ_x 和 σ_p. 部分答案: $\langle p^2\rangle=a\hbar^2$, 但是要得到这个简单结果需要做一些代数运算.

(e) 不确定性原理成立吗? 体系在什么时间最接近不确定性原理的极限?

解答 (a) 归一化波函数

$$1=\int_{-\infty}^{\infty}|\Psi(x,0)|^2\mathrm{d}x=|A|^2\int_{-\infty}^{\infty}\exp\left(-2ax^2\right)\mathrm{d}x=|A|^2\sqrt{\frac{\pi}{2a}},$$

所以,

$$A=\left(\frac{2a}{\pi}\right)^{1/4}.$$

(b) 波函数

$$\begin{aligned}\varphi(k) &= \frac{1}{\sqrt{2\pi}}\int_{-\infty}^{\infty}\Psi(x,0)\,\mathrm{e}^{-\mathrm{i}kx}\mathrm{d}x\\ &= \frac{1}{\sqrt{2\pi}}\left(\frac{2a}{\pi}\right)^{1/4}\int_{-\infty}^{\infty}\mathrm{e}^{-ax^2-\mathrm{i}kx}\mathrm{d}x\\ &= \frac{1}{\sqrt{2\pi}}\left(\frac{2a}{\pi}\right)^{1/4}\exp\left[-k^2/(4a)\right]\int_{-\infty}^{\infty}\exp\left[-a\left(x+\mathrm{i}k/(2a)\right)^2\right]\mathrm{d}x\\ &= \frac{1}{\sqrt{2\pi}}\left(\frac{2a}{\pi}\right)^{1/4}\exp\left[-k^2/(4a)\right]\sqrt{\frac{\pi}{a}}.\end{aligned}$$

$$\begin{aligned}\Psi(x,t) &= \frac{1}{\sqrt{2\pi}}\int_{-\infty}^{\infty}\varphi(k)\,\mathrm{e}^{\mathrm{i}\left[kx-\hbar k^2t/(2m)\right]}\mathrm{d}k\\ &= \frac{1}{\sqrt{4\pi a}}\left(\frac{2a}{\pi}\right)^{1/4}\int_{-\infty}^{\infty}\mathrm{e}^{\mathrm{i}\left[kx-\hbar k^2t/(2m)\right]-k^2/4a}\mathrm{d}k\\ &= \frac{1}{\sqrt{4\pi a}}\left(\frac{2a}{\pi}\right)^{1/4}\exp\left\{-ax^2/[1+(2\mathrm{i}\hbar at/m)]\right\}\frac{\sqrt{\pi}}{\sqrt{(1/4a)+[\mathrm{i}\hbar t/(2m)]}}\\ &= \left(\frac{2a}{\pi}\right)^{1/4}\frac{\exp\left\{-ax^2/[1+(2\mathrm{i}\hbar at/m)]\right\}}{\sqrt{1+(2\mathrm{i}\hbar at/m)}}.\end{aligned}$$

(c) 波函数的模平方

$$\begin{aligned}&|\Psi(x,t)|^2\\ &= \left(\frac{2a}{\pi}\right)^{1/2}\left|\frac{\exp\left\{-ax^2/[1+(2\mathrm{i}\hbar at/m)]\right\}}{\sqrt{1+(2\mathrm{i}\hbar at/m)}}\right|^2\\ &= \left(\frac{2a}{\pi}\right)^{1/2}\frac{\exp\left\{-2ax^2/\left[1+(2\hbar at/m)^2\right]\right\}}{\sqrt{1+(2\hbar at/m)^2}}\\ &= \left(\frac{2}{\pi}\right)^{1/2}\omega\exp\left(-2\omega^2x^2\right).\end{aligned}$$

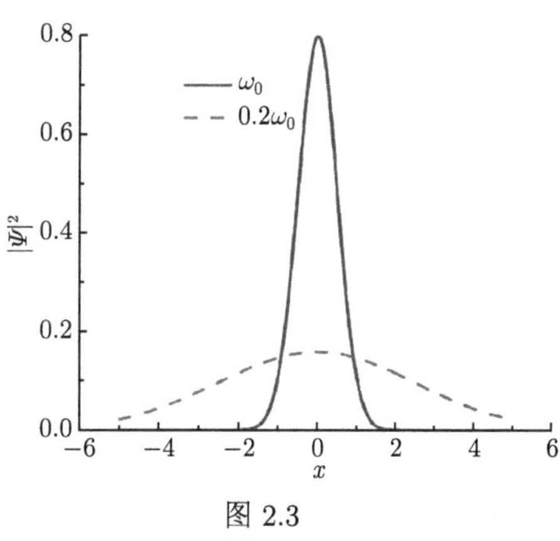

图 2.3

设当 $t=0$ 时, $\omega=\omega_0=\sqrt{a}$, 当 t 很大时, $\omega\ll\omega_0$. 图 2.3 给出 $\omega=\omega_0$ 和 $\omega=0.2\omega_0$ 时的 $|\Psi|^2$ 草图 (取 $a=1$, Origin 作图).

可以看出, 当时间演化时, 波包变得弥散.

(d) 求 $\langle x\rangle,\langle p\rangle,\langle x^2\rangle,\langle p^2\rangle,\sigma_x$ 和 σ_p. 部分答案: $\langle p^2\rangle=a\hbar^2$, 但是要得到这个简单结果需要做一些代数运算.

$$\langle x\rangle=\int_{-\infty}^{\infty}x\,|\Psi(x,t)|^2\,\mathrm{d}x=\left(\frac{2}{\pi}\right)^{1/2}\omega\int_{-\infty}^{\infty}x\exp\left(-2\omega^2x^2\right)\mathrm{d}x=0.$$

$$\langle p\rangle=m\frac{\mathrm{d}\langle x\rangle}{\mathrm{d}t}=0.$$

$$\begin{aligned}\langle x^2\rangle &= \int_{-\infty}^{\infty}x^2\,|\Psi(x,t)|^2\,\mathrm{d}x=\left(\frac{2}{\pi}\right)^{1/2}\omega\int_{-\infty}^{\infty}x^2\exp\left(-2\omega^2x^2\right)\mathrm{d}x\\ &= \left(\frac{2}{\pi}\right)^{1/2}\omega\frac{1}{4\omega^2}\sqrt{\frac{\pi}{2\omega^2}}=\frac{1}{4\omega^2}=\frac{1+(2\hbar at/m)^2}{4a}.\end{aligned}$$

$$
\begin{aligned}
\langle p^2\rangle &= \int_{-\infty}^{\infty} \Psi^*(x,t)\hat{p}^2\Psi(x,t)\,\mathrm{d}x \\
&= \int_{-\infty}^{\infty} [\hat{p}\Psi(x,t)]^*\,\hat{p}\Psi(x,t)\,\mathrm{d}x \\
&= \hbar^2\left(\frac{2a}{\pi}\right)^{1/2}\int_{-\infty}^{\infty}\left|\frac{-2ax\exp\left\{-ax^2/[1+(2\mathrm{i}\hbar at/m)]\right\}}{[1+(2\mathrm{i}\hbar at/m)]^{3/2}}\right|^2\mathrm{d}x \\
&= \hbar^2\left(\frac{2a}{\pi}\right)^{1/2}\int_{-\infty}^{\infty}\mathrm{d}x\frac{4a^2x\exp\left\{-2ax^2/\left[1+(2\hbar at/m)^2\right]\right\}}{\left[1+(2\hbar at/m)^2\right]^{3/2}} \\
&= 4\hbar^2\left(\frac{2}{\pi}\right)^{1/2}a\omega^3\int_{-\infty}^{\infty}x^2\exp\left(-2\omega^2x^2\right)\mathrm{d}x \\
&= 4\hbar^2\left(\frac{2}{\pi}\right)^{1/2}a\omega^3\frac{1}{4\omega^2}\sqrt{\frac{\pi}{2\omega^2}} = a\hbar^2.
\end{aligned}
$$

$$
\sigma_x = \sqrt{\langle x^2\rangle - \langle x\rangle^2} = \left(\frac{\sqrt{1+(2\hbar at/m)^2}}{4a}\right)^{1/2},
$$

$$
\sigma_p = \sqrt{\langle p^2\rangle - \langle p\rangle^2} = \left(a\hbar^2\right)^{1/2}.
$$

(e)

$$
\sigma_x\sigma_p = \frac{\hbar}{2}\left[1+(2\hbar at/m)^2\right]^{1/4} \geqslant \frac{\hbar}{2}.
$$

显然不确定性原理成立, 在 $t=0$ 时刻体系最接近不确定性原理的极限.

***习题 2.22** 计算下列积分:

(a) $\displaystyle\int_{-3}^{+1}\left(x^3-3x^2+2x-1\right)\delta(x+2)\,\mathrm{d}x$.

(b) $\displaystyle\int_{0}^{\infty}[\cos(3x)+2]\,\delta(x-\pi)\,\mathrm{d}x$.

(c) $\displaystyle\int_{-1}^{+1}\exp(|x|+3)\,\delta(x-2)\,\mathrm{d}x$.

解答 (a) 由公式

$$
\int_{x_1}^{x_2} f(x)\,\delta(x-x_0)\,\mathrm{d}x = f(x_0),\quad x_1<x_0<x_2,
$$

$$
\int_{-3}^{+1}\left(x^3-3x^2+2x-1\right)\delta(x+2)\,\mathrm{d}x = (-2)^3-3(-2)^2+2(-2)-1=-25.
$$

(b)

$$
\int_{0}^{\infty}[\cos(3x)+2]\,\delta(x-\pi)\,\mathrm{d}x = \cos(3\pi)+2=1.
$$

(c)

$$
\int_{-1}^{+1}\exp(|x|+3)\,\delta(x-2)\,\mathrm{d}x = 0.\quad \text{(因为积分区域不包含 } x=2 \text{ 的点)}
$$

***习题 2.23**　δ 函数存在于积分符号下，对任何 (一般) 函数 $f(x)$，如果

$$\int_{-\infty}^{+\infty} f(x) D_1(x) \mathrm{d}x = \int_{-\infty}^{\infty} f(x) D_2(x) \mathrm{d}x,$$

则涉及 δ 函数的两个表达式 ($D_1(x)$ 和 $D_2(x)$ 的表达式) 相等.

(a) 证明：

$$\delta(cx) = \frac{1}{|c|}\delta(x),$$

其中 c 是一个实常数. (一定要检验 c 是负值的情况.)

(b) 设 $\theta(x)$ 是**阶跃函数**：

$$\theta(x) \equiv \begin{cases} 1, & x > 0, \\ 0, & x < 0. \end{cases}$$

(在极少数情况下，它确实很重要，定义 $\theta(0)$ 为 1/2.) 证明：$\mathrm{d}\theta/\mathrm{d}x = \delta(x)$.

证明　(a) 需要证明对任何函数 $f(x)$ 有

$$\int_{-\infty}^{\infty} f(x)\delta(cx)\mathrm{d}x = \int_{-\infty}^{\infty} f(x)\frac{1}{|c|}\delta(x)\mathrm{d}x.$$

先设 $c > 0$,

$$\int_{-\infty}^{\infty} f(x)\delta(cx)\mathrm{d}x = \int_{-\infty}^{\infty} f(x)\frac{1}{c}\delta(x)\mathrm{d}x.$$

令 $z = cx$, 左边为

$$\int_{-\infty}^{\infty} f(x)\delta(cx)\mathrm{d}x = \int_{-\infty}^{\infty} f\left(\frac{z}{c}\right)\frac{1}{c}\delta(z)\mathrm{d}z = \frac{f(0)}{c},$$

右边为

$$\int_{-\infty}^{\infty} f(x)\frac{1}{c}\delta(x)\mathrm{d}x = \frac{f(0)}{c}.$$

再设 $c < 0$, 左边为

$$\int_{-\infty}^{\infty} f(x)\delta(cx)\mathrm{d}x = \int_{\infty}^{-\infty} f\left(\frac{z}{c}\right)\frac{1}{c}\delta(z)\mathrm{d}z = -\frac{1}{c}\int_{-\infty}^{\infty} f\left(\frac{z}{c}\right)\delta(z)\mathrm{d}z = -\frac{f(0)}{c},$$

右边为

$$-\int_{-\infty}^{\infty} f(x)\frac{1}{c}\delta(x)\mathrm{d}x = -\frac{f(0)}{c}.$$

所以无论 $c < 0$, 还是 $c > 0$, 等式对任意 $f(x)$ 都成立, 所以

$$\delta(cx) = \frac{1}{|c|}\delta(x).$$

(b) 在 $x \neq 0$ 时, 显然有 $\dfrac{\mathrm{d}\theta}{\mathrm{d}x} = 0$, 对围绕 $x = 0$ 的点做积分, 有

$$\lim_{\varepsilon\to 0}\int_{-\varepsilon}^{\varepsilon}\frac{\mathrm{d}\theta}{\mathrm{d}x}\mathrm{d}x = \lim_{\varepsilon\to 0}[\theta(\varepsilon) - \theta(-\varepsilon)] = 1.$$

所以, 必须有 $\left.\dfrac{\mathrm{d}\theta}{\mathrm{d}x}\right|_{x=0} = \infty$.

****习题 2.24**　对于方程 (2.132) 中的波函数验证不确定性原理. **提示**　因为 ψ 的导数在 $x=0$ 处存在阶梯不连续, 计算 $\langle p^2\rangle$ 时可能很费事. 可以利用习题 2.23(b) 的结果. 部分答案: $\langle p^2\rangle=(m\alpha/\hbar)^2$.

解答　在 δ 势阱中, 粒子能量 $E<0$ 时束缚态波函数是 (方程 (2.132))

$$\psi(x)=\frac{\sqrt{m\alpha}}{\hbar}\mathrm{e}^{-m\alpha|x|/\hbar^2};\quad E=-\frac{m\alpha^2}{2\hbar^2}.$$

计算

$$\langle x\rangle=\int_{-\infty}^{\infty}x\,|\psi(x)|^2\,\mathrm{d}x=\frac{m\alpha}{\hbar^2}\int_{-\infty}^{\infty}x\exp\left(-2m\alpha|x|/\hbar^2\right)\mathrm{d}x=0.\quad(\text{奇函数对称性})$$

$$\begin{aligned}\langle x^2\rangle&=\int_{-\infty}^{\infty}x^2\,|\psi(x)|^2\mathrm{d}x\\&=\frac{m\alpha}{\hbar^2}2\int_0^{\infty}x^2\exp\left(-2m\alpha|x|/\hbar^2\right)\mathrm{d}x\\&=\frac{m\alpha}{\hbar^2}2\frac{2!}{\left(2m\alpha/\hbar^2\right)^3}\\&=\frac{\hbar^2}{2}\left(\frac{\hbar}{m\alpha}\right)^2.\end{aligned}$$

$$\begin{aligned}\langle p\rangle&=\int_{-\infty}^{\infty}\psi^*(x)\,\hat{p}\psi(x)\,\mathrm{d}x\\&=\int_{-\infty}^{0}\psi^*(x)\,\hat{p}\psi(x)\,\mathrm{d}x+\int_0^{\infty}\psi^*(x)\,\hat{p}\psi(x)\,\mathrm{d}x\\&=-\mathrm{i}\frac{m\alpha}{\hbar}\left[\int_{-\infty}^{0}\exp\left(+m\alpha x/\hbar^2\right)\frac{\mathrm{d}\exp\left(+m\alpha x/\hbar^2\right)}{\mathrm{d}x}\mathrm{d}x\right.\\&\qquad\left.+\int_0^{\infty}\exp\left(-m\alpha x/\hbar^2\right)\frac{\mathrm{d}\exp\left(-m\alpha x/\hbar^2\right)}{\mathrm{d}x}\mathrm{d}x\right]\\&=0.\end{aligned}$$

$$\begin{aligned}\langle p^2\rangle&=\int_{-\infty}^{\infty}\psi^*(x)\,\hat{p}^2\psi(x)\,\mathrm{d}x\\&=\lim_{\varepsilon\to0}\left[\int_{-\infty}^{-\varepsilon}\psi^*(x)\,\hat{p}^2\psi(x)\,\mathrm{d}x+\int_{\varepsilon}^{\infty}\psi^*(x)\,\hat{p}^2\psi(x)\,\mathrm{d}x+\int_{-\varepsilon}^{\varepsilon}\psi^*(x)\,\hat{p}^2\psi(x)\,\mathrm{d}x\right]\\&=-m\alpha\lim_{\varepsilon\to0}\left[\int_{-\infty}^{-\varepsilon}\exp\left(+m\alpha x/\hbar^2\right)\frac{\mathrm{d}^2\exp\left(+m\alpha x/\hbar^2\right)}{\mathrm{d}x^2}\mathrm{d}x\right.\\&\qquad\left.+\int_{\varepsilon}^{\infty}\exp\left(-m\alpha x/\hbar^2\right)\frac{\mathrm{d}^2\exp\left(-m\alpha x/\hbar^2\right)}{\mathrm{d}x^2}\mathrm{d}x\right]\\&\quad-m\alpha\lim_{\varepsilon\to0}\left[\int_{-\varepsilon}^{\varepsilon}\exp\left(-m\alpha|x|/\hbar^2\right)\frac{\mathrm{d}^2\exp\left(-m\alpha|x|/\hbar^2\right)}{\mathrm{d}x^2}\mathrm{d}x\right].\end{aligned}$$

可以看出前两项积分相互抵消, 在最后一项积分中, 求一次导数后, 在 $x=0$ 处是一个阶梯函数

$$-\frac{\mathrm{d}\exp\left(-m\alpha\left|x\right|/\hbar^2\right)}{\mathrm{d}x}=\begin{cases} m\alpha/\hbar^2, & x>0,\\ -m\alpha/\hbar^2, & x<0.\end{cases}$$

而阶梯函数的导数是 δ 函数, 所以积分为

$$\begin{aligned}\left\langle p^2\right\rangle &= -m\alpha\lim_{\varepsilon\to 0}\left[\int_{-\varepsilon}^{\varepsilon}\exp\left(-m\alpha\left|x\right|/\hbar^2\right)\frac{\mathrm{d}^2\exp\left(-m\alpha\left|x\right|/\hbar^2\right)}{\mathrm{d}x^2}\mathrm{d}x\right]\\ &= \left(\frac{m\alpha}{\hbar}\right)^2\lim_{\varepsilon\to 0}\left[\int_{-\varepsilon}^{\varepsilon}\exp\left(-m\alpha\left|x\right|/\hbar^2\right)\delta\left(x\right)\mathrm{d}x\right]\\ &= \left(\frac{m\alpha}{\hbar}\right)^2.\end{aligned}$$

不确定性关系为

$$\begin{aligned}\sigma_x\sigma_p &= \sqrt{\left\langle x^2\right\rangle-\left\langle x\right\rangle^2}\sqrt{\left\langle p^2\right\rangle-\left\langle p\right\rangle^2}\\ &= \sqrt{\frac{\hbar^2}{2}}=\sqrt{2}\frac{\hbar}{2}>\frac{\hbar}{2}.\end{aligned}$$

习题 2.25　验证 δ 函数势阱的束缚态 (方程 (2.132)) 和散射态 (方程 (2.134) 和 (2.135)) 正交.

解答　δ 函数势阱的束缚态方程 (2.132) 为

$$\psi_{\text{束缚态}}\left(x\right)=\frac{\sqrt{m\alpha}}{\hbar}\mathrm{e}^{-m\alpha|x|/\hbar^2}.$$

散射态方程 (2.134) 和 (2.135) 分别为

$$\psi_{\text{散射态}}\left(x\right)=A\mathrm{e}^{\mathrm{i}kx}+B\mathrm{e}^{-\mathrm{i}kx}$$

和

$$\psi_{\text{散射态}}\left(x\right)=F\mathrm{e}^{\mathrm{i}kx}+G\mathrm{e}^{-\mathrm{i}kx},$$

做内积, 得

$$\begin{aligned}\left\langle\psi_{\text{束缚态}}\middle|\psi_{\text{散射态}}\right\rangle &= \frac{\sqrt{m\alpha}}{\hbar}\left[\int_{-\infty}^{0}\mathrm{e}^{m\alpha x/\hbar^2}\left(A\mathrm{e}^{\mathrm{i}kx}+B\mathrm{e}^{-\mathrm{i}kx}\right)\mathrm{d}x\right.\\ &\quad\left.+\int_{0}^{+\infty}\mathrm{e}^{-m\alpha x/\hbar^2}\left(F\mathrm{e}^{\mathrm{i}kx}+G\mathrm{e}^{-\mathrm{i}kx}\right)\mathrm{d}x\right]\\ &= \frac{\sqrt{m\alpha}}{\hbar}\left[A\int_{-\infty}^{0}\mathrm{e}^{\left(m\alpha/\hbar^2+\mathrm{i}k\right)x}\mathrm{d}x+B\int_{-\infty}^{0}\mathrm{e}^{\left(m\alpha/\hbar^2-\mathrm{i}k\right)x}\mathrm{d}x\right.\\ &\quad\left.+F\int_{0}^{+\infty}\mathrm{e}^{\left(-m\alpha/\hbar^2+\mathrm{i}k\right)x}\mathrm{d}x+G\int_{0}^{+\infty}\mathrm{e}^{\left(-m\alpha/\hbar^2-\mathrm{i}k\right)x}\mathrm{d}x\right]\\ &= \frac{\sqrt{m\alpha}}{\hbar}\left[A\left.\frac{\mathrm{e}^{\left(m\alpha/\hbar^2+\mathrm{i}k\right)x}}{m\alpha/\hbar^2+\mathrm{i}k}\right|_{-\infty}^{0}+B\left.\frac{\mathrm{e}^{\left(m\alpha/\hbar^2-\mathrm{i}k\right)x}}{m\alpha/\hbar^2-\mathrm{i}k}\right|_{-\infty}^{0}\right.\\ &\quad\left.+F\left.\frac{\mathrm{e}^{\left(-m\alpha/\hbar^2+\mathrm{i}k\right)x}}{-m\alpha/\hbar^2+\mathrm{i}k}\right|_{0}^{\infty}+G\left.\frac{\mathrm{e}^{\left(-m\alpha/\hbar^2-\mathrm{i}k\right)x}}{-m\alpha/\hbar^2-\mathrm{i}k}\right|_{0}^{\infty}\right]\end{aligned}$$

$$= \frac{\sqrt{m\alpha}}{\hbar}\left(\frac{A}{m\alpha/\hbar^2 + \mathrm{i}k} + \frac{B}{m\alpha/\hbar^2 - \mathrm{i}k} - \frac{F}{-m\alpha/\hbar^2 + \mathrm{i}k} - \frac{G}{-m\alpha/\hbar^2 - \mathrm{i}k}\right)$$

$$= \frac{\sqrt{m\alpha}}{\hbar}\left(\frac{A+G}{m\alpha/\hbar^2 + \mathrm{i}k} + \frac{B+F}{m\alpha/\hbar^2 - \mathrm{i}k}\right).$$

将括号中两项的分母化为实数得

$$\frac{\sqrt{m\alpha}}{\hbar}\left(\frac{A+G}{m\alpha/\hbar^2 + \mathrm{i}k} + \frac{B+F}{m\alpha/\hbar^2 - \mathrm{i}k}\right)$$

$$= \frac{\sqrt{m\alpha}}{\hbar}\left[\frac{\left(m\alpha/\hbar^2 - \mathrm{i}k\right)(A+G) + \left(m\alpha/\hbar^2 + \mathrm{i}k\right)(B+F)}{\left(m\alpha/\hbar^2\right)^2 + k^2}\right]$$

$$= \frac{\sqrt{m\alpha}}{\hbar}\left[\frac{m\alpha/\hbar^2 (A+G+B+F) + \mathrm{i}k (B+F-A-G)}{\left(m\alpha/\hbar^2\right)^2 + k^2}\right].$$

由方程 (2.136) 可知

$$A+G+B+F = 2(A+B),$$

由方程 (2.137) 可知

$$\mathrm{i}k (B+F-A-G) = -\frac{2m\alpha}{\hbar^2}(A+B),$$

因此,

$$\langle \psi_{束缚态} | \psi_{散射态} \rangle = \frac{\sqrt{m\alpha}}{\hbar}\left[\frac{2\frac{m\alpha}{\hbar^2}(A+B) - 2\frac{m\alpha}{\hbar^2}(A+B)}{\left(\frac{m\alpha}{\hbar^2}\right)^2 + k^2}\right] = 0.$$

***习题 2.26** $\delta(x)$ 的傅里叶变换是什么? 利用普朗克尔定理, 证明:

$$\delta(x) = \frac{1}{2\pi}\int_{-\infty}^{+\infty} \mathrm{e}^{\mathrm{i}kx}\mathrm{d}x.$$

注释 这个公式会使任何一位值得尊敬的数学家都感到格外头疼. 虽然这个积分明显是在 $x=0$ 处为无限大, 由于被积函数一直振荡, 当 $x \neq 0$ 时它并不收敛 (0 或其他值). 有一些方法可以修补这个问题. (例如, 可以从 $-L$ 到 $+L$ 进行积分, 然后令 $L \to \infty$, 并把方程 (2.147) 理解为有限积分的平均值.) 问题的根源在于 δ 函数不满足普朗克尔定理所要求的平方可积性 (见教材脚注 42). 尽管如此, 如果细心对待, 方程 (2.147) 将是极其有用的.

证明 傅里叶变换是

$$f(x) = \frac{1}{\sqrt{2\pi}}\int_{-\infty}^{\infty} F(k)\mathrm{e}^{\mathrm{i}kx}\mathrm{d}k \Leftrightarrow F(k) = \frac{1}{\sqrt{2\pi}}\int_{-\infty}^{\infty} f(x)\mathrm{e}^{-\mathrm{i}kx}\mathrm{d}x.$$

令 $f(x) = \delta(x)$, 则 $F(k)$ 的傅里叶变换为

$$F(k) = \frac{1}{\sqrt{2\pi}}\int_{-\infty}^{\infty} \delta(x)\mathrm{e}^{-\mathrm{i}kx}\mathrm{d}x = \frac{1}{\sqrt{2\pi}}.$$

从而

$$\delta(x) = \frac{1}{\sqrt{2\pi}}\int_{-\infty}^{\infty} \frac{1}{\sqrt{2\pi}}\mathrm{e}^{\mathrm{i}kx}\mathrm{d}k = \frac{1}{2\pi}\int_{-\infty}^{\infty} \mathrm{e}^{\mathrm{i}kx}\mathrm{d}k.$$

****习题 2.27**　考虑双 δ 函数势

$$V(x) = -\alpha\left[\delta(x+a) + \delta(x-a)\right],$$

其中 α 和 a 都是正的常数.

(a) 画出这个势的示意图.

(b) 存在多少个束缚态？当 $\alpha = \hbar^2/ma$ 和 $\alpha = \hbar^2/4ma$ 时, 求出允许的能级, 并画出波函数的草图.

(c) 在 (i) $a \to 0$ 和 (ii) $a \to \infty$ 的极限情况下, 束缚态的能量是多少 (固定 α)? 和单 δ 函数势阱的结果作比较, 并解释答案的合理性.

解答　(a) 这个势的示意图见图 2.4.

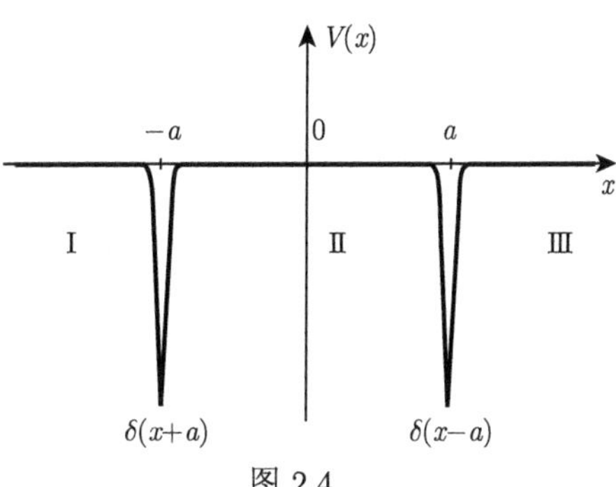

图 2.4

(b) 对束缚态必须有 $E < 0$, 求解薛定谔方程:

$$\left[-\frac{\hbar^2}{2m}\frac{\mathrm{d}^2}{\mathrm{d}x^2} + V(x)\right]\psi(x) = E\psi(x),$$

其解为

$$\begin{aligned}
\psi_1(x) &= A\mathrm{e}^{\kappa x}, & -\infty < x < -a,\\
\psi_2(x) &= B\mathrm{e}^{\kappa x} + C\mathrm{e}^{-\kappa x}, & -a < x < a,\\
\psi_3(x) &= D\mathrm{e}^{-\kappa x}, & a < x < \infty,
\end{aligned}$$

其中 $\kappa \equiv \sqrt{\dfrac{2m|E|}{\hbar^2}}$, 并且已经利用了波函数在 $x \to \pm\infty$ 时应为有限的条件.

由波函数在 $x = \pm a$ 处必须连续, 得

$$\begin{aligned}
A\mathrm{e}^{-\kappa a} &= B\mathrm{e}^{-\kappa a} + C\mathrm{e}^{\kappa a},\\
D\mathrm{e}^{-\kappa a} &= B\mathrm{e}^{\kappa a} + C\mathrm{e}^{-\kappa a}.
\end{aligned}$$

但是由于此处势能为无限大, 所以波函数的导数是不连续的, 波函数导数的跃变可以由薛定谔方程求出. 在 $x = -a$ 处, 由积分

$$\int_{-a-\varepsilon}^{-a+\varepsilon}\left[-\frac{\hbar^2}{2m}\frac{\mathrm{d}^2}{\mathrm{d}x^2} + V(x)\right]\psi(x)\,\mathrm{d}x = \int_{-a-\varepsilon}^{-a+\varepsilon} E\psi(x)\,\mathrm{d}x,$$

得

$$-\frac{\hbar^2}{2m}\lim_{\varepsilon\to 0}\left.\frac{\mathrm{d}\psi}{\mathrm{d}x}\right|_{-a-\varepsilon}^{-a+\varepsilon} = -\frac{\hbar^2}{2m}\Delta\psi(-a) = +\alpha\psi(-a),$$

其中 $\Delta\psi(-a) = \lim\limits_{\varepsilon\to 0}\left.\dfrac{\mathrm{d}\psi}{\mathrm{d}x}\right|_{-a-\varepsilon}^{-a+\varepsilon}$ 为波函数导数在 $x = -a$ 处的跃变. 同样可以求得波函数导数在 $x = +a$ 处的跃变为

$$-\frac{\hbar^2}{2m}\lim_{\varepsilon\to 0}\left.\frac{\mathrm{d}\psi}{\mathrm{d}x}\right|_{+a-\varepsilon}^{+a+\varepsilon} = -\frac{\hbar^2}{2m}\Delta\psi(a) = +\alpha\psi(a).$$

所以

$$\kappa A\mathrm{e}^{-\kappa a} - \kappa\left(B\mathrm{e}^{-\kappa a} - C\mathrm{e}^{\kappa a}\right) = \frac{2m\alpha}{\hbar^2}A\mathrm{e}^{-\kappa a},$$

$$\kappa D\mathrm{e}^{-\kappa a}+\kappa\left(B\mathrm{e}^{\kappa a}-C\mathrm{e}^{-\kappa a}\right)=\frac{2m\alpha}{\hbar^2}D\mathrm{e}^{-\kappa a},$$

与

$$\begin{aligned}A\mathrm{e}^{-\kappa a}&=B\mathrm{e}^{-\kappa a}+C\mathrm{e}^{\kappa a},\\D\mathrm{e}^{-\kappa a}&=B\mathrm{e}^{\kappa a}+C\mathrm{e}^{-\kappa a}.\end{aligned}$$

整理, 得

$$\begin{aligned}&(1-\beta)\,\mathrm{e}^{-\kappa a}A-\mathrm{e}^{-\kappa a}B+\mathrm{e}^{\kappa a}C+0=0,\\&0+\mathrm{e}^{\kappa a}B-\mathrm{e}^{-\kappa a}C+(1-\beta)\,\mathrm{e}^{-\kappa a}D=0,\\&\mathrm{e}^{-\kappa a}A-\mathrm{e}^{-\kappa a}B-\mathrm{e}^{\kappa a}C+0=0,\\&0+-\mathrm{e}^{\kappa a}B-\mathrm{e}^{-\kappa a}C+\mathrm{e}^{-\kappa a}D=0,\end{aligned}$$

其中 $\beta\equiv\dfrac{2m\alpha}{\hbar^2\kappa}$.

这个以 A,B,C,D 为未知数的方程组有非零解的条件是系数行列式为零, 即

$$\begin{vmatrix}(1-\beta)\,\mathrm{e}^{-\kappa a}&-\mathrm{e}^{-\kappa a}&\mathrm{e}^{\kappa a}&0\\0&\mathrm{e}^{\kappa a}&-\mathrm{e}^{-\kappa a}&(1-\beta)\,\mathrm{e}^{-\kappa a}\\\mathrm{e}^{-\kappa a}&-\mathrm{e}^{-\kappa a}&-\mathrm{e}^{\kappa a}&0\\0&-\mathrm{e}^{\kappa a}&-\mathrm{e}^{-\kappa a}&\mathrm{e}^{-\kappa a}\end{vmatrix}=0,$$

得

$$4-4\beta+\beta^2\left(1-\mathrm{e}^{-4\kappa a}\right)=0.$$

该方程可以表示为

$$\left[\beta\mathrm{e}^{-2\kappa a}-(2-\beta)\right]\left[\beta\mathrm{e}^{-2\kappa a}+(2-\beta)\right]=0.$$

所以我们有两个解 $\kappa_\pm$. (单 δ 势阱时有一个解, 双 δ 势阱时有两个解, 可以推论, 当有 N 个 δ 势阱时, 应该有 N 个解.)

对 $\alpha=\dfrac{\hbar^2}{ma}\to\beta=\dfrac{2}{\kappa a}$, 得到 $\kappa_\pm$ 满足的方程为

$$\begin{aligned}\exp\left(-2\kappa_-a\right)&=\kappa_-a-1,\\\exp\left(-2\kappa_+a\right)&=1-\kappa_+a.\end{aligned}$$

数值求解这两个方程 (注意 $\kappa a>0$), 得

$$\begin{aligned}\kappa_-a&=1.109,\\\kappa_+a&=0.797,\end{aligned}$$

所以能量为

$$\begin{aligned}E_-&=-\frac{(1.109)^2\,\hbar^2}{2ma^2},\\E_+&=-\frac{(0.797)^2\,\hbar^2}{2ma^2}.\end{aligned}$$

注意　当取 $\alpha=\dfrac{\hbar^2}{ma}$ 时, 单 δ 势阱的能量为 $E=-\dfrac{\hbar^2}{2ma^2}$, 所以双势阱时的两个能量本征值, 一个比单势阱时大, 另一个比单势阱时小.

对 $\alpha=\dfrac{\hbar^2}{4ma}$ 情况, $\beta=\dfrac{1}{2\kappa a}$.

$\kappa_\pm$ 满足的方程为

$$\exp\left(-2\kappa_-a\right)=4\kappa_-a-1,$$
$$\exp\left(-2\kappa_+a\right)=1-4\kappa_+a,$$

数值解为

$$\kappa_-a=0.369,$$
$$\kappa_+a=0,$$

所以能量为

$$E_+=0,$$
$$E_-=-\frac{(0.369)^2\hbar^2}{2ma^2}.$$

但对于 $E=0$ 的解, 不符合波函数必须归一化的要求 (在这种情况下, 波函数在三个区间都是常数, 积分为无限大, 或者说不符合开始时 $E<0$ 束缚态的要求), 所以现在仅有一个合理的解.

下面求出两种情况下的波函数. 首先把所有的系数都用 A 表示, 可以解出

$$B=(1-\beta/2)A,$$

$$C=+(\beta/2)\,\mathrm{e}^{-2\kappa a}A,$$
$$D=(1-\beta/2)\,\mathrm{e}^{2\kappa a}A+(\beta/2)\,\mathrm{e}^{-2\kappa a}A.$$

对 $\alpha=\dfrac{\hbar^2}{ma}\to\beta=\dfrac{2}{\kappa a}$, 满足 $\exp\left(-2\kappa_-a\right)=\kappa_-a-1$ 的解, 有

$$A=D,\quad B=C=\frac{\mathrm{e}^{-\kappa_-a}}{\mathrm{e}^{\kappa_-a}+\mathrm{e}^{-\kappa_-a}}A,$$

所以波函数为

$$\begin{aligned}
&\psi_1(x)=A\mathrm{e}^{\kappa x}, && -\infty<x<-a,\\
&\psi_2(x)=\frac{\mathrm{e}^{-\kappa_-a}}{\mathrm{e}^{\kappa_-a}+\mathrm{e}^{-\kappa_-a}}A\left(\mathrm{e}^{\kappa x}+\mathrm{e}^{-\kappa x}\right), && -a<x<a,\\
&\psi_3(x)=A\mathrm{e}^{-\kappa x}, && a<x<\infty,
\end{aligned}$$

可以看出这是一个偶函数.

对波函数归一化

$$|A|^2\left[\int_{-\infty}^{-a}\mathrm{e}^{2\kappa_-x}\mathrm{d}x+\frac{\mathrm{e}^{-2\kappa_-a}}{\left(\mathrm{e}^{\kappa_-a}+\mathrm{e}^{-\kappa_-a}\right)^2}\int_{-a}^{a}\left(\mathrm{e}^{\kappa_-x}+\mathrm{e}^{-\kappa_-x}\right)^2\mathrm{d}x+\int_a^\infty\mathrm{e}^{-2\kappa_-x}\mathrm{d}x\right]=1,$$

积分得到

$$|A|^2\left[\frac{\mathrm{e}^{-2\kappa_-a}}{\kappa_-}+\frac{\mathrm{e}^{-2\kappa_-a}}{\left(\mathrm{e}^{\kappa_-a}+\mathrm{e}^{-\kappa_-a}\right)^2}\left(\frac{\mathrm{e}^{2\kappa_-a}}{\kappa_-}+4a-\frac{\mathrm{e}^{-2\kappa_-a}}{\kappa_-}\right)\right]=1,$$

解出

$$A=\sqrt{\frac{4\left(\kappa_-a+1/2\right)\left(\kappa_-a-1\right)}{\kappa_-\left(\kappa_-a\right)}}.$$

该波函数的图形如图 2.5 所示.

对 $\alpha=\dfrac{\hbar^2}{ma}\to\beta=\dfrac{2}{\kappa a}$, 满足 $\exp\left(-2\kappa_+a\right)=1-\kappa_+a$ 的解, 有

$$A=-D,\quad B=-C=\frac{\kappa_+a-1}{\kappa_+a}A=-\frac{\mathrm{e}^{-\kappa_+a}}{\mathrm{e}^{\kappa_+a}-\mathrm{e}^{-\kappa_+a}}A,$$

所以波函数为

$$\begin{aligned}
&\psi_1\left(x\right)=A\mathrm{e}^{\kappa x}, && -\infty<x<-a,\\
&\psi_2\left(x\right)=-\frac{\mathrm{e}^{-\kappa_+a}}{\mathrm{e}^{\kappa_+a}-\mathrm{e}^{-\kappa_+a}}A\left(\mathrm{e}^{\kappa x}-\mathrm{e}^{-\kappa x}\right), && -a<x<a,\\
&\psi_3\left(x\right)=-A\mathrm{e}^{-\kappa x}, && a<x<\infty,
\end{aligned}$$

可以看出这是一个奇函数.

对波函数归一化

$$|A|^2\left[\int_{-\infty}^{-a}\mathrm{e}^{2\kappa_+x}\mathrm{d}x+\frac{\mathrm{e}^{-2\kappa_+a}}{\left(\mathrm{e}^{\kappa_+a}-\mathrm{e}^{-\kappa_+a}\right)^2}\int_{-a}^{a}\left(\mathrm{e}^{\kappa_+x}-\mathrm{e}^{-\kappa_+x}\right)^2\mathrm{d}x+\int_{a}^{\infty}\mathrm{e}^{-2\kappa_+x}\mathrm{d}x\right]=1,$$

积分得到

$$|A|^2\left[\frac{\mathrm{e}^{-2\kappa_+a}}{\kappa_+}+\frac{\mathrm{e}^{-2\kappa_+a}}{\left(\mathrm{e}^{\kappa_+a}-\mathrm{e}^{-\kappa_+a}\right)^2}\left(\frac{\mathrm{e}^{2\kappa_+a}}{\kappa_+}-4a-\frac{\mathrm{e}^{-2\kappa_+a}}{\kappa_+}\right)\right]=1,$$

解出

$$A=\sqrt{\frac{4\left(\kappa_+a-1/2\right)\left(1-\kappa_+a\right)}{\kappa_+\left(\kappa_+a\right)}}.$$

该波函数的图形如图 2.6 所示.

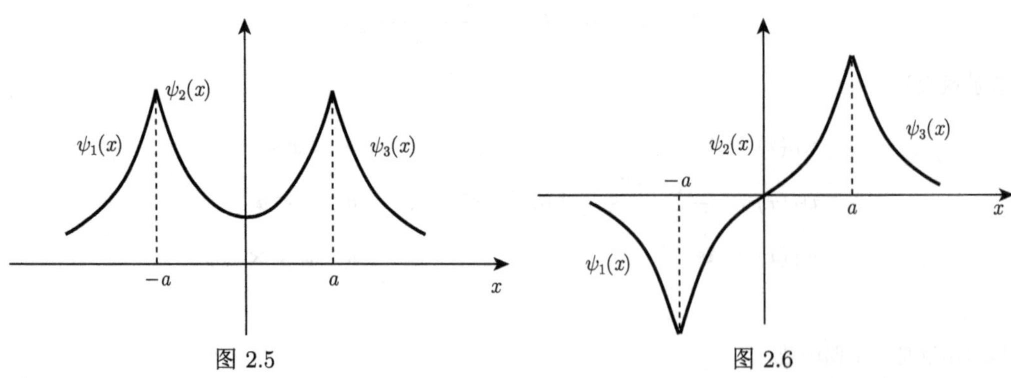

图 2.5　　图 2.6

对 $\alpha=\dfrac{\hbar^2}{4ma}$ 的情况, $\beta=\dfrac{1}{2\kappa a}$, $\exp\left(-2\kappa_-a\right)=4\kappa_-a-1$ (我们也只需考虑这种情况), 得

$$B=C=\frac{4\kappa_-a-1}{4\kappa_-a}A=\frac{\mathrm{e}^{-\kappa_-a}}{\mathrm{e}^{+\kappa_-a}+\mathrm{e}^{-\kappa_-a}}A,\quad D=A.$$

所以波函数为

$$
\begin{aligned}
&\psi_1(x) = A\mathrm{e}^{\kappa x}, && -\infty < x < -a, \\
&\psi_2(x) = \frac{\mathrm{e}^{-\kappa_- a}}{\mathrm{e}^{\kappa_- a} + \mathrm{e}^{-\kappa_- a}} A\left(\mathrm{e}^{\kappa x} + \mathrm{e}^{-\kappa x}\right), && -a < x < a, \\
&\psi_3(x) = A\mathrm{e}^{-\kappa x}, && a < x < \infty,
\end{aligned}
$$

可以看出这是一个偶函数. 除了能量与 $\alpha = \dfrac{\hbar^2}{ma}$ 时不同外, 该波函数形式上与 $\alpha = \dfrac{\hbar^2}{ma}$ 时能量为 E_- 的波函数一样.

(c) (i) 只有一个 (偶的) 束缚态, 当 c 很大的时候, z 很小, 因此 $\mathrm{e}^{-z} \approx 1 = cz - 1$, 这意味着 $z = 2/c$ 或者 $2\kappa a = 2\left(2am\alpha/\hbar^2\right) \Rightarrow \kappa = 2m\alpha/\hbar^2$. 因此,

$$
E = -\frac{\hbar^2\kappa^2}{2m} = -\frac{2m\alpha^2}{\hbar^2}.
$$

这其实是两个 δ 函数重合, 也就是只有一个 δ 函数, 其强度为 2α. 将这个值代入方程 (2.130) 时, 我们会直接得到上式的结果.

(ii) 有两个束缚态, 一个是偶的, 另一个是奇的. 当 c 很小时, z 很大, $\mathrm{e}^{-z} \approx 0$. 对于偶束缚态的情况, $0 = cz - 1 \Rightarrow z = 1/c \Rightarrow \kappa = m\alpha/\hbar^2$. 对于奇束缚态的情况, $0 = 1 - cz$, 这会导致同样的结果, 两个态是简并的, 能量为 $E = -\dfrac{m\alpha^2}{2\hbar^2}$. 两个态的任意线性组合都是系统的本征态. 两个态之和代表一个粒子在 x 轴正方向较大位置处的 δ 函数势阱中，两个态之差代表一个粒子在 x 轴负方向较大位置处的 δ 函数势阱中. 因此, 得到两种态是有道理的, 每一个态对应一个粒子处于单 δ 函数势阱中.

****习题 2.28** 对于习题 2.27 中的势函数, 求其透射系数.

解答 考虑 $E > 0$ 散射态的情况, 设 $k = \sqrt{2mE/\hbar^2}$, 可以求出波函数为

$$
\begin{aligned}
&\psi_1(x) = A\mathrm{e}^{\mathrm{i}kx} + B\mathrm{e}^{-\mathrm{i}kx}, && -\infty < x < -a, \\
&\psi_2(x) = C\mathrm{e}^{\mathrm{i}kx} + D\mathrm{e}^{-\mathrm{i}kx}, && -a < x < a, \\
&\psi_3(x) = F\mathrm{e}^{\mathrm{i}kx}, && a < x < \infty.
\end{aligned}
$$

假设在 $a < x < \infty$ 区域没有从右向左传播的波, 只有透射波. 由波函数在 $x = \pm a$ 处的连续条件以及波函数导数在此处的跃变情况, 得

$$
\begin{aligned}
&A\mathrm{e}^{-\mathrm{i}ka} + B\mathrm{e}^{\mathrm{i}ka} = C\mathrm{e}^{-\mathrm{i}ka} + D\mathrm{e}^{\mathrm{i}ka}, \\
&C\mathrm{e}^{\mathrm{i}ka} + D\mathrm{e}^{-\mathrm{i}ka} = F\mathrm{e}^{\mathrm{i}ka}, \\
&\left(A\mathrm{e}^{-\mathrm{i}ka} - B\mathrm{e}^{\mathrm{i}ka}\right) - \left(C\mathrm{e}^{-\mathrm{i}ka} - D\mathrm{e}^{\mathrm{i}ka}\right) = \frac{2m\alpha}{\mathrm{i}k\hbar^2}\left(C\mathrm{e}^{-\mathrm{i}ka} + D\mathrm{e}^{\mathrm{i}ka}\right), \\
&\left(C\mathrm{e}^{\mathrm{i}ka} - D\mathrm{e}^{-\mathrm{i}ka}\right) - F\mathrm{e}^{\mathrm{i}ka} = \frac{2m\alpha}{\mathrm{i}k\hbar^2} F\mathrm{e}^{\mathrm{i}ka}.
\end{aligned}
$$

用矩阵的方法消除系数 C、D, 有

$$
\begin{pmatrix} A \\ B \end{pmatrix} = \begin{pmatrix} 1+\beta/2 & (\beta/2)\,\mathrm{e}^{\mathrm{i}2ka} \\ -(\beta/2)\,\mathrm{e}^{-\mathrm{i}2ka} & 1-\beta/2 \end{pmatrix} \begin{pmatrix} C \\ D \end{pmatrix},
$$

$$
\begin{pmatrix} C \\ D \end{pmatrix} = \begin{pmatrix} 1+\beta/2 & 0 \\ -(\beta/2)\,\mathrm{e}^{\mathrm{i}2ka} & 0 \end{pmatrix} \begin{pmatrix} F \\ 0 \end{pmatrix},
$$

其中 $\beta = 2m\alpha/\mathrm{i}k\hbar^2$. 故

$$\begin{pmatrix} A \\ B \end{pmatrix} = \begin{pmatrix} 1+\beta/2 & (\beta/2)\,\mathrm{e}^{\mathrm{i}2ka} \\ -(\beta/2)\,\mathrm{e}^{-\mathrm{i}2ka} & 1-\beta/2 \end{pmatrix} \begin{pmatrix} (1+\beta/2)\,F \\ -(\beta/2)\,\mathrm{e}^{\mathrm{i}2ka}F \end{pmatrix}.$$

由此得到入射波振幅与透射波振幅的联系为

$$A = \left[(1+\beta/2)^2 - \left(\beta^2/4\right)\mathrm{e}^{\mathrm{i}4ka}\right] F.$$

令

$$g = -\mathrm{i}/\beta = \hbar^2 k/2m\alpha, \quad \phi = 4ka,$$

故

$$\frac{F}{A} = \frac{4g^2}{(2g-\mathrm{i})^2 + \mathrm{e}^{\mathrm{i}\varphi}} = \frac{4g^2}{(4g^2 - 1 + \cos\varphi) + \mathrm{i}\,(\sin\varphi - 4g)}.$$

所以透射系数为

$$\begin{aligned} T = \frac{|F|^2}{|A|^2} &= \frac{16g^4}{(4g^2 - 1 + \cos\varphi)^2 + (\sin\varphi - 4g)^2} \\ &= \frac{16g^4}{16g^4 + 8g^2 + 2 + 2\,(4g^2 - 1)\cos\varphi - 8g\sin\varphi} \\ &= \frac{8g^4}{8g^4 + 4g^2 + 1 + (4g^2 - 1)\cos\varphi - 4g\sin\varphi}. \end{aligned}$$

(注意　这里透射波矢与入射波矢一样, 所以可以直接用振幅模平方之比, 否则还会有波矢之比出现.)

***习题 2.29**　分析有限深方势阱奇束缚态的波函数. 推导出允许能级所满足的超越方程, 并用作图法求解. 验证两种极限情况, 是否总是至少存在一个奇束缚态?

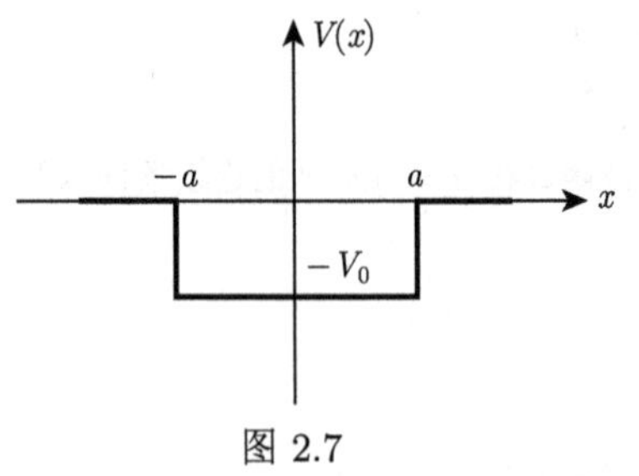

图 2.7

解答　对如图 2.7 所示一维有限深方势阱, 定态薛定谔方程为

$$\begin{aligned} &-\frac{\hbar^2}{2m}\frac{\mathrm{d}^2\psi}{\mathrm{d}x^2} = E\psi, && -\infty < x < -a, \\ &-\frac{\hbar^2}{2m}\frac{\mathrm{d}^2\psi}{\mathrm{d}x^2} - V_0 = E\psi, && -a < x < a, \\ &-\frac{\hbar^2}{2m}\frac{\mathrm{d}^2\psi}{\mathrm{d}x^2} = E\psi, && a < x < \infty. \end{aligned}$$

它的奇束缚态 ($-V_0 < E < 0$) 波函数解为

$$\psi(x) = \begin{cases} F\mathrm{e}^{-\kappa x}, & x > a, \\ D\sin(lx), & 0 < x < a, \\ -\psi(-x), & x < 0, \end{cases}$$

其中

$$\kappa \equiv \frac{\sqrt{2m|E|}}{\hbar}, \quad l = \frac{\sqrt{2m(V_0 - |E|)}}{\hbar}.$$

由波函数及其导数在 $x = a$ 处的连续条件, 有

$$F\mathrm{e}^{-\kappa a} = D\sin(la),$$

$$-\kappa F e^{-\kappa a}=lD\cos(la),$$

两式相除得到

$$-\kappa=l\cot(la),$$

或者

$$-\kappa a=la\cot(la).$$

令

$$z\equiv la,\quad z_0\equiv\frac{a\sqrt{2mV_0}}{\hbar},$$

则

$$\kappa a=\sqrt{z_0^2-z^2},$$

所以

$$\sqrt{z_0^2-z^2}=-z\cot z,$$

或者

$$\sqrt{\frac{z_0^2}{z^2}-1}=-\cot z.$$

数值求解该超越方程, 如图 2.8 所示.

z_0 的大小 (即阱宽 a 与阱深 V_0) 决定了函数 $\sqrt{(z_0/z)^2-1}$ 与 $\cot z$ 交点 z_n 的位置及交点的数目 (图 2.8 给出的是 $z_0=10>3\pi$ 的情况, 所以有 3 个交点), 从而决定束缚态的能级为

$$E_n=\frac{\hbar^2}{2ma^2}\left(z_n^2-z_0^2\right),$$

或者

$$E_n+V_0=\frac{\hbar^2z_n^2}{2ma^2}.$$

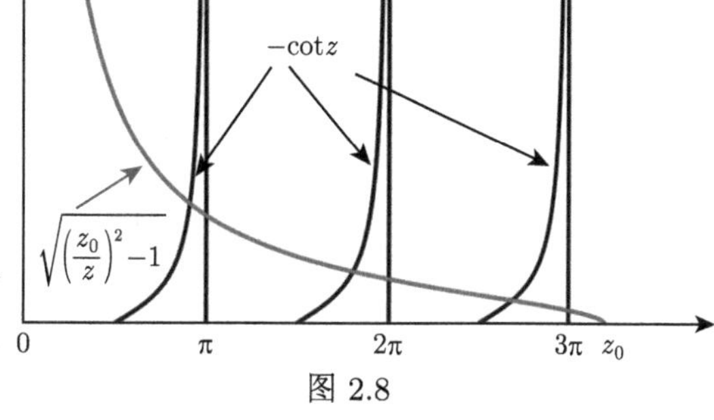

图 2.8

对于宽深势阱 $\left(a^2V_0\gg1\to z_0\gg1\right)$, 交点 z_n 非常靠近 π 的整数倍, 即 $z_n\approx\pi,2\pi,3\pi,\cdots$.

$$E_n+V_0\approx\frac{\hbar^2(n/2)^2\pi^2}{2ma^2}=\frac{\hbar^2n^2\pi^2}{2m(2a)^2},\quad n=2,4,6,\cdots$$

左边给出了无限深势阱 n 为偶数的一半能级 (另一半是在教材中已经求出的波函数为偶函数的解).

对于浅窄势阱, 如果 $z_0<\pi/2$, 将不会出现交叉点, 所以当 $V_0<\dfrac{\pi^2\hbar^2}{8ma^2}$ 时, 奇波函数的解没有束缚态.

习题 2.30　归一化方程 (2.154) 中的 $\psi(x)$, 确定常数 D 和 F.

解答　有限深方势阱的偶波函数解为

$$\psi(x)=\begin{cases}Fe^{-\kappa x}, & x>a,\\ D\cos(lx), & 0<x<a,\\ \psi(-x), & x<0.\end{cases}$$

由于波函数是偶函数, 所以波函数归一化有

$$1 = 2\int_0^\infty |\psi(x)|^2 \mathrm{d}x = 2\left[|D|\int_0^a \cos^2(lx)\,\mathrm{d}x + |F|\int_a^\infty \mathrm{e}^{-2\kappa x}\mathrm{d}x\right]$$
$$= 2\left\{|D|^2\left[\frac{x}{2} + \frac{1}{2l}\sin(2lx)\right]\Bigg|_0^a + |F|^2\left(-\frac{1}{2\kappa}\mathrm{e}^{-2\kappa x}\right)\Bigg|_a^\infty\right\}$$
$$= 2\left\{|D|^2\left[\frac{a}{2} + \frac{1}{2l}\sin(2la)\right] + |F|^2\frac{\mathrm{e}^{-2\kappa a}}{2\kappa}\right\}.$$

波函数及其导数在 $x = a$ 处连续的条件给出

$$F\mathrm{e}^{-\kappa a} = D\cos(la),$$
$$-\kappa F\mathrm{e}^{-\kappa a} = -lD\sin(la),$$

两式相除, 得

$$\kappa = l\tan(la).$$

所以

$$1 = |D|^2\left[a + \frac{\sin(2la)}{2l} + \frac{\cos^2(la)}{\kappa}\right]$$
$$= |D|^2\left[a + \frac{\sin(la)\cos(la)}{l} + \frac{\cos^3(la)}{l\sin(la)}\right]$$
$$= |D|^2\left[a + \frac{\cos(la)}{l\sin(la)}\right] = |D|^2\left(a + \frac{1}{\kappa}\right).$$

所以

$$D = \frac{1}{\sqrt{a + 1/\kappa}}, \quad F = \frac{\mathrm{e}^{\kappa a}\cos(la)}{\sqrt{1 + 1/\kappa}}.$$

习题 2.31 狄拉克 δ 函数可看作一个高度趋于无限、宽度趋于零、面积为 1 的矩形的极限情况. 证明: 在 $z_0 \to 0$ 情况下, δ 势阱 (方程 (2.117)) 是个“弱”势 (即便是在无限深情况下). 把它看作有限深方势阱的一种极限情况, 确定 δ 势阱的束缚态能级. 验证你的结果与方程 (2.132) 一致. 同时证明: 在取适当极限情况下, 方程 (2.172) 还原为方程 (2.144).

解答 设势阱的宽度为 $2a$, 深度为 V_0. 定义势面积为

$$\alpha = 2aV_0.$$

取 $a \to 0$ 时, 势面积保持不变. 由 2.6 节中求解有限势阱问题, 定义

$$z_0 \equiv \frac{a\sqrt{2mV_0}}{\hbar}. \qquad ①$$

当

$$z_0 = \frac{a\sqrt{2mV_0}}{\hbar} = \frac{\sqrt{2ma^2(\alpha/2a)}}{\hbar} = \frac{\sqrt{ma\alpha}}{\hbar} \to 0$$

时, 在教材图 2.17 中函数 $\sqrt{(z_0/z)^2 - 1}$ 与函数 $\tan z$ 仅有一个交叉点, 且数值非常小, 所以可以把超越方程

$$\tan z = \sqrt{(z_0/z)^2 - 1} \qquad ②$$

展开为

$$\tan z \approx z = \sqrt{(z_0/z)^2 - 1} = \frac{1}{z}\sqrt{z_0^2 - z^2},$$

或者

$$z^4 = z_0^2 - z^2.$$

将 $\kappa a = \sqrt{z_0^2 - z^2}$ (来自于方程 (2.149), (2.151) 和 (2.158) 的联立求解) 代入上式, 得

$$z^2 = \kappa a.$$

但由于交点很小, 故

$$z_0^2 - z^2 = z^4 \ll 1.$$

这表明交点 z 非常接近 z_0, 即

$$z \approx z_0.$$

所以

$$\kappa a \approx z_0^2 = \frac{ma\alpha}{\hbar^2},$$

或者

$$\kappa = \frac{\sqrt{2m|E|}}{\hbar} = \frac{m\alpha}{\hbar^2}.$$

在这个表达式中势阱宽度 a 不出现, $a \to 0$ 并不影响这个式子. 因此

$$E = -\frac{m\alpha^2}{2\hbar^2}.$$

这同 2.5 节中 δ 势阱情况一样.

习题 2.32　推导出方程 (2.170) 和 (2.171). **提示**　根据方程 (2.168) 和 (2.169), 求解 C 和 D, 并用 F 表示:

$$C = \left[\sin(la) + \mathrm{i}\frac{k}{l}\cos(la)\right]\mathrm{e}^{\mathrm{i}ka}F;\quad D = \left[\cos(la) - \mathrm{i}\frac{k}{l}\sin(la)\right]\mathrm{e}^{\mathrm{i}ka}F.$$

然后将它们代入方程 (2.166) 和 (2.167) 中. 求出透射系数并验证方程 (2.172).

解答　当 $E > 0$ 时, 一维有限深势阱散射态的解是 (方程 (2.158)~(2.162))

$$\psi(x) = \begin{cases} A\mathrm{e}^{\mathrm{i}kx} + B\mathrm{e}^{-\mathrm{i}kx}, & x < -a, \\ C\sin(lx), & -a \leqslant x \leqslant a, \\ F\mathrm{e}^{\mathrm{i}kx}, & x > a, \end{cases}$$

其中

$$k \equiv \frac{\sqrt{2mE}}{\hbar},\quad l \equiv \frac{\sqrt{2m(E + V_0)}}{\hbar}.$$

由在 $x = \pm a$ 处波函数及其导数连续的条件, 有

$$A\mathrm{e}^{-\mathrm{i}ka} + B\mathrm{e}^{\mathrm{i}ka} = -C\sin(la) + D\cos(la), \tag{①}$$

$$A\mathrm{e}^{-\mathrm{i}ka} - B\mathrm{e}^{\mathrm{i}ka} = \frac{l}{\mathrm{i}k}\left[C\cos(la) + D\sin(la)\right], \tag{②}$$

$$C\sin(la) + D\cos(la) = F\mathrm{e}^{\mathrm{i}ka}, \tag{③}$$

$$l\left[C\cos(la)-D\sin(la)\right]=\mathrm{i}kF\mathrm{e}^{\mathrm{i}ka}. \tag{④}$$

由 ① 和 ② 两个式子相加相减, 得

$$A=\frac{\mathrm{e}^{\mathrm{i}ka}}{2}\left\{C\left[\frac{l}{\mathrm{i}k}\cos(la)-\sin(la)\right]+D\left[\frac{l}{\mathrm{i}k}\sin(la)+\cos(la)\right]\right\},$$

$$B=\frac{\mathrm{e}^{-\mathrm{i}ka}}{2}\left\{-C\left[\frac{l}{\mathrm{i}k}\cos(la)+\sin(la)\right]-D\left[\frac{l}{\mathrm{i}k}\sin(la)-\cos(la)\right]\right\}.$$

用 $\sin(la)$ 乘以方程 ③, $\cos(la)$ 乘以方程 ④ 后, 两式相加, 得

$$C=F\mathrm{e}^{\mathrm{i}ka}\left[\sin(la)+\frac{\mathrm{i}k}{l}\cos(la)\right].$$

用 $\cos(la)$ 乘以方程 ③, $\sin(la)$ 乘以方程 ③ 后, 两式相减, 得

$$D=F\mathrm{e}^{\mathrm{i}ka}\left[\cos(la)-\frac{\mathrm{i}k}{l}\sin(la)\right].$$

把 C, D 的表达式代入 A, B 的表达式, 得

$$\begin{aligned}
A=&\frac{F\mathrm{e}^{\mathrm{i}2ka}}{2}\left\{\left[\frac{\mathrm{i}k}{l}\cos(la)+\sin(la)\right]\left[\frac{l}{\mathrm{i}k}\cos(la)-\sin(la)\right]\right.\\
&\left.+\left[\cos(la)-\frac{\mathrm{i}k}{l}\sin(la)\right]\left[\frac{l}{\mathrm{i}k}\sin(la)+\cos(la)\right]\right\}\\
=&\frac{F\mathrm{e}^{\mathrm{i}2ka}}{2}\left\{2\left[\cos^2(la)-\sin^2(la)\right]+2\left(\frac{l}{\mathrm{i}k}-\frac{\mathrm{i}k}{l}\right)\cos(la)\sin(la)\right\}\\
=&F\mathrm{e}^{\mathrm{i}2ka}\left[\cos(2la)-\frac{\mathrm{i}}{2kl}\left(l^2+k^2\right)\sin(2la)\right]\\
\Rightarrow F=&\frac{A\mathrm{e}^{-\mathrm{i}2ka}}{\cos(2la)-\dfrac{i}{2kl}(l^2+k^2)\sin(2la)},\\
B=&\frac{\mathrm{e}^{-\mathrm{i}ka}}{2}\left\{-F\mathrm{e}^{\mathrm{i}ka}\left[\frac{\mathrm{i}k}{l}\cos(la)+\sin(la)\right]\left[\frac{l}{\mathrm{i}k}\cos(la)+\sin(la)\right]\right.\\
&\left.-F\mathrm{e}^{\mathrm{i}ka}\left[\cos(la)-\frac{\mathrm{i}k}{l}\sin(la)\right]\left[\frac{l}{\mathrm{i}k}\sin(la)-\cos(la)\right]\right\}\\
=&\mathrm{i}\frac{\sin(2la)}{2kl}\left(l^2-k^2\right)F.
\end{aligned}$$

透射系数的倒数为

$$\begin{aligned}
T^{-1}=\left|\frac{A}{F}\right|^2&=\left|\cos(2la)-\mathrm{i}\frac{\sin(2la)}{2kl}\left(k^2+l^2\right)\right|^2\\
&=\cos^2(2la)+\frac{\sin^2(2la)}{(2kl)^2}\left(k^2+l^2\right)^2\\
&=1+\sin^2(2la)\frac{\left(k^2-l^2\right)^2}{(2kl)^2}.
\end{aligned}$$

将 $k\equiv\dfrac{\sqrt{2mE}}{\hbar}, l\equiv\dfrac{\sqrt{2m(E+V_0)}}{\hbar}$ 代入上式, 得

$$2la=\frac{2a\sqrt{2m(E+V_0)}}{\hbar},$$

$$k^2 - l^2 = -\frac{2mV_0}{\hbar^2},$$

$$\frac{k^2 - l^2}{(2kl)^2} = \frac{\left(-2mV_0/\hbar^2\right)^2}{4\left(2mE/\hbar^2\right)^2\left[2m\left(E+V_0\right)\right]^2} = \frac{V_0^2}{E\left(E+V_0\right)},$$

所以,

$$T^{-1} = 1 + \frac{V_0^2}{4E\left(E+V_0\right)}\sin^2\left[\frac{2a}{\hbar}\sqrt{2m\left(E+V_0\right)}\right].$$

验证了方程 (2.172).

****习题 2.33** 求出矩形势垒的透射系数 (与方程 (2.148) 相似, 只不过在 $-a < x < a$ 区域内 $V(x) = +V_0 > 0$). 分别按照 $E < V_0$、$E = V_0$ 和 $E > V_0$ 三种情况来讨论. (注意　在这三种情况下, 势垒区域内的波函数是不同的.) 部分答案: 对于 $E < V_0$,①

$$T^{-1} = 1 + \frac{V_0^2}{4E\left(V_0 - E\right)}\sinh^2\left(\frac{2a}{\hbar}\sqrt{2m\left(V_0 - E\right)}\right).$$

解答　定态薛定谔方程为

$$-\frac{\hbar^2}{2m}\frac{\mathrm{d}^2\psi}{\mathrm{d}x^2} = E\psi, \qquad x < -a,$$

$$-\frac{\hbar^2}{2m}\frac{\mathrm{d}^2\psi}{\mathrm{d}x^2} + V_0\psi = E\psi, \quad -a < x < a,$$

$$-\frac{\hbar^2}{2m}\frac{\mathrm{d}^2\psi}{\mathrm{d}x^2} = E\psi, \qquad a < x.$$

(1) 对于 $E < V_0$ 情况, 波函数的解为

$$\psi(x) = \begin{cases} A\mathrm{e}^{\mathrm{i}kx} + B\mathrm{e}^{-\mathrm{i}kx}, & x < -a, \\ C\mathrm{e}^{\kappa x} + D\mathrm{e}^{-\kappa x}, & -a < x < a, \\ F\mathrm{e}^{\mathrm{i}kx}, & a < x, \end{cases}$$

其中

$$k \equiv \frac{\sqrt{2mE}}{\hbar}, \quad \kappa \equiv \frac{\sqrt{2m\left(V_0 - E\right)}}{\hbar},$$

并且已经假设在 $x > a$ 时只有透射波.

由波函数及其导数在 $x = \pm a$ 处连续的条件, 得

$$A\mathrm{e}^{-\mathrm{i}ka} + B\mathrm{e}^{\mathrm{i}ka} = C\mathrm{e}^{-\kappa a} + D\mathrm{e}^{\kappa a}, \tag{①}$$

$$A\mathrm{e}^{-\mathrm{i}ka} - B\mathrm{e}^{\mathrm{i}ka} = \beta\left(C\mathrm{e}^{-\kappa a} - D\mathrm{e}^{\kappa a}\right), \tag{②}$$

$$C\mathrm{e}^{\kappa a} + D\mathrm{e}^{-\kappa a} = F\mathrm{e}^{\mathrm{i}ka}, \tag{③}$$

$$\beta\left(C\mathrm{e}^{\kappa a} - D\mathrm{e}^{-\kappa a}\right) = F\mathrm{e}^{\mathrm{i}ka}, \tag{④}$$

其中 $\beta \equiv \dfrac{\kappa}{\mathrm{i}k}$.

① 这是一个很好的关于隧道效应的例子——经典上粒子将会被弹回.

由 ①② 两式解出

$$2Ae^{-\mathrm{i}ka} = (1+\beta)\,Ce^{-\kappa a} + (1-\beta)\,De^{\kappa a}, \qquad ⑤$$

由 ③④ 两式解出

$$2Ce^{\kappa a} = (1+1/\beta)\,F e^{\mathrm{i}ka}, \qquad ⑥$$

$$2De^{-\kappa a} = (1-1/\beta)\,F e^{\mathrm{i}ka}. \qquad ⑦$$

由 ⑤⑥⑦ 三式得到入射波振幅 A 与透射波振幅 F 的关系为

$$\begin{aligned}2Ae^{-\mathrm{i}ka} &= \frac{1}{2}(1+\beta)(1+1/\beta)\,e^{-2\kappa a}Fe^{\mathrm{i}ka} + \frac{1}{2}(1-\beta)(1-1/\beta)\,e^{2\kappa a}Fe^{\mathrm{i}ka} \\ &= Fe^{\mathrm{i}ka}\left[2\cosh(2\kappa a) + \mathrm{i}\frac{\kappa^2-k^2}{k\kappa}\sinh(2\kappa a)\right].\end{aligned}$$

所以

$$\begin{aligned}T^{-1} = \left|\frac{A}{F}\right|^2 &= \cosh^2(2\kappa a) + \left(\frac{\kappa^2-k^2}{2k\kappa}\right)^2\sinh^2(2\kappa a) \\ &= 1 + \frac{V_0^2}{4E(V_0-E)}\sinh^2\left[\frac{2a}{\hbar}\sqrt{2m(V_0-E)}\right].\end{aligned}$$

(2) 对于 $E=V_0$ 情况, 薛定谔方程的解为

$$\psi(x) = \begin{cases} Ae^{\mathrm{i}kx} + Be^{-\mathrm{i}kx}, & x<-a, \\ C+Dx, & -a<x<a, \\ Fe^{\mathrm{i}kx}, & a<x. \end{cases}$$

由波函数及其导数在 $x=\pm a$ 处连续的条件, 有

$$Ae^{-\mathrm{i}ka} + Be^{\mathrm{i}ka} = C - Da, \qquad ⑧$$

$$\mathrm{i}k\left(Ae^{-\mathrm{i}ka} - Be^{\mathrm{i}ka}\right) = D, \qquad ⑨$$

$$C + Da = Fe^{\mathrm{i}ka}, \qquad ⑩$$

$$D = \mathrm{i}kFe^{\mathrm{i}ka}. \qquad ⑪$$

由上面的 4 个方程我们可以得到入射波振幅与透射波振幅的关系为

$$2Ae^{-\mathrm{i}2ka} = 2F(1-\mathrm{i}ka),$$

所以

$$T^{-1} = \left|\frac{A}{F}\right|^2 = 1 + (ka)^2 = 1 + \frac{2mE}{\hbar^2}a^2.$$

(3) 对于 $E>V_0$ 情况, 薛定谔方程的解为

$$\psi(x) = \begin{cases} Ae^{\mathrm{i}kx} + Be^{-\mathrm{i}kx}, & x<-a, \\ C\sin(lx) + D\cos(lx), & -a<x<a, \\ Fe^{\mathrm{i}kx}, & a<x, \end{cases}$$

其中 $l \equiv \dfrac{\sqrt{2m(E-V_0)}}{\hbar}$.

由波函数及其导数在 $x=\pm a$ 处连续的条件, 有

$$
\begin{aligned}
&A\mathrm{e}^{-\mathrm{i}ka}+B\mathrm{e}^{\mathrm{i}ka}=-C\sin(la)+D\cos(la),\\
&\left(A\mathrm{e}^{-\mathrm{i}ka}-B\mathrm{e}^{\mathrm{i}ka}\right)=\alpha\left[C\cos(la)+D\sin(la)\right],\\
&C\sin(la)+D\cos(la)=F\mathrm{e}^{\mathrm{i}ka},\\
&\alpha\left[C\cos(la)-D\sin(la)\right]=F\mathrm{e}^{\mathrm{i}ka},
\end{aligned}
$$

其中 $\alpha\equiv\dfrac{l}{\mathrm{i}k}$.

前两式相加, 得

$$
2A\mathrm{e}^{-\mathrm{i}ka}=C\left[\alpha\cos(la)-\sin(la)\right]+D\left[\alpha\sin(la)+\cos(la)\right].
$$

后两式消去 D 或者 C, 得

$$
\begin{aligned}
C&=\left[\sin(la)+\frac{1}{\alpha}\cos(la)\right]F\mathrm{e}^{\mathrm{i}ka},\\
D&=\left[\cos(la)-\frac{1}{\alpha}\sin(la)\right]F\mathrm{e}^{\mathrm{i}ka}.
\end{aligned}
$$

把 C,D 代入前一个式子, 得

$$
\begin{aligned}
2A\mathrm{e}^{-\mathrm{i}ka}&=F\mathrm{e}^{\mathrm{i}ka}\left\{\left[\sin(la)+(1/\alpha)\cos(la)\right]\left[\alpha\cos(la)-\sin(la)\right]\right.\\
&\quad\left.+\left[\cos(la)-(1/\alpha)\sin(la)\right]\left[\alpha\sin(la)+\cos(la)\right]\right\}\\
&=F\mathrm{e}^{\mathrm{i}ka}\left\{2\left[\cos^2(la)-\sin^2(la)\right]+2\left[\alpha-(1/\alpha)\right]\cos(la)\sin(la)\right\}.
\end{aligned}
$$

所以

$$
\begin{aligned}
T^{-1}&=\left|\frac{A}{F}\right|^2=\left|\left[\cos^2(la)-\sin^2(la)\right]+(\alpha-1/\alpha)\cos(la)\sin(la)\right|^2\\
&=\left|\cos(2la)+\frac{\alpha^2-1}{2\alpha}\sin(2la)\right|^2=\left|\cos(2la)-\mathrm{i}\frac{l^2+k^2}{2lk}\sin(2la)\right|^2\\
&=\cos^2(2la)+\frac{\left(l^2+k^2\right)^2}{4l^2k^2}\sin^2(2la)\\
&=1+\left[\frac{V_0^2}{4E(E-V_0)}\right]\sin^2\left[\frac{2a}{\hbar}\sqrt{2m(E-V_0)}\right].
\end{aligned}
$$

***习题 2.34**　考虑“阶梯”势: ①

$$
V(x)=\begin{cases}0, & x\leqslant 0,\\ V_0, & x>0.\end{cases}
$$

(a) 对于 $E<V_0$ 的情况, 计算反射系数, 并讨论所得结果.

(b) 计算当 $E>V_0$ 时的反射系数.

(c) 对于右侧势垒没有归零的情况, 透射系数不是简单地等于 $|F|^2/|A|^2$ (A 是入射波振幅, F 是透射波振幅), 这是由于透射波以不同的波速传播. 证明: 对于

① 参阅 C. O. Dib and O. Orellana, *Eur. J. Phys.* **38**, 045403 (2017), 有很有趣的评注.

$E > V_0$,

$$T = \sqrt{\frac{E - V_0}{E}} \frac{|F|^2}{|A|^2},$$

提示　你可以利用方程 (2.99) 计算, 或者更简洁但缺乏直观——利用几率流来计算 (习题 2.18). 对于 $E < V_0, T$ 又是多少?

(d) 对 $E > V_0$ 情况, 求出“阶梯”势的透射系数, 并验证 $T + R = 1$.

解答　(a) 对 $E < V_0$ 的情况, 定态薛定谔方程的解为

$$\psi(x) = \begin{cases} A\mathrm{e}^{\mathrm{i}kx} + B\mathrm{e}^{-\mathrm{i}kx}, & x < 0, \\ F\mathrm{e}^{-\kappa x}, & x > 0, \end{cases}$$

其中

$$k \equiv \frac{\sqrt{2mE}}{\hbar}, \quad \kappa \equiv \frac{\sqrt{2m(V_0 - E)}}{\hbar}.$$

并且已经假设在 $x > 0$ 时仅有透射波. 由波函数及其导数在 $x = 0$ 处的连续性条件, 得

$$\begin{aligned} A + B &= F, \\ \mathrm{i}k(A - B) &= -\kappa F. \end{aligned}$$

消去 F 得到

$$A(1 + \mathrm{i}k/\kappa) = B(\mathrm{i}k/\kappa - 1).$$

反射系数为

$$R = \left|\frac{B}{A}\right|^2 = \left|\frac{\mathrm{i}k/\kappa - 1}{\mathrm{i}k/\kappa + 1}\right|^2 = 1.$$

(b) 对于 $E > V_0$ 的情况, 定态薛定谔方程的解为

$$\psi(x) = \begin{cases} A\mathrm{e}^{\mathrm{i}kx} + B\mathrm{e}^{-\mathrm{i}kx}, & x < 0, \\ F\mathrm{e}^{\mathrm{i}lx}, & x > 0, \end{cases}$$

其中

$$k \equiv \frac{\sqrt{2mE}}{\hbar}, \quad l \equiv \frac{\sqrt{2m(E - V_0)}}{\hbar}.$$

由波函数及其导数在 $x = 0$ 处的连续条件, 得

$$\begin{aligned} A + B &= F, \\ \mathrm{i}k(A - B) &= \mathrm{i}lF. \end{aligned}$$

消去 F, 得

$$A(1 - k/l) = B(k/l + 1).$$

反射系数为

$$\begin{aligned} R = \left|\frac{B}{A}\right|^2 &= \left|\frac{k/l - 1}{k/l + 1}\right|^2 = \frac{(k - l)^2}{(k + l)^2} \\ &= 1 - \frac{4\sqrt{E(E - V_0)}}{\left(\sqrt{E} + \sqrt{E - V_0}\right)^2}. \end{aligned}$$

(c) 由于右边透射波区域势能与左边入射波区域不一样, 所以透射系数不能简单地用 $|F|^2/|A|^2$ 来表示, 而应该用透射波几率流密度 J_T 与入射波几率流密度 J_I 的比值. 其中几率流密度的定义为 (一维情况)

$$J \equiv \frac{\mathrm{i}\hbar}{2m}\left(\Psi\frac{\partial\Psi^*}{\partial x} - \Psi^*\frac{\partial\Psi}{\partial\Psi}\right).$$

对于 $E > V_0$ 的情况, 代入入射波 $A\mathrm{e}^{\mathrm{i}kx}$、透射波 $F\mathrm{e}^{\mathrm{i}lx}$, 得

$$J_I = \frac{k\hbar}{m}|A|^2, \quad J_T = \frac{l\hbar}{m}|F|^2,$$

所以

$$T = \frac{J_T}{J_A} = \frac{l}{k}\frac{|F|^2}{|A|^2} = \frac{\sqrt{E-V_0}}{\sqrt{E}}\frac{|F|^2}{|A|^2}.$$

即除了振幅之比外, 还包含波矢之比.

对于 $E < V_0$ 的情况, 代入透射波 $F\mathrm{e}^{-\kappa x}$, 可以求出 $J_T = 0$ (透射波是指数衰减波, 它不能传到无限远处, 透射波是实函数, 几率流密度公式中的两项相互抵消), 所以 $T = 0$.

(d) 对于 $E > V_0$ 的情况, 可以得到

$$\begin{aligned} F &= A + B \\ &= A + A\frac{\frac{k}{l}-1}{\frac{k}{l}+1} = \frac{2k}{k+l}A. \end{aligned}$$

所以,

$$\begin{aligned} T &= \frac{\sqrt{E-V_0}}{\sqrt{E}}\left|\frac{2\sqrt{E}}{\sqrt{E}+\sqrt{E-V_0}}\right|^2 \\ &= \frac{4\sqrt{E(E-V_0)}}{\left(\sqrt{E}+\sqrt{E-V_0}\right)^2} \\ &= 1 - R. \end{aligned}$$

对于 $E < V_0, T = 0$, 所以反射系数在这种情况下等于 1.

习题 2.35　粒子的质量为 m、动能 $E > 0$, 靠近一骤降至 V_0 的突变势 (图 2.9).[①]

(a) 如果 $E = V_0/3$, 粒子被“反弹”回来的几率是多大? **提示**　这同习题 2.34 相似, 只不过阶梯由向上变为向下.

(b) 画这个图的目的是让你想象有一辆靠近一个悬崖的汽车, 很明显汽车从悬崖边缘被弹回来的几率要比 (a) 中的结果小得多——除非你是兔八哥. 解释为什么这个势不能正确地表示一个悬崖. **提示**　在教材图 2.20 中, 当通过 $x = 0$ 点时, 汽车势能

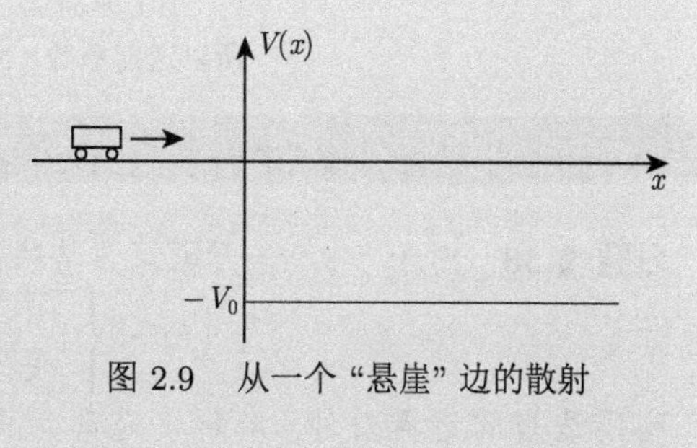

图 2.9　从一个“悬崖”边的散射

① 进一步的讨论可参见 P. L. Garrido, et al., *Am. J. Phys.* **79,** 1218 (2011).

不连续地降到 $-V_0$; 这与汽车坠落的实际情况相符吗?

(c) 一个自由的中子进入一个原子核, 它将遇到势能的突变, 势能从外面的 $V=0$ 到原子核内部大约为 -12 MeV (兆电子伏). 假设裂变产生一个中子, 其动能为 4 MeV, 轰击上述原子核, 中子被吸收的几率是多大? 由此能否触发新的裂变? 提示 你可以先像 (a) 中计算出反射几率大小, 然后用 $T=1-R$ 求出穿透表面的几率大小.

解答 (a) 定态薛定谔方程在左右两个区域的解为

$$\psi(x)=\begin{cases}Ae^{ikx}+Be^{-ikx}, & x<0,\\ Fe^{ilx}, & x>0,\end{cases}$$

其中

$$k\equiv\frac{\sqrt{2mE}}{\hbar},\quad l\equiv\frac{\sqrt{2m(E+V_0)}}{\hbar}.$$

由波函数及其导数在 $x=0$ 处连续的条件, 有

$$A+B=F,$$
$$ik(A-B)=ilF,$$

解出

$$\frac{B}{A}=-\frac{l-k}{l+k}.$$

反射系数为

$$R=\left|\frac{B}{A}\right|^2=\left(\frac{l-k}{l+k}\right)^2=\left(\frac{\sqrt{E+V_0}-\sqrt{E}}{\sqrt{E+V_0}+\sqrt{E}}\right)^2.$$

当 $E=V_0/3$ 时,

$$R=\left(\frac{\sqrt{1+V_0/E}-1}{\sqrt{1+V_0/E}+1}\right)^2=\left(\frac{\sqrt{1+3}-1}{\sqrt{1+3}+1}\right)^2=\frac{1}{9}.$$

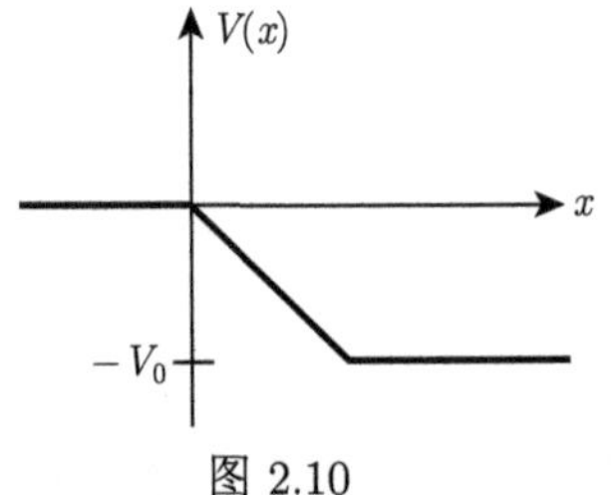

图 2.10

(b) 悬崖是二维的, 当汽车掉下时, 它的竖直坐标在变化, 即便假定在下降过程中竖直坐标正比于水平坐标, 那么在下降过程中, 汽车的势能为 $V(x)=-mgx$, 它从 0 到 $-V_0$ 是连续变化的 (图 2.10).

(c) 显然 $E=V_0/3$, 故反射系数与本题 (a) 中结果相同, 为 1/9. 所以透射系数 (也就是中子被原子核吸收的几率) 为 $8/9=0.889$.

补充习题

习题 2.36 对于"中心"无限深方势阱:

$$V(x)=\begin{cases}0 & (-a<x<+a),\\ \infty & (\text{其他}),\end{cases}$$

利用适当的边界条件, 求解定态薛定谔方程. 验证你求得的能量允许值与方程 (2.30) 一致, 证实你所得到的所有 ψ 可以通过对方程 (2.31) 做 $x\to(x+a)/2$ 变换得到 (并适当进行归一化). 画出前三个解的草图并与教材图 2.2 作对比. 注意势阱的宽度现在变为 $2a$.

解答　定态薛定谔方程的解为

$$\psi(x)=\begin{cases}A\sin(kx)+B\cos(kx), & -a<x<a,\\ 0, & |x|\geqslant a.\end{cases}$$

由波函数在 $x=\pm a$ 处连续的条件 (注意该处势能从零突变为无限大, 所以波函数导数不连续), 有

$$A\sin(ka)+B\cos(ka)=0,$$
$$-A\sin(ka)+B\cos(ka)=0.$$

两式相减, 得

$$A\sin(ka)=0\rightarrow ka=j\pi,\quad 或者\ A=0,$$

两式相加, 得

$$B\cos(ka)=0\rightarrow ka=\left(j-\frac{1}{2}\right)\pi,\quad 或者\ B=0,$$

其中 $j=1,2,3,\cdots$.

如果取 $B=0$, 那么 A 就不能取零 (否则只有零解), 只有 $k=\dfrac{j\pi}{a}$. 令 $n=2j$ (所以 n 是偶整数), $k=\dfrac{n\pi}{2a}$, 这种情况下的波函数可以写为

$$\psi(x)=A\sin\left(\frac{n\pi}{2a}x\right),\quad -a<x<a.$$

归一化

$$1=|A|^2\int_{-a}^{a}\sin^2\left(\frac{n\pi x}{2a}\right)\mathrm{d}x\rightarrow A=\frac{1}{\sqrt{a}}.$$

如果取 $A=0$, 那么 B 就不能取零, 只有 $k=\left(j-\dfrac{1}{2}\right)\pi\Big/a$. 令 $n=2j-1$ (所以 n 是奇整数), $k=\dfrac{n\pi}{2a}$, 这种情况下的波函数为

$$\psi(x)=B\cos\left(\frac{n\pi}{2a}x\right),\quad -a<x<a.$$

归一化

$$1=|B|^2\int_{-a}^{a}\cos^2\left(\frac{n\pi x}{2a}\right)\mathrm{d}x,\ 得\ B=\frac{1}{\sqrt{a}}.$$

在两种情况下, 能量本征值都可以表示为

$$E_n=\frac{\hbar^2k^2}{2m}=\frac{n^2\pi^2\hbar^2}{2m(2a)^2},\quad n=1,2,3,\cdots.$$

这个表达式把阱宽为 $a\,(0<x<a)$ 时的表达式中的阱宽换成了 $2a$.

如果把阱宽为 a 的波函数

$$\sqrt{\frac{2}{a}}\sin\left(\frac{n\pi}{a}x\right)$$

做变换 $x\rightarrow\dfrac{x+a}{2}$, 得

$$\sqrt{\frac{2}{a}}\sin\left(\frac{n\pi}{a}x\right)=\sqrt{\frac{2}{a}}\sin\left[\frac{n\pi(x+a)}{2a}\right]=\sqrt{\frac{2}{a}}\sin\left(\frac{n\pi x}{2a}+\frac{n\pi}{2}\right)$$

$$= \begin{cases} (-1)^{n/2}\sqrt{\dfrac{2}{a}}\sin\left(\dfrac{n\pi x}{2a}\right), & n = 2, 4, 6, \cdots, \\ (-1)^{(n-1)/2}\sqrt{\dfrac{2}{a}}\cos\left(\dfrac{n\pi x}{2a}\right), & n = 1, 3, 5, \cdots. \end{cases}$$

除了归一化常数, 这与前面得到的解是一样的. 所以也可以把阱宽为 $2a$ 的解写为

$$\psi(x) = A\sin\left[\frac{n\pi(x+a)}{2a}\right], \quad n = 1, 2, 3, \cdots \quad (-a < x < a),$$

归一化, 得 $A = \dfrac{1}{\sqrt{a}}$, 所以

$$\psi(x) = \frac{1}{\sqrt{a}}\sin\left[\frac{n\pi(x+a)}{2a}\right], \quad n = 1, 2, 3, \cdots.$$

前三个草图如图 2.11 所示.

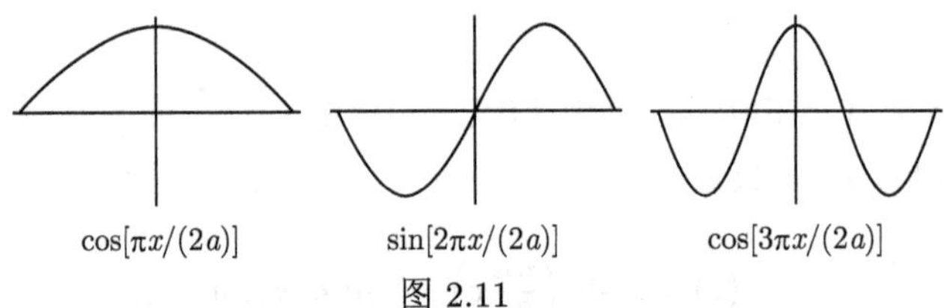

图 2.11

习题 2.37 处于无限深方势阱中粒子的初始波函数为 (方程 (2.22))

$$\Psi(x,0) = A\sin^3\left(\frac{\pi x}{a}\right) \quad (0 \leqslant x \leqslant a),$$

求出 A 和 $\Psi(x,t)$, 并计算 $\langle x\rangle$. 作为时间函数能量的期望值是多少? 提示 $\sin^n\theta$ 和 $\cos^n\theta$ 可以通过重复利用三角公式化简为 $\sin(m\theta)$ 和 $\cos(m\theta)$ $(m = 0, 1, 2, \cdots, n)$ 的线性组合.

解答 利用三角公式 $\sin 3\theta = 3\sin\theta - 4\sin^3\theta \to \sin^3\theta = \dfrac{3}{4}\sin\theta - \dfrac{1}{4}\sin 3\theta$,

$$\begin{aligned}\Psi(x,0) &= A\sin^3\left(\frac{\pi x}{a}\right) = A\left[\frac{3}{4}\sin\left(\frac{\pi x}{a}\right) - \frac{1}{4}\sin\left(\frac{3\pi x}{a}\right)\right] \\ &= A\sqrt{\frac{a}{2}}\left[\frac{3}{4}\psi_1(x) - \frac{1}{4}\psi_3(x)\right],\end{aligned}$$

其中 $\psi_n(x) = \sqrt{\dfrac{2}{a}}\sin\left(\dfrac{n\pi x}{a}\right)$ 是一维无限深方势阱能量的本征函数.

对波函数归一化

$$1 = \int_0^a |\Psi(x,0)|^2 \mathrm{d}x = |A|^2\frac{a}{2}\int_0^a \left|\frac{3}{4}\psi_1(x) - \frac{1}{4}\psi_3(x)\right|^2 \mathrm{d}x$$

$$A = \sqrt{\frac{16}{5a}}.$$

(其中利用了本征态之间的正交性.) 所以

$$\Psi(x,0) = \frac{1}{\sqrt{10}}\left[3\psi_1(x) - \psi_3(x)\right].$$

在 $t>0$ 时刻, 波函数为

$$\Psi(x,t)=\frac{1}{\sqrt{10}}\left[3\mathrm{e}^{-\mathrm{i}E_1t/\hbar}\psi_1(x)-\mathrm{e}^{-\mathrm{i}E_3t/\hbar}\psi_3(x)\right],$$

其中 $E_n=\dfrac{n^2\pi^2\hbar^2}{2ma^2}$ 是一维无限深方势阱能量的本征值.

$$\begin{aligned}|\Psi(x,t)|^2&=\left|\frac{1}{\sqrt{10}}\left[3\mathrm{e}^{-\mathrm{i}E_1t/\hbar}\psi_1(x)-\mathrm{e}^{-\mathrm{i}E_3t/\hbar}\psi_3(x)\right]\right|^2\\&=\frac{1}{10}\left[9\psi_1^2+\psi_3^2-6\psi_1\psi_3\cos(\omega t)\right],\end{aligned}$$

其中 $\omega\equiv\dfrac{E_3-E_1}{\hbar}$.

坐标的期望值为

$$\begin{aligned}\langle x\rangle&=\int_0^a x|\Psi(x,t)|^2\mathrm{d}x\\&=\frac{9}{10}\int_0^a x\psi_1^2\mathrm{d}x+\frac{1}{10}\int_0^a x\psi_3^2\mathrm{d}x-\frac{3}{5}\cos(\omega t)\int_0^a x\psi_1\psi_3\mathrm{d}x\\&=\frac{9}{10}\langle x\rangle_1+\frac{1}{10}\langle x\rangle_3-\frac{3}{5}\cos(\omega t)\int_0^a x\psi_1\psi_3\mathrm{d}x.\end{aligned}$$

代入

$$\begin{aligned}\langle x\rangle_n&=\int_0^a x|\psi_n|^2\mathrm{d}x\\&=\frac{2}{a}\int_0^a x\sin^2\left(\frac{n\pi x}{a}\right)\mathrm{d}x\\&=\frac{2}{a}\int_0^a x\frac{1-\cos\left(2\dfrac{n\pi x}{a}\right)}{2}\mathrm{d}x\\&=\frac{a}{2},\end{aligned}$$

$$\begin{aligned}&\int_0^a x\psi_1\psi_3\mathrm{d}x\\&=\frac{2}{a}\int_0^a x\sin\left(\frac{\pi x}{a}\right)\sin\left(\frac{3\pi x}{a}\right)\mathrm{d}x\\&=\frac{1}{a}\int_0^a x\left[\cos\left(\frac{2\pi x}{a}\right)-\cos\left(\frac{4\pi x}{a}\right)\right]\mathrm{d}x\\&=0.\end{aligned}$$

最后得到

$$\begin{aligned}\langle x\rangle&=\frac{9}{10}\langle x\rangle_1+\frac{1}{10}\langle x\rangle_3-\frac{3}{5}\cos(\omega t)\int_0^a x\psi_1\psi_3\mathrm{d}x\\&=\frac{a}{2}.\end{aligned}$$

习题 2.38

(a) 证明:无限深方势阱中粒子的波函数经历一个量子**恢复时间** $T=4ma^2/(\pi\hbar)$ 后, 恢复到初始形式, 即对于任何态 (不仅仅限于定态), $\Psi(x,T)=\Psi(x,0)$.

(b) 能量为 E 的粒子在势阱壁之间往返碰撞, 其经典恢复时间是多少?

(c) 在什么样的能量下, 两种恢复时间相等? ①

解答 (a) 波函数的一般解可以表示为定态解的线性叠加, 即

$$\Psi(x,t)=\sum_n c_n\psi_n(x)\,\mathrm{e}^{-\mathrm{i}E_nt/\hbar}.$$

其中定态能量为

$$E_n=\frac{n^2\pi^2\hbar^2}{2ma^2},\quad n=1,2,3,\cdots.$$

故

$$E_nT=\frac{n^2\pi^2\hbar^2}{2ma^2}\frac{4ma^2}{\pi\hbar}=2n^2\pi\hbar.$$

所以

$$\begin{aligned}\Psi(x,t+T)&=\sum_n c_n\psi_n(x)\,\mathrm{e}^{-\mathrm{i}E_n(t+T)/\hbar}\\&=\sum_n c_n\psi_n(x)\,\mathrm{e}^{-\mathrm{i}E_nt/\hbar}\mathrm{e}^{-\mathrm{i}2n^2\pi}\\&=\sum_n c_n\psi_n(x)\,\mathrm{e}^{-\mathrm{i}E_nt/\hbar}\\&=\Psi(x,t).\end{aligned}$$

(b) 经典粒子在势阱中来回碰撞的速度为

$$V=\sqrt{\frac{2E}{m}}.$$

所以粒子在势阱中运动一个来回的时间为

$$T=\frac{2a}{V}=\frac{2a}{\sqrt{2E/m}}.$$

(c) 让经典的恢复周期与量子恢复周期相等, 即

$$\frac{2a}{\sqrt{2E/m}}=\frac{4ma^2}{\pi\hbar}$$

$$E=\frac{\pi^2\hbar^2}{8ma^2}=\frac{E_1}{4}.$$

即经典能量等于量子基态能量的 1/4 时, 两个周期相等.

习题 2.39 在习题 2.7(d) 中, 通过对方程 (2.21) 中各项求和可以得到能量的期望值, 但是我曾提醒你 (教材脚注 21) 不要用“老式的方法”, $\langle H\rangle=\int\Psi(x,0)^*H\Psi(x,0)\mathrm{d}x$, $\Psi(x,0)$ 一阶导数的不连续性会使得二阶导数产生问题. 实际中, 可以用分部积分法来做, 但狄拉克 δ 函数提供了更为简洁的方法来处理这些反常问题.

(a) 计算 $\Psi(x,0)$ 一阶导数 (习题 2.7), 计算结果用方程 (2.146) 中定义的阶跃函数 $\theta(x-a/2)$ 来表示.

① 事实上经典和量子的恢复时间之间不存在明显的关系 (量子恢复时间甚至不依赖于能量), 这是一个奇异的悖论; 参见 D. F. Styer, *Am. J. Phys.* **69**, 56 (2001).

(b) 利用习题 2.23(b) 得到的结果, 将 $\Psi(x,0)$ 的二阶导数用 δ 函数的形式表示出来.

(c) 求积分 $\int \Psi(x,0)^* H\psi(x,0)\,\mathrm{d}x$, 并检验其结果与前面得到的结果一致.

解答 (a)

$$\frac{\mathrm{d}\Psi}{\mathrm{d}x} = A \times \begin{cases} 1 \\ -1 \end{cases} = \sqrt{\frac{12}{a^3}} \times \begin{cases} 1, & 0 \leqslant x < \dfrac{a}{2}, \\ -1, & \dfrac{a}{2} \leqslant x \leqslant a. \end{cases}$$

在 $x = a/2$ 处一阶导数有跃变, 引入阶跃函数

$$\theta\left(x - \frac{a}{2}\right) = \begin{cases} 0, & 0 \leqslant x < \dfrac{a}{2}, \\ 1, & \dfrac{a}{2} \leqslant x \leqslant a. \end{cases}$$

所以可以把一阶导数表示为

$$\frac{\mathrm{d}\Psi}{\mathrm{d}x} = \sqrt{\frac{12}{a^3}}\left[1 - 2\theta\left(x - \frac{a}{2}\right)\right].$$

(b)

$$\frac{\mathrm{d}^2\Psi}{\mathrm{d}x^2} = -\sqrt{\frac{12}{a^3}} \times 2\delta\left(x - \frac{a}{2}\right) = -\frac{4\sqrt{3}}{a\sqrt{a}}\delta\left(x - \frac{a}{2}\right).$$

(c)

$$\begin{aligned}
\langle H\rangle &= \int_0^a \Psi^*(x,0)\left(-\frac{\hbar^2}{2m}\frac{\mathrm{d}^2}{\mathrm{d}x^2}\right)\Psi(x,0)\,\mathrm{d}x \\
&= \frac{\hbar^2}{2m}\frac{4\sqrt{3}}{a\sqrt{a}}\int_0^a \Psi^*(x,0)\,\delta\left(x - \frac{a}{2}\right)\mathrm{d}x \\
&= \frac{\hbar^2}{2m}\frac{4\sqrt{3}}{a\sqrt{a}}\Psi^*\left(\frac{a}{2},0\right) \\
&= \frac{\hbar^2}{2m}\frac{4\sqrt{3}}{a\sqrt{a}}\sqrt{\frac{12}{a^3}}\frac{a}{2} = \frac{6\hbar^2}{ma^2}.
\end{aligned}$$

这与用 $\langle H\rangle = \sum\limits_n |c_n|^2 E_n$ 得到的结果是一致的, 说明只要小心处理一阶导数的跃变就可以得到正确结果.

还可以用另一种分区域积分的方法, 而无需考虑一阶导数在 $x = a/2$ 处的跃变.

$$\begin{aligned}
\langle H\rangle &= \int_0^a \Psi^*(x,0)\left(\frac{\hat{p}^2}{2m}\right)\Psi(x,0)\,\mathrm{d}x = \frac{1}{2m}\int_0^a [\hat{p}\Psi(x,0)]^*[\hat{p}\Psi(x,0)]\,\mathrm{d}x \\
&= \frac{1}{2m}\int_0^{a/2} [\hat{p}\Psi(x,0)]^*[\hat{p}\Psi(x,0)]\,\mathrm{d}x + \frac{1}{2m}\int_{a/2}^a [\hat{p}\Psi(x,0)]^*[\hat{p}\Psi(x,0)]\,\mathrm{d}x \\
&= \frac{1}{2m}\int_0^{a/2}\left[-\mathrm{i}\hbar\frac{\mathrm{d}\Psi(x,0)}{\mathrm{d}x}\right]^*\left[-\mathrm{i}\hbar\frac{\mathrm{d}\Psi(x,0)}{\mathrm{d}x}\right]\mathrm{d}x \\
&\quad + \frac{1}{2m}\int_{a/2}^a\left[-\mathrm{i}\hbar\frac{\mathrm{d}\Psi(x,0)}{\mathrm{d}x}\right]^*\left[-\mathrm{i}\hbar\frac{\mathrm{d}\Psi(x,0)}{\mathrm{d}x}\right]\mathrm{d}x \\
&= \frac{1}{2m}\int_0^{a/2}(-\mathrm{i}\hbar A)^*(-\mathrm{i}\hbar A)\,\mathrm{d}x + \frac{1}{2m}\int_{a/2}^a[-\mathrm{i}\hbar(-A)]^*[-\mathrm{i}\hbar(-A)]\,\mathrm{d}x
\end{aligned}$$

$$=\frac{6\hbar^2}{ma^2}.$$

(这里利用了动量是厄米算符的性质.)

****习题 2.40** 处在谐振子势 (方程 (2.44)) 中质量为 m 的粒子, 从初态开始演化:

$$\Psi(x,0)=A\left(1-2\sqrt{\frac{m\omega}{\hbar}}x\right)^2\mathrm{e}^{-\frac{m\omega}{2\hbar}x^2},$$

其中 A 为某一常数.

(a) 根据谐振子的定态, 确定 A 和该态的展开系数 c_n.

(b) 对粒子的能量进行测量, 能得到哪些结果? 对应的几率是多少? 能量的期望值是多少?

(c) 经过一段时间 T 后的波函数是

$$\Psi(x,T)=B\left(1+2\sqrt{\frac{m\omega}{\hbar}}x\right)^2\mathrm{e}^{-\frac{m\omega}{2\hbar}x^2},$$

其中 B 为常数. T 的最小可能值是多少?

解答 (a) 用记号

$$\xi\equiv\sqrt{\frac{m\omega}{\hbar}}x,\quad \alpha\equiv\left(\frac{m\omega}{\pi\hbar}\right)^{1/4},$$

故该初始波函数可以写为

$$\Psi(x,0)=A(1-2\xi)^2\mathrm{e}^{-\xi^2/2}=A\left(1-4\xi+4\xi^2\right)\mathrm{e}^{-\xi^2/2}.$$

可以看出它是谐振子能量本征函数 ψ_0,ψ_1,ψ_2 的线性叠加态

$$\psi_0(x)=\alpha\mathrm{e}^{-\xi^2/2},\quad \psi_1(x)=\sqrt{2}\alpha\xi\mathrm{e}^{-\xi^2/2},\quad \psi_2(x)=\frac{\alpha}{\sqrt{2}}\left(2\xi^2-1\right)\mathrm{e}^{-\xi^2/2},$$

所以

$$\begin{aligned}\Psi(x,0)&=c_0\psi_0+c_1\psi_1+c_2\psi_2\\&=c_0\alpha\mathrm{e}^{-\xi^2/2}+c_1\sqrt{2}\alpha\xi\mathrm{e}^{-\xi^2/2}+c_2\frac{\alpha}{\sqrt{2}}\left(2\xi^2-1\right)\mathrm{e}^{-\xi^2/2}\\&=\alpha\left(c_0-\frac{c_2}{\sqrt{2}}+\sqrt{2}c_1\xi+\sqrt{2}c_2\xi^2\right)\mathrm{e}^{-\xi^2/2}.\end{aligned}$$

因此我们有

$$\begin{aligned}&\sqrt{2}c_2\alpha=4A\to c_2=2\sqrt{2}\frac{A}{\alpha},\\&\sqrt{2}c_1\alpha=-4A\to c_1=-2\sqrt{2}\frac{A}{\alpha},\\&\alpha c_0-\alpha\frac{c_2}{\sqrt{2}}=A\to c_0=3\frac{A}{\alpha}.\end{aligned}$$

归一化

$$1=|c_0|^2+|c_1|^2+|c_2|^2=\frac{25}{\alpha^2}|A|^2,\ 得\ A=\frac{\alpha}{5}.$$

所以

$$c_0=\frac{3}{5},\quad c_1=-\frac{2\sqrt{2}}{5},\quad c_2=\frac{2\sqrt{2}}{5}.$$

(b) 测量可以得到的能量为 $E_0=\frac{1}{2}\hbar\omega, E_1=\frac{3}{2}\hbar\omega$ 和 $E_2=\frac{5}{2}\hbar\omega$, 各自出现的概率为 $|c_0|^2=\frac{9}{25}, |c_1|^2=\frac{8}{25}$ 和 $|c_2|^2=\frac{8}{25}$.

能量的期望值为

$$\begin{aligned}\langle H\rangle&=\sum_n |c_n|^2E_n=E_0|c_0|^2+E_1|c_1|^2+E_2|c_2|^2\\&=\frac{1}{2}\hbar\omega\frac{9}{25}+\frac{3}{2}\hbar\omega\frac{8}{25}+\frac{5}{2}\hbar\omega\frac{8}{25}\\&=\frac{73}{50}\hbar\omega.\end{aligned}$$

(c) 在 $t>0$ 时, 波函数为

$$\begin{aligned}\Psi(x,t)&=c_0\mathrm{e}^{-\mathrm{i}E_0t/\hbar}\psi_0+c_1\mathrm{e}^{-\mathrm{i}E_1t/\hbar}\psi_1+c_2\mathrm{e}^{-\mathrm{i}E_2t/\hbar}\psi_2\\&=\frac{3}{5}\mathrm{e}^{-\mathrm{i}\omega t/2}\psi_0-\frac{2\sqrt{2}}{5}\mathrm{e}^{-\mathrm{i}3\omega t/2}\psi_1+\frac{2\sqrt{2}}{5}\mathrm{e}^{-\mathrm{i}5\omega t/2}\psi_2\\&=\mathrm{e}^{-\mathrm{i}\omega t/2}\left(\frac{3}{5}\psi_0-\frac{2\sqrt{2}}{5}\mathrm{e}^{-\mathrm{i}\omega t}\psi_1+\frac{2\sqrt{2}}{5}\mathrm{e}^{-\mathrm{i}2\omega t}\psi_2\right).\end{aligned}$$

在时间 T 时, 要想得到本题所要求的形式, 中间一项必须变号, 而最后一项不变号, 即要求 $\mathrm{e}^{-\mathrm{i}\omega T}=-1, \mathrm{e}^{-2\mathrm{i}\omega T}=1$, 显然需要 $\omega T=\pi\to T=\frac{\pi}{\omega}$.

习题 2.41　求半谐振子势所允许的能级,

$$V(x)=\begin{cases}(1/2)m\omega^2x^2, & x>0,\\ \infty, & x<0.\end{cases}$$

(例如, 这种情况代表一个只能被拉伸而不能被压缩的弹簧.) **提示**　本题需要仔细思考, 具体计算很少.

解答　定态薛定谔方程在 $x>0$ 区域与谐振子的方程完全一样, 但是在 $x=0$ 处波函数必须为零, 所以可以从谐振子的本征函数中选出满足在 $x=0$ 处的能量本征函数, 显然 $\psi_n(x)$ 为奇函数时满足我们的要求, 而 $\psi_n(x)$ 为偶函数时不满足要求. 所以半谐振子势的解是谐振子解中 $n=1,3,5,\cdots$ 的那些解. 能量本征值为

$$E_n=\left(n+\frac{1}{2}\right)\hbar\omega,\quad n=1,3,5,\cdots.$$

基态为 $n=1$ 的态, 这比谐振子基态能量高 $\hbar\omega$.

*****习题 2.42**　在习题 2.21 中, 已经对自由粒子静态高斯波包进行了分析. 现在对传播中的高斯波包求解同样问题, 其初始波函数为

$$\Psi(x,0)=A\mathrm{e}^{-ax^2}\mathrm{e}^{\mathrm{i}lx},$$

其中 l 是一个实的常数.

[**建议**　从 $\varphi(k)$ 求 $\Psi(x,t)$ 的过程中, 在做积分前先做变量替换 $u\equiv k-l$.] 部

分答案：

$$\Psi(x,t)=\left(\frac{2a}{\pi}\right)^{1/4}\frac{1}{\gamma}e^{-a(x-\hbar lt/m)^2/\gamma^2}e^{il(x-\hbar lt/(2m))},$$

其中 $\gamma\equiv\sqrt{1+2ia\hbar t/m}$. 注意到 $\Psi(x,t)$ 具有一个高斯"波包"调制一列正弦行波结构. 波包的速度是多少？行波传播的速度是多少？

解答 (a) 归一化波函数

$$1=\int_{-\infty}^{\infty}|\Psi(x,0)|^2\mathrm{d}x=|A|^2\int_{-\infty}^{\infty}e^{-2ax^2}\mathrm{d}x=|A|^2\sqrt{\frac{\pi}{2a}}$$

$$A=\left(\frac{2a}{\pi}\right)^{1/4}.$$

(b) 这个初始波函数可以用自由粒子的能量本征函数 (尽管它不是物理上可实现的状态, 但是它们的叠加可以是归一化的态) 的叠加表示, 即

$$\Psi(x,0)=\frac{1}{\sqrt{2\pi}}\int_{-\infty}^{\infty}\phi(k)e^{ikx}\mathrm{d}k,$$

其中

$$\begin{aligned}\phi(k)&=\frac{1}{\sqrt{2\pi}}\int_{-\infty}^{\infty}\Psi(x,0)e^{-ikx}\mathrm{d}x\\&=\frac{1}{\sqrt{2\pi}}\left(\frac{a}{2\pi}\right)\int_{-\infty}^{\infty}e^{-ax^2}e^{ilx}e^{-ikx}\mathrm{d}x\\&=\frac{1}{\sqrt{2\pi}}\left(\frac{a}{2\pi}\right)\int_{-\infty}^{\infty}e^{-ax^2-i(k-l)x}\mathrm{d}x.\end{aligned}$$

将指数配平方, 得

$$\begin{aligned}-ax^2-i(k-l)x&=-a\left[x^2+2\frac{i}{2a}(k-l)x+\left[\frac{i(k-l)}{2a}\right]^2-\left[\frac{i(k-l)}{2a}\right]^2\right]\\&=-a\left[x+\frac{i}{2a}(k-l)\right]^2-\frac{(k-l)^2}{4a}.\end{aligned}$$

所以

$$\begin{aligned}\phi(k)&=\frac{1}{\sqrt{2\pi}}\left(\frac{2a}{\pi}\right)^{1/4}e^{-(k-l)^2/(4a)}\int_{-\infty}^{\infty}e^{-a[x+i(k-l)/(2a)]^2}\mathrm{d}x\\&=\frac{1}{\sqrt{2\pi}}\left(\frac{2a}{\pi}\right)^{1/4}e^{-(k-l)^2/(4a)}\sqrt{\frac{\pi}{a}}\\&=\frac{1}{(2\pi a)^{1/4}}e^{-(k-l)^2/(4a)}.\end{aligned}$$

$t>0$ 时的波函数为

$$\Psi(x,t)=\frac{1}{\sqrt{2\pi}(2\pi a)^{1/4}}\int_{-\infty}^{\infty}e^{-(k-l)^2/(4a)}e^{i\left[kx-\hbar k^2t/(2m)\right]}\mathrm{d}k.$$

首先对指数 k 配平方, 得

$$
\begin{aligned}
&-\frac{(k-l)^2}{4a}+\mathrm{i}\left(kx-\frac{\hbar k^2 t}{2m}\right)=-\frac{l^2}{4a}-\left[\left(\frac{1}{4a}+\mathrm{i}\frac{\hbar t}{2m}\right)k^2-\left(\mathrm{i}x+\frac{l}{2a}\right)k\right]\\
&=-\frac{l^2}{4a}+\frac{1}{4}\left(\mathrm{i}x+\frac{l}{2a}\right)^2\left(\frac{1}{4a}+\mathrm{i}\frac{\hbar t}{2m}\right)^{-1}\\
&\quad-\left(\frac{1}{4a}+\mathrm{i}\frac{\hbar t}{2m}\right)\left[k-\frac{1}{2}\left(\mathrm{i}x+\frac{l}{2a}\right)\left(\frac{1}{4a}+\mathrm{i}\frac{\hbar t}{2m}\right)^{-1}\right]^2.
\end{aligned}
$$

积分, 得

$$
\begin{aligned}
\Psi(x,t)&=\frac{1}{\sqrt{2\pi}(2\pi a)^{1/4}}\mathrm{e}^{-l^2/(4a)}\mathrm{e}^{a[\mathrm{i}x+l/(2a)]^2/(1+2\mathrm{i}a\hbar t/m)}\sqrt{\frac{\pi}{1/(4a)+\mathrm{i}\hbar t/(2m)}}\\
&=\left(\frac{2a}{\pi}\right)^{1/4}\frac{\mathrm{e}^{-l^2/(4a)}\mathrm{e}^{a[\mathrm{i}x+l/(2a)]^2/(1+2\mathrm{i}a\hbar t/m)}}{\sqrt{1+2\mathrm{i}\hbar at/m}}.
\end{aligned}
$$

(c) 令 $\theta\equiv 2\hbar at/m$, 所以

$$
\begin{aligned}
|\Psi(x,t)|^2&=\left|\left(\frac{2a}{\pi}\right)^{1/4}\frac{\mathrm{e}^{-l^2/(4a)}\mathrm{e}^{a[\mathrm{i}x+l/(2a)]^2/(1+\mathrm{i}\theta)}}{\sqrt{1+\mathrm{i}\theta}}\right|^2\\
&=\left(\frac{2a}{\pi}\right)^{1/2}\frac{\mathrm{e}^{-l^2/(2a)}\mathrm{e}^{a[\mathrm{i}x+l/(2a)]^2/(1+\mathrm{i}\theta)}\mathrm{e}^{a[-\mathrm{i}x+l/(2a)]^2/(1-\mathrm{i}\theta)}}{\sqrt{1+\mathrm{i}\theta}\sqrt{1-\mathrm{i}\theta}}\\
&=\left(\frac{2}{\pi}\right)^{1/2}\sqrt{\frac{a}{1+\theta^2}}\exp\left[-\frac{2a}{1+\theta^2}\left(x-\frac{\theta l}{2a}\right)^2\right].
\end{aligned}
$$

令 $w\equiv\sqrt{\dfrac{a}{1+\theta^2}}$, 则

$$
|\Psi(x,t)|^2=\sqrt{\frac{2}{\pi}}w\exp\left[-2w^2\left(x-\frac{\theta l}{2a}\right)^2\right].
$$

(d) 坐标期望值

$$
\langle x\rangle=\int_{-\infty}^{\infty}x|\Psi(x,t)|^2\mathrm{d}x=\sqrt{\frac{2}{\pi}}\int_{-\infty}^{\infty}xw\exp\left[-2w^2\left(x-\frac{\theta l}{2a}\right)^2\right]\mathrm{d}x.
$$

令 $y\equiv x-\dfrac{\theta l}{2a}=x-\dfrac{\hbar l}{m}t=x-vt$, 其中 $v=\dfrac{\hbar l}{m}$ 是波包的群速度, 则

$$
\langle x\rangle=\sqrt{\frac{2}{\pi}}\int_{-\infty}^{\infty}(y+vt)w\exp\left(-2w^2y^2\right)\mathrm{d}y=vt.
$$

(其中第一个积分被积函数是奇函数, 积分为零. 第二个积分 $\displaystyle\int_{-\infty}^{\infty}\exp\left(-2w^2y^2\right)\mathrm{d}y=\sqrt{\frac{\pi}{2w^2}}$.)

$$
\begin{aligned}
\langle x^2\rangle&=\sqrt{\frac{2}{\pi}}\int_{-\infty}^{\infty}(y+vt)^2w\exp\left(-2w^2y^2\right)\mathrm{d}y\\
&=\sqrt{\frac{2}{\pi}}\int_{-\infty}^{\infty}\left(y^2+2yvt+v^2t^2\right)w\exp\left(-2w^2y^2\right)\mathrm{d}y
\end{aligned}
$$

$$= \sqrt{\frac{2}{\pi}} w \frac{1}{2(2w^2)} \sqrt{\frac{\pi}{2w^2}} + 0 + (vt)^2$$

$$= \frac{1}{4w^2} + (vt)^2 .$$

$$\langle p \rangle = m\frac{\mathrm{d}\langle x \rangle}{\mathrm{d}x} = mv = \hbar l.$$

$$\langle p^2 \rangle = \int_{-\infty}^{\infty} \Psi^*(x,t)\hat{p}^2\Psi(x,t)\,\mathrm{d}x = \int_{-\infty}^{\infty} [\hat{p}\Psi(x,t)]^* [\hat{p}\Psi(x,t)]\,\mathrm{d}x.$$

由前面求出的 $\Psi(x,t)$，得

$$\hat{p}\Psi(x,t) = -\mathrm{i}\hbar\frac{\mathrm{d}\Psi}{\mathrm{d}t} = \frac{2\hbar a\left[\mathrm{i}x + l/(2a)\right]}{1+\mathrm{i}\theta}\Psi.$$

$$\begin{aligned}
\langle p^2 \rangle &= \int_{-\infty}^{\infty} \left[\frac{2\hbar a\left[\mathrm{i}x + l/(2a)\right]}{1+\mathrm{i}\theta}\Psi\right]^* \left[\frac{2\hbar a\left[\mathrm{i}x + l/(2a)\right]}{1+\mathrm{i}\theta}\Psi\right]\mathrm{d}x \\
&= \int_{-\infty}^{\infty} \left[\frac{2\hbar a\left[-\mathrm{i}x + l/(2a)\right]}{1-\mathrm{i}\theta}\Psi^*\right] \left[\frac{2\hbar a\left[\mathrm{i}x + l/(2a)\right]}{1+\mathrm{i}\theta}\Psi\right]\mathrm{d}x \\
&= \frac{(2\hbar a)^2}{1+\theta^2}\int_{-\infty}^{\infty} \left[x^2 + [l/(2a)]^2\right]\Psi^*\Psi\mathrm{d}x \\
&= \frac{(2\hbar a)^2}{1+\theta^2}\left[\langle x^2\rangle + [l/(2a)]^2\right] = \frac{(2\hbar a)^2}{1+\theta^2}\left[\frac{1}{4w^2} + (vt)^2 + [l/(2a)]^2\right] \\
&= \hbar^2\left[\frac{a^2}{w^2(1+\theta^2)} + \frac{(2avt)^2 + l^2}{1+\theta^2}\right] \\
&= \hbar^2\left[a + \frac{(2a\hbar lt/m)^2 + l^2}{1+(2a\hbar t/m)^2}\right] = \hbar^2\left(a + l^2\right).
\end{aligned}$$

$$\sigma_x = \sqrt{\langle x^2\rangle - \langle x\rangle^2} = \sqrt{\frac{1}{4w^2} + (vt)^2 - (vt)^2} = \frac{1}{2w},$$

$$\sigma_p = \sqrt{\langle p^2\rangle - \langle p\rangle^2} = \sqrt{\hbar^2 a + (\hbar l)^2 - (\hbar l)^2} = \hbar\sqrt{a}.$$

(e) 动量与坐标满足不确定关系

$$\sigma_x\sigma_p = \frac{\hbar\sqrt{a}}{2w} = \frac{\hbar\sqrt{a}}{2\sqrt{a}/(1+\theta^2)} = \frac{\hbar}{2}\left[1 + (2\hbar at/m)^2\right] \geqslant \frac{\hbar}{2}.$$

****习题 2.43**　在原点对称的无限深方势阱的中间存在一个 δ 函数势垒，

$$V(x) = \begin{cases} \alpha\delta(x), & -a < x < +a, \\ \infty, & |x| \geqslant a. \end{cases}$$

求解定态薛定谔方程. 分别处理波函数为偶和奇波函数的情况. 没必要花时间去归一化这些波函数. 求出能量的允许值 (必要时可用作图法). 与没有 δ 函数存在时的情况相比, 相应的能级有何不同? 解释为什么奇函数解不受 δ 函数的影响. 讨论 $\alpha \to 0$ 和 $\alpha \to \infty$ 两种极限情况.

解答　对偶函数解 $\psi(x) = \psi(-x)$，在 $0 < x < a$ 和 $-a < x < 0$ 两个区域, 定态薛定谔方程的解为

$$\psi(x) = \begin{cases} A\sin(kx) + B\cos(kx), & 0 < x < a, \\ -A\sin(kx) + B\cos(kx), & -a < x < 0, \end{cases}$$

其中 $k \equiv \dfrac{\sqrt{2mE}}{\hbar}$.

在 $x=0$ 处波函数连续已经满足 $B=B$, δ 函数势引起波函数导数不连续, 由方程 (1.128) 得

$$kA+kA=\frac{2m\alpha}{\hbar^2}B$$

$$B=\frac{\hbar^2k}{m\alpha}A.$$

在 $x=a$ 处的边界条件给出

$$A\left[\sin(ka)+\frac{\hbar^2k}{m\alpha}\cos(ka)\right]=0.$$

由此得到能级满足的方程为

$$\tan(ka)=-\frac{\hbar^2k}{m\alpha}.$$

数值求解该超越方程 (图 2.12), 可以得到解.

从图 2.12 中可以看出, 解得的 ka 值略大于

$$n\pi/2,\quad n=1,2,3,\cdots,$$

而且随着 n 的增加越来越靠近 $\dfrac{n\pi}{2}$, 所以能量本征值为

$$E_n\geqslant\frac{n^2\pi^2\hbar^2}{2m\left(2a\right)^2}.$$

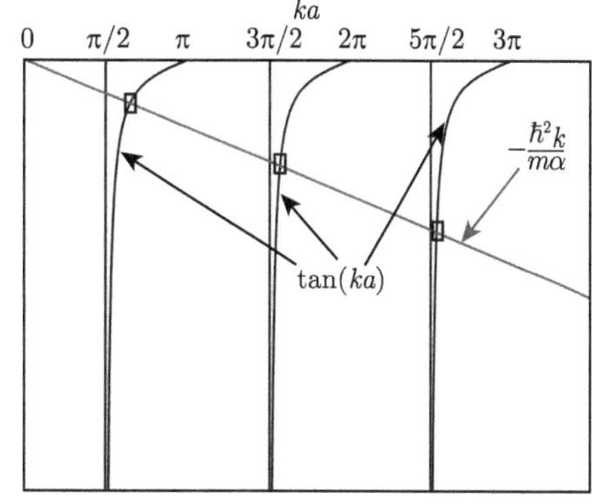

图 2.12

此式右边为阱宽为 $2a$ 的无限深方势阱的能量本征值, 所以 δ 势在势阱中心存在的情况下, 能量本征值比没有时略有增加. 当 δ 势的强度减弱 (α 减小) 时, 图中直线变得更加倾斜, E_n 将更加接近于阱宽为 $2a$ 的无限深方势阱的能量本征值. 当 δ 势的强度增加 (α 增大) 时, 图中直线将变得比较水平, ka 将接近 $n\pi$, E_n 将接近阱宽为 a 的无限深方势阱的能量本征值 $\dfrac{n^2\pi^2\hbar^2}{2ma^2}$.$\alpha\to\infty$ 时, $E_n=\dfrac{n^2\pi^2\hbar^2}{2ma^2}$, 中心势垒把势阱分割成两个孤立的阱宽为 a 的无限深方势阱.

奇函数解满足 $\psi(x)=-\psi(-x)$, 在 $0<x<a$ 和 $-a<x<0$ 两个区域, 定态薛定谔方程的解为

$$\psi(x)=\begin{cases}A\sin(kx)+B\cos(kx), & 0<x<a,\\ A\sin(kx)-B\cos(kx), & -a<x<0.\end{cases}$$

在 $x=0$ 处波函数连续要求 $B=0$ (δ 函数势引起), 波函数导数跃变给出 $kA-kA=0$ (自然满足).

在 $x=a$ 处边界条件给出 $A\sin(ka)=0$.

由此得到能级满足的方程为

$$ka=\frac{n\pi}{2},\quad n=2,4,6,\cdots,$$

即

$$E_n=\frac{n^2\pi^2\hbar^2}{2m\left(2a\right)^2},\quad n=2,4,6,\cdots.$$

这正是阱宽为 $2a$ 的无限深方势阱中 n 为偶数的能量本征值, 所以 δ 势在势阱中心存在的情况下, 对奇函数解能量本征值没有影响. 这是因为波函数在势阱中心为零, 所以感受不到此处 δ 势的影响.

习题 2.44 如果两个 (或更多) 定态薛定谔方程的不同解具有同一个能量 E,① 这些态是**简并的**. 例如：自由粒子态是双重简并的——一个解代表向右运动，另一个解代表向左运动. 但从未遇到过可归一化的简并解，这并非偶然. 证明如下定理：一维情况下 $(-\infty < x < \infty)$,② 不存在简并束缚态. **提示** 假设存在两个解 ψ_1 和 ψ_2, 具有同样的能量 E, 将 ψ_1 满足的薛定谔方程乘以 ψ_2, 将 ψ_2 满足的薛定谔方程乘以 ψ_1, 然后两式相减，证明：$(\psi_2 \mathrm{d}\psi_1/\mathrm{d}x - \psi_1 \mathrm{d}\psi_2/\mathrm{d}x)$ 是个常数. 利用归一化解在 $\pm\infty$ 处应满足 $\psi \to 0$ 的事实，证明这个常数事实上为零. 从而得出结论 ψ_2 是 ψ_1 乘以一个常数因子，因此两个解是相同的.

证明 设 ψ_1, ψ_2 是定态薛定谔方程具有同一个能量 E 的不同的解，即

$$-\frac{\hbar^2}{2m}\frac{\mathrm{d}^2\psi_1}{\mathrm{d}x^2} + V\psi_1 = E\psi_1,$$

$$-\frac{\hbar^2}{2m}\frac{\mathrm{d}^2\psi_2}{\mathrm{d}x^2} + V\psi_2 = E\psi_2.$$

第一个式子乘以 ψ_2, 第二个式子乘以 ψ_1, 两式相减，得

$$\psi_2\frac{\mathrm{d}^2\psi_1}{\mathrm{d}x^2} - \psi_1\frac{\mathrm{d}^2\psi_2}{\mathrm{d}x^2} = 0,$$

进一步得

$$\frac{\mathrm{d}}{\mathrm{d}x}\left(\psi_2\frac{\mathrm{d}\psi_1}{\mathrm{d}x} - \psi_1\frac{\mathrm{d}\psi_2}{\mathrm{d}x}\right) = 0.$$

这表明

$$\psi_2\frac{\mathrm{d}\psi_1}{\mathrm{d}x} - \psi_1\frac{\mathrm{d}\psi_2}{\mathrm{d}x} = K(\text{常数}).$$

考虑到 $x \to \infty$ 时 $\psi_1 \to 0, \psi_2 \to 0$ (束缚态归一化的要求), 所以 $K = 0$. 因此

$$\frac{1}{\psi_1}\frac{d\psi_1}{\mathrm{d}x} = \frac{1}{\psi_2}\frac{d\psi_2}{\mathrm{d}x},$$

得

$$\ln\psi_1 = \ln\psi_2 + \text{常数}, \text{即 } \psi_1 = \text{常数} \times \psi_2.$$

即这两个解仅相差一个常数，归一化后，它们仅相差一个相因子，因此它们代表同一个物理态.

习题 2.45 在本题中，你将证明一维势中定态的节点数目总是随能量的增加而增加. ③ 对于给定的势 $V(x)$, 考虑定态薛定谔方程的两个解 (实数归一化的解, ψ_n 和 ψ_m), 能量满足 $E_n > E_m$.

(a) 证明：

$$\frac{\mathrm{d}}{\mathrm{d}x}\left(\frac{\mathrm{d}\psi_m}{\mathrm{d}x}\psi_n - \psi_m\frac{\mathrm{d}\psi_n}{\mathrm{d}x}\right) = \frac{2m}{\hbar^2}(E_n - E_m)\psi_m\psi_n.$$

---

① 如果两个解的差别是一个常数乘子 (因此，一旦归一化后，它们的差别仅是一个相因子 $\mathrm{e}^{\mathrm{i}\varphi}$), 它们代表着同一个物理状态，在这个意义上，它们不是不同的解. 严格来说，我说的“不同”是意味着“线性独立”.

② 我们将在第 4 章和第 6 章中可以看到，在高维情况下简并是很常见的. 假定势并非被 $V = \infty$ 的区域分割成一些孤立部分——如果不是这样，例如两个孤立的无限深方势阱，就会产生简并束缚态，粒子不在这一个势阱中就在另一个势阱中.

③ M. Moriconi, *Am. J. Phys.* **75**, 284 (2007).

(b) 设 x_1 和 x_2 是波函数 $\psi_m(x)$ 的邻近两个节点. 证明:

$$\psi'_m(x_2)\psi_n(x_2)-\psi'_m(x_1)\psi_n(x_1)=\frac{2m}{\hbar^2}(E_n-E_m)\int_{x_1}^{x_2}\psi_m\psi_n\mathrm{d}x.$$

(c) 如果 $\psi_n(x)$ 在 x_1 和 x_2 之间不存在节点, 那么在此区间内都有相同的符号. 证明 (b) 将导致一个矛盾. 因此, 在 $\psi_m(x)$ 的每对节点之间, $\psi_n(x)$ 至少有一个节点, 且节点的数量随能量的增加而增加.

证明 (a) 处于某一本征态 ψ_n 的薛定谔方程为

$$-\frac{\hbar^2}{2m}\frac{\mathrm{d}^2\psi_n}{\mathrm{d}x^2}+V\psi_n=E_n\psi_n.$$

$$\frac{\mathrm{d}^2\psi_n}{\mathrm{d}x^2}=-\frac{2m}{\hbar^2}(E_n-V)\psi_n. \qquad ①$$

同理

$$\frac{\mathrm{d}^2\psi_m}{\mathrm{d}x^2}=-\frac{2m}{\hbar^2}(E_m-V)\psi_m. \qquad ②$$

① $\times\psi_m-$ ② $\times\psi_n$ 可得, 左边为

$$\frac{\mathrm{d}}{\mathrm{d}x}\left(\frac{\mathrm{d}\psi_n}{\mathrm{d}x}\psi_m-\psi_n\frac{\mathrm{d}\psi_m}{\mathrm{d}x}\right),$$

右边为

$$\begin{aligned}&-\frac{2m}{\hbar^2}\psi_m(E_n-V)\psi_n+\frac{2m}{\hbar^2}\psi_n(E_m-V)\psi_m\\=&-\frac{2m}{\hbar^2}(E_n-E_m)\psi_m\psi_n,\end{aligned}$$

因此, 得证

$$\frac{\mathrm{d}}{\mathrm{d}x}\left(\frac{\mathrm{d}\psi_m}{\mathrm{d}x}\psi_n-\psi_m\frac{\mathrm{d}\psi_n}{\mathrm{d}x}\right)=\frac{2m}{\hbar^2}(E_n-E_m)\psi_m\psi_n.$$

(b) 对 (a) 的结果两边进行积分, 得

$$\begin{aligned}&\int_{x_1}^{x_2}\frac{\mathrm{d}}{\mathrm{d}x}\left(\frac{\mathrm{d}\psi_m}{\mathrm{d}x}\psi_n-\psi_m\frac{\mathrm{d}\psi_n}{\mathrm{d}x}\right)\mathrm{d}x\\=&\psi'_m(x_2)\psi_n(x_2)-\psi_m(x_2)\psi'_n(x_2)-\psi'_m(x_1)\psi_n(x_1)+\psi_m(x_1)\psi'_n(x_1).\end{aligned}$$

由于 x_1 和 x_2 是 $\psi_m(x)$ 的两个节点, 所以 $\psi_m(x_1)=\psi_m(x_2)=0$, 因此, 上式可化简为

$$\psi'_m(x_2)\psi_n(x_2)-\psi'_m(x_1)\psi_n(x_1)=\frac{2m}{\hbar^2}(E_n-E_m)\int_{x_1}^{x_2}\psi_m\psi_n\mathrm{d}x.$$

(c) 因为 x_1 和 x_2 是 ψ_m 的两个相邻节点, 所以 ψ_m 在此间隔区间内都为正值或者都为负值. 假定 ψ_m 为正, 那么

$$\psi_m(x)\geqslant 0\quad(x_1\leqslant x\leqslant x_2),\quad \psi'(x_1)\geqslant 0 \text{ 和 } \psi'(x_2)\leqslant 0.$$

如果 $\psi_n(x)$ 在 x_1 和 x_2 之间没有节点, $\psi_n(x)$ 在此间隔内也必有相同的符号 (我们同样选择它为正号):

$$\psi_n(x)\geqslant 0\quad(x_1\leqslant x\leqslant x_2).$$

这样的话, $\psi'_m(x_2)\psi_n(x_2)-\psi'_m(x_1)\psi_n(x_1)\leqslant 0$, 但是 $\dfrac{2m}{\hbar^2}(E_n-E_m)\displaystyle\int_{x_1}^{x_2}\psi_m\psi_n\mathrm{d}x\geqslant 0$. 这与 (b) 中的结论矛盾. 所以, $\psi_n(x)$ 在 x_1 和 x_2 之间至少存在一个节点.

习题 2.46 假设质量为 m 的小珠子, 绕着周长为 L 的圆线环做无摩擦滑动. (这与自由粒子相似, 只不过 $\psi(x+L)=\psi(x)$.) 求出它的定态 (并适当归一化) 和相应的能量允许值. 注意到对于每个能级 E_n (只有一个例外) 都有两个相互独立的解, 分别对应顺时针和逆时针运动情况; 记为 $\psi_n^+(x)$ 和 $\psi_n^-(x)$. 根据习题 2.44 中的定理, 如何解释此种简并性 (为什么在此情况下定理会不成立)?

解答 定态薛定谔方程为

$$-\frac{\hbar^2}{2m}\frac{\mathrm{d}^2\psi}{\mathrm{d}x^2}=E\psi,$$

其解为

$$\psi(x)=A\mathrm{e}^{\mathrm{i}kx}+B\mathrm{e}^{-\mathrm{i}kx},$$

其中 $k\equiv\frac{\sqrt{2mE}}{\hbar}$.

考虑到周期性边界条件

$$\psi(x+L)=\psi(x),$$

$$A\mathrm{e}^{\mathrm{i}kx}\mathrm{e}^{\mathrm{i}kL}+B\mathrm{e}^{-\mathrm{i}kx}\mathrm{e}^{-\mathrm{i}kL}=A\mathrm{e}^{\mathrm{i}kx}+B\mathrm{e}^{-\mathrm{i}kx}.$$

该式对任何 x 都应该成立, 比如将 $x=0$ 和 $x=\frac{\pi}{2k}$ 这两个值分别代入, 得

$$A\mathrm{e}^{\mathrm{i}kL}+B\mathrm{e}^{-\mathrm{i}kL}=A+B,$$

$$A\mathrm{e}^{\mathrm{i}kL}-B\mathrm{e}^{-\mathrm{i}kL}=A-B.$$

两式相加, 得

$$2A\mathrm{e}^{\mathrm{i}kL}=2A.$$

这表明, 要么

$$\mathrm{e}^{\mathrm{i}kL}=1,\ 得\ l=2n\pi,\quad n=0,\pm1,\pm2,\pm3,\cdots,$$

要么 $A=0$, 但是 $A=0$ 意味着 $B\mathrm{e}^{-\mathrm{i}kL}=B$, 要想得到非零解, 只有

$$\mathrm{e}^{-\mathrm{i}kL}=1,\ 得\ kl=2n\pi,\quad n=0,\pm1,\pm2,\pm3,\cdots,$$

会得到同样的结论. 所以定态解可以表示为

$$\psi(x)=A\mathrm{e}^{\pm\mathrm{i}2n\pi x/L},\quad n=0,1,2,3,\cdots,$$

波函数归一化

$$1=\int_0^L|\psi_n|^2\mathrm{d}x=|A|^2\int_0^L\mathrm{d}x=|A|^2L$$

$$A=\frac{1}{\sqrt{L}}.$$

能量本征值为

$$E_n=\frac{\hbar^2}{2m}\left(\frac{2\pi n}{L}\right)^2=\frac{2n^2\pi^2\hbar^2}{mL^2}.$$

显然

$$\psi_n^+(x)=\frac{\mathrm{e}^{\mathrm{i}2n\pi x/L}}{\sqrt{L}}$$

与

$$\psi_n^-(x) = \frac{\mathrm{e}^{-\mathrm{i}2n\pi x/L}}{\sqrt{L}}$$

是具有同样能量的本征态, 所以是二重简并的. 习题 2.44 中所证明的定理在这里不成立, 是因为 $\psi(x)$ 在无限远处不为零, 由于周期性, 我们把 x 限制在一个有限范围, 所以我们不能确定习题 2.44 中的常数 K 为零.

****习题 2.47** **注意** 这是一个严格的定性问题——不允许做任何计算! 考虑"双方势阱"势 (图 2.13). 假设阱深 V_0 和阱宽 a 都固定, 且足够大使得可以存在几个束缚态.

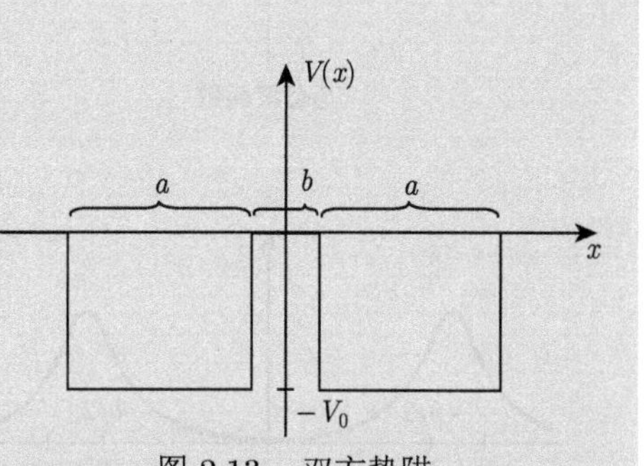

图 2.13 双方势阱

(a) 分别画出 (i) $b=0$, (ii) $b\approx a$, (iii) $b\gg a$ 这三种情况下的基态波函数 ψ_1 和第一激发态波函数 ψ_2 的草图.

(b) 定性描述当 b 从 0 变化到 ∞ 时, ψ_1 和 ψ_2 相对应的能级 (E_1 和 E_2) 的变化趋势. 在同一图中画出 $E_1(b)$ 和 $E_2(b)$.

(c) 双阱模型是一个基本的一维模型, 用来描述双原子分子中电子所受到的势场作用 (两个势阱代表两个原子核的吸引力). 如果两核被看成是自由移动的, 它们将遵循最小能量分布. 根据 (b) 中所得结论, 电子更趋向于使两个核靠在一起, 还是使其分离呢? (当然两个核之间存在排斥力, 不过这是另外一个问题.)

解答 (a) (i) $b=0$, 变成一个阱宽为 $2a$ 的有限深方势阱问题. 在阱外指数衰减, 阱内正弦或余弦振荡 (对基态是 $\psi_1\propto\cos(kx)$, 对第一激发态是 $\psi_2\propto\sin(kx)$, 在 $x=0$ 处有一个节点). 基态是偶函数, 第一激发态是奇函数, 如图 2.14 所示.

(ii) $b\approx a$. 在 $-b/2<x<b/2$ 区域, 基态是双曲余弦, 第一激发态是双曲正弦, 其余同上, 如图 2.15 所示.

(iii) $b\gg a$. 同 (ii) 一样, 但是由于 b 比较大, 在 $-b/2<x<b/2$ 区域波函数值很小, 基本与两个孤立有限深方势阱情况一样. ψ_1 与 ψ_2 能量非常接近 (兼并), 它们是两个孤立有限深方势阱基态波函数的线性叠加, 一个是偶函数, 一个是奇函数, 如图 2.16 所示.

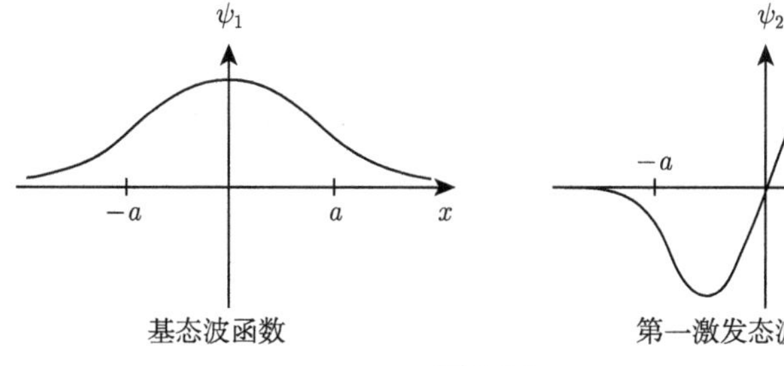

图 2.14

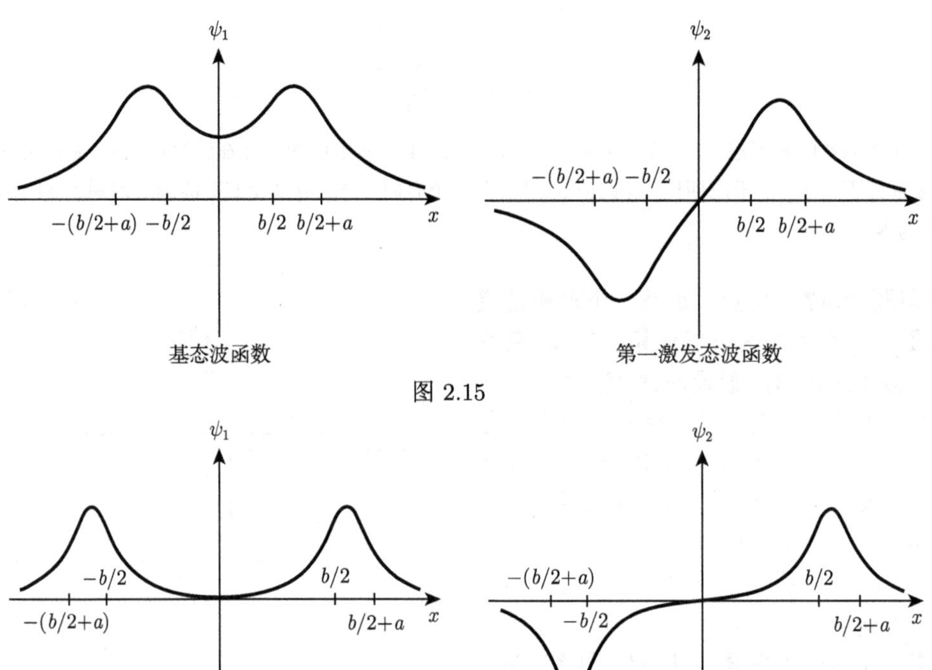

图 2.15

图 2.16

(b) 当 $b=0$ 时, 阱宽为 $2a$ 的有限深方势阱, 基态能量和第一激发态能量略小于无限深方势阱的相应能量

$$E_1+V_0\approx\frac{\pi^2\hbar^2}{2m\,(2a)^2},$$
$$E_2+V_0\approx\frac{4\pi^2\hbar^2}{2m\,(2a)^2}.$$

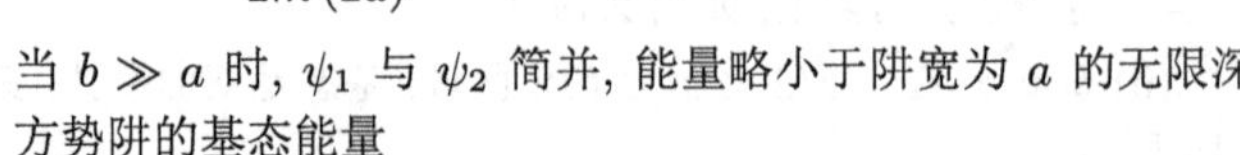

当 $b\gg a$ 时, ψ_1 与 ψ_2 简并, 能量略小于阱宽为 a 的无限深方势阱的基态能量

$$E_1+V_0\approx E_2+V_0\approx\frac{\pi^2\hbar^2}{2ma^2}.$$

能量随 b 增加的变化如图 2.17 所示.

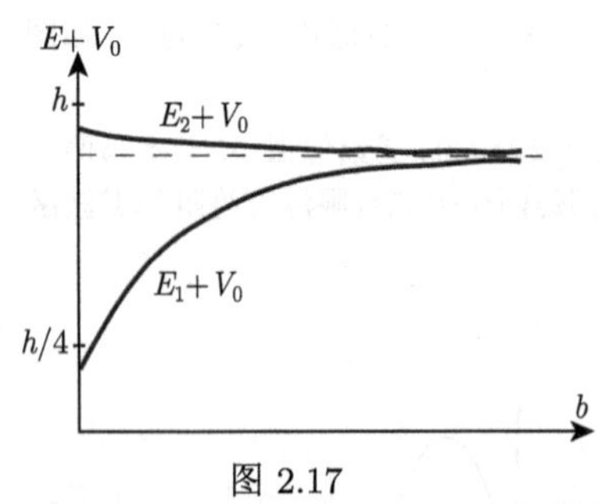

图 2.17

(c) 在 (偶函数的) 基态, 两个原子越靠近, 能量越低, 电子倾向于把原子核吸引在一起, 有利于原子的结合. 而对 (奇函数的) 第一激发态, 两个原子越靠近, 能量越高, 电子倾向于使原子核分离, 不利于原子的结合.

习题 2.48 质量为 m 的粒子处在如下势场中:

$$V(x)=\begin{cases}\infty, & x<0,\\ -32\hbar^2/(ma)^2, & 0\leqslant x\leqslant a,\\ 0, & x>a.\end{cases}$$

(a) 存在多少个束缚态？

(b) 对最高束缚态能级，粒子在阱外 $(x>a)$ 被发现的几率是多少？答案：0.542，即便是它被“束缚”在势阱内，它在势阱外被观察到的可能性比势阱内还要大！

解答　(a) 设 $V_0 \equiv 32\hbar^2/ma^2$，定态薛定谔方程在三个区域的束缚态 $(E<0)$ 解为

$$\psi(x)=\begin{cases}0, & x<0,\\ A\sin(lx)+B\cos(lx), & 0\leqslant x\leqslant a,\\ C\mathrm{e}^{-\kappa x}+D\mathrm{e}^{\kappa x}, & x>a,\end{cases}$$

其中 $l\equiv\dfrac{\sqrt{2m(E+V_0)}}{\hbar},\kappa\equiv\dfrac{\sqrt{-2mE}}{\hbar}$.

由 $x\to\infty$ 时波函数有限的条件，得 $D=0$，由 $x=0$ 时波函数连续的条件，得 $B=0$，所以

$$\psi(x)=\begin{cases}0, & x<0,\\ A\sin(lx), & 0\leqslant x\leqslant a,\\ C\mathrm{e}^{-\kappa x}, & x>a.\end{cases}$$

由波函数及其导数在 $x=a$ 处的连续条件，得

$$A\sin(la)=F\mathrm{e}^{-\kappa a},$$
$$lA\cos(la)=-\kappa F\mathrm{e}^{-\kappa a}.$$

两式相除，得

$$l\cot(la)=-\kappa,$$

或者

$$-\cot(la)=\kappa/l.$$

令

$$la\equiv z,\quad z_0\equiv\frac{\sqrt{2mV_0}}{\hbar}a=\frac{\sqrt{2m\left[32\hbar^2/(ma)^2\right]}}{\hbar}a=8$$

$$\frac{z_0^2-z^2}{z^2}=\frac{2mV_0a^2/\hbar^2-2m(E+V_0)a^2/\hbar^2}{l^2a^2}=\frac{-2mE/\hbar^2}{l^2}=\frac{\kappa^2}{l^2}.$$

所以

$$-\cot z=\sqrt{z_0^2/z^2-1}=\sqrt{64/z^2-1}.$$

数值求解该超越方程 (如图 2.18 所示).

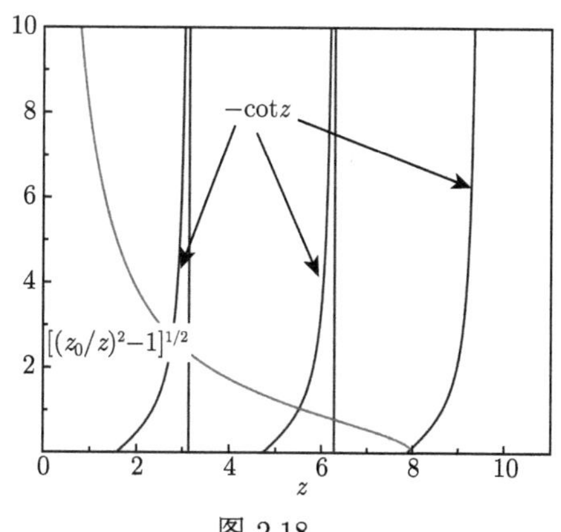

图 2.18

由图 2.18 知存在三个束缚态解，分别对应 $z\approx 2.8, 5.5, 7.9$，相应的束缚态能量为

$$E=\frac{z^2\hbar^2}{2ma^2}-V_0=\frac{z^2\hbar^2}{2ma^2}-\frac{64\hbar^2}{2ma^2}<0,\quad (z<8).$$

(b) 粒子处于阱内的几率为

$$P_1=\int_0^a|\psi|^2\mathrm{d}x=|A|^2\int_0^a\sin^2(lx)\,\mathrm{d}x$$

$$= |A|^2 \left[\frac{a}{2} - \frac{1}{2k}\sin(la)\cos(la)\right].$$

粒子处于阱外的几率为

$$P_2 = \int_a^\infty |\psi|^2 \mathrm{d}x = |C|^2 \int_a^\infty \mathrm{e}^{-2\kappa x}\mathrm{d}x = |C|^2 \frac{\mathrm{e}^{-2\kappa a}}{2\kappa} = |A|^2 \frac{\sin^2(la)}{2\kappa}.$$

最后一步利用了波函数在 $x = a$ 处连续的条件, 得 $C\mathrm{e}^{-\kappa a} = A\sin(la)$.

这两个几率之和应该等于 1 (归一化), 即

$$1 = P_1 + P_2 = |A|^2 \left[\frac{a}{2} - \frac{1}{2l}\sin(la)\cos(la)\right] + |A|^2 \frac{\sin^2(la)}{2\kappa}.$$

将 $-\cot(la) = \kappa/l$ 代入上式, 得

$$1 = \frac{1}{2\kappa}|A|^2\left[\kappa a + \cot(la)\sin(la)\cos(la) + \sin^2(la)\right] = \frac{1}{2\kappa}|A|^2(\kappa a + 1).$$

所以

$$|A|^2 = \frac{2\kappa}{\kappa a + 1}.$$

粒子处于阱外的几率可以表示为

$$P_2 = |A|^2 \frac{\sin^2(la)}{2\kappa} = \frac{\sin^2(la)}{\kappa a + 1}.$$

将 $\sin^2(la) = \sin^2 z = \frac{1}{1+\cot^2 z} = \dfrac{1}{1 + z_0^2/z^2 - 1} = \dfrac{z^2}{z_0^2}, \kappa a = \sqrt{z_0^2 - z^2}$ 代入上式, 得

$$P_2 = \frac{z^2}{z_0^2\left(1 + \sqrt{z_0^2 - z^2}\right)} = \frac{z^2}{64\left(1 + \sqrt{64 - z^2}\right)}.$$

对最高能级的束缚态, $z \approx 7.9$, 计算出 $P_2 \approx 0.54$, 这比处在阱内的几率还要大.

*****习题 2.49**

(a) 证明:

$$\Psi(x,t) = \left(\frac{m\omega}{\pi\hbar}\right)^{1/4} \exp\left\{-\frac{m\omega}{2\hbar}\left[x^2 + \frac{x_0^2}{2}\left(1 + \mathrm{e}^{-2\mathrm{i}\omega t}\right) + \frac{\mathrm{i}\hbar t}{m} - 2x_0 x\mathrm{e}^{-\mathrm{i}\omega t}\right]\right\}$$

满足谐振子势的含时薛定谔方程 (方程 (2.44)). 这里 x_0 是一个具有长度量纲的任意实数. ①

(b) 求 $|\Psi(x,t)|^2$, 并描述波包的运动.

(c) 计算 $\langle x\rangle$ 和 $\langle p\rangle$, 并检验它们满足埃伦菲斯特定律 (方程 (1.38)).

解答 (a) 分别计算 $\dfrac{\partial\psi}{\partial t}$ 和 $\dfrac{\partial^2\psi}{\partial x^2}$.

$$\frac{\partial\psi}{\partial t} = \left(-\frac{m\omega}{2\hbar}\right)\left[\frac{x_0^2}{2}\left(-2\mathrm{i}\omega\mathrm{e}^{-2\mathrm{i}\omega t}\right) + \frac{\mathrm{i}\hbar}{m} - 2x_0 x(-\mathrm{i}\omega)\mathrm{e}^{-\mathrm{i}\omega t}\right]\psi,$$

① 这是一个少有的对含时薛定谔方程而言能够有严格形式解的例子, 它是薛定谔自己在 1926 年发现的. 在习题 6.30 中讨论了获得它的办法. 对它进一步的讨论和相关问题参见 W. van Dijk, et al., *Am. J. Phys.* **82,** 955 (2014).

$$\frac{\partial\psi}{\partial x}=\left[\left(-\frac{m\omega}{2\hbar}\right)\left(2x-2x_0\mathrm{e}^{-\mathrm{i}\omega t}\right)\right]\psi=\left[\left(-\frac{m\omega}{\hbar}\right)\left(x-x_0\mathrm{e}^{-\mathrm{i}\omega t}\right)\right]\psi.$$

$$\begin{aligned}\frac{\partial^2\psi}{\partial x^2}&=\left(-\frac{m\omega}{\hbar}\right)\psi+\left[\left(-\frac{m\omega}{\hbar}\right)\left(x-x_0\mathrm{e}^{-\mathrm{i}\omega t}\right)\right]\frac{\partial\psi}{\partial x}\\&=\left(-\frac{m\omega}{\hbar}\right)\psi+\left[\left(-\frac{m\omega}{\hbar}\right)\left(x-x_0\mathrm{e}^{-\mathrm{i}\omega t}\right)\right]^2\psi\\&=\left[-\frac{m\omega}{\hbar}+\left(\frac{m\omega}{\hbar}\right)^2\left(x^2-2x_0x\mathrm{e}^{-\mathrm{i}\omega t}+x_0^2\mathrm{e}^{-2\mathrm{i}\omega t}\right)\right]\psi.\end{aligned}$$

将上式代入薛定谔方程 $\mathrm{i}\hbar\frac{\partial\psi}{\partial t}=\left(-\frac{\hbar^2}{2m}\frac{\mathrm{d}^2}{\mathrm{d}x^2}+\frac{1}{2}m\omega^2x^2\right)\psi$, 就可以发现 $\Psi(x,t)$ 是满足薛定谔方程的.

(b) 波函数的平方

$$\begin{aligned}|\Psi(x,t)|^2&=\left|\left(\frac{m\omega}{\pi\hbar}\right)^{1/4}\exp\left\{-\frac{m\omega}{2\hbar}\left[x^2+\frac{x_0^2}{2}\left(1+\mathrm{e}^{-2\mathrm{i}\omega t}\right)+\frac{\mathrm{i}\hbar t}{m}-2x_0x\mathrm{e}^{-\mathrm{i}\omega t}\right]\right\}\right|^2\\&=\sqrt{\frac{m\omega}{\pi\hbar}}\exp\left\{-\frac{m\omega}{2\hbar}\left[x^2+\frac{x_0^2}{2}\left(1+\mathrm{e}^{-2\mathrm{i}\omega t}\right)+\frac{\mathrm{i}\hbar t}{m}-2x_0x\mathrm{e}^{-\mathrm{i}\omega t}\right]\right.\\&\quad\left.-\frac{m\omega}{2\hbar}\left[x^2+\frac{x_0^2}{2}\left(1+\mathrm{e}^{-2\mathrm{i}\omega t}\right)-\frac{\mathrm{i}\hbar t}{m}-2x_0x\mathrm{e}^{-\mathrm{i}\omega t}\right]\right\}\\&=\sqrt{\frac{m\omega}{\pi\hbar}}\exp\left\{-\frac{m\omega}{\hbar}\left[x^2-\frac{x_0^2}{2}-\frac{x_0^2}{4}\left(\mathrm{e}^{2\mathrm{i}\omega t}+\mathrm{e}^{-2\mathrm{i}\omega t}\right)-x_0x\left(\mathrm{e}^{\mathrm{i}\omega t}+\mathrm{e}^{-\mathrm{i}\omega t}\right)\right]\right\}\\&=\sqrt{\frac{m\omega}{\pi\hbar}}\exp\left\{-\frac{m\omega}{\hbar}\left[x^2-\frac{x_0^2}{2}-\frac{x_0^2}{2}\cos(2\omega t)-2x_0x\cos(\omega t)\right]\right\}\\&=\sqrt{\frac{m\omega}{\pi\hbar}}\exp\left\{-\frac{m\omega}{\hbar}\left[x-x_0\cos(\omega t)\right]^2\right\}.\end{aligned}$$

可以看出这是一个形状不变的高斯波包, 但是波包的中心做振幅为 a、频率为 ω 的余弦振荡.

(c)

$$\langle x\rangle=\int_{-\infty}^{\infty}x\left|\psi(x,t)\right|^2\mathrm{d}x=\frac{m\omega}{\pi\hbar}\int_{-\infty}^{\infty}x\exp\left\{-\frac{2m\omega}{\hbar}\left[x-x_0\cos(\omega t)\right]^2\right\}\mathrm{d}x.$$

作变量代换, 令

$$y=x-x_0\cos(\omega t),$$

$$\begin{aligned}\langle x\rangle&=\frac{m\omega}{\pi\hbar}\int_{-\infty}^{\infty}\left[y+x_0\cos(\omega t)\right]\exp\left(-\frac{2m\omega}{\hbar}y^2\right)\mathrm{d}x\\&=x_0\cos(\omega t),\end{aligned}$$

$$\begin{aligned}\langle p\rangle&=m\frac{\mathrm{d}\langle x\rangle}{\mathrm{d}t}=-mx_0\omega\sin(\omega t),\\\frac{\mathrm{d}\langle p\rangle}{\mathrm{d}t}&=mx_0\omega^2\cos(\omega t),\\\left\langle-\frac{\partial V}{\partial x}\right\rangle&=m\omega^2\langle x\rangle=m\omega^2x_0\cos(\omega t).\end{aligned}$$

所以

$$\frac{\mathrm{d}\langle p\rangle}{\mathrm{d}t}=\left\langle-\frac{\partial V}{\partial x}\right\rangle.$$

满足埃伦菲斯特定理.

****习题 2.50**　考虑运动的 δ 函数势阱:

$$V(x,t) = -\alpha\delta(x - vt),$$

其中 v (常数) 是势阱的运动速度.

(a) 证明: 含时薛定谔方程可以有严格解 ①

$$\Psi(x,t) = \frac{\sqrt{m\alpha}}{\hbar}\mathrm{e}^{-m\alpha|x-vt|/\hbar^2}\mathrm{e}^{-\mathrm{i}\left[\left(E+(1/2)mv^2\right)t-mvx\right]/\hbar},$$

其中 $E = -m\alpha^2/(2\hbar^2)$ 是静止 δ 函数的束缚态能. **提示**　将习题 2.23(b) 所得结果代入上式并验证.

(b) 求此状态下哈密顿量的期望值, 并讨论所得结果.

解答　(a)

$$\frac{\partial\Psi}{\partial t} = \left[-\frac{m\alpha}{\hbar^2}\frac{\partial}{\partial t}|x - vt| - \mathrm{i}\frac{\left(E + \dfrac{1}{2}mv^2\right)}{\hbar}\right]\Psi;\quad \frac{\partial}{\partial t}|x - vt| = \begin{cases} -v, & x - vt > 0, \\ v, & x - vt < 0. \end{cases}$$

利用阶跃函数

$$\theta(z) = \begin{cases} 1, & z > 0, \\ 0, & z < 0, \end{cases}$$

得

$$\frac{\partial|x - vt|}{\partial t} = -v[2\theta(x - vt) - 1].$$

因此

$$\mathrm{i}\hbar\frac{\partial\Psi}{\partial t} = \left\{\mathrm{i}\frac{m\alpha}{\hbar}v[2\theta(x - vt) - 1] + E + \frac{1}{2}mv^2\right\}\Psi,$$

$$\frac{\partial\Psi}{\partial x} = \left(-\frac{m\alpha}{\hbar^2}\frac{\partial}{\partial x}|x - vt| + \frac{\mathrm{i}mv}{\hbar}\right)\Psi;$$

$$\frac{\partial}{\partial x}|x - vt| = \left\{\begin{matrix} 1, & x - vt > 0 \\ -1, & x - vt < 0 \end{matrix}\right\} 2\theta(x - vt) - 1.$$

所以

$$\frac{\partial\Psi}{\partial x} = \left\{-\frac{m\alpha}{\hbar^2}[2\theta(x - vt) - 1] + \frac{\mathrm{i}mv}{\hbar}\right\}\Psi,$$

$$\begin{aligned}\frac{\partial^2\Psi}{\partial x^2} &= \left\{-\frac{m\alpha}{\hbar^2}[2\theta(x - vt) - 1] + \frac{\mathrm{i}mv}{\hbar}\right\}^2\Psi - \frac{2m\alpha}{\hbar^2}\frac{\partial\theta(x - vt)}{\partial x}\Psi \\ &= \left\{-\frac{m\alpha}{\hbar^2}[2\theta(x - vt) - 1] + \frac{\mathrm{i}mv}{\hbar}\right\}^2\Psi - \frac{2m\alpha}{\hbar^2}\delta(x - vt)\Psi.\end{aligned}$$

将上式代入薛定谔方程 $\mathrm{i}\hbar\dfrac{\partial\Psi}{\partial t} = -\dfrac{\hbar^2}{2m}\dfrac{\partial^2\Psi}{\partial x^2} + \alpha\delta(x - vt)\Psi$, 即

$$-\frac{\hbar^2}{2m}\frac{\partial^2\Psi}{\partial x^2} + \alpha\delta(x - vt)\Psi$$

① 推导过程见习题 6.35.

$$
\begin{aligned}
&= -\frac{\hbar^2}{2m}\left\{-\frac{m\alpha}{\hbar^2}\left[2\theta\left(x-vt\right)-1\right]+\frac{\mathrm{i}mv}{\hbar}\right\}^2\Psi \\
&= -\frac{\hbar^2}{2m}\left\{\left(\frac{m\alpha}{\hbar^2}\right)^2\left[2\theta\left(x-vt\right)-1\right]^2-2\frac{m\alpha}{\hbar^2}\left[2\theta\left(x-vt\right)-1\right]\frac{\mathrm{i}mv}{\hbar}+\left(\frac{\mathrm{i}mv}{\hbar}\right)^2\right\}\Psi \\
&= -\frac{\hbar^2}{2m}\left\{\left(\frac{m\alpha}{\hbar^2}\right)^2-2\frac{m\alpha}{\hbar^2}\left[2\theta\left(x-vt\right)-1\right]\frac{\mathrm{i}mv}{\hbar}-\left(\frac{mv}{\hbar}\right)^2\right\}\Psi \\
&= \left\{-\frac{m\alpha}{2\hbar^2}+\frac{1}{2}mv^2+\frac{\mathrm{i}mv\alpha}{\hbar}\left[2\theta\left(x-vt\right)-1\right]\right\}\Psi \\
&= \left\{-E+\frac{1}{2}mv^2+\frac{\mathrm{i}mv\alpha}{\hbar}\left[2\theta\left(x-vt\right)-1\right]\right\}\Psi \\
&= \mathrm{i}\hbar\frac{\partial\Psi}{\partial t}.
\end{aligned}
$$

(b) 检查波函数是否已归一化

$$
\begin{aligned}
\int_{-\infty}^{\infty}\left|\Psi\left(x,t\right)\right|^2\mathrm{d}x &= \frac{m\alpha}{\hbar^2}\int_{-\infty}^{\infty}\mathrm{e}^{-2m\alpha|x-vt|/\hbar^2}\mathrm{d}x \\
&= 2\frac{m\alpha}{\hbar^2}\int_{0}^{\infty}\mathrm{e}^{-2m\alpha y/\hbar^2}\mathrm{d}y \\
&= 2\frac{m\omega}{\hbar^2}\frac{\hbar^2}{2m\alpha}=1.
\end{aligned}
$$

哈密顿量的期望值为

$$
\begin{aligned}
\langle H\rangle &= \int_{-\infty}^{\infty}\Psi^*\hat{H}\Psi=\int_{-\infty}^{\infty}\Psi^*\mathrm{i}\hbar\frac{\partial\Psi}{\partial t}\mathrm{d}x \\
&= \int_{-\infty}^{\infty}\left\{\mathrm{i}\frac{m\alpha}{\hbar}v\left[2\theta\left(x-vt\right)-1\right]+E+\frac{1}{2}mv^2\right\}|\Psi|^2\,\mathrm{d}x \\
&= 0+E+\frac{1}{2}mv^2=E+\frac{1}{2}mv^2.
\end{aligned}
$$

其中利用了 $[2\theta(x-vt)-1]$ 是奇函数的性质. 可以看出这个波函数是以速度 v 拖拽 $|x|\to|x-vt|$ δ 势束缚态波函数, 所以其能量是束缚态能量 E 加上动能 $mv^2/2$.

****习题 2.51**　自由下落. 证明:

$$
\Psi\left(x,t\right)=\Psi_0\left(x+\frac{1}{2}gt^2,t\right)\exp\left[-\mathrm{i}\frac{mgt}{\hbar}\left(x+\frac{1}{6}gt^2\right)\right] \tag{2.176}
$$

满足粒子在引力场

$$
V\left(x\right)=mgx \tag{2.177}
$$

中的含时定态薛定谔方程, 这里 $\Psi_0(x,t)$ 为自由高斯波包 (方程 (2.111)). 求作为时间的函数 $\langle x\rangle$, 并对结果进行讨论.[①]

证明　方程 (2.111) 为

$$
\Psi\left(x,t\right)=\left(\frac{2a}{\pi}\right)^{1/4}\frac{1}{\gamma}\mathrm{e}^{-ax^2/\gamma^2},
$$

① 富有启发的讨论可以参见 M. Nauenberg, *Am. J. Phys.* **84,** 879 (2016).

其中, $\gamma \equiv \sqrt{1+2\mathrm{i}\hbar a t/m}$.

对于自由落体运动, 将上式中的 x 替换为 $x+\dfrac{1}{2}gt^2$, 则

$$\Psi_0 = \left(\frac{2a}{\pi}\right)^{1/4}\frac{1}{\gamma}\mathrm{e}^{-a\left(x+\frac{1}{2}gt^2\right)^2/\gamma^2},$$

$$\Psi(x,t) = \Psi_0\left(x+\frac{1}{2}gt^2,\,t\right)\exp\left[-\mathrm{i}\frac{mgt}{\hbar}\left(x+\frac{1}{6}gt^2\right)\right].$$

含时薛定谔方程为如下形式:

$$\mathrm{i}\hbar\frac{\partial\Psi}{\partial t} = \left(-\frac{\hbar^2}{2m}\frac{\mathrm{d}^2}{\mathrm{d}x^2}+V\right)\Psi.$$

左边对时间求微分, 得

$$\frac{\partial\Psi}{\partial t} = \left[\frac{\partial\Psi_0}{\partial t}+\Psi_0\left(-\frac{\mathrm{i}mg}{\hbar}\right)\left(x+\frac{1}{2}gt^2\right)\right]\exp\left[-\mathrm{i}\frac{mgt}{\hbar}\left(x+\frac{1}{6}gt^2\right)\right],$$

$$\begin{aligned}\frac{\partial\Psi_0}{\partial t} &= \left(\frac{2a}{\pi}\right)^{1/4}\left\{-\frac{1}{\gamma^2}\frac{\mathrm{d}\gamma}{\mathrm{d}t}+\frac{1}{\gamma}\left[-\frac{2a}{\gamma^2}\left(x+\frac{1}{2}gt^2\right)gt\right.\right.\\ &\quad\left.\left.-a\left(x+\frac{1}{2}gt\right)^2\left(-\frac{2}{\gamma^3}\frac{\mathrm{d}\gamma}{\mathrm{d}t}\right)\right]\right\}\mathrm{e}^{-a\left(x+\frac{1}{2}gt^2\right)^2/\gamma^2}\\ &= \left[-\frac{1}{\gamma}\frac{\mathrm{d}\gamma}{\mathrm{d}t}-\frac{2agt}{\gamma^2}\left(x+\frac{1}{2}gt^2\right)+\frac{2a}{\gamma^3}\left(x+\frac{1}{2}gt^2\right)^2\frac{\mathrm{d}\gamma}{\mathrm{d}t}\right]\Psi_0.\end{aligned}$$

由 $\dfrac{\mathrm{d}\gamma}{\mathrm{d}t} = \dfrac{1}{2\gamma}\left(\dfrac{2\mathrm{i}a\hbar}{m}\right) = \dfrac{\mathrm{i}a\hbar}{\gamma m}$, 得

$$\frac{\partial\Psi_0}{\partial t} = \left[\frac{-\mathrm{i}a\hbar}{\gamma^2 m}-\frac{2agt}{\gamma^2}\left(x+\frac{1}{2}gt^2\right)+\frac{2\mathrm{i}a^2\hbar}{\gamma^4 m}\left(x+\frac{1}{2}gt^2\right)^2\right]\Psi_0,$$

因此,

$$\frac{\partial\Psi}{\partial t} = \left[-\frac{\mathrm{i}a\hbar}{\gamma^2 m}-\frac{2agt}{\gamma^2}\left(x+\frac{1}{2}gt^2\right)+\frac{2\mathrm{i}a^2\hbar}{\gamma^4 m}\left(x+\frac{1}{2}gt^2\right)^2-\frac{\mathrm{i}mg}{\hbar}\left(x+\frac{1}{2}gt^2\right)\right]\Psi. \qquad ①$$

求含时薛定谔方程等号右边的部分, 需要先求波函数对坐标的二阶微分.

一阶微分为

$$\frac{\partial\Psi}{\partial x} = \left(\frac{\partial\Psi_0}{\partial x}-\Psi_0\frac{\mathrm{i}mgt}{\hbar}\right)\exp\left[-\frac{\mathrm{i}mgt}{\hbar}\left(x+\frac{1}{6}gt^2\right)\right],$$

$$\frac{\partial\Psi_0}{\partial x} = -2a\left[\left(x+\frac{1}{2}gt^2\right)\Big/\gamma^2\right]\Psi_0,$$

所以,

$$\frac{\partial\Psi}{\partial x} = \left[-2a\left(x+\frac{1}{2}\right)gt^2\Big/\gamma^2-\frac{\mathrm{i}mgt}{\hbar}\right]\Psi.$$

二阶微分为

$$\frac{\partial^2\Psi}{\partial x^2} = \left\{-\frac{2a}{\gamma^2}\Psi+\left[-2a\left(x+\frac{1}{2}gt^2\right)\Big/\gamma^2-\frac{\mathrm{i}mgt}{\hbar}\right]\frac{\partial\Psi}{\partial x}\right\}$$

$$= \left\{ -\frac{2a}{\gamma^2} + \left[-2a\left(x+\frac{1}{2}gt^2\right) \Big/ \gamma^2 - \frac{\mathrm{i}mgt}{\hbar} \right]^2 \right\} \Psi,$$

所以, 含时薛定谔方程右边为

$$-\frac{\hbar^2}{2m}\frac{\partial^2\Psi}{\partial x^2} + V\Psi = \left\{ \frac{\hbar^2 a}{m\gamma} - \frac{\hbar^2}{2m}\left[-2a\left(x+\frac{1}{2}gt^2\right) \Big/ \gamma^2 - \frac{\mathrm{i}mgt}{\hbar} \right]^2 + mgx \right\} \Psi. \quad ②$$

将 ① 式乘以 i$\hbar$ 可得到 ② 式, 验证 $\Psi(x,t)$ 满足含时薛定谔方程.

$$① \times \mathrm{i}\hbar = \left[\frac{a\hbar^2}{\gamma^2 m} - \frac{2\mathrm{i}agt\hbar}{\gamma^2}\left(x+\frac{1}{2}gt^2\right) - \frac{2a^2\hbar^2}{\gamma^4 m}\left(x+\frac{1}{2}gt^2\right)^2 + mg\left(x+\frac{1}{2}gt^2\right) \right] \Psi.$$

$$② = \frac{\hbar^2 a}{m\gamma^2} - \frac{\hbar^2}{2m}\left[\frac{4a^2\left(x+\frac{1}{2}gt^2\right)^2}{\gamma^4} + \frac{4a\left(x+\frac{1}{2}gt^2\right)\mathrm{i}mgt}{\gamma^2\hbar} - \frac{(mgt)^2}{\gamma^2\hbar} - \frac{(mgt)^2}{\hbar^2} \right] \Psi$$

$$+ mgx\Psi$$

$$= \left[\frac{\hbar^2 a}{m\gamma^2} - \frac{2a^2\hbar^2}{m\gamma^4}\left(x+\frac{1}{2}gt^2\right)^2 - \frac{2\mathrm{i}agt\hbar}{\gamma^2}\left(x+\frac{1}{2}gt^2\right) + \frac{1}{2}mg^2t^2 + mgx \right] \Psi.$$

因此, ① $\times \mathrm{i}\hbar =$ ②.

求 $\langle x\rangle = \int x\left|\Psi(x,t)\right|^2 \mathrm{d}x$, 应首先考察 $\left|\Psi(x,t)\right|^2$,

$$\left|\Psi(x,t)\right|^2 = \left|\Psi_0\right|^2 = \sqrt{\frac{2a}{\pi}}\frac{1}{|\gamma|^2}\mathrm{e}^{-a\left(x+\frac{1}{2}gt^2\right)^2\left[\frac{1}{\gamma^2}+\frac{1}{(\gamma^*)^2}\right]}.$$

由 $\dfrac{1}{\gamma^2}+\dfrac{1}{(\gamma^*)^2} = \dfrac{\gamma^2+(\gamma^*)^2}{|\gamma|^4} = \dfrac{2}{|\gamma|^4}$ 和 $y = x+\dfrac{1}{2}gt^2$, 得

$$\begin{aligned}
\langle x\rangle &= \sqrt{\frac{2a}{\pi}}\frac{1}{|\gamma|^2}\int_{-\infty}^{\infty} x\mathrm{e}^{-2a\left(x+\frac{1}{2}gt^2\right)^2/|\gamma|^4}\mathrm{d}x \\
&= \sqrt{\frac{2a}{\pi}}\frac{1}{|\gamma|^2}\int_{-\infty}^{\infty}\left(y-\frac{1}{2}gt^2\right)\mathrm{e}^{-2ay^2/|\gamma|^4}\mathrm{d}y \\
&= \sqrt{\frac{2a}{\pi}}\frac{1}{|\gamma|^2}\left(-\frac{1}{2}gt^2\right)\int_{-\infty}^{\infty}\mathrm{e}^{-2ay^2/|\gamma|^4}\mathrm{d}y \\
&= -\frac{1}{2}gt^2.
\end{aligned}$$

$\langle x\rangle = -\dfrac{1}{2}gt^2$ 是经典力学中自由落体运动的精确解, 正如我们从埃伦菲斯特定理中所预期的一样.

*****习题 2.52** 考虑势能

$$V(x) = -\frac{\hbar^2 a^2}{m}\mathrm{sech}^2(ax),$$

其中 a 是正的常数, 而 “sech” 代表双曲正割函数.

(a) 画图将该势表示出来.

(b) 验证该势存在基态

$$\psi_0(x) = A\mathrm{sech}(ax),$$

并求出基态能量. 归一化 ψ_0, 并画图表示.

(c) 证明：对于任何 (正的) 能量 E, 函数

$$\psi_k(x) = A\left[\frac{\mathrm{i}k - a\tanh(ax)}{\mathrm{i}k + a}\right]\mathrm{e}^{\mathrm{i}kx}$$

(一般情况下, $k \equiv \sqrt{2mE}/\hbar$) 都满足薛定谔方程. 由于当 $z \to -\infty$ 时, $\tanh z \to -1$,

$$\psi_k(x) \approx A\mathrm{e}^{\mathrm{i}kx}, x \text{ 为大的负数},$$

所以, 这表示从左边入射且没有伴生反射波的波 (即不存在 $\exp(-\mathrm{i}kx)$ 项). 对正的较大 $x, \psi_k(x)$ 的渐近形式是什么? 对于这个势, R 和 T 是多少? 注释　这是一个**无反射势**的著名例子——每一个入射的粒子, 不论其能量大小, 都能穿越势垒.[①]

解答　(a) 所给势能如图 2.19 所示.

(b)

$$\operatorname{sech}(ax) = \frac{1}{\cosh(ax)} = \frac{2}{\mathrm{e}^{ax} + \mathrm{e}^{-ax}},$$

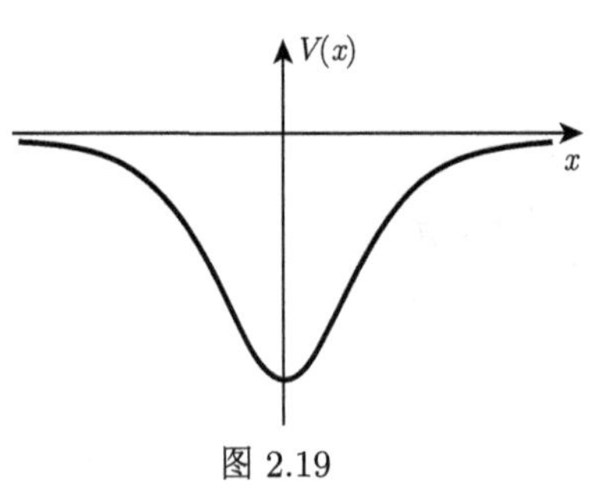

图 2.19

$$\begin{aligned}
\frac{\mathrm{d}}{\mathrm{d}x}\operatorname{sech}(ax) &= \frac{-a\sinh(ax)}{\cosh^2(ax)},\\
\frac{\mathrm{d}^2}{\mathrm{d}x^2}\operatorname{sech}(ax) &= -\frac{a^2}{\cosh(ax)} + \frac{2a^2\sinh^2(ax)}{\cosh^3(ax)}\\
&= a^2\left[\frac{-\cosh^2(ax) + 2\sinh^2(ax)}{\cosh^3(ax)}\right]\\
&= a^2\left\{\frac{-\left[1+\sinh^2(ax)\right] + 2\sinh^2(ax)}{\cosh^3(ax)}\right\}\\
&= a^2\left[-\operatorname{sech}^3(ax) + \operatorname{sech}(ax)\tanh^2(ax)\right].
\end{aligned}$$

所以,

$$\begin{aligned}
\hat{H}\psi_0(x) &= \left[-\frac{\hbar^2}{2m}\frac{\mathrm{d}^2}{\mathrm{d}x^2} - \frac{\hbar^2a^2}{m}\operatorname{sech}^2(ax)\right]A\operatorname{sech}(ax)\\
&= \frac{\hbar^2}{2m}Aa^2\left[\operatorname{sech}^3(ax) - \operatorname{sech}(ax)\tanh^2(ax)\right] - \frac{\hbar^2a^2}{m}\operatorname{sech}^2(ax)A\operatorname{sech}(ax)\\
&= \left\{\frac{\hbar^2a^2}{2m}\left[\operatorname{sech}^2(ax) - \tanh^2(ax)\right] - \frac{\hbar^2a^2}{m}\operatorname{sech}^2(ax)\right\}A\operatorname{sech}(ax)\\
&= \left\{\frac{\hbar^2a^2}{2m}\left[\operatorname{sech}^2(ax) - \tanh^2(ax)\right] - \frac{\hbar^2a^2}{m}\operatorname{sech}^2(ax)\right\}\psi_0(x)\\
&= \left\{-\frac{\hbar^2a^2}{2m}\left[\operatorname{sech}^2(ax) + \tanh^2(ax)\right]\right\}\psi_0(x)\\
&= \left\{-\frac{\hbar^2a^2}{2m}\left[\frac{1+\sinh^2(ax)}{\cosh^2(ax)}\right]\right\}\psi_0(x)\\
&= -\frac{\hbar^2a^2}{2m}\psi_0(x).
\end{aligned}$$

因此 $\psi_0(x)$ 是能量本征函数, 能量本征值为 $E_0 = -\hbar^2a^2/(2m)$.

① R. E. Crandall and B. R. Litt, *Annals of Physics*, **146**, 458 (1983).

归一化波函数

$$
\begin{aligned}
1 &= |A|^2 \int_{-\infty}^{\infty} \operatorname{sech}^2(ax)\,\mathrm{d}x = |A|^2 \frac{1}{a} \tanh(ax)\Big|_{-\infty}^{\infty} \\
&= |A|^2 \frac{2}{a} \to A = \sqrt{\frac{a}{2}}.
\end{aligned}
$$

波函数的图形如图 2.20 所示.

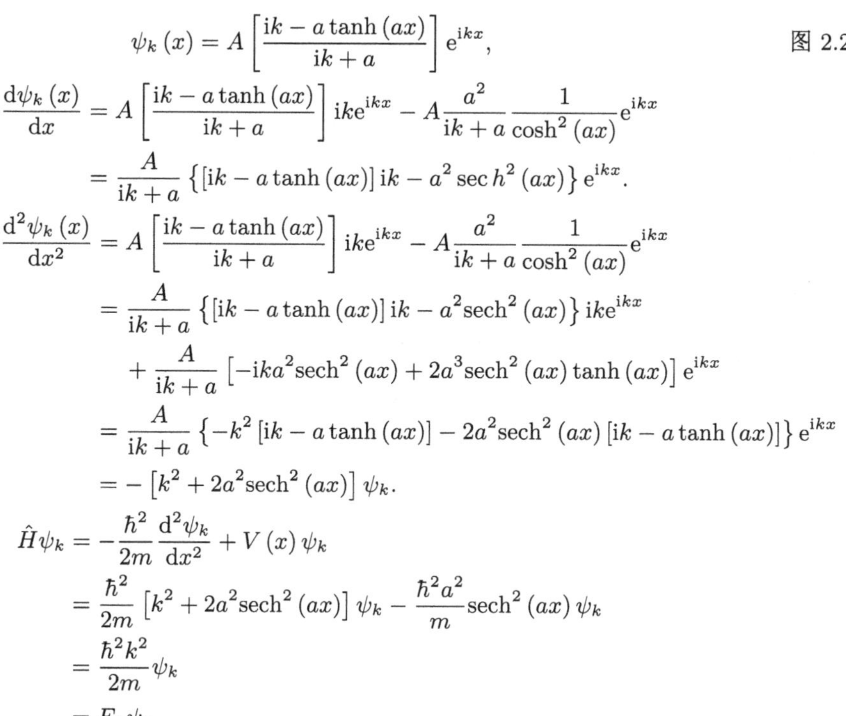

图 2.20

(c)

$$
\psi_k(x) = A\left[\frac{\mathrm{i}k - a\tanh(ax)}{\mathrm{i}k + a}\right]\mathrm{e}^{\mathrm{i}kx},
$$

$$
\begin{aligned}
\frac{\mathrm{d}\psi_k(x)}{\mathrm{d}x} &= A\left[\frac{\mathrm{i}k - a\tanh(ax)}{\mathrm{i}k + a}\right]\mathrm{i}k\mathrm{e}^{\mathrm{i}kx} - A\frac{a^2}{\mathrm{i}k + a}\frac{1}{\cosh^2(ax)}\mathrm{e}^{\mathrm{i}kx} \\
&= \frac{A}{\mathrm{i}k + a}\left\{[\mathrm{i}k - a\tanh(ax)]\,\mathrm{i}k - a^2\sec h^2(ax)\right\}\mathrm{e}^{\mathrm{i}kx}.
\end{aligned}
$$

$$
\begin{aligned}
\frac{\mathrm{d}^2\psi_k(x)}{\mathrm{d}x^2} &= A\left[\frac{\mathrm{i}k - a\tanh(ax)}{\mathrm{i}k + a}\right]\mathrm{i}k\mathrm{e}^{\mathrm{i}kx} - A\frac{a^2}{\mathrm{i}k + a}\frac{1}{\cosh^2(ax)}\mathrm{e}^{\mathrm{i}kx} \\
&= \frac{A}{\mathrm{i}k + a}\left\{[\mathrm{i}k - a\tanh(ax)]\,\mathrm{i}k - a^2\operatorname{sech}^2(ax)\right\}\mathrm{i}k\mathrm{e}^{\mathrm{i}kx} \\
&\quad + \frac{A}{\mathrm{i}k + a}\left[-\mathrm{i}ka^2\operatorname{sech}^2(ax) + 2a^3\operatorname{sech}^2(ax)\tanh(ax)\right]\mathrm{e}^{\mathrm{i}kx} \\
&= \frac{A}{\mathrm{i}k + a}\left\{-k^2[\mathrm{i}k - a\tanh(ax)] - 2a^2\operatorname{sech}^2(ax)[\mathrm{i}k - a\tanh(ax)]\right\}\mathrm{e}^{\mathrm{i}kx} \\
&= -\left[k^2 + 2a^2\operatorname{sech}^2(ax)\right]\psi_k.
\end{aligned}
$$

$$
\begin{aligned}
\hat{H}\psi_k &= -\frac{\hbar^2}{2m}\frac{\mathrm{d}^2\psi_k}{\mathrm{d}x^2} + V(x)\psi_k \\
&= \frac{\hbar^2}{2m}\left[k^2 + 2a^2\operatorname{sech}^2(ax)\right]\psi_k - \frac{\hbar^2 a^2}{m}\operatorname{sech}^2(ax)\psi_k \\
&= \frac{\hbar^2 k^2}{2m}\psi_k \\
&= E_k\psi_k.
\end{aligned}
$$

所以 ψ_k 是哈密顿能量本征值为 E_k 的本征态 (散射态, 连续谱).

当 $x \to +\infty$ 时, $\tanh(ax) \to 1$, 势阱右侧的透射波为

$$
\psi_k(x) \xrightarrow[x\to\infty]{} A\frac{\mathrm{i}k - a}{\mathrm{i}k + a}\mathrm{e}^{\mathrm{i}kx} = F\mathrm{e}^{\mathrm{i}kx},
$$

透射系数为

$$
T = \left|\frac{F}{A}\right|^2 = \left|\frac{\mathrm{i}k - a}{\mathrm{i}k + a}\right|^2 = 1,
$$

所以反射系数为零. 另外

$$
\psi_k(x) \xrightarrow[x\to-\infty]{} A\frac{\mathrm{i}k + a}{\mathrm{i}k + a}\mathrm{e}^{\mathrm{i}kx} = A\mathrm{e}^{\mathrm{i}kx},
$$

只有入射波.

习题 2.53　散射矩阵. 散射理论能够以显而易见的方式推广到任意的定域势 (图 2.21). 在左边 (区域 I), $V(x) = 0$, 所以

$$\psi(x) = Ae^{ikx} + Be^{-ikx}, \text{ 其中 } k \equiv \frac{\sqrt{2mE}}{\hbar}. \tag{2.178}$$

在右边 (区域 Ⅲ), $V(x)$ 同样为 0, 所以

$$\psi(x) = Fe^{ikx} + Ge^{-ikx}. \tag{2.179}$$

在中间 (区域 Ⅱ), 当然, 在指定具体势之前无法告诉你 ψ 是什么, 但是由于薛定谔方程是一个线性二阶微分方程, 通解一定具有如下形式:

$$\psi(x) = Cf(x) + Dg(x),$$

其中 $f(x)$ 和 $g(x)$ 是两个线性独立的特解.[①] 存在 4 个边界条件 (区域 Ⅰ 和区域 Ⅱ 交汇处两个, 区域 Ⅱ 和区域 Ⅲ 交汇处两个). 利用其中的两个方程可以消去 C 和 D, 其他两个可以用来求出 B 和 F, 并用 A 和 G 表示:

$$B = S_{11}A + S_{12}G, \quad F = S_{21}A + S_{22}G.$$

四个依赖于 k (从而也依赖于 E) 的系数 S_{ij} 组成一个 2×2 矩阵 $\boldsymbol{\mathcal{S}}$, 称为**散射矩阵** (简写为 $\boldsymbol{\mathcal{S}}$-矩阵). $\boldsymbol{\mathcal{S}}$-矩阵告诉你如何以入射振幅 (A 和 G) 来表示出射振幅 (B 和 F):

$$\begin{pmatrix} B \\ F \end{pmatrix} = \begin{pmatrix} S_{11} & S_{12} \\ S_{21} & S_{22} \end{pmatrix} \begin{pmatrix} A \\ G \end{pmatrix} \tag{2.180}$$

从左边散射的特定情况下, $G = 0$, 因此, 反射系数和透射系数为

$$R_l = \left.\frac{|B|^2}{|A|^2}\right|_{G=0} = |S_{11}|^2, \quad T_l = \left.\frac{|F|^2}{|A|^2}\right|_{G=0} = |S_{21}|^2. \tag{2.181}$$

从右边散射的情况, $A = 0$, 有

$$R_r = \left.\frac{|F|^2}{|G|^2}\right|_{A=0} = |S_{22}|^2, \quad T_r = \left.\frac{|B|^2}{|G|^2}\right|_{A=0} = |S_{12}|^2. \tag{2.182}$$

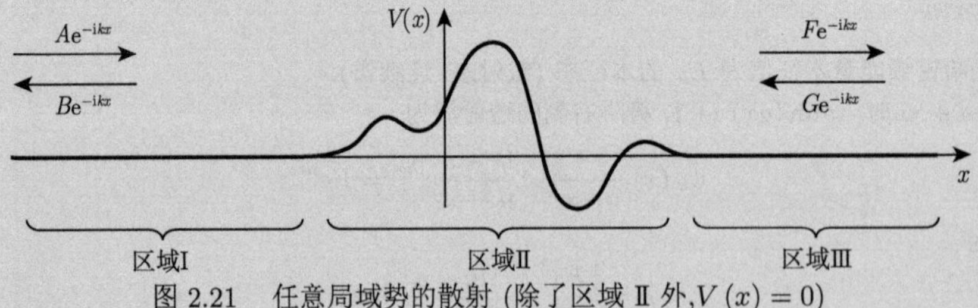

图 2.21 任意局域势的散射 (除了区域 Ⅱ 外, $V(x) = 0$)

(a) 构造由一个 δ 函数势阱 (方程 (2.117)) 散射的 $\boldsymbol{\mathcal{S}}$-矩阵;

(b) 构造有限深方势阱 (方程 (2.148)) 的 $\boldsymbol{\mathcal{S}}$-矩阵. 提示 如果你仔细分析题目的对称性, 无需重新计算.

① 参见任意关于微分方程的书籍——例如, John L. van Iwaarden, 常微分方程和数值技术, Harcourt Brace Jovanovich 出版. 圣迭戈, 1985 年版, 第三章.

解答　(a) 对 δ 势阱, $E>0$ 散射态的解为

$$\psi(x)=\begin{cases}A\mathrm{e}^{\mathrm{i}kx}+B\mathrm{e}^{-\mathrm{i}kx}, & x<0,\\ F\mathrm{e}^{\mathrm{i}kx}+G\mathrm{e}^{-\mathrm{i}kx}, & x\geqslant 0.\end{cases}$$

在 $x=0$ 处波函数连续及波函数导数跃变给出

$$F+G=A+B,$$

$$\mathrm{i}k(F-G-A+B)=-\frac{2m\alpha}{\hbar^2}(A+B).$$

或者令 $\beta\equiv m\alpha/\hbar^2k$,

$$F-G=A(1+2\mathrm{i}\beta)-B(1-2\mathrm{i}\beta).$$

消去 F, 得

$$B=\frac{1}{1-\mathrm{i}\beta}(\mathrm{i}\beta A+G).$$

消去 B, 得

$$F=\frac{1}{1-\mathrm{i}\beta}(A+\mathrm{i}\beta G).$$

用矩阵表示上述关系

$$\begin{pmatrix}B\\F\end{pmatrix}=\frac{1}{1-\mathrm{i}\beta}\begin{pmatrix}\mathrm{i}\beta & 1\\ 1 & \mathrm{i}\beta\end{pmatrix}\begin{pmatrix}A\\G\end{pmatrix}.$$

显然散射矩阵为

$$\boldsymbol{\mathcal{S}}=\frac{1}{1-\mathrm{i}\beta}\begin{pmatrix}\mathrm{i}\beta & 1\\ 1 & \mathrm{i}\beta\end{pmatrix}.$$

(b) 对 $V(x)=V(-x)$ 偶函数势, 从右边入射与从左边入射结果是一样的, 即做变换 $x\leftrightarrow -x, \mathrm{A}\leftrightarrow G, B\leftrightarrow F, \boldsymbol{\mathcal{S}}$-矩阵不变, 所以同时有

$$\begin{pmatrix}B\\F\end{pmatrix}=\begin{pmatrix}S_{11} & S_{12}\\ S_{21} & S_{22}\end{pmatrix}\begin{pmatrix}A\\G\end{pmatrix},$$

$$\begin{pmatrix}F\\B\end{pmatrix}=\begin{pmatrix}S_{11} & S_{12}\\ S_{21} & S_{22}\end{pmatrix}\begin{pmatrix}G\\A\end{pmatrix}.$$

故

$$S_{11}=S_{22},\quad S_{12}=S_{21}.$$

(*注意*　(a) 中的 δ 也是偶函数势, 所以也有这种性质.)

对有限深方势阱 $E>0$ 散射态, 解为

$$\psi(x)=\begin{cases}A\mathrm{e}^{\mathrm{i}kx}+B\mathrm{e}^{-\mathrm{i}kx}, & x<-a,\\ C\sin(lx)+D\cos(lx), & -a\leqslant x\leqslant a,\\ F\mathrm{e}^{\mathrm{i}kx}, & a<x,\end{cases}$$

其中

$$k=\frac{\sqrt{2mE}}{\hbar},\quad l\equiv\frac{\sqrt{2m(E+V_0)}}{\hbar}.$$

在 $x=\pm a$ 处波函数及其导数连续, 有

$$A\mathrm{e}^{-\mathrm{i}ka}+B\mathrm{e}^{\mathrm{i}ka}=-C\sin(la)+D\cos(la),$$

$$\mathrm{i}k\left(A\mathrm{e}^{-\mathrm{i}ka}-B\mathrm{e}^{\mathrm{i}ka}\right)=l\left[C\cos(la)+D\sin(la)\right],$$
$$C\sin(la)+D\cos(la)=F\mathrm{e}^{\mathrm{i}ka},$$
$$l\left[C\cos(la)-D\sin(la)\right]=\mathrm{i}kF\mathrm{e}^{\mathrm{i}ka}.$$

由此解出

$$F=\frac{\mathrm{e}^{-2\mathrm{i}ka}A}{\cos(2la)-\mathrm{i}\dfrac{\left(k^2-l^2\right)}{2kl}\sin(2la)},$$

$$B=\mathrm{i}\frac{\sin(2la)}{2kl}\left(l^2-k^2\right)F=\mathrm{i}\frac{\sin(2la)}{2kl}\left(l^2-k^2\right)\frac{\mathrm{e}^{-2\mathrm{i}ka}A}{\cos(2la)-\mathrm{i}\dfrac{\left(k^2-l^2\right)}{2kl}\sin(2la)}.$$

所以

$$S_{21}=\frac{\mathrm{e}^{-2\mathrm{i}ka}}{\cos(2la)-\mathrm{i}\dfrac{\left(k^2-l^2\right)}{2kl}\sin(2la)}=S_{12},$$

$$S_{22}=\frac{\mathrm{i}\sin(2la)\left(l^2-k^2\right)\mathrm{e}^{-2\mathrm{i}ka}}{2kl\cos(2la)-\mathrm{i}\left(k^2-l^2\right)\sin(2la)}=S_{11}.$$

*****习题 2.54 传递矩阵.**[①] $\boldsymbol{\mathcal{S}}$-矩阵 (习题 2.53) 给出了出射振幅 (B 和 F) 与入射振幅 (A 和 G) 的关系——方程 (2.180). 为了某些目的利用**传递矩阵** $\boldsymbol{\mathcal{M}}$ 是很方便的; 它可以给出势能右侧波的振幅 (F 和 G) 同左侧波的振幅 (A 和 B) 之间的关系:

$$\begin{pmatrix}F\\G\end{pmatrix}=\begin{pmatrix}M_{11}&M_{12}\\M_{21}&M_{22}\end{pmatrix}\begin{pmatrix}A\\B\end{pmatrix}.\tag{2.183}$$

(a) 用 $\boldsymbol{\mathcal{S}}$-矩阵的矩阵元求出 $\boldsymbol{\mathcal{M}}$-矩阵的四个矩阵元, 反之亦然. 用 $\boldsymbol{\mathcal{M}}$-矩阵的矩阵元表示出 R_l, T_l, R_r 和 T_r (方程 (2.181) 和 (2.182)).

(b) 假设有一个势是由两个孤立部分组成的 (图 2.22). 证明: 该势的 $\boldsymbol{\mathcal{M}}$-矩阵是两个孤立部分势的 $\boldsymbol{\mathcal{M}}$-矩阵的乘积:

$$\boldsymbol{\mathcal{M}}=\boldsymbol{\mathcal{M}}_2\boldsymbol{\mathcal{M}}_1.\tag{2.184}$$

(显然这个结论可以推广到含有任意多个部分势的情况, 这说明了 $\boldsymbol{\mathcal{M}}$-矩阵的有用性.)

(c) 对于在点 a 处的 δ 函数散射势, 构造 $\boldsymbol{\mathcal{M}}$-矩阵:

$$V(x)=-\alpha\delta(x-a).$$

(d) 利用 (b) 中的方法, 求双 δ 函数散射的 $\boldsymbol{\mathcal{M}}$-矩阵:

$$V(x)=-\alpha\left[\delta(x+a)+\delta(x-a)\right].$$

该势的透射系数是什么?

① 关于传递矩阵这种方法的应用可以参见, 例如 D. J. Griffiths, C. A. Steinke, *Am. J. Phys.* **69,** 137 (2001) 或者 S. Das, *Am. J. Phys.* **83,** 590 (2015).

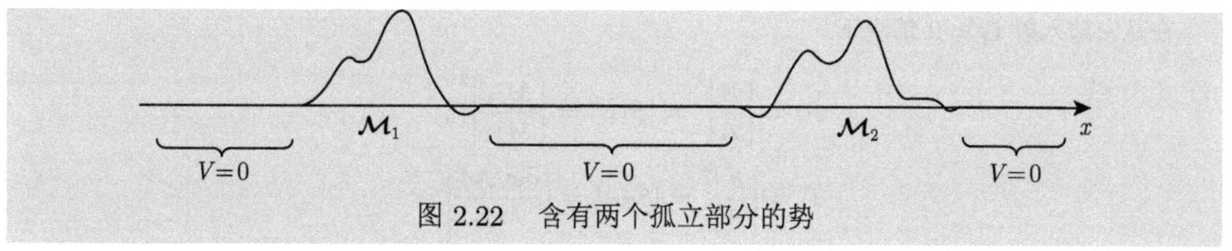

图 2.22　含有两个孤立部分的势

解答　(a) 由散射矩阵

$$\begin{pmatrix} B \\ F \end{pmatrix} = \begin{pmatrix} S_{11} & S_{12} \\ S_{21} & S_{22} \end{pmatrix} \begin{pmatrix} A \\ G \end{pmatrix},$$

得

$$\begin{aligned} & B = S_{11}A + S_{12}G \to G = \frac{1}{S_{12}}(B - S_{11}A) = M_{21}A + M_{22}B \\ & \quad \to M_{22} = \frac{1}{S_{12}}, \quad M_{21} = -\frac{S_{11}}{S_{12}}. \\ & F = S_{21}A + S_{22}G = S_{21}A + \frac{S_{22}}{S_{12}}(B - S_{11}A) \\ & \quad = \frac{1}{S_{12}}(S_{12}S_{21} - S_{11}S_{22})A + \frac{S_{22}}{S_{12}}B = M_{11}A + M_{12}B \\ & \quad \to M_{11} = \frac{1}{S_{12}}(S_{12}S_{21} - S_{11}S_{22}) = \frac{-\det \boldsymbol{\mathcal{S}}}{S_{12}}, \quad M_{12} = \frac{S_{22}}{S_{12}}. \end{aligned}$$

所以

$$\boldsymbol{\mathcal{M}} = \frac{1}{S_{12}} \begin{pmatrix} -\det \boldsymbol{\mathcal{S}} & S_{22} \\ S_{21} & 1 \end{pmatrix}.$$

再由

$$\begin{pmatrix} F \\ G \end{pmatrix} = \begin{pmatrix} M_{11} & M_{12} \\ M_{21} & M_{22} \end{pmatrix} \begin{pmatrix} A \\ B \end{pmatrix},$$

得

$$G = M_{21}A + M_{22}B, \text{ 得 } B = \frac{1}{M_{22}}(G - M_{21}A) = S_{11}A + S_{12}G,$$

进一步可得

$$S_{11} = -\frac{M_{21}}{M_{22}}, \quad S_{12} = \frac{1}{M_{22}}.$$

$$\begin{aligned} F &= M_{11}A + M_{12}B = M_{11}A + \frac{M_{12}}{M_{22}}(G - M_{21}A) \\ &= \frac{1}{M_{22}}(M_{11}M_{22} - M_{12}M_{21})A + \frac{M_{12}}{M_{22}}G = S_{21}A + S_{22}G, \end{aligned}$$

得

$$S_{21} = \frac{1}{M_{22}}(M_{11}M_{22} - M_{12}M_{21}) = \frac{\det \boldsymbol{\mathcal{M}}}{M_{22}}, \quad S_{22} = \frac{M_{12}}{M_{22}}.$$

所以

$$\boldsymbol{\mathcal{S}} = \frac{1}{M_{22}} \begin{pmatrix} -M_{21} & 1 \\ \det \boldsymbol{\mathcal{M}} & M_{12} \end{pmatrix}.$$

(注　薛定谔方程的时间反转不变性加上几率守恒要求 $M_{22} = M_{11}^*, M_{12} = M_{21}^*, \det \boldsymbol{\mathcal{M}} = 1$, 对偶函数势有 $S_{11} = S_{22}, S_{12} = S_{21}$.)

在从左边入射 $G=0$ 情况下,

$$R_l=\left|\frac{B}{A}\right|^2=|S_{11}|^2=\left|\frac{M_{21}}{M_{22}}\right|^2,$$
$$T_l=\left|\frac{F}{A}\right|^2=|S_{21}|^2=\left|\frac{\det\boldsymbol{\mathcal{M}}}{M_{22}}\right|^2.$$

在从右边入射 $A=0$ 情况下,

$$R_r=\left|\frac{F}{G}\right|^2=|S_{22}|^2=\left|\frac{M_{12}}{M_{22}}\right|^2,$$
$$T_r=\left|\frac{B}{G}\right|^2=|S_{12}|^2=\left|\frac{1}{M_{22}}\right|^2.$$

(b) 假设势是由两个孤立部分组成, 如图 2.23 所示.

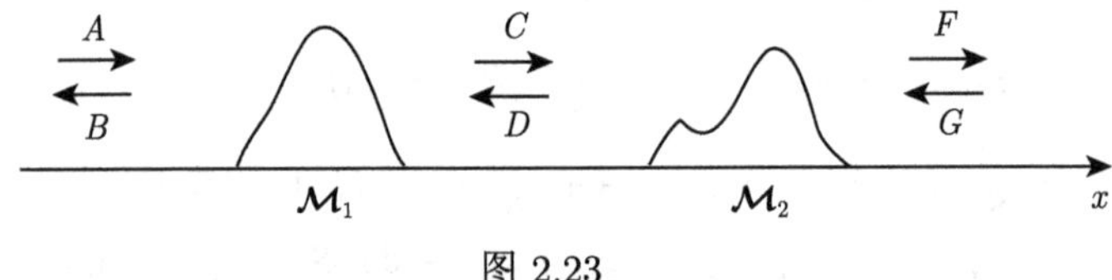

图 2.23

则有

$$\begin{pmatrix}F\\G\end{pmatrix}=\boldsymbol{\mathcal{M}}_2\begin{pmatrix}C\\D\end{pmatrix},\quad\begin{pmatrix}C\\D\end{pmatrix}=\boldsymbol{\mathcal{M}}_1\begin{pmatrix}A\\B\end{pmatrix}$$
$$\Rightarrow\begin{pmatrix}F\\G\end{pmatrix}=\boldsymbol{\mathcal{M}}_2\boldsymbol{\mathcal{M}}_1\begin{pmatrix}A\\B\end{pmatrix}=\boldsymbol{\mathcal{M}}\begin{pmatrix}A\\B\end{pmatrix},$$

其中

$$\boldsymbol{\mathcal{M}}=\boldsymbol{\mathcal{M}}_2\boldsymbol{\mathcal{M}}_1.$$

(c) 对于在点 a 处的一个 δ 函数散射势能:

$$V(x)=-\alpha\delta(x-a),$$

定态薛定谔方程的解为

$$\psi(x)=\begin{cases}Ae^{ikx}+Be^{-ikx}, & x<a,\\ Fe^{ikx}+Ge^{-ikx}, & a<x.\end{cases}$$

其中, $k\equiv\dfrac{\sqrt{2mE}}{\hbar}$.

由在 $x=a$ 处波函数连续及其导数跃变有

$$Ae^{ika}+Be^{-ika}=Fe^{ika}+Ge^{-ika},$$

$$ik\left(Fe^{ika}-Ge^{-ika}\right)-ik\left(Ae^{ika}-Be^{-ika}\right)=-\frac{2m\alpha}{\hbar^2}\left(Ae^{ika}+Be^{-ika}\right).$$

整理, 得

$$Fe^{i2ka}+G=Ae^{i2ka}+B,$$

$$Fe^{i2ka} - G = (1+i2\beta)Ae^{i2ka} - (1-i2\beta)B, \quad \beta \equiv \frac{m\alpha}{k\hbar^2}.$$

两式相加, 得

$$F = (1+i\beta)A + i\beta e^{-i2ka}B = M_{11}A + M_{12}B$$
$$\to M_{11} = 1+i\beta, \quad M_{12} = i\beta e^{-i2ka}.$$

两式相减, 得

$$G = -i\beta e^{i2ka}A + (1-i\beta)B = M_{21}A + M_{22}B$$
$$\to M_{21} = -i\beta e^{i2ka}, \quad M_{22} = 1-i\beta.$$

所以

$$\boldsymbol{\mathcal{M}} = \begin{pmatrix} 1+i\beta & i\beta e^{-i2ka} \\ -i\beta e^{i2ka} & 1-i\beta \end{pmatrix}.$$

(d) 对双 δ 势

$$\boldsymbol{\mathcal{M}}_2 = \begin{pmatrix} 1+i\beta & i\beta e^{-i2ka} \\ -i\beta e^{i2ka} & 1-i\beta \end{pmatrix}.$$

在 $\boldsymbol{\mathcal{M}}_2$ 中做变换 $a \to -a$, 得

$$\boldsymbol{\mathcal{M}}_1 = \begin{pmatrix} 1+i\beta & i\beta e^{i2ka} \\ -i\beta e^{-i2ka} & 1-i\beta \end{pmatrix}.$$

$$\boldsymbol{\mathcal{M}} = \boldsymbol{\mathcal{M}}_2\boldsymbol{\mathcal{M}}_1 = \begin{pmatrix} 1+2i\beta+\beta^2\left(e^{-i4ka}-1\right) & 2i\beta\left[\cos(2ka)-\beta\sin(2ka)\right] \\ -2i\beta\left[\cos(2ka)-\beta\sin(2ka)\right] & 1-2i\beta+\beta^2\left(e^{i4ka}-1\right) \end{pmatrix}.$$

$$T = \left\{ \begin{array}{l} T_l = \left|\dfrac{F}{A}\right|^2_{G=0} = |S_{21}|^2 = \left|\dfrac{\det\boldsymbol{\mathcal{M}}}{M_{22}}\right|^2 = \left|\dfrac{1}{M_{22}}\right|^2 \\ T_r = \left|\dfrac{B}{G}\right|^2_{A=0} = |S_{12}|^2 = \left|\dfrac{1}{M_{22}}\right|^2 \end{array} \right\} = \left|\frac{1}{M_{22}}\right|^2.$$

所以

$$\begin{aligned} T^{-1} = |M_{22}|^2 &= \left[1+2i\beta+\beta^2\left(e^{-i4ka}-1\right)\right]\left[1-2i\beta+\beta^2\left(e^{i4ka}-1\right)\right] \\ &= (1+2i\beta)(1-2i\beta) + (1+2i\beta)\beta^2\left(e^{i4ka}-1\right) \\ &\quad + (1-2i\beta)\beta^2\left(e^{-i4ka}-1\right) + \beta^4\left(e^{-i4ka}-1\right)\left(e^{i4ka}-1\right) \\ &= 1+2\beta^2\left[1+\cos(4ka)\right] + 4\beta^3\sin(4ka) + 2\beta^4\left[1-\cos(4ka)\right] \\ &= 1+4\beta^2\left[\cos(2ka)+\beta\sin(2ka)\right]^2. \end{aligned}$$

****习题 2.55** 利用“摇摆狗尾”方法, 求出谐振子的基态能级, 并保留五位有效数字. 也就是说, 用数值法求解方程 (2.73), 通过不断改变 K 值, 直到 ξ 很大时, 能得到一个趋于零的波函数. 在 Methematica 中, 适当的输入程序语句为

```
Plot[
  Evaluate[
    u[x] /.
      NDSolve[
       {u''[x]-(x^2-K)*u[x]==0, u[0]==1, u'[0]==0
```

```
            u[x], {x, 0, b}
          ]
        ],
      {x, a, b}, PlotRange- > {c,d}
    ]
```

(这里 (a,b) 是图中水平方向的取值范围, (c,d) 是竖直方向的取值范围——起始值分别是: $a=0$, $b=10$, $c=-10$, $d=10$.) 已知正确解满足 $K=2n+1$, 所以可以从"猜测的值"$K=0.9$ 开始. 注意观察波函数"尾部"的变化行为. 再尝试 $K=1.1$, 注意"尾部"的快速翻转. 正确解就位于这两个值之间的某处. 通过调整使两端的 K 值差越来越小, 使波函数尾部归零. 这样做的时候, 你也可以调整 a,b,c 和 d 的值, 使零点出现在交叉点处.

解答 分别取 $K=0.9, K=0.99999, K=1.1$ 和 $K=1.00001$ 来观察波函数的数值解图像.

(a) $K=0.9$ (图 2.24).

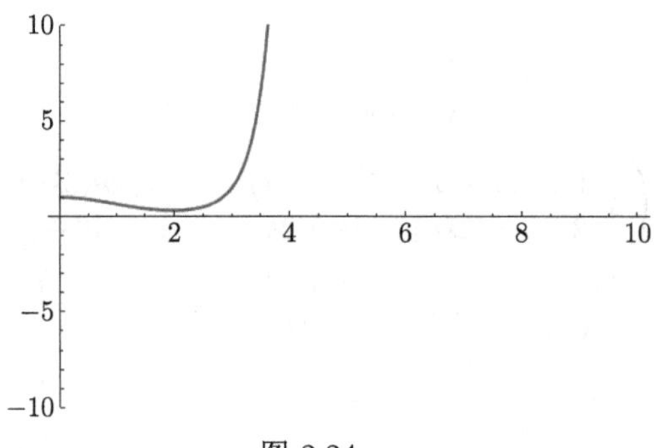

图 2.24

```
Plot[Evaluate[u[x]/.
    NDSolve[{u"[x]-(x^2-0.9)*u[x] == 0, u[0] == 1, u'[0] == 0},
      u[x], {x, 10^(-8), 10}, MaxSteps → 10000]], {x, 0, 10},
  PlotRange → {-10, 10}]
```

(b) $K=0.99999$ (图 2.25).

```
Plot[Evaluate[u[x]/.
    NDSolve[{u"[x]-(x^2-1)*u[x] == 0, u[0] == 1, u'[0] == 0},
      u[x], {x, 10^(-8), 10}, MaxSteps → 10000]], {x, 0, 5.5},
  PlotRange → {-0.1, 0.1}]
```

(c) $K=1.1$ (图 2.26).

```
Plot[Evaluate[u[x]/.
    NDSolve[{u"[x]-(x^2-1.1)*u[x] == 0, u[0] == 1, u'[0] == 0},
      u[x], {x, 10^(-8), 10}, MaxSteps → 10000]], {x, 0, 10},
  PlotRange → {-10, 10}]
```

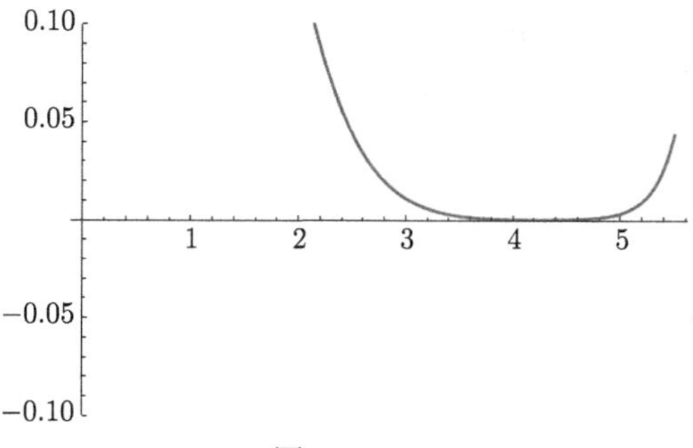

图 2.25

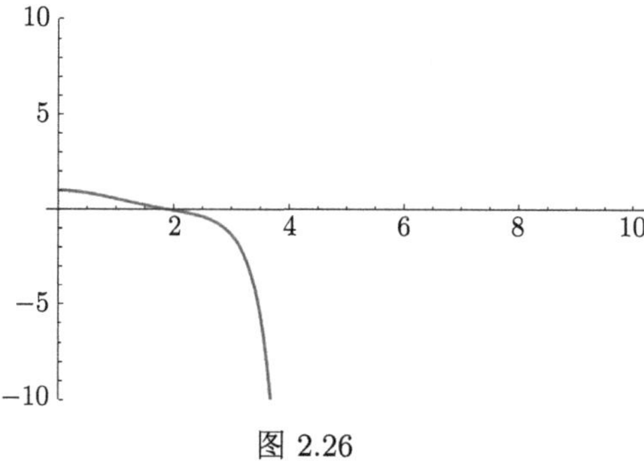

图 2.26

(d) $K = 1.00001$ (图 2.27).

```
Plot[Evaluate[u[x]/.
    NDSolve[{u"[x]-(x^2-1.0000001)*u[x] == 0, u[0] == 1, u'[0] == 0},
      u[x], {x, 10^(-8), 10}, MaxSteps → 10000]], {x, 0, 5.5},
  PlotRange → {-0.01, 0.01}]
```

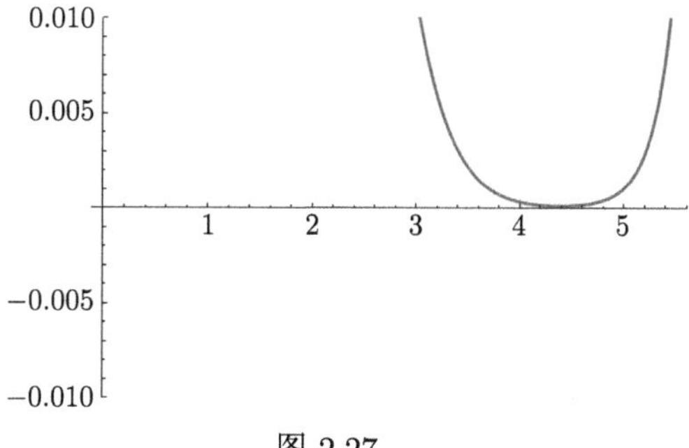

图 2.27

习题 2.56　利用 (习题 2.55)"摇摆狗尾"方法, 求出谐振子的前三个激发态的能级 (保留五位有效数字). 对第一 (和第三) 激发态需要设定 **u[0]==0, u′[0]==1.**

解答　谐振子的解为 $K=2n+1$ (对应本征值 $E_n=\left(n+\dfrac{1}{2}\right)\hbar\omega$). 对于前三个激发态, $K=3,5$ 和 7. 因此, 分别从 2.9, 4.9 和 6.9 数值开始猜测, 并在此附近进行调整直到得到五位可靠的有效数字. 精确解为 3.0000, 5.0000 和 7.0000. (真实的能量为这些数值乘以 $\dfrac{1}{2}\hbar\omega$.)

Mathematica 程序如下.

$K=3$ (图 2.28 ~ 图 2.30).

```
Plot[Evaluate[u[x]/.
    NDSolve[{u''[x]-(x^2-2.9)*u[x] == 0, u[0] == 0, u'[0] == 1},
      u[x], {x, 10^(-8), 10}, MaxSteps → 10000]], {x, 0, 5},
  PlotRange → {-1, 5}]
```

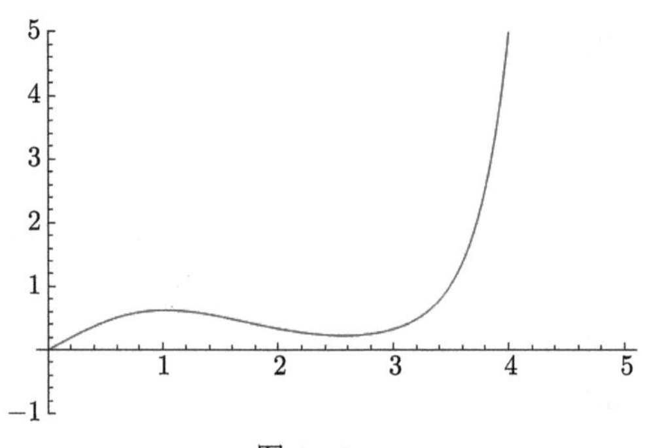

图 2.28

```
Plot[Evaluate[u[x]/.
    NDSolve[{u"[x]-(x^2-2.99999)*u[x] == 0, u[0] == 0,
        u'[0] == 1}, u[x], {x, 10^(-8), 10}, MaxSteps → 10000]],
  {x, 0, 5.5},
  PlotRange → {-0.1, 0.7}]
```

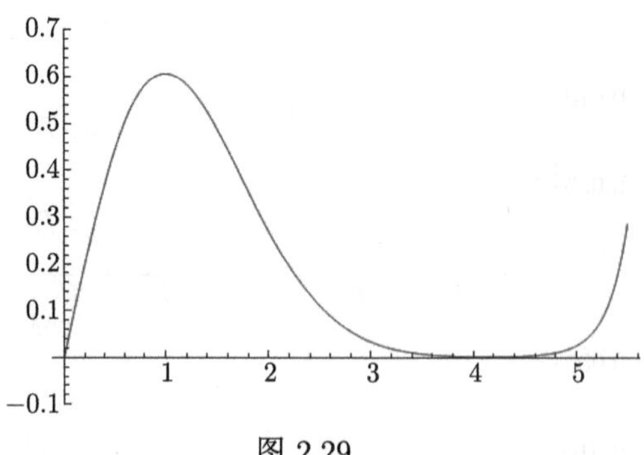

图 2.29

```
Plot[Evaluate[u[x]/.
    NDSolve[{u"[x]-(x^2-3.00001)*u[x] == 0, u[0] == 0,
        u'[0] == 1}, u[x], {x, 10^(-8), 10}, MaxSteps → 10000]],
  {x, 0, 5.5},
  PlotRange → {-0.5, 0.7}]
```

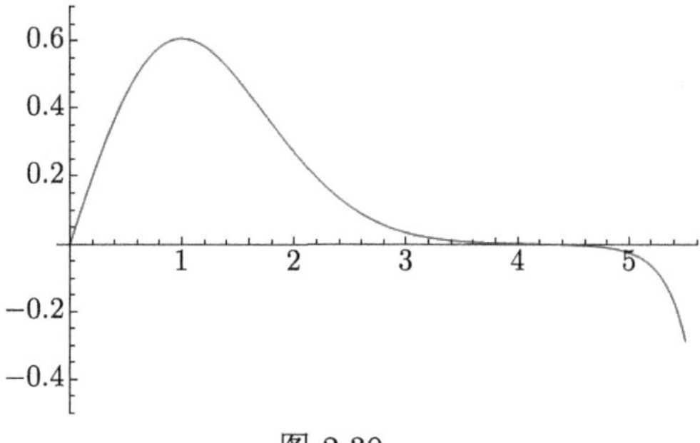

图 2.30

$K = 5$ (图 2.31 ~ 图 2.33).

```
Plot[Evaluate[u[x]/.
    NDSolve[{u"[x]-(x^2-4.9)*u[x] == 0, u[0] == 1, u'[0] == 0},
       u[x], {x, 10^(-8), 10}, MaxSteps → 10000]], {x, 0, 4},
  PlotRange → {-1.5, 1.2}]
```

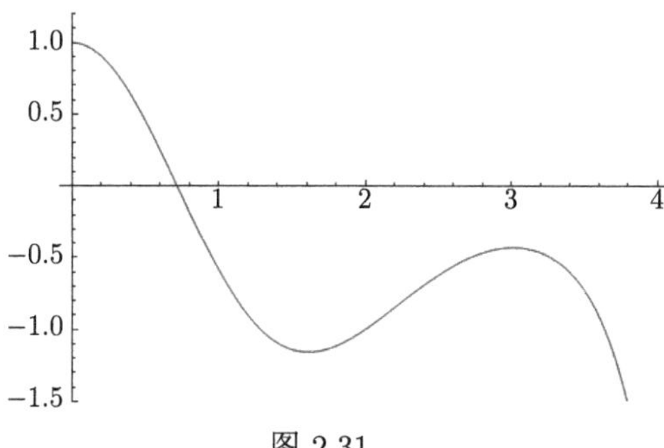

图 2.31

```
Plot[Evaluate[u[x]/.
    NDSolve[{u"[x]-(x^2-4.99999)*u[x] == 0, u[0] == 1,
        u'[0] = 0}, u[x], {x, 10^(-8), 10}, MaxSteps → 10000]],
  {x, 0, 6},
  PlotRange → {-1.5, 1.2}]
```

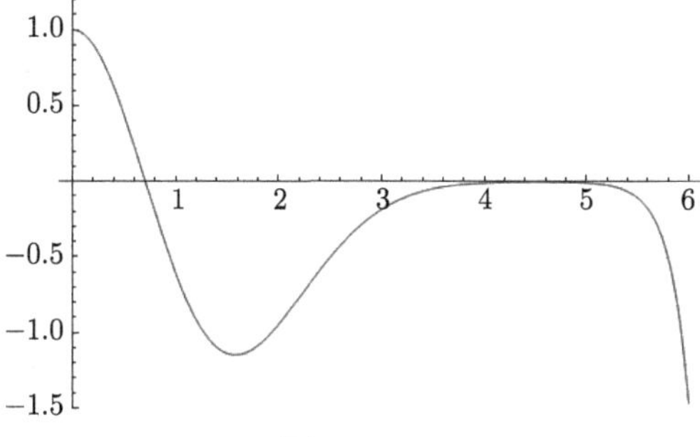

图 2.32

```
Plot[Evaluate[u[x]/.
    NDSolve[{u"[x]-(x^2-5.00001)*u[x] == 0, u[0] == 1,
        u'[0] == 0}, u[x], {x, 10^(-8), 10}, MaxSteps → 10000]],
  {x, 0, 6},
  PlotRange → {-1.5, 1.2}]
```

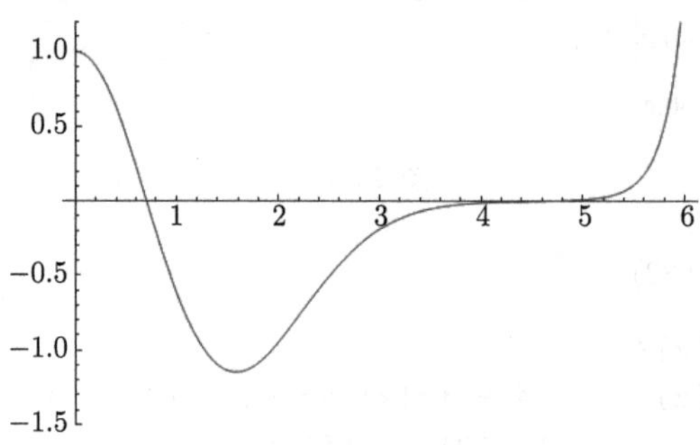

图 2.33

$K = 7$ (图 2.34 ~ 图 2.36).

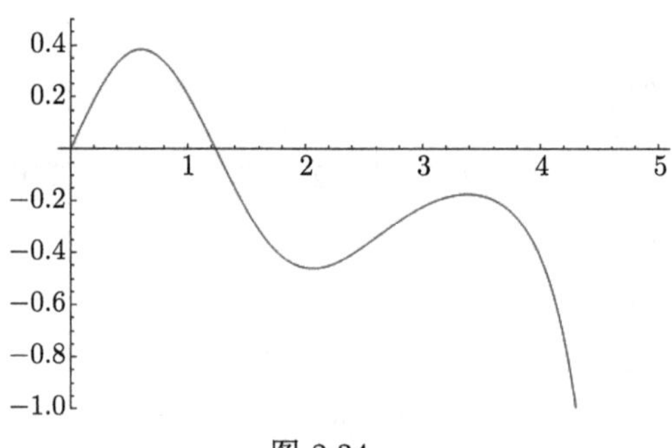

图 2.34

```
Plot[Evaluate[u[x]/.
    NDSolve[{u"[x]-(x^2-6.9)*u[x] == 0, u[0] == 0, u'[0] == 1},
      u[x], {x, 10^(-8), 10}, MaxSteps → 10000]], {x, 0, 5},
  PlotRange → {-1.0, 0.5}]

Plot[Evaluate[u[x]/.
    NDSolve[{u"[x]-(x^2-6.99999)*u[x] == 0, u[0] == 0,
        u'[0] == 1}, u[x], {x, 10^(-8), 10}, MaxSteps → 10000]],
  {x, 0, 6.5},
  PlotRange → {-1.0, 0.5]

Plot[Evaluate[u[x]/.
    NDSolve[{u"[x]-(x^2-7.00001)*u[x] == 0, u[0] == 0,
        u'[0] == 1}, u[x], {x, 10^(-8), 10}, MaxSteps → 10000]],
  {x, 0, 6.5},
  PlotRange → {-0.6, 0.5]
```

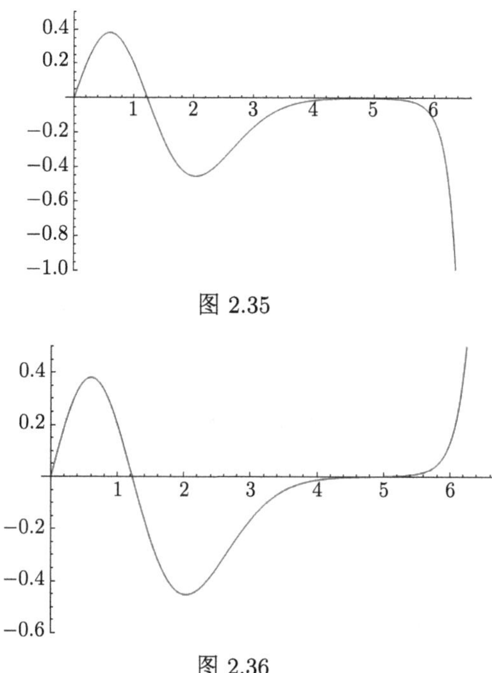

图 2.35

图 2.36

习题 2.57 利用“摇摆狗尾”方法求出无限深方势阱的前四个能级 (保留五位有效数字). **提示** 参考习题 2.55, 对微分方程做适当改变. 本题需要寻找的条件是 $u(1)=0$.

解答 定态薛定谔方程为

$$-\frac{\hbar^2}{2m}\psi''=E\psi,$$

其本征值为已知的

$$E_n=\frac{n^2\pi^2\hbar^2}{2ma^2}.$$

令 $a=1$, 则方程可写成

$$\psi''+(n\pi)^2\psi=0.$$

对于基态 $n=1$, 用 9 替换 π^2 对方程的解进行猜测 (同样地, 将 9, 36, 81 和 144 分别代入上式, 对基态、第一激发态、第二激发态和第三激发态进行猜测求解). 然后微调参数使波函数的右端穿过横坐标 $x=1$ 处. 结果保留五位有效数字：9.8696, 39.478, 88.826, 157.91. (真实能量值为这些数值乘以 $\frac{\hbar^2}{2ma^2}$.) 图 2.37 和图 2.38 为基态情况下的波函数和波函数与横坐标 $x=1$ 附近的交点. 同样, 图 2.39 和图 2.40 为第一激发态的情况, 图 2.41 和图 2.42 为第二激发态的情况, 图 2.43 和图 2.44 为第三激发态的情况.

```
Plot[Evaluate[u[x]/.
    NDSolve[{u"[x]+(9)*u[x] == 0, u[0] == 0, u'[0] == 1}, u[x],
      {x, 10^(-8), 1.5}, MaxSteps → 10000]], {x, 0, 1.2},
  PlotRange → {-0.5, 0.5}]
```

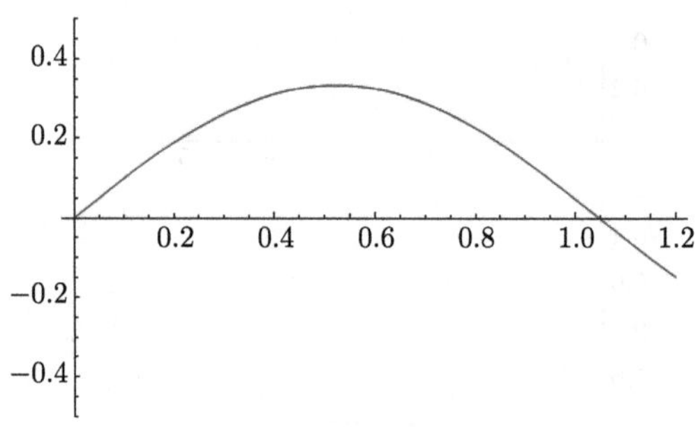

图 2.37

```
Plot[Evaluate[u[x]/.
    NDSolve[{u"[x]+(9.86959)*u[x] == 0, u[0] == 0, u'[0] == 1}, u[x],
      {x, 10^(-8), 1.5}, MaxSteps → 10000]], {x, 0.99999, 1.00001},
  PlotRange → {-0.00001, 0.00001}]
```

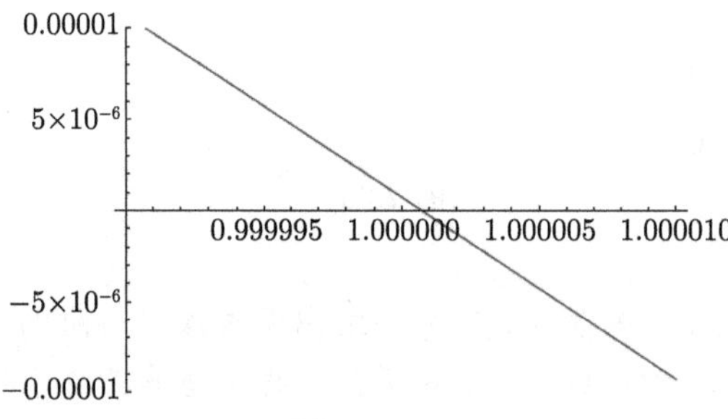

图 2.38

```
Plot[Evaluate[u[x]/.
    NDSolve[{u"[x]+(36)*u[x] == 0, u[0] == 0, u'[0] == 1}, u[x],
      {x, 10^(-8), 1.5}, MaxSteps → 10000]], {x, 0, 1.2},
  PlotRange → {-0.5, 0.5}]
```

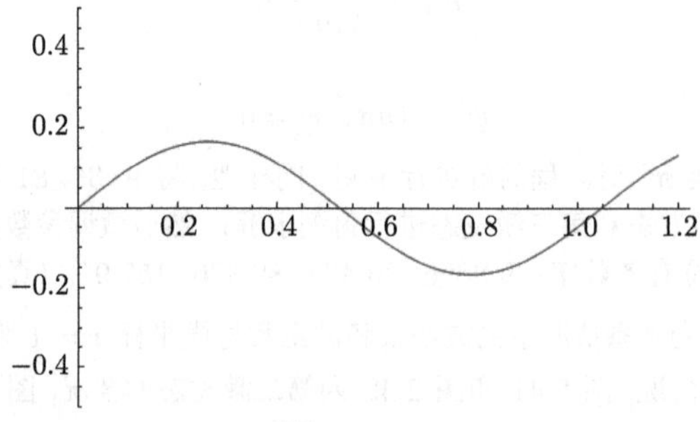

图 2.39

```
Plot[Evaluate[u[x]/.
    NDSolve[{u"[x]+(39.47803)*u[x]==0, u[0]==0, u'[0]==1}, u[x],
      {x, 10^(-8), 1.5}, MaxSteps → 10000]], {x, 0.99999, 1.00001},
```

```
  PlotRange → {-0.00001, 0.00001}]
```

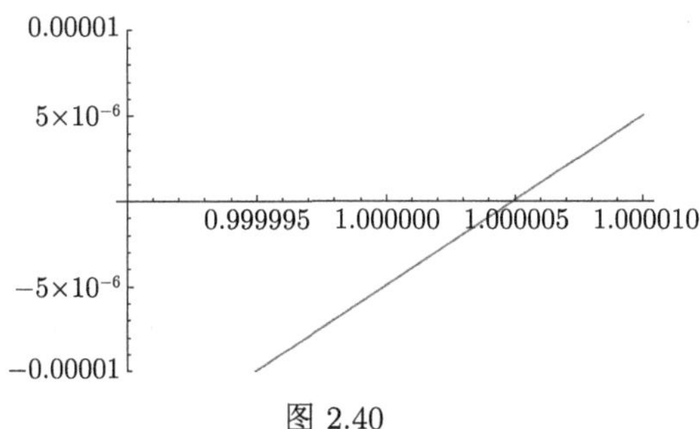

图 2.40

```
Plot[Evaluate[u[x]/.
    NDSolve[{u"[x]+(81)*u[x] == 0, u[0] == 0, u'[0] == 1}, u[x],
       {x, 10^(-8), 1.5}, MaxSteps → 10000]], {x, 0, 1.2},
  PlotRange → {-0.5, 0.5}]
```

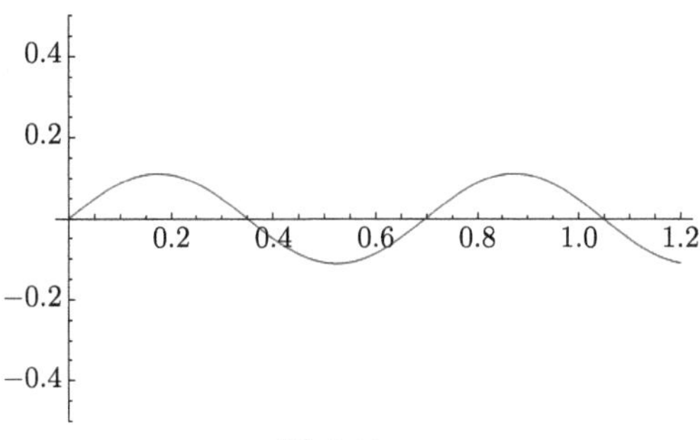

图 2.41

```
Plot[Evaluate[u[x]/.
    NDSolve[{u"[x]+(88.82630)*u[x]==0, u[0]==0, u'[0]==1}, u[x],
       {x, 10^(-8), 1.5}, MaxSteps → 10000]], {x, 0.99999, 1.00001},
  PlotRange → {-0.00001, 0.00001}]
```

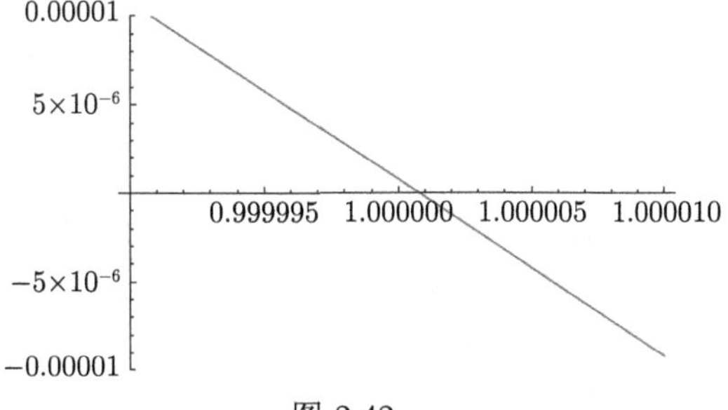

图 2.42

```
Plot[Evaluate[u[x]/.
    NDSolve[{u"[x]+(144)*u[x] == 0, u[0] == 0, u'[0] == 1}, u[x],
      {x, 10^(-8), 1.5}, MaxSteps → 10000]], {x, 0, 1.2},
  PlotRange → {-0.5, 0.5}]
```

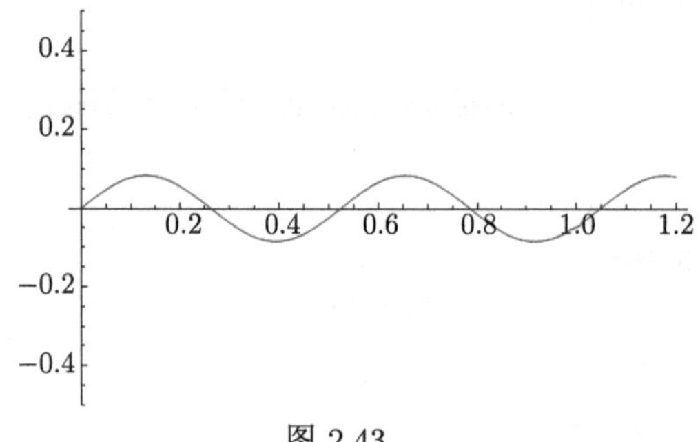

图 2.43

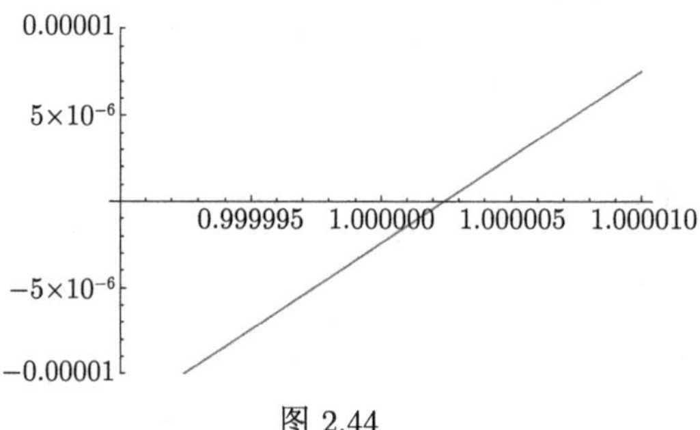

图 2.44

```
Plot[Evaluate[u[x]/.
    NDSolve[{u"[x]+(157.9129)*u[x]==0, u[0]==0, u'[0]==1}, u[x],
      {x, 10^(-8), 1.5}, MaxSteps → 10000]], {x, 0.99999, 1.00001},
  PlotRange → {-0.00001, 0.00001}]
```

习题 2.58　在单价金属固体中, 每个原子中的一个电子在物体中自由运动. 是什么把物质结合在一起的? 为何它们不散落成一堆单独的原子? 显然是聚集结构的能量一定比每个孤立原子的总能量小. 本题给出关于金属结合的一个粗略但具有启发性的解释.

(a) 把孤立金属原子看成是一个电子处在宽度为 a 的无限深方势阱中的基态 (图 2.45(a)), 以此来估计 N 个孤立原子的能量.

(b) 当这些原子聚集在一起形成金属, 可以看成 N 个电子位于宽度为 Na 的无限深方势阱中运动 (图 2.45(b)). 由于泡利不相容原理 (将在第 5 章讨论), 每个允许的能级只能有一个电子 (如果考虑自旋, 则为两个电子; 先忽略自旋). 这样一个系统的最低能量是多少 (图 2.45(b))?

(c) 上述两种情况下的能量差就是金属的**内聚能**——也就是把金属撕裂成孤立

原子所需要的能量. 在 N 很大的极限情况下, 求出每个原子的内聚能.

(d) 金属中典型原子间的距离是几埃 (比如, $a \approx 4\text{Å}$), 在此模型中每个原子的内聚能的数值是多少 (测量值在 $2 \sim 4$ eV 的范围内)?

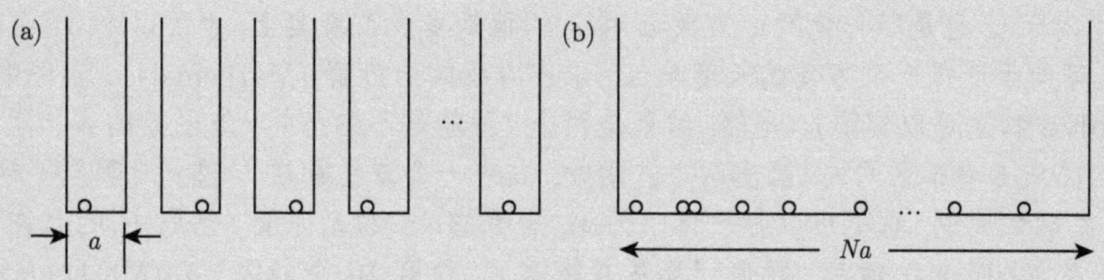

图 2.45　(a) N 个电子分别在宽度为 a 的单独势阱中; (b) N 个电子在宽度为 Na 的一个势阱中

解答　(a) N 个电子分别在宽度为 a 的势阱中的总能等于单个电子在宽度为 a 的势阱中能量的 N 倍:

$$E_a = N\frac{\pi^2\hbar^2}{2ma^2}.$$

(b) 此问为求 N 个电子填充在宽度为 Na 无限深方势阱中的前 N 个态上的能量. 首先, 宽度为 Na 的无限深方势阱的本征能量表达式为

$$E_{Na} = \frac{n^2\pi^2\hbar^2}{2m(Na)^2},$$

总能为

$$E_b = \frac{\pi^2\hbar^2}{2mN^2a^2}\sum_{n=1}^{N} n^2,$$

求和部分为

$$\sum_{n=1}^{N} n^2 = \frac{N(N+1)(2N+1)}{6},$$

所以总能为

$$E_b = \left(\frac{N}{3} + \frac{1}{2} + \frac{1}{6N}\right)\frac{\pi^2\hbar^2}{2ma^2}.$$

(c)

$$\frac{\Delta E}{N} = \frac{E_a - E_b}{N} \approx \frac{N - N/3}{N}\frac{\pi^2\hbar^2}{2ma^2} = \frac{\pi^2\hbar^2}{3ma^2}.$$

(d) 氢原子的结合能为 (13.6 eV) $\dfrac{\hbar^2}{2ma_B^2}$, 其中 $a_B = 0.529\text{Å}$ 是玻尔半径, 因此

$$\frac{\Delta E}{N} = \frac{2}{3}\pi^2\left(\frac{a_B}{a}\right)^2 E_{\text{binding}} = 1.6 \text{ eV}.$$

***** 习题 2.59　"弹跳球".**[①] 假设

$$V(x) = \begin{cases} mgx, & x > 0, \\ \infty, & x \leqslant 0. \end{cases} \tag{2.185}$$

① 这个习题是由 Nicholas Wheeler 建议的.

(a) 求解该势的定态薛定谔方程. **提示**　首先把方程转换成无量纲形式：

$$-y''(z)+zy(z)=\varepsilon y(z). \tag{2.186}$$

通过令 $z\equiv ax$ 和 $y(z)\equiv(1/\sqrt{a})\psi(x)$($\sqrt{a}$ 使得若 $\psi(x)$ 对于 x 是归一化的, 则 $y(z)$ 对于 z 也是归一化的), 常数 a 和 ε 的值是多少? 事实上, 也可以令 $a\to 1$——这等同于选择一个方便的长度单位. 求出方程的一般解 (Mathematica 软件中的 **DSolve** 指令可以实现). 当然, 结果是两个 (可能是不熟悉的) 波函数的线性组合. 在 $-15<z<5$ 区间内, 画出两个波函数. 其中一个波函数在 z 较大时明显不趋于零 (更确切地说, 它不可以归一化), 因此, 舍弃它. ε 的允许值 (也是 E 的允许值) 由条件 $\psi(0)=0$ 确定. 数值计算基态能级 ε_1 和第 10 个能级 ε_{10} (Mathematica 软件中的 **FindRoot** 指令可以实现), 并给出其相应的归一化因子. 在 $0\leqslant z<16$ 区间内, 画出 $\psi_1(x)$ 和 $\psi_{10}(x)$. 仅仅作为检验, 以此来确定 $\psi_1(x)$ 和 $\psi_{10}(x)$ 是正交的.

(b) 对这两个态, (数值地) 求出其不确定度 σ_x 和 σ_p, 并验证它们符合不确定性原理.

(c) 球位于高度 x 位置的 $\mathrm{d}x$ 区间内, 发现该球的几率是 $\rho_Q(x)\,\mathrm{d}x=|\psi(x)|^2\,\mathrm{d}x$. 最接近的经典类比是弹性球在高度 x 位置处 $\mathrm{d}x$ 区间所经历的时间 (见习题 1.11). 证明其为

$$\rho_C(x)\,\mathrm{d}x=\frac{mg}{2\sqrt{E(E-mgx)}}\mathrm{d}x, \tag{2.187}$$

或者, 以我们的单位 $(a=1)$,

$$\rho_C(x)=\frac{1}{2\sqrt{\varepsilon(\varepsilon-x)}}. \tag{2.188}$$

在 $0\leqslant x\leqslant 12.5$ 区间内, 画出态 $\psi_{10}(x)$ 的 $\rho_Q(x)$ 和 $\rho_C(x)$ 的叠加图形 (Mathematica 软件中的 **Show** 命令), 并讨论你的结果.

解答　(a) 定态薛定谔方程为

$$\begin{cases}-\dfrac{\hbar^2}{2m}\dfrac{\mathrm{d}^2\psi}{\mathrm{d}^2x}+mgx\psi=E\psi, & x\geqslant 0,\\ \psi=0, & x<0.\end{cases}$$

令 $z=ax$,

$$\frac{\mathrm{d}\psi}{\mathrm{d}x}=\frac{\mathrm{d}\psi}{\mathrm{d}z}\frac{\mathrm{d}z}{\mathrm{d}x}=a\frac{\mathrm{d}\psi}{\mathrm{d}z};\quad \frac{\mathrm{d}^2\psi}{\mathrm{d}x^2}=a\frac{\mathrm{d}^2\psi}{\mathrm{d}z^2}\frac{\mathrm{d}z}{\mathrm{d}x}=a^2\frac{\mathrm{d}^2\psi}{\mathrm{d}z^2}.$$

$$-\frac{\hbar^2}{2m}a^2\frac{\mathrm{d}^2\psi}{\mathrm{d}z^2}+mg\frac{z}{a}\psi=E\psi,$$

$$-\frac{\hbar^2}{2m}a^2\sqrt{a}y''+mg\frac{z}{a}\sqrt{a}y=E\sqrt{a}y,$$

$$-y''+\frac{2m}{\hbar^2a^2}mg\frac{z}{a}y=\frac{2m}{\hbar^2a^2}Ey.$$

设 $\dfrac{2m}{\hbar^2a^2}mg\dfrac{1}{a}=1$ 或者 $a=\left(\dfrac{2m^2g}{\hbar^2}\right)^{1/3}$, $\varepsilon=\dfrac{2m}{\hbar^2a^2}E=\dfrac{2m}{\hbar^2}\left(\dfrac{\hbar^2}{2m^2g}\right)^{2/3}$ 或者 $E=\left(\dfrac{2}{m\hbar^2g^2}\right)^{1/3}E$, 则定态薛定谔方程可化简为 $-y''+zy=\varepsilon y$.

解方程

```
DSolve[-y''[x]+xy[x]==sy[x], y[x], x]
{{y[x]→AiryAi[-s+x]C[1]+AiryBi[-s+x]C[2]}}
```

可见函数 y 是两个独立的解的线性组合.

画出两个函数图像 (图 2.46 和图 2.47).

```
Plot[AiryAi[x], {x, -15, 5}]
```

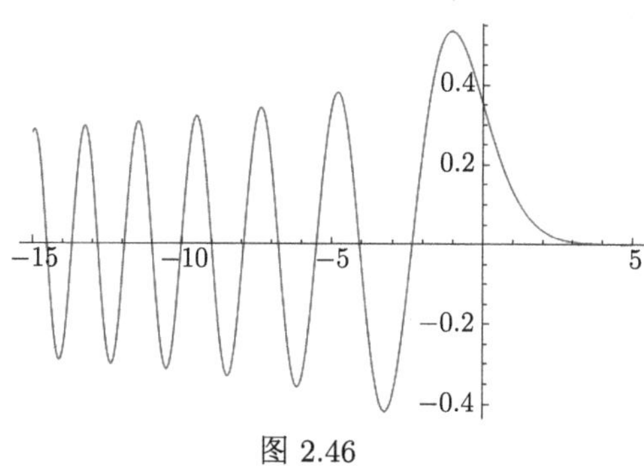

图 2.46

```
Plot[AiryBi[x], {x, -15, 5}]
```

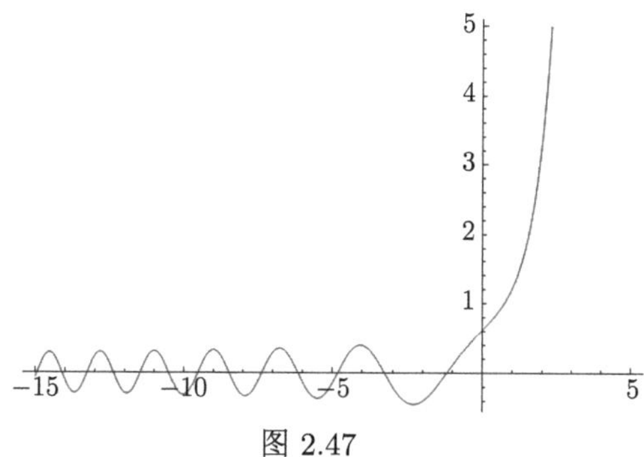

图 2.47

由图可见, 第二个解 AiryBi[x] 可以舍弃.

基态对应的值为 2.33811:

```
FindRoot[AiryAi[x] == 0, {x, -2}]
{x→-2.33811}
```

激发态 ε_{10} 对应的值为 12.8288:

```
FindRoot[AiryAi[x] == 0, {x, -12.8}]
{x→-12.8288}
```

给出相应的归一化因子:

```
NIntegrate[(AiryAi[x])^2, {x, -2.33811, Infinity}]
0.491697
NIntegrate[(AiryAi[x])^2, {x, -12.8288, Infinity}]
1.14018
```

$\psi_1(x)$ (图 2.48):

```
Plot[(0.491697)^(-1/2)*AiryAi[x-2.3881], {x, 0, 16}]
```

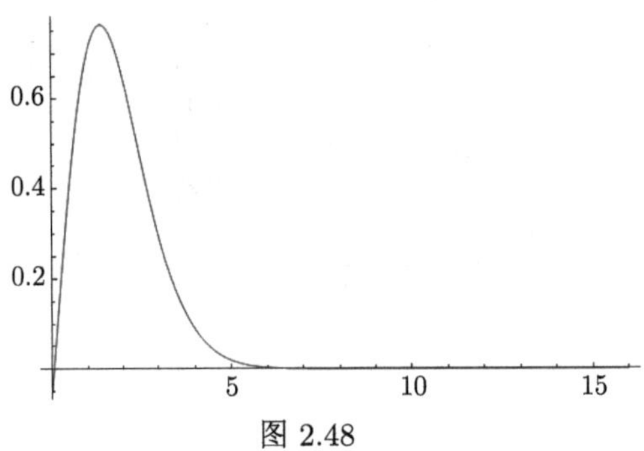

图 2.48

$\psi_{10}(x)$ (图 2.49):

```
Plot[(1.1401837)^(-1/2)*AiryAi[x-12.8287767], {x, 0, 16}]
```

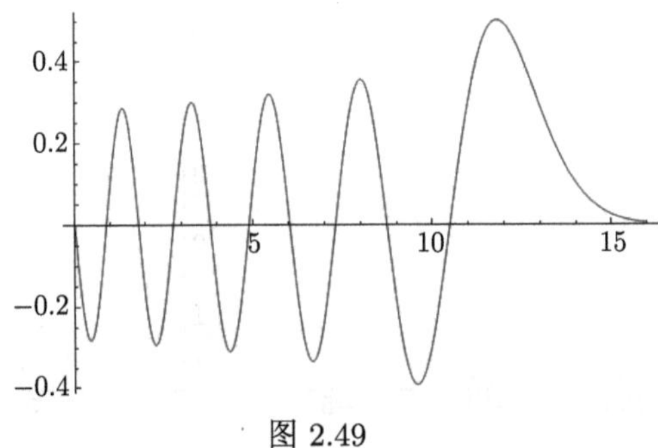

图 2.49

验证 $\psi_1(x)$ 和 $\psi_{10}(x)$ 的正交性:

```
Pone[x_] := (0.49169)^(-1/2)*Airyai[x-2.338107];
Pten[x_] := (1.1401837)^(-1/2)*AiryAi[x-12.8287767];
NIntegrate[Pone[x]*Pten[x], {x, 0, Infinity}]
-3.40871×10^-8
```

(b) 对 $\psi_1(x): \sigma_x = 0.69707, \sigma_p = 0.882825\hbar$, 则 $\sigma_x\sigma_p = 0.6154\hbar > 0.5\hbar$.
对 $\psi_{10}(x): \sigma_x = 3.8248, \sigma_p = 2.06782\hbar$, 则 $\sigma_x\sigma_p = 7.90899\hbar > 0.5\hbar$.
相应代码如下:

```
NIntegrate[x (Pone[x])^2, {x, 0, Infinity}]
1.55876
```

```
NIntegrate[x^2 (Pone[x])^2, {x, 0, Infinity}]
2.91564

Sqrt[2.91564-(1.55876)^2]
0.69707

NIntegrate[x (Pten[x])^2, {x, 0, Infinity}]
8.55252

NIntegrate[x^2 (Pten[x])^2, {x, 0, Infinity}]
87.7747

Sqrt[87.7747-(8.55252)^2]
3.8248

NIntegrate[-Pone[x] (Pone'[x]), {x, 0, Infinity}]
8.41688×10^-14

NIntegrate[Pone[x] (-Pone''[x]), {x, 0, Infinity}]
0.77938

Sqrt[0.77938-(8.416878305439468^(-14))^2]
0.882825

NIntegrate[-Pten[x] (Pten'[x]), {x, 0, Infinity}]
1.30018×10^-15

NIntegrate[Pten[x] (-Pten''[x]), {x, 0, Infinity}]
4.27626

Sqrt[4.27626-(1.30018^(-15))^2]
2.06782
```

(c) 经典几率表达式 (方程 (1.41)) 为

$$\rho(x)\,\mathrm{d}x=\frac{\mathrm{d}t}{T}=\frac{(\mathrm{d}t/\mathrm{d}x)\,\mathrm{d}x}{T}=\frac{1}{v(x)\,T}\mathrm{d}x,$$

所以几率可表示为

$$\rho(x)=\frac{1}{v(x)\,T}.$$

总能量为 $E=\dfrac{1}{2}mv^2+mgx$, 速度为 $v=\sqrt{\dfrac{2}{m}(E-mgx)}$, 由总高度 $h=\dfrac{1}{2}gT^2=\dfrac{E}{mg}$ 可得 $T=\sqrt{\dfrac{2E}{mg^2}}$, 因此,

$$\rho_C(x) = \frac{mg}{2\sqrt{E(E-mgx)}} = \frac{mg}{2\sqrt{\frac{\hbar^2 a^2}{2m}\varepsilon\left(\frac{\hbar^2 a^2}{2m}\varepsilon - mgx\right)}}$$

$$= \frac{1}{2}\frac{2m^2 g/(\hbar^2 a^2)}{\sqrt{\varepsilon\left[\varepsilon - 2m^2 g/(\hbar^2 a^2)\right]}} = \frac{1}{2}\frac{a}{\sqrt{\varepsilon(\varepsilon - a)}} \to \frac{1}{2}\frac{1}{\sqrt{\varepsilon(\varepsilon-1)}}.$$

对于 $\psi_{10}, \varepsilon = 12.8288$ (上面已解出). 图 2.50 ~ 图 2.52 分别对应 ψ_{10} 的 ρ_C, ρ_Q 和 ρ_C 与 ρ_Q 的叠加.

```
Plot[0.5*(12.8288*(12.8288-x))^(-0.5), {x, 0, 12.5},
  PlotRange → {0, 0.26}]
```

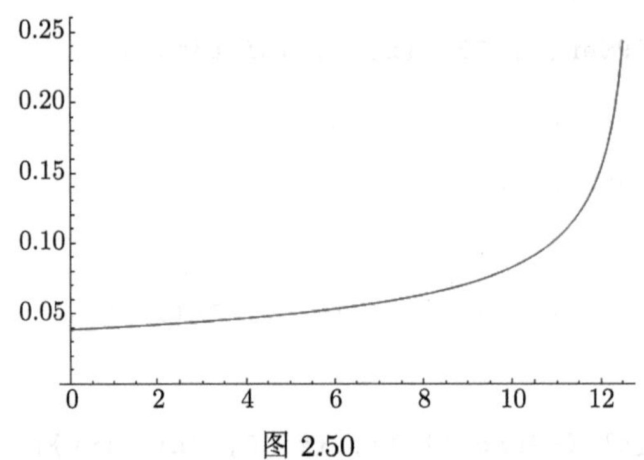

图 2.50

```
Plot[Pten[x]^2, {x, 0, 12.5}, PlotRange → {0, 0.26}]
```

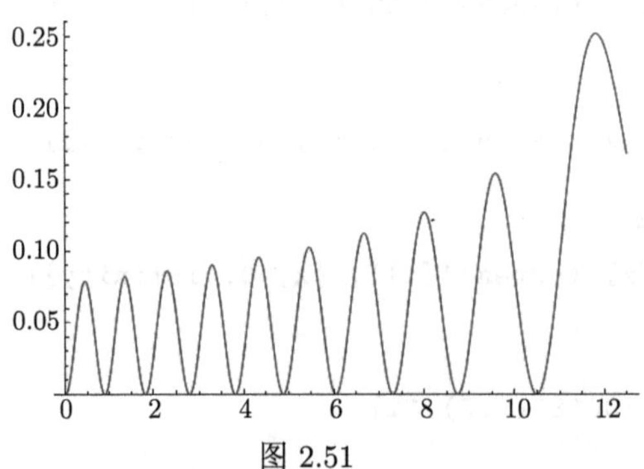

图 2.51

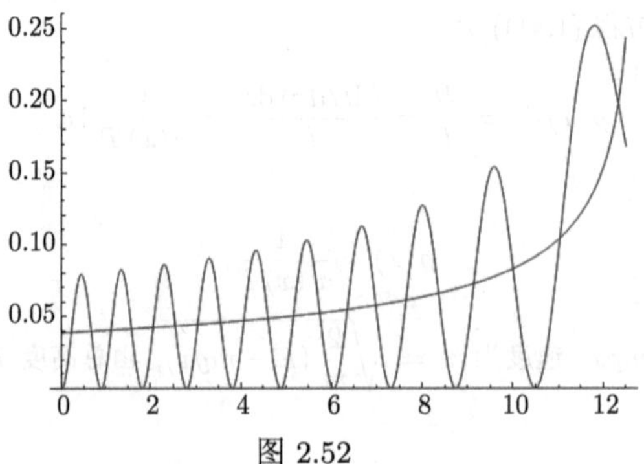

图 2.52

```
Show[Plot[0.5*(12.8288*(12.8288-x))^(-0.5), {x, 0, 12.5},
    PlotRange → {0, 0.26}],
  Plot[Pten[x]^2, {x, 0, 12.5}, PlotRange → {0, 0.26}]]
```

从平均的角度来看, 结果是一致的.

***　**习题 2.60**　$1/x^2$ 势. 假设

$$V(x)=\begin{cases}-\alpha/x^2, & x>0,\\ \infty, & x\leqslant 0,\end{cases}$$

其中 α 是具有适当量纲的正常数. 我们希望找到其束缚态——求解能量为负值的 $(E<0)$ 定态薛定谔方程.

$$-\frac{\hbar^2}{2m}\frac{\mathrm{d}^2\psi}{\mathrm{d}x^2}-\frac{\alpha}{x^2}\psi=E\psi.$$

(a) 首先讨论基态能量 E_0. 从量纲的角度证明, 不可能存在 E_0 的公式——没有办法 (从可以利用的常数 $m,\hbar$ 和 α) 来构造一个具有能量单位的物理量. 很奇怪, 但情况越来越糟 ……

(b) 简便起见, 方程 (2.190) 重写为

$$\frac{\mathrm{d}^2\psi}{\mathrm{d}x^2}+\frac{\beta}{x^2}\psi=\kappa^2\psi,\ 其中\ \beta\equiv\frac{2m\alpha}{\hbar^2}\ 和\ \kappa\equiv\frac{\sqrt{-2mE}}{\hbar}.$$

证明: 如果 $\psi(x)$ 满足上述方程, 能量为 E, 那么对任意的正数 $\lambda,\psi(\lambda x)$ 也一样满足, 且能量为 $E'=\lambda^2E$. [这是个灾难: 如果真的存在解, 那么也就存在对任何负能量都成立的一个解. 与我们遇到过的方势阱、谐振子和所有的其他势阱不一样, 不存在离散的许可状态——且没有基态. 一个系统没有基态——没有最低的能量允许值——将是极其不稳定的, 级联式的能级下降, 在下落时释放无限的能量. 它也许可以解决我们的能源问题, 但在这个过程中我们都将被灼伤.] 好吧, 也许根本就没有解 ……

(c) 证明 (用计算机来解决这个问题的其余部分):

$$\psi_k(x)=A\sqrt{x}K_{ig}(\kappa x),$$

满足方程 (2.191) (这里 K_{ig} 是 ig 阶修正的贝塞尔函数, 且 $g\equiv\sqrt{\beta-1/4}$.). 对 $g=4$, 画出该波函数 (图中不妨令 $\kappa=1$, 这只是设置长度的标度). 注意当 $x\to 0$ 和 $x\to\infty$ 时, ψ_k 趋于零. 所以它是可归一化的: 确定 A 的值. ① 节点数计算能量较低的状态数这一旧规则会变得如何? 无论能量大小 (即 κ 的大小), 这个函数有无限个节点. 我想这是一致的, 因为对任意的 E, 都存在无限多的比其能量更低的态.

(d) 这个势函数几乎混淆了我们所期望的一切. 问题是这个势在 $x\to 0$ 时, 变化得太剧烈. 如果你把这个 "砖墙" 移动毫厘,

---

① 只要 g 是实数, $\psi_k(x)$ 就是可归一化的——也就是说, 在 $\beta>1/4$ 的条件下. 对这一奇怪的问题, 可以参见 A. M. Essin and D. J. Griffiths, *Am. J. Phys.* **74,** 109 (2006), 以及该文献所引用的参考文献.

$$V(x)=\begin{cases}-\alpha/x^2, & x>\varepsilon>0,\\ \infty, & x\leqslant\varepsilon.\end{cases}$$

突然之间它就变得正常了. 对于 $g=4$ 和 $\varepsilon=1$, 在 $x=0$ 至 $x=6$ 范围内画出基态波函数 (你首先需要确定合适的 κ 值), 注意我们引入了具有长度量纲的新参数 (ε), 因此, 在 (a) 中的争论不在该讨论范围之内. 证明: 对无量纲的变量 β 的一些函数 f, 基态能具有如下形式

$$E_0=-\frac{\alpha}{\varepsilon^2}f(\beta).$$

解答 (a) 从量纲分析 $-\dfrac{\alpha}{x^2}$ 应具有能量量纲, 因此 α 量纲为 $\left(\dfrac{kg\ m^4}{s^2}\right)$.

基态能量 E_0 由 $\hbar, m$ 和 α 表示为

$$E_0=\hbar^n m^p\alpha^q=\left(\frac{kgm^2}{s}\right)^n(kg)^p\left(\frac{kgm^4}{s^2}\right)^q$$
$$=(kg)^{n+p+q}\left(m^2\right)^{n+2q}(s)^{-(n+2q)}=\frac{kgm^2}{s^2}.$$

这要求 $n+p+q=1, n+2q=1$ 和 $n+2q=2$. 对于后面两个等式是不可能同时满足的. 但从量纲分析, 基态能量 E_0 是没有表达式的.

(b) 令 $y=\lambda x$, 波函数对 y 的微分为

$$\frac{\mathrm{d}\psi(\lambda x)}{\mathrm{d}x}=\frac{\mathrm{d}\psi(y)}{\mathrm{d}x}=\frac{\mathrm{d}\psi(y)}{\mathrm{d}y}\frac{\mathrm{d}y}{\mathrm{d}x}=\lambda\frac{\mathrm{d}\psi(y)}{\mathrm{d}y},$$
$$\frac{\mathrm{d}^2\psi(\lambda x)}{\mathrm{d}x^2}=\lambda^2\frac{\mathrm{d}^2\psi(y)}{dy^2}.$$

由微分方程 $\dfrac{\mathrm{d}^2\psi(x)}{\mathrm{d}x^2}=-\dfrac{\beta}{x^2}\psi(x)+\kappa^2\psi(x)$, 得

$$\lambda^2\frac{\mathrm{d}^2\psi(y)}{\mathrm{d}y^2}=\lambda^2\left[-\frac{\beta}{y^2}\psi(y)+\kappa^2\psi(y)\right]=-\lambda^2\frac{\beta}{y^2}\psi(y)+\lambda^2\kappa^2\psi(y),$$

$\dfrac{\mathrm{d}^2\psi(y)}{\mathrm{d}y^2}+\dfrac{\beta}{y^2}\psi(y)=\lambda^2\kappa^2\psi(y)=\left(\dfrac{-2mE'}{\hbar^2}\right)\psi(y)$, 其中 $E'=\lambda^2E$. $\psi(y)=\psi(\lambda x)$ 是方程 (2.190) 的一个解, E' 是它的本征值.

(c) 图 2.53 和图 2.54 为 $g=4$ 时, 横坐标在 $[0,5]$ 和 $[0,0.001]$ 范围内的波函数.

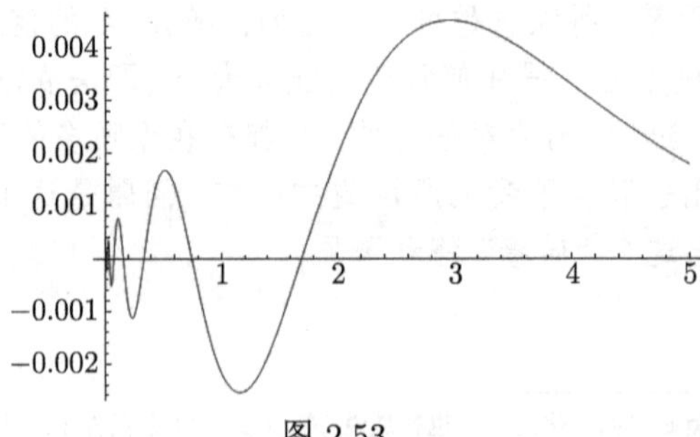

图 2.53

```
f[x_] : = A Sqrt[x] BesselK[I Sqrt[b-(1/4), kx]
FullSimplify[f "[x]+b/x^2*f[x]-k^2*f[x] == 0]
h[x_] : = Sqrt[x]*BesselK[4I, x]
Plot[h[x], {x, 0, 5}]
True

Plot[h[x], {x, 0, 0.001}]
```

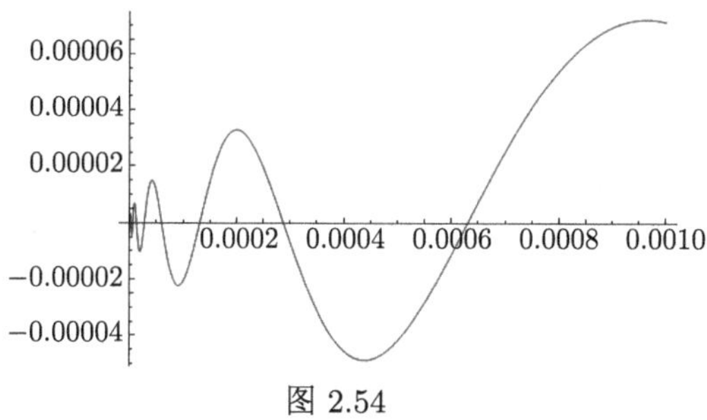

图 2.54

```
Integrate[f[x]^2, {x, 0, Infinity}]
```

$$\text{ConditionalExpression}\left[\frac{\text{A}^2\sqrt{-1+4\text{b}}\pi\text{Csch}\left[\sqrt{-\frac{1}{4}+\text{b}}\pi\right]}{4\text{k}^2},\right.$$

$$\left.\text{Re}[\text{k}]>0\&\&-2<\text{Im}\left[\sqrt{-1+4\text{b}}\right]<2\right]$$

因此归一化常数 $A=\kappa\sqrt{\dfrac{2\sinh(\pi g)}{\pi g}}$.

(d) 首先需要找到波函数与 κx 轴最大交点位置, 从 (c) 中的图 2.53 可以看出它大概在 1.7 附近. Mathematica 软件中 **FindRoot** 指令可以精确地找到该值 (如下所示). 此时的 $x=\varepsilon=1$, 所以 $\kappa=1.69541$. 基态波函数如图 2.55 所示.

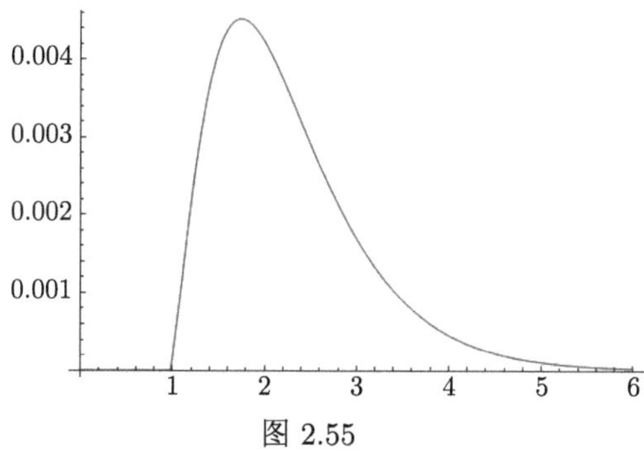

图 2.55

```
h[x_] : = sqrt[x] BesselK[4I, x]
FindRoot[h[x] == 0, {x, 1.7}]
```

```
{x → 1.69541+0. i}

j[x_] : = If[x⩾1, h[1.69541*x], 0]
Plot[j[x], {x, 0, 6}]
```

参数 $\beta=\dfrac{2m\alpha}{\hbar^2}$ 是无量纲的, 因此我们在量纲分析中消除 $\hbar$ 的影响 (有助于分析 β, m 和 α). 这使得 $E_0=m^p\alpha^q\varepsilon^r=(kg)^p\left(\dfrac{kgm^4}{s^2}\right)^q m^r=(kg)^{p+q}m^{4q+r}s^{-2q}=\dfrac{kgm^2}{s^2}$, 所以 $p+q=1$, $4q+r=2, q=1, p=0$ 和 $r=-2$. 从量纲分析, E_0 为 $-\alpha/\varepsilon^2$ 乘以 β 的函数这种形式. 当 $\varepsilon\to 0$ (同时固定 m 和 α) 时, $E_0\to\infty$, 这表明系统的基态再次不存在.

***** 习题 2.61** 获得势阱能级允许值的一种数值方法是, 通过变量 x 的离散化把薛定谔方程变成矩阵方程. 在等间距的点 $\{x_j\}$ 中划分出相关间隔, $x_{j+1}-x_j\equiv\Delta x$, 令 $\psi_j\equiv\psi(x_j)$(同样, $V_j\equiv V(x_j)$). 那么

$$\frac{\mathrm{d}\psi}{\mathrm{d}x}\approx\frac{\psi_{j+1}-\psi_j}{\Delta x},\quad \frac{\mathrm{d}^2\psi}{\mathrm{d}x^2}\approx\frac{(\psi_{j+1}-\psi_j)-(\psi_j-\psi_{j-1})}{(\Delta x)^2}=\frac{\psi_{j+1}-2\psi_j+\psi_{j-1}}{(\Delta x)^2}.$$

(随着 Δx 的减少, 这种近似将逐步改善.) 离散的薛定谔方程是

$$-\frac{\hbar^2}{2m}\left[\frac{\psi_{j+1}-2\psi_j+\psi_{j-1}}{(\Delta x)^2}\right]+V_j\psi_j=E\psi_j,$$

或者

$$-\lambda\psi_{j+1}+(2\lambda+V_j)\psi_j-\lambda\psi_{j-1}=E\psi_j,\ \text{其中}\ \lambda\equiv\frac{\hbar^2}{2m(\Delta x)^2}.$$

矩阵形式

$$\boldsymbol{\mathcal{H}}\Psi=E\Psi$$

其中 (令 $v_j\equiv V_j/\lambda$)

$$\boldsymbol{\mathcal{H}}\equiv\lambda\begin{pmatrix}\ddots & & & & & \\ & -1 & 2+v_{j-1} & -1 & 0 & 0 \\ & 0 & -1 & 2+v_j & -1 & 0 \\ & 0 & 0 & -1 & 2+v_{j+1} & -1 \\ & & & & & \ddots\end{pmatrix}$$

和

$$\Psi\equiv\begin{pmatrix}\vdots\\ \psi_{j-1}\\ \psi_j\\ \psi_{j+1}\\ \vdots\end{pmatrix}.$$

(下面将会看到, $\boldsymbol{\mathcal{H}}$ 的左上角和右下角的值取决于边界条件.) 很明显, 能量允许值

是矩阵 $\boldsymbol{\mathcal{H}}$ 的本征值. (或者说, $\Delta x\to 0$ 的极限.)①

把这种方法应用于无限深方势阱. 将 $0\leqslant x\leqslant a$ 区间分成 $N+1$ 个相等的部分 (所以 $\Delta x=a/(N+1)$), 令 $x_0\equiv 0$ 和 $x_{N+1}\equiv a$. 由边界条件 $\psi_0=\psi_{N+1}=0$, 有

$$\Psi\equiv\begin{pmatrix}\psi_1\\ \vdots\\ \psi_N\end{pmatrix}.$$

(a) 对 $N=1, N=2$ 和 $N=3$, 构造 $\boldsymbol{\mathcal{H}}$ 的 $N\times N$ 矩阵. (对于特殊情况 $j=1$ 和 $j=N$, 确保能够正确地表示出方程 (2.197).)

(b) 对这 3 种情况, 动手求出 $\boldsymbol{\mathcal{H}}$ 的本征值, 并和精确的能级允许值 (方程 (2.30)) 作对比.

(c) 对 $N=10$ 和 $N=100$, 利用计算机数值求解出最低的 5 个能级本征值 (Mathematica 软件中 **Eigenvalues** 软件包可以处理这个问题), 并和精确解比较.

(d) (动手) 画出 $N=1, N=2$ 和 $N=3$ 时的本征矢, 以及用计算机 (Eigenvectors 软件包) 画出 $N=10$ 和 $N=100$ 时的前 3 个本征矢.

解答　(a) 由方程 (2.197)

$$-\lambda\psi_{j+1}+(2\lambda+V_j)\,\psi_j-\lambda\psi_{j-1}=E\psi_j,\quad \lambda\equiv\frac{\hbar^2}{2m\,(\Delta x)^2},\text{(无限深方势阱 }V_j=0)$$

得

$$N=1, j=1:\quad -\lambda\psi_2+(2\lambda)\,\psi_1-\lambda\psi_0=E\psi_1\Rightarrow\boldsymbol{\mathcal{H}}=(2\lambda),$$

$$N=2,\begin{cases} j=1: & -\lambda\psi_2+(2\lambda)\,\psi_1-\lambda\psi_0=E\psi_1\\ j=2: & -\lambda\psi_3+(2\lambda)\,\psi_2-\lambda\psi_1=E\psi_2\end{cases}\Rightarrow\boldsymbol{\mathcal{H}}=\begin{pmatrix}2\lambda & -\lambda\\ -\lambda & 2\lambda\end{pmatrix},$$

$$N=3,\begin{cases} j=1: & -\lambda\psi_2+(2\lambda)\,\psi_1-\lambda\psi_0=E\psi_1\\ j=2: & -\lambda\psi_3+(2\lambda)\,\psi_2-\lambda\psi_1=E\psi_2\\ j=3: & -\lambda\psi_4+(2\lambda)\,\psi_3-\lambda\psi_2=E\psi_2\end{cases}\Rightarrow\boldsymbol{\mathcal{H}}=\begin{pmatrix}2\lambda & -\lambda & 0\\ -\lambda & 2\lambda & -\lambda\\ 0 & -\lambda & 2\lambda\end{pmatrix}.$$

(b) 手动求出 (a) 中 $\boldsymbol{\mathcal{H}}$ 的本征值:

$N=1$:

$$E_1=2\lambda=2\frac{\hbar^2}{2m\,(a/2)^2}=\frac{8\hbar^2}{2ma^2}.$$

我们知道精确解为 $E_n=\dfrac{n^2\pi^2\hbar^2}{2ma^2}$, 所以 $E_1=\dfrac{\pi^2\hbar^2}{2ma^2}$, 结果还可以接受：$8\approx(\pi)^2=9.87$.

$N=2$:

$$\begin{vmatrix}2\lambda-E & -\lambda\\ -\lambda & 2\lambda-E\end{vmatrix}=0,$$

$$(2\lambda-E)^2-\lambda^2=0,$$

得

$$2\lambda-E=\pm\lambda.$$

① 进一步的讨论参见 Joel Franklin, 物理计算方法 (剑桥大学出版社, 剑桥, 2013 年出版), 10.4.2 节.

$E_1 = \lambda = \dfrac{\hbar^2}{2m\,(a/3)^2} = \dfrac{9\hbar^2}{2ma^2}$, 这比 $N=1$ 时的结果要好很多, 9 比 8 更接近 π^2.

$E_2 = 3\lambda = \dfrac{3\hbar^2}{2m\,(a/3)^2} = \dfrac{27\hbar^2}{2ma^2}$, 精确解是 $4\pi^2 = 39.5$, 大于这里给出的 27.

$N=3$:

$$\begin{vmatrix} 2\lambda - E & -\lambda & 0 \\ -\lambda & 2\lambda - E & -\lambda \\ 0 & -\lambda & 2\lambda - E \end{vmatrix} = 0,$$

$$(2\lambda - E)^3 - 2\lambda^2\,(2\lambda - E) = 0,$$

得

$$2\lambda - E = 0,$$

或者

$$2\lambda - E = \pm\sqrt{2}\lambda.$$

由此可得

$$E_1 = 2\lambda - \sqrt{2}\lambda = \frac{\left(2-\sqrt{2}\right)\hbar^2}{2m\,(a/4)^2} = \frac{16\left(2-\sqrt{2}\right)\hbar^2}{2ma^2},$$

而 $16\left(2-\sqrt{2}\right) = 9.37$, 这更接近基态精确解 $\pi^2 = 9.87$.

$$E_2 = 2\lambda = \frac{2\hbar^2}{2m\,(a/4)^2} = \frac{32\hbar^2}{2ma^2},$$

32 比二维矩阵给出的第一激发态的值 27 要更接近精确解 $4\pi^2 = 39.5$.

$$E_3 = 2\lambda + \sqrt{2}\lambda = \lambda\left(2+\sqrt{2}\right) = \frac{\left(2+\sqrt{2}\right)\hbar^2}{2m(a/4)^2} = \frac{16\left(2+\sqrt{2}\right)\hbar^2}{2ma^2},$$

而 $16\left(2+\sqrt{2}\right) = 54.6$, 与精确解 $9\pi^2 = 88.8$ 相差太多, 不算太好.

(c) $N=10$:

```
]:= h = Table[If[i == j, 2λ, 0], {i, 10}, {j, 10}];
    k = Table[If[i == j + 1, -λ, 0], {i, 10}, {j, 10}];
    m = Table[If[i == j - 1, -λ, 0], {i, 10}, {j, 10}];
    p = Table[h[[i, j]] + k[[i, j]] + m[[i, j]], {i, 10}, {j, 10}];
    p = MatrixForm[%]
MatrixForm=
```

$$\begin{pmatrix} 2\lambda & -\lambda & 0 & 0 & 0 & 0 & 0 & 0 & 0 & 0 \\ -\lambda & 2\lambda & -\lambda & 0 & 0 & 0 & 0 & 0 & 0 & 0 \\ 0 & -\lambda & 2\lambda & -\lambda & 0 & 0 & 0 & 0 & 0 & 0 \\ 0 & 0 & -\lambda & 2\lambda & -\lambda & 0 & 0 & 0 & 0 & 0 \\ 0 & 0 & 0 & -\lambda & 2\lambda & -\lambda & 0 & 0 & 0 & 0 \\ 0 & 0 & 0 & 0 & -\lambda & 2\lambda & -\lambda & 0 & 0 & 0 \\ 0 & 0 & 0 & 0 & 0 & -\lambda & 2\lambda & -\lambda & 0 & 0 \\ 0 & 0 & 0 & 0 & 0 & 0 & -\lambda & 2\lambda & -\lambda & 0 \\ 0 & 0 & 0 & 0 & 0 & 0 & 0 & -\lambda & 2\lambda & -\lambda \\ 0 & 0 & 0 & 0 & 0 & 0 & 0 & 0 & -\lambda & 2\lambda \end{pmatrix}$$

$\lambda = 1$ 时, 本征值为

```
h = Table[If[i == j, 2λ, 0], {i, 10}, {j, 10}];
k = Table[If[i == j + 1, -λ, 0], {i, 10}, {j, 10}];
m = Table[If[i == j - 1, -λ, 0], {i, 10}, {j, 10}];
p = Table[h[[i, j]] + k[[i, j]] + m[[i, j]], {i, 10}, {j, 10}];
λ = 1
EIG = Eigenvalues[N[p]]
1
{3.91899, 3.68251, 3.30972, 2.83083, 2.28463,
 1.71537, 1.16917, 0.690279, 0.317493, 0.0810141}
```

真实的 $\lambda=\dfrac{\hbar^2}{2m\,(a/11)^2}=\dfrac{121}{\pi^2}E_1$, 所以本征值为

```
121*EIG/ (Pi)^2
{48.0462, 45147, 40.5767, 34.7056, 28.0092,
 21.0302, 14.3339, 8.46272, 3.89242, 0.993221}
```

可见, 能量最低的 5 个本征值分别为 0.993221, 3.89242, 8.46272, 14.3339 和 21.0302, 与精确解 1, 4, 9, 16 和 25 十分接近.

对于 $N=10$:

```
h = Table[If[i == j, 2λ, 0], {i, 100}, {j, 100}];
k = Table[If[i == j + 1, -λ, 0], {i, 100}, {j, 100}];
m = Table[If[i == j - 1, -λ, 0], {i, 100}, {j, 100}];
p = Table[h[[i, j]] + k[[i, j]] + m[[i, j]], {i, 100}, {j, 100}];
λ = 1;
EIG = Eigenvalues[N[p]];
101^2*EIG/ (Pi)^2
{4133.31, 4130.31, 4125.32, 4118.33, 4109.36, 4098.41, 4085.5,
   4070.64,
 4053.84, 4035.11, 4014.49, 3991.97, 3967.6, 3941.39, 3913.36,
 3883.55, 3851.98, 3818.69, 3783.7, 3747.04, 3708.77, 3668.9,
 3627.49, 3584.57, 3540.18, 3494.36, 3447.16, 3398.63, 3348.81,
 3297.75, 3245.5, 3192.11, 3137.63, 3082.12, 3025.62, 2968.2, 2909.9,
 2850.79, 2790.92, 2730.35, 2669.14, 2607.35, 2545.03, 2482.25,
 2419.07, 2355.55, 2291.76, 2227.74, 2163.57, 2099.3, 2035.01,
 1970.74, 1906.57, 1842.55, 1778.75, 1715.24, 1652.06, 1589.28,
 1526.96, 1465.17, 1403.96, 1343.39, 1283.52, 1224.41, 1166.11,
 1108.69, 1052.19, 996.679, 942.201, 888.81, 836.559, 785.499,
 735.679, 687.147, 639.95, 594.133, 549.742, 506.819, 465.405,
 425.541, 387.265, 350.614, 315.624, 282.328, 250.76, 220.948,
 192.922, 166.71, 142.336, 119.824, 99.1963, 80.4724, 63.6704,
 48.8067, 35.8956, 24.9496, 15.9794, 8.99347, 3.99871, 0.999919}
```

最低的 5 个能量本征值为 0.999919, 3.99871, 8.99347, 15.9794 和 24.9496, 相当接近精确解 1, 4, 9, 16 和 25. 这也说明, 分割得越细致, 矩阵维度越大, 得到的本征值越精确, 尤其是能量较低的本征值与精确解几乎相等.

(d) 边界条件：$\psi_0 = \psi_{N+1} = 0$. 设 $\lambda = 1$. 从方程 (2.197) 可知,

$N = 1$ (图 2.56):　$2\psi_1 = E\psi_1, E_1 = 2$.

$N = 2$ (图 2.57):　$\begin{pmatrix} 2 & -1 \\ -1 & 2 \end{pmatrix}\begin{pmatrix} \psi_1 \\ \psi_2 \end{pmatrix} = E\begin{pmatrix} \psi_1 \\ \psi_2 \end{pmatrix} \Rightarrow 2\psi_1 - \psi_2 = E\psi_1$ 和 $-\psi_1 + 2\psi_2 = E\psi_2$.

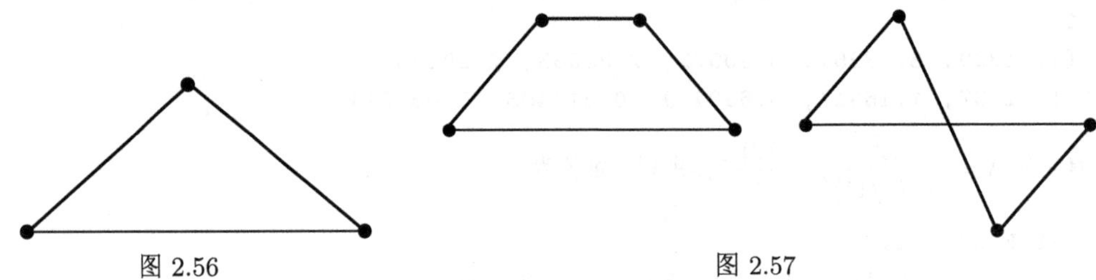

图 2.56　　图 2.57

所以：$E_1 = 1$ 时, 由 $2\psi_1 - \psi_2 = \psi_1$, 得 $\psi_2 = \psi_1$; $E_2 = 3$ 时, 由 $2\psi_1 - \psi_2 = 3\psi_1$, 得 $\psi_2 = -\psi_1$.

$$N = 3 \text{ (图 2.58)}: \begin{pmatrix} 2 & -1 & 0 \\ -1 & 2 & -1 \\ 0 & -1 & 2 \end{pmatrix}\begin{pmatrix} \psi_1 \\ \psi_2 \\ \psi_3 \end{pmatrix} = E\begin{pmatrix} \psi_1 \\ \psi_2 \\ \psi_3 \end{pmatrix};$$

$$E_1 = 2 - \sqrt{2} \Rightarrow 2\psi_1 - \psi_2 = (2-\sqrt{2})\psi_1 \Rightarrow \psi_2 = \psi_1;$$

$$-\psi_1 + 2\psi_2 - \psi_3 = (2-\sqrt{2})\psi_2 \Rightarrow \psi_1 + \psi_3 = \sqrt{2}\psi_2 = 2\psi_1 \Rightarrow \psi_3 = \psi_1;$$

$$E_2 = 2 \Rightarrow 2\psi_1 - \psi_2 = 2\psi_1 \Rightarrow \psi_2 = 0;$$

$$-\psi_1 + 2\psi_2 - \psi_3 = 2\psi_2 \Rightarrow \psi_3 = -\psi_1;$$

$$E_1 = 2 + \sqrt{2} \Rightarrow 2\psi_1 - \psi_2 = (2+\sqrt{2})\psi_1 \Rightarrow \psi_2 = -\sqrt{2}\psi_1;$$

$$-\psi_1 + 2\psi_2 - \psi_3 = (2+\sqrt{2})\psi_2 \Rightarrow \psi_3 = \psi_1;$$

计算机画图 $N = 10$ (图 2.59 ~ 图 2.61):

```
h = Table[If[i == j, 2λ, 0], {i, 10}, {j, 10}];
k = Table[If[i == j+1, -λ, 0], {i, 10}, {j, 10}];
m = Table[If[i == j-1, -λ, 0], {i, 10}, {j, 10}];
p = Table[h[[i, j]]+k[[i, j]]+m[[i, j]], {i, 10}, {j, 10}];
λ = 1;
EVE = Eigenvectors[N[p]];
ListLinePlot[EVE[[10]], PlotRange → {0, 0.5}]
ListLinePlot[EVE[[9]], PlotRange → {-0.5, 0.5}]
ListLinePlot[EVE[[8]], PlotRange → {-0.5, 0.5}]
```

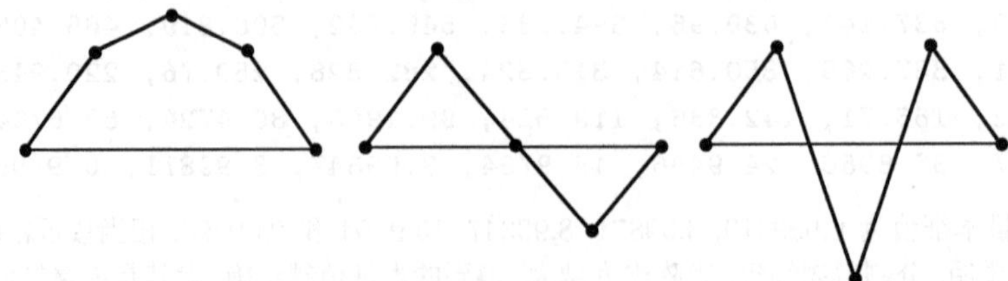

图 2.58

图 2.59

图 2.60

图 2.61

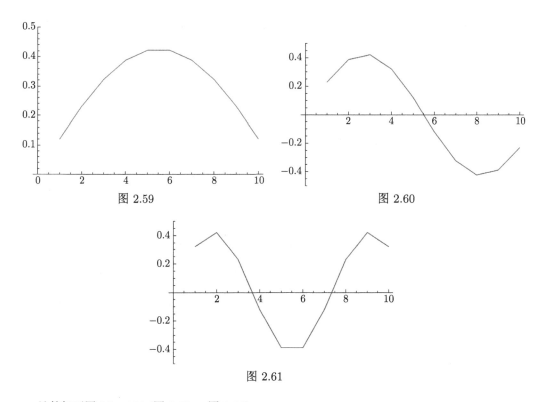

计算机画图 $N=100$ (图 2.62 ~ 图 2.64):

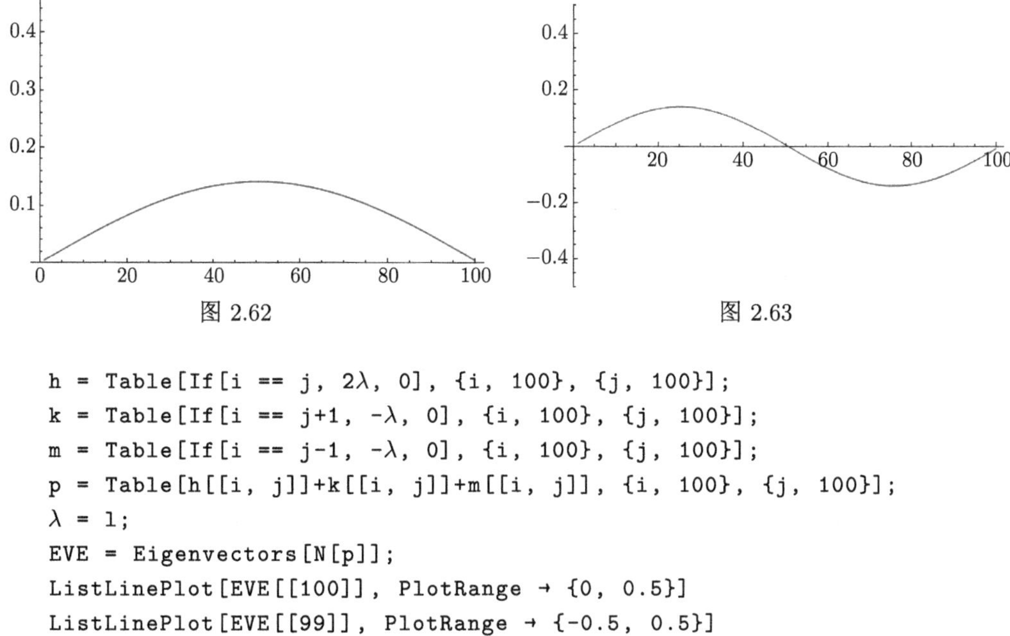

图 2.62

图 2.63

```
h = Table[If[i == j, 2λ, 0], {i, 100}, {j, 100}];
k = Table[If[i == j+1, -λ, 0], {i, 100}, {j, 100}];
m = Table[If[i == j-1, -λ, 0], {i, 100}, {j, 100}];
p = Table[h[[i, j]]+k[[i, j]]+m[[i, j]], {i, 100}, {j, 100}];
λ = 1;
EVE = Eigenvectors[N[p]];
ListLinePlot[EVE[[100]], PlotRange → {0, 0.5}]
ListLinePlot[EVE[[99]], PlotRange → {-0.5, 0.5}]
```

```
ListLinePlot[EVE[[98]], PlotRange → {-0.5, 0.5}]
```

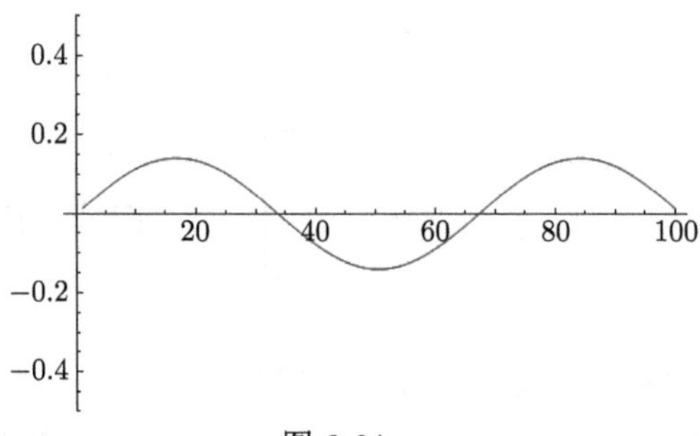

图 2.64

****习题 2.62** 假设无限深方势阱的底部不是平坦的 ($V(x)=0$), 而是

$$V(x)=500V_0\sin\left(\frac{\pi x}{a}\right), \text{其中 } V_0\equiv\frac{\hbar^2}{2ma^2}.$$

使用习题 2.61 中的数值方法求出其前 3 个能量允许值, 并画出相应的波函数 (取 $N=100$).

解答 由方程 (2.197)

$$-\lambda\psi_{j+1}+(2\lambda+V_j)\psi_j-\lambda\psi_{j-1}=E\psi_j,$$

其中 $\lambda\equiv\dfrac{\hbar^2}{2m(\Delta x)^2}=\dfrac{\hbar^2}{2m[a/(N+1)]^2}=\dfrac{\hbar^2}{2ma^2}(N+1)^2$.

将 V_j 用本题中的 $V(x)$ 替换, 并用 N 和 j 表示:

$$V_j=bV_0\sin\left(\frac{\pi x_j}{a}\right)=bV_0\sin\left(\frac{\pi j\Delta x}{a}\right)=bV_0\sin\left[\frac{\pi j\Delta x}{(N+1)\Delta x}\right]=bV_0\sin\left(\frac{\pi j}{N+1}\right),$$

其中 $b=500$.

矩阵方程 (2.199) 中的

$$v_j=\frac{V_j}{\lambda}=\frac{b}{(N+1)^2}\sin\left(\frac{\pi j}{N+1}\right).$$

矩阵元

$$2+v_j=2+\frac{b}{(N+1)^2}\sin\left(\frac{\pi j}{N+1}\right)=2+\frac{500}{10201}\sin\left(\frac{\pi j}{101}\right).$$

Mathematica 程序:

```
h = Table[If[i == j, 2 + (500/10201)*Sin[Pi*j/101], 0], {i, 100}, {j,
    100}];
k = Table[If[i == j + 1, -1, 0], {i, 100}, {j, 100}];
m = Table[If[i == j - 1, -1, 0], {i, 100}, {j, 100}];
```

```
p = Table[h[[i, j]] + k[[i, j]] + m[[i, j]], {i, 100}, {j, 100}];
EIG = Eigenvalues[N[p]];
10201*EIG
{41255., 41158.1, 41063.4, 40968.8, 40869.4, 40758.8, 40632.,
   40486.7,
 40322.1, 40138.4, 39935.6, 39714.1, 39474., 39215.7, 38939.5,
 38645.5, 38334.2, 38005.7, 37660.6, 37299., 36921.3, 36528.,
 36119.3, 35695.8, 35257.7, 34805.6, 34339.9, 33860.9, 33369.3,
 32865.4, 32349.7, 31822.8, 31285.1, 30737.3, 30179.7, 29613.,
 29037.7, 28454.3, 27863.4, 27265.6, 26661.5, 26051.7, 25436.7,
 24817.1, 24193.6, 23566.7, 22937., 22305.2, 21671.9, 21037.6,
 20403.1, 19768.8, 19135.5, 18503.7, 17874.1, 17247.2, 16623.6,
 16004., 15389., 14779.2, 14175.1, 13577.3, 12986.5, 12403.1,
 11827.8, 11261.1, 10703.5, 10155.6, 9617.98, 9091.08, 8575.44,
 8071.55, 7579.91, 7100.98, 6635.24, 6183.13, 5745.1, 5321.57,
 4912.95, 4519.64, 4142.02, 3780.47, 3435.34, 3106.97, 2795.68,
 2501.8, 2225.62, 1967.43, 1727.51, 1506.15, 1303.63, 1120.24,
 956.36, 812.457, 689.191, 590.237, 499.854, 476.163, 304.8, 304.66}
```

前三个允许的量子态能量为 304.66, 304.8 和 476.163.

对应的波函数如 2.65 ~ 图 2.67 所示.

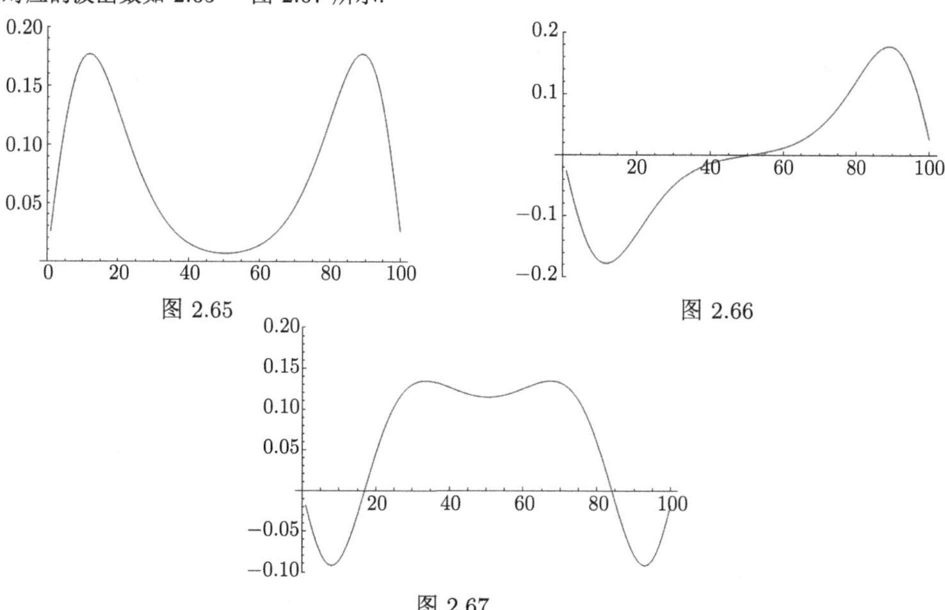

图 2.65

图 2.66

图 2.67

```
EVE = Eigenvectors[N[p]];
ListLinePlot[EVE[[100]], PlotRange → {0, 0.2}]
ListLinePlot[EVE[[99]], PlotRange → {-0.2, 0.2}]
ListLinePlot[EVE[[98]], PlotRange → {-0.1, 0.2}]
```

习题 2.63　玻尔兹曼方程[1]

$$P(n)=\frac{1}{Z}\mathrm{e}^{-\beta E_n},\quad Z\equiv\sum_n \mathrm{e}^{-\beta E_n},\quad \beta\equiv\frac{1}{k_{\mathrm{B}}T}$$

给出系统温度为 T 时, 处在状态 n (能量为 E_n) 的几率大小 (k_{B} 是玻尔兹曼常量).
注释　这里的几率指的是随机热分布, 和量子的不确定没有任何关系. 只有在能量 E_n 量子化情况下, 该问题才会涉及量子力学.

(a) 证明：系统能量的热平均可以表示为

$$\bar{E}=\sum_n E_n P(n)=-\frac{\partial}{\partial\beta}\ln(Z).$$

(b) 对于量子简谐振子, 指标 n 就是量子数, 且 $E_n=(n+1/2)\hbar\omega$. 证明：在这种情况下**配分函数** Z 为

$$Z=\frac{\mathrm{e}^{-\beta\hbar\omega/2}}{1-\mathrm{e}^{-\beta\hbar\omega}}.$$

你需要对一个几何级数序列求和. 顺便提及, 对于经典的简谐振子, 证明：$Z_{经典}=2\pi/(\omega\beta)$.

(c) 利用 (a) 和 (b) 的结果, 证明：对于量子振子,

$$\bar{E}=\left(\frac{\hbar\omega}{2}\right)\frac{1+\mathrm{e}^{-\beta\hbar\omega}}{1-\mathrm{e}^{-\beta\hbar\omega}}.$$

对经典谐振子, 同样的推理可以得到 $\bar{E}_{经典}=1/\beta=k_{\mathrm{B}}T$.

(d) 由 N 个原子组成的晶体可以看成 $3N$ 个振子的集合 (每个原子和其周围沿 x, y 和 z 方向的 6 个最近邻原子由弹簧连接, 两端的原子共用这些弹簧). 因而晶体 (每个原子) 的**热容**是

$$C=3\frac{\partial\bar{E}}{\partial T}.$$

证明：(在此模型下)

$$C=3k_{\mathrm{B}}\left(\frac{\theta_E}{T}\right)^2\frac{\mathrm{e}^{\theta_{\mathrm{E}}/T}}{\left(\mathrm{e}^{\theta_{\mathrm{E}}/T}-1\right)^2},$$

其中 $\theta_{\mathrm{E}}\equiv\hbar\omega/k_{\mathrm{B}}$ 是所谓的**爱因斯坦温度**. 利用 $\bar{E}$ 的经典表达式, 同样的推理可以得到 $C_{经典}=3k_{\mathrm{B}}$, 它和温度无关.

(e) 画出 C/k_{B} 与 T/θ_{E} 的关系图. 你的结果看起来和图 2.68 中的金刚石的数据应该相似, 和经典预言的结果完全不同.

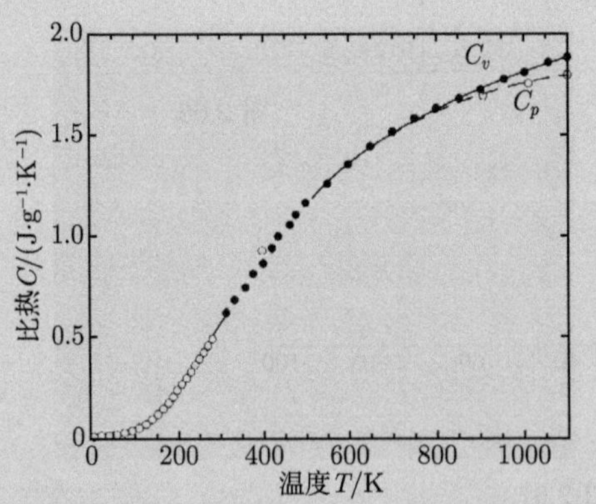

图 2.68　金刚石的比热, 取自 *Semiconductors on NSM* (http://www.ioffe.rssi.ru/SVA/NSM/Semicond/)

解答　(a) 系统能量的热平均

[1] 例如, 参见 Daniel V. Schroeder, 热物理导论, 培生出版社, 波士顿 (2000 年), 6.1 节.

$$-\frac{\partial}{\partial\beta}\ln(Z)=-\frac{1}{Z}\frac{\partial Z}{\partial\beta}=-\frac{1}{Z}\sum_n(-E_n)\,\mathrm{e}^{-\beta E_n}=\sum_n(E_n)\,P(n)\,.$$

(b) 几何级数：$1+x+x^2+x^3+\cdots=\dfrac{1}{1-x}$, 其中 $x=\mathrm{e}^{-\beta\hbar\omega}$,

$$Z=\sum_{n=0}^{\infty}\mathrm{e}^{-\beta\left(n+\frac{1}{2}\right)\hbar\omega}=\mathrm{e}^{-\beta\hbar\omega/2}\sum_{n=0}^{\infty}\left(\mathrm{e}^{-\beta\hbar\omega}\right)^n=\mathrm{e}^{-\beta\hbar\omega/2}\frac{1}{1-\mathrm{e}^{-\beta\hbar\omega}}.$$

(c) 系统能量平均值

$$\ln(Z)=\ln\left(\mathrm{e}^{-\beta\hbar\omega/2}\right)-\ln\left(1-\mathrm{e}^{-\beta\hbar\omega}\right)=-\frac{\beta\hbar\omega}{2}-\ln\left(1-\mathrm{e}^{-\beta\hbar\omega}\right),$$

$$\frac{\partial}{\partial\beta}\ln(Z)=-\frac{\hbar\omega}{2}-\frac{\hbar\omega\mathrm{e}^{-\beta\hbar\omega}}{1-\mathrm{e}^{-\beta\hbar\omega}}=-\frac{\hbar\omega}{2}\frac{1-\mathrm{e}^{-\beta\hbar\omega}+2\mathrm{e}^{-\beta\hbar\omega}}{1-\mathrm{e}^{-\beta\hbar\omega}}$$

$$\Rightarrow\bar{E}=\frac{\hbar\omega}{2}\frac{1+\mathrm{e}^{-\beta\hbar\omega}}{1-\mathrm{e}^{-\beta\hbar\omega}}.$$

(d) 热容

$$\frac{\partial\bar{E}}{\partial T}=\frac{\partial\bar{E}}{\partial\beta}\frac{\mathrm{d}\beta}{\mathrm{d}T}=-\frac{1}{k_\mathrm{B}T^2}\frac{\partial\bar{E}}{\partial\beta},$$

$$\begin{aligned}\frac{\partial\bar{E}}{\partial\beta}&=\frac{\hbar\omega}{2}\frac{\left(1-\mathrm{e}^{-\beta\hbar\omega}\right)\left(-\hbar\omega\mathrm{e}^{-\beta\hbar\omega}\right)-\left(1+\mathrm{e}^{-\beta\hbar\omega}\right)\left(\hbar\omega\mathrm{e}^{-\beta\hbar\omega}\right)}{\left(1-\mathrm{e}^{-\beta\hbar\omega}\right)^2}\\&=\frac{\hbar\omega}{2}\frac{-2\hbar\omega\mathrm{e}^{-\beta\hbar\omega}}{\left(1-\mathrm{e}^{-\beta\hbar\omega}\right)^2}\\&=-\frac{(\hbar\omega)^2\mathrm{e}^{\beta\hbar\omega}}{\left(\mathrm{e}^{\beta\hbar\omega}-1\right)^2},\end{aligned}$$

所以,

$$C=3\frac{1}{k_\mathrm{B}T^2}(\hbar\omega)^2\frac{\mathrm{e}^{\beta\hbar\omega}}{\left(\mathrm{e}^{\beta\hbar\omega}-1\right)^2}.$$

令 $\beta=1/k_\mathrm{B}T$ 和 $\hbar\omega=k_\mathrm{B}\theta_\mathrm{E}$,

$$C=3\frac{1}{k_\mathrm{B}T^2}(k_\mathrm{B}\theta_\mathrm{E})^2\frac{\mathrm{e}^{\theta_\mathrm{E}/T}}{\left(\mathrm{e}^{\theta_\mathrm{E}/T}-1\right)^2}=3\left(\frac{\theta_\mathrm{E}}{T}\right)^2\frac{\mathrm{e}^{\theta_\mathrm{E}/T}}{\left(\mathrm{e}^{\theta_\mathrm{E}/T}-1\right)^2}.$$

(e) 令 $x=\theta_\mathrm{E}/T$, C/k_B 与 T/θ_E 的关系图见图 2.69.

```
Plot[3*x^(-2)*Exp[1/x]/Exp[1/x]-1)^2, {x, 0, 0.7},
  PlotRange → {0, 2.6}]
```

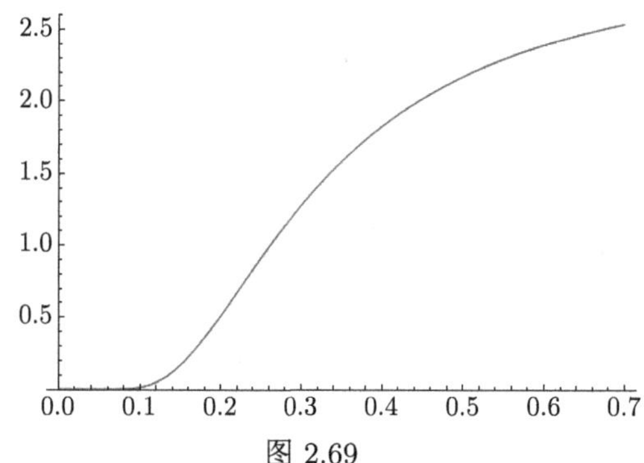

图 2.69

习题 2.64 勒让德微分方程为

$$\left(1-x^2\right)\frac{\mathrm{d}^2 f}{\mathrm{d}x^2}-2x\frac{\mathrm{d}f}{\mathrm{d}x}+\ell\left(\ell+1\right)f=0,$$

其中 ℓ 是一些 (非负) 实数.

(a) 假定存在一个幂级数解

$$f\left(x\right)=\sum_{n=0}^{\infty}a_n x^n,$$

求常数 a_n 的递推关系式.

(b) 论证除非这个级数被截断 (只有当 ℓ 是整数时才会发生), 方程的解在 $x=1$ 时将会发散.

(c) 当 ℓ 是一个整数时, 两个线性独立解中的一个级数序列将会截断 (依据 ℓ 的奇偶不同, 要么 $f_{偶}$ 要么 $f_{奇}$), 这些解称为**勒让德多项式** $P_\ell\left(x\right)$. 根据递推关系求出 $P_0\left(x\right), P_1\left(x\right), P_2\left(x\right)$ 和 $P_3\left(x\right)$. 答案用 a_0 或者 a_1 表示.①

解答 (a) 将 $f\left(x\right)=\sum\limits_{n=0}^{\infty}a_n x^n$ 的幂级数形式代入方程 (2.208), 得

$$\sum_{n=2}^{\infty}a_n n\left(n-1\right)x^{n-2}-\sum_{n=2}^{\infty}a_n n\left(n-1\right)x^n-2\sum_{n=1}^{\infty}a_n n x^n+\ell\left(\ell+1\right)\sum_{n=0}^{\infty}a_n x^n=0.$$

重排求和指标 n, 使 x 的指数相等, 得

$$\sum_{p=0}^{\infty}a_{p+2}\left(p+2\right)\left(p+1\right)x^p-\sum_{p=2}^{\infty}a_p p\left(p-1\right)x^p-2\sum_{p=1}^{\infty}a_p p x^p+\ell\left(\ell+1\right)\sum_{p=0}^{\infty}a_p x^p=0.$$

进一步将中间两项求和指标从 0 开始 (这是可以的, 因为第二项在 $p=0$ 和 $p=1$ 时都为零, 第三项在 $p=0$ 时也为零), 得

$$\sum_{p=0}^{\infty}\left\{a_{p+2}\left(p+2\right)\left(p+1\right)-a_p\left[p\left(p-1\right)+2p-\ell\left(\ell+1\right)\right]\right\}x^p=0.$$

从上式的系数为 0, 可以得到递推公式为

$$a_{p+2}\approx\frac{p\left(p+1\right)-\ell\left(\ell+1\right)}{\left(p+2\right)\left(p+1\right)}a_p.$$

(b) 在 p 取很大时, $a_{p+2}\approx\dfrac{p}{p+2}a_p$, 近似解为 $a_p\approx\dfrac{C}{p}$.

这样使得 $f\left(x\right)\approx C\sum\dfrac{1}{p}x^p\approx\log\left(\dfrac{1}{1-x}\right)$ 在 $x=1$ 处发散. 在 p 取值较小时, 可以得到较好的结果, 但是不能消除发散.

(c) 当 $\ell=0$ 时, 我们得到偶函数 $\left(a_1=0\right)$, 由递推关系得 $a_2=0$, 所以 $P_0\left(x\right)=a_0$.

当 $\ell=1$ 时, 我们得到奇函数 $\left(a_0=0\right)$, 由递推关系得 $a_3=0$, 所以 $P_1\left(x\right)=a_1 x$.

当 $\ell=2$ 时, 我们再次得到偶函数, 由递推关系得 $a_2=-3a_0$ 和 $a_4=0$, 所以 $P_2\left(x\right)=a_0\left(1-3x^2\right)$.

当 $\ell=3$ 时, 我们再次得到奇函数, 由递推关系得 $a_3=-5/3a_1$ 和 $a_5=0$, 所以 $P_3\left(x\right)=a_1\left(x-\dfrac{5}{3}x^3\right)$.

① 按照惯例, 勒让德多项式是归一化的, 即 $P_\ell\left(1\right)=1$. 请注意, 非零系数对于不同的 ℓ 取不同的值.

第 3 章 形式理论

本章主要内容概要

1. 希尔伯特空间

为了表示一个可能的物理状态, 波函数 Ψ 必须归一化:

$$\int |\Psi|^2 \mathrm{d}x = 1.$$

在一个特定区间内, 所有平方可积 (square-integrable) 函数的集合 $f(x)$ 满足

$$\int_a^b |f(x)|^2 \mathrm{d}x < \infty,$$

构成一个 (非常小) 矢量空间; 物理学家称它为"希尔伯特空间"(Hilbert space). 因此, 在量子力学中, 波函数存在于希尔伯特空间中.

两个函数 $f(x)$ 和 $g(x)$ 的内积 (inner product of two functions) 定义如下:

$$\langle f/g \rangle \equiv \int_a^b f(x)^* g(x) \mathrm{d}x.$$

如果 f 和 g 都是平方可积, 也就是说两者都在希尔伯特空间中, 它们的内积是肯定存在的.

2. 力学量算符与其本征函数

量子力学中力学量 (可观测量) 用厄米算符表示, 厄米算符满足

$$\int f^*(x) \hat{Q} g(x) \mathrm{d}x = \int \left[\hat{Q} f(x)\right]^* g(x) \mathrm{d}x.$$

或者用狄拉克符号表示, $\langle f | \hat{Q} g \rangle = \left\langle \hat{Q} f \middle| g \right\rangle$, 其中 $f(x), g(x)$ 为任意满足平方可积条件的函数 (在 $x \to \pm\infty, f(x)$、$g(x)$ 为零).

厄米算符具有实本征值的本征函数 (系), 具有不同本征值的本征函数相互正交, 若本征值为分离谱, 本征函数可归一化, 是物理上可实现的态. 若本征值为连续谱, 本征函数可归一化为 δ 函数, 这种本征函数不是物理上可实现的态, 但是它们的叠加态可以是物理上可实现的态.

一组相互对易的厄米算符有共同的本征函数系. 而两个不对易的厄米算符没有共同的本征函数系, 它们称为不相容力学量. 对任意态测量两个不相容的力学量 $\hat{Q}$、$\hat{F}$, 不可能同时得到确定值, 它们的标准差满足不确定性原理

$$\sigma_Q^2 \sigma_F^2 \geqslant \left(\frac{1}{2\mathrm{i}} \left\langle \left[\hat{Q}, \hat{F}\right] \right\rangle \right)^2.$$

3. 广义统计诠释

设力学量 $\hat{Q}$ 具有分离谱的正交归一本征函数系 $\{f_n(x)\}$，本征值为 $\{q_n\}$，即

$$\hat{Q}f_n(x)=q_nf_n(x),\quad \int f_m^*(x)f_n(x)\,\mathrm{d}x=\delta_{mn},\quad (m,n=1,2,3,\cdots)$$

或

$$\hat{Q}|f_n\rangle=q_n|f_n\rangle,\quad \langle f_m|f_n\rangle=\delta_{mn}.$$

这个本征函数系是完备的, 即 $\sum\limits_n|f_n\rangle\langle f_n|=1$(恒等算符, 封闭型), 任意一个波函数可以用该本征函数系展开:

$$\Psi(x,t)=\sum_n c_nf_n(x),\quad 或 |\Psi\rangle=\sum_n|f_n\rangle\langle f_n|\Psi\rangle=\sum_n c_n|f_n\rangle,$$

其中展开系数为

$$c_n(t)=\langle f_n|\Psi\rangle=\int f_n^*(x)\Psi(x,t)\,\mathrm{d}x.$$

若 $\Psi(x,t)$ 是归一化的, c_n 也是归一化的, $\sum\limits_n|c_n|^2=1$. 广义统计诠释指出, 对 $\Psi(x,t)$ 态测量力学量 $\hat{Q}$, 得到的可能结果必是 $\hat{Q}$ 本征值中的一个, 得到 q_n 几率为 $|c_n|^2$. 对系综测量力学量 $\hat{Q}$(对具有大量相同 Ψ 态系综中的每一个 Ψ 进行测量) 所得的平均值 (期待值) 为

$$\left\langle\hat{Q}\right\rangle=\sum_n q_n|c_n|^2,$$

这与用 $\left\langle\hat{Q}\right\rangle=\int\Psi^*\hat{Q}\Psi\mathrm{d}x$ 计算方法等价.

如果力学量 $\hat{Q}$ 具有连续谱的本征函数系

$$\hat{Q}f_q(x)=qf_q(x),\quad \int f_q^*(x)f_{q'}(x)\,\mathrm{d}x=\delta(q-q'),$$

任意一个波函数可以用这个本征函数系展开为

$$\Psi(x,t)=\int c_qf_q(x)\,\mathrm{d}q\quad 或\quad |\Psi\rangle=\int c_q|f_n\rangle\,\mathrm{d}q.$$

由于 q 是连续变化的, 展开系数 c_q 是 q 的函数, 可以表示为 $c(q,t)$, 其归一化表示为 $\int|c(q,t)|^2\mathrm{d}q=1$. 广义统计诠释指出, 对 $\Psi(x,t)$ 态测量力学量 $\hat{Q}$, 得到结果处于 q 到 $q+\mathrm{d}q$ 之间的几率为 $|c(q,t)|^2\,\mathrm{d}q$, 即 $|c(q,t)|^2$ 是几率密度.

4. 表象理论

对任意一个物理态 $|\Psi\rangle$ 可以用一个力学量的本征态展开, 比如若用坐标的本征态 $|x\rangle$(连续谱) 展开, 即

$$|\Psi\rangle=\int\Psi(x,t)|x\rangle\,\mathrm{d}x,\quad \Psi(x,t)=\langle x|\Psi\rangle.$$

则展开系数 $\Psi(x,t)$ 称为坐标表象的波函数. 可在坐标表象中用波函数 $\Psi(x,t)$ 来研究该态. 若用动量的本征态 $|p\rangle$, 则

$$|\Psi\rangle=\int C(p,t)|p\rangle\,\mathrm{d}p,\quad C(p,t)=\langle p|\Psi\rangle.$$

展开系数 $C(p,t)$ 称为动量表象的波函数, 可在动量表象中用波函数 $C(p,t)$ 来研究该态. $|\Psi\rangle$ 的性质都是唯一确定的, 无论用什么表象研究都是一样的.

当力学量 $\hat{F}$ 的本征态为分立谱 $|f_n\rangle$ 时,

$$|\Psi\rangle=\sum_n c_n|f_n\rangle,\quad c_n=\langle f_n|\Psi\rangle.$$

在 $\hat{F}$ 表象中, 可以方便地用矩阵形式来表示各种量子力学的公式. 这个表象的波函数展开系数 $\{c_n\}$ 可表示为一列矩阵, 算符 $\hat{G}$ 表示为一个方矩阵

$$\boldsymbol{\Psi}=\begin{pmatrix} c_1\\ c_2\\ \vdots\\ c_n\\ \vdots \end{pmatrix},\quad \mathbf{G}=\begin{pmatrix} G_{11} & G_{12} & \cdots & G_{1n} & \cdots\\ G_{21} & G_{22} & \cdots & \cdots & \cdots\\ \cdots & \cdots & \cdots & \cdots & \cdots\\ G_{n1} & \cdots & \cdots & G_{nn} & \cdots\\ \cdots & \cdots & \cdots & \cdots & \cdots \end{pmatrix},$$

$$G_{mn}\equiv\langle f_m|\hat{G}|f_n\rangle=\int f_m^*(x)\,\hat{G}f_n(x)\,\mathrm{d}x.$$

波函数的归一化表示为

$$1=\langle\Psi|\Psi\rangle=\boldsymbol{\Psi}^\dagger\boldsymbol{\Psi}=\begin{pmatrix} c_1^* & c_2^* & \cdots & c_n^* & \cdots \end{pmatrix}\begin{pmatrix} c_1\\ c_2\\ \vdots\\ c_n\\ \vdots \end{pmatrix}=\sum_n|c_n|^2=1.$$

G 的平均值表示为

$$\langle G\rangle=\langle\Psi|\hat{G}|\Psi\rangle=\boldsymbol{\Psi}^\dagger\mathbf{G}\boldsymbol{\Psi}=\begin{pmatrix} c_1^* & c_2^* & \cdots & c_n^* & \cdots \end{pmatrix}$$
$$\begin{pmatrix} G_{11} & G_{12} & \cdots & G_{1n} & \cdots\\ G_{21} & G_{22} & \cdots & \cdots & \cdots\\ \cdots & \cdots & \cdots & \cdots & \cdots\\ G_{n1} & \cdots & \cdots & G_{nn} & \cdots\\ \cdots & \cdots & \cdots & \cdots & \cdots \end{pmatrix}\begin{pmatrix} c_1\\ c_2\\ \vdots\\ c_n\\ \vdots \end{pmatrix}.$$

G 的本征方程表示为

$$\begin{pmatrix} G_{11} & G_{12} & \cdots & G_{1n} & \cdots\\ G_{21} & G_{22} & \cdots & \cdots & \cdots\\ \cdots & \cdots & \cdots & \cdots & \cdots\\ G_{n1} & \cdots & \cdots & G_{nn} & \cdots\\ \cdots & \cdots & \cdots & \cdots & \cdots \end{pmatrix}\begin{pmatrix} a_1\\ a_2\\ \vdots\\ a_n\\ \vdots \end{pmatrix}=\lambda\begin{pmatrix} a_1\\ a_2\\ \vdots\\ a_n\\ \vdots \end{pmatrix}.$$

解久期方程

$$\begin{vmatrix} G_{11}-\lambda & G_{12} & \cdots & G_{1n} & \cdots \\ G_{21} & G_{22}-\lambda & \cdots & \cdots & \cdots \\ \cdots & \cdots & \cdots & \cdots & \cdots \\ G_{n1} & \cdots & \cdots & G_{nn}-\lambda & \cdots \\ \cdots & \cdots & \cdots & \cdots & \cdots \end{vmatrix} = 0$$

可以得到本征值 λ_n, 把某一个本征值代入本征方程可以得到对应该本征值的本征函数.

5. 不确定性原理

对每一对可观测量, 如果其算符不对易, 都将存在一个"不确定性原理". 任意两个可观测量的不确定性原理是

$$\sigma_A^2\sigma_B^2 \geqslant \left(\frac{1}{2\mathrm{i}}\left\langle\left[\hat{A},\hat{B}\right]\right\rangle\right)^2$$

能量和时间的不确定性原理是

$$\Delta t\Delta E \geqslant \frac{\hbar}{2}.$$

习题 3.1

(a) 证明: 全体平方可积函数集构成一个矢量空间 (参考教材 A.1 节中的定义). 提示 要点是证明两个平方可积函数之和也是平方可积的, 利用方程 (3.7). 全体可归一化的函数集构成一个矢量空间吗?

(b) 证明: 方程 (3.6) 中的积分满足内积条件 (教材 A.2 节).

证明 (a) 首先证明两个平方可积函数之和也是平方可积的. 设 f,g 为区域 $[a,b]$ 上的任意两个平方可积函数, 即

$$\langle f \mid f\rangle = \int_a^b |f(x)|^2\mathrm{d}x < \infty,$$

$$\langle g \mid g\rangle = \int_a^b |g(x)|^2\mathrm{d}x < \infty.$$

令

$$h = f + g,$$

则

$$\langle h|\, h\rangle = \langle f+g \mid f+g\rangle = \langle f \mid f\rangle + \langle g \mid g\rangle + \langle f \mid g\rangle + \langle g \mid f\rangle,$$

其中

$$\langle f \mid g\rangle = \int_a^b f^*(x)\, g(x)\,\mathrm{d}x,$$

$$\langle g \mid f\rangle = \int_a^b g^*(x)\, f(x)\,\mathrm{d}x = \langle f \mid g\rangle^*.$$

由施瓦茨不等式, 若 f,g 皆平方可积, 则

$$|\langle f \mid g\rangle| = |\langle f \mid g\rangle| \leqslant \sqrt{\langle f \mid f\rangle\langle g \mid g\rangle} < \infty.$$

因此,

$$\langle f+g \mid f+g\rangle = \langle f \mid f\rangle + \langle g \mid g\rangle + \langle f \mid g\rangle + \langle g \mid f\rangle < \infty,$$

即 $f+g$ 也是平方可积函数, 因此特定区域上的全体平方可积函数构成矢量空间.

很容易证明全体可归一化函数不构成一个矢量空间:设 f 为任意一个可归一化函数, 由于 $\langle -f|-f\rangle = \langle f|f\rangle$, $-f$ 亦是可归一化函数, 但 $f+(-f)=0$ 不可归一化, 另外 $2f=f+f$, 但是 $\langle 2f|\,2f\rangle = 4$, 也不是归一化的, 因此全体可归一化函数不构成一个矢量空间.

(b) 对于不同的条件有不同的矢量内积定义, 本题所指的是通常意义下的线性空间两矢量内积, 即内积满足如下条件:

(1) $\langle c_1 f_1 + c_2 f_2 \mid g\rangle = c_1^* \langle f_1 \mid g\rangle + c_2^* \langle f_2 \mid g\rangle$;

(2) $\langle f \mid c_1 g_1 + c_2 g_2\rangle = c_1 \langle f \mid g_1\rangle + c_2 \langle f \mid g_2\rangle$;

(3) $\langle f \mid g\rangle = \langle g \mid f\rangle^*$;

(4) $\langle f|\,f\rangle$ 是实数, 且 $\langle f \mid f\rangle \geqslant 0$, 仅当 $f(x)=0$ 等号成立.

由方程 (3.6) 定义的内积

$$\langle f \mid g\rangle \equiv \int_a^b f^*(x)\, g(x)\, \mathrm{d}x,$$

可验证:

(1)

$$\begin{aligned}\langle c_1 f_1 + c_2 f_2 \mid g\rangle &= \int_a^b (c_1 f_1 + c_2 f_2)^* g(x)\, \mathrm{d}x \\ &= c_1^* \int_a^b f_1^*(x)\, g(x)\, \mathrm{d}x + c_2^* \int_a^b f_2^*(x)\, g(x)\, \mathrm{d}x \\ &= c_1^* \int_a^b f_1^*(x)\, g(x)\, \mathrm{d}x + c_2^* \int_a^b f_2^*(x)\, g(x)\, \mathrm{d}x \\ &= c_1^* \langle f_1 \mid g\rangle + c_2^* \langle f_2 \mid g\rangle .\end{aligned}$$

(2)

$$\begin{aligned}\langle f \mid c_1 g_1 + c_2 g_2\rangle &= \int_a^b f^*(x)\left[c_1 g_1(x) + c_2 g_2(x)\right] \mathrm{d}x \\ &= c_1 \int_a^b f^*(x)\, g_1(x)\, \mathrm{d}x + c_2 \int_a^b f^*(x)\, g_2(x)\, \mathrm{d}x \\ &= c_1 \langle f \mid g_1\rangle + c_2 \langle f \mid g_2\rangle .\end{aligned}$$

(3)

$$\begin{aligned}\langle f \mid g\rangle = \int_a^b f^*(x)\, g(x)\, \mathrm{d}x &= \int_a^b \left[g^*(x)\, f(x)\right]^* \mathrm{d}x \\ &= \langle g \mid f\rangle^* .\end{aligned}$$

(4) $\langle f \mid f\rangle = \displaystyle\int_a^b |f(x)|^2 \mathrm{d}x \geqslant 0$ 为实数, 等号仅当 $f=0$ 成立.

所以关于内积的四个条件都成立.

***习题 3.2**

(a) 对 v 范围取什么时, 在 (0, 1) 区间内的函数 $f(x) = x^v$ 在希尔伯特空间中? 假设 v 是实数, 但不必是正数.

(b) 对于 $v = 1/2$ 的特定情况, $f(x)$ 还在希尔伯特空间中吗? $xf(x)$ 呢? $\dfrac{\mathrm{d}}{\mathrm{d}x} f(x)$ 呢?

解答 (a)

$$\langle f \mid f\rangle = \int_0^1 (x^v)^* x^v \mathrm{d}x,$$

由于 v 为实数, 因此

$$\langle f \mid f\rangle = \int_0^1 x^{2v}\mathrm{d}x = \frac{1}{2v+1}\ x^{2v+1}\Big|_0^1.$$

显然: ① $2v+1=0$ 时, $\langle f \mid f\rangle \to \infty$; ② $2v+1>0$ 时, $\langle f \mid f\rangle = \dfrac{1}{2v+1} < \infty$; ③ $2v+1<0$ 时, $\langle f \mid f\rangle = \dfrac{1}{2v+1}\left(1-\lim\limits_{x\to 0} x^{2v+1}\right) \to \infty$. 综上可知, 若要使 $f(x) = x^v\ (0 \leqslant x \leqslant 1)$ 处于希尔伯特空间中, 必有 $2v+1>0$, 即 $v > -\dfrac{1}{2}$.

(b) 由 (a) 知, $f(x) = x^v\ (0 \leqslant x \leqslant 1)$ 处于希尔伯特空间中的条件为 $v > -\dfrac{1}{2}$, 所以当 $v = +\dfrac{1}{2}$ 时, $f(x) = x^{\frac{1}{2}}, xf(x) = x^{\frac{3}{2}}, \dfrac{\mathrm{d}}{\mathrm{d}x}f(x) = \dfrac{1}{2}x^{-\frac{1}{2}}$. 因此, $f(x)$、$xf(x)$ 在希尔伯特空间中, $\dfrac{\mathrm{d}}{\mathrm{d}x}f(x)$ 不在.

***习题 3.3** 证明: 如果对于所有的 h(希尔伯特空间中) 都有 $\left\langle h \middle| \hat{Q}h\right\rangle = \left\langle \hat{Q}h \middle| h\right\rangle$, 则对于所有的 f 和 g 也有 $\left\langle f \middle| \hat{Q}g\right\rangle = \left\langle \hat{Q}f \middle| g\right\rangle$(也就是, 两种"厄米算符"的定义是等价的——方程 (3.16) 和 (3.17)). **提示** 先令 $h = f+g$, 然后再令 $h = f+\mathrm{i}g$.

证明 若对于希尔伯特空间中任意函数 h, 都有

$$\left\langle h \middle| \hat{Q}h\right\rangle = \left\langle \hat{Q}h \middle| h\right\rangle.$$

设 $h(x) = f(x) + cg(x)$, 其中 c 是一任意常数 (复数), 故

$$\begin{aligned}
\langle h| Qh\rangle &= \left\langle f+cg \middle| \hat{Q}(f+cg)\right\rangle \\
&= \left\langle f \middle| \hat{Q}f\right\rangle + c\left\langle f \middle| \hat{Q}g\right\rangle + c^*\left\langle g \middle| \hat{Q}f\right\rangle + |c|^2\left\langle g \middle| \hat{Q}g\right\rangle \\
&= \langle Qh| h\rangle \left\langle \hat{Q}(f+cg) \middle| f+cg\right\rangle \\
&= \left\langle \hat{Q}f \middle| f\right\rangle + c\left\langle \hat{Q}f \middle| g\right\rangle + c^*\left\langle \hat{Q}g \middle| f\right\rangle + |c|^2\left\langle \hat{Q}g \middle| g\right\rangle \\
&\Rightarrow c\left\langle f \middle| \hat{Q}g\right\rangle + c^*\left\langle g \middle| \hat{Q}f\right\rangle = c\left\langle \hat{Q}f \middle| g\right\rangle + c^*\left\langle \hat{Q}g \middle| f\right\rangle.
\end{aligned}$$

上式对任意常数 c 都成立, 分别取 $c = 1,\ \mathrm{i}$, 有

$$\left\langle f \middle| \hat{Q}g\right\rangle + \left\langle g \middle| \hat{Q}f\right\rangle = \left\langle \hat{Q}f \middle| g\right\rangle + \left\langle \hat{Q}g \middle| f\right\rangle,$$

$$\left\langle f \middle| \hat{Q}g\right\rangle - \left\langle g \middle| \hat{Q}f\right\rangle = \left\langle \hat{Q}f \middle| g\right\rangle - \left\langle \hat{Q}g \middle| f\right\rangle.$$

两式相加, 得

$$\left\langle f \middle| \hat{Q}g\right\rangle = \left\langle \hat{Q}f \middle| g\right\rangle.$$

习题 3.4

(a) 证明: 两个厄米算符之和仍为厄米算符.

(b) 假设 $\hat{Q}$ 是厄米的, 且 α 为复数. α 在什么条件下 $\alpha\hat{Q}$ 也是厄米算符?

(c) 在什么条件下两个厄米算符的积也是厄米算符?

(d) 证明:位置算符 $\hat{x}$ 和哈密顿算符 $\hat{H}=-\left(\hbar^2/2m\right)\mathrm{d}^2/\mathrm{d}x^2+V(x)$ 是厄米算符.

解答 (a) 设 $\hat{Q}$ 和 $\hat{S}$ 是两个厄米算符, 则对任意函数 $f(x)$ 和 $g(x)$ 有

$$\left\langle f \middle| \hat{Q}g\right\rangle=\left\langle \hat{Q}f \middle| g\right\rangle,\quad \left\langle f \middle| \hat{S}g\right\rangle=\left\langle \hat{S}f \middle| g\right\rangle,$$

又

$$\left\langle f \middle| \left(\hat{Q}+\hat{S}\right)g\right\rangle=\left\langle f \middle| \hat{Q}g\right\rangle+\left\langle f \middle| \hat{S}g\right\rangle=\left\langle \hat{Q}f \middle| g\right\rangle+\left\langle \hat{S}f \middle| g\right\rangle=\left\langle \left(\hat{Q}+\hat{S}\right)f \middle| g\right\rangle,$$

故 $\hat{Q}+\hat{S}$ 仍是厄米算符, 即两个厄米算符之和仍为厄米算符.

(b)

$$\left\langle f \middle| \alpha\hat{Q}g\right\rangle=\alpha\left\langle f \middle| \hat{Q}g\right\rangle,$$

$$\left\langle \alpha\hat{Q}f \middle| g\right\rangle=\alpha^*\left\langle \hat{Q}f \middle| g\right\rangle,$$

两式相等, α 必须为实数. 所以当 α 为实数时, $\alpha\hat{Q}$ 也是厄米的.

(c) 设 $\hat{Q}$ 和 $\hat{S}$ 是厄米算符, 则有

$$\left\langle f \middle| \hat{Q}\hat{S}g\right\rangle=\left\langle f \middle| \hat{Q}\left(\hat{S}g\right)\right\rangle=\left\langle f \middle| \hat{Q}\left(\hat{S}g\right)\right\rangle=\left\langle \hat{Q}f \middle| \hat{S}g\right\rangle=\left\langle \hat{S}\hat{Q}f \middle| g\right\rangle.$$

如果 $\hat{Q}\hat{S}$ 是厄米的, 必须有

$$\left\langle f \middle| \hat{Q}\hat{S}g\right\rangle=\left\langle \hat{Q}\hat{S}f \middle| g\right\rangle,$$

即 $\hat{Q}\hat{S}=\hat{S}\hat{Q}$, 也就是说, 两厄米算符在对易的条件下, 其积也是厄米算符.

(d) $\langle f \mid \hat{x}g\rangle=\int_{-\infty}^{+\infty}f^*(x)\,xg(x)\,\mathrm{d}x=\int_{-\infty}^{+\infty}\left[xf(x)\right]^*g(x)\,\mathrm{d}x=\langle \hat{x}f \mid g\rangle,$

$$\begin{aligned}
\left\langle f|\hat{H}g\right\rangle&=\int_{-\infty}^{+\infty}f^*(x)\left[-\frac{\hbar^2}{2m}\frac{\mathrm{d}^2}{\mathrm{d}x^2}+V(x)\right]g(x)\,\mathrm{d}x\\
&=-\frac{\hbar^2}{2m}f^*\left.\frac{\mathrm{d}g}{\mathrm{d}x}\right|_{-\infty}^{+\infty}+\frac{\hbar^2}{2m}\int_{-\infty}^{+\infty}\frac{\mathrm{d}f^*}{\mathrm{d}x}\frac{\mathrm{d}g}{\mathrm{d}x}\mathrm{d}x+\int_{-\infty}^{+\infty}\left[V(x)f(x)\right]^*g(x)\,\mathrm{d}x\\
&=\frac{\hbar^2}{2m}g\left.\frac{\mathrm{d}f^*}{\mathrm{d}x}\right|_{-\infty}^{+\infty}-\frac{\hbar^2}{2m}\int_{-\infty}^{+\infty}\frac{\mathrm{d}^2f^*}{\mathrm{d}x^2}g\mathrm{d}x+\int_{-\infty}^{+\infty}\left[f(x)V(x)\right]^*g(x)\,\mathrm{d}x\\
&=\int_{-\infty}^{+\infty}\left[-\frac{\hbar^2}{2m}\frac{\mathrm{d}^2f}{\mathrm{d}x^2}+V(x)f\right]^*g\mathrm{d}x\\
&=\left\langle \hat{H}f \middle| g\right\rangle,
\end{aligned}$$

中间两步利用了在 $x\to\pm\infty$ 时, $f(\pm\infty)=g(\pm\infty)=0$ 以及势能 $V(x)$ 是实函数的条件, 所以 $\langle f \mid \hat{x}g\rangle=\langle \hat{x}f \mid g\rangle$, $\left\langle f \middle| \hat{H}g\right\rangle=\left\langle \hat{H}f \middle| g\right\rangle$, 即 $\hat{x}$ 和 $\hat{H}$ 都为厄米算符.

***习题 3.5**

(a) 求出 x, i 和 $\mathrm{d}/\mathrm{d}x$ 的厄米共轭算符.

(b) 证明: $\left(\hat{Q}\hat{R}\right)^\dagger=\hat{R}^\dagger\hat{Q}^\dagger$(注意颠倒顺序), $\left(\hat{Q}+\hat{R}\right)^\dagger=\hat{Q}^\dagger+\hat{R}^\dagger$, 以及对复数

c 有 $\left(c\hat{Q}\right)^{\dagger}=c^{*}\hat{Q}^{\dagger}$.

(c) 构建 a_{+} 的厄米共轭算符 (方程 (2.48)).

解答 (a) 由习题 3.4 知, $\hat{x}$ 为厄米算符, 所以

$$\hat{x}^{\dagger}=\hat{x}.$$

由于

$$\langle f|\mathrm{i}g\rangle=\mathrm{i}\langle f|g\rangle=\langle\mathrm{i}^{*}f|g\rangle=\langle-\mathrm{i}f|g\rangle,$$

故

$$\mathrm{i}^{\dagger}=-\mathrm{i}.$$

$$\begin{aligned}\left\langle f\left|\frac{\mathrm{d}}{\mathrm{d}x}g\right.\right\rangle&=\int_{-\infty}^{+\infty}f^{*}(x)\frac{\mathrm{d}}{\mathrm{d}x}g(x)\,\mathrm{d}x\\&=f^{*}g|_{-\infty}^{+\infty}-\int_{-\infty}^{+\infty}\left[\frac{\mathrm{d}}{\mathrm{d}x}f^{*}(x)\right]g(x)\,\mathrm{d}x\\&=\int_{-\infty}^{+\infty}\left[-\frac{\mathrm{d}}{\mathrm{d}x}f(x)\right]^{*}g(x)\,\mathrm{d}x\\&=\left\langle-\frac{\mathrm{d}}{\mathrm{d}x}f\,\middle|\,g\right\rangle.\end{aligned}$$

所以

$$\left(\frac{\mathrm{d}}{\mathrm{d}x}\right)^{\dagger}=-\frac{\mathrm{d}}{\mathrm{d}x}.$$

(b) 将算符作用到波矢上

$$\left\langle f\,\middle|\,\left(\hat{Q}\hat{R}\right)g\right\rangle=\left\langle\hat{Q}^{\dagger}f\,\middle|\,\hat{R}g\right\rangle=\left\langle\hat{R}^{\dagger}\hat{Q}^{\dagger}f\,\middle|\,g\right\rangle=\left\langle\left(\hat{Q}\hat{R}\right)^{\dagger}f\,\middle|\,g\right\rangle,\text{所以}(\hat{Q}\hat{R})^{\dagger}=\hat{R}^{\dagger}\hat{Q}^{\dagger}.$$

$$\begin{aligned}\left\langle f\,\middle|\,\left(\hat{Q}+\hat{R}\right)g\right\rangle&=\left\langle f\,\middle|\,\hat{Q}g\right\rangle+\left\langle f\,\middle|\,\hat{R}g\right\rangle\\&=\left\langle\hat{Q}^{\dagger}f\,\middle|\,g\right\rangle+\left\langle\hat{R}^{\dagger}f\,\middle|\,g\right\rangle\\&=\left\langle\left(\hat{Q}^{\dagger}+\hat{R}^{\dagger}\right)f\,\middle|\,g\right\rangle\\&=\left\langle\left(\hat{Q}+\hat{R}\right)^{\dagger}f\,\middle|\,g\right\rangle,\end{aligned}$$

所以 $\left(\hat{Q}+\hat{R}\right)^{\dagger}=\hat{Q}^{\dagger}+\hat{R}^{\dagger}$.

$$\langle f\mid(cQ)\,g\rangle=\langle c^{*}f\mid Qg\rangle=\left\langle(Q)^{\dagger}c^{*}f\,\middle|\,g\right\rangle=\left\langle c^{*}(Q)^{\dagger}f\,\middle|\,g\right\rangle$$

且 $\langle f\mid(cQ)\,g\rangle=\left\langle(cQ)^{\dagger}f\,\middle|\,g\right\rangle$, 所以,

$$\left(c\hat{Q}\right)^{\dagger}=c^{*}\left(\hat{Q}\right)^{\dagger}.$$

(c) 升阶算符

$$\hat{a}_{+}=\frac{1}{\sqrt{2m\hbar\omega}}\left(m\omega\hat{x}-\mathrm{i}\hat{p}\right),$$

$\hat{x},\hat{p}$ 是厄米算符, $\mathrm{i}^{\dagger}=-\mathrm{i}$($\mathrm{i}$ 与任何算符都是对易的), 所以

$$\hat{a}_{+}^{\dagger}=\frac{1}{\sqrt{2m\hbar\omega}}\left(m\omega\hat{x}^{\dagger}-\mathrm{i}^{\dagger}\hat{p}^{\dagger}\right)=\frac{1}{\sqrt{2m\hbar\omega}}\left(m\omega\hat{x}+\mathrm{i}\hat{p}\right)=\hat{a}_{-}^{\dagger}.$$

习题 3.6 考虑算符 $\hat{Q}=\mathrm{d}^2/\mathrm{d}\phi^2$, 其中 ϕ 是极坐标中的方位角 (同例题 3.1), 并且函数同样遵从方程 (3.26). $\hat{Q}$ 是厄米算符吗? 求出它的本征函数和本征值. $\hat{Q}$ 的谱是什么? 这个谱是简并的吗?

解答

$$\begin{aligned}\left\langle f \mid \hat{Q}g\right\rangle &= \int_0^{2\pi} f^*\frac{\mathrm{d}^2}{\mathrm{d}\phi^2}g\mathrm{d}\phi = f^*\frac{\mathrm{d}g}{\mathrm{d}\phi}\bigg|_0^{2\pi} - \int_0^{2\pi}\frac{\mathrm{d}f^*}{\mathrm{d}\phi}\frac{\mathrm{d}g}{\mathrm{d}\phi}\mathrm{d}\phi = -\int_0^{2\pi}\frac{\mathrm{d}f^*}{\mathrm{d}\phi}\frac{\mathrm{d}g}{\mathrm{d}\phi}\mathrm{d}\phi\\ &= -g\frac{\mathrm{d}f^*}{\mathrm{d}\phi}\bigg|_0^{2\pi} + \int_0^{2\pi} g\left(\frac{\mathrm{d}^2 f}{\mathrm{d}\phi^2}\right)^*\mathrm{d}\phi\\ &= \left\langle \hat{Q}f \mid g\right\rangle,\end{aligned}$$

所以 $\hat{Q}=\mathrm{d}\dfrac{\mathrm{d}^2}{\mathrm{d}\phi^2}$ 是厄米算符. 以上证明中利用了周期性条件

$$f(\phi+2\pi)=f(\phi),$$

$$g(\phi+2\pi)=g(\phi).$$

$\hat{Q}=\dfrac{\mathrm{d}^2}{\mathrm{d}\phi^2}$ 的本征方程为

$$\frac{\mathrm{d}^2}{\mathrm{d}\phi^2}f(\phi)=qf(\phi),$$

解为

$$f(\phi)=A\mathrm{e}^{\pm\sqrt{q}\phi}.$$

由周期性条件 $f(\phi+2\pi)=f(\phi)$, 得 $\sqrt{q}2\pi=2\pi n\mathrm{i}$ 或者 $\sqrt{q}=\mathrm{i}n\ (n=0,1,2,\cdots)$.

因此本征值为

$$q=-n^2.$$

给定一个 n, 有两个本征函数 $(\mathrm{e}^{+\mathrm{i}n\phi},\mathrm{e}^{-\mathrm{i}n\phi})$, 它们的本征值一样, 所以是二重简并的 ($n=0$ 除外). 如果让 n 取负值, 本征函数可以表示为

$$f(\phi)=A\mathrm{e}^{\mathrm{i}n\phi},\quad (n=0,\pm1,\pm2,\cdots).$$

习题 3.7

(a) 假设 $f(x)$ 和 $g(x)$ 是算符 $\hat{Q}$ 的两个具有相同本征值 q 的本征函数. 证明: 任何 f 和 g 的线性组合也是 $\hat{Q}$ 的本征函数, 且本征值为 q.

(b) 验证 $f(x)=\exp(x)$ 与 $g(x)=\exp(-x)$ 是算符 $\mathrm{d}^2/\mathrm{d}x^2$ 具有相同本征值的两个本征函数.

由 f 和 g 的线性组合构造两个波函数, 使它们在 (−1, 1) 范围内是正交的.

解答 (a) 依题意有

$$\hat{Q}f(x)=qf(x),\quad \hat{Q}g(x)=qg(x).$$

设

$$h(x)=af(x)+bg(x),$$

其中 a,b 为任意常数 (复数), 则

$$\hat{Q}h(x)=\hat{Q}\left[af(x)+bg(x)\right]=a\hat{Q}f(x)+b\hat{Q}g(x)$$

$$= aqf(x) + bqg(x) = q[af(x) + bg(x)]$$
$$= qh(x).$$

(b) 将算符作用在函数上

$$\frac{\mathrm{d}^2}{\mathrm{d}x^2} f(x) = \frac{\mathrm{d}^2}{\mathrm{d}x^2} \exp(x) = f(x),$$
$$\frac{\mathrm{d}^2}{\mathrm{d}x^2} g(x) = \frac{\mathrm{d}^2}{\mathrm{d}x^2} \exp(-x) = g(x).$$

因此, $f(x), g(x)$ 是算符 $\frac{\mathrm{d}^2}{\mathrm{d}x^2}$ 属于本征值 1 的两个本征函数. 可由对称化和反对称化来构造正交的本征函数

$$h_1(x) = \frac{1}{2}[f(x) + g(x)] = \cosh x,$$
$$h_2(x) = \frac{1}{2}[f(x) - g(x)] = \sinh x,$$

显然它们是正交的, 因为一个是偶函数, 一个是奇函数.

习题 3.8

(a) 验证例题 3.1 中厄米算符的本征值是实数. 证明: (具有不同本征值的) 本征函数是正交的.

(b) 同样对习题 3.6 中的算符做验证.

解答 (a) 例题 3.1 中的厄米算符和本征函数为

$$\hat{Q} = \mathrm{i}\frac{\mathrm{d}}{\mathrm{d}\phi}, \quad f(\phi) = A\mathrm{e}^{-\mathrm{i}q\phi}.$$

本征值 (分立谱)$q = 0, \pm1, \pm2, \cdots$, 显然本征值是实数. 对任意两个本征函数

$$f_q(\phi) = A\mathrm{e}^{-\mathrm{i}q\phi},\ f_{q'}(\phi) = A\mathrm{e}^{-\mathrm{i}q'\phi},\ q \neq q'.$$

则

$$\langle f_q | f_{q'} \rangle = A_q^* A_{q'} \int_0^{2\pi} \mathrm{e}^{\mathrm{i}(q-q')\phi} \mathrm{d}\phi = A_q^* A_q' \left[\frac{\mathrm{e}^{\mathrm{i}(q-q')\phi}}{\mathrm{i}(q-q')} \right] \Bigg|_0^{2\pi} = 0.$$

(b) 习题 3.6 中的算符和本征函数为

$$\frac{\mathrm{d}^2}{\mathrm{d}\phi^2}, \quad f_n(\phi) = A\mathrm{e}^{-\mathrm{i}n\phi},\ n = 0, \pm1, \pm2, \cdots,$$

本征值为 $q = -n^2$(二重简并), 显然本征值为实数.

$$\langle f_n \mid f_m \rangle = A_n^* A_m \int_0^{2\pi} \mathrm{e}^{\mathrm{i}(n-m)\phi} \mathrm{d}\phi = A_n^* A_m \left[\frac{\mathrm{e}^{\mathrm{i}(n-m)\phi}}{\mathrm{i}(n-m)} \right] \Bigg|_0^{2\pi} = 0,\ n \neq m,$$

所以算符 $\frac{\mathrm{d}^2}{\mathrm{d}\phi^2}$ 具有不同本征值的本征函数是正交的. (在 $n = -m$ 情况下, 两个态的本征值一样, 但是它们也是正交的).

习题 3.9

(a) 列举一个第 2 章中的哈密顿量 (谐振子除外), 它仅有离散谱.

(b) 列举一个第 2 章中的哈密顿量 (自由粒子除外), 它仅有连续谱.

(c) 列举一个第 2 章中的哈密顿量 (有限深方势阱除外), 它既有离散谱又有连续谱.

解答 (a)、(b)、(c) 的答案分别为：无限深方势阱, δ 函数势垒, δ 函数势阱.

习题 3.10 无限深方势阱的基态是动量的本征函数吗？如果是的话, 它的动量是多少？如果不是, 给出理由. [进一步的讨论参见习题 3.34.]

解答 无限深方势阱的基态为

$$\psi_1(x)=\sqrt{\frac{2}{a}}\sin\left(\frac{\pi}{a}x\right),\ 0\leqslant x\leqslant a.$$

动量算符 $\hat{p}=-\mathrm{i}\hbar\dfrac{\mathrm{d}}{\mathrm{d}x}$, 由于

$$\begin{aligned}\hat{p}\psi_1(x)&=-\mathrm{i}\hbar\frac{\mathrm{d}}{\mathrm{d}x}\sqrt{\frac{2}{a}}\sin\left(\frac{\pi}{a}x\right)=-\mathrm{i}\hbar\sqrt{\frac{2}{a}}\frac{\pi}{a}\cos\left(\frac{\pi}{a}x\right)\\&=\left[-\mathrm{i}\hbar\frac{\pi}{a}\cot\left(\frac{\pi}{a}x\right)\right]\psi_1(x)\end{aligned}$$

且

$$\hat{p}\psi_1(x)\neq\text{常数}\times\psi_1(x),$$

所以 $\psi_1(x)$ 不是动量的本征函数. (对无限深方势阱的能量本征函数 ψ_n, 它是向右传播的平面波和向左传播的平面波的叠加, 两个波的动量数值一样 $\left(\sqrt{2mE_n}=\dfrac{n\pi\hbar}{a}\right)$, 但是符号相反, 所以不是动量的本征函数, 但是动量平方算符的本征函数.)

习题 3.11 对处于谐振子基态的粒子, 求出其动量空间的波函数 $\Phi(p,t)$. 对该粒子的动量进行测量, 得到其结果处在经典范围以外 (具有相同能量) 的几率是多大 (精确到两位有效数字)？**提示** 数值计算部分可查阅数学手册中“正态分布”或“误差函数”, 或使用 Mathematica 软件.

解答 谐振子基态在坐标空间中的波函数

$$\Psi_0(x,t)=\left(\frac{m\omega}{\pi\hbar}\right)^{1/4}\mathrm{e}^{-m\omega x^2/(2\hbar)}\mathrm{e}^{-\mathrm{i}\omega t/2},$$

则动量空间的波函数为

$$\begin{aligned}\Phi(p,t)&=\frac{1}{\sqrt{2\pi\hbar}}\int_{-\infty}^{\infty}\mathrm{e}^{-\mathrm{i}px/\hbar}\Psi_0(x,t)\,\mathrm{d}x\\&=\left(\frac{m\omega}{\pi\hbar}\right)^{1/4}\frac{1}{\sqrt{2\pi\hbar}}\mathrm{e}^{-\mathrm{i}\omega t/2}\int_{-\infty}^{\infty}\mathrm{e}^{-\mathrm{i}px/\hbar}\mathrm{e}^{-m\omega x^2/(2\hbar)}\mathrm{d}x\\&=\left(\frac{m\omega}{\pi\hbar}\right)^{\frac{1}{4}}\frac{1}{\sqrt{2\pi\hbar}}\mathrm{e}^{-\mathrm{i}\omega t/2}\sqrt{\frac{2\pi\hbar}{m\omega}}\mathrm{e}^{-p^2/(2m\omega\hbar)}\end{aligned}$$

$$= \frac{1}{(m\omega\pi\hbar)^{1/4}}\mathrm{e}^{-p^2/(2m\omega\hbar)}\mathrm{e}^{-\mathrm{i}\omega t/2},$$

$$|\varPhi(p,t)|^2 = \frac{1}{\sqrt{m\omega\pi\hbar}}\mathrm{e}^{-p^2/(m\omega\hbar)}.$$

经典范围为

$$|p| < \sqrt{2mE_0} = \sqrt{m\omega\hbar}.$$

所以发现粒子动量在经典动量以外的几率为

$$P\left(|p| > \sqrt{m\omega\hbar}\right) = \int_{-\infty}^{-\sqrt{m\omega\hbar}}|\varPhi(p,t)|^2\mathrm{d}p + \int_{\sqrt{m\omega\hbar}}^{\infty}|\varPhi(p,t)|^2\mathrm{d}p$$
$$= 1 - 2\int_0^{\sqrt{m\omega\hbar}}|\varPhi(p,t)|^2\mathrm{d}p = 1 - \frac{2}{\sqrt{m\omega\pi\hbar}}\int_0^{\sqrt{m\omega\hbar}}\mathrm{e}^{-p^2/(m\omega\hbar)}\mathrm{d}p.$$

令

$$z \equiv \sqrt{\frac{2}{m\omega\hbar}}p, \quad \mathrm{d}p = \sqrt{\frac{m\omega\hbar}{2}}\mathrm{d}z,$$

$$\frac{1}{\sqrt{m\omega\pi\hbar}}\int_0^{\sqrt{m\omega\hbar}}\mathrm{e}^{-p^2/(m\omega\hbar)}\mathrm{d}p = \frac{1}{\sqrt{2\pi}}\int_0^{\sqrt{2}}\mathrm{e}^{-z^2/2}\mathrm{d}z = \frac{1}{\sqrt{2\pi}}\int_{-\infty}^{\sqrt{2}}\mathrm{e}^{-z^2/2}\mathrm{d}z - \frac{1}{2}$$
$$= F\left(\sqrt{2}\right) - \frac{1}{2}.$$

查正态分布表

$$F\left(\sqrt{2}\right) = 0.9215,$$

所以

$$P\left(|p| > \sqrt{m\omega\hbar}\right) = 1 - 2\left[F\left(\sqrt{2}\right) - 0.5\right] = 0.16.$$

习题 3.12 根据方程 (2.101) 引入的函数 $\varphi(k)$ 求出自由粒子的 $\varPhi(p,t)$. 证明：对于自由粒子, $|\varPhi(p,t)|^2$ 和时间无关. **注释** 对于自由粒子来说, $|\varPhi(p,t)|^2$ 和时间无关是该系统动量守恒的一个表现.

证明 令方程 (2.101) 中的 $k = p/\hbar$, 则

$$\varPsi(x,t) = \frac{1}{\sqrt{2\pi}}\int_{-\infty}^{\infty}\varphi(p/\hbar)\,\mathrm{e}^{\mathrm{i}(px/\hbar)}\mathrm{e}^{-\mathrm{i}p^2t/(2m\hbar)}\frac{\mathrm{d}p}{\hbar}.$$

与方程 (3.55) 相比, 可知

$$\varPhi(p,t) = \frac{1}{\sqrt{\hbar}}\mathrm{e}^{-\mathrm{i}p^2t/(2m)}\varphi(p/\hbar),$$

所以 $|\varPhi(p,t)|^2 = \dfrac{1}{\hbar}|\varphi(p/\hbar)|^2$ 是独立于时间 t 的.

另一种证明方法, 将方程 (2.101) 代入方程 (3.54) 并改变积分次序：

$$\varPhi(p,t) = \frac{1}{\sqrt{2\pi\hbar}}\int_{-\infty}^{\infty}\mathrm{e}^{-\mathrm{i}px/\hbar}\left[\frac{1}{\sqrt{2\pi}}\int_{-\infty}^{\infty}\varphi(k)\,\mathrm{e}^{\mathrm{i}\left(kx-\hbar^2k^2t/(2m)\right)}\mathrm{d}k\right]\mathrm{d}x$$
$$= \frac{1}{\sqrt{\hbar}}\int_{-\infty}^{\infty}\varphi(k)\,\mathrm{e}^{-\mathrm{i}\hbar^2k^2t/(2m)}\left[\frac{1}{2\pi}\int_{-\infty}^{\infty}\mathrm{e}^{\mathrm{i}(k-p/\hbar)x}\mathrm{d}x\right]\mathrm{d}k$$

$$
\begin{aligned}
&= \frac{1}{\sqrt{\hbar}} \int_{-\infty}^{\infty} \varphi(k)\, \mathrm{e}^{-\mathrm{i}\hbar^2 k^2 t/(2m)} \delta(k - p/\hbar)\, \mathrm{d}k \\
&= \frac{1}{\sqrt{\hbar}} \mathrm{e}^{-\mathrm{i}p^2 t/(2m)} \varphi(p/\hbar).
\end{aligned}
$$

最后一步用到了 δ 函数的积分性质：$\delta(x) = \dfrac{1}{2\pi} \displaystyle\int_{-\infty}^{\infty} \mathrm{e}^{\mathrm{i}kx} \mathrm{d}x$.

***习题 3.13** 证明：

$$
\langle x \rangle = \int \Phi^* \left(\mathrm{i}\hbar \frac{\partial}{\partial p} \right) \Phi \mathrm{d}p.
$$

提示 注意到 $x \exp(\mathrm{i}px/\hbar) = -\mathrm{i}\hbar (\partial/\partial p) \exp(\mathrm{i}px/\hbar)$, 并利用方程 (2.147). 则在动量空间中, 位置算符是 $\mathrm{i}\hbar\partial/\partial p$. 更为普遍的有

$$
\langle Q(x,p,t) \rangle = \begin{cases} \displaystyle\int \Psi^* \hat{Q}\left(x, -\mathrm{i}\hbar \frac{\partial}{\partial x}, t \right) \Psi \mathrm{d}x, & \text{在位置空间;} \\ \displaystyle\int \Phi^* \hat{Q}\left(\mathrm{i}\hbar \frac{\partial}{\partial p}, p, t \right) \Phi \mathrm{d}p, & \text{在动量空间.} \end{cases}
$$

原则上, 可以像在位置空间一样在动量空间做所有的计算 (尽管不总是容易的).

证明 由方程 (3.55)

$$
\Psi(x,t) = \frac{1}{\sqrt{2\pi\hbar}} \int_{-\infty}^{\infty} \mathrm{e}^{\mathrm{i}px/\hbar} \Phi(p,t)\, \mathrm{d}p,
$$

可得

$$
\begin{aligned}
\langle x \rangle &= \int_{-\infty}^{\infty} \Psi^*(x,t)\, x \Psi(x,t)\, \mathrm{d}x \\
&= \int_{-\infty}^{\infty} \left[\frac{1}{\sqrt{2\pi\hbar}} \int_{-\infty}^{\infty} \mathrm{e}^{-\mathrm{i}p'x/\hbar} \Phi^*(p',t)\, \mathrm{d}p' \right] x.
\end{aligned}
$$

由

$$
x \mathrm{e}^{\mathrm{i}px/\hbar} = -\mathrm{i}\hbar \frac{\mathrm{d}}{\mathrm{d}p} \left(\mathrm{e}^{\mathrm{i}px/\hbar} \right),
$$

可知分部积分

$$
\begin{aligned}
& x \left[\int_{-\infty}^{\infty} \mathrm{e}^{\mathrm{i}px/\hbar} \Phi(p,t)\, \mathrm{d}p \right] \\
&= \int_{-\infty}^{\infty} -\mathrm{i}\hbar \frac{\mathrm{d}}{\mathrm{d}p} \left[\left(\mathrm{e}^{\mathrm{i}px/\hbar} \right) \Phi \right] \mathrm{d}p \\
&= \int_{-\infty}^{\infty} \mathrm{e}^{\mathrm{i}px/\hbar} \left[\mathrm{i}\hbar \frac{\partial}{\partial p} \Phi(p,t) \right] \mathrm{d}p.
\end{aligned}
$$

所以

$$
\begin{aligned}
\langle x \rangle &= \int_{-\infty}^{\infty} \int_{-\infty}^{\infty} \int_{-\infty}^{\infty} \Phi^*(p,t) \left(\mathrm{i}\hbar \frac{\mathrm{d}}{\mathrm{d}p} \right) \left(\frac{1}{2\pi\hbar} \int_{-\infty}^{\infty} \mathrm{e}^{-\mathrm{i}px/\hbar} \mathrm{e}^{\mathrm{i}p'x/\hbar} \mathrm{d}x \right) \Phi(p',t)\, \mathrm{d}p \mathrm{d}p' \\
&= \int_{-\infty}^{\infty} \int_{-\infty}^{\infty} \Phi^*(p,t) \left(\mathrm{i}\hbar \frac{\mathrm{d}}{\mathrm{d}p} \right) \delta(p' - p)\, \Phi(p',t)\, \mathrm{d}p \mathrm{d}p' \\
&= \int_{-\infty}^{\infty} \Phi^*(p,t) \left(\mathrm{i}\hbar \frac{\mathrm{d}}{\mathrm{d}p} \right) \Phi(p,t)\, \mathrm{d}p.
\end{aligned}
$$

***习题 3.14**

(a) 证明：下列对易关系等式

$$\left[\hat{A}+\hat{B},\hat{C}\right]=\left[\hat{A},\hat{C}\right]+\left[\hat{B},\hat{C}\right],$$
$$\left[\hat{A}\hat{B},\hat{C}\right]=\hat{A}\left[\hat{B},\hat{C}\right]+\left[\hat{A},\hat{C}\right]\hat{B}.$$

(b) 证明：

$$[x^n,\hat{p}]=\mathrm{i}\hbar nx^{n-1}.$$

(c) 对可以进行泰勒级数展开的任意函数 $f(x)$，更普遍地证明：

$$[f(x),\hat{p}]=\mathrm{i}\hbar\frac{\mathrm{d}f}{\mathrm{d}x}.$$

(d) 对简谐振子，证明：

$$\left[\hat{H},\hat{a}_\pm\right]=\pm\hbar\omega\hat{a}_\pm.$$

提示 利用方程 (2.54).

证明 (a)

$$\begin{aligned}\left[\hat{A}+\hat{B},\hat{C}\right]&=\left(\hat{A}+\hat{B}\right)\hat{C}-\hat{C}\left(\hat{A}+\hat{B}\right)=\hat{A}\hat{C}+\hat{B}\hat{C}-\hat{C}\hat{A}-\hat{C}\hat{B}\\&=\left(\hat{A}\hat{C}-\hat{C}\hat{A}\right)+\left(\hat{B}\hat{C}-\hat{C}\hat{B}\right)=\left[\hat{A},\hat{C}\right]+\left[\hat{B},\hat{C}\right].\end{aligned}$$

$$\begin{aligned}\left[\hat{A}\hat{B},\hat{C}\right]&=\hat{A}\hat{B}\hat{C}-\hat{C}\hat{A}\hat{B}=\hat{A}\hat{B}\hat{C}-\hat{C}\hat{A}\hat{B}+\left(\hat{A}\hat{C}\hat{B}-\hat{A}\hat{C}\hat{B}\right)\\&=\left(\hat{A}\hat{B}\hat{C}-\hat{A}\hat{C}\hat{B}\right)+\left(\hat{A}\hat{C}\hat{B}-\hat{C}\hat{A}\hat{B}\right)=\hat{A}\left(\hat{B}\hat{C}-\hat{C}\hat{B}\right)+\left(\hat{A}\hat{C}-\hat{C}\hat{A}\right)\hat{B}\\&=\hat{A}\left[\hat{B},\hat{C}\right]+\left[\hat{A},\hat{C}\right]\hat{B}.\end{aligned}$$

(b) 利用数学归纳法证明：

(1) $n=1$ 时，有 $[x,\hat{p}]=\mathrm{i}\hbar$，显然成立.

(2) 假设 $n=k$ 时成立，即有 $\left[x^k,\hat{p}\right]=\mathrm{i}\hbar kx^{k-1}$.

(3) $n=k+1$ 时，有 $\left[x^{k+1},\hat{p}\right]=\left[xx^k,\hat{p}\right]$，利用 (a) 中结论，则

$$\left[x^{k+1},\hat{p}\right]=x\left[x^k,\hat{p}\right]+[x,\hat{p}]\,x^k.$$

因为 $\left[x^k,\hat{p}\right]=\mathrm{i}\hbar kx^{k-1}$，所以

$$\left[x^{k+1},\hat{p}\right]=\mathrm{i}\hbar kx^k+\mathrm{i}\hbar x^k=\mathrm{i}\hbar\,(k+1)\,x^k.$$

即 $n=k+1$ 时也成立. 所以

$$[x^n,\hat{p}]=\mathrm{i}\hbar nx^{n-1}.$$

(c) 取任意波函数 $\phi(x)$，则

$$\begin{aligned}[f(x),\hat{p}]\,\phi(x)&=-\mathrm{i}\hbar f(x)\frac{\mathrm{d}\phi(x)}{\mathrm{d}x}-\left\{-\mathrm{i}\hbar\frac{\mathrm{d}\left[f(x)\,\phi(x)\right]}{\mathrm{d}x}\right\}\\&=-\mathrm{i}\hbar f(x)\frac{\mathrm{d}\phi(x)}{\mathrm{d}x}+\mathrm{i}\hbar\frac{\mathrm{d}f(x)}{\mathrm{d}x}\phi(x)+\mathrm{i}\hbar f(x)\frac{\mathrm{d}\phi(x)}{\mathrm{d}x}\\&=\mathrm{i}\hbar\frac{\mathrm{d}f(x)}{\mathrm{d}x}\phi(x).\end{aligned}$$

由于 $\phi(x)$ 是任意函数, 所以

$$[f(x), \hat{p}] = \mathrm{i}\hbar \frac{\mathrm{d}f}{\mathrm{d}x}.$$

(d)

$$\left[\hat{H}, \hat{a}_{\pm}\right] = \left[\hbar\omega\left(\hat{a}_{-}\hat{a}_{+} - \frac{1}{2}\right), \hat{a}_{\pm}\right] = \hbar\omega\left\{[\hat{a}_{-}\hat{a}_{+}, \hat{a}_{\pm}] - \left[\frac{1}{2}, \hat{a}_{\pm}\right]\right\}$$
$$= \hbar\omega[\hat{a}_{-}\hat{a}_{+}, \hat{a}_{\pm}] = \hbar\omega\{\hat{a}_{-}[\hat{a}_{+}, \hat{a}_{\pm}] + [\hat{a}_{-}, \hat{a}_{\pm}]\hat{a}_{+}\}.$$

结合方程 (2.56)($[\hat{a}_{-}, \hat{a}_{+}] = 1$),

$$\left[\hat{H}, \hat{a}_{+}\right] = \hbar\omega\{\hat{a}_{-}[\hat{a}_{+}, \hat{a}_{+}] + [\hat{a}_{-}, \hat{a}_{+}]\hat{a}_{+}\} = \hbar\omega\hat{a}_{+},$$
$$\left[\hat{H}, \hat{a}_{-}\right] = \hbar\omega\{\hat{a}_{-}[\hat{a}_{+}, \hat{a}_{-}] + [\hat{a}_{-}, \hat{a}_{-}]\hat{a}_{+}\} = \hbar\omega(-\hat{a}_{-}),$$

两式合并, 得 $\left[\hat{H}, \hat{a}_{\pm}\right] = \pm\hbar\omega\hat{a}_{\pm}$.

***习题 3.15** 对于位置 ($A = x$) 和能量 ($B = p^2/(2m) + V$) 的不确定性, 证明: 著名的“不确定性原理”

$$\sigma_x\sigma_H \geqslant \frac{\hbar}{2m}|\langle p\rangle|.$$

对于定态, 它告诉不了你多少——为什么不能?

证明 由两个算符之间的不确定关系

$$\sigma_A\sigma_B \geqslant \left|\frac{1}{2\mathrm{i}}\langle[A, B]\rangle\right|,$$

对坐标和哈密顿算符有

$$\sigma_x\sigma_H \geqslant \left|\frac{1}{2\mathrm{i}}\left\langle\left[x, \frac{p^2}{2m} + V\right]\right\rangle\right|.$$

由于

$$\left[x, \frac{p^2}{2m} + V\right] = \left[x, \frac{p^2}{2m}\right] + [x, V]$$
$$= \frac{1}{2m}[x, p^2] = \frac{1}{2m}(p[x, p] + [x, p]p)$$
$$= \frac{1}{2m}(2\mathrm{i}\hbar p),$$

所以,

$$\sigma_x\sigma_H \geqslant \left|\frac{1}{2\mathrm{i}}\left\langle\frac{1}{2m}(2\mathrm{i}\hbar p)\right\rangle\right| = \frac{\hbar}{2m}|\langle p\rangle|.$$

对于定态, 已经知道 $\sigma_H = 0$(能量有确定值), $\langle p\rangle = 0$. 上式显然成立, 因此无法从中再获取新的信息.

习题 3.16 证明: 两个非对易算符不能拥有完备的共同本征函数集.**提示** 证明如果 $\hat{P}$ 和 $\hat{Q}$ 拥有完备的共同本征函数集, 则对于希尔伯特空间的任意函数有 $\left[\hat{P}, \hat{Q}\right]f = 0$.

证明　假设 $Pf_n = \lambda_n f_n$ 和 $Qf_n = \mu_n f_n$(即 $f_n(x)$ 是 $\hat{P}$ 和 $\hat{Q}$ 的共同本征方程), 并且函数集 $\{f_n\}$ 是完备的, 因此任意 (希尔伯特空间中的) 函数 $f(x)$ 都能表示成 $\{f_n\}$ 线性叠加, 即 $f(x) = \sum\limits_n c_n f_n(x)$, 则

$$
\begin{aligned}
\left[\hat{P},\hat{Q}\right] f(x) &= \left(\hat{P}\hat{Q}-\hat{Q}\hat{P}\right)\sum_n c_n f_n \\
&= \hat{P}\hat{Q}\sum_n c_n f_n - \hat{Q}\hat{P}\sum_n c_n f_n \\
&= \hat{P}\sum_n c_n \mu_n f_n - \hat{Q}\sum_n c_n \lambda_n f_n \\
&= \sum_n c_n \mu_n \lambda_n f_n - \hat{Q}\sum_n c_n \lambda_n \mu_n f_n \\
&= 0.
\end{aligned}
$$

由于上式对任意的 $f(x)$ 都成立, 所以得到 $\left[\hat{P},\hat{Q}\right]=0$, 这显然与所给条件矛盾, 所以两个非对易算符不能具有共同的完备本征函数系.

习题 3.17　求方程 (3.69) 的解 $\Psi(x)$. 注意 $\langle x\rangle$ 和 $\langle p\rangle$ 都是常数 (和 x 无关).

解答

$$
\begin{aligned}
\frac{\mathrm{d}\Psi}{\mathrm{d}x} &= \frac{\mathrm{i}}{\hbar}\left(\mathrm{i}ax - \mathrm{i}a\langle x\rangle + \langle p\rangle\right)\Psi = \frac{a}{\hbar}\left(-x+\langle x\rangle+\frac{\mathrm{i}}{a}\langle p\rangle\right)\Psi, \\
\frac{\mathrm{d}\Psi}{\Psi} &= \frac{a}{\hbar}\left(-x+\langle x\rangle+\frac{\mathrm{i}}{a}\langle p\rangle\right)\mathrm{d}x, \\
\ln\Psi &= \frac{a}{\hbar}\left(-\frac{x^2}{2}+\langle x\rangle x+\frac{\mathrm{i}\langle p\rangle}{a}x\right)+\text{常数},
\end{aligned}
$$

令

$$
\text{常数} = -\frac{\langle x\rangle^2 a}{2\hbar} + B\ \ (B\text{是一个新的常数}),
$$

则

$$
\ln\Psi = -\frac{a}{2\hbar}\left(x+\langle x\rangle\right)^2 + \frac{\mathrm{i}\langle p\rangle}{\hbar}x + B,
$$

$$
\begin{aligned}
\Psi &= \mathrm{e}^{-\frac{a}{2\hbar}(x-\langle x\rangle)^2+\frac{\mathrm{i}\langle p\rangle x}{\hbar}+B} \\
&= A\exp\left[\frac{-a\left(x-\langle x\rangle\right)^2}{2\hbar}+\frac{\mathrm{i}\langle p\rangle x}{\hbar}\right],\ A\equiv \mathrm{e}^B.
\end{aligned}
$$

***习题 3.18**　在下列特殊情况中应用方程 (3.73)：(a)$Q=1$; (b)$Q=H$; (c)$Q=x$; (d)$Q=p$. 对每种情况, 特别是参照方程 (1.27), (1.33), (1.38) 和能量守恒 (参照方程 (2.21) 后的注释), 并对结果进行讨论.

解答　(a) $Q=1$ 时,

$$
\text{由}\frac{\mathrm{d}}{\mathrm{d}t}\langle 1\rangle = \frac{\mathrm{i}}{\hbar}\left\langle\left[\hat{H},1\right]\right\rangle + \left\langle\frac{\partial}{\partial t}1\right\rangle = 0, \text{得}\frac{\mathrm{d}}{\mathrm{d}t}\langle\Psi|\Psi\rangle = 0.
$$

上式表明波函数的归一化不随时间改变.

(b) $Q=H$ 时,

$$\frac{\mathrm{d}}{\mathrm{d}t}\left\langle \hat{H}\right\rangle =\frac{\mathrm{i}}{\hbar}\left\langle \left[\hat{H},\hat{H}\right]\right\rangle +\left\langle \frac{\partial \hat{H}}{\partial t}\right\rangle .$$

当 $\hat{H}$ 中不显含时间时, 得 $\frac{\mathrm{d}}{\mathrm{d}t}\left\langle \hat{H}\right\rangle =\frac{\mathrm{i}}{\hbar}\left\langle \left[\hat{H},\hat{H}\right]\right\rangle =0$, 表明能量守恒.

(c) $Q=x$ 时,

$$\begin{aligned}\frac{\mathrm{d}}{\mathrm{d}t}\langle \hat{x}\rangle &=\frac{\mathrm{i}}{\hbar}\left\langle \left[\hat{H},\hat{x}\right]\right\rangle +\left\langle \frac{\partial \hat{x}}{\partial t}\right\rangle =\frac{\mathrm{i}}{2m\hbar}\left\langle \left[p^2,\hat{x}\right]\right\rangle \\ &=\frac{\langle p\rangle}{m}.\end{aligned}$$

(d) $Q=p$ 时,

$$\begin{aligned}\frac{\mathrm{d}}{\mathrm{d}t}\langle \hat{p}\rangle &=\frac{\mathrm{i}}{\hbar}\left\langle \left[\hat{H},\hat{p}\right]\right\rangle +\left\langle \frac{\partial \hat{p}}{\partial t}\right\rangle =\frac{\mathrm{i}}{\hbar}\langle [V(x),\hat{p}]\rangle \\ &=\left\langle -\frac{\partial V}{\partial x}\right\rangle .\end{aligned}$$

这就是埃伦菲斯特定理, 即量子力学中的牛顿运动方程.

习题 3.19 用方程 (3.73)(或者习题 3.18(c) 和 (d)) 证明:

(a) 对于任意描述自由粒子 ($V(x)=0$) 的归一化波包, $\langle x\rangle$ 以恒定速度运动 (这类似于量子力学中的牛顿第一定律). **注释** 虽然采用习题 2.42 中的高斯波包来证明, 但结论是普适的.

(b) 对于任意粒子处于谐振子势场 $\left(V(x)=\frac{1}{2}m\omega^2x^2\right)$ 中的波包, $\langle x\rangle$ 以经典频率振动. **注释** 虽然采用习题 2.49 中的高斯波包来证明, 但结论是普适的.

证明 由方程 (3.73)

$$\frac{\mathrm{d}}{\mathrm{d}t}\left\langle \hat{Q}\right\rangle =\frac{\mathrm{i}}{\hbar}\left\langle \left[\hat{H},\hat{Q}\right]\right\rangle +\left\langle \frac{\partial \hat{Q}}{\partial t}\right\rangle ,$$

得

$$\frac{\mathrm{d}}{\mathrm{d}t}\langle \hat{x}\rangle =\frac{\mathrm{i}}{\hbar}\left\langle \left[\hat{H},\hat{x}\right]\right\rangle +\left\langle \frac{\partial \hat{x}}{\partial t}\right\rangle .$$

(a) 对于自由粒子:

将 $\hat{H}=\frac{\hat{p}^2}{2m}$ 和 $\left\langle \frac{\partial \hat{x}}{\partial t}\right\rangle =0$ 代入上式, 得

$$\begin{aligned}\frac{\mathrm{d}}{\mathrm{d}t}\langle \hat{x}\rangle &=\frac{\mathrm{i}}{\hbar}\left\langle \left[\frac{\hat{p}^2}{2m},\hat{x}\right]\right\rangle =\frac{\mathrm{i}}{2m\hbar}\left\langle \left[\hat{p}^2,\hat{x}\right]\right\rangle \\ &=\frac{\mathrm{i}}{2m\hbar}\langle \hat{p}\left[\hat{p},\hat{x}\right]+\left[\hat{p},\hat{x}\right]\hat{p}\rangle \\ &=\frac{\mathrm{i}}{2m\hbar}\langle \hat{p}\left[\hat{p},\hat{x}\right]+\left[\hat{p},\hat{x}\right]\hat{p}\rangle \\ &=\frac{\mathrm{i}}{2m\hbar}\langle \hat{p}\left(-\mathrm{i}\hbar\right)+\left(-\mathrm{i}\hbar\right)\hat{p}\rangle \\ &=\frac{\mathrm{i}}{2m\hbar}\left(-2\mathrm{i}\hbar\right)\langle \hat{p}\rangle \\ &=\frac{\langle \hat{p}\rangle}{m}.\end{aligned}$$

(b) 对于谐振子:

由 (a) 的结论知 $\frac{\mathrm{d}}{\mathrm{d}t}\langle\hat{x}\rangle=\frac{\langle\hat{p}\rangle}{m}$; 将 $\langle\hat{p}\rangle$ 用 $\langle\hat{x}\rangle$ 表示出来就得到关于 $\langle\hat{x}\rangle$ 的微分方程,

$$\begin{aligned}\frac{\mathrm{d}}{\mathrm{d}t}\langle\hat{p}\rangle&=\frac{\mathrm{i}}{\hbar}\left\langle\left[\hat{H},\hat{p}\right]\right\rangle+\left\langle\frac{\partial\hat{p}}{\partial t}\right\rangle\\&=\frac{\mathrm{i}}{\hbar}\left\langle\left[\frac{\hat{p}^2}{2m}+\frac{1}{2}m\omega^2\hat{x}^2,\hat{p}\right]\right\rangle\\&=\frac{\mathrm{i}}{\hbar}\left\langle\left[\frac{1}{2}m\omega^2\hat{x}^2,\hat{p}\right]\right\rangle\\&=\frac{\mathrm{i}}{\hbar}\frac{1}{2}m\omega^2\left\langle\left[\hat{x}^2,\hat{p}\right]\right\rangle\\&=\frac{\mathrm{i}m\omega^2}{2\hbar}\langle\hat{x}\left[\hat{x},\hat{p}\right]+\left[\hat{x},\hat{p}\right]\hat{x}\rangle\\&=-m\omega^2\langle\hat{x}\rangle.\end{aligned}$$

所以,

$$\frac{\mathrm{d}^2}{\mathrm{d}t^2}\langle\hat{x}\rangle=-\omega^2\langle\hat{x}\rangle,$$

即 $\frac{\mathrm{d}^2}{\mathrm{d}t^2}\langle\hat{x}\rangle+\omega^2\langle\hat{x}\rangle=0$ 满足谐振子的振动方程.

习题 3.20 对习题 2.5 中的波函数和可观测量 x, 通过精确计算 σ_H,σ_x 和 $\mathrm{d}\langle x\rangle/\mathrm{d}t$ 来验证能量–时间不确定性原理.

解答 习题 2.5 中的一维无限深方势阱 $(0<x<a)$ 的定态叠加波函数为

$$\Psi(x,t)=\frac{1}{\sqrt{2}}\left(\psi_1\mathrm{e}^{-\mathrm{i}E_1t/\hbar}+\psi_2\mathrm{e}^{-\mathrm{i}E_2t/\hbar}\right).$$

$$H\psi_1=E_1\psi_1\Rightarrow H^2\psi_1=E_1H\psi_1=E_1^2\psi_1,$$

$$H\psi_2=E_2\psi_2\Rightarrow H^2\psi_2=E_2H\psi_2=E_2^2\psi_2.$$

$$\left\langle H^2\right\rangle=\frac{1}{2}\left(E_1^2+E_2^2\right),$$

$$\langle H\rangle=\frac{1}{2}\left(E_1+E_2\right),$$

$$\sigma_H^2=\left\langle H^2\right\rangle-\langle H\rangle^2=\frac{1}{2}\left(E_1^2+E_2^2\right)-\frac{1}{4}\left(E_1+E_1\right)^2=\frac{1}{4}\left(E_2-E_1\right)^2$$

$$\to\sigma_H=\frac{1}{2}\left(E_2-E_1\right)=\frac{1}{2}\hbar\omega,\ \omega\equiv\frac{E_2-E_1}{\hbar}=\frac{3\pi^2\hbar}{2ma^2}.$$

$$\left\langle x^2\right\rangle=\frac{1}{2}\left[\langle\psi_1\left|x^2\right|\psi_1\rangle+\langle\psi_2\left|x^2\right|\psi_2\rangle+\langle\psi_1\left|x^2\right|\psi_2\rangle\mathrm{e}^{\mathrm{i}(E_1-E_2)t/\hbar}+\langle\psi_2\left|x^2\right|\psi_1\rangle\mathrm{e}^{\mathrm{i}(E_2-E_1)t/\hbar}\right],$$

$$\begin{aligned}\langle\psi_n\left|x^2\right|\psi_m\rangle&=\frac{2}{a}\int_0^a x^2\sin\left(\frac{n\pi}{a}x\right)\sin\left(\frac{m\pi}{a}x\right)\mathrm{d}x\\&=\frac{1}{a}\int_0^a x^2\left[\cos\left(\frac{n-m}{a}\pi x\right)-\cos\left(\frac{n+m}{a}\pi x\right)\right]\mathrm{d}x,\end{aligned}$$

而

$$\int_0^a x^2\cos\left(\frac{k}{a}\pi x\right)\mathrm{d}x=\left\{\frac{2a^2x}{k^2\pi^2}\cos\left(\frac{k}{a}\pi x\right)+\left(\frac{a}{k\pi}\right)^3\left[\left(\frac{k\pi x}{a}\right)^2-2\right]\sin\left(\frac{k}{a}\pi x\right)\right\}\Bigg|_0^a$$

$$=\frac{2a^3}{k^2\pi^2}\cos(k\pi)=\frac{2a^3}{k^2\pi^2}(-1)^k\quad(k\text{是不为零的整数})$$

$$\to\langle\psi_n\left|x^2\right|\psi_m\rangle=\frac{2a^2}{\pi^2}\left[\frac{(-1)^{n-m}}{(n-m)^2}-\frac{(-1)^{n+m}}{(n+m)^2}\right]=\frac{2a^2}{\pi^2}(-1)^{n+m}\frac{4nm}{(n^2-m^2)^2}$$

$$\to\langle\psi_1\left|x^2\right|\psi_2\rangle=\langle\psi_2\left|x^2\right|\psi_1\rangle=-\frac{16a^2}{9\pi^2}.$$

由习题 2.4 知

$$\langle\psi_n\left|x^2\right|\psi_n\rangle=a^2\left[\frac{1}{3}-\frac{1}{2(n\pi)^2}\right],$$

所以

$$\langle x^2\rangle=\frac{1}{2}\left\{a^2\left(\frac{1}{3}-\frac{1}{2\pi^2}\right)+a^2\left(\frac{1}{3}-\frac{1}{8\pi^2}\right)-\frac{16a^2}{9\pi^2}\left[\mathrm{e}^{\mathrm{i}(E_2-E_1)t/\hbar}+\mathrm{e}^{-\mathrm{i}(E_2-E_1)t/\hbar}\right]\right\}$$

$$=a^2\left(\frac{1}{3}-\frac{5}{16\pi^2}-\frac{16}{9\pi^2}\cos(\omega t)\right),\quad\omega\equiv\frac{E_2-E_1}{\hbar}=\frac{3\pi^2\hbar}{2ma^2}.$$

从习题 2.5 知

$$\langle x\rangle=\frac{a}{2}\left[1-\frac{32}{9\pi^2}\cos(\omega t)\right]$$

$$\langle x\rangle^2=\frac{a^2}{4}\left[1-\frac{64}{9\pi^2}\cos(\omega t)+\left(\frac{32}{9\pi^2}\right)^2\cos^2(\omega t)\right],$$

$$\frac{\mathrm{d}\langle x\rangle}{\mathrm{d}t}=\frac{16a\omega}{9\pi^2}\sin(\omega t),$$

所以

$$\sigma_x^2=\langle x^2\rangle-\langle x\rangle^2=\frac{a^2}{4}\left[\frac{1}{3}-\frac{5}{4\pi^2}-\left(\frac{32}{9\pi^2}\right)^2\cos^2(3\omega t)\right].$$

能量–时间不确定关系 (方程 (3.72)) 给出 $\Delta t\Delta E\geqslant\frac{\hbar}{2}$, 则

$$\sigma_H^2\sigma_x^2\geqslant\frac{\hbar^2}{4}\left(\frac{\mathrm{d}\langle x\rangle}{\mathrm{d}t}\right)^2,$$

因此

$$\sigma_H^2\sigma_x^2=\frac{1}{4}(\hbar\omega)^2\frac{a^2}{4}\left[\frac{1}{3}-\frac{5}{4\pi^2}-\left(\frac{32}{9\pi^2}\right)^2\cos^2(\omega t)\right]\geqslant\left[\frac{\hbar}{2}\frac{16a\omega}{9\pi^2}\sin(\omega t)\right]^2$$

$$\frac{1}{16}\left[\frac{1}{3}-\frac{5}{4\pi^2}-\left(\frac{32}{9\pi^2}\right)^2\cos^2(\omega t)\right]\geqslant\left[\frac{8}{9\pi^2}\sin(\omega t)\right]^2$$

$$\frac{1}{16}\left(\frac{1}{3}-\frac{5}{4\pi^2}\right)\geqslant\left(\frac{8}{9\pi^2}\right)\sin^2(\omega t)+\left(\frac{8}{9\pi^2}\right)^2\cos^2(\omega t)=\left(\frac{8}{9\pi^2}\right)^2$$

$$\frac{1}{3}-\frac{5}{4\pi^2}\geqslant\left(\frac{32}{9\pi^2}\right)^2.$$

估算一下两边大小

$$\frac{1}{3}-\frac{5}{4\pi^2}=0.20668;\quad\left(\frac{32}{9\pi^2}\right)^2=0.12978.$$

显然满足能量–时间不确定性原理.

习题 3.21　对习题 2.42 中的自由粒子波包和可观测量 x, 通过精确计算 σ_H, σ_x 和 $\mathrm{d}\langle x\rangle/\mathrm{d}t$ 来验证能量-时间不确定性原理.

解答　对题目给的自由粒子波包, 由习题 2.42 得

$$\langle x\rangle = \frac{\hbar l}{m}t,\quad \frac{\mathrm{d}\langle x\rangle}{\mathrm{d}t} = \frac{\hbar l}{m},$$

$$\sigma_x^2 = \frac{1}{4\omega^2} = \frac{1+\theta^2}{4a},\ \theta \equiv \frac{2\hbar a t}{m},$$

$$\langle H\rangle = \frac{1}{2m}\langle p^2\rangle = \frac{1}{2m}\hbar^2\left(a+l^2\right).$$

为了得到 σ_H 需要计算 $\langle H^2\rangle$. 对自由粒子, $H=\dfrac{p^2}{2m}$, 所以

$$\langle H^2\rangle = \frac{1}{4m^2}\langle p^4\rangle = \frac{1}{4m^2}\int_{-\infty}^{\infty} p^4 \left|\Phi(p,t)\right|^2 \mathrm{d}p,$$

其中

$$\Phi(p,t) = \frac{1}{\sqrt{2\pi\hbar}}\int_{-\infty}^{\infty} \mathrm{e}^{-\mathrm{i}p/\hbar}\Psi(x,t)\,\mathrm{d}x,$$

由习题 2.42

$$\begin{aligned}\Psi(x,t) &= \left(\frac{2a}{\pi}\right)^{1/4}\frac{1}{\sqrt{1+\mathrm{i}\theta}}\mathrm{e}^{-\frac{l^2}{4a}}\mathrm{e}^{a\left(\mathrm{i}x+\frac{l}{2a}\right)^2/(1+\mathrm{i}\theta)}\\
&= \frac{1}{\sqrt{2\pi\hbar}}\left(\frac{2a}{\pi}\right)^{1/4}\frac{1}{\sqrt{1+\mathrm{i}\theta}}\mathrm{e}^{-l^2/(4a)}\mathrm{e}^{pl/(2a\hbar)}\int_{-\infty}^{\infty}\mathrm{e}^{-\mathrm{i}py/\hbar}\mathrm{e}^{-ay^2/(1+\mathrm{i}\theta)}\mathrm{d}y\\
&= \frac{1}{\sqrt{2\pi\hbar}}\left(\frac{2a}{\pi}\right)^{1/4}\frac{1}{\sqrt{1+\mathrm{i}\theta}}\mathrm{e}^{-l^2/(4a)}\mathrm{e}^{pl/(2a\hbar)}\int_{-\infty}^{\infty}\mathrm{e}^{-\mathrm{i}py/\hbar}\mathrm{e}^{-ay^2/(1+\mathrm{i}\theta)}\mathrm{d}y,\end{aligned}$$

所以

$$\begin{aligned}\Phi(p,t) &= \frac{1}{\sqrt{2\pi\hbar}}\left(\frac{2a}{\pi}\right)^{1/4}\frac{1}{\sqrt{1+\mathrm{i}\theta}}\mathrm{e}^{-l^2/(4a)}\int_{-\infty}^{\infty}\mathrm{e}^{-\mathrm{i}px/\hbar}\mathrm{e}^{a\left(\mathrm{i}x+\frac{l}{2a}\right)^2/(1+\mathrm{i}\theta)}\mathrm{d}x\quad\left(\text{令}y\equiv x-\frac{\mathrm{i}l}{2a}\right)\\
&= \frac{1}{\sqrt{2\pi\hbar}}\left(\frac{2a}{\pi}\right)^{1/4}\frac{1}{\sqrt{1+\mathrm{i}\theta}}\mathrm{e}^{-l^2/(4a)}\mathrm{e}^{pl/(2a\hbar)}\int_{-\infty}^{\infty}\mathrm{e}^{-\mathrm{i}py/\hbar}\mathrm{e}^{-ay^2/(1+\mathrm{i}\theta)}\mathrm{d}y\ (\text{积分见习题 2.22})\\
&= \frac{1}{\sqrt{2\pi\hbar}}\left(\frac{2a}{\pi}\right)^{1/4}\frac{1}{\sqrt{1+\mathrm{i}\theta}}\mathrm{e}^{-l^2/(4a)}\mathrm{e}^{pl/(2a\hbar)}\sqrt{\frac{\pi(1+\mathrm{i}\theta)}{a}}\mathrm{e}^{-p^2(1+\mathrm{i}\theta)/4a\hbar^2}\\
&= \frac{1}{\sqrt{\hbar}}\left(\frac{1}{2a\pi}\right)^{1/4}\mathrm{e}^{-l^2/(4a)}\mathrm{e}^{pl/(2a\hbar)}\mathrm{e}^{-p^2(1+\mathrm{i}\theta)/(4a\hbar^2)},\end{aligned}$$

$$\begin{aligned}\left|\Phi(p,t)\right|^2 &= \frac{1}{\sqrt{2a\pi}}\frac{1}{\hbar}\mathrm{e}^{-l^2/(2a)}\mathrm{e}^{pl/(a\hbar)}\mathrm{e}^{-p^2/(2a\hbar^2)}\\
&= \frac{1}{\hbar\sqrt{2a\pi}}\mathrm{e}^{1/(2a)\left(l^2-2pl/\hbar+p^2/\hbar^2\right)}\\
&= \frac{1}{\hbar\sqrt{2a\pi}}\mathrm{e}^{-(l-p/\hbar)^2/(2a)}.\end{aligned}$$

$$\begin{aligned}\langle p^4\rangle &= \frac{1}{\hbar\sqrt{2a\pi}}\int_{-\infty}^{\infty} p^4 \mathrm{e}^{-(l-p/\hbar)^2/(2a)}\mathrm{d}p \quad \left(令\frac{p}{\hbar}-l\equiv z,\ \mathrm{d}p=\hbar\mathrm{d}z\right)\\ &= \frac{1}{\hbar\sqrt{2a\pi}}\hbar^5\int_{-\infty}^{\infty}(z+l)^4\,\mathrm{e}^{-z^2/(2a)}\mathrm{d}z\\ &= \frac{\hbar^4}{\sqrt{2a\pi}}\left[\frac{3\,(2a)^2}{4}\sqrt{2a\pi}+6l^2\frac{2a}{2}\sqrt{2a\pi}+l^4\sqrt{2a\pi}\right]\\ &= \frac{\hbar^4}{4m^2}\left(3a^2+6al^2+l^4\right).\end{aligned}$$

$$\begin{aligned}\sigma_H^2 &= \left\langle H^2\right\rangle - \langle H\rangle^2\\ &= \frac{\hbar^4}{4m^2}\left(3a^2+6al^2+l^4-a^2-2al^2-l^4\right)\\ &= \frac{\hbar^4 a}{2m^2}\left(a+2l^2\right),\\ \sigma_H^2\sigma_x^2 &= \frac{\hbar^4 a}{2m^2}\left(a+2l^2\right)\frac{1}{4a}\left[1+\left(\frac{2\hbar a t}{m}\right)^2\right]\\ &\geqslant \frac{\hbar^4 l^2}{4m^2}=\frac{\hbar^2}{4}\left(\frac{\hbar l}{m}\right)^2=\frac{\hbar^2}{4}\left(\frac{\mathrm{d}\langle x\rangle}{\mathrm{d}t}\right)^2.\end{aligned}$$

所以题目给的自由粒子波包满足能量–时间不确定性原理.

习题 3.22 证明：当所涉及的可观测量为 x 时, 能量–时间不确定性原理还原为不确定性原理 (习题 3.15).

证明 当 $Q=x$ 时, 能量–时间不确定性原理为 $\sigma_H\sigma_x\geqslant\frac{\hbar}{2}\left|\frac{\mathrm{d}\langle x\rangle}{\mathrm{d}t}\right|$, 但是 $\langle p\rangle=m\frac{\mathrm{d}\langle x\rangle}{\mathrm{d}t}$, 所以

$$\sigma_x\sigma_H\geqslant\frac{\hbar}{2m}\left|\langle p\rangle\right|.$$

再由

$$[x,H]=\frac{1}{2m}\left[x,p^2\right]=\frac{1}{2m}\left(p\,[x,p]+[x,p]\,p\right)=\frac{\mathrm{i}\hbar}{m}p$$

得到不确定性原理,

$$\sigma_x\sigma_H\geqslant\left|\frac{1}{2\mathrm{i}}\left\langle[x,H]\right\rangle\right|.$$

习题 3.23 证明：投影算符等幂, 即 $\hat{P}^2=\hat{P}$. 求 $\hat{P}$ 的本征值, 并描述其本征矢量.

证明 设 $|\beta\rangle$ 为任意态矢量, 投影算符 $\hat{P}=|\alpha\rangle\langle\alpha|$, 故

$$\begin{aligned}\hat{P}^2|\beta\rangle &= \hat{P}\left(\hat{P}|\beta\rangle\right)=\hat{P}\left(|\alpha\rangle\langle\alpha|\,\beta\rangle\right)\\ &= |\alpha\rangle\langle\alpha\,|\alpha\rangle\langle\alpha|\,\beta\rangle=|\alpha\rangle\langle\alpha|\,\beta\rangle\\ &= \hat{P}|\beta\rangle,\end{aligned}$$

所以,

$$\hat{P}^2=\hat{P}.$$

如果 $|\gamma\rangle$ 是 $\hat{P}$ 的本征值 λ 的本征矢量, 那么

$$\hat{P}^2|\gamma\rangle = \lambda\hat{P}|\gamma\rangle = \lambda^2|\gamma\rangle,$$

所以 $\lambda^2 = \lambda$. 因此 $\hat{P}$ 的本征值是 0 和 1, 任何一个含有态 $|\alpha\rangle$ 的矢量是 $\hat{P}$ 的本征值为 1 的本征矢, 任何与 $|\alpha\rangle$ 正交的本征矢是 $\hat{P}$ 的本征值为 0 的本征矢.

习题 3.24 证明: 如果算符 $\hat{Q}$ 是厄米的, 则在任意正交基内所表示的矩阵元满足 $Q_{mn} = Q_{nm}^*$. 也就是说, 它相应的矩阵等于其转置共轭.

证明 设有正交基函数 $|m\rangle$ 和 $|n\rangle$, 从厄米算符定义出发

$$Q_{mn} = \langle m|Qn\rangle = \langle Qm \mid n\rangle = \langle n \mid Qm\rangle^* = Q_{nm}^*.$$

习题 3.25 两能级体系的哈密顿量为

$$\hat{H} = \varepsilon\left(|1\rangle\langle 1| - |2\rangle\langle 2| + |1\rangle\langle 2| + |2\rangle\langle 1|\right),$$

其中 $|1\rangle, |2\rangle$ 是正交归一基, ε 为一个具有能量量纲的数值. 求出其本征值和本征矢(用 $|1\rangle$ 和 $|2\rangle$ 的线性叠加表示). 用这组基来表示 $\hat{H}$ 的矩阵 $\boldsymbol{\mathcal{H}}$ 是什么?

解答 相应于这个基表示 $\hat{H}$ 的矩阵 $\boldsymbol{\mathcal{H}}$ 的矩阵元是

$$\langle 1|\hat{H}|1\rangle = \varepsilon,\ \langle 1|\hat{H}|2\rangle = \varepsilon,\ \langle 2|\hat{H}|1\rangle = \varepsilon,\ \langle 2|\hat{H}|2\rangle = -\varepsilon,$$
$$\boldsymbol{\mathcal{H}} = \varepsilon\begin{pmatrix} 1 & 1 \\ 1 & -1 \end{pmatrix}.$$

本征方程为

$$\varepsilon\begin{pmatrix} 1 & 1 \\ 1 & -1 \end{pmatrix}\begin{pmatrix} c_1 \\ c_2 \end{pmatrix} = E\begin{pmatrix} c_1 \\ c_2 \end{pmatrix}.$$

久期方程为

$$\begin{vmatrix} \varepsilon - E & \varepsilon \\ \varepsilon & -\varepsilon - E \end{vmatrix} = 0,$$
$$\left(E^2 - \varepsilon^2\right) - \varepsilon^2 = 0,$$
$$E_\pm = \pm\sqrt{2}\varepsilon.$$

把 $E_+ = \sqrt{2}\varepsilon$ 代入本征方程, 得

$$\begin{pmatrix} 1 & 1 \\ 1 & -1 \end{pmatrix}\begin{pmatrix} c_1 \\ c_2 \end{pmatrix} = \sqrt{2}\begin{pmatrix} c_1 \\ c_2 \end{pmatrix},$$
$$c_1 + c_2 = \sqrt{2}c_1,$$
$$c_2 = \left(\sqrt{2} - 1\right)c_1,$$

归一化

$$|c_1|^2 + |c_2|^2 = 1,$$
$$|c_1|^2\left[1 + \left(\sqrt{2} - 1\right)^2\right] = 1,$$
$$c_1 = \frac{1}{\sqrt{4 - 2\sqrt{2}}}.$$

得到 c_1 时不计任意相因子, 所以对应 $E_+ = \sqrt{2}\varepsilon$ 的本征态为

$$|\psi_+\rangle = \frac{1}{\sqrt{4-2\sqrt{2}}}\left[|1\rangle + \left(\sqrt{2}-1\right)|2\rangle\right].$$

同理把 $E_- = -\sqrt{2}\varepsilon$ 代入本征方程, 得

$$\begin{pmatrix} 1 & 1 \\ 1 & -1 \end{pmatrix}\begin{pmatrix} c_1 \\ c_2 \end{pmatrix} = -\sqrt{2}\begin{pmatrix} c_1 \\ c_2 \end{pmatrix},$$

$$c_1 + c_2 = -\sqrt{2}c_1,$$

$$c_2 = -\left(\sqrt{2}+1\right)c_1,$$

归一化

$$|c_1|^2 + |c_2|^2 = 1,$$

$$|c_1|^2\left[1+\left(\sqrt{2}+1\right)^2\right] = 1,$$

$$c_1 = \frac{1}{\sqrt{4+2\sqrt{2}}}.$$

所以对应 $E_- = -\sqrt{2}\varepsilon$ 的本征态为

$$|\psi_-\rangle = \frac{1}{\sqrt{4+2\sqrt{2}}}\left[|1\rangle - \left(\sqrt{2}+1\right)|2\rangle\right].$$

***习题 3.26** 考虑由正交归一基 $|1\rangle, |2\rangle, |3\rangle$ 构成的三维矢量空间. 右矢 $|\alpha\rangle$ 和 $|\beta\rangle$ 分别为

$$|\alpha\rangle = \mathrm{i}\,|1\rangle - 2\,|2\rangle - \mathrm{i}\,|3\rangle, \quad |\beta\rangle = \mathrm{i}\,|1\rangle + 2\,|3\rangle.$$

(a) 构造出 $\langle\alpha|$ 和 $\langle\beta|$(以对偶基 $\langle 1|, \langle 2|, \langle 3|$ 来表示).

(b) 求出 $\langle\alpha|\beta\rangle$ 和 $\langle\beta|\alpha\rangle$, 并证实 $\langle\beta|\alpha\rangle = \langle\alpha|\beta\rangle^*$.

(c) 在这组基中, 求出算符 $\hat{A} \equiv |\alpha\rangle\langle\beta|$ 的所有 9 个矩阵元, 并写出矩阵 $\boldsymbol{\mathcal{A}}$. 它是厄米矩阵吗?

解答 (a) 构造左矢

$$\langle\alpha| = -\mathrm{i}\,\langle 1| - 2\,\langle 2| + \mathrm{i}\,\langle 3|; \quad \langle\beta| = -\mathrm{i}\,\langle 1| + 2\,\langle 3|.$$

(b) 作内积

$$\langle\alpha|\beta\rangle = \left(-\mathrm{i}\,\langle 1| - 2\,\langle 2| + \mathrm{i}\,\langle 3|\right)\left(\mathrm{i}\,|1\rangle + 2\,|3\rangle\right) = 1 + 2\mathrm{i},$$

$$\langle\beta|\alpha\rangle = \left(-\mathrm{i}\,\langle 1| + 2\,\langle 3|\right)\left(\mathrm{i}\,|1\rangle - 2\,|2\rangle - \mathrm{i}\,|3\rangle\right) = 1 - 2\mathrm{i} = \langle\alpha|\beta\rangle^*.$$

(c) 写出矩阵元和矩阵

$$A_{11} = \langle 1|\alpha\rangle\langle\beta|1\rangle = (\mathrm{i})(-\mathrm{i}) = 1,\ A_{12} = \langle 1|\alpha\rangle\langle\beta|2\rangle = (\mathrm{i})(0) = 0,$$

$$A_{13} = \langle 1|\alpha\rangle\langle\beta|3\rangle = (\mathrm{i})(2) = 2\mathrm{i},\ A_{21} = \langle 2|\alpha\rangle\langle\beta|1\rangle = (-2)(-\mathrm{i}) = 2\mathrm{i},$$

$$A_{22} = \langle 2|\alpha\rangle\langle\beta|2\rangle = (-2)(0) = 0,\ A_{23} = \langle 2|\alpha\rangle\langle\beta|3\rangle = (-2)(2) = -4,$$

$$A_{31} = \langle 3|\alpha\rangle\langle\beta|1\rangle = (-\mathrm{i})(-\mathrm{i}) = -1,\ A_{32} = \langle 3|\alpha\rangle\langle\beta|2\rangle = (-\mathrm{i})(0) = 0,$$

$$A_{33} = \langle 3|\alpha\rangle\langle\beta|3\rangle = (-\mathrm{i})(2) = -2\mathrm{i}.$$

得

$$\mathcal{A}=\begin{pmatrix}1 & 0 & 2\mathrm{i}\\ 2\mathrm{i} & 0 & -4\\ -1 & 0 & -2\mathrm{i}\end{pmatrix},$$

显然它不是厄米矩阵.

习题 3.27 算符 $\hat{Q}$ 具有一组完备的正交归一本征矢:

$$\hat{Q}\left|e_n\right\rangle=q_n\left|e_n\right\rangle \quad (n=1,\ 2,\ 3,\ \cdots).$$

(a) 证明: $\hat{Q}$ 可以写成它的**谱分解**形式

$$\hat{Q}=\sum_n q_n\left|e_n\right\rangle\left\langle e_n\right|$$

提示 算符是通过它对所有可能矢量的作用来表征的, 因此对于任意矢量 $|\alpha\rangle$ 来说, 证明:

$$\hat{Q}|\alpha\rangle=\left\{\sum_n q_n\left|e_n\right\rangle\left\langle e_n\right|\right\}|\alpha\rangle.$$

(b) 定义 $\hat{Q}$ 的函数的另一种方法是通过谱分解:

$$f\left(\hat{Q}\right)=\sum_n f\left(q_n\right)\left|e_n\right\rangle\left\langle e_n\right|.$$

证明: 对于 $\mathrm{e}^{\hat{Q}}$ 的情况, 这等同于方程 (3.100).

证明 (a) 设 $|\alpha\rangle$ 为任意态矢量, 它可以用 $\{|e_n\rangle\}$ 展开为 $|\alpha\rangle=\sum_n c_n\left|e_n\right\rangle, c_n=\left\langle e_n \mid \alpha\right\rangle$, 所以

$$\hat{Q}|\alpha\rangle=\sum_n c_n\hat{Q}\left|e_n\right\rangle=\sum_n\left\langle e_n \mid \alpha\right\rangle q_n\left|e_n\right\rangle=\left(\sum_n q_n\left|e_n\right\rangle\left\langle e_n\right|\right)|\alpha\rangle$$
$$\Rightarrow \hat{Q}=\sum_n q_n\left|e_n\right\rangle\left\langle e_n\right|.$$

(b) $\hat{Q}=\sum_n q_n\left|e_n\right\rangle\left\langle e_n\right|$ 且 $\hat{Q}\left|e_n\right\rangle=\sum_n q_n\left|e_n\right\rangle\left\langle e_n \mid e_n\right\rangle=\sum_n q_n\left|e_n\right\rangle$, 同理

$$\hat{Q}^2\left|e_n\right\rangle=\hat{Q}\hat{Q}\left|e_n\right\rangle=\hat{Q}\sum_n q_n\left|e_n\right\rangle=\sum_n q_n\hat{Q}\left|e_n\right\rangle=q_n^2\left|e_n\right\rangle,$$

所以,

$$\hat{Q}^m\left|e_n\right\rangle=q_n^m\left|e_n\right\rangle.$$

由方程 (3.100)$\mathrm{e}^{\hat{Q}}\equiv 1+\hat{Q}+\frac{1}{2}\hat{Q}^2+\frac{1}{3!}\hat{Q}^3+\cdots$ 得

$$\begin{aligned}\mathrm{e}^{\hat{Q}}|\alpha\rangle&=\left(1+\hat{Q}+\frac{1}{2}\hat{Q}^2+\frac{1}{3!}\hat{Q}^3+\cdots\right)\sum_n\left|e_n\right\rangle\left\langle e_n \mid \alpha\right\rangle\\&=\sum_{m=0}\frac{1}{m!}\hat{Q}^m\sum_n\left|e_n\right\rangle\left\langle e_n \mid \alpha\right\rangle\\&=\sum_{m=0}\frac{1}{m!}q_n^m\sum_n\left|e_n\right\rangle\left\langle e_n \mid \alpha\right\rangle\\&=\sum_n\mathrm{e}^{q_n}\left|e_n\right\rangle\left\langle e_n \mid \alpha\right\rangle,\end{aligned}$$

所以,

$$\mathrm{e}^{\hat{Q}} = \sum_n \mathrm{e}^{q_n} \left| e_n \right\rangle \left\langle e_n \right|.$$

习题 3.28 令 $\hat{D} = \mathrm{d}/\mathrm{d}x$(导数算符). 求:

(a) $\left(\sin \hat{D}\right) x^5$.

(b) $\left(\dfrac{1}{1-\hat{D}/2}\right) \cos(x)$.

解答 (a) 将算符函数进行泰勒展开, 使得算符直接作用于后面的函数上:
泰勒展开公式

$$\sin x = x - \frac{1}{3!}x^3 + \frac{1}{5!}x^5 - \frac{1}{7}x^7 + \cdots,$$

$$\sin \hat{D} = \hat{D} - \frac{1}{3!}\hat{D}^3 + \frac{1}{5!}\hat{D}^5 - \frac{1}{7}\hat{D}^7 + \cdots,$$

$$\begin{aligned}
\left(\sin \hat{D}\right)\ x^5 &= \left(\hat{D} - \frac{1}{3!}\hat{D}^3 + \frac{1}{5!}\hat{D}^5 - \frac{1}{7}\hat{D}^7 + \cdots\right) x^5 \\
&= \left(\frac{\mathrm{d}}{\mathrm{d}x} - \frac{1}{3!}\frac{\mathrm{d}^3}{\mathrm{d}x^3} + \frac{1}{5!}\frac{\mathrm{d}^5}{\mathrm{d}x^5} - \frac{1}{7}\frac{\mathrm{d}^7}{\mathrm{d}x^7} + \cdots\right) x^5 \\
&= 5x^4 - \frac{1}{3!}5 \times 4 \times 3x^2 + \frac{1}{5!}5 \times 4 \times 3 \times 2 \times 1x^0 \\
&= 5x^4 - 10x^2 + 1.
\end{aligned}$$

(b) 泰勒展开式 $\dfrac{1}{1-x} = 1 + x + x^2 + x^3 + \cdots$, 得

$$\begin{aligned}
\left(\frac{1}{1-\hat{D}/2}\right) \cos x &= \left(1 + \frac{\mathrm{d}}{2\mathrm{d}x} + \frac{\mathrm{d}^2}{4\mathrm{d}x^2} + \frac{\mathrm{d}^3}{8\mathrm{d}x^3} + \cdots\right) \cos x \\
&= \cos x - \frac{1}{2}\sin x - \frac{1}{4}\cos x + \frac{1}{8}\sin x + \cdots \\
&= \cos x \left(1 - \frac{1}{4} + \frac{1}{16} + \cdots\right) - \frac{1}{2}\sin x \left(1 - \frac{1}{4} + \frac{1}{16} + \cdots\right) \\
&= \left(\cos x - \frac{1}{2}\sin x\right) \frac{1}{1+1/4} \\
&= \frac{2}{5}\left(2\cos x - \sin x\right).
\end{aligned}$$

****习题 3.29** 考虑两个相互不对易算符 $\hat{A}$ 和 $\hat{B}$ $\left(\hat{C} = \left[\hat{A}, \hat{B}\right]\right)$, 但它们都和它们的对易式对易: $\left[\hat{A}, \hat{C}\right] = \left[\hat{B}, \hat{C}\right] = 0$(例如 $\hat{x}$ 和 $\hat{p}$).

(a) 证明:

$$\left[\hat{A}^n, \hat{B}\right] = n\hat{A}^{n-1}\hat{C}.$$

提示 利用方程 (3.65), 对 n 采用归纳法来证明.

(b) 证明:

$$\left[\mathrm{e}^{\lambda \hat{A}}, \hat{B}\right] = \lambda \mathrm{e}^{\lambda \hat{A}} \hat{C},$$

其中 λ 为任意复数. 提示　把 $e^{\lambda\hat{A}}$ 展开为幂级数.

(c) 推导**贝克-坎贝尔-豪斯多夫公式**：[①]

$$e^{\hat{A}+\hat{B}} = e^{\hat{A}}e^{\hat{B}}e^{-\hat{C}/2}.$$

提示　定义函数

$$\hat{f}(\lambda) = e^{\lambda(\hat{A}+\hat{B})},\quad \hat{g}(\lambda) = e^{\lambda\hat{A}}e^{\lambda\hat{B}}e^{-\lambda^2\hat{C}/2}.$$

注释　当 $\lambda = 0$ 时, 这两个函数相等. 证明：它们满足同样的微分方程 $\dfrac{d\hat{f}}{d\lambda} = \left(\hat{A}+\hat{B}\right)\hat{f}$ 和 $\dfrac{d\hat{g}}{d\lambda} = \left(\hat{A}+\hat{B}\right)\hat{g}$. 因此, 对于所有的 λ, 这两个函数本身是相等的.[②]

解答　(a) 用数学归纳法证明：

(1) 当 $n=1$ 时, 有 $\left[\hat{A},\ \hat{B}\right] = 1\cdot\hat{A}^{1-1}\hat{C} = \hat{C}$, 显然成立.

(2) 设 $n=k$, $\left[\hat{A}^k,\ \hat{B}\right] = k\hat{A}^{k-1}\hat{C}$ 成立.

(3) 则 $n=k+1$ 时,

$$\begin{aligned}\left[\hat{A}^{k+1},\hat{B}\right] &= [\hat{A}\hat{A}^k,\hat{B}] = \hat{A}[\hat{A}^k,\hat{B}] + [\hat{A}^k,\hat{B}]\hat{A} \\ &= \hat{A}k\hat{A}^{k-1}\hat{C} + k\hat{A}^{k-1}\hat{C}\hat{A} = k\hat{A}^k\hat{C} + k\hat{A}^{k-1}\hat{C}\hat{A}.\end{aligned}$$

由 $\left[\hat{A},\hat{C}\right] = 0$, 得 $\hat{C}\hat{A} = \hat{A}\hat{C}$, 代入上式, 得

$$k\hat{A}^k\hat{C} + k\hat{A}^{k-1}\hat{A}\hat{C} = k\hat{A}^k\hat{C} + k\hat{A}^k\hat{C} = (k+1)\hat{A}^k\hat{C}.$$

即 $n=k+1$ 时也成立.

所以,

$$\left[\hat{A}^n,\ \hat{B}\right] = n\hat{A}^{n-1}\hat{C}.$$

(b) $e^{\lambda\hat{A}}$ 为算符函数, 对于这种类型, 需要将函数展开为算符的叠加项 (泰勒展开)：

$$e^{\lambda\hat{A}} = 1 + \lambda\hat{A} + \frac{1}{2!}\lambda\hat{A}^2 + \frac{1}{3!}\lambda\hat{A}^3 + \cdots = \sum_{n=0}^{\infty}\frac{\lambda^n\hat{A}^n}{n!},$$

则

$$\begin{aligned}\left[e^{\lambda\hat{A}},\hat{B}\right] &= \left[\sum_{n=0}^{\infty}\frac{\lambda^n\hat{A}^n}{n!},\hat{B}\right] = \sum_{n=0}^{\infty}\frac{\lambda^n}{n!}\left[\hat{A}^n,\hat{B}\right] \\ &= \sum_{n=0}^{\infty}\frac{\lambda^n}{n!}n\hat{A}^{n-1}\hat{C} = \lambda\sum_{n=1}^{\infty}\frac{\lambda^{n-1}}{(n-1)!}\hat{A}^{n-1}\hat{C} \\ &= \lambda e^{\lambda\hat{A}}\hat{C}.\end{aligned}$$

(推导中利用了 (a) 中的结论.)

---

① 这是一个更一般的公式的特例, 适用于 $\hat{A}$ 和 $\hat{B}$ 都不与 $\hat{C}$ 对易的情况, 例如, 参见 Eugen Merzbacher, 量子力学, 第三版, Wiley 出版社, 纽约 (1998), 第 40 页.

② 只要严格遵循其顺序, 乘积规则对算符微分运算也成立：

$$\frac{d}{d\lambda}\left[\hat{A}(\lambda)\ \hat{B}(\lambda)\right] = \hat{A}'(\lambda)\hat{B}(\lambda) + \hat{A}(\lambda)\hat{B}'(\lambda).$$

(c) 由于

$$e^{\lambda\hat{A}} = 1 + \lambda\hat{A} + \frac{1}{2!}\lambda\hat{A}^2 + \frac{1}{3!}\lambda\hat{A}^3 + \cdots = \sum_{n=0}^{\infty}\frac{\lambda^n\hat{A}^n}{n!},$$

$$\frac{d}{d\lambda}\left(e^{\lambda\hat{A}}\right) = \frac{d}{d\lambda}\left(\sum_{n=0}^{\infty}\frac{\lambda^n\hat{A}^n}{n!}\right) = \hat{A}\sum_{n=1}^{\infty}\frac{\lambda^{n-1}\hat{A}^{n-1}}{(n-1)!}$$
$$= \hat{A}e^{\lambda\hat{A}}.$$

根据提示构建两个函数

$$\hat{f}(\lambda) = e^{\lambda\left(\hat{A}+\hat{B}\right)}, \quad \hat{g}(\lambda) = e^{\lambda\hat{A}}e^{\lambda\hat{B}}e^{-\lambda^2\hat{C}/2}.$$

那么

$$\frac{d}{d\lambda}f = \left(\hat{A}+\hat{B}\right)f,$$

$$\frac{d}{d\lambda}g = \hat{A}e^{\lambda\hat{A}}e^{\lambda\hat{B}}e^{-\lambda^2\hat{C}/2} + e^{\lambda\hat{A}}\hat{B}e^{\lambda\hat{B}}e^{-\lambda^2\hat{C}/2} + e^{\lambda\hat{A}}e^{\lambda\hat{B}}(-\lambda\hat{C})e^{-\lambda^2\hat{C}/2}.$$

最好能将其化简为 $\frac{d}{d\lambda}f = \left(\hat{A}+\hat{B}\right)f$ 这样的类型. 因此, 需要将多出的系数提到 e 指数的前面. 由 $\left[e^{\lambda\hat{A}}, \hat{B}\right] = \lambda e^{\lambda\hat{A}}\hat{C}$ 得 $e^{\lambda\hat{A}}\hat{B} = \lambda e^{\lambda\hat{A}}\hat{C} + \hat{B}e^{\lambda\hat{A}}$ 并代入等式右边的第二项, 且算符 $\hat{C}$ 与 $\hat{A}$ 和 $\hat{B}$ 都对易, 得

$$\begin{aligned}\frac{d}{d\lambda}g &= \hat{A}e^{\lambda\hat{A}}e^{\lambda\hat{B}}e^{-\lambda^2\hat{C}/2} + e^{\lambda\hat{A}}\hat{B}e^{\lambda\hat{B}}e^{-\lambda^2\hat{C}/2} + e^{\lambda\hat{A}}e^{\lambda\hat{B}}\left(-\lambda\hat{C}\right)e^{-\lambda^2\hat{C}/2} \\ &= \hat{A}g + \left(\lambda e^{\lambda\hat{A}}\hat{C} + \hat{B}e^{\lambda\hat{A}}\right)e^{\lambda\hat{B}}e^{-\lambda^2\hat{C}/2} - \lambda\hat{C}g \\ &= \left(\hat{A} + \lambda\hat{C} + \hat{B} - \lambda\hat{C}\right)g \\ &= \left(\hat{A}+\hat{B}\right)g.\end{aligned}$$

因此, 对所有的参数 λ, 函数 f 和 g 都相等. 特别在 $\lambda = 1$ 时, 得证

$$e^{\hat{A}+\hat{B}} = e^{\hat{A}}e^{\hat{B}}e^{-\hat{C}/2}.$$

习题 3.30 利用例题 3.9 中的方法推导出位置空间波函数到能量空间波函数 ($c_n(t)$) 的变换. 假设能谱是不连续的, 势能不含时间.

解答 能量本征态用 $|n\rangle$ 表示, 能量空间波函数为

$$c_n(t) = \langle n|S(t)\rangle.$$

插入坐标表象下的恒等算符

$$\langle n|\int|x\rangle\langle x|dx\,|S(t)\rangle = \int dx\,\langle n|x\rangle\langle x|S(t)\rangle.$$

由 $\langle x|n\rangle$ 为坐标空间的本征态, $\langle x|S(t)\rangle = \Psi(x,t)$, 所以

$$c_n(t) = \int\psi_n(x)^*\,\Psi(x,t)\,dx.$$

补充习题

***习题 3.31　勒让德多项式.** 用格拉姆–施密特方法 (习题 A.4) 在区间 $-1\leqslant x\leqslant 1$ 内对函数 $1,x,x^2,x^3$ 进行正交归一化. 你可能会认出这些结果——(除了归一化外) 它们是**勒让德多项式** (习题 2.64 和教材表 4.1).[①]

解答

$$\text{由 } |e_1\rangle = 1,\ \langle e_1|e_1\rangle = \int_{-1}^{1} 1\mathrm{d}x = 2,\ \text{得 } |e_1'\rangle = \frac{1}{\sqrt{2}},$$

$$\text{由 } |e_2\rangle = x,\ \langle e_1'|e_2\rangle = \frac{1}{\sqrt{2}}\int_{-1}^{1} x\mathrm{d}x = 0,\ \langle e_2|e_2\rangle = \int_{-1}^{1} x\mathrm{d}x = \frac{2}{3},\ \text{得 } |e_2'\rangle = \sqrt{\frac{3}{2}}x;$$

$$|e_3\rangle = x^2;\ \langle e_1'|\ e_3\rangle = \int_{-1}^{1}\frac{1}{\sqrt{2}}x^2\mathrm{d}x = \frac{\sqrt{2}}{3};\ \langle e_2'|\ e_3\rangle = \int_{-1}^{1}\frac{\sqrt{3}}{2}x^3\mathrm{d}x = 0;$$

设

$$|e_3'\rangle = c\left(|e_3\rangle - \frac{\sqrt{2}}{3}|e_1'\rangle\right) = c\left(x^2 - \frac{1}{3}\right),$$

它与 $|e_1'\rangle$ 及 $|e_2'\rangle$ 正交, 归一化

$$1 = \langle e_3'|e_3'\rangle = |c|^2\int_{-1}^{1}\left(x^2 - \frac{1}{3}\right)^2\mathrm{d}x = |c|^2\frac{8}{45} \to c = \sqrt{\frac{45}{8}},$$

得

$$|e_3'\rangle = \sqrt{\frac{45}{8}}\left(x^2 - \frac{1}{3}\right) = \sqrt{\frac{5}{2}}\left(\frac{3}{2}x^2 - \frac{1}{2}\right),$$

$$|e_4\rangle = x^3;\ \langle e_1'|e_4\rangle = \frac{1}{\sqrt{2}}\int_{-1}^{1}x^3\mathrm{d}x = 0;\ \langle e_2'|e_4\rangle = \sqrt{\frac{3}{2}}\int_{-1}^{1}x^4\mathrm{d}x = \sqrt{\frac{3}{2}}\frac{2}{5} = \frac{\sqrt{6}}{5};$$

$$\langle e_3'|e_4\rangle = \sqrt{\frac{5}{2}}\int_{-1}^{1}\left(\frac{3}{2}x^5 - \frac{1}{2}x^3\right)\mathrm{d}x = 0.$$

设

$$|e_4'\rangle = c\left(|e_4\rangle - \frac{\sqrt{6}}{5}|e_2'\rangle\right) = c\left(x^3 - \frac{3x}{5}\right),$$

它与 $|e_1'\rangle, |e_2'\rangle$ 及 $|e_3'\rangle$ 正交, 归一化

$$\langle e_4'|e_4'\rangle = |c|^2\int_{-1}^{1}\left(x^3 - \frac{3x}{5}\right)^2\mathrm{d}x = |c|^2\frac{8}{175} \to c = \sqrt{\frac{175}{8}} = \frac{5}{2}\sqrt{\frac{7}{2}},$$

$$|e_4'\rangle = \frac{5}{2}\sqrt{\frac{7}{2}}\left(x^3 - \frac{3x}{5}\right) = \sqrt{\frac{7}{2}}\left(\frac{5x^3}{2} - \frac{3x}{2}\right).$$

这样我们构造出了四个相互正交且归一 (在区间 $-1\leqslant x\leqslant 1$) 的函数 $|e_1'\rangle, |e_2'\rangle, |e_3'\rangle, |e_4'\rangle$.

---

① 勒让德那时不知道选择什么是最方便的; 他考虑了总体因素使得在 $x=1$ 时他的所有函数为 1, 因此, 我们仍然用他这个不适当的选择.

习题 3.32 反厄米 (或厄米共轭) 算符等于其负厄米共轭:

$$\hat{Q}^{\dagger}=-\hat{Q}.$$

(a) 证明: 反厄米算符的期望值是虚数.

(b) 证明: 反厄米算符的本征值是虚数.

(c) 证明: 属于反厄米算符不同本征值的本征矢是正交的.

(d) 证明: 两个厄米算符的对易式是反厄米的. 那么两个反厄米算符的对易式如何?

(e) 证明: 任何一个算符 $\hat{Q}$ 都可以表示为一个厄米算符 $\hat{A}$ 和一个反厄米算符 $\hat{B}$ 之和, 用 $\hat{Q}$ 和它的共轭算符 $\hat{Q}^{\dagger}$ 表示出 $\hat{A}$ 和 $\hat{B}$.

证明 (a) 期望值

$$\left\langle\hat{Q}\right\rangle=\left\langle\psi|\hat{Q}\psi\right\rangle=\left\langle\hat{Q}^{\dagger}\psi|\psi\right\rangle=-\left\langle\hat{Q}\psi|\psi\right\rangle=-\left\langle\psi|\hat{Q}\psi\right\rangle^{*}=-\left\langle\hat{Q}\right\rangle^{*},$$

所以 $\langle Q\rangle$ 是虚数.

(b) 设 ψ 为 $\hat{Q}$ 的本征态, 本征值为 q,

$$\left\langle\psi\left|\hat{Q}\psi\right.\right\rangle=\langle\psi\mid q\psi\rangle=q\langle\psi\mid\psi\rangle=q.$$

$$\left\langle\psi\left|\hat{Q}\psi\right.\right\rangle=\left\langle\hat{Q}^{\dagger}\psi\left|\psi\right.\right\rangle=-\left\langle\hat{Q}\psi\left|\psi\right.\right\rangle=-\left\langle\psi\left|\hat{Q}\psi\right.\right\rangle^{*}=-q^{*}\langle\psi\mid\psi\rangle^{*}=-q^{*}.$$

则有

$$q=-q^{*}.$$

所以本征值 q 为虚数.

(c) 令 $|\alpha\rangle$ 和 $|\beta\rangle$ 为 $\hat{Q}$ 的两个本征态, 其相应的本征值为 q_α 和 q_β, 且 $q_\alpha\neq q_\beta$,

$$Q|\alpha\rangle=q_\alpha|\alpha\rangle,\quad Q|\beta\rangle=q_\beta|\beta\rangle,$$

则

$$\langle\alpha\mid Q\beta\rangle=q_\beta\langle\alpha\mid\beta\rangle.$$

$$\langle\alpha\mid Q\beta\rangle=\left\langle Q^{\dagger}\alpha\left|\beta\right.\right\rangle=-\langle Q\alpha\mid\beta\rangle=-q_\alpha^{*}\langle\alpha\mid\beta\rangle=q_\alpha\langle\alpha\mid\beta\rangle.$$

(利用到本征值为虚数.)

结合以上两式, 得

$$(q_\alpha-q_\beta)\langle\alpha\mid\beta\rangle=0.$$

因 $q_\alpha\neq q_\beta$, 所以

$$\langle\alpha|\beta\rangle=0.$$

即不同本征值对应的本征态正交.

(d) 由 $\left(\hat{P}\hat{Q}\right)^{\dagger}=\hat{Q}^{\dagger}\hat{P}^{\dagger}$, 所以如果 $\hat{P}=\hat{P}^{\dagger}$ 和 $\hat{Q}=\hat{Q}^{\dagger}$, 则

$$\begin{aligned}\left[\hat{P},\hat{Q}\right]^{\dagger}&=\left(\hat{P}\hat{Q}-\hat{Q}\hat{P}\right)^{\dagger}=\hat{Q}^{\dagger}\hat{P}^{\dagger}-\hat{P}^{\dagger}\hat{Q}^{\dagger}=\hat{Q}\hat{P}-\hat{P}\hat{Q}\\&=-\left[\hat{P},\hat{Q}\right].\end{aligned}$$

如果 $\hat{P}=-\hat{P}^{\dagger}$ 和 $\hat{Q}=-\hat{Q}^{\dagger}$, 则

$$\begin{aligned}\left[\hat{P},\hat{Q}\right]^{\dagger}&=\hat{Q}^{\dagger}\hat{P}^{\dagger}-\hat{P}^{\dagger}\hat{Q}^{\dagger}\\&=\left(-\hat{Q}\right)\left(-\hat{P}\right)-\left(-\hat{P}\right)\left(-\hat{Q}\right)\\&=-\left[\hat{P},\hat{Q}\right].\end{aligned}$$

所以在两种情况下对易子都是反厄米的.

(e) 若 $\hat{Q}=\hat{A}+\hat{B},\hat{Q}^{\dagger}=\hat{A}^{\dagger}+\hat{B}^{\dagger}=\hat{A}-\hat{B}$, 则

$$\hat{A}=\frac{\hat{Q}+\hat{Q}^{\dagger}}{2},\quad \hat{B}=\frac{\hat{Q}-\hat{Q}^{\dagger}}{2}.$$

习题 3.33　顺序测量. 可观测量 A 用算符 $\hat{A}$ 表示, 它的两个归一化本征态是 ψ_1 和 ψ_2, 本征值分别为 a_1 和 a_2. 算符 $\hat{B}$ 表示可观测量 B, 它的两个归一化本征态是 ϕ_1 和 ϕ_2, 本征值分别为 b_1 和 b_2. 两组本征态之间关系为

$$\psi_1=(3\phi_1+4\phi_2)/5,\quad \psi_2=(4\phi_1-3\phi_2)/5.$$

(a) 测量可观测量 A, 所得结果为 a_1. 那么在测量之后 (瞬时) 体系处在什么态?

(b) 如果再测量 B, 可能的结果是什么? 它们出现的几率是多少?

(c) 在恰好测出 B 之后, 再次测量 A. 那么结果为 a_1 的几率是多少? (注意　如果已经告诉你测量 B 的结果, 答案会完全不同.)

解答　(a) 当对体系测量 $\hat{A}$ 得到 a_1 时, 体系的波函数会坍缩为 $\hat{A}$ 本征值为 a_1 的本征态 ψ_1, 所以在测量之后 (瞬时) 体系在 ψ_1 态.

(b) 由 $\psi_1=(3\phi_1+4\phi_2)/5$ 是 $\hat{B}$ 的本征态 ϕ_1 和 ϕ_2 的线性叠加, 当对 ψ_1 态测量 $\hat{B}$ 时, 可能得到 b_1 或者 b_2, 得到 b_1 的几率为 9/25, 得到 b_2 的几率为 16/25.

(c) 如果在测量 $\hat{B}$ 时得到的结果是 b_1, 则波函数坍缩到 ϕ_1 态 (几率为 9/25), 由

$$\psi_1=(3\phi_1+4\phi_2)/5,\quad \psi_2=(4\phi_1-3\phi_2)/5,$$

可以解出

$$\phi_1=(3\psi_1+4\psi_2)/5,$$

所以再测量 $\hat{A}$ 时, 得到 a_1 的几率为 9/25.

同理, 如果在测量 $\hat{B}$ 时得到的是 b_2, 则波函数坍缩到 ϕ_2 态 (几率为 16/25)

$$\phi_2=(4\psi_1-3\psi_2)/5,$$

所以再测量 $\hat{A}$ 时得到 a_1 的几率为 16/25.

所以测量 $\hat{B}$, 再测量 $\hat{A}$ 得到 a_1 的几率为

$$P=\frac{9}{25}\cdot\frac{9}{25}+\frac{16}{25}\cdot\frac{16}{25}=\frac{337}{625}=0.5392.$$

*****习题 3.34**

(a) 求无限深方势阱第 n 个定态动量空间的波函数 $\Phi_n(p,t)$.

(b) 求几率密度 $|\Phi_n(p,t)|^2$, 并画出 $n=1, n=2, n=5$ 和 $n=10$ 时的几率密度函数. 在 n 取很大值时, p 的最可能值是多少? 这是你所预期的吗? ① 将你的结果和习题 3.10 作对比.

(c) 利用 $\Phi_n(p,t)$ 计算 p^2 在第 n 个态时的期望值. 将你的结果与习题 2.4 作对比.

解答 (a) 一维无限深方势阱的定态波函数和能量本征值为

$$\Psi_n(x,t)=\sqrt{\frac{2}{a}}\sin\left(\frac{n\pi}{a}x\right)\mathrm{e}^{-\mathrm{i}E_nt/\hbar},\ 0<x<a;\ n=1,2,3,\cdots;$$

$$E_n=\frac{n^2\pi^2\hbar^2}{2ma^2}.$$

动量空间的波函数由下式得出:

$$\Phi(p,t)=\frac{1}{\sqrt{2\pi\hbar}}\int_{-\infty}^{\infty}\mathrm{e}^{-\mathrm{i}px/\hbar}\Psi(x,t)\,\mathrm{d}x;$$

$$\begin{aligned}
\Phi_n(p,t)&=\frac{1}{\sqrt{2\pi\hbar}}\int_0^a\mathrm{e}^{-\mathrm{i}px/\hbar}\sqrt{\frac{2}{a}}\sin\left(\frac{n\pi}{a}x\right)\mathrm{e}^{-\mathrm{i}E_nt/\hbar}\mathrm{d}x\\
&=\frac{1}{\sqrt{\pi\hbar a}}\mathrm{e}^{-\mathrm{i}E_nt/\hbar}\int_0^a\mathrm{e}^{-\mathrm{i}px/\hbar}\frac{\mathrm{e}^{\mathrm{i}n\pi x/a}-\mathrm{e}^{-\mathrm{i}n\pi x/a}}{2\mathrm{i}}\mathrm{d}x\\
&=\frac{1}{\sqrt{\pi\hbar a}}\mathrm{e}^{-\mathrm{i}E_nt/\hbar}\frac{1}{2\mathrm{i}}\int_0^a\left[\mathrm{e}^{\mathrm{i}(n\pi/a-p/\hbar)x}-\mathrm{e}^{-\mathrm{i}(n\pi/a+p/\hbar)x}\right]\mathrm{d}x\\
&=\frac{1}{\sqrt{\pi\hbar a}}\mathrm{e}^{-\mathrm{i}E_nt/\hbar}\frac{1}{2\mathrm{i}}\left[\frac{\mathrm{e}^{\mathrm{i}(n\pi/a-p/\hbar)x}}{\mathrm{i}(n\pi/a-p/\hbar)}+\frac{\mathrm{e}^{-\mathrm{i}(n\pi/a+p/\hbar)x}}{\mathrm{i}(n\pi/a+p/\hbar)}\right]\Bigg|_0^a\\
&=\frac{-1}{2\sqrt{\pi\hbar a}}\mathrm{e}^{-\mathrm{i}E_nt/\hbar}\left[\frac{\mathrm{e}^{\mathrm{i}(n\pi/a-p/\hbar)a}-1}{n\pi/a-p/\hbar}+\frac{\mathrm{e}^{-\mathrm{i}(n\pi/a+p/\hbar)a}-1}{n\pi/a+p/\hbar}\right]\\
&=-\frac{1}{2}\sqrt{\frac{a}{\pi\hbar}}\mathrm{e}^{-\mathrm{i}E_nt/\hbar}\frac{2n\pi}{(n\pi)^2-(ap/\hbar)^2}\left[(-1)^n\mathrm{e}^{-\mathrm{i}ap/\hbar}-1\right]\\
&=\sqrt{\frac{a\pi}{\hbar}}\mathrm{e}^{-\mathrm{i}E_nt/\hbar}\frac{n}{(n\pi)^2-(ap/\hbar)^2}\left[1-(-1)^n\mathrm{e}^{-\mathrm{i}ap/\hbar}\right].
\end{aligned}$$

注意到

$$\begin{aligned}
1-(-1)^n\mathrm{e}^{-\mathrm{i}ap/\hbar}&=\mathrm{e}^{-\mathrm{i}ap/(2\hbar)}\left[\mathrm{e}^{\mathrm{i}ap/(2\hbar)}-(-1)^n\mathrm{e}^{-\mathrm{i}ap/\hbar}\right]\\
&=\begin{cases}\mathrm{e}^{-\mathrm{i}ap/(2\hbar)}\left[\mathrm{e}^{\mathrm{i}ap/(2\hbar)}+\mathrm{e}^{-\mathrm{i}ap/\hbar}\right]=2\mathrm{e}^{-\mathrm{i}ap/(2\hbar)}\cos\left(\dfrac{ap}{2\hbar}\right),\ n=1,3,5,\cdots\\[2ex]\mathrm{e}^{-\mathrm{i}ap/(2\hbar)}\left[\mathrm{e}^{\mathrm{i}ap/(2\hbar)}-\mathrm{e}^{-\mathrm{i}ap/\hbar}\right]=2\mathrm{i}\mathrm{e}^{-\mathrm{i}ap/(2\hbar)}\sin\left(\dfrac{ap}{2\hbar}\right),\ n=2,4,6,\cdots\end{cases}
\end{aligned}$$

所以

$$\Phi_n(p,t)=\sqrt{\frac{a\pi}{\hbar}}\mathrm{e}^{-\mathrm{i}E_nt/\hbar}\frac{n}{(n\pi)^2-(ap/\hbar)^2}\times\begin{cases}2\mathrm{e}^{-\mathrm{i}ap/(2\hbar)}\cos\left(\dfrac{ap}{2\hbar}\right),\ n=1,3,5,\cdots\\[2ex]2\mathrm{i}\mathrm{e}^{-\mathrm{i}ap/(2\hbar)}\sin\left(\dfrac{ap}{2\hbar}\right),\ n=2,4,6,\cdots\end{cases}$$

(b) 对 $n=1, n=2, n=5$ 和 $n=10$, 几率密度函数分别为

① 参见 F. L. Markley, *Am. J. Phys.* **40**, 1545 (1972).

$$|\Phi_1(p,t)|^2 = \frac{4a\pi}{\hbar} \frac{\cos^2\left(\frac{ap}{2\hbar}\right)}{\left[\pi^2 - (ap/\hbar)^2\right]^2},$$

$$|\Phi_2(p,t)|^2 = \frac{16a\pi}{\hbar} \frac{\sin^2\left(\frac{ap}{2\hbar}\right)}{\left[4\pi^2 - (ap/\hbar)^2\right]^2},$$

$$|\Phi_5(p,t)|^2 = \frac{100a\pi}{\hbar} \frac{\cos^2\left(\frac{ap}{2\hbar}\right)}{\left[25\pi^2 - (ap/\hbar)^2\right]^2},$$

$$|\Phi_{10}(p,t)|^2 = \frac{400a\pi}{\hbar} \frac{\sin^2\left(\frac{ap}{2\hbar}\right)}{\left[100\pi^2 - (ap/\hbar)^2\right]^2}.$$

波函数的模平方图如图 3.1～ 图 3.4 所示.

```
n = 1:
Plot[(Cos[x/2])^2/(Pi^2-x^2)^2, {x, -10, 10}]
```

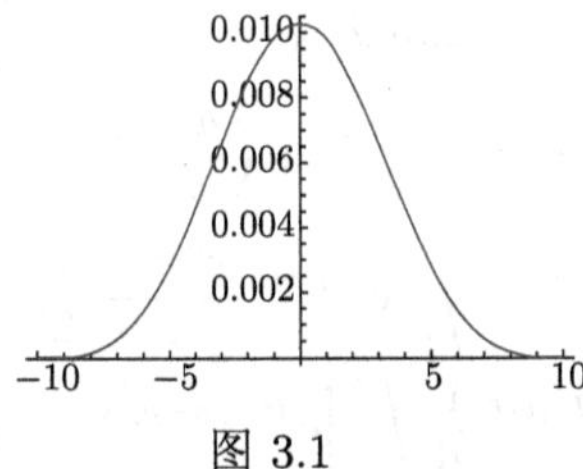

图 3.1

```
n = 2:
Plot[(Sin[x/2])^2/(4*Pi^2-x^2)^2, {x, -16, 16}]
```

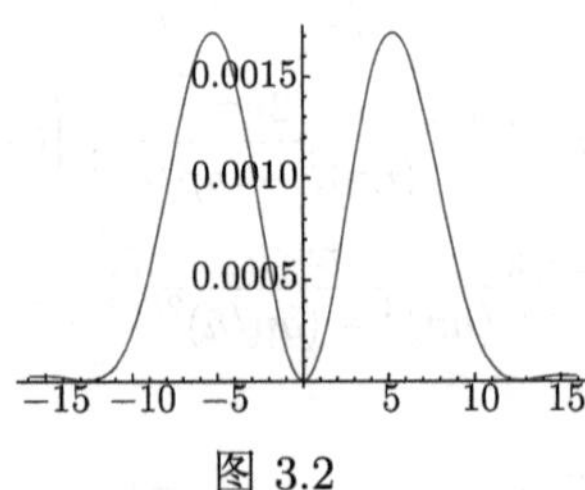

图 3.2

```
n = 5:
Plot[(Cos[x/2])^2/(25*Pi^2-x^2)^2, {x, -35, 35}]
```

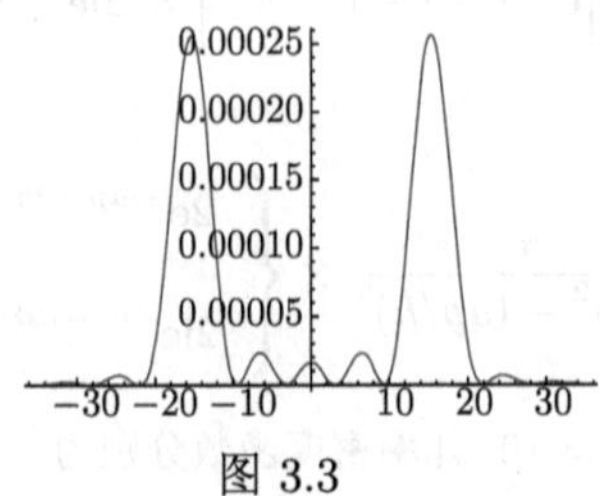

图 3.3

```
n = 10:
Plot[(Sin[x/2])^2/(100*Pi^2-x^2)^2, {x, -60, 60},
  PlotRange→{0, 0.00008}]
```

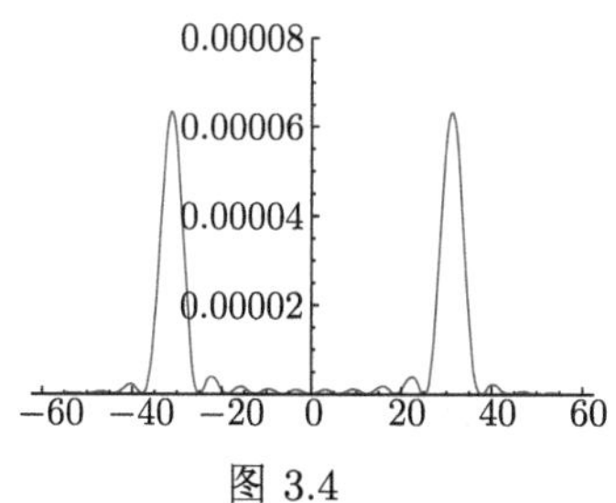

图 3.4

从几率函数的表达式可以看出, 分母为零时动量出现的几率最大, 此时 $p=\pm(n\pi\hbar/a)$. 从物理上来判断, 由于 $E_n=n^2\pi^2\hbar^2/2ma^2$, 得 $p=\pm(n\pi\hbar/a)$. 因为上面作图令 $a=1$ 和 $\hbar=1$, 所以最大值出现在 $n\pi$ 处 (3.1, 6.3, 15.7 和 30.1); 直观上看, 极值点处于 (0, 5, 15, 30). 当 n 取值越大时, 越接近我们预期的结果.

(c) 令$x\equiv ap/n\pi\hbar$,

$$
\begin{aligned}
\langle p^2\rangle &= \int_{-\infty}^{\infty} p^2\left|\Phi_n(p,t)\right|^2\mathrm{d}p\\
&=\frac{4n^2\pi a}{\hbar}\int_{-\infty}^{\infty}\frac{p^2}{\left[(n\pi)^2-(ap/\hbar)^2\right]^2}\left\{\begin{array}{c}\cos^2\left[ap/(2\hbar)\right]\\ \sin^2\left[ap/(2\hbar)\right]\end{array}\right\}\mathrm{d}p\\
&=\frac{4n\hbar^2}{a^2}\int_{-\infty}^{\infty}\frac{x^2}{\left(1-x^2\right)^2}T_n(x)\,\mathrm{d}x\\
&=\frac{4n\hbar^2}{a^2}I_n,
\end{aligned}
$$

其中

$$
T_n(x)\equiv\left\{\begin{array}{l}\cos^2(n\pi x/2),\ n=1,3,5,\cdots\\ \sin^2(n\pi x/2),\ n=2,4,6,\cdots\end{array}\right.,
$$

$$
I_n\equiv\int_{-\infty}^{\infty}\frac{x^2}{\left(1-x^2\right)^2}T_n(x)\,\mathrm{d}x.
$$

由因式分解得

$$
\frac{x^2}{1-x^2}=\frac{1}{4}\left[\frac{1}{(x-1)^2}+\frac{1}{(x+1)^2}+\frac{1}{x-1}-\frac{1}{x+1}\right],
$$

$$
I_n=\frac{1}{4}\int_{-\infty}^{\infty}\left[\frac{1}{(x-1)^2}+\frac{1}{(x+1)^2}+\frac{1}{x-1}-\frac{1}{x+1}\right]T_n(x)\,\mathrm{d}x.
$$

对 n 为奇数的情况:

$$
\int_{-\infty}^{\infty}\frac{1}{(x\pm1)^k}\cos^2\left(\frac{n\pi}{2}x\right)\mathrm{d}x=\int_{-\infty}^{\infty}\frac{1}{y^k}\cos^2\left[\frac{n\pi}{2}(y\mp1)\right]\mathrm{d}y=\int_{-\infty}^{\infty}\frac{1}{y^k}\sin^2\left(\frac{n\pi}{2}y\right)\mathrm{d}y,
$$

对 n 为偶数的情况:

$$
\int_{-\infty}^{\infty}\frac{1}{(x\pm1)^k}\sin^2\left(\frac{n\pi}{2}x\right)\mathrm{d}x=\int_{-\infty}^{\infty}\frac{1}{y^k}\sin^2\left[\frac{n\pi}{2}(y\mp1)\right]\mathrm{d}y=\int_{-\infty}^{\infty}\frac{1}{y^k}\sin^2\left(\frac{n\pi}{2}y\right)\mathrm{d}y.
$$

所以在两种情况下都有

$$I_n=\frac{1}{2}\int_{-\infty}^{\infty}\left(\frac{1}{y^2}+\frac{1}{y}\right)\sin^2\left(\frac{n\pi}{2}y\right)\mathrm{d}y=\frac{1}{2}\int_{-\infty}^{\infty}\frac{1}{y^2}\sin^2\left(\frac{n\pi}{2}y\right)\mathrm{d}y,$$

(第二项积分由于被积函数是奇函数, 故为零.) 所以

$$I_n=\frac{1}{2}\int_{-\infty}^{\infty}\frac{1}{y^2}\sin^2\left(\frac{n\pi}{2}y\right)\mathrm{d}y=\frac{n\pi}{4}\int_{-\infty}^{\infty}\frac{\sin^2 u}{u^2}\mathrm{d}u=\frac{n\pi^2}{4},$$

$$\langle p^2\rangle=\frac{4n\hbar^2}{a^2}I_n=\frac{4n\hbar^2}{a^2}\frac{n\pi^2}{4}=\frac{n^2\pi^2\hbar^2}{a^2}.$$

这与坐标空间中所得的计算结果一致 (当然它们也必须一样),

$$\langle p^2\rangle=-\hbar^2\int_{-\infty}^{\infty}\Psi_n(x,t)\frac{\mathrm{d}^2\Psi_n(x,t)}{\mathrm{d}x^2}\mathrm{d}x=\frac{n^2\pi^2\hbar^2}{a^2}.$$

习题 3.35　考虑波函数

$$\Psi(x,0)=\begin{cases}\dfrac{1}{\sqrt{2n\lambda}}\mathrm{e}^{\mathrm{i}2\pi x/\lambda}, & -n\lambda<x<n\lambda,\\ 0, & \text{其他}.\end{cases}$$

其中 n 是某个正整数. 在区间 $-n\lambda<x<n\lambda$ 上, 它是纯正弦函数 (波长为 λ), 因为振荡没有伸展到无限远处, 它的动量仍然有一个分布范围. 求出动量空间的波函数 $\Phi(p,0)$, 画出 $|\Psi(x,0)|^2$ 和 $|\Phi(p,0)|^2$ 的草图, 求出峰宽 w_x 和 w_p(主峰两边零点之间的距离). 注意当 $n\to\infty$ 时, 每一个峰宽如何变化. 利用 w_x 和 w_p 估算 Δx 和 Δp, 验证不确定性原理是否满足. **注意**　如果你尝试计算 σ_p, 将会感到很意外. 你能够分析问题的原因所在吗?

解答　动量空间波函数

$$\begin{aligned}\Phi(p,0)&=\frac{1}{\sqrt{2\pi\hbar}}\int_{-\infty}^{\infty}\mathrm{e}^{-\mathrm{i}px/\hbar}\Psi(x,0)\mathrm{d}x=\frac{1}{2\sqrt{n\pi\hbar\lambda}}\int_{-n\lambda}^{n\lambda}\mathrm{e}^{\mathrm{i}(2\pi/\lambda-p/\hbar)x}\mathrm{d}x\\&=\frac{1}{2\sqrt{n\pi\hbar\lambda}}\left[\frac{\mathrm{e}^{\mathrm{i}(2\pi/\lambda-p/\hbar)x}}{\mathrm{i}(2\pi/\lambda-p/\hbar)}\right]\Bigg|_{-n\lambda}^{n\lambda}\\&=\frac{1}{2\sqrt{n\pi\hbar\lambda}}\frac{\mathrm{e}^{\mathrm{i}(2\pi/\lambda-p/\hbar)n\lambda}-\mathrm{e}^{-\mathrm{i}(2\pi/\lambda-p/\hbar)n\lambda}}{\mathrm{i}(2\pi/\lambda-p/\hbar)}\\&=\sqrt{\frac{\hbar\lambda}{n\pi}}\frac{\sin(np\lambda/\hbar)}{p\lambda-2\pi\hbar},\end{aligned}$$

$$|\Phi(p,0)|^2=\frac{\hbar\lambda}{n\pi}\frac{\sin^2(np\lambda/\hbar)}{(p\lambda-2\pi\hbar)^2},\quad -\infty<p<\infty,$$

$$|\Psi(x,0)|^2=\begin{cases}\dfrac{1}{2n\lambda}, & -n\lambda<x<n\lambda,\\ 0, & \text{其他}.\end{cases}$$

它们的图形如图 3.5 和图 3.6 所示.

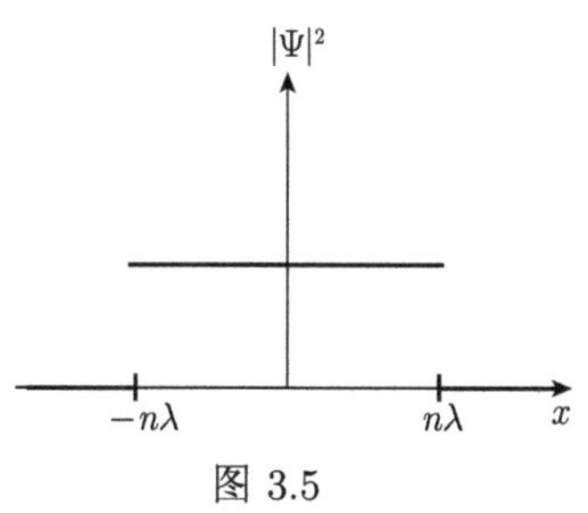

图 3.5

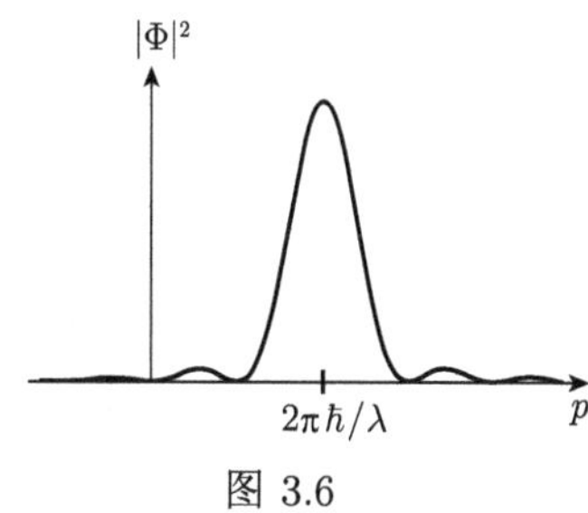

图 3.6

$|\Psi|^2$ 的宽度为 $w_x = 2n\lambda$. $|\Phi|^2$ 的最大值在 $2\pi\hbar/\lambda$ 处 (注意此处分母为零, 但是分子也为零), 这个最大值两侧的零点出现在 $\dfrac{2\pi\hbar}{\lambda}\left(1 \pm \dfrac{1}{2n}\right)$ 处, 所以 $w_p = \dfrac{2\pi\hbar}{n\lambda}$.

在这个极限下 ($n \to \infty, w_x \to \infty,\ w_p \to 0$), 粒子有比较确定的动量, 但是坐标非常不确定.

$$w_x w_p = 2n\lambda \frac{2\pi\hbar}{n\lambda} = 4\pi\hbar > \frac{\hbar}{2}$$

满足不确定性原理.

如果试图计算 $\sigma_p = \sqrt{\langle p^2 \rangle - \langle p \rangle^2}$, 将会发现 $\langle p \rangle = 0$, 但是

$$\left\langle p^2 \right\rangle = \frac{\hbar\lambda}{n\pi} \int_{-\infty}^{\infty} p^2 \frac{\sin^2(np\lambda/\hbar)}{(p\lambda - 2\pi\hbar)^2} \mathrm{d}p \sim \int_{-\infty}^{\infty} \sin^2(np\lambda/\hbar)\, \mathrm{d}p \to \infty,$$

出现这个问题的根源在于波函数 $\Psi(x,0)$ 在端点 $\pm n\lambda$ 处是不连续的, 这导致 $\hat{p}\Psi = -\mathrm{i}\hbar d\Psi/\mathrm{d}x$ 在端点处产生 δ 函数, 而 $\langle \Psi | p^2 | \Psi \rangle = \langle \hat{p}\Psi | \hat{p}\,\Psi \rangle$ 是 δ 函数模平方的积分, 结果为无限大. 一般来讲, 如果想要 σ_p 有限, 波函数必须连续.

习题 3.36　假设

$$\Psi(x,0) = \frac{A}{x^2 + a^2},\quad (-\infty < x < \infty)$$

其中 A 和 a 是常数.

(a) 通过对 $\Psi(x,0)$ 归一化确定 A 的值.

(b) 求出 $\langle x \rangle, \langle x^2 \rangle$ 和 σ_x(在 $t = 0$ 时刻).

(c) 求出动量空间的波函数 $\Phi(p,0)$, 并验证它是归一化的.

(d) 用 $\Phi(p,0)$ 来计算 $\langle p \rangle, \langle p^2 \rangle$ 和 σ_p(在 $t = 0$ 时刻).

(e) 验证该态下的海森伯不确定性原理.

解答　(a) 归一化波函数

$$\begin{aligned} 1 &= |A|^2 \int_{-\infty}^{\infty} \frac{1}{x^2 + a^2} \mathrm{d}x = 2|A|^2 \int_0^{\infty} \frac{1}{x^2 + a^2} \mathrm{d}x \\ &= 2|A|^2 \frac{1}{2a^2} \left[\frac{1}{x^2 + a^2} + \frac{1}{a} \arctan(x/a) \right] \Bigg|_0^{\infty} \\ &= \frac{\pi}{2a^3} |A|^2, \end{aligned}$$

所以,

$$n = n'.$$

(b) 期望值

$$\langle x\rangle=\int_{-\infty}^{\infty}x\left|\Psi\left(x,0\right)\right|^{2}\mathrm{d}x=|A|^{2}\int_{-\infty}^{\infty}\frac{x}{\left(x^{2}+a^{2}\right)^{2}}\mathrm{d}x=0,\ \text{(被积函数是奇函数)}$$

$$\begin{aligned}\left\langle x^{2}\right\rangle&=\int_{-\infty}^{\infty}x^{2}\left|\Psi\left(x,0\right)\right|^{2}\mathrm{d}x=|A|^{2}\int_{-\infty}^{\infty}\frac{x^{2}}{\left(x^{2}+a^{2}\right)^{2}}\mathrm{d}x\\&=\frac{|A|^{2}}{a}\int_{-\infty}^{\infty}\frac{\left(x/a\right)^{2}}{\left[\left(x/a\right)^{2}+1\right]^{2}}\mathrm{d}\left(x/a\right)\\&=\frac{|A|^{2}}{a}\int_{-\pi/2}^{\pi/2}\tan^{2}\theta\cos^{4}\theta\frac{\mathrm{d}\theta}{\cos^{2}\theta}=\frac{|A|^{2}}{a}\int_{-\pi/2}^{\pi/2}\sin^{2}\theta\mathrm{d}\theta\\&=\frac{|A|^{2}}{a}\frac{\pi}{2}=a^{2}.\end{aligned}$$

运算中用到 $x/a=\tan\theta$ 的代换. 所以

$$\sigma_{x}=\sqrt{\left\langle x^{2}\right\rangle-\left\langle x\right\rangle^{2}}=a.$$

(c) 动量空间的波函数为 $\left(令\xi\equiv\dfrac{x}{a}\right)$

$$\begin{aligned}\Phi\left(p,0\right)&=\frac{1}{\sqrt{2\pi\hbar}}\int_{-\infty}^{\infty}\mathrm{e}^{-\mathrm{i}px/\hbar}\Psi\left(x,0\right)\mathrm{d}x=\frac{1}{\sqrt{2\pi\hbar}}\int_{-\infty}^{\infty}\mathrm{e}^{-\mathrm{i}px/\hbar}\frac{A}{x^{2}+a^{2}}\mathrm{d}x\\&=\frac{A}{\sqrt{2\pi\hbar}}\int_{-\infty}^{\infty}\frac{\cos\left(px/\hbar\right)+\mathrm{i}\sin\left(px/\hbar\right)}{x^{2}+a^{2}}\mathrm{d}x\\&=\frac{A}{\sqrt{2\pi\hbar}}\int_{-\infty}^{\infty}\frac{\cos\left(px/\hbar\right)}{x^{2}+a^{2}}\mathrm{d}x=\frac{A}{a\sqrt{2\pi\hbar}}\int_{-\infty}^{\infty}\frac{\cos\left(\frac{pa}{\hbar}\frac{x}{a}\right)}{\left(x/a\right)^{2}+1}\mathrm{d}\left(\frac{x}{a}\right)\\&=\frac{2A}{a\sqrt{2\pi\hbar}}\int_{0}^{\infty}\frac{\cos\left(\frac{pa}{\hbar}\xi\right)}{\xi^{2}+1}\mathrm{d}\xi\\&=\frac{2}{a\sqrt{2\pi\hbar}}\sqrt{\frac{2a^{3}}{\pi}}\frac{\pi}{2}\mathrm{e}^{-|p|a/\hbar}\\&=\sqrt{\frac{a}{\hbar}}\mathrm{e}^{-|p|a/\hbar}.\end{aligned}$$

计算上式利用了

$$\int_{0}^{\infty}\frac{\cos\left(\alpha\xi\right)}{1+\xi^{2}}\mathrm{d}\xi=\begin{cases}\pi\mathrm{e}^{-\alpha}/2,&\alpha>0,\\\pi\mathrm{e}^{\alpha}/2,&\alpha<0.\end{cases}$$

验证归一化

$$\int_{-\infty}^{\infty}\left|\Phi\left(p,0\right)\right|^{2}\mathrm{d}p=\frac{a}{\hbar}2\int_{0}^{\infty}\mathrm{e}^{-2pa/\hbar}\mathrm{d}p=\frac{2a}{\hbar}\left(-\frac{\hbar}{2a}\mathrm{e}^{-pa/\hbar}\Big|_{0}^{\infty}\right)=1.$$

(d) 动量期望值

$$\langle p\rangle=\int_{-\infty}^{\infty}p\left|\Phi\left(p,0\right)\right|^{2}\mathrm{d}p=0,\quad\text{(被积函数为奇函数)}$$

$$\begin{aligned}\left\langle p^{2}\right\rangle&=\int_{-\infty}^{\infty}p^{2}\left|\Phi\left(p,0\right)\right|^{2}\mathrm{d}p=\frac{a}{\hbar}2\int_{0}^{\infty}p^{2}\mathrm{e}^{-2pa/\hbar}\mathrm{d}p=\frac{2a}{\hbar}2\left(\frac{\hbar}{2a}\right)^{3}\\&=\frac{\hbar^{2}}{2a^{2}},\end{aligned}$$

所以

$$\sigma_p = \sqrt{\langle p^2\rangle - \langle p\rangle^2} = \frac{\hbar}{\sqrt{2}a}.$$

(e) 将上述结果代入

$$\sigma_x\sigma_p = a\frac{\hbar}{\sqrt{2}a} = \frac{\hbar}{\sqrt{2}} > \frac{\hbar}{2},$$

故满足不确定性原理.

***习题 3.37　位力定理**. 利用方程 (3.73) 证明:

$$\frac{\mathrm{d}}{\mathrm{d}t}\langle xp\rangle = 2\langle T\rangle - \left\langle x\frac{\partial V}{\partial x}\right\rangle,$$

其中 T 是动能 $(H = T + V)$. 对于定态, 上式的左边为 0(为什么?), 所以

$$2\langle T\rangle = \left\langle x\frac{\mathrm{d}V}{\mathrm{d}x}\right\rangle.$$

这称为**位力定理**. 利用它证明谐振子的定态有 $\langle T\rangle = \langle V\rangle$, 并验证这是否与习题 2.11 和习题 2.12 中得到的结果一致.

解答　由力学量期望值随时间演化的公式为

$$\frac{\mathrm{d}}{\mathrm{d}t}\left\langle\hat{Q}\right\rangle = \frac{\mathrm{i}}{\hbar}\left\langle\left[\hat{H},\hat{Q}\right]\right\rangle + \left\langle\frac{\partial\hat{Q}}{\partial t}\right\rangle.$$

算符 $x\hat{p}$ 不显含时间, 所以

$$\begin{aligned}\frac{\mathrm{d}}{\mathrm{d}t}\langle xp\rangle &= \frac{\mathrm{i}}{\hbar}\langle[H,xp]\rangle = \frac{\mathrm{i}}{\hbar}\langle[T+V,xp]\rangle = \frac{\mathrm{i}}{\hbar}\left\langle\left[\frac{p^2}{2m},xp\right] + [V,xp]\right\rangle \\ &= \frac{\mathrm{i}}{\hbar}\left\langle\left[\frac{p^2}{2m},x\right]p + x\left[\frac{p^2}{2m},p\right] + [V,x]\,p + x\,[V,p]\right\rangle \\ &= \frac{\mathrm{i}}{\hbar}\left\langle\frac{p}{2m}[p,x]\,p + [p,x]\,\frac{p^2}{2m} + x\,[V,p]\right\rangle \\ &= \frac{\mathrm{i}}{\hbar}\left\langle\frac{p}{2m}(-\mathrm{i}\hbar)\,p + (-\mathrm{i}\hbar)\,\frac{p^2}{2m} + x\left(\mathrm{i}\hbar\frac{\mathrm{d}V}{\mathrm{d}x}\right)\right\rangle \\ &= \left\langle 2\frac{p^2}{2m} - x\frac{\mathrm{d}V}{\mathrm{d}x}\right\rangle \\ &= 2\langle T\rangle - \left\langle x\frac{\mathrm{d}V}{\mathrm{d}x}\right\rangle.\end{aligned}$$

对于定态, 所有力学量 (不显含时间) 的期望值都不随时间变化, 即 $\mathrm{d}\langle xp\rangle/\mathrm{d}t = 0$, 所以 $2\langle T\rangle = \langle x\,(\mathrm{d}V/\mathrm{d}x)\rangle$.

对于谐振子, $V = \frac{1}{2}m\omega^2x^2, \mathrm{d}V/\mathrm{d}x = m\omega^2x$, 所以

$$\begin{aligned}&2\langle T\rangle = \langle x\,(\mathrm{d}V/\mathrm{d}x)\rangle = \left\langle m\omega^2x^2\right\rangle = 2\langle V\rangle \\ &\Rightarrow \langle T\rangle = \langle V\rangle.\end{aligned}$$

由于

$$E_n = \langle H\rangle = \langle T\rangle + \langle V\rangle,$$

所以对谐振子定态有

$$\langle T\rangle = \langle V\rangle = \frac{1}{2}E_n = \frac{1}{2}(n+1/2)\,\hbar\omega.$$

习题 3.38 在能量–时间不确定性原理中一个有趣的形式 ①$\Delta t=\tau/\pi$, 这里 τ 是 $\Psi(x,t)$ 演变为与 $\Psi(x,0)$ 相正交的态所需要的时间. 利用对某个 (任意的) 势场中的两个 (正交归一的) 定态波函数的线性组合: $\Psi(x,0)=\left(1/\sqrt{2}\right)\left[\psi_1(x)+\psi_2(x)\right]$ 来验证该结论.

解答 波函数为 $\Psi(x,t)=\frac{1}{\sqrt{2}}\left[\psi_1(x)\mathrm{e}^{-\mathrm{i}E_1t/\hbar}+\psi_2(x)\mathrm{e}^{-\mathrm{i}E_2t/\hbar}\right]$,

$$\begin{aligned}&\langle\Psi(x,t)|\,\Psi(x,0)\rangle=0,\\&\int_{-\infty}^{\infty}\Psi^*(x,t)\,\Psi(x,0)\,\mathrm{d}x\\=&\frac{1}{2}\int_{-\infty}^{\infty}\left[\psi_1^*(x)\,\mathrm{e}^{\mathrm{i}E_1t/\hbar}+\psi_2^*(x)\,\mathrm{e}^{\mathrm{i}E_2t/\hbar}\right]\left[\psi_1(x)+\psi_2(x)\right]\mathrm{d}x\\=&\frac{1}{2}\int_{-\infty}^{\infty}\left(\mathrm{e}^{\mathrm{i}E_1t/\hbar}|\psi_1|^2+\mathrm{e}^{\mathrm{i}E_2t/\hbar}|\psi_2|^2+\mathrm{e}^{\mathrm{i}E_1t/\hbar}\psi_1^*\psi_2+\mathrm{e}^{\mathrm{i}E_2t/\hbar}\psi_2^*\psi_1\right)\mathrm{d}x\\=&\frac{1}{2}\left(\mathrm{e}^{\mathrm{i}E_1t/\hbar}+\mathrm{e}^{\mathrm{i}E_2t/\hbar}\right)=0,\\&\mathrm{e}^{\mathrm{i}E_2t/\hbar}=-\mathrm{e}^{\mathrm{i}E_1t/\hbar}\rightarrow\mathrm{e}^{\mathrm{i}(E_2-E_1)t/\hbar}=-1,\\&(E_2-E_1)\,t/\hbar=(2n+1)\,\pi,\quad n=0,1,2,3,\cdots.\end{aligned}$$

$n=0$ 对应的时间

$$\tau=\frac{\hbar\pi}{E_2-E_1}$$

是两个波函数第一次正交的时间, 定义时间的不确定度为

$$\Delta t=\frac{\tau}{\pi}=\frac{\hbar}{E_2-E_1},$$

而

$$\begin{aligned}\left\langle H^2\right\rangle&=\frac{1}{2}E_1^2+\frac{1}{2}E_2^2,\\\langle H\rangle^2&=\left(\frac{1}{2}E_1+\frac{1}{2}E_2\right)^2=\frac{1}{4}E_1^2+\frac{1}{4}E_2^2+\frac{1}{2}E_1E_2,\\\left\langle H^2\right\rangle-\langle H\rangle^2&=\frac{1}{4}E_1^2+\frac{1}{4}E_2^2-\frac{1}{2}E_1E_2=\frac{1}{4}(E_2-E_1)^2,\end{aligned}$$

所以,

$$\Delta E=\sigma_H=\sqrt{\left\langle H^2\right\rangle-\langle H\rangle^2}=\frac{1}{2}(E_2-E_1),$$

从而有

$$\Delta E\Delta t=\frac{1}{2}\hbar,$$

得到了所谓的能量–时间不确定性原理.

****习题 3.39** 以谐振子 (正交归一的) 定态为基 (方程 (2.68)), 求出矩阵元 $\langle n|\,x\,|n'\rangle$ 和 $\langle n|\,p\,|n'\rangle$. 已经在习题 2.12 里计算过矩阵对角元 ($n=n'$); 用同样方法计算更一般的情况. 构造出相应的 (无限) 矩阵 $\boldsymbol{\mathcal{X}}$ 和 $\boldsymbol{\mathcal{P}}$. 证明: 在该基中, $1/(2m)\boldsymbol{\mathcal{P}}^2+(m\omega^2/2)\,\boldsymbol{\mathcal{X}}^2=\boldsymbol{\mathcal{H}}$ 是对角矩阵. 它的对角矩阵元是你所预期的那样吗? 部分答案如下:

① 对其证明可以参见 L. Vaidman, *Am. J. Phys.* **60,** 182 (1992).

$$\langle n|\,x\,|n'\rangle = \sqrt{\frac{\hbar}{2m\omega}}\left(\sqrt{n}'\delta_{n,n'-1} + \sqrt{n}\delta_{n',n-1}\right).$$

解答　利用产生和湮灭算符 a_+, a_-, 以及

$$a_+\,|n\rangle = \sqrt{n+1}\,|n+1\rangle\,,\ a_-\,|n\rangle = \sqrt{n}\,|n-1\rangle\,,$$

$$x = \sqrt{\frac{\hbar}{2m\omega}}\,(a_+ + a_-)\,;\ p = \mathrm{i}\sqrt{\frac{\hbar m\omega}{2}}\,(a_+ - a_-)\,.$$

$$\begin{aligned}\left\langle n|x|n'\right\rangle &= \sqrt{\frac{\hbar}{2m\omega}}\left\langle n|a_+ + a_-|n'\right\rangle = \sqrt{\frac{\hbar}{2m\omega}}\left(\left\langle n|a_+|n'\right\rangle + \left\langle n|a_-|n'\right\rangle\right)\\ &= \sqrt{\frac{\hbar}{2m\omega}}\left(\sqrt{n'+1}\left\langle n|\ n'+1\right\rangle + \sqrt{n}'\left\langle n|\ n'-1\right\rangle\right)\\ &= \sqrt{\frac{\hbar}{2m\omega}}\left(\sqrt{n}\delta_{n,n'+1} + \sqrt{n}'\delta_{n,n'-1}\right),\end{aligned}$$

$$\begin{aligned}\left\langle n|p|n'\right\rangle &= \mathrm{i}\sqrt{\frac{\hbar m\omega}{2}}\left\langle n|\,(a_+ - a_-)\,|n'\right\rangle = \mathrm{i}\sqrt{\frac{\hbar m\omega}{2}}\left(\left\langle n|a_+|n'\right\rangle - \left\langle n|a_-|n'\right\rangle\right)\\ &= \mathrm{i}\sqrt{\frac{\hbar m\omega}{2}}\left(\sqrt{n'+1}\left\langle n|\ n'+1\right\rangle - \sqrt{n}'\left\langle n|\ n'-1\right\rangle\right)\\ &= \mathrm{i}\sqrt{\frac{\hbar m\omega}{2}}\left(\sqrt{n}\delta_{n,n'+1} - \sqrt{n}'\delta_{n,n'-1}\right).\end{aligned}$$

所以在占有数表象 (能量本征态表象), 坐标与动量的矩阵为

$$\boldsymbol{\mathcal{X}} = \sqrt{\frac{\hbar}{2m\omega}}\begin{pmatrix} 0 & \sqrt{1} & 0 & 0 & 0 & \\ \sqrt{1} & 0 & \sqrt{2} & 0 & 0 & \\ 0 & \sqrt{2} & 0 & \sqrt{3} & 0 & \vdots \\ 0 & 0 & \sqrt{3} & 0 & \sqrt{4} & \\ 0 & 0 & 0 & \sqrt{4} & 0 & \\ & & \cdots & & & \end{pmatrix},$$

$$\boldsymbol{\mathcal{P}} = \mathrm{i}\sqrt{\frac{m\hbar\omega}{2}}\begin{pmatrix} 0 & -\sqrt{1} & 0 & 0 & 0 & \\ \sqrt{1} & 0 & -\sqrt{2} & 0 & 0 & \\ 0 & \sqrt{2} & 0 & -\sqrt{3} & 0 & \vdots \\ 0 & 0 & \sqrt{3} & 0 & -\sqrt{4} & \\ 0 & 0 & 0 & \sqrt{4} & 0 & \\ & & \cdots & & & \end{pmatrix},$$

由此得到

$$\boldsymbol{\mathcal{X}}^2 = \frac{\hbar}{2m\omega}\begin{pmatrix} 1 & 0 & \sqrt{1\cdot 2} & 0 & 0 & \\ 0 & 3 & 0 & \sqrt{2\cdot 3} & 0 & \\ \sqrt{1\cdot 2} & 0 & 5 & 0 & \sqrt{3\cdot 4} & \vdots \\ 0 & \sqrt{2\cdot 3} & 0 & 7 & 0 & \\ 0 & 0 & \sqrt{3\cdot 4} & 0 & 9 & \\ & & \cdots & & & \end{pmatrix},$$

$$\mathcal{P}^2=-\frac{m\hbar\omega}{2}\begin{pmatrix}-1 & 0 & \sqrt{1\cdot2} & 0 & 0 & \\ 0 & -3 & 0 & \sqrt{2\cdot3} & 0 & \\ \sqrt{1\cdot2} & 0 & -5 & 0 & \sqrt{3\cdot4} & \vdots \\ 0 & \sqrt{2\cdot3} & 0 & -7 & 0 & \\ 0 & 0 & \sqrt{3\cdot4} & 0 & -9 & \\ & & \cdots & & & \end{pmatrix}.$$

所以,

$$\begin{aligned}\mathcal{H}&=\frac{1}{2m}\mathcal{P}^2+\frac{1}{2}m\omega^2\mathcal{X}^2\\&=-\frac{\hbar\omega}{4}\begin{pmatrix}-1 & 0 & \sqrt{1\cdot2} & 0 & 0 & \\ 0 & -3 & 0 & \sqrt{2\cdot3} & 0 & \\ \sqrt{1\cdot2} & 0 & -5 & 0 & \sqrt{3\cdot4} & \vdots \\ 0 & \sqrt{2\cdot3} & 0 & -7 & 0 & \\ 0 & 0 & \sqrt{3\cdot4} & 0 & -9 & \\ & & \cdots & & & \end{pmatrix}\\&\quad+\frac{\hbar\omega}{4}\begin{pmatrix}1 & 0 & \sqrt{1\cdot2} & 0 & 0 & \\ 0 & 3 & 0 & \sqrt{2\cdot3} & 0 & \\ \sqrt{1\cdot2} & 0 & 5 & 0 & \sqrt{3\cdot4} & \vdots \\ 0 & \sqrt{2\cdot3} & 0 & 7 & 0 & \\ 0 & 0 & \sqrt{3\cdot4} & 0 & 9 & \\ & & \cdots & & & \end{pmatrix}\\&=\frac{\hbar\omega}{2}\begin{pmatrix}1 & 0 & 0 & 0 & 0 & \\ 0 & 3 & 0 & 0 & 0 & \\ 0 & 0 & 5 & 0 & 0 & \vdots \\ 0 & 0 & 0 & 7 & 0 & \\ 0 & 0 & 0 & 0 & 9 & \\ & & \cdots & & & \end{pmatrix}.\end{aligned}$$

由此, 我们可以看出哈密顿算符在它自己的表象中是对角矩阵的 (也必须是), 对角元素为 $\left(n+\frac{1}{2}\right)\hbar\omega$ $(n=0,\ 1,\ 2,\ 3,\ \cdots)$, 刚好是谐振子的能量本征值.

****习题 3.40** 简谐振子势中粒子的波函数一般可写为

$$\Psi(x,t)=\sum_n c_n\psi_n(x)\,\mathrm{e}^{-\mathrm{i}E_nt/\hbar}.$$

证明 粒子的位置期望值为

$$\langle x\rangle=C\cos(\omega t-\phi),$$

其中实常数 C 和 ϕ 由下式给出:

$$C\mathrm{e}^{-\mathrm{i}\phi}=\sqrt{\frac{2\hbar}{m\omega}}\sum_{n=0}^{\infty}\sqrt{n+1}\,c_{n+1}^*c_n.$$

所以, 谐振子的位置期望值以经典频率 ω 振动 (正如埃伦菲斯特定理预期的那样; 见习题 3.19(b)). **提示** 利用方程 (3.114). 作为一个例子, 求出习题 2.40 中波函数的 C 和 ϕ 的值.

证明 粒子坐标期望值为

$$\begin{aligned}\langle x\rangle &= \int\left(\sum_n c_n\psi_n \mathrm{e}^{-\mathrm{i}E_n t/\hbar}\right)^* x\left(\sum_{n'} c_{n'}\psi_{n'}\mathrm{e}^{-\mathrm{i}E_{n'}t/\hbar}\right)\mathrm{d}x \\ &= \sum_n\sum_{n'} c_n^* c_{n'}\mathrm{e}^{\mathrm{i}\left(E_n-E_{n'}\right)t/\hbar}\left\langle n\right| x\left|n'\right\rangle.\end{aligned}$$

将方程 (3.114)$\left\langle n\right| x\left|n'\right\rangle=\sqrt{\frac{\hbar}{2m\omega}}\left(\sqrt{n'}\delta_{n,n'-1}+\sqrt{n}\delta_{n',n-1}\right)$ 代入上式, 得

$$\begin{aligned}\langle x\rangle &= \sqrt{\frac{\hbar}{2m\omega}}\sum_{n=0}^{\infty}\left[\sqrt{n+1}c_n^* c_{n+1}\mathrm{e}^{\mathrm{i}\left(E_n-E_{n+1}\right)t/\hbar}+\sqrt{n}c_n^* c_{n-1}\mathrm{e}^{\mathrm{i}\left(E_n-E_{n-1}\right)t/\hbar}\right] \\ &= \sqrt{\frac{\hbar}{2m\omega}}\sum_{n=0}^{\infty}\left[\sqrt{n+1}c_n^* c_{n+1}\mathrm{e}^{-\mathrm{i}\omega t/\hbar}+\sqrt{n}c_n^* c_{n-1}\mathrm{e}^{\mathrm{i}\omega t/\hbar}\right] \\ &= \sqrt{\frac{\hbar}{2m\omega}}\sum_{n=0}^{\infty}\left[\sqrt{n+1}c_n^* c_{n+1}\mathrm{e}^{-\mathrm{i}\omega t/\hbar}+\sqrt{n+1}c_{n+1}^* c_n\mathrm{e}^{\mathrm{i}\omega t/\hbar}\right] \\ &= \sqrt{\frac{\hbar}{2m\omega}}\sum_{n=0}^{\infty}\left[\sqrt{n+1}c_n^* c_{n+1}\mathrm{e}^{-\mathrm{i}\omega t/\hbar}\right]+\sqrt{\frac{\hbar}{2m\omega}}\sum_{n=0}^{\infty}\left[\sqrt{n+1}c_{n+1}^* c_n\mathrm{e}^{\mathrm{i}\omega t/\hbar}\right] \\ &= \frac{1}{2}\left(C\mathrm{e}^{\mathrm{i}\varphi}\right)\mathrm{e}^{-\mathrm{i}\omega t/\hbar}+\frac{1}{2}\left(C\mathrm{e}^{-\mathrm{i}\varphi}\right)\mathrm{e}^{\mathrm{i}\omega t/\hbar}=C\cos\left(\omega t-\varphi\right).\end{aligned}$$

在习题 2.40 中, $c_0=\frac{3}{5}, c_1=\frac{-2\sqrt{2}}{5}$ 和 $c_2=\frac{2\sqrt{2}}{5}$(其余都为 0), 所以

$$\begin{aligned}C\mathrm{e}^{-\mathrm{i}\varphi} &= \sqrt{\frac{2\hbar}{m\omega}}\left(c_1^* c_0+\sqrt{2}c_2^* c_1\right) \\ &= -\frac{28}{25}\sqrt{\frac{\hbar}{m\omega}}.\end{aligned}$$

当 $\varphi=\pi$ 时, $C=\frac{28}{25}\sqrt{\frac{\hbar}{m\omega}}$.

习题 3.41 谐振子处于这样的态, 当对其能量进行测量时, 所得结果是 $(1/2)\hbar\omega$ 或 $(3/2)\hbar\omega$, 并且得到两者的几率相等. 在该态下, $\langle p\rangle$ 最大可能值是多少? 假设在 $t=0$ 时刻该可能值最大, $\Psi(x,t)$ 是什么?

解答 由题意知波函数为

$$\Psi\left(x,t\right)=c_0\psi_0\left(x\right)\mathrm{e}^{-\mathrm{i}E_0 t/\hbar}+c_1\psi_1\left(x\right)\mathrm{e}^{-\mathrm{i}E_2 t/\hbar},$$

$$E_0=\hbar\omega/2,\ E_1=3\hbar\omega/2,$$

并且

$$\left|c_0\right|^2=\left|c_1\right|^2=\frac{1}{2}\Rightarrow c_0=\frac{1}{\sqrt{2}}\mathrm{e}^{\mathrm{i}\theta_0},\ c_1=\frac{1}{\sqrt{2}}\mathrm{e}^{\mathrm{i}\theta_1},$$

其中 θ_0 和 θ_1 为实数, 所以

$$\Psi\left(x,t\right)=\frac{1}{\sqrt{2}}\left[\psi_0\mathrm{e}^{-\mathrm{i}(\omega t/2-\theta_0)}+\psi_1\mathrm{e}^{-\mathrm{i}(3\omega t/2-\theta_1)}\right].$$

$$\begin{aligned}
\langle p\rangle &= \langle\Psi|p|\Psi\rangle \\
&= \frac{1}{2}\mathrm{i}\sqrt{\frac{\hbar m\omega}{2}}\left[\langle 0|\,\mathrm{e}^{\mathrm{i}(\omega t/2-\theta_0)}+\langle 1|\,\mathrm{e}^{\mathrm{i}(3\omega t/2-\theta_1)}\right](a_+-a_-) \\
&\quad\cdot\left[|0\rangle\,\mathrm{e}^{-\mathrm{i}(\omega t/2-\theta_0)}+|1\rangle\,\mathrm{e}^{-\mathrm{i}(3\omega t/2-\theta_1)}\right] \\
&= \frac{1}{2}\mathrm{i}\sqrt{\frac{\hbar m\omega}{2}}\left[\langle 0|\,\mathrm{e}^{\mathrm{i}(\omega t/2-\theta_0)}+\langle 1|\,\mathrm{e}^{\mathrm{i}(3\omega t/2-\theta_1)}\right] \\
&\quad\cdot\left[|1\rangle\,\mathrm{e}^{-\mathrm{i}(\omega t/2-\theta_0)}+\sqrt{2}\,|2\rangle\,\mathrm{e}^{-\mathrm{i}(3\omega t/2-\theta_1)}-|0\rangle\,\mathrm{e}^{-\mathrm{i}(3\omega t/2-\theta_1)}\right] \\
&= \frac{1}{2}\mathrm{i}\sqrt{\frac{\hbar m\omega}{2}}\left[-\mathrm{e}^{-\mathrm{i}(\omega t+\theta_0-\theta_1)}+\mathrm{e}^{\mathrm{i}(\omega t+\theta_0-\theta_1)}\right] \\
&= -\sqrt{\frac{\hbar m\omega}{2}}\sin(\omega t+\theta_0-\theta_1).
\end{aligned}$$

$\langle p\rangle$ 可能的最大值为 $\sqrt{\dfrac{\hbar m\omega}{2}}$, 若 $t=0$ 时刻为最大值, 则 $\theta_0-\theta_1=2n\pi-\dfrac{\pi}{2}$, 取 $n=1$, $\theta_0=0$, 则 $\theta_1=\dfrac{\pi}{2}$.

因此,

$$\Psi(x,t)=\frac{1}{\sqrt{2}}\left(\psi_0\mathrm{e}^{-\mathrm{i}\omega t/2}+\psi_1\mathrm{e}^{\mathrm{i}\pi/2}\mathrm{e}^{-3\mathrm{i}\omega t/2}\right)=\frac{1}{\sqrt{2}}\left(\psi_0\mathrm{e}^{-\mathrm{i}\omega t/2}+\mathrm{i}\psi_1\mathrm{e}^{-3\mathrm{i}\omega t/2}\right).$$

*****习题 3.42 谐振子的相干态**. 在谐振子定态中 (方程 (2.68)), 仅当 $n=0$ 时的态符合不确定性原理的极限 ($\sigma_x\sigma_p=\hbar/2$); 如同在习题 2.12 得到的那样, 一般情况下有 $\sigma_x\sigma_p=(2n+1)\hbar/2$. 但是, 某些线性叠加 (所谓的**相干态**) 也会减小不确定度的乘积. 它们是降阶算符的本征函数: ①

$$a_-|\alpha\rangle=\alpha|\alpha\rangle,$$

(其中本征值 α 可以是任何复数.)

(a) 对态 $|\alpha\rangle$ 计算 $\langle x\rangle,\langle x^2\rangle,\langle p\rangle,\langle p^2\rangle$. **提示** 利用例题 2.5 中的方法, 注意 a_+ 是 a_- 的厄米共轭算符. 不要假定 α 是实数.

(b) 求 σ_x 和 σ_p; 证明: $\sigma_x\sigma_p=\hbar/2$.

(c) 像任何其他的波函数一样, 相干态可以利用能量本征态展开:

$$|\alpha\rangle=\sum_{n=0}^{\infty}c_n|n\rangle.$$

证明: 展开系数是

$$c_n=\frac{\alpha^n}{\sqrt{n!}}c_0.$$

(d) 通过归一化 $|\alpha\rangle$ 确定 c_0. 答案: $\exp\left(-|\alpha|^2/2\right)$.

(e) 引入时间因子

$$|n\rangle\to\mathrm{e}^{-\mathrm{i}E_nt/\hbar}|n\rangle,$$

① 升阶算符没有可归一化的本征函数.

证明：$|\alpha(t)\rangle$ 仍然是 a_- 的本征态，但本征值是随时间演化的，即

$$\alpha(t)=\mathrm{e}^{-\mathrm{i}\omega t}\alpha.$$

因此一个相干态将维持相干，并继续减小不确定积.

(f) 基于 (a), (b) 和 (e) 中得到的结果，求出作为时间函数的 $\langle x\rangle$ 和 σ_x. 如果把复数 α 写成如下形式将会大有帮助：

$$\alpha=C\sqrt{\frac{m\omega}{2\hbar}}\mathrm{e}^{\mathrm{i}\phi},$$

其中 C 和 ϕ 是实数. **注释** 在某种意义上，相干态的行为是准经典的.

(g) 基态 ($|n=0\rangle$) 本身是相干态吗？如果是，它的本征值是什么？

解答 (a) 因为 a_+ 是 a_- 的厄米共轭算符，所以

$$\langle\alpha|a_+|\alpha\rangle=\langle\alpha|a_-|\alpha\rangle^*=\langle a_-\alpha|\alpha\rangle=\alpha^*.$$

$$\begin{aligned}\langle x\rangle=\langle\alpha|x|\alpha\rangle&=\langle\alpha|\sqrt{\frac{\hbar}{2m\omega}}(\hat{a}_++\hat{a}_-)|\alpha\rangle\\&=\sqrt{\frac{\hbar}{2m\omega}}(\langle\alpha|\hat{a}_+|\alpha\rangle+\langle\alpha|\hat{a}_-|\alpha\rangle)\\&=\sqrt{\frac{\hbar}{2m\omega}}(\langle\hat{a}_-\alpha|\alpha\rangle+\langle\alpha|\hat{a}_-|\alpha\rangle)\\&=\sqrt{\frac{\hbar}{2m\omega}}(\alpha^*+\alpha)\\&=\sqrt{\frac{2\hbar}{m\omega}}\mathrm{Re}(\alpha),\end{aligned}$$

$$\begin{aligned}\langle x^2\rangle&=\langle\alpha|x^2|\alpha\rangle\\&=\frac{\hbar}{2m\omega}\langle\alpha|(\hat{a}_++\hat{a}_-)(\hat{a}_++\hat{a}_-)|\alpha\rangle\\&=\frac{\hbar}{2m\omega}(\langle\alpha|\hat{a}_+\hat{a}_+|\alpha\rangle+\langle\alpha|\hat{a}_+\hat{a}_-|\alpha\rangle+\langle\alpha|\hat{a}_-\hat{a}_+|\alpha\rangle+\langle\alpha|\hat{a}_-\hat{a}_-|\alpha\rangle)\\&=\frac{\hbar}{2m\omega}(\alpha^*\alpha^*+\alpha^*\alpha+\langle\alpha|\hat{a}_+\hat{a}_-+1|\alpha\rangle+\alpha\alpha)\\&=\frac{\hbar}{2m\omega}(\alpha^*\alpha^*+\alpha\alpha+2\alpha^*\alpha+1)\\&=\frac{\hbar}{2m\omega}\left[(\alpha^*+\alpha)^2+1\right]\\&=\frac{\hbar}{2m\omega}\left[4\mathrm{Re}^2(\alpha)+1\right].\end{aligned}$$

$$\begin{aligned}\langle\hat{p}\rangle&=\langle\alpha|\hat{p}|\alpha\rangle\\&=\langle\alpha|\mathrm{i}\sqrt{\frac{\hbar m\omega}{2}}(\hat{a}_+-\hat{a}_-)|\alpha\rangle\\&=\mathrm{i}\sqrt{\frac{\hbar m\omega}{2}}(\langle\alpha|\hat{a}_+|\alpha\rangle-\langle\alpha|\hat{a}_-|\alpha\rangle)\\&=\mathrm{i}\sqrt{\frac{\hbar m\omega}{2}}(\langle\hat{a}_-\alpha|\alpha\rangle-\langle\alpha|\hat{a}_-|\alpha\rangle)\end{aligned}$$

$$
\begin{aligned}
&= \mathrm{i}\sqrt{\frac{\hbar m\omega}{2}}\left(\alpha^*-\alpha\right)\\
&= \sqrt{2\hbar m\omega}\,\mathrm{Im}\left(\alpha\right),
\end{aligned}
$$

$$
\begin{aligned}
\left\langle p^2\right\rangle &= \langle\alpha|\,p^2\,|\alpha\rangle\\
&= -\frac{\hbar m\omega}{2}\,\langle\alpha|\left(\hat{a}_+-\hat{a}_-\right)\left(\hat{a}_+-\hat{a}_-\right)|\alpha\rangle\\
&= -\frac{\hbar m\omega}{2}\left(\langle\alpha|\,\hat{a}_+\hat{a}_+\,|\alpha\rangle-\langle\alpha|\,\hat{a}_+\hat{a}_-\,|\alpha\rangle-\langle\alpha|\,\hat{a}_-\hat{a}_+\,|\alpha\rangle+\langle\alpha|\,\hat{a}_-\hat{a}_-\,|\alpha\rangle\right)\\
&= -\frac{\hbar m\omega}{2}\left(\alpha^*\alpha^*-\alpha^*\alpha-\langle\alpha|\,\hat{a}_+\hat{a}_-+1\,|\alpha\rangle+\alpha\alpha\right)\\
&= \frac{\hbar m\omega}{2}\left(\alpha^*\alpha^*+\alpha\alpha-2\alpha^*\alpha-1\right)\\
&= -\frac{\hbar m\omega}{2}\left[\left(\alpha^*-\alpha\right)^2-1\right]\\
&= \frac{\hbar m\omega}{2}\left[4\mathrm{Im}^2\left(\alpha\right)+1\right].
\end{aligned}
$$

(b)

$$
\begin{aligned}
\sigma_x &= \sqrt{\langle x^2\rangle-\langle x\rangle^2}\\
&= \sqrt{\frac{\hbar}{2m\omega}\left[4\mathrm{Re}^2\left(\alpha\right)+1\right]-\frac{2\hbar}{m\omega}\mathrm{Re}^2\left(\alpha\right)}\\
&= \sqrt{\frac{\hbar}{2m\omega}},\\
\sigma_p &= \sqrt{\langle p^2\rangle-\langle p\rangle^2}\\
&= \sqrt{\frac{\hbar m\omega}{2}\left[4\mathrm{Im}^2\left(\alpha\right)+1\right]-2\hbar m\omega\mathrm{Im}^2\left(\alpha\right)}\\
&= \sqrt{\frac{\hbar m\omega}{2}},
\end{aligned}
$$

所以,

$$
\sigma_x\sigma_p=\sqrt{\frac{\hbar}{2m\omega}}\sqrt{\frac{\hbar m\omega}{2}}=\frac{\hbar}{2}.
$$

(c) 由

$$
|\alpha\rangle=\sum_{n=0}^{\infty}c_n\,|n\rangle,\ c_n=\langle n|\ \alpha\rangle,\ \ |n\rangle=\frac{1}{\sqrt{n!}}\left(a_+\right)^n|0\rangle,
$$

所以,

$$
c_n=\langle n|\ \alpha\rangle=\frac{1}{\sqrt{n!}}\,\langle 0|\left(a_-\right)^n|\alpha\rangle=\frac{\alpha^n}{\sqrt{n!}}\,\langle 0|\ \alpha\rangle=\frac{\alpha^n}{\sqrt{n!}}c_0.
$$

(d) 归一化

$$
1=\sum_{n=0}^{\infty}|c_n|^2=\sum_{n=0}^{\infty}\frac{1}{n!}\alpha^*nc_0^*\alpha^nc_0=|c_0|^2\sum_{n=0}^{\infty}\frac{\left(|\alpha|^2\right)^n}{n!}=|c_0|^2\,\mathrm{e}^{|\alpha|^2},
$$

所以

$$
c_0=\mathrm{e}^{-|\alpha|^2/2}.\ \ (\text{不考虑任意相因子}\mathrm{e}^{\mathrm{i}\delta})
$$

(e)

$$\begin{aligned}\hat{a}_- |\alpha(t)\rangle &= \sum_{n=0}^{\infty} \frac{\alpha^n}{\sqrt{n!}} c_0 \mathrm{e}^{-\mathrm{i}E_n t/\hbar} \hat{a}_- |n\rangle \\ &= \sum_{n=1}^{\infty} \frac{\alpha^n}{\sqrt{(n-1)!}} c_0 \mathrm{e}^{-\mathrm{i}E_n t/\hbar} |n-1\rangle \\ &= \sum_{n=0}^{\infty} \frac{\alpha^{n+1}}{\sqrt{n!}} c_0 \mathrm{e}^{-\mathrm{i}E_{n+1} t/\hbar} |n\rangle \\ &= \alpha \mathrm{e}^{-\mathrm{i}\omega t} \sum_{n=0}^{\infty} \frac{\alpha^n}{\sqrt{n!}} c_0 \mathrm{e}^{-\mathrm{i}E_n t/\hbar} |n\rangle \\ &= \alpha \mathrm{e}^{-\mathrm{i}\omega t} |\alpha(t)\rangle .\end{aligned}$$

利用 $E_{n+1} = E_n + \hbar\omega$. 所以, $|\alpha(t)\rangle$ 仍然是 a_- 的本征态, 其本征值为 $\alpha\mathrm{e}^{-\mathrm{i}\omega t}$.

(f) 由 (a) 知

$$\langle x\rangle = \sqrt{\frac{\hbar}{2m\omega}} \left[\alpha^*(t) + \alpha(t)\right],$$

由 (e) 知

$$\alpha(t) = \mathrm{e}^{-\mathrm{i}\omega t}\alpha,$$

因此,

$$\begin{aligned}\langle x\rangle &= \sqrt{\frac{\hbar}{2m\omega}} \left[\alpha^*(t) + \alpha(t)\right] \\ &= \sqrt{\frac{\hbar}{2m\omega}} \left(\alpha^* \mathrm{e}^{\mathrm{i}\omega t} + \alpha \mathrm{e}^{-\mathrm{i}\omega t}\right) \\ &= \sqrt{\frac{\hbar}{2m\omega}} \left(C\sqrt{\frac{m\omega}{2\hbar}} \mathrm{e}^{\mathrm{i}\phi}\mathrm{e}^{-\mathrm{i}\omega t} + C\sqrt{\frac{m\omega}{2\hbar}} \mathrm{e}^{-\mathrm{i}\phi}\mathrm{e}^{\mathrm{i}\omega t}\right) \\ &= \frac{1}{2}C\left[\mathrm{e}^{-\mathrm{i}(\omega t-\phi)} + \mathrm{e}^{\mathrm{i}(\omega t-\phi)}\right] \\ &= C\cos(\omega t-\phi).\end{aligned}$$

由 (b) 知, $\sigma_x = \sqrt{\dfrac{\hbar}{2m\omega}}$. 坐标 $\langle x\rangle$ 以经典频率振动.

(g) 因为 $\hat{a}_-|0\rangle = 0 = 0|0\rangle$, 故基态 $|0\rangle$ 是 $\hat{a}_-$ 的本征值为 0 的本征态, 所以是相干态.

习题 3.43 扩展的不确定性原理.[①] 广义不确定性原理 (方程 (3.62)) 指出

$$\sigma_A^2\sigma_B^2 \geqslant \frac{1}{4}\langle C\rangle^2,$$

其中 $\hat{C} \equiv -\mathrm{i}\left[\hat{A}, \hat{B}\right]$.

(a) 证明: 它可以拓展为

$$\sigma_A^2\sigma_B^2 \geqslant \frac{1}{4}\left(\langle C\rangle^2 + \langle D\rangle^2\right),$$

其中 $\hat{D} \equiv \hat{A}\hat{B} + \hat{B}\hat{A} - 2\langle A\rangle\langle B\rangle$. 提示 保留方程 (3.60) 中的实部项 $\mathrm{Re}(z)$.

① 一个有趣的评注及参考文献, 参见 R. R. Puri, *Phys. Rev. A* **49,** 2178 (1994).

(b) 当 $B=A$ 时, 验证方程 (3.115)(在这种情况下, 标准的不确定性原理是平庸的, 因为 $\hat{C}=0$; 遗憾的是, 扩展的不确定性原理也没什么帮助).

解答 (a) 由方程 (3.59)

$$\sigma_A^2=\left\langle\left(\hat{A}-\langle A\rangle\right)\Psi\right|\left.\left(\hat{A}-\langle A\rangle\right)\Psi\right\rangle=\langle f|\,f\rangle,$$

$$\sigma_B^2=\left\langle\left(\hat{B}-\langle B\rangle\right)\Psi\right|\left.\left(\hat{B}-\langle B\rangle\right)\Psi\right\rangle=\langle g|\,g\rangle,$$

$$\sigma_A^2\sigma_B^2=\langle f\,|f\,\rangle\,\langle g\,|g\rangle\geqslant|\langle f\,|g\,\rangle|^2\quad(\text{施瓦茨不等式})$$

和

$$\begin{aligned}\langle f|g\rangle&=\left\langle\left(\hat{A}-\langle A\rangle\right)\Psi\right|\left.\left(\hat{B}-\langle B\rangle\right)\Psi\right\rangle\\&=\left\langle\Psi\right|\left.\left(\hat{A}-\langle A\rangle\right)\left(\hat{B}-\langle B\rangle\right)\Psi\right\rangle\\&=\langle AB\rangle-\langle A\rangle\langle B\rangle-\langle A\rangle\langle B\rangle+\langle A\rangle\langle B\rangle\\&=\langle AB\rangle-\langle A\rangle\langle B\rangle,\\\langle g\,|f\,\rangle&=\langle BA\rangle-\langle A\rangle\langle B\rangle,\end{aligned}$$

得

$$\begin{aligned}\sigma_A^2\sigma_B^2\geqslant|\langle f\,|g\,\rangle|^2&=\mathrm{Re}^2\left(\langle f\,|g\,\rangle\right)+\mathrm{Im}^2\left(\langle f\,|g\,\rangle\right)\\&=\left(\frac{\langle f\,|g\,\rangle+\langle f\,|g\,\rangle^*}{2}\right)^2+\left(\frac{\langle f\,|g\,\rangle-\langle f\,|g\,\rangle^*}{2\mathrm{i}}\right)^2\\&=\left(\frac{\langle f\,|g\,\rangle+\langle g\,|f\,\rangle}{2}\right)^2+\left(\frac{\langle f\,|g\,\rangle-\langle g\,|f\,\rangle}{2\mathrm{i}}\right)^2\\&=\left(\frac{\langle AB\rangle-\langle A\rangle\langle B\rangle+\langle BA\rangle-\langle A\rangle\langle B\rangle}{2}\right)^2\\&\quad+\left(\frac{\langle AB\rangle-\langle A\rangle\langle B\rangle-\langle BA\rangle+\langle A\rangle\langle B\rangle}{2\mathrm{i}}\right)^2\\&=\left(\frac{\langle AB+BA-2\langle A\rangle\langle B\rangle\rangle}{2}\right)^2+\left(\frac{-\mathrm{i}\left(\langle AB\rangle-\langle BA\rangle\right)}{2}\right)^2\\&=\frac{1}{4}\left(\langle D\rangle^2+\langle C\rangle^2\right).\end{aligned}$$

(b) 当 $\hat{A}=\hat{B}$ 时, $\hat{C}=0,\left\langle\hat{D}\right\rangle=2\left\langle\left(\hat{A}^2-\left\langle\hat{A}\right\rangle^2\right)\right\rangle=2\sigma_A^2$,

$$\sigma_A^2\sigma_A^2\geqslant\frac{1}{4}\left(\left\langle\hat{C}\right\rangle^2+\left\langle\hat{D}\right\rangle^2\right)=\sigma_A^4.$$

习题 3.44 某三能级体系哈密顿量的矩阵表示为

$$\boldsymbol{\mathcal{H}}=\begin{pmatrix}a&0&b\\0&c&0\\b&0&a\end{pmatrix},$$

其中 a,b 和 c 都是实数.

(a) 如果体系的初始态是

$$|S(0)\rangle = \begin{pmatrix} 0 \\ 1 \\ 0 \end{pmatrix},$$

求 $|S(t)\rangle$.

(b) 如果体系的初始态是

$$|S(0)\rangle = \begin{pmatrix} 1 \\ 0 \\ 0 \end{pmatrix},$$

求 $|S(t)\rangle$.

解答 首先解久期方程

$$\begin{vmatrix} a-E & 0 & b \\ 0 & c-E & 0 \\ b & 0 & a-E \end{vmatrix} = 0$$
$$\Rightarrow (a-E)^2(c-E) - b^2(c-E) = 0$$
$$\Rightarrow E_1 = c, \quad E_2 = a+b, \quad E_3 = a-b,$$

代入本征方程

$$\begin{pmatrix} a & 0 & b \\ 0 & c & 0 \\ b & 0 & a \end{pmatrix} \begin{pmatrix} \alpha \\ \beta \\ \gamma \end{pmatrix} = E_n \begin{pmatrix} \alpha \\ \beta \\ \gamma \end{pmatrix},$$

得到对应的本征函数为

$$|E_1\rangle = \begin{pmatrix} 0 \\ 1 \\ 0 \end{pmatrix}, \quad |E_2\rangle = \frac{1}{\sqrt{2}} \begin{pmatrix} 1 \\ 0 \\ 1 \end{pmatrix}, \quad |E_3\rangle = \frac{1}{\sqrt{2}} \begin{pmatrix} 1 \\ 0 \\ -1 \end{pmatrix}.$$

所以 $t > 0$ 时的波函数为

$$|S(t)\rangle = c_1 \mathrm{e}^{-\mathrm{i}ct/\hbar} |E_1\rangle + c_2 \mathrm{e}^{-\mathrm{i}(a+b)t/\hbar} |E_2\rangle + c_3 \mathrm{e}^{-\mathrm{i}(a-b)t/\hbar} |E_3\rangle.$$

(a) 由初始条件

$$|S(0)\rangle = \begin{pmatrix} 0 \\ 1 \\ 0 \end{pmatrix} = |E_1\rangle,$$

得 $c_1 = 1$, $c_2 = c_3 = 0$, 所以

$$|S(t)\rangle = \mathrm{e}^{-\mathrm{i}ct/\hbar} |E_1\rangle = \mathrm{e}^{-\mathrm{i}ct/\hbar} \begin{pmatrix} 0 \\ 1 \\ 0 \end{pmatrix}.$$

(b) 由初始条件

$$|S(0)\rangle = c_1 |E_1\rangle + c_2 |E_2\rangle + c_3 |E_3\rangle$$

$$= c_1 \begin{pmatrix} 0 \\ 1 \\ 0 \end{pmatrix} + c_2 \frac{1}{\sqrt{2}} \begin{pmatrix} 1 \\ 0 \\ 1 \end{pmatrix} + c_3 \frac{1}{\sqrt{2}} \begin{pmatrix} 1 \\ 0 \\ -1 \end{pmatrix}$$

$$= \begin{pmatrix} (c_2 + c_3)/\sqrt{2} \\ c_1 \\ (c_2 - c_3)/\sqrt{2} \end{pmatrix} = \begin{pmatrix} 0 \\ 0 \\ 1 \end{pmatrix},$$

所以 $c_1 = 0$, $c_2 = -c_3 = \sqrt{2}/2$.

含时的态为

$$|S(t)\rangle = \frac{1}{\sqrt{2}} \mathrm{e}^{-\mathrm{i}(a+b)t/\hbar} |E_2\rangle - \frac{1}{\sqrt{2}} \mathrm{e}^{-\mathrm{i}(a-b)t/\hbar} |E_3\rangle$$

$$= \frac{1}{\sqrt{2}} \mathrm{e}^{-\mathrm{i}(a+b)t/\hbar} \frac{1}{\sqrt{2}} \begin{pmatrix} 1 \\ 0 \\ 1 \end{pmatrix} - \frac{1}{\sqrt{2}} \mathrm{e}^{-\mathrm{i}(a-b)t/\hbar} \frac{1}{\sqrt{2}} \begin{pmatrix} 1 \\ 0 \\ -1 \end{pmatrix}$$

$$= \frac{\mathrm{e}^{-\mathrm{i}at/\hbar}}{2} \begin{pmatrix} \mathrm{e}^{-\mathrm{i}bt/\hbar} - \mathrm{e}^{\mathrm{i}bt/\hbar} \\ 0 \\ \mathrm{e}^{-\mathrm{i}bt/\hbar} + \mathrm{e}^{\mathrm{i}bt/\hbar} \end{pmatrix} = \mathrm{e}^{-\mathrm{i}at/\hbar} \begin{pmatrix} -\mathrm{i}\sin(bt) \\ 0 \\ \cos(bt) \end{pmatrix}.$$

习题 3.45 求以谐振子能量本征态作为基矢展开的位置算符. 也就是, 按照 $c_n(t) = \langle n/S(t)\rangle$ 表示出

$$\langle n|\hat{x}|S(t)\rangle.$$

提示 利用方程 (3.114).

解答 利用能量表象的恒等算符 $1 = \sum\limits_n |n\rangle\langle n|$, 将其插入 $\langle n|\hat{x}|S(t)\rangle$ 中, 得

$$\langle n|\hat{x}|S(t)\rangle = \langle n|\hat{x}\left|\sum_{n'} |n'\rangle\langle n'|S(t)\right\rangle = \sum_{n'} \langle n|\hat{x}|n'\rangle\langle n'|S(t)\rangle.$$

将 $c_n(t) = \langle n/S(t)\rangle$ 和方程 (3.114) 代入上式, 得

$$\sum_{n'} C_{n'}(t)\sqrt{\frac{\hbar}{2m\omega}}\left(\sqrt{n'}\delta_{n,n'-1} + \sqrt{n}\delta_{n',n-1}\right)$$

$$= \sqrt{\frac{\hbar}{2m\omega}} \sum_{n'} C_{n'}(t)\left(\sqrt{n'}\delta_{n,n'-1} + \sqrt{n}\delta_{n',n-1}\right),$$

只有在 $n'-1 = n$ 和 $n' = n-1$ 时, 括号中的两项才不为 0, 因此遍历求和, 上式等于

$$\sqrt{\frac{\hbar}{2m\omega}}\left[\sqrt{n+1}C_{n+1}(t) + \sqrt{n-1}C_{n-1}(t)\right].$$

习题 3.46 某三能级体系的哈密顿量的矩阵表示为

$$\mathcal{H} = \hbar\omega \begin{pmatrix} 1 & 0 & 0 \\ 0 & 2 & 0 \\ 0 & 0 & 2 \end{pmatrix}.$$

另外两个可观测量 A 和 B 的矩阵分别为

$$\boldsymbol{\mathcal{A}}=\lambda\begin{pmatrix}0&1&0\\1&0&0\\0&0&2\end{pmatrix},\quad \boldsymbol{\mathcal{B}}=\mu\begin{pmatrix}2&0&0\\0&0&1\\0&1&0\end{pmatrix},$$

其中 ω,λ 和 μ 都是正实数.

(a) 求出 $\boldsymbol{\mathcal{H}},\boldsymbol{\mathcal{A}}$ 和 $\boldsymbol{\mathcal{B}}$ 的本征值, 以及归一化的本征函数.

(b) 假设体系初始态为一般的态

$$|S(0)\rangle=\begin{pmatrix}c_1\\c_2\\c_3\end{pmatrix},$$

其中 $|c_1|^2+|c_2|^2+|c_3|^2=1$, 求 (在 $t=0$ 时刻)$\boldsymbol{\mathcal{H}},\boldsymbol{\mathcal{A}}$ 和 $\boldsymbol{\mathcal{B}}$ 的期望值.

(c) $|S(t)\rangle$ 是什么? 如果你 (在 t 时刻) 对该态的能量进行测量, 可能会得到什么样的值? 相应几率分别是多少? 对可观测量 A 和 B, 回答同样的问题.

解答 (a) $\boldsymbol{\mathcal{H}}$ 已经是对角的, 所以是在自己的表象中, 本征值为对角元, 所以

$$E_1=\hbar\omega,\ E_2=E_3=2\hbar\omega.$$

对应的本征态为

$$|E_1\rangle=\begin{pmatrix}1\\0\\0\end{pmatrix},\ |E_2\rangle=\begin{pmatrix}0\\1\\0\end{pmatrix},\ |E_3\rangle=\begin{pmatrix}0\\0\\1\end{pmatrix}.$$

对算符 $\hat{A}$, 解久期方程

$$\begin{vmatrix}-a&\lambda&0\\\lambda&-a&0\\0&0&2\lambda-a\end{vmatrix}=0$$

$$\Rightarrow a_1=2\lambda,\ a_2=\lambda,\ a_3=-\lambda.$$

本征值分别代入本征方程

$$\lambda\begin{pmatrix}0&1&0\\1&0&0\\0&0&2\end{pmatrix}\begin{pmatrix}\alpha\\\beta\\\lambda\end{pmatrix}=a_n\begin{pmatrix}\alpha\\\beta\\\lambda\end{pmatrix},$$

求出本征函数为

$$|2\lambda\rangle=\begin{pmatrix}0\\0\\1\end{pmatrix},\ |\lambda\rangle=\frac{1}{\sqrt{2}}\begin{pmatrix}1\\1\\0\end{pmatrix},\ |-\lambda\rangle=\frac{1}{\sqrt{2}}\begin{pmatrix}1\\-1\\0\end{pmatrix}.$$

同样的步骤可以求出 $\hat{B}$ 算符的本征值

$$b_1=2\mu,\quad b_2=\mu,\quad b_3=-\mu,$$

对应的本征函数为

$$|2\mu\rangle=\begin{pmatrix}1\\0\\0\end{pmatrix},\ |\mu\rangle=\frac{1}{\sqrt{2}}\begin{pmatrix}0\\1\\1\end{pmatrix},\ |-\mu\rangle=\frac{1}{\sqrt{2}}\begin{pmatrix}0\\1\\-1\end{pmatrix}.$$

(b)

$$\langle H\rangle=\langle\Im(0)|H|\Im(0)\rangle=\begin{pmatrix}c_1^* & c_2^* & c_3^*\end{pmatrix}\hbar\omega\begin{pmatrix}1&0&0\\0&2&0\\0&0&2\end{pmatrix}\begin{pmatrix}c_1\\c_2\\c_3\end{pmatrix}$$

$$=\hbar\omega\begin{pmatrix}c_1^* & c_2^* & c_3^*\end{pmatrix}\begin{pmatrix}c_1\\2c_2\\2c_3\end{pmatrix}=\hbar\omega\left(c_1^*c_1+2c_2^*c_2+2c_3^*c_3\right)=\hbar\omega\left(1+|c_2|^2+|c_3|^2\right),$$

$$\langle A\rangle=\langle\Im(0)|A|\Im(0)\rangle=\begin{pmatrix}c_1^* & c_2^* & c_3^*\end{pmatrix}\lambda\begin{pmatrix}0&1&0\\1&0&0\\0&0&2\end{pmatrix}\begin{pmatrix}c_1\\c_2\\c_3\end{pmatrix}$$

$$=\lambda\begin{pmatrix}c_1^* & c_2^* & c_3^*\end{pmatrix}\begin{pmatrix}c_2\\c_1\\2c_3\end{pmatrix}=\lambda\left(c_1^*c_2+c_2^*c_1+2c_3^*c_3\right),$$

$$\langle B\rangle=\langle\Im(0)|B|\Im(0)\rangle=\begin{pmatrix}c_1^* & c_2^* & c_3^*\end{pmatrix}\mu\begin{pmatrix}2&0&0\\0&0&1\\0&1&0\end{pmatrix}\begin{pmatrix}c_1\\c_2\\c_3\end{pmatrix}$$

$$=\mu\begin{pmatrix}c_1^* & c_2^* & c_3^*\end{pmatrix}\begin{pmatrix}2c_1\\c_3\\c_2\end{pmatrix}=\mu\left(2c_1^*c_2+c_2^*c_3+c_3^*c_2\right).$$

(c) 由初始条件

$$|S(0)\rangle=\begin{pmatrix}c_1\\c_2\\c_3\end{pmatrix},$$

所以

$$|S(t)\rangle=c_1\mathrm{e}^{-\mathrm{i}\omega t}|E_1\rangle+c_2\mathrm{e}^{-\mathrm{i}2\omega t}|E_2\rangle+c_3\mathrm{e}^{-\mathrm{i}2\omega t}|E_3\rangle=\begin{pmatrix}c_1\mathrm{e}^{-\mathrm{i}\omega t}\\c_2\mathrm{e}^{-2\mathrm{i}\omega t}\\c_3\mathrm{e}^{-2\mathrm{i}\omega t}\end{pmatrix}=\mathrm{e}^{-2\mathrm{i}\omega t}\begin{pmatrix}c_1\mathrm{e}^{+\mathrm{i}\omega t}\\c_2\\c_3\end{pmatrix}.$$

如果测量该态的能量值, 可能得到 $\hbar\omega$ 或 $2\hbar\omega$, 得到 $\hbar\omega$ 的几率为 $|c_1|^2$, 得到 $2\hbar\omega$ 的几率为 $|c_2|^2+|c_3|^2$.

把 $|S(t)\rangle$ 用算符 $\hat{A}$ 的本征态展开,

$$|S(t)\rangle=\sum_n A_n|a_n\rangle,\quad A_n=\langle a_n|\Im(t)\rangle,$$

展开系数的模平方 $|A_n|^2$ 即为测量得到本征值 a_n 的几率.

$$a_1=2\lambda,\ P_1=\left|\begin{pmatrix}0&0&1\end{pmatrix}\begin{pmatrix}c_1\mathrm{e}^{-\mathrm{i}\omega t}\\c_2\mathrm{e}^{-2\mathrm{i}\omega t}\\c_3\mathrm{e}^{-2\mathrm{i}\omega t}\end{pmatrix}\right|^2=|c_3|^2,$$

$$a_2=\lambda,\ P_2=\left|\frac{1}{\sqrt{2}}\begin{pmatrix}1&1&0\end{pmatrix}\begin{pmatrix}c_1\mathrm{e}^{-\mathrm{i}\omega t}\\c_2\mathrm{e}^{-2\mathrm{i}\omega t}\\c_3\mathrm{e}^{-2\mathrm{i}\omega t}\end{pmatrix}\right|^2=\frac{1}{2}\left|c_1\mathrm{e}^{-\mathrm{i}\omega t}+c_2\mathrm{e}^{-2\mathrm{i}\omega t}\right|^2$$

$$
\begin{aligned}
&= \frac{1}{2}\left(|c_1|^2 + |c_2|^2 + c_1^* c_2 \mathrm{e}^{\mathrm{i}\omega t} + c_2^* c_1 \mathrm{e}^{-\mathrm{i}\omega t}\right),\\
a_3 = -\lambda,\ P_3 &= \left|\frac{1}{\sqrt{2}}\begin{pmatrix} 1 & -1 & 0 \end{pmatrix}\begin{pmatrix} c_1 \mathrm{e}^{-\mathrm{i}\omega t} \\ c_2 \mathrm{e}^{-2\mathrm{i}\omega t} \\ c_3 \mathrm{e}^{-2\mathrm{i}\omega t} \end{pmatrix}\right|^2 = \frac{1}{2}\left|c_1 \mathrm{e}^{-\mathrm{i}\omega t} - c_2 \mathrm{e}^{-2\mathrm{i}\omega t}\right|^2\\
&= \frac{1}{2}\left(|c_1|^2 + |c_2|^2 - c_1^* c_2 \mathrm{e}^{\mathrm{i}\omega t} - c_2^* c_1 \mathrm{e}^{-\mathrm{i}\omega t}\right),\\
&\quad (P_1 + P_2 + P_3 = 1).
\end{aligned}
$$

同样, 对算符 $\hat{B}$ 有

$$
\begin{aligned}
b_1 = 2\mu,\ P_1 &= \left|\begin{pmatrix} 1 & 0 & 0 \end{pmatrix}\begin{pmatrix} c_1 \mathrm{e}^{-\mathrm{i}\omega t} \\ c_2 \mathrm{e}^{-2\mathrm{i}\omega t} \\ c_3 \mathrm{e}^{-2\mathrm{i}\omega t} \end{pmatrix}\right|^2 = |c_1|^2,\\
b_2 = \mu,\ P_2 &= \left|\frac{1}{\sqrt{2}}\begin{pmatrix} 0 & 1 & 1 \end{pmatrix}\begin{pmatrix} c_1 \mathrm{e}^{-\mathrm{i}\omega t} \\ c_2 \mathrm{e}^{-2\mathrm{i}\omega t} \\ c_3 \mathrm{e}^{-2\mathrm{i}\omega t} \end{pmatrix}\right|^2 = \frac{1}{2}\left|c_2 \mathrm{e}^{-2\mathrm{i}\omega t} + c_3 \mathrm{e}^{-2\mathrm{i}\omega t}\right|^2\\
&= \frac{1}{2}\left(|c_2|^2 + |c_3|^2 + c_2^* c_3 + c_3^* c_2\right),\\
b_3 = -\mu,\ P_3 &= \left|\frac{1}{\sqrt{2}}\begin{pmatrix} 0 & 1 & -1 \end{pmatrix}\begin{pmatrix} c_1 \mathrm{e}^{-\mathrm{i}\omega t} \\ c_2 \mathrm{e}^{-2\mathrm{i}\omega t} \\ c_3 \mathrm{e}^{-2\mathrm{i}\omega t} \end{pmatrix}\right|^2 = \frac{1}{2}\left|c_2 \mathrm{e}^{-2\mathrm{i}\omega t} - c_3 \mathrm{e}^{-2\mathrm{i}\omega t}\right|^2\\
&= \frac{1}{2}\left(|c_2|^2 + |c_3|^2 - c_2^* c_3 - c_3^* c_2\right),\\
&\quad (P_1 + P_2 + P_3 = 1).
\end{aligned}
$$

****习题 3.47　超对称性.** 考虑两个算符

$$\hat{A} = \mathrm{i}\frac{\hat{p}}{\sqrt{2m}} + W(x) \text{ 和 } \hat{A}^\dagger = -\mathrm{i}\frac{\hat{p}}{\sqrt{2m}} + W(x),$$

$W(x)$ 为某个函数. 通过对两个算符按照不同次序相乘, 可以构建两个哈密顿量:

$$\hat{H}_1 \equiv \hat{A}^\dagger \hat{A} = \frac{\hat{p}^2}{2m} + V_1(x) \text{ 和 } \hat{H}_2 \equiv \hat{A}\hat{A}^\dagger = \frac{\hat{p}^2}{2m} + V_2(x);$$

V_1 和 V_2 称为**超对称伴势**. $\hat{H}_1$ 和 $\hat{H}_2$ 的能量和本征态以有趣的方式联系在一起.①

(a) 用**超势**$W(x)$ 表示势 $V_1(x)$ 和 $V_2(x)$.

(b) 证明: 如果 $\psi_n^{(1)}$ 是 $\hat{H}_1$ 的本征态, 其本征值为 $E_n^{(1)}$, 那么 $\hat{A}\psi_n^{(1)}$ 是 $\hat{H}_2$ 的本征态, 且本征值也为 $E_n^{(1)}$. 同样证明, 如果 $\psi_n^{(2)}(x)$ 是 $\hat{H}_2$ 的本征态, 其本征值为 $E_n^{(2)}$, 那么 $\hat{A}^\dagger\psi_n^{(2)}$ 是 $\hat{H}_1$ 的本征态, 且本征值也为 $E_n^{(2)}$. 因此, 这两个哈密顿量有着完全相同的能谱.

(c) 通常情况下, 通过选择 $W(x)$ 使 $\hat{H}_1$ 的基态满足

$$\hat{A}\psi_0^{(1)}(x) = 0,$$

同时 $E_0^{(1)} = 0$. 利用这些条件, 用基态波函数 $\psi_0^{(1)}(x)$ 表示出超势 $W(x)$.(实际上,

① Fred Cooper, Avinash Khare 和 Uday Sukhatme 著, 超对称量子力学, 世界图书出版公司, 新加坡, 2001 年.

$\hat{A}$ 使 $\psi_0^{(1)}$ 湮灭本身就意味着 $\hat{H}_2$ 的本征态要比 $\hat{H}_1$ 少一个, 缺少的本征值为 $E_0^{(1)}$.)

(d) 考虑狄拉克 δ 函数势阱,

$$V_1(x) = \frac{m\alpha^2}{2\hbar^2} - \alpha\delta(x),$$

(常数项 $\frac{m\alpha^2}{2\hbar^2}$ 包含在内, 因此 $E_0^{(1)} = 0$.) 它只有一个束缚态 (方程 (2.132))

$$\psi_0^{(1)}(x) = \frac{\sqrt{m\alpha}}{\hbar}\exp\left[-\frac{m\alpha}{\hbar^2}|x|\right].$$

利用 (a) 和 (c) 部分的结果以及习题 2.23(b), 求超势 $W(x)$ 和伴势 $V_2(x)$. 你可能会认识这个伴势, 显然它没有束缚态. 这两个系统之间的超对称性解释了一个事实, 即它们的反射系数和透射系数是相同的 (见教材 2.5.2 节的最后一段).

解答 (a) 由 $\hat{A}^\dagger\hat{A} = \frac{\hat{p}^2}{2m} + V_1(x)$, 等式左边等于

$$\begin{aligned}\hat{A}^\dagger\hat{A} &= \left(-\mathrm{i}\frac{\hat{p}}{\sqrt{2m}} + W\right)\left(\mathrm{i}\frac{\hat{p}}{\sqrt{2m}} + W\right) \\ &= \frac{\hat{p}^2}{2m} - \mathrm{i}\frac{\hat{p}W}{\sqrt{2m}} + \mathrm{i}\frac{W\hat{p}}{\sqrt{2m}} + W^2 \\ &= \frac{\hat{p}^2}{2m} + W^2 + \frac{\mathrm{i}}{\sqrt{2m}}[W,\hat{p}],\end{aligned}$$

结合等式右边, 得

$$V_1(x) = W^2 + \frac{\mathrm{i}}{\sqrt{2m}}[W,\hat{p}],$$

以 $W(x)$ 表示出 $V_1(x)$ 需要将上式对易括号中的结果具体化, 引入试探函数 $f(x)$,

$$\begin{aligned}[W,\hat{p}]f(x) &= \left[W, -\mathrm{i}\hbar\frac{\partial}{\partial x}\right]f(x) \\ &= \left(-\mathrm{i}\hbar W\frac{\partial}{\partial x} + \mathrm{i}\hbar\frac{\partial}{\partial x}W\right)f(x) \\ &= -\mathrm{i}\hbar W\frac{\partial f}{\partial x} + \mathrm{i}\hbar\frac{\partial}{\partial x}(Wf) \\ &= -\mathrm{i}\hbar W\frac{\partial f}{\partial x} + \mathrm{i}\hbar\frac{\partial W}{\partial x}f + \mathrm{i}\hbar\frac{\partial f}{\partial x}W \\ &= \mathrm{i}\hbar\frac{\partial W}{\partial x}f.\end{aligned}$$

移除试探函数 $f(x)$, 可得 $[W,\hat{p}] = \mathrm{i}\hbar\frac{\partial W}{\partial x}$. 因此,

$$V_1(x) = W^2 + \frac{\mathrm{i}}{\sqrt{2m}}\mathrm{i}\hbar\frac{\partial W}{\partial x} = W^2 - \frac{\hbar}{\sqrt{2m}}\frac{\partial W}{\partial x}.$$

由于 $\hat{A}\hat{A}^\dagger = \left(\hat{A}^\dagger\hat{A}\right)^* = W^2 - \frac{\mathrm{i}}{\sqrt{2m}}[W,\hat{p}]$, 所以

$$V_2(x) = W^2 - \frac{\mathrm{i}}{\sqrt{2m}}[W,\hat{p}] = W^2 + \frac{\hbar}{\sqrt{2m}}\frac{\partial W}{\partial x}.$$

(b) 如果 $\psi_n^{(1)}$ 是 $\hat{H}_1$ 的本征态, 其本征值为 $E_n^{(1)}$, 即

$$\hat{H}_1\psi_n^{(1)} = \hat{A}^\dagger\hat{A}\psi_n^{(1)} = E_n^{(1)}\psi_n^{(1)}.$$

则

$$\begin{aligned}\hat{H}_2\hat{A}\psi_n^{(1)} &= \hat{A}\hat{A}^\dagger\hat{A}\psi_n^{(1)} = \hat{A}\left(\hat{A}^\dagger\hat{A}\psi_n^{(1)}\right)\\ &= \hat{A}E_n^{(1)}\psi_n^{(1)} = E_n^{(1)}\hat{A}\psi_n^{(1)}.\end{aligned}$$

所以, $\hat{A}\psi_n^{(1)}$ 是 $\hat{H}_2$ 的本征态, 且本征值也为 $E_n^{(1)}$.

同样, 如果 $\psi_n^{(2)}$ 是 $\hat{H}_2$ 的本征态, 其本征值为 $E_n^{(2)}$, 即

$$\hat{H}_2\psi_n^{(2)} = \hat{A}\hat{A}^\dagger\psi_n^{(2)} = E_n^{(2)}\psi_n^{(2)},$$

则

$$\begin{aligned}\hat{H}_1\hat{A}^\dagger\psi_n^{(2)} &= \hat{A}^\dagger\hat{A}\hat{A}^\dagger\psi_n^{(2)} = \hat{A}^\dagger\left(\hat{A}\hat{A}^\dagger\psi_n^{(2)}\right)\\ &= \hat{A}^\dagger E_n^{(2)}\psi_n^{(2)} = E_n^{(2)}\hat{A}^\dagger\psi_n^{(2)}.\end{aligned}$$

所以, $\hat{A}^\dagger\psi_n^{(2)}$ 是 $\hat{H}_1$ 的本征态, 且本征值也为 $E_n^{(2)}$.

(c) 求 $W(x)$ 在此条件下的表达式,

$$\hat{A}\psi_0^{(1)}(x) = \left(\frac{\mathrm{i}p}{\sqrt{2m}} + W\right)\psi_0^{(1)}(x) = \left[\frac{\mathrm{i}}{\sqrt{2m}}\left(\frac{-\mathrm{i}\hbar\partial}{\partial x}\right) + W\right]\psi_0^{(1)}(x) = 0,$$

整理, 得

$$\left(\frac{\hbar}{\sqrt{2m}}\frac{\partial}{\partial x} + W\right)\psi_0^{(1)}(x) = 0,$$

$$\frac{\hbar}{\sqrt{2m}}\frac{\partial\psi_0^{(1)}(x)}{\partial x} + W\psi_0^{(1)}(x) = 0,$$

所以,

$$\begin{aligned}W(x) &= -\frac{\hbar}{\sqrt{2m}}\frac{\partial}{\partial x}\ln\left[\psi_0^{(1)}(x)\right]\\ &= -\frac{\hbar}{\sqrt{2m}}\frac{\partial}{\partial x}\ln\left[\frac{\sqrt{m\alpha}}{\hbar}\exp\left[-\frac{m\alpha}{\hbar^2}|x|\right]\right]\\ &= -\frac{\hbar}{\sqrt{2m}}\frac{\partial}{\partial x}\left[\ln\left(\frac{\sqrt{m\alpha}}{\hbar}\right) - \frac{m\alpha}{\hbar^2}|x|\right]\\ &= \frac{\hbar}{\sqrt{2m}}\frac{m\alpha}{\hbar^2}\mathrm{sign}(x)\\ &= \frac{\alpha}{\hbar}\sqrt{\frac{m}{2}}\mathrm{sign}(x).\end{aligned}$$

(d) 由 (c) 的结论,

$$\begin{aligned}W(x) &= -\frac{\hbar}{\sqrt{2m}}\frac{\partial}{\partial x}\ln\left[\psi_0^{(1)}(x)\right]\\ &= -\frac{\hbar}{\sqrt{2m}}\frac{\partial}{\partial x}\ln\left[\frac{\sqrt{m\alpha}}{\hbar}\exp\left(-\frac{m\alpha}{\hbar^2}|x|\right)\right]\\ &= -\frac{\hbar}{\sqrt{2m}}\frac{\partial}{\partial x}\left[\ln\left(\frac{\sqrt{m\alpha}}{\hbar}\right) - \frac{m\alpha}{\hbar^2}|x|\right]\\ &= \frac{\hbar}{\sqrt{2m}}\frac{m\alpha}{\hbar^2}\mathrm{sign}(x)\end{aligned}$$

$$= \frac{\alpha}{\hbar}\sqrt{\frac{m}{2}}\mathrm{sign}\,(x)\,.$$

将上式代入 (a) 中的结论 $\left(V_2\,(x) = W^2 + \frac{\hbar}{\sqrt{2m}}\frac{\partial W}{\partial x}\right)$, 得

$$V_2\,(x) = \frac{m\alpha^2}{2\hbar^2} + \frac{\hbar}{\sqrt{2m}}\sqrt{\frac{m}{2}}\frac{\alpha}{\hbar}\frac{\mathrm{d}}{\mathrm{d}x}\,[\mathrm{sign}\,(x)] = \frac{m\alpha^2}{2\hbar^2} + \alpha\delta\,(x)\,,$$

其中

$$\mathrm{sign}\,(x) = -1 + 2\theta\,(x) = \begin{cases} -1, & (x < 0)\,, \\ +1, & (x > 0)\,. \end{cases}$$

那么根据习题 2.23(b), 可知 $\frac{\mathrm{d}\theta}{\mathrm{d}x} = \delta\,(x)$, 将其代入 $V_2\,(x) = \frac{m\alpha^2}{2\hbar^2} + \alpha\delta\,(x)$ 中, 得

$$V_2\,(x) = \frac{m\alpha^2}{2\hbar^2} + \alpha\delta\,(x)\,.$$

****习题 3.48** 算符不仅可以由其操作定义 (对它作用的矢量进行操作), 而且也可以由域定义 (算符作用的矢量集合). 在有限维矢量空间中, 域就是整个空间, 我们不必担心它. 但是, 对希尔伯特空间中的大多数算符, 域是有限的. 特别地, 在 $\hat{Q}$ 的域中, 只允许函数 $\hat{Q}f\,(x)$ 留在希尔伯特空间中. (正如在习题 3.2 中发现的, 可以将求导算符从 L^2 中移出.) 厄米算符的作用与它自伴算符的作用是一样的 (习题 3.5).①但是实际上要表示可观测量有更多的要求: $\hat{Q}$ 和 $\hat{Q}^\dagger$ 的域必须是相同的. 这种算符称为**自伴算符**.②

(a) 在有限区间 $0 \leqslant x \leqslant a$ 内, 考虑动量算符, $\hat{p} = -\mathrm{i}\hbar\mathrm{d}/\mathrm{d}x$. 考虑到无限深方势阱, 域可以定义为函数集 $f\,(x)$, 且 $f\,(0) = f\,(a) = 0$(不言而喻, $f\,(x)$ 和 $\hat{p}f\,(x)$ 都在 $L^2\,(0,a)$ 中). 证明: $\hat{p}$ 是厄米的, 即 $\langle g|\hat{p}f\rangle = \langle \hat{p}^\dagger g|f\rangle$ 和 $\hat{p}^\dagger = \hat{p}$. 它是自伴算符吗? **提示** 只要 $f\,(0) = f\,(a) = 0, g\,(0)$ 或 $g\,(a)$ 没有限制——$\hat{p}^\dagger$ 的域要比 $\hat{p}$ 的域大很多.③

(b) 假设对于某些固定的复数 λ, 扩展 $\hat{p}$ 的域以包含 $f\,(a) = \lambda f\,(0)$ 的所有形式的函数. 必须给 $\hat{p}^\dagger$ 什么样的限制条件才能使得 $\hat{p}$ 是厄米的? λ 取什么值时, $\hat{p}$ 是自伴算符? 讨论: 严格地讲, 有限区间内没有动量算符——或者更确切地说, 有无限多, 没有方法去确定哪一个是 "正确的". (在习题 3.34 中, 我们是通过无限区间来避免这个问题的.)

(c) 对于半无限区间 $0 \leqslant x < \infty$, 情况又会如何? 在这种情况下, 动量自伴算符存在吗? ④

---

① 数学家称它们为 "对称" 算符.

② 因为这种区别很少出现, 物理学家更倾向于不加区别地使用 "厄米" 一词; 严格来说, 我们都应该说 "自伴的", 不管是作用还是域有 $\hat{Q} = \hat{Q}^\dagger$.

③ $\hat{Q}$ 的域是我们规定的; 它决定了 $\hat{Q}^\dagger$ 的域.

④ J. von Neumann 介绍了产生厄米算符的**自伴扩张系统**, 或者在某些情况下证明它们可能不存在. 有关介绍可以参见 G. Bonneau, J. Faraut, B. Valent, *Am. J. Phys.* **69,** 322 (2001); 有关有趣的应用可以参见 M. T. Ahari, G. Ortiz, B. Seradjeh, *Am. J. Phys.* **84,** 858 (2016).

解答　(a) 由题意, 得

$$\begin{aligned}\langle g|\hat{p}f\rangle &= \int_0^a g^*\left(-\mathrm{i}\hbar\frac{\partial}{\partial x}\right)f\mathrm{d}x\\ &= -\mathrm{i}\hbar\int_0^a g^*\left(\frac{\mathrm{d}f}{\mathrm{d}x}\right)\\ &= -\mathrm{i}\hbar g^* f|_0^a + \mathrm{i}\hbar\int_0^a\left(\frac{\mathrm{d}g^*}{\mathrm{d}x}\right)f\mathrm{d}x,\end{aligned}$$

由边界条件限制 $f(0)=f(a)=0$, 且忽略 $g(x)$ 在边界处的行为, 则上式为

$$\langle g|\hat{p}f\rangle = \int_0^a\left(-\mathrm{i}\hbar\frac{\mathrm{d}g}{\mathrm{d}x}\right)^* f\mathrm{d}x = \langle\hat{p}g|f\rangle .$$

所以 $\hat{p}$ 是厄米的. 但 $\hat{p}$ 不是自伴的, 因为 $\hat{p}^\dagger$ 的域与 $\hat{p}$ 的域不一样, $\hat{p}^\dagger$ 的域需要 $g(x)$ 满足限制条件 $-\mathrm{i}\hbar g^* f|_0^a=0$.

(b) $\hat{p}$ 是厄米的, 需要边界项 $g^* f|_0^a=0$,

$$\begin{aligned}g^* f|_0^a &= g^*(a)f(a)-g^*(0)f(0)\\ &= g^*(a)\lambda f(0)-g^*(0)f(0)\\ &= [\lambda g^*(a)-g^*(0)]f(0)\\ &= 0.\end{aligned}$$

这里 $f(0)$ 不一定非得等于 0. 所以就要求 $\lambda \mathrm{g}^*(a)-g^*(0)=0$ 或 $\mathrm{g}(a)=\frac{1}{\lambda^*}g(0)$ 成立.

如果 $\frac{1}{\lambda^*}=\lambda$, 也就是说 $\lambda=\mathrm{e}^{\mathrm{i}\varphi}$, 其中 ϕ 为实数, 那么这两个域相等.

(c) 对处于半无限区间 $L^2(0,\infty)$ 内的函数 $f(x)$ 和 $g(x), f(\infty)=g(\infty)=0$.

为消除边界条件项 $g^* f|_0^\infty=\mathrm{g}^*(\infty)f(\infty)-g^*(0)f(0)$, 需要 $g^*(0)f(0)=0$. 也可以是 $f(0)=0, g(0)$ 不做限制, 或者 $g(0)=0, f(0)$ 不做限制. 没有办法使两个域完全等价. 所以, 自伴动量算符在半无限区间内不存在.

****习题 3.49**

(a) 写出动量空间中自由粒子的含时薛定谔方程, 并求解.

答案: $\exp(-\mathrm{i}p^2t/2m\hbar)\,\Phi(p,0)$.

(b) 求运动的高斯波包 (习题 2.42)$\Phi(p,0)$, 并构造该情况下的 $\Phi(p,t)$. 给出 $|\Phi(p,t)|^2$, 注意它不依赖于时间.

(c) 通过适当评估包含 Φ 的积分, 并计算 $\langle p\rangle$ 和 $\langle p^2\rangle$, 然后将答案和习题 2.42 的结果作对比.

(d) 证明: $\langle H\rangle=\langle p\rangle^2/2m+\langle H\rangle_0$(其中脚标 “0” 表示高斯定态), 并讨论该结果.

解答　(a) 对自由粒子 $V(x)=0$, 其含时薛定谔方程为

$$\mathrm{i}\hbar\frac{\partial\Psi}{\partial t} = -\frac{\hbar^2}{2m}\frac{\partial^2\Psi}{\partial x^2},$$

一般波函数是能量本征函数的叠加

$$\Psi(x,t)=\frac{1}{\sqrt{2\pi\hbar}}\int_{-\infty}^{\infty}\Phi(p,t)\,\mathrm{e}^{\mathrm{i}px/\hbar}\mathrm{d}p,$$

$$\frac{\partial \Psi}{\partial t}=\frac{1}{\sqrt{2\pi\hbar}}\int_{-\infty}^{\infty}\frac{\partial \Phi}{\partial t}\mathrm{e}^{\mathrm{i}px/\hbar}\mathrm{d}p,$$

$$\frac{\partial^2 \Psi}{\partial x^2}=\frac{1}{\sqrt{2\pi\hbar}}\int_{-\infty}^{\infty}\Phi\cdot\left(-\frac{p^2}{\hbar^2}\right)\mathrm{e}^{\mathrm{i}px/\hbar}\mathrm{d}p,$$

代入薛定谔方程, 得

$$\frac{\mathrm{i}\hbar}{\sqrt{2\pi\hbar}}\int_{-\infty}^{\infty}\frac{\partial \Phi}{\partial t}\mathrm{e}^{\mathrm{i}px/\hbar}\mathrm{d}p=-\frac{\hbar^2}{2m}\frac{1}{\sqrt{2\pi\hbar}}\int_{-\infty}^{\infty}\left(-\frac{p^2}{\hbar^2}\right)\Phi\mathrm{e}^{\mathrm{i}px/\hbar}\mathrm{d}p,$$

$$\frac{1}{\sqrt{2\pi\hbar}}\int_{-\infty}^{\infty}\left(\mathrm{i}\hbar\frac{\partial \Phi}{\partial t}-\frac{p^2}{2m}\Phi\right)\mathrm{e}^{\mathrm{i}px/\hbar}\mathrm{d}p=0,$$

$$\mathrm{i}\hbar\frac{\partial \Phi}{\partial t}=\frac{p^2}{2m}\Phi.$$

积分求解, 得

$$\frac{\mathrm{d}\Phi}{\Phi}=\frac{p^2}{2m\hbar\mathrm{i}}\mathrm{d}t,$$

$$\ln\Phi=-\frac{\mathrm{i}p^2}{2m\hbar}t+C,$$

$t=0$ 时, $\Phi(p,t)=\Phi(p,0)$, 积分常数 $C=\ln\Phi(p,0)$, 所以

$$\Phi(p,t)=\mathrm{e}^{-\mathrm{i}p^2t/(2m\hbar)}\Phi(p,0).$$

(b) 由习题 2.42

$$\psi(x,0)=A\mathrm{e}^{-ax^2}\mathrm{e}^{\mathrm{i}lx},\quad A=\left(\frac{2a}{\pi}\right)^{1/4},$$

$$\Phi(p,0)=\frac{1}{\sqrt{2\pi\hbar}}\left(\frac{2a}{\pi}\right)^{1/4}\int_{-\infty}^{\infty}\mathrm{e}^{-ax^2}\mathrm{e}^{\mathrm{i}lx}\mathrm{e}^{-\mathrm{i}px/\hbar}\mathrm{d}x=\frac{1}{\left(2\pi a\hbar^2\right)^{1/4}}\mathrm{e}^{-(l-p/\hbar)^2/(4a)},$$

所以

$$\Phi(p,t)=\mathrm{e}^{-\mathrm{i}p^2t/(2m\hbar)}\Phi(p,0)=\frac{1}{\left(2\pi a\hbar^2\right)^{1/4}}\mathrm{e}^{-\mathrm{i}p^2t/(2m\hbar)}\mathrm{e}^{-(l-p/\hbar)^2/(4a)},$$

$$|\Phi(p,t)|^2=\frac{1}{\sqrt{2\pi a}\hbar}\mathrm{e}^{-(l-p/\hbar)^2/(2a)}.$$

(c)

$$\langle p\rangle=\int_{-\infty}^{\infty}p\,|\Phi(p,t)|^2\mathrm{d}p=\frac{1}{\sqrt{2\pi a}\hbar}\int_{-\infty}^{\infty}p\mathrm{e}^{-(l-p/\hbar)^2/(2a)}\mathrm{d}p.$$

令 $\frac{p}{\hbar}-l=y$, 则 $p=\hbar(y+l),\mathrm{d}p=\hbar\mathrm{d}y$.

$$\begin{aligned}\langle p\rangle&=\frac{1}{\sqrt{2\pi a}\hbar}\int_{-\infty}^{\infty}\hbar(l+y)\mathrm{e}^{-y^2/(2a)}\hbar\mathrm{d}y\\&=\frac{\hbar}{\sqrt{2\pi a}}\int_{-\infty}^{\infty}(y+l)\mathrm{e}^{-y^2/(2a)}\mathrm{d}y\quad\left(y\mathrm{e}^{-y^2/(2a)}\text{为奇函数}\right)\\&=\frac{\hbar l}{\sqrt{2\pi a}}\int_{-\infty}^{\infty}\mathrm{e}^{-y^2/(2a)}\mathrm{d}y\\&=\frac{\hbar l}{\sqrt{2\pi a}}\sqrt{2a\pi}=\hbar l,\end{aligned}$$

$$
\begin{aligned}
\langle p^2\rangle &= \int_{-\infty}^{\infty} p^2 \left|\Phi(p,t)\right|^2 \mathrm{d}p \\
&= \frac{1}{\sqrt{2\pi a}\hbar} \int_{-\infty}^{\infty} p^2 \mathrm{e}^{-(l-p/\hbar)^2/(2a)} \mathrm{d}p \\
&= \frac{\hbar^2}{\sqrt{2\pi a}} \int_{-\infty}^{\infty} (y+l)^2 \mathrm{e}^{-y^2/(2a)} \mathrm{d}y \\
&= \frac{\hbar^2}{\sqrt{2\pi a}} \int_{-\infty}^{\infty} \left(y^2+2yl+l^2\right) \mathrm{e}^{-y^2/(2a)} \mathrm{d}y \\
&= \frac{2\hbar^2}{\sqrt{2\pi a}} \int_{0}^{\infty} \left(y^2+l^2\right) \mathrm{e}^{-y^2/(2a)} \mathrm{d}y \\
&= \frac{2\hbar^2}{\sqrt{2\pi a}} \left(\frac{2a}{4}\sqrt{2a\pi} + l^2\sqrt{\frac{a\pi}{2}}\right) \\
&= \left(a+l^2\right)\hbar^2.
\end{aligned}
$$

(d)

$$
\langle H\rangle = \left\langle \frac{p^2}{2m} \right\rangle = \frac{1}{2m}\langle p^2\rangle = \frac{\hbar^2}{2m}\left(a+l^2\right) = \frac{a\hbar^2}{2m} + \frac{1}{2m}\langle p\rangle^2,
$$

由习题 2.42, 对于高斯稳态,

$$
\langle H\rangle_0 = \frac{1}{2m}\langle p^2\rangle_0 = \frac{a\hbar^2}{2m},
$$

所以对运动的高斯波包, 其能量为稳态的能量加上波包运动时的动能 $\langle p\rangle^2/(2m)$.

第 4 章　三维空间中的量子力学

本章主要内容概要

1. 球对称势场中能量本征函数的求解方法

能量本征方程为

$$-\frac{\hbar^2}{2m}\nabla^2\psi+V(r)\psi=E\psi,$$

其中球坐标系中的拉普拉斯算符为

$$\nabla^2=\frac{1}{r^2}\frac{\partial}{\partial r}\left(r^2\frac{\partial}{\partial r}\right)+\frac{1}{r^2}\frac{1}{\sin\theta}\frac{\partial}{\partial\theta}\left(\sin\theta\frac{\partial}{\partial\theta}\right)+\frac{1}{r^2}\frac{1}{\sin^2\theta}\frac{\partial}{\partial\theta}\left(\frac{\partial^2}{\partial\phi^2}\right).$$

设 $\psi(r,\theta,\phi)=R(r)Y(\theta,\phi)=\dfrac{u(r)}{r}Y(\theta,\phi)$，分离变量将能量本征方程分解为角方程和径向方程, 即

$$\frac{1}{Y}\left\{\frac{1}{\sin\theta}\frac{\partial}{\partial\theta}\left(\sin\theta\frac{\partial Y}{\partial\theta}\right)+\frac{1}{\sin\theta^2}\frac{\partial^2 Y}{\partial\phi^2}\right\}=-\ell(\ell+1),$$

$$-\frac{\hbar^2}{2m}\frac{\mathrm{d}^2u}{\mathrm{d}r^2}+\left[V+\frac{\hbar^2}{2m}\frac{\ell(\ell+1)}{r^2}\right]u=Eu.$$

角方程的解是球谐函数 $Y_\ell^m(\theta,\phi)$, 径向方程在指定势函数后可由级数法求解.

2. 空间角动量

空间角动量算符

$$\boldsymbol{L}=\boldsymbol{r}\times\hat{\boldsymbol{p}}=(\hbar/\mathrm{i})(\boldsymbol{r}\times\nabla),$$

$$L^2=-\hbar^2\left[\frac{1}{\sin\theta}\frac{\partial}{\partial\theta}\left(\sin\theta\frac{\partial}{\partial\theta}\right)+\frac{1}{\sin^2\theta}\frac{\partial^2}{\partial\phi^2}\right],\quad L_z=\frac{\hbar}{\mathrm{i}}\frac{\partial}{\partial\phi}.$$

对易关系

$$[L_x,L_y]=\mathrm{i}\hbar L_z,\quad [L_y,\ L_z]=\mathrm{i}\hbar L_x,\quad [L_z,\ L_x]=\mathrm{i}\hbar L_y\Rightarrow\boldsymbol{L}\times\boldsymbol{L}=\mathrm{i}\hbar\boldsymbol{L}.$$

$$[L^2,L_i]=0,\ (i=x,y,z)$$

L^2 与 $\boldsymbol{L}$ 的三个直角分量都对易, 球谐函数 $Y_\ell^m(\theta,\phi)$ 为 L^2 和 L_z 的共同本征函数.

$$\hat{L}^2Y_\ell^m(\theta,\phi)=\ell(\ell+1)\hbar^2Y_\ell^m(\theta,\phi),\quad \hat{L}_zY_\ell^m(\theta,\phi)=m\hbar Y_\ell^m(\theta,\phi).$$

以 $\ell=1$ 的三个基矢量 Y_1^1,Y_1^0,Y_1^{-1} 构成的 (子) 表象是常用表象, 在该表象中, L_x,L_y,L_z 的矩阵表示为

$$\boldsymbol{\mathcal{L}}_x=\frac{\sqrt{2}}{2}\hbar\begin{pmatrix}0&1&0\\1&0&1\\0&1&0\end{pmatrix},\boldsymbol{\mathcal{L}}_y=\frac{\sqrt{2}}{2}\hbar\begin{pmatrix}0&-\mathrm{i}&0\\\mathrm{i}&0&-\mathrm{i}\\0&\mathrm{i}&0\end{pmatrix},\boldsymbol{\mathcal{L}}_z=\hbar\begin{pmatrix}1&0&0\\0&0&0\\0&0&-1\end{pmatrix}.$$

其中 $\mathcal{L}_z$ 是在自身表象中, 为对角矩阵, 对角元是本征值.

3. 电子自旋

每一种基本粒子都有内禀的自旋角动量 ($\boldsymbol{S}$) 从而有自旋磁矩, 自旋角动量满足与轨道角动量一样的对易关系, 即

$$[S_x,\ S_y]=\mathrm{i}\hbar S_z,\quad [S_y,\ S_z]=\mathrm{i}\hbar S_x,\quad [S_z,\ S_x]=\mathrm{i}\hbar S_y \Rightarrow \boldsymbol{S}\times\boldsymbol{S}=\mathrm{i}\hbar\boldsymbol{S}.$$

电子自旋量子数为 1/2, 即 S^2 的本征值为 $\dfrac{1}{2}\left(1+\dfrac{1}{2}\right)\hbar^2=\dfrac{3}{4}\hbar^2$, S_z 的本征值为 $\pm\hbar/2$, 在以 S^2, S_z 共同本征矢为基矢量的表象中, S_x, S_y, S_z 的矩阵表示为

$$\boldsymbol{\mathcal{S}}_x=\frac{\hbar}{2}\begin{pmatrix}0&1\\1&0\end{pmatrix},\quad \boldsymbol{\mathcal{S}}_y=\frac{\hbar}{2}\begin{pmatrix}0&-\mathrm{i}\\\mathrm{i}&0\end{pmatrix},\quad \boldsymbol{\mathcal{S}}_z=\frac{\hbar}{2}\begin{pmatrix}1&0\\0&-1\end{pmatrix}.$$

S_z 的本征矢为 $\boldsymbol{\chi}_+=\begin{pmatrix}1\\0\end{pmatrix}$ 和 $\boldsymbol{\chi}_-=\begin{pmatrix}0\\1\end{pmatrix}$, 一般旋量可以表示为它们的线性叠加

$$\boldsymbol{\chi}=\begin{pmatrix}a\\b\end{pmatrix}=a\boldsymbol{\chi}_++b\boldsymbol{\chi}_-.$$

对该态测量 S_z 得到 $\hbar/2$ 的几率为 $|a|^2$, 得到 $-\hbar/2$ 的几率为 $|b|^2$.

4. 两个角动量的叠加

两个角动量 $\boldsymbol{J}_1, \boldsymbol{J}_2$($\boldsymbol{J}_1, \boldsymbol{J}_2$ 可为轨道或自旋) 可以叠加为一个总角动量 $\boldsymbol{J}$, 叠加出来的总角动量量子数可能取值为

$$j=j_1+j_2, j_1+j_2-1,\cdots,|j_1-j_2|,$$

它们之间满足的对易关系为 ($\boldsymbol{J}_1, \boldsymbol{J}_2$ 是相互独立的, 它们是对易的)

$$\left[J^2, J_1^2\right]=0,\ \left[J^2, J_2^2\right]=0,\ \left[J_z, J_1^2\right]=0,\ \left[J_z, J_2^2\right]=0,$$

但是 J^2 与 $\boldsymbol{J}_1, \boldsymbol{J}_2$ 不对易. 如果我们选择 $J_1^2, J_{1z}, J_2^2, J_{2z}$ 的共同本征矢 $\left|j_1\quad j_{1z}\right\rangle\left|j_2\quad j_{2z}\right\rangle$ 作为表象的基矢, 该表象称为无耦合表象. 如果我们选择 J^2, J_z, J_1^2, J_2^2 的共同本征矢 $\left|\ j\quad j_z\quad j_1\quad j_2\ \right\rangle$ 作为表象的基矢, 该表象称为耦合表象. 联系这两个表象变换的幺正矩阵元称为克莱布希–戈丹 (CG) 系数.

5. 氢原子的能量本征波函数和能量本征值

在径向方程中代入电子与原子核 (质子) 的库仑势能 $V(r)=-\dfrac{e^2}{4\pi\varepsilon_0 r}$, 用级数法可以求出氢原子的能量本征波函数 $\psi_{n\ell m}=R_{n\ell}(r)\,Y_\ell^m(\theta,\phi)$, 其中径向波函数为

$$R_{n\ell}(r)=-\sqrt{\left(\frac{2}{na}\right)^3\frac{(n-\ell-1)!}{2n\left[(n+\ell)!\right]^3}}\left(\frac{2r}{na}\right)^\ell \mathrm{e}^{-r/(na)}L_{n+\ell}^{2\ell+1}\left(\frac{2r}{na}\right),$$

其中 $a\equiv\dfrac{4\pi\varepsilon_0\hbar^2}{e^2m_\mathrm{e}}=0.529167\times10^{-10}\,\mathrm{m}$ 是玻尔半径,

$$L_{n+\ell}^{2\ell+1}(\rho)=\sum_{v=0}^{n-\ell-1}(-1)^{v+1}\frac{\left[(n+\ell)!\right]^2}{(n-\ell-1-v)!\,(2\ell+1+v)!v!}\rho^v,\ \rho\equiv\frac{2r}{na}$$

是缔合拉盖尔多项式.

氢原子的能量本征值为

$$E_n = -\frac{m_e}{2\hbar^2}\left(\frac{e^2}{4\pi\varepsilon_0}\right)^2\frac{1}{n^2},\quad n=1,2,3,\cdots$$

基态 $(n=1)$ 的能量为 $E_1 = -\frac{m_e}{2\hbar^2}\left(\frac{e^2}{4\pi\varepsilon_0}\right)^2 = 13.6\ \mathrm{eV}$. 对第 n 个能级, 角动量量子数 ℓ 可取 $0,1,2,\cdots,n-1$ 共 n 个值, 对一个 ℓ, 磁量子数 m 可取 $\ell,\ell-1,\cdots,1,0,-1,\cdots,-\ell$ 共 $2\ell+1$ 个值, 所以 (不考虑自旋时) 氢原子能级的简并度为 n^2, 考虑电子自旋时为 $2n^2$.

当电子从高能级跃迁到低能级会辐射出一个光子 (从低能级跃迁到高能级吸收一个光子), 光的频率为

$$\nu = \frac{|E_n - E_{n'}|}{2\pi\hbar} = Rc\left|\frac{1}{n'^2}-\frac{1}{n^2}\right|,$$

其中

$$\Re \equiv \frac{m_e}{4\pi\hbar^3}\left(\frac{e^2}{4\pi\varepsilon_0}\right)^2 = 1.09737\times10^7\mathrm{m}^{-1}$$

是里德伯常量 (注意　这里 m_e 是电子质量, 如果考虑原子核的运动, 需用约化质量 $\mu = \frac{m_e m_p}{m_e + m_p}$ 取代 m_e, 但是由于 $m_p \gg m_e$, 结果只有略微的改变).

6. 电磁作用

经典电动力学中带电粒子在电磁场中的受力由洛伦兹定律给出: $\boldsymbol{F} = q(\boldsymbol{E}+\boldsymbol{v}\times\boldsymbol{B})$, 经典哈密顿量为 $\hat{H} = \frac{1}{2m}(\boldsymbol{p}-q\boldsymbol{A})^2 + q\varphi$, 其中 $\boldsymbol{A}$ 是矢势, φ 是标势: $\boldsymbol{E} = -\nabla\varphi - \partial\boldsymbol{A}/\partial t,\quad \boldsymbol{B} = \nabla\times\boldsymbol{A}$.

通过标准代换 $\boldsymbol{p}\to -\mathrm{i}\hbar\nabla$, 得到哈密顿算符 $\hat{H} = \frac{1}{2m}(-\mathrm{i}\hbar\nabla - q\boldsymbol{A})^2 + q\varphi$ 对应的薛定谔方程为 $\mathrm{i}\hbar\frac{\partial\Psi}{\partial t} = \left[\frac{1}{2m}\left(-\mathrm{i}\hbar\nabla - q\boldsymbol{A}\right)^2 + q\varphi\right]\Psi$, 这是洛伦兹定律的量子形式, 有时也被称为最小耦合规则.

***习题 4.1**

(a) 求出算符 $\boldsymbol{r}$ 和 $\boldsymbol{p}$ 的各分量之间的**正则对易关系**: $[x,y],[x,p_y],[x,p_x]$, $[p_y,p_z]$ 等. 答案:

$$[r_i,p_j] = -[p_i,r_j] = \mathrm{i}\hbar\delta_{ij},\quad [r_i,r_j]=[p_i,p_j]=0,$$

这里的指标分别代表 x,y,z, 令 $r_x=x,\ r_y=y,\ r_z=z$.

(b) 证明: 三维情况下的**埃伦菲斯特定理**,

$$\frac{\mathrm{d}}{\mathrm{d}t}\langle\boldsymbol{r}\rangle = \frac{1}{m}\langle\boldsymbol{p}\rangle,\quad \frac{\mathrm{d}}{\mathrm{d}t}\langle\boldsymbol{p}\rangle = \langle-\nabla V\rangle.$$

(当然, 上面每个式子都代表三个方程——每个分量一个.) 提示　首先验证“广义的”埃伦菲斯特定理在三维情况下成立, 即方程 (3.73).

(c) 阐述三维情况下的**海森伯不确定性原理**. 答案:

$$\sigma_x\sigma_{p_x} \geqslant \hbar/2,\ \sigma_y\sigma_{p_y} \geqslant \hbar/2,\ \sigma_z\sigma_{p_z} \geqslant \hbar/2,$$

但对 $\sigma_x\sigma_{p_y}$ 却没有任何限制.

解答　(a) 引入任意波函数 $\psi(x,y,z)$, 在算符作用下有

$$\begin{aligned}[r_i,p_j]\ \psi &= (r_ip_j - p_jr_i)\psi = \left[r_i\left(-\mathrm{i}\hbar\frac{\partial\psi}{\partial r_j}\right) - \left(-\mathrm{i}\hbar\frac{\partial}{\partial r_j}\right)(r_i\psi)\right] \\ &= \left(-\mathrm{i}\hbar r_i\frac{\partial\psi}{\partial r_j} + \mathrm{i}\hbar\frac{\partial r_i}{\partial r_j}\psi + \mathrm{i}\hbar\frac{\partial\psi}{\partial r_j}r_i\right) \\ &= \mathrm{i}\hbar\frac{\partial r_i}{\partial r_j}\psi = \mathrm{i}\hbar\delta_{ij}\psi.\end{aligned}$$

等式两边同时移除波函数 ψ, 得

$$[r_i,p_j] = -[p_j,r_i] = \mathrm{i}\hbar\delta_{ij},$$

$$\begin{aligned}[p_i,p_j]\psi &= \frac{\hbar}{\mathrm{i}}\frac{\partial}{\partial r_i}\left(\frac{\hbar}{\mathrm{i}}\frac{\partial\psi}{\partial r_j}\right) - \frac{\hbar}{\mathrm{i}}\frac{\partial}{\partial r_j}\left(\frac{\hbar}{\mathrm{i}}\frac{\partial\psi}{\partial r_i}\right) \\ &= \left(-\hbar^2\frac{\partial^2}{\partial r_i\partial r_j} + \hbar^2\frac{\partial^2}{\partial r_j\partial r_i}\right)\psi \\ &= 0,\end{aligned}$$

即

$$[p_i,p_j] = 0,$$

$$[r_i,r_j]\psi = (r_ir_j - r_jr_i)\psi = 0,$$

所以

$$[r_i,r_j] = 0.$$

(b) 方程 (3.73) 为

$$\frac{\mathrm{d}}{\mathrm{d}t}\left\langle\hat{Q}\right\rangle = \frac{\mathrm{i}}{\hbar}\left\langle\left[\hat{H},\hat{Q}\right]\right\rangle + \left\langle\frac{\partial\hat{Q}}{\partial t}\right\rangle.$$

将 $\hat{Q} = r_i\ (i = x,y,z)$, $\partial r_i/\partial t = 0$ 代入上式, 得

$$\frac{\mathrm{d}}{\mathrm{d}t}\langle r_i\rangle = \frac{\mathrm{i}}{\hbar}\left\langle\left[\hat{H},r_i\right]\right\rangle.$$

由于

$$\begin{aligned}[H,r_i] &= \left[\frac{p^2}{2m} + V(\boldsymbol{r}),r_i\right] = \left[\frac{p^2}{2m},r_i\right] + [V(\boldsymbol{r}),r_i]\quad([V(\boldsymbol{r}),\ r_i] = 0) \\ &= \frac{1}{2m}\left[p^2,r_i\right] = \frac{1}{2m}\left[\sum_j p_j^2,r_i\right] = \frac{1}{2m}\left[p_i^2,r_i\right],\quad\left(\left[p_j^2,r_i\right] = 0, i\neq j\right) \\ &= \frac{1}{2m}\left\{p_i\left[p_i,r_i\right] + \left[p_i,r_i\right]p_i\right\} = \frac{1}{2m}\left\{-\mathrm{i}\hbar p_i - \mathrm{i}\hbar p_i\right\} \\ &= -\mathrm{i}\frac{\hbar}{m}p_i,\end{aligned}$$

所以

$$\frac{\mathrm{d}}{\mathrm{d}t}\langle r_i\rangle=\frac{\mathrm{i}}{\hbar}\langle -\mathrm{i}\frac{\hbar}{m}p_i\rangle=\frac{1}{m}\langle p_i\rangle .$$

上式对每一个分量都成立, 从而有

$$\frac{\mathrm{d}}{\mathrm{d}t}\langle \boldsymbol{r}\rangle=\frac{1}{m}\langle \boldsymbol{p}\rangle .$$

将 $\hat{Q}=p_i$, $\partial p_i/\partial t=0$ 代入上式, 得

$$\frac{\mathrm{d}}{\mathrm{d}t}\langle p_i\rangle=\frac{\mathrm{i}}{\hbar}\left\langle\left[\hat{H},p_i\right]\right\rangle ,$$

$$\begin{aligned}[H,p_i]&=\left[\frac{p^2}{2m}+V(\boldsymbol{r}),p_i\right]\\&=\left[\frac{p^2}{2m},p_i\right]+[V(\boldsymbol{r}),p_i],\quad\left(\left[\frac{p^2}{2m},p_i\right]=0\right)\\&=[V(\boldsymbol{r}),p_i].\end{aligned}$$

引入任意波函数 ψ, 上式算符作用到 ψ 上, 得

$$\begin{aligned}[V(\boldsymbol{r}),p_i]\psi&=\left[V\left(-\mathrm{i}\hbar\frac{\partial\psi}{\partial x}\right)-\left(-\mathrm{i}\hbar\frac{\partial}{\partial x}\right)(V\psi)\right]\\&=\left(-\mathrm{i}\hbar V\frac{\partial\psi}{\partial x}+\mathrm{i}\hbar\frac{\partial V}{\partial x}\psi+\mathrm{i}\hbar\frac{\partial\psi}{\partial x}V\right)\\&=\mathrm{i}\hbar\frac{\partial V}{\partial x}\psi.\end{aligned}$$

这里利用了 $[f(r_i),p_i]=\mathrm{i}\hbar\dfrac{\mathrm{d}f}{\mathrm{d}r_i}$, 等式两边同时移除辅助波函数 ψ, 所以 $[V(\boldsymbol{r}),p_i]=\mathrm{i}\hbar\dfrac{\partial V}{\partial x}$. 故

$$\frac{\mathrm{d}}{\mathrm{d}t}\langle p_i\rangle=\frac{\mathrm{i}}{\hbar}\left\langle\mathrm{i}\hbar\frac{\partial V}{\partial r_i}\right\rangle=\left\langle-\frac{\partial V}{\partial r_i}\right\rangle .$$

上式对每一个分量都成立, 从而有

$$\frac{\mathrm{d}}{\mathrm{d}t}\langle \boldsymbol{p}\rangle=\langle-\nabla V\rangle .$$

(c) 由两力学量算符的不确定性原理

$$\sigma_A^2\sigma_B^2\geqslant\left(\frac{1}{2\mathrm{i}}\left\langle\left[\hat{A},\hat{B}\right]\right\rangle\right)^2 .$$

令 $A=r_i$, $B=p_j$, 有 $[r_i,p_j]=\mathrm{i}\hbar\delta_{ij}$, 所以

$$\sigma_{r_i}^2\sigma_{p_j}^2\geqslant\left(\frac{1}{2\mathrm{i}}\mathrm{i}\hbar\delta_{ij}\right)^2=\left(\frac{\hbar}{2}\delta_{ij}\right)^2 ,$$

即

$$\sigma_x^2\sigma_{p_x}^2\geqslant\left(\frac{\hbar}{2}\right)^2,\quad\sigma_y^2\sigma_{p_y}^2\geqslant\left(\frac{\hbar}{2}\right)^2,\quad\sigma_z^2\sigma_{p_z}^2\geqslant\left(\frac{\hbar}{2}\right)^2 .$$

但是对 $i\neq j$ 时却没有限制.

***习题 4.2**　在直角坐标系中，利用分离变量法求解三维无限深方势阱 (箱子里有一个粒子):

$$V(x,y,z)=\begin{cases}0, & 0<x,y,z<a;\\ \infty, & \text{其他}.\end{cases}$$

(a) 求出定态波函数及相应的能级.

(b) 按能量增加的顺序标记不同的能量 E_1, E_2, E_3, $\cdots$. 求出 E_1, E_2, E_3, E_4, E_5 和 E_6. 确定它们的简并度 (即具有相同能量的不同态的数目). **注释**　在一维情况下简并不会发生 (参见习题 2.44), 但在三维情况下, 简并是很常见的.

(c) E_{14} 的简并度是多少? 为什么这种情况很有趣?

解答　(a) 定态薛定谔方程为

$$-\frac{\hbar^2}{2m}\left(\frac{\partial^2\psi}{\partial x^2}+\frac{\partial^2\psi}{\partial y^2}+\frac{\partial^2\psi}{\partial z^2}\right)=E\psi,\quad 0<x,\ y,\ z<a.$$

三个维度 $-\dfrac{\hbar^2}{2m}\left(YZ\dfrac{\mathrm{d}^2X}{\mathrm{d}x^2}+XZ\dfrac{\mathrm{d}^2Y}{\mathrm{d}y^2}+XY\dfrac{\mathrm{d}^2Z}{\mathrm{d}z^2}\right)=EXYZ$ 相互独立, 即上式没有交叉项, 由分离变量法可得

$$\psi(x,y,z)=X(x)Y(y)Z(z),$$

代入定态薛定谔方程, 得

$$-\frac{\hbar^2}{2m}\left(YZ\frac{\mathrm{d}^2X}{\mathrm{d}x^2}+XZ\frac{\mathrm{d}^2Y}{\mathrm{d}y^2}+XY\frac{\mathrm{d}^2Z}{\mathrm{d}z^2}\right)=EXYZ$$

两边同时除以 XYZ, 得

$$\frac{1}{X}\frac{\mathrm{d}^2X}{\mathrm{d}x^2}+\frac{1}{Y}\frac{\mathrm{d}^2Y}{\mathrm{d}y^2}+\frac{1}{Z}\frac{\mathrm{d}^2Z}{\mathrm{d}z^2}=-\frac{2m}{\hbar^2}E.$$

上式左边分别仅与 x,y,z 有关, 故每一项必须是一常数.

令

$$\frac{1}{X}\frac{\mathrm{d}^2X}{\mathrm{d}x^2}=-k_x^2,\quad \frac{1}{Y}\frac{\mathrm{d}^2Y}{\mathrm{d}y^2}=-k_y^2,\quad \frac{1}{Z}\frac{\mathrm{d}^2Z}{\mathrm{d}z^2}=-k_z^2,$$

解为

$$\begin{aligned}X(x)&=A_x\sin(k_xx)+B_x\cos(k_xx),\\ Y(y)&=A_y\sin(k_yy)+B_y\cos(k_yy),\\ Z(z)&=A_z\sin(k_zz)+B_z\cos(k_zz).\end{aligned}$$

由边界条件 $x,y,z=0$ 或者 $x,y,z=a$ 时 $\psi=0$, 即

$$X(0)=Y(0)=Z(0)=X(a)=Y(a)=Z(a)=0,$$

得到

$$B_x=B_y=B_z=0,$$
$$k_x=\frac{n_x\pi}{a},\ k_y=\frac{n_y\pi}{a},\ k_z=\frac{n_z\pi}{a}.\quad (n_x,\ n_y,\ n_z=1,\ 2,\ 3,\ \cdots)$$

分别对 X、Y、Z 归一化, 得 $A_x = A_y = A_z = \sqrt{\dfrac{2}{a}}$.

所以

$$\psi_{n_x n_y n_z}(x,y,z) = \left(\frac{2}{a}\right)^{3/2} \sin\left(\frac{n_x \pi}{a}x\right)\sin\left(\frac{n_y \pi}{a}y\right)\sin\left(\frac{n_z \pi}{a}z\right),$$

$$E = \frac{\hbar^2}{2m}\left(k_x^2+k_y^2+k_z^2\right) = \frac{\pi^2\hbar^2}{2ma^2}\left(n_x^2+n_y^2+n_z^2\right), \quad n_x,\ n_y,\ n_z = 1,\ 2,\ 3,\ \cdots.$$

(b) 能量 E 仅与 $n_x^2+n_y^2+n_z^2$ 有关:

当 n_x, n_y, n_z 全为 1 时, $E_1 = \dfrac{3\pi^2\hbar^2}{2ma^2}$, 简并度 $d=1$; (基态)

当 n_x, n_y, n_z 有两个等于 1、一个等于 2 时, $E_2 = \dfrac{3\pi^2\hbar^2}{ma^2}, d=3$; (第一激发态)

当 n_x, n_y, n_z 有一个等于 1、两个等于 2 时, $E_3 = \dfrac{9\pi^2\hbar^2}{2ma^2}, d=3$;

当 n_x, n_y, n_z 有两个等于 1、一个等于 3 时, $E_4 = \dfrac{11\pi^2\hbar^2}{2ma^2}, d=3$;

当 n_x, n_y, n_z 全为 2 时, $E_5 = \dfrac{6\pi^2\hbar}{ma^2}, d=1$;

当 n_x, n_y, n_z 分别等于 1、2、3 时, $E_6 = \dfrac{7\pi^2\hbar^2}{ma^2}, d=6$.

可以看出, 当 n_x, n_y, n_z 一样时简并度为 1, 当两个一样时简并度为 3, 当三个都不一样时简并度为 6.

(c) 当能量分别为 E_7, E_8, E_9, E_{10}, E_{11}, E_{12}, E_{13} 时, n_x, n_y, n_z 的组合分别为 (3,2,2), (4,1,1), (3,3,1), (4,2,1), (3,3,2), (4,2,2), (4,3,1).

当能量为 E_{14} 时, n_x, n_y, n_z 凑巧有三个全等于 3 或者其中两个为 1、另一个为 5, 即 (5,1,1) 组合, 因此简并度为 $d = 1 + C_3^1 = 4$.

习题 4.3

(a) 假设波函数 $\psi(r,\theta,\phi) = A\mathrm{e}^{-r/a}$, A 和 a 都为常数. 求能量 E 和势场 $V(r)$, 当 $r\to\infty$ 时, $V(r)\to 0$.

(b) 假设 $V(0)=0$, 对波函数 $\psi(r,\theta,\phi) = A\mathrm{e}^{-r^2/a^2}$, 重复上述计算.

解答 (a) 注意到波函数只与径向部分有关, 因此在三维球坐标中, 定态薛定谔方程可写为

$$-\frac{\hbar^2}{2m}\left[\frac{1}{r^2}\frac{\mathrm{d}}{\mathrm{d}r}\left(r^2\frac{\mathrm{d}}{\mathrm{d}r}\right)+V\right]\psi = E\psi,$$

将波函数 $\psi(r,\theta,\varphi) = A\mathrm{e}^{-r/a}$ 代入上式, 得

$$-\frac{\hbar^2}{2m}\frac{1}{r^2}\frac{\mathrm{d}}{\mathrm{d}r}\left[\left(-\frac{1}{a}\right)r^2\left(A\mathrm{e}^{-r/a}\right)\right]+V\psi = E\psi,$$

$$-\frac{\hbar^2}{2m}\frac{1}{r^2}\frac{\mathrm{d}}{\mathrm{d}r}\left[\left(-\frac{1}{a}\right)2r\left(A\mathrm{e}^{-r/a}\right)+\left(-\frac{1}{a}\right)r^2\left(-\frac{1}{a}\right)\left(A\mathrm{e}^{-r/a}\right)\right]+V\psi = E\psi,$$

$$-\frac{\hbar^2}{2m}\frac{1}{r^2}\left[\left(-\frac{2r}{a}\right)\psi+\left(\frac{r^2}{a^2}\right)\psi\right]+V\psi = E\psi,$$

$$-\frac{\hbar^2}{2m}\left[\left(-\frac{2}{ra}\right)\psi+\left(\frac{1}{a^2}\right)\psi\right]+V\psi = E\psi.$$

等式两边同时移除波函数 ψ, 得

$$E=-\frac{\hbar^2}{2ma^2}+\frac{\hbar^2}{mar}+V(r).$$

由题目知 $r\to\infty$ 时, $V(r)\to 0$, 得

$$E=-\frac{\hbar^2}{2ma^2}.$$

保守场下总能恒定, 因此

$$V(r)=-\frac{\hbar^2}{mar}.$$

(b) 波函数为 $\psi(r,\theta,\phi)=A\mathrm{e}^{-r^2/a^2}$ 时, 定态薛定谔方程径向部分对其微分为

$$\begin{aligned}\frac{1}{r^2}\frac{\mathrm{d}}{\mathrm{d}r}\left(r^2\frac{\mathrm{d}}{\mathrm{d}r}\right)\psi&=\frac{1}{r^2}\frac{\mathrm{d}}{\mathrm{d}r}\left(r^2\frac{\mathrm{d}}{\mathrm{d}r}\right)\left(A\mathrm{e}^{-r^2/a^2}\right)\\&=\frac{1}{r^2}\frac{\mathrm{d}}{\mathrm{d}r}\left[r^2\left(\frac{-2r}{a^2}\right)\left(A\mathrm{e}^{-r^2/a^2}\right)\right]\\&=\frac{1}{r^2}\left[-\frac{6r^2}{a^2}\psi-\frac{2r^3}{a^2}\left(-\frac{2r}{a^2}\right)\psi\right]\\&=-\frac{6}{a^2}\psi+\frac{4r^2}{a^4}\psi.\end{aligned}$$

因此, 定态薛定谔方程为

$$-\frac{\hbar^2}{2m}\left(-\frac{6}{a^2}+\frac{4r^2}{a^4}\right)\psi+V(r)\psi=E\psi,$$

$$E=-\frac{\hbar^2}{2m}\left(-\frac{6}{a^2}+\frac{4r^2}{a^4}\right)+V(r).$$

当 $V(0)=0$ 时, 得

$$E=\frac{3\hbar^2}{ma^2}.$$

保守场下能量守恒, 所以

$$V(r)=\frac{2\hbar^2r^2}{ma^4}.$$

***习题 4.4** 利用方程 (4.27)、(4.28) 和 (4.32) 来构建 Y_0^0 和 Y_2^1, 验证它们的正交归一性.

解答 方程 (4.27)、(4.28) 和 (4.32) 分别为

$$p_\ell^m(x)\equiv(-1)^m\left(1-x^2\right)^{m/2}\left(\frac{\mathrm{d}}{\mathrm{d}x}\right)^m p_\ell(x),$$

$$p_\ell(x)\equiv\frac{1}{2^\ell\ell!}\left(\frac{\mathrm{d}}{\mathrm{d}x}\right)^\ell\left(x^2-1\right)^\ell,$$

$$Y_\ell^m(\theta,\varphi)=\varepsilon\sqrt{\frac{(2\ell+1)(\ell-m)!}{4\pi(\ell+m)!}}\mathrm{e}^{\mathrm{i}m\varphi}p_\ell^m(\cos\theta),$$

当 $m\geqslant 0$ 时, $\varepsilon=(-1)^m$; $m\leqslant 0$ 时, $\varepsilon=1$. 故

$$Y_0^0=\sqrt{\frac{1}{4\pi}}p_0^0(\cos\theta).$$

又 $p_0^0(x) = p_0(x) = 1$, 故

$$Y_0^0 = \sqrt{\frac{1}{4\pi}},$$

$$Y_2^1 = -\sqrt{\frac{5}{24\pi}} \mathrm{e}^{\mathrm{i}\varphi} p_2^1(\cos\theta),$$

$$p_2^1(x) = \left(1-x^2\right)^{1/2} \frac{\mathrm{d}}{\mathrm{d}x} p_2(x),$$

$$\begin{aligned} p_2(x) &= \frac{1}{4\times 2}\left(\frac{\mathrm{d}}{\mathrm{d}x}\right)^2 \left(x^2-1\right)^2 = \frac{1}{8}\left(\frac{\mathrm{d}}{\mathrm{d}x}\right)^2 \left(x^4-2x^2+1\right) \\ &= \frac{1}{8}\frac{\mathrm{d}}{\mathrm{d}x}\left(4x^3-4x\right) = \frac{1}{2}\left(3x^2-1\right), \end{aligned}$$

$$p_2^1(x) = \sqrt{1-x^2}\frac{\mathrm{d}}{\mathrm{d}x}\left(\frac{3}{2}x^2-\frac{1}{2}\right) = 3x\sqrt{1-x^2},$$

$$p_2^1(\cos\theta) = 3\cos\theta\sin\theta,$$

所以

$$Y_2^1 = -\sqrt{\frac{15}{8\pi}}\cos\theta\sin\theta\mathrm{e}^{\mathrm{i}\varphi}.$$

正交性:

$$\begin{aligned} \int_0^{2\pi}\int_0^{\pi} Y_0^{0*} Y_2^1 \sin\theta\mathrm{d}\theta\mathrm{d}\varphi &= -\sqrt{\frac{1}{4\pi}}\cdot\sqrt{\frac{15}{8\pi}}\int_0^{\pi}\sin^2\theta\cos\theta\mathrm{d}\theta\int_0^{2\pi}\mathrm{e}^{\mathrm{i}\varphi}\mathrm{d}\varphi \\ &= -\sqrt{\frac{1}{4\pi}}\sqrt{\frac{15}{8\pi}}\cdot\left.\frac{\sin^3\theta}{3}\right|_0^{\pi}\cdot\left.\frac{\mathrm{e}^{\mathrm{i}\varphi}}{i}\right|_0^{2\pi} \\ &= 0. \end{aligned}$$

归一性:

$$\int_0^{2\pi}\int_0^{\pi}\left|Y_0^0\right|^2\sin\theta\mathrm{d}\theta\mathrm{d}\phi = \frac{1}{4\pi}\int_0^{\pi}\sin\theta\mathrm{d}\theta\int_0^{2\pi}\mathrm{d}\phi = \frac{1}{4\pi}\times 2\times 2\pi = 1,$$

$$\begin{aligned} \int_0^{2\pi}\int_0^{\pi}\left|Y_2^1\right|^2\sin\theta\mathrm{d}\theta\mathrm{d}\varphi &= \int_0^{2\pi}\int_0^{\pi} Y_2^{1*}Y_2^1\sin\theta\mathrm{d}\theta\mathrm{d}\varphi \\ &= \frac{15}{8\pi}\int_0^{\pi}\sin^3\theta\cos^2\theta\mathrm{d}\theta\int_0^{2\pi}\mathrm{d}\varphi \\ &= -\frac{15}{4}\int_0^{\pi}\cos^2\theta\left(1-\cos^2\theta\right)\mathrm{d}\cos\theta \\ &= -\frac{15}{4}\left.\left(\frac{1}{3}\cos^3\theta-\frac{1}{5}\cos^5\theta\right)\right|_0^{\pi} \\ &= 1. \end{aligned}$$

习题 4.5 证明: 对 $\ell = m = 0$,

$$\Theta(\theta) = A\ln\left[\tan(\theta/2)\right]$$

满足 θ 的方程 (方程 (4.25)). 这是不可接受的“第 2 个解”——错误出在哪里?

解答　由 $\Theta(\theta) = A\ln[\tan(\theta/2)]$ 和

$$\sin\theta\frac{\mathrm{d}}{\mathrm{d}\theta}\left(\sin\theta\frac{\mathrm{d}\Theta}{\mathrm{d}\theta}\right) + \left[\ell(\ell+1)\sin^2\theta - m^2\right]\Theta = 0,$$

先处理求导项, 得

$$\frac{\mathrm{d}\Theta}{\mathrm{d}\theta} = \frac{A}{\tan(\theta/2)}\cdot\frac{1}{2}\sec^2\frac{\theta}{2} = \frac{A}{2}\cdot\frac{\cos\dfrac{\theta}{2}}{\sin\dfrac{\theta}{2}}\cdot\frac{1}{\cos^2\dfrac{\theta}{2}} = \frac{A}{\sin\theta},$$

$$\frac{\mathrm{d}}{\mathrm{d}\theta}\left(\sin\theta\frac{\mathrm{d}\Theta}{\mathrm{d}\theta}\right) = \frac{\mathrm{d}A}{\mathrm{d}\theta} = 0.$$

当 $\ell = m = 0$ 时,

$$\ell(\ell+1)\sin\theta^2 - m^2 = 0,$$

故 $\Theta(\theta)$ 满足方程

$$\sin\theta\frac{\mathrm{d}}{\mathrm{d}\theta}\left(\sin\frac{\mathrm{d}\Theta}{\mathrm{d}\theta}\right) + \left[\ell(\ell+1)\sin\theta^2 - m^2\right]\Theta = 0.$$

当 $\theta = 0$ 时, $\Theta(0) = A\ln 0 = A\cdot(-\infty)$; 当 $\theta = \pi$ 时, $\Theta(\pi) = A\ln\left(\tan\dfrac{\pi}{2}\right) = A\ln\infty = A\cdot\infty$.

所以, 该解在物理上是不可接受的.

习题 4.6　利用方程 (4.32) 和教材脚注 5, 证明: $Y_\ell^{-m} = (-1)^m(Y_\ell^m)^*$.

证明　由方程 (4.32)

$$Y_\ell^m(\theta,\phi) = \sqrt{\frac{(2\ell+1)}{4\pi}\frac{(\ell-m)!}{(\ell+m)!}}\mathrm{e}^{\mathrm{i}m\phi}P_\ell^m(\cos\theta),$$

那么,

$$Y_\ell^{-m}(\theta,\phi) = \sqrt{\frac{(2\ell+1)}{4\pi}\frac{(\ell+m)!}{(\ell-m)!}}\mathrm{e}^{-\mathrm{i}m\phi}P_\ell^{-m}(\cos\theta).$$

又由

$$P_\ell^{-m}(\cos\theta) = (-1)^m\frac{(\ell-m)!}{(\ell+m)!}P_\ell^m(\cos\theta),$$

所以

$$\begin{aligned}Y_\ell^{-m}(\theta,\phi) &= \sqrt{\frac{(2\ell+1)}{4\pi}\frac{(\ell+m)!}{(\ell-m)!}}\mathrm{e}^{-\mathrm{i}m\phi}(-1)^m\frac{(\ell-m)!}{(\ell+m)!}P_\ell^m(\cos\theta)\\ &= (-1)^m\sqrt{\frac{(2\ell+1)}{4\pi}\frac{(\ell-m)!}{(\ell+m)!}}\mathrm{e}^{-\mathrm{i}m\phi}P_\ell^m(\cos\theta)\\ &= (-1)^m(Y_\ell^m)^*.\end{aligned}$$

***习题 4.7**　利用方程 (4.32), 求 $Y_\ell^\ell(\theta,\phi)$ 和 $Y_3^2(\theta,\phi)$. (可以从教材表 4.2 中得到 P_3^2, 但是必须从方程 (4.27) 和 (4.28) 中算出 P_ℓ^ℓ.) 对于适当的 ℓ 和 m 值, 验证它们

满足角方程 (方程 (4.18)).

解答　同习题 4.4

$$Y_{\ell}^{m}(\theta,\phi)=\varepsilon\sqrt{\frac{(2\ell+1)(\ell-m)!}{4\pi(\ell+m)!}}\mathrm{e}^{\mathrm{i}m\phi}p_{\ell}^{m}(\cos\theta),$$

$$p_{\ell}^{m}(x)\equiv(-1)^{m}\left(1-x^{2}\right)^{m/2}\left(\frac{\mathrm{d}}{\mathrm{d}x}\right)^{m}p_{\ell}(x),$$

$$p_{\ell}(x)\equiv\frac{1}{2^{\ell}\ell!}\left(\frac{\mathrm{d}}{\mathrm{d}x}\right)^{\ell}\left(x^{2}-1\right)^{\ell},$$

$$Y_{\ell}^{\ell}(\theta,\phi)=(-1)^{\ell}\sqrt{\frac{2\ell+1}{4\pi(2\ell)!}}\mathrm{e}^{\mathrm{i}\ell\phi}p_{\ell}^{\ell}(\cos\theta),$$

$$p_{\ell}^{\ell}(x)=\left(1-x^{2}\right)^{\ell/2}\left(\frac{\mathrm{d}}{\mathrm{d}x}\right)^{\ell}p_{\ell}(x)=\frac{1}{2^{\ell}\ell!}\left(1-x^{2}\right)^{\ell/2}\left(\frac{\mathrm{d}}{\mathrm{d}x}\right)^{2\ell}\left(x^{2}-1\right)^{\ell},$$

其中 $\left(x^{2}-1\right)^{\ell}=x^{2\ell}+ax^{2\ell-1}+bx^{2\ell-2}+\cdots+1$, $a,b,\cdots$ 是常数.

对上式求 2ℓ 阶导数时, $\left(\frac{\mathrm{d}}{\mathrm{d}x}\right)^{2\ell}x^{2\ell}=(2\ell)!$, 其余各项均为 0. 所以

$$p_{\ell}^{\ell}(x)=\frac{(2\ell)!}{2^{\ell}\ell!}\left(1-x^{2}\right)^{\ell/2},$$

$$Y_{\ell}^{\ell}(\theta,\phi)=(-1)^{\ell}\sqrt{\frac{2\ell+1}{4\pi(2\ell)!}}\mathrm{e}^{\mathrm{i}l\phi}\frac{(2\ell)!}{2^{\ell}\ell!}(\sin\theta)^{\ell}=A(\sin\theta)^{\ell}\mathrm{e}^{\mathrm{i}\ell\phi},$$

$$A\equiv(-1)^{\ell}\sqrt{\frac{2\ell+1}{4\pi(2\ell)!}}\frac{(2\ell)!}{2^{\ell}l!},$$

$$Y_{3}^{2}(\theta,\phi)=\sqrt{\frac{7}{4\pi\times5!}}\mathrm{e}^{2\mathrm{i}\phi}p_{3}^{2}(\cos\theta),$$

$$p_{3}^{2}(x)=\left(1-x^{2}\right)\left(\frac{\mathrm{d}}{\mathrm{d}x}\right)^{2}p_{3}(x),$$

$$\begin{aligned}p_{3}(x)&=\frac{1}{8\times3!}\left(\frac{\mathrm{d}}{\mathrm{d}x}\right)^{3}\left(x^{2}-1\right)^{3}\\&=\frac{1}{48}\left(\frac{\mathrm{d}}{\mathrm{d}x}\right)^{2}\left[6x\left(x^{2}-1\right)^{2}\right]\\&=\frac{1}{8}\frac{\mathrm{d}}{\mathrm{d}x}\left[\left(x^{2}-1\right)^{2}+4x^{2}\left(x^{2}-1\right)\right]\\&=\frac{1}{8}\left[4x\left(x^{2}-1\right)+8x\left(x^{2}-1\right)+8x^{3}\right]\\&=\frac{1}{2}\left(5x^{3}-3x\right).\end{aligned}$$

因此

$$p_{3}^{2}(x)=\frac{1}{2}\left(1-x^{2}\right)\left(\frac{\mathrm{d}}{\mathrm{d}x}\right)^{2}\left(5x^{3}-3x\right)$$

$$
\begin{aligned}
&= \frac{1}{2}\left(1-x^2\right)\frac{\mathrm{d}}{\mathrm{d}x}\left(15x^2-3\right)\\
&= \frac{1}{2}\left(1-x^2\right)\times 30x\\
&= 15x\left(1-x^2\right),
\end{aligned}
$$

$$
Y_3^2(\theta,\phi)=\sqrt{\frac{7}{4\pi\times 5!}}\mathrm{e}^{2\mathrm{i}\phi}\times 15\cos\theta\sin^2\theta,
$$

$$
\frac{\partial Y_\ell^\ell}{\partial\theta}=A\mathrm{e}^{\mathrm{i}\ell\phi}\ell(\sin\theta)^{\ell-1}\cos\theta,
$$

$$
\sin\theta\frac{\partial Y_\ell^\ell}{\partial\theta}=A\mathrm{e}^{\mathrm{i}\ell\phi}\ell(\sin\theta)^{\ell}\cos\theta=\ell\cos\theta Y_\ell^\ell,
$$

$$
\begin{aligned}
\sin\theta\frac{\partial}{\partial\theta}\left(\sin\theta\frac{\partial Y_\ell^\ell}{\partial\theta}\right)&=\sin\theta\left(-\ell\sin\theta Y_\ell^\ell+\ell\cos\theta\frac{\ell\cos\theta Y_\ell^\ell}{\sin\theta}\right)\\
&=\left(\ell^2\cos^2\theta-\ell\sin^2\theta\right)Y_\ell^\ell,
\end{aligned}
$$

$$
\frac{\partial^2 Y_\ell^\ell}{\partial\varphi^2}=-l^2Y_\ell^\ell,
$$

$$
\begin{aligned}
\sin\theta\frac{\partial}{\partial\theta}\left(\sin\theta\frac{\partial Y_\ell^\ell}{\partial\theta}\right)+\frac{\partial^2 Y_\ell^\ell}{\partial\varphi^2}&=\left(\ell^2\cos^2\theta-\ell\sin^2\theta-\ell^2\right)Y_\ell^\ell\\
&=-\ell(\ell+1)\sin^2\theta Y_\ell^\ell.
\end{aligned}
$$

所以 Y_ℓ^ℓ 满足角方程 (4.18).

对于

$$
Y_3^2(\theta,\phi)=15\sqrt{\frac{7}{4\pi\times 5!}}\mathrm{e}^{2\mathrm{i}\phi}\cos\theta\sin^2\theta=B\mathrm{e}^{2\mathrm{i}\phi}\cos\theta\sin^2\theta,\ B\equiv 15\sqrt{\frac{7}{4\pi\times 5!}},
$$

$$
\frac{\partial Y_3^2}{\partial\theta}=-B\mathrm{e}^{2\mathrm{i}\phi}\sin^3\theta+2B\mathrm{e}^{2\mathrm{i}\phi}\cos^2\theta\sin\theta,
$$

$$
\sin\theta\frac{\partial Y_3^2}{\partial\theta}=B\mathrm{e}^{2\mathrm{i}\phi}\left(2\sin^2\theta\cos^2\theta-\sin^4\theta\right),
$$

$$
\begin{aligned}
\sin\theta\frac{\partial}{\partial\theta}\left(\sin\theta\frac{\partial Y_3^2}{\partial\theta}\right)&=B\mathrm{e}^{2\mathrm{i}\phi}\sin\theta\frac{\partial}{\partial\theta}\left(2\sin^2\theta\cos^2\theta-\sin^4\theta\right)\\
&=B\mathrm{e}^{2\mathrm{i}\phi}\sin\theta\left(4\sin\theta\cos^3\theta-4\sin^3\theta\cos\theta-4\sin^3\theta\cos\theta\right)\\
&=4B\mathrm{e}^{2\mathrm{i}\phi}\sin^2\theta\cos\theta\left(\cos^2\theta-2\sin^2\theta\right)\\
&=4\left(\cos^2\theta-2\sin^2\theta\right)Y_3^2,
\end{aligned}
$$

$$
\frac{\partial^2 Y_3^2}{\partial\phi^2}=-4Y_3^2,
$$

所以

$$
\sin\theta\frac{\partial}{\partial\theta}\left(\sin\theta\frac{\partial Y_3^2}{\partial\theta}\right)+\frac{\partial^2 Y_3^2}{\partial\phi^2}=4\left(\cos^2\theta-2\sin^2\theta\right)Y_3^2-4Y_3^2=-12\sin^2\theta Y_3^2.
$$

又

$$
\ell=3,\quad -\ell(\ell+1)\sin^2\theta Y_3^2=-12\sin^2\theta Y_3^2,
$$

所以 Y_3^2 满足角方程

$$
\sin\theta\frac{\partial}{\partial\theta}\left(\sin\theta\frac{\partial Y_3^2}{\partial\theta}\right)+\frac{\partial^2 Y_3^2}{\partial\phi^2}=-\ell(\ell+1)\sin^2\theta Y_3^2.
$$

**习题 4.8 从罗德里格公式出发, 推导勒让德多项式的正交归一化条件:

$$\int_{-1}^{1} P_\ell(x)\, P'_\ell(x)\,\mathrm{d}x = \left(\frac{2}{2\ell+1}\right)\delta_{\ell\ell'}.$$

提示　利用分部积分.

解答　由罗德里格公式

$$P_\ell(x) = \frac{1}{2^\ell \ell!}\left(\frac{\mathrm{d}}{\mathrm{d}x}\right)^\ell \left(x^2-1\right)^\ell,$$

$$\int_{-1}^{1} P_\ell(x)\, P'_\ell(x)\,\mathrm{d}x = \frac{1}{2^\ell \ell!}\cdot\frac{1}{2^{\ell'}\ell'!}\int_{-1}^{1}\left[\left(\frac{\mathrm{d}}{\mathrm{d}x}\right)^\ell \left(x^2-1\right)^\ell\right]\left[\left(\frac{\mathrm{d}}{\mathrm{d}x}\right)^{\ell'} \left(x^2-1\right)^{\ell'}\right]\mathrm{d}x.$$

当 $\ell \neq \ell'$ 时, 设 $\ell > \ell'$

$$\begin{aligned}
&\int_{-1}^{1}\left[\left(\frac{\mathrm{d}}{\mathrm{d}x}\right)^\ell \left(x^2-1\right)^\ell\right]\left[\left(\frac{\mathrm{d}}{\mathrm{d}x}\right)^{\ell'} \left(x^2-1\right)^{\ell'}\right]\mathrm{d}x \\
=&\int_{-1}^{1}\left[\left(\frac{\mathrm{d}}{\mathrm{d}x}\right)^{\ell'} \left(x^2-1\right)^{\ell'}\right]\mathrm{d}\left[\left(\frac{\mathrm{d}}{\mathrm{d}x}\right)^{\ell-1} \left(x^2-1\right)^\ell\right] \\
=&\left[\left(\frac{\mathrm{d}}{\mathrm{d}x}\right)^{\ell-1} \left(x^2-1\right)^\ell\right]\left[\left(\frac{\mathrm{d}}{\mathrm{d}x}\right)^{\ell'} \left(x^2-1\right)^{\ell'}\right]\Bigg|_{-1}^{1} \\
&-\int_{-1}^{1}\left[\left(\frac{\mathrm{d}}{\mathrm{d}x}\right)^{\ell-1} \left(x^2-1\right)^\ell\right]\mathrm{d}\left[\left(\frac{\mathrm{d}}{\mathrm{d}x}\right)^{\ell'} \left(x^2-1\right)^{\ell'}\right] \\
=&\left[\left(\frac{\mathrm{d}}{\mathrm{d}x}\right)^{\ell-1} \left(x^2-1\right)^\ell\right]\left[\left(\frac{\mathrm{d}}{\mathrm{d}x}\right)^{\ell'} \left(x^2-1\right)^{\ell'}\right]\Bigg|_{-1}^{1} \\
&-\int_{-1}^{1}\left[\left(\frac{\mathrm{d}}{\mathrm{d}x}\right)^{\ell-1} \left(x^2-1\right)^\ell\right]\left[\left(\frac{\mathrm{d}}{\mathrm{d}x}\right)^{\ell'+1} \left(x^2-1\right)^{\ell'}\right]\mathrm{d}x \\
=&\left[\left(\frac{\mathrm{d}}{\mathrm{d}x}\right)^{\ell-1} \left(x^2-1\right)^\ell\right]\left[\left(\frac{\mathrm{d}}{\mathrm{d}x}\right)^{\ell'} \left(x^2-1\right)^{\ell'}\right]\Bigg|_{-1}^{1} \\
&-\left[\left(\frac{\mathrm{d}}{\mathrm{d}x}\right)^{\ell-2} \left(x^2-1\right)^\ell\right]\left[\left(\frac{\mathrm{d}}{\mathrm{d}x}\right)^{\ell'+1} \left(x^2-1\right)^{\ell'}\right]\Bigg|_{-1}^{1} \\
&+\int_{-1}^{1}\left[\left(\frac{\mathrm{d}}{\mathrm{d}x}\right)^{\ell-2} \left(x^2-1\right)^\ell\right]\left[\left(\frac{\mathrm{d}}{\mathrm{d}x}\right)^{\ell'+2} \left(x^2-1\right)^{\ell'}\right]\mathrm{d}x \\
=&\left[\left(\frac{\mathrm{d}}{\mathrm{d}x}\right)^{\ell-1} \left(x^2-1\right)^\ell\right]\left[\left(\frac{\mathrm{d}}{\mathrm{d}x}\right)^{\ell'} \left(x^2-1\right)^{\ell'}\right]\Bigg|_{-1}^{1} \\
&-\left[\left(\frac{\mathrm{d}}{\mathrm{d}x}\right)^{\ell-2} \left(x^2-1\right)^\ell\right]\left[\left(\frac{\mathrm{d}}{\mathrm{d}x}\right)^{\ell'+1} \left(x^2-1\right)^{\ell'}\right]\Bigg|_{-1}^{1} \\
&+\cdots+\left[\left(\frac{\mathrm{d}}{\mathrm{d}x}\right)^{\ell-n} \left(x^2-1\right)^\ell\right]\left[\left(\frac{\mathrm{d}}{\mathrm{d}x}\right)^{\ell'+n-1} \left(x^2-1\right)^{\ell'}\right]\Bigg|_{-1}^{1}
\end{aligned}$$

$$+\cdots+(-1)^{\ell}\int_{-1}^{1}\left(x^2-1\right)^{\ell}\left(\frac{\mathrm{d}}{\mathrm{d}x}\right)^{\ell'+1}\left(x^2-1\right)^{\ell'}\mathrm{d}x,$$

其中 $n=1,2,3,\cdots,\ell$.

因为 $\ell>\ell'$, $\ell+\ell'>2\ell'$, 所以

$$\left(\frac{\mathrm{d}}{\mathrm{d}x}\right)^{\ell'+\ell}\left(x^2-1\right)^{\ell'}=0.$$

又

$$\frac{\mathrm{d}}{\mathrm{d}x}\left(x^2-1\right)^{\ell}=2x\ell\left(x^2-1\right)^{\ell-1},$$

$$\frac{\mathrm{d}^2}{\mathrm{d}x^2}\left(x^2-1\right)^{l}=2\ell\left(x^2-1\right)^{\ell-1}+2\ell(\ell-1)\cdot 2x^2\left(x^2-1\right)^{\ell-2},$$

可知 $\left(\frac{\mathrm{d}}{\mathrm{d}x}\right)^{\ell-n}\left(x^2-1\right)^{\ell}$ 所展开的多项式能提取出公因式 $\left(x^2-1\right)$.

因为积分区间是从 -1 到 1, 所以

$$\left[\left(\frac{\mathrm{d}}{\mathrm{d}x}\right)^{\ell-n}\left(x^2-1\right)^{\ell}\right]\left[\left(\frac{\mathrm{d}}{\mathrm{d}x}\right)^{\ell'+n-1}\left(x^2-1\right)^{\ell'}\right]\Bigg|_{-1}^{1}=0.$$

即 $\ell\neq\ell'$ 时,

$$\int_{-1}^{1}P_{\ell}(x)\,P_{\ell}'(x)\,\mathrm{d}x=0,$$

当 $\ell=\ell'$ 时, 由上面知

$$\int_{-1}^{1}P_{\ell}(x)\,P_{\ell}'(x)\,\mathrm{d}x=\frac{1}{\left(2^{\ell}\ell!\right)^2}(-1)^{\ell}\int_{-1}^{1}\left(x^2-1\right)^{\ell}\left(\frac{\mathrm{d}}{\mathrm{d}x}\right)^{2\ell}\left(x^2-1\right)^{\ell}\mathrm{d}x,$$

其中

$$\begin{aligned}(-1)^{\ell}\int_{-1}^{1}\left(x^2-1\right)^{\ell}\left(\frac{\mathrm{d}}{\mathrm{d}x}\right)^{2\ell}\left(x^2-1\right)^{\ell}\mathrm{d}x&=(-1)^{\ell}(2\ell)!\int_{-1}^{1}\left(x^2-1\right)^{\ell}\mathrm{d}x\\&=2\,(2\ell)!\int_{0}^{1}\left(1-x^2\right)^{\ell}\mathrm{d}x.\end{aligned}$$

令 $x=\cos\theta$, 则 $1-x^2=\sin^2\theta,\mathrm{d}x=-\sin\theta\mathrm{d}\theta$, 完成积分

$$\begin{aligned}\int_{0}^{1}\left(1-x^2\right)^{\ell}\mathrm{d}x&=\int_{\pi/2}^{0}(\sin\theta)^{2\ell}(-\sin\theta)\,\mathrm{d}\theta\\&=\int_{0}^{\pi/2}(\sin\theta)^{2\ell+1}\mathrm{d}\theta\\&=\frac{2\times4\times6\times\cdots\times2\ell}{1\times3\times5\times\cdots\times(2\ell+1)}\\&=\frac{\left(2^{\ell}\ell!\right)^2}{1\times2\times3\times\cdots\times(2\ell+1)}\\&=\frac{\left(2^{\ell}\ell!\right)^2}{(2\ell+1)!}.\end{aligned}$$

所以

$$\int_{-1}^{1}[P_\ell(x)]^2\mathrm{d}x=\frac{1}{\left(2^\ell\ell!\right)^2}2\,(2\ell)!\frac{\left(2^\ell\ell!\right)^2}{(2\ell+1)!}=\frac{2}{2\ell+1}.$$

结合前面 $\ell\neq\ell'$ 情况, 有

$$\int_{-1}^{1}P_\ell(x)\,P_{\ell'}(x)\,\mathrm{d}x=\frac{2}{2\ell+1}\delta_{\ell\ell'}.$$

习题 4.9

(a) 根据定义 (方程 (4.46)), 构造 $n_1(x)$ 和 $n_2(x)$.

(b) 当 $x\ll1$ 时, 采用正弦和余弦函数将 $n_1(x)$ 和 $n_2(x)$ 展开给出近似公式. 验证它们在原点处趋于发散.

解答　(a) 方程 (4.46) 为

$$n_\ell(x)\equiv-(-x)^\ell\left(\frac{1}{x}\frac{\mathrm{d}}{\mathrm{d}x}\right)^\ell\frac{\cos x}{x},$$

所以

$$\begin{aligned}
n_1(x)&=-(-x)\left(\frac{1}{x}\frac{\mathrm{d}}{\mathrm{d}x}\right)\frac{\cos x}{x}=-\frac{\cos x}{x^2}-\frac{\sin x}{x},\\
n_2(x)&=-(-x)^2\left(\frac{1}{x}\frac{\mathrm{d}}{\mathrm{d}x}\right)^2\frac{\cos x}{x}\\
&=-x^2\left(\frac{1}{x}\frac{\mathrm{d}}{\mathrm{d}x}\right)\left[\frac{1}{x}\frac{\mathrm{d}}{\mathrm{d}x}\left(\frac{\cos x}{x}\right)\right]\\
&=-x\frac{\mathrm{d}}{\mathrm{d}x}\left(\frac{1}{x}\cdot\frac{-\cos x-x\sin x}{x^2}\right)\\
&=x\frac{\mathrm{d}}{\mathrm{d}x}\left(\frac{\cos x+x\sin x}{x^3}\right)\\
&=x\left(\frac{x^4\cos x-2x^3\sin x-x^3\sin x-3x^2\cos x}{x^6}\right)\\
&=-\frac{3}{x^2}\sin x-\left(\frac{3}{x^3}-\frac{1}{x}\right)\cos x\\
&=x\left(\frac{x^4\cos x-2x^3\sin x-x^3\sin x-3x^2\cos x}{x^6}\right)\\
&=-\frac{3}{x^2}\sin x-\left(\frac{3}{x^3}-\frac{1}{x}\right)\cos x.
\end{aligned}$$

(b) 当 $x\ll1$ 时, $\sin x\approx x,\cos x\approx1$, 所以

$$n_1(x)\approx-\frac{1}{x^2}-1,\quad n_2(x)\approx-\frac{3}{x}-\frac{3}{x^3}+\frac{1}{x}.$$

在原点处 $x\to0$ 时, $n_1(x)$ 和 $n_2(x)$ 均趋于无穷大.

习题 4.10

(a) 验证在 $V(r)=0$ 和 $\ell=1$ 情况下, $Arj_1(kr)$ 满足径向方程.

(b) 当 $\ell=1$ 时, 用图解法确定无限深球势阱允许的能级. 证明: 对于较大的 N,

有 $E_{N1} \approx \left(\hbar^2\pi^2/2ma^2\right)(N+1/2)^2$. **提示**　首先证明 $j_1(x)=0 \Rightarrow x=\tan x$. 在同一张图中画出 x 和 $\tan x$, 找出其交点的位置.

解答　(a) 径向方程为

$$-\frac{\hbar^2}{2m}\frac{\mathrm{d}^2u}{\mathrm{d}r^2}+\left[V+\frac{\hbar^2}{2m}\frac{\ell(\ell+1)}{r^2}\right]u=Eu.$$

对 $V(r)=0$ 和 $\ell=1$, 可化简为

$$\frac{\mathrm{d}^2u}{\mathrm{d}r^2}-\frac{2}{r^2}u=-\frac{2mE}{\hbar^2}u=-k^2u,$$

其中, $k\equiv\dfrac{\sqrt{2mE}}{\hbar}$.

$u=Arj_1(kr)$, 由教材表 4.4 知 $j_1(x)=\dfrac{\sin x}{x^2}-\dfrac{\cos x}{x}$.

$$u=Ar\left[\frac{\sin(kr)}{k^2r^2}-\frac{\cos(kr)}{kr}\right]=\frac{A}{k}\left[\frac{\sin(kr)}{kr}-\cos(kr)\right],$$

$$\begin{aligned}\frac{\mathrm{d}u}{\mathrm{d}r}&=\frac{A}{k}\left[\frac{k^2r\cos(kr)-k\sin(kr)}{k^2r^2}+k\sin(kr)\right]\\&=\frac{A}{k}\left[\frac{\cos(kr)}{r}-\frac{\sin(kr)}{kr^2}+k\sin(kr)\right],\end{aligned}$$

$$\begin{aligned}\frac{\mathrm{d}^2u}{\mathrm{d}r^2}&=\frac{A}{k}\left[\frac{-kr\sin(kr)-\cos(kr)}{r^2}-\frac{k^2r^2\cos(kr)-2kr\sin(kr)}{k^2r^4}+k^2\cos(kr)\right]\\&=Ak\left\{\left[1-\frac{2}{(kr)^2}\right]\cos(kr)+\left[\frac{2}{(kr)^3}-\frac{1}{kr}\right]\sin(kr)\right\},\end{aligned}$$

$$\begin{aligned}\frac{\mathrm{d}^2u}{\mathrm{d}r^2}-\frac{2u}{r^2}&=Ak\left\{\left[1-\frac{2}{(kr)^2}\right]\cos(kr)+\left[\frac{2}{(kr)^3}-\frac{1}{kr}\right]\sin(kr)\right\}\\&\quad-\frac{2A}{kr^2}\left[\frac{\sin(kr)}{kr}-\cos(kr)\right]\\&=Ak\left[\cos(kr)-\frac{\sin(kr)}{kr}\right].\end{aligned}$$

又

$$-k^2u=-k^2\cdot\frac{A}{k}\left[\frac{\sin(kr)}{kr}-\cos(kr)\right]=Ak\left[\cos(kr)-\frac{\sin(kr)}{kr}\right],$$

所以 u 满足方程

$$\frac{\mathrm{d}^2u}{\mathrm{d}r^2}-\frac{2u}{r^2}=-k^2u.$$

(b) $R(r)=Aj_\ell(kr)$, 对无限深球势阱, 由边界条件 $R(a)=0$ 知 $j_\ell(ka)=0$. 由教材表 4.4 知

$$j_1(z)=\frac{\sin z}{z^2}-\frac{\cos z}{z},\quad z\equiv ka,$$

所以 $j_1(z)=0$.

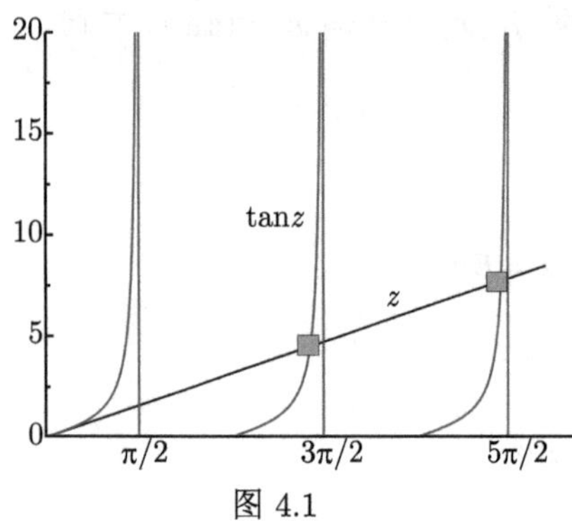

图 4.1

$$\rightarrow \frac{\sin z}{z^2}=\frac{\cos z}{z}, \rightarrow z=\tan z.$$

在同一个图上画出 x 和 $\tan x$, 找到交点位置 (来自于 Origin 作图软件), 如图 4.1 所示.

从图 4.1 中可以看出, 对于较大的 n, 交点位置趋向于 $\left(n+\frac{1}{2}\right)\pi, n=1,2,3,\cdots$, 即

$$ka \approx \left(n+\frac{1}{2}\right)\pi$$

$$\Rightarrow E_n \approx \frac{\left(n+\frac{1}{2}\right)^2 \pi^2\hbar^2}{2ma^2}.$$

****习题 4.11**　质量为 m 的粒子处在有限深球势阱中:

$$V(r)=\begin{cases} -V_0, & r \leqslant a; \\ 0, & r>a. \end{cases}$$

通过求解在 $\ell=0$ 条件下的径向方程给出基态. 证明: 当 $V_0a^2<\pi^2\hbar^2/8m$ 时, 不存在束缚态.

解答　当 $\ell=0$ 时, 径向方程为

$$-\frac{\hbar^2}{2m}\frac{\mathrm{d}^2u}{\mathrm{d}r^2}+Vu=Eu.$$

对束缚态 $(-V_0<E<0)$:

在势阱内 $r \leqslant a$,

$$u(r)=A\sin(k_1r)+B\cos(k_1r),$$

其中, $k_1 \equiv \sqrt{2m(E+V_0)}\big/\hbar$.

取径向波函数 $R(r)=u(r)/r$, 所以当 $r\rightarrow 0$ 时, $\cos(k_1r)/r$ 趋于无穷大, 故必须有

$$B=0.$$

所以

$$u(r)=A\sin(k_1r), \quad r \leqslant a.$$

在势阱外 $r \geqslant a$ 处, $V(r)=0$.

$$u(r)=C\mathrm{e}^{k_2r}+D\mathrm{e}^{-k_2r},$$

式中 $k_2 \equiv \sqrt{-2mE}/\hbar$.

当 $r\rightarrow\infty$ 时, e^{k_2r} 趋于无穷大, 故必须有

$$C=0.$$

所以

$$u(r)=D\mathrm{e}^{-k_2r}.$$

由在 $r=a$ 处波函数及其导数的连续性, 得

$$A\sin(k_1a)=De^{-k_2a},\quad Ak_1\cos(k_1a)=-Dk_2e^{-k_2a}.$$

两式相除, 得

$$-\cot(k_1a)=\frac{k_2}{k_1},$$

令 $k_1a\equiv z$, 因为

$$k_1^2+k_2^2=\frac{2mV_0}{\hbar^2},\quad k_2=\sqrt{\frac{2mV_0}{\hbar^2}-k_1^2},$$

$$\frac{k_2}{k_1}=\frac{\sqrt{\dfrac{2mV_0}{\hbar^2}-\dfrac{z^2}{a^2}}}{z/a}=\sqrt{\left(\frac{z_0}{z}\right)^2-1},\quad z_0\equiv\frac{\sqrt{2mV_0}}{\hbar}a,$$

所以

$$-\cot z=\sqrt{\left(\frac{z_0}{z}\right)^2-1}.$$

数值求解该超越方程 (这同习题 2.29 中一维有限深势阱是一样的方程).

由图 4.2 可知, 当 $z_0<\dfrac{\pi}{2}$ 时无解, 即 $\dfrac{\sqrt{2mV_0}}{\hbar}a<\dfrac{\pi}{2}$, $V_0a^2<\dfrac{\hbar^2\pi^2}{8m}$ 时不会有束缚态. 对基态交点处于 $\dfrac{\pi}{2}<z<\pi$ 某处, 能量本征值为

$$E_n+V_0=\frac{\hbar^2k_n^2a^2}{2ma^2}=\frac{\hbar^2}{2ma^2}z_n^2.$$

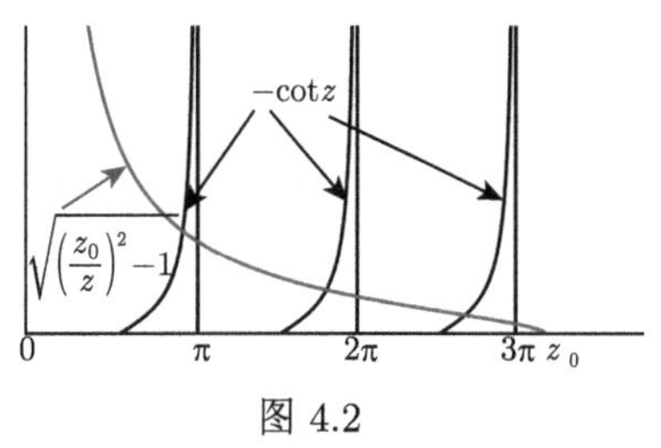

图 4.2

所以基态能量满足

$$\frac{\hbar^2\pi^2}{8ma^2}<E_1+V_0<\frac{\hbar^2\pi^2}{2ma^2}.$$

***习题 4.12** 利用递推公式 (方程 (4.76)), 求出径向波函数 R_{30}, R_{31} 和 R_{32}. 无需归一化.

解答 径向波函数

$$R_{nl}(r)=\frac{1}{r}\rho^{\ell+1}e^{-\rho}v(\rho),\quad \rho\equiv\frac{r}{an}$$

$$v(\rho)=\sum_{j=0}^{n-\ell-1}c_j\rho^j,\quad c_{j+1}=\frac{2(j+\ell+1-n)}{(j+1)(j+2\ell+2)}c_j.$$

对 $n=3$, $\ell=0$, c_2 以后值为零, 得

$$c_1=-2c_0,$$
$$c_2=-\frac{1}{3}c_1=\frac{2}{3}c_0,$$

所以,

$$R_{30}=\frac{1}{r}\cdot\frac{r}{3a}e^{-r/3a}\left[c_0-\frac{2c_0r}{3a}+\frac{2}{3}c_0\left(\frac{r}{3a}\right)^2\right]=\frac{c_0}{3a}\left(1-\frac{2r}{3a}+\frac{2r^2}{27a^2}\right)e^{-r/(3a)}.$$

对于 $n=3,\ \ell=1,\ c_1$ 以后值为零, 得

$$c_1=-\frac{1}{2}c_0,$$

所以,

$$R_{31}=\frac{1}{r}\left(\frac{r}{3a}\right)^2\mathrm{e}^{-r/(3a)}\left(c_0-\frac{c_0}{2}\frac{r}{3a}\right)=\frac{rc_0}{9a^2}\left(1-\frac{r}{6a}\right)\mathrm{e}^{-r/(3a)}.$$

对于 $n=3,\ \ell=2, c_0$ 以后为零, 得

$$R_{32}=\frac{1}{r}\left(\frac{r}{3a}\right)^3\mathrm{e}^{-r/(3a)}c_0=\frac{r^2c_0}{27a^3}\mathrm{e}^{-r/(3a)}.$$

***习题 4.13**

(a) 把 R_{20} 归一化 (方程 (4.82)), 并构造函数 ψ_{200}.

(b) 把 R_{21} 归一化 (方程 (4.83)), 并构造函数 ψ_{211},ψ_{210} 和 ψ_{21-1}.

解答 (a) 归一化径向波函数

$$R_{20}=\frac{c_0}{2a}\left(1-\frac{r}{2a}\right)\mathrm{e}^{-r/(2a)},$$

$$\begin{aligned}\int_0^\infty|R_{20}|^2r^2\mathrm{d}r&=\frac{c_0^2}{4a^2}\int_0^\infty\left(1-\frac{r}{2a}\right)^2\mathrm{e}^{-r/a}r^2\mathrm{d}r\quad\left(令\equiv\frac{r}{a}\right)\\&=\frac{c_0^2}{4a^2}\int_0^\infty\left(1-\frac{x}{2}\right)^2\mathrm{e}^{-x}a^2x^2\cdot a\mathrm{d}x\\&=\frac{ac_0^2}{4}\int_0^\infty\left(x^2-x^3+\frac{1}{4}x^4\right)\mathrm{e}^{-x}\mathrm{d}x\\&=\frac{ac_0^2}{4}[2-6+6]=\frac{ac_0^2}{2}=1\to c_0=\sqrt{\frac{2}{a}},\end{aligned}$$

计算上式利用了 $\int_0^\infty x^n\mathrm{e}^{-\beta x}\mathrm{d}x=\dfrac{n!}{\beta^{n+1}}$. 所以

$$\Psi_{200}=R_{20}Y_0^0=\frac{1}{\sqrt{4\pi}}R_{20}=\frac{1}{2a\sqrt{2\pi a}}\left(1-\frac{r}{2a}\right)\mathrm{e}^{-r/(2a)}.$$

(b) 归一化径向波函数

$$R_{21}=\frac{c_0}{4a^2}r\mathrm{e}^{-r/(2a)},$$

$$\begin{aligned}\int_0^\infty|R_{21}|^2r^2\mathrm{d}r&=\left(\frac{c_0}{4a^2}\right)^2\int_0^\infty r^4\mathrm{e}^{-r/a}\mathrm{d}r\\&=\left(\frac{c_0}{4a^2}\right)^2\frac{4!}{(1/a)^{4+1}}=\frac{6c_0^2a}{4}\\&=1.\end{aligned}$$

得

$$c_0=\sqrt{\frac{2}{3a}},$$

所以

$$R_{21}=\frac{1}{4a^2}\sqrt{\frac{2}{3a}}r\mathrm{e}^{-r/(2a)}=\frac{1}{2a^2\sqrt{6a}}r\mathrm{e}^{-r/(2a)}.$$

由教材表 4.3 知

$$Y_1^{\pm1}=\mp\left(\frac{3}{8\pi}\right)^{1/2}\sin\theta\mathrm{e}^{\pm\mathrm{i}\varphi},\quad Y_1^0=\left(\frac{3}{4\pi}\right)^{1/2}\cos\theta,$$

所以

$$\Psi_{21\pm1}=\frac{1}{2a^2\sqrt{6a}}r\mathrm{e}^{-r/(2a)}\cdot\left[\mp\left(\frac{3}{8\pi}\right)^{1/2}\sin\theta\mathrm{e}^{\pm\mathrm{i}\varphi}\right],$$

$$\Psi_{210}=\frac{1}{2a^2\sqrt{6a}}r\mathrm{e}^{-r/(2a)}\left[\left(\frac{3}{4\pi}\right)^{1/2}\cos\theta\right].$$

***习题 4.14**

(a) 利用方程 (4.88), 求出前四个拉盖尔多项式.

(b) 对 $n=5$, $\ell=2$ 的情况, 利用方程 (4.86)、(4.87) 和 (4.88) 求出 $v(\rho)$.

(c) (对 $n=5$, $\ell=2$ 情况) 利用递推公式 (方程 (4.76)) 重新求 $v(\rho)$.

解答　(a) 由方程 (4.88), 缔合拉盖尔多项式可表示为

$$L_q(x)\equiv\frac{\mathrm{e}^x}{q!}\left(\frac{\mathrm{d}}{\mathrm{d}x}\right)^q\left(\mathrm{e}^{-x}x^q\right),$$

所以

$$\begin{aligned}
L_0(x)&=\mathrm{e}^x\mathrm{e}^{-x}=1,\\
L_1(x)&=\mathrm{e}^x\frac{\mathrm{d}}{\mathrm{d}x}\left(\mathrm{e}^{-x}x\right)=\mathrm{e}^x\left(-x\mathrm{e}^{-x}+\mathrm{e}^{-x}\right)=-x+1,\\
L_2(x)&=\frac{\mathrm{e}^x}{2}\left(\frac{\mathrm{d}}{\mathrm{d}x}\right)^2\left(\mathrm{e}^{-x}x^2\right)=\frac{\mathrm{e}^x}{2}\frac{\mathrm{d}}{\mathrm{d}x}\left(2x\mathrm{e}^{-x}-x^2\mathrm{e}^{-x}\right)\\
&=\frac{\mathrm{e}^x}{2}\left(2\mathrm{e}^{-x}-2x\mathrm{e}^{-x}-2x\mathrm{e}^{-x}+x^2\mathrm{e}^{-x}\right)=\frac{1}{2}x^2-2x+1,\\
L_3(x)&=\frac{\mathrm{e}^x}{6}\left(\frac{\mathrm{d}}{\mathrm{d}x}\right)^3\left(\mathrm{e}^{-x}x^3\right)=\frac{\mathrm{e}^x}{6}\left(\frac{\mathrm{d}}{\mathrm{d}x}\right)^2\left(3x^2\mathrm{e}^{-x}-x^3\mathrm{e}^{-x}\right)\\
&=\frac{\mathrm{e}^x}{6}\frac{\mathrm{d}}{\mathrm{d}x}\left(6x\mathrm{e}^{-x}-3x^2\mathrm{e}^{-x}-3x^2\mathrm{e}^{-x}+x^3\mathrm{e}^{-x}\right)\\
&=\frac{\mathrm{e}^x}{6}\left(6\mathrm{e}^{-x}-6x\mathrm{e}^{-x}-12x\mathrm{e}^{-x}+6x^2\mathrm{e}^{-x}+3x^2\mathrm{e}^{-x}-x^3\mathrm{e}^{-x}\right)\\
&=-\frac{1}{6}x^3+\frac{3}{2}x^2-3x+1.
\end{aligned}$$

(b) 由方程 (4.86)~(4.88) 有

$$\begin{aligned}
&v(\rho)=L_{n-\ell-1}^{2\ell+1}(2\rho),\\
&L_{q-p}^p(x)=(-1)^p\left(\frac{\mathrm{d}}{\mathrm{d}x}\right)^pL_q(x),\\
&L_q(x)=\mathrm{e}^x\left(\frac{\mathrm{d}}{\mathrm{d}x}\right)^q\left(\mathrm{e}^{-x}x^q\right).
\end{aligned}$$

对 $n=5,\ \ell=2$,

$$L_2^5(x)=L_{7-5}^5(x)=(-1)^5\left(\frac{\mathrm{d}}{\mathrm{d}x}\right)^5 L_7(x),$$

$$\begin{aligned}
L_7(x)&=\mathrm{e}^x\left(\frac{\mathrm{d}}{\mathrm{d}x}\right)^7\left(\mathrm{e}^{-x}x^7\right)=\mathrm{e}^x\left(\frac{\mathrm{d}}{\mathrm{d}x}\right)^6\left(7x^6\mathrm{e}^{-x}-x^7\mathrm{e}^{-x}\right)\\
&=\mathrm{e}^x\left(\frac{\mathrm{d}}{\mathrm{d}x}\right)^5\left(42x^5\mathrm{e}^{-x}-7x^6\mathrm{e}^{-x}-7x^6\mathrm{e}^{-x}+x^7\mathrm{e}^{-x}\right)\\
&=\mathrm{e}^x\left(\frac{\mathrm{d}}{\mathrm{d}x}\right)^4\left(210x^4\mathrm{e}^{-x}-42x^5\mathrm{e}^{-x}-84x^5\mathrm{e}^{-x}+14x^6\mathrm{e}^{-x}+7x^6\mathrm{e}^{-x}-x^7\mathrm{e}^{-x}\right)\\
&=\mathrm{e}^x\left(\frac{\mathrm{d}}{\mathrm{d}x}\right)^3\left(840x^3\mathrm{e}^{-x}-210x^4\mathrm{e}^{-x}-630x^4\mathrm{e}^{-x}+126x^5\mathrm{e}^{-x}\right.\\
&\quad\left.+126x^5\mathrm{e}^{-x}-21x^6\mathrm{e}^{-x}-7x^6\mathrm{e}^{-x}+x^7\mathrm{e}^{-x}\right)\\
&=\mathrm{e}^x\left(\frac{\mathrm{d}}{\mathrm{d}x}\right)^2\left(2520x^2\mathrm{e}^{-x}-840x^3\mathrm{e}^{-x}-3360x^3\mathrm{e}^{-x}+840x^4\mathrm{e}^{-x}+1260x^4\mathrm{e}^{-x}\right.\\
&\quad\left.-252x^5\mathrm{e}^{-x}-168x^5\mathrm{e}^{-x}+28x^6\mathrm{e}^{-x}+7x^6\mathrm{e}^{-x}-x^7\,\mathrm{e}^{-x}\right)\\
&=\mathrm{e}^x\left(\frac{\mathrm{d}}{\mathrm{d}x}\right)\left(5040x\mathrm{e}^{-x}-2520x^2\mathrm{e}^{-x}-12600x^2\mathrm{e}^{-x}+4200x^3\,\mathrm{e}^{-x}\right.\\
&\quad+8400x^3\mathrm{e}^{-x}-2100x^4\mathrm{e}^{-x}-2100x^4\mathrm{e}^{-x}+420x^5\mathrm{e}^{-x}+210x^5\mathrm{e}^{-x}\\
&\quad\left.-35x^6\mathrm{e}^{-x}-7x^6\mathrm{e}^{-x}+x^7\,\mathrm{e}^{-x}\right)\\
&=\mathrm{e}^x\left(5040\mathrm{e}^{-x}-5040x\,\mathrm{e}^{-x}-30240x\mathrm{e}^{-x}+15120x^2\mathrm{e}^{-x}+37800x^2\mathrm{e}^{-x}\right.\\
&\quad-12600x^3\mathrm{e}^{-x}-8400x^3\mathrm{e}^{-x}-8400x^3\mathrm{e}^{-x}+2100x^4\mathrm{e}^{-x}+2100x^4\mathrm{e}^{-x}\\
&\quad\left.+3150x^4\mathrm{e}^{-x}-630x^5\mathrm{e}^{-x}-252x^5\mathrm{e}^{-x}+42x^6\mathrm{e}^{-x}+7x^6\mathrm{e}^{-x}-x^7\,\mathrm{e}^{-x}\right)\\
&=-x^7+49x^6-882x^5+7350x^4-29400x^3+52920x^2-35280x+5040,
\end{aligned}$$

$$\begin{aligned}
\left(\frac{\mathrm{d}}{\mathrm{d}x}\right)^5 L_7(x)&=\left(\frac{\mathrm{d}}{\mathrm{d}x}\right)^5\left(-x^7+49x^6-882x^5\right)\\
&=-7\times6\times5\times4\times3x^2+49\times6\times5\times4\times3\times2x\\
&\quad-882\times5\times4\times3\times2\\
&=2520\left(-x^2+14x-42\right),
\end{aligned}$$

$$L_2^5(x)=2520\left(x^2-14x+42\right).$$

所以,

$$v(\rho)=L_2^5(2\rho)=2520\left(4\rho^2-28\rho+42\right)=5040\left(2\rho^2-14\rho+21\right).$$

(c)

$$v(\rho)=\sum_{j=0}^{n-\ell-1}c_j\rho^j,\ c_{j+1}=\frac{2(j+\ell+1-n)}{(j+1)(j+2\ell+2)}c_j,$$

对 $n=5,\ell=2,c_2$ 以后为零, 得

$$c_1=-\frac{2}{3}c_0,$$

$$c_2 = -\frac{1}{7}c_1 = \frac{2}{21}c_0,$$

所以,

$$v(\rho) = c_0 - \frac{2}{3}c_0\rho + \frac{2}{21}c_0\rho^2 = \frac{c_0}{21}\left(2\rho^2 - 14\rho + 21\right).$$

***习题 4.15**

(a) 求氢原子基态中电子的 $\langle r\rangle$ 和 $\langle r^2\rangle$, 将所得结果用玻尔半径表示.

(b) 求氢原子基态中电子的 $\langle x\rangle$ 和 $\langle x^2\rangle$. **提示** 这不需要重新做积分, 注意 $r^2 = x^2 + y^2 + z^2$, 并利用基态的对称性.

(c) 对 $n = 2$, $\ell = 1$, $m = 1$ 的态, 求 $\langle x^2\rangle$. **提示** 该态不是 x, y, z 轴对称的. 利用 $x = r\sin\theta\cos\phi$ 计算.

解答 (a) 电子处于基态时的波函数为

$$\psi = \frac{1}{\sqrt{\pi a^3}}\mathrm{e}^{-r/a}.$$

由

$$\langle r^n\rangle = \frac{1}{\pi a^3}\int r^n\mathrm{e}^{-2r/a}r^2\sin\theta\mathrm{d}r\mathrm{d}\theta\mathrm{d}\phi = \frac{4\pi}{\pi a^3}\int_0^\infty r^{n+2}\mathrm{e}^{-2r/a}\mathrm{d}r,$$

所以

$$\langle r\rangle = \frac{4}{a^3}\int_0^\infty r^3\mathrm{e}^{-2r/a}\mathrm{d}r = \frac{4}{a^3}3!\left(\frac{a}{2}\right)^4 = \frac{3}{2}a,$$

$$\langle r^2\rangle = \frac{4}{a^3}\int_0^\infty r^4\mathrm{e}^{-2r/a}\mathrm{d}r = \frac{4}{a^3}4!\left(\frac{a}{2}\right)^5 = 3a^2.$$

(b)

$$\langle x\rangle = \int_{+\infty}^{-\infty} x\mathrm{e}^{-2\sqrt{x^2+y^2+z^2}/a}\mathrm{d}x\mathrm{d}y\mathrm{d}z,$$

由被积函数 $x\mathrm{e}^{-2r/a}$ 为奇函数, 所以 $\langle x\rangle = 0$.

由基态的对称性可得

$$\langle x^2\rangle = \frac{1}{3}\langle r^2\rangle = a^2.$$

(c)

$$\psi_{211} = R_{21}Y_1^1 = -\frac{1}{\sqrt{\pi a}}\frac{1}{8a^2}r\mathrm{e}^{-r/(2a)}\sin\theta\mathrm{e}^{\mathrm{i}\phi},$$

$$\begin{aligned}
\langle x^2\rangle &= \frac{1}{\pi a}\frac{1}{(8a^2)^2}\int\left(r^2\sin^2\theta\cos^2\phi\right)\left(r^2\mathrm{e}^{-r/a}\sin^2\theta\right)r^2\sin\theta\mathrm{d}r\mathrm{d}\theta\mathrm{d}\phi \\
&= \frac{1}{64\pi a^5}\int_0^\infty r^6\mathrm{e}^{-r/a}\mathrm{d}r\int_0^\pi \sin^5\theta\mathrm{d}\theta\int_0^{2\pi}\cos^2\phi\mathrm{d}\phi \\
&= \frac{1}{64\pi a^5}\left(6!a^7\right)\left(2\frac{2\cdot 4}{1\cdot 3\cdot 5}\right)\left(\frac{1}{2}2\pi\right) \\
&= 12a^2.
\end{aligned}$$

习题 4.16 氢原子基态 r 的最概然值是多少? (答案不是零!) **提示** 首先你需要求出电子位于 r 到 $r+\mathrm{d}r$ 范围的几率大小.

解答 氢原子基态波函数为

$$\psi=\frac{1}{\sqrt{\pi a^3}}\mathrm{e}^{-r/a},$$

对角度积分得到电子处于 r 到 $r+\mathrm{d}r$ 范围内的几率

$$P=|\psi|^2\,4\pi r^2\mathrm{d}r=\frac{4}{a^3}\mathrm{e}^{-2r/a}r^2\mathrm{d}r=p\left(r\right)\mathrm{d}r,$$

所以几率密度为

$$p\left(r\right)=\frac{4}{a^3}r^2\mathrm{e}^{-2r/a}.$$

求极值, 令

$$\frac{\mathrm{d}p}{\mathrm{d}r}=\frac{4}{a^3}\left[2r\mathrm{e}^{-2r/a}+r^2\left(-\frac{2}{a}\mathrm{e}^{-2r/a}\right)\right]=\frac{8r}{a^3}\mathrm{e}^{-2r/a}\left(1-\frac{r}{a}\right)=0,$$

所以 $r=a$ 是氢原子基态的最概然值.

习题 4.17 对氢原子基态计算 $\left\langle z\hat{H}z\right\rangle$. **提示** 这可能需要两页纸和六个积分, 或者四行且不用积分, 这取决于你对计算细节的安排. 快速求解从 $[z,[H,z]]=2zHz-Hz^2-z^2H$ 开始.①

解答 根据提示

$$[z,[H,z]]=[z,Hz-zH]=zHz-z^2H-Hz^2+zHz=2zHz-Hz^2-z^2H,$$

所以,

$$zHz=\frac{1}{2}\left\{[z,[H,z]]+z^2H+Hz^2\right\}.$$

先求花括号中对易项的具体表达式

$$\begin{aligned}[H,z]&=\left[\frac{1}{2m}\left(p_x^2+p_y^2+p_z^2\right)+V\left(x,y,z\right),z\right]\\&=\left[\frac{1}{2m}\left(p_x^2+p_y^2+p_z^2\right),z\right]+\left[V\left(x,y,z\right),z\right].\end{aligned}$$

由于 $V\left(x,y,z\right)$ 只是坐标的函数, 所以 $V\left(x,y,z\right)$ 与坐标对易, 即 $\left[V\left(x,y,z\right),z\right]=0$. 又

$$[p_x,z]=0,\ \ [p_y,z]=0,$$

故

$$\begin{aligned}[H,z]&=\left[\frac{p_z^2}{2m},z\right]\\&=\frac{1}{2m}\left\{p_z\left[p_z,z\right]+\left[p_z,z\right]p_z\right\}\\&=\frac{1}{2m}\left\{p_z(-\mathrm{i}\hbar)+(-\mathrm{i}\hbar)p_z\right\}\end{aligned}$$

① 我们的想法是对算符重新排序, 使得 $\hat{H}$ 出现在左边或右边, 因为我们 (当然) 知道 $\hat{H}\psi_{100}$ 的结果.

$$= -\frac{i\hbar}{m}p_z.$$

所以,

$$\begin{aligned}[z,[H,z]] &= \left[z, -\frac{i\hbar}{m}p_z\right] \\ &= -\frac{i\hbar}{m}[z,p_z] \\ &= \frac{\hbar^2}{m}.\end{aligned}$$

因此,

$$zHz = \frac{1}{2}\left\{\frac{\hbar^2}{m} + z^2H + Hz^2\right\}.$$

由习题 4.15(b) 知, 在氢原子基态情况下,

$$\langle x^2\rangle = \langle y^2\rangle = \langle z^2\rangle = \frac{1}{3}\langle r^2\rangle = a^2,$$

所以,

$$\begin{aligned}\langle zHz\rangle &= \frac{1}{2}\left\{\langle\psi_1|\frac{\hbar^2}{m}|\psi_1\rangle + \langle\psi_1|z^2H|\psi_1\rangle + \langle\psi_1|Hz^2|\psi_1\rangle\right\} \\ &= \frac{1}{2}\left\{\frac{\hbar^2}{m} + E_1\langle\psi_1|z^2|\psi_1\rangle + \langle H\psi_1|z^2|\psi_1\rangle\right\} \\ &= \frac{1}{2}\left\{\frac{\hbar^2}{m} + E_1\langle\psi_1|z^2|\psi_1\rangle + E_1\langle\psi_1|z^2|\psi_1\rangle\right\} \\ &= \frac{\hbar^2}{2m} + E_1a^2 \\ &= \frac{\hbar^2}{2m} - \frac{\hbar^2}{2ma^2}a^2 \\ &= 0.\end{aligned}$$

习题 4.18　氢原子初态为 $n=2,\ \ell=1,\ m=1$ 和 $n=2,\ \ell=1,\ m=-1$ 两个定态的线性组合:

$$\Psi(\boldsymbol{r},0) = \frac{1}{\sqrt{2}}(\psi_{211}+\psi_{21-1}).$$

(a) 求含时波函数 $\Psi(\boldsymbol{r},t)$, 并尽可能简化表达式.

(b) 求出势能的期望值 $\langle V\rangle$. (它是否依赖时间 t?) 给出其表达式和具体数值结果, 单位用电子伏特.

解答　(a) 含时波函数

$$\Psi(\boldsymbol{r},t) = \frac{1}{\sqrt{2}}\left(\psi_{211}e^{-iE_2t/\hbar} + \psi_{21-1}e^{-iE_2t/\hbar}\right) = \frac{1}{\sqrt{2}}(\psi_{211}+\psi_{21-1})e^{-iE_2t/\hbar}.$$

(其中 $E_2 = \frac{E_1}{4} = -\frac{\hbar^2}{8ma^2}$.)

$$\psi_{211} = R_{21}Y_{11} = -\left(\frac{1}{2a}\right)^{3/2}\frac{r}{\sqrt{8\pi}a}e^{-r/(2a)}\sin\theta e^{i\varphi},$$

$$\psi_{21-1}=R_{21}Y_{1-1}=\left(\frac{1}{2a}\right)^{3/2}\frac{r}{\sqrt{8\pi a}}\mathrm{e}^{-r/(2a)}\sin\theta\mathrm{e}^{-\mathrm{i}\varphi},$$

$$\begin{aligned}\psi_{211}+\psi_{21-1}&=\left(\frac{1}{2a}\right)^{3/2}\frac{r}{\sqrt{8\pi a}}\mathrm{e}^{-r/(2a)}\sin\theta\left(-\mathrm{e}^{\mathrm{i}\varphi}+\mathrm{e}^{-\mathrm{i}\varphi}\right)\\&=-\frac{\mathrm{i}}{\sqrt{\pi a}4a^2}r\mathrm{e}^{-r/(2a)}\sin\theta\sin\varphi,\end{aligned}$$

所以,

$$\Psi(\boldsymbol{r},t)=-\frac{\mathrm{i}}{\sqrt{\pi a}4a^2}r\mathrm{e}^{-r/(2a)}\sin\theta\sin\varphi\mathrm{e}^{-\mathrm{i}E_2t/\hbar}.$$

(b) 势能期望值

$$\begin{aligned}\langle V\rangle&=\int|\Psi|^2\left(-\frac{e^2}{4\pi\varepsilon_0}\frac{1}{r}\right)\mathrm{d}^3r\\&=\frac{1}{(2\pi a)(2a)^4}\left(-\frac{e^2}{4\pi\varepsilon_0}\right)\int r^2\mathrm{e}^{-r/a}\sin^2\theta\sin^2\varphi\frac{1}{r}r^2\sin\theta\mathrm{d}r\mathrm{d}\theta\mathrm{d}\varphi\\&=\frac{1}{32\pi a^5}\left(-\frac{\hbar^2}{ma}\right)\int_0^\infty r^3\mathrm{e}^{-r/a}\mathrm{d}r\int_0^\pi\sin^3\theta\mathrm{d}\theta\int_0^{2\pi}\sin^2\varphi\mathrm{d}\varphi\\&=-\frac{\hbar^2}{32\pi ma^6}\left(3!a^4\right)(4/3)\pi\\&=-\frac{\hbar^2}{4ma^2}\\&=\frac{1}{2}E_1=-6.8\ \mathrm{eV}.\end{aligned}$$

其中利用了 $a\equiv\dfrac{4\pi\varepsilon_0\hbar^2}{me^2}\rightarrow\dfrac{e^2}{4\pi\varepsilon_0}=\dfrac{\hbar^2}{ma}$.

显然结果不依赖于时间, 这是因为 $\Psi(\boldsymbol{r},t)$ 是能量相同的定态叠加, $\mathrm{e}^{-\mathrm{i}Et/\hbar}$ 在取模平方时被抵消. 如果是不同能量定态的叠加, 除了哈密顿算符, 其他算符 (不显含时间) 的期望值一般是依赖于时间的.

***习题 4.19　类氢原子**是一个电子围绕有 Z 个质子的原子核运动 ($Z=1$ 是氢原子本身, $Z=2$ 是氦离子, $Z=3$ 是二价锂离子, 等等). 求出类氢原子的玻尔能量 $E_n(Z)$, 结合能 $E_1(Z)$, 玻尔半径 $a(Z)$ 和里德伯常量 $\mathfrak{R}(Z)$. (结果用氢原子值的相应倍数表示.) 对 $Z=2, Z=3$ 情况, 莱曼系分别处在哪个光谱区? **提示**　这里不需要太多计算——在势能中 (方程 (4.52)) 做代换 $e^2\rightarrow Ze^2$, 所以你所要做的就是在所有最终结果中进行相同的代换.

解答　在氢原子的能量本征值 E_n, 结合能 E_1 和玻尔半径 a 中做代换 $e^2\rightarrow Ze^2$ 得到类氢原子的能量本征值 $E_n(Z)$, 结合能 $E_1(Z)$ 和玻尔半径 $a(Z)$ 为

$$E_n(Z)=Z^2E_n=-\left[\frac{m}{2\hbar^2}\left(\frac{Ze^2}{4\pi\varepsilon_0}\right)^2\right]\frac{1}{n^2},$$

$$E_1(Z)=Z^2E_1=-\left[\frac{m}{2\hbar^2}\left(\frac{Ze^2}{4\pi\varepsilon_0}\right)^2\right].$$

$$a(Z) \equiv \frac{4\pi\varepsilon_0\hbar^2}{mZe^2} = \frac{a}{Z},\ \Re(Z) \equiv \frac{m}{4\pi c\hbar^3}\left(\frac{Ze^2}{4\pi\varepsilon_0}\right)^2 = Z^2\Re.$$

莱曼系是从激发态 $n_i = 2, 3, \cdots, \infty$ 向基态 $n_f = 1$ 跃迁产生的谱系, 氢原子最长波长为

$$\frac{1}{\lambda_2} = \Re\left(\frac{1}{1^2} - \frac{1}{2^2}\right) = \frac{3}{4}\Re$$
$$\Rightarrow \lambda_2 = \frac{4}{3\Re},$$

最短波长为

$$\frac{1}{\lambda_1} = \Re\left(\frac{1}{1^2} - \frac{1}{\infty^2}\right) = \Re$$
$$\Rightarrow \lambda_1 = \frac{1}{\Re}.$$

所以, 氢原子莱曼系的波长范围为 $\lambda_1 \sim \lambda_2$.

对 $Z = 2$, 莱曼系的波长范围为

$$\lambda_1 = \frac{1}{\Re(2)} = \frac{1}{4\Re} = \frac{1}{4 \times (1.097 \times 10^7)} = 2.28 \times 10^{-8}\ (\mathrm{m}),$$
$$\lambda_2 = \frac{4}{3\Re(2)} = \frac{1}{3\Re} = 3.04 \times 10^{-8}\ \mathrm{m}.$$

对 $Z = 3$,

$$\lambda_1 = \frac{1}{\Re(3)} = \frac{1}{9\Re} = 1.01 \times 10^{-8}\ \mathrm{m},$$
$$\lambda_2 = \frac{4}{3\Re(3)} = \frac{4}{27\Re} = 1.35 \times 10^{-8}\ \mathrm{m}.$$

它们处于紫外光范围.

习题 4.20　把地球–太阳引力系统类比为氢原子.

(a) 势函数是什么 (替换方程 (4.52))? (设地球质量为 m_{E}, 太阳质量为 M.)

(b) 该体系的 "玻尔半径" a_{g} 是什么? 给出具体数值.

(c) 写出重力的 "玻尔公式", 令 E_n 等同于行星在半径为 r_0 的圆轨道上的经典能量, 证明: $n = \sqrt{r_0/a_{\mathrm{g}}}$, 并依此估算地球的量子数 n.

(d) 假设地球向下一个 $(n-1)$ 能级跃迁. 将会释放多少能量 (以焦耳为单位)? 辐射的光子波长 (或者更可能是引力子) 是多少? (用光年表示你的结果——这个惊人的答案[①] 是巧合吗?)

解答　(a) 万有引力表达式为

$$F = G\frac{Mm_{\mathrm{E}}}{r^2}.$$

引力势能为引力的积分结果 (通常定义无穷远处为势能零点, 将物体从无穷远处 (初始位置) 移到 r' 处 (终点位置) 势能的减小量则为该处的引力势能):

$$V(r) = \int_\infty^r G\frac{Mm_{\mathrm{E}}}{r'^2}\mathrm{d}r' = -G\frac{Mm_{\mathrm{E}}}{r'}\bigg|_\infty^r = -G\frac{Mm_{\mathrm{E}}}{r}.$$

① 十分感谢 John Meyer 指出这一点.

而氢原子的势能为

$$-\frac{e^2}{4\pi\varepsilon_0}\frac{1}{r},$$

所以 GMm_{E} 相当于 $\dfrac{e^2}{4\pi\varepsilon_0}$.

(b) 已知氢原子的玻尔半径 $a=\left(\dfrac{4\pi\varepsilon_0}{e^2}\right)\dfrac{\hbar^2}{m}$, 所以此体系的玻尔半径为

$$\begin{aligned}
a_{\mathrm{g}} &= \frac{\hbar^2}{GMm_{\mathrm{E}}^2}\\
&= \frac{(1.0546\times10^{-34}\ \mathrm{J\cdot s})^2}{(6.6726\times10^{-11}\ \mathrm{m^3/(kg\cdot s)})\,(1.9892\times10^{30}\ \mathrm{kg})\,(5.98\times10^{24}\ \mathrm{kg})^2}\\
&= 2.34\times10^{-138}\ \mathrm{m}.
\end{aligned}$$

(c) 由氢原子的能级为

$$E_n=-\left(\frac{e^2}{4\pi\varepsilon_0}\right)^2\frac{m_{\mathrm{e}}}{2\hbar^2n^2},$$

类比得到此体系的能级为

$$E_n=-\left(GMm_{\mathrm{E}}\right)^2\frac{m_{\mathrm{E}}}{2\hbar^2n^2}.$$

当半径为 r 时, 体系的经典能量为

$$E_c=\frac{1}{2}m_{\mathrm{E}}v^2-G\frac{Mm_{\mathrm{E}}}{r}.$$

由向心力与向心加速度的关系为

$$\begin{aligned}
&G\frac{Mm_{\mathrm{E}}}{r^2}=\frac{m_{\mathrm{E}}v^2}{r}\\
&\Rightarrow \frac{1}{2}m_{\mathrm{E}}v^2=G\frac{Mm_{\mathrm{E}}}{2r}.
\end{aligned}$$

所以当半径为 r_0 时,

$$\begin{aligned}
&E_c=-G\frac{Mm_{\mathrm{E}}}{2r_0}=-\left[\frac{m_{\mathrm{E}}}{2\hbar^2}\left(GMm_{\mathrm{E}}\right)^2\right]\frac{1}{n^2}\\
&\Rightarrow n=\sqrt{G\frac{Mm_{\mathrm{E}}^2}{\hbar^2}r_0}=\sqrt{\frac{r_0}{a_g}}.
\end{aligned}$$

取 r_0 为地球绕太阳的行星轨道半径 $(1.496\times10^{11}\ \mathrm{m})$, 则

$$n=\sqrt{\frac{1.496\times10^{11}}{2.34\times10^{-138}}}=2.53\times10^{74}.$$

(d)

$$\Delta E=-\left[\frac{G^2M^2m_{\mathrm{E}}^3}{2\hbar^2}\right]\left[\frac{1}{(n+1)^2}-\frac{1}{n^2}\right].$$

利用近似公式

$$\frac{1}{(n+1)^2}=\frac{1}{n^2\left(1+1/n\right)^2}\approx\frac{1}{n^2}\left(1-\frac{2}{n}\right),$$

所以

$$\frac{1}{(n+1)^2}-\frac{1}{n^2}\approx-\frac{2}{n^3}$$

$$\Rightarrow\ \Delta E=\frac{GM^2m_{\mathrm{E}}^3}{\hbar^2n^3}.$$

将上式代入数据, 得

$$\Delta E=\frac{(6.67\times10^{-11})^2(1.99\times10^{30})^2(5.98\times10^{24})^3}{(1.055\times10^{-34})^2(2.53\times10^{74})^3}=2.09\times10^{-41}\ (\mathrm{J}).$$

辐射光子 (或许引力子) 的能量为

$$E_{\mathrm{p}}=\Delta E=h\nu=\frac{hc}{\lambda},$$

$$\lambda=\left(3\times10^8\right)\left(6.63\times10^{-34}\right)/\left(2.09\times10^{-41}\right)=9.52\times10^{15}\ (\mathrm{m}).$$

1 光年为 9.46×10^{15} m, 与 λ 非常接近. 辐射光子的波长为 1 光年是一种巧合么? 实际不然.

由 (c) 知, $n^2=GMm_E^2r_0/\hbar^2$, 所以波长可以表示为

$$\begin{aligned}\lambda&=\frac{hc}{\Delta E}\approx2\pi\hbar c\frac{\hbar^2n^3}{(GMm_{\mathrm{E}})^2m_{\mathrm{E}}}\\&=\frac{2\pi\hbar^3c}{G^2M^2m_{\mathrm{E}}^3}\left(\frac{GMm_{\mathrm{E}}^2r}{\hbar^2}\right)^{3/2}=c\left(2\pi\sqrt{\frac{r^3}{GM}}\right).\end{aligned}$$

由于地球速度

$$v=\sqrt{GM/r_0}=2\pi r_0/T,$$

(其中 T 为轨道周期, 对地球为 1 年.) 所以

$$T=2\pi\sqrt{r_0^3/(GM)}.$$

波长与轨道周期关系为 $\lambda=cT$, 当 T 为 1 年时, 波长为 1 光年. 巧合的是, 对氢原子也有这样的关系. 从极高的激发态向下一能级跃迁时发射的光子波长等于光在一个轨道周期内传播的距离.

***习题 4.21**　升阶算符和降阶算符将 m 的值改变一个单位:

$$L_+f_\ell^m=\left(A_l^m\right)f_\ell^{m+1},\quad L_-f_\ell^m=\left(B_\ell^m\right)f_\ell^{m-1},$$

其中 A_ℓ^m 和 B_ℓ^m 为常数. 问题: 如果本征函数要归一化, 它们是什么? **提示**　首先证明 $L_\mp$ 是 $L_\pm$ 的厄米共轭算符 (因为 L_x 和 L_y 是可观测的力学量, 你可以假定它们是厄米算符 …… 但如果你乐意, 可以证明它); 再利用方程 (4.112). 答案:

$$A_\ell^m=\hbar\sqrt{\ell(\ell+1)-m(m+1)}=\hbar\sqrt{(\ell-m)(\ell+m+1)},$$

$$B_\ell^m=\hbar\sqrt{\ell(\ell+1)-m(m-1)}=\hbar\sqrt{(\ell+m)(\ell-m+1)}.$$

注意梯子顶部和梯子底部会发生什么情况 (即把 L_+ 作用在 f_l^l 上, 或者 L_- 作用在 f_l^{-l} 上).

解答　首先证明 $L_\mp$ 是 $L_\pm$ 的厄米共轭算符,

$$\begin{aligned}\langle f|L_\pm g\rangle&=\langle f|L_xg\rangle\pm\mathrm{i}\langle f|L_yg\rangle\\&=\langle L_xf|g\rangle\pm\langle L_yf|g\rangle\\&=\langle\left(L_x\mp\mathrm{i}L_y\right)f|g\rangle\end{aligned}$$

$$= \langle L_{\mp} f | g \rangle,$$

所以

$$(L_{\pm})^{\dagger} = L_{\mp}.$$

由

$$\begin{aligned} L_{\mp} L_{\pm} &= (L_x \mp \mathrm{i} L_y)(L_x \pm \mathrm{i} L_y) \\ &= L_x^2 + L_y^2 \pm \mathrm{i} L_x L_y \mp \mathrm{i} L_y L_x \\ &= L_x^2 + L_y^2 \mp \mathrm{i}(L_y L_x - \mathrm{i} L_x L_y) \\ &= L^2 - L_z^2 \mp \mathrm{i}[L_y, L_x] \\ &= L^2 - L_z^2 \mp \hbar L_z. \end{aligned}$$

得

$$\begin{aligned} \langle f_\ell^m | L_{\mp} L_{\pm} f_\ell^m \rangle &= \langle f_\ell^m | \left(L^2 - L_z^2 \mp \hbar L_z\right) f_\ell^m \rangle \\ &= \langle f_\ell^m | \left[\hbar^2 \ell(\ell+1) - \hbar^2 m^2 \mp \hbar^2 m\right] f_\ell^m \rangle \\ &= \hbar^2 [\ell(\ell+1) - m(m \pm 1)] \langle f_\ell^m | f_\ell^m \rangle \\ &= \hbar^2 [\ell(\ell+1) - m(m \pm 1)], \end{aligned}$$

而另一方面

$$\begin{aligned} \langle f_\ell^m | L_{\mp} L_{\pm} f_\ell^m \rangle &= \langle L_{\pm} f_\ell^m | L_{\pm} f_\ell^m \rangle \\ &= \langle A_\ell^m f_\ell^{m\pm1} | A_\ell^m f_\ell^{m\pm1} \rangle \\ &= |A_\ell^m|^2 \langle f_\ell^{m\pm1} | f_\ell^{m\pm1} \rangle \\ &= |A_\ell^m|^2, \end{aligned}$$

所以 (不计任意相因子),

$$A_\ell^m = \hbar\sqrt{\ell(\ell+1) - m(m \pm 1)},$$

或者拆开写为

$$\begin{aligned} A_\ell^m &= \hbar\sqrt{\ell(\ell+1) - m(m+1)} = \hbar\sqrt{(\ell-m)(\ell+m+1)}, \\ B_\ell^m &= \hbar\sqrt{\ell(\ell+1) - m(m-1)} = \hbar\sqrt{(\ell+m)(\ell-m+1)}. \end{aligned}$$

***习题 4.22**

(a) 由位置和动量的正则对易关系 (方程 4.10 式), 求下列对易关系:

$$[L_z,\ x] = \mathrm{i}\hbar y,\ \ [L_z,\ y] = -\mathrm{i}\hbar x,\ \ [L_z, z] = 0;$$

$$[L_z,\ p_x] = \mathrm{i}\hbar p_y,\ \ [L_z,\ p_y] = -\mathrm{i}\hbar p_x,\ \ [L_z,\ p_z] = 0.$$

(b) 利用这些结果直接从方程 (4.96) 中推导出 $[L_z,\ L_x] = \mathrm{i}\hbar L_y$.

(c) 计算对易子 $[L_z,\ r^2]$ 和 $[L_z,\ p^2]$(当然, 这里 $r^2 = x^2 + y^2 + z^2, p^2 = p_x^2 + p_y^2 + p_z^2$).

(d) 证明: 当 V 仅依赖于 r 时, 哈密顿量 $H = (p^2/2m) + V$ 与 $\boldsymbol{L}$ 的三个分量

都对易.

(因此, H, L^2, L_z 是相互兼容的可观测力学量.)

解答 (a) 已知角动量算符

$$\boldsymbol{L}=\begin{bmatrix}\hat{x} & \hat{y} & \hat{z}\\ x & y & z\\ p_x & p_y & p_z\end{bmatrix}=\left[\left(yp_z-zp_y\right)\hat{x},\left(zp_x-xp_z\right)\hat{y},\left(xp_y-yp_x\right)\hat{z}\right].$$

则

$$[L_z,x]=[xp_y-yp_x,x]=[xp_y,x]-[yp_x,x]=0-y\,[p_x,x]=\mathrm{i}\hbar y.$$

$$[L_z,y]=[xp_y-yp_x,y]=[xp_y,y]-[yp_x,y]=x\,[p_y,y]-0=-\mathrm{i}\hbar x.$$

$$[L_z,z]=[xp_y-yp_x,z]=[xp_y,z]-[yp_x,z]=0.$$

$$[L_z,p_x]=[xp_y-yp_x,p_x]=[xp_y,p_x]-[yp_x,p_x]=p_y\,[x,p_x]-0=\mathrm{i}\hbar p_y.$$

$$[L_z,p_y]=[xp_y-yp_x,p_y]==0-p_x\,[y,p_y]=-\mathrm{i}\hbar p_x.$$

$$[L_z,p_z]=[xp_y-yp_x,p_z]=[xp_y,p_z]-[yp_x,p_z]=0.$$

(b) 对易关系

$$\begin{aligned}[L_z,L_x]&=[L_z,yp_z-zp_y]=[L_z,yp_z]-[L_z,zp_y]=[L_z,y]\,p_z-z\,[L_z,p_y]\\&=-\mathrm{i}\hbar xp_z+\mathrm{i}\hbar zp_x=\mathrm{i}\hbar\left(zp_x-xp_z\right)=\mathrm{i}\hbar L_y.\end{aligned}$$

循环指标, 得

$$[L_y,L_z]=\mathrm{i}\hbar L_x,\quad [L_x,L_y]=\mathrm{i}\hbar L_z.$$

(c) 对易关系中, 坐标以分量形式展开

$$\begin{aligned}\left[L_z,r^2\right]&=\left[L_z,x^2\right]+\left[L_z,y^2\right]+\left[L_z,z^2\right]\\&=[L_z,x]\,x+x\,[L_z,x]+[L_z,y]\,y+y\,[L_z,y]+0\\&=\mathrm{i}\hbar yx+x\mathrm{i}\hbar y+(-\mathrm{i}\hbar x)\,y+y\,(-\mathrm{i}\hbar x)=0.\end{aligned}$$

$$\begin{aligned}\left[L_z,p^2\right]&=\left[L_z,p_x^2\right]+\left[L_z,p_y^2\right]+\left[L_z,p_z^2\right]\\&=p_x\,[L_z,p_x]+[L_z,p_x]\,p_x+p_y\,[L_z,p_y]+[L_z,p_y]\,p_y\\&=p_x\mathrm{i}\hbar p_y+\mathrm{i}\hbar p_yp_x+(-\mathrm{i}\hbar p_x)\,p_y+p_y\,(-\mathrm{i}\hbar p_x)=0.\end{aligned}$$

同样可证

$$\left[L_x,r^2\right]=0,\ \left[L_y,r^2\right]=0,\ \left[L_x,p^2\right]=0,\ \left[L_y,p^2\right]=0.$$

(d) $\boldsymbol{L}$ 的三个分量都与 r^2 和 p^2 对易, 所以与 $H=\dfrac{p^2}{2m}+V\left(\sqrt{r^2}\right)$ 对易.

****习题 4.23**

(a) 证明: 对处于势场 $V(\boldsymbol{r})$ 中的粒子, 其轨道角动量 $\boldsymbol{L}$ 期望值的变化率等于力矩的期望值

$$\frac{\mathrm{d}}{\mathrm{d}t}\langle\boldsymbol{L}\rangle=\langle\boldsymbol{N}\rangle,$$

其中

$$\boldsymbol{N}=\boldsymbol{r}\times(-\nabla V).$$

(在转动情况下, 这类同于埃伦菲斯特定理.)

(b) 证明: 对任意球对称势都有 $\mathrm{d}\langle\boldsymbol{L}\rangle/\mathrm{d}t=0$.(这是**角动量守恒**的一种量子表述形式.)

证明 (a) 由算符期望值随时间变化公式 (方程 (3.73))

$$\frac{\mathrm{d}}{\mathrm{d}t}\left\langle\hat{Q}\right\rangle=\frac{\mathrm{i}}{\hbar}\left\langle\left[\hat{H},\hat{Q}\right]\right\rangle+\left\langle\frac{\partial\hat{Q}}{\partial t}\right\rangle,$$

可得

$$\frac{\mathrm{d}\langle L_x\rangle}{\mathrm{d}t}=\frac{\mathrm{i}}{\hbar}\langle[H,L_x]\rangle+\left\langle\frac{\partial L_x}{\partial t}\right\rangle=\frac{\mathrm{i}}{\hbar}\langle[H,L_x]\rangle,$$

其中, $[H,L_x]=\dfrac{1}{2m}\left[p^2,L_x\right]+[V,L_x]$.

由习题 4.22(c), 知上式对易关系第一项为零; 如果势能 V 是一个标量, 则第二项也为零. 但一般情况下, $V(\boldsymbol{r})$ 是矢量 $\boldsymbol{r}$ 的函数, 则

$$[H,L_x]=[V,yp_z-zp_y]=y[V,p_z]-z[V,p_y].$$

由习题 4.1(b) 的证明过程知: $[f(x),p_x]=\mathrm{i}\hbar\dfrac{\partial f}{\partial x}$, 所以

$$[V,p_z]=\mathrm{i}\hbar\frac{\partial V}{\partial z},\quad [V,p_y]=\mathrm{i}\hbar\frac{\partial V}{\partial y}.$$

$$[H,L_x]=y\mathrm{i}\hbar\frac{\partial V}{\partial z}-z\mathrm{i}\hbar\frac{\partial V}{\partial y}=\mathrm{i}\hbar\left[\boldsymbol{r}\times(\nabla V)\right]_x\ (x\text{分量})$$

$$\Rightarrow\frac{\mathrm{d}\langle L_x\rangle}{\mathrm{d}t}=-\langle[\boldsymbol{r}\times(\nabla V)]_x\rangle.$$

同理可得,

$$\frac{\mathrm{d}\langle L_y\rangle}{\mathrm{d}t}=-\left\langle[\boldsymbol{r}\times(\nabla V)]_y\right\rangle$$

和

$$\frac{\mathrm{d}\langle L_z\rangle}{\mathrm{d}t}=-\langle[\boldsymbol{r}\times(\nabla V)]_z\rangle.$$

所以

$$\frac{\mathrm{d}\langle\boldsymbol{L}\rangle}{\mathrm{d}t}=\langle\boldsymbol{r}\times(-\nabla V)\rangle=\langle\boldsymbol{N}\rangle.$$

(b) 对球对称势有 $V(\boldsymbol{r})=V(r)$, 其中 $V(r)$ 只与到球心的距离有关, 则

$$\nabla V=\frac{\partial V}{\partial r}\nabla r=\frac{\partial V}{\partial r}\frac{\boldsymbol{r}}{r}=\frac{\partial V}{\partial r}\hat{r}.\quad(\text{对标量 } r \text{ 的梯度为单位矢量}\hat{r})$$

其中 $\hat{r}$ 是沿 $\boldsymbol{r}$ 方向的单位矢量, 则

$$\boldsymbol{r}\times(-\nabla V)=-(\boldsymbol{r}\times\hat{r})\frac{\partial V}{\partial r}=0.\quad(\text{同一方向的矢量叉乘等于零})$$

所以,

$$\frac{\mathrm{d}\langle\boldsymbol{L}\rangle}{\mathrm{d}t}=0.$$

****习题 4.24**

(a) 由方程 (4.130) 推导方程 (4.131). **提示**　利用试探函数, 否则可能会丢失掉某些项.

(b) 由方程 (4.129) 和 (4.131) 推导方程 (4.132). **提示**　利用方程 (4.112).

解答　(a) 方程 (4.130) 为

$$L_{\pm}=\pm\hbar e^{\pm i\phi}\left(\frac{\partial}{\partial\theta}\pm i\cot\theta\frac{\partial}{\partial\phi}\right).$$

设 f 是一个任意函数, 则

$$\begin{aligned}
L_+L_-f=&-\hbar^2e^{i\phi}\left(\frac{\partial}{\partial\theta}+i\cot\theta\frac{\partial}{\partial\phi}\right)\left[e^{-i\phi}\left(\frac{\partial f}{\partial\theta}-i\cot\theta\frac{\partial f}{\partial\phi}\right)\right]\\
=&-\hbar^2e^{i\phi}\left\{e^{-i\phi}\left[\frac{\partial^2 f}{\partial\theta^2}-i\left(-\csc^2\theta\frac{\partial f}{\partial\phi}+\cot\theta\frac{\partial^2 f}{\partial\theta\partial\phi}\right)\right]\right\}\\
&-\hbar^2e^{i\phi}i\cot\theta\left[-ie^{-i\phi}\left(\frac{\partial f}{\partial\theta}-i\cot\theta\frac{\partial f}{\partial\phi}\right)+e^{-i\phi}\left(\frac{\partial^2 f}{\partial\phi\partial\theta}-i\cot\theta\frac{\partial^2 f}{\partial\phi^2}\right)\right]\\
=&-\hbar^2\left[\frac{\partial^2}{\partial\theta^2}+\cot\theta\frac{\partial}{\partial\theta}+\cot^2\theta\frac{\partial^2}{\partial\phi^2}+i\left(\csc^2\theta-\cot^2\theta\right)\frac{\partial}{\partial\phi}\right]f.
\end{aligned}$$

等式两边同时移除试探函数 f, 得

$$L_+L_-=-\hbar^2\left(\frac{\partial^2}{\partial\theta}+\cot\theta\frac{\partial}{\partial\theta}+\cot^2\theta\frac{\partial^2}{\partial\phi^2}+i\frac{\partial}{\partial\phi}\right).$$

(b) 由方程 (4.129) $L_z=-i\hbar\dfrac{\partial}{\partial\phi}$ 及方程 (4.112) $L^2=L_{\pm}L_{\mp}+L_z^2\mp\hbar L_z$, 利用 (a) 中的结果, 得

$$\begin{aligned}
L^2&=-\hbar^2\left(\frac{\partial^2}{\partial\theta^2}+\cot\theta\frac{\partial}{\partial\theta}+\cot^2\theta\frac{\partial^2}{\partial\phi^2}+i\frac{\partial}{\partial\phi}\right)-\hbar^2\frac{\partial^2}{\partial\phi^2}-\hbar\left(\frac{\hbar}{i}\right)\frac{\partial}{\partial\phi}\\
&=-\hbar^2\left(\frac{\partial^2}{\partial\theta^2}+\cot\theta\frac{\partial}{\partial\theta}+\left(\cot^2\theta+1\right)\frac{\partial^2}{\partial\phi^2}+i\frac{\partial}{\partial\phi}-i\frac{\partial}{\partial\phi}\right)\\
&=-\hbar^2\left(\frac{\partial^2}{\partial\theta^2}+\cot\theta\frac{\partial}{\partial\theta}+\frac{1}{\sin^2\theta}\frac{\partial^2}{\partial\phi^2}\right)\\
&=-\hbar^2\left[\frac{1}{\sin\theta}\frac{\partial}{\partial\theta}\left(\sin\theta\frac{\partial}{\partial\theta}\right)+\frac{1}{\sin^2\theta}\frac{\partial^2}{\partial\phi^2}\right].
\end{aligned}$$

***习题 4.25**

(a) $L_+Y_\ell^\ell$ 是什么? (不允许计算!)

(b) 利用 (a) 的结果, 连同方程 (4.130) 和 $L_zY_\ell^\ell=\hbar\ell Y_\ell^\ell$, 确定 $Y_\ell^\ell(\theta,\phi)$ 和归一化常数.

(c) 通过直接积分确定归一化常数. 将你的最终结果与习题 4.7 中的结果进行比较.

解答　(a) $L_+Y_\ell^\ell=0$. (这里 $m=\ell$ 已是最高的量子数, 不能再升阶.)

(b) 角动量算符的 z 分量作用在球谐波函数

$$L_zY_\ell^\ell=\hbar lY_\ell^\ell\Rightarrow\frac{\hbar}{\mathrm{i}}\frac{\partial}{\partial\phi}Y_\ell^\ell=\hbar\ell Y_\ell^\ell, \text{得}$$

$$\frac{\partial Y_\ell^\ell}{\partial\phi}=\mathrm{i}\ell Y_\ell^\ell,\quad Y_\ell^\ell=f(\theta)\,\mathrm{e}^{\mathrm{i}\ell\phi}.$$

$$\begin{aligned}
&L_+Y_\ell^\ell=0,\\
&\hbar\mathrm{e}^{\mathrm{i}\phi}\left(\frac{\partial}{\partial\theta}+\mathrm{i}\cot\theta\frac{\partial}{\partial\phi}\right)\left[f(\theta)\,\mathrm{e}^{\mathrm{i}\ell\phi}\right]=0,\\
&\frac{\mathrm{d}f}{\mathrm{d}\theta}-\ell\cot\theta f(\theta)=0,\\
&\frac{\mathrm{d}f}{f}=\ell\cot\theta\mathrm{d}\theta,\\
&\ln f=\ell\ln(\sin\theta)+C,\\
&f(\theta)=A\sin^\ell\theta,
\end{aligned}$$

其中 A, C 为常数, 所以

$$Y_\ell^\ell(\theta,\phi)=A\left(\mathrm{e}^{\mathrm{i}\phi}\sin\theta\right)^\ell.$$

(c) 波函数归一化

$$\begin{aligned}
1&=A^2\int\sin^{2\ell}\theta\sin\theta\mathrm{d}\theta\mathrm{d}\phi=2\pi A^2\int_0^\pi\sin^{2\ell+1}\theta\mathrm{d}\theta=2\pi A^2 2\frac{2\cdot4\cdot6\cdots(2\ell)}{1\cdot3\cdot5\cdots(2\ell+1)}\\
&=4\pi A^2\frac{[2\cdot4\cdot6\cdots(2\ell)]^2}{1\cdot2\cdot3\cdot4\cdots(2\ell+1)}=4\pi A^2\frac{\left(2^\ell\ell!\right)^2}{(2\ell+1)!}.
\end{aligned}$$

得

$$A=\frac{1}{2^{\ell+1}l!}\sqrt{\frac{(2\ell+1)!}{\pi}}.$$

除了一个任意的相因子 $(-1)^\ell$, 这与习题 4.7 的结果是一样的.

习题 4.26　在习题 4.4 中, 证明了

$$Y_2^1(\theta,\phi)=-\sqrt{15/8\pi}\sin\theta\cos\theta\mathrm{e}^{\mathrm{i}\phi}.$$

利用升阶算符求出 $Y_2^2(\theta,\phi)$. 利用方程 (4.121) 对其归一化.

解答　升阶算符作用到球谐函数上

$$\begin{aligned}
L_+Y_2^1&=\hbar\mathrm{e}^{\mathrm{i}\phi}\left(\frac{\partial}{\partial\theta}+\mathrm{i}\cot\theta\frac{\partial}{\partial\theta}\right)\left(-\sqrt{\frac{15}{8\pi}}\sin\theta\cos\theta\mathrm{e}^{\mathrm{i}\phi}\right)\\
&=-\sqrt{\frac{15}{8\pi}}\hbar\mathrm{e}^{\mathrm{i}\phi}\left[\mathrm{e}^{\mathrm{i}\phi}\left(\cos^2\theta-\sin^2\theta\right)+\mathrm{i}\frac{\cos\theta}{\sin\theta}\sin\theta\cos\theta\mathrm{i}\mathrm{e}^{\mathrm{i}\phi}\right]\\
&=-\sqrt{\frac{15}{8\pi}}\hbar\mathrm{e}^{2\mathrm{i}\phi}\left(\cos^2\theta-\sin^2\theta-\cos^2\theta\right)=\sqrt{\frac{15}{8\pi}}\hbar\left(\mathrm{e}^{\mathrm{i}\phi}\sin\theta\right)^2
\end{aligned}$$

$$= 2\hbar Y_2^2.$$

所以,

$$Y_2^2(\theta,\phi) = \frac{1}{4}\sqrt{\frac{15}{2\pi}}\left(e^{i\phi}\sin\theta\right)^2,$$

通过验证, 这已经是归一化的结果.

****习题 4.27** 两个粒子 (质量分别为 m_1 和 m_2) 固定在一个质量忽略不计的长度为 a 的刚性杆两端. 该体系可以在三维空间绕杆的质量中心自由转动 (转动中心是固定的).

(a) 证明: 该**刚性转子**的能量允许值是

$$E_n = \frac{\hbar^2}{2I}n(n+1) \quad (n = 0, 1, 2, \cdots),$$

其中 $I = \dfrac{m_1 m_2}{m_1 + m_2}a^2$ 为系统的转动惯量. **提示** 首先把 (经典) 能量用总角动量表示出来.

(b) 该体系的归一化波函数是什么? (用 θ 和 ϕ 定义转轴的方向) 第 n 个能级的简并度是多少?

(c) 你希望该系统有什么样的频谱? (给出谱线频率的公式.)

答案: $\nu_j = \hbar j/(2\pi I)$, $j = 1, 2, 3, \cdots$.

(d) 图 4.3 给出一氧化碳 (CO) 的一部分旋转谱. 相邻谱线的频率间隔 ($\Delta\nu$) 是多少? 查阅 ^{12}C 和 ^{16}O 的质量, 从 m_1, m_2 和 $\Delta\nu$ 求出原子之间的距离.

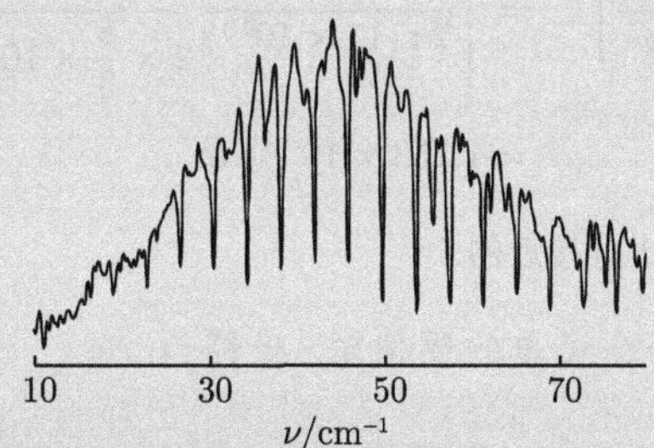

图 4.3　一氧化碳 (CO) 的转动谱. 注意频率为光谱学单位: cm^{-1}. 若转换成以赫兹为单位需要乘以 $c = 3.00 \times 10^{10}$ cm/s. 承蒙许可, 此图取自 John M. Brown 和 Allan Carrington, 《双原子分子转动谱》, 剑桥大学出版社, 2003 年. 它也源自 E. V. Loewenstein, *Journal of the Optical Society of America*, **50,** 1163 (1960)

解答 (a) 体系的哈密顿量为

$$H = L^2/2I, \text{且} L^2 = \hbar^2\ell(\ell+1),$$

所以能量本征值为

$$E_\ell = \frac{\hbar^2\ell(\ell+1)}{2I} \quad (\ell = 0, 1, 2, \cdots).$$

做记号代换 $\ell \to n$ 得到本题所给能量本征值形式.

(b) H 与 L^2 具有同样的本征函数, 其归一化波函数为

$$\psi_{nm}(\theta,\phi)=Y_n^m(\theta,\phi),$$

第 n 能级的简并度为 $2n+1$.

(c) 发射光子的频率对应初态 E_i 和末态 E_f 能级差,

$$\Delta E=h\nu=2\pi\hbar\nu=\frac{\hbar^2}{2I}\left[n_i\left(n_i+1\right)-n_f\left(n_f+1\right)\right].$$

所以频率

$$\nu=\frac{\hbar}{4\pi I}\left[n_i\left(n_i+1\right)-n_f\left(n_f+1\right)\right]=\frac{\hbar}{2\pi I}\frac{n_i\left(n_i+1\right)-n_f\left(n_f+1\right)}{2}.$$

分析方括号中的两项, 它们必为偶数, 偶数相减也必为偶数. 因此,

$$\nu_j=\frac{\hbar}{2\pi I}j,\quad j=1,2,3,\cdots.$$

(d) 从图中取一段频率长度求平均, 得相邻谱线的频率间隔为

$$\Delta\nu=\frac{68-27}{11}=3.73\ (\mathrm{cm}^{-1})=3.73\times\left(3\times10^{10}\right)\ (\mathrm{Hz})=11\times10^{10}\ (\mathrm{s}^{-1}).$$

碳和氧的质量化为以千克为单位:

$$m_{\mathrm{C}}=12u=2\times10^{-26}\ \mathrm{kg},\quad m_{\mathrm{O}}=16u=\frac{8}{3}\times10^{-26}\ \mathrm{kg}.$$

由 (c) 知, $I=\dfrac{\hbar}{2\pi(\Delta\nu)}$, 再结合 (a) 中 $I=\dfrac{m_1m_2}{m_1+m_2}a^2$, 得

$$\begin{aligned}a=\left[\frac{\hbar}{2\pi(\Delta\nu)}\frac{m_1+m_2}{m_1m_2}\right]^{1/2}&=\left[\frac{1.05\times10^{-34}}{2\pi\left(11\times10^{10}\right)}\frac{\left(2+\dfrac{8}{3}\right)\times10^{-26}}{2\times\dfrac{8}{3}\times10^{-26}\times10^{-26}}\right]^{1/2}\ \mathrm{m}\\&=1.153\times10^{-10}\ \mathrm{m}.\end{aligned}$$

这与实际值 1.128×10^{-10} m 是十分接近的.

习题 4.28 假设电子是一个经典的固体球, 半径为

$$r_c=\frac{e^2}{4\pi\varepsilon_0mc^2},$$

(即所谓的**经典电子半径**, 可以通过将电子的质量转化为其存储在电场中的能量, 并结合爱因斯坦公式 $E=mc^2$ 得到), 其角动量为 $(1/2)\hbar$, 那么"赤道"上的一点运动的速度 (m/s) 有多快? 这个模型有意义吗? (实际上, 实验上已知的电子半径要比 r_c 小得多, 但这只会使情况变得更糟.)①

解答

$$r_c=\frac{\left(1.6\times10^{-19}\right)^2}{4\pi\left(8.85\times10^{-12}\right)\left(9.11\times10^{-31}\right)\left(3.0\times10^{8}\right)^2}=2.808\times10^{-15}\ (\mathrm{m}),$$

① 如果把电子想象成一个旋转的小球让你感到舒服, 那就继续吧; 我是这样想的, 只要你不按字面理解, 你就不会感到烦恼.

$$L=\frac{1}{2}\hbar=I\omega=\left(\frac{2}{5}mr^2\right)\left(\frac{v}{r}\right)=\frac{2}{5}mrv,$$

则

$$v=\frac{5\hbar}{4mr}=\frac{5\times\left(1.055\times10^{-34}\right)}{4\times\left(9.11\times10^{-31}\right)\left(2.81\times10^{-15}\right)}=5.15\times10^{10}\ (\mathrm{m/s}).$$

这个模型没有实际意义, 因为它的速度为光速的 100 多倍.

习题 4.29

(a) 验证自旋矩阵 (方程 (4.145) 和 (4.147)) 满足方程 (4.134) 的角动量对易关系.

(b) 证明: 泡利自旋矩阵 (方程 (4.148)) 满足乘积定则

$$\sigma_j\sigma_k=\delta_{jk}+\sum_l\varepsilon_{jkl}\sigma_l,$$

这里指标代表 x, y 或 z, ε_{jkl} 是**莱维–齐维塔**符号: 如果 $jkl=123$, 231 或 312, 为 +1; 如果 $jkl=132$, 213 或 321, 为 −1; 其余为零.

解答 (a) 由

$$\boldsymbol{S}_x=\frac{\hbar}{2}\begin{pmatrix}0&1\\1&0\end{pmatrix},\quad \boldsymbol{S}_y=\frac{\hbar}{2}\begin{pmatrix}0&-\mathrm{i}\\\mathrm{i}&0\end{pmatrix},\quad \boldsymbol{S}_z=\frac{\hbar}{2}\begin{pmatrix}1&0\\0&-1\end{pmatrix},$$

可得

$$\begin{aligned}[S_x,S_y]&=\boldsymbol{S}_x\boldsymbol{S}_y-\boldsymbol{S}_y\boldsymbol{S}_x=\frac{\hbar^2}{4}\left[\begin{pmatrix}0&1\\1&0\end{pmatrix}\begin{pmatrix}0&-\mathrm{i}\\\mathrm{i}&0\end{pmatrix}-\begin{pmatrix}0&-\mathrm{i}\\\mathrm{i}&0\end{pmatrix}\begin{pmatrix}0&1\\1&0\end{pmatrix}\right]\\&=\frac{\hbar^2}{4}\left[\begin{pmatrix}\mathrm{i}&0\\0&-\mathrm{i}\end{pmatrix}-\begin{pmatrix}-\mathrm{i}&0\\0&\mathrm{i}\end{pmatrix}\right]\\&=\frac{\hbar^2}{4}\begin{pmatrix}2\mathrm{i}&0\\0&-2\mathrm{i}\end{pmatrix}=\mathrm{i}\hbar\frac{\hbar}{2}\begin{pmatrix}1&0\\0&-1\end{pmatrix}=\mathrm{i}\hbar S_z.\end{aligned}$$

$$\begin{aligned}[S_y,S_z]&=\boldsymbol{S}_y\boldsymbol{S}_z-\boldsymbol{S}_z\boldsymbol{S}_y=\frac{\hbar^2}{4}\left[\begin{pmatrix}0&-\mathrm{i}\\\mathrm{i}&0\end{pmatrix}\begin{pmatrix}1&0\\0&-1\end{pmatrix}-\begin{pmatrix}1&0\\0&-1\end{pmatrix}\begin{pmatrix}0&-\mathrm{i}\\\mathrm{i}&0\end{pmatrix}\right]\\&=\frac{\hbar^2}{4}\left[\begin{pmatrix}0&\mathrm{i}\\\mathrm{i}&0\end{pmatrix}-\begin{pmatrix}0&-\mathrm{i}\\-\mathrm{i}&0\end{pmatrix}\right]\\&=\frac{\hbar^2}{4}\begin{pmatrix}0&2\mathrm{i}\\2\mathrm{i}&0\end{pmatrix}=\mathrm{i}\hbar\frac{\hbar}{2}\begin{pmatrix}0&1\\1&0\end{pmatrix}=\mathrm{i}\hbar S_x.\end{aligned}$$

$$\begin{aligned}[S_z,S_x]&=\boldsymbol{S}_z\boldsymbol{S}_x-\boldsymbol{S}_x\boldsymbol{S}_z=\frac{\hbar^2}{4}\left[\begin{pmatrix}1&0\\0&-1\end{pmatrix}\begin{pmatrix}0&1\\1&0\end{pmatrix}-\begin{pmatrix}0&1\\1&0\end{pmatrix}\begin{pmatrix}1&0\\0&-1\end{pmatrix}\right]\\&=\frac{\hbar^2}{4}\left[\begin{pmatrix}0&1\\-1&0\end{pmatrix}-\begin{pmatrix}0&-1\\1&0\end{pmatrix}\right]\\&=\frac{\hbar^2}{4}\begin{pmatrix}0&2\\-2&0\end{pmatrix}=\mathrm{i}\hbar\frac{\hbar}{2}\begin{pmatrix}0&-\mathrm{i}\\\mathrm{i}&0\end{pmatrix}=\mathrm{i}\hbar S_y.\end{aligned}$$

这三个式子可以用矢量表示为

$$\boldsymbol{\mathcal{S}} \times \boldsymbol{\mathcal{S}} = \mathrm{i}\hbar\boldsymbol{\mathcal{S}}.$$

(b) 由泡利矩阵与自旋矩阵的关系 $\boldsymbol{\mathcal{S}} = \frac{\hbar}{2}\sigma$, 得

$$\sigma_x\sigma_x = \begin{pmatrix} 0 & 1 \\ 1 & 0 \end{pmatrix}\begin{pmatrix} 0 & 1 \\ 1 & 0 \end{pmatrix} = \begin{pmatrix} 1 & 0 \\ 0 & 1 \end{pmatrix} = 1,$$

$$\sigma_y\sigma_y = \begin{pmatrix} 0 & -\mathrm{i} \\ \mathrm{i} & 0 \end{pmatrix}\begin{pmatrix} 0 & -\mathrm{i} \\ \mathrm{i} & 0 \end{pmatrix} = \begin{pmatrix} 1 & 0 \\ 0 & 1 \end{pmatrix} = 1,$$

$$\sigma_z\sigma_z = \begin{pmatrix} 1 & 0 \\ 0 & 1 \end{pmatrix}\begin{pmatrix} 1 & 0 \\ 0 & 1 \end{pmatrix} = \begin{pmatrix} 1 & 0 \\ 0 & 1 \end{pmatrix} = 1,$$

$$\sigma_x\sigma_y = \begin{pmatrix} 0 & 1 \\ 1 & 0 \end{pmatrix}\begin{pmatrix} 0 & -\mathrm{i} \\ \mathrm{i} & 0 \end{pmatrix} = \begin{pmatrix} \mathrm{i} & 0 \\ 0 & -\mathrm{i} \end{pmatrix} = \mathrm{i}\sigma_z,$$

$$\sigma_y\sigma_x = \begin{pmatrix} 0 & -\mathrm{i} \\ \mathrm{i} & 0 \end{pmatrix}\begin{pmatrix} 0 & 1 \\ 1 & 0 \end{pmatrix} = \begin{pmatrix} -\mathrm{i} & 0 \\ 0 & \mathrm{i} \end{pmatrix} = -\mathrm{i}\sigma_z,$$

$$\sigma_z\sigma_x = \begin{pmatrix} 1 & 0 \\ 0 & -1 \end{pmatrix}\begin{pmatrix} 0 & 1 \\ 1 & 0 \end{pmatrix} = \begin{pmatrix} 0 & 1 \\ -1 & 0 \end{pmatrix} = \mathrm{i}\sigma_y,$$

$$\sigma_x\sigma_z = \begin{pmatrix} 0 & 1 \\ 1 & 0 \end{pmatrix}\begin{pmatrix} 1 & 0 \\ 0 & -1 \end{pmatrix} = \begin{pmatrix} 0 & -1 \\ 1 & 0 \end{pmatrix} = -\mathrm{i}\sigma_y,$$

$$\sigma_y\sigma_z = \begin{pmatrix} 0 & -\mathrm{i} \\ \mathrm{i} & 0 \end{pmatrix}\begin{pmatrix} 1 & 0 \\ 0 & -1 \end{pmatrix} = \begin{pmatrix} 0 & \mathrm{i} \\ \mathrm{i} & 0 \end{pmatrix} = \mathrm{i}\sigma_x,$$

$$\sigma_z\sigma_y = \begin{pmatrix} 1 & 0 \\ 0 & -1 \end{pmatrix}\begin{pmatrix} 0 & -\mathrm{i} \\ \mathrm{i} & 0 \end{pmatrix} = \begin{pmatrix} 0 & -\mathrm{i} \\ -\mathrm{i} & 0 \end{pmatrix} = -\mathrm{i}\sigma_x$$

把这些式子合并在一起有

$$\sigma_j\sigma_k = \delta_{jk} + \sum_l \varepsilon_{jkl}\sigma_l.$$

***习题 4.30** 粒子处在自旋态

$$\chi = A\begin{pmatrix} 3\mathrm{i} \\ 4 \end{pmatrix}.$$

(a) 求归一化常数 A.

(b) 求 S_x, S_y 和 S_z 的期望值.

(c) 求出 σ_{S_x}, σ_{S_y} 和 σ_{S_z} 的"不确定度". 注意 这里的 σ 是标准方差, 不是泡利矩阵!

(d) 确认所得结果符合所有三个不确定性原理 (当然, 方程 (4.100) 及其循环置换仅仅需要将 S 替代 L).

解答 (a) 波函数归一化

$$\chi^{\dagger}\chi=|A|^2\begin{pmatrix}-3\mathrm{i} & 4\end{pmatrix}\begin{pmatrix}3\mathrm{i}\\4\end{pmatrix}=25|A|^2=1$$
$$\Rightarrow A=\frac{1}{5}.$$

(b) 期望值

$$\langle S_x\rangle=\chi^{\dagger}\boldsymbol{\mathcal{S}}_x\chi=\frac{1}{25}\frac{\hbar}{2}\begin{pmatrix}-3\mathrm{i} & 4\end{pmatrix}\begin{pmatrix}0&1\\1&0\end{pmatrix}\begin{pmatrix}3\mathrm{i}\\4\end{pmatrix}$$
$$=\frac{\hbar}{50}\begin{pmatrix}-3\mathrm{i} & 4\end{pmatrix}\begin{pmatrix}4\\3\mathrm{i}\end{pmatrix}=\frac{\hbar}{50}(-12\mathrm{i}+12\mathrm{i})=0,$$
$$\langle S_y\rangle=\chi^{\dagger}\boldsymbol{\mathcal{S}}_y\chi=\frac{1}{25}\frac{\hbar}{2}\begin{pmatrix}-3\mathrm{i} & 4\end{pmatrix}\begin{pmatrix}0&-\mathrm{i}\\\mathrm{i}&0\end{pmatrix}\begin{pmatrix}3\mathrm{i}\\4\end{pmatrix}$$
$$=\frac{\hbar}{50}\begin{pmatrix}-3\mathrm{i} & 4\end{pmatrix}\begin{pmatrix}-4\mathrm{i}\\-3\end{pmatrix}=\frac{\hbar}{50}(-12-12)=-\frac{12}{25}\hbar,$$
$$\langle S_z\rangle=\chi^{\dagger}\boldsymbol{\mathcal{S}}_z\chi=\frac{1}{25}\frac{\hbar}{2}\begin{pmatrix}-3\mathrm{i} & 4\end{pmatrix}\begin{pmatrix}1&0\\0&-1\end{pmatrix}\begin{pmatrix}3\mathrm{i}\\4\end{pmatrix}$$
$$=\frac{\hbar}{50}\begin{pmatrix}-3\mathrm{i} & 4\end{pmatrix}\begin{pmatrix}3\mathrm{i}\\-4\end{pmatrix}=\frac{\hbar}{50}(9-16)=-\frac{7}{50}\hbar.$$

(c) 期望值

$$\langle S_x^2\rangle=\chi^{(\dagger)}\boldsymbol{\mathcal{S}}_x\boldsymbol{\mathcal{S}}_x\chi=\frac{1}{25}\left(\frac{\hbar}{2}\right)^2\begin{pmatrix}-3\mathrm{i} & 4\end{pmatrix}\begin{pmatrix}0&1\\1&0\end{pmatrix}\begin{pmatrix}0&1\\1&0\end{pmatrix}\begin{pmatrix}3\mathrm{i}\\4\end{pmatrix}$$
$$=\frac{\hbar^2}{100}\begin{pmatrix}-3\mathrm{i} & 4\end{pmatrix}\begin{pmatrix}3\mathrm{i}\\4\end{pmatrix}=\frac{\hbar^2}{100}(9+16)=\frac{\hbar^2}{4}.$$

由于 S_x^2,S_y^2,S_z^2 只有一个本征值 $\frac{\hbar^2}{4}$, 所以对任何自旋态都有

$$\langle S_x^2\rangle=\langle S_y^2\rangle=\langle S_z^2\rangle=\frac{\hbar^2}{4},$$

因此标准差为

$$由\sigma_{S_x}^2=\langle S_x^2\rangle-\langle S_x\rangle^2=\frac{\hbar^2}{4}-0=\frac{\hbar^2}{4},得\sigma_{S_x}=\frac{\hbar}{2}.$$
$$由\sigma_{S_y}^2=\langle S_y^2\rangle-\langle S_y\rangle^2=\frac{\hbar^2}{4}-\left(-\frac{12}{25}\hbar\right)^2=\frac{49}{2500}\hbar^2,得\sigma_{S_y}=\frac{7}{50}\hbar.$$
$$由\sigma_{S_z}^2=\langle \hat{s}_z^2\rangle-\langle \hat{s}_z\rangle^2=\frac{\hbar^2}{4}-\left(-\frac{7}{50}\hbar\right)^2=\frac{576}{2500}\hbar^2,得\sigma_{S_z}=\frac{12}{25}\hbar.$$

(d) 不确定性关系

$$\sigma_{S_x}\sigma_{S_y}=\frac{\hbar}{2}\cdot\frac{7}{50}\hbar\geqslant\frac{\hbar}{2}\left|\langle\hat{S}_z\rangle\right|=\frac{\hbar}{2}\cdot\frac{7}{50}\hbar,$$
$$\sigma_{S_y}\sigma_{S_z}=\frac{7}{50}\hbar\cdot\frac{12}{25}\hbar\geqslant\frac{\hbar}{2}\left|\langle\hat{S}_x\rangle\right|=0,$$
$$\sigma_{S_z}\sigma_{S_x}=\frac{12}{25}\hbar\cdot\frac{\hbar}{2}\geqslant\frac{\hbar}{2}\left|\langle\hat{S}_y\rangle\right|=\frac{\hbar}{2}\cdot\frac{12}{25}\hbar,$$

显然满足不确定性原理.

***习题 4.31** 对最一般的归一化旋量 χ (方程 (4.139)), 计算 $\langle S_x\rangle, \langle S_y\rangle, \langle S_z\rangle$, $\langle S_x^2\rangle, \langle S_y^2\rangle$ 和 $\langle S_z^2\rangle$, 并验证 $\langle S_x^2\rangle + \langle S_y^2\rangle + \langle S_z^2\rangle = \langle S^2\rangle$.

解答 期望值

$$\langle S_x\rangle = \chi^\dagger \boldsymbol{S}_x \chi = \frac{\hbar}{2}\begin{pmatrix} a^* & b^* \end{pmatrix}\begin{pmatrix} 0 & 1 \\ 1 & 0 \end{pmatrix}\begin{pmatrix} a \\ b \end{pmatrix}$$
$$= \frac{\hbar}{2}\begin{pmatrix} a^* & b^* \end{pmatrix}\begin{pmatrix} b \\ a \end{pmatrix} = \frac{\hbar}{2}(a^*b + b^*a) = \hbar \mathrm{Re}\,(a^*b),$$

$$\langle S_y\rangle = \chi^\dagger \boldsymbol{S}_y \chi = \frac{\hbar}{2}\begin{pmatrix} a^* & b^* \end{pmatrix}\begin{pmatrix} 0 & -\mathrm{i} \\ \mathrm{i} & 0 \end{pmatrix}\begin{pmatrix} a \\ b \end{pmatrix}$$
$$= \frac{\hbar}{2}\begin{pmatrix} a^* & b^* \end{pmatrix}\begin{pmatrix} -\mathrm{i}b \\ \mathrm{i}a \end{pmatrix} = \frac{\hbar}{2}(-\mathrm{i}a^*b + \mathrm{i}b^*a) = -\hbar \mathrm{Im}\,(b^*a),$$

$$\langle S_z\rangle = \chi^\dagger \boldsymbol{S}_z \chi = \frac{\hbar}{2}\begin{pmatrix} a^* & b^* \end{pmatrix}\begin{pmatrix} 1 & 0 \\ 0 & -1 \end{pmatrix}\begin{pmatrix} a \\ b \end{pmatrix}$$
$$= \frac{\hbar}{2}\begin{pmatrix} a^* & b^* \end{pmatrix}\begin{pmatrix} a \\ -b \end{pmatrix} = \frac{\hbar}{2}(a^*a - b^*b) = \frac{\hbar}{2}\left(|a|^2 - |b|^2\right).$$

对任何 (自旋 $\frac{1}{2}$) 自旋态都有

$$\langle S_x^2\rangle = \langle S_y^2\rangle = \langle S_z^2\rangle = \frac{\hbar^2}{4},$$

所以

$$\langle S^2\rangle = \langle S_x^2\rangle + \langle S_y^2\rangle + \langle S_z^2\rangle = \frac{3\hbar^2}{4}$$
$$= \frac{1}{2}\left(\frac{1}{2}+1\right)\hbar^2 = s(s+1)\hbar^2.$$

即对任何 (自旋 $\frac{1}{2}$) 自旋态 S^2 的期望值都是 $\frac{3\hbar^2}{4}$, S^2 只有一个本征值 $\frac{3\hbar^2}{4}$.

***习题 4.32**

(a) 求出 $\boldsymbol{S}_y$ 的本征值和本征旋量.

(b) 对处在一般态 χ 上的粒子 (方程 (4.139)) 测量其 $\boldsymbol{S}_y$, 可能得到哪些值? 每个值的几率是多少? 验证几率之和为 1. 注意 a 和 b 不一定是实数!

(c) 如果测量 S_y^2, 可能得到什么值? 它们的几率是多少?

解答 (a) 由

$$\boldsymbol{S}_y = \frac{\hbar}{2}\begin{pmatrix} 0 & -\mathrm{i} \\ \mathrm{i} & 0 \end{pmatrix},$$

本征方程为

$$\frac{\hbar}{2}\begin{pmatrix} 0 & -\mathrm{i} \\ \mathrm{i} & 0 \end{pmatrix}\begin{pmatrix} \alpha \\ \beta \end{pmatrix} = \lambda\begin{pmatrix} \alpha \\ \beta \end{pmatrix}.$$

解久期方程 (特征方程), 得

$$\begin{vmatrix} -\lambda & -\mathrm{i}\hbar/2 \\ \mathrm{i}\hbar/2 & -\lambda \end{vmatrix} = 0,$$

$$\lambda^2 - \frac{\hbar^2}{4} = 0,$$

$$\lambda = \pm\frac{\hbar}{2}.$$

(当然对任一分量本征值都为 $\pm\frac{\hbar}{2}$.)

将本征值代回本征方程, 得

$$\frac{\hbar}{2}\begin{pmatrix} 0 & -\mathrm{i} \\ \mathrm{i} & 0 \end{pmatrix}\begin{pmatrix} \alpha \\ \beta \end{pmatrix} = \pm\frac{\hbar}{2}\begin{pmatrix} \alpha \\ \beta \end{pmatrix},$$

$$-\mathrm{i}\beta = \pm\alpha;$$

$$|\alpha|^2 + |\beta|^2 = 1,$$

$$\alpha = \frac{1}{\sqrt{2}}.$$

所以 $\boldsymbol{\mathcal{S}}_y$ 的本征态为

$$\chi_+^{(y)} = \frac{1}{\sqrt{2}}\begin{pmatrix} 1 \\ \mathrm{i} \end{pmatrix}, \quad \left(\text{本征值为} + \frac{\hbar}{2}\right); \ \chi_-^{(y)} = \frac{1}{\sqrt{2}}\begin{pmatrix} 1 \\ -\mathrm{i} \end{pmatrix}, \quad \left(\text{本征值为} - \frac{\hbar}{2}\right).$$

(b) 对一般态把它按 $\boldsymbol{\mathcal{S}}_y$ 的本征态展开:

$$\chi = \begin{pmatrix} a \\ b \end{pmatrix} = c_+\chi_+^{(y)} + c_-\chi_-^{(y)},$$

由本征态的正交归一性, 得

$$c_+ = \left(\chi_+^{(y)}\right)^\dagger \chi = \frac{1}{\sqrt{2}}\begin{pmatrix} 1 & -\mathrm{i} \end{pmatrix}\begin{pmatrix} a \\ b \end{pmatrix} = \frac{1}{\sqrt{2}}(a - \mathrm{i}b),$$

$$c_- = \left(\chi_-^{(y)}\right)^\dagger \chi = \frac{1}{\sqrt{2}}\begin{pmatrix} 1 & \mathrm{i} \end{pmatrix}\begin{pmatrix} a \\ b \end{pmatrix} = \frac{1}{\sqrt{2}}(a + \mathrm{i}b).$$

对该一般态测量 $\boldsymbol{\mathcal{S}}_y$ 得到 $+\frac{\hbar}{2}$ 的几率为 $|c_+|^2 = \frac{1}{2}|a - \mathrm{i}b|^2$, 得到 $-\frac{\hbar}{2}$ 的几率为 $|c_-|^2 = \frac{1}{2}|a + \mathrm{i}b|^2$. 二者几率之和为

$$|c_+|^2 + |c_-|^2 = \frac{1}{2}|a - \mathrm{i}b|^2 + \frac{1}{2}|a + \mathrm{i}b|^2 = |a|^2 + |b|^2 = 1. \quad \text{(当然也必须为1.)}$$

(c) S_y^2 只有一个本征值 $\frac{\hbar^2}{4}$, 所以对任何态测量只能得到 $\frac{\hbar^2}{4}$, 几率为 1.

****习题 4.33**　构造沿任意方向 $\hat{r}$ 的自旋角动量矩阵的分量 $\boldsymbol{\mathcal{S}}_r$. 使用球坐标系, 有

$$\hat{r} = \sin\theta\cos\phi\hat{i} + \sin\theta\sin\phi\hat{j} + \cos\theta\hat{k}.$$

求 $\boldsymbol{S}_r$ 的本征值和 (归一化的) 本征旋量. 答案:

$$\chi_+^{(r)} = \begin{pmatrix} \cos(\theta/2) \\ e^{i\phi}\sin(\theta/2) \end{pmatrix};\ \chi_-^{(r)} = \begin{pmatrix} e^{-i\phi}\sin(\theta/2) \\ -\cos(\theta/2) \end{pmatrix}.$$

注意 你总可以在结果上乘以任意的相位因子——比如说, $e^{i\phi}$——所以你的结果与我的结果可能不完全一样.

解答 自旋角动量矩阵的分量

$$\begin{aligned}
\boldsymbol{S}_r &= \boldsymbol{S}\cdot\hat{r} = S_x\sin\theta\cos\phi + S_y\sin\theta\sin\phi + S_z\cos\theta \\
&= \frac{\hbar}{2}\begin{pmatrix} 0 & 1 \\ 1 & 0 \end{pmatrix}\sin\theta\cos\phi + \frac{\hbar}{2}\begin{pmatrix} 0 & -i \\ i & 0 \end{pmatrix}\sin\theta\sin\phi + \frac{\hbar}{2}\begin{pmatrix} 1 & 0 \\ 0 & -1 \end{pmatrix}\cos\theta \\
&= \frac{\hbar}{2}\left[\begin{pmatrix} 0 & \sin\theta\cos\phi \\ \sin\theta\cos\phi & 0 \end{pmatrix} + \begin{pmatrix} 0 & -i\sin\theta\sin\phi \\ i\sin\theta\sin\phi & 0 \end{pmatrix}\right. \\
&\quad \left. + \begin{pmatrix} \cos\theta & 0 \\ 0 & -\cos\theta \end{pmatrix}\right] \\
&= \frac{\hbar}{2}\begin{pmatrix} \cos\theta & \sin\theta(\cos\phi - i\sin\phi) \\ \sin\theta(\cos\phi + i\sin\phi) & -\cos\theta \end{pmatrix} \\
&= \frac{\hbar}{2}\begin{pmatrix} \cos\theta & e^{-i\phi}\sin\theta \\ e^{i\phi}\sin\theta & -\cos\theta \end{pmatrix}.
\end{aligned}$$

本征方程为

$$\frac{\hbar}{2}\begin{pmatrix} \cos\theta & e^{-i\phi}\sin\theta \\ e^{i\phi}\sin\theta & -\cos\theta \end{pmatrix}\begin{pmatrix} \alpha \\ \beta \end{pmatrix} = \lambda\begin{pmatrix} \alpha \\ \beta \end{pmatrix}.$$

解久期方程, 得

$$\begin{aligned}
&\begin{vmatrix} \frac{\hbar}{2}\cos\theta - \lambda & \frac{\hbar}{2}e^{-i\phi}\sin\theta \\ \frac{\hbar}{2}e^{i\phi}\sin\theta & -\frac{\hbar}{2}\cos\theta - \lambda \end{vmatrix} = 0 \\
&\Rightarrow -\frac{\hbar^2}{4}\cos^2\theta + \lambda^2 - \frac{\hbar^2}{4}\sin^2\theta = 0 \\
&\Rightarrow \lambda = \pm\frac{\hbar}{2}.
\end{aligned}$$

将本征值代回本征方程, 得

$$\begin{aligned}
&\frac{\hbar}{2}\begin{pmatrix} \cos\theta & e^{-i\phi}\sin\theta \\ e^{i\phi}\sin\theta & -\cos\theta \end{pmatrix}\begin{pmatrix} \alpha \\ \beta \end{pmatrix} = \pm\frac{\hbar}{2}\begin{pmatrix} \alpha \\ \beta \end{pmatrix} \\
&\Rightarrow \alpha\cos\theta + \beta e^{-i\phi}\sin\theta = \pm\alpha \\
&\Rightarrow \beta = e^{i\phi}\frac{\pm 1 - \cos\theta}{\sin\theta}\alpha.
\end{aligned}$$

归一化

$$|\alpha|^2+|\beta|^2=1\Rightarrow\begin{cases}\alpha=\cos\dfrac{\theta}{2},\beta=\mathrm{e}^{\mathrm{i}\phi}\sin\dfrac{\theta}{2}\Rightarrow\chi_+^{(r)}=\begin{pmatrix}\cos\dfrac{\theta}{2}\\ \mathrm{e}^{\mathrm{i}\phi}\sin\dfrac{\theta}{2}\end{pmatrix}\\ \alpha=\mathrm{e}^{-\mathrm{i}\phi}\sin\dfrac{\theta}{2},\beta=-\cos\dfrac{\theta}{2}\Rightarrow\chi_-^{(r)}=\begin{pmatrix}\mathrm{e}^{-\mathrm{i}\phi}\sin\dfrac{\theta}{2}\\ -\cos\dfrac{\theta}{2}\end{pmatrix}\end{cases}.$$

习题 4.34　对自旋为 1 的粒子, 构造其自旋矩阵 ($\boldsymbol{S}_x,\boldsymbol{S}_y$ 和 $\boldsymbol{S}_z$). 提示　在这种情况下, $\boldsymbol{S}_z$ 有几个本征态? 确定 $\boldsymbol{S}_z,\boldsymbol{S}_+$ 和 $\boldsymbol{S}_-$ 作用在每个本征态上的结果. 仿照教材中对自旋 1/2 体系的求解步骤.

解答　在 $\boldsymbol{S}_z$ 和 S^2 的共同表象中构造自旋矩阵, 自旋 $s=1$ 时, $\boldsymbol{S}_z$ 的本征值为 $\hbar,0,-\hbar$, 对应的本征态为

$$\chi_+=\begin{pmatrix}1\\0\\0\end{pmatrix},\ \chi_0=\begin{pmatrix}0\\1\\0\end{pmatrix},\ \chi_-=\begin{pmatrix}0\\0\\1\end{pmatrix}.$$

由于 $\boldsymbol{S}_z$ 是在自身的表象中, 其矩阵是对角的, 对角元素为本征值, 所以

$$\boldsymbol{S}_z=\hbar\begin{pmatrix}1&0&0\\0&0&0\\0&0&-1\end{pmatrix}.$$

由方程 (4.136) $S_\pm|s\ m\rangle=\hbar\sqrt{s(s+1)-m(m\pm1)}\,|s\ (m\pm1)\rangle$, 得

$$S_+\chi_+=0,\quad S_+\chi_0=\hbar\sqrt{2}\chi_+,\quad S_+\chi_-=\hbar\sqrt{2}\chi_0.$$
$$S_-\chi_+=\hbar\sqrt{2}\chi_0,\quad S_-\chi_+=\hbar\sqrt{2}\chi_-,\quad S_-\chi_-=0.$$

设 $\boldsymbol{S}_+=\hbar\sqrt{2}\begin{pmatrix}a_1&a_2&a_3\\b_1&b_2&b_3\\c_1&c_2&c_3\end{pmatrix}$, 由

$$\boldsymbol{S}_+\chi_+=\hbar\sqrt{2}\begin{pmatrix}a_1&a_2&a_3\\b_1&b_2&b_3\\c_1&c_2&c_3\end{pmatrix}\begin{pmatrix}1\\0\\0\end{pmatrix}=\begin{pmatrix}0\\0\\0\end{pmatrix},$$

得

$$a_1=b_1=c_1=0.$$

由

$$\boldsymbol{S}_+\chi_0=\hbar\sqrt{2}\begin{pmatrix}0&a_2&a_3\\0&b_2&b_3\\0&c_2&c_3\end{pmatrix}\begin{pmatrix}0\\1\\0\end{pmatrix}=\hbar\sqrt{2}\begin{pmatrix}1\\0\\0\end{pmatrix},$$

得

$$a_2=1,\quad b_2=c_2=0.$$

再由

$$\mathcal{S}_+\chi_- = \hbar\sqrt{2}\begin{pmatrix} 0 & 1 & a_3 \\ 0 & 0 & b_3 \\ 0 & 0 & c_3 \end{pmatrix}\begin{pmatrix} 0 \\ 0 \\ 1 \end{pmatrix} = \hbar\sqrt{2}\begin{pmatrix} 0 \\ 1 \\ 0 \end{pmatrix},$$

得

$$a_3 = 0, \quad b_3 = 1, \quad c_3 = 0.$$

因此

$$\mathcal{S}_+ = \sqrt{2}\hbar\begin{pmatrix} 0 & 1 & 0 \\ 0 & 0 & 1 \\ 0 & 0 & 0 \end{pmatrix}.$$

同理可得

$$\mathcal{S}_- = \sqrt{2}\hbar\begin{pmatrix} 0 & 0 & 0 \\ 1 & 0 & 0 \\ 0 & 1 & 0 \end{pmatrix}.$$

从而

$$\mathcal{S}_x = \frac{1}{2}(\mathcal{S}_+ + \mathcal{S}_-) = \frac{\hbar}{\sqrt{2}}\begin{pmatrix} 0 & 1 & 0 \\ 1 & 0 & 1 \\ 0 & 1 & 0 \end{pmatrix}, \quad \mathcal{S}_y = \frac{1}{2\mathrm{i}}(\mathcal{S}_+ - \mathcal{S}_-) = \frac{\mathrm{i}\hbar}{\sqrt{2}}\begin{pmatrix} 0 & -1 & 0 \\ 1 & 0 & -1 \\ 0 & 1 & 0 \end{pmatrix}.$$

习题 4.35　在例题 4.3 中：

(a) 在 t 时刻, 对自旋角动量沿 x 方向的分量进行测量, 求得到结果为 $+\hbar/2$ 的几率.

(b) 同样的问题, 如果沿 y 方向结果是什么?

(c) 同样的问题, 改为沿 z 方向.

解答　例题 4.3 中的自旋态为

$$\chi(t) = \begin{pmatrix} \cos(\alpha/2)\,\mathrm{e}^{\mathrm{i}\gamma B_0 t/2} \\ \sin(\alpha/2)\,\mathrm{e}^{-\mathrm{i}\gamma B_0 t/2} \end{pmatrix}.$$

S_x, S_y, S_z 本征值为 $+\hbar/2$ 的本征态分别为

$$\chi_+^{(x)} = \frac{1}{\sqrt{2}}\begin{pmatrix} 1 \\ 1 \end{pmatrix}, \quad \chi_+^{(y)} = \frac{1}{\sqrt{2}}\begin{pmatrix} 1 \\ \mathrm{i} \end{pmatrix}, \quad \chi_+^{(z)} = \begin{pmatrix} 1 \\ 0 \end{pmatrix}.$$

(a) 测量自旋角动量沿 x 方向的分量得到 $+\hbar/2$ 的几率, 将 x 方向的本征态与 t 时刻的自旋态相乘的模平方, 得

$$\begin{aligned} P_+^{(x)}(t) &= \left|\chi_+^{(x)\dagger}\chi(t)\right|^2 = \left|\frac{1}{\sqrt{2}}\begin{pmatrix} 1 & 1 \end{pmatrix}\begin{pmatrix} \cos(\alpha/2)\,\mathrm{e}^{\mathrm{i}\gamma B_0 t/2} \\ \sin(\alpha/2)\,\mathrm{e}^{-\mathrm{i}\gamma B_0 t/2} \end{pmatrix}\right|^2 \\ &= \left|\frac{1}{\sqrt{2}}\left[\cos(\alpha/2)\,\mathrm{e}^{\mathrm{i}\gamma B_0 t/2} + \sin(\alpha/2)\,\mathrm{e}^{-\mathrm{i}\gamma B_0 t/2}\right]\right|^2 \\ &= \frac{1}{2}\left[\cos(\alpha/2)\,\mathrm{e}^{-\mathrm{i}\gamma B_0 t/2} + \sin(\alpha/2)\,\mathrm{e}^{\mathrm{i}\gamma B_0 t/2}\right] \end{aligned}$$

$$\cdot\left[\cos(\alpha/2)\,\mathrm{e}^{\mathrm{i}\gamma B_0 t/2}+\sin(\alpha/2)\,\mathrm{e}^{-\mathrm{i}\gamma B_0 t/2}\right]$$
$$=\frac{1}{2}\left[\cos^2(\alpha/2)+\sin^2(\alpha/2)+\sin(\alpha/2)\cos(\alpha/2)\left(\mathrm{e}^{\mathrm{i}\gamma B_0 t}+\mathrm{e}^{-\mathrm{i}\gamma B_0 t}\right)\right]$$
$$=\frac{1}{2}\left[1+2\sin(\alpha/2)\cos(\alpha/2)\cos(\gamma B_0 t)\right]$$
$$=\frac{1}{2}\left[1+\sin\alpha\cos(\gamma B_0 t)\right].$$

(b) 同 (a) 中思路, 测量自旋角动量沿 y 方向的分量得到 $+\hbar/2$ 的几率是

$$P_+^{(y)}(t)=\left|\chi_+^{(y)\dagger}\chi\right|^2=\left|\frac{1}{\sqrt{2}}\begin{pmatrix}1 & -\mathrm{i}\end{pmatrix}\begin{pmatrix}\cos(\alpha/2)\,\mathrm{e}^{\mathrm{i}\gamma B_0 t/2}\\ \sin(\alpha/2)\,\mathrm{e}^{-\mathrm{i}\gamma B_0 t/2}\end{pmatrix}\right|^2$$
$$=\left|\frac{1}{\sqrt{2}}\left[\cos\frac{\alpha}{2}\mathrm{e}^{\mathrm{i}\gamma B_0 t/2}-\mathrm{i}\sin(\alpha/2)\,\mathrm{e}^{-\mathrm{i}\gamma B_0 t/2}\right]\right|^2$$
$$=\frac{1}{2}\left[\cos(\alpha/2)\,\mathrm{e}^{-\mathrm{i}\gamma B_0 t/2}+\mathrm{i}\sin(\alpha/2)\,\mathrm{e}^{\mathrm{i}\gamma B_0 t/2}\right]$$
$$\cdot\left[\cos(\alpha/2)\,\mathrm{e}^{\mathrm{i}\gamma B_0 t/2}-\mathrm{i}\sin(\alpha/2)\,\mathrm{e}^{-\mathrm{i}\gamma B_0 t/2}\right]$$
$$=\frac{1}{2}\left[\cos^2(\alpha/2)+\sin^2(\alpha/2)+\mathrm{i}\sin(\alpha/2)\cos(\alpha/2)\left(\mathrm{e}^{\mathrm{i}\gamma B_0 t}-\mathrm{e}^{-\mathrm{i}\gamma B_0 t}\right)\right]$$
$$=\frac{1}{2}\left[1-2\sin(\alpha/2)\cos(\alpha/2)\sin(\gamma B_0 t)\right]$$
$$=\frac{1}{2}\left[1-\sin\alpha\sin(\gamma B_0 t)\right].$$

(c) 同理, 得

$$P_+^{(z)}(t)=\left|\chi_+^{(z)\dagger}\chi\right|^2=\left|\begin{pmatrix}1 & 0\end{pmatrix}\begin{pmatrix}\cos(\alpha/2)\,\mathrm{e}^{\mathrm{i}\gamma B_0 t/2}\\ \sin(\alpha/2)\,\mathrm{e}^{-\mathrm{i}\gamma B_0 t/2}\end{pmatrix}\right|^2=\left|\cos\frac{\alpha}{2}\mathrm{e}^{\mathrm{i}\gamma B_0 t/2}\right|^2=\cos^2\frac{\alpha}{2}.$$

****习题 4.36**　电子静止在振荡磁场中

$$\boldsymbol{B}=B_0\cos(\omega t)\,\hat{k},$$

其中 B_0 和 ω 为常数.

(a) 构造该体系的哈密顿矩阵.

(b) 相对于 x 轴, 开始时 ($t=0$ 时) 电子自旋向上 (即 $\chi(0)=\chi_+^{(x)}$). 求以后任意时刻的 $\chi(t)$. 注意　这是一个含时的哈密顿量, 所以无法使用通常从定态求解得到 $\chi(t)$ 的方法. 幸运的是, 本题可以直接求解含时薛定谔方程 (方程 (4.162)).

(c) 如果对 S_x 进行测量, 求得到 $-\hbar/2$ 的几率. 答案:

$$\sin^2\left(\frac{\gamma B_0}{2\omega}\sin(\omega t)\right).$$

(d) 要使 S_x 完全翻转所需要的最小磁场 (B_0) 是多少?

解答　在 S_z 的表象中讨论问题.

(a) $\boldsymbol{\mathcal{H}}=-\gamma\boldsymbol{B}\cdot\boldsymbol{S}$, 对于电子 $\gamma=-e/m$, 若磁场沿 z 轴方向

$$\boldsymbol{\mathcal{H}} = -\gamma \boldsymbol{B}\cdot\boldsymbol{S} = \frac{e}{m}B_0\cos(\omega t)\,S_z = \frac{\hbar e}{2m}B_0\cos(\omega t)\begin{pmatrix}1 & 0\\ 0 & -1\end{pmatrix}.$$

(b) 设自旋波函数为

$$\chi(t) = \begin{pmatrix}a(t)\\ b(t)\end{pmatrix},$$

它满足含时薛定谔方程

$$\mathrm{i}\hbar\frac{\mathrm{d}\chi(t)}{\mathrm{d}t} = H\chi(t),$$

即

$$\begin{aligned}\mathrm{i}\hbar\begin{pmatrix}\mathrm{d}a/\mathrm{d}t\\ \mathrm{d}b/\mathrm{d}t\end{pmatrix} &= \frac{\hbar e}{2m}B_0\cos(\omega t)\begin{pmatrix}1 & 0\\ 0 & -1\end{pmatrix}\begin{pmatrix}a(t)\\ b(t)\end{pmatrix}\\ &= \frac{\hbar e}{2m}B_0\cos(\omega t)\begin{pmatrix}a(t)\\ -b(t)\end{pmatrix},\end{aligned}$$

$$\mathrm{i}\mathrm{d}a/\mathrm{d}t = \frac{e}{2m}B_0\cos(\omega t)\,a(t),$$

$$\mathrm{i}\mathrm{d}b/\mathrm{d}t = -\frac{e}{2m}B_0\cos(\omega t)\,b(t),$$

解出

$$a(t) = a_0\exp\left(-\mathrm{i}\frac{eB_0}{2m\omega}\sin(\omega t)\right),$$

$$b(t) = b_0\exp\left(\mathrm{i}\frac{eB_0}{2m\omega}\sin(\omega t)\right).$$

波函数的初始条件是, x 轴方向上的自旋态为 $\chi(0)=\chi_+^{(x)}$, 即 S_x 本征值为 $+\dfrac{\hbar}{2}$ 的本征态. 所以

$$\chi(0) = \begin{pmatrix}a(0)\\ b(0)\end{pmatrix} = \begin{pmatrix}a_0\\ b_0\end{pmatrix} = \frac{1}{\sqrt{2}}\begin{pmatrix}1\\ 1\end{pmatrix},\quad a_0 = b_0 = \frac{1}{\sqrt{2}}.$$

$$\chi(t) = \frac{1}{\sqrt{2}}\begin{pmatrix}\exp\left(-\mathrm{i}\frac{eB_0}{2m\omega}\sin(\omega t)\right)\\ \exp\left(\mathrm{i}\frac{eB_0}{2m\omega}\sin(\omega t)\right)\end{pmatrix}.$$

(c) 测量 S_x, 得到 $-\dfrac{\hbar}{2}$ 的几率为

$$\begin{aligned}P &= |\langle\chi_-^x|\,\chi(t)\rangle|^2 = \left|\frac{1}{\sqrt{2}}\begin{pmatrix}1 & -1\end{pmatrix}\frac{1}{\sqrt{2}}\begin{pmatrix}\mathrm{e}^{-\mathrm{i}\xi}\\ \mathrm{e}^{\mathrm{i}\xi}\end{pmatrix}\right|^2 = \left|\frac{1}{2}\left(\mathrm{e}^{-\mathrm{i}\xi}-\mathrm{e}^{\mathrm{i}\xi}\right)\right|^2\\ &= |-\mathrm{i}\sin\xi|^2 = \sin^2\xi = \sin^2\left(\frac{eB_0}{2m\omega}\sin(\omega t)\right) = \sin^2\left(\frac{\gamma B_0}{2\omega}\sin(\omega t)\right).\end{aligned}$$

(d) 要使 S_x 完全翻转, 即测量 S_x 得到 $-\dfrac{\hbar}{2}$ 的几率为 $P=1$, 所以

$$\frac{eB_0}{2m\omega}\sin(\omega t) = \frac{\pi}{2},$$

最小磁场为

$$B_0 = \frac{m\omega\pi}{e}.$$

***习题 4.37**

(a) 将 S_- 作用到 $|10\rangle$ 上 (方程 (4.175)), 并确认你得到 $\sqrt{2}\hbar|1\ -1\rangle$.

(b) 将 $S_\pm$ 作用到 $|00\rangle$ 上 (方程 (4.176)), 并确认你得到零.

(c) 证明: $|11\rangle$ 和 $|1\ -1\rangle$(方程 (4.175)) 是 S^2 具有适当本征值的本征态.

解答 (a)

$$\begin{aligned}S_-|10\rangle &= \left(S_-^{(1)}+S_-^{(2)}\right)\frac{1}{\sqrt{2}}(\uparrow\downarrow+\downarrow\uparrow)\\&=\frac{1}{\sqrt{2}}\left[\left(S_-^{(1)}\uparrow\right)\downarrow+\uparrow\left(S_-^{(2)}\downarrow\right)+\left(S_-^{(1)}\downarrow\right)\uparrow+\downarrow\left(S_-^{(2)}\uparrow\right)\right],\end{aligned}$$

因为 $S_-\uparrow=\hbar\downarrow, S_-\downarrow=0$, 所以

$$S_-|10\rangle=\frac{1}{\sqrt{2}}[\hbar\downarrow\downarrow+0+0+\hbar\downarrow\downarrow]=\sqrt{2}\hbar|1\,-1\rangle.$$

(b)

$$\begin{aligned}S_\pm|00\rangle &= \left(S_\pm^{(1)}+S_\pm^{(2)}\right)\frac{1}{\sqrt{2}}(\uparrow\downarrow-\downarrow\uparrow)\\&=\frac{1}{\sqrt{2}}\left[\left(S_\pm^{(1)}\uparrow\right)\downarrow+\uparrow\left(S_\pm^{(2)}\downarrow\right)-\left(S_\pm^{(1)}\downarrow\right)\uparrow-\downarrow\left(S_\pm^{(2)}\uparrow\right)\right],\end{aligned}$$

因为 $S_+\uparrow=0, S_+\downarrow=\hbar\uparrow$, 所以

$$S_+|00\rangle=\frac{1}{\sqrt{2}}(0+\hbar\uparrow\uparrow-\hbar\uparrow\uparrow-0)=0,\quad S_-|00\rangle=\frac{1}{\sqrt{2}}(\hbar\downarrow\downarrow+0-0-\hbar\downarrow\downarrow)=0.$$

(c)

$$\begin{aligned}S^2|11\rangle &= \left[\left(S^{(1)}\right)^2+\left(S^{(2)}\right)^2+2\boldsymbol{S}^{(1)}\cdot\boldsymbol{S}^{(2)}\right]\uparrow\uparrow\\&=\left[\left(S^{(1)}\right)^2\uparrow\right]\uparrow+\uparrow\left[\left(S^{(2)}\right)^2\uparrow\right]+2\left(S_x^{(1)}\uparrow\right)\left(S_x^{(2)}\uparrow\right)\\&\quad+2\left(S_y^{(1)}\uparrow\right)\left(S_y^{(2)}\uparrow\right)+2\left(S_z^{(1)}\uparrow\right)\left(S_z^{(2)}\uparrow\right)\\&=\frac{3\hbar^3}{4}\uparrow\uparrow+\frac{3\hbar^3}{4}\uparrow\uparrow+2\frac{\hbar}{2}\downarrow\frac{\hbar}{2}\downarrow+2\frac{\mathrm{i}\hbar}{2}\downarrow\frac{\mathrm{i}\hbar}{2}\downarrow+2\frac{\hbar}{2}\uparrow\frac{\hbar}{2}\uparrow\\&=2\hbar^2\uparrow\uparrow\\&=2\hbar^2|11\rangle,\end{aligned}$$

$$\begin{aligned}S^2|1\,-1\rangle &= \left[\left(S^{(1)}\right)^2+\left(S^{(2)}\right)^2+2\boldsymbol{S}^{(1)}\cdot\boldsymbol{S}^{(2)}\right]\downarrow\downarrow\\&=\left[\left(S^{(1)}\right)^2\downarrow\right]\downarrow+\downarrow\left[\left(S^{(2)}\right)^2\downarrow\right]+2\left(S_x^{(1)}\downarrow\right)\left(S_x^{(2)}\downarrow\right)\\&\quad+2\left(S_y^{(1)}\downarrow\right)\left(S_y^{(2)}\downarrow\right)+2\left(S_z^{(1)}\downarrow\right)\left(S_z^{(2)}\downarrow\right)\\&=\frac{3\hbar^3}{4}\downarrow\downarrow+\frac{3\hbar^3}{4}\downarrow\downarrow+2\frac{\hbar}{2}\uparrow\frac{\hbar}{2}\uparrow+2\left(-\frac{\mathrm{i}\hbar}{2}\uparrow\right)\left(-\frac{\mathrm{i}\hbar}{2}\uparrow\right)+2\left(-\frac{\hbar}{2}\downarrow\right)\left(-\frac{\hbar}{2}\downarrow\right)\\&=2\hbar^2\downarrow\downarrow=2\hbar^2|1\,-1\rangle.\end{aligned}$$

习题 4.38 夸克的自旋为 1/2. 三个夸克结合在一起形成一个**重子** (如质子或中子); 两个夸克 (或更确切地说是一个夸克和一个反夸克) 结合在一起形成一个**介子** (比如 π 介子或K介子). 假设夸克处于基态 (即轨道角动量为零).

(a) 重子可能的自旋为多少?

(b) 介子可能的自旋为多少?

解答 (a) 两个 1/2 自旋耦合可以得到自旋 1 或 0, 1 再与 1/2 耦合可以得到 3/2 或 1/2, 0 再与 1/2 耦合可以得到 1/2, 所以重子的可能自旋为 3/2 或 1/2. (的确, 最轻的重子具有自旋 1/2(质子、中子等) 或 3/2(Δ、Ω^- 等), 较重的重子可以有较高的自旋, 这是由夸克的轨道角动量导致的.)

(b) 两个 1/2 自旋耦合可以得到自旋 1 或 0, 所以介子的自旋可能为 1 或 0. (的确, 观察到的最轻的介子具有自旋 0 (π、K 等) 或自旋 1(ρ、ω 等).)

***习题 4.39** 利用 CG 系数表验证方程 (4.175) 和 (4.176).

解答 方程 (4.175) 为

$$\left.\begin{cases} |11\rangle & = |\uparrow\uparrow\rangle \\ |10\rangle & = \frac{1}{\sqrt{2}}(|\uparrow\downarrow\rangle + |\downarrow\uparrow\rangle) \\ |1\ {-1}\rangle & = |\downarrow\downarrow\rangle \end{cases}\right\} s = 1(\text{三重态}),$$

方程 (4.176) 为

$$\left\{|00\rangle = \frac{1}{\sqrt{2}}(|\uparrow\downarrow\rangle - |\downarrow\uparrow\rangle)\right\} s = 0\ (\text{单态}).$$

这里我们总结了“三步法”查找 CG 系数, 先以 $|10\rangle$ 耦合态为例, $|10\rangle$ 耦合态由两个无耦合表象的态组合而成,

$$|10\rangle = \alpha\left|\frac{1}{2}\frac{1}{2}\frac{1}{2}\frac{-1}{2}\right\rangle + \beta\left|\frac{1}{2}\frac{1}{2}\frac{-1}{2}\frac{1}{2}\right\rangle.$$

求组合态的系数 α 和 β:

先求 α, 上式两边同时左乘组合态 $\left|\frac{1}{2}\frac{1}{2}\frac{1}{2}\frac{-1}{2}\right\rangle$, 则

1/2×1/2		1			
		+1	1	0	
+1/2	+1/2	1	0	0	
+1/2	−1/2		1/2	1/2	1
−1/2	+1/2		1/2	−1/2	−1
−1/2	−1/2				1

$$\alpha = \left\langle \frac{1}{2}\frac{1}{2}\frac{1}{2}\frac{-1}{2}\middle|10\right\rangle$$

↓ ↓(表箭头, 不是自旋方向)

1st: s_1 s_2 (对应表头 $\frac{1}{2}\times\frac{1}{2}$)

↓ ↓

2nd: m_1 m_2 (对应表的左边 $\left(+\frac{1}{2}\ \ -\frac{1}{2}\right)$)

↓↓

3rd: $s\ m$ (对应表的上边 $\begin{pmatrix}1\\0\end{pmatrix}$)

所得结果开根号, 如果为负值, 则负号在根号外. 因此 $\alpha = \dfrac{1}{\sqrt{2}}$.

同样的做法, 得 $\beta=\dfrac{1}{\sqrt{2}}$.

所以

$$|10\rangle=\frac{1}{\sqrt{2}}\left|\frac{1}{2}\ \frac{1}{2}\frac{1}{2}\frac{-1}{2}\right\rangle+\frac{1}{\sqrt{2}}\left|\frac{1}{2}\ \frac{1}{2}\frac{-1}{2}\frac{1}{2}\right\rangle=\frac{1}{\sqrt{2}}\left(|\uparrow\downarrow\rangle+|\downarrow\uparrow\rangle\right).$$

按照此步骤, 可得

$$|11\rangle=\left|\frac{1}{2}\frac{1}{2}\frac{1}{2}\frac{1}{2}\right\rangle=|\uparrow\uparrow\rangle,$$

$$|1\ -1\rangle=\left|\frac{1}{2}\frac{1}{2}\frac{-1}{2}\frac{-1}{2}\right\rangle=|\downarrow\downarrow\rangle,$$

$$|00\rangle=\frac{1}{\sqrt{2}}\left|\frac{1}{2}\ \frac{1}{2}\frac{1}{2}\frac{-1}{2}\right\rangle-\frac{1}{\sqrt{2}}\left|\frac{1}{2}\ \frac{1}{2}\frac{-1}{2}\frac{1}{2}\right\rangle=\frac{1}{\sqrt{2}}\left(|\uparrow\downarrow\rangle-|\downarrow\uparrow\rangle\right).$$

习题 4.40

(a) 处在静止状态自旋分别为 1 和 2 的粒子, 其总自旋为 3, z 分量为 $\hbar$. 如果对自旋为 2 的粒子的角动量的 z 分量进行测量, 可能得到哪些值? 每个值的几率分别是多少? **注释**　使用 CG 系数表就像刚开始驾驶手动挡汽车一样, 令人既胆怯又沮丧, 但一旦掌握了窍门就很容易了.

(b) 自旋向下的电子处于氢原子的 ψ_{510} 态. 如果能单独测量电子总角动量的平方 (不包括质子自旋), 可能得到哪些值? 每个值的几率分别是多少?

解答　(a) 把耦合表象的基矢用无耦合表象的基矢表示出来, 按照习题 4.39 中的步骤, 查教材表 4.8 (CG 系数表) 有

$$|31\rangle=\sqrt{\frac{1}{15}}\,|22\rangle\,|1-1\rangle+\sqrt{\frac{8}{15}}\,|21\rangle\,|10\rangle+\sqrt{\frac{6}{15}}\,|20\rangle\,|11\rangle.$$

所以测量自旋为 2 的粒子的角动量的 z 分量可能值为 $2\hbar$, $\hbar$, 0, 相应的几率分别为 $\dfrac{1}{15}$, $\dfrac{8}{15}$, $\dfrac{6}{15}$.

(b) 氢原子的 ψ_{510} 态表示为 $|10\rangle$, 把无耦合表象的基矢用耦合表象基矢表示出来, 按照习题 4.39 中的方法查得

$$|1\,0\rangle\left|\frac{1}{2}\ -\frac{1}{2}\right\rangle=\sqrt{\frac{2}{3}}\left|\frac{3}{2}\ -\frac{1}{2}\right\rangle+\sqrt{\frac{1}{3}}\left|\frac{1}{2}\ -\frac{1}{2}\right\rangle,$$

总角动量量子数为 $\dfrac{2}{3}$, $\dfrac{1}{2}$.

由 $J^2=j\,(j+1)\,\hbar^2$ 得到 J^2 可能值为 $\dfrac{15\hbar^2}{4}$, $\dfrac{3\hbar^2}{4}$, 几率分别为耦合表象基矢前面系数的模平方 $\dfrac{2}{3}$, $\dfrac{1}{3}$.

习题 4.41　求出 S^2 和 $S_z^{(1)}$ 的对易式 (其中 $\boldsymbol{S}\equiv\boldsymbol{S}^{(1)}+\boldsymbol{S}^{(2)}$). 推广你的结果证明:

$$\left[S^2,\ \boldsymbol{S}^{(1)}\right]=2\mathrm{i}\hbar\left(\boldsymbol{S}^{(1)}\times\boldsymbol{S}^{(2)}\right).$$

注释　因为 $S_z^{(1)}$ 与 S^2 不对易, 不能找到它们共同的本征矢. 为了得到 S^2 的本征态, 需要对 $S_z^{(1)}$ 的本征态进行线性组合. 这就是 CG 系数 (方程 (4.183)) 能为我们

做的. 另一方面, 根据方程 (4.185) 明显的推论, $\boldsymbol{S}^{(1)}+\boldsymbol{S}^{(2)}$ 与 S^2 对易, 这仅仅证实了我们熟知的结果 (见方程 (4.103)).

解答 对易关系

$$\left[S^2, S_z^{(1)}\right]=\left[\left(\boldsymbol{S}^{(1)}\right)^2+\left(\boldsymbol{S}^{(2)}\right)^2+2\boldsymbol{S}^{(1)}\cdot\boldsymbol{S}^{(2)}, S_z^{(1)}\right]$$
$$=\left[\left(\boldsymbol{S}^{(1)}\right)^2, S_z^{(1)}\right]+\left[\left(\boldsymbol{S}^{(2)}\right)^2, S_z^{(1)}\right]+2\left[\boldsymbol{S}^{(1)}\cdot\boldsymbol{S}^{(2)}, S_z^{(1)}\right].$$

由方程 (4.102)$\left[L^2, L_x\right]=\left[L^2, L_y\right]=\left[L^2, L_z\right]=0$ 知上式可化为

$$0+0+2\left\{S_x^{(2)}\left[S_x^{(1)}, S_z^{(1)}\right]+S_y^{(2)}\left[S_y^{(1)}, S_z^{(1)}\right]+S_z^{(2)}\left[S_z^{(1)}, S_z^{(1)}\right]\right\}$$
$$=2\left(-\mathrm{i}\hbar S_y^{(1)}S_x^{(2)}+\mathrm{i}\hbar S_x^{(1)}S_y^{(2)}+0\right)=2\mathrm{i}\hbar\left(\boldsymbol{S}^{(1)}\times\boldsymbol{S}^{(2)}\right)_z.$$

同理可得

$$\left[S^2, S_x^{(1)}\right]=2\mathrm{i}\hbar\left(\boldsymbol{S}^{(1)}\times\boldsymbol{S}^{(2)}\right)_x,$$
$$\left[S^2, S_y^{(1)}\right]=2\mathrm{i}\hbar\left(\boldsymbol{S}^{(1)}\times\boldsymbol{S}^{(2)}\right)_y.$$

所以

$$\left[S^2, \boldsymbol{S}^{(1)}\right]=2\mathrm{i}\hbar\left(\boldsymbol{S}^{(1)}\times\boldsymbol{S}^{(2)}\right).$$

*****习题 4.42**

(a) 利用方程 (4.190) 和广义埃伦菲斯特定理 (方程 (3.73)), 证明:

$$\frac{\mathrm{d}\langle\boldsymbol{r}\rangle}{\mathrm{d}t}=\frac{1}{m}\langle(\boldsymbol{p}-q\boldsymbol{A})\rangle.$$

提示 这代表三个方程——每一个方程对应一个分量. 求出 x 分量, 并推广你的结论.

(b) 通常采用 $\langle\boldsymbol{v}\rangle$ 定义 $\mathrm{d}\langle\boldsymbol{r}\rangle/\mathrm{d}t$(见方程 (1.32)). 证明: ①

$$m\frac{\mathrm{d}\langle\boldsymbol{v}\rangle}{\mathrm{d}t}=q\langle\boldsymbol{E}\rangle+\frac{q}{2m}\langle(\boldsymbol{p}\times\boldsymbol{B}-\boldsymbol{B}\times\boldsymbol{p})\rangle-\frac{q^2}{m}\langle(\boldsymbol{A}\times\boldsymbol{B})\rangle.$$

(c) 特别地, 如果电场 $\boldsymbol{E}$ 和磁场 $\boldsymbol{B}$ 在整个波包体积中是均匀的, 证明:

$$m\frac{\mathrm{d}\langle\boldsymbol{v}\rangle}{\mathrm{d}t}=q(\boldsymbol{E}+\langle\boldsymbol{v}\rangle\times\boldsymbol{B}),$$

因此, 正如从埃伦菲斯特定理中所期望的那样, 速度 $\boldsymbol{v}$ 期望值的变化遵从洛伦兹定律.

证明 (a) 方程 (3.73) 为

$$\frac{\mathrm{d}}{\mathrm{d}t}\left\langle\hat{Q}\right\rangle=\frac{\mathrm{i}}{\hbar}\left\langle\left[\hat{H},\hat{Q}\right]\right\rangle+\left\langle\frac{\partial\hat{Q}}{\partial t}\right\rangle,$$

① 注意, $\boldsymbol{p}$ 与 $\boldsymbol{B}$ 不对易, 所以 $(\boldsymbol{p}\times\boldsymbol{B})\neq-(\boldsymbol{B}\times\boldsymbol{p})$, 但 $\boldsymbol{A}$ 与 $\boldsymbol{B}$ 对易, 所以 $(\boldsymbol{A}\times\boldsymbol{B})=-(\boldsymbol{B}\times\boldsymbol{A})$.

我们直接可以得到

$$\frac{\mathrm{d}\langle \boldsymbol{r}\rangle}{\mathrm{d}t}=\frac{\mathrm{i}}{\hbar}\langle[H,\boldsymbol{r}]\rangle,$$

由方程 (4.190) 给出哈密顿量为

$$\begin{aligned}\hat{H}&=\frac{1}{2m}(-\mathrm{i}\hbar\nabla-q\boldsymbol{A})^2+q\varphi=\frac{1}{2m}(\boldsymbol{p}-q\boldsymbol{A})(\boldsymbol{p}-q\boldsymbol{A})+q\varphi\\&=\frac{1}{2m}\left[p^2-q(\boldsymbol{p}\cdot\boldsymbol{A}+\boldsymbol{A}\cdot\boldsymbol{p})+q^2A^2\right]+q\varphi.\end{aligned}$$

先考虑 x 方向的情况,

$$[H,x]=\frac{1}{2m}\left[p^2,x\right]-\frac{q}{2m}\left[(\boldsymbol{p}\cdot\boldsymbol{A}+\boldsymbol{A}\cdot\boldsymbol{p}),x\right].$$

(H 中的常数项和坐标对易.) 其中,

$$\left[p^2,x\right]=\left[\left(p_x^2+p_y^2+p_z^2\right),x\right]=\left[p_x^2,x\right]=p_x\left[p_x,x\right]+\left[p_x,x\right]p_x=-2\mathrm{i}\hbar p_x,$$

$$[\boldsymbol{p}\cdot\boldsymbol{A},x]=[p_xA_x+p_yA_y+p_zA_z,x]=[p_xA_x,x]=p_x\left[A_x,x\right]+\left[p_x,x\right]A_x=-\mathrm{i}\hbar A_x,$$

$$[\boldsymbol{A}\cdot\boldsymbol{p},x]=[A_xp_x+A_yp_y+A_zp_z,x]=[A_xp_x,x]=A_x\left[p_x,x\right]+\left[A_x,x\right]p_x=-\mathrm{i}\hbar A_x,$$

所以,

$$[H,x]=\frac{1}{2m}(-2\mathrm{i}\hbar p_x)-\frac{q}{2m}(-2\mathrm{i}\hbar A_x)=-\frac{\mathrm{i}\hbar}{m}(p_x-qA_x).$$

推广到三维, 得

$$\frac{\mathrm{d}\langle \boldsymbol{r}\rangle}{\mathrm{d}t}=\frac{1}{m}\langle(\boldsymbol{p}-q\boldsymbol{A})\rangle.$$

(b) 由 (a) 中结论, 得

$$\langle \boldsymbol{v}\rangle=\frac{\mathrm{d}\langle \boldsymbol{r}\rangle}{\mathrm{d}t}=\frac{1}{m}\langle(\boldsymbol{p}-q\boldsymbol{A})\rangle.$$

因此, 可以定义速度算符为

$$\boldsymbol{v}=\frac{\mathrm{d}\boldsymbol{r}}{\mathrm{d}t}=\frac{1}{m}(\boldsymbol{p}-q\boldsymbol{A}).$$

利用方程 (3.73), 得

$$\frac{\mathrm{d}\langle \boldsymbol{v}\rangle}{\mathrm{d}t}=\frac{\mathrm{i}}{\hbar}\langle[H,\boldsymbol{v}]\rangle+\left\langle\frac{\partial \boldsymbol{v}}{\partial t}\right\rangle,\text{ 其中}\left\langle\frac{\partial \boldsymbol{v}}{\partial t}\right\rangle=\frac{1}{m}\left\langle\frac{\partial}{\partial t}(\boldsymbol{p}-q\boldsymbol{A})\right\rangle=-\frac{q}{m}\left\langle\frac{\partial \boldsymbol{A}}{\partial t}\right\rangle.$$

此时, 我们要求出 H 和 $\boldsymbol{v}$ 的对易关系, 因此哈密顿量要用 $\boldsymbol{v}$ 表示:

$$H=\frac{1}{2}mv^2+q\varphi,$$

则

$$[H,\boldsymbol{v}]=\frac{1}{2}m\left[v^2,\boldsymbol{v}\right]+q\left[\varphi,\boldsymbol{v}\right]=\frac{1}{2}m\left[v^2,\boldsymbol{v}\right]+\frac{q}{m}\left[\varphi,\boldsymbol{p}\right],$$

其中,

$$[\varphi,\boldsymbol{p}]=\mathrm{i}\hbar\left(\frac{\partial\varphi}{\partial x}\right)_x+\mathrm{i}\hbar\left(\frac{\partial\varphi}{\partial y}\right)_y+\mathrm{i}\hbar\left(\frac{\partial\varphi}{\partial z}\right)_z=\mathrm{i}\hbar\nabla\varphi.$$

$$\begin{aligned}\left[v^2,v_x\right]&=\left[\left(v_x^2+v_y^2+v_z^2\right),v_x\right]=\left[\left(v_y^2+v_z^2\right),v_x\right]=\left[v_y^2,v_x\right]+\left[v_z^2,v_x\right]\\&=v_y\left[v_y,v_x\right]+\left[v_y,v_x\right]v_y+v_z\left[v_z,v_x\right]+\left[v_z,v_x\right]v_z.\end{aligned}$$

速度的对易关系要转换成动量和磁矢势的对易关系

$$\begin{aligned}[v_y, v_x] &= \left[\frac{1}{m}(p_y - qA_y), \frac{1}{m}(p_x - qA_x)\right] = \frac{1}{m^2}\left[(p_y - qA_y), (p_x - qA_x)\right] \\ &= \frac{1}{m^2}\left([p_y, p_x] - q[p_y, A_x] - q[A_y, p_x] + q^2[A_y, A_x]\right) \\ &= -\frac{q}{m^2}\left([p_y, A_x] + [A_y, p_x]\right) \\ &= -\frac{q}{m^2}\left(\left[-\mathrm{i}\hbar\frac{\partial}{\partial y}, A_x\right] + \left[A_y, -\mathrm{i}\hbar\frac{\partial}{\partial x}\right]\right).\end{aligned}$$

对于对易算符的最终形式, 需要将其作用到任意波函数上, 最后再将其移除,

$$\begin{aligned}[v_y, v_x]\psi &= -\frac{q}{m^2}\left(\left[-\mathrm{i}\hbar\frac{\partial}{\partial y}, A_x\right] + \left[A_y, -\mathrm{i}\hbar\frac{\partial}{\partial x}\right]\right)\psi \\ &= -\frac{q}{m^2}\left(\left[-\mathrm{i}\hbar\frac{\partial}{\partial y}, A_x\right]\psi + \left[A_y, -\mathrm{i}\hbar\frac{\partial}{\partial x}\right]\psi\right) \\ &= -\frac{q}{m^2}\left[\left(-\mathrm{i}\hbar\frac{\partial}{\partial y}\right)(A_x\psi) - A_x\left(-\mathrm{i}\hbar\frac{\partial}{\partial y}\right)\psi\right. \\ &\quad \left. + A_y\left(-\mathrm{i}\hbar\frac{\partial}{\partial x}\right)\psi - \left(-\mathrm{i}\hbar\frac{\partial}{\partial x}\right)(A_y\psi)\right] \\ &= -\frac{q}{m^2}\left[\left(-\mathrm{i}\hbar\frac{\partial A_x}{\partial y}\right)\psi + \left(-\mathrm{i}\hbar\frac{\partial\psi}{\partial y}\right)A_x - A_x\left(-\mathrm{i}\hbar\frac{\partial\psi}{\partial y}\right) + A_y\left(-\mathrm{i}\hbar\frac{\partial\psi}{\partial x}\right)\right. \\ &\quad \left. - \left(-\mathrm{i}\hbar\frac{\partial A_y}{\partial x}\right)\psi - \left(-\mathrm{i}\hbar\frac{\partial\psi}{\partial x}\right)A_y\right] \\ &= -\frac{q}{m^2}\left[\left(-\mathrm{i}\hbar\frac{\partial A_x}{\partial y}\right)\psi + \left(\mathrm{i}\hbar\frac{\partial A_y}{\partial x}\right)\psi\right] \\ &= -\frac{q}{m^2}\left(\mathrm{i}\hbar\frac{\partial A_y}{\partial x} - \mathrm{i}\hbar\frac{\partial A_x}{\partial y}\right)\psi.\end{aligned}$$

所以,

$$[v_y, v_x] = -\frac{q}{m^2}\left(\mathrm{i}\hbar\frac{\partial A_y}{\partial x} - \mathrm{i}\hbar\frac{\partial A_x}{\partial y}\right) = -\frac{\mathrm{i}\hbar q}{m^2}(\nabla\times\boldsymbol{A})_z = -\frac{\mathrm{i}\hbar q}{m^2}B_z.$$

同样,

$$[v_z, v_x] = -\frac{q}{m^2}\left(\mathrm{i}\hbar\frac{\partial A_z}{\partial x} - \mathrm{i}\hbar\frac{\partial A_x}{\partial z}\right) = \frac{\mathrm{i}\hbar q}{m^2}(\nabla\times\boldsymbol{A})_y = \frac{\mathrm{i}\hbar q}{m^2}B_y.$$

因此,

$$\left[v^2, v_x\right] = \frac{\mathrm{i}\hbar q}{m^2}\left(-v_yB_z - B_zv_y + v_zB_y + B_yv_z\right) = \frac{\mathrm{i}\hbar q}{m^2}\left[-(\boldsymbol{v}\times\boldsymbol{B})_x + (\boldsymbol{B}\times\boldsymbol{v})_x\right].$$

推广到三维,

$$\left[v^2, \boldsymbol{v}\right] = \frac{\mathrm{i}\hbar q}{m^2}\left[-(\boldsymbol{v}\times\boldsymbol{B}) + (\boldsymbol{B}\times\boldsymbol{v})\right].$$

再来看

$$\begin{aligned}\frac{\mathrm{d}\langle\boldsymbol{v}\rangle}{\mathrm{d}t} &= \frac{\mathrm{i}}{\hbar}\langle[H, \boldsymbol{v}]\rangle + \left\langle\frac{\partial\boldsymbol{v}}{\partial t}\right\rangle \\ &= \frac{\mathrm{i}}{\hbar}\left\langle\left\{\frac{m}{2}\frac{\mathrm{i}\hbar q}{m^2}\left[-(\boldsymbol{v}\times\boldsymbol{B}) + (\boldsymbol{B}\times\boldsymbol{v})\right]\right\} + \frac{\mathrm{i}\hbar q}{m}\nabla\varphi\right\rangle - \frac{q}{m}\left\langle\frac{\partial\boldsymbol{A}}{\partial t}\right\rangle.\end{aligned}$$

所以

$$m\frac{\mathrm{d}\langle \boldsymbol{v}\rangle}{\mathrm{d}t}=\frac{q}{2}\langle[(\boldsymbol{v}\times\boldsymbol{B})-(\boldsymbol{B}\times\boldsymbol{v})]\rangle+q\left\langle-\nabla\varphi-\frac{\partial\boldsymbol{A}}{\partial t}\right\rangle=\frac{q}{2}\langle[(\boldsymbol{v}\times\boldsymbol{B})-(\boldsymbol{B}\times\boldsymbol{v})]\rangle+q\langle\boldsymbol{E}\rangle.$$

将 $\boldsymbol{v}$ 用 $\boldsymbol{p}$ 表示, 得

$$\begin{aligned}(\boldsymbol{v}\times\boldsymbol{B})-(\boldsymbol{B}\times\boldsymbol{v})&=\frac{1}{m}[(\boldsymbol{p}-q\boldsymbol{A})\times\boldsymbol{B}-\boldsymbol{B}\times(\boldsymbol{p}-q\boldsymbol{A})]\\&=\frac{1}{m}(\boldsymbol{p}\times\boldsymbol{B}-\boldsymbol{B}\times\boldsymbol{p})-\frac{q}{m}(\boldsymbol{A}\times\boldsymbol{B}-\boldsymbol{B}\times\boldsymbol{A}).\end{aligned}$$

因此, $m\dfrac{\mathrm{d}\langle \boldsymbol{v}\rangle}{\mathrm{d}t}=q\langle\boldsymbol{E}\rangle+\dfrac{q}{2m}\langle(\boldsymbol{p}\times\boldsymbol{B}-\boldsymbol{B}\times\boldsymbol{p})\rangle-\dfrac{q^2}{m}\langle(\boldsymbol{A}\times\boldsymbol{B})\rangle$.

(c) 如果 $\boldsymbol{E}$ 和 $\boldsymbol{B}$ 是均匀的, 则 $\langle\boldsymbol{E}\rangle=\boldsymbol{E}, \langle\boldsymbol{v}\times\boldsymbol{B}\rangle=-\langle\boldsymbol{B}\times\boldsymbol{v}\rangle=-\boldsymbol{B}\times\langle\boldsymbol{v}\rangle$. 结合 (b) 中结论, 得

$$m\frac{d\langle\boldsymbol{v}\rangle}{\mathrm{d}t}=q(\boldsymbol{E}+\langle\boldsymbol{v}\rangle\times\boldsymbol{B}).$$

*****习题 4.43**　假设:

$$\boldsymbol{A}=\frac{B_0}{2}(x\hat{j}-y\hat{i}),\quad \varphi=Kz^2,$$

其中 B_0 和 K 为常数.

(a) 求电场 $\boldsymbol{E}$ 和磁感应强度 $\boldsymbol{B}$.

(b) 对处在上述电磁场中质量为 m、电荷为 q 的粒子, 计算出能量允许值.

答案:

$$E(n_1,n_2)=\left(n_1+\frac{1}{2}\right)\hbar\omega_1+\left(n_2+\frac{1}{2}\right)\hbar\omega_2\qquad(n_1,n_2=0,1,2,\cdots),$$

其中 $\omega_1\equiv qB_0/m, \omega_2\equiv\sqrt{2qK/m}$. **注释**　在二维情况下 ($x$ 和 $y, K=0$), 这是**回旋运动**的量子类比; ω_1 为经典的回旋频率, ω_2 为 0. 能量允许值是 $\left(n_1+\dfrac{1}{2}\right)\hbar\omega_1$, 称为**朗道能级**.[①]

解答　(a)

$$\boldsymbol{E}=-\nabla\varphi-\partial\boldsymbol{A}/\partial t=-K\nabla z^2=-2Kz\hat{k}.$$

$$\boldsymbol{B}=\nabla\times\boldsymbol{A}=\begin{vmatrix}\hat{i}&\hat{j}&\hat{k}\\\partial/\partial x&\partial/\partial y&\partial/\partial z\\-B_0y/2&B_0x/2&0\end{vmatrix}=B_0\hat{k}.$$

(b)

$$H=\frac{1}{2m}(\boldsymbol{p}-q\boldsymbol{A})^2+q\varphi=\frac{p^2}{2m}-\frac{q}{2m}(\boldsymbol{pA}+\boldsymbol{Ap})+\frac{q^2A^2}{2m}+q\varphi,$$

定态薛定谔方程为

$$\frac{-\hbar^2\nabla^2\psi}{2m}+\frac{\mathrm{i}\hbar q}{2m}[\nabla\cdot(\boldsymbol{A}\psi)+\boldsymbol{A}\cdot\nabla\psi]+\frac{q^2A^2}{2m}\psi+q\varphi\psi=E\psi,$$

① 更多讨论请参见 Leslie E. Ballentine, 量子力学: 现代进展, 世界图书出版公司, 新加坡 (1998 年), 11.3 节.

但是

$$\nabla(\boldsymbol{A}\psi)=(\nabla\cdot\boldsymbol{A})\psi+\boldsymbol{A}\cdot(\nabla\psi),$$

所以

$$\frac{-\hbar^2}{2m}\nabla^2\psi+\frac{\mathrm{i}\hbar q}{2m}\left[(\nabla\cdot\boldsymbol{A})\psi+2\boldsymbol{A}\cdot\nabla\psi\right]+\left(\frac{q^2A^2}{2m}+q\varphi\right)\psi=E\psi.$$

对本题所给矢势

$$\begin{aligned}&\nabla\cdot\boldsymbol{A}=0,\\&\boldsymbol{A}\cdot\nabla\psi=\frac{B_0}{2}\left(x\frac{\partial\psi}{\partial y}-y\frac{\partial\psi}{\partial x}\right)=\frac{B_0}{2}\frac{\mathrm{i}}{\hbar}\hat{L}_z\psi,\\&A^2=\frac{B_0^2}{4}\left(x^2+y^2\right),\\&\varphi=Kz^2.\end{aligned}$$

又 L_z 与 H 对易, 且有 $L_z\psi=m_z\hbar\psi$, 所以定态方程为

$$\left[\frac{-\hbar^2\nabla^2\psi}{2m}+\frac{q^2B_0^2}{8m}\left(x^2+y^2\right)+qKz^2\right]\psi=\left(E+\frac{qB_0}{2m}m_z\hbar\right)\psi.$$

令 $\omega_1=qB_0/m$, $\omega_2=\sqrt{2Kq/m}$, 采用柱坐标系有

$$\begin{aligned}&\frac{-\hbar^2}{2m}\left[\frac{1}{r^2}\frac{\partial}{\partial r}\left(r\frac{\partial\psi}{\partial r}\right)+\frac{1}{r^2}\frac{\partial^2\psi}{\partial\varphi^2}+\frac{\partial^2\psi}{\partial z^2}\right]+\left(\frac{1}{8}m\omega_1^2r^2+\frac{1}{2}m\omega_2^2z^2\right)\psi\\&=\left(E+\frac{1}{2}m_z\hbar\omega_1\right)\psi.\end{aligned}$$

用分离变量法, 记 $\psi=R(r)\varPhi(\varphi)Z(z)$, 则

$$\begin{aligned}&\left\{\frac{-\hbar^2}{2m}\left[\frac{1}{Rr}\frac{\mathrm{d}}{\mathrm{d}r}\left(r\frac{\mathrm{d}R}{\mathrm{d}r}\right)-\frac{m_z^2}{r^2}\right]+\frac{1}{8}m\omega_1^2r^2\right\}+\left(-\frac{\hbar^2}{2m}\frac{1}{Z}\frac{\mathrm{d}^2Z}{\mathrm{d}z^2}+\frac{1}{2}m\omega_2^2z^2\right)\\&=E+\frac{m_z\hbar\omega_1}{2}.\end{aligned}$$

第一项只与 r 有关, 第二项只与 z 有关, 因此可设

$$\begin{aligned}&-\frac{\hbar^2}{2m}\left[\frac{1}{Rr}\frac{\mathrm{d}}{\mathrm{d}r}\left(r\frac{\mathrm{d}R}{\mathrm{d}r}\right)-\frac{m_z^2}{r^2}\right]+\frac{1}{8}m\omega_1^2r^2=E_r,\\&-\frac{\hbar^2}{2m}\frac{1}{Z}\frac{\mathrm{d}^2Z}{\mathrm{d}z^2}+\frac{1}{2}m\omega_2^2z^2=E_z,\\&E\equiv E_r+E_z-\frac{m_z\hbar\omega_1}{2}.\end{aligned}$$

显然, 第二部分为一维谐振子方程,

$$E_z=\left(n_z+\frac{1}{2}\right)\hbar\omega_2,$$

第一部分为二维谐振子方程, 令 $u=R/\sqrt{r}$, 则

$$\begin{aligned}\frac{\mathrm{d}R}{\mathrm{d}r}&=\frac{u'}{\sqrt{r}}-\frac{u}{2r^{3/2}},\\r\frac{\mathrm{d}R}{\mathrm{d}r}&=\sqrt{r}u'-\frac{u}{2r^{1/2}},\end{aligned}$$

$$\frac{\mathrm{d}}{\mathrm{d}r}\left(r\frac{\mathrm{d}R}{\mathrm{d}r}\right)=\sqrt{r}u''-\frac{u}{4r^{3/2}}$$

方程可写为

$$\frac{-\hbar^2}{2m}\left(\frac{u''}{\sqrt{r}}+\frac{u}{4r^{5/2}}-\frac{m_z^2u}{r^{5/2}}\right)+\frac{1}{8}m\omega_1^2r^2\frac{u}{\sqrt{r}}=E_r\frac{u}{\sqrt{r}},$$

即

$$\frac{-\hbar^2}{2m}\left[\frac{\mathrm{d}^2u}{\mathrm{d}r^2}+\left(\frac{1}{4}-m_z^2\right)\frac{u}{r^2}\right]+\frac{1}{8}m\omega_1^2r^2u=E_ru.$$

类比方程 (4.37) 和习题 4.47 中的三维谐振子问题的径向方程

$$-\frac{\hbar^2}{2m}\frac{\mathrm{d}^2u}{\mathrm{d}r^2}+\left[\frac{1}{2}m\omega^2r^2+\frac{\hbar^2}{2m}\frac{\ell(\ell+1)}{r^2}\right]u=Eu.$$

作比对 $\omega\to\omega_1/2, E\to E_r, \ell(\ell+1)\to m_z^2-1/4$, 即 $\left(\ell+\frac{1}{2}\right)^2=m_z^2$, 因习题 4.47 中要求 $\ell+\frac{1}{2}\geqslant 0$, 否则 u 不能归一化, 所以 $\ell=|m_z|-\frac{1}{2}$. 利用习题 4.39 的结果直接得出

$$E_r=(j_{\max}+|m_z|+1)\times\frac{\hbar\omega_1}{2},\ \ (j_{\max}=0,2,4,\cdots).$$

$$\begin{aligned}E&=E_r+E_z-\frac{m_z\hbar\omega_1}{2}=(j_{\max}+|m_z|+1)\frac{\hbar\omega_1}{2}+\left(n_z+\frac{1}{2}\right)\hbar\omega_2-\frac{m_z\hbar\omega_1}{2}\\&=\left(n_1+\frac{1}{2}\right)\hbar\omega_1+\left(n_2+\frac{1}{2}\right)\hbar\omega_2,\end{aligned}$$

其中 $n_1=0,1,2,\cdots$. 如果 $m_z>0$, $n_1=j_{\max}/2$; 如果 $m_z<0$, $n_1=j_{\max}/2+|m_z|$.

****习题 4.44** 证明: Ψ'(方程 (4.197)) 满足薛定谔方程 (方程 (4.191)), 其中 $\boldsymbol{A}'$ 为矢势, φ' 为标势 (方程 (4.196)).

证明 方程 (4.191) 为

$$\mathrm{i}\hbar\frac{\partial\Psi}{\partial t}=\left[\frac{1}{2m}(-\mathrm{i}\hbar\nabla-q\boldsymbol{A})^2+q\varphi\right]\Psi.$$

将 $\Psi'=\mathrm{e}^{\mathrm{i}q\Lambda/\hbar}\Psi$ 代入上式左边, 得

$$\begin{aligned}\mathrm{i}\hbar\frac{\partial\Psi'}{\partial t}&=\mathrm{i}\hbar\frac{\partial}{\partial t}\left(\mathrm{e}^{\mathrm{i}q\Lambda/\hbar}\right)\Psi+\mathrm{i}\hbar\mathrm{e}^{\mathrm{i}q\Lambda/\hbar}\frac{\partial\Psi}{\partial t}=\mathrm{i}\hbar\left(\mathrm{e}^{\mathrm{i}q\Lambda/\hbar}\frac{\mathrm{i}q}{\hbar}\frac{\partial\Lambda}{\partial t}\Psi+\mathrm{e}^{\mathrm{i}q\Lambda/\hbar}\frac{\partial\Psi}{\partial t}\right)\\&=\mathrm{i}\hbar\mathrm{e}^{\mathrm{i}q\Lambda/\hbar}\left(\frac{\mathrm{i}q}{\hbar}\frac{\partial\Lambda}{\partial t}\Psi+\frac{\partial\Psi}{\partial t}\right)\\&=\mathrm{e}^{\mathrm{i}q\Lambda/\hbar}\left\{-q\frac{\partial\Lambda}{\partial t}\Psi+\left[\frac{1}{2m}(-\mathrm{i}\hbar\nabla-q\boldsymbol{A})^2+q\varphi\right]\Psi\right\}\\&=\mathrm{e}^{\mathrm{i}q\Lambda/\hbar}\left[\frac{1}{2m}(-\mathrm{i}\hbar\nabla-q\boldsymbol{A})^2+q\varphi-q\frac{\partial\Lambda}{\partial t}\right]\Psi\\&=\mathrm{e}^{\mathrm{i}q\Lambda/\hbar}\left[\frac{1}{2m}(-\mathrm{i}\hbar\nabla-q\boldsymbol{A})^2+q\left(\varphi-\frac{\partial\Lambda}{\partial t}\right)\right]\Psi.\end{aligned}$$

其中再次利用了方程 (4.191). 将方程 (4.196) $\varphi' \equiv \varphi - \frac{\partial \Lambda}{\partial t}$ 和 $\boldsymbol{A}' = \boldsymbol{A} + \nabla\Lambda$ 代入上式, 得

$$\mathrm{i}\hbar\frac{\partial \Psi'}{\partial t} = \mathrm{e}^{\mathrm{i}q\Lambda/\hbar}\left\{\frac{1}{2m}\left(-\mathrm{i}\hbar\nabla - q\boldsymbol{A}' + q\nabla\Lambda\right)^2 + q\varphi'\right\}\Psi.$$

我们的目的是将等式左右两边都表示为 Ψ' 的函数, 所以需要等式右边的 Ψ 变为 Ψ'. 因此需要将 $\mathrm{e}^{\mathrm{i}q\Lambda/\hbar}$ 移到最右端与 Ψ 结合.

首先, 我们引入波函数 Ψ 并注意到

$$-\mathrm{i}\hbar\nabla\left(\mathrm{e}^{\mathrm{i}q\Lambda/\hbar}\Psi\right) = -\mathrm{i}\hbar\mathrm{e}^{\mathrm{i}q\Lambda/\hbar}\left(\frac{\mathrm{i}q}{\hbar}\nabla\Lambda\right)\Psi - \mathrm{i}\hbar\mathrm{e}^{\mathrm{i}q\Lambda/\hbar}\nabla\Psi = \mathrm{e}^{\mathrm{i}q\Lambda/\hbar}\left[-\mathrm{i}\hbar\nabla + q\left(\nabla\Lambda\right)\right]\Psi,$$

两边同时加上 $-q\boldsymbol{A}'\mathrm{e}^{\mathrm{i}q\Lambda/\hbar}\Psi$, 得

$$\left(-\mathrm{i}\hbar\nabla - q\boldsymbol{A}'\right)\left(\mathrm{e}^{\mathrm{i}q\Lambda/\hbar}\Psi\right) = \mathrm{e}^{\mathrm{i}q\Lambda/\hbar}\left[-\mathrm{i}\hbar\nabla - q\boldsymbol{A}' + q\left(\nabla\Lambda\right)\right]\Psi,$$

左右两边对调, 得

$$\mathrm{e}^{\mathrm{i}q\Lambda/\hbar}\left[-\mathrm{i}\hbar\nabla - q\boldsymbol{A}' + q\left(\nabla\Lambda\right)\right]\Psi = \left(-\mathrm{i}\hbar\nabla - q\boldsymbol{A}'\right)\left(\mathrm{e}^{\mathrm{i}q\Lambda/\hbar}\Psi\right),$$

再重复作用一次, 得

$$\begin{aligned}
&\mathrm{e}^{\mathrm{i}q\Lambda/\hbar}\left[-\mathrm{i}\hbar\nabla - q\boldsymbol{A}' + q\left(\nabla\Lambda\right)\right]^2\Psi \\
=&\ \mathrm{e}^{\mathrm{i}q\Lambda/\hbar}\left[-\mathrm{i}\hbar\nabla - q\boldsymbol{A}' + q\left(\nabla\Lambda\right)\right]\left\{\mathrm{e}^{-\mathrm{i}q\Lambda/\hbar}\mathrm{e}^{\mathrm{i}q\Lambda/\hbar}\left[-\mathrm{i}\hbar\nabla - q\boldsymbol{A}' + q\left(\nabla\Lambda\right)\right]\Psi\right\} \\
=&\ \left(-\mathrm{i}\hbar\nabla - q\boldsymbol{A}'\right)\mathrm{e}^{\mathrm{i}q\Lambda/\hbar}\left(\mathrm{e}^{-\mathrm{i}q\Lambda/\hbar}\right)\left\{\mathrm{e}^{\mathrm{i}q\Lambda/\hbar}\left[-\mathrm{i}\hbar\nabla - q\boldsymbol{A}' + q\left(\nabla\Lambda\right)\right]\Psi\right\} \\
=&\ \left(-\mathrm{i}\hbar\nabla - q\boldsymbol{A}'\right)\mathrm{e}^{\mathrm{i}q\Lambda/\hbar}\left(\mathrm{e}^{-\mathrm{i}q\Lambda/\hbar}\right)\left(-\mathrm{i}\hbar\nabla - q\boldsymbol{A}'\right)\mathrm{e}^{\mathrm{i}q\Lambda/\hbar}\Psi \\
=&\ \left(-\mathrm{i}\hbar\nabla - q\boldsymbol{A}'\right)^2\left(\mathrm{e}^{\mathrm{i}q\Lambda/\hbar}\Psi\right) \\
=&\ \left(-\mathrm{i}\hbar\nabla - q\boldsymbol{A}'\right)^2\Psi'.
\end{aligned}$$

将上式结论代入

$$\mathrm{i}\hbar\frac{\partial \Psi'}{\partial t} = \mathrm{e}^{\mathrm{i}q\Lambda/\hbar}\left[\frac{1}{2m}\left(-\mathrm{i}\hbar\nabla - q\boldsymbol{A}' + q\nabla\Lambda\right)^2 + q\varphi'\right]\Psi,$$

得

$$\mathrm{i}\hbar\frac{\partial \Psi'}{\partial t} = \left[\frac{1}{2m}\left(-\mathrm{i}\hbar\nabla - q\boldsymbol{A}'\right)^2 + q\varphi'\right]\Psi'.$$

习题 4.45

(a) 从方程 (4.190) 推导出方程 (4.199).

(b) 从方程 (4.210) 出发, 推导出方程 (4.211).

证明 (a) 方程 (4.190) 为

$$\hat{H} = \frac{1}{2m}\left(-\mathrm{i}\hbar\nabla - q\boldsymbol{A}\right)^2 + q\varphi,$$

将其作用到一个波函数 f 上, 得

$$Hf = \frac{1}{2m}\left(-\mathrm{i}\hbar\nabla - q\boldsymbol{A}\right)^2 f + q\varphi f = \frac{1}{2m}\left(-\mathrm{i}\hbar\nabla - q\boldsymbol{A}\right)\left(-\mathrm{i}\hbar\nabla - q\boldsymbol{A}\right)f + q\varphi f$$

$$
\begin{aligned}
&= \frac{1}{2m}(-\mathrm{i}\hbar\nabla - q\boldsymbol{A})(-\mathrm{i}\hbar\nabla f - q\boldsymbol{A}f) + q\varphi f \\
&= \frac{1}{2m}\left[-\hbar^2\nabla^2 f + q^2\boldsymbol{A}^2 f + \mathrm{i}\hbar q(\nabla\boldsymbol{A})f + \mathrm{i}\hbar q\boldsymbol{A}(\nabla f) + \mathrm{i}\hbar q\boldsymbol{A}(\nabla f)\right] + q\varphi f \\
&= \frac{1}{2m}\left[-\hbar^2\nabla^2 f + q^2\boldsymbol{A}^2 f + \mathrm{i}\hbar q(\nabla\cdot\boldsymbol{A})f + 2\mathrm{i}\hbar q\boldsymbol{A}\cdot(\nabla f)\right] + q\varphi f.
\end{aligned}
$$

库仑规范下 $\nabla\cdot\boldsymbol{A}=0, \varphi=0$, 所以上式可以化简为

$$
\begin{aligned}
Hf &= \frac{1}{2m}\left[-\hbar^2\nabla^2 f + q^2\boldsymbol{A}^2 f + 2\mathrm{i}\hbar q\boldsymbol{A}\cdot(\nabla f)\right] \\
&= \frac{1}{2m}\left(-\hbar^2\nabla^2 + q^2\boldsymbol{A}^2 + 2\mathrm{i}\hbar q\boldsymbol{A}\cdot\nabla\right)f.
\end{aligned}
$$

两边同时移除函数 f, 得

$$
H = \frac{1}{2m}\left(-\hbar^2\nabla^2 + q^2\boldsymbol{A}^2 + 2\mathrm{i}\hbar q\boldsymbol{A}\cdot\nabla\right).
$$

(b) 方程 (4.210) 为

$$
(-\mathrm{i}\hbar\nabla - q\boldsymbol{A})\Psi = -\mathrm{i}\hbar\mathrm{e}^{\mathrm{i}g}\nabla\Psi',
$$

两边同时乘以 $(-\mathrm{i}\hbar\nabla - q\boldsymbol{A})$, 得

$$
(-\mathrm{i}\hbar\nabla - q\boldsymbol{A})(-\mathrm{i}\hbar\nabla - q\boldsymbol{A})\Psi = (-\mathrm{i}\hbar\nabla - q\boldsymbol{A})\left(-\mathrm{i}\hbar\mathrm{e}^{\mathrm{i}g}\nabla\Psi'\right),
$$

等式两边继续化简, 得

$$
\begin{aligned}
(-\mathrm{i}\hbar\nabla - q\boldsymbol{A})^2\Psi &= (-\mathrm{i}\hbar\nabla - q\boldsymbol{A})\left(-\mathrm{i}\hbar\mathrm{e}^{\mathrm{i}g}\nabla\Psi'\right) = -\hbar^2\nabla\left(\mathrm{e}^{\mathrm{i}g}\nabla\Psi'\right) + \mathrm{i}\hbar q\mathrm{e}^{\mathrm{i}g}\boldsymbol{A}\cdot\nabla\Psi' \\
&= -\hbar^2\left[\nabla\left(\mathrm{e}^{\mathrm{i}g}\right)\nabla\Psi' + \mathrm{e}^{\mathrm{i}g}\nabla^2\Psi'\right] + \mathrm{i}\hbar q\mathrm{e}^{\mathrm{i}g}\boldsymbol{A}\cdot\nabla\Psi' \\
&= -\hbar^2\left[\left(i\mathrm{e}^{\mathrm{i}g}\nabla g\right)\nabla\Psi' + \mathrm{e}^{\mathrm{i}g}\nabla^2\Psi'\right] + \mathrm{i}\hbar q\mathrm{e}^{\mathrm{i}g}\boldsymbol{A}\cdot\nabla\Psi' \quad \left(\text{利用}\nabla g = \frac{q}{\hbar}\boldsymbol{A}\right) \\
&= -\mathrm{i}\hbar^2\frac{q}{\hbar}\mathrm{e}^{\mathrm{i}g}\boldsymbol{A}\cdot\nabla\Psi' - \hbar^2\mathrm{e}^{\mathrm{i}g}\nabla^2\Psi' + \mathrm{i}\hbar q\mathrm{e}^{\mathrm{i}g}\boldsymbol{A}\cdot\nabla\Psi' \\
&= -\hbar^2\mathrm{e}^{\mathrm{i}g}\nabla^2\Psi'.
\end{aligned}
$$

补充习题

***习题 4.46** 考虑**三维谐振子**, 其势函数为

$$
V(r) = \frac{1}{2}m\omega^2 r^2.
$$

(a) 证明: 通过在笛卡儿坐标系中分离变量可以得到三个一维谐振子. 并利用所学知识给出能量允许值. 答案:

$$
E_n = \left(n + \frac{3}{2}\right)\hbar\omega.
$$

(b) 确定 E_n 的简并度 $d(n)$.

解答 (a) 定态薛定谔方程为

$$
-\frac{\hbar^2}{2m}\left(\frac{\partial^2\psi}{\partial x^2} + \frac{\partial^2\psi}{\partial y^2} + \frac{\partial^2\psi}{\partial z^2}\right) + \frac{1}{2}m\omega^2\left(x^2 + y^2 + z^2\right)\psi = E\psi.
$$

分离变量, 令

$$\psi(x,y,z)=X(x)\,Y(y)\,Z(z),$$

代入定态薛定谔方程, 并两边同时除以 XYZ, 得

$$\left(-\frac{\hbar^2}{2m}\frac{1}{X}\frac{\mathrm{d}^2X}{\mathrm{d}x^2}+\frac{1}{2}m\omega^2x^2\right)+\left(-\frac{\hbar^2}{2m}\frac{1}{Y}\frac{\mathrm{d}^2Y}{\mathrm{d}y^2}+\frac{1}{2}m\omega^2y^2\right)+\left(-\frac{\hbar^2}{2m}\frac{1}{Z}\frac{\mathrm{d}^2Z}{\mathrm{d}z^2}+\frac{1}{2}m\omega^2z^2\right)=E.$$

左边三项分别只与 x,y,z 有关, 因此每一项必须为一常数, 记为 E_x,E_y,E_z, 且

$$E_x+E_y+E_z=E.$$

故将定态薛定谔方程分离为以下三个方程:

$$\begin{aligned}-\frac{\hbar^2}{2m}\frac{\mathrm{d}^2X}{\mathrm{d}x^2}+\frac{1}{2}m\omega^2x^2X&=E_xX,\\-\frac{\hbar^2}{2m}\frac{\mathrm{d}^2Y}{\mathrm{d}y^2}+\frac{1}{2}m\omega^2y^2Y&=E_yY,\\-\frac{\hbar^2}{2m}\frac{\mathrm{d}^2Z}{\mathrm{d}z^2}+\frac{1}{2}m\omega^2z^2Z&=E_zZ.\end{aligned}$$

可以看出每一个方程都是一个一维谐振子方程, 所以

$$\begin{aligned}&E_x=\left(n_x+\frac{1}{2}\right)\hbar\omega,\ E_y=\left(n_y+\frac{1}{2}\right)\hbar\omega,\\&E_z=\left(n_z+\frac{1}{2}\right)\hbar\omega,\ \ (n_x,n_y,n_z=0,1,2,3,\cdots)\end{aligned}$$

因此三维谐振子的能量为

$$E=\left(n_x+n_y+n_z+\frac{3}{2}\right)\hbar\omega=\left(n+\frac{3}{2}\right)\hbar\omega\ \ (n=n_x+n_y+n_z).$$

(b) 当 n 给定后, 有以下组合 (n_x,n_y,n_z) 满足 $n_x+n_y+n_z=n$.
当 $n_x=n$ 时, $n_y=n_z=0$, 一种;
当 $n_x=n-1$ 时, $n_y=0,\ n_z=1$ 或者 $n_y=1,\ n_z=0$, 两种;
当 $n_x=n-2$ 时, $n_y=0,\ n_z=2$ 或者 $n_y=1,\ n_z=1$ 或者 $n_y=2,\ n_z=0$, 三种;

……

$$\Rightarrow d(n)=1+2+3+\cdots+(n+1)=\frac{(n+1)(n+2)}{2}.$$

*****习题 4.47** 由于三维谐振子势 (方程 (4.215)) 是球对称的, 薛定谔方程可以在球坐标系中通过分离变量求解. 利用幂级数法 (如同 2.3.2 节和 4.2.1 节介绍) 求解径向方程, 得到系数项的递推公式, 确定能量的允许值. (并验证你的结果和方程 (4.216) 一致.) 在这种情况下, N 与 n 的关系如何? 画出类似于教材图 4.3 和图 4.6 的草图, 并确定第 n 个能级的简并度.①

① 出于某些不明的原因, 对于谐振子, 能级通常从 $n=0$ 开始计算. 这与我们的常理和惯例 (教材中脚注 12) 冲突, 但对于这个问题, 请坚持这样做.

解答　对球对称势, 波函数可设为

$$\psi = R(r)Y(\theta,\phi) = \frac{u(r)}{r}Y(\theta,\phi)$$

分离变量, 由方程 (4.37) 径向方程

$$-\frac{\hbar^2}{2m}\frac{\mathrm{d}^2u}{\mathrm{d}r^2} + \left[\frac{1}{2}m\omega^2r^2 + \frac{\ell(\ell+1)\hbar^2}{2mr^2}\right]u = Eu,$$

做变量代换, 令 $\xi = \sqrt{\frac{m\omega}{\hbar}}r$, 则方程变为

$$-\frac{\hbar^2}{2m}\frac{m\omega}{\hbar}\frac{\mathrm{d}^2u}{\mathrm{d}\xi^2} + \left[\frac{1}{2}m\omega^2\frac{m\omega}{\hbar}\xi^2 + \frac{\hbar^2}{2m}\frac{m\omega}{\hbar}\frac{\ell(\ell+1)}{\xi^2}\right]u = Eu$$

$$\Rightarrow \frac{\mathrm{d}^2u}{\mathrm{d}\xi^2} - \left[\xi^2 + \frac{\ell(\ell+1)}{\xi^2} - \frac{2E}{\hbar\omega}\right]u = 0.$$

考察极限情况, $\xi\to\pm\infty$ 时, 方程可化为

$$\frac{\mathrm{d}^2u}{\mathrm{d}\xi^2} - \xi^2u = 0.$$

它满足物理要求的解为 $u\sim \mathrm{e}^{-\xi^2/2}$. 当 $\xi\to 0$ 时, 方程可化为

$$\frac{\mathrm{d}^2u}{\mathrm{d}\xi^2} - \frac{\ell(\ell+1)}{\xi^2}u = 0.$$

它满足物理要求的解为 $u\sim\xi^{\ell+1}$. 因此, 可设解的形式为 $u(\xi) = \mathrm{e}^{-\xi^2/2}\xi^{\ell+1}v(\xi)$, u 的一阶、二阶导数分别为

$$\frac{\mathrm{d}u}{\mathrm{d}\xi} = (\ell+1)\xi^{\ell}\mathrm{e}^{-\xi^2/2}v(\xi) - \xi^{\ell+2}\mathrm{e}^{-\xi^2/2}v(\xi) + \xi^{\ell+1}\mathrm{e}^{-\xi^2/2}v'(\xi),$$

$$\begin{aligned}\frac{\mathrm{d}^2u}{\mathrm{d}\xi^2} =& \ell(\ell+1)\xi^{\ell-1}\mathrm{e}^{-\xi^2/2}v(\xi) - (\ell+1)\xi^{\ell+1}\mathrm{e}^{-\xi^2/2}v(\xi) + (\ell+1)\xi^{\ell}\mathrm{e}^{-\xi^2/2}v'(\xi)\\ &-(\ell+2)\xi^{\ell+1}\mathrm{e}^{-\xi^2/2}v(\xi) + \xi^{\ell+3}\mathrm{e}^{-\xi^2/2}v(\xi) - \xi^{\ell+2}\mathrm{e}^{-\xi^2/2}v'(\xi)\\ &+(\ell+1)\xi^{\ell}\mathrm{e}^{-\xi^2/2}v'(\xi) - \xi^{\ell+2}\mathrm{e}^{-\xi^2/2}v'(\xi) + \xi^{\ell+1}\mathrm{e}^{-\xi^2/2}v''(\xi).\end{aligned}$$

将上面两式代入 u 的微分方程中, 整理可得到关于 $v(\xi)$ 的微分方程为

$$v'' + 2v'\left(\frac{\ell+1}{\xi} - \xi\right) + (K-2\ell-3)v = 0,\quad K\equiv\frac{2E}{\hbar\omega}.$$

设级数解

$$v(\xi) = \sum_{j=0}^{\infty}a_j\xi^j,$$

其导数为

$$v'(\xi) = \sum_{j=1}^{\infty}ja_j\xi^{j-1},\quad v''(\xi) = \sum_{j=2}^{\infty}j(j-1)a_j\xi^{j-2};$$

代入 v 满足的微分方程中, 得

$$\sum_{j=2}^{\infty} j(j-1) a_j \xi^{j-2} + 2(\ell+1) \sum_{j=1}^{\infty} j a_j \xi^{j-2} - 2\sum_{j=1}^{\infty} j a_j \xi^j + (K-2\ell-3) \sum_{j=0}^{\infty} a_j \xi^j = 0.$$

在前两项求和中令 $j \to j+2$, 得

$$\sum_{j=0}^{\infty} (j+2)(j+1) a_{j+2} \xi^j + 2(\ell+1) \sum_{j=-1}^{\infty} (j+2) a_{j+2} \xi^j$$

$$-2\sum_{j=0}^{\infty} j a_j \xi^j + (K-2\ell-3) \sum_{j=0}^{\infty} a_j \xi^j = 0.$$

要使方程成立, 此式中的每一幂次的系数之和必须为零, 由此可得系数 a_j 的递推公式为

$$a_{j+2} = \frac{2j+2l+3-K}{(j+2)(j+2l+3)} a_j,$$

注意在上面式子中第二项求和是从 $j=-1$ 开始的, ξ^{-1} 的系数是 $2(\ell+1)a_1$, 所以必须有 $a_1 = 0$, 从而所有奇数系数为零, 方程才能成立. 因此现在级数为

$$v(\xi) = \sum_{j=0}^{\infty} a_j \xi^j, \quad j = \text{偶数}.$$

下面考察级数的收敛性, 当 $j \to \infty$ 时, 相邻项系数之比为 $\dfrac{a_{j+2}}{a_j} \to \dfrac{2}{j}$, 这和级数

$$\mathrm{e}^{\xi^2/2} = 1 + \frac{\xi^2}{1!} + \frac{\xi^4}{2!} + \cdots + \frac{\xi^\nu}{\left(\dfrac{j}{2}\right)!} + \frac{\xi^{\nu+2}}{\left(\dfrac{j}{2}+1\right)!} + \cdots$$

相邻项系数之比是一样的, 由此可见, 当 ξ 很大时, v 级数的行为与 $\mathrm{e}^{\xi^2/2}$ 的行为相同. 即 $\psi(\xi)$ 在 $\xi \to \pm\infty$ 时变为无限大, 这与波函数的有限性条件相抵触. 因此, 级数必须在某一项中断而变为多项式, 在某个最大的 $j_{\max}$ 使得 $2j_{\max} + 2\ell + 3 - K = 0$, 从而 $a_{j_{\max}+2} = 0$, 级数被中断. 因此谐振子能量 $(K = 2E/\hbar\omega)$ 就不能是任意的, 必须满足

$$E = \left(j_{\max} + \ell + \frac{3}{2}\right)\hbar\omega,$$

即

$$E = \left(n + \frac{3}{2}\right)\hbar\omega, \text{ 其中} n = j_{\max} + \ell.$$

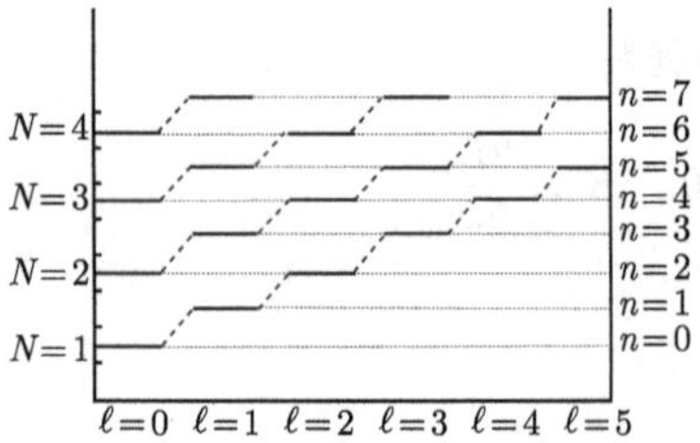

由于多项式 $v(\xi) = \sum\limits_{j=0}^{\infty} a_j \xi^j$ 的最高次幂是 $j_{\max}$, 对以 ξ^2 为因子, $v(\xi)$ 的根的个数为 $j_{\max}/2 = N-1$, 所以 $n = j_{\max} + \ell = 2N + \ell - 2$. 设 n 是偶数, $\ell = 0, 2, 4, 6, \cdots, n$. 对每一个 ℓ 都是 $(2\ell+1)$ 度简并的, 对应 $(2\ell+1)$ 个 m. 草图见图 4.4. 所以,

图 4.4

$$d(n) = \sum_{\ell=0,2,4,\cdots}^{n} (2\ell+1) = \sum_{j=0}^{n/2} (4j+1) = 4\sum_{j=0}^{n/2} j + \sum_{j=0}^{n/2} 1 = \frac{(n+1)(n+2)}{2}.$$

****习题 4.48**

(a) 证明: **三维位力定理** (对于定态)

$$2\langle T\rangle=\langle\boldsymbol{r}\cdot\nabla V\rangle.$$

提示　参考习题 3.37.

(b) 将位力定理应用到氢原子情况, 并证明:

$$\langle T\rangle=-E_n;\quad \langle V\rangle=2E_n.$$

(c) 将位力定理应用到三维谐振子情况 (习题 4.46), 在此情况下证明:

$$\langle T\rangle=\langle V\rangle=E_n/2.$$

证明　(a) 由算符期望值随时间变化方程 (3.73), 得

$$\begin{aligned}\frac{\mathrm{d}}{\mathrm{d}t}\langle\boldsymbol{r}\cdot\boldsymbol{p}\rangle&=\frac{\mathrm{i}}{\hbar}\langle[H,\boldsymbol{r}\cdot\boldsymbol{p}]\rangle+\left\langle\frac{\partial(\boldsymbol{r}\cdot\boldsymbol{p})}{\partial t}\right\rangle\\&=\frac{\mathrm{i}}{\hbar}\langle[H,xp_x+yp_y+zp_z]\rangle\qquad(\boldsymbol{r}\cdot\boldsymbol{p}\text{不依赖时间}t)\\&=\frac{\mathrm{i}}{\hbar}\{\langle[H,xp_x]\rangle+\langle[H,yp_y]\rangle+\langle[H,zp_z]\rangle\}\\&=\frac{\mathrm{i}}{\hbar}\{\langle x[H,p_x]\rangle+\langle[H,x]p_x\rangle+\langle y[H,p_y]\rangle+\langle[H,y]p_y\rangle\\&\quad+\langle z[H,p_z]\rangle+\langle[H,z]p_z\rangle\}\\&=\frac{\mathrm{i}}{\hbar}\left\{\langle x[V,p_x]\rangle+\left\langle\left[\frac{p_x^2}{2m},x\right]p_x\right\rangle+\langle y[V,p_y]\rangle\right.\\&\quad\left.+\left\langle\left[\frac{p_y^2}{2m},y\right]p_y\right\rangle+\langle z[V,p_z]\rangle+\left\langle\left[\frac{p_z^2}{2m},z\right]p_z\right\rangle\right\}.\end{aligned}$$

代入对易关系

$$[p_i^2,r_i]=p_i[p_i,r_i]+[p_i,r_i]p_i=-2\mathrm{i}\hbar p_i,\quad [V,p_i]=\mathrm{i}\hbar\frac{\partial V}{\partial p_i},$$

得

$$\begin{aligned}\frac{\mathrm{d}}{\mathrm{d}t}\langle\boldsymbol{r}\cdot\boldsymbol{p}\rangle&=\frac{\mathrm{i}}{\hbar}\left\{\left\langle\mathrm{i}\hbar x\frac{\partial V}{\partial p_x}\right\rangle+\left\langle-2\mathrm{i}\hbar\frac{p_x^2}{2m}\right\rangle+\left\langle\mathrm{i}\hbar y\frac{\partial V}{\partial p_y}\right\rangle+\left\langle-2\mathrm{i}\hbar\frac{p_y^2}{2m}\right\rangle\right.\\&\quad\left.+\left\langle\mathrm{i}\hbar z\frac{\partial V}{\partial p_z}\right\rangle+\left\langle-2\mathrm{i}\hbar\frac{p_y^2}{2m}\right\rangle\right\}\\&=\frac{\mathrm{i}}{\hbar}\left\{\mathrm{i}\hbar\left\langle x\frac{\partial V}{\partial p_x}+y\frac{\partial V}{\partial p_y}+z\frac{\partial V}{\partial p_z}\right\rangle-2\mathrm{i}\hbar\left\langle\frac{p_x^2}{2m}+\frac{p_y^2}{2m}+\frac{p_y^2}{2m}\right\rangle\right\}\\&=-\langle\boldsymbol{r}\cdot\nabla V\rangle+2\langle T\rangle.\end{aligned}$$

对于定态 $\frac{\mathrm{d}}{\mathrm{d}t}\langle\boldsymbol{r}\cdot\boldsymbol{p}\rangle=0$, 所以

$$2\langle T\rangle=\langle\boldsymbol{r}\cdot\nabla V\rangle.$$

(b) 氢原子势能为

$$V(r)=-\frac{e^2}{4\pi\varepsilon_0}\frac{1}{r},$$

$$\nabla V=\frac{e^2}{4\pi\varepsilon_0}\frac{1}{r^2}\hat{r}$$

$$\Rightarrow \boldsymbol{r}\cdot\nabla V=\frac{e^2}{4\pi\varepsilon_0}\frac{1}{r^2}\boldsymbol{r}\cdot\hat{r}=\frac{e^2}{4\pi\varepsilon_0}\frac{1}{r}=-V.$$

对于氢原子, 由位力定理得

$$2\langle T\rangle=-\langle V\rangle,$$

但对定态, 存在 $\langle T\rangle+\langle V\rangle=E_n$, 所以

$$\langle T\rangle=-E_n,\quad \langle V\rangle=2E_n.$$

(c) 三维谐振子势能为 $V=\frac{1}{2}m\omega^2r^2$,

$$\nabla V=m\omega^2r\hat{r}\Rightarrow \boldsymbol{r}\cdot\nabla V=m\omega^2r\boldsymbol{r}\cdot\hat{r}=m\omega^2r^2=2V,$$

所以对三维谐振子定态有

$$\langle T\rangle+\langle V\rangle=E_n,\quad \langle T\rangle=\langle V\rangle=\frac{E_n}{2}.$$

*****习题 4.49** 注意 只有在熟悉矢量运算的情况下才尝试此问题. 通过推广习题 1.14 来定义 (三维) **几率流**:

$$\boldsymbol{J}\equiv\frac{\mathrm{i}\hbar}{2m}\left(\Psi\nabla\Psi^*-\Psi^*\nabla\Psi\right).$$

(a) 证明: $\boldsymbol{J}$ 满足**连续性方程**

$$\nabla\cdot\boldsymbol{J}=-\frac{\partial}{\partial t}|\Psi|^2,$$

它表明**局域几率守恒**. 由此得出 (由散度定理)

$$\oint_S\boldsymbol{J}\cdot\mathrm{d}\boldsymbol{a}=-\frac{\mathrm{d}}{\mathrm{d}t}\int_V|\Psi|^2\mathrm{d}^3\boldsymbol{r},$$

其中 V 是 (固定的) 体积, S 是其边界面. 简而言之: 通过表面的几率流等于在体积中发现粒子几率的减少量.

(b) 求氢原子处于 $n=2$, $\ell=1$, $m=1$ 态时的几率流 $\boldsymbol{J}$. 答案:

$$\frac{\hbar}{64\pi ma^5}r\mathrm{e}^{-r/a}\sin\theta\hat{\phi}.$$

(c) 如果把 $m\boldsymbol{J}$ 解释为质量流, 角动量可以表示为

$$\boldsymbol{L}=m\int(\boldsymbol{r}\times\boldsymbol{J})\,\mathrm{d}^3\boldsymbol{r}.$$

利用该式计算位于 ψ_{211} 态的 L_z, 并对结果进行讨论.①

解答 (a)

$$\nabla\cdot\boldsymbol{J}=\frac{\mathrm{i}\hbar}{2m}\nabla\cdot(\psi\nabla\psi^*-\psi^*\nabla\psi)$$

① 薛定谔 (*Annalen der Physik* **81,** 109 (1926), 第 7 节) 将 $e\boldsymbol{J}$ 解释为电流密度 (这是在玻恩发表他对波函数的统计解释之前), 并指出它与时间无关 (在定态状态下): "从某种意义上说, 我们可能会回到静电和静磁原子模型. 以这种方式, (在定态下) 辐射的缺乏确实会找到一个惊人的简单解释."(我感谢柯克 · 麦克唐纳 (Kirk McDonald) 使我注意到这一点.)

$$
\begin{aligned}
&= \frac{\mathrm{i}\hbar}{2m}\left(\nabla\psi\cdot\nabla\psi^* - \nabla\psi^*\cdot\nabla\psi + \psi\nabla^2\psi^* - \psi^*\nabla^2\psi\right) \\
&= \frac{\mathrm{i}\hbar}{2m}\left(\psi\nabla^2\psi^* - \psi^*\nabla^2\psi\right).
\end{aligned}
$$

薛定谔方程

$$
\mathrm{i}\hbar\frac{\partial}{\partial t}\psi = -\frac{\hbar^2}{2m}\nabla^2\psi + V\psi,
$$

整理, 得

$$
\nabla^2\psi = \frac{2m}{\hbar^2}\left(V\psi - \mathrm{i}\hbar\frac{\partial\psi}{\partial t}\right),
$$

两边同时取共轭, 得

$$
\nabla^2\psi^* = \frac{2m}{\hbar^2}\left(V\psi^* + \mathrm{i}\hbar\frac{\partial\psi^*}{\partial t}\right).
$$

所以

$$
\begin{aligned}
\nabla\cdot\boldsymbol{J} &= \frac{\mathrm{i}\hbar}{2m}\frac{2m}{\hbar^2}\left[\psi\left(V\psi^* + \mathrm{i}\hbar\frac{\partial\psi^*}{\partial t}\right) - \psi^*\left(V\psi - \mathrm{i}\hbar\frac{\partial\psi}{\partial t}\right)\right] \\
&= \frac{\mathrm{i}}{\hbar}\left(\mathrm{i}\hbar\psi\frac{\partial\psi^*}{\partial t} + \psi^*\mathrm{i}\hbar\frac{\partial\psi}{\partial t}\right) = -\frac{\partial}{\partial t}\left(\psi^*\psi\right).
\end{aligned}
$$

即几率流密度矢量 $\boldsymbol{J}$ 和几率密度满足连续性方程

$$
\frac{\partial}{\partial t}\left|\psi\right|^2 + \nabla\cdot\boldsymbol{J} = 0.
$$

(b) 波函数为

$$
\Psi_{211} = -\frac{1}{\sqrt{\pi a}}\frac{1}{8a^2}r\mathrm{e}^{-r/2a}\sin\theta\mathrm{e}^{\mathrm{i}\phi}\mathrm{e}^{-\mathrm{i}E_2t/\hbar},
$$

在球坐标系中

$$
\nabla\Psi = \frac{\partial\Psi}{\partial r}\hat{r} + \frac{1}{r}\frac{\partial\Psi}{\partial\theta}\hat{\theta} + \frac{1}{r\sin\theta}\frac{\partial\Psi}{\partial\phi}\hat{\phi},
$$

$$
\begin{aligned}
\nabla\Psi_{211} = &-\frac{1}{\sqrt{\pi a}}\frac{1}{8a^2}\left[\left(1-\frac{r}{2a}\right)\mathrm{e}^{-r/2a}\sin\theta\mathrm{e}^{\mathrm{i}\phi}\mathrm{e}^{-\mathrm{i}E_2t/\hbar}\hat{r}\right. \\
&\left.+\frac{1}{r}r\mathrm{e}^{-r/2a}\cos\theta\mathrm{e}^{\mathrm{i}\phi}\mathrm{e}^{-\mathrm{i}E_2t/\hbar}\hat{\theta} + \frac{\mathrm{i}}{r\sin\theta}r\mathrm{e}^{-r/2a}\sin\theta\mathrm{e}^{\mathrm{i}\phi}\mathrm{e}^{-\mathrm{i}E_2t/\hbar}\hat{\phi}\right] \\
= &\left[\left(1-\frac{r}{2a}\right)\hat{r} + \cot\theta\hat{\theta} + \frac{\mathrm{i}}{\sin\theta}\hat{\phi}\right]\frac{1}{r}\Psi_{211},
\end{aligned}
$$

$$
\nabla\Psi_{211}^* = \left[\left(1-\frac{r}{2a}\right)\hat{r} + \cot\theta\hat{\theta} - \frac{\mathrm{i}}{\sin\theta}\hat{\phi}\right]\frac{1}{r}\Psi_{211}^*.
$$

代入, 得

$$
\begin{aligned}
\boldsymbol{J} &= \frac{\mathrm{i}\hbar}{2m}\left(\Psi_{211}\nabla\Psi_{211}^* - \Psi_{211}^*\nabla\Psi_{211}\right) \\
&= \frac{\mathrm{i}\hbar}{2m}\left[\left(1-\frac{r}{2a}\right)\hat{r} + \cot\theta\hat{\theta} - \frac{\mathrm{i}}{\sin\theta}\hat{\phi} - \left(1-\frac{r}{2a}\right)\hat{r} - \cot\theta\hat{\theta} - \frac{\mathrm{i}}{\sin\theta}\hat{\phi}\right]\frac{1}{r}\left|\psi_{211}\right|^2 \\
&= \frac{\hbar}{mr\sin\theta}\left|\psi_{211}\right|^2\hat{\phi} = \frac{\hbar}{64\pi ma^5}r\mathrm{e}^{-r/a}\sin\theta\hat{\phi}.
\end{aligned}
$$

(c)

$$
\boldsymbol{r}\times\boldsymbol{J} = \frac{\hbar}{64\pi ma^5}r^2\mathrm{e}^{-r/a}\sin\theta\left(\hat{r}\times\hat{\phi}\right) = -\frac{\hbar}{64\pi ma^5}r^2\mathrm{e}^{-r/a}\sin\theta\hat{\theta},\quad\left(\hat{r}\times\hat{\phi} = -\hat{\theta}\right)
$$

$$
\begin{aligned}
(\boldsymbol{r}\times\boldsymbol{J})_z &= (\boldsymbol{r}\times\boldsymbol{J})\cdot\hat{z} = -\frac{\hbar}{64\pi m a^5}r^2\mathrm{e}^{-r/a}\sin\theta\hat{\theta}\cdot\hat{z}\\
&= \frac{\hbar}{64\pi m a^5}r^2\mathrm{e}^{-r/a}\sin^2\theta,\quad\left(\hat{\theta}\cdot\hat{z}=-\sin\theta\right)
\end{aligned}
$$

$$
\begin{aligned}
L_z &= m\int(\boldsymbol{r}\times\boldsymbol{J})_z\mathrm{d}^3r = m\int\frac{\hbar}{64\pi m a^5}r^2\mathrm{e}^{-r/a}(\sin\theta)^2r^2\sin\theta\mathrm{d}r\mathrm{d}\theta\mathrm{d}\phi\\
&= \frac{\hbar}{64\pi a^5}\int_0^\infty r^4\mathrm{e}^{-r/a}\mathrm{d}r\int_0^\pi\sin^3\theta\mathrm{d}\theta\int_0^{2\pi}\mathrm{d}\phi\\
&= \frac{\hbar}{64\pi a^5}\left(4!a^5\right)\left(\frac{4}{3}\right)(2\pi) = \hbar.
\end{aligned}
$$

这是自然的, 因为 L_z 的本征值是 $m\hbar$, 对 Ψ_{211} 态, $m=1$.

*****习题 4.50** 三维 (不含时) **动量空间波函数**由方程 (3.54) 的自然推广定义:

$$
\phi(\boldsymbol{p}) \equiv \frac{1}{(2\pi\hbar)^{3/2}}\int\mathrm{e}^{-\mathrm{i}(\boldsymbol{p}\cdot\boldsymbol{r})/\hbar}\psi(\boldsymbol{r})\,\mathrm{d}^3\boldsymbol{r}.
$$

(a) 求基态氢原子 (方程 (4.80)) 的动量空间波函数. **提示** 使用球坐标, 极轴沿动量 $\boldsymbol{p}$ 的方向. 先对 θ 积分. 答案:

$$
\phi(\boldsymbol{p}) = \frac{1}{\pi}\left(\frac{2a}{\hbar}\right)^{3/2}\frac{1}{\left[1+(ap/\hbar)^2\right]^2}.
$$

(b) 验证 $\phi(\boldsymbol{p})$ 是归一化的.

(c) 对氢原子基态, 利用 $\phi(\boldsymbol{p})$ 来计算 $\langle p^2\rangle$.

(d) 在此态中, 动能的期望值是什么? 答案用 E_1 的倍数表示, 验证它与用位力定理得到的结果相一致 (方程 (4.218)).

解答 (a) 氢原子基态波函数为

$$
\psi(r) = \frac{1}{\sqrt{\pi a^3}}\mathrm{e}^{-r/a},
$$

动量空间的波函数为坐标空间波函数的傅里叶变换,

$$
\phi(\boldsymbol{p}) = \frac{1}{(2\pi\hbar)^{3/2}}\int\mathrm{e}^{-\mathrm{i}\boldsymbol{p}\cdot\boldsymbol{r}/\hbar}\frac{1}{\sqrt{\pi a^3}}\mathrm{e}^{-r/a}r^2\sin\theta\mathrm{d}r\mathrm{d}\theta\mathrm{d}\phi.
$$

让 $\boldsymbol{p}$ 沿 $\hat{z}$ 方向, $\boldsymbol{p}\cdot\boldsymbol{r}=pr\cos\theta$, 所以

$$
\begin{aligned}
\phi(\boldsymbol{p}) &= \frac{1}{(2\pi\hbar)^{3/2}}\int\mathrm{e}^{-\mathrm{i}pr\cos\theta/\hbar}\frac{1}{\sqrt{\pi a^3}}\mathrm{e}^{-r/a}r^2\sin\theta\mathrm{d}r\mathrm{d}\theta\mathrm{d}\phi\\
&= \frac{2\pi}{(2\pi\hbar)^{3/2}}\frac{1}{\sqrt{\pi a^3}}\int_0^\infty\mathrm{e}^{-r/a}r^2\mathrm{d}r\int_0^\pi\mathrm{e}^{-\mathrm{i}pr\cos\theta/\hbar}\sin\theta\mathrm{d}\theta\\
&= \frac{2\pi}{(2\pi\hbar)^{3/2}}\frac{1}{\sqrt{\pi a^3}}\int_0^\infty\mathrm{e}^{-r/a}r^2\mathrm{d}r\left(-\frac{\mathrm{i}\hbar}{pr}\,\mathrm{e}^{-\mathrm{i}pr\cos\theta/\hbar}\Big|_0^\pi\right)\\
&= \frac{2\pi}{(2\pi\hbar)^{3/2}}\frac{1}{\sqrt{\pi a^3}}\int_0^\infty\mathrm{e}^{-r/a}r^2\mathrm{d}r\left[-\frac{\mathrm{i}\hbar}{pr}\left(\mathrm{e}^{\mathrm{i}pr/\hbar}-\mathrm{e}^{-\mathrm{i}pr/\hbar}\right)\right]
\end{aligned}
$$

$$=\frac{2\pi}{(2\pi\hbar)^{3/2}}\frac{1}{\sqrt{\pi a^3}}\frac{-i\hbar}{p}\left[\int_0^\infty e^{ipr/\hbar-r/a}r\mathrm{d}r-\int_0^\infty e^{-ipr/\hbar-r/a}r\mathrm{d}r\right]$$
$$=\frac{2\pi}{(2\pi\hbar)^{3/2}}\frac{1}{\sqrt{\pi a^3}}\frac{-i\hbar}{p}\left[\frac{1}{(ip/\hbar-1/a)^2}-\frac{1}{(ip/\hbar+1/a)^2}\right]$$
$$=\frac{2\pi}{(2\pi\hbar)^{3/2}}\frac{1}{\sqrt{\pi a^3}}\frac{-i\hbar}{p}\frac{4ip/a\hbar}{\left[(p/\hbar)^2+(1/a)^2\right]^2}=\frac{1}{\pi}\left(\frac{2a}{\hbar}\right)^{3/2}\frac{1}{\left[1+(ap/\hbar)^2\right]^2}.$$

(b) 验证 $\phi(\boldsymbol{p})$ 的归一性

$$\int|\phi(p)|^2\mathrm{d}^3p=\int_0^\infty\int_0^\pi\int_0^{2\pi}|\phi(p)|^2p^2\mathrm{d}p\sin\theta\mathrm{d}\theta\mathrm{d}\varphi$$
$$=4\pi\int_0^\infty p^2|\phi(p)|^2\mathrm{d}p=\frac{4}{\pi}\left(\frac{2a}{\hbar}\right)^3\int_0^\infty\frac{p^2}{\left[1+(ap/\hbar)^2\right]^4}\mathrm{d}p$$
$$=\frac{4}{\pi}\left(\frac{2a}{\hbar}\right)^3\left(\frac{\hbar}{a}\right)^8\int_0^\infty\frac{p^2}{\left[p^2+(\hbar/a)^2\right]^4}\mathrm{d}p$$
$$=\frac{4}{\pi}\left(\frac{2a}{\hbar}\right)^3\left(\frac{\hbar}{a}\right)^8\frac{\pi}{32}\left(\frac{\hbar}{a}\right)^{-5}=1.$$

(c) 动量平方的期望值

$$\langle p^2\rangle=\int p^2|\phi(p)|^2\mathrm{d}^3p=\frac{4}{\pi}\left(\frac{2a}{\hbar}\right)^3\int_0^\infty\frac{p^4}{\left[1+(ap/\hbar)^2\right]^4}\mathrm{d}p$$
$$=\frac{4}{\pi}\left(\frac{2a}{\hbar}\right)^3\left(\frac{\hbar}{a}\right)^8\int_0^\infty\frac{p^4}{\left[p^2+(\hbar/a)^2\right]^4}\mathrm{d}p$$
$$=\frac{4}{\pi}\left(\frac{2a}{\hbar}\right)^3\left(\frac{\hbar}{a}\right)^8\frac{\pi}{32}\left(\frac{\hbar}{a}\right)^{-3}=\left(\frac{\hbar}{a}\right)^2.$$

(d) 动能的期望值

$$\langle T\rangle=\frac{1}{2m}\langle p^2\rangle=\frac{1}{2m}\frac{\hbar^2}{a^2}=\frac{\hbar^2}{2m}\left(\frac{me^2}{4\pi\varepsilon_0\hbar^2}\right)^2=\frac{m}{2\hbar^2}\left(\frac{e^2}{4\pi\varepsilon_0}\right)^2=-E_1.$$

*****习题 4.51** 在 2.6 节中, (一维) 有限深方势阱无论是多浅或者多窄, 都至少存在一个束缚态. 习题 4.11 中已经证明了, 在 (三维) 有限深球势阱中, 如果势场足够弱, 则没有束缚态. 问题: 对于 (二维) 有限深圆势阱会怎样? 证明: (类似一维的情况) 至少存在一个束缚态. **提示** 查找所需要的贝塞尔函数的信息, 并用计算机画图.

解答 对有限深圆势阱, 假设势场形式为

$$V(r)=\begin{cases}-V_0, & (r\leqslant a)\\ 0, & (r>a)\end{cases}$$

薛定谔方程中动能项的拉普拉斯算符在极坐标下为

$$\nabla^2=\frac{1}{r}\frac{\partial}{\partial r}\left(r\frac{\partial}{\partial r}\right)+\frac{1}{r^2}\frac{\partial^2}{\partial\theta^2}.$$

因此, 定态薛定谔方程为

$$-\frac{\hbar^2}{2m}\left[\frac{1}{r}\frac{\partial}{\partial r}\left(r\frac{\partial\psi}{\partial r}\right)+\frac{1}{r^2}\frac{\partial^2\psi}{\partial\theta^2}\right]+V\psi=E\psi.$$

采用分离变量法, 令 $\psi(r,\theta)=R(r)\Theta(\theta)$, 得

$$-\frac{\hbar^2}{2m}\left[\frac{1}{r}\frac{\partial}{\partial r}\left(r\frac{\partial R}{\partial r}\right)\Theta+\frac{1}{r^2}\left(\frac{\partial^2\Theta}{\partial^2\theta}\right)R\right]+VR\Theta=ER\Theta.$$

两边同时乘以 $\frac{r^2}{R\Theta}$, 得

$$-\frac{\hbar^2}{2m}\left[\frac{r}{R}\frac{\partial}{\partial r}\left(r\frac{\partial R}{\partial r}\right)+\frac{1}{\Theta}\left(\frac{\partial^2\Theta}{\partial^2\theta}\right)\right]+r^2V=Er^2.$$

上式左边可以独立地分为径向部分相关项和角度部分相关项, 而等式右边只与径向 r 有关, 因此角度部分必为常数. 所以

$$\frac{1}{\Theta}\left(\frac{\partial^2\Theta}{\partial^2\theta}\right)=-l^2,$$

l^2 为常数, 解得 $\Theta=\mathrm{e}^{\mathrm{i}l\theta}, l=0,\pm1,\pm2,\pm3,\cdots$.

这里关心的是体系的基态, 所以薛定谔方程中角度部分为零, 定态方程为

$$-\frac{\hbar^2}{2m}\left[\frac{r}{R}\frac{\partial}{\partial r}\left(r\frac{\partial R}{\partial r}\right)\right]+r^2V=Er^2.$$

下面将方程化简为标准的二阶微分形式, 两边同时乘以 $\frac{R(r)}{r^2}$, 得

$$-\frac{\hbar^2}{2m}\left[\frac{1}{r}\frac{\partial}{\partial r}\left(r\frac{\partial R}{\partial r}\right)\right]+RV=ER,$$

$$\frac{1}{r}\frac{\partial}{\partial r}\left(r\frac{\partial R}{\partial r}\right)=-\frac{2m}{\hbar^2}(E-V)R,$$

$$\frac{1}{r}\left(\frac{\partial R}{\partial r}+r\frac{\partial^2 R}{\partial r^2}\right)=-\frac{2m}{\hbar^2}(E-V)R,$$

$$\frac{\partial^2 R}{\partial r^2}+\frac{1}{r}\frac{\partial R}{\partial r}=-\frac{2m}{\hbar^2}(E-V)R.$$

当 $r>a$ 时, $V=0$, 设 $k=\sqrt{\frac{-2mE}{\hbar^2}}$, 得

$$\frac{\partial^2 R}{\partial r^2}+\frac{1}{r}\frac{\partial R}{\partial r}=k^2R.$$

径向部分的解为贝塞尔函数 $R(r)=BK_0(kr)$.

当 $r<a$ 时, $V=-V_0$, 设 $b=\sqrt{\frac{2m(E+V_0)}{\hbar^2}}$, 得

$$\frac{\partial^2 R}{\partial r^2}+\frac{1}{r}\frac{\partial R}{\partial r}=-b^2R.$$

径向部分的解为贝塞尔函数 $R(r)=AJ_0(br)$.

由波函数在边界处连续和波函数一阶导数连续条件, 得

$$BK_0(ka)=AJ_0(ba),$$
$$BkK_0'(ka)=AbJ_0'(ba).$$

两式相除, 得

$$k\frac{K_0'(ka)}{K_0(ka)}=b\frac{J_0'(ba)}{J_0(ba)}.$$

化简上式, 令 $z=ba, z_0=a\sqrt{\frac{2mV_0}{\hbar^2}}$, $ka=\sqrt{z_0^2-z^2}$, 且有 $J_0'(x)=-J_1(x)$ 和 $K_0'(x)=-K_1(x)$, 得

$$z\frac{J_1(z)}{J_0(z)}=\sqrt{z_0^2-z^2}\frac{K_1\left(\sqrt{z_0^2-z^2}\right)}{K_0\left(\sqrt{z_0^2-z^2}\right)},$$

其中 $z_0=a\sqrt{\frac{2mV_0}{\hbar^2}}$ 是刻画势阱宽度和深度的一个量. 分别取 $z_0=16$ 和 5 作图 (图 4.5 和图 4.6), 可见无论 z_0 取多小 (弱场情况, 浅或窄势阱), 方程左边图像不变, 右边沿着坐标不断收缩, 方程两边必有一个交点, 也就是至少有一个解 (束缚态).

```
z0 = 16;
Plot[{z BesselJ[1, z]/BesselJ[0, z],
   Sqrt[z0^2-z^2] BesselK[1, Sqrt[z0^2-z^2]]/BesselK[0, Sqrt[z0^2-z
       ^2]]},
 {z, 0, 16}, PlotRange ® {0, 20}]
```

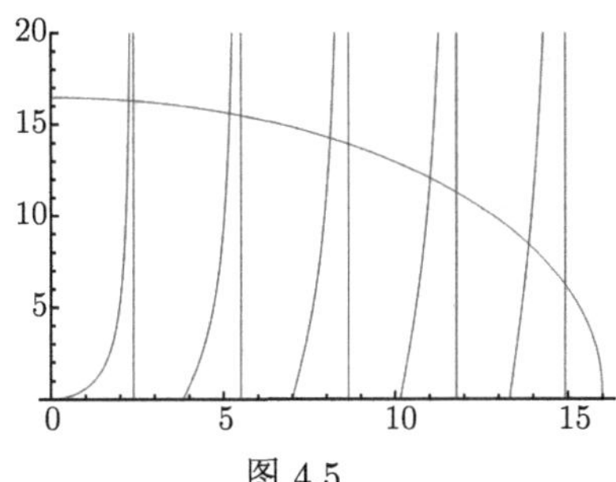

图 4.5

```
z0 = 5;
Plot[{z BesselJ[1, z]/BesselJ[0, z],
   Sqrt[z0^2-z^2] BesselK[1, Sqrt[z0^2-z^2]]/BesselK[0, Sqrt[z0^2-z
       ^2]]},
 {z, 0, 16}, PlotRange → {0, 20}]
```

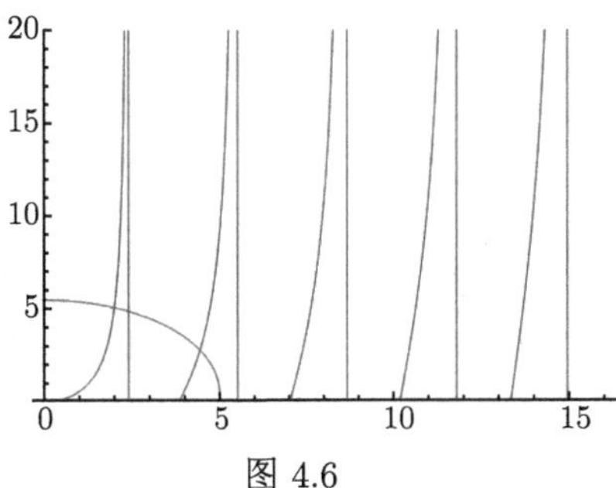

图 4.6

习题 4.52

(a) 构造氢原子处于 $n=3, \ell=2, m=1$ 态的空间波函数 (ψ). 所得结果仅用 r, θ, ϕ 及 a(玻尔半径) 表示——不允许用其他的变量 (如 ρ, z 等), 或函数 (如 Y, v 等), 或常数 (A, c_0 等), 或导数, 但 π, e, 2 等允许使用.

(b) 通过对 r, θ, ϕ 的积分验证波函数是归一化的.

(c) 对该态求 r^s 的期望值. s 在哪个范围内 (正和负) 结果是有限的?

解答 (a) 波函数

$$\psi_{321}(r,\theta,\phi)=R_{32}Y_2^1=\frac{4}{81\sqrt{30}}\frac{1}{a^{3/2}}\left(\frac{r}{a}\right)^2\mathrm{e}^{-r/(3a)}\left(-\sqrt{\frac{15}{8\pi}}\sin\theta\cos\theta\mathrm{e}^{\mathrm{i}\phi}\right)$$
$$=-\frac{1}{\sqrt{\pi}}\frac{1}{81a^{7/2}}r^2\mathrm{e}^{-r/(3a)}\sin\theta\cos\theta\mathrm{e}^{\mathrm{i}\phi}.$$

(b) 波函数模平方的积分

$$\int|\psi_{321}(r,\theta,\phi)|^2\mathrm{d}^3r=\frac{1}{\pi(81)^2a^7}2\pi\int_0^\infty r^6\mathrm{e}^{-2r/(3a)}\mathrm{d}r\int_0^\pi\left[1-(\cos\theta)^2\right](\cos\theta)^2\sin\theta\mathrm{d}\theta$$
$$=\frac{2}{(81)^2a^7}\left[6!\left(\frac{3a}{2}\right)^7\right]\left[-\frac{(\cos\theta)^3}{3}+\frac{(\cos\theta)^5}{5}\right]\Bigg|_0^\pi$$
$$=\frac{2}{(81)^2a^7}\left[6!\left(\frac{3a}{2}\right)^7\right]\frac{4}{15}=1.$$

(c) 期望值

$$\langle r^s\rangle=\int|R_{31}|^2r^sr^2\mathrm{d}r=\left(\frac{4}{81}\right)^2\frac{1}{30a^7}\int_0^\infty r^{6+s}\mathrm{e}^{-2r/(3a)}\mathrm{d}r$$
$$=\left(\frac{4}{81}\right)^2\frac{1}{30a^7}(s+6)!\left(\frac{3a}{2}\right)^{7+s}$$
$$=\frac{8}{15(81)^2}(s+6)!\left(\frac{3}{2}\right)^7\left(\frac{3a}{2}\right)^s$$
$$=\frac{1}{720}(s+6)!\left(\frac{3a}{2}\right)^s.$$

当 $s>-7$ 时积分有限.

习题 4.53

(a) 构造氢原子处于 $n=4$, $\ell=3$, $m=3$ 态的空间波函数. 结果用球坐标 r, θ, ϕ 表示.

(b) 求此态下 r 的期望值.(像往常一样, 查寻任何非平庸积分.)

(c) 如果你能够对可观测力学量 $L_x^2+L_y^2$ 进行测量, 在此态下可以得到哪些测量值? 相应的几率是多少?

解答　(a) 波函数

$$\psi_{433}=R_{43}Y_3^3=\frac{1}{768\sqrt{35}}\frac{1}{a^{3/2}}\left(\frac{r}{a}\right)^3\mathrm{e}^{-r/(4a)}\left(-\sqrt{\frac{35}{64\pi}}\sin^3\theta\mathrm{e}^{3\mathrm{i}\phi}\right)$$
$$=-\frac{1}{6144\sqrt{\pi}a^{9/2}}r^3\mathrm{e}^{-r/(4a)}\sin^3\theta\cos\theta\mathrm{e}^{3\mathrm{i}\phi}.$$

(b) 期望值

$$\langle r\rangle=\int r\left|\psi_{433}\right|^2\mathrm{d}^3\boldsymbol{r}=\frac{1}{(6144)^2\pi a^9}\int_0^\infty r^9\mathrm{e}^{-r/(2a)}\mathrm{d}r\int_0^\pi\sin^7\theta\mathrm{d}\theta\int_0^{2\pi}\mathrm{d}\phi$$
$$=\frac{1}{(6144)^2\pi a^9}\left[9!\,(2a)^{10}\right]\left(2\frac{2\cdot4\cdot6}{3\cdot5\cdot7}\right)(2\pi)$$
$$=18a.$$

(c) 因为 $L_x^2+L_y^2=L^2-L_z^2$, 所以测量 $L_x^2+L_y^2$ 等同于测量 $L^2-L_z^2$, 所以在 ψ_{433} 态中测量 $L_x^2+L_y^2$ 的值为 $3(3+1)\hbar^2-3^2\hbar^2=3\hbar^2$, 几率为 1.

习题 4.54　在氢原子的基态中, 发现电子出现在原子核内部的几率有多大?

(a) 首先计算出精确答案, 假设波函数 (方程 (4.80)) 直到 $r=0$ 处都正确, 设 b 为原子核半径.

(b) 将结果以小量 $\varepsilon\equiv2b/a$ 展开为幂级数, 证明: 最低阶是三次方项, 即几率 $P\approx(4/3)(b/a)^3$. 只要 $b\ll a$, 这个近似就是恰当的.

(c) 或者, 假设 $\psi(r)$ 在原子核体积的范围内基本是一个常数, 所以 $P\approx(4/3)\pi b^3|\psi(0)|^2$. 验证用这种方法会得到相同的结果.

(d) 利用 $b\approx10^{-15}$ m 和 $a\approx0.5\times10^{-10}$ m 来估计 P 的数值. 粗略地讲, 这代表了“电子在原子核内停留的时间的分数”.

解答　(a) 基态波函数为

$$\psi_{100}=\frac{1}{\sqrt{\pi a^3}}\mathrm{e}^{-r/a}.$$

电子在原子核内部的几率为

$$P(r<b)=\frac{4\pi}{\pi a^3}\int_0^b\mathrm{e}^{-2r/a}r^2\mathrm{d}r=\frac{4}{a^3}\left(-\frac{a}{2}\mathrm{e}^{-2r/a}r^2-\frac{a^2}{2}\mathrm{e}^{-2r/a}r-\frac{a^3}{4}\mathrm{e}^{-2r/a}\right)\Bigg|_0^b$$
$$=\frac{4}{a^3}\left[\left(-\frac{a}{2}\mathrm{e}^{-2b/a}b^2-\frac{a^2}{2}\mathrm{e}^{-2b/a}b-\frac{a^3}{4}\mathrm{e}^{-2b/a}\right)-\left(-\frac{a^3}{4}\right)\right]$$
$$=1-\left(\frac{2b^2}{a^2}+\frac{2b}{a}+1\right)\mathrm{e}^{-2b/a}.$$

(b) 以小量 $\varepsilon\equiv2b/a$ 展开为幂级数

$$P=1-\left(1+\varepsilon+\frac{1}{2}\varepsilon^2\right)\mathrm{e}^{-\varepsilon}=1-\left(1+\varepsilon+\frac{1}{2}\varepsilon^2\right)\left(1-\varepsilon+\frac{1}{2}\varepsilon^2-\frac{1}{3!}\varepsilon^3+\cdots\right)$$
$$=1-\left(1+\varepsilon+\frac{1}{2}\varepsilon^2\right)+\left(1+\varepsilon+\frac{1}{2}\varepsilon^2\right)\varepsilon-(1+\varepsilon)\frac{1}{2}\varepsilon^2+\frac{1}{3!}\varepsilon^3+\cdots$$

$$= \frac{1}{3!}\varepsilon^3$$
$$= \frac{4}{3}\left(\frac{b}{a}\right)^3.$$

由上式知, 最低阶是三次方项, 几率 $P \approx (4/3)(b/a)^3$. 只要 $b \ll a$, 这个近似就是恰当的.

(c) 假设波函数在原子核内部是常数. 由 $|\psi_{100}(0)|^2 = \frac{1}{\pi a^3}$, 得

$$P = \frac{4\pi}{3}b^3|\psi_{100}(0)|^2 = \frac{4}{3}\left(\frac{b}{a}\right)^2.$$

这与前面的结果相同.

(d) 将 a 和 b 的值代入可得 $P = \frac{4}{3}\left(\frac{10^{-15}}{0.5\times 10^{-10}}\right)^3 = 1.07\times 10^{-14}$.

习题 4.55

(a) 用递推公式 (方程 (4.76)) 证明: 当 $\ell = n-1$ 时, 径向波函数的形式为

$$R_{n(n-1)} = N_n r^{n-1}\mathrm{e}^{-r/na},$$

并通过直接积分求出归一常数 N_n.

(b) 对于形如 $\psi_{n(n-1)m}$ 的态, 计算 $\langle r\rangle$ 和 $\langle r^2\rangle$ 的值.

(c) 证明: 状态 r 的"不确定度"(σ_r) 为 $\langle r\rangle/\sqrt{2n+1}$. 并注意随着 n 的增加, r 的弥散减小 (从这个意义上讲, 对于较大的 n, 这个系统"开始看起来像经典的了", 具有可辨认的圆"轨道"). 画出几个 n 值的径向波函数来说明这一点.

解答 (a) 由方程 (4.75) 知

$$R_{n\ell}(r) = \frac{1}{r}\rho^{\ell+1}\mathrm{e}^{-\rho}v(\rho).$$

由方程 (4.76) 知级数 $v(\rho)$ 的系数满足递推关系

$$c_{j+1} = \frac{2(j+\ell+1-n)}{(j+1)(j+2\ell+2)}c_j.$$

当 $\ell = n-1$ 时, $c_1 = \frac{n-n}{n}c_0 = 0$, 所以

$$R_{n(n-1)}(r) = \frac{1}{r}\rho^n\mathrm{e}^{-\rho}c_0 = N_n r^{n-1}\mathrm{e}^{-r/(na)}, \quad (\rho \equiv r/na)$$

归一化

$$1 = \int_0^\infty \left|R_{n(n-1)}\right|^2 r^2\mathrm{d}r = (N_n)^2\int_0^\infty r^{2n}\mathrm{e}^{-2r/(na)}\mathrm{d}r = (N_n)^2(2n)!\left(\frac{na}{2}\right)^{2n+1},$$

所以

$$N_n = \left(\frac{2}{na}\right)^n\sqrt{\frac{2}{na(2n)!}}.$$

(b) 期望值

$$\langle r\rangle = N_n^2\int_0^\infty r^{2n+1}\mathrm{e}^{-r/(na)}\mathrm{d}r = \left(\frac{2}{na}\right)^{2n+1}\frac{1}{(2n)!}(2n+1)!\left(\frac{na}{2}\right)^{2n+2}$$

$$
\begin{aligned}
&= (2n+1)\left(\frac{na}{2}\right), \\
\langle r^2\rangle = N_n^2\int_0^\infty r^{2n+2}\mathrm{e}^{-r/(na)}\mathrm{d}r &= \left(\frac{2}{na}\right)^{2n+1}\frac{1}{(2n)!}(2n+2)!\left(\frac{na}{2}\right)^{2n+3} \\
&= (2n+2)(2n+1)\left(\frac{na}{2}\right)^2.
\end{aligned}
$$

(c) 方差

$$
\begin{aligned}
\sigma_r^2 &= \langle r^2\rangle - \langle r\rangle^2 = (n+1/2)(n+1)(na)^2 - (n+1/2)^2(na)^2 \\
&= \frac{1}{2}\left(n+\frac{1}{2}\right)(na)^2 = \frac{1}{2(n+1/2)}\langle r\rangle^2 \\
&\Rightarrow \sigma_r = \frac{\langle r\rangle}{\sqrt{2n+1}}.
\end{aligned}
$$

$R_{n(n-1)}(r)$ 的图形如图 4.7 所示.

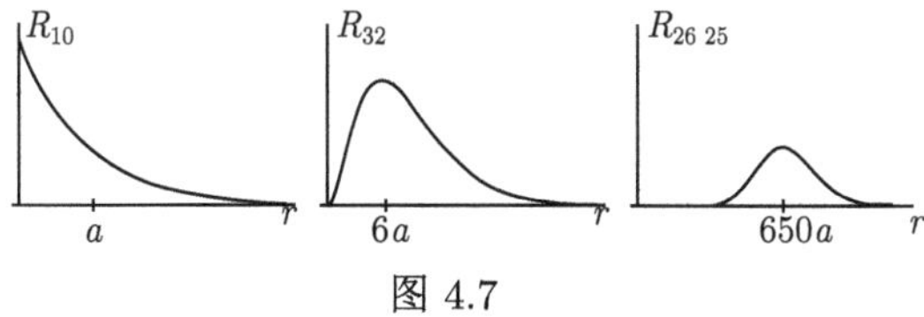

图 4.7

由最大值处导数为零, 得

$$
\frac{\mathrm{d}R_{n(n-1)}}{\mathrm{d}r} = 0 \Rightarrow (n-1)r^{n-2}\mathrm{e}^{-r/(na)} - \frac{1}{na}r^{n-1}\mathrm{e}^{-r/(na)} = 0 \Rightarrow r = na(n-1).
$$

习题 4.56　重叠谱线.① 根据里德伯公式 (方程 (4.93)), 氢光谱中谱线的波长由初态和末态的主量子数决定. 找出两对不同主量子数 $\{n_i, n_f\}$ 却有相同的 λ. 例如, $\{6851, 6409\}$ 和 $\{15283, 11687\}$ 就满足上述要求, 但不允许再重复使用这两对!

解答　根据里德伯公式 (方程 (4.93))

$$
\frac{1}{\lambda} = \Re\left(\frac{1}{n_f^2} - \frac{1}{n_i^2}\right),
$$

我们只需保证 $\dfrac{1}{n_{f1}^2} - \dfrac{1}{n_{i1}^2} = \dfrac{1}{n_{f2}^2} - \dfrac{1}{n_{i2}^2}$ 成立即可.

故可以找到 $\{221, 119\}$ 和 $\{119, 91\}$ 以及 $\{32, 28\}$ 和 $\{224, 56\}$.

习题 4.57　考虑可观测量 $A = x^2$ 和 $B = L_z$.

(a) 构造关于 $\sigma_A\sigma_B$ 的不确定性原理.

① Nicholas Wheeler, 重叠谱线 (里德学院报告, 2001 年, 未发表).

(b) 对于氢原子态 $\psi_{n\ell m}$, 计算 σ_B.

(c) 在该态下, 关于 $\langle xy\rangle$ 你能得到什么结论?

解答 (a) 由方程 (3.62)

$$\sigma_A^2\sigma_B^2 \geqslant \left(\frac{1}{2\mathrm{i}}\left\langle\left[\hat{A},\hat{B}\right]\right\rangle\right)^2$$

及 x^2 与 L_z 的对易关系

$$\left[x^2,L_z\right]=x\left[x,L_z\right]+\left[x,L_z\right]x,$$

其中

$$\begin{aligned}\left[x,L_z\right]&=\left[x,xp_y-yp_x\right]=\left[x,xp_y\right]-\left[x,yp_x\right]\\&=-\left[xp_y,x\right]+\left[yp_x,x\right]\\&=-x\left[p_y,x\right]-\left[x,x\right]p_y+y\left[p_x,x\right]+\left[p_x,x\right]y\\&=y\left(-\mathrm{i}\hbar\right)+\left(-\mathrm{i}\hbar\right)y\\&=-2\mathrm{i}\hbar y,\end{aligned}$$

所以,

$$\left[x^2,L_z\right]=-2\mathrm{i}\hbar xy.$$

故

$$\sigma_{x^2}^2\sigma_{L_z}^2\geqslant\left(\frac{1}{2\mathrm{i}}\left\langle\left[x^2,L_z\right]\right\rangle\right)^2=\left(\hbar\left\langle xy\right\rangle\right)^2\Rightarrow\sigma_{x^2}\sigma_{L_z}\geqslant\hbar\left|\left\langle xy\right\rangle\right|.$$

(b)$\psi_{n\ell m}$ 是 L_z 的本征态, 本征值为 $m\hbar$, 所以

$$\begin{aligned}\left\langle L_z\right\rangle&=\left\langle\psi_{n\ell m}\right|L_z\left|\psi_{n\ell m}\right\rangle=m\hbar,\\\left\langle L_z^2\right\rangle&=\left\langle\psi_{n\ell m}\right|L_z^2\left|\psi_{n\ell m}\right\rangle=m^2\hbar^2,\end{aligned}$$

$$\sigma_{L_z}=\sqrt{\left\langle L_z^2\right\rangle-\left\langle L_z\right\rangle^2}=\sqrt{m^2\hbar^2-\left(m\hbar\right)^2}=0.$$

(c) 由于对 $\psi_{n\ell m}$ 态, $\sigma_{L_z}=0$, (a) 中得出的不确定关系左边为零, 这样为使不确定关系成立, 右边也必须为零, 所以 $\langle xy\rangle=0$.

习题 4.58 电子处在如下自旋态上:

$$\chi=A\begin{pmatrix}1-2\mathrm{i}\\2\end{pmatrix}.$$

(a) 归一化 χ 确定常数 A.

(b) 测量 S_z 分量, 得到哪些值? 相应的几率是多少? S_z 的期望值是什么?

(c) 测量 S_x 分量, 得到哪些值? 相应的几率是多少? S_x 的期望值是什么?

(d) 测量 S_y 分量, 得到哪些值? 相应的几率是多少? S_y 的期望值是什么?

解答 (a) 波函数归一化

$$1=\chi^\dagger\chi=|A|^2\begin{pmatrix}1+2\mathrm{i}&2\end{pmatrix}\begin{pmatrix}1-2\mathrm{i}\\2\end{pmatrix}=9\left|A\right|^2,$$

$$A=\frac{1}{3}.$$

(b) 测量得到 $\frac{\hbar}{2}$(自旋向上) 的几率为

$$P_{+}=|A(1-2\mathrm{i})|^{2}=5|A|^{2}=\frac{5}{9},$$

测量得到 $-\frac{\hbar}{2}$(自旋向下) 的几率为

$$P_{-}=|2A|^{2}=4|A|^{2}=\frac{4}{9}.$$

期望值为

$$\begin{aligned}\langle S_z\rangle=\chi^{\dagger}\boldsymbol{S}_z\chi&=A^*\begin{pmatrix}1+2\mathrm{i} & 2\end{pmatrix}\frac{\hbar}{2}\begin{pmatrix}1&0\\0&-1\end{pmatrix}A\begin{pmatrix}1-2\mathrm{i}\\2\end{pmatrix}\\&=5|A|^{2}\frac{\hbar}{2}+4|A|^{2}\left(-\frac{\hbar}{2}\right)=P_{+}\frac{\hbar}{2}+P_{-}\left(-\frac{\hbar}{2}\right)=\frac{1}{18}\hbar.\end{aligned}$$

(c) 在 S_z 的表象, S_x 的本征矢量为

$$\chi_{+}^{(x)}=\frac{1}{\sqrt{2}}\begin{pmatrix}1\\1\end{pmatrix},\text{本征值为}\frac{\hbar}{2};\chi_{-}^{(x)}=\frac{1}{\sqrt{2}}\begin{pmatrix}1\\-1\end{pmatrix},\text{本征值为}-\frac{\hbar}{2}.$$

测量 S_x 得到 $\frac{\hbar}{2}$ 的几率为

$$P_{+}^{(x)}=\left|\left(\chi_{+}^{(x)}\right)^{\dagger}\chi\right|^{2}=\left|\frac{1}{\sqrt{2}}\begin{pmatrix}1&1\end{pmatrix}\frac{1}{3}\begin{pmatrix}1-2\mathrm{i}\\2\end{pmatrix}\right|^{2}=\frac{1}{18}|1-2\mathrm{i}+2|^{2}=\frac{13}{18},$$

测量 S_x 得到 $-\frac{\hbar}{2}$ 的几率为

$$P_{-}^{(x)}=\left|\left(\chi_{-}^{(x)}\right)^{\dagger}\chi\right|^{2}=\left|\frac{1}{\sqrt{2}}\begin{pmatrix}1&-1\end{pmatrix}\frac{1}{3}\begin{pmatrix}1-2\mathrm{i}\\2\end{pmatrix}\right|^{2}=\frac{1}{18}|1-2\mathrm{i}-2|^{2}=\frac{5}{18}.$$

S_x 的期望值为

$$\langle S_x\rangle=\chi^{\dagger}\boldsymbol{S}_x\chi=\frac{1}{3}\begin{pmatrix}1+2\mathrm{i}&2\end{pmatrix}\frac{\hbar}{2}\begin{pmatrix}0&1\\1&0\end{pmatrix}\frac{1}{3}\begin{pmatrix}1-2\mathrm{i}\\2\end{pmatrix}=\frac{4}{9}\frac{\hbar}{2},$$

或者

$$\langle S_x\rangle=P_{+}^{(x)}\frac{\hbar}{2}+P_{-}^{(x)}\left(-\frac{\hbar}{2}\right)=\frac{13}{18}\frac{\hbar}{2}+\frac{5}{18}\left(-\frac{\hbar}{2}\right)=\frac{4}{9}\frac{\hbar}{2}.$$

(d) 在 S_z 的表象, S_y 的本征矢量为

$$\chi_{+}^{(y)}=\frac{1}{\sqrt{2}}\begin{pmatrix}1\\\mathrm{i}\end{pmatrix},\text{本征值为}\frac{\hbar}{2};\chi_{-}^{(y)}=\frac{1}{\sqrt{2}}\begin{pmatrix}1\\-\mathrm{i}\end{pmatrix},\text{本征值为}-\frac{\hbar}{2}.$$

测量 S_y 得到 $\frac{\hbar}{2}$ 的几率为

$$P_{+}^{(y)}=\left|\left(\chi_{+}^{(y)}\right)^{\dagger}\chi\right|^{2}=\left|\frac{1}{\sqrt{2}}\begin{pmatrix}1&-\mathrm{i}\end{pmatrix}\frac{1}{3}\begin{pmatrix}1-2\mathrm{i}\\2\end{pmatrix}\right|^{2}=\frac{1}{18}|1-2\mathrm{i}-2\mathrm{i}|^{2}=\frac{17}{18},$$

测量 S_y 得到 $-\frac{\hbar}{2}$ 的几率为

$$P_-^{(y)} = \left|\left(\chi_-^{(y)}\right)^\dagger \chi\right|^2 = \left|\frac{1}{\sqrt{2}}\begin{pmatrix} 1 & \mathrm{i} \end{pmatrix}\frac{1}{3}\begin{pmatrix} 1-2\mathrm{i} \\ 2 \end{pmatrix}\right|^2 = \frac{1}{18}\left|1-2\mathrm{i}+2\mathrm{i}\right|^2 = \frac{1}{18}.$$

S_y 的期望值为

$$\langle S_y\rangle = \chi^\dagger \boldsymbol{S}_y \chi = \frac{1}{3}\begin{pmatrix} 1+2\mathrm{i} & 2 \end{pmatrix}\frac{\hbar}{2}\begin{pmatrix} 0 & -\mathrm{i} \\ \mathrm{i} & 0 \end{pmatrix}\frac{1}{3}\begin{pmatrix} 1-2\mathrm{i} \\ 2 \end{pmatrix} = \frac{8}{9}\frac{\hbar}{2},$$

或者

$$\langle S_y\rangle = P_+^{(y)}\frac{\hbar}{2} + P_-^{(y)}\left(-\frac{\hbar}{2}\right) = \frac{17}{18}\frac{\hbar}{2} + \frac{1}{18}\left(-\frac{\hbar}{2}\right) = \frac{8}{9}\frac{\hbar}{2}.$$

*****习题 4.59** 假设两个自旋为 1/2 的粒子处在单态 (方程 (4.176)), 设 $S_a^{(1)}$ 为粒子 1 的自旋角动量在矢量 $\boldsymbol{a}$ 方向上的分量. 同样, $S_b^{(2)}$ 为粒子 2 的自旋角动量在矢量 $\boldsymbol{b}$ 方向上的分量. 证明:

$$\left\langle S_a^{(1)} S_b^{(2)}\right\rangle = -\frac{\hbar^2}{4}\cos\theta,$$

其中 θ 为矢量 $\boldsymbol{a}$ 与 $\boldsymbol{b}$ 之间的夹角.

证明 设 $\boldsymbol{a}$ 的方向为 z 轴方向, $\boldsymbol{b}$ 的方向在 $B = \pm\sqrt{\frac{s_2 \mp m + 1/2}{2s_2+1}}$ 平面内, 所以

$$S_a^{(1)} = S_z^{(1)}, \quad S_b^{(2)} = \cos\theta S_z^{(2)} + \sin\theta S_x^{(2)}.$$

我们需要计算 $\langle 00|\, S_a^{(1)} S_b^{(2)}\, |00\rangle$, 由耦合表象与无耦合表象基矢之间的关系

$$|00\rangle = \frac{1}{\sqrt{2}}\left[\uparrow\downarrow - \downarrow\uparrow\right],$$

以及

$$S_z\uparrow = \frac{\hbar}{2}\uparrow,\ S_z\downarrow = -\frac{\hbar}{2}\downarrow,\ S_x\uparrow = \frac{\hbar}{2}\downarrow,\ S_x\downarrow = \frac{\hbar}{2}\uparrow,$$

得

$$\begin{aligned}
S_a^{(1)} S_b^{(2)}|00\rangle &= \frac{1}{\sqrt{2}}\left[S_z^{(1)}\left(\cos\theta S_z^{(2)} + \sin\theta S_x^{(2)}\right)\right](\uparrow\downarrow - \downarrow\uparrow) \\
&= \frac{1}{\sqrt{2}}\left\{\left(\frac{\hbar}{2}\uparrow\right)\left[\cos\theta\left(-\frac{\hbar}{2}\downarrow\right) + \sin\theta\left(\frac{\hbar}{2}\uparrow\right)\right]\right. \\
&\qquad \left. -\left(-\frac{\hbar}{2}\downarrow\right)\left[\cos\theta\left(\frac{\hbar}{2}\uparrow\right) + \sin\theta\left(\frac{\hbar}{2}\downarrow\right)\right]\right\} \\
&= \frac{\hbar^2}{4}\frac{1}{\sqrt{2}}\left(-\cos\theta\uparrow\downarrow + \sin\theta\uparrow\uparrow + \cos\theta\downarrow\uparrow + \sin\theta\downarrow\downarrow\right) \\
&= \frac{\hbar^2}{4}\left[-\cos\theta\frac{1}{\sqrt{2}}(\uparrow\downarrow - \downarrow\uparrow) + \sin\theta\frac{1}{\sqrt{2}}(\uparrow\uparrow + \downarrow\downarrow)\right] \\
&= \frac{\hbar^2}{4}\left[-\cos\theta|00\rangle + \sin\theta\frac{1}{\sqrt{2}}\left(|11\rangle + |1-1\rangle\right)\right].
\end{aligned}$$

由耦合表象基矢的正交归一性, 得

$$\langle 00|\, S_a^{(1)} S_b^{(2)}\, |00\rangle = -\frac{\hbar^2}{4}\cos\theta.$$

*****习题 4.60**

(a) 当 $s_1 = 1/2, s_2$ 为任意值时, 求出 CG 系数. **提示**　这里需要求的是下式中的 A 和 B:

$$|s\ m\rangle = A\left|\frac{1}{2}\ s_2\ \frac{1}{2}\ \left(m-\frac{1}{2}\right)\right\rangle + B\left|\frac{1}{2}\ s_2\ -\frac{1}{2}\ \left(m+\frac{1}{2}\right)\right\rangle,$$

满足 $|s\ m\rangle$ 是 S^2 的一个本征态. 使用方程 (4.177)~(4.180) 的方法. 如果不能计算出 $S_x^{(2)}$(例如) 对 $|s_2\ m_2\rangle$ 的作用, 请参考方程 (4.136) 和方程 (4.147) 前面的一行.

(b) 对照教材表 4.8 中的三个或四个条目验证这一普遍结论.

解答　(a) 由于 $S_\pm = S_x \pm \mathrm{i}S_y$, 所以

$$S_x = \frac{1}{2}\left(S_+ + S_-\right), \quad S_y = \frac{1}{2\mathrm{i}}\left(S_+ - S_-\right).$$

故

$$\begin{aligned}
S_x\,|s\ m\rangle &= \frac{1}{2}\left[S_+\,|s\ m\rangle + S_-\,|s\ m\rangle\right] \\
&= \frac{\hbar}{2}\left[\sqrt{s(s+1)-m(m+1)}|s\ m+1\rangle + \sqrt{s(s+1)-m\,(m-1)}\,|s\ m-1\rangle\right], \\
S_y\,|s\ m\rangle &= \frac{1}{2\mathrm{i}}\left(S_+\,|s\ m\rangle - S_-\,|s\ m\rangle\right) \\
&= \frac{1}{2\mathrm{i}}\left[\sqrt{s(s+1)-m\,(m+1)}\,|s\ m+1\rangle - \sqrt{s\,(s+1)-m\,(m-1)}\,|S\ m-1\rangle\right].
\end{aligned}$$

利用

$$\begin{aligned}
S^2 &= \left(\boldsymbol{S}^{(1)} + \boldsymbol{S}^{(2)}\right)\cdot\left(\boldsymbol{S}^{(1)} + \boldsymbol{S}^{(2)}\right) = \left(S^{(1)}\right)^2 + \left(S^{(2)}\right)^2 + 2\boldsymbol{S}^{(1)}\cdot\boldsymbol{S}^{(2)} \\
&= \left(S^{(1)}\right)^2 + \left(S^{(2)}\right)^2 + 2\left(S_x^{(1)}S_x^{(2)} + S_y^{(1)}S_y^{(2)} + S_z^{(1)}S_z^{(2)}\right),
\end{aligned}$$

以及耦合表象基矢与无耦合表象基矢的关系

$$|s\ m\ s_1\ s_1\rangle = \sum_{m_1} C_{m_1}\,|s_1\ m_1\rangle\,|s_2\ m-m_1\rangle\,.$$

当 $s_1 = 1/2, m_1 = \pm 1/2$ 时,

$$|s\ m\rangle = A\left|\frac{1}{2}\ \frac{1}{2}\right\rangle\left|s_2\ m-\frac{1}{2}\right\rangle + B\left|\frac{1}{2}\ -\frac{1}{2}\right\rangle\left|s_2\ m+\frac{1}{2}\right\rangle.$$

A, B 就是我们要求的 CG 系数

$$S^2\,|s\ m\rangle = \left[\left(S^{(1)}\right)^2 + \left(S^{(2)}\right)^2 + 2\left(S_x^{(1)}S_x^{(2)} + S_y^{(1)}S_y^{(2)} + S_z^{(1)}S_z^{(2)}\right)\right]$$

$$
\begin{aligned}
&\times\left[A\left|\frac{1}{2}\ \frac{1}{2}\right\rangle\left|s_2\ m-\frac{1}{2}\right\rangle+B\left|\frac{1}{2}\ -\frac{1}{2}\right\rangle\left|s_2\ m+\frac{1}{2}\right\rangle\right]\\
=&A\left\{\left[\left(S^{(1)}\right)^2\left|\frac{1}{2}\ \frac{1}{2}\right\rangle\right]\left|s_2\ m-\frac{1}{2}\right\rangle+\left|\frac{1}{2}\ -\frac{1}{2}\right\rangle\left[\left(S^{(2)}\right)^2\left|s_2\ m-\frac{1}{2}\right\rangle\right]\right.\\
&+2\left[\left(S_x^{(1)}\left|\frac{1}{2}\ \frac{1}{2}\right\rangle\right)\left(S_x^{(2)}\left|s_2\ m-\frac{1}{2}\right\rangle\right)+\left(S_y^{(1)}\left|\frac{1}{2}\ \frac{1}{2}\right\rangle\right)\right.\\
&\left.\left.\times\left(S_y^{(2)}\left|s_2\ m-\frac{1}{2}\right\rangle\right)+\left(S_z^{(1)}\left|\frac{1}{2}\ \frac{1}{2}\right\rangle\right)\left(S_z^{(2)}\left|s_2\ m-\frac{1}{2}\right\rangle\right)\right]\right\}\\
&+B\left\{\left[\left(S^{(1)}\right)^2\left|\frac{1}{2}\ -\frac{1}{2}\right\rangle\right]\left|s_2\ m+\frac{1}{2}\right\rangle+\left|\frac{1}{2}\ \frac{1}{2}\right\rangle\left[\left(S^{(2)}\right)^2\left|s_2\ m+\frac{1}{2}\right\rangle\right]\right.\\
&+2\left[\left(S_x^{(1)}\left|\frac{1}{2}\ -\frac{1}{2}\right\rangle\right)\left(S_x^{(2)}\left|s_2\ m+\frac{1}{2}\right\rangle\right)+\left(S_y^{(1)}\left|\frac{1}{2}\ -\frac{1}{2}\right\rangle\right)\right.\\
&\left.\left.\times\left(S_y^{(2)}\left|s_2\ m+\frac{1}{2}\right\rangle\right)+\left(S_z^{(1)}\left|\frac{1}{2}\ -\frac{1}{2}\right\rangle\right)\left(S_z^{(2)}\left|s_2\ m+\frac{1}{2}\right\rangle\right)\right]\right\}\\
=&A\left\{\frac{3}{4}\hbar^2\left|\frac{1}{2}\ \frac{1}{2}\right\rangle\left|s_2\ m-\frac{1}{2}\right\rangle+\hbar^2 s_2(s_2+1)\left|\frac{1}{2}\ \frac{1}{2}\right\rangle\left|s_2\ m-\frac{1}{2}\right\rangle\right.\\
&+2\left[\frac{\hbar}{2}\left|\frac{1}{2}\ \frac{1}{2}\right\rangle\frac{\hbar}{2}\left(\sqrt{s_2(s_2+1)-\left(m-\frac{1}{2}\right)\left(m+\frac{1}{2}\right)}\left|s_2\ m+\frac{1}{2}\right\rangle\right.\right.\\
&\left.+\sqrt{s_2(s_2+1)-\left(m-\frac{1}{2}\right)\left(m-\frac{3}{2}\right)}\left|s_2\ m-\frac{3}{2}\right\rangle\right)\\
&+\frac{\mathrm{i}\hbar}{2}\left|\frac{1}{2}\ \frac{1}{2}\right\rangle\frac{\hbar}{2\mathrm{i}}\left(\sqrt{s_2(s_2+1)-\left(m-\frac{1}{2}\right)\left(m+\frac{1}{2}\right)}\left|s_2\ m+\frac{1}{2}\right\rangle\right.\\
&\left.-\sqrt{s_2(s_2+1)-\left(m-\frac{1}{2}\right)\left(m-\frac{3}{2}\right)}\left|s_2\ m-\frac{3}{2}\right\rangle\right)\\
&\left.\left.+\frac{\hbar}{2}\left|\frac{1}{2}\ \frac{1}{2}\right\rangle\hbar\left(m-\frac{1}{2}\right)\left|s_2\ m-\frac{1}{2}\right\rangle\right]\right\}\\
&+B\left\{\frac{3}{4}\hbar^2\left|\frac{1}{2}\ -\frac{1}{2}\right\rangle\left|s_2\ m+\frac{1}{2}\right\rangle+\hbar^2 s_2(s_2+1)\left|\frac{1}{2}\ -\frac{1}{2}\right\rangle\left|s_2\ m+\frac{1}{2}\right\rangle\right.\\
&+2\left[\frac{\hbar}{2}\left|\frac{1}{2}\ \frac{1}{2}\right\rangle\frac{\hbar}{2}\left(\sqrt{s_2(s_2+1)-\left(m+\frac{1}{2}\right)\left(m+\frac{3}{2}\right)}\left|s_2\ m+\frac{3}{2}\right\rangle\right.\right.\\
&\left.+\sqrt{s_2(s_2+1)-\left(m+\frac{1}{2}\right)\left(m-\frac{1}{2}\right)}\left|s_2\ m-\frac{1}{2}\right\rangle\right)\\
&-\frac{\mathrm{i}\hbar}{2}\left|\frac{1}{2}\ \frac{1}{2}\right\rangle\frac{\hbar}{2\mathrm{i}}\left(\sqrt{s_2(s_2+1)-\left(m+\frac{1}{2}\right)\left(m+\frac{3}{2}\right)}\left|s_2\ m+\frac{3}{2}\right\rangle\right.\\
&\left.-\sqrt{s_2(s_2+1)-\left(m+\frac{1}{2}\right)\left(m-\frac{1}{2}\right)}\left|s_2\ m-\frac{1}{2}\right\rangle\right)\\
&\left.\left.-\frac{\hbar}{2}\left|\frac{1}{2}\ -\frac{1}{2}\right\rangle\hbar\left(m+\frac{1}{2}\right)\left|s_2\ m+\frac{1}{2}\right\rangle\right]\right\}.
\end{aligned}
$$

可以看出上式中含 $\left|s_2\ m\pm\frac{3}{2}\right\rangle$ 的项被相互抵消，按 $\left|\frac{1}{2}\ \frac{1}{2}\right\rangle\left|s_2\ m-\frac{1}{2}\right\rangle$ 和 $\left|\frac{1}{2}\ -\frac{1}{2}\right\rangle\left|s_2\ m+\frac{1}{2}\right\rangle$ 集

项, 得

$$\begin{aligned}s(s+1)|s\ m\rangle &= s(s+1)\left(A\left|\frac{1}{2}\ \frac{1}{2}\right\rangle\left|s_2\ m-\frac{1}{2}\right\rangle+B\left|\ \frac{1}{2}\quad -\frac{1}{2}\ \right\rangle\left|s_2\ m+\frac{1}{2}\right\rangle\right)\\ &=\hbar^2\left\{A\left[\frac{3}{4}+s_2(s_2+1)+m-\frac{1}{2}\right]\right.\\ &\quad\left.+B\sqrt{s_2(s_2+1)-\left(m-\frac{1}{2}\right)\left(m+\frac{1}{2}\right)}\right\}\left|\frac{1}{2}\ \frac{1}{2}\right\rangle\left|s_2\ m-\frac{1}{2}\right\rangle\\ &\quad+\hbar^2\left\{B\left[\frac{3}{4}+s_2(s_2+1)-m-\frac{1}{2}\right]\right.\\ &\quad\left.+A\sqrt{s_2(s_2+1)-\left(m-\frac{1}{2}\right)\left(m+\frac{1}{2}\right)}\right\}\left|\frac{1}{2}-\frac{1}{2}\right\rangle\left|s_2\ m+\frac{1}{2}\right\rangle.\end{aligned}$$

由此得到所求 A, B 满足的方程为

$$A\left[s_2(s_2+1)-s(s+1)+\frac{1}{4}+m\right]+B\sqrt{s_2(s_2+1)-m^2+\frac{1}{4}}=0,$$

$$B\left[s_2(s_2+1)-s(s+1)+\frac{1}{4}-m\right]+A\sqrt{s_2(s_2+1)-m^2+\frac{1}{4}}=0.$$

这个方程组有非零解的条件是系数行列式等于零, 即

$$\left[s_2(s_2+1)-s(s+1)+\frac{1}{4}\right]^2-m^2-\left[s_2(s_2+1)-m^2+\frac{1}{4}\right]=0.$$

由此, 得

$$\left[s_2(s_2+1)-s(s+1)+\frac{1}{4}\right]^2=s_2^2+s_2+\frac{1}{4}=\left(s_2+\frac{1}{2}\right)^2,$$

$$\begin{aligned}&\left[s_2(s_2+1)-s(s+1)+\frac{1}{4}-\left(s_2+\frac{1}{2}\right)\right]\\ &\cdot\left[s_2(s_2+1)-s(s+1)+\frac{1}{4}+\left(s_2+\frac{1}{2}\right)\right]=0,\end{aligned}$$

$$\left\{\begin{aligned}&s_2(s_2+1)-s(s+1)+\frac{1}{4}-\left(s_2+\frac{1}{2}\right)=0,\\ &s_2(s_2+1)-s(s+1)+\frac{1}{4}+\left(s_2+\frac{1}{2}\right)=0,\end{aligned}\right.$$

$$\left\{\begin{aligned}&\left(s+\frac{1}{2}\right)^2=s_2^2,\\ &\left(s+\frac{1}{2}\right)^2=(s_2+1)^2,\end{aligned}\right.$$

$$\left\{\begin{aligned}&s=\pm s_2-\frac{1}{2}.\\ &s=\pm(s_2+1)-\frac{1}{2}.\end{aligned}\right.$$

由于 $s\geqslant 0,\ s_2\geqslant 0$, 所以 $s=s_2\pm\frac{1}{2}$, 这正是两个角动量合成的规则. 把 $s=s_2+\frac{1}{2}$ 代入 A, B 满足的方程, 得

$$A\left[s_2(s_2+1)-\left(s_2\pm\frac{1}{2}\right)\left(s_2\pm\frac{1}{2}+1\right)+\frac{1}{4}+m\right]+B\sqrt{s_2(s_2+1)-m^2+\frac{1}{4}}=0,$$

$$A\left(s_2+\frac{1}{2}\mp m\right)=\pm B\sqrt{\left(s_2+\frac{1}{2}+m\right)\left(s_2+\frac{1}{2}-m\right)},$$
$$A\sqrt{s_2+\frac{1}{2}\mp m}=\pm B\sqrt{s_2+\frac{1}{2}\pm m},$$

由于归一化的要求, $|A|^2+|B|^2=1$, 得

$$|A|^2+|A|^2\left(\frac{s_2+\frac{1}{2}\mp m}{s_2+\frac{1}{2}\pm m}\right)=\frac{2s_2+1}{s_2+1}|A|^2=1,$$

$$A=\sqrt{\frac{s_2\pm m+\frac{1}{2}}{2s_2+1}},\quad B=\pm\sqrt{\frac{s_2\mp m+\frac{1}{2}}{2s_2+1}}.$$

如果 $s=s_2+\dfrac{1}{2}$, 则正负号取上符号, 如果 $s=s_2-\dfrac{1}{2}$, 则正负号取下符号.

(b) 根据教材表 4.8 我们可以验证

(1) $s_2=1,\ s=\dfrac{3}{2},\ m=\dfrac{1}{2}$;

$$A=\sqrt{\frac{1+\frac{1}{2}+\frac{1}{2}}{2+1}}=\sqrt{\frac{2}{3}},\quad B=\sqrt{\frac{1-\frac{1}{2}+\frac{1}{2}}{2+1}}=\sqrt{\frac{1}{3}}.$$

(2) $s_2=\dfrac{1}{2}, s=1, m=0$;

$$A=\sqrt{\frac{\frac{1}{2}+0+\frac{1}{2}}{1+1}}=\sqrt{\frac{1}{2}},\quad B=\sqrt{\frac{\frac{1}{2}-0+\frac{1}{2}}{1+1}}=\sqrt{\frac{1}{2}}.$$

(3) $s_2=\dfrac{3}{2},\ s=1,\ m=-1$;

$$A=\sqrt{\frac{\frac{3}{2}+1+\frac{1}{2}}{3+1}}=\frac{\sqrt{3}}{2},\quad B=-\sqrt{\frac{\frac{3}{2}-1+\frac{1}{2}}{3+1}}=-\frac{1}{2}.$$

(4) $s_2=2,\ s=\dfrac{3}{2},\ m=\dfrac{1}{2}$;

$$A=\sqrt{\frac{2-\frac{1}{2}+\frac{1}{2}}{4+1}}=\sqrt{\frac{2}{5}},\quad B=-\sqrt{\frac{2+\frac{1}{2}+\frac{1}{2}}{4+1}}=-\sqrt{\frac{3}{5}}.$$

习题 4.61　对自旋为 3/2 的粒子, 求 S_x 的矩阵表示 (用 S_z 的本征态为基). 求解特征值方程确定 S_x 的本征值.

解答　自旋 S 为 3/2 的粒子, S_z 可能的取值为 $\pm3/2$ 和 $\pm1/2$. 所以在 S_z 的表象中, S_z 的四个本征函数为

$$\left|\ \frac{3}{2}\quad\frac{3}{2}\ \right\rangle=\begin{pmatrix}1\\0\\0\\0\end{pmatrix},\quad\left|\ \frac{3}{2}\quad\frac{1}{2}\ \right\rangle=\begin{pmatrix}0\\1\\0\\0\end{pmatrix},$$

$$\left|\ \frac{3}{2}\quad -\frac{1}{2}\ \right\rangle = \begin{pmatrix} 0 \\ 0 \\ 1 \\ 0 \end{pmatrix}, \quad \left|\ \frac{3}{2}\quad -\frac{3}{2}\ \right\rangle = \begin{pmatrix} 0 \\ 0 \\ 0 \\ 1 \end{pmatrix}.$$

由方程 (4.136)

$$S_{\pm}\left|s\ m\right\rangle = \hbar\sqrt{s\left(s+1\right)-m\left(m\pm1\right)}\left|s\ m\pm1\right\rangle,$$

得

$$S_+\left|\frac{3}{2}\ \frac{3}{2}\right\rangle = 0, \quad S_+\left|\frac{3}{2}\ \frac{1}{2}\right\rangle = \sqrt{3}\hbar\left|\frac{3}{2}\ \frac{3}{2}\right\rangle, \quad S_+\left|\frac{3}{2}\ -\frac{1}{2}\right\rangle = 2\hbar\left|\frac{3}{2}\ \frac{1}{2}\right\rangle,$$

$$S_+\left|\frac{3}{2}\ -\frac{3}{2}\right\rangle = \sqrt{3}\hbar\left|\frac{3}{2}\ -\frac{1}{2}\right\rangle, \quad S_-\left|\frac{3}{2}\ \frac{3}{2}\right\rangle = \sqrt{3}\hbar\left|\frac{3}{2}\ \frac{1}{2}\right\rangle,$$

$$S_-\left|\frac{3}{2}\ \frac{1}{2}\right\rangle = 2\hbar\left|\frac{3}{2}\ -\frac{1}{2}\right\rangle, \quad S_-\left|\frac{3}{2}\ -\frac{1}{2}\right\rangle = \sqrt{3}\hbar\left|\frac{3}{2}\ -\frac{3}{2}\right\rangle, \quad S_-\left|\frac{3}{2}\ -\frac{3}{2}\right\rangle = 0.$$

由此可以计算出 S_+, S_- 在 S_z 表象中的矩阵 (解法同习题 4.34, 或者直接求矩阵元)

$$\boldsymbol{\mathcal{S}}_+ = \hbar\begin{pmatrix} 0 & \sqrt{3} & 0 & 0 \\ 0 & 0 & 2 & 0 \\ 0 & 0 & 0 & \sqrt{3} \\ 0 & 0 & 0 & 0 \end{pmatrix}, \quad \boldsymbol{\mathcal{S}}_- = \hbar\begin{pmatrix} 0 & 0 & 0 & 0 \\ \sqrt{3} & 0 & 0 & 0 \\ 0 & 2 & 0 & 0 \\ 0 & 0 & \sqrt{3} & 0 \end{pmatrix}.$$

所以

$$\boldsymbol{\mathcal{S}}_x = \frac{1}{2}\left(\boldsymbol{\mathcal{S}}_+ + \boldsymbol{\mathcal{S}}_-\right) = \frac{1}{2}\hbar\begin{pmatrix} 0 & \sqrt{3} & 0 & 0 \\ \sqrt{3} & 0 & 2 & 0 \\ 0 & 2 & 0 & \sqrt{3} \\ 0 & 0 & \sqrt{3} & 0 \end{pmatrix}.$$

算符 S_x 的本征方程为

$$\frac{1}{2}\hbar\begin{pmatrix} 0 & \sqrt{3} & 0 & 0 \\ \sqrt{3} & 0 & 2 & 0 \\ 0 & 2 & 0 & \sqrt{3} \\ 0 & 0 & \sqrt{3} & 0 \end{pmatrix}\begin{pmatrix} a \\ b \\ c \\ d \end{pmatrix} = \frac{1}{2}\hbar\lambda\begin{pmatrix} a \\ b \\ c \\ d \end{pmatrix},$$

解久期方程

$$\begin{vmatrix} -\lambda & \sqrt{3} & 0 & 0 \\ \sqrt{3} & -\lambda & 2 & 0 \\ 0 & 2 & -\lambda & \sqrt{3} \\ 0 & 0 & \sqrt{3} & -\lambda \end{vmatrix} = 0,$$

$$\to \left(\lambda^2-9\right)\left(\lambda^2-1\right) = 0 \to \lambda = \pm3, \pm1.$$

所以 S_x 的本征值为 $\frac{3}{2}\hbar, \frac{1}{2}\hbar, -\frac{1}{2}\hbar, -\frac{3}{2}\hbar$.

*****习题 4.62**　推广自旋 1/2 (方程 (4.145) 和 (4.147))、自旋 1 (习题 4.34) 和自旋 3/2 (习题 4.61) 的情况, 求出任意自旋 s 的自旋矩阵. 答案:

$$\boldsymbol{S}_z = \hbar\begin{pmatrix} s & 0 & 0 & \cdots & 0 \\ 0 & s-1 & 0 & \cdots & 0 \\ 0 & 0 & s-2 & \cdots & 0 \\ \vdots & \vdots & \vdots & \cdots & \vdots \\ 0 & 0 & 0 & \cdots & -s \end{pmatrix},$$

$$\boldsymbol{S}_x = \frac{\hbar}{2}\begin{pmatrix} 0 & b_s & 0 & 0 & \cdots & 0 & 0 \\ b_s & 0 & b_{s-1} & 0 & \cdots & 0 & 0 \\ 0 & b_{s-1} & 0 & b_{s-2} & \cdots & 0 & 0 \\ 0 & 0 & b_{s-2} & 0 & \cdots & 0 & 0 \\ \vdots & \vdots & \vdots & \vdots & \cdots & \vdots & \vdots \\ 0 & 0 & 0 & 0 & \cdots & 0 & b_{-s+1} \\ 0 & 0 & 0 & 0 & \cdots & b_{-s+1} & 0 \end{pmatrix},$$

$$\boldsymbol{S}_y = \frac{\hbar}{2}\begin{pmatrix} 0 & -\mathrm{i}b_s & 0 & 0 & \cdots & 0 & 0 \\ \mathrm{i}b_s & 0 & -\mathrm{i}b_{s-1} & 0 & \cdots & 0 & 0 \\ 0 & \mathrm{i}b_{s-1} & 0 & -\mathrm{i}b_{s-2} & \cdots & 0 & 0 \\ 0 & 0 & \mathrm{i}b_{s-2} & 0 & \cdots & 0 & 0 \\ \vdots & \vdots & \vdots & \vdots & \cdots & \vdots & \vdots \\ 0 & 0 & 0 & 0 & \cdots & 0 & -ib_{-s+1} \\ 0 & 0 & 0 & 0 & \cdots & ib_{-s+1} & 0 \end{pmatrix},$$

其中 $b_j \equiv \sqrt{(s+j)(s+1-j)}$.

解答 此题是在 S, S_z 的共同表象中求出自旋矩阵的表示. 对于任意自旋 s, S_z 的取值为 $s\hbar$, $(s-1)\hbar$, $(s-2)\hbar$, $\cdots$, $-s\hbar$. 用 $|m\rangle$ 代表 S_z 为 $m\hbar$ 的态, 即 $S_z|m\rangle = m\hbar|m\rangle$, 则矩阵元 $(S_z)_{nm} = \langle n|S_z|m\rangle = m\hbar\delta_{nm}$,(在自身表象中, $\boldsymbol{S}_z$ 是对角矩阵.)

$$\boldsymbol{S}_z = \hbar\begin{pmatrix} s & 0 & \cdots & 0 \\ 0 & s-1 & \cdots & 0 \\ \vdots & \vdots & \ddots & \vdots \\ 0 & 0 & \cdots & -s \end{pmatrix}.$$

从方程 (4.136) 得

$$S_\pm|s\ m\rangle = \hbar\sqrt{s(s+1)-m(m\pm1)}|s\ m\pm1\rangle = \hbar\sqrt{(s\mp m)(s\pm m+1)}|s\ m\pm1\rangle,$$

得矩阵元为

$$\begin{aligned}(S_+)_{nm} &= \langle n|S_+|m\rangle = \hbar\sqrt{(s-m)(s+m+1)}\langle n/m+1\rangle \\ &= \hbar b_{m+1}\delta_{n,m+1} = \hbar b_n\delta_{n,m+1},\end{aligned}$$

其中 m 代表行号, n 代表列号, 并且

$$b_n \equiv \sqrt{(s-n+1)(s+n)}.$$

所以

$$\mathcal{S}_+ = \hbar \begin{pmatrix} 0 & b_s & 0 & \cdots & 0 \\ 0 & 0 & b_{s-1} & \cdots & 0 \\ \vdots & \vdots & \vdots & \ddots & \vdots \\ 0 & 0 & 0 & \cdots & b_{-s+1} \\ 0 & 0 & 0 & \cdots & 0 \end{pmatrix}.$$

同理

$$\langle s\ n|\, S_-\, |s\ m\rangle = \hbar\sqrt{(s+m)\,(s-m+1)}\delta_{n,m-1} = \hbar b_m \delta_{n,m-1}.$$

所以

$$\mathcal{S}_- = \hbar \begin{pmatrix} 0 & 0 & \cdots & 0 & 0 \\ b_s & 0 & \cdots & 0 & 0 \\ 0 & b_{s-1} & \cdots & 0 & 0 \\ \vdots & \vdots & \ddots & \vdots & \vdots \\ 0 & 0 & \cdots & b_{-s+1} & 0 \end{pmatrix},$$

从而得

$$\mathcal{S}_x = \frac{1}{2}\left(\mathcal{S}_+ + \mathcal{S}_-\right) = \frac{\hbar}{2} \begin{pmatrix} 0 & b_s & 0 & 0 & \cdots & 0 & 0 \\ b_s & 0 & b_{s-1} & 0 & \cdots & 0 & 0 \\ 0 & b_{s-1} & 0 & b_{s-2} & \cdots & 0 & 0 \\ 0 & 0 & b_{s-2} & 0 & \cdots & 0 & 0 \\ \vdots & \vdots & \vdots & \vdots & \ddots & \vdots & \vdots \\ 0 & 0 & 0 & 0 & \cdots & 0 & b_{-s+1} \\ 0 & 0 & 0 & 0 & \cdots & b_{-s+1} & 0 \end{pmatrix},$$

$$\mathcal{S}_y = \frac{1}{2\mathrm{i}}\left(\mathcal{S}_+ - \mathcal{S}_-\right) = \frac{\hbar}{2\mathrm{i}} \begin{pmatrix} 0 & b_s & 0 & 0 & \cdots & 0 & 0 \\ -b_s & 0 & b_{s-1} & 0 & \cdots & 0 & 0 \\ 0 & -b_{s-1} & 0 & b_{s-2} & \cdots & 0 & 0 \\ 0 & 0 & -b_{s-2} & 0 & \cdots & 0 & 0 \\ \vdots & \vdots & \vdots & \vdots & \ddots & \vdots & \vdots \\ 0 & 0 & 0 & 0 & \cdots & 0 & b_{-s+1} \\ 0 & 0 & 0 & 0 & \cdots & -b_{-s+1} & 0 \end{pmatrix}.$$

*****习题 4.63**　按如下方法计算球谐函数的归一化因子. 从 4.1.2 节知

$$Y_\ell^m = K_\ell^m \mathrm{e}^{\mathrm{i}m\phi} P_\ell^m(\cos\theta);$$

问题是求出因子 K_ℓ^m(方程 (4.32) 中引用了, 但没有推导). 用方程 (4.120), (4.121) 和 (4.130) 得到一个由 K_ℓ^m 表示 K_ℓ^{m+1} 的递推关系式. 通过对 m 归纳确定 K_ℓ^m, 使 K_ℓ^m 达到一个常数, $C(\ell) \equiv K_\ell^0$. 最后, 利用习题 4.25 的结果来确定常数大小. 关于缔合勒让德函数的导数, 可能会发现以下公式很有用:

$$\left(1-x^2\right)\frac{\mathrm{d}P_\ell^m}{\mathrm{d}x} = -\sqrt{1-x^2}P_\ell^{m} - mxP_\ell^m.$$

解答　由习题 4.25 知

$$L_{\pm}Y_{\ell}^{m}=\hbar\sqrt{(\ell\mp m)(\ell\pm m+1)}Y_{\ell}^{m\pm1},$$

$$L_{\pm}=\pm\hbar\mathrm{e}^{\pm\mathrm{i}\phi}\left(\frac{\partial}{\partial\theta}\pm\mathrm{i}\cot\theta\frac{\partial}{\partial\phi}\right).$$

这里选用 L_{+}, 代入 $Y_{\ell}^{m}=B_{\ell}^{m}\mathrm{e}^{\mathrm{i}m\phi}P_{\ell}^{m}(\cos\theta)$, 得

$$\begin{aligned}&\hbar\mathrm{e}^{\mathrm{i}\phi}\left(\frac{\partial}{\partial\theta}+\mathrm{i}\cot\theta\frac{\partial}{\partial\phi}\right)B_{\ell}^{m}\mathrm{e}^{\mathrm{i}m\phi}P_{\ell}^{m}(\cos\theta)\\&=\hbar\sqrt{(\ell-m)(\ell+m+1)}B_{\ell}^{m+1}\mathrm{e}^{\mathrm{i}(m+1)\phi}P_{\ell}^{m+1}(\cos\theta)\\&\to\left(\frac{\partial}{\partial\theta}-m\cot\theta\right)B_{\ell}^{m}P_{\ell}^{m}(\cos\theta)=\sqrt{(\ell-m)(\ell+m+1)}B_{\ell}^{m+1}P_{\ell}^{m+1}(\cos\theta).\end{aligned}$$

令 $\cos\theta=x$, 则 $\dfrac{\mathrm{d}}{\mathrm{d}\theta}=\dfrac{\mathrm{d}x}{\mathrm{d}\theta}\dfrac{\mathrm{d}}{\mathrm{d}x}=-\sin\theta\dfrac{\mathrm{d}}{\mathrm{d}x}=-\sqrt{1-x^{2}}\dfrac{\mathrm{d}}{\mathrm{d}x},\cot\theta=\dfrac{x}{\sqrt{1-x^{2}}}$, 代入上式, 得

$$B_{l}^{m}\left(-\sqrt{1-x^{2}}\frac{\mathrm{d}}{\mathrm{d}x}-m\frac{x}{\sqrt{1-x^{2}}}\right)P_{\ell}^{m}(x)=\sqrt{(\ell-m)(\ell+m+1)}B_{\ell}^{m+1}P_{\ell}^{m+1}(x),$$

整理, 得

$$-B_{l}^{m}\frac{1}{\sqrt{1-x^{2}}}\left[\left(1-x^{2}\right)\frac{\mathrm{d}}{\mathrm{d}x}P_{\ell}^{m}+mxP_{\ell}^{m}\right]=\sqrt{(\ell-m)(\ell+m+1)}B_{\ell}^{m+1}P_{\ell}^{m+1}.$$

代入本题所给公式

$$\left(1-x^{2}\right)\frac{\mathrm{d}P_{\ell}^{m}}{\mathrm{d}x}=-\sqrt{1-x^{2}}P_{\ell}^{m+1}-mxP_{\ell}^{m},$$

得

$$B_{\ell}^{m}P_{\ell}^{m+1}=\sqrt{(\ell-m)(\ell+m+1)}B_{\ell}^{m+1}P_{\ell}^{m+1},$$

所以

$$B_{\ell}^{m+1}=\frac{1}{\sqrt{(\ell-m)(\ell+m+1)}}B_{\ell}^{m}.$$

当 $m>0$ 时,

$$\begin{aligned}&B_{\ell}^{1}=\frac{1}{\sqrt{(\ell-1)\ell}}B_{\ell}^{0}=\frac{\sqrt{(\ell-1)!}}{\sqrt{(\ell+1)!}}B_{\ell}^{0},\\&B_{\ell}^{2}=\frac{1}{\sqrt{(\ell-1)(\ell+2)}}B_{\ell}^{1}=\frac{1}{\sqrt{\ell(\ell+1)(\ell-1)(\ell+2)}}B_{\ell}^{0}=\frac{\sqrt{(\ell-2)!}}{\sqrt{(\ell+2)!}}B_{\ell}^{0},\\&\cdots\cdots\\&B_{\ell}^{m}=\frac{1}{\sqrt{(\ell-m+1)(\ell-m+2)\cdots(\ell+m)}}B_{\ell}^{0}=\frac{\sqrt{(\ell-m)!}}{\sqrt{(\ell+m)!}}B_{\ell}^{0}.\end{aligned}$$

当 $m<0$ 时, 因为 $B_{\ell}^{-m}=B_{\ell}^{m}$, 所以

$$B_{\ell}^{m}=\frac{\sqrt{(\ell-|m|)!}}{\sqrt{(\ell+|m|)!}}B_{\ell}^{0},$$

由习题 4.22 结果知

$$Y_\ell^\ell = \frac{1}{2^{\ell+1}l!}\sqrt{\frac{(2\ell+1)!}{\pi}}\left(e^{i\phi}\sin\theta\right)^\ell = B_\ell^\ell e^{i\ell\phi}P_\ell^\ell(\cos\theta).$$

因为

$$P_\ell^\ell(x) = (-1)^\ell\left(1-x^2\right)^{\ell/2}\left(\frac{d}{dx}\right)^\ell\frac{1}{2^\ell\ell!}\left(\frac{d}{dx}\right)^\ell\left(x^2-1\right)^\ell = (-1)^\ell\frac{(2\ell)!}{2^\ell\ell!}\left(1-x^2\right)^{\ell/2},$$

$$P_\ell^\ell(\cos\theta) = (-1)^\ell\frac{(2\ell)!}{2^\ell\ell!}(\sin\theta)^\ell,$$

所以

$$\frac{(-1)^\ell}{2^{\ell+1}\ell!}\sqrt{\frac{(2\ell+1)!}{\pi}}\left(e^{i\phi}\sin\theta\right)^\ell = (-1)^\ell B_\ell^\ell e^{i\ell\phi}\frac{(2\ell)!}{2^\ell\ell!}(\sin\theta)^\ell$$

$$\Rightarrow B_\ell^\ell = \sqrt{\frac{2\ell+1}{4\pi(2\ell)!}}$$

$$\Rightarrow B_\ell^0 = \sqrt{\frac{2\ell+1}{4\pi}},$$

因此

$$B_\ell^m = \sqrt{\frac{(2\ell+1)(\ell-|m|)!}{4\pi(\ell+|m|)!}}.$$

习题 4.64 氢原子中的电子占据自旋和位置的结合态,

$$R_{21}\left(\sqrt{1/3}Y_1^0\chi_+ + \sqrt{2/3}Y_1^1\chi_-\right).$$

(a) 对轨道角动量的平方 (L^2) 进行测量, 可能得到哪些值? 相应的几率是多少?

(b) 同样, 对轨道角动量的 z 分量 (L_z) 进行测量结果如何?

(c) 同样, 对自旋角动量的平方 (S^2) 进行测量结果如何?

(d) 同样, 对自旋角动量 z 分量 (S_z) 进行测量结果如何? 设总角动量 $\boldsymbol{J} \equiv \boldsymbol{L}+\boldsymbol{S}$.

(e) 对总角动量的平方 J^2 进行测量, 可能得到哪些值? 相应的几率是多少?

(f) 同样, 对 J_z 进行测量结果如何?

(g) 对该粒子的位置进行测量, 在 r, θ, ϕ 处找到它的几率密度为多少?

(h) 对自旋的 z 分量和到原点的距离进行测量 (注意 这些为相容的可观测量), 发现粒子在半径 r 处且自旋向上的几率密度为多少?

解答 (a) 测量 L^2, 因 L^2 只对 ℓ 起作用, 所以 $L^2=1(1+1)\hbar^2=2\hbar^2$, $P=1$.

(b) 测量 L_z, 只对 m 起作用, 可得 $L_z=0$, $P=\frac{1}{3}$; $L_z=\hbar$, $P=\frac{2}{3}$.

(c) 测量 S^2 可得 $S^2=\frac{3\hbar^2}{4}$, $P=1$.

(d) 测量 S_z 可得 $S_z=\frac{\hbar}{2}$, $P=\frac{1}{3}$; $S_z=-\frac{\hbar}{2}$, $P=\frac{2}{3}$.

要想知道测量总角动量的情况, 需要把无耦合表象的基矢 $|\ell\ \ell_z\ s\ s_z\rangle$ 用耦合表象的基矢 $|j\ j_z\ \ell\ s\rangle$ 表示出来, 对本题 $j=\frac{3}{2},\ \frac{1}{2}$, 而 $j_z=\ell_z+s_z$ 对波函数中的两项都为 $\frac{1}{2}$. 由 CG 系数表 (教材表 4.8) 可得

$$\begin{aligned}\left|\ \frac{3}{2}\quad\frac{1}{2}\quad 1\quad\frac{1}{2}\ \right\rangle&=\sqrt{\frac{2}{3}}\left|\ 1\quad 0\quad\frac{1}{2}\quad\frac{1}{2}\ \right\rangle+\frac{1}{\sqrt{3}}\left|\ 1\quad 1\quad\frac{1}{2}\quad-\frac{1}{2}\ \right\rangle\\&=\sqrt{\frac{2}{3}}Y_1^0\chi_++\frac{1}{\sqrt{3}}Y_1^1\chi_-,\end{aligned}$$

$$\begin{aligned}\left|\ \frac{1}{2}\quad\frac{1}{2}\quad 1\quad\frac{1}{2}\ \right\rangle&=\sqrt{\frac{1}{3}}\left|\ 1\quad 0\quad\frac{1}{2}\quad\frac{1}{2}\ \right\rangle+\sqrt{\frac{2}{3}}\left|\ 1\quad 1\quad\frac{1}{2}\quad-\frac{1}{2}\ \right\rangle\\&=\sqrt{\frac{1}{3}}Y_1^0\chi_++\sqrt{\frac{2}{3}}Y_1^1\chi_-,\end{aligned}$$

解得

$$Y_1^0\chi_+=\frac{\sqrt{2}}{\sqrt{3}}\left|\ \frac{3}{2}\quad\frac{1}{2}\quad 1\quad\frac{1}{2}\ \right\rangle-\frac{1}{\sqrt{3}}\left|\ \frac{1}{2}\quad\frac{1}{2}\quad 1\quad\frac{1}{2}\ \right\rangle,$$

$$Y_1^1\chi_-=-\sqrt{3}\left|\ \frac{3}{2}\quad\frac{1}{2}\quad 1\quad\frac{1}{2}\ \right\rangle+\sqrt{6}\left|\ \frac{1}{2}\quad\frac{1}{2}\quad 1\quad\frac{1}{2}\ \right\rangle.$$

所以用耦合表象的基矢表示有

$$\begin{aligned}\psi&=R_{21}\left(\sqrt{1/3}Y_1^0\chi_++\sqrt{2/3}Y_1^1\chi_-\right)\\&=R_{21}\left[\frac{2\sqrt{2}}{3}\left|\ \frac{3}{2}\quad\frac{1}{2}\quad 1\quad\frac{1}{2}\ \right\rangle+\frac{1}{3}\left|\ \frac{1}{2}\quad\frac{1}{2}\quad 1\quad\frac{1}{2}\ \right\rangle\right].\end{aligned}$$

(e) 测量 J^2 可得 $J^2=\frac{15}{4}\hbar^2,\ P=\frac{8}{9};\ J^2=\frac{3}{4}\hbar^2,\ P=\frac{1}{9}$.

(f) 测量 J_z 可得 $J_z=\frac{1}{2}\hbar,\ P=1$.

(g) 粒子位置只与空间部分有关, 故

$$\begin{aligned}|\psi|^2&=|R_{21}|^2\left[\frac{1}{3}\left|Y_1^0\right|^2(\chi_+)^\dagger\chi_++\frac{2}{3}\left|Y_1^1\right|^2(\chi_-)^\dagger\chi_-\right.\\&\quad\left.+\frac{\sqrt{2}}{3}Y_1^{0*}Y_1^1(\chi_+)^\dagger\chi_-+\frac{\sqrt{2}}{3}Y_1^{1*}Y_1^0(\chi_-)^\dagger\chi_+\right]\\&=\frac{1}{3}|R_{21}|^2\left(\left|Y_1^0\right|^2+2\left|Y_1^1\right|^2\right)\\&=\frac{1}{3}\cdot\frac{1}{24}\cdot\frac{1}{a^3}\cdot\frac{r^2}{a^2}\mathrm{e}^{-r/a}\left(\frac{3}{4\pi}\cos^2\theta+2\frac{3}{8\pi}\sin^2\theta\right)\\&=\frac{1}{3}\cdot\frac{1}{24}\cdot\frac{1}{a^3}\cdot\frac{r^2}{a^2}\mathrm{e}^{-r/a}\frac{3}{4\pi}=\frac{1}{96\pi}\frac{r^2}{a^5}\mathrm{e}^{-r/a}.\end{aligned}$$

(h) 粒子自旋向上时只须考虑 $\frac{1}{\sqrt{3}}|R_{21}|^2\left|Y_1^0\right|^2$ 部分, 对角度积分得到在半径 r 处的几率密度为

$$\int\left|R_{21}\sqrt{1/3}Y_1^0\right|^2\sin\theta\mathrm{d}\theta\mathrm{d}\phi=\frac{1}{3}|R_{21}|^2=\frac{1}{72a^5}r^2\mathrm{e}^{-r/a}.$$

****习题 4.65** 如果将三个自旋为 1/2 的粒子进行组合, 可以得到总自旋为 3/2 或 1/2 (后者可以通过两种不同的方式实现). 利用方程 (4.175) 和 (4.176) 所表示的方法, 构建四重态和两个双重态:

$$\left\{\begin{array}{ll}\left|\begin{array}{cc}\frac{3}{2} & \frac{3}{2}\end{array}\right\rangle & =?? \\ \left|\begin{array}{cc}\frac{3}{2} & \frac{1}{2}\end{array}\right\rangle & =?? \\ \left|\begin{array}{cc}\frac{3}{2} & \frac{-1}{2}\end{array}\right\rangle & =?? \\ \left|\begin{array}{cc}\frac{3}{2} & \frac{-3}{2}\end{array}\right\rangle & =??\end{array}\right\} \quad s=\frac{3}{2} \quad (\text{四重态})$$

$$\left\{\begin{array}{ll}\left|\begin{array}{cc}\frac{1}{2} & \frac{1}{2}\end{array}\right\rangle_1 & =?? \\ \left|\begin{array}{cc}\frac{1}{2} & \frac{-1}{2}\end{array}\right\rangle_1 & =??\end{array}\right\} \quad s=\frac{1}{2} \quad (\text{双重态 } 1)$$

$$\left\{\begin{array}{ll}\left|\begin{array}{cc}\frac{1}{2} & \frac{1}{2}\end{array}\right\rangle_2 & =?? \\ \left|\begin{array}{cc}\frac{1}{2} & \frac{-1}{2}\end{array}\right\rangle_2 & =??\end{array}\right\} \quad s=\frac{1}{2} \quad (\text{双重态 } 2)$$

提示 第一个很容易: $\left|\begin{array}{cc}\frac{3}{2} & \frac{3}{2}\end{array}\right\rangle = |\uparrow\uparrow\uparrow\rangle$; 利用降阶算符得到四重态的其他态. 对于双重态, 可以从前两个单重态开始, 然后添加上第三个:

$$\left|\begin{array}{cc}\frac{1}{2} & \frac{1}{2}\end{array}\right\rangle_1 = \frac{1}{\sqrt{2}}\left(|\uparrow\downarrow\rangle - |\downarrow\uparrow\rangle\right)|\uparrow\rangle.$$

从这开始 (保证 $\left|\begin{array}{cc}\frac{1}{2} & \frac{1}{2}\end{array}\right\rangle_2$ 与 $\left|\begin{array}{cc}\frac{1}{2} & \frac{1}{2}\end{array}\right\rangle_1$ 和 $\left|\begin{array}{cc}\frac{3}{2} & \frac{1}{2}\end{array}\right\rangle$ 是相互正交的). **注意** 这两个双重态不是唯一确定的——它们任意线性组合的自旋都为 $\frac{1}{2}$. 重点是构建两个独立的双重态.

解答 总自旋为 $\frac{3}{2}$ 的态的一个最简单的组合是自旋分量都朝向 z 的正方向, 即

$$\left|\frac{3}{2}\ \frac{3}{2}\right\rangle = \left|\frac{1}{2}\ \frac{1}{2}\right\rangle \left|\frac{1}{2}\ \frac{1}{2}\right\rangle \left|\frac{1}{2}\ \frac{1}{2}\right\rangle = |\uparrow\uparrow\uparrow\rangle .$$

要得到其余三个态 $\left|\frac{3}{2}\ \frac{1}{2}\right\rangle$, $\left|\frac{3}{2}\ \frac{-1}{2}\right\rangle$ 和 $\left|\frac{3}{2}\ \frac{-3}{2}\right\rangle$ 与自旋分量朝向的关系, 可以采用自旋降阶算符作用到上式中. (当然也可以从自旋分量都朝向 z 的负方向开始, 此时要采用自旋升阶算符.)

首先, 我们考虑单粒子自旋降阶算符 (方程 (4.146))

$$S_- = \hbar\begin{pmatrix} 0 & 0 \\ 1 & 0 \end{pmatrix},$$

$$S_-\left|\uparrow\right\rangle=\hbar\begin{pmatrix}0&0\\1&0\end{pmatrix}\begin{pmatrix}1\\0\end{pmatrix}=\hbar\begin{pmatrix}0+0\\1+0\end{pmatrix}=\hbar\begin{pmatrix}0\\1\end{pmatrix}=\hbar\left|\downarrow\right\rangle,$$

$$S_-\left|\downarrow\right\rangle=\hbar\begin{pmatrix}0&0\\1&0\end{pmatrix}\begin{pmatrix}0\\1\end{pmatrix}=\hbar\begin{pmatrix}0+0\\0+0\end{pmatrix}=\hbar\begin{pmatrix}0\\0\end{pmatrix}=0.$$

那么三粒子的自旋降阶算符为

$$S_-=S_{1-}+S_{2-}+S_{3-}.$$

所以,

$$\begin{aligned}S_-\left|\frac{3}{2}\ \frac{3}{2}\right\rangle&=\left(S_{1-}+S_{2-}+S_{3-}\right)\left|\uparrow\uparrow\uparrow\right\rangle=S_{1-}\left|\uparrow\uparrow\uparrow\right\rangle+S_{2-}\left|\uparrow\uparrow\uparrow\right\rangle+S_{3-}\left|\uparrow\uparrow\uparrow\right\rangle\\&=\hbar\left(\left|\downarrow\uparrow\uparrow\right\rangle+\left|\uparrow\downarrow\uparrow\right\rangle+\left|\uparrow\uparrow\downarrow\right\rangle\right).\end{aligned}$$

同时, 由方程 (4.121) 可知

$$S_-\left|s\ m\right\rangle=\hbar\sqrt{\left(s+m\right)\left(s-m+1\right)}\left|s\ m-1\right\rangle,$$

所以

$$S_-\left|\frac{3}{2}\ \frac{3}{2}\right\rangle=\hbar\sqrt{\left(\frac{3}{2}+\frac{3}{2}\right)\left(\frac{3}{2}-\frac{3}{2}+1\right)}\left|\frac{3}{2}\ \left(\frac{3}{2}-1\right)\right\rangle=\sqrt{3}\hbar\left|\frac{3}{2}\ \frac{1}{2}\right\rangle.$$

联立已经推导出的上述两式,

$$\sqrt{3}\hbar\left|\frac{3}{2}\ \frac{1}{2}\right\rangle=\hbar\left(\left|\downarrow\uparrow\uparrow\right\rangle+\left|\uparrow\downarrow\uparrow\right\rangle+\left|\uparrow\uparrow\downarrow\right\rangle\right),$$

$$\left|\frac{3}{2}\ \frac{1}{2}\right\rangle=\frac{1}{\sqrt{3}}\left(\left|\downarrow\uparrow\uparrow\right\rangle+\left|\uparrow\downarrow\uparrow\right\rangle+\left|\uparrow\uparrow\downarrow\right\rangle\right),$$

此为得到的另一种四重态的形式.

再次利用自旋降阶算符作用到 $\left|\frac{3}{2}\ \frac{1}{2}\right\rangle=\frac{1}{\sqrt{3}}\left(\left|\downarrow\uparrow\uparrow\right\rangle+\left|\uparrow\downarrow\uparrow\right\rangle+\left|\uparrow\uparrow\downarrow\right\rangle\right)$ 的两边, 得

$$S_-\left|\frac{3}{2}\ \frac{1}{2}\right\rangle=\frac{1}{\sqrt{3}}\left(S_{1-}+S_{2-}+S_{3-}\right)\left(\left|\downarrow\uparrow\uparrow\right\rangle+\left|\uparrow\downarrow\uparrow\right\rangle+\left|\uparrow\uparrow\downarrow\right\rangle\right),$$

$$\begin{aligned}\hbar\sqrt{\left(\frac{3}{2}+\frac{1}{2}\right)\left(\frac{3}{2}-\frac{1}{2}+1\right)}\left|\frac{3}{2}\ \left(\frac{1}{2}-1\right)\right\rangle&=\frac{1}{\sqrt{3}}S_{1-}\left(\left|\downarrow\uparrow\uparrow\right\rangle+\left|\uparrow\downarrow\uparrow\right\rangle+\left|\uparrow\uparrow\downarrow\right\rangle\right)\\&\quad+\frac{1}{\sqrt{3}}S_{2-}\left(\left|\downarrow\uparrow\uparrow\right\rangle+\left|\uparrow\downarrow\uparrow\right\rangle+\left|\uparrow\uparrow\downarrow\right\rangle\right)\\&\quad+\frac{1}{\sqrt{3}}S_{3-}\left(\left|\downarrow\uparrow\uparrow\right\rangle+\left|\uparrow\downarrow\uparrow\right\rangle+\left|\uparrow\uparrow\downarrow\right\rangle\right),\end{aligned}$$

对上式化简, 得

$$\begin{aligned}2\hbar\left|\frac{3}{2}\ \left(-\frac{1}{2}\right)\right\rangle&=\frac{\hbar}{\sqrt{3}}\left(0+\left|\downarrow\downarrow\uparrow\right\rangle+\left|\downarrow\uparrow\downarrow\right\rangle\right)\\&\quad+\frac{\hbar}{\sqrt{3}}\left(\left|\downarrow\downarrow\uparrow\right\rangle+0+\left|\uparrow\downarrow\downarrow\right\rangle\right)\\&\quad+\frac{\hbar}{\sqrt{3}}\left(\left|\downarrow\uparrow\downarrow\right\rangle+\left|\uparrow\downarrow\downarrow\right\rangle+0\right),\end{aligned}$$

$$\left|\frac{3}{2}\ \left(-\frac{1}{2}\right)\right\rangle=\frac{1}{\sqrt{3}}\left(|\downarrow\downarrow\uparrow\rangle+|\downarrow\uparrow\downarrow\rangle+|\uparrow\downarrow\downarrow\rangle\right).$$

再次利用自旋降阶算符作用到上面结果, 得

$$S_-\left|\frac{3}{2}\ \left(-\frac{1}{2}\right)\right\rangle=\frac{1}{\sqrt{3}}\left(S_{1-}+S_{2-}+S_{3-}\right)\left(|\downarrow\downarrow\uparrow\rangle+|\downarrow\uparrow\downarrow\rangle+|\uparrow\downarrow\downarrow\rangle\right),$$

$$\hbar\sqrt{\left(\frac{3}{2}-\frac{1}{2}\right)\left(\frac{3}{2}+\frac{1}{2}+1\right)}\left|\frac{3}{2}\ \left(-\frac{1}{2}-1\right)\right\rangle=\frac{\hbar}{\sqrt{3}}\left(0+0+|\downarrow\downarrow\downarrow\rangle+0+|\downarrow\downarrow\downarrow\rangle\right.$$
$$\left.+0+|\downarrow\downarrow\downarrow\rangle+0+0\right),$$

$$\left|\frac{3}{2}\ \left(-\frac{3}{2}\right)\right\rangle=|\downarrow\downarrow\downarrow\rangle.$$

对于双重态, 我们先考虑只有两个自旋变动的情况, 设第一个自旋双重态为

$$\left|\frac{1}{2}\ \frac{1}{2}\right\rangle_1=\frac{1}{\sqrt{2}}\left(|\uparrow\downarrow\uparrow\rangle-|\downarrow\uparrow\uparrow\rangle\right).\text{(费米子满足反对易关系, 所以相减.)}$$

同刚开始的计算一样, 采用自旋降阶算符作用到上式, 得

$$S_-\left|\frac{1}{2}\ \frac{1}{2}\right\rangle_1=\frac{1}{\sqrt{2}}\left(S_{1-}+S_{2-}+S_{3-}\right)\left(|\uparrow\downarrow\uparrow\rangle-|\downarrow\uparrow\uparrow\rangle\right).$$

等式左边为

$$S_-\left|\frac{1}{2}\ \frac{1}{2}\right\rangle_1=\hbar\sqrt{\left(\frac{1}{2}+\frac{1}{2}\right)\left(\frac{1}{2}-\frac{1}{2}+1\right)}\left|\frac{1}{2}\ \left(\frac{1}{2}-1\right)\right\rangle_1=\hbar\left|\frac{1}{2}\ \left(-\frac{1}{2}\right)\right\rangle_1.$$

等式右边为

$$\frac{1}{\sqrt{2}}\left(S_{1-}+S_{2-}+S_{3-}\right)\left(|\uparrow\downarrow\uparrow\rangle-|\downarrow\uparrow\uparrow\rangle\right)=\frac{\hbar}{\sqrt{2}}\left(|\downarrow\downarrow\uparrow\rangle-0+0-|\downarrow\downarrow\uparrow\rangle+|\uparrow\downarrow\downarrow\rangle-|\downarrow\uparrow\downarrow\rangle\right).$$

两边相等, 可得

$$\left|\frac{1}{2}\ \left(-\frac{1}{2}\right)\right\rangle_1=\frac{1}{\sqrt{2}}\left(|\uparrow\downarrow\downarrow\rangle-|\downarrow\uparrow\downarrow\rangle\right).\text{(第一个自旋双重态的第二个)}$$

现在我们考虑三个自旋分量都改变的组合

$$\left|\frac{1}{2}\ \frac{1}{2}\right\rangle_2=a\,|\uparrow\uparrow\downarrow\rangle+b\,|\uparrow\downarrow\uparrow\rangle+c\,|\downarrow\uparrow\uparrow\rangle.$$

这里非耦合态前面的系数可利用正交归一性条件解出. 首先, 仔细分析 $\left|\frac{1}{2}\ \frac{1}{2}\right\rangle_2$ 可以看出其三个非耦合态分别为 $|\uparrow\uparrow\downarrow\rangle$, $|\uparrow\downarrow\uparrow\rangle$ 和 $|\downarrow\uparrow\uparrow\rangle$. 若使得在正交性条件下, 前面的系数不为零, 我们必须找到其他组合态中至少包含这三个非耦合态中的一个. 选择

$$\left|\frac{1}{2}\ \frac{1}{2}\right\rangle_1=\frac{1}{\sqrt{2}}\left(|\uparrow\downarrow\uparrow\rangle-|\downarrow\uparrow\uparrow\rangle\right)\text{和}\left|\frac{3}{2}\ \frac{1}{2}\right\rangle=\frac{1}{\sqrt{3}}\left(|\downarrow\uparrow\uparrow\rangle+|\uparrow\downarrow\uparrow\rangle+|\uparrow\uparrow\downarrow\rangle\right),$$

分别计算

$$0={}_1\left\langle\frac{1}{2}\ \frac{1}{2}\middle|\frac{1}{2}\ \frac{1}{2}\right\rangle_2=\frac{1}{\sqrt{2}}\left(\left(\langle\uparrow\downarrow\uparrow|-\langle\downarrow\uparrow\uparrow|\right)\left(a\,|\uparrow\uparrow\downarrow\rangle+b\,|\uparrow\downarrow\uparrow\rangle+c\,|\downarrow\uparrow\uparrow\rangle\right)\right)$$

$$= \frac{1}{\sqrt{2}}\left(b\langle\uparrow\downarrow\uparrow \mid \uparrow\downarrow\uparrow\rangle - c\langle\downarrow\uparrow\uparrow \mid \downarrow\uparrow\uparrow\rangle\right)$$
$$= \frac{1}{\sqrt{2}}(b-c),$$

得 $b-c=0$.

$$\begin{aligned}0 = \left\langle \frac{3}{2}\ \frac{1}{2} \middle| \frac{1}{2}\ \frac{1}{2}\right\rangle_2 &= \frac{1}{\sqrt{3}}\left(|\downarrow\uparrow\uparrow\rangle + |\uparrow\downarrow\uparrow\rangle + |\uparrow\uparrow\downarrow\rangle\right)\left(a|\uparrow\uparrow\downarrow\rangle + b|\uparrow\downarrow\uparrow\rangle + c|\downarrow\uparrow\uparrow\rangle\right) \\ &= \frac{1}{\sqrt{3}}\left(c\langle\downarrow\uparrow\uparrow \mid \downarrow\uparrow\uparrow\rangle + b\langle\uparrow\downarrow\uparrow \mid \uparrow\downarrow\uparrow\rangle + a\langle\uparrow\uparrow\downarrow \mid \uparrow\uparrow\downarrow\rangle\right) \\ &= \frac{1}{\sqrt{3}}(a+b+c),\end{aligned}$$

得 $a+b+c=0$.

再由归一化条件 $a^2+b^2+c^2=1$, 所以 $b=c=\frac{1}{\sqrt{6}},\ a=-\frac{2}{\sqrt{6}}$.

因此, $\left|\frac{1}{2}\ \frac{1}{2}\right\rangle_2 = -\frac{2}{\sqrt{6}}|\uparrow\uparrow\downarrow\rangle + \frac{1}{\sqrt{6}}|\uparrow\downarrow\uparrow\rangle + \frac{1}{\sqrt{6}}|\downarrow\uparrow\uparrow\rangle$.

再次采用自旋降阶算符作用于上式, 得

$$S_-\left|\frac{1}{2}\ \frac{1}{2}\right\rangle_2 = (S_{1-}+S_{2-}+S_{3-})\left(-\frac{2}{\sqrt{6}}|\uparrow\uparrow\downarrow\rangle + \frac{1}{\sqrt{6}}|\uparrow\downarrow\uparrow\rangle + \frac{1}{\sqrt{6}}|\downarrow\uparrow\uparrow\rangle\right).$$

等式左边为

$$S_-\left|\frac{1}{2}\ \frac{1}{2}\right\rangle_2 = \hbar\sqrt{\left(\frac{1}{2}+\frac{1}{2}\right)\left(\frac{1}{2}-\frac{1}{2}+1\right)}\left|\frac{1}{2}\ \left(\frac{1}{2}-1\right)\right\rangle_2 = \hbar\left|\frac{1}{2}\ \left(-\frac{1}{2}\right)\right\rangle_2.$$

等式右边为

$$\begin{aligned}&(S_{1-}+S_{2-}+S_{3-})\left(-\frac{2}{\sqrt{6}}|\uparrow\uparrow\downarrow\rangle + \frac{1}{\sqrt{6}}|\uparrow\downarrow\uparrow\rangle + \frac{1}{\sqrt{6}}|\downarrow\uparrow\uparrow\rangle\right) \\ &= \hbar\left(-\frac{2}{\sqrt{6}}|\downarrow\uparrow\downarrow\rangle + \frac{1}{\sqrt{6}}|\downarrow\downarrow\uparrow\rangle + 0 - \frac{2}{\sqrt{6}}|\uparrow\downarrow\downarrow\rangle + 0\right. \\ &\quad \left. + \frac{1}{\sqrt{6}}|\downarrow\downarrow\uparrow\rangle - 0 + \frac{1}{\sqrt{6}}|\uparrow\downarrow\downarrow\rangle + \frac{1}{\sqrt{6}}|\downarrow\uparrow\downarrow\rangle\right) \\ &= -\frac{\hbar}{\sqrt{6}}|\downarrow\uparrow\downarrow\rangle + \frac{2\hbar}{\sqrt{6}}|\downarrow\downarrow\uparrow\rangle - \frac{\hbar}{\sqrt{6}}|\uparrow\downarrow\downarrow\rangle.\end{aligned}$$

左右两边相等, 得

$$\hbar\left|\frac{1}{2}\ \left(-\frac{1}{2}\right)\right\rangle_2 = -\frac{\hbar}{\sqrt{6}}|\downarrow\uparrow\downarrow\rangle + \frac{2\hbar}{\sqrt{6}}|\downarrow\downarrow\uparrow\rangle - \frac{\hbar}{\sqrt{6}}|\uparrow\downarrow\downarrow\rangle,$$

即

$$\left|\frac{1}{2}\ \left(-\frac{1}{2}\right)\right\rangle_2 = -\frac{1}{\sqrt{6}}|\downarrow\uparrow\downarrow\rangle + \frac{2}{\sqrt{6}}|\downarrow\downarrow\uparrow\rangle - \frac{1}{\sqrt{6}}|\uparrow\downarrow\downarrow\rangle.$$

习题 4.66 对一般情况下自旋为 1/2 粒子的态 (方程 (4.139)), 推导出 S_x 和 S_y 满足最小不确定性的条件 (即在 $\sigma_{S_x}\sigma_{S_y} \geqslant (\hbar/2)|\langle S_z\rangle|$ 中取等号). 答案: 不失一般性地可以选择 a 为实数; 那么最小不确定性条件是, b 要么是纯实数, 要么是纯虚数.

解答　对于一般归一化旋量

$$\chi=\begin{pmatrix}a\\b\end{pmatrix},\quad |a|^2+|b|^2=1.$$

$$\langle S_z\rangle=\langle\chi^*|\,S_z\,|\chi\rangle=\begin{pmatrix}a^* & b^*\end{pmatrix}\frac{\hbar}{2}\begin{pmatrix}1 & 0\\0 & -1\end{pmatrix}\begin{pmatrix}a\\b\end{pmatrix}=\frac{\hbar}{2}\left(|a|^2-|b|^2\right),$$

$$\langle S_x\rangle=\begin{pmatrix}a^* & b^*\end{pmatrix}\frac{\hbar}{2}\begin{pmatrix}0 & 1\\1 & 0\end{pmatrix}\begin{pmatrix}a\\b\end{pmatrix}=\frac{\hbar}{2}\left(a^*b+b^*a\right)=\hbar\mathrm{Re}\left(ab^*\right),$$

$$\langle S_y\rangle=\begin{pmatrix}a^* & b^*\end{pmatrix}\frac{\hbar}{2}\begin{pmatrix}0 & -\mathrm{i}\\\mathrm{i} & 0\end{pmatrix}\begin{pmatrix}a\\b\end{pmatrix}=\frac{\hbar}{2}\left(-\mathrm{i}a^*b+\mathrm{i}b^*a\right)=-\hbar\mathrm{Im}\left(ab^*\right),$$

$$\left\langle S_x^2\right\rangle=\left\langle S_y^2\right\rangle=\frac{\hbar^2}{4}.$$

令

$$a=|a|\,\mathrm{e}^{\mathrm{i}\varphi_a},\quad b=|b|\,\mathrm{e}^{\mathrm{i}\varphi_b},$$

$$ab^*=|a|\,|b|\,\mathrm{e}^{\mathrm{i}(\varphi_a-\varphi_b)}=|a|\,|b|\,\mathrm{e}^{\mathrm{i}\theta},\quad \theta\equiv\varphi_a-\varphi_b.$$

所以

$$\langle S_x\rangle=\hbar\mathrm{Re}\left(ab^*\right)=\hbar\,|a|\,|b|\cos\theta,\quad \langle S_y\rangle=-\hbar\mathrm{Im}(ab^*)=-\hbar\,|a|\,|b|\sin\theta.$$

$$\sigma_{S_x}^2=\left\langle S_x^2\right\rangle-\langle S_x\rangle^2=\frac{1}{4}\hbar^2-\hbar^2\,|a|^2\,|b|^2\cos^2\theta.$$

$$\sigma_{S_y}^2=\left\langle S_y^2\right\rangle-\langle S_y\rangle^2=\frac{1}{4}\hbar^2-\hbar^2\,|a|^2\,|b|^2\sin^2\theta.$$

最小不确定性条件成立时, $\left(\sigma_{S_x}\sigma_{S_y}\right)^2=\left(\hbar^2/4\right)|\langle S_z\rangle|^2$, 即

$$\frac{\hbar^2}{4}\left(1-4\,|a|^2\,|b|^2\cos^2\theta\right)\frac{\hbar^2}{4}\left(1-4\,|a|^2\,|b|^2\sin^2\theta\right)=\left(\frac{\hbar^2}{4}\right)^2\left(|a|^2-|b|^2\right)^2$$

$$\rightarrow 1-4\,|a|^2\,|b|^2\left(\cos^2\theta+\sin^2\theta\right)+16\,|a|^4\,|b|^4\cos^2\theta\sin^2\theta=|a|^4+|b|^4-2\,|a|^2\,|b|^2,$$

$$1+16\,|a|^4\,|b|^4\cos^2\theta\sin^2\theta=|a|^4+|b|^4+2\,|a|^2\,|b|^2=\left(|a|^2+|b|^2\right)^2=1.$$

所以有

$$|a|^4\,|b|^4\cos^2\theta\sin^2\theta=0,$$

$$\theta=0,\ \pi,\quad a=\pm b\text{或}\theta=\pm\frac{\pi}{2},\quad a=\pm\mathrm{i}b,\text{即}a=\pm b,\pm\mathrm{i}b.$$

如果把 a 取为实数, 那么最小不确定性的条件是, b 要么是纯实数, 要么是纯虚数.

****习题 4.67　磁阻挫.** 考虑自旋为 1/2 的三个粒子排列在三角形的顶点上, 它们之间的相互作用由如下哈密顿量描述:

$$H=J\left(\boldsymbol{S}_1\cdot\boldsymbol{S}_2+\boldsymbol{S}_2\cdot\boldsymbol{S}_3+\boldsymbol{S}_3\cdot\boldsymbol{S}_1\right),$$

其中 J 为正的常数. 相互作用使得近邻自旋按照相反方向排列 (即**反铁磁**, 如果它们是磁偶极子), 但是三角形排列意味着这三对自旋并不能同时满足该条件 (图 4.8). 这就是几何“阻挫”.

(a) 证明: 哈密顿量可以用总自旋的平方 S^2 表示, 其中 $\boldsymbol{S}=\sum_i\boldsymbol{S}_i$.

(b) 求基态能量和其简并度.

(c) 现在考虑自旋为 1/2 的四个粒子分别排列在正方形的顶点上, 最近邻相互作用的哈密顿量为

$$H = J\left(\boldsymbol{S}_1 \cdot \boldsymbol{S}_2 + \boldsymbol{S}_2 \cdot \boldsymbol{S}_3 + \boldsymbol{S}_3 \cdot \boldsymbol{S}_4 + \boldsymbol{S}_4 \cdot \boldsymbol{S}_1\right).$$

该情况下, 基态是唯一的. 证明: 哈密顿量可以写为

$$H = \frac{1}{2}J\left[S^2 - \left(\boldsymbol{S}_1 + \boldsymbol{S}_3\right)^2 - \left(\boldsymbol{S}_2 + \boldsymbol{S}_4\right)^2\right].$$

基态的能量是多少?

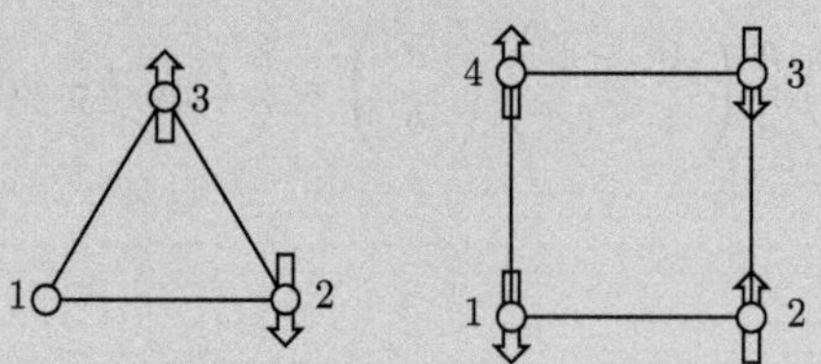

图 4.8　三个自旋排列在三角形的顶点上, 无法使每两个相邻的自旋都满足反平行条件. 相反, 四个自旋排列在四边形的顶点上不会出现阻挫

解答　(a) 关键在于找出总自旋 S 与自旋交叉项之间的关系, 显然

$$S^2 = (S_1 + S_2 + S_3)^2 = \left(S_1^2 + S_2^2 + S_3^2 + 2S_1S_2 + 2S_2S_3 + 2S_3S_1\right).$$

所以哈密顿量可写为

$$\begin{aligned} H &= J\left(\boldsymbol{S}_1 \cdot \boldsymbol{S}_2 + \boldsymbol{S}_2 \cdot \boldsymbol{S}_3 + \boldsymbol{S}_3 \cdot \boldsymbol{S}_4 + \boldsymbol{S}_4 \cdot \boldsymbol{S}_1\right) \\ &= \frac{1}{2}J\left(S^2 - S_1^2 - S_2^2 - S_3^2\right). \end{aligned}$$

由于

$$S_i^2 = S_i\left(S_i + 1\right)\hbar^2 = \frac{1}{2}\left(\frac{1}{2} + 1\right)\hbar^2 = \frac{3}{4}\hbar^2,$$

所以

$$H = \frac{1}{2}J\left(S^2 - 3\frac{3}{4}\hbar^2\right) = \frac{1}{2}J\left(S^2 - \frac{9}{4}\hbar^2\right).$$

(b) 先看自旋排列情况, 由习题 4.65 知

$$\left.\begin{cases} \left|\frac{3}{2}\ \ \frac{3}{2}\right\rangle = |\uparrow\uparrow\uparrow\rangle \\ \left|\frac{3}{2}\ \ \frac{1}{2}\right\rangle = \frac{1}{\sqrt{3}}\left(|\downarrow\uparrow\uparrow\rangle + |\uparrow\downarrow\uparrow\rangle + |\uparrow\uparrow\downarrow\rangle\right) \\ \left|\frac{3}{2}\ \ \frac{-1}{2}\right\rangle = \frac{1}{\sqrt{3}}\left(|\downarrow\downarrow\uparrow\rangle + |\downarrow\uparrow\downarrow\rangle + |\uparrow\downarrow\downarrow\rangle\right) \\ \left|\frac{3}{2}\ \ \frac{-3}{2}\right\rangle = |\downarrow\downarrow\downarrow\rangle \end{cases}\right\} s = \frac{3}{2}\ (\text{四重态}),$$

$$\left.\begin{cases} \left|\frac{1}{2}\ \ \frac{1}{2}\right\rangle_1 = \frac{1}{\sqrt{2}}\left(|\uparrow\downarrow\uparrow\rangle - |\downarrow\uparrow\uparrow\rangle\right) \\ \left|\frac{1}{2}\ \ \frac{-1}{2}\right\rangle_1 = \frac{1}{\sqrt{2}}\left(|\uparrow\downarrow\downarrow\rangle - |\downarrow\uparrow\downarrow\rangle\right) \end{cases}\right\} s = \frac{1}{2}\ (\text{双重态 1}),$$

$$\left\{\begin{array}{ll}\left|\begin{array}{cc}\frac{1}{2} & \frac{1}{2}\end{array}\right\rangle_2 & =-\frac{2}{\sqrt{6}}|\uparrow\uparrow\downarrow\rangle+\frac{1}{\sqrt{6}}|\uparrow\downarrow\uparrow\rangle+\frac{1}{\sqrt{6}}|\downarrow\uparrow\uparrow\rangle \\ \left|\begin{array}{cc}\frac{1}{2} & \frac{-1}{2}\end{array}\right\rangle_2 & =-\frac{1}{\sqrt{6}}|\downarrow\uparrow\downarrow\rangle+\frac{2}{\sqrt{6}}|\downarrow\downarrow\uparrow\rangle-\frac{1}{\sqrt{6}}|\uparrow\downarrow\downarrow\rangle\end{array}\right\} s=\frac{1}{2}\ (\text{双重态 } 2),$$

所以基态总自旋 $S=1/2$ 的态有四个. 基态能量为

$$H=\frac{1}{2}J\left[\frac{1}{2}\left(\frac{1}{2}+1\right)\hbar^2-\frac{9}{4}\hbar^2\right]=-\frac{3}{4}\hbar^2J.$$

(c)

$$\begin{aligned}S^2-(S_1+S_3)^2-(S_2+S_4)^2&=(S_1+S_2+S_3+S_4)^2-(S_1+S_3)^2-(S_2+S_4)^2\\&=S_1^2+S_2^2+S_3^2+S_4^2+2S_1S_2+2S_1S_3\\&\quad+2S_1S_4+2S_2S_3+2S_2S_4+2S_3S_4\\&\quad-S_1^2-S_3^2-2S_1S_3-S_2^2-S_4^2-2S_2S_4\\&=2\left(S_1S_2+S_2S_3+S_3S_4+S_4S_1\right).\end{aligned}$$

因哈密顿量为

$$H=J\left(\boldsymbol{S}_1\cdot\boldsymbol{S}_2+\boldsymbol{S}_2\cdot\boldsymbol{S}_3+\boldsymbol{S}_3\cdot\boldsymbol{S}_4+\boldsymbol{S}_4\cdot\boldsymbol{S}_1\right),$$

所以

$$H=\frac{1}{2}J\left[S^2-(\boldsymbol{S}_1+\boldsymbol{S}_3)^2-(\boldsymbol{S}_2+\boldsymbol{S}_4)^2\right].$$

设 $\boldsymbol{S}_{1,3}=\boldsymbol{S}_1+\boldsymbol{S}_3$, $\boldsymbol{S}_{2,4}=\boldsymbol{S}_2+\boldsymbol{S}_4$, 那么哈密顿量改写为

$$H=\frac{1}{2}J\left(\boldsymbol{S}^2-\boldsymbol{S}_{1,3}^2-\boldsymbol{S}_{2,4}^2\right)=\frac{1}{2}\hbar^2J\left[s(s+1)-s_{1,3}(s_{1,3}+1)-s_{2,4}(s_{2,4}+1)\right],$$

求基态, 要求 s 取最小值, s_{13} 和 s_{24} 尽可能取它们的最大值.
所以

$s=0$, (对应三个自旋态组合可能值为 2, 1, 0, 取 0.)

$s_{1,3}=1$, $s_{2,4}=1$.(对应两个自旋态组合可能值为 1, 0, 取 1.)

因此, 基态能量为

$$H=\frac{1}{2}\hbar^2J\left[0(0+1)-1(1+1)-1(1+1)\right]=-2\hbar^2J.$$

基态只有一种情况, 1, 3 位置和 2, 4 位置都形成自旋为 1 的三重态, 1, 3 与 2, 4 进行组合形成总自旋为零的组合态.

习题 4.68 设想氢原子处在半径为 b 的无限深球势阱的中心. 令 b 远大于玻尔半径 (a), 因此, 在 $r=b$ 处, 较低的 n 个态受远处“阱壁”的影响不大. 但由于 $u(b)=0$, 我们可以采用习题 2.61 的方法数值求解径向方程 (方程 (4.53)).

(a) 证明: v_j(习题 2.61) 有如下形式

$$v_j=-\frac{2\beta}{j}+\frac{\ell(\ell+1)}{j^2},\text{其中}\beta=\frac{b}{(N+1)a}.$$

(b) 令 $\Delta r\ll a$(以便在势阱范围内选取合理数量的点) 和 $a\ll b$(所以“阱壁”不会对原子造成太大的扭曲). 因此

$$1\ll\beta^{-1}\ll N.$$

令 $\beta = 1/50$ 和 $N = 1000$. 对于 $\ell = 0$, $\ell = 1$ 和 $\ell = 2$ 这三个态, 求出 $\mathbf{H}$ 的三个最低能量本征值, 并画出对应的本征函数. 对比已知 (玻尔) 能量 (方程 (4.70)). 注释除非波函数在 $r = b$ 之前降到零, 否则该系统的能量不能与自由氢原子的能量相一致, 但它们本身就是"压缩氢"的允许能量.①

解答 (a) 方程 (4.53) 为

$$-\frac{\hbar^2}{2m_e}\frac{\mathrm{d}^2 u}{\mathrm{d}r^2} + \left[-\frac{e^2}{4\pi\varepsilon_0}\frac{1}{r} + \frac{\hbar^2}{2m_e}\frac{\ell(\ell+1)}{r^2}\right]u = Eu.$$

其有效势为

$$V(r_j) = \left[-\frac{e^2}{4\pi\varepsilon_0}\frac{1}{r_j} + \frac{\hbar^2}{2m_e}\frac{\ell(\ell+1)}{r_j^2}\right].$$

类比习题 2.61 中的方法,

$$V_j = V(r_j),\ r_j = j\Delta r,\ \Delta r = \frac{b}{N+1}\ \lambda = \frac{\hbar^2}{2m_e(\Delta r)^2},\ v_j = \frac{V_j}{\lambda}.$$

所以

$$v_j = \left[-\frac{e^2}{4\pi\varepsilon_0}\frac{1}{r_j} + \frac{\hbar^2}{2m_e}\frac{\ell(\ell+1)}{r_j^2}\right]\frac{2m_e(\Delta r)^2}{\hbar^2},$$

将 r_j 和 Δr 都用 N 和 b 来表示, 则

$$\begin{aligned}
v_j &= \left[-\frac{e^2}{4\pi\varepsilon_0}\frac{N+1}{jb} + \frac{\hbar^2}{2m_e}\frac{\ell(\ell+1)(N+1)^2}{j^2b^2}\right]\frac{2m_e b^2}{\hbar^2(N+1)^2} \\
&= -\frac{2m_e e^2}{4\pi\varepsilon_0\hbar^2}\frac{b}{N+1}\frac{1}{j} + \frac{l(\ell+1)}{j^2} \\
&= -\frac{2b}{a(N+1)}\frac{1}{j} + \frac{l(\ell+1)}{j^2} \qquad \text{其中} a = \frac{4\pi\varepsilon_0\hbar^2}{m_e e^2}, \\
&= -\frac{2\beta}{j} + \frac{\ell(\ell+1)}{j^2} \qquad \text{其中} \beta = \frac{b}{(N+1)a}.
\end{aligned}$$

(b) 由 $\Delta r \leqslant a \leqslant b$ 得

$$\Delta r = \frac{b}{N+1} \ll a = \frac{b}{(N+1)\beta} \ll b,$$

所以,

$$1 \ll \frac{1}{\beta} \ll N+1 \approx N.$$

由方程 (4.59) 知 $r = 0$ 时, $u(\rho) = u(kr) = u(0) = 0$. 在边界处 $u(b) = 0$. 此时, 我们有着和习题 2.61 相同的边界条件.

取 $\beta = 1/50$ 和 $N = 1000$. 类比方程 (2.199).

$\ell = 0$: 前三个最低能量本征值

−0.00039996, 0.000310079, 0.000189289, **−0.0000999873**, 0.0000899797, **−0.0000399639**, 0.0000132201.

---

① 由于各种原因, 对这一系统已经有大量的研究. 例如, 见 J. M. Ferreyra and C. R. Proetto, *Am. J. Phys.* **81**, 860 (2013).

倒数的几个能量本征值, 可见序号分别为 999, 997, 994. 本征波函数如程序作图所示 (图 4.9).

```
h = Table[If[i == j, 2-(1/25/j), 0], {i, 1000}, {j, 1000}];
k = Table[If[i == j+1, -1, 0], {i, 1000}, {j, 1000}];
m = Table[If[i == j-1, -1, 0], {i, 1000}, {j, 1000}];
p = Table[h[[i, j]]+k[[i, j]]+m[[i, j]], {i, 1000}, {j, 1000}];
EIGENVALUE = Eigenvalues[N[p]];
EVE = Eigenvectors[N[p]];
ListLinePlot[EVE[[999]], PlotRange → {-0.05, 0.07}]
ListLinePlot[EVE[[997]], PlotRange → {-0.05, 0.07}]
ListLinePlot[EVE[[994]], PlotRange → {-0.00, 0.11}]
```

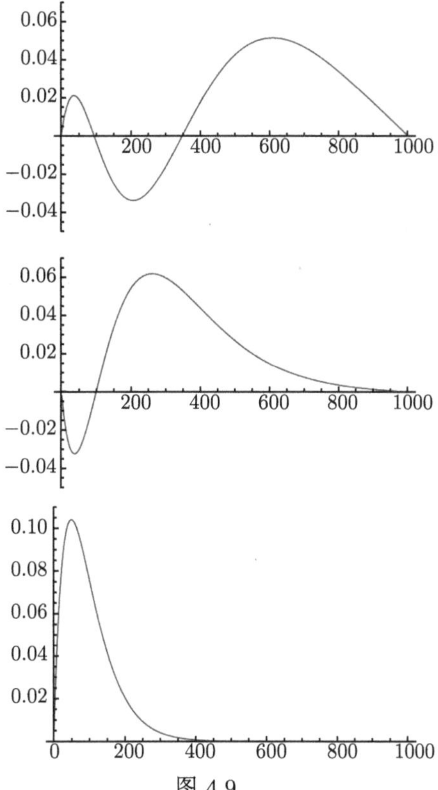

图 4.9

为得到具体的能量值, 由

$$\lambda = \frac{\hbar^2 (N+1)^2}{2m_e b^2} = \frac{\hbar^2}{2m_e a^2}\frac{1}{\beta^2} = \frac{E_1}{\beta^2},$$

可知

$$E = \text{Eigenvalue}\frac{E_1}{\beta^2} = 2500\text{Eigenvalue}\cdot E_1. \ (E_1 = 13.6 \text{ eV})$$

所以最低的能量为

$$-0.0003996 \times 2500 E_1 = -0.999 E_1. \ (\text{真实值为} -\frac{1}{1^2}E_1 = -E_1.)$$

倒数第二低能量为

$$-0.000099987\times 2500E_1=-0.24997E_1.\ (\text{真实值为}-\frac{1}{2^2}E_1=-0.25E_1.)$$

倒数第三低能量为

$$-0.000039964\times 2500E_1=-0.09991E_1.\ (\text{真实值为}-\frac{1}{3^2}E_1=-0.1111E_1.)$$

前两个能量与理论值还是非常接近的, 第三个值不是很接近, 这是因为波函数没有在 $r=b$ 之前就很好地趋近于零 (参见第一幅图).

同样地, $\ell=1$: 前三个能量最低的本征值和波函数 (图 4.10) 如下.

对于 $\ell=1$, n 最小只能取 2, 所以最低的三个理论值为 $\frac{-1}{2^2}E_1=-0.25E_1$, $\frac{-1}{3^2}E_1=-0.1111E_1$ 和 $\frac{-1}{4^2}E_1=-0.0625E_1$.

程序结果为

0.000411828, 0.000279175, 0.00016706, **−0.0000999966**, 0.0000758589, **−0.0000413112**, **6.34473×10^{-6}**.

换算成可对比的形式

$$-0.0000999966\times 2500E_1=-0.2499915E_1.\ (\text{结果很接近理论值.})$$

$-0.0000413112\times 2500E_1=-0.103278E_1$. (结果不是很接近, 因为在$r=b$之前,波函数没有趋近于零.)

$$-6.34473\times 10^{-6}\times 2500E_1=0.015861825E_1.\ (\text{符号都是错的, 情况极其不好.})$$

```
h = Table[If[i == j, 2-(1/25/j)+2/j^2, 0], {i, 1000}, {j, 1000}];
k = Table[If[i == j+1, -1, 0], {i, 1000}, {j, 1000}];
m = Table[If[i == j-1, -1, 0], {i, 1000}, {j, 1000}];
p = Table[h[[i, j]]+k[[i, j]]+m[[i, j]], {i, 1000}, {j, 1000}];
EIGENVALUE = Eigenvalues[N[p]];
EVE = Eigenvectors[N[p]];
ListLinePlot[EVE[[997]], PlotRange → {0, 0.07}]
ListLinePlot[EVE[[999]], PlotRange → {-0.04, 0.07}]
ListLinePlot[EVE[[1000]], PlotRange → {-0.06, 0.07}]
```

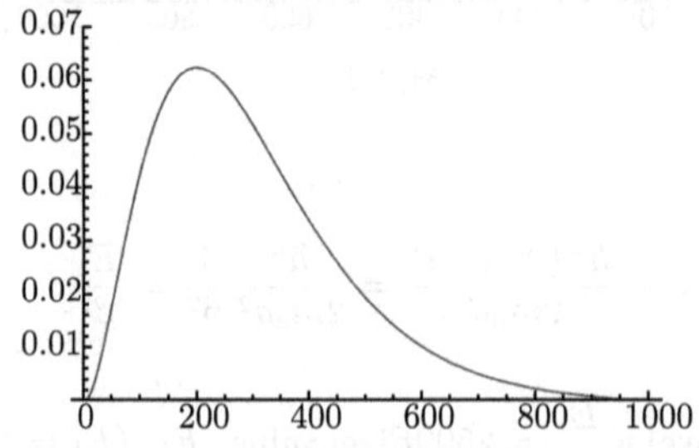

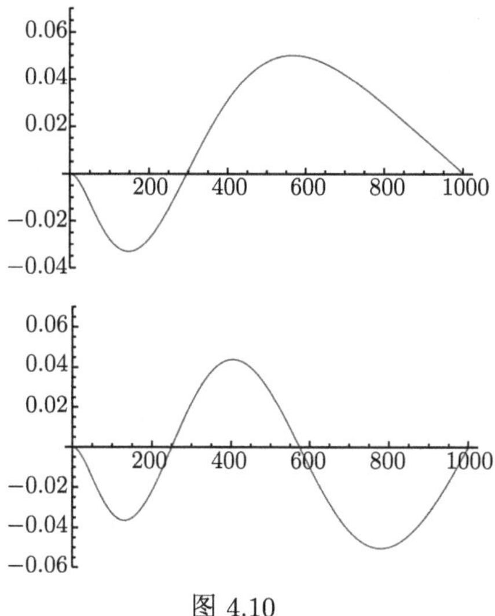

图 4.10

对于 $\ell = 2$(图 4.11), n 最小只能取 3, 理论上三个最低的能量本征值为

$$-\frac{1}{3^2}E_1 = -0.1111E_1, \quad -\frac{1}{4^2}E_1 = -0.0625E_1, \quad -\frac{1}{5^2}E_1 = -0.04E_1.$$

程序给出的最低值为

0.000502083, 0.000359271, 0.000236858, 0.000135092, **0.0000543849**, **−0.0000431832**, $\mathbf{-4.51061 \times 10^{-6}}$.

```
h = Table[If[i == j, 2-(1/25/j)+6/j^2, 0], {i, 1000}, {j, 1000}];
k = Table[If[i == j+1, -1, 0], {i, 1000}, {j, 1000}];
m = Table[If[i == j-1, -1, 0], {i, 1000}, {j, 1000}];
p = Table[h[[i, j]]+k[[i, j]]+m[[i, j]], {i, 1000}, {j, 1000}];
EIGENVALUE = Eigenvalues[N[p]];
EVE = Eigenvectors[N[p]];
ListLinePlot[EVE[[999]], PlotRange → {0, 0.07}]
ListLinePlot[EVE[[1000]], PlotRange → {-0.05, 0.07}]
ListLinePlot[EVE[[998]], PlotRange → {-0.06, 0.07}]
```

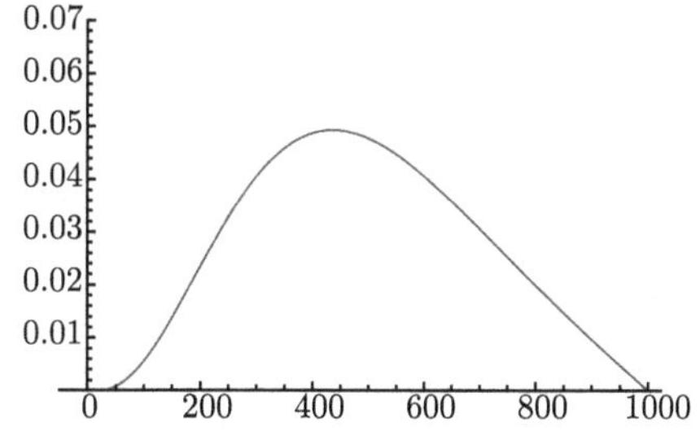

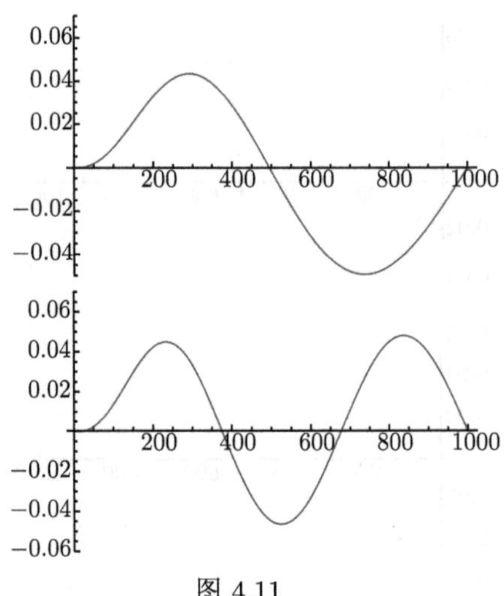

图 4.11

本征值换算后的结果为 $-0.10796E_1$, $-0.011277E_1$和$0.13596E_1$. 第一个值还可以接受, 第二个值不接近理论值, 第三个值给出错误的符号. 如果想进一步提高结果的精度, 应该采用更大的 b 值.

习题 4.69 利用"摇摆狗尾"方法计算氢原子的一些玻尔能级 (习题 2.55), 从方程 (4.53) 开始, 或者更好地从方程 (4.56) 开始; 事实上, 为什么不用方程 (4.68) 设置 $\rho_0 = 2n$, 并调整 n? 当 n 是正整数时, 将会出现正确的解. 因此, 可以从 $n = 0.9$, 1.9, 2.9 等数值开始, 并以小的增量增加——当这些值经过 1, 2, 3, $\cdots$ 时, 尾巴将会摆动. 分别找出对应于 $\ell = 0$, $\ell = 1$ 和 $\ell = 2$ 情况下, 三个能量最低的 n 值, 取四位有效数字. 注意 Mathematica 软件不能除以零, 所以可以将分母的 ρ 改写为 $\rho + 0.000001$. 注释 在所有情况下 $u(0) = 0$ 总是成立的, 但是 $u'(0) = 0$ 仅在 $\ell \geqslant 1$ 时成立 (方程 (4.59)). 所以对于 $\ell = 0$, 可以使用条件 $u(0) = 0$, $u'(0) = 0$. 对于 $\ell > 0$, 你可能会冒险采用条件 $u(0) = 0$ 和 $u'(0) = 0$, 但是 Mathematica 软件非常懒惰, 仅给出平庸解 $u(\rho) \equiv 0$; 因此, 采用 $u(1) = 1$ 和 $u'(0) = 0$ 会更合适.

解答 方程 (4.56) 为

$$\frac{\mathrm{d}^2 u}{\mathrm{d}\rho^2} = \left[1 - \frac{\rho_0}{\rho} + \frac{\ell(\ell+1)}{\rho^2}\right] u.$$

已知 $\rho_0 = 2n$. 上式可写为 $\dfrac{\mathrm{d}^2 u}{\mathrm{d}\rho^2} - \left[1 - \dfrac{2n}{\rho} + \dfrac{\ell(\ell+1)}{\rho^2}\right] u = 0$.

Mathematica 软件"摇摆狗尾"方法求解上述方程.

$\ell = 0$: n 取前三个最低的值为 1, 2, 3.

验证 $n = 1$ (图 4.12 和图 4.13):

```
Plot[
 Evaluate[
  u[x]/. NDSolve[{u"[x]-(1-(2*0.9999)/(x+0.000001)) u[x] = 0, u[0] =
      0, u'[0] = 1},
```

```
    u[x], {x, 10^(-8), 10}, MaxSteps → 10000]], {x, 0.01, 10},
       PlotRange → {-0.02, 0.5}]
```

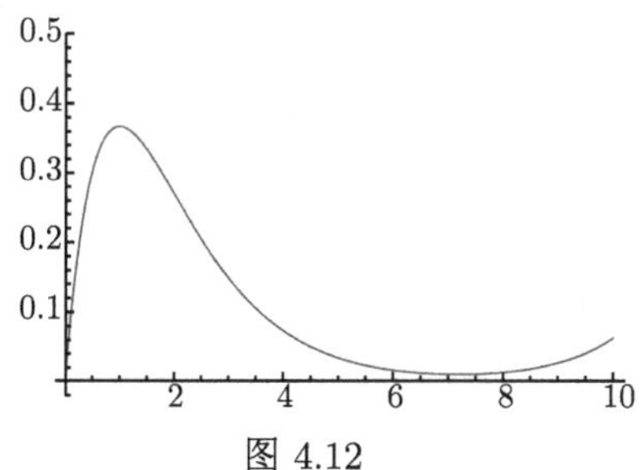

图 4.12

```
Plot[
 Evaluate[
  u[x]/. NDSolve[{u"[x]-(1-(2*1.0001)/(x+0.000001)) u[x] = 0, u[0] =
      0, u'[0] = 1},
    u[x], {x, 10^(-8), 10}, MaxSteps → 10000]], {x, 0.01, 10},
       PlotRange → {-0.02, 0.5}]
```

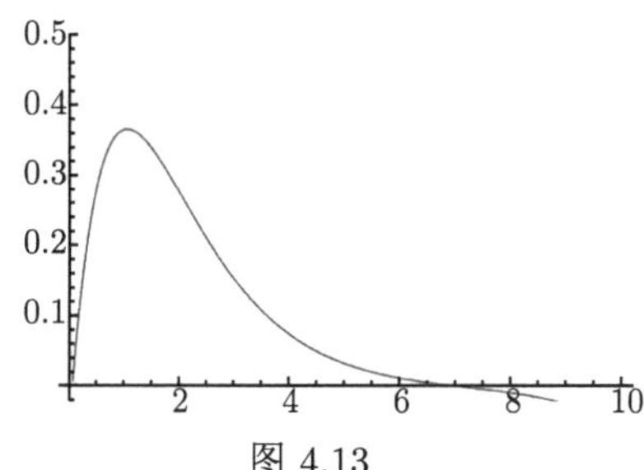

图 4.13

验证 $n=2$ (图 4.14 和图 4.15):

```
Plot[
 Evaluate[
  u[x]/. NDSolve[{u"[x]-(1-(2*1.9999)/(x+0.000001)) u[x] = 0, u[0] =
      0, u'[0] = 1},
    u[x], {x, 10^(-8), 10}, MaxSteps → 10000]], {x, 0.01, 14},
       PlotRange → {-0.4, 0.2}]
```

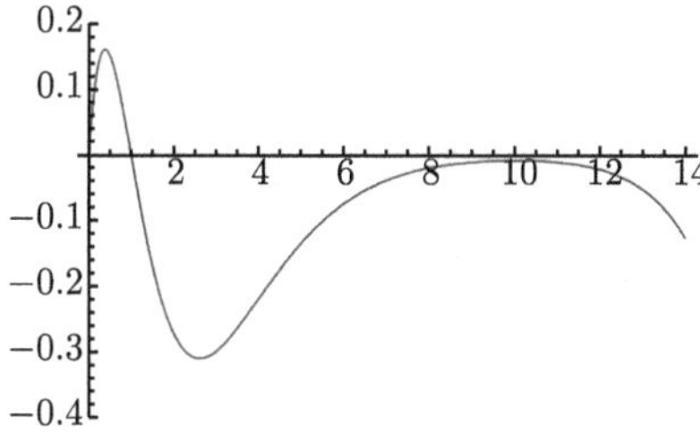

图 4.14

```
Plot[
 Evaluate[
   u[x]/. NDSolve[{u"[x]-(1-(2*2.0001)/(x+0.000001)) u[x] = 0, u[0] =
        0, u'[0] = 1},
     u[x], {x, 10^(-8), 10}, MaxSteps → 10000]], {x, 0.01, 14},
        PlotRange → {-0.4, 0.2}]
```

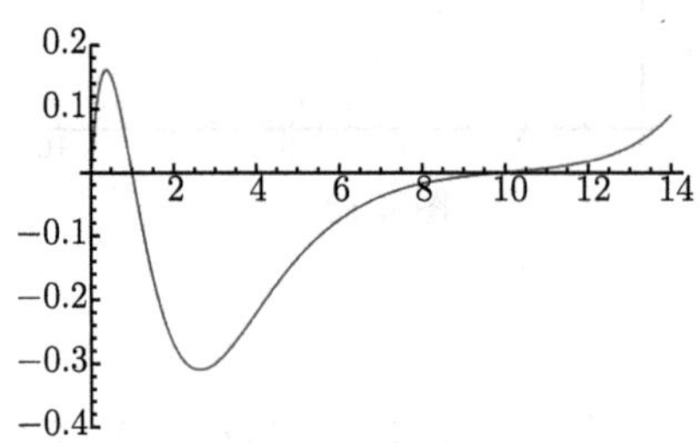

图 4.15

验证 $n = 3$ (图 4.16 和图 4.17):

```
Plot[
 Evaluate[
   u[x]/. NDSolve[{u"[x]-(1-(2*2.9999)/(x+0.000001)) u[x] = 0, u[0] =
        0, u'[0] = 1},
     u[x], {x, 10^(-8), 30}, MaxSteps → 10000]], {x, 0.01, 17},
        PlotRange → {-0.2, 0.3}]
```

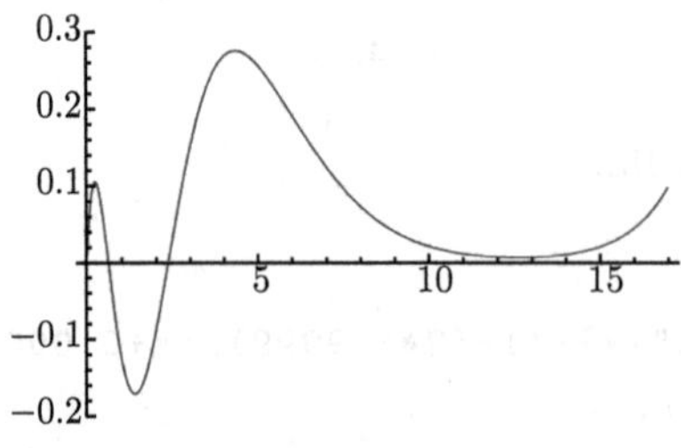

图 4.16

```
Plot[
 Evaluate[
   u[x]/. NDSolve[{u"[x]-(1-(2*3.0001)/(x+0.000001)) u[x] = 0, u[0] =
        0, u'[0] = 1},
     u[x], {x, 10^(-8), 30}, MaxSteps → 10000]], {x, 0.01, 17},
        PlotRange → {-0.2, 0.3}]
```

$\ell = 1 : n$ 取前三个最低的值为 2, 3, 4.

验证 $n = 2$ (图 4.18 和图 4.19):

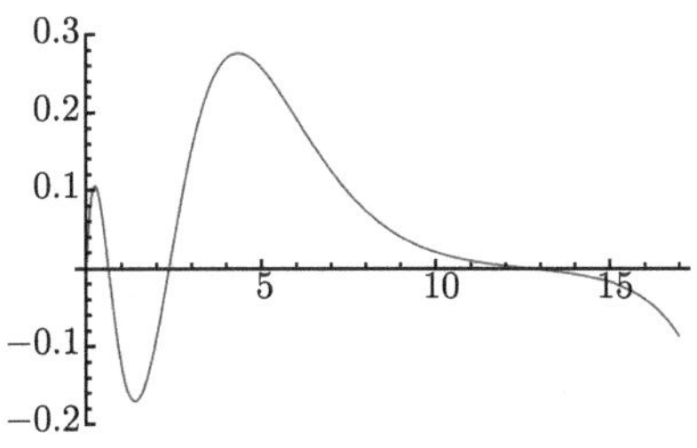

图 4.17

```
Plot[
  Evaluate[
   u[x]/.
     NDSolve[{u"[x]-(1-(2*1.9999)/(x+0.000001)+2/(x^2+0.000000001))
        u[x] = 0,
        u[1] = 1, u'[0] = 0}, u[x], {x, 10^(-8), 10}, MaxSteps →
            10000]],
  {x, 0.1, 15}, PlotRange → {0, 1.5}]
```

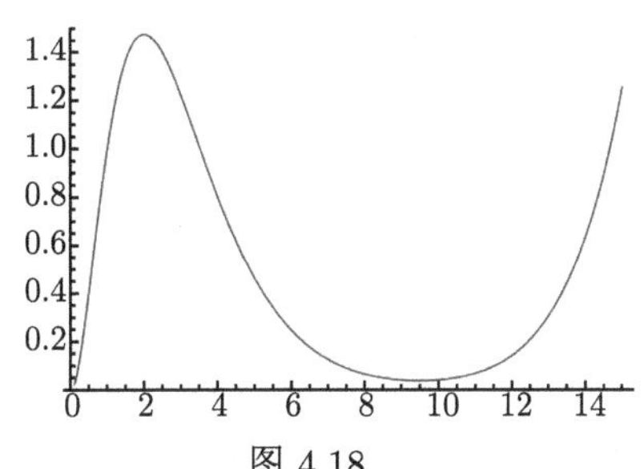

图 4.18

```
Plot[
  Evaluate[
   u[x]/.
     NDSolve[{u"[x]-(1-(2*2.0001)/(x+0.000001)+2/(x^2+0.000000001))
        u[x] = 0,
        u[1] = 1, u'[0] = 0}, u[x], {x, 10^(-8), 10}, MaxSteps →
            10000]],
  {x, 0.1, 15}, PlotRange → {-1, 1.5}]
```

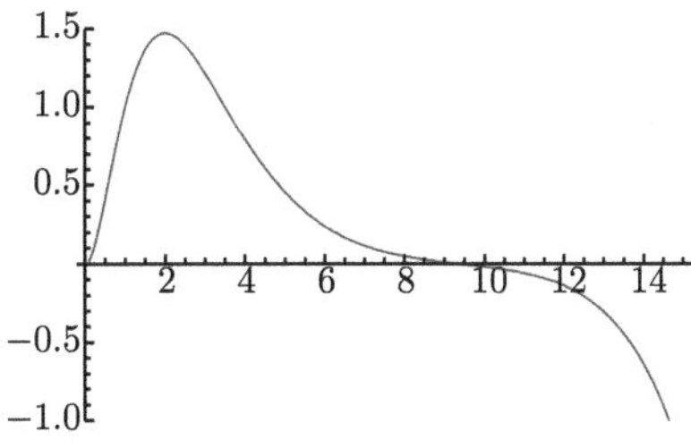

图 4.19

验证 $n=3$ (图 4.20 和图 4.21):

```
Plot[
  Evaluate[
   u[x]/.
     NDSolve[{u"[x]-(1-(2*2.9999)/(x+0.000001)+2/(x^2+0.000000001))
        u[x] = 0,
        u[1] = 1, u'[0] = 0}, u[x], {x, 10^(-8), 10}, MaxSteps →
            10000]],
  {x, 0.1, 20}, PlotRange → {-1.8, 1.5}]
```

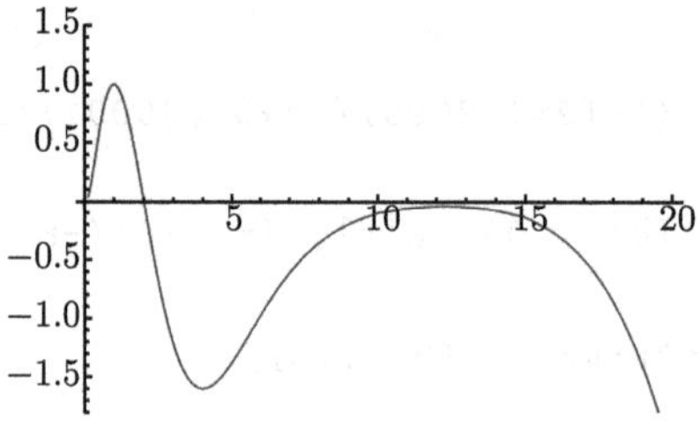

图 4.20

```
Plot[
  Evaluate[
   u[x]/.
     NDSolve[{u"[x]-(1-(2*3.0001)/(x+0.000001)+2/(x^2+0.000000001))
        u[x] = 0,
        u[1] = 1, u'[0] = 0}, u[x], {x, 10^(-8), 10}, MaxSteps →
            10000]],
  {x, 0.1, 20}, PlotRange → {-1.8, 1.5}]
```

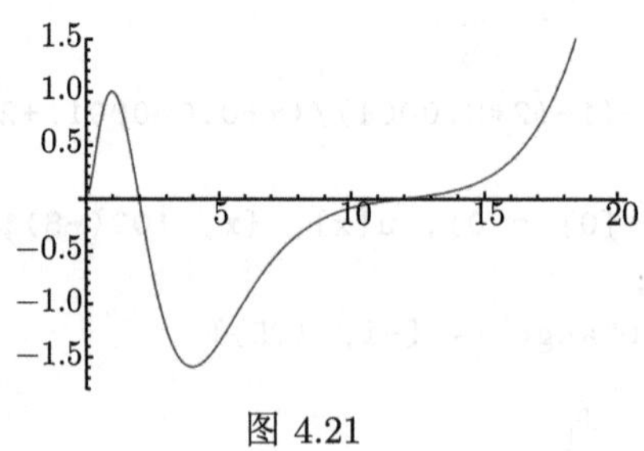

图 4.21

验证 $n=4$ (图 4.22 和图 4.23):

```
Plot[
  Evaluate[
   u[x]/.
     NDSolve[{u"[x]-(1-(2*3.9999)/(x+0.000001)+2/(x^2+0.000000001))
        u[x] = 0,
```

```
        u[1] = 1, u'[0] = 0}, u[x], {x, 10^(-8), 20}, MaxSteps →
            10000]],
  {x, 0.1, 20}, PlotRange → {-1.8, 3}]
```

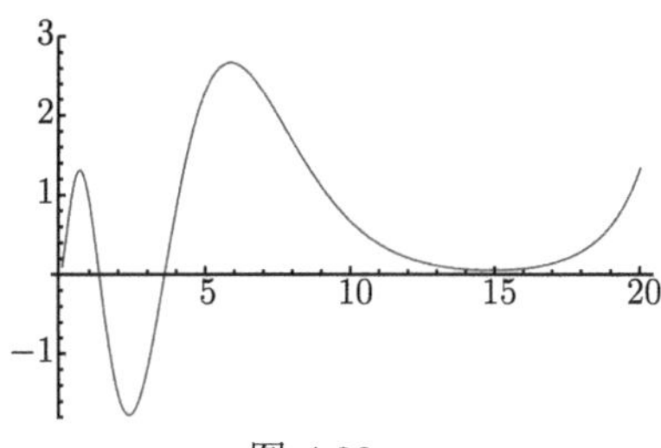

图 4.22

```
Plot[
  Evaluate[
   u[x]/.
     NDSolve[{u"[x]-(1-(2*4.0001)/(x+0.000001)+2/(x^2+0.000000001))
        u[x] = 0,
        u[1] = 1, u'[0] = 0}, u[x], {x, 10^(-8), 20}, MaxSteps →
            10000]],
  {x, 0.1, 20}, PlotRange → {-1.8, 3}]
```

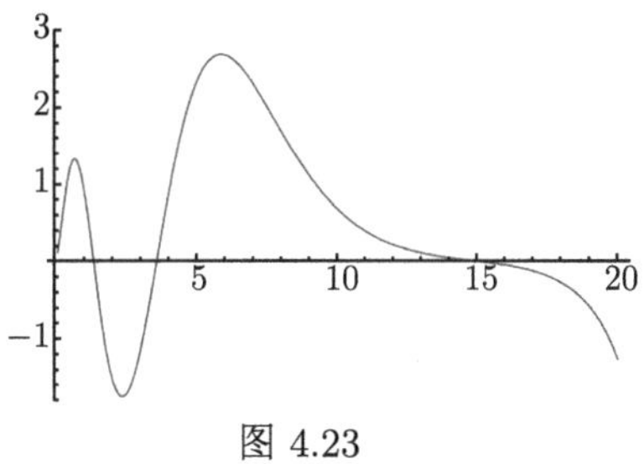

图 4.23

$\ell=2:n$ 取前三个最低的值为 3, 4, 5.
验证 $n=3$ (图 4.24 和图 4.25):

```
Plot[
  Evaluate[
   u[x]/.
     NDSolve[{u"[x]-(1-(2*2.9999)/(x+0.000001)+6/(x^2+0.000000001))
        u[x] = 0,
        u[1] = 1, u'[0] = 0}, u[x], {x, 10^(-8), 15}, MaxSteps →
            10000]],
  {x, 0.1, 20}, PlotRange → {0, 20}]
```

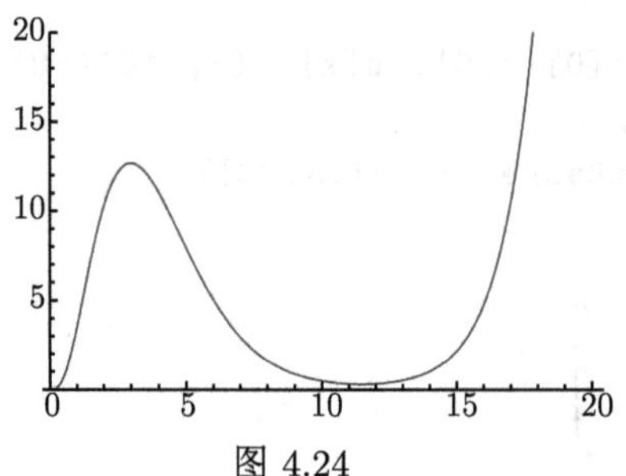

图 4.24

```
Plot[
  Evaluate[
   u[x]/.
     NDSolve[{u"[x]-(1-(2*3.0001)/(x+0.000001)+6/(x^2+0.000000001))
        u[x] = 0,
        u[1] = 1, u'[0] = 0}, u[x], {x, 10^(-8), 15}, MaxSteps →
           10000]],
  {x, 0.1, 20}, PlotRange → {-5, 20}]
```

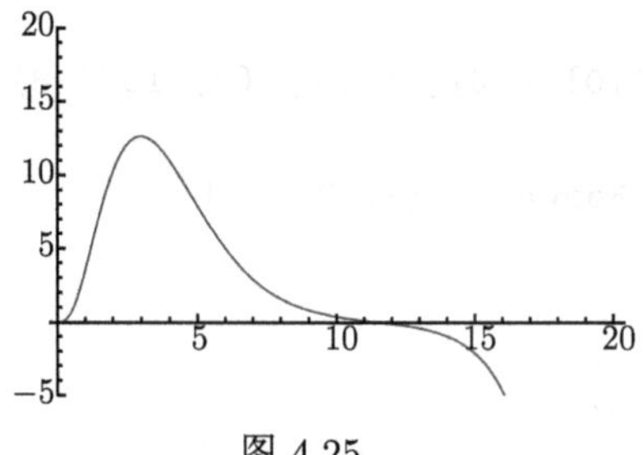

图 4.25

验证 $n=4$ (图 4.26 和图 4.27):

```
Plot[
  Evaluate[
   u[x]/.
     NDSolve[{u"[x]-(1-(2*3.9999)/(x+0.000001)+6/(x^2+0.000000001))
        u[x] = 0,
        u[1] = 1, u'[0] = 0}, u[x], {x, 10^(-8), 20}, MaxSteps →
           10000]],
  {x, 0.1, 20}, PlotRange → {-5, 5}]
```

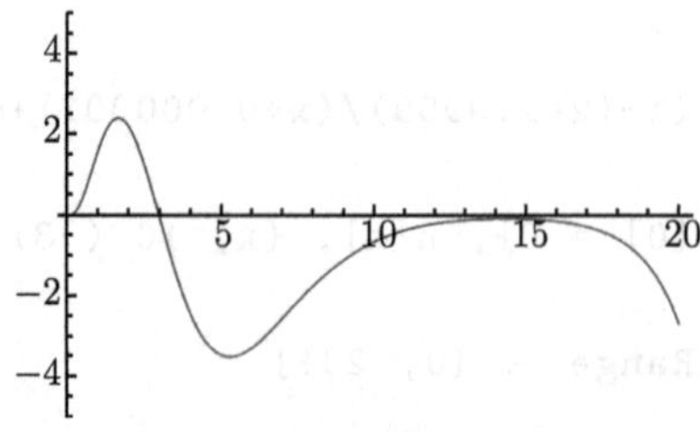

图 4.26

```
Plot[
  Evaluate[
   u[x]/.
     NDSolve[{u"[x]-(1-(2*4.0001)/(x+0.000001)+6/(x^2+0.000000001)) u
         [x] = 0,
        u[1] = 1, u'[0] = 0}, u[x], {x, 10^(-8), 20}, MaxSteps →
            10000]],
  {x, 0.1, 20}, PlotRange → {-5, 5}]
```

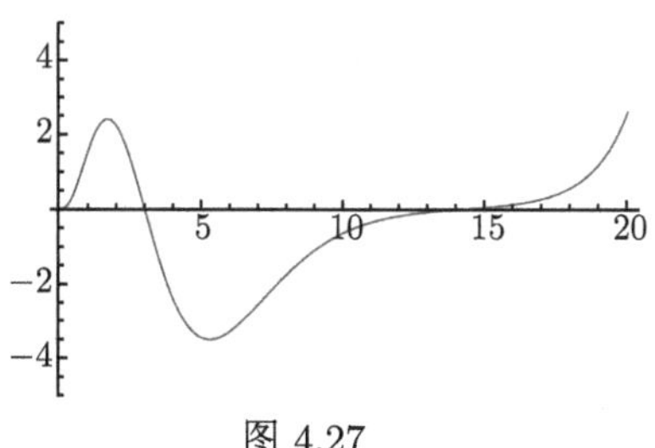

图 4.27

验证 $n=5$ (图 4.28 和图 4.29):

```
Plot[
  Evaluate[
   u[x]/.
     NDSolve[{u"[x]-(1-(2*4.9999)/(x+0.000001)+6/(x^2+0.000000001)) u
         [x] = 0,
        u[1] = 1, u'[0] = 0}, u[x], {x, 10^(-8), 20}, MaxSteps →
            10000]],
  {x, 0.1, 20}, PlotRange → {-5, 6.2}]
```

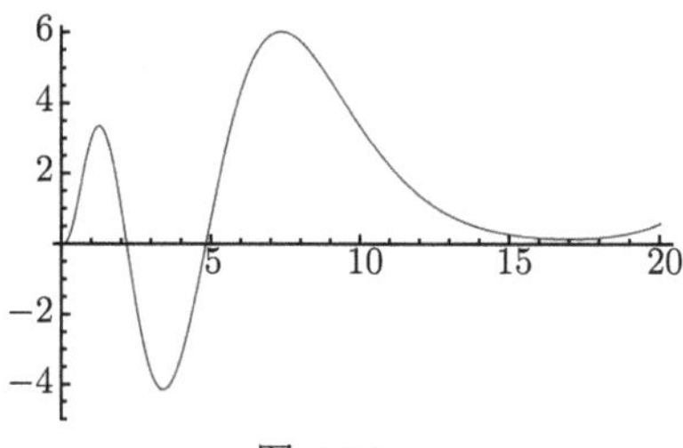

图 4.28

```
Plot[
  Evaluate[
   u[x]/.
     NDSolve[{u"[x]-(1-(2*5.0001)/(x+0.000001)+6/(x^2+0.000000001)) u
         [x] = 0,
        u[1] = 1, u'[0] = 0}, u[x], {x, 10^(-8), 20}, MaxSteps →
            10000]],
```

```
{x, 0.1, 20}, PlotRange → {-5, 6.2}]
```

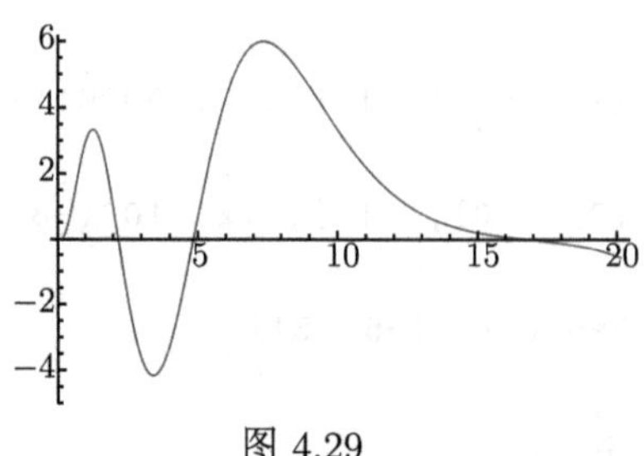

图 4.29

习题 4.70 连续自旋测量.

(a) 在 $t=0$ 时刻, 有一个较大的自旋为 1/2 系综, 所有的粒子都是自旋向上的态 (相对于 z 轴).① 它们不受任何力或者力矩的影响. 在 $t_1>0$ 时刻, 对每一个自旋进行测量——一些沿着 z 轴方向, 其他的沿着 x 轴方向 (但是我们并不知道这些结果). 当 $t_2>t_1$ 时, 再次对它们的自旋进行测量, 这次沿 x 轴方向, 自旋向上 (沿 x 轴) 的被保存为一个子系综 (自旋向下的被丢弃). 问题: 在剩下的这些粒子中 (子系综中), 第一次测量自旋向上的粒子所占据的比例为多少 (沿着 z 轴或 x 轴, 依赖于你所测量的方向)?

(b) 一旦你看到 (a) 部分的结果, 它的确是简单的、无趣的. 这里有一个更简洁的概括: 在 $t=0$ 时刻, 准备一个自旋为 1/2 的系综, 所有的自旋向上态都沿着 $\boldsymbol{a}$ 轴方向. 在 $t_1>0$ 时刻, 测量沿 $\boldsymbol{b}$ 轴方向的自旋 (结果并未告知). 在 $t_2>t_1$ 时刻, 测量沿 $\boldsymbol{c}$ 轴方向的自旋. 沿 $\boldsymbol{c}$ 轴自旋向上的态保存为一个子系综. 第一次测量沿着 $\boldsymbol{b}$ 轴自旋向上的粒子在这个子系综中的粒子的比例为多少? **提示** 利用方程 (4.155) 证明在第一次测量中得到自旋向上 (沿 $\boldsymbol{b}$ 轴) 的几率为 $P_+=\cos^2(\theta_{ab}/2)$, (推广) 在两次测量中得到自旋都向上的几率为 $P_{++}=\cos^2(\theta_{ab}/2)\cos^2(\theta_{bc}/2)$. 求其他三种情况的几率 ($P_{+-}, P_{-+}$ 和 P_{--}). **注意** 如果第一次测量的结果是自旋向下, 那么相关的角度是 θ_{bc} 的补充. 答案: $\left[1+\tan^2(\theta_{ab}/2)\tan^2(\theta_{bc}/2)\right]^{-1}$.

解答 (a) 100%. 原因: t_1 时刻测量结果都是 z 方向自旋向上的, 因为初始态都是 z 方向自旋向上的. 如果我们在 t_2 时刻测量 x 方向的自旋, 将有一半的自旋向上, 一半的自旋向下. 且这些自旋向上的态 (构成一个子系综) 都来自于第一次测量时 z 方向自旋向上的结果.

(b) 方程 (4.155) 为

$$\chi_+^{(r)}=\begin{pmatrix}\cos(\theta/2)\\ \mathrm{e}^{\mathrm{i}\phi}\sin(\theta/2)\end{pmatrix};\ \chi_-^{(r)}=\begin{pmatrix}\mathrm{e}^{-\mathrm{i}\phi}\sin(\theta/2)\\ -\cos(\theta/2)\end{pmatrix}.$$

$\chi_+^{(r)}$ 为 r 方向自旋向上的态, $\chi_-^{(r)}$ 为 r 方向自旋向下的态.

① N. D. Mermin, *Physics Today*, 2011 年 10 月, 第 8 页.

在 $t=0$ 时刻, 所有的态都沿着 $\boldsymbol{a}$ 方向自旋向上, 此时的态为

$$\chi_+^a=\begin{pmatrix}1\\0\end{pmatrix},$$

那么在 $t_1>0$ 时刻, 测量沿 $\boldsymbol{b}$ 轴方向自旋向上的几率为

$$\begin{aligned}P_+^{ab}&=\left|\left\langle\chi_+^b/\chi_+^a\right\rangle\right|=\left|\begin{pmatrix}\cos(\theta_{ab}/2) & \mathrm{e}^{\mathrm{i}\phi}\sin(\theta_{ab}/2)\end{pmatrix}\begin{pmatrix}1\\0\end{pmatrix}\right|^2\\&=[\cos(\theta_{ab}/2)]^2=\cos^2(\theta_{ab}/2).\end{aligned}$$

在沿 $\boldsymbol{b}$ 轴方向自旋向上时, $t_2>t_1$ 时刻, 测量沿 $\boldsymbol{c}$ 轴方向自旋向上的几率为

$$\begin{aligned}P_+^{bc}&=\left|\left\langle\chi_+^c/\chi_+^b\right\rangle\right|=\left|\begin{pmatrix}\cos(\theta_{bc}/2) & \mathrm{e}^{\mathrm{i}\phi}\sin(\theta_{bc}/2)\end{pmatrix}\begin{pmatrix}1\\0\end{pmatrix}\right|^2\\&=[\cos(\theta_{bc}/2)]^2=\cos^2(\theta_{bc}/2).\end{aligned}$$

所以, 沿 $\boldsymbol{c}$ 轴自旋向上的粒子中, 占第一次测量沿 $\boldsymbol{b}$ 轴自旋向上的比例为

$$P_{++}=P_+^{ab}P_+^{bc}=\cos^2(\theta_{ab}/2)\cos^2(\theta_{ab}/2).$$

其他两种情况分别为

$$\begin{aligned}P_{+-}&=P_+^{ab}P_-^{bc}=\cos^2(\theta_{ab}/2)\left|\begin{pmatrix}\mathrm{e}^{\mathrm{i}\phi}\sin(\theta_{bc}/2) & -\cos(\theta_{bc}/2)\end{pmatrix}\begin{pmatrix}1\\0\end{pmatrix}\right|^2\\&=\cos^2(\theta_{ab}/2)\sin^2(\theta_{bc}/2).\end{aligned}$$

$$\begin{aligned}P_{-+}&=P_-^{ab}P_+^{bc}=\left|\begin{pmatrix}\mathrm{e}^{\mathrm{i}\phi}\sin(\theta_{ab}/2) & -\cos(\theta_{ab}/2)\end{pmatrix}\begin{pmatrix}1\\0\end{pmatrix}\right|^2\cos^2[(\pi-\theta_{bc})/2]\\&=\sin^2(\theta_{ab}/2)\sin^2(\theta_{bc}/2).\end{aligned}$$

对于 $P_{-+}=P_-^{ab}P_+^{bc}$, 第二项为 $\boldsymbol{b}$ 轴负方向, 探测自旋沿 $\boldsymbol{c}$ 轴正方向的几率, 所以此时 $\boldsymbol{b}$ 轴负方向与 $\boldsymbol{c}$ 轴正方向的几率为 $\pi-\theta_{bc}$.

$$\begin{aligned}P_{--}&=P_-^{ab}P_-^{bc}\\&=\left|\begin{pmatrix}\mathrm{e}^{\mathrm{i}\phi}\sin(\theta_{ab}/2) & -\cos(\theta_{ab}/2)\end{pmatrix}\begin{pmatrix}1\\0\end{pmatrix}\right|^2\left|\begin{pmatrix}\mathrm{e}^{\mathrm{i}\phi}\sin(\theta_{bc}/2) & -\cos(\theta_{bc}/2)\end{pmatrix}\begin{pmatrix}0\\1\end{pmatrix}\right|^2\\&=\sin^2(\theta_{ab}/2)\cos^2(\theta_{bc}/2).\end{aligned}$$

两次测量都自旋向上的几率与第二次测量自旋向上的几率之比为

$$\begin{aligned}f&=\frac{P_{++}}{P_{++}+P_{-+}}=\left(f^{-1}\right)^{-1}=\left(\frac{P_{++}+P_{-+}}{P_{++}}\right)^{-1}\\&=\left[\frac{\cos^2(\theta_{ab}/2)\cos^2(\theta_{bc}/2)+\sin^2(\theta_{ab}/2)\sin^2(\theta_{bc}/2)}{\cos^2(\theta_{ab}/2)\cos^2(\theta_{bc}/2)}\right]^{-1}\\&=\left[1+\tan^2(\theta_{ab}/2)\tan^2(\theta_{bc}/2)\right]^{-1}.\end{aligned}$$

习题 4.71　在分子与固体的应用中，通常采用笛卡儿坐标轴表示的轨道作为基，而不是本章中采用的 $\psi_{n\ell m}$ 作为基. 例如，轨道

$$\psi_{2p_x}(r,\theta,\phi)=\frac{1}{\sqrt{32\pi a^3}}\frac{x}{a}\mathrm{e}^{-r/(2a)},$$

$$\psi_{2p_y}(r,\theta,\phi)=\frac{1}{\sqrt{32\pi a^3}}\frac{y}{a}\mathrm{e}^{-r/(2a)},$$

$$\psi_{2p_z}(r,\theta,\phi)=\frac{1}{\sqrt{32\pi a^3}}\frac{z}{a}\mathrm{e}^{-r/(2a)}$$

为氢原子 $\ell=2$ 和 $\ell=1$ 态的基.

(a) 证明：每一个轨道都可以写为轨道 $\psi_{n\ell m}$ 的线性组合，其中 $n=2$, $\ell=1$ 和 $m=-1,\ 0,\ 1$.

(b) 证明：ψ_{2p_i} 态是对应角动量分量 $\hat{L}_i$ 的本征态. 每个分量的本征值是多少？

(c) 画出这三个轨道的等高图 (类似教材图 4.9). 使用 Mathematica 软件 **ContourPlot3D** 指令.

解答　(a) 由教材表 4.3 和教材表 4.7 知

$$Y_1^0=\left(\frac{3}{4\pi}\right)^{1/2}\cos\theta,\quad Y_1^{\pm1}=\mp\left(\frac{3}{8\pi}\right)^{1/2}\sin\theta\mathrm{e}^{\pm\mathrm{i}\phi},$$

$$R_{21}=\frac{1}{2\sqrt{6}}a^{-3/2}\left(\frac{r}{a}\right)\exp\left(-r/(2a)\right).$$

将目标波函数化成上式的线性组合

$$\begin{aligned}\psi_{2p_x}(r,\theta,\phi)&=\frac{1}{\sqrt{32\pi a^3}}\frac{x}{a}\mathrm{e}^{-r/(2a)}=\frac{1}{\sqrt{32\pi a^3}}\frac{r\sin\theta\cos\phi}{a}\mathrm{e}^{-r/(2a)}\\&=\frac{1}{\sqrt{24a^3}}\frac{r}{a}\mathrm{e}^{-r/(2a)}\sqrt{\frac{3}{4\pi}}\sin\theta\frac{\mathrm{e}^{\mathrm{i}\phi}+\mathrm{e}^{-\mathrm{i}\phi}}{2}\\&=\left[\frac{1}{2\sqrt{6}}a^{-3/2}\left(\frac{r}{a}\right)\exp\left(-r/(2a)\right)\right]\left(\sqrt{\frac{3}{8\pi}}\sin\theta\mathrm{e}^{\mathrm{i}\phi}+\sqrt{\frac{3}{8\pi}}\sin\theta\mathrm{e}^{-\mathrm{i}\phi}\right)\frac{1}{\sqrt{2}}\\&=R_{21}(r)\frac{-Y_1^1(\theta,\phi)+Y_1^1(\theta,\phi)}{\sqrt{2}}\\&=\frac{1}{\sqrt{2}}\left(-\psi_{211}+\psi_{21-1}\right),\end{aligned}$$

$$\begin{aligned}\psi_{2p_y}(r,\theta,\phi)&=\frac{1}{\sqrt{32\pi a^3}}\frac{y}{a}\mathrm{e}^{-r/(2a)}=\frac{1}{\sqrt{32\pi a^3}}\frac{r\sin\theta\sin\phi}{a}\mathrm{e}^{-r/(2a)}\\&=\frac{1}{\sqrt{24a^3}}\frac{r}{a}\mathrm{e}^{-r/(2a)}\sqrt{\frac{3}{4\pi}}\sin\theta\frac{\mathrm{e}^{\mathrm{i}\phi}-\mathrm{e}^{-\mathrm{i}\phi}}{2\mathrm{i}}\\&=\left[\frac{1}{2\sqrt{6}}a^{-3/2}\left(\frac{r}{a}\right)\exp\left(-r/(2a)\right)\right]\left(\sqrt{\frac{3}{8\pi}}\sin\theta\mathrm{e}^{\mathrm{i}\phi}-\sqrt{\frac{3}{8\pi}}\sin\theta\mathrm{e}^{-\mathrm{i}\phi}\right)\frac{1}{\sqrt{2}\mathrm{i}}\\&=R_{21}(r)\frac{-Y_1^1(\theta,\phi)-Y_1^{-1}(\theta,\phi)}{\sqrt{2}\mathrm{i}}\end{aligned}$$

$$= \frac{\mathrm{i}}{\sqrt{2}}\left(\psi_{211}+\psi_{21-1}\right),$$

$$\begin{aligned}\psi_{2p_z}(r,\theta,\phi) &= \frac{1}{\sqrt{32\pi a^3}}\frac{z}{a}\mathrm{e}^{-r/2a} = \frac{1}{\sqrt{32\pi a^3}}\frac{r\cos\theta}{a}\mathrm{e}^{-r/2a}\\ &= \frac{1}{\sqrt{24a^3}}\frac{r}{a}\mathrm{e}^{-r/2a}\sqrt{\frac{3}{4\pi}}\cos\theta\\ &= R_{21}(r)\,Y_1^0(\theta,\phi)\\ &= \psi_{210}.\end{aligned}$$

(b) 由 $\psi_{2p_z}(r,\theta,\phi)=\psi_{210}$, 得 $\hat{L}_z\psi_{2p_z}=\hat{L}_z\psi_{210}=0\hbar=0$.

$$\begin{aligned}\hat{L}_x\psi_{2p_x} &= \hat{L}_x\frac{1}{\sqrt{2}}\left(-\psi_{211}+\psi_{21-1}\right)\\ &= \frac{L_++L_-}{2}\frac{1}{\sqrt{2}}\left(-\psi_{211}+\psi_{21-1}\right)\\ &= \frac{1}{2\sqrt{2}}\left(L_++L_-\right)\left(-\psi_{211}+\psi_{21-1}\right)\\ &= \frac{1}{2\sqrt{2}}\left(-L_+\psi_{211}+L_+\psi_{21-1}-L_-\psi_{211}-L_-\psi_{21-1}\right)\\ &= \frac{1}{2\sqrt{2}}\left\{-0+\hbar\sqrt{[1-(-1)]\,(1-1+1)}\psi_{210}-\hbar\sqrt{(1+1)(1-1+1)}\psi_{210}-0\right\}\\ &= 0,\end{aligned}$$

其中利用了角动量升降阶算符 $L_\pm Y_{\ell m}=\hbar\sqrt{(\ell\mp m)(\ell\pm m+1)}Y_{\ell m\pm 1}$.

同样,

$$\begin{aligned}L_y\psi_{2p_y}(r,\theta,\phi) &= \frac{\mathrm{i}}{\sqrt{2}}L_y\left(\psi_{211}+\psi_{21-1}\right)\\ &= \frac{\mathrm{i}}{\sqrt{2}}\frac{L_+-L_-}{2i}\left(\psi_{211}+\psi_{21-1}\right)\\ &= \frac{1}{2\sqrt{2}}\left(L_+\psi_{211}+L_+\psi_{21-1}-L_-\psi_{211}-L_-\psi_{21-1}\right)\\ &= \frac{1}{2\sqrt{2}}\left\{0+\hbar\sqrt{[1-(-1)]\,(1-1+1)}\psi_{210}\right.\\ &\qquad \left.-\hbar\sqrt{(1+1)\,(1-1+1)}\psi_{210}+0\right\}\\ &= 0.\end{aligned}$$

(c) 所有波函数都投影到笛卡儿坐标空间, 为方便起见, 令 $a=1/2$, 则

$$\psi_{2p_x}(r,\theta,\phi) = \frac{1}{\sqrt{32\pi a^3}}\frac{x}{a}\mathrm{e}^{-r/2a} = \frac{1}{\sqrt{\pi}}x\mathrm{e}^{-\sqrt{x^2+y^2+z^2}},$$

$$\psi_{2p_y}(r,\theta,\phi) = \frac{1}{\sqrt{32\pi a^3}}\frac{y}{a}\mathrm{e}^{-r/2a} = \frac{1}{\sqrt{\pi}}y\mathrm{e}^{-\sqrt{x^2+y^2+z^2}},$$

$$\psi_{2p_z}(r,\theta,\phi) = \frac{1}{\sqrt{32\pi a^3}}\frac{z}{a}\mathrm{e}^{-r/2a} = \frac{1}{\sqrt{\pi}}z\mathrm{e}^{-\sqrt{x^2+y^2+z^2}}.$$

三个轨道的等高图见图 4.30.

```
fx[x_, y_, z_] : = xExp[-(x^2+y^2 +z^2)^(1/2)]/Pi;
fy[x_, y_, z_] : = yExp[-(x^2+y^2 +z^2)^(1/2)]/Pi;
fz[x_, y_, z_] : = zExp[-(x^2+y^2 +z^2)^(1/2)]/Pi;
ContourPlot3D[(fx[x_, y_, z_])^2 = (0.02)^2, {x, -5, 5}, {y, -5, 5},
    {z, -5, 5}]
ContourPlot3D[(fy[x_, y_, z_])^2 = (0.02)^2, {x, -5, 5}, {y, -5, 5},
    {z, -5, 5}]
ContourPlot3D[(fz[x_, y_, z_])^2 = (0.02)^2, {x, -5, 5}, {y, -5, 5},
    {z, -5, 5}]
```

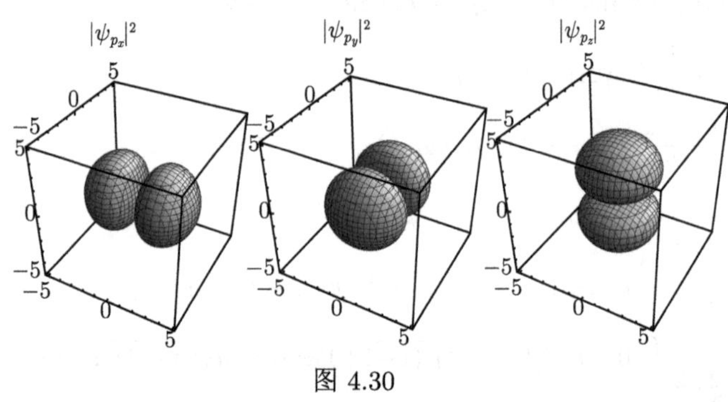

图 4.30

习题 4.72　考虑电荷量为 q, 质量为 m 和自旋为 s 的粒子处于均匀磁场 $\boldsymbol{B}_0$ 中. 磁矢势可以选择为

$$\boldsymbol{A}=-\frac{1}{2}\boldsymbol{r}\times\boldsymbol{B}_0.$$

(a) 验证该矢势产生一个均匀的磁场 $\boldsymbol{B}_0$.

(b) 证明: 哈密顿量可以写为

$$H=\frac{p^2}{2m}+q\varphi-\boldsymbol{B}_0\cdot(\gamma_0\boldsymbol{L}+\gamma\boldsymbol{S})+\frac{q^2}{8m}\left[r^2B_0^2-(\boldsymbol{r}\cdot\boldsymbol{B}_0)^2\right],$$

其中 $\gamma_0=q/2m$ 是回转旋磁比. 注释　$\boldsymbol{B}_0$ 中的线性项使得磁矩 (轨道和自旋) 在能量上有利于沿磁场方向排列. 这就是**顺磁性**的起源. $\boldsymbol{B}_0$ 的二次项会导致相反的效应: **抗磁性**.①

解答　(a)

$$\begin{aligned}\boldsymbol{B}=\nabla\times\boldsymbol{A}&=-\frac{1}{2}\nabla\times(\boldsymbol{r}\times\boldsymbol{B}_0)\\&=-\frac{1}{2}(-2\boldsymbol{B}_0)\\&=\boldsymbol{B}_0.\end{aligned}$$

$\nabla\times(\boldsymbol{r}\times\boldsymbol{B}_0)$ 的详细推导过程如下:

① 这不明显, 但我们将在第 7 章中证明.

首先

$$\boldsymbol{r}\times\boldsymbol{B}_0=\begin{pmatrix}\hat{x} & \hat{y} & \hat{z}\\ x & y & z\\ B_{0x} & B_{0y} & B_{0z}\end{pmatrix}=\left(yB_{0z}-zB_{0y}\right)\hat{x}+\left(zB_{0x}-xB_{0z}\right)\hat{y}+\left(xB_{0y}-yB_{0x}\right)\hat{z},$$

因此

$$\begin{aligned}\nabla\times(\boldsymbol{r}\times\boldsymbol{B}_0)&=\left(\frac{\partial}{\partial x}\hat{x}+\frac{\partial}{\partial y}\hat{y}+\frac{\partial}{\partial z}\hat{z}\right)\\&\quad\times\left[\left(yB_{0z}-zB_{0y}\right)\hat{x}+\left(zB_{0x}-xB_{0z}\right)\hat{y}+\left(xB_{0y}-yB_{0x}\right)\hat{z}\right]\\&=\begin{pmatrix}\hat{x} & \hat{y} & \hat{z}\\ \dfrac{\partial}{\partial x} & \dfrac{\partial}{\partial y} & \dfrac{\partial}{\partial z}\\ yB_{0z}-zB_{0y} & zB_{0x}-xB_{0z} & xB_{0y}-yB_{0x}\end{pmatrix}\\&=\hat{x}\left[\frac{\partial\left(xB_{0y}-yB_{0x}\right)}{\partial y}-\frac{\partial\left(zB_{0x}-xB_{0z}\right)}{\partial z}\right]\\&\quad+\hat{y}\left[\frac{\partial\left(yB_{0z}-zB_{0y}\right)}{\partial z}-\frac{\partial\left(xB_{0y}-yB_{0x}\right)}{\partial x}\right]\\&\quad+\hat{z}\left[\frac{\partial\left(zB_{0x}-xB_{0z}\right)}{\partial x}-\frac{\partial\left(yB_{0z}-zB_{0y}\right)}{\partial y}\right]\\&=\hat{x}\left(-2B_{0x}\right)+\hat{y}\left(-2B_{0y}\right)+\hat{z}\left(-2B_{0z}\right)\\&=-2B_{0x}\hat{x}-2B_{0y}\hat{y}-2B_{0z}\hat{z}\\&=-2\boldsymbol{B}_0.\end{aligned}$$

(b) 磁场中的带电粒子, 其哈密顿量可以结合方程 (4.158) 和 (4.188) 写为

$$H=\frac{1}{2m}\left(\boldsymbol{p}-q\boldsymbol{A}\right)^2+q\varphi-\gamma\boldsymbol{S}\cdot\boldsymbol{B}_0=\frac{p^2}{2m}-\frac{q}{2m}\left(\boldsymbol{p}\cdot\boldsymbol{A}+\boldsymbol{A}\cdot\boldsymbol{p}\right)+\frac{q}{2m}A^2+q\varphi-\gamma\boldsymbol{S}\cdot\boldsymbol{B}_0,$$

其中

$$\begin{aligned}A^2&=\frac{1}{4}\left(\boldsymbol{r}\times\boldsymbol{B}_0\right)\cdot\left(\boldsymbol{r}\times\boldsymbol{B}_0\right)=\frac{1}{4}\left\{\boldsymbol{r}\cdot\left[\boldsymbol{B}_0\times\left(\boldsymbol{r}\times\boldsymbol{B}_0\right)\right]\right\}\\&=\frac{1}{4}\boldsymbol{r}\cdot\left[\boldsymbol{r}\cdot B_0^2-\boldsymbol{B}_0\left(\boldsymbol{r}\cdot\boldsymbol{B}_0\right)\right]\\&=\frac{1}{4}\left[r^2B_0^2-\left(\boldsymbol{r}\cdot\boldsymbol{B}_0\right)^2\right].\end{aligned}$$

将 $\boldsymbol{p}\cdot\boldsymbol{A}+\boldsymbol{A}\cdot\boldsymbol{p}$ 作用到一个测试函数 f 上, 得

$$\begin{aligned}\boldsymbol{p}\cdot(\boldsymbol{A}f)+\boldsymbol{A}\cdot(\boldsymbol{p}f)&=-\mathrm{i}\hbar\nabla\cdot(\boldsymbol{A}f)-\mathrm{i}\hbar\boldsymbol{A}\cdot(\nabla f)\\&=-\mathrm{i}\hbar\left(\nabla\cdot\boldsymbol{A}\right)f-\mathrm{i}\hbar\boldsymbol{A}\cdot(\nabla f)-\mathrm{i}\hbar\boldsymbol{A}\cdot(\nabla f)\\&=-\mathrm{i}\hbar\left(\nabla\cdot\boldsymbol{A}\right)f-\mathrm{i}\hbar2\boldsymbol{A}\cdot(\nabla f)\\&=-\mathrm{i}\hbar\left[-\frac{1}{2}\nabla\cdot\left(\boldsymbol{r}\times\boldsymbol{B}_0\right)f-\frac{1}{2}2\left(\boldsymbol{r}\times\boldsymbol{B}_0\right)\cdot(\nabla f)\right]\\&=\frac{1}{2}\mathrm{i}\hbar\left[\nabla\cdot\left(\boldsymbol{r}\times\boldsymbol{B}_0\right)f+2\left(\boldsymbol{r}\times\boldsymbol{B}_0\right)\cdot(\nabla f)\right]\\&=\frac{1}{2}\mathrm{i}\hbar\left[\boldsymbol{B}_0\cdot\left(\nabla\times\boldsymbol{r}\right)f-\boldsymbol{r}\cdot\left(\nabla\times\boldsymbol{B}_0\right)f-2\boldsymbol{B}_0\cdot\left(\boldsymbol{r}\times\nabla f\right)\right]\end{aligned}$$

$$
\begin{aligned}
&= -\mathrm{i}\hbar \boldsymbol{B}_0 \cdot (\boldsymbol{r} \times \nabla f) \\
&= \boldsymbol{B}_0 \cdot \boldsymbol{L} f.
\end{aligned}
$$

将以上几式代入哈密顿量, 得

$$
\begin{aligned}
H &= \frac{p^2}{2m} - \frac{q}{2m}\boldsymbol{B}_0 \cdot \boldsymbol{L} + \frac{q}{2m}\frac{1}{4}\left[r^2 B_0^2 - (\boldsymbol{r} \cdot \boldsymbol{B}_0)^2\right] + q\varphi - \gamma \boldsymbol{S} \cdot \boldsymbol{B}_0 \\
&= \frac{p^2}{2m} + q\varphi - \boldsymbol{B}_0 \cdot (\gamma_0 \boldsymbol{L} + \gamma \boldsymbol{S}) + \frac{q^2}{8m}\left[r^2 B_0^2 - (\boldsymbol{r} \cdot \boldsymbol{B}_0)^2\right].
\end{aligned}
$$

习题 4.73　例题 4.4 以力的形式表述施特恩–格拉赫效应的准经典解释. 从自旋为 1/2 的中性粒子穿过磁场的哈密顿量开始, 磁场由方程 (4.169) 给出,

$$
H = \frac{p^2}{2m} - \gamma \boldsymbol{B} \cdot \boldsymbol{S},
$$

用广义的埃伦菲斯特定理 (方程 (3.73)) 证明:

$$
m\frac{\mathrm{d}^2}{\mathrm{d}t^2}\langle z \rangle = \gamma\alpha \langle S_z \rangle .
$$

注释　方程 (4.170) 是一个正确的量子力学陈述, 这里是把量子数理解为期望值.

证明　由方程 (3.73)

$$
\frac{\mathrm{d}}{\mathrm{d}t}\left\langle \hat{Q} \right\rangle = \frac{\mathrm{i}}{\hbar}\left\langle \left[\hat{H}, \hat{Q}\right] \right\rangle + \left\langle \frac{\partial \hat{Q}}{\partial t} \right\rangle,
$$

得

$$
\begin{aligned}
\frac{\mathrm{d}}{\mathrm{d}t}\langle z \rangle &= \frac{\mathrm{i}}{\hbar}\langle [H, z] \rangle = \frac{\mathrm{i}}{\hbar}\left\langle \left[\frac{p^2}{2m} - \gamma \boldsymbol{B} \cdot \boldsymbol{S}, z\right] \right\rangle = \frac{\mathrm{i}}{\hbar}\left\langle \left[\frac{p^2}{2m}, z\right] \right\rangle \\
&= \frac{\mathrm{i}}{2m\hbar}\left\langle \left[p^2, z\right] \right\rangle = \frac{\mathrm{i}}{2m\hbar}\langle p_z [p_z, z] + [p_z, z] p_z \rangle \\
&= \frac{\mathrm{i}}{2m\hbar}\langle -2\mathrm{i}\hbar p_z \rangle \\
&= \frac{1}{m}\langle p_z \rangle .
\end{aligned}
$$

再次求导, 得

$$
\begin{aligned}
\frac{\mathrm{d}^2}{\mathrm{d}t^2}\langle z \rangle &= \frac{1}{m}\frac{\mathrm{d}}{\mathrm{d}t}\langle p_z \rangle = \frac{1}{m}\frac{\mathrm{i}}{\hbar}\langle [H, p_z] \rangle = \frac{1}{m}\frac{\mathrm{i}}{\hbar}\left\langle \left[\frac{p^2}{2m} - \gamma \boldsymbol{B} \cdot \boldsymbol{S}, p_z\right] \right\rangle \\
&= \frac{1}{m}\frac{\mathrm{i}}{\hbar}\langle [-\gamma \boldsymbol{B} \cdot \boldsymbol{S}, p_z] \rangle \\
&= -\gamma\frac{1}{m}\frac{\mathrm{i}}{\hbar}\langle [\boldsymbol{B}, p_z] \rangle \cdot \boldsymbol{S}.
\end{aligned}
$$

由方程 (4.169) $\boldsymbol{B} = -\alpha x \hat{\imath} + (B_0 + \alpha z)\hat{k}$, 得

$$
\frac{\mathrm{d}^2}{\mathrm{d}t^2}\langle z \rangle = -\gamma\frac{1}{m}\frac{\mathrm{i}}{\hbar}\left\langle \left[-\alpha x \hat{\imath} + (B_0 + \alpha z)\hat{k}, p_z\right] \right\rangle \cdot \boldsymbol{S} = -\gamma\frac{1}{m}\frac{\mathrm{i}}{\hbar}\alpha \langle [z, p_z] \rangle \hat{k} \cdot \boldsymbol{S} = \frac{\gamma}{m}\alpha S_z .
$$

习题 4.74　实际上, 无论是例题 4.4 还是习题 4.73 都没有真正解决施特恩–格拉赫实验的薛定谔方程. 在本题中, 我们将看到如何建立这个计算. 自旋为 1/2 的中性粒子穿过施特恩–格拉赫实验装置的哈密顿量为

$$H=\frac{p^2}{2m}-\gamma\boldsymbol{B}\cdot\boldsymbol{S},$$

其中 $\boldsymbol{B}$ 由方程 (4.169) 给出. 对于自旋为 1/2 的粒子, 包含空间和自旋两部分自由度的波函数最一般形式是 ①

$$\boldsymbol{\Psi}(\boldsymbol{r},t)=\Psi_+(\boldsymbol{r},t)\chi_++\Psi_-(\boldsymbol{r},t)\chi_-.$$

(a) 将 $\boldsymbol{\Psi}(\boldsymbol{r},t)$ 代入薛定谔方程

$$H\boldsymbol{\Psi}=\mathrm{i}\hbar\frac{\partial}{\partial t}\boldsymbol{\Psi}$$

获得一对 $\Psi_\pm$ 的耦合方程. 部分答案:

$$-\frac{\hbar^2}{2m}\nabla^2\Psi_+-\frac{\hbar}{2}\gamma(B_0+\alpha z)\Psi_++\frac{\hbar}{2}\gamma\alpha x\Psi_-=\mathrm{i}\hbar\frac{\partial}{\partial t}\Psi_+.$$

(b) 从例题 4.3 知道自旋在均匀磁场 $B_0\hat{k}$ 中做进动. 可以将这部分从解中提取出来作为系数因子, 不失一般性地可以写为

$$\Psi_\pm(\boldsymbol{r},t)=\mathrm{e}^{\pm\mathrm{i}\gamma B_0t/2}\tilde{\Psi}(\boldsymbol{r},t).$$

求耦合方程 $\tilde{\Psi}_\pm$. 部分答案:

$$-\frac{\hbar^2}{2m}\nabla^2\tilde{\Psi}_+-\frac{\hbar}{2}\gamma\alpha z\tilde{\Psi}_++\frac{\hbar}{2}\gamma\alpha x\mathrm{e}^{-\mathrm{i}\gamma B_0t}\tilde{\Psi}_-=\mathrm{i}\hbar\frac{\partial}{\partial t}\tilde{\Psi}_+.$$

(c) 如果忽略 (b) 中的振动项——由于其平均值为零 (见例题 4.4 的讨论)——可以获得非耦合方程的形式

$$-\frac{\hbar^2}{2m}\nabla^2\tilde{\Psi}_\pm+V_\pm\tilde{\Psi}_\pm=\mathrm{i}\hbar\frac{\partial}{\partial t}\tilde{\Psi}_\pm.$$

基于以上粒子在"势" $V_\pm$ 中的运动, 解释施特恩–格拉赫实验.

解答　(a) 哈密顿量为

$$H=\frac{p^2}{2m}-\gamma\boldsymbol{B}\cdot\boldsymbol{S}=\frac{p^2}{2m}-\gamma(B_xS_x+B_yS_y+B_zS_z),$$

将自旋 S_x 和 S_y 用自旋降阶算符表示, 方程 (4.169) 磁场 $\boldsymbol{B}=-\alpha x\hat{i}+(B_0+\alpha z)\hat{k}$, 代入上式, 得

$$\begin{aligned}H&=\frac{p^2}{2m}-\gamma\left(B_x\frac{S_++S_-}{2}+B_y\frac{S_+-S_-}{2}+B_zS_z\right)\\&=\frac{p^2}{2m}+\frac{1}{2}\gamma\alpha x(S_++S_-)-\gamma(B_0+\alpha z)S_z.\end{aligned}$$

上式哈密顿量作用在波函数 $\Psi(r,t)=\Psi_+(r,t)\chi_++\Psi_-(r,t)\chi_-$ 上, 得

$$H\Psi=H[\Psi_+(r,t)\chi_++\Psi_-(r,t)\chi_-]$$

① 在这种表示法中, $|\Psi_+(\boldsymbol{r})|^2\mathrm{d}^3\boldsymbol{r}$ 给出了在自旋向上的情况下在 $\boldsymbol{r}$ 附近发现粒子的概率, 对沿 z 轴自旋向上进行相似的测量; 同样地, 对自旋向下的 $|\Psi_-(\boldsymbol{r})|^2\mathrm{d}^3\boldsymbol{r}$ 也是同样的解释.

$$
\begin{aligned}
&= \frac{p^2}{2m}\Psi_+(r,t)\chi_+ + \frac{1}{2}\gamma\alpha x(S_+ + S_-)\Psi_+(r,t)\chi_+ - \gamma(B_0+\alpha z)S_z\Psi_+(r,t)\chi_+ \\
&\quad + \frac{p^2}{2m}\Psi_-(r,t)\chi_- + \frac{1}{2}\gamma\alpha x(S_+ + S_-)\Psi_-(r,t)\chi_- - \gamma(B_0+\alpha z)S_z\Psi_-(r,t)\chi_- \\
&= \frac{p^2}{2m}\Psi_+(r,t)\chi_+ + \frac{1}{2}\gamma\alpha x\Psi_+(r,t)\hbar\chi_- - \gamma(B_0+\alpha z)\Psi_+(r,t)\frac{\hbar}{2}\chi_+ \\
&\quad + \frac{p^2}{2m}\Psi_-(r,t)\chi_- + \frac{1}{2}\gamma\alpha x\Psi_-(r,t)\hbar\chi_+ - \gamma(B_0+\alpha z)\Psi_-(r,t)\left(-\frac{\hbar}{2}\right)\chi_- \\
&= \left[\frac{p^2}{2m}\Psi_+(r,t) + \frac{\hbar}{2}\gamma\alpha x\Psi_-(r,t) - \frac{\hbar}{2}\gamma(B_0+\alpha z)\Psi_+(r,t)\right]\chi_+ \\
&\quad + \left[\frac{p^2}{2m}\Psi_-(r,t) + \frac{\hbar}{2}\gamma\alpha x\Psi_+(r,t) + \frac{\hbar}{2}\gamma(B_0+\alpha z)\Psi_-(r,t)\right]\chi_-.
\end{aligned}
$$

由 $\mathrm{i}\hbar\frac{\partial}{\partial t}\Psi = \mathrm{i}\hbar\frac{\partial\Psi_+}{\partial t}\chi_+ + \mathrm{i}\hbar\frac{\partial\Psi_-}{\partial t}\chi_- = H\Psi$, 且 $\chi_\pm$ 是相互正交的, 因此对应的薛定谔方程的系数一定是相等的, 即

$$
\begin{aligned}
&\frac{p^2}{2m}\Psi_+(r,t) + \frac{\hbar}{2}\gamma\alpha x\Psi_-(r,t) - \frac{\hbar}{2}\gamma(B_0+\alpha z)\Psi_+(r,t) = \mathrm{i}\hbar\frac{\partial\Psi_+}{\partial t}, \\
&\frac{p^2}{2m}\Psi_-(r,t) + \frac{\hbar}{2}\gamma\alpha x\Psi_+(r,t) + \frac{\hbar}{2}\gamma(B_0+\alpha z)\Psi_-(r,t) = \mathrm{i}\hbar\frac{\partial\Psi_-}{\partial t}.
\end{aligned}
$$

或

$$
\frac{p^2}{2m}\Psi_\pm(r,t) + \frac{\hbar}{2}\gamma\alpha x\Psi_\mp(r,t) \mp \frac{\hbar}{2}\gamma(B_0+\alpha z)\Psi_\pm(r,t) = \mathrm{i}\hbar\frac{\partial\Psi_\pm}{\partial t}.
$$

(b) 由 $\Psi_\pm(r,t) = \mathrm{e}^{\pm\mathrm{i}\gamma B_0 t/2}\tilde{\Psi}_\pm(r,t)$, 得

$$
\frac{\partial\Psi_\pm}{\partial t} = \pm\frac{\mathrm{i}}{2}\gamma B_0\tilde{\Psi}_\pm + \mathrm{e}^{\pm\mathrm{i}\gamma B_0 t/2}\frac{\partial}{\partial t}\tilde{\Psi}_\pm,
$$

将其代入 (a) 中的结论, 得

$$
\frac{p^2}{2m}\Psi_\pm(r,t) + \frac{\hbar}{2}\gamma\alpha x\Psi_\mp(r,t) \mp \frac{\hbar}{2}\gamma(B_0+\alpha z)\Psi_\pm(r,t) = \mathrm{i}\hbar\frac{\partial\Psi_\pm}{\partial t}.
$$

$$
\begin{aligned}
&\frac{p^2}{2m}\mathrm{e}^{\pm\mathrm{i}\gamma B_0 t/2}\tilde{\Psi}_\pm(r,t) + \frac{\hbar}{2}\gamma\alpha x\mathrm{e}^{\mp\mathrm{i}\gamma B_0 t/2}\tilde{\Psi}_\mp(r,t) \mp \frac{\hbar}{2}\gamma(B_0+\alpha z)\mathrm{e}^{\pm\mathrm{i}\gamma B_0 t/2}\tilde{\Psi}_\pm(r,t) \\
&= \mathrm{i}\hbar\left(\pm\frac{\mathrm{i}}{2}\gamma B_0\tilde{\Psi}_\pm + \mathrm{e}^{\pm\mathrm{i}\gamma B_0 t/2}\frac{\partial}{\partial t}\tilde{\Psi}_\pm\right).
\end{aligned}
$$

进一步化简, 得

$$
\frac{p^2}{2m}\tilde{\Psi}_\pm(r,t) + \frac{\hbar}{2}\gamma\alpha x\mathrm{e}^{\mp\mathrm{i}\gamma B_0 t}\tilde{\Psi}_\mp(r,t) \mp \frac{\hbar}{2}\gamma\alpha z\tilde{\Psi}_\pm(r,t) = \mathrm{i}\hbar\frac{\partial}{\partial t}\tilde{\Psi}_\pm.
$$

(c) 忽略 (b) 中结论的振动项, 我们很明显地可以看出势场为 $V_\pm = \mp\gamma\alpha\hbar z/2$, 是一个线性势场. 对于自旋向上的态, 沿着 z 轴正方向, 势场在减小. 对于自旋向下的态, 沿着 z 轴负方向, 势场在减小. 因此, 粒子的初始态有着 $\Psi_+ = \Psi_-$, 一旦粒子进入磁场, Ψ_+ 沿着 z 轴正方向传播, Ψ_- 沿着 z 轴负方向传播.

习题 4.75　考虑例题 4.6 中的系统, 穿过螺线管随时间变化的通量为 $\Phi(t)$. 证明:

$$\Psi(t)=\frac{1}{\sqrt{2\pi}}\mathrm{e}^{in\phi}\mathrm{e}^{-\mathrm{i}f(t)},$$

其中

$$f(t)=\frac{1}{\hbar}\int_0^t\frac{\hbar^2}{2mb^2}\left(n-\frac{q\Phi(t')}{2\pi\hbar}\right)^2\mathrm{d}t'$$

是含时薛定谔方程的解.

证明　依赖时间的薛定谔方程的一般形式为

$$\mathrm{i}\hbar\frac{\partial\Psi}{\partial t}=H\Psi.$$

等式左边可将波函数的具体形式代入, 得

$$\mathrm{i}\hbar\frac{\partial\Psi}{\partial t}=\hbar f'(t)\Psi(t)=\frac{\hbar^2}{2mb^2}\left[n-\frac{q\Phi(t)}{2\pi\hbar}\right]^2\Psi.$$

参照方程 (4.200), 等式右边得

$$\begin{aligned}H\Psi&=\frac{1}{2m}\left\{-\frac{\hbar^2}{b^2}\frac{\partial^2}{\partial\phi^2}+\left[\frac{q\Phi(t)}{2\pi b}\right]^2+\mathrm{i}\frac{\hbar q\Phi(t)}{\pi b^2}\frac{\partial}{\partial\phi}\right\}\frac{1}{\sqrt{2\pi}}\mathrm{e}^{in\phi}\mathrm{e}^{-\mathrm{i}f(t)}\\&=\frac{1}{2m}\left\{\frac{\hbar^2}{b^2}n^2+\left[\frac{q\Phi(t)}{2\pi b}\right]^2-\frac{\hbar q\Phi(t)}{\pi b^2}n\right\}\frac{1}{\sqrt{2\pi}}\mathrm{e}^{in\phi}\mathrm{e}^{-\mathrm{i}f(t)}\\&=\frac{\hbar^2}{2mb^2}\left[n-\frac{q\Phi(t)}{2\pi\hbar}\right]^2\Psi.\end{aligned}$$

因此, 依赖时间的薛定谔方程两边是相等的, 即 $\Psi(t)$ 是其一个解.

习题 4.76　例题 4.6 中的能级移动可以从经典电动力学方面进行理解. 考虑初始没有电流流进螺线管的情况. 想象缓慢增加电流.

(a) 通过通量的改变计算 (经典电动力学) 电磁场, 并证明限制在环上的电荷做功的速率可以写为

$$\frac{\mathrm{d}W}{\mathrm{d}\Phi}=-q\frac{\omega}{2\pi},$$

其中 ω 是粒子的角速度.

(b) 计算机械角动量的 z 分量,[①]

$$\boldsymbol{L}_{\text{机械}}=\boldsymbol{r}\times m\boldsymbol{v}=\boldsymbol{r}\times(\boldsymbol{p}-q\boldsymbol{A}),$$

对于例题 4.6 中处在 ψ_n 态的粒子. 注意机械角动量不是以 $\hbar$ 的整数倍量子化的.[②]

---

① 关于规范动量和机械动量之间区别的讨论, 见教材中脚注 62.

② 然而, 电磁场也携带角动量, 总动量 (机械加电磁) 是量子化的, 且为 $\hbar$ 的整数倍. 相关讨论, 请参见 M. Peshkin, *Physics Reports,* **80,** 375(1981) 或 Frank Wilczek《分数统计和任意子超导》书中的第 1 章, 世界科学出版公司, 新泽西 (1990).

(c) 证明: 从 (a) 部分得到的结果精确地等于通量增加时定态能量改变的速率 $\mathrm{d}E_n/\mathrm{d}\Phi$.

解答 (a) 由法拉第定律, 通量的改变可以产生电磁场

$$\oint \boldsymbol{E}\cdot \mathrm{d}l=-\frac{\mathrm{d}\Phi}{\mathrm{d}t},$$

$$E2\pi b=-\frac{\mathrm{d}\Phi}{\mathrm{d}t},$$

$$\boldsymbol{E}=-\frac{1}{2\pi b}\frac{\mathrm{d}\Phi}{\mathrm{d}t}\hat{\phi}.$$

电荷沿着线圈移动 $\mathrm{d}l=v\mathrm{d}t$ 所做的功为

$$\mathrm{d}W=qE\mathrm{d}l=-\frac{q}{2\pi b}\frac{\mathrm{d}\Phi}{\mathrm{d}t}v\mathrm{d}t=-\frac{qv}{2\pi b}\mathrm{d}\Phi.$$

由角速度 $\omega=v/b$, 得

$$\frac{\mathrm{d}W}{\mathrm{d}\Phi}=-\frac{q\omega}{2\pi}.$$

(b) 机械角动量需要采用坐标与正则动量的叉乘得出, 由方程 (4.192)

$$\frac{\mathrm{d}\langle \boldsymbol{r}\rangle}{\mathrm{d}t}=\frac{1}{m}\langle(\boldsymbol{p}-q\boldsymbol{A})\rangle,$$

可知正则动量为 $\boldsymbol{p}-q\boldsymbol{A}$, 因此机械角动量为

$$\boldsymbol{L}_{机械}=\boldsymbol{r}\times(\boldsymbol{p}-q\boldsymbol{A})=(\boldsymbol{r}\times\boldsymbol{p})-q(\boldsymbol{r}\times\boldsymbol{A})=\boldsymbol{L}-q\left(r\frac{\Phi}{2\pi r}\right)\left(\hat{r}\times\hat{\phi}\right)=\boldsymbol{L}-q\frac{\Phi}{2\pi}\hat{k},$$

其中 $\boldsymbol{A}=\dfrac{\Phi}{2\pi r}\hat{\phi}$, 见方程 (4.198).

因此, 机械角动量 z 轴方向的分量为

$$[\boldsymbol{L}_{机械}]_z=L_z-q\frac{\Phi}{2\pi}=-\mathrm{i}\hbar\frac{\mathrm{d}}{\mathrm{d}\phi}-\frac{q\Phi}{2\pi}.$$

将其作用在例题 4.6 中的 $\psi_n=A\mathrm{e}^{in\phi}$ 态上, 得

$$[\boldsymbol{L}_{机械}]_z\psi_n=\left(-\mathrm{i}\hbar\frac{\mathrm{d}}{\mathrm{d}\phi}-\frac{q\Phi}{2\pi}\right)\left(A\mathrm{e}^{in\phi}\right)=-\mathrm{i}\hbar\,(\mathrm{i}n)\,A\mathrm{e}^{in\phi}-\frac{q\Phi}{2\pi}A\mathrm{e}^{\mathrm{i}\lambda\phi}=\left(n\hbar-\frac{q\Phi}{2\pi}\right)\psi_n.$$

机械角动量的本征值为 $\left(n\hbar-\dfrac{q\Phi}{2\pi}\right)$, 机械角动量不是以 $\hbar$ 的整数倍量子化的.

(c) 对本征值 $E_n=\dfrac{\hbar^2}{2mb^2}\left(n-\dfrac{q\Phi}{2\pi\hbar}\right)^2$(方程 (4.206)) 求导, 得

$$\frac{\mathrm{d}E_n}{\mathrm{d}\Phi}=\frac{\hbar^2}{2mb^2}2\left(n-\frac{q\Phi}{2\pi\hbar}\right)\left(-\frac{q}{2\pi\hbar}\right)=-\frac{L_{机械}}{mb^2}\frac{q}{2\pi}=-\frac{L_{机械}}{I}\frac{q}{2\pi}=-\omega\frac{q}{2\pi},$$

其中 $I=mb^2$ 为转动惯量, 机械角动量写为 $L_{机械}=I\omega$.

第 5 章 全同粒子

本章主要内容概要

1. 全同粒子

质量、电荷、自旋等固有性质完全相同的微观粒子称为全同粒子. 在一个量子体系中全同粒子是不可区分的, 两全同粒子相互交换不会引起物理性质的改变 (全同性原理). 所有的微观粒子可以分为两类: 玻色子和费米子.

2. 玻色子和费米子

所有自旋为 $\hbar$ 整数倍的粒子称为玻色子, 而所有自旋为 $\hbar/2$ 奇数倍的粒子称为费米子. 由费米子组成的量子体系, 不能有两个或两个以上的费米子处于同一个状态 (泡利不相容原理), 体系的波函数在交换任意两个费米子时是反对称的. 对由玻色子组成的量子体系, 则不受泡利不相容原理的限制, 两个或两个以上的玻色子可以处于同一个状态, 体系的波函数在交换任意两个玻色子时是对称的.

如果体系的波函数可以由归一化的单粒子波函数 $\phi_i(q_\alpha)$ 的积表示, 其中 i 表示不同的单粒子态, q_α 表示第 α 个粒子的量子数 (包括空间与自旋), 则由 N 个费米子组成体系的反对称波函数可以用 N 阶行列式表示为

$$\varPhi_A(q_1,q_2,\cdots,q_\alpha,\cdots,q_N)=\frac{1}{\sqrt{N!}}\begin{vmatrix}\phi_i(q_1) & \phi_i(q_2) & \cdots & \phi_i(q_N)\\ \phi_j(q_1) & \phi_j(q_2) & \cdots & \phi_j(q_N)\\ \cdots & \cdots & \cdots & \cdots\\ \phi_k(q_1) & \phi_k(q_2) & \cdots & \phi_k(q_N)\end{vmatrix},$$

交换任何两个粒子就是交换行列式中的两列, 这使行列式改变符号, 即波函数 $\varPhi_A$ 在交换两粒子时是反对称的. 当任意两粒子处于相同状态, 即行列式中两行相同时, 行列式为零, 表示不能有两个或两个以上的费米子处于同一个状态.

对由 N 个玻色子组成的体系, 体系的对称波函数可以表示为

$$\varPhi_A(q_1,q_2,\cdots,q_\alpha,\cdots,q_N)=C\sum_P P\phi_i(q_1)\phi_j(q_2)\cdots\phi_k(q_N),$$

其中 P 表示 N 个粒子在波函数中的某一种排列, $\sum\limits_P$ 表示对所有可能排列求和, 由于玻色子可以处于相同的状态, $i,j,\cdots,k$ 可以相等, C 是归一化常数, $i,j,\cdots,k$ 完全相等时为 1, 全不相等时为 $1/\sqrt{N!}$.

3. 交换力

以两粒子体系为例, 若体系的波函数可以表示为空间部分和自旋部分之积, 对称和

反对称的空间波函数为

$$\psi_{\pm}(x_1,x_2)=\frac{1}{\sqrt{2}}\left[\psi_a(x_1)\psi_b(x_2)\pm\psi_b(x_1)\psi_a(x_2)\right].$$

这种波函数对称化的要求会使两粒子间出现一种力的作用，称为交换力. 在对称空间波函数中，这个力是吸引力，倾向于把两粒子拉近；在反对称空间波函数中，这个力是排斥力，倾向于让两粒子相互远离. 固体中属于不同原子的两个电子组成的共价键可以由这种力解释，两电子体系的波函数是反对称的，当两个电子的自旋波函数为反对称的自旋单态时，空间波函数必是对称的，所以这种状态下的两个电子倾向于相互靠近，形成共价键.

4. 元素周期表

原子中一个单粒子态 (n,ℓ,m) 称为轨道，因为电子是费米子，受到泡利不相容原理的制约，一个轨道上只能有两个电子 (一个自旋向上，一个自旋向下). 当原子处于基态时，电子将从最低能态开始依据**洪德定则**依次填充. $n=1$ 这个壳层能容纳两个电子，$n=2$ 壳层能容纳 8 个电子，$n=3$ 壳层能容纳 18 个电子，第 n 个壳层可以容纳 $2n^2$ 个电子. (洪德第一定则：在其他量都相同时，总自旋 (S) 取最大值的状态的能量最低. 洪德第二定则：当自旋给定时，总轨道角量子数 (L) 取最大值且同整体的反对称性一致时，将具有最低的能量. 洪德第三定则：如果次壳层 (n,ℓ) 填充不到一半，则能量最低态满足 $J=|L-S|$；如果填充超过一半，则 $J=L+S$ 态能量最低.) 一般以 ${}^{2S+1}L_J$ 表示原子电子组态，其中 S 为电子总自旋角动量，L 为总轨道角动量，J 为总角动量量子数.

5. 周期性势场中的能带结构

若势场满足周期性条件 $V(x+a)=V(x)$，则薛定谔方程的解满足 $\psi(x+a)=\mathrm{e}^{\mathrm{i}Ka}\psi(x)$(**布洛赫定理**). 在周期性势场中，电子的能级呈能带结构，分为禁带和允带，没有电子的能态可以处在禁带的能量范围. 如果电子依次填充允带，最高能带被完全填满，此时若要激发一个电子就需要一个较大的能量，因为电子需要跳过一个禁带，这样的材料称为**绝缘体**. 相反地，如果最高能带是部分填充的，激发一个电子只需要一个很小的能量，这种材料通常为**导体**.

6. 量子统计

在绝对零度，一个物理系统将处在它的能量最低状态 (体系的基态). 当温度升高时，随机的热激发将开始占据激发态，当处于热平衡状态时，微观粒子在能态的分布 (相对几率) 为

$$n(\varepsilon)=\begin{cases}\mathrm{e}^{-(\varepsilon-\mu)/k_{\mathrm{B}}T}, & \text{麦克斯韦–玻尔兹曼分布适用于可分辨粒子}\\ \dfrac{1}{\mathrm{e}^{(\varepsilon-\mu)/k_{\mathrm{B}}T}+1}, & \text{费米–狄拉克分布适用于费米子}\\ \dfrac{1}{\mathrm{e}^{(\varepsilon-\mu)/k_{\mathrm{B}}T}-1}, & \text{玻色–爱因斯坦分布适用于玻色子}\end{cases}$$

****习题 5.1**　通常情况下，相互作用势的大小仅依赖于两粒子间的相对位移矢量

$\boldsymbol{r} \equiv \boldsymbol{r}_1 - \boldsymbol{r}_2 : V(\boldsymbol{r}_1, \boldsymbol{r}_2) \to V(\boldsymbol{r})$. 在该情况下, 将变量 $\boldsymbol{r}_1, \boldsymbol{r}_2$ 代换为 $\boldsymbol{r}$ 和 $\boldsymbol{R} \equiv (m_1\boldsymbol{r}_1 + m_2\boldsymbol{r}_2)/(m_1+m_2)$(质心坐标), 薛定谔方程就可以进行分离变量.

(a) 证明: $\boldsymbol{r}_1 = \boldsymbol{R} + (\mu/m_1)\boldsymbol{r}, \boldsymbol{r}_2 = \boldsymbol{R} - (\mu/m_2)\boldsymbol{r}$ 和 $\nabla_1 = (\mu/m_2)\nabla_R + \nabla_r, \nabla_2 = (\mu/m_1)\nabla_R - \nabla_r$, 其中 $\mu \equiv \dfrac{m_1 m_2}{m_1+m_2}$ 是体系的**约化质量**.

(b) 证明: (定态) 薛定谔方程 (方程 (5.7)) 为

$$-\frac{\hbar^2}{2(m_1+m_2)}\nabla_R^2\psi - \frac{\hbar^2}{2\mu}\nabla_r^2\psi + V(\boldsymbol{r})\psi = E\psi.$$

(c) 分离变量, 令 $\psi(\boldsymbol{R},\boldsymbol{r}) = \psi_R(\boldsymbol{R})\psi_r(\boldsymbol{r})$. 注意到 ψ_R 满足总质量 m 为 (m_1+m_2), 势能为零, 能量为 E_R 的单粒子薛定谔方程; ψ_r 满足质量 m 为约化质量, 势能为 $V(\boldsymbol{r})$, 能量为 E_r 的单粒子薛定谔方程. 系统的总能量为两者之和: $E = E_R + E_r$. 这告诉我们质心的运动像一个自由粒子的运动, 而相对运动 (即粒子 1 相对于粒子 2 的运动) 可以看作以约化质量为质量, 处于势场 V 中的单粒子的运动. 在经典力学中存在完全类似的分解方法; ① 用这种方法可以将两体问题简化为等价的单体问题.

解答 (a) 由相对位置坐标 $\boldsymbol{r} \equiv \boldsymbol{r}_1 - \boldsymbol{r}_2$ 和质心坐标 $\boldsymbol{R} \equiv (m_1\boldsymbol{r}_1 + m_2\boldsymbol{r}_2)/(m_1+m_2)$, 得

$$(m_1+m_2)\boldsymbol{R} = m_1\boldsymbol{r}_1 + m_2\boldsymbol{r}_2 = m_1\boldsymbol{r}_1 + m_2(\boldsymbol{r}_1 - \boldsymbol{r}) = (m_1+m_2)\boldsymbol{r}_1 - m_2\boldsymbol{r},$$

$$\boldsymbol{r}_1 = \boldsymbol{R} + \frac{m_2}{m_1+m_2}\boldsymbol{r} = \boldsymbol{R} + \frac{\mu}{m_1}\boldsymbol{r},$$

$$(m_1+m_2)\boldsymbol{R} = m_1\boldsymbol{r}_1 + m_2\boldsymbol{r}_2 = m_1(\boldsymbol{r}_2 + \boldsymbol{r}) + m_2\boldsymbol{r}_2 = (m_1+m_2)\boldsymbol{r}_2 + m_1\boldsymbol{r},$$

$$\boldsymbol{r}_2 = \boldsymbol{R} - \frac{m_1}{m_1+m_2}\boldsymbol{r} = \boldsymbol{R} - \frac{\mu}{m_2}\boldsymbol{r}.$$

∇_1 和 ∇_2 的意义为分别对第一个粒子的坐标和第二个粒子的坐标作微分, 要证明 $\nabla_1 = (\mu/m_2)\nabla_R + \nabla_r$ 和 $\nabla_2 = (\mu/m_1)\nabla_R - \nabla_r$, 很明显是将对单个粒子绝对坐标的微分转化为对两个粒子相对坐标和体系质心坐标的微分.

为方便起见, 记 $\boldsymbol{R} = (X, Y, Z), \boldsymbol{r} = (x, y, z)$, 我们先对三个变量中的一个 (x) 进行微分, 然后推广到三维, 则

$$\begin{aligned}(\nabla_1)_x &= \frac{\partial}{\partial x_1} = \frac{\partial X}{\partial x_1}\frac{\partial}{\partial X} + \frac{\partial x}{\partial x_1}\frac{\partial}{\partial x} = \frac{m_1}{m_1+m_2}\frac{\partial}{\partial X} + \frac{\partial}{\partial x} = \frac{\mu}{m_2}\frac{\partial}{\partial X} + \frac{\partial}{\partial x}\\ &= \frac{\mu}{m_2}(\nabla_R)_x + (\nabla_r)_x \Rightarrow \nabla_1 = \frac{\mu}{m_2}\nabla_R + \nabla_r,\\ (\nabla_2)_x &= \frac{\partial}{\partial x_2} = \frac{\partial X}{\partial x_2}\frac{\partial}{\partial X} + \frac{\partial x}{\partial x_2}\frac{\partial}{\partial x} = \frac{m_2}{m_1+m_2}\frac{\partial}{\partial X} - \frac{\partial}{\partial x} = \frac{\mu}{m_1}\frac{\partial}{\partial X} - \frac{\partial}{\partial x}\\ &= \frac{\mu}{m_1}(\nabla_R)_x - (\nabla_r)_x \Rightarrow \nabla_2 = \frac{\mu}{m_1}\nabla_R - \nabla_r.\end{aligned}$$

(b) 将 (a) 中的结论代入两粒子的哈密顿量中, 得

$$H = -\frac{\hbar^2}{2m_1}\nabla_1^2 - \frac{\hbar^2}{2m_2}\nabla_2^2 + V(\boldsymbol{r})$$

① 例如, 参见 Jerry B. Marion 和 Stephen T. Thornton 所著, 《粒子和体系的经典动力学》, 第四版, Saunders, Fort Worth, TX (1995), 8.2 节.

$$
\begin{aligned}
&= -\frac{\hbar^2}{2m_1}\left[(\mu/m_2)\nabla_R + \nabla_r\right]^2 - \frac{\hbar^2}{2m_2}\left[(\mu/m_1)\nabla_R - \nabla_r\right]^2 + V(\boldsymbol{r}) \\
&= -\frac{\hbar^2}{2m_1m_2}\left[\frac{\mu^2}{m_2}\nabla_R^2 + m_2\nabla_r^2 + \mu\Big(\nabla_R\nabla_r + \nabla_r\nabla_R\Big) + \frac{\mu^2}{m_1}\nabla_R^2\right. \\
&\qquad\left. + m_1\nabla_r^2 - \mu\left(\nabla_R\nabla_r + \nabla_r\nabla_R\right)\right] + V(\boldsymbol{r}) \\
&= -\frac{\hbar^2}{2m_1m_2}\left(\mu\nabla_R^2 + m_1\nabla_r^2 + m_2\nabla_r^2\right) + V(\boldsymbol{r}) \\
&= -\frac{\hbar^2}{2(m_1+m_2)}\nabla_R^2 - \frac{\hbar^2}{2\mu}\nabla_r^2 + V(\boldsymbol{r}),
\end{aligned}
$$

所以定态薛定谔方程为

$$
-\frac{\hbar^2}{2(m_1+m_2)}\nabla_R^2\psi - \frac{\hbar^2}{2\mu}\nabla_r^2\psi + V(\boldsymbol{r})\psi = E\psi.
$$

(c) 采用分离变量法, 方程两边同除以 $\psi_R(\boldsymbol{R})\psi_r(\boldsymbol{r})$, 得

$$
\begin{aligned}
&-\frac{\hbar^2}{2(m_1+m_2)\psi_r(\boldsymbol{r})}\nabla_R^2\psi_R(\boldsymbol{R}) - \frac{\hbar^2}{2\mu\psi_R(\boldsymbol{R})}\nabla_r^2\psi_r(\boldsymbol{r}) + V(\boldsymbol{r}) = E \\
&\Rightarrow -\frac{\hbar^2}{2(m_1+m_2)\psi_r}\nabla_R^2\psi_R = E - \frac{\hbar^2}{2\mu\psi_R}\nabla_r^2\psi_r - V(\boldsymbol{r}).
\end{aligned}
$$

令方程两边同时等于常量 E_R, 则

$$
-\frac{\hbar^2}{2(m_1+m_2)\psi_r}\nabla_R^2\psi_R = E_R,
$$

$$
E + \frac{\hbar^2}{2\mu\psi_R}\nabla_r^2\psi_r - V(\boldsymbol{r}) = E_R.
$$

上式可以写为

$$
-\frac{\hbar^2}{2\mu\psi_R}\nabla_r^2\psi_r + V(\boldsymbol{r}) = E_r, \quad (E_r \equiv E - E_R).
$$

$\psi_R(\boldsymbol{R})$ 满足总质量为 (m_1+m_2), 势能为零, 能量为 E_R 的单粒子薛定谔方程; $\psi_r(\boldsymbol{r})$ 满足总质量为 μ, 势能为 $V(\boldsymbol{r})$, 能量为 E_r 的单粒子薛定谔方程, 且 $E = E_R + E_r$.

习题 5.2 针对习题 5.1, 可以简单地用约化质量代替电子质量来修正氢原子核的运动.

(a) 求在计算氢原子结合能 (方程 (4.77)) 使用 m 而不是 μ 时, 产生的误差百分比 (精确到两位有效数字).

(b) 求氢和氘 (原子核既含有质子又含有中子) 的红色巴耳末线 ($n=3\to n=2$) 之间的波长差.

(c) 求**电子偶素**的结合能 (氢原子中质子被正电子取代, 正电子与电子质量相同, 但电荷相反).

(d) 假设你想证实 μ **介子氢**的存在, 其中电子被 μ 介子 (电荷相同, 但重量是电子的 206.77 倍) 取代. 在哪里 (即在什么波长下) 寻找“莱曼-α”线 ($n=2\to n=1$)?

解答 (a) 氢原子中电子的约化质量为

$$\mu=\frac{m_e m_p}{m_e+m_p}=\frac{0.511\times 938.272}{0.511+938.272}\ \text{MeV}=0.5107\ \text{MeV}.$$

根据方程 (4.77), 氢原子基态 ($n=1$) 能量 (结合能) 应为

$$E_1=-\left[\frac{\mu}{2\hbar^2}\left(\frac{e^2}{4\pi\varepsilon_0}\right)^2\right].$$

可知 E_1 与质量呈正比关系, 所以当用电子质量 m 取代约化质量 μ 时, 产生的误差为

$$\frac{\Delta E_1}{E_1}=\frac{m_e-\mu}{\mu}=\frac{m_e-m_e m_p/(m_e+\mathrm{m_p})}{m_e m_p/(m_e+m_p)}=\frac{m_e}{m_p}=\frac{9.109\times 10^{-31}\ \text{kg}}{1.673\times 10^{-31}\ \text{kg}}=0.054\%.$$

(b) 由方程 (4.94), 用约化质量 μ 表示的里德伯常量为

$$\Re\equiv\frac{\mu}{4\pi c\hbar^3}\left(\frac{e^2}{4\pi\varepsilon_0}\right)^2.$$

正比于质量, 当电子从 $n=3$ 向 $n=2$ 能级跃迁时, 辐射的波长为

$$\lambda=\frac{1}{\Re\left(\dfrac{1}{2^2}-\dfrac{1}{3^2}\right)}=\frac{36}{5\Re}.$$

对于氢原子 $\mu_H=\dfrac{m_e m_p}{m_e+m_p}$, 对于氘 $\mu_D=\dfrac{m_e(2m_p)}{m_e+2m_p}$, 所以波长差为

$$\begin{aligned}\Delta\lambda&=\lambda_H-\lambda_D=\lambda_H\left(1-\frac{\lambda_D}{\lambda_H}\right)=\lambda_H\left(1-\frac{\Re_H}{\Re_D}\right)=\lambda_H\left(1-\frac{\mu_H}{\mu_D}\right)\\&=\lambda_H\left[1-\frac{m_e m_p(m_e+2m_p)}{m_e(2m_p)(m_e+m_p)}\right]=\lambda_H\left[1-\frac{m_e+2m_p}{2(m_e+m_p)}\right]\\&=\frac{m_e}{2(m_e+m_p)}\lambda_H\approx\frac{m_e}{2m_p}\lambda_H,\end{aligned}$$

$$\lambda_H=\frac{36}{5\Re}=\frac{36}{5\times 1.097\times 10^7}\ \text{m}=6.563\times 10^{-7}\ \text{m},$$

$$\Delta\lambda=\frac{m_e}{2m_p}\lambda_H=\frac{9.109\times 10^{-31}}{2\times 1.673\times 10^{-27}}\times 6.563\times 10^{-7}\ \text{m}=1.787\times 10^{-10}\ \text{m}.$$

(c) 对电子偶素, 其约化质量为 $\mu_+=\dfrac{m_e m_e}{m_e+m_e}=\dfrac{m_e}{2}$, 所以其基态能量 (结合能) 为

$$E_+=\frac{\mu_+}{\mu_H}E_H\approx\frac{1}{2}E_H=-6.8\ \text{eV}.$$

(d) 对于 μ 子替换电子后, 约化质量对应的里德伯常量要作相应的改变, 则

$$\lambda_\mu=\frac{1}{\Re_\mu\left(\dfrac{1}{1}-\dfrac{1}{2^2}\right)}=\frac{4}{3\Re_\mu}=\frac{4}{3(\mu_\mu/\mu_H)\Re}=\frac{\mu_H}{\mu_\mu}\lambda_H,$$

$$\begin{aligned}\frac{\mu_H}{\mu_\mu}&=\frac{m_e m_p}{m_e+m_p}\frac{m_\mu+m_p}{m_\mu m_p}=\frac{m_e}{m_\mu}\frac{m_\mu+m_p}{m_e+m_p}\\&=\frac{1}{206.77}\frac{206.77\times 9.109\times 10^{-31}+1.673\times 10^{-27}}{9.109\times 10^{-31}+1.673\times 10^{-27}}=5.378\times 10^{-3},\end{aligned}$$

$$\lambda_H=\frac{4}{3\Re}=\frac{1}{0.75\times 1.097\times 10^7}\ \text{m}=1.215\times 10^{-7}\ \text{m}.$$

所以 μ 介子氢的 "莱曼-α" 线的波长为

$$\lambda_\mu=\frac{\mu_H}{\mu_\mu}\lambda_H=5.378\times 10^{-3}\times 1.215\times 10^{-7}\ \text{m}=6.534\times 10^{-10}\ \text{m}.$$

习题 5.3 氯原子在自然界有两种同位素: Cl^{35} 和 Cl^{37}. 证明: HCl 的振动光谱应包含相距很近的双线结构, 其能级分裂由 $\Delta\nu = 7.51\times10^{-4}\nu$ 给出, 其中 ν 是出射光子的频率. 提示 把它想象成一个频率为 $\omega=\sqrt{k/\mu}$ 的谐振子, 其中 μ 为约化质量 (方程 (5.15)), 两种同位素的 k 可以认为近似相同.

证明 HCl 的振动可以看作一个频率为 $\omega=\sqrt{k/\mu}$ 的简谐振子, μ 为约化质量. 能量本征值为

$$E_n=\left(n+\frac{1}{2}\right)\hbar\omega.$$

当从 n_i 态跃迁到 n_f 态时, 辐射光子能量满足

$$E_{\mathrm{p}}=h\nu=\Delta E=(n_i-n_f)\,\hbar\omega=\Delta n\hbar\omega,\quad (\Delta n\equiv n_i-n_f)\,.$$

(这里没有考虑跃迁时需满足的选择定则对 Δn 的限制, 它对我们的结果也没有影响.) 由于约化质量不同引起的 Cl^{35} 和 Cl^{37} 频率之差为

$$\Delta\nu=\nu_{\mathrm{HCl^{35}}}-\nu_{\mathrm{HCl^{37}}}=\nu_{\mathrm{HCl^{35}}}\left(1-\frac{\nu_{\mathrm{HCl^{37}}}}{\nu_{\mathrm{HCl^{35}}}}\right)=\nu_{\mathrm{HCl^{35}}}\left(1-\sqrt{\frac{\mu_{\mathrm{HCl^{35}}}}{\mu_{\mathrm{HCl^{37}}}}}\right).$$

$$\frac{\mu_{\mathrm{HCl^{35}}}}{\mu_{\mathrm{HCl^{37}}}}=\frac{m_{\mathrm{H}}\,(35m_{\mathrm{H}})}{m_{\mathrm{H}}+35m_{\mathrm{H}}}\cdot\frac{m_{\mathrm{H}}+37m_{\mathrm{H}}}{m_{\mathrm{H}}\,(37m_{\mathrm{H}})}=\frac{35\times38}{36\times37}=0.9985.$$

$$\begin{aligned}\Delta\nu&=\nu_{\mathrm{HCl^{35}}}\left(1-\sqrt{0.9985}\right)=\nu_{\mathrm{HCl^{35}}}\left(1-\sqrt{1-0.0015}\right)\\&\approx\nu_{\mathrm{HCl^{35}}}\left[1-\left(1-\frac{1}{2}\times0.0015\right)\right]=7.5\times10^{-4}\nu_{\mathrm{HCl^{35}}}.\end{aligned}$$

***习题 5.4**

(a) 如果 ψ_a 和 ψ_b 是正交归一的, 则方程 (5.17) 中的常数 A 为多少?

(b) 如果 $\psi_a=\psi_b$(已归一化), 则 A 为多少? (当然, 只有玻色子才会发生这种情况.)

解答 (a) 方程 (5.17) 对称和反对称的波函数为

$$\psi_{\pm}(\boldsymbol{r}_1,\boldsymbol{r}_2)=A\left[\psi_a(\boldsymbol{r}_1)\,\psi_b(\boldsymbol{r}_2)\pm\psi_b(\boldsymbol{r}_1)\,\psi_a(\boldsymbol{r}_2)\right].$$

由归一化条件

$$\begin{aligned}1&=\int|\psi_{\pm}(\boldsymbol{r}_1,\boldsymbol{r}_2)|^2\mathrm{d}^3\boldsymbol{r}_1\mathrm{d}^3\boldsymbol{r}_2\\&=|A|^2\int[\psi_a(\boldsymbol{r}_1)\,\psi_b(\boldsymbol{r}_2)\pm\psi_b(\boldsymbol{r}_1)\,\psi_a(\boldsymbol{r}_2)]^*[\psi_a(\boldsymbol{r}_1)\,\psi_b(\boldsymbol{r}_2)\pm\psi_b(\boldsymbol{r}_1)\,\psi_a(\boldsymbol{r}_2)]\mathrm{d}^3\boldsymbol{r}_1\mathrm{d}^3\boldsymbol{r}_2\\&=|A|^2\left[\int|\psi_a(\boldsymbol{r}_1)|^2\mathrm{d}^3\boldsymbol{r}_1\int|\psi_b(\boldsymbol{r}_2)|\,\mathrm{d}^3\boldsymbol{r}_2\pm\int\psi_b^*(\boldsymbol{r}_1)\,\psi_a(\boldsymbol{r}_1)\,\mathrm{d}^3\boldsymbol{r}_1\int\psi_a^*(\boldsymbol{r}_2)\,\psi_b(\boldsymbol{r}_2)\,\mathrm{d}^3\boldsymbol{r}_2\right.\\&\quad\left.\pm\int\psi_a^*(\boldsymbol{r}_1)\,\psi_b(\boldsymbol{r}_1)\,\mathrm{d}^3\boldsymbol{r}_1\int\psi_b^*(\boldsymbol{r}_2)\,\psi_a(\boldsymbol{r}_2)\,\mathrm{d}^3\boldsymbol{r}_2+\int|\psi_b(\boldsymbol{r}_1)|^2\mathrm{d}^3\boldsymbol{r}_1\int|\psi_a(\boldsymbol{r}_2)|\,\mathrm{d}^3\boldsymbol{r}_2\right]\\&=|A|^2\,(1\cdot1+0\cdot0+0\cdot0+1\cdot1)=2\,|A|^2\,.\end{aligned}$$

得 $A=\dfrac{1}{\sqrt{2}}$.

(b) 当 $\psi_a=\psi_b$ 时, 只有对称的波函数

$$\psi_+(\boldsymbol{r}_1,\boldsymbol{r}_2)=2A\psi_a(\boldsymbol{r}_1)\psi_b(\boldsymbol{r}_2).$$

归一化

$$\begin{aligned}1&=\int|\psi_+(\boldsymbol{r}_1,\boldsymbol{r}_2)|^2\mathrm{d}^3\boldsymbol{r}_1\mathrm{d}^3\boldsymbol{r}_2\\&=|A|^2\int[2\psi_a(\boldsymbol{r}_1)\psi_b(\boldsymbol{r}_2)]^*[2\psi_a(\boldsymbol{r}_1)\psi_b(\boldsymbol{r}_2)]\mathrm{d}^3\boldsymbol{r}_1\mathrm{d}^3\boldsymbol{r}_2\\&=4|A|^2\int|\psi_a(\boldsymbol{r}_1)|^2\mathrm{d}^3\boldsymbol{r}_1\int|\psi_b(\boldsymbol{r}_2)|^2\mathrm{d}^3\boldsymbol{r}_2=4|A|^2,\end{aligned}$$

$$A=\frac{1}{2}.$$

习题 5.5

(a) 写出处于无限深方势阱中两个无相互作用的全同粒子的哈密顿量. 证明: 例题 5.1 给出的费米子基态是 $\hat{H}$ 的本征函数, 且具有适当的本征值.

(b) 求接下来的两个激发态 (除了例题中给出的) 在这三种情况 (可分辨, 全同玻色子, 全同费米子) 下的波函数、能量和简并度.

解答 (a) 哈密顿量为

$$H=-\frac{\hbar^2}{2m}\frac{\partial^2}{\partial x_1^2}-\frac{\hbar^2}{2m}\frac{\partial^2}{\partial x_2^2}+V(x_1,x_2),$$

其中

$$V(x_1,x_2)=\begin{cases}0 & (0\leqslant x_1,x_2\leqslant a)\\ \infty & (\text{其他})\end{cases}.$$

定态薛定谔方程为

$$\begin{cases}-\dfrac{\hbar^2}{2m}\dfrac{\partial^2\psi}{\partial x_1^2}-\dfrac{\hbar^2}{2m}\dfrac{\partial^2\psi}{\partial x_2^2}=E\psi & (0\leqslant x_1,x_2\leqslant a)\\ \psi=0 & (\text{其他})\end{cases}.$$

例题 5.1 给出的费米子基态的波函数是 (注意这里没有考虑自旋, 你可认为这两个全同粒子处于相同的自旋态)

$$\psi=\frac{\sqrt{2}}{a}\left[\sin\left(\frac{\pi x_1}{a}\right)\sin\left(\frac{2\pi x_2}{a}\right)-\sin\left(\frac{2\pi x_1}{a}\right)\sin\left(\frac{\pi x_2}{a}\right)\right],$$

具有反对称性, 则

$$\frac{\partial^2\psi}{\partial x_1^2}=\frac{\sqrt{2}}{a}\left[-\left(\frac{\pi}{a}\right)^2\sin\left(\frac{\pi x_1}{a}\right)\sin\left(\frac{2\pi x_2}{a}\right)+\left(\frac{2\pi}{a}\right)^2\sin\left(\frac{2\pi x_1}{a}\right)\sin\left(\frac{\pi x_2}{a}\right)\right],$$

$$\frac{\partial^2\psi}{\partial x_2^2}=\frac{\sqrt{2}}{a}\left[-\left(\frac{2\pi}{a}\right)^2\sin\left(\frac{\pi x_1}{a}\right)\sin\left(\frac{2\pi x_2}{a}\right)+\left(\frac{\pi}{a}\right)^2\sin\left(\frac{2\pi x_1}{a}\right)\sin\left(\frac{\pi x_2}{a}\right)\right].$$

所以

$$-\frac{\hbar^2}{2m}\left(\frac{\partial^2\psi}{\partial x_1^2}+\frac{\partial^2\psi}{\partial x_2^2}\right)=\frac{5\pi^2\hbar^2}{2ma^2}\psi=E\psi$$

$$\Rightarrow \text{本征值 } E=\frac{5\pi^2\hbar^2}{2ma^2}=5K \quad \left(K\equiv\frac{\pi^2\hbar^2}{2ma^2}\right).$$

(b) 可分辨粒子:

$$E=8K,\quad \psi_{22}=\frac{2}{a}\sin\left(\frac{2\pi x_1}{a}\right)\sin\left(\frac{2\pi x_2}{a}\right),$$

$$E=10K,\quad \begin{cases}\psi_{13}=\dfrac{2}{a}\sin\left(\dfrac{\pi x_1}{a}\right)\sin\left(\dfrac{3\pi x_2}{a}\right)\\ \psi_{31}=\dfrac{2}{a}\sin\left(\dfrac{3\pi x_1}{a}\right)\sin\left(\dfrac{\pi x_2}{a}\right)\end{cases}. \quad \text{二重简并}$$

全同玻色子:

$$E=8K,\quad \psi_{22}=\frac{2}{a}\sin\left(\frac{2\pi x_1}{a}\right)\sin\left(\frac{2\pi x_2}{a}\right),$$

$$E=10K,\quad \psi_{13}=\frac{\sqrt{2}}{a}\left[\sin\left(\frac{\pi x_1}{a}\right)\sin\left(\frac{3\pi x_2}{a}\right)+\sin\left(\frac{3\pi x_1}{a}\right)\sin\left(\frac{\pi x_2}{a}\right)\right].$$

全同费米子:

$$E=10K,\quad \psi_{13}=\frac{\sqrt{2}}{a}\left[\sin\left(\frac{\pi x_1}{a}\right)\sin\left(\frac{3\pi x_2}{a}\right)-\sin\left(\frac{3\pi x_1}{a}\right)\sin\left(\frac{\pi x_2}{a}\right)\right],$$

$$E=13K,\quad \psi_{23}=\frac{\sqrt{2}}{a}\left[\sin\left(\frac{2\pi x_1}{a}\right)\sin\left(\frac{3\pi x_2}{a}\right)-\sin\left(\frac{3\pi x_1}{a}\right)\sin\left(\frac{2\pi x_2}{a}\right)\right].$$

***习题 5.6** 想象处于无限深方势阱中质量均为 m 的两个无相互作用的粒子, 如果一个粒子处于 ψ_n 态 (方程 (2.28)), 另一个粒子处于 $\psi_l\ (l\neq n)$ 态, 计算 $\left\langle (x_1-x_2)^2\right\rangle$. 假定: (a) 粒子是可分辨的, (b) 粒子为全同玻色子, (c) 粒子为全同费米子.

解答 设无限深方势阱为

$$V(x)=\begin{cases}0 & (0\leqslant x\leqslant a)\\ \infty & (\text{其他})\end{cases}.$$

则第一个粒子的波函数为 $\psi_n=\sqrt{\dfrac{2}{a}}\sin\left(\dfrac{n\pi}{a}x\right)$, 第二个粒子的波函数为 $\psi_l=\sqrt{\dfrac{2}{a}}\sin\left(\dfrac{l\pi}{a}x\right)$.

(a) 粒子可分辨时, 两粒子波函数为

$$\psi=\psi_n(x_1)\psi_l(x_2)=\sqrt{\frac{2}{a}}\sin\left(\frac{n\pi}{a}x_1\right)\sqrt{\frac{2}{a}}\sin\left(\frac{l\pi}{a}x_2\right),$$

则

$$\begin{aligned}\left\langle (x_1-x_2)^2\right\rangle&=\left\langle x_1^2+x_2^2-2x_1x_2\right\rangle\\&=\left\langle \psi_n(x_1)\psi_l(x_2)\right|x_1^2+x_2^2-2x_1x_2\left|\psi_n(x_1)\psi_l(x_2)\right\rangle\\&=\left\langle \psi_n(x_1)\psi_l(x_2)\right|x_1^2\left|\psi_n(x_1)\psi_l(x_2)\right\rangle+\left\langle \psi_n(x_1)\psi_l(x_2)\right|x_2^2\left|\psi_n(x_1)\psi_l(x_2)\right\rangle\end{aligned}$$

$$
\begin{aligned}
&\quad -2\left\langle\psi_n\left(x_1\right)\psi_l\left(x_2\right)\right|x_1x_2\left|\psi_n\left(x_1\right)\psi_l\left(x_2\right)\right\rangle \\
&=\left\langle\psi_n\left(x_1\right)\right|x_1^2\left|\psi_n\left(x_1\right)\right\rangle+\left\langle\psi_l\left(x_2\right)\right|x_2^2\left|\psi_l\left(x_2\right)\right\rangle \\
&\quad -2\left\langle\psi_n\left(x_1\right)\right|x_1\left|\psi_n\left(x_1\right)\right\rangle\left\langle\psi_l\left(x_2\right)\right|x_2\left|\psi_l\left(x_2\right)\right\rangle \\
&=\left\langle x_1^2\right\rangle_n+\left\langle x_2^2\right\rangle_l-2\left\langle x_1\right\rangle_n\left\langle x_2\right\rangle_l \\
&=\left\langle x^2\right\rangle_n+\left\langle x^2\right\rangle_l-2\langle x\rangle_n\langle x\rangle_l,
\end{aligned}
$$

其中

$$
\begin{aligned}
\left\langle x^2\right\rangle_n&=\frac{2}{a}\int_0^a x^2\sin^2\left(\frac{n\pi}{a}x\right)\mathrm{d}x=\frac{2}{a}\int_0^a x^2\frac{1-\cos(2n\pi x/a)}{2}\mathrm{d}x \\
&=\frac{1}{a}\int_0^a x^2\mathrm{d}x-\frac{1}{a}\int_0^a x^2\cos\left(\frac{2n\pi}{a}x\right)\mathrm{d}x=\frac{a^2}{3}-\frac{a^2}{2(n\pi)^2}. \quad \text{(见习题 2.4)}
\end{aligned}
$$

因此

$$
\begin{aligned}
&\left\langle x^2\right\rangle_l=a^2\left[\frac{1}{3}-\frac{1}{2(l\pi)^2}\right], \\
&\langle x\rangle_n=\frac{2}{a}\int_0^a x\sin^2\left(\frac{n\pi}{a}x\right)\mathrm{d}x=\frac{1}{a}\int_0^a x\left[1-\cos\left(\frac{2n\pi}{a}x\right)\right]\mathrm{d}x=\frac{a}{2}.
\end{aligned}
$$

同理 $\langle x\rangle_l=\dfrac{a}{2}$, 所以

$$
\left\langle\left(x_1-x_2\right)^2\right\rangle=a^2\left[\frac{1}{6}-\frac{1}{2\pi^2}\left(\frac{1}{n^2}+\frac{1}{l^2}\right)\right].
$$

(b) 全同玻色子时, 波函数要满足交换对称性关系

$$
\psi=\frac{1}{\sqrt{2}}\left[\psi_n\left(x_1\right)\psi_l\left(x_2\right)+\psi_n\left(x_2\right)\psi_l\left(x_1\right)\right].
$$

$$
\begin{aligned}
&\left\langle\left(x_1-x_2\right)^2\right\rangle \\
=&\left\langle\left(x_1^2+x_2^2-2x_1x_2\right)\right\rangle \\
=&\frac{1}{2}\langle\psi_n(x_1)\psi_l(x_2)+\psi_n(x_2)\psi_l(x_1)|\left(x_1^2+x_2^2-2x_1x_2\right)|\psi_n(x_1)\psi_l(x_2)+\psi_n(x_2)\psi_l(x_1)\rangle \\
=&\frac{1}{2}\langle\psi_n(x_1)\psi_l(x_2)+\psi_n(x_2)\psi_l(x_1)|x_1^2|\psi_n(x_1)\psi_l(x_2)+\psi_n(x_2)\psi_l(x_1)\rangle+\frac{1}{2}\langle\psi_n(x_1)\psi_l(x_2) \\
&+\psi_n(x_2)\psi_l(x_1)|x_2^2|\psi_n(x_1)\psi_l(x_2)+\psi_n(x_2)\psi_l(x_1)\rangle-2\times\frac{1}{2}\langle\psi_n(x_1)\psi_l(x_2) \\
&+\psi_n(x_2)\psi_l(x_1)|x_1x_2|\psi_n(x_1)\psi_l(x_2)+\psi_n(x_2)\psi_l(x_1)\rangle \\
=&\frac{1}{2}\left(\left\langle\psi_n\left(x_1\right)\right|x_1^2\left|\psi_n\left(x_1\right)\right\rangle+\left\langle\psi_l\left(x_1\right)\right|x_1^2\left|\psi_l\left(x_1\right)\right\rangle\right)+\frac{1}{2}\Big(\left\langle\psi_l\left(x_2\right)\right|x_2^2\left|\psi_l\left(x_2\right)\right\rangle \\
&+\left\langle\psi_n\left(x_2\right)\right|x_2^2\left|\psi_n\left(x_2\right)\right\rangle\Big)-\left\langle\psi_n\left(x_1\right)\psi_l\left(x_2\right)\right|x_1x_2\left|\psi_n\left(x_1\right)\psi_l\left(x_2\right)\right\rangle \\
&-\left\langle\psi_n\left(x_1\right)\psi_l\left(x_2\right)\right|x_1x_2\left|\psi_n\left(x_2\right)\psi_l\left(x_1\right)\right\rangle-\left\langle\psi_n\left(x_2\right)\psi_l\left(x_1\right)\right|x_1x_2\left|\psi_n\left(x_1\right)\psi_l\left(x_2\right)\right\rangle \\
&-\left\langle\psi_n\left(x_2\right)\psi_l\left(x_1\right)\right|x_1x_2\left|\psi_n\left(x_2\right)\psi_l\left(x_1\right)\right\rangle,
\end{aligned}
$$

上式前两个括号内的项进行组合, 得

$$
\begin{aligned}
&\frac{1}{2}\left(\left\langle\psi_n\left(x_1\right)\right|x_1^2\left|\psi_n\left(x_1\right)\right\rangle g+\left\langle\psi_n\left(x_2\right)\right|x_2^2\left|\psi_n\left(x_2\right)\right\rangle\right) \\
&+\frac{1}{2}\left(\left\langle\psi_l\left(x_1\right)\right|x_1^2\left|\psi_l\left(x_1\right)\right\rangle+\left\langle\psi_l\left(x_2\right)\right|x_2^2\left|\psi_l\left(x_2\right)\right\rangle\right)
\end{aligned}
$$

$$= \frac{1}{2}\left(\left\langle x_1^2\right\rangle_n + \left\langle x_2^2\right\rangle_n\right) + \frac{1}{2}\left(\left\langle x_1^2\right\rangle_l + \left\langle x_2^2\right\rangle_l\right)$$
$$= \left\langle x^2\right\rangle_n + \left\langle x^2\right\rangle_l .$$

后四项结果展开为

$$\begin{aligned}
&-\langle\psi_n(x_1)|\,x_1\,|\psi_n(x_1)\rangle\langle\psi_l(x_2)|\,x_2\,|\psi_l(x_2)\rangle - \langle\psi_n(x_1)|\,x_1\,|\psi_l(x_1)\rangle\langle\psi_l(x_2)|\,x_2\,|\psi_n(x_2)\rangle \\
&-\langle\psi_l(x_1)|\,x_1\,|\psi_n(x_1)\rangle\langle\psi_n(x_2)|\,x_2\,|\psi_l(x_2)\rangle - \langle\psi_l(x_1)|\,x_1\,|\psi_l(x_1)\rangle\langle\psi_n(x_2)|\,x_2\,|\psi_n(x_2)\rangle \\
&= -\langle x_1\rangle_n\langle x_2\rangle_l - \langle x_1\rangle_{nl}\langle x_2\rangle_{ln} - \langle x_l\rangle_{ln}\langle x_2\rangle_{nl} - \langle x_1\rangle_l\langle x_2\rangle_n \\
&= -2\langle x\rangle_n\langle x\rangle_l - 2\langle x\rangle_{nl}\langle x\rangle_{ln} \\
&= -2\langle x\rangle_n\langle x\rangle_l - 2\left|\langle x\rangle_{nl}\right|^2 .
\end{aligned}$$

因此,

$$\left\langle (x_1-x_2)^2\right\rangle = \left\langle x^2\right\rangle_n + \left\langle x^2\right\rangle_l - 2\langle x\rangle_n\langle x\rangle_l - 2\left|\langle x\rangle_{nl}\right|^2 ,$$

其中

$$\begin{aligned}
\langle x\rangle_{nl} &= \frac{2}{a}\int_0^a x\sin\left(\frac{n\pi}{a}x\right)\sin\left(\frac{l\pi}{a}x\right)\mathrm{d}x \\
&= \frac{1}{a}\int_0^a x\left\{\cos\left[\frac{(n-l)\pi}{a}x\right] - \cos\left[\frac{(n+l)\pi}{a}x\right]\right\}\mathrm{d}x \\
&= \frac{1}{a}\left\{\left[\frac{a}{(n-l)\pi}\right]^2\cos\left[\frac{(n-l)\pi}{a}x\right] + \frac{ax}{(n-l)\pi}x\sin\left[\frac{(n-l)\pi}{a}x\right]\right. \\
&\quad \left.\left. - \left[\frac{a}{(n+l)\pi}\right]^2\cos\left[\frac{(n+l)\pi}{a}x\right] - \frac{ax}{(n+l)\pi}x\sin\left[\frac{(n+l)\pi}{a}x\right]\right\}\right|_0^a \\
&= \frac{1}{a}\left\{\left[\frac{a}{(n-l)\pi}\right]^2\left(\cos\left[(n-l)\pi\right]-1\right) - \left[\frac{a}{(n+l)\pi}\right]^2\left(\cos\left[(n+l)\pi\right]-1\right)\right\}.
\end{aligned}$$

但是 $\cos\left[(n\pm l)\pi\right] = (-1)^{n\pm l}$, 故

$$\begin{aligned}
\langle x\rangle_{nl} &= \frac{a}{\pi^2}\left[(-1)^{n+l}-1\right]\left[\frac{1}{(n-l)^2} - \frac{1}{(n+l)^2}\right] \\
&= \begin{cases} \dfrac{-8nla}{\pi^2\left(n^2-l^2\right)^2} & (\text{假如 } n \text{ 和 } l \text{ 有相反的奇偶性}) \\ 0 & (\text{假如 } n \text{ 和 } l \text{ 有相同的奇偶性}) \end{cases}.
\end{aligned}$$

所以

$$\left\langle (x_1-x_2)^2\right\rangle = a^2\left[\frac{1}{6} - \frac{1}{2\pi^2}\left(\frac{1}{n^2}+\frac{1}{l^2}\right)\right] - \frac{128n^2l^2a^2}{\pi^4\left(n^2-l^2\right)^4}.$$

(最后一项只有当 n 和 l 具有相反的奇偶性时才存在.)

(c) 全同费米子时, 波函数要满足交换反对称性关系

$$\psi = \frac{1}{\sqrt{2}}\left[\psi_n(x_1)\,\psi_l(x_2) - \psi_n(x_2)\,\psi_l(x_1)\right],$$

则

$$\left\langle (x_1-x_2)^2\right\rangle$$

$$
\begin{aligned}
&= \left\langle\left(x_1^2 + x_2^2 - 2x_1x_2\right)\right\rangle \\
&= \frac{1}{2}\left\langle\psi_n(x_1)\psi_l(x_2) - \psi_n(x_2)\psi_l(x_1)\right|\left(x_1^2 + x_2^2 - 2x_1x_2\right)\left|\psi_n(x_1)\psi_l(x_2) - \psi_n(x_2)\psi_l(x_1)\right\rangle \\
&= \frac{1}{2}\left\langle\psi_n(x_1)\psi_l(x_2) - \psi_n(x_2)\psi_l(x_1)\right| x_1^2 \left|\psi_n(x_1)\psi_l(x_2) - \psi_n(x_2)\psi_l(x_1)\right\rangle \\
&\quad + \frac{1}{2}\left\langle\psi_n(x_1)\psi_l(x_2) - \psi_n(x_2)\psi_l(x_1)\right| x_2^2 \left|\psi_n(x_1)\psi_l(x_2) - \psi_n(x_2)\psi_l(x_1)\right\rangle \\
&\quad - 2\times\frac{1}{2}\left\langle\psi_n(x_1)\psi_l(x_2) - \psi_n(x_2)\psi_l(x_1)\right| x_1x_2 \left|\psi_n(x_1)\psi_l(x_2) - \psi_n(x_2)\psi_l(x_1)\right\rangle \\
&= \frac{1}{2}\left(\left\langle\psi_n(x_1)\right| x_1^2 \left|\psi_n(x_1)\right\rangle + \left\langle\psi_l(x_1)\right| x_1^2 \left|\psi_l(x_1)\right\rangle\right) + \frac{1}{2}\Big(\left\langle\psi_l(x_2)\right| x_2^2 \left|\psi_l(x_2)\right\rangle \\
&\quad + \left\langle\psi_n(x_2)\right| x_2^2 \left|\psi_n(x_2)\right\rangle\Big) - \left\langle\psi_n(x_1)\psi_l(x_2)\right| x_1x_2 \left|\psi_n(x_1)\psi_l(x_2)\right\rangle \\
&\quad + \left\langle\psi_n(x_1)\psi_l(x_2)\right| x_1x_2 \left|\psi_n(x_2)\psi_l(x_1)\right\rangle + \left\langle\psi_n(x_2)\psi_l(x_1)\right| x_1x_2 \left|\psi_n(x_1)\psi_l(x_2)\right\rangle \\
&\quad - \left\langle\psi_n(x_2)\psi_l(x_1)\right| x_1x_2 \left|\psi_n(x_2)\psi_l(x_1)\right\rangle.
\end{aligned}
$$

上式前两个括号内的项进行组合, 得

$$
\begin{aligned}
&\frac{1}{2}\left(\left\langle\psi_n(x_1)\right| x_1^2 \left|\psi_n(x_1)\right\rangle + \left\langle\psi_n(x_2)\right| x_2^2 \left|\psi_n(x_2)\right\rangle\right) \\
&\quad + \frac{1}{2}\left(\left\langle\psi_l(x_1)\right| x_1^2 \left|\psi_l(x_1)\right\rangle + \left\langle\psi_l(x_2)\right| x_2^2 \left|\psi_l(x_2)\right\rangle\right) \\
&= \frac{1}{2}\left(\left\langle x_1^2\right\rangle_n + \left\langle x_2^2\right\rangle_n\right) + \frac{1}{2}\left(\left\langle x_1^2\right\rangle_l + \left\langle x_2^2\right\rangle_l\right) \\
&= \left\langle x^2\right\rangle_n + \left\langle x^2\right\rangle_l.
\end{aligned}
$$

后四项结果展开为

$$
\begin{aligned}
&-\left\langle\psi_n(x_1)\right| x_1 \left|\psi_n(x_1)\right\rangle \left\langle\psi_l(x_2)\right| x_2 \left|\psi_l(x_2)\right\rangle + \left\langle\psi_n(x_1)\right| x_1 \left|\psi_l(x_1)\right\rangle \left\langle\psi_l(x_2)\right| x_2 \left|\psi_n(x_2)\right\rangle \\
&+ \left\langle\psi_l(x_1)\right| x_1 \left|\psi_n(x_1)\right\rangle \left\langle\psi_n(x_2)\right| x_2 \left|\psi_l(x_2)\right\rangle - \left\langle\psi_l(x_1)\right| x_1 \left|\psi_l(x_1)\right\rangle \left\langle\psi_n(x_2)\right| x_2 \left|\psi_n(x_2)\right\rangle \\
&= -\left\langle x_1\right\rangle_n \left\langle x_2\right\rangle_l + \left\langle x_1\right\rangle_{nl} \left\langle x_2\right\rangle_{ln} + \left\langle x_l\right\rangle_{ln} \left\langle x_2\right\rangle_{nl} - \left\langle x_1\right\rangle_l \left\langle x_2\right\rangle_n \\
&= -2\left\langle x\right\rangle_n \left\langle x\right\rangle_l + 2\left\langle x\right\rangle_{nl} \left\langle x\right\rangle_{ln} \\
&= -2\left\langle x\right\rangle_n \left\langle x\right\rangle_l + 2\left|\left\langle x\right\rangle_{nl}\right|^2.
\end{aligned}
$$

因此,

$$
\left\langle\left(x_1 - x_2\right)^2\right\rangle = \left\langle x^2\right\rangle_n + \left\langle x^2\right\rangle_l - 2\left\langle x\right\rangle_n \left\langle x\right\rangle_l + 2\left|\left\langle x\right\rangle_{nl}\right|^2.
$$

结合 (b) 的计算结果, 可得

$$
\left\langle\left(x_1 - x_2\right)^2\right\rangle = a^2\left[\frac{1}{6} - \frac{1}{2\pi^2}\left(\frac{1}{n^2} + \frac{1}{l^2}\right)\right] + \frac{128n^2l^2a^2}{\pi^4\left(n^2 - l^2\right)^4}.
$$

(同样, 最后一项只有当 n 和 l 具有相反的奇偶性时才存在.)

** **习题 5.7** 两个无相互作用的粒子 (质量相等) 处于同一谐振子势中, 一个处于基态, 另一个处于第一激发态.

(a) 构建波函数 $\psi(x_1, x_2)$, 当 (i) 它们是可分辨的, (ii) 它们是全同玻色子, (iii) 它们是全同费米子. 分别画出每种情况下的 $|\psi(x_1, x_2)|^2$(采用 Mathematica 软件中的 **Plot3D** 指令).

(b) 利用方程 (5.23) 和 (5.25), 求每种情况下的 $\left\langle (x_1-x_2)^2\right\rangle$.

(c) 利用相对坐标 $r\equiv x_1-x_2$ 和质心坐标 $R\equiv (x_1+x_2)/2$, 求每种情况下的 $\psi(x_1,x_2)$, 并对 R 的全部范围进行积分, 求两粒子之间距离为 $|r|$ 时的几率:

$$P(|r|)=2\int|\psi(R,r)|^2\mathrm{d}R$$

(乘以 2 是因为 r 可以是正值也可是负值). 画出三种情况下的 $P(r)$ 图.

(d) 定义密度算符

$$n(x)=\sum_{i=1}^{2}\delta(x-x_i);$$

$\langle n(x)\rangle\,\mathrm{d}x$ 是处于 $\mathrm{d}x$ 区间内粒子数目的期望值. 计算三种情况下的 $\langle n(x)\rangle$ 并画出你的结果. (结果可能会令你惊讶.)

解答　(a) 构建波函数, 首先谐振子的单粒子基态和第一激发态波函数分别为

$$\psi_0(x)=\left(\frac{m\omega}{\pi\hbar}\right)^{1/4}\exp\left(-\frac{m\omega}{2\hbar}x^2\right)\ \text{和}\ \psi_1(x)=\left(\frac{m\omega}{\pi\hbar}\right)^{1/4}\sqrt{\frac{2m\omega}{\hbar}}x\exp\left(-\frac{m\omega}{2\hbar}x^2\right),$$

(i) 对于可分辨粒子

$$\begin{aligned}\psi(x_1,x_2)&=\psi_0(x_1)\psi_1(x_2)\\&=\left(\frac{m\omega}{\pi\hbar}\right)^{1/4}\exp\left(-\frac{m\omega}{2\hbar}x_1^2\right)\left(\frac{m\omega}{\pi\hbar}\right)^{1/4}\sqrt{\frac{2m\omega}{\hbar}}x_2\exp\left(-\frac{m\omega}{2\hbar}x_2^2\right)\\&=\left(\frac{2m\omega}{\hbar}\right)^{1/2}\left(\frac{m\omega}{\pi\hbar}\right)^{1/2}x_2\exp\left[-\frac{m\omega}{2\hbar}\left(x_1^2+x_2^2\right)\right]\\&=\sqrt{\frac{2}{\pi}}\frac{m\omega}{\hbar}x_2\exp\left[-\frac{m\omega}{2\hbar}\left(x_1^2+x_2^2\right)\right].\end{aligned}$$

作图 (图 5.1): $|\psi(x_1,x_2)|^2=\frac{2}{\pi}\left(\frac{m\omega}{\hbar}\right)^2x_2^2\exp\left[-\frac{m\omega}{\hbar}\left(x_1^2+x_2^2\right)\right]$, 因只看形状, 为方便起见, 令 $\frac{m\omega}{\hbar}=1$.

```
f[z_] = 2/Pi*x^2*Exp[-(x^2+y^2)];
Plot3D[f[z], {x, -2.5, 2.5}, {y, -2.5, 2.5}, Mesh → 10, PlotPoints →
    200]
```

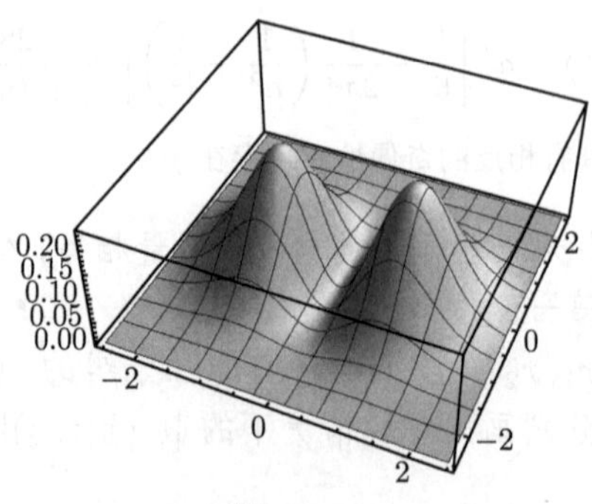

图 5.1

(ii) 对于全同玻色子, 波函数要满足交换对称性关系.

$$
\begin{aligned}
\psi\left(x_1,x_2\right) &= \frac{1}{\sqrt{2}}\left[\psi_0\left(x_1\right)\psi_1\left(x_2\right)+\psi_0\left(x_2\right)\psi_1\left(x_1\right)\right] \\
&= \frac{1}{\sqrt{2}}\left(\frac{m\omega}{\pi\hbar}\right)^{1/4}\exp\left(-\frac{m\omega}{2\hbar}x_1^2\right)\left(\frac{m\omega}{\pi\hbar}\right)^{1/4}\sqrt{\frac{2m\omega}{\hbar}}x_2\exp\left(-\frac{m\omega}{2\hbar}x_2^2\right) \\
&\quad +\frac{1}{\sqrt{2}}\left(\frac{m\omega}{\pi\hbar}\right)^{1/4}\exp\left(-\frac{m\omega}{2\hbar}x_2^2\right)\left(\frac{m\omega}{\pi\hbar}\right)^{1/4}\sqrt{\frac{2m\omega}{\hbar}}x_1\exp\left(-\frac{m\omega}{2\hbar}x_1^2\right) \\
&= \frac{1}{\sqrt{2}}\left(\frac{2m\omega}{\hbar}\right)^{1/2}\left(\frac{m\omega}{\pi\hbar}\right)^{1/2}x_2\exp\left[-\frac{m\omega}{2\hbar}\left(x_1^2+x_2^2\right)\right] \\
&\quad +\frac{1}{\sqrt{2}}\left(\frac{2m\omega}{\hbar}\right)^{1/2}\left(\frac{m\omega}{\pi\hbar}\right)^{1/2}x_1\exp\left[-\frac{m\omega}{2\hbar}\left(x_1^2+x_2^2\right)\right] \\
&= \frac{1}{\sqrt{2}}\sqrt{\frac{2}{\pi}\frac{m\omega}{\hbar}}x_2\exp\left[-\frac{m\omega}{2\hbar}\left(x_1^2+x_2^2\right)\right]+\frac{1}{\sqrt{2}}\sqrt{\frac{2}{\pi}\frac{m\omega}{\hbar}}x_1\exp\left[-\frac{m\omega}{2\hbar}\left(x_1^2+x_2^2\right)\right] \\
&= \sqrt{\frac{1}{\pi}\frac{m\omega}{\hbar}}\left(x_1+x_2\right)\exp\left[-\frac{m\omega}{2\hbar}\left(x_1^2+x_2^2\right)\right].
\end{aligned}
$$

作图 (图 5.2): $\left|\psi\left(x_1,x_2\right)\right|^2=\frac{1}{\pi}\left(\frac{m\omega}{\hbar}\right)^2\left(x_1+x_2\right)^2\exp\left[-\frac{m\omega}{\hbar}\left(x_1^2+x_2^2\right)\right]$, 同样令 $\frac{m\omega}{\hbar}=1$.

```
f[z_] = 1/Pi*(x+y)^2*Exp[-(x^2+y^2)];
Plot3D[f[z], {x, -2.5, 2.5}, {y, -2.5, 2.5}, Mesh → 10, PlotPoints →
    200]
```

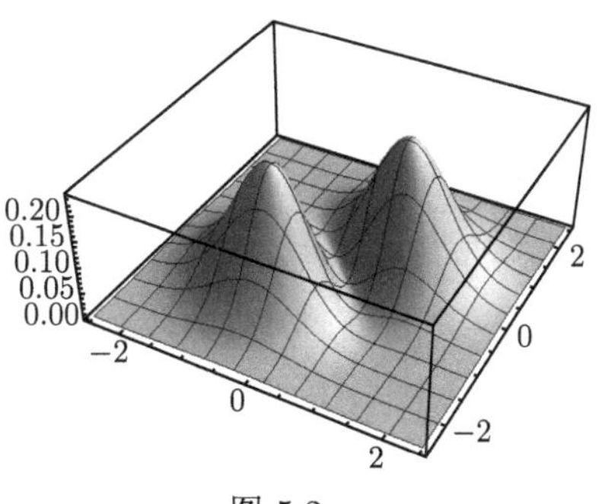

图 5.2

(iii) 对于全同费米子, 波函数要满足交换反对称关系.

$$
\begin{aligned}
\psi\left(x_1,x_2\right) &= \frac{1}{\sqrt{2}}\left[\psi_0\left(x_1\right)\psi_1\left(x_2\right)-\psi_0\left(x_2\right)\psi_1\left(x_1\right)\right] \\
&= \frac{1}{\sqrt{2}}\left(\frac{m\omega}{\pi\hbar}\right)^{1/4}\exp\left(-\frac{m\omega}{2\hbar}x_1^2\right)\left(\frac{m\omega}{\pi\hbar}\right)^{1/4}\sqrt{\frac{2m\omega}{\hbar}}x_2\exp\left(-\frac{m\omega}{2\hbar}x_2^2\right) \\
&\quad -\frac{1}{\sqrt{2}}\left(\frac{m\omega}{\pi\hbar}\right)^{1/4}\exp\left(-\frac{m\omega}{2\hbar}x_2^2\right)\left(\frac{m\omega}{\pi\hbar}\right)^{1/4}\sqrt{\frac{2m\omega}{\hbar}}x_1\exp\left(-\frac{m\omega}{2\hbar}x_1^2\right) \\
&= \frac{1}{\sqrt{2}}\left(\frac{2m\omega}{\hbar}\right)^{1/2}\left(\frac{m\omega}{\pi\hbar}\right)^{1/2}x_2\exp\left[-\frac{m\omega}{2\hbar}\left(x_1^2+x_2^2\right)\right] \\
&\quad -\frac{1}{\sqrt{2}}\left(\frac{2m\omega}{\hbar}\right)^{1/2}\left(\frac{m\omega}{\pi\hbar}\right)^{1/2}x_1\exp\left[-\frac{m\omega}{2\hbar}\left(x_1^2+x_2^2\right)\right]
\end{aligned}
$$

$$= \frac{1}{\sqrt{2}}\sqrt{\frac{2}{\pi}}\frac{m\omega}{\hbar}x_2 \exp\left[-\frac{m\omega}{2\hbar}\left(x_1^2+x_2^2\right)\right] - \frac{1}{\sqrt{2}}\sqrt{\frac{2}{\pi}}\frac{m\omega}{\hbar}x_1 \exp\left[-\frac{m\omega}{2\hbar}\left(x_1^2+x_2^2\right)\right]$$
$$= \sqrt{\frac{1}{\pi}}\frac{m\omega}{\hbar}\left(x_1-x_2\right)\exp\left[-\frac{m\omega}{2\hbar}\left(x_1^2+x_2^2\right)\right].$$

作图 (图 5.3): $|\psi(x_1,x_2)|^2 = \frac{1}{\pi}\left(\frac{m\omega}{\hbar}\right)^2 (x_1-x_2)^2 \exp\left[-\frac{m\omega}{\hbar}\left(x_1^2+x_2^2\right)\right]$, 同样令 $\frac{m\omega}{\hbar}=1$.

```
f[z_] = 1/Pi*(x-y)^2*Exp[-(x^2+y^2)];
Plot3D[f[z], {x, -2.5, 2.5}, {y, -2.5, 2.5}, Mesh → 10, PlotPoints →
    200]
```

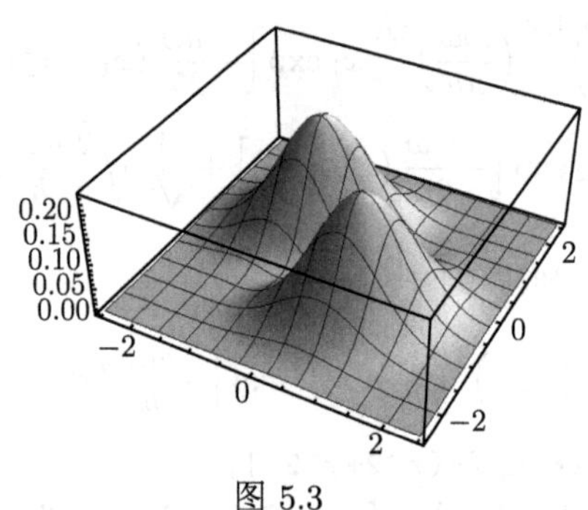

图 5.3

(b) 方程 (5.23) 为可分辨粒子的情况

$$\left\langle (x_1-x_2)^2\right\rangle_d = \left\langle x^2\right\rangle_a + \left\langle x^2\right\rangle_b - 2\langle x\rangle_a \langle x\rangle_b = \left\langle x^2\right\rangle_0 + \left\langle x^2\right\rangle_1 - 2\langle x\rangle_0\langle x\rangle_1.$$

方程 (5.25) 为可分辨粒子的情况, 左边取正号为玻色子, 取负号为费米子

$$\begin{aligned}\left\langle (x_1-x_2)^2\right\rangle_\pm &= \left\langle x^2\right\rangle_a + \left\langle x^2\right\rangle_b - 2\langle x\rangle_a\langle x\rangle_b \mp 2\left|\langle x\rangle_{ab}\right|^2 \\ &= \left\langle x^2\right\rangle_0 + \left\langle x^2\right\rangle_1 - 2\langle x\rangle_0\langle x\rangle_1 \mp 2\left|\langle x\rangle_{01}\right|^2.\end{aligned}$$

由升降阶算符

$$a = \sqrt{\frac{m\omega}{2\hbar}}\left(x + \frac{\mathrm{i}p}{m\omega}\right), \quad a^+ = \sqrt{\frac{m\omega}{2\hbar}}\left(x - \frac{\mathrm{i}p}{m\omega}\right),$$

得

$$x = \sqrt{\frac{\hbar}{2m\omega}}\left(a^+ + a\right), \quad p = \mathrm{i}\sqrt{\frac{m\hbar\omega}{2}}\left(a^+ - a\right).$$

利用升降阶算符的性质和本征波函数的正交归一性, 计算

$$\begin{aligned}\langle x\rangle_0 &= \langle 0|\sqrt{\frac{\hbar}{2m\omega}}\left(a^+ + a\right)|0\rangle \\ &= \sqrt{\frac{\hbar}{2m\omega}}\left(\langle 0|a^+|0\rangle + \langle 0|a|0\rangle\right) \\ &= \sqrt{\frac{\hbar}{2m\omega}}\left(\langle 0|\sqrt{1}|1\rangle + \langle 0|0|0\rangle\right) \\ &= 0,\end{aligned}$$

$$
\begin{aligned}
\langle x\rangle_1 &= \langle 1|\sqrt{\frac{\hbar}{2m\omega}}\left(a^+ + a\right)|1\rangle \\
&= \sqrt{\frac{\hbar}{2m\omega}}\left(\langle 1|a^+|1\rangle + \langle 1|a|1\rangle\right) \\
&= \sqrt{\frac{\hbar}{2m\omega}}\left(\langle 1|\sqrt{1+1}|2\rangle + \langle 1|\sqrt{1}|0\rangle\right) \\
&= 0.
\end{aligned}
$$

$$
\begin{aligned}
\langle x^2\rangle_0 &= \langle 0|\left[\sqrt{\frac{\hbar}{2m\omega}}\left(a^+ + a\right)\right]^2|0\rangle \\
&= \frac{\hbar}{2m\omega}\left(\langle 0|a^+a^+|0\rangle + \langle 0|a^+a|0\rangle + \langle 0|aa^+|0\rangle + \langle 0|aa|0\rangle\right) \\
&= \frac{\hbar}{2m\omega}\left(\langle 0|a^+\sqrt{1}|1\rangle + 0 + \langle 0|a\sqrt{1}|1\rangle + 0\right) \\
&= \frac{\hbar}{2m\omega}\left(\langle 0|\sqrt{1}\sqrt{2}|2\rangle + \langle 0|\sqrt{1}\sqrt{1}|0\rangle\right) \\
&= \frac{\hbar}{2m\omega},
\end{aligned}
$$

$$
\begin{aligned}
\langle x^2\rangle_1 &= \langle 1|\left[\sqrt{\frac{\hbar}{2m\omega}}\left(a^+ + a\right)\right]^2|1\rangle \\
&= \frac{\hbar}{2m\omega}\left(\langle 1|a^+a^+|1\rangle + \langle 1|a^+a|1\rangle + \langle 1|aa^+|1\rangle + \langle 1|aa|1\rangle\right) \\
&= \frac{\hbar}{2m\omega}\left(\langle 1|a^+\sqrt{2}|2\rangle + \langle 1|a^+\sqrt{1}|0\rangle + \langle 1|a\sqrt{2}|2\rangle + \langle 1|a\sqrt{1}|0\rangle\right) \\
&= \frac{\hbar}{2m\omega}\left(\langle 1|\sqrt{2}\sqrt{3}|3\rangle + \langle 1|\sqrt{1}\sqrt{1}|1\rangle + \langle 1|\sqrt{2}\sqrt{2}|1\rangle + \langle 1|\sqrt{0}\sqrt{1}|0\rangle\right) \\
&= \frac{3\hbar}{2m\omega}.
\end{aligned}
$$

$$
\begin{aligned}
\langle x\rangle_{01} &= \langle 0|\sqrt{\frac{\hbar}{2m\omega}}\left(a^+ + a\right)|1\rangle \\
&= \sqrt{\frac{\hbar}{2m\omega}}\left(\langle 0|a^+|1\rangle + \langle 0|a|1\rangle\right) \\
&= \sqrt{\frac{\hbar}{2m\omega}}\left(\langle 0|\sqrt{2}|2\rangle + \langle 0|\sqrt{1}|0\rangle\right) \\
&= \sqrt{\frac{\hbar}{2m\omega}}.
\end{aligned}
$$

所以, 对于可分辨粒子

$$
\begin{aligned}
\left\langle (x_1-x_2)^2\right\rangle_d &= \langle x^2\rangle_0 + \langle x^2\rangle_1 - 2\langle x\rangle_0\langle x\rangle_1 \\
&= \frac{\hbar}{2m\omega} + \frac{3\hbar}{2m\omega} - 0 \\
&= \frac{2\hbar}{m\omega}.
\end{aligned}
$$

对于不可分辨的玻色子和费米子

$$\begin{aligned}\left\langle (x_1-x_2)^2\right\rangle_\pm &= \left\langle x^2\right\rangle_0+\left\langle x^2\right\rangle_1-2\langle x\rangle_0\langle x\rangle_1\mp|\langle x\rangle_{01}|^2\\&=\frac{\hbar}{2m\omega}+\frac{3\hbar}{2m\omega}-0\mp2\left|\sqrt{\frac{\hbar}{2m\omega}}\right|^2\\&=\frac{(4\mp2)\hbar}{2m\omega}.\end{aligned}$$

因此, 对于玻色子为 $\dfrac{\hbar}{m\omega}$, 对于费米子为 $\dfrac{3\hbar}{m\omega}$.

(c) 波函数 $\psi(x_1,x_2)$ 用相对坐标 $r=x_1-x_2$ 和质心坐标 $R=(x_1+x_2)/2$ 表示为 $\psi(r,R)$.

$$x_1=R+\frac{r}{2},\quad x_2=R-\frac{r}{2},\quad x_1^2+x_2^2=\left(R+\frac{r}{2}\right)^2+\left(R-\frac{r}{2}\right)^2=2R^2+\frac{r^2}{2}.$$

可分辨粒子:

$$\begin{aligned}&\psi(x_1,x_2)=\sqrt{\frac{2}{\pi}}\frac{m\omega}{\hbar}x_2\exp\left[-\frac{m\omega}{2\hbar}\left(x_1^2+x_2^2\right)\right]\\&\Rightarrow\psi(R,r)=\sqrt{\frac{2}{\pi}}\frac{m\omega}{\hbar}\left(R-\frac{r}{2}\right)\exp\left[-\frac{m\omega}{2\hbar}\left(2R^2+\frac{r^2}{2}\right)\right].\end{aligned}$$

$$\begin{aligned}P(|r|)&=2\int|\psi(R,r)|^2\mathrm{d}R\\&=\frac{4}{\pi}\left(\frac{m\omega}{\hbar}\right)^2\exp\left(-\frac{m\omega}{2\hbar}r^2\right)\int_{-\infty}^{+\infty}\left(R^2+Rr+\frac{r^2}{4}\right)\exp\left(-\frac{2m\omega}{\hbar}R^2\right)\mathrm{d}R\\&=\frac{4}{\pi}\left(\frac{m\omega}{\hbar}\right)^2\exp\left(-\frac{m\omega}{2\hbar}r^2\right)\left[\int_{-\infty}^{+\infty}R^2\exp\left(-\frac{2m\omega}{\hbar}R^2\right)\mathrm{d}R\right.\\&\quad\left.+r\int_{-\infty}^{+\infty}R\exp\left(-\frac{2m\omega}{\hbar}R^2\right)\mathrm{d}R+\frac{r^2}{4}\int_{-\infty}^{+\infty}\exp\left(-\frac{2m\omega}{\hbar}R^2\right)\mathrm{d}R\right].\end{aligned}$$

利用函数的奇偶性, 中括号内的第一项等于

$$\begin{aligned}&2\int_0^{+\infty}R^2\exp\left(-\frac{2m\omega}{\hbar}R^2\right)\mathrm{d}R\\&=\int_0^{+\infty}R\exp\left(-\frac{2m\omega}{\hbar}R^2\right)\mathrm{d}R^2\\&=\left(-\frac{\hbar}{2m\omega}\right)\int_0^{+\infty}R\exp\left(-\frac{2m\omega}{\hbar}R^2\right)\mathrm{d}\left(-\frac{2m\omega}{\hbar}R^2\right)\\&=\left(-\frac{\hbar}{2m\omega}\right)\int_0^{+\infty}R\,\mathrm{d}\exp\left(-\frac{2m\omega}{\hbar}R^2\right)\\&=\left(-\frac{\hbar}{2m\omega}\right)\left[R\exp\left(-\frac{2m\omega}{\hbar}R^2\right)\Big|_0^{+\infty}-\int_0^{+\infty}\exp\left(-\frac{2m\omega}{\hbar}R^2\right)\mathrm{d}R\right]\\&=\left(-\frac{\hbar}{2m\omega}\right)\left[0-\sqrt{\frac{\hbar}{2m\omega}}\int_0^{+\infty}\exp\left(-\frac{2m\omega}{\hbar}R^2\right)\mathrm{d}\left(\sqrt{\frac{2m\omega}{\hbar}}R\right)\right]\\&=\left(\frac{\hbar}{2m\omega}\right)^{3/2}\int_0^{+\infty}\exp\left(-x^2\right)\mathrm{d}x\\&=\frac{\sqrt{\pi}}{2}\left(\frac{\hbar}{2m\omega}\right)^{3/2},\end{aligned}$$

其中 $x=\sqrt{\frac{2m\omega}{\hbar}}R$.

上式高斯积分部分为

$$\begin{aligned}
\int_0^{+\infty}\exp\left(-x^2\right)\mathrm{d}x &= \left[\frac{1}{4}\iint \mathrm{e}^{-\left(x^2+y^2\right)}\mathrm{d}x\mathrm{d}y\right]^{1/2} \\
&= \left[\frac{1}{4}\iint \mathrm{e}^{-r^2} r\mathrm{d}r\mathrm{d}\theta\right]^{1/2} \\
&= \left[-\frac{1}{8}\iint \mathrm{e}^{-r^2}\mathrm{d}\left(-r^2\right)\mathrm{d}\theta\right]^{1/2} \\
&= \left[-\frac{1}{8}\int_0^{+\infty} \mathrm{e}^{-r^2}\mathrm{d}\left(-r^2\right)\int_0^{2\pi}\mathrm{d}\theta\right]^{1/2} \\
&= \left[-\frac{1}{8}\times 2\pi\int_0^{+\infty}\mathrm{d}\left(\mathrm{e}^{-r^2}\right)\right]^{1/2} \\
&= \left[-\frac{1}{8}\times 2\pi(-1)\right]^{1/2} \\
&= \frac{\sqrt{\pi}}{2}.
\end{aligned}$$

中括号内第二项 $r\int_{-\infty}^{+\infty}R\exp\left(-\frac{2m\omega}{\hbar}R^2\right)\mathrm{d}R$ 中被积函数为奇函数, 积分区间对称, 所以为 0. 中括号内第三项可化简为高斯积分

$$\begin{aligned}
&\frac{r^2}{4}\int_{-\infty}^{+\infty}\exp\left(-\frac{2m\omega}{\hbar}R^2\right)\mathrm{d}R \\
=&\frac{r^2}{4}\left(\frac{\hbar}{2m\omega}\right)^{1/2}2\int_0^{+\infty}\exp\left(-\frac{2m\omega}{\hbar}R^2\right)\mathrm{d}\left(\sqrt{\frac{2m\omega}{\hbar}}R\right) \\
=&\frac{r^2}{2}\left(\frac{\hbar}{2m\omega}\right)^{1/2}\int_0^{+\infty}\exp\left(-x^2\right)\mathrm{d}x,\quad \text{其中 } x=\sqrt{\frac{2m\omega}{\hbar}}R \\
=&\frac{r^2}{2}\left(\frac{\hbar}{2m\omega}\right)^{1/2}\frac{\sqrt{\pi}}{2}=\frac{\sqrt{\pi}r^2}{4}\left(\frac{\hbar}{2m\omega}\right)^{1/2},
\end{aligned}$$

所以

$$\begin{aligned}
P\left(|r|\right) &= \frac{4}{\pi}\left(\frac{m\omega}{\hbar}\right)^2\exp\left(-\frac{m\omega}{2\hbar}r^2\right)\left[\frac{\sqrt{\pi}}{2}\left(\frac{\hbar}{2m\omega}\right)^{3/2}+0+\frac{\sqrt{\pi}r^2}{4}\left(\frac{\hbar}{2m\omega}\right)^{1/2}\right] \\
&= \frac{4}{\pi}\left(\frac{m\omega}{\hbar}\right)^2\left(\frac{\hbar}{2m\omega}\right)^{1/2}\frac{\sqrt{\pi}}{4}\left(\frac{\hbar}{m\omega}+r^2\right)\exp\left(-\frac{m\omega}{2\hbar}r^2\right) \\
&= \frac{1}{\sqrt{2\pi}}\left(\frac{m\omega}{\hbar}\right)^{3/2}\left(\frac{\hbar}{m\omega}+r^2\right)\exp\left(-\frac{m\omega}{2\hbar}r^2\right).
\end{aligned}$$

为方便起见, 令 $\frac{m\omega}{\hbar}=1$(下同), 作图见图 5.4.

```
Plot[1/(2 Pi)^(1/2)(x^2+1) Exp[-x^2/2], {x, 0, 5}]
```

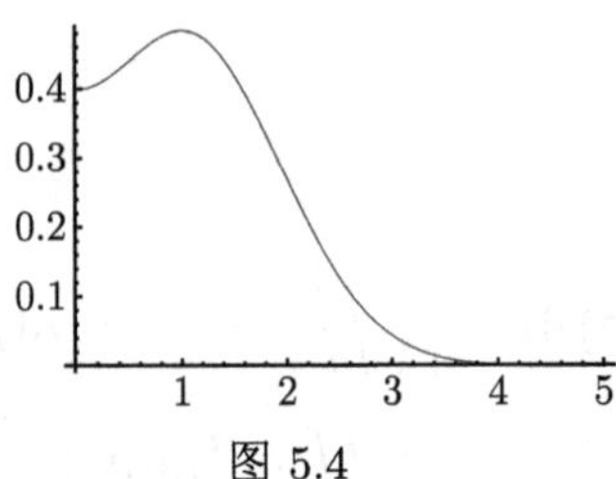

图 5.4

全同玻色子:

$$\psi(x_1,x_2)=\sqrt{\frac{1}{\pi}}\frac{m\omega}{\hbar}(x_1+x_2)\exp\left[-\frac{m\omega}{2\hbar}\left(x_1^2+x_2^2\right)\right]$$

$$\Rightarrow \psi(R,r)=2\sqrt{\frac{1}{\pi}}\frac{m\omega}{\hbar}R\exp\left[-\frac{m\omega}{2\hbar}\left(2R^2+\frac{r^2}{2}\right)\right].$$

$$\begin{aligned}P(|r|)&=2\int|\psi(R,r)|^2\mathrm{d}R\\&=\frac{8}{\pi}\left(\frac{m\omega}{\hbar}\right)^2\int_{-\infty}^{+\infty}R^2\exp\left[-\frac{m\omega}{\hbar}\left(2R^2+\frac{r^2}{2}\right)\right]\mathrm{d}R\\&=\frac{8}{\pi}\left(\frac{m\omega}{\hbar}\right)^2\exp\left(-\frac{m\omega r^2}{2\hbar}\right)\left[2\int_0^{+\infty}R^2\exp\left(-\frac{2m\omega}{\hbar}R^2\right)\mathrm{d}R\right]\\&=\frac{8}{\pi}\left(\frac{m\omega}{\hbar}\right)^2\exp\left(-\frac{m\omega r^2}{2\hbar}\right)\frac{\sqrt{\pi}}{2}\left(\frac{\hbar}{2m\omega}\right)^{3/2}\\&=\left(\frac{2m\omega}{\pi\hbar}\right)^{1/2}\exp\left(-\frac{m\omega r^2}{2\hbar}\right).\end{aligned}$$

上式中的积分见可分辨粒子求解过程.

作图见图 5.5.

```
Plot[(2/Pi)^(1/2)Exp[-x^2/2], {x, 0, 5}]
```

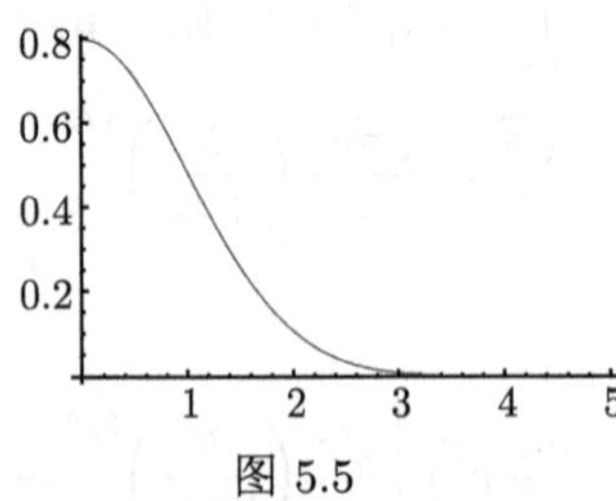

图 5.5

全同费米子:

$$\psi(x_1,x_2)=\sqrt{\frac{1}{\pi}}\frac{m\omega}{\hbar}(x_1-x_2)\exp\left[-\frac{m\omega}{2\hbar}\left(x_1^2+x_2^2\right)\right]$$

$$\Rightarrow \psi(R,r)=\sqrt{\frac{1}{\pi}}\frac{m\omega}{\hbar}r\exp\left[-\frac{m\omega}{2\hbar}\left(2R^2+\frac{r^2}{2}\right)\right].$$

$$\begin{aligned}P(|r|)&=2\int|\psi(R,r)|^2\mathrm{d}R\\&=\frac{2}{\pi}\left(\frac{m\omega}{\hbar}\right)^2r^2\int_{-\infty}^{+\infty}\exp\left[-\frac{m\omega}{\hbar}\left(2R^2+\frac{r^2}{2}\right)\right]\mathrm{d}R\end{aligned}$$

$$
\begin{aligned}
&=\frac{2}{\pi}\left(\frac{m\omega}{\hbar}\right)^2 r^2\exp\left(-\frac{m\omega r^2}{2\hbar}\right)\left[2\int_0^{+\infty}\exp\left(-\frac{2m\omega}{\hbar}R^2\right)\mathrm{d}R\right]\\
&=\frac{2}{\pi}\left(\frac{m\omega}{\hbar}\right)^2 r^2\exp\left(-\frac{m\omega r^2}{2\hbar}\right)2\left(\frac{\sqrt{\pi}}{2}\sqrt{\frac{\hbar}{2m\omega}}\right)\\
&=\sqrt{\frac{2}{\pi}}\left(\frac{m\omega}{\hbar}\right)^{3/2} r^2\exp\left(-\frac{m\omega r^2}{2\hbar}\right).
\end{aligned}
$$

作图见图 5.6.

```
Plot[(2/Pi)^(1/2)x^2 Exp[-x^2/2], {x, 0, 5}]
```

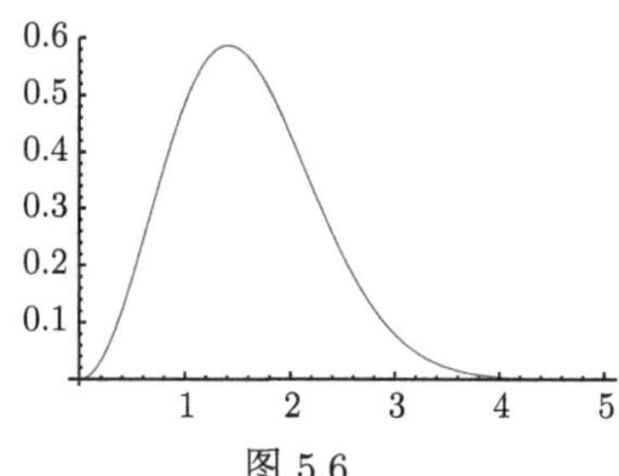

图 5.6

(d) $n(x)=\sum\limits_{i=1}^{2}\delta(x-x_i)$ 的期望值为

$$
\begin{aligned}
\langle n(x)\rangle &=\iint|\psi(x_1,x_2)|^2\sum_{i=1}^{2}\delta(x-x_i)\,\mathrm{d}x_1\mathrm{d}x_2\\
&=\iint|\psi(x_1,x_2)|^2[\delta(x-x_1)+\delta(x-x_2)]\,\mathrm{d}x_1\mathrm{d}x_2\\
&=\iint|\psi(x_1,x_2)|^2\delta(x-x_1)\,\mathrm{d}x_1\mathrm{d}x_2+\iint|\psi(x_1,x_2)|^2\delta(x-x_2)\,\mathrm{d}x_1\mathrm{d}x_2\\
&=\int|\psi(x,x_2)|^2\mathrm{d}x_2+\int|\psi(x_1,x)|^2\mathrm{d}x_1.
\end{aligned}
$$

可分辨粒子:

$$
\begin{aligned}
\langle n(x)\rangle &=\int|\psi(x,x_2)|^2\mathrm{d}x_2+\int|\psi(x_1,x)|^2\mathrm{d}x_1\\
&=\frac{2}{\pi}\left(\frac{m\omega}{\hbar}\right)^2\left\{\int x^2\exp\left[-\frac{m\omega}{\hbar}\left(x^2+x_2^2\right)\right]\mathrm{d}x_2+\int x_1^2\exp\left[-\frac{m\omega}{\hbar}\left(x_1^2+x^2\right)\right]\mathrm{d}x_1\right\}\\
&=\frac{2}{\pi}\left(\frac{m\omega}{\hbar}\right)^2\exp\left(-\frac{m\omega}{\hbar}x^2\right)\left[x^2\int\exp\left(-\frac{m\omega}{\hbar}x_2^2\right)\mathrm{d}x_2\right.\\
&\quad\left.+\int x_1^2\exp\left(-\frac{m\omega}{\hbar}x_1^2\right)\mathrm{d}x_1\right]\\
&=\frac{2}{\pi}\left(\frac{m\omega}{\hbar}\right)^2\exp\left(-\frac{m\omega}{\hbar}x^2\right)\left[x^2\sqrt{\pi}\left(\frac{1}{2}\sqrt{\frac{\hbar}{m\omega}}\right)+2\sqrt{\pi}\left(\frac{1}{2}\sqrt{\frac{\hbar}{m\omega}}\right)^3\right]\\
&=\frac{2}{\sqrt{\pi}}\left(\frac{m\omega}{\hbar}\right)^{3/2}\left(x^2+\frac{\hbar}{2m\omega}\right)\exp\left(-\frac{m\omega}{\hbar}x^2\right).
\end{aligned}
$$

全同玻色子和费米子:

$$
\begin{aligned}
\langle n(x)\rangle_{\pm} &= \frac{1}{\pi}\left(\frac{m\omega}{\hbar}\right)^2\left\{\int (x\pm x_2)^2 \exp\left[-\frac{m\omega}{\hbar}\left(x^2+x_2^2\right)\right]\mathrm{d}x_2\right.\\
&\quad\left.+\int (x_1\pm x)^2\exp\left[-\frac{m\omega}{\hbar}\left(x_1^2+x^2\right)\right]\mathrm{d}x_1\right\}\\
&= \frac{2}{\pi}\left(\frac{m\omega}{\hbar}\right)^2\exp\left(-\frac{m\omega}{\hbar}x^2\right)\int_{-\infty}^{\infty}\left(x^2\pm 2xx_2+x_2^2\right)\exp\left(-\frac{m\omega}{\hbar}x_2^2\right)\mathrm{d}x_2\\
&= \frac{2}{\pi}\left(\frac{m\omega}{\hbar}\right)^2\exp\left(-\frac{m\omega}{\hbar}x^2\right)\left[x^2\int_{-\infty}^{\infty}\exp\left(-\frac{m\omega}{\hbar}x_2^2\right)\mathrm{d}x_2\pm 0\right.\\
&\quad\left.+\int_{-\infty}^{\infty}x_2^2\exp\left(-\frac{m\omega}{\hbar}x_2^2\right)\mathrm{d}x_2\right]\\
&= \frac{2}{\sqrt{\pi}}\left(\frac{m\omega}{\hbar}\right)^{3/2}\left(x^2+\frac{\hbar}{2m\omega}\right)\exp\left(-\frac{m\omega}{\hbar}x^2\right).
\end{aligned}
$$

显然, 三种情况完全一样. 全同玻色子趋向于凝聚, 全同费米子趋向于分开, 但是它们数密度的期望值却没有这个效应.

作图见图 5.7.

```
Plot[(2/Pi)^(1/2) (x^2+1/2) Exp[-x^2/2], {x, -5, 5}]
```

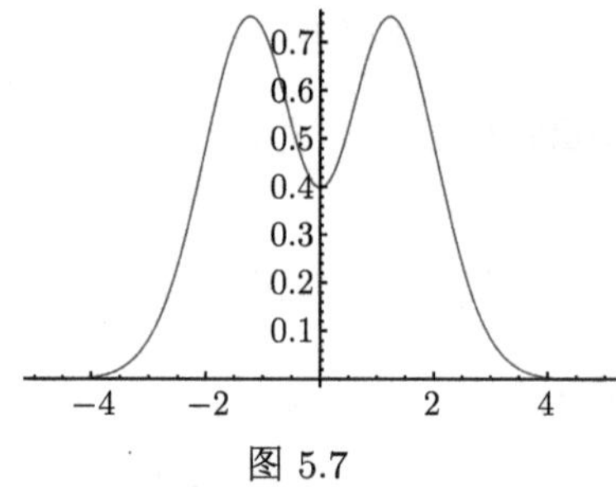

图 5.7

习题 5.8 假设有三个粒子, 一个处在 $\psi_a(x)$ 态, 一个处在 $\psi_b(x)$ 态, 一个处在 $\psi_c(x)$ 态. 假定 ψ_a,ψ_b 和 ψ_c 彼此正交, 构造三粒子态 (类比方程 (5.19)、(5.20) 和 (5.21)) 用来代表: (a) 可分辨粒子; (b) 全同玻色子; (c) 全同费米子. 记住 (b) 必须是任意两个粒子满足交换对称性; (c) 的情况为任意两个粒子满足交换反对称性. 注释　构造完全反对称波函数有一个很有用的方法: 建立**斯莱特行列式**, 其第一行为 $\psi_a(x_1),\psi_b(x_1),\psi_c(x_1),\cdots$, 第二行为 $\psi_a(x_2),\psi_b(x_2),\psi_c(x_2),\cdots$, 以此类推. (这种方法适用于任意数量的粒子系统.)①

解答　(a) 可分辨粒子

$$\psi(x_1,x_2,x_3)=\psi_a(x_1)\psi_b(x_2)\psi_c(x_3).$$

(b) 全同玻色子

$$\psi(x_1,x_2,x_3)=\frac{1}{\sqrt{6}}[\psi_a(x_1)\psi_b(x_2)\psi_c(x_3)+\psi_a(x_1)\psi_c(x_2)\psi_b(x_3)$$

① 要构造一个完全对称的形式, 请使用**恒量** (与行列式相同, 但不带减号).

$$+\psi_b(x_1)\psi_a(x_2)\psi_c(x_3)+\psi_b(x_1)\psi_c(x_2)\psi_a(x_3)$$
$$+\psi_c(x_1)\psi_b(x_2)\psi_a(x_3)+\psi_c(x_1)\psi_a(x_2)\psi_b(x_3)].$$

(c) 全同费米子

$$\psi(x_1,x_2,x_3)=\frac{1}{\sqrt{6}}\begin{vmatrix}\psi_a(x_1) & \psi_b(x_1) & \psi_c(x_1)\\ \psi_a(x_2) & \psi_b(x_2) & \psi_c(x_2)\\ \psi_a(x_3) & \psi_b(x_3) & \psi_c(x_3)\end{vmatrix}$$
$$=\frac{1}{\sqrt{6}}[\psi_a(x_1)\psi_b(x_2)\psi_c(x_3)-\psi_a(x_1)\psi_c(x_2)\psi_b(x_3)$$
$$-\psi_b(x_1)\psi_a(x_2)\psi_c(x_3)+\psi_b(x_1)\psi_c(x_2)\psi_a(x_3)$$
$$-\psi_c(x_1)\psi_b(x_2)\psi_a(x_3)+\psi_c(x_1)\psi_a(x_2)\psi_b(x_3)].$$

****习题 5.9** 在例题 5.1 和习题 5.5(b) 中, 忽略了自旋 (如果你愿意, 假设粒子处于相同的自旋状态).

(a) 对于自旋为 1/2 的粒子. 构建四个能量最低的态, 指出它们的能量和简并度. **建议** 使用记号 $\psi_{n1n2}|s\ m\rangle$, 其中 ψ_{n1n2} 在例题 5.1 中有定义, $|s\ m\rangle$ 在 4.4.3 节中有定义.①

(b) 对于自旋为 1 的粒子, 采取与上面相同的做法. **提示** 首先, 利用 CG 系数计算出类自旋为 1 与自旋为 1/2 的单重态和三重态波函数; 注意它们中哪些是对称的, 哪些是反对称的.②

解答 (a) 可分辨粒子.

(i) 基态情况:

$\psi_{11}|s\ m\rangle, |s\ m\rangle$ 可以是 $|0\ 0\rangle$, $|1\ 1\rangle, |1\ 0\rangle, |1\ -1\rangle$ 这四种情况. 能量 $E=(1^2+1^2)K=2K$, $K=\dfrac{\pi^2\hbar^2}{2ma^2}$, 简并度为 $d=4$. 这里的 $\psi_{ab}=\psi_a(q_1)\psi_b(q_2)$ 指的是第一个粒子和第二个粒子空间波函数分别处于 ψ_a 和 ψ_b 态 (以下情况类同).

(ii) 第一激发态情况:

$\psi_{12}|s\ m\rangle$ 或者 $\psi_{21}|s\ m\rangle, |s\ m\rangle$ 可以是 $|0\ 0\rangle, |1\ 1\rangle, |1\ 0\rangle, |1\ -1\rangle$ 这四种情况. 能量 $E=(1^2+2^2)K=5K$, 简并度为 $d=2\times4=8$.

(iii) 第二激发态情况:

$\psi_{22}|s\ m\rangle, |s\ m\rangle$ 可以是 $|0\ 0\rangle, |1\ 1\rangle, |1\ 0\rangle, |1\ -1\rangle$ 这四种情况. 能量 $E=(2^2+2^2)K=8K$, 简并度为 $d=4$.

(iv) 第三激发态情况:

$\psi_{13}|s\ m\rangle$ 或者 $\psi_{31}|s\ m\rangle, |s\ m\rangle$ 可以是 $|0\ 0\rangle, |1\ 1\rangle, |1\ 0\rangle, |1\ -1\rangle$ 这四种情况. 能量 $E=(1^2+3^2)K=10K$, 简并度为 $d=2\times4=8$.

全同粒子, 自旋为半整数, 所以为全同费米子:

(i) 基态情况. 空间波函数只能是交换对称的, 自旋波函数必须满足交换反对称性, 即

$$\psi_{11}|0\ 0\rangle=\psi_1(q_1)\psi_1(q_2)[|\uparrow\downarrow\rangle-|\downarrow\uparrow\rangle].\quad E=2K,\quad d=1.$$

① 当然, 自旋需要三维空间, 通常认为有限深方势阱存在于一维空间中. 但是它可以代表一个位于三维空间的粒子被限定在一维的量子线内.

② 这个问题是由 Greg Elliott 建议的.

(ii) 第一激发态情况. 空间波函数满足交换对称性, 自旋波函数满足交换反对称性, 即

$$\frac{1}{\sqrt{2}}\left(\psi_{12}+\psi_{21}\right)|0\ 0\rangle=\frac{1}{\sqrt{2}}\left[\psi_1\left(q_1\right)\psi_2\left(q_2\right)+\psi_1\left(q_2\right)\psi_2\left(q_1\right)\right]\left[|\uparrow\downarrow\rangle-|\downarrow\uparrow\rangle\right].$$

或者空间波函数满足交换反对称性, 自旋波函数满足交换对称性, 即

$$\frac{1}{\sqrt{2}}\left(\psi_{12}-\psi_{21}\right)|1\ 1\rangle=\frac{1}{\sqrt{2}}\left[\psi_1\left(q_1\right)\psi_2\left(q_2\right)-\psi_1\left(q_2\right)\psi_2\left(q_1\right)\right]|\uparrow\uparrow\rangle,$$

$$\frac{1}{\sqrt{2}}\left(\psi_{12}-\psi_{21}\right)|1\ 0\rangle=\frac{1}{\sqrt{2}}\left[\psi_1\left(q_1\right)\psi_2\left(q_2\right)-\psi_1\left(q_2\right)\psi_2\left(q_1\right)\right]\left[|\uparrow\downarrow\rangle+|\downarrow\uparrow\rangle\right],$$

$$\frac{1}{\sqrt{2}}\left(\psi_{12}-\psi_{21}\right)|1\ -1\rangle=\frac{1}{\sqrt{2}}\left[\psi_1\left(q_1\right)\psi_2\left(q_2\right)-\psi_1\left(q_2\right)\psi_2\left(q_1\right)\right]|\downarrow\downarrow\rangle.$$

所以 $E=\left(1^2+2^2\right)K=5K, d=4$.

(iii) 第二激发态情况. 空间波函数只能是交换对称的, 自旋波函数必须满足交换反对称性, 即

$$\psi_{22}|0\ 0\rangle=\psi_2\left(q_1\right)\psi_2\left(q_2\right)\left[|\uparrow\downarrow\rangle-|\downarrow\uparrow\rangle\right],\quad E=\left(2^2+2^2\right)K=8K,\quad d=1.$$

(iv) 第三激发态情况. 空间波函数满足交换对称性, 自旋波函数满足交换反对称性, 即

$$\frac{1}{\sqrt{2}}\left(\psi_{13}+\psi_{31}\right)|0\ 0\rangle=\frac{1}{\sqrt{2}}\left[\psi_1\left(q_1\right)\psi_3\left(q_2\right)+\psi_3\left(q_2\right)\psi_1\left(q_1\right)\right]\left[|\uparrow\downarrow\rangle-|\downarrow\uparrow\rangle\right].$$

或者空间波函数满足交换反对称性, 自旋波函数满足交换对称性, 即

$$\frac{1}{\sqrt{2}}\left(\psi_{13}-\psi_{31}\right)|1\ 1\rangle=\frac{1}{\sqrt{2}}\left[\psi_1\left(q_1\right)\psi_3\left(q_2\right)-\psi_3\left(q_2\right)\psi_1\left(q_1\right)\right]|\uparrow\uparrow\rangle,$$

$$\frac{1}{\sqrt{2}}\left(\psi_{13}-\psi_{31}\right)|1\ 0\rangle=\frac{1}{\sqrt{2}}\left[\psi_1\left(q_1\right)\psi_3\left(q_2\right)-\psi_3\left(q_2\right)\psi_1\left(q_1\right)\right]\left[|\uparrow\downarrow\rangle+|\downarrow\uparrow\rangle\right],$$

$$\frac{1}{\sqrt{2}}\left(\psi_{13}-\psi_{31}\right)|1\ -1\rangle=\frac{1}{\sqrt{2}}\left[\psi_1\left(q_1\right)\psi_3\left(q_2\right)-\psi_3\left(q_2\right)\psi_1\left(q_1\right)\right]|\downarrow\downarrow\rangle.$$

所以 $E=\left(1^2+3^2\right)K=10K, d=4$.

(b) 自旋为 1 的两个粒子, 总自旋可以为 0, 1 和 2. 从表头为 1×1 的 CG 系数表

1×1		2 +2
+1	+1	1

		2 +1	1 +1
+1	0	1/2	1/2
0	+1	1/2	−1/2

		2 0	1 0	0 0
+1	−1	1/6	1/2	1/3
0	0	2/3	0	−1/3
−1	+1	1/6	−1/2	1/3

		2 −1	1 −1
0	−1	1/2	1/2
−1	0	1/2	−1/2

		2 −2
−1	−1	1

可以看出, 两个粒子各自可能的自旋态为

$$|1\rangle\begin{cases}|1\rangle\\|0\rangle\\|-1\rangle\end{cases}\quad 和\quad |1\rangle\begin{cases}|1\rangle\\|0\rangle\\|-1\rangle\end{cases}.$$

耦合表象为自旋单态时的情况 (对称):

$$|0\ 0\rangle = a\,|1\ 1\rangle\,|1\ \ -1\rangle + b\,|1\ 0\rangle\,|1\ 0\rangle + c\,|1\ \ -1\rangle\,|1\ 1\rangle\,,$$

按照我们在习题 4.39 中给出的 CG 系数的读法, 可得 $a = \dfrac{1}{\sqrt{3}}, b = -\dfrac{1}{\sqrt{3}}$ 和 $c = \dfrac{1}{\sqrt{3}}$, 所以 $|0\ 0\rangle = \dfrac{1}{\sqrt{3}}\,|1\ 1\rangle\,|1\ \ -1\rangle - \dfrac{1}{\sqrt{3}}\,|1\ 0\rangle\,|1\ 0\rangle + \dfrac{1}{\sqrt{3}}\,|1\ \ -1\rangle\,|1\ 1\rangle$.

耦合表象为自旋三重态时的情况 (反对称):

$$\begin{aligned}
|1\ 1\rangle &= a\,|1\ 1\rangle\,|1\ 0\rangle + b\,|1\ 0\rangle\,|1\ 1\rangle = \frac{1}{\sqrt{2}}\,|1\ 1\rangle\,|1\ 0\rangle - \frac{1}{\sqrt{2}}\,|1\ 0\rangle\,|1\ 1\rangle\,,\\
|1\ 0\rangle &= a\,|1\ 1\rangle\,|1\ \ -1\rangle + b\,|1\ 0\rangle\,|1\ 0\rangle + c\,|1\ \ -1\rangle\,|1\ 1\rangle\\
&= \frac{1}{\sqrt{2}}\,|1\ 1\rangle\,|1\ \ -1\rangle - \frac{1}{\sqrt{2}}\,|1\ \ -1\rangle\,|1\ 1\rangle\,,\\
|1\ \ -1\rangle &= a\,|1\ 0\rangle\,|1\ \ -1\rangle + b\,|1\ \ -1\rangle\,|1\ 0\rangle = \frac{1}{\sqrt{2}}\,|1\ 0\rangle\,|1\ \ -1\rangle - \frac{1}{\sqrt{2}}\,|1\ \ -1\rangle\,|1\ 0\rangle\,.
\end{aligned}$$

耦合表象为五重态时的情况 (对称):

$$\begin{aligned}
|2\ 2\rangle &= a\,|1\ 1\rangle\,|1\ 1\rangle = |1\ 1\rangle\,|1\ 1\rangle\,,\\
|2\ 1\rangle &= a\,|1\ 1\rangle\,|1\ 0\rangle + b\,|1\ 0\rangle\,|1\ 1\rangle = \frac{1}{\sqrt{2}}\,|1\ 1\rangle\,|1\ 0\rangle + \frac{1}{\sqrt{2}}\,|1\ 0\rangle\,|1\ 1\rangle\,,\\
|2\ 0\rangle &= a\,|1\ 1\rangle\,|1 - 1\rangle + b\,|1\ 0\rangle\,|1\ 0\rangle + c\,|1\ \ -1\rangle\,|1\ 1\rangle\\
&= \frac{1}{\sqrt{6}}\,|1\ 1\rangle\,|1\ \ -1\rangle + \sqrt{\frac{2}{3}}\,|1\ 0\rangle\,|1\ 0\rangle + \frac{1}{\sqrt{6}}\,|1\ \ -1\rangle\,|1\ 1\rangle\,,\\
|2\ \ -1\rangle &= a\,|1\ 0\rangle\,|1\ \ -1\rangle + b\,|1\ \ -1\rangle\,|1\ 0\rangle = \frac{1}{\sqrt{2}}\,|1\ 1\rangle\,|1\ 0\rangle + \frac{1}{\sqrt{2}}\,|1\ 0\rangle\,|1\ 1\rangle\,,\\
|2\ \ -2\rangle &= a\,|1\ \ -1\rangle\,|1\ \ -1\rangle = |1\ \ -1\rangle\,|1\ \ -1\rangle\,.
\end{aligned}$$

可分辨粒子, 没有波函数对称性的限制:

(i) 基态情况. $\psi_{11}\,|s\ m\rangle$, 其中 $|s\ m\rangle$ 可以是以上九种自旋态的任一种, $E = \left(1^2 + 1^2\right)K = 2K, d = 9$.

(ii) 第一激发态情况. $\psi_{12}\,|s\ m\rangle$ 或者 $\psi_{21}\,|s\ m\rangle$, 其中 $|s\ m\rangle$ 可以是以上九种自旋态的任一种, $E = \left(1^2 + 2^2\right)K = 5K, d = 18$.

(iii) 第二激发态情况. $\psi_{22}\,|s\ m\rangle\,, |s\ m\rangle$ 可以是以上九种自旋态的任一种. 能量 $E = \left(2^2 + 2^2\right)K = 8K$, 简并度为 $d = 9$.

(iv) 第三激发态情况. $\psi_{13}\,|s\ m\rangle$ 或者 $\psi_{31}\,|s\ m\rangle$, 其中 $|s\ m\rangle$ 可以是以上九种自旋态的任一种, $E = \left(1^2 + 3^2\right)K = 10K, d = 18$.

全同粒子, 自旋为整数, 所以是全同玻色子:

(i) 基态情况. $\psi_{11}\,|s\ m\rangle$, 空间波函数为交换对称的, 自旋波函数也必须为交换对称的. 因此, $|s\ m\rangle$ 只能取自旋单态和自旋五重态. $E = \left(1^2 + 1^2\right)K = 2K, d = 1 + 5 = 6$.

(ii) 第一激发态情况. $\dfrac{1}{\sqrt{2}}\left(\psi_{12} + \psi_{21}\right)|s\ m\rangle$, 空间波函数为交换对称的, 自旋波函数也必须为交换对称的. 因此, $|s\ m\rangle$ 只能取自旋单态和自旋五重态. 或者 $\dfrac{1}{\sqrt{2}}\left(\psi_{12} - \psi_{21}\right)|s\ m\rangle$, 空间波函数为交换反对称的, 自旋波函数也必须为交换反对称的. 因此, $|s\ m\rangle$ 只能取自旋三重态. $E = \left(1^2 + 2^2\right)K = 5K, d = (1 + 5) + 3 = 9$.

(iii) 第二激发态情况. $\psi_{22}|s\ m\rangle$, 空间波函数为交换对称的, 自旋波函数也必须为交换对称的. 因此, $|s\ m\rangle$ 只能取自旋单态和自旋五重态. $E=\left(2^2+2^2\right)K=8K, d=1+5=6$.

(iv) 第三激发态情况. $\frac{1}{\sqrt{2}}\left(\psi_{13}+\psi_{31}\right)|s\ m\rangle$, 空间波函数为交换对称的, 自旋波函数也必须为交换对称的. 因此, $|s\ m\rangle$ 只能取自旋单态和自旋五重态. 或者 $\frac{1}{\sqrt{2}}\left(\psi_{12}-\psi_{21}\right)|s\ m\rangle$, 空间波函数为交换反对称的, 自旋波函数也必须为交换反对称的. 因此, $|s\ m\rangle$ 只能取自旋三重态. $E=\left(1^2+3^2\right)K=10K, d=(1+5)+3=9$.

****习题 5.10** 对于两个自旋为 1/2 的粒子, 可以构建体系的对称和反对称自旋态 (分别为自旋三重态和自旋单态). 对于三个自旋为 1/2 的粒子, 可以构建对称的组合态 (习题 4.65 中的四重态), 但不可能有完全反对称自旋态.

(a) 证明它. **提示** 用“推土机”方法写下最普遍的线性组合:

$$\chi(1,2,3)=a|\uparrow\uparrow\uparrow\rangle+b|\uparrow\uparrow\downarrow\rangle+c|\uparrow\downarrow\uparrow\rangle+d|\uparrow\downarrow\downarrow\rangle+e|\downarrow\uparrow\uparrow\rangle+f|\downarrow\uparrow\downarrow\rangle+g|\downarrow\downarrow\uparrow\rangle+h|\downarrow\downarrow\downarrow\rangle.$$

在 $1\leftrightarrow 2$ 反对称变换下, 可以得到关于系数的什么信息? (注意上式中的八项都是相互正交的.) 现在进行 $2\leftrightarrow 3$ 反对称变换.

(b) 假设将三个自旋为 1/2 的无相互作用的全同粒子放置在无限深方势阱中. 系统的基态、能量和简并度各是多少? **注意** 不能将三个粒子都处在 ψ_1 态 (为什么不行?); 你需要将其中的两个粒子处于 ψ_1 态, 另一个处于 ψ_2 态. 但是对称性组态 $[\psi_1(x_1)\psi_1(x_2)\psi_2(x_3)+\psi_1(x_1)\psi_2(x_2)\psi_1(x_3)+\psi_2(x_1)\times\psi_1(x_2)\psi_1(x_3)]$ 并不好 (因为并不存在与之对应的反对称自旋组态), 并不能对这三项构建一个完备的反对称自旋态组合 …… 在这种情况下, 你不能简单地构建一个空间态和自旋态的反对称乘积, 但是可以构建一个这些乘积的线性组合. **提示** 构建斯莱特行列式 (习题 5.8), 第一行为

$$\psi_1(x_1)|\uparrow\rangle_1, \psi_1(x_1)|\downarrow\rangle_1, \psi_2(x_1)|\uparrow\rangle_1.$$

(c) 证明: 对于 (b) 中的答案, 通过适当的归一化, 可以写成如下形式

$$\Phi(1,2,3)=\frac{1}{\sqrt{3}}[\Phi(1,2)\phi(3)-\Phi(1,3)\phi(2)+\Phi(2,3)\phi(1)],$$

其中 $\Phi(i,j)$ 是 $n=1$ 的态和自旋单态组合下两个粒子的波函数,

$$\Phi(i,j)=\psi_1(x_i)\psi_1(x_j)\frac{|\uparrow_i\downarrow_j\rangle-|\downarrow_i\uparrow_j\rangle}{\sqrt{2}},$$

其中 $\phi(i)$ 是第 i 个粒子处于 $n=2$ 且自旋向上的态: $\phi(i)=\psi_2(x_i)|\uparrow_i\rangle$. 注意 $\Phi(i,j)$ 在 $i\leftrightarrow j$ 变换下是反对称的, 检查 $\Phi(1,2,3)$ 在交换作用下 $(1\leftrightarrow 2, 2\leftrightarrow 3, 3\leftrightarrow 1)$ 是反对称的.

解答 (a) 构建组合态

$$\chi(1,2,3)=a|\uparrow\uparrow\uparrow\rangle+b|\uparrow\uparrow\downarrow\rangle+c|\uparrow\downarrow\uparrow\rangle+d|\uparrow\downarrow\downarrow\rangle+e|\downarrow\uparrow\uparrow\rangle+f|\downarrow\uparrow\downarrow\rangle+g|\downarrow\downarrow\uparrow\rangle+h|\downarrow\downarrow\downarrow\rangle,$$

交换粒子位置 $(1\leftrightarrow 2)$:

$$\chi(2,1,3)=a|\uparrow\uparrow\uparrow\rangle+b|\uparrow\uparrow\downarrow\rangle+c|\downarrow\uparrow\uparrow\rangle+d|\downarrow\uparrow\downarrow\rangle+e|\uparrow\downarrow\uparrow\rangle+f|\uparrow\downarrow\downarrow\rangle+g|\downarrow\downarrow\uparrow\rangle+h|\downarrow\downarrow\downarrow\rangle.$$

由反对称关系可得, $a=b=g=h=0, e=-c, f=-d$. (由于单独的态之间都是正交的, 所以它们的系数在交换操作下应保持不变.)

交换粒子位置 $(2\leftrightarrow 3)$:

$$\chi(1,3,2)=a|\uparrow\uparrow\uparrow\rangle+b|\uparrow\downarrow\uparrow\rangle+c|\uparrow\uparrow\downarrow\rangle+d|\uparrow\downarrow\downarrow\rangle+e|\downarrow\uparrow\uparrow\rangle+f|\downarrow\downarrow\uparrow\rangle+g|\downarrow\downarrow\downarrow\rangle+h|\downarrow\downarrow\downarrow\rangle.$$

由反对称关系可得, $a=d=e=h=0, c=-b, g=-f$.

总结两次交换粒子位置导出的系数关系可得, 所有的系数都为零, 即 $\chi(1,2,3)=0$. 没有完全反对称的自旋态构型存在.

(b) 不能让三个粒子同时处于 ψ_1 态, 因为这样的态的空间波函数部分必为交换对称的, 那么就要求自旋波函数部分为交换反对称的. 又由 (a) 知, 自旋波函数为完全交换反对称的是不可能的, 所以三个粒子同时处于 ψ_1 态是不行的.

若使其中的两个粒子处于 ψ_1 态, 另一个处于 ψ_2 态, 利用斯莱特行列式可以得到交换反对称的组合态波函数

$$\begin{vmatrix} \psi_1(x_1)|\uparrow\rangle_1 & \psi_1(x_1)|\downarrow\rangle_1 & \psi_2(x_1)|\uparrow\rangle_1 \\ \psi_1(x_2)|\uparrow\rangle_2 & \psi_1(x_2)|\downarrow\rangle_2 & \psi_2(x_2)|\uparrow\rangle_2 \\ \psi_1(x_3)|\uparrow\rangle_3 & \psi_1(x_3)|\downarrow\rangle_3 & \psi_2(x_3)|\uparrow\rangle_3 \end{vmatrix}.$$

展开后, 得

$$\begin{aligned}&\psi_1(x_1)\psi_1(x_2)\psi_2(x_3)|\uparrow\downarrow\uparrow\rangle+\psi_1(x_1)\psi_2(x_2)\psi_1(x_3)|\downarrow\uparrow\uparrow\rangle\\&+\psi_2(x_1)\psi_1(x_2)\psi_1(x_3)|\uparrow\uparrow\downarrow\rangle-\psi_2(x_1)\psi_1(x_2)\psi_1(x_3)|\uparrow\downarrow\uparrow\rangle\\&-\psi_1(x_1)\psi_2(x_2)\psi_1(x_3)|\uparrow\uparrow\downarrow\rangle-\psi_1(x_1)\psi_1(x_2)\psi_2(x_3)|\downarrow\uparrow\uparrow\rangle.\end{aligned}$$

能量 $E=\dfrac{\pi^2\hbar^2}{2ma^2}\left(1^2+1^2+2^2\right)=\dfrac{3\pi^2\hbar^2}{ma^2}$.

简并度 $d=2$, 因为第三个粒子可以处于 $\psi_2(x_3)|\uparrow\rangle_3$ 和 $\psi_2(x_3)|\downarrow\rangle_3$.

(c) 对于 (b) 中的结论, 我们需要将波函数进行归一化, 得

$$\begin{aligned}\varPhi(1,2,3)&=\frac{1}{\sqrt{6}}\left[\begin{array}{l}\psi_1(x_1)\psi_1(x_2)\psi_2(x_3)|\uparrow\downarrow\uparrow\rangle+\psi_1(x_1)\psi_2(x_2)\psi_1(x_3)|\downarrow\uparrow\uparrow\rangle\\+\psi_2(x_1)\psi_1(x_2)\psi_1(x_3)|\uparrow\uparrow\downarrow\rangle-\psi_2(x_1)\psi_1(x_2)\psi_1(x_3)|\uparrow\downarrow\uparrow\rangle\\-\psi_1(x_1)\psi_2(x_2)\psi_1(x_3)|\uparrow\uparrow\downarrow\rangle-\psi_1(x_1)\psi_1(x_2)\psi_2(x_3)|\downarrow\uparrow\uparrow\rangle\end{array}\right]\\&=\frac{1}{\sqrt{6}}\left[\begin{array}{l}\psi_1(x_1)\psi_1(x_2)\psi_2(x_3)(|\uparrow\downarrow\uparrow\rangle-|\downarrow\uparrow\uparrow\rangle)\\+\psi_1(x_1)\psi_2(x_2)\psi_1(x_3)(|\downarrow\uparrow\uparrow\rangle-|\uparrow\uparrow\downarrow\rangle)\\+\psi_2(x_1)\psi_1(x_2)\psi_1(x_3)(|\uparrow\uparrow\downarrow\rangle-|\uparrow\downarrow\uparrow\rangle)\end{array}\right].\end{aligned}$$

将处于 $\psi_2|\uparrow\rangle$ 的粒子提出来, 上式可写为

$$\begin{aligned}\varPhi(1,2,3)&=\frac{1}{\sqrt{6}}\left[\begin{array}{l}\psi_1(x_1)\psi_1(x_2)(|\uparrow\downarrow\rangle-|\downarrow\uparrow\rangle)\psi_2(x_3)|\uparrow\rangle_3\\+\psi_1(x_1)\psi_1(x_3)(|\downarrow\uparrow\rangle-|\uparrow\downarrow\rangle)\psi_2(x_2)|\uparrow\rangle_2\\+\psi_1(x_2)\psi_1(x_3)(|\uparrow\downarrow\rangle-|\downarrow\uparrow\rangle)\psi_2(x_1)|\uparrow\rangle_1\end{array}\right]\\&=\frac{1}{\sqrt{3}}\left[\begin{array}{l}\psi_1(x_1)\psi_1(x_2)\dfrac{1}{\sqrt{2}}(|\uparrow\downarrow\rangle-|\downarrow\uparrow\rangle)\psi_2(x_3)|\uparrow\rangle_3\\+\psi_1(x_1)\psi_1(x_3)\dfrac{1}{\sqrt{2}}(|\downarrow\uparrow\rangle-|\uparrow\downarrow\rangle)\psi_2(x_2)|\uparrow\rangle_2\\+\psi_1(x_2)\psi_1(x_3)\dfrac{1}{\sqrt{2}}(|\uparrow\downarrow\rangle-|\downarrow\uparrow\rangle)\psi_2(x_1)|\uparrow\rangle_1\end{array}\right]\end{aligned}$$

$$=\frac{1}{\sqrt{3}}\left[\Phi(1,2)\phi(3)-\Phi(1,3)\phi(2)+\Phi(2,3)\phi(1)\right].$$

操作 $(1\leftrightarrow 2)$, 得

$$\begin{aligned}\Phi(2,1,3)&=\frac{1}{\sqrt{3}}\left[\Phi(2,1)\phi(3)-\Phi(2,3)\phi(1)+\Phi(1,3)\phi(2)\right]\\&=-\frac{1}{\sqrt{3}}\left[\Phi(1,2)\phi(3)-\Phi(1,3)\phi(2)+\Phi(2,3)\phi(1)\right]\\&=-\Phi(1,2,3).\end{aligned}$$

操作 $(2\leftrightarrow 3)$, 得

$$\begin{aligned}\Phi(1,3,2)&=\frac{1}{\sqrt{3}}\left[\Phi(1,3)\phi(2)-\Phi(1,2)\phi(3)+\Phi(3,2)\phi(1)\right]\\&=\frac{1}{\sqrt{3}}\left[\Phi(1,3)\phi(2)-\Phi(1,2)\phi(3)-\Phi(2,3)\phi(1)\right]\\&=-\frac{1}{\sqrt{3}}\left[\Phi(1,2)\phi(3)-\Phi(1,3)\phi(2)+\Phi(2,3)\phi(1)\right]\\&=-\Phi(1,2,3).\end{aligned}$$

操作 $(3\leftrightarrow 1)$, 得

$$\begin{aligned}\Phi(3,2,1)&=\frac{1}{\sqrt{3}}\left[\Phi(3,2)\phi(1)-\Phi(3,1)\phi(2)+\Phi(2,1)\phi(3)\right]\\&=\frac{1}{\sqrt{3}}\left[-\Phi(2,3)\phi(1)+\Phi(1,3)\phi(2)-\Phi(1,2)\phi(3)\right]\\&=-\frac{1}{\sqrt{3}}\left[\Phi(1,2)\phi(3)-\Phi(1,3)\phi(2)+\Phi(2,3)\phi(1)\right]\\&=-\Phi(1,2,3).\end{aligned}$$

****习题 5.11** 在 5.1 节中无相互作用粒子的能量本征态可以表示为单粒子态的乘积 (方程 (5.9))——或者, 对于全同粒子, 则是这些态的对称化/反对称化的线性组合 (方程 (5.20) 和 (5.21)). 对于有相互作用的粒子, 情况则不再是这样. 一个著名的例子是**劳夫林波函数**,[①] 它近似为 N 个二维电子处于磁感应强度为 B 的垂直磁场中的基态 (这是**分数量子霍尔效应**的情节背景). 劳夫林波函数为

$$\psi(z_1,z_2,\cdots,z_N)=A\left[\prod_{j<k}^{N}(z_j-z_k)^q\right]\exp\left[-\frac{1}{2}\sum_{k}^{N}|z_k|^2\right],$$

其中 q 是正奇数, 且

$$z_j\equiv\sqrt{\frac{eB}{2\hbar c}}\,(x_j+\mathrm{i}y_j).$$

(这里不讨论自旋问题; 在基态, 所有电子的自旋都相对于磁场 $\boldsymbol{B}$ 方向朝下, 这是一个平庸的对称态.)

① “Robert B. Laughlin——诺贝尔演讲: 分数量子化” Nobelprize. org. Nobel Media AB 2014. (http://www.nobelprize.org/nobel_prizes/physics/laureates/1998/laughlin-lecture.html).

(a) 证明: 对于费米子, ψ 具有适当的反对称性.

(b) 对于 $q=1,\psi$ 描述无相互作用的粒子 (这意味着它能写成一个斯莱特行列式——见习题 5.8). 这对于任意的 N 都成立; 但是, 请详细地验证 $N=3$ 的情况. 在该情况下, 被占据的单粒子态是什么样的?

(c) 对于 $q>1,\psi$ 不能写成一个斯莱特行列式的形式, 由于它描述有相互作用的粒子 (实际上是电子间的库仑排斥). 然而, 它可以写成一些斯莱特行列式和的形式. 证明: 对于 $q=3$ 和 $N=2,\psi$ 可以写成两个斯莱特行列式之和.

注释 在无相互作用 (b) 的情况下, 可以将波函数描述为"三个粒子占据三个单粒子态 ψ_a,ψ_b 和 ψ_c". 但是在相互作用 (c) 存在的情况下, 则不存在相应的描述; 在该情况下, 组成 ψ 的不同斯莱特行列式对应于不同单粒子态集合的占据.

解答 (a) 波函数的指数项 $\exp\left[-\frac{1}{2}\sum_{k}^{N}|z_k|^2\right]$ 很显然有着交换对称性, 波函数的乘积项为

$$\left[\prod_{j<k}^{N}(z_j-z_k)^q\right]=[(z_1-z_2)(z_1-z_3)(z_1-z_4)\cdots(z_1-z_N)(z_2-z_3)\cdots\\ \times(z_2-z_N)(z_{N-1}-z_N)]^q,$$

我们做交换操作 $1\leftrightarrow 2$, 乘积的第一项多出一个负号, 而 $(z_1-z_3)\leftrightarrow(z_2-z_3)$ 只是位置的对换, 其他涉及 z_1 和 z_2 的项也都可以找到相应的位置交换. 此外, 对任意两个指标作交换操作 $i\leftrightarrow j$, 都有相同的效果. 由于 q 是正奇数, 因此, ψ 具有交换反对称性.

(b) 波函数

$$\psi(z_1,z_2,z_3)=A(z_1-z_2)(z_1-z_3)(z_2-z_3)\exp\left[-\frac{1}{2}\left(|z_1|^2+|z_2|^2+|z_3|^2\right)\right],$$

其中

$$(z_1-z_2)(z_1-z_3)(z_2-z_3)=z_1^2z_2+z_2^2z_3+z_3^2z_1-z_1^2z_3-z_2^2z_1-z_3^2z_2=\begin{vmatrix} z_1^2 & z_1 & 1\\ z_2^2 & z_2 & 1\\ z_3^2 & z_3 & 1\end{vmatrix}.$$

所以,

$$\psi(z_1,z_2,z_3)=A\begin{vmatrix} z_1^2 & z_1 & 1\\ z_2^2 & z_2 & 1\\ z_3^2 & z_3 & 1\end{vmatrix}\exp\left[-\frac{1}{2}\left(|z_1|^2+|z_2|^2+|z_3|^2\right)\right]\\ =A\begin{vmatrix} z_1^2e^{-\frac{1}{2}|z_1|^2} & z_1e^{-\frac{1}{2}|z_1|^2} & e^{-\frac{1}{2}|z_1|^2}\\ z_2^2e^{-\frac{1}{2}|z_2|^2} & z_2e^{-\frac{1}{2}|z_2|^2} & e^{-\frac{1}{2}|z_2|^2}\\ z_3^2e^{-\frac{1}{2}|z_3|^2} & z_3e^{-\frac{1}{2}|z_3|^2} & e^{-\frac{1}{2}|z_3|^2}\end{vmatrix}.$$

单粒子占据态为

$$\psi_a(z)=A_ae^{-\frac{1}{2}|z|^2},\quad \psi_b(z)=A_bze^{-\frac{1}{2}|z|^2},\quad \psi_c(z)=A_cz^2e^{-\frac{1}{2}|z|^2},$$

系数 A 为归一化常数.

(c) 对于 $q=3$ 和 $N=2$ 的情况, 波函数为

$$\psi(z_1,z_2)=A(z_1-z_2)^3\exp\left[-\frac{1}{2}\left(|z_1|^2+|z_2|^2\right)\right].$$

展开, 得

$$\begin{aligned}\psi(z_1,z_2) &= A\left(z_1^3-3z_1^2z_2+3z_1z_2^2-z_2^3\right)\exp\left[-\frac{1}{2}\left(|z_1|^2+|z_2|^2\right)\right]\\ &= A\left(\begin{vmatrix} z_1^3 & 1 \\ z_2^3 & 1 \end{vmatrix}+3\begin{vmatrix} z_1 & z_1^2 \\ z_2 & z_2^2 \end{vmatrix}\right)\exp\left[-\frac{1}{2}\left(|z_1|^2+|z_2|^2\right)\right]\\ &= A\left(\begin{vmatrix} z_1^3 e^{-\frac{1}{2}|z_1|^2} & e^{-\frac{1}{2}|z_1|^2} \\ z_2^3 e^{-\frac{1}{2}|z_2|^2} & e^{-\frac{1}{2}|z_2|^2} \end{vmatrix}+3\begin{vmatrix} z_1 e^{-\frac{1}{2}|z_1|^2} & z_1^2 e^{-\frac{1}{2}|z_1|^2} \\ z_2 e^{-\frac{1}{2}|z_2|^2} & z_2^2 e^{-\frac{1}{2}|z_2|^2} \end{vmatrix}\right).\end{aligned}$$

习题 5.12

(a) 假设方程 (5.36) 中的哈密顿量可以找到满足其薛定谔方程 (方程 (5.37)) 的解 $\psi(\boldsymbol{r}_1,\boldsymbol{r}_2,\cdots,\boldsymbol{r}_Z)$. 描述一下你将如何用它来构造一个完全对称或反对称的波函数, 且同时满足具有相同能量的薛定谔方程. 如果对前两个参数进行交换操作 $(\boldsymbol{r}_1\leftrightarrow\boldsymbol{r}_2)$, $\psi(\boldsymbol{r}_1,\boldsymbol{r}_2,\cdots,\boldsymbol{r}_Z)$ 是对称的, 那么完全反对称波函数将会发生什么?

(b) 基于同样的逻辑, 证明: 对于 Z 个电子且 $Z>2$, 构建一个完全反对称的自旋态是不可能的 (这个概括在习题 5.10(a) 中).

解答 (a) 波函数

$$\psi=A[\psi(\boldsymbol{r}_1,\boldsymbol{r}_2,\boldsymbol{r}_3,\cdots,\boldsymbol{r}_Z)\pm\psi(\boldsymbol{r}_2,\boldsymbol{r}_1,\boldsymbol{r}_3,\cdots,\boldsymbol{r}_Z)+\psi(\boldsymbol{r}_2,\boldsymbol{r}_3,\boldsymbol{r}_1,\cdots,\boldsymbol{r}_Z)+\text{etc}],$$

其中 “etc” 表示的是所有的变量 $\boldsymbol{r}_1,\boldsymbol{r}_2,\boldsymbol{r}_3,\cdots,\boldsymbol{r}_Z$ 之间进行交换所得的函数, 当 $\boldsymbol{r}_i\leftrightarrow\boldsymbol{r}_j$ 交换的次数是偶数时, 取 “+” 号, 当交换的次数是奇数时, 取 “−” 号 (对玻色子取正号, 对费米子取负号). 最后求归一化系数 A, 一般情况 $A=1/\sqrt{Z!}$, 但是如果函数 $\psi(\boldsymbol{r}_1,\boldsymbol{r}_2,\cdots,\boldsymbol{r}_Z)$ 已经在一些变换下具有对称性, 那么系数 $A\neq1/\sqrt{Z!}$.

(b) 由于只存在两个可能的单粒子自旋态 $|\uparrow\rangle$ 和 $|\downarrow\rangle$, 三个或者三个以上的电子将至少有两个或者两个以上处于相同的自旋态, 这将使交换操作下的自旋波函数具有交换对称性, 因此不可能构建完全反对称的波函数组合.

习题 5.13

(a) 假设把氦原子中的两个电子都置于 $n=2$ 的态上, 发射电子的能量是多少? (假设此过程中没有光子发射.)

(b) 定量地描述氦离子 He^+ 的光谱. 也就是说, 描述发射波长的“类里德伯”公式.

解答 (a) 每个电子的能量是 $E=Z^2E_1/n^2=4E_1/4=E_1=-13.6\text{ eV}$($E_1$ 为氢原子基态能量), 因此两个电子最初的能量总共是 $2\times(-13.6)\text{ eV}=-27.2\text{ eV}$. 一个电子跌落到基态后能量为 $Z^2E_1/1=4E_1$, 因此另外一个被发射电子的能量是 $2E_1-4E_1=-2E_1=-27.2\text{ eV}$. (注意这里提及氦原子能级时没有考虑两个电子之间的相互作用.)

(b) He^+ 有一个电子, 它是一个 $Z=2$ 的类氢离子, 因此它的光谱 $\dfrac{1}{\lambda}=4\Re\left(\dfrac{1}{n_f^2}-\dfrac{1}{n_i^2}\right)$, 其中 $\Re$ 是氢原子的里德伯常量, n_i,n_f 分别是初态和末态的主量子数.

习题 5.14 (定量) 讨论在下述两种情况下氦原子能级图: (a) 电子是全同玻色子; (b) 电子是可分辨的粒子 (但具有相同的质量和电荷). 假设这些"电子"自旋仍为 1/2, 即自旋组态是单重态和三重态.

解答 (a) 基态波函数空间部分是对称的, 对于玻色子而言, 要求自旋波函数部分必须也是交换对称的, 所以它的基态是正氦, 而且是三重简并的. 如下所示:

$$\psi_1(q_i)\psi_1(q_j)\begin{cases}|\uparrow\uparrow\rangle\\|\uparrow\downarrow\rangle+|\downarrow\uparrow\rangle\\|\downarrow\downarrow\rangle\end{cases}\quad(\text{正氦})$$

激发态可以形成正氦 (三重态) 或仲氦 (独态), 因为正氦的空间波函数是对称的, 所以正氦的能量要比对应的仲氦的能量高 (这显然与试验矛盾, 因为电子不是玻色子). 如下所示:

$$[\psi_1(q_i)\psi_2(q_j)+\psi_1(q_j)\psi_2(q_i)]\begin{cases}|\uparrow\uparrow\rangle\\|\uparrow\downarrow\rangle+|\downarrow\uparrow\rangle\\|\downarrow\downarrow\rangle\end{cases}\quad(\text{正氦})$$

$$[\psi_1(q_i)\psi_2(q_j)-\psi_1(q_j)\psi_2(q_i)](|\uparrow\downarrow\rangle-|\downarrow\uparrow\rangle)\quad(\text{仲氦})$$

(b) 基态和所有的激发态都能形成正氦和仲氦, 而且都是四重简并. 但是我们无法事先知道正氦和仲氦的能量哪个高, 因为我们不知道这两种态中的哪一个状态将和对称空间波函数相结合.

****习题 5.15**

(a) 对 ψ_0 态 (方程 (5.41)), 计算 $\langle(1/|\boldsymbol{r}_1-\boldsymbol{r}_2|)\rangle$. **提示** 在极坐标下, 首先对 $\mathrm{d}^3\boldsymbol{r}_2$ 做积分, 再令极轴沿 $\boldsymbol{r}_1$ 方向, 使得

$$|\boldsymbol{r}_1-\boldsymbol{r}_2|=\sqrt{r_1^2+r_2^2-2r_1r_2\cos\theta_2}.$$

对 θ_2 的积分很容易, 但要注意根号下只能取正值. 你需要把 r_2 分为两部分, 第一部分积分从 0 到 r_1, 第二部分积分从 r_1 到 ∞.

(b) 利用 (a) 的结果估算氦原子基态的电子相互作用能. 结果用电子伏特表示, 并加到 E_0(方程 (5.42)) 上, 得到修正后估算的氦原子基态能量, 并与实验值相比较. (当然, 使用的仍然是一个近似波函数, 所以不要指望两个值完全吻合.)

解答 (a) 波函数

$$\psi_0=\left(\frac{8}{\pi a^3}\right)\mathrm{e}^{-2(r_1+r_2)/a},$$

$$\left\langle\frac{1}{|\boldsymbol{r}_1-\boldsymbol{r}_2|}\right\rangle=\langle\psi_0|\frac{1}{|\boldsymbol{r}_1-\boldsymbol{r}_2|}|\psi_0\rangle=\left(\frac{8}{\pi a^3}\right)^2\int\underbrace{\left[\int\frac{\mathrm{e}^{-4(r_1+r_2)/a}}{\sqrt{r_1^2+r_2^2-2r_1r_2\cos\theta_2}}\mathrm{d}^3\boldsymbol{r}_2\right]}_{P}\mathrm{d}^3\boldsymbol{r}_1.$$

$$\begin{aligned}P&=\iiint\frac{\mathrm{e}^{-4(r_1+r_2)/a}}{\sqrt{r_1^2+r_2^2-2r_1r_2\cos\theta_2}}r_2^2\sin\theta_2\mathrm{d}\theta_2\mathrm{d}\varphi\mathrm{d}r_2\\&=\int_0^{2\pi}\mathrm{d}\varphi\int_0^{\infty}\mathrm{e}^{-4(r_1+r_2)/a}\underbrace{\left[\int_0^{\pi}\frac{\sin\theta_2}{\sqrt{r_1^2+r_2^2-2r_1r_2\cos\theta_2}}\mathrm{d}\theta_2\right]}_{Q}r_2^2\mathrm{d}r_2\end{aligned}$$

$$= 2\pi \int_0^\infty \mathrm{e}^{-4(r_1+r_2)/a} \underbrace{\left[\int_0^\pi \frac{\sin\theta_2}{\sqrt{r_1^2+r_2^2-2r_1r_2\cos\theta_2}}\mathrm{d}\theta_2\right]}_{Q} r_2^2\mathrm{d}r_2.$$

$$\begin{aligned}
Q &= \int_0^\pi \frac{-1}{\sqrt{r_1^2+r_2^2-2r_1r_2\cos\theta_2}}\mathrm{d}\left(\cos\theta_2\right)\\
&= \frac{1}{-2r_1r_2}\int_0^\pi \frac{-1}{\sqrt{r_1^2+r_2^2-2r_1r_2\cos\theta_2}}\mathrm{d}\left(-2r_1r\cos\theta_2\right)\\
&= \frac{1}{2r_1r_2}\int_0^\pi \frac{1}{\sqrt{r_1^2+r_2^2-2r_1r_2\cos\theta_2}}\mathrm{d}\left(r_1^2+r_2^2-2r_1r\cos\theta_2\right)\\
&= \frac{1}{r_1r_2}\left.\sqrt{r_1^2+r_2^2-2r_1r_2\cos\theta_2}\right|_0^\pi\\
&= \frac{1}{r_1r_2}\left(\sqrt{r_1^2+r_2^2+2r_1r_2}-\sqrt{r_1^2+r_2^2-2r_1r_2}\right)\\
&= \frac{1}{r_1r_2}\left[(r_1+r_2)-|r_1-r_2|\right] = \begin{cases}\dfrac{2}{r_1} & (r_2<r_1)\\ \dfrac{2}{r_2} & (r_1<r_2)\end{cases}.
\end{aligned}$$

$$P = 4\pi\mathrm{e}^{-4r_1/a}\left(\frac{1}{r_1}\int_0^{r_1} r_2^2\mathrm{e}^{-4r_2/a}\mathrm{d}r_2+\int_{r_1}^\infty r_2\mathrm{e}^{-4r_2/a}\mathrm{d}r_2\right).$$

上式中括号中的第一项

$$\begin{aligned}
\frac{1}{r_1}\int_0^{r_1} r_2^2\mathrm{e}^{-4r_2/a}\mathrm{d}r_2 &= \frac{1}{r_1}\left.\left[-\frac{a}{4}r_2^2\mathrm{e}^{-4r_2/a}-2\left(\frac{a}{4}\right)^2 r_2\mathrm{e}^{-4r_2/a}-2\left(\frac{a}{4}\right)^3\mathrm{e}^{-4r_2/a}\right]\right|_0^{r_1}\\
&= -\frac{a}{4r_1}\left(r_1^2\mathrm{e}^{-4r_1/a}+\frac{a}{2}r_1\mathrm{e}^{-4r_1/a}+\frac{a^2}{8}\mathrm{e}^{-4r_1/a}-\frac{a^2}{8}\right),
\end{aligned}$$

第二项

$$\begin{aligned}
\int_{r_1}^\infty r_2\mathrm{e}^{-4r_2/a}\mathrm{d}r_2 &= \left.\left[-\left(\frac{a}{4}\right)r_2\mathrm{e}^{-4r_2/a}-\left(\frac{a}{4}\right)^2\mathrm{e}^{-4r_2/a}\right]\right|_{r_1}^\infty\\
&= \frac{a}{4}r_1\mathrm{e}^{-4r_1/a}+\frac{a^2}{16}\mathrm{e}^{-4r_1/a}.
\end{aligned}$$

$$\begin{aligned}
P &= 4\pi\left[\frac{a^3}{32r_1}\mathrm{e}^{-4r_1/a}+\left(-\frac{a}{4}r_1-\frac{a^2}{8}-\frac{a^3}{32r_1}+\frac{a}{4}r_1+\frac{a^2}{16}\right)\mathrm{e}^{-8r_1/a}\right]\\
&= \frac{\pi a^2}{8}\left[\frac{a}{r_1}\mathrm{e}^{-4r_1/a}-\left(2+\frac{a}{r_1}\right)\mathrm{e}^{-8r_1/a}\right].
\end{aligned}$$

因此,

$$\begin{aligned}
\left\langle\frac{1}{|\boldsymbol{r}_1-\boldsymbol{r}_2|}\right\rangle &= \frac{8}{\pi a^4}4\pi\int_0^\infty\left[\frac{a}{r_1}\mathrm{e}^{-4r_1/a}-\left(2+\frac{a}{r_1}\right)\mathrm{e}^{-8r_1/a}\right]r_1^2\mathrm{d}r_1\\
&= \frac{32}{a^4}\left(a\int_0^\infty r_1\mathrm{e}^{-4r_1/a}\mathrm{d}r_1-2\int_0^\infty r_1^2\mathrm{e}^{-8r_1/a}\mathrm{d}r_1-a\int_0^\infty r_1\mathrm{e}^{-8r_1/a}\mathrm{d}r_1\right)\\
&= \frac{32}{a^4}\left[a\cdot\left(\frac{a}{4}\right)^2-2\cdot2\left(\frac{a}{8}\right)^3-a\cdot\left(\frac{a}{8}\right)^2\right]\\
&= \frac{32}{a}\left(\frac{1}{16}-\frac{1}{128}-\frac{1}{64}\right)
\end{aligned}$$

$$= \frac{5}{4a}.$$

(b)

$$V_{ee} \approx \frac{e^2}{4\pi\varepsilon_0}\left\langle\frac{1}{|\boldsymbol{r}_1-\boldsymbol{r}_2|}\right\rangle = \frac{5}{4}\frac{e^2}{4\pi\varepsilon_0}\frac{1}{a} = \frac{5}{2}\frac{m}{\hbar^2}\left(\frac{e^2}{4\pi\varepsilon_0}\right)^2$$
$$= \frac{5}{2}(-E_1) = \frac{5}{2}(13.6\ \mathrm{eV}) = 34\ \mathrm{eV},$$
$$E_0 + V_{ee} \approx (-109+34)\ \mathrm{eV} = -75\ \mathrm{eV}.$$

这个值非常接近实验值 -79 eV.

习题 5.16 锂原子的基态. 忽略电子与电子之间的排斥作用, 构造锂原子基态 ($Z=3$). 从空间波函数开始, 类同于方程 (5.41), 但是记住仅有两个电子可以占据类氢原子的基态; 第三个电子排布在 ψ_{200} 态上.① 这个态的能量是多少? 现在把自旋和反对称性考虑进去 (如果你不清楚, 请参考习题 5.10). 基态的简并度是多少?

解答 空间波函数决定了体系电子的能量本征值. 对于锂原子的基态, 两个电子占据 1s 轨道, 第三个电子占据 2s 轨道, 所以空间波函数为

$$\psi_0(\boldsymbol{r}_1,\boldsymbol{r}_2,\boldsymbol{r}_3) = \psi_{100}(\boldsymbol{r}_1)\,\psi_{100}(\boldsymbol{r}_2)\,\psi_{200}(\boldsymbol{r}_3),$$

其中 $\psi_{n\ell m}$ 是类氢波函数.

类氢原子轨道能级为

$$E_n(Z) = -\left[\frac{m}{2\hbar^2}\left(\frac{Z\mathrm{e}^2}{4\pi\varepsilon_0}\right)^2\right]\frac{1}{n^2} = \frac{Z^2}{n^2}E_1,$$

其中 n 为轨道主量子数, Z 为原子序数.

所以体系电子能量为

$$E = Z^2(E_1+E_1+E_2) = 9(2E_1+E_2)$$
$$= 9\left(2\frac{E_1}{1^2}+\frac{E_1}{2^2}\right) = \frac{81}{4}E_1 = -275\ \mathrm{eV}.$$

考虑自旋和波函数的反对称性,

$$\Phi(i,j) = \psi_1(r_i)\,\psi_1(r_j)\,|0\ 0\rangle_{ij} = \psi_1(r_i)\,\psi_1(r_j)\,\frac{|\uparrow\downarrow\rangle-|\uparrow\downarrow\rangle}{\sqrt{2}},$$
$$\phi(j) = \psi_2(r_j)\,|\uparrow\rangle_j,$$

引用习题 5.10(c) 的结论:

$$\Phi(1,2,3) = \frac{1}{\sqrt{3}}\left[\Phi(1,2)\,\phi(3) - \Phi(1,3)\,\phi(2) + \Phi(2,3)\,\phi(1)\right].$$

满足反对称关系, 且是二重简并的, 因为 $\phi(j)$ 也可取 $\psi_2(r_j)\,|\downarrow\rangle_j$ 状态.

***习题 5.17**

(a) 写出元素周期表 (氖原子之前) 前两行元素的电子组态 (按照方程 (5.44) 的标记法), 并对照表 5.1 检查你的结果是否正确.

(b) 用方程 (5.45) 的标记法, 算出前四个元素对应的总角动量. 列出硼、碳和氮的所有可能组态.

① 实际上, $\ell=1$ 也可以, 但是电子–电子排斥有利于 $\ell=0$, 正如我们将看到的.

表 5.1　周期表前四行元素的基态电子组态

Z	元素	构型	
1	H	(1s)	$^2S_{1/2}$
2	He	$(1s)^2$	$^1S_0$
3	Li	(He)(2s)	$^2S_{1/2}$
4	Be	$(He)(2s)^2$	$^1S_0$
5	B	$(He)(2s)^2(2p)$	$^2P_{1/2}$
6	C	$(He)(2s)^2(2p)^2$	$^3P_0$
7	N	$(He)(2s)^2(2p)^3$	$^4S_{3/2}$
8	O	$(He)(2s)^2(2p)^4$	$^3P_2$
9	F	$(He)(2s)^2(2p)^5$	$^2P_{3/2}$
10	Ne	$(He)(2s)^2(2p)^6$	$^1S_0$
11	Na	(Ne)(3s)	$^2S_{1/2}$
12	Mg	$(Ne)(3s)^2$	$^1S_0$
13	Al	$(Ne)(3s)^2(3p)$	$^2P_{1/2}$
14	Si	$(Ne)(3s)^2(3p)^2$	$^3P_0$
15	P	$(Ne)(3s)^2(3p)^3$	$^4S_{3/2}$
16	S	$(Ne)(3s)^2(3p)^4$	$^3P_2$
17	Cl	$(Ne)(3s)^2(3p)^5$	$^2P_{3/2}$
18	Ar	$(Ne)(3s)^2(3p)^6$	$^1S_0$
19	K	(Ar)(4s)	$^2S_{1/2}$
20	Ca	$(Ar)(4s)^2$	$^1S_0$
21	Sc	$(Ar)(4s)^2(3d)$	$^2D_{3/2}$
22	Ti	$(Ar)(4s)^2(3d)^2$	$^3F_2$
23	V	$(Ar)(4s)^2(3d)^3$	$^4F_{3/2}$
24	Cr	$(Ar)(4s)(3d)^5$	$^7S_3$
25	Mn	$(Ar)(4s)^2(3d)^5$	$^6S_{5/2}$
26	Fe	$(Ar)(4s)^2(3d)^6$	$^5D_4$
27	Co	$(Ar)(4s)^2(3d)^7$	$^4F_{9/2}$
28	Ni	$(Ar)(4s)^2(3d)^8$	$^3F_4$
29	Cu	$(Ar)(4s)(3d)^{10}$	$^2S_{1/2}$
30	Zn	$(Ar)(4s)^2(3d)^{10}$	$^1S_0$
31	Ga	$(Ar)(4s)^2(3d)^{10}(4p)$	$^2P_{1/2}$
32	Ge	$(Ar)(4s)^2(3d)^{10}(4p)^2$	$^3P_0$
33	As	$(Ar)(4s)^2(3d)^{10}(4p)^3$	$^4S_{3/2}$
34	Se	$(Ar)(4s)^2(3d)^{10}(4p)^4$	$^3P_2$
35	Br	$(Ar)(4s)^2(3d)^{10}(4p)^5$	$^2P_{3/2}$
36	Kr	$(Ar)(4s)^2(3d)^{10}(4p)^6$	$^1S_0$

解答　(a) H: (1s)　He: $(1s)^2$　Li: $(1s)^2(2s)$　Be: $(1s)^2(2s)^2$　B: $(1s)^2(2s)^2(2p)$

C: $(1s)^2(2s)^2(2p)^2$　N: $(1s)^2(2s)^2(2p)^3$　O: $(1s)^2(2s)^2(2p)^4$

F: $(1s)^2(2s)^2(2p)^5$　Ne: $(1s)^2(2s)^2(2p)^6$.

(b) 由方程 (5.45) 知 $^{2S+1}L_J$, 其中 $2S+1$ 表示为总自旋的二倍加一, L 为角动量壳层, J 为自旋轨道耦合后的总量子数.

H: $^2S_{1/2}$ He: $^1S_0$ Li: $^2S_{1/2}$ Be: $^1S_0$.

B: 1 个 p 电子的自旋为 $S = 1/2$, 轨道角动量为 $L = 1$, $J = 3/2$ 或 $1/2$, 所以可能组态是 $^2P_{3/2}$, $^2P_{1/2}$.

C: 两个 p 电子的总轨道角动量可能值为 $L = 0, 1, 2$, 总自旋为 $S = 0, 1$, 总角动量可能值为 $J = 0, 1, 2, 3$, 所以可能组态是 $^1S_0$, $^3S_1$, $^1P_1$, $^3P_2$, $^3P_1$, $^3P_0$, $^1D_2$, $^3D_3$, $^3D_2$, $^3D_1$.

N: 三个 p 电子总轨道角动量可能值为 $L = 3, 2, 1$, 总自旋可能值为 $S = 3/2, 1/2$, 总角动量可能值为 $J = 1/2, 3/2, 5/2, 7/2, 9/2$, 所以可能组态是

$$^2S_{1/2},\ ^4S_{3/2},\ ^2P_{1/2},\ ^2P_{3/2},\ ^4P_{1/2},\ ^4P_{3/2},\ ^4P_{5/2},\ ^2D_{3/2},\ ^2D_{5/2},$$
$$^4D_{1/2},\ ^4D_{3/2},\ ^4D_{5/2},\ ^4D_{7/2},\ ^2F_{5/2},\ ^2F_{3/2},\ ^4F_{3/2},\ ^2F_{5/2},\ ^4F_{7/2},\ ^4F_{9/2}.$$

****习题 5.18**

(a) **洪德第一定则**表述为: 同泡利不相容原理一致, 总自旋 (S) 最大的态能量最低. 如果氦处在激发态的情况下, 这将预测到什么?

(b) **洪德第二定则**表述为: 当自旋给定时, 总轨道角量子数 (L) 取最大值, 且总波函数具有反对称性的态时, 具有最低的能量. 为什么碳原子不可能有 $L = 2$? **提示** "梯子最顶端"($M_L = L$) 波函数是对称的.

(c) **洪德第三定则**表述为: 如果次壳层 (n, ℓ) 填充不到一半, 则能量最低态满足 $J = |L - S|$; 如果填充超过一半, 则 $J = L + S$ 态能量最低. 利用这个定则解决习题 5.17(b) 中硼的不确定性问题.

(d) 利用洪德定则以及对称自旋态必须与反对称位置态 (反之亦然) 相结合的事实, 来解决习题 5.17(b) 中的碳和氮的不确定性问题. **提示** 爬到"梯子最顶端"总可以得到一个对称态.

解答 (a) 对于氦原子的激发态, 自旋同向的正氦 ($S = 1$) 能量比自旋相反的仲氦 ($S = 0$) 能量低.

(b) 由洪德第一定则可知, 两个最外层电子的总自旋 $S = 1$ 时, 能量最低, 此时两个电子的自旋波函数是自旋三态, 是对称的, 那么空间波函数必须是反对称的, 而由"梯子最顶端是对称的"原理可知 $L \neq 2$, 如果 $L = 2$, 两个电子的轨道波函数 $|2\ 2\rangle = |1\ 1\rangle_1 |1\ 1\rangle_2$ 将是对称的, 所以碳原子的基态 $S = 1, L = 1$, 可能的电子组态有 $^3P_2, ^3P_1, P_0$ 三种情况.

(c) 对于硼原子, 仅仅有一个电子处于 2p 子壳层, 而 2p 子壳层可以容纳 6 个电子, 因此由洪德第三定则可知 $J = |L - S|$, 在习题 5.17(b) 中 $S = 1/2, L = 1$, 则 $J = 1/2$, 所以硼原子电子组态为 $^2P_{1/2}$.

(d) 对于碳原子, 仅有两个电子处在最外子壳层, 由洪德第一、第二定则知 $S = 1, L = 1$, 由洪德第三定则可得 $J = 0$, 因此碳原子基态的电子组态是 $^3P_0$.

对于氮原子, 有三个 p 电子, 由洪德第一定则可知 $S = 3/2$, 由于处于梯子最顶端 $\left|\frac{3}{2}\ \frac{3}{2}\right\rangle = \left|\frac{1}{2}\ \frac{1}{2}\right\rangle_1 + \left|\frac{1}{2}\ \frac{1}{2}\right\rangle_2 + \left|\frac{1}{2}\ \frac{1}{2}\right\rangle_3$, 此时自旋波函数是对称的. 由洪德第二定则可知, 若 $L = 3$, 空间波函数也是对称的, 因此不满足费米子波函数反对称的要求. 事实上, 只有 $L = 0$ 的轨道波函数才是反对称的. (你可以通过直接计算 CG 系数得到该结论, 但是通过以下方法更容易得到这个结论, 即假设三个电子都处在"梯子最顶端"的自旋态, 那么每个电子都有向上的自旋 $\left|\frac{1}{2}\ \frac{1}{2}\right\rangle$, 则体系的轨道波函数必须是不一样的 (由泡利不相容原理, 因为自旋波函数现在是一样的): $|1\ 1\rangle, |1\ 0\rangle, |1\ -1\rangle$, 此时 $L = 0$.) 最外层有三个电子, 正好填充了一半, 因此由洪德第三定则可得 $J = |L - S|$, 即 $J = 3/2$, 所以氮的基态电子组态是 $^4S_{3/2}$.

习题 5.19 镝 (Dy) 原子 (66 号元素, 位于周期表的第六周期) 的基态为 $^5I_8$. 求总自旋、总轨道和总角动量的量子数, 并写出镝原子的一种可能电子组态.

解答 $S=2; L=6; J=8$.

$$\underbrace{(1s)^2(2s)^2(2p)^6(3s)^2(3p)^6(3d)^{10}(4s)^2(4p)^6}_{\text{确定的 36 个电子}}\underbrace{(4d)^{10}(5s)^2(5p)^6(4f)^{10}(6s)^2}_{\text{可能的 30 个电子}}.$$

习题 5.20 计算每个自由电子的平均能量 (E_{tot}/Nd) 为费米能级的几分之几. 答案: 3/5.

解答 对金属中的自由电子气体, 设固体体积为 V, 自由电子数目为 Nd, 其中 N 为固体中原子的数目, d 为每个原子贡献的自由电子数. 费米能级为 (方程 (5.54))

$$E_{\text{F}}=\frac{\hbar^2}{2m}\left(3\rho\pi^2\right)^{2/3},\quad 其中\ \rho\equiv\frac{Nd}{V}.$$

电子气体的总能量为 (方程 (5.56))

$$E_{\text{tot}}=\frac{\hbar^2V}{2\pi^2m}\int_0^{k_{\text{F}}}k^4\mathrm{d}k=\frac{\hbar^2k_{\text{F}}^5V}{10\pi^2m}=\frac{\hbar^2\left(3\pi^2Nd\right)^{5/3}}{10\pi^2m}V^{-2/3}.$$

所以每个自由电子的平均能量除以费米能级为

$$\frac{E_{\text{tot}}/Nd}{E_{\text{F}}}=\frac{\hbar^2(3\pi^2Nd)^{5/3}}{10\pi^2mV^{2/3}}\frac{1}{Nd}\frac{2m}{\hbar^2(3\pi^2Nd/V)^{2/3}}=\frac{3}{5}.$$

习题 5.21 铜的密度为 8.96 g/cm^3, 摩尔质量为 63.5 g/mol.

(a) 计算铜的费米能级 (方程 (5.54)). 假设 $d=1$, 答案以电子伏特为单位.

(b) 相应的电子速度为多少? 提示 取 $E_{\text{F}}=(1/2)\,mv^2$. 假定铜中的电子为非相对论的是否合适?

(c) 当温度为多少时, 铜的特征热能 ($k_{\text{B}}T$, 其中 k_{B} 为玻尔兹曼常量, T 为绝对温度) 等于费米能量? 注释 这个温度被称为**费米温度**T_{F}. 只要实际温度远远小于费米温度, 则大部分电子将会处于最低的能量态, 材料就可以被视为"冷的". 因为铜的熔点为 1356 K, 所以固态铜总是可以被视为"冷"的.

(d) 用电子气体模型计算铜的简并压力 (方程 (5.57)).

解答 (a) 对于铜, 每个原子贡献 1 个自由电子, $q=1$, 由费米能级表达式

$$E_{\text{F}}=\frac{\hbar^2}{2m}\left(3\rho\pi^2\right)^{2/3},$$

其中自由电荷密度为

$$\rho=\frac{Nq}{V}=\frac{N}{V}=\frac{N_{\text{A}}}{M}d,$$

式中 $N_{\text{A}}=\dfrac{原子数目}{摩尔数}=6.02\times10^{23}\text{mol}^{-1}$ 是阿伏伽德罗常量, $d=\dfrac{质量}{体积}=8.96\text{ g/cm}^3$ 是铜的密度, $M=\dfrac{质量}{摩尔数}=63.5\text{ g/mol}$ 是铜的摩尔质量. 将这三个量代入, 得

$$\rho=\frac{6.02\times10^{23}\text{mol}^{-1}}{63.5\text{ g/mol}}\times8.96\text{ g/cm}^3=8.494\times10^{28}\text{ m}^{-3}.$$

$$E_{\rm F}=\frac{\left(1.055\times10^{-34}\ {\rm J\cdot s}\right)^2}{2\times\left(9.11\times10^{-31}\ {\rm kg}\right)}\left(3\pi^2\times8.494\times10^{28}\ {\rm m}^{-3}\right)^{2/3}=7.050\ {\rm eV}.$$

(b) 由 $E_{\rm F}=\dfrac{1}{2}mv^2$ 可得

$$v=\sqrt{\frac{2E_{\rm F}}{m}}=\sqrt{\frac{2\times7.050\ {\rm eV}}{0.511\times10^6\ {\rm eV}/c^2}}=1.576\times10^6\ {\rm m/s}.$$

可知铜中的电子是非相对论的.

(c)

$$T=\frac{E_{\rm F}}{k_{\rm B}}=\frac{7.050{\rm eV}}{8.62\times10^{-5}\ {\rm eV/K}}=8.179\times10^4\ {\rm K}.$$

(d) 由方程 (5.57)

$$P=\frac{\left(3\pi^2\right)^{2/3}\hbar^2}{5m}\rho^{5/3}=\frac{\left(3\pi^2\right)^{2/3}\left(1.055\times10^{-34}\right)^2}{5\times\left(9.109\times10^{-31}\right)}\left(8.494\times10^{28}\right)^{5/3}\ {\rm N/m^2}$$
$$=3.839\times10^{10}\ {\rm N/m^2}.$$

习题 5.22 氦 3 是自旋为 1/2 的费米子 (不像更常见的同位素氦 4 为玻色子). 在低温下 ($T\ll T_{\rm F}$), 氦 3 可以被视为费米气体 (5.3.1 节). 给定密度为 82 kg/m^3, 计算氦 3 的 $T_{\rm F}$(习题 5.21(c)).

解答 由习题 5.21(a) 知

$$E_{\rm F}=\frac{\hbar^2}{2m}\left(3\rho\pi^2\right)^{2/3},$$

所以

$$T_{\rm F}=\frac{E_{\rm F}}{k_{\rm B}}=\frac{\hbar^2}{2mk_{\rm B}}\left(3\rho\pi^2\right)^{2/3},$$

其中

$$\rho=\frac{\rho_m}{m}=\frac{\rho_m}{3m_{\rm p}},$$

$$T_{\rm F}=\frac{\hbar^2}{6m_{\rm p}k_{\rm B}}\left(\frac{\pi^2\rho_m}{m_{\rm p}}\right)^{2/3}=\frac{\left(1.055\times10^{-34}\right)^2}{6\times\left(1.673\times10^{-27}\right)\left(1.381\times10^{-23}\right)}\left(\frac{\pi^2\times82}{1.673\times10^{-27}}\right)^{2/3}$$
$$=4.948\ ({\rm K}).$$

习题 5.23 物质的**体积模量**是压力的减小量和由此导致的体积增加量的比值:

$$B=-V\frac{{\rm d}P}{{\rm d}V}.$$

证明: 在自由电子气体模型中 $B=(5/3)P$, 利用习题 5.21(d) 的结果估算铜的体积模量. **注释** 观测值为 $13.4\times10^{10}\ {\rm N/m^2}$, 但是不要期望你的估算值和观测值完全吻合——毕竟忽略了所有电子–核子、电子–电子的相互作用力. 事实上, 这一计算结果竟然如此令人惊讶地相近.

解答 在自由电子气体模型中, 量子压力

$$P=\frac{(3\pi^2)^{2/3}\hbar^2}{5m}\rho^{5/3}=\frac{(3\pi^2)^{2/3}\hbar^2}{5m}\left(\frac{Nq}{V}\right)^{5/3}=AV^{-5/3},$$

$$B=-V\frac{\mathrm{d}P}{\mathrm{d}V}=-V\left(-\frac{5}{3}\right)AV^{-8/3}=\frac{5}{3}AV^{-5/3}=\frac{5}{3}P.$$

由习题 5.21(d) 可知铜的简并压为 $3.839\times10^{10}\ \mathrm{N/m^2}$, 所以

$$B=(5/3)\,P=\frac{5}{3}\times3.839\times10^{10}\ \mathrm{N/m^2}=6.398\times10^{10}\ \mathrm{N/m^2}.$$

习题 5.24

(a) 利用方程 (5.66) 和 (5.70), 证明: 处于周期性狄拉克 (δ) 函数势中的粒子的波函数为

$$\psi(x)=C\left\{\sin(kx)+\mathrm{e}^{-\mathrm{i}qa}\sin[k(a-x)]\right\},\quad(0\leqslant x\leqslant a).$$

(归一化常数 C 的具体值不需求出.)

(b) 在一个能带顶, 其中 $z=j\pi$, (a) 导致波函数 $\psi(x)=0/0$ (不确定的), 求该情况下的正确波函数. 注意每个狄拉克函数会使 ψ 发生什么样的变化.

解答 (a) 方程 (5.66) 给出

$$\psi(x)=A\sin(kx)+B\cos(kx),\quad(0<x<a).$$

方程 (5.70) 给出

$$A\sin(ka)=\left[\mathrm{e}^{\mathrm{i}qa}-\cos(ka)\right]B,$$

因此

$$\begin{aligned}\psi(x)&=A\sin(kx)+B\cos(kx)=A\sin(kx)+\frac{A\sin(ka)}{\mathrm{e}^{\mathrm{i}qa}-\cos(ka)}\cos(kx)\\&=\frac{A}{\mathrm{e}^{\mathrm{i}qa}-\cos(ka)}\left[\mathrm{e}^{\mathrm{i}qa}\sin(kx)-\cos(ka)\sin(kx)+\sin(ka)\cos(kx)\right]\\&=\frac{A}{\mathrm{e}^{\mathrm{i}qa}-\cos(ka)}\left[\mathrm{e}^{\mathrm{i}qa}\sin(kx)+\sin k(a-x)\right]\\&=\frac{A}{\mathrm{e}^{\mathrm{i}qa}-\cos(ka)}\mathrm{e}^{\mathrm{i}qa}\left[\sin(kx)+\mathrm{e}^{-\mathrm{i}qa}\sin k(a-x)\right].\end{aligned}$$

令

$$C=\frac{A}{\mathrm{e}^{\mathrm{i}qa}-\cos(ka)}\mathrm{e}^{\mathrm{i}qa}$$

$$\Rightarrow\psi(x)=C\left[\sin(kx)+\mathrm{e}^{-\mathrm{i}qa}\sin k(a-x)\right].$$

(b) 如果 $z=ka=n\pi$ (n 为整数), 由方程 (5.71) 能级满足的方程

$$\cos(qa)=\cos(ka)+\frac{m\alpha}{\hbar^2k}\sin(ka),$$

得

$$\cos(qa)=\cos(ka)=(-1)^n$$

$$\cos^2(qa)+\sin^2(qa)=1\Rightarrow\sin(qa)=0$$
$$\Rightarrow e^{iqa}=\cos(qa)+i\sin(qa)=\cos(qa).$$

此时, 常数 $C=\dfrac{A}{e^{iqa}-\cos(ka)}e^{iqa}$ 中分母为零, 我们必须用方程 (5.70)

$$A\sin(ka)=\left[e^{iqa}-\cos(ka)\right]B,$$

得 $\sin ka=0, e^{iqa}-\cos(ka)=0$, 上式现在对任何 A、B 都成立. 而由方程 (5.69)

$$kA-e^{-iqa}k\left[A\cos(ka)-B\sin(ka)\right]=\frac{2m\alpha}{\hbar^2}B,$$

$$\text{左边}=kA-\cos(ka)\,kA\cos(ka)=kA\left[1-(-1)^{2n}\right]=0,$$

所以

$$B=0$$

这样, 波函数为

$$\psi(x)=A\sin(kx).$$

在狄拉克梳处, $x=a, \psi(x)=0$, 波函数没有感受到狄拉克梳的存在.

习题 5.25 求出 $\beta=10$ 时, 第一允带底端的能量大小, 精确到三位有效数字. 为了便于讨论, 令 $\alpha/a=1$ eV.

解答 对 $\beta=10$, 第一允带底, 方程 (5.73) 给出

$$f(z)\equiv\cos(z)+10\frac{\sin(z)}{z}=1.$$

数值求解给出 $z=2.62768$, 因此第一允带底端的能量 $(\beta\equiv m\alpha a/\hbar^2)$

$$E=\frac{\hbar^2k^2}{2m}=\frac{\hbar^2(ka)^2}{2ma^2}=\frac{\alpha z^2}{2\beta a}=\frac{2.62768^2}{20}\text{ eV}=0.345\text{ eV}.$$

****习题 5.26** 若使用的不是狄拉克函数势垒, 而是势阱 (改变方程 (5.64) 中 α 的符号). 分析这种情况, 给出类似于教材中图 5.5 的图像. 对于正能量解, 这不需要重新计算 (除了 β 是负数, 图中使用 $\beta=-1.5$), 但你需要重新计算出负能量的解 (对于 $E<0$, 令 $\kappa\equiv\sqrt{-2mE}/\hbar$ 和 $z\equiv-\kappa a$); 图形将扩展到负 z 区域. 第一允带将存在多少个状态?

解答 对于 $E>0$ 情况, 解仍然是教材所给解的形式, 只不过现在 α 是负值.

对于能量 $E<0$ 情况, 在 $0<x<a$ 区域, 定态薛定谔方程为

$$\frac{d^2\psi}{dx^2}=\kappa^2\psi,\quad\kappa\equiv\frac{\sqrt{-2mE}}{\hbar},$$

通解为

$$\psi(x)=A\sinh(\kappa x)+B\cosh(\kappa x).$$

根据布洛赫定理, 在 $-a<x<0$ 区域,

$$\psi(x)=e^{-iKa}\left\{A\sinh[\kappa(x+a)]+B\cosh[\kappa(x+a)]\right\}.$$

由波函数在 $x=0$ 处连续条件, 得

$$B=\mathrm{e}^{-\mathrm{i}Ka}\left[A\sinh(\kappa a)+B\cosh(\kappa a)\right]$$

$$\Rightarrow A\mathrm{e}^{-\mathrm{i}Ka}\sinh(\kappa a)+B\left[\mathrm{e}^{-\mathrm{i}Ka}\cosh(\kappa a)-1\right]=0.$$

波函数的导数在 $x=0$ 处有跃变, 得

$$\kappa A-\mathrm{e}^{-\mathrm{i}Ka}\kappa\left[A\cosh(\kappa a)+B\sinh(\kappa a)\right]=\frac{2m\alpha}{\hbar^2}B$$

$$\Rightarrow A\left[\kappa-\mathrm{e}^{-\mathrm{i}Ka}\kappa\cosh(\kappa a)\right]-B\left(\kappa\mathrm{e}^{-\mathrm{i}Ka}\sinh(\kappa a)+\frac{2m\alpha}{\hbar^2}\right)=0.$$

A,B 有非零解的条件 (即能级必须满足的条件) 为上述方程组的系数行列式为零:

$$\begin{vmatrix}\mathrm{e}^{-\mathrm{i}Ka}\sinh(\kappa a) & \mathrm{e}^{-\mathrm{i}Ka}\cosh(\kappa a)-1\\ \kappa-\mathrm{e}^{-\mathrm{i}Ka}\kappa\cosh(\kappa a) & -\left[\kappa\mathrm{e}^{-\mathrm{i}Ka}\sinh(\kappa a)+2m\alpha/\hbar^2\right]\end{vmatrix}=0,$$

$$-\mathrm{e}^{-\mathrm{i}Ka}\sinh(\kappa a)\left[\kappa\mathrm{e}^{-\mathrm{i}Ka}\sinh(\kappa a)+2m\alpha/\hbar^2\right]-\left[\mathrm{e}^{-\mathrm{i}Ka}\cosh(\kappa a)-1\right]$$

$$\times\left[\kappa-\mathrm{e}^{-\mathrm{i}Ka}\kappa\cosh(\kappa a)\right]=0,$$

$$\mathrm{e}^{\mathrm{i}Ka}-2\cosh(\kappa a)+\mathrm{e}^{-\mathrm{i}Ka}\cosh^2(\kappa a)-\mathrm{e}^{-\mathrm{i}Ka}\sinh^2(\kappa a)=\frac{2m\alpha}{\hbar^2\kappa}\sinh(\kappa a),$$

$$\boxed{\cos(Ka)=\cosh(\kappa a)+\frac{m\alpha}{\hbar^2\kappa}\sinh(\kappa a).}$$

这个方程类似教材中方程 (5.71). 定义 $z\equiv-\kappa a,\beta\equiv\dfrac{m\alpha a}{\hbar^2}$, 类似地, 我们可得

$$f(z)=\cosh z+\beta\frac{\sinh z}{z}.$$

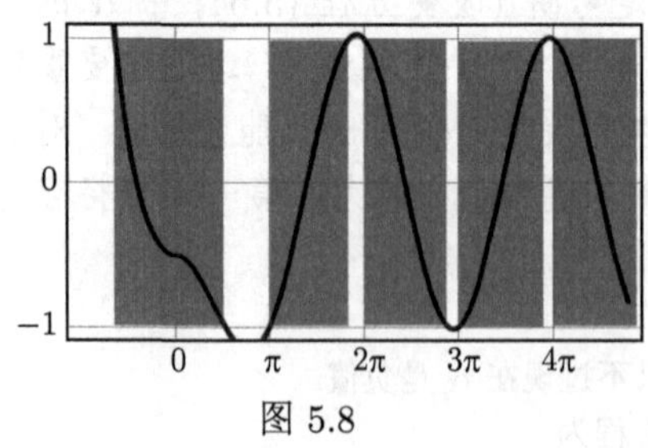

图 5.8

$\beta=1.5$ 时, 函数 $f(z)$ 如图 5.8 中阴影区域的黑色曲线所示. 同样由于 $|\cos(Ka)|\leqslant 1$, 在 $f(z)$ 超出 $(-1,\ 1)$ 的范围, 方程无解, 即允许解被分成能带. 由于 $\cos(Ka)=\cos(2\pi n/Na)\ (n=0,1,2,\cdots,N-1)$, 在图中画 N 条水平线, 与 $f(z)$ 有 N 个交点. 显然, 每个带中有 N 个状态.

习题 5.27 证明: 由方程 (5.71) 确定的绝大部分能量都是二重简并的. 例外的情况是什么? **提示** 通过验证 $N=1,2,3,4,\cdots$ 时的情况, 发现规律. 在每种情况下, $\cos(qa)$ 的可能值是多少?

解答 方程 (5.71)$\cos(qa)=\cos(ka)+\dfrac{m\alpha}{\hbar^2k}\sin(ka)$ 决定了 k 的可能值, 即决定了允许的能量值.

令 $z=ka$, $\beta=\dfrac{m\alpha a}{\hbar^2}$, 方程右边写成

$$f(z)\equiv\cos(z)+\beta\frac{\sin z}{z},$$

其中 $q=\dfrac{2\pi n}{Na}$, 每一个 n 值对应一个不同的态. 为了找出允许的能量值, 由 $qa=\dfrac{2\pi n}{N}$, 作 N 条水平线, 水平线的纵坐标等于 $\cos(2\pi n/N)$, 我们会发现, 在大多数情况下, 对于不同的一对 n 值, 它们会给出同样的 $\cos(qa)$, 即给出同样的 k 值, 能态是简并的. 具体例子如下:

$$N=1\Rightarrow n=0\Rightarrow\cos(qa)=1,$$

能量是非简并的.

$$N=2\Rightarrow n=0,1\Rightarrow\cos(qa)=1,-1,$$

能量是非简并的.

$$N=3\Rightarrow n=0,1,2\Rightarrow\cos(qa)=1,-\frac{1}{2},-\frac{1}{2},$$

显然 $n=1$, 2, 能量是简并的.

$$N=4,\Rightarrow n=0,1,2,3\Rightarrow\cos(qa)=1,0,-1,0,$$

显然 $n=1,3$, 能量是简并的.

……

显然, 除了在能带顶和能带底, 即 $\cos(qa)=\pm1$ 时, 都会出现二重简并 (一对 n 给出同样的 $\cos(qa)$ 值).

由布洛赫因子 e^{iqa} 可知, 在复平面上它所给出的点是等角度分布的 (图 5.9 给出 $N=8$ 情况).

因此对一个具有负的虚部的点, 总有一个具有相同正虚部值的对称点, 这一对点具有相同的实部 $\cos(qa)$. 当然虚部为零的两个点 (图 5.9 中的 $n=0$, 4) 除外.

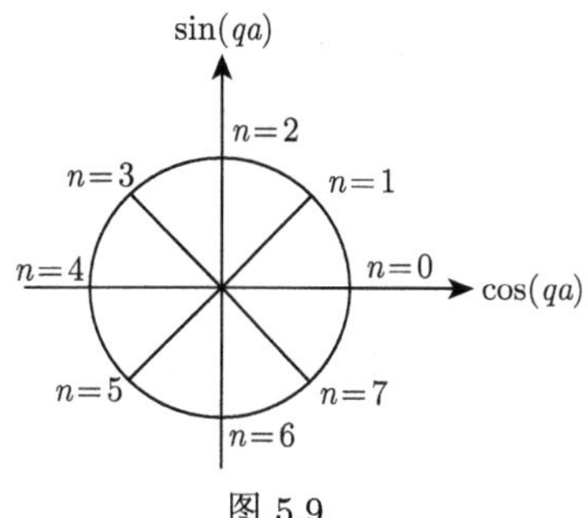

图 5.9

习题 5.28　画出 5.3.2 节中 $E(q)$ 的能带结构图. 用 $\alpha=1$(使用单位制: $m=\hbar=a=1$). 提示　用 Mathematica 软件中 **ContourPlot** 指令画出方程 (5.71) 隐含定义的 $E(q)$. 在其他平台上, 可以通过下述方式画图:

(i) 等间隔划分 $E=0$ 到 $E=30$ 的能量范围, 选取的间隔数目极大 (如 30000).

(ii) 对每一个能量 E 的值, 计算方程 (5.71) 的右边. 如果结果在 -1 到 1 之间, 从方程 (5.71) 中解出 q, 并分别记录 $\{q, E\}$ 和 $\{-q, E\}$(每个能量对应两个解) 数值对.

你可以用一系列的数值对 $\{\{q1, E1\},\{q2, E2\},\cdots\}$ 作图.

解答　用 Mathematica 软件画出方程 (5.71) 隐含定义的 $E(q)$, 如图 5.10 所示.

```
ContourPlot[Cos[x] == Cos[Sqrt[2y]]+Sin[Sqrt[2y]]/Sqrt[2y], {x, -Pi,
    Pi}, {y, 0, 60}, PlotPoints → 200]
```

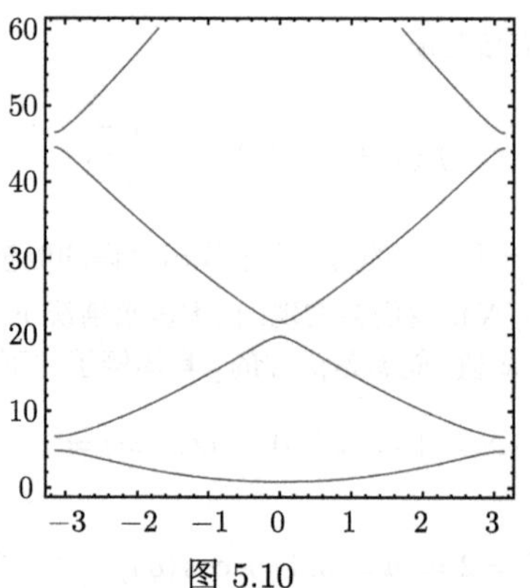

图 5.10

补充习题

习题 5.29 假设有三个粒子和三个不同的单粒子态 ($\psi_a(x), \psi_b(x)$ 和 $\psi_c(x)$) 是可用的. 求对于下列几种情况, 可以组成多少种不同的三粒子态: (a) 它们是可分辨粒子, (b) 它们是全同玻色子, (c) 它们是全同费米子. (如果粒子是可分辨的, 粒子不需要处于不同的态——$\psi_a(x_1)\psi_a(x_2)\psi_a(x_3)$ 就是一种可能的态.)

解答 (a) 对于可分辨粒子, 三个粒子都可以处于任意一个态, 所以总共会有 $3^3 = 27$ 个可能的三粒子态.

(b) 当粒子为全同玻色子时, 要求波函数满足交换对称性, 共有 10 个可能态.

三个粒子处于相同粒子态: 3 个

$$\psi_a(x_1)\psi_a(x_2)\psi_a(x_3)$$

$$\psi_b(x_1)\psi_b(x_2)\psi_b(x_3)$$

$$\psi_c(x_1)\psi_c(x_2)\psi_c(x_3)$$

三个粒子处于两个不同的粒子态: 6 个

$$\frac{1}{\sqrt{3}}[\psi_a(x_1)\psi_a(x_2)\psi_b(x_3)+\psi_a(x_1)\psi_b(x_2)\psi_a(x_3)+\psi_b(x_1)\psi_a(x_2)\psi_a(x_3)]$$

$$\frac{1}{\sqrt{3}}[\psi_a(x_1)\psi_a(x_2)\psi_c(x_3)+\psi_a(x_1)\psi_c(x_2)\psi_a(x_3)+\psi_c(x_1)\psi_a(x_2)\psi_a(x_3)]$$

$$\frac{1}{\sqrt{3}}[\psi_b(x_1)\psi_b(x_2)\psi_a(x_3)+\psi_b(x_1)\psi_a(x_2)\psi_b(x_3)+\psi_a(x_1)\psi_b(x_2)\psi_b(x_3)]$$

$$\frac{1}{\sqrt{3}}[\psi_b(x_1)\psi_b(x_2)\psi_c(x_3)+\psi_b(x_1)\psi_c(x_2)\psi_b(x_3)+\psi_c(x_1)\psi_b(x_2)\psi_b(x_3)]$$

$$\frac{1}{\sqrt{3}}[\psi_c(x_1)\psi_c(x_2)\psi_a(x_3)+\psi_c(x_1)\psi_a(x_2)\psi_c(x_3)+\psi_a(x_1)\psi_c(x_2)\psi_c(x_3)]$$

$$\frac{1}{\sqrt{3}}[\psi_c(x_1)\psi_c(x_2)\psi_b(x_3)+\psi_c(x_1)\psi_b(x_2)\psi_c(x_3)+\psi_b(x_1)\psi_c(x_2)\psi_c(x_3)]$$

三个粒子处于三个不同粒子态: 1 个

$$\frac{1}{\sqrt{6}}\left[\psi_a(x_1)\psi_b(x_2)\psi_c(x_3)+\psi_a(x_1)\psi_c(x_2)\psi_b(x_3)+\psi_b(x_1)\psi_a(x_2)\psi_c(x_3)\right.$$
$$\left.+\psi_b(x_1)\psi_c(x_2)\psi_a(x_3)+\psi_c(x_1)\psi_a(x_2)\psi_b(x_3)+\psi_c(x_1)\psi_b(x_2)\psi_a(x_3)\right]$$

(c) 当粒子为全同费米子时, 要求波函数满足完全反对称性, 每个费米子必须处在互不相同的态上, 只有 1 种可能态

$$\frac{1}{\sqrt{6}}\begin{vmatrix}\psi_a(x_1) & \psi_b(x_1) & \psi_c(x_1)\\ \psi_a(x_2) & \psi_b(x_2) & \psi_c(x_2)\\ \psi_a(x_3) & \psi_b(x_3) & \psi_c(x_3)\end{vmatrix}=\frac{1}{\sqrt{6}}\left[\psi_a(x_1)\psi_b(x_2)\psi_c(x_3)-\psi_a(x_1)\psi_c(x_2)\psi_b(x_3)\right.$$
$$-\psi_b(x_1)\psi_a(x_2)\psi_c(x_3)+\psi_b(x_1)\psi_c(x_2)\psi_a(x_3)$$
$$\left.+\psi_c(x_1)\psi_a(x_2)\psi_b(x_3)-\psi_c(x_1)\psi_b(x_2)\psi_a(x_3)\right].$$

习题 5.30 计算处于二维无限深方势阱中电子的费米能. 令 σ 为单位面积内的自由电子的数目.

解答 对二维无限深方势阱 $0<x<l_x,\ 0<y<l_y$, 能量本征值为

$$E_{n_xn_y}=\frac{\pi^2\hbar^2}{2m}\left(\frac{n_x^2}{l_x^2}+\frac{n_y^2}{l_y^2}\right),\quad n_x,n_y=1,2,3,\cdots$$

或者表示为

$$E_{\boldsymbol{k}}=\frac{\hbar^2\boldsymbol{k}^2}{2m},\quad \boldsymbol{k}\equiv\left(\frac{\pi n_x}{l_x},\frac{\pi n_y}{l_y}\right).$$

每一个态在 $\boldsymbol{k}$ 占据的体积 (面积) 为 $\dfrac{\pi^2}{l_xl_y}=\dfrac{\pi^2}{A}$, 其中 $A=l_xl_y$ 为势阱面积. 考虑自旋, 每个能态上可以填充两个电子, 第一象限的费米圆内可填充的电子数 N 满足

$$\frac{N}{2}\frac{\pi^2}{A}=\frac{1}{4}\pi k_{\mathrm{F}}^2$$

$$\Rightarrow k_{\mathrm{F}}=\left(2\pi\frac{N}{A}\right)^{1/2}=(2\pi\sigma)^{1/2},$$

其中 $\sigma=N/A$ 为面电荷密度. 费米能为

$$E_{\mathrm{F}}=\frac{\hbar^2k_{\mathrm{F}}^2}{2m}=\frac{\hbar^2\pi\sigma}{m}.$$

习题 5.31 重复习题 2.58 的分析, 在考虑自旋效应的情况下, 估计三维金属的内聚能.

解答 (a) 单个粒子放在三维无限深方势阱中的基态能量为

$$E_{111}=\frac{\pi^2\hbar^2}{2m}\left(\frac{1}{a^2}+\frac{1}{a^2}+\frac{1}{a^2}\right)=\frac{3\pi^2\hbar^2}{2ma^2}.$$

考虑 N 个粒子的情况,

$$E_a=N\frac{3\pi^2\hbar^2}{2ma^2}.$$

(b) 将 N 个电子放入一个体积为 $V=Na^3$ 的盒子中, 根据方程 (5.56), 体系总能为

$$E_{\text{tot}}=\frac{\hbar^2\left(3\pi^2Nd\right)^{5/3}}{10\pi^2m}V^{-2/3}=\frac{3}{5}N\frac{\pi^2\hbar^2}{2ma^2}\left(\frac{3}{\pi}\right)^{2/3}.$$

(c)

$$\frac{\Delta E}{N}=\frac{E_a-E_b}{N}=\frac{3\pi^2\hbar^2}{2ma^2}\left[1-\frac{1}{5}\left(\frac{3}{\pi}\right)^{2/3}\right].$$

(d) 由于习题 2.58 中 $\dfrac{\pi^2\hbar^2}{3ma^2}=1.6\ \text{eV}$, 所以

$$\frac{\Delta E}{N}=\frac{9}{2}\left[1-\frac{1}{5}\left(\frac{3}{\pi}\right)^{2/3}\right]\times 1.6=5.804\ (\text{eV}).$$

习题 5.32 考虑自由电子气 (5.3.1 节), 其中自旋向上和向下的电子数目不相等 (分别为 N_+ 和 N_-). 这样的电子气有净**磁化强度** (每单位体积的磁偶极矩).

$$\boldsymbol{M}=-\frac{(N_+-N_-)}{V}\mu_{\text{B}}\hat{k}=M\hat{k},\tag{5.74}$$

其中 $\mu_{\text{B}}=e\hbar/2m_{\text{e}}$ 是**玻尔磁子**.(当然, 负号是因为电子的电荷为负.)

(a) 假设电子占据的最低能级与每个自旋取向中的粒子数一致, 求 E_{tot}. 检验当 $N_+=N_-$ 时, 结果将变为方程 (5.56).

(b) 证明: $M/\mu_{\text{B}}\ll\rho\equiv(N_++N_-)/V$(也就是 $|N_+-N_-|\ll(N_++N_-)$), 能量密度是

$$\frac{1}{V}E_{\text{tot}}=\frac{\hbar^2\left(3\pi^2\rho\right)^{5/3}}{10\pi^2m}\left[1+\frac{5}{9}\left(\frac{M}{\rho\mu_{\text{B}}}\right)^2\right].$$

在 $M=0$ 时能量最小, 因此基态有零磁化强度. 然而, 如果气体置于磁场中 (或者粒子间存在相互作用), 这在能量上有利于气体磁化. 将在习题 5.33 和习题 5.34 中进行探讨.

解答 (a) 重复 5.3.1 节中自由电子气的计算, 但是此时我们要将总的电子数目 N 分为 N_+ 和 N_- 分别计算, 然后将能量相加.

由方程 (5.52), 可知

$$\frac{1}{8}\left(\frac{4}{3}\pi k_{\text{F}\pm}^3\right)=N_\pm\left(\frac{\pi^3}{V}\right),$$

从而

$$k_{\text{F}\pm}=\left(6\rho_\pm\pi^2\right)^{1/3},\quad \text{其中 }\rho_\pm=\frac{N_\pm}{V}.$$

球壳中的态数目为

$$\frac{\frac{1}{8}\times 4\pi k^2\text{d}k}{\pi^3/V}=\frac{V}{2\pi^2}k^2\text{d}k,$$

球壳中的能量为

$$\text{d}E=\frac{\hbar^2k^2}{2m}\frac{V}{2\pi^2}k^2\text{d}k,$$

总能就可以写成对费米球的积分

$$E_{\text{tot}\pm}=\frac{\hbar^2V}{4m\pi^2}\int_0^{k_{\text{F}\pm}}k^4\mathrm{d}k=\frac{\hbar^2V}{20\pi^2m}k_{\text{F}\pm}^5=\frac{\hbar^2\left(6\pi^2N_\pm\right)^{5/3}}{20\pi^2m}V^{-2/3},$$

$$E_{\text{tot}}=E_{\text{tot}_+}+E_{\text{tot}_-}=\frac{\hbar^2\left(6\pi^2\right)^{5/3}}{20\pi^2m}V^{-2/3}\left(N_+^{5/3}+N_-^{5/3}\right).$$

令 $N_+=N_-=\dfrac{Nd}{2}$, 上式化简为

$$\begin{aligned}E_{\text{tot}}&=2\frac{\hbar^2\left(6\pi^2\right)^{5/3}}{20\pi^2m}V^{-2/3}\left(\frac{Nd}{2}\right)^{5/3}\\&=\frac{\hbar^2}{10\pi^2m}\left(3\pi^2Nd\right)^{5/3}V^{-2/3}\end{aligned}$$

与方程 (5.56) 一致.

(b) 令 $N=N_++N_-$, $\Delta N=N_+-N_-$, 那么 $N_\pm=\dfrac{1}{2}(N\pm\Delta N)=\dfrac{N}{2}\left(1\pm\dfrac{\Delta N}{N}\right)=\dfrac{N}{2}(1\pm\varepsilon)$, 其中 $\varepsilon=\dfrac{\Delta N}{N}\ll1$. 将 $N_+^{5/3}+N_-^{5/3}$ 进行泰勒展开, 得

$$\begin{aligned}N_+^{5/3}+N_-^{5/3}&=\left(\frac{N}{2}\right)^{5/3}\left[(1+\varepsilon)^{5/3}+(1-\varepsilon)^{5/3}\right]\\&\approx2\left(\frac{N}{2}\right)^{5/3}\left(1+\frac{5}{9}\varepsilon^2\right),\end{aligned}$$

因此,

$$\begin{aligned}E_{\text{tot}}&=2\frac{\hbar^2\left(6\pi^2\right)^{5/3}}{20\pi^2m}V^{-5/3}\left(\frac{N}{2}\right)^{5/3}\left[1+\frac{5}{9}\left(\frac{\Delta N}{N}\right)^2\right]\\&=\frac{\hbar^2}{10\pi^2m}\left(\frac{3\pi^2N}{V}\right)^{5/3}\left[1+\frac{5}{9}\left(\frac{\Delta N}{N}\right)^2\right].\end{aligned}$$

令 $\rho=\dfrac{N}{V},\Delta N=-\dfrac{MV}{\mu_{\text{B}}}$, 得

$$\frac{\Delta N}{N}=-\frac{MV}{\mu_{\text{B}}\rho V}=-\frac{M}{\mu_{\text{B}}\rho},$$

代入上式, 得

$$\frac{E_{\text{tot}}}{V}=\frac{\hbar^2}{10\pi^2m}\left(3\pi^2\rho\right)^{5/3}\left[1+\frac{5}{9}\left(\frac{M}{\rho\mu_{\text{B}}}\right)^2\right].$$

习题 5.33　泡利顺磁性. 如果自由电子气 (5.3.1 节) 置于均匀磁场 $\boldsymbol{B}=B\hat{k}$ 中, 自旋向上和自旋向下的态的能量将会不同: ①

$$E_{n_x\,n_y\,n_z}^{\pm}=\frac{\hbar^2\pi^2}{2m}\left(\frac{n_x^2}{l_x^2}+\frac{n_y^2}{l_y^2}+\frac{n_z^2}{l_z^2}\right)\pm\mu_{\text{B}}B.$$

自旋向下的占据态数大于自旋向上的占据态数 (因为它们的能量更低), 因此系统将获得磁化强度 (见习题 5.32).

① 这里只考虑自旋和磁场的耦合, 忽略与轨道运动的耦合.

(a) 在 $M/\mu_{\mathrm{B}} \ll \rho$ 近似下，求总能量最小的磁化强度. **提示**　利用习题 5.32(b) 的结论.

(b) **磁化率**为 ①

$$\chi = \mu_0 \frac{\mathrm{d}M}{\mathrm{d}B}.$$

计算铝 ($\rho = 18.1 \times 10^{22}\mathrm{cm}^{-3}$) 的磁化率并和实验值 ② 22×10^{-6} 进行对比.

解答　(a) 在磁场下, 额外的能量为磁矩在磁场中的能量

$$\mu_{\mathrm{B}} B (N_+ - N_-) = -BMV,$$

所以单位体积内的总能为

$$\overline{E} = \frac{E_{\mathrm{tot}}}{V} = \frac{\hbar^2 \left(3\pi^2\rho\right)^{5/3}}{10\pi^2 m}\left[1 + \frac{5}{9}\left(\frac{M}{\rho\mu_{\mathrm{B}}}\right)^2\right] - BM,$$

磁化强度下, 能量取极小值, 能量对磁化强度求导

$$\frac{\partial \overline{E}}{\partial M} = \frac{\hbar^2 \left(3\pi^2\rho\right)^{5/3}}{10\pi^2 m}\left(\frac{5}{9}\right)\frac{2M}{\left(\rho\mu_{\mathrm{B}}\right)^2} - B = 0,$$

得磁化强度为

$$M = B\left(\frac{3\rho}{\pi}\right)^{1/3}\left(\frac{m\mu_{\mathrm{B}}^2}{\pi\hbar^2}\right).$$

(b) 由 $\chi = \mu_0 \frac{\mathrm{d}M}{\mathrm{d}B}$, 将磁化强度 M 代入, 得

$$\chi = \mu_0\left(\frac{3\rho}{\pi}\right)^{1/3}\left(\frac{m\mu_{\mathrm{B}}^2}{\pi\hbar^2}\right).$$

将 $\mu_0 = 4\pi \times 10^{-7}\ \mathrm{N/A^2}, \rho = 18.1 \times 10^{22}\mathrm{cm}^{-3} = 18.1 \times 10^{28}\ \mathrm{m}^{-3}, m = 9.11 \times 10^{-31}\ \mathrm{kg}, \hbar = 1.055 \times 10^{-34}\ \mathrm{J \cdot s}$ 和 $\mu_{\mathrm{B}} = 5.788 \times 10^{-5}\ \mathrm{eV/T} = 9.272 \times 10^{-24}\ \mathrm{J/T}$ 代入上述方程, 得

$$\chi = 15.7 \times 10^{-6}.$$

习题 5.34　斯通纳判据.　自由电子气模型 (5.3.1 节) 忽略了电子间的库仑排斥作用. 相比两个自旋平行的电子 (它们的空间波函数必须是交换反对称的), 由于交换力的存在 (5.1.2 节), 库仑排斥对于两个自旋反平行的电子 (它们的行为有点像可分辨粒子) 有着更强的作用. 作为考虑库仑排斥的一种粗略方法, 假定每一对自旋相反的电子都携带额外的能量 U, 而具有相同自旋的电子则没有相互作用; 这使自由电子气的总能多出 $\Delta E = UN_+N_-$. 正如你将要证明的那样, 在 U 的临界值之上, 气体发生自发磁化; 材料变为铁磁.

(a) 用密度 ρ 和磁化强度 M(方程 (5.74)) 重新写出 ΔE.

---

① 严格地讲, 磁化率应为 $\mathrm{d}M/\mathrm{d}H$, 但在 $\chi \ll 1$ 的情况下, 两者定义的差别可以忽略.

② 对于某些金属, 如铜, 符合得也不是那么好——即使符号是错误的: 铜是抗磁的 ($\chi < 0$). 对这种差异的解释在于我们的模型中遗漏了一些东西. 除了自旋磁矩和外加电场的顺磁耦合之外, 还有轨道磁矩与外加磁场的耦合, 而且它对顺磁和抗磁都有贡献 (见习题 4.72). 此外, 自由电子气模型忽略了紧束缚在原子核的芯电子, 这些电子也和磁场存在耦合. 对于铜的情况, 它正是核的芯电子的抗磁性耦合占据主导地位.

(b) 假设 $M/\mu_B \ll \rho$, 自发磁化发生的最小 U 值是多少? **提示** 利用习题 5.32(b) 的结果.

解答 (a) $\Delta E = UN_+N_-$, 将 N_+N_- 用密度 ρ 和磁化强度 M 表示出来即可. 由

$$N^2 = (N_+ + N_-)^2 = N_+^2 + 2N_+N_- + N_-^2$$

和

$$(\Delta N)^2 = (N_+ - N_-)^2 = N_+^2 - 2N_+N_- + N_-^2,$$

得

$$4N_+N_- = N^2 - (\Delta N)^2 = \rho^2V^2 - \left(\frac{MV}{\mu_B}\right)^2,$$

所以,

$$\Delta E = UN_+N_- = \frac{U}{4}\left[\rho^2V^2 - \left(\frac{MV}{\mu_B}\right)^2\right].$$

(b) 由习题 5.32(b) 可知

$$\begin{aligned}\frac{E_{\text{tot}}}{V} &= \frac{\hbar^2}{10\pi^2 m}\left(3\pi^2\rho\right)^{5/3}\left[1+\frac{5}{9}\left(\frac{M}{\rho\mu_B}\right)^2\right] + \frac{U}{4}\left[\rho^2V - V\left(\frac{M}{\mu_B}\right)^2\right] \\ &= \frac{\hbar^2}{10\pi^2 m}\left(3\pi^2\rho\right)^{5/3}\left(1+\frac{5}{9}\left(\frac{M}{\rho\mu_B}\right)^2\right) + \frac{UV\rho^2}{4}\left(1-\left(\frac{M}{\rho\mu_B}\right)^2\right) \\ &= \left[\frac{\hbar^2}{10\pi^2 m}\left(3\pi^2\rho\right)^{5/3} + \frac{UV\rho^2}{4}\right] + \left[\frac{5}{9}\frac{\hbar^2}{10\pi^2 m}\left(3\pi^2\rho\right)^{5/3} - \frac{UV\rho^2}{4}\right]\left(\frac{M}{\rho\mu_B}\right)^2.\end{aligned}$$

如果磁化强度平方项的系数是正值, 则能量最小值为

$$\frac{\hbar^2}{10\pi^2 m}\left(3\pi^2\rho\right)^{5/3} + \frac{UV\rho^2}{4},$$

此时, 磁化强度 $M=0$. 如果要存在自发磁化, 磁化强度平方项的系数应为负值, 即

$$\frac{5}{9}\frac{\hbar^2}{10\pi^2 m}\left(3\pi^2\rho\right)^{5/3} - \frac{UV\rho^2}{4} < 0,$$

所以,

$$U > \frac{20\hbar^2\left(3\pi^2\rho\right)^{5/3}}{90V\rho^2\pi^2 m} = \frac{2\pi\hbar^2}{mV}\left(\frac{\pi}{3\rho}\right)^{1/3}.$$

*****习题 5.35** 有些冷星体 (称为**白矮星**) 的稳定存在是因为电子气体的简并压 (方程 (5.57)) 的存在抵抗了引力坍缩的发生. 假设星体的密度为常数, 星体的半径 R 可以用如下方法计算出来:

(a) 用半径、核子数 (质子和中子)N、每个核子的电子数目 d 和电子质量 m 来表示出电子的总能量 (方程 (5.56)). **注意** 在该问题中, 重新使用字母 N 和 d 的意义与格里菲斯原书中的略有不同.

(b) 查表或计算, 给出密度均匀的球体的引力能. 结果用 G (引力常数)、R、N 和 M (一个核子的质量) 表示. **注意** 引力能为负值.

(c) 求半径为何值时总能量最小, 即 (a) 加 (b) 最小. 答案:

$$R = \left(\frac{9\pi}{4}\right)^{2/3} \frac{\hbar^2 d^{5/3}}{GmM^2N^{1/3}}.$$

(注意 当总质量增加时半径将减小!) 除了 N 之外都将真实数值代入, d 取 1/2 (实际上, 当原子量增加时, d 将略有减小, 但这对我们来说已经足够了). 答案: $R = 7.6 \times 10^{25} N^{-1/3}$ m.

(d) 计算与太阳质量相同的一个白矮星的半径, 以千米为单位.

(e) 计算出 (d) 中白矮星的费米能量, 以电子伏特为单位, 并将结果与一个静止电子的能量作对比. 注意该系统已经非常接近相对论框架 (见习题 5.36).

解答 (a) 设星体有 N 个核子, 每个核子有 d 个电子, 故共有 Nd 个电子. 我们已经知道, 每对电子在 "k 空间" 占据的体积为 $\dfrac{\pi^3}{V}$, 所以电子数与费米波矢有关系, 即

$$\frac{1}{8}\cdot\frac{4}{3}\pi k_{\mathrm{F}}^3 = \frac{1}{2}Nd\cdot\frac{\pi^3}{V}$$

$$\Rightarrow k_{\mathrm{F}} = \left(3\frac{Nd}{V}\pi^2\right)^{1/3} = \left(3\rho\pi^2\right)^{1/3},$$

其中 $\rho = \dfrac{Nd}{V}$.

在 "k 空间" 的八分之一球壳中的体积为 $\dfrac{1}{8}\times 4\pi k^2\mathrm{d}k$, 可填充电子数目为

$$2\times\frac{1}{2}\pi k^2\mathrm{d}k\bigg/\left(\frac{\pi^3}{V}\right) = \frac{V}{\pi^2}k^2\mathrm{d}k,$$

所以这八分之一球壳中电子的能量为

$$\mathrm{d}E = \frac{\hbar^2k^2}{2m}\cdot\frac{V}{\pi^2}k^2\mathrm{d}k = \frac{\hbar^2V}{2m\pi^2}k^4\mathrm{d}k,$$

则电子总能量为

$$\begin{aligned}E_T &= \int_0^{E_{\mathrm{F}}}\mathrm{d}E = \int_0^{k_{\mathrm{F}}}\frac{\hbar^2V}{2m\pi^2}k^4\mathrm{d}k = \frac{\hbar^2V}{2m\pi^2}\cdot\frac{1}{5}k_{\mathrm{F}}^5\\&= \frac{\hbar^2\left(4\pi R^3/3\right)}{10m\pi^2}\left[3\pi\frac{Nd}{(4\pi R^3/3)}\right]^{5/3} = \left(\frac{9}{4}\pi\right)^{2/3}\frac{3\hbar^2N^{5/3}d^{5/3}}{10m}\cdot\frac{1}{R^2}.\end{aligned}$$

(b) 设想由一层球壳构建一个星体, 当构建到半径为 r, 球体质量为 m 时, 继续增加质量为 $\mathrm{d}m$ 时, 引力做的功为

$$\mathrm{d}W_{\mathrm{grav}} = -\frac{Gm}{r}\mathrm{d}m.$$

用星体密度 ρ 表示, 即

$$m = \frac{4}{3}\pi r^3\rho,\quad \mathrm{d}m = \rho 4\pi r^2\mathrm{d}r,$$

$$\mathrm{d}W_{\mathrm{grav}} = -\frac{G\left(4\pi r^3\rho/3\right)}{r}\rho 4\pi r^2\mathrm{d}r = -\frac{16\pi^2G\rho^2}{3}r^4\mathrm{d}r.$$

所以, 一个半径为 R 的星体总能量为

$$E_{\mathrm{grav}} = \int_0^R\mathrm{d}W_{\mathrm{grav}} = -\frac{16\pi^2G\rho^2}{3}\int_0^R r^4\mathrm{d}r = -\frac{16\pi^2G\rho^2}{15}R^5.$$

设核子质量为 M, 可以得到白矮星的密度为

$$\rho=\frac{N\cdot M}{V}=\frac{3NM}{4\pi R^3}.$$

所以

$$E_{\text{grav}}=-\frac{16\pi^2 G\rho^2}{15}R^5=-\frac{3GN^2M^2}{5R}.$$

(c) 系统总能量为

$$E_{\text{tot}}=\left(\frac{9}{4}\pi\right)^{2/3}\frac{3\hbar^2 N^{5/3}d^{5/3}}{10m}\frac{1}{R^2}-\frac{3GN^2M^2}{5R}.$$

对系统总能量求导求极值, 得

$$\frac{\mathrm{d}E_{\text{tot}}}{\mathrm{d}R}=\frac{3GN^2M^2}{5}\cdot\frac{1}{R^2}-\left(\frac{9}{4}\pi\right)^{2/3}\frac{3\hbar^2 N^{5/3}d^{5/3}}{10m}\cdot 2\frac{1}{R^3}=0$$

$$\begin{aligned}\Rightarrow R&=\left(\frac{9}{4}\pi\right)^{2/3}\frac{\hbar^2 d^{5/3}}{GN^{1/3}mM^2}\\&=\left(\frac{9}{4}\pi\right)^{2/3}\frac{\left(1.055\times 10^{-34}\ \text{J}\cdot\text{s}\right)^2(1/2)^{5/3}N^{-1/3}}{\left(6.673\times 10^{-11}N\ \text{m}^2/\text{kg}^2\right)\left(9.109\times 10^{-31}\ \text{kg}\right)\left(1.674\times 10^{-27}\ \text{kg}\right)^2}\\&=7.581\times 10^{25}\ N^{-1/3}\text{m}\approx 7.6\times 10^{25}N^{-1/3}\text{m}.\end{aligned}$$

当半径为此值时总能量最小, 系统是稳定的.

(d) 太阳质量为 1.989×10^{30} kg, 可以计算出与太阳质量相当的白矮星中的核子数为

$$N=\frac{1.989\times 10^{30}}{1.674\times 10^{-27}}=1.188\times 10^{57}$$

$$\Rightarrow N^{-1/3}=9.442\times 10^{-20}.$$

$$R=7.158\times 10^{6}\ \text{m}.$$

(比地球半径稍大.)

(e) 费米能

$$\begin{aligned}E_{\text{F}}&=\frac{\hbar^2 k_{\text{F}}^2}{2m}=\frac{\hbar^2}{2m}\left(3\pi^2\frac{Nd}{4\pi R^3/3}\right)^{2/3}=\frac{\hbar^2}{2mR^2}\left(\frac{9\pi}{4}Nd\right)^{2/3}\\&=\frac{(1.055\times 10^{-34}\ \text{J}\cdot\text{s})^2}{2(9.109\times 10^{-31}\ \text{kg})(7.16\times 10^{6}\ \text{m})^2}\left(\frac{9\pi}{4}\times 1.188\times 10^{57}\times\frac{1}{2}\right)^{2/3}\\&=3.102\times 10^{-14}\text{J}\\&=\frac{3.102\times 10^{-14}}{1.602\times 10^{-19}}\text{eV}\\&=1.936\times 10^{5}\text{eV}.\end{aligned}$$

电子的静止能量为 $E=mc^2=5.11\times 10^5$ eV. 可以看出, 费米能 (近似等于大多数电子的动能) 已经接近电子的静止能, 所以这样的白矮星中的电子是相对论的.

*****习题 5.36** 将经典动能 $E=p^2/(2m)$ 代换为相对论形式 $E=\sqrt{p^2c^2+m^2c^4}-mc^2$, 就可以把自由电子气体理论 (5.3.1 节) 扩展到相对论的理论框架下. 动量还是通过 $\boldsymbol{p}=\hbar\boldsymbol{k}$ 和波矢联系起来. 特别地, 在相对论极限情况下, $E\approx pc=\hbar ck$.

(a) 将方程 (5.55) 中的 $\hbar^2k^2/2m$ 换成相对论极限下的 $\hbar ck$, 计算此时的 E_{tot}.

(b) 对于极端相对论下的电子气体, 重复习题 5.35 中的 (a)、(b) 计算. 注意此时不管 R 为多少, 都不存在稳定的极小值; 如果总能量为正, 简并压将超过引力, 星体将膨胀; 如果总能量为负, 引力占上风, 星体将坍缩. 找出临界核子数 N_c, 当 $N>N_c$ 时, 星体将坍缩. 这被称为**钱德拉塞卡极限**. 答案: 2.04×10^{57}. 相应的星体质量为多少? (将答案表示为太阳质量的倍数.) 质量大于此的星体将不会形成白矮星, 而是进一步地坍缩, 形成 (如果条件满足的话) **中子星**.

(c) 当密度极高时, **逆 β 衰变**, $\mathrm{e}^-+p^+\to n+v$, 将把所有的质子和电子转变成中子 (释放出中微子, 并在该过程中带走能量). 最终中子的简并压将使坍缩停止, 就像电子简并对中子星的作用 (见习题 5.35). 计算质量大小和太阳相同的一个中子星的半径. 同样, 计算出它的 (中子) 费米能量, 并将结果与一个中子的静止能量作对比. 将中子星视为非相对论的是否合理?

解答 (a) 将方程 (5.55) 中电子动能替换成 $\hbar kc$，则电子体系的总能量为

$$E_{\text{tot}}=\int_0^{k_{\mathrm{F}}}\hbar ck\frac{V}{\pi^2}k^2\mathrm{d}k=\frac{\hbar cV}{\pi^2}\int_0^{k_{\mathrm{F}}}k^3\mathrm{d}k=\frac{\hbar cV}{4\pi^2}k_{\mathrm{F}}^4,$$

代入 $k_{\mathrm{F}}=\left(\dfrac{3Nq}{V}\pi^2\right)^{1/3}$, 得

$$E_{\text{tot}}=\frac{\hbar cV}{4\pi^2}\left(\frac{3Nq}{V}\pi^2\right)^{4/3}=\frac{\hbar c}{4\pi^2}\left(3Nq\pi^2\right)^{4/3}V^{-1/3}.$$

(b) 将 $V=\dfrac{4}{3}\pi R^3$ 代入 (a) 中的结论, 得

$$E=\frac{\hbar c}{4\pi^2}\left(3Nq\pi^2\right)^{4/3}\left(\frac{4}{3}\pi R^3\right)^{-1/3}=\frac{\hbar c}{3\pi R}\left(\frac{9}{4}\pi Nq\right)^{4/3}.$$

由习题 5.35 (b) 中结论可得引力势能为

$$E_{\text{grav}}=-\frac{3GN^2M^2}{5R},$$

因此，星体的总能量 (电子动能 + 引力势能) 为

$$\begin{aligned}E_{\text{tot}}&=\frac{\hbar c}{3\pi R}\left(\frac{9}{4}\pi Nq\right)^{4/3}-\frac{3GN^2M^2}{5R}\\&=\frac{1}{R}\left[\frac{\hbar c}{3\pi}\left(\frac{9}{4}\pi Nq\right)^{4/3}-\frac{3GN^2M^2}{5}\right].\end{aligned}$$

总能量 E_{tot} 对 R 的一阶微分为零

$$\frac{\mathrm{d}E_{\text{tot}}}{\mathrm{d}R}=-\frac{1}{R^2}\left[\frac{\hbar c}{3\pi}\left(\frac{9}{4}\pi Nq\right)^{4/3}-\frac{3GN^2M^2}{5}\right]=0,$$

可以得出没有一个 R 值使得 E_{tot} 取最小值.

因此，$\dfrac{\hbar c}{3\pi}\left(\dfrac{9}{4}\pi Nq\right)^{4/3}-\dfrac{3GN^2M^2}{5}=0$, 得

$$\begin{aligned}N_c&=\frac{15}{16}\sqrt{5\pi}\left(\frac{\hbar c}{G}\right)^{3/2}\frac{q^2}{M^3}\\&=\frac{15}{16}\sqrt{5\pi}\left(\frac{1.055\times10^{-34}\mathrm{J\cdot s}\times2.998\times10^{8}\mathrm{m/s}}{6.673\times10^{-11}\mathrm{N\cdot m^2/kg^2}}\right)^{3/2}\frac{(1/2)^2}{(1.674\times10^{-27}\mathrm{kg})^3}\\&=2.04\times10^{57}.\end{aligned}$$

可得，临界态的核子数大约为太阳核子数的两倍，临界质量

$$M_{\text{star}}=N_cM=2.04\times10^{57}\times1.674\times10^{-27}\mathrm{kg}=3.415\times10^{30}\mathrm{kg},$$

约为太阳质量 $M_{\text{sun}}=1.989\times10^{30}\mathrm{kg}$ 的 1.7 倍.

(c) 将习题 5.35 (c) 中的 m 换算成 M,q 换算成 1, 即习题 5.35 (e) 中的结果直接乘以 $(2)^{5/3}\,m/M$, 得

$$R=(2)^{5/2}\,\frac{9.109\times10^{-31}}{1.674\times10^{-27}}\times\left(7.58\times10^{25}\mathrm{m}\right)N^{-1/3}=\left(1.31\times10^{23}\mathrm{m}\right)N^{-1/3},$$

将 $N=1.188\times10^{57}$ 代入，得

$$R=1.31\times10^{23}\times\left(1.188\times10^{57}\right)^{-1/3}\mathrm{m}=12.4\ \mathrm{km}.$$

将 $q=1,R=12.4$ km 和用中子的质量替换 m 代入习题 5.35(c) 的结论中，得

$$E_{\mathrm{F}}=2^{2/3}\left(\frac{7.158\times10^{6}}{1.24\times10^{4}}\right)^{2}\frac{9.109\times10^{-31}}{1.674\times10^{-27}}\times1.936\times10^{5}\mathrm{eV}=55.725\mathrm{MeV},$$

这远小于中子的静止质量 940 MeV, 因此可以认为中子星是非相对论的.

习题 5.37 在许多计算中, 一个非常重要的量是**态密度**$G(E)$:

$$G(E)\,\mathrm{d}E\equiv \text{能量 } E \text{ 到 } E+\mathrm{d}E \text{ 之间的态数目}.$$

对于一维能带结构,

$$G(E)\,\mathrm{d}E=2\left[\frac{\mathrm{d}q}{2\pi/Na}\right],$$

其中 $\mathrm{d}q/[2\pi/(Na)]$ 为 $\mathrm{d}q$ 范围内的态数目 (参见方程 (5.63)), 因子 2 表示 q 和 $-q$ 对应的态有着相同的能量. 因此,

$$\frac{1}{Na}G(E)=\frac{1}{\pi}\frac{1}{|\mathrm{d}E/\mathrm{d}q|}.$$

(a) 证明: 对于 $\alpha=0$ (自由粒子), 态密度由下式给出

$$\frac{1}{Na}G_{\text{free}}(E)=\frac{1}{\pi\hbar}\sqrt{\frac{m}{2E}}.$$

(b) 求 $\alpha\neq 0$ 的态密度, 通过方程 (5.71) 对 q 作微分来确定 $\mathrm{d}E/\mathrm{d}q$. **注释** 你的结果应该写成 E 的函数 (当然, 也包含 $\alpha, m, \hbar, a$ 和 N) 且不能含有 q (如果你喜欢的话, 可以用 k 作为 $\sqrt{2mE}/\hbar$ 的简写).

(c) 将 $\alpha=0$ 和 $\alpha=1$ 条件下的 $G(E)/Na$ 画到一幅图中 (单位制中 $m=\hbar=a=1$). **注释** 带边发散是**范霍夫奇点**的例子.[①]

解答 (a) 由方程 (5.71)

$$\cos(qa)=\cos(ka)+\frac{m\alpha}{\hbar^2 k}\sin(ka),$$

得到在 $\alpha=0$ (自由粒子) 时,

$$\cos(qa)=\cos(ka).$$

所以 $q=\pm k=\pm\dfrac{\sqrt{2mE}}{\hbar}$; 那么能量 $E=\dfrac{\hbar^2q^2}{2m}$,

$$\frac{1}{Na}G_{\text{free}}(E)=\frac{1}{\pi}\frac{1}{\left|\dfrac{\mathrm{d}E}{\mathrm{d}q}\right|}=\frac{1}{\pi}\frac{1}{\left|\dfrac{\hbar^2 q}{m}\right|}=\frac{1}{\pi\hbar}\frac{1}{\left|\dfrac{\hbar q}{m}\right|}=\frac{1}{\pi\hbar}\frac{1}{\sqrt{\left|\dfrac{2E}{m}\right|}}=\frac{1}{\pi\hbar}\sqrt{\frac{m}{2E}}.$$

(b) 对方程 (5.71) 两边同时作 q 的微分, 得

$$-a\sin(qa)=-a\sin(ka)\frac{\mathrm{d}k}{\mathrm{d}q}+\frac{m\alpha}{\hbar^2}\left[-\frac{1}{k^2}\sin(ka)\right]\frac{\mathrm{d}k}{\mathrm{d}q}+\frac{m\alpha}{\hbar^2 k}\left[a\cos(ka)\right]\frac{\mathrm{d}k}{\mathrm{d}q}.$$

再由 (a) 中 $q=\pm k=\pm\dfrac{\sqrt{2mE}}{\hbar}$, 得

$$\frac{\mathrm{d}k}{\mathrm{d}q}=\frac{\sqrt{2m}}{2\hbar\sqrt{E}}\frac{\mathrm{d}E}{\mathrm{d}q},$$

代入上式并化简, 得

$$\sin(qa)=\left\{\sin(ka)+\frac{m\alpha}{\hbar^2 k}\left[\frac{1}{ka}\sin(ka)-\cos(ka)\right]\right\}\frac{m}{\hbar^2 k}\frac{\mathrm{d}E}{\mathrm{d}q}.$$

所以

$$\frac{\mathrm{d}E}{\mathrm{d}q}=\frac{\hbar^2 k}{m}\frac{\sin(qa)}{\left\{\sin(ka)+\dfrac{m\alpha}{\hbar^2 k}\left[\dfrac{1}{ka}\sin(ka)-\cos(ka)\right]\right\}}.$$

此时, 我们需要将 q 用 k 表示出来, 由方程 (5.71)$\cos(qa)=\cos(ka)+\dfrac{m\alpha}{\hbar^2 k}\sin(ka)$, 得

$$\begin{aligned}\sin(qa)&=\sqrt{1-\cos^2(qa)}\\&=\sqrt{1-\left[\cos(ka)+\frac{m\alpha}{\hbar^2 k}\sin(ka)\right]^2}\\&=\sqrt{1-\cos^2(ka)-2\frac{m\alpha}{\hbar^2 k}\sin(ka)\cos(ka)-\left[\frac{m\alpha}{\hbar^2 k}\sin(ka)\right]^2}\\&=\sin(ka)\sqrt{1-2\frac{m\alpha}{\hbar^2 k}\cot(ka)\cos(ka)-\left(\frac{m\alpha}{\hbar^2 k}\right)^2}.\end{aligned}$$

因此, 态密度

$$\frac{1}{Na}G(E)=\frac{1}{\pi}\frac{1}{|\mathrm{d}E/\mathrm{d}q|}$$

① 这些一维范霍夫奇点已经在碳纳米管的光谱中被观察到, 参见 J. W. G. Wildör et al., *Nature,* **391,** 59 (1998).

$$= \frac{1}{\pi}\left(\frac{m}{\hbar^2 k}\right)\frac{\left|\left\{\sin(ka)+\frac{m\alpha}{\hbar^2 k}\left[\frac{1}{ka}\sin(ka)-\cos(ka)\right]\right\}\right|}{\sin(ka)\sqrt{1-2\frac{m\alpha}{\hbar^2 k}\cot(ka)\cos(ka)-\left(\frac{m\alpha}{\hbar^2 k}\right)^2}}$$

$$= \frac{m}{\pi\hbar^2 k}\frac{\left|\left\{1+\frac{m\alpha}{\hbar^2 k}\left[\frac{1}{ka}-\cot(ka)\right]\right\}\right|}{\sqrt{1-2\frac{m\alpha}{\hbar^2 k}\cot(ka)\cos(ka)-\left(\frac{m\alpha}{\hbar^2 k}\right)^2}}.$$

(c) 设 $m=\hbar=a=1$, 则 (a) 和 (b) 中的结果可以约化为

$$\alpha=0: \frac{1}{\pi\sqrt{2E}}; \qquad \alpha=1: \frac{1}{\pi\sqrt{2E}}\left[\frac{1+\frac{1}{2E}-\frac{1}{\sqrt{2E}}\cot\left(\sqrt{2E}\right)}{\sqrt{1-\frac{1}{2E}-\frac{2}{\sqrt{2E}}\cot\left(\sqrt{2E}\right)}}\right].$$

将两条曲线画到一幅图 (图 5.11) 中, 实线为 (a) $\alpha=0$ 的情况, 虚线为 (b) $\alpha=1$ 的情况.

```
Show[Plot[1/(Pi*Sqrt[2x]), {x, 0, 60}, PlotRange → {0, 0.6}],
  Plot[1/(Pi*Sqrt[2x])*(1+1/(2x)-1/Sqrt[2x]*Cot[Sqrt[2x]])/
      Sqrt[(1-1/(2x)-2/sqrt[2x]*Cot[Sqrt[2x]])], {x, 0, 60},
        PlotStyle → {Dashed, Thick},
   PlotRange → {0, 0.6}]]
```

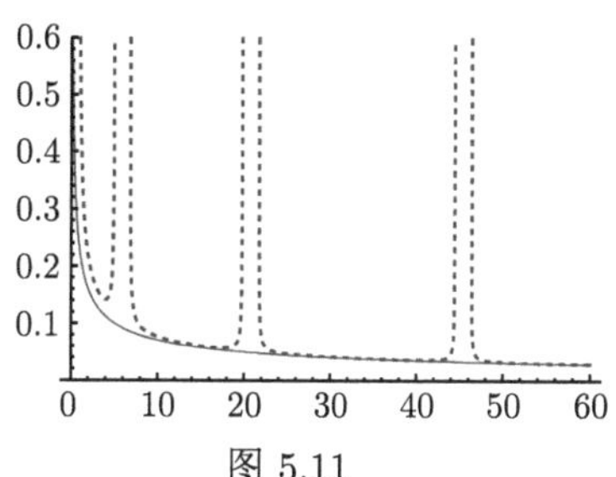

图 5.11

*****习题 5.38 谐振子链**由相同的弹簧将 N 个质量相同的粒子彼此连接在一条线上:

$$\hat{H}=-\frac{\hbar^2}{2m}\sum_{j=1}^{N}\frac{\partial^2}{\partial x_j^2}+\sum_{j=1}^{N}\frac{1}{2}m\omega^2\left(x_{j+1}-x_j\right)^2,$$

其中 x_j 是第 j 个粒子偏离其平衡位置的距离. 该系统 (可以扩展到二维或者三维——**谐波晶体**) 可以被用于模拟固体的振动. 为简单起见, 采用周期性边界条件: $x_{N+1}=x_1$, 引入阶梯算符 ①

① 如果你熟悉经典的耦合振子问题, 这些阶梯算符很容易构造. 从经典问题中去耦合的正则坐标开始, 即

$$q_k=\frac{1}{\sqrt{N}}\sum_{j=1}^{N}\mathrm{e}^{-\mathrm{i}2\pi jk/N x_j}.$$

频率 ω_k 是经典的正则模式频率, 类似于单粒子情况 (方程 (2.48)), 你需要为每个正则模式构造一对阶梯算符.

$$\hat{a}_{k\pm} \equiv \frac{1}{\sqrt{N}} \sum_{j=1}^{N} \mathrm{e}^{\pm \mathrm{i}2\pi jk/N} \left[\sqrt{\frac{m\omega_k}{2\hbar}} x_j \mp \sqrt{\frac{\hbar}{2m\omega_k}} \frac{\partial}{\partial x_j} \right],$$

其中 $k = 1, \cdots, N-1$, 频率为

$$\omega_k = 2\omega \sin\left(\frac{\pi k}{N}\right).$$

(a) 证明: 对于处于 1 和 $N-1$ 之间的整数 k 和 k',

$$\frac{1}{N} \sum_{j=1}^{N} \mathrm{e}^{\mathrm{i}2\pi j(k-k')/N} = \delta_{k',k},$$

$$\frac{1}{N} \sum_{j=1}^{N} \mathrm{e}^{\mathrm{i}2\pi j(k+k')/N} = \delta_{k',N-k}.$$

提示 对几何级数求和.

(b) 推导阶梯算符的对易关系:

$$[\hat{a}_{k-}, \hat{a}_{k'+}] = \delta_{k,k'} \text{ 和 } [\hat{a}_{k-}, \hat{a}_{k'-}] = [\hat{a}_{k+}, \hat{a}_{k'+}] = 0.$$

(c) 利用方程 (5.75), 证明:

$$x_j = R + \frac{1}{\sqrt{N}} \sum_{k=1}^{N-1} \sqrt{\frac{\hbar}{2m\omega_k}} \left(\hat{a}_{k-} + \hat{a}_{N-k+}\right) \mathrm{e}^{\mathrm{i}2\pi jk/N},$$

$$\frac{\partial}{\partial x_j} = \frac{1}{N} \frac{\partial}{\partial R} + \frac{1}{\sqrt{N}} \sum_{k=1}^{N-1} \sqrt{\frac{m\omega_k}{2\hbar}} \left(\hat{a}_{k-} - \hat{a}_{N-k+}\right) \mathrm{e}^{\mathrm{i}2\pi jk/N},$$

其中 $R = \sum_j x_j/N$ 是质量坐标中心.

(d) 最后, 证明:

$$\hat{H} = -\frac{\hbar^2}{2(Nm)} \frac{\partial^2}{\partial R^2} + \sum_{k=1}^{N-1} \hbar\omega_k \left(\hat{a}_{k+} + \hat{a}_{k-} + \frac{1}{2}\right).$$

注释 上面哈密顿量描述了 $N-1$ 个频率为 ω_k 的独立谐振子 (以及质量中心像一个质量为 Nm 的自由粒子一样运动). 其允许的能量为

$$E = -\frac{\hbar^2 K^2}{2(Nm)} + \sum_{k=1}^{N-1} \hbar\omega_k \left(n_k + \frac{1}{2}\right),$$

其中 $\hbar K$ 是质心的动量, $n_k = 0,\ 1, \cdots$ 是第 k 个振动模式的能级. 通常称 n_k 为第 n_k 个振动模的**声子数**. 声子是声的量子 (原子振动), 就像光子是光的量子一样. 阶梯算符 a_{k+} 和 a_{k-} 称为**声子的产生和湮灭算符**, 因为它们增加或减少了第 n_k 个振动模中的声子数目.

解答 (a) 等式左边进行几何级数求和, 得

$$\frac{1}{N} \sum_{j=1}^{N} \mathrm{e}^{\mathrm{i}2\pi j(k-k')/N} = \frac{1}{N} \sum_{j=1}^{N} \left[\mathrm{e}^{\mathrm{i}2\pi(k-k')/N}\right]^j = \frac{1}{N} \frac{1-\mathrm{e}^{2\mathrm{i}\pi(k-k')}}{1-\mathrm{e}^{\mathrm{i}2\pi(k-k')/N}},$$

若 $k-k'\neq 0$, 且为其他整数, 则上式分子必为 0, 分母不为 0.

若 $k-k'\neq 0$, 则

$$\frac{1}{N}\sum_{j=1}^{N}\mathrm{e}^{\mathrm{i}2\pi j(k-k')/N}=\frac{1}{N}\sum_{j=1}^{N}\left[\mathrm{e}^{0}\right]^{j}=1.$$

所以

$$\frac{1}{N}\sum_{j=1}^{N}\mathrm{e}^{\mathrm{i}2\pi j(k-k')/N}=\delta_{k',k}$$

成立. 同样,

$$\frac{1}{N}\sum_{j=1}^{N}\mathrm{e}^{\mathrm{i}2\pi j(k+k')/N}=\frac{1}{N}\frac{1-\mathrm{e}^{\mathrm{i}2\pi j(k+k')}}{1-\mathrm{e}^{\mathrm{i}2\pi j(k+k')/N}},$$

只有当 $k+k'=N$, 即 $k'=N-k$ 时, 等式为 1, 其余情况上式分子为 0.

所以,

$$\frac{1}{N}\sum_{j=1}^{N}\mathrm{e}^{\mathrm{i}2\pi j(k+k')/N}=\delta_{k',N-k}.$$

(b) 对易关系

$$\begin{aligned}[\hat{a}_{k-},\hat{a}_{k'+}]=&\left\{\frac{1}{\sqrt{N}}\sum_{j'=1}^{N}\mathrm{e}^{-\mathrm{i}2\pi j'k'/N}\left[\sqrt{\frac{m\omega_{k'}}{2\hbar}}x_{j'}+\sqrt{\frac{\hbar}{2m\omega_{k'}}}\frac{\partial}{\partial x_{j'}}\right],\right.\\&\left.\frac{1}{\sqrt{N}}\sum_{j=1}^{N}\mathrm{e}^{\mathrm{i}2\pi jk/N}\left[\sqrt{\frac{m\omega_{k}}{2\hbar}}x_{j}-\sqrt{\frac{\hbar}{2m\omega_{k}}}\frac{\partial}{\partial x_{j}}\right]\right\}\\=&\frac{1}{N}\sum_{j,j'}\mathrm{e}^{\mathrm{i}2\pi(j'k'-jk)/N}\left\{-\frac{1}{2}\sqrt{\frac{\omega_k}{\omega_{k'}}}\left[x_j,\frac{\partial}{\partial x_{j'}}\right]+\frac{1}{2}\sqrt{\frac{\omega_{k'}}{\omega_k}}\left[\frac{\partial}{\partial x_j},x_{j'}\right]\right\}.\end{aligned}$$

这里我们引入试探波函数, 求上式对易后的结果,

$$\begin{aligned}\left[x_j,\frac{\partial}{\partial x_{j'}}\right]\psi&=\left[x_j\frac{\partial\psi}{\partial x_{j'}}-\frac{\partial}{\partial x_{j'}}(x_j\psi)\right]=x_j\frac{\partial\psi}{\partial x_{j'}}-\frac{\partial x_j}{\partial x_{j'}}(\psi)-x_j\frac{\partial\psi}{\partial x_{j'}}\\&=-\frac{\partial x_j}{\partial x_{j'}}(\psi)=-\delta_{jj'}\psi,\\\left[\frac{\partial}{\partial x_j},x_{j'}\right]\psi&=\left[\frac{\partial}{\partial x_j}(x_{j'}\psi)-x_{j'}\frac{\partial\psi}{\partial x_j}\right]=\frac{\partial x_{j'}}{\partial x_j}(\psi)+x_{j'}\frac{\partial\psi}{\partial x_j}-x_{j'}\frac{\partial\psi}{\partial x_j}\\&=\frac{\partial x_{j'}}{\partial x_j}(\psi)=\delta_{j'j}\psi=\delta_{jj'}\psi.\end{aligned}$$

所以

$$\left[x_j,\frac{\partial}{\partial x_{j'}}\right]=-\delta_{jj'},\quad\left[\frac{\partial}{\partial x_j},x_{j'}\right]=\delta_{jj'}.$$

将这两式代入 $[\hat{a}_{k-},\hat{a}_{k'+}]$ 中, 得

$$[\hat{a}_{k-},\hat{a}_{k'+}]=\left[\frac{1}{N}\sum_{j}\mathrm{e}^{\mathrm{i}2\pi j(k'-k)/N}\right]\frac{1}{2}\left[\sqrt{\frac{\sin\left(\dfrac{\pi k}{N}\right)}{\sin\left(\dfrac{\pi k'}{N}\right)}}+\sqrt{\frac{\sin\left(\dfrac{\pi k'}{N}\right)}{\sin\left(\dfrac{\pi k}{N}\right)}}\right]$$

$$
\begin{aligned}
&=\left[\frac{1}{N}\sum_j \mathrm{e}^{\mathrm{i}2\pi j(k'-k)/N}\right]\frac{1}{2}\left[\sqrt{\frac{\omega_k}{\omega_{k'}}}+\sqrt{\frac{\omega_{k'}}{\omega_k}}\,\right]\\
&=\left[\frac{1}{N}\sum_j \mathrm{e}^{\mathrm{i}2\pi j(k'-k)/N}\right]\frac{1}{2}\left\{\mathrm{Im}\left[\mathrm{e}^{\mathrm{i}\frac{\pi}{2N}(k'-k)}\right]+\mathrm{Im}\left[\mathrm{e}^{-\mathrm{i}\frac{\pi}{2N}(k'-k)}\right]\right\}\\
&=\delta_{k,k'}.
\end{aligned}
$$

对于 $[\hat{a}_{k-},\hat{a}_{k'-}]$, 可以得到

$$
\begin{aligned}
[\hat{a}_{k-},\hat{a}_{k'-}]=&\left[\frac{1}{\sqrt{N}}\sum_{j'=1}^{N}\mathrm{e}^{-\mathrm{i}2\pi j'k'/N}\left[\sqrt{\frac{m\omega_{k'}}{2\hbar}}x_{j'}+\sqrt{\frac{\hbar}{2m\omega_{k'}}}\frac{\partial}{\partial x_{j'}}\right],\right.\\
&\left.\frac{1}{\sqrt{N}}\sum_{j=1}^{N}\mathrm{e}^{-\mathrm{i}2\pi jk/N}\left[\sqrt{\frac{m\omega_k}{2\hbar}}x_j+\sqrt{\frac{\hbar}{2m\omega_k}}\frac{\partial}{\partial x_j}\right]\right]\\
=&\frac{1}{N}\sum_{j,j'}\mathrm{e}^{-\mathrm{i}2\pi(j'k'+jk)/N}\left\{\frac{1}{2}\sqrt{\frac{\omega_k}{\omega_{k'}}}\left[x_j,\frac{\partial}{\partial x_{j'}}\right]+\frac{1}{2}\sqrt{\frac{\omega_{k'}}{\omega_k}}\left[\frac{\partial}{\partial x_j},x_{j'}\right]\right\}\\
=&\left(\frac{1}{N}\sum_j\mathrm{e}^{-\mathrm{i}2\pi j(k'+k)/N}\right)\frac{1}{2}\left[-\sqrt{\frac{\omega_k}{\omega_{k'}}}+\sqrt{\frac{\omega_{k'}}{\omega_k}}\right].
\end{aligned}
$$

对 j 求和后只留下 $k'=N-k$ 时的项, 但由 $\omega_{N-k}=\omega_k$ 导致中括号中的和为零, 所以 $[\hat{a}_{k-},\hat{a}_{k'-}]=0$. 同理, 可以证明 $[\hat{a}_{k+},\hat{a}_{k'+}]=0$.

(c)

$$
\begin{aligned}
a_{k-}+a_{N-k+}=\frac{1}{\sqrt{N}}\sum_{j=1}^{N}&\left\{\mathrm{e}^{-\mathrm{i}2\pi jk/N}\left[\sqrt{\frac{m\omega_k}{2\hbar}}x_j+\sqrt{\frac{\hbar}{2m\omega_k}}\frac{\partial}{\partial x_j}\right]\right.\\
&\left.+\mathrm{e}^{-\mathrm{i}2\pi j(N-k)/N}\left[\sqrt{\frac{m\omega_{N-k}}{2\hbar}}x_j+\sqrt{\frac{\hbar}{2m\omega_{N-k}}}\frac{\partial}{\partial x_j}\right]\right\}.
\end{aligned}
$$

由 $\omega_{N-k}=\omega_k$ 和 $\mathrm{e}^{\mathrm{i}2\pi j(N-k)/N}=\mathrm{e}^{\mathrm{i}2\pi j}\mathrm{e}^{-\mathrm{i}2\pi jk/N}=\mathrm{e}^{-\mathrm{i}2\pi jk/N}$, 所以,

$$
a_{k-}+a_{N-k+}=\frac{2}{\sqrt{N}}\sum_{j=1}^{N}\left\{\mathrm{e}^{-\mathrm{i}2\pi jk/N}\sqrt{\frac{m\omega_k}{2\hbar}}x_j\right\}.
$$

$$
\begin{aligned}
&\frac{1}{\sqrt{N}}\sum_{k=1}^{N-1}\sqrt{\frac{\hbar}{2m\omega_k}}\left(\hat{a}_{k-}+\hat{a}_{N-k+}\right)\mathrm{e}^{\mathrm{i}2\pi jk/N}\\
=&\frac{1}{\sqrt{N}}\sum_{k=1}^{N-1}\sqrt{\frac{\hbar}{2m\omega_k}}\frac{2}{\sqrt{N}}\sum_{j'=1}^{N}\left\{\mathrm{e}^{-\mathrm{i}2\pi j'k/N}\sqrt{\frac{m\omega_k}{2\hbar}}x_{j'}\right\}\mathrm{e}^{\mathrm{i}2\pi jk/N}\\
=&\frac{1}{N}\sum_{j'=1}^{N}\sum_{k=1}^{N-1}\mathrm{e}^{-\mathrm{i}2\pi(j-j')k/N}x_{j'}=\frac{1}{N}\sum_{j'=1}^{N}\left(\sum_{k=1}^{N}\mathrm{e}^{\mathrm{i}2\pi(j-j')k/N}-\mathrm{e}^{\mathrm{i}2\pi(j-j')}\right)x_{j'}\\
=&\sum_{j'=1}^{N}\left[\frac{1}{N}\sum_{k=1}^{N}\mathrm{e}^{\mathrm{i}2\pi(j-j')k/N}\right]x_{j'}-\frac{1}{N}\sum_{j'=1}^{N}x_{j'}\\
=&\sum_{j'=1}^{N}\delta_{jj'}x_{j'}-R=x_j-R.
\end{aligned}
$$

所以,

$$x_j = R + \frac{1}{\sqrt{N}} \sum_{k=1}^{N-1} \sqrt{\frac{\hbar}{2m\omega_k}} \left(\hat{a}_{k-} + \hat{a}_{N-k+}\right) \mathrm{e}^{\mathrm{i}2\pi jk/N}.$$

由

$$\begin{aligned} a_{k-} - a_{N-k+} = & \frac{1}{\sqrt{N}} \sum_{j=1}^{N} \left\{ \mathrm{e}^{-\mathrm{i}2\pi jk/N} \left[\sqrt{\frac{m\omega_k}{2\hbar}} x_j + \sqrt{\frac{\hbar}{2m\omega_k}} \frac{\partial}{\partial x_j} \right] \right. \\ & \left. - \mathrm{e}^{-\mathrm{i}2\pi j(N-k)/N} \left[\sqrt{\frac{m\omega_{N-k}}{2\hbar}} x_j + \sqrt{\frac{\hbar}{2m\omega_{N-k}}} \frac{\partial}{\partial x_j} \right] \right\} \\ = & \frac{2}{\sqrt{N}} \sum_{j=1}^{N} \sqrt{\frac{\hbar}{2m\omega_k}} \mathrm{e}^{-\mathrm{i}2\pi jk/N} \frac{\partial}{\partial x_j}, \end{aligned}$$

则

$$\begin{aligned} & \frac{1}{\sqrt{N}} \sum_{k=1}^{N-1} \sqrt{\frac{m\omega_k}{2\hbar}} \left(\hat{a}_{k-} - \hat{a}_{N-k+}\right) \mathrm{e}^{\mathrm{i}2\pi jk/N} \\ = & \frac{1}{\sqrt{N}} \sum_{k=1}^{N-1} \sqrt{\frac{m\omega_k}{2\hbar}} \frac{2}{\sqrt{N}} \sum_{j'=1}^{N} \sqrt{\frac{\hbar}{2m\omega_k}} \mathrm{e}^{-\mathrm{i}2\pi j'k/N} \frac{\partial}{\partial x_{j'}} \mathrm{e}^{\mathrm{i}2\pi jk/N} \\ = & \frac{1}{N} \sum_{j'=1}^{N} \sum_{k=1}^{N-1} \mathrm{e}^{\mathrm{i}2\pi(j-j')k/N} \frac{\partial}{\partial x_{j'}} = \frac{1}{N} \sum_{j'=1}^{N} \left[\sum_{k=1}^{N} \mathrm{e}^{\mathrm{i}2\pi(j-j')k/N} - \mathrm{e}^{\mathrm{i}2\pi(j-j')} \right] \frac{\partial}{\partial x_{j'}} \\ = & \sum_{j'=1}^{N} \left[\frac{1}{N} \sum_{k=1}^{N} \mathrm{e}^{\mathrm{i}2\pi(j-j')k/N} \right] \left(\frac{\partial}{\partial x_{j'}} \right) - \frac{1}{N} \sum_{j'=1}^{N} \left(\frac{\partial}{\partial x_{j'}} \right) \\ = & \sum_{j'=1}^{N} \delta_{jj'} \left(\frac{\partial}{\partial x_{j'}} \right) - \frac{1}{N} \sum_{j'=1}^{N} \left(\frac{\partial}{\partial x_{j'}} \right) = \frac{\partial}{\partial x_{j'}} - \frac{1}{N} \frac{\partial}{\partial R}. \end{aligned}$$

所以 $\frac{\partial}{\partial x_j} = \frac{1}{N}\frac{\partial}{\partial R} + \frac{1}{\sqrt{N}} \sum_{k=1}^{N-1} \sqrt{\frac{m\omega_k}{2\hbar}} \left(\hat{a}_{k-} - \hat{a}_{N-k+}\right) \mathrm{e}^{\mathrm{i}2\pi jk/N}$, 其中 $R = \sum_j x_j/N$ 是质量坐标中心.

(d) 首先求谐振子链的势能项, 由 $x_j = R + \frac{1}{\sqrt{N}} \sum_{k=1}^{N-1} \sqrt{\frac{\hbar}{2m\omega_k}} \left(\hat{a}_{k-} + \hat{a}_{N-k+}\right) \mathrm{e}^{\mathrm{i}2\pi jk/N}$, 得

$$x_{j+1} - x_j = \frac{1}{\sqrt{N}} \sum_{k=1}^{N-1} \sqrt{\frac{\hbar}{2m\omega_k}} \left(a_{k-} + a_{N-k+}\right) \mathrm{e}^{\mathrm{i}2\pi jk/N} \left(\mathrm{e}^{\mathrm{i}2\pi k/N} - 1\right),$$

$$\begin{aligned} (x_{j+1} - x_j)^2 = & \frac{1}{N} \sum_{k=1,k'=1}^{N-1} \frac{\hbar}{2m} \sqrt{\frac{1}{\omega_k \omega_{k'}}} \left(a_{k-} + a_{N-k+}\right) \left(a_{k'-} + a_{N-k'+}\right) \mathrm{e}^{\mathrm{i}2\pi j(k+k')/N} \\ & \times \left(\mathrm{e}^{\mathrm{i}2\pi k/N} - 1\right) \left(\mathrm{e}^{\mathrm{i}2\pi k'/N} - 1\right), \end{aligned}$$

势能项

$$\begin{aligned} \sum_{j=1}^{N} \frac{1}{2} m\omega^2 (x_{j+1} - x_j)^2 = & \sum_{k,k'}^{N-1} \frac{\hbar\omega^2}{4\sqrt{\omega_k \omega_{k'}}} \left(a_{k-} + a_{N-k+}\right) \left(a_{k'-} + a_{N-k'+}\right) \delta_{k',N-k} \\ & \times \left(\mathrm{e}^{\mathrm{i}2\pi k/N} - 1\right) \left(\mathrm{e}^{\mathrm{i}2\pi k'/N} - 1\right) \end{aligned}$$

$$
\begin{aligned}
&= \sum_{k,k'}^{N-1} \frac{\hbar\omega^2}{4\sqrt{\omega_k\omega_{k'}}} \left(a_{k-}+a_{N-k+}\right)\left(a_{k'-}+a_{N-k'+}\right)\delta_{k',N-k} \\
&\quad \times \left(\mathrm{e}^{\mathrm{i}2\pi k/N}-1\right)\left(\mathrm{e}^{\mathrm{i}2\pi(N-k)/N}-1\right) \\
&= \sum_{k,k'}^{N-1} \frac{\hbar\omega^2}{4\sqrt{\omega_k\omega_{k'}}} \left(a_{k-}+a_{N-k+}\right)\left(a_{k'-}+a_{N-k'+}\right)\delta_{k',N-k} \\
&\quad \times \mathrm{e}^{\mathrm{i}\pi k/N}\left(\mathrm{e}^{\mathrm{i}\pi k/N}-\mathrm{e}^{-\mathrm{i}\pi k/N}\right)\mathrm{e}^{-\mathrm{i}\pi k/N}\left(\mathrm{e}^{-\mathrm{i}\pi k/N}-\mathrm{e}^{\mathrm{i}\pi k/N}\right) \\
&= \sum_{k,k'}^{N-1} \frac{\hbar\omega^2}{4\sqrt{\omega_k\omega_{k'}}} \left(a_{k-}+a_{N-k+}\right)\left(a_{k'-}+a_{N-k'+}\right)\delta_{k',N-k} \\
&\quad \times \left[2\mathrm{i}\sin\left(\pi k/N\right)\right]\left[-2\mathrm{i}\sin\left(\pi k/N\right)\right] \\
&= \sum_{k=1}^{N-1} \frac{\hbar\omega^2}{4\omega_k}\left(a_{k-}+a_{N-k+}\right)\left(a_{N-k-}+a_{k+}\right)\frac{\omega_k^2}{\omega} \\
&= \sum_{k=1}^{N-1} \frac{\hbar\omega_k}{4}\left(a_{k-}a_{k+}+a_{N-k+}a_{k+}+a_{k-}a_{N-k-}+a_{N-k+}a_{N-k-}\right),
\end{aligned}
$$

由 $\dfrac{\partial}{\partial x_j}=\dfrac{1}{N}\dfrac{\partial}{\partial R}+\dfrac{1}{\sqrt{N}}\sum\limits_{k=1}^{N-1}\sqrt{\dfrac{m\omega_k}{2\hbar}}\left(\hat{a}_{k-}-\hat{a}_{N-k+}\right)\mathrm{e}^{\mathrm{i}2\pi jk/N}$, 得动能项

$$
\begin{aligned}
-\frac{\hbar^2}{2m}\frac{\partial^2}{\partial x_j^2} &= \frac{1}{N}\sum_{k,k'}^{N-1}\left(-\frac{\hbar^2}{2m}\right)\frac{m}{2\hbar}\sqrt{\omega_k\omega_{k'}}\left(a_{k-}-a_{N-k+}\right)\times\left(a_{k'-}-a_{N-k'+}\right)\mathrm{e}^{\mathrm{i}2\pi j(k+k')/N} \\
&\quad -\frac{\hbar^2}{2m}\frac{1}{N^{3/2}}\left[\frac{\partial}{\partial R}\sum_{k=1}^{N-1}\sqrt{\frac{m\omega_k}{2\hbar}}\left(a_{k-}-a_{N-k+}\right)\mathrm{e}^{\mathrm{i}2\pi jk/N}\right. \\
&\quad \left.+\sum_{k=1}^{N-1}\sqrt{\frac{m\omega_k}{2\hbar}}\left(a_{k-}-a_{N-k+}\right)\mathrm{e}^{\mathrm{i}2\pi jk/N}\frac{\partial}{\partial R}\right]-\frac{\hbar^2}{2m}\frac{1}{N^2}\frac{\partial^2}{\partial R^2}.
\end{aligned}
$$

当对 j 进行求和时, 中括号内的两项为零, 即 $\sum\limits_{j=1}^{N}\mathrm{e}^{\mathrm{i}2\pi jk/N}=N\delta_{k,0}=0$. 所以

$$
\begin{aligned}
-\frac{\hbar^2}{2m}\sum_{j=1}^{N}\frac{\partial^2}{\partial x_j^2} &= \sum_{k}^{N-1}\left(-\frac{\hbar\omega_k}{4}\right)\left(a_{k-}-a_{N-k+}\right)\left(a_{N-k-}-a_{k+}\right)-\frac{\hbar^2}{2m}\frac{1}{N}\frac{\partial^2}{\partial R^2} \\
&= \sum_{k=1}^{N-1}\left(\frac{\hbar\omega_k}{4}\right)\left(a_{k-}a_{k+}-a_{N-k+}a_{k+}-a_{k-}a_{N-k-}+a_{N-k+}a_{N-k-}\right)-\frac{\hbar^2}{2m}\frac{1}{N}\frac{\partial^2}{\partial R^2}.
\end{aligned}
$$

动能项和势能项相加, 得

$$
\hat{H}=-\frac{\hbar^2}{2\left(Nm\right)}\frac{\partial^2}{\partial R^2}+\sum_{k=1}^{N-1}\hbar\omega_k\left(\hat{a}_{k+}+\hat{a}_{k-}+\frac{1}{2}\right).
$$

习题 5.39 在 5.3.1 节中, 将电子放置在一个不可贯穿的盒子中. 用**周期性边界条件**可以获得同样的结果. 想象电子被限制在一个边长为 l_x, l_y 和 l_z 的盒子中, 但不让波函数在边界处消失, 而是使波函数在盒子墙壁的两侧有相同的值:

$$
\psi\left(x,y,z\right)=\psi\left(x+l_x,y,z\right)=\psi\left(x,y+l_y,z\right)=\psi\left(x,y,z+l_z\right).
$$

这样我们可以将波函数表示为行波,

$$\psi=\frac{1}{\sqrt{l_x l_y l_z}}\mathrm{e}^{\mathrm{i}\boldsymbol{k}\cdot\boldsymbol{r}}=\frac{1}{\sqrt{l_x l_y l_z}}\mathrm{e}^{\mathrm{i}(k_x x+k_y y+k_z z)},$$

而不是一个驻波 (方程 (5.49)). 周期性的边界条件——当然不是物理的——通常更容易处理 (描述电流之类的物理量, 行波的基矢要比驻波的基矢更加自然), 如果计算材料的体特性, 使用哪种材料并不重要.

(a) 证明: 周期性边界条件的波矢满足

$$k_x l_x=2n_x\pi,\quad k_y l_y=2n_y\pi,\quad k_z l_z=2n_z\pi,$$

其中每个 n 都是整数 (不必要是正数). 网格上每个小块占据 k 空间的体积是多少 (对应方程 (5.51))?

(b) 计算周期性边界条件下自由电子气的 $k_{\mathrm{F}}, E_{\mathrm{F}}$ 和 E_{tot}. 如何补偿每个 k 空间小块 ((a) 部分) 占用的体积, 使其与 5.3.1 节中的结果相同?

解答 (a) 由

$$\begin{aligned}\xi(x+l_x,y,z)&=\frac{1}{\sqrt{l_x l_y l_z}}\mathrm{e}^{\mathrm{i}\left[k_x(x+l_x)+k_y y+k_z z\right]}=\psi(x,y,z)\\&=\frac{1}{\sqrt{l_x l_y l_z}}\mathrm{e}^{\mathrm{i}\left(k_x x+k_y y+k_z z\right)},\end{aligned}$$

可得

$$\mathrm{e}^{\mathrm{i}k_x l_x}=1,$$

所以

$$k_x l_x=0,\ \pm2\pi,\cdots=2n_x\pi;$$

同样, 类似地有

$$k_y l_y=2n_y\pi,\quad k_z l_z=2n_z\pi.$$

倒空间中每个格点占据的体积为

$$\Delta k_x\Delta k_y\Delta k_z=\frac{(2\pi)^3}{l_x l_y l_z}=\frac{8\pi^3}{V}.$$

(b) 半径为 k_{F} 的倒空间体积等于相应电子数目的一半所占据的体积 (N 为原子数目, d 为每个原子带的电子数目, $\rho=Nd/V$),

$$\frac{4}{3}\pi k_{\mathrm{F}}^3=\frac{8\pi^3}{V}\frac{Nd}{2},$$

$$k_{\mathrm{F}}=\left(\frac{3\pi^2 Nd}{V}\right)^{1/3}=\left(3\rho\pi^2\right)^{1/3}.$$

所以, 费米能级为 $E_{\mathrm{F}}=\dfrac{\hbar^2k_{\mathrm{F}}^2}{2m}=\dfrac{\hbar^2}{2m}\left(3\rho\pi^2\right)^{2/3}$.

厚度为 $\mathrm{d}k$ 的球壳内包含的电子态的数目为

$$2\frac{4\pi k^2\mathrm{d}k}{8\pi^3/V}=\frac{V}{\pi^2}k^2\mathrm{d}k,$$

总能为所有被电子填满的态的能量之和

$$E_{\mathrm{tot}}=\frac{\hbar^2V}{2m\pi^2}\int_0^{k_{\mathrm{F}}}k^4\mathrm{d}k=\frac{\hbar^2k_{\mathrm{F}}^5V}{10\pi^2m}=\frac{\hbar^2\left(3\pi^2Nd\right)^{5/3}}{10\pi^2m}V^{-2/3}.$$

第 6 章　对称性和守恒律

本章主要内容概要

1. 平移算符和平移对称性

平移算符: 作用到一个函数上并将其移动一段距离 a, 完成此操作的算符由下式定义

$$\hat{T}(a)\psi(x)=\psi'(x)=\psi(x-a).$$

平移算符生成元为 $\hat{p}$, 平移算符为

$$\hat{T}(a)=\exp\left[-\frac{-\mathrm{i}a}{\hbar}\hat{p}\right],$$

可由下式推导得出:

$$\hat{T}(a)\psi(x)=\psi(x-a)=\sum_{n=0}^{\infty}\frac{1}{n!}(-a)^n\frac{\mathrm{d}^n}{\mathrm{d}x^n}\psi(x)=\sum_{n=0}^{\infty}\frac{1}{n!}\left(-\frac{-\mathrm{i}a}{\hbar}\hat{p}\right)^n\psi(x).$$

算符的平移: $\hat{Q}'=\hat{T}^{\dagger}\hat{Q}\hat{T}$.

系统的离散平移对称性对应布洛赫定理, 周期势场中粒子的定态等于周期性函数乘上行波 $\psi(x)=\mathrm{e}^{\mathrm{i}qx}u(x)$, 其中 $u(x+a)=u(x)$ 和 $\mathrm{e}^{\mathrm{i}qx}$ 为波长等于 $2\pi/q$ 的行波.

系统的连续平移对称性对应动量守恒, 如果系统哈密顿量具有连续平移对称性, 那么它在包括无限小在内的任何平移下都必须保持不变; 也就是说, 它与平移算符对易, 因此

$$\left[\hat{H},\hat{T}(\delta)\right]=\left[\hat{H},1-\mathrm{i}\frac{\delta}{\hbar}\hat{p}\right]=0\Rightarrow\left[\hat{H},\hat{p}\right]=0.$$

按照“广义埃伦菲斯特定理”有, $\dfrac{\mathrm{d}}{\mathrm{d}t}\langle p\rangle=\dfrac{\mathrm{i}}{\hbar}\left\langle\left[\hat{H},\hat{p}\right]\right\rangle=0$, 这就是**动量守恒**.

2. 宇称

空间反演通过宇称算符 $\hat{\Pi}$ 实现, 一维情况下

$$\hat{\Pi}\psi(x)=\psi'(x)=\psi(-x).$$

算符的宇称变换为

$$\hat{Q}'(\hat{x},\hat{p})=\hat{\Pi}^{\dagger}\hat{Q}(\hat{x},\hat{p})\,\hat{\Pi}=\hat{Q}(-\hat{x},-\hat{p}).$$

宇称选择定则: 电偶极矩算符的选择规则 $\hat{\boldsymbol{p}}_e=q\hat{\boldsymbol{r}}$.

该算符本身是粒子的电荷乘以它的位置矢量, 它的选择规则决定了哪些原子能级间跃迁是允许的, 哪些是禁戒的. 考虑电偶极子算符在两个状态 $\psi_{n\ell m}$ 和 $\psi_{n'\ell'm'}$ 之间的矩阵元

$$\langle n'\ell'm'|\hat{\boldsymbol{p}}_e|n\ell m\rangle=-\left\langle n'\ell'm'\left|\hat{\Pi}^{\dagger}\hat{\boldsymbol{p}}_e\Pi\right|n\ell m\right\rangle$$

$$= -\left\langle n'\ell' m \middle| (-1)^{\ell'} \hat{\boldsymbol{p}}_e (-1)' \middle| n\ell m \right\rangle$$
$$= (-1)^{\ell+\ell'+1} \langle n'\ell' m' | \hat{\boldsymbol{p}}_e | n\ell m \rangle .$$

由此可以即刻得到, 当 $\ell+\ell'$ 为偶数时, $\langle n'\ell'm'|\,\hat{\boldsymbol{p}}_e\,|n\ell m\rangle = 0$, 这也称为**拉波特定则**.

3. 旋转算符和旋转对称性

将函数绕 z 轴旋转一定角度 φ 的算符

$$\hat{R}_z(\varphi)\,\psi(r,\theta,\phi) = \psi'(r,\theta,\phi) = \psi(r,\theta,\phi-\varphi).$$

旋转算符 $\hat{R}_z(\varphi) = \exp\left[-\dfrac{\mathrm{i}\varphi}{\hbar}\hat{L}_z\right]$ 的生成元为绕 z 轴转动的 $\hat{L}_z$. 连续旋转对称性对应角动量守恒.

4. 时间平移变换

时间演化算符为 $\hat{U}(t) = \exp\left[-\dfrac{\mathrm{i}t}{\hbar}\hat{H}\right]$, 可由下式推导:

$$\hat{U}(t)\,\Psi(x,0) = \Psi(x,t) = \sum_{n=0}^{\infty}\frac{1}{n!}\frac{\partial^n}{\partial t^n}\left(-\frac{\mathrm{i}}{\hbar}\hat{H}t\right)^n \Psi(x,0) = \exp\left[-\frac{\mathrm{i}t}{\hbar}\hat{H}\right].$$

时间平移的生成元是哈密顿量 H.

时间平移不变性意味着时间演化与我们考虑的时间间隔无关, 即 $\hat{H}(t_1) = \hat{H}(t_2)$, 既然这对所有的 t_1 和 t_2 都成立, 所以哈密顿量必须是不含时的 (时间平移不变性成立):

$$\frac{\partial \hat{H}}{\partial t} = 0.$$

这种情况下, 广义埃伦菲斯特定理给出

$$\frac{\mathrm{d}}{\mathrm{d}t}\left\langle \hat{H}\right\rangle = \frac{\mathrm{i}}{\hbar}\left\langle \left[\hat{H},\hat{H}\right]\right\rangle + \left\langle \frac{\partial \hat{H}}{\partial t}\right\rangle = 0.$$

因此, **时间平移不变性导致能量守恒**.

5. 时间反演变换

时间反演算符$\hat{\Theta}$ 是一个让粒子动量反转 $(\boldsymbol{p} \to -\boldsymbol{p})$ 且位置保持不变的算符. 其实更好的名称应该是"运动方向反转"算符. 对于无自旋粒子, 时间反演算符 $\hat{\Theta}$ 是简单地把位置空间波函数复共轭

$$\hat{\Theta}\Psi(x,t) = \Psi^*(x,t).$$

在时间反演操作下, 算符 $\hat{x}$ 和 $\hat{p}$ 的变换是

$$\hat{x}' = \hat{\Theta}^{-1}\hat{x}\,\hat{\Theta} = \hat{x},$$
$$\hat{p}' = \hat{\Theta}^{-1}\hat{p}\,\hat{\Theta} = -\hat{p}.$$

时间反演不变性的数学形式为

$$\hat{U}(t)\,\hat{\Theta}\,\hat{U}(t) = \hat{\Theta},$$

这表明, 让一个系统演化一段时间 t, 然后让其动量反转并再次演化一段时间 t. 如果系统具有时间反演不变性, 尽管动量发生反转, 系统也将返回出发的地方. 如果对任意时间

间隔都成立，那么它必须对无穷小的时间间隔 δ 也成立，这意味着时间反演不变性要求

$$\left[\hat{\Theta}, \hat{H}\right] = 0.$$

***习题 6.1** 在三维空间中考虑宇称算符.

(a) 证明: $\hat{\Pi}\psi(\boldsymbol{r}) = \psi'(\boldsymbol{r}) = \psi(-\boldsymbol{r})$ 等同于镜面反射加旋转操作.

(b) 证明: 在极坐标下，宇称算符作用在 ψ 上为

$$\hat{\Pi}\psi(r,\theta,\phi) = \psi(r,\pi-\theta,\phi+\pi).$$

(c) 证明: 对于类氢原子轨道

$$\hat{\Pi}\psi_{n\ell m}(r,\theta,\phi) = (-1)^{\ell}\psi_{n\ell m}(r,\theta,\phi).$$

其中，$\psi_{n\ell m}$ 是宇称算符的本征态，本征值为 $(-1)^{\ell}$. 注释　该结论适用于所有中心势场 $V(\boldsymbol{r}) = V(r)$ 的定态. 对于中心势场，本征态可写成 $R_{n\ell}(r)Y_{\ell}^{m}(\theta,\phi)$ 的分离形式，其中径向函数 $R_{n\ell}$——它和态的宇称无关——仅依赖于势函数 $V(r)$ 的具体形式.

证明　(a) 以 x-y 面为镜面的反射操作为

$$\hat{M}\psi(x,y,z) = \psi(x,y,-z).$$

在 x-y 面内旋转 180° 的操作为

$$\hat{R}\psi(x,y,z) = \psi(-x,-y,z).$$

两种操作相结合，得

$$\hat{M}\hat{R}\psi(x,y,z) = \psi(-x,-y,-z) = \hat{\Pi}\psi(x,y,z).$$

(b) 在极坐标下

$$\begin{aligned} x &= r\sin\theta\cos\phi, \\ y &= r\sin\theta\sin\phi, \\ z &= r\cos\theta. \end{aligned}$$

用 $\pi-\theta$ 和 $\phi+\pi$ 分别替换 θ 和 ϕ，代入以上三个式子中，得

$$\begin{aligned} x &\to r\sin(\pi-\theta)\cos(\varphi+\pi) = -x, \\ y &\to r\sin(\pi-\theta)\sin(\varphi+\pi) = -y, \\ z &\to r\cos(\pi-\theta) = -z. \end{aligned}$$

因此，$\hat{\Pi}\psi(r,\theta,\phi) = \psi(r,\pi-\theta,\phi+\pi)$.

(c) 氢原子轨道 $\psi_{n\ell m}(r,\theta,\varphi)$ 可以通过分离变量法写成

$$\psi_{n\ell m}(r,\theta,\varphi) = R_{n\ell}(r)Y_{\ell}^{m}(\theta,\varphi).$$

由 (b) 可知

$$\hat{\Pi}\psi_{n\ell m}(r,\theta,\varphi) = R_{n\ell}(r)Y_{\ell}^{m}(\pi-\theta,\varphi+\pi).$$

由方程 (4.32)$Y_{\ell}^{m}(\theta,\phi) = \sqrt{\dfrac{(2\ell+1)}{4\pi}\dfrac{(\ell-m)!}{(\ell+m)!}}\mathrm{e}^{\mathrm{i}m\phi}P_{\ell}^{m}(\cos\theta)$，得

$$Y_{\ell}^{m}(\pi-\theta,\phi+\pi) = \sqrt{\frac{(2\ell+1)}{4\pi}\frac{(\ell-m)!}{(\ell+m)!}}\mathrm{e}^{\mathrm{i}m(\phi+\pi)}P_{\ell}^{m}[\cos(\pi-\theta)],$$

$$Y_{\ell}^{m}(\pi-\theta,\phi+\pi) = \sqrt{\frac{(2\ell+1)}{4\pi}\frac{(\ell-m)!}{(\ell+m)!}}\mathrm{e}^{\mathrm{i}m\pi}\mathrm{e}^{\mathrm{i}m\phi}P_{\ell}^{m}[\cos(\pi-\theta)].$$

由方程 (4.27)

$$P_\ell^m(x) \equiv (-1)^m \left(1-x^2\right)^{m/2}\left(\frac{\mathrm{d}}{\mathrm{d}x}\right)^m P_\ell(x),$$

得

$$P_\ell^m(-x) = (-1)^m \left(1-x^2\right)^{m/2}\left(-\frac{\mathrm{d}}{\mathrm{d}x}\right)^m P_\ell(-x).$$

结合方程 (4.28), 可得 $P_\ell(-x) = (-1)^\ell P_\ell(x)$, 故

$$P_\ell^m(-\cos\theta) = (-1)^{\ell+m} P_\ell^m(\cos\theta).$$

因此,

$$\begin{aligned}
Y_\ell^m(\pi-\theta,\phi+\pi) &= \sqrt{\frac{(2\ell+1)}{4\pi}\frac{(\ell-m)!}{(\ell+m)!}}(-1)^m \mathrm{e}^{\mathrm{i}m\phi}(-1)^{\ell+m} P_\ell^m(\cos\theta) \\
&= \sqrt{\frac{(2\ell+1)}{4\pi}\frac{(\ell-m)!}{(\ell+m)!}}(-1)^{2m} \mathrm{e}^{\mathrm{i}m\phi}(-1)^{\ell} P_\ell^m(\cos\theta) \\
&= (-1)^\ell Y_\ell^m(\theta,\phi).
\end{aligned}$$

所以, $\hat{\Pi}\psi_{n\ell m}(r,\theta,\phi) = (-1)^\ell \psi_{n\ell m}(r,\theta,\phi)$.

***习题 6.2** 对于厄米算符 $\hat{Q}$, 证明: $\hat{U} = \exp\left[\mathrm{i}\,\hat{Q}\right]$ 是幺正算符. **提示** 首先要证明其伴算符是由 $\hat{U}^\dagger = \exp\left[-\mathrm{i}\,\hat{Q}\right]$ 给出; 然后证明 $\hat{U}^\dagger\hat{U} = 1$. 习题 3.5 对此可能会有帮助.

证明 针对指数算符的问题, 一般将其写成求和形式才能便于算符的运算, 因此利用泰勒展开可得

$$\hat{U} = \exp\left[\mathrm{i}\hat{Q}\right] = 1 + \mathrm{i}\hat{Q} - \frac{1}{2!}\hat{Q}\hat{Q} - \frac{\mathrm{i}}{3!}\hat{Q}\hat{Q}\hat{Q} + \cdots$$

两边取共轭, 得

$$\hat{U}^\dagger = 1 - \mathrm{i}\hat{Q}^\dagger - \frac{1}{2!}\hat{Q}^\dagger\hat{Q}^\dagger + \frac{\mathrm{i}}{3!}\hat{Q}^\dagger\hat{Q}^\dagger\hat{Q}^\dagger + \cdots$$

由于 $\hat{Q}$ 是厄米算符, 所以

$$\hat{U}^\dagger = 1 - \mathrm{i}\hat{Q} - \frac{1}{2!}\hat{Q}\hat{Q} + \frac{\mathrm{i}}{3!}\hat{Q}\hat{Q}\hat{Q} + \cdots,$$

即 $\hat{U}^\dagger = \exp\left[-\mathrm{i}\hat{Q}\right]$.

由习题 3.29 可知, 如果算符 $\hat{A}$ 与 $\hat{B}$ 对易, 则 $\exp\left[\hat{A}\right]\exp\left[\hat{B}\right] = \exp\left[\hat{A}+\hat{B}\right]$.

因此, $\hat{U}^\dagger\hat{U} = \exp\left[-\mathrm{i}\hat{Q}\right]\exp\left[\mathrm{i}\hat{Q}\right] = \exp\left[-\mathrm{i}\hat{Q}+\mathrm{i}\hat{Q}\right] = 1$. 所以 $\hat{U}$ 是幺正算符.

习题 6.3 证明: 算符 $\hat{p}'$ 可以通过对 $\hat{p}$ 作平移操作得到, 即 $\hat{p}' = \hat{T}^\dagger\hat{p}\hat{T} = \hat{p}$.

证明 将算符作用在试探函数 $f(x)$ 上, 得

$$\hat{p}'f(x) = \hat{T}^\dagger(a)\,\hat{p}\hat{T}(a)\,f(x)$$

$$
\begin{aligned}
&= \hat{T}^{\dagger}(a)\left(-\mathrm{i}\hbar\frac{\mathrm{d}}{\mathrm{d}x}\right)\hat{T}(a)f(x) \\
&= \hat{T}^{\dagger}(a)\left(-\mathrm{i}\hbar\frac{\mathrm{d}}{\mathrm{d}x}\right)f(x-a) \\
&= \hat{T}(-a)(-\mathrm{i}\hbar)f'(x-a) \\
&= (-\mathrm{i}\hbar)f'(x) \\
&= \left(-\mathrm{i}\hbar\frac{\mathrm{d}}{\mathrm{d}x}\right)f(x).
\end{aligned}
$$

所以 $\hat{p}' = \hat{T}^{\dagger}\hat{p}\hat{T} = \hat{p}$.

习题 6.4 证明方程 (6.8). 对某些常数 a_{mn}, 假定算符 $\hat{Q}(\hat{x},\hat{p})$ 可以写为幂级数形式

$$\hat{Q}(\hat{x},\hat{p}) = \sum_{m=0}^{\infty}\sum_{n=0}^{\infty} a_{mn}\hat{x}^m\hat{p}^n.$$

证明 方程 (6.8) 为

$$\hat{Q}'(\hat{x},\hat{p}) = \hat{T}^{\dagger}\hat{Q}(\hat{x},\hat{p})\hat{T} = \hat{Q}(\hat{x}',\hat{p}') = \hat{Q}(\hat{x}+a,\hat{p}).$$

$$
\begin{aligned}
Q'(x,p) &= \hat{T}^{\dagger}Q(x,p)\hat{T} \\
&= \sum_{m,n}^{\infty} a_{mn}\hat{T}^{\dagger}\hat{x}^m\hat{p}^n\hat{T} \\
&= \sum_{m,n}^{\infty} a_{mn}\hat{T}^{\dagger}\underbrace{\hat{x}\hat{T}\hat{T}^{\dagger}}_{1}\underbrace{\hat{x}\hat{T}\hat{T}^{\dagger}}_{2}\cdots\hat{T}^{\dagger}\underbrace{\hat{x}\hat{T}\hat{T}^{\dagger}}_{m}\underbrace{\hat{p}\hat{T}\hat{T}^{\dagger}}_{1}\cdots\hat{T}^{\dagger}\underbrace{\hat{p}\hat{T}\hat{T}^{\dagger}}_{n}\hat{T} \\
&= \sum_{m,n}^{\infty} a_{mn}\underbrace{\hat{T}^{\dagger}\hat{x}\hat{T}}_{1}\underbrace{\hat{T}^{\dagger}\hat{x}\hat{T}}_{2}\hat{T}^{\dagger}\cdots\underbrace{\hat{T}^{\dagger}\hat{x}\hat{T}}_{m}\underbrace{\hat{T}^{\dagger}\hat{p}\hat{T}}_{1}\hat{T}^{\dagger}\cdots\underbrace{\hat{T}^{\dagger}\hat{p}\hat{T}}_{n}\hat{T}^{\dagger}\hat{T} \\
&= \sum_{m,n}^{\infty} a_{mn}\left(\hat{T}^{\dagger}\hat{x}\hat{T}\right)^m\left(\hat{T}^{\dagger}\hat{p}\hat{T}\right)^n\hat{T}^{\dagger}\hat{T} \\
&= \sum_{m,n}^{\infty} a_{mn}(x')^m(p')^n \\
&= Q(x',p').
\end{aligned}
$$

其中用到了幺正性质 $\hat{T}\hat{T}^{\dagger} = 1$. 再结合习题 6.3 和方程 (6.7), 得

$$\hat{Q}(\hat{x}',\hat{p}') = \hat{Q}(\hat{x}+a,\hat{p}).$$

***习题 6.5** 证明: 方程 (6.12) 从方程 (6.11) 得出. **提示** 首先写出 $\psi(x) = \mathrm{e}^{\mathrm{i}qx}u(x)$, 这对于某些 $u(x)$ 来说确实是成立的, 证明: $u(x)$ 必然是 x 的周期函数.

证明 方程 (6.11) 为 $\psi(x-a) = \mathrm{e}^{-\mathrm{i}qa}\psi(x)$. 方程 (6.12) 为

$$\psi(x) = \mathrm{e}^{\mathrm{i}qx}u(x).$$

由方程 (6.12), 得

$$\psi(x-a)=\mathrm{e}^{\mathrm{i}q(x-a)}u(x-a)=\mathrm{e}^{\mathrm{i}qx}\mathrm{e}^{-\mathrm{i}qa}u(x-a).$$

结合方程 (6.11)$\psi(x-a)=\mathrm{e}^{-\mathrm{i}qa}\psi(x)=\mathrm{e}^{-\mathrm{i}qa}\mathrm{e}^{\mathrm{i}qx}u(x)$, 得

$$u(x-a)=u(x),$$

即 $u(x)$ 必须是 x 的周期函数, 周期为 a.

*** **习题 6.6**　考虑质量为 m 的粒子在周期为 a 的势场 $V(x)$ 中运动. 由布洛赫定理可知, 波函数可以写成方程 (6.12) 的形式. 注释　通常用量子数 n 和 q 标记量子态 $\psi_{nq}(x)=\mathrm{e}^{\mathrm{i}qx}u_{nq}(x)$, 其中 E_{nq} 是给定 q 值的第 n 个能级的能量.

(a) 证明: u 满足方程

$$-\frac{\hbar^2}{2m}\frac{\mathrm{d}^2u_{nq}}{\mathrm{d}x^2}-\frac{\mathrm{i}\hbar^2q}{m}\frac{\mathrm{d}u_{nq}}{\mathrm{d}x}+V(x)u_{nq}=\left(E_{nq}-\frac{\hbar^2q^2}{2m}\right)u_{nq}.$$

(b) 利用习题 2.61 中的方法求解微分方程 u_{nq}. 对一阶微分需要采用双边差值的方法, 这样可以将厄米矩阵对角化: $\dfrac{\mathrm{d}\psi}{\mathrm{d}x}\approx\dfrac{\psi_{j+1}-\psi_{j-1}}{2\Delta x}$. 对 0 到 a 之间的势, 令

$$V(x)=\begin{cases}-V_0, & a/4<x<3a/4\\ 0, & \text{其他}\end{cases}$$

其中 $V_0=20\hbar^2/2ma^2$. (考虑到函数 u_{nq} 是周期性的, 需要稍微修改该方法.) 对于晶格动量 $qa=-\pi,\ -\pi/2,\ 0,\ \pi/2,\ \pi$ 的情况, 求出最低的两个能量值. 注释　q 和 $q+2\pi/a$ 描述同样的波函数 (方程 (6.12)), 因此没有必要考虑处于 $-\pi$ 到 π 区间之外的 qa 值. 在固体物理学中, 该范围内的 q 值构成**第一布里渊区**.

(c) 绘出能量 E_{1q} 和 E_{2q} 的曲线, 其中 q 值介于 $-\pi/a$ 和 π/a 之间. 如果已经完成了 (b) 部分中的计算代码, 那么应该能够在此范围内画出大量 q 值. 如果没有, 简单画出 (b) 中计算的值.

解答　(a) 定态薛定谔方程为

$$-\frac{\hbar^2}{2m}\frac{\mathrm{d}^2}{\mathrm{d}x^2}\psi(x)+V(x)\psi(x)=E\psi(x).$$

将周期性势场中的波函数 $\psi_{nq}(x)=\mathrm{e}^{\mathrm{i}qx}u_{nq}(x)$ 进行微分, 得

$$\frac{\mathrm{d}}{\mathrm{d}x}\left[\mathrm{e}^{\mathrm{i}qx}u_{nq}(x)\right]=\mathrm{i}q\mathrm{e}^{\mathrm{i}qx}u_{nq}(x)+\mathrm{e}^{\mathrm{i}qx}\frac{\mathrm{d}}{\mathrm{d}x}u_{nq}(x).$$

进行二阶微分, 得

$$\begin{aligned}\frac{\mathrm{d}^2}{\mathrm{d}x^2}\left[\mathrm{e}^{\mathrm{i}qx}u_{nq}(x)\right]&=(\mathrm{i}q)^2\mathrm{e}^{\mathrm{i}qx}u_{nq}(x)+\mathrm{i}q\mathrm{e}^{\mathrm{i}qx}\frac{\mathrm{d}}{\mathrm{d}x}u_{nq}(x)+\mathrm{i}q\mathrm{e}^{\mathrm{i}qx}\frac{\mathrm{d}}{\mathrm{d}x}u_{nq}(x)+\mathrm{e}^{\mathrm{i}qx}\frac{\mathrm{d}^2}{\mathrm{d}x^2}u_{nq}(x)\\&=\mathrm{e}^{\mathrm{i}qx}\frac{\mathrm{d}^2}{\mathrm{d}x^2}u_{nq}(x)+2\mathrm{i}q\mathrm{e}^{\mathrm{i}qx}\frac{\mathrm{d}}{\mathrm{d}x}u_{nq}(x)-q^2\mathrm{e}^{\mathrm{i}qx}u_{nq}(x).\end{aligned}$$

将其代入定态薛定谔方程中, 得

$$-\frac{\hbar^2}{2m}\left[\frac{\mathrm{d}^2}{\mathrm{d}x^2}u_{nq}(x)+2\mathrm{i}q\frac{\mathrm{d}}{\mathrm{d}x}u_{nq}(x)-q^2u_{nq}(x)\right]\mathrm{e}^{\mathrm{i}qx}+V(x)\mathrm{e}^{\mathrm{i}qx}u_{nq}(x)=E_{nq}\mathrm{e}^{\mathrm{i}qx}u_{nq}(x).$$

$$-\frac{\hbar^2}{2m}\frac{\mathrm{d}^2}{\mathrm{d}x^2}u_{nq}(x)-\frac{\mathrm{i}\hbar^2 q}{m}\frac{\mathrm{d}}{\mathrm{d}x}u_{nq}(x)+V(x)u_{nq}(x)=\left(E_{nq}-\frac{\hbar^2q^2}{2m}\right)u_{nq}(x).$$

得证.

(b) 化简 (a) 中结论, 并用 $s\,(x=as)$ 替换其中的 x, 得

$$-\frac{\mathrm{d}^2u}{\mathrm{d}s^2}-2\mathrm{i}aq\frac{\mathrm{d}u}{\mathrm{d}s}+\frac{2ma^2V}{\hbar^2}u=\left(E\frac{2ma^2}{\hbar^2}-a^2q^2\right)u,$$

$$q^2u-\frac{1}{a^2}\frac{\mathrm{d}^2u}{\mathrm{d}s^2}-\frac{2\mathrm{i}q}{a}\frac{\mathrm{d}u}{\mathrm{d}s}+\frac{2mV}{\hbar^2}u=\frac{2mE}{\hbar^2}u.$$

无量纲化, 得

$$Eu=q^2u-\frac{\mathrm{d}^2u}{\mathrm{d}s^2}-2\mathrm{i}q\frac{\mathrm{d}u}{\mathrm{d}s}+Vu.$$

Mathematica 程序:

```
In[108]:= Num = 90; dx = 1.0/(Num+1);
          Potential[x_]:=lf[x>0.25 && x<0.75, -20, 0];
          D1 = 1/(2 dx)Table[If[i == j+1, 1, If[i == j-1, -1, 0]], {i
             , 1, Nunm}, j, 1, Num}];
          D1[[1, Num]] = 1/(2 dx);
          D1[[Num, 1]] = -1/(2 dx);
          D2 = 1/(dx)^2*Table[If[i == j, -2, If[i == j+1, 1, If[i = j
             -1, 1, 0]]], {i, 1, Num}, {j, 1, Num}];
          D2[[1, Num]] = 1/(dx)^2;
          D2[[Num, 1]] = 1/(dx)^2;
          V = Table[If[i == j, Potential[i*dx], 0], {i, 1, Num}, {j,
             1, Num}];
          Energy[q_, n_]:=q^2-Sort[Eigenvalues[D2+2*Sqrt[-1]*q*D1-V]/
             /Chop][[Num+1-n]];
          TableForm[Table[Energy[q, n], {n, 1, 2}, {q, {-Pi, -Pi/2,
             0, Pi/2, P1}}], TableHeadings → {{1, 2}, {-Pi, -Pi/2,
             0, Pi/2, Pi}}]//N
Out[118]//TableForm =
```

	-3.14159	-3.5708	0.	1.5708	3.14159
1.	-6.93763	-10.2041	-12.1587	-10.2041	-6.93763
2.	5.60643	13.9269	29.2855	13.9269	5.60643

(c) 能量 E_{1q} 和 E_{2q} 的曲线如图 6.1 所示.

```
In[119]:= Num = 90; dx = 1.0/(Num+1);
          Potential[x_]:= If[x>0.25 && x<0.75, -20, 0];
          D1 = 1/(2 dx) Table[If[i == j+1, 1, If[i == j-1, -1, 0]], {
             i, 1, Num}, {j, 1, Num}];
          D1[[1, Num]] = 1/(2 dx);
          D1[[Num, 1]] = -1/(2 dx);
          D2 = 1/(dx)^2*Table[If[i == j, -2, If[i == j+1, 1, If[i = j
             -1, 1, 0]]], {i, 1, Num}, {j, 1, Num}];
```

```
D2[[1, Num]] = 1/(dx)^2;
D2[[Num , 1]] = 1/(dx)^2;
V = Table[If[i == j, Potential[i*dx], 0], {i, 1, Num}, {j,
    1, Num}];
Energy[q_, n_]:=q^2-Sort[Eigenvalues[D2+2*Sqrt[-1]*q*D1-V]/
    /Chop][[Num+1-n]];
TableForm[Table[Energy[q, n], {n, 1, 2}, {q, {-Pi, -Pi/2,
    0, Pi/2, P1}}], TableHeadings → {{1, 2}, {-Pi, -Pi/2,
    0, Pi/2, Pi}}]//N
Show[ListPlot[Table[{q, Energy[q, 1]}, {q, -Pi, Pi, Pi, /
    100}], Joined → True],
ListPlot[Table{[q, Energy[q, 2]}, {q, -Pi, Pi, Pi/100}],
    Joined → True],
PlotRange → A11, AxesLabel → { "qa" , "E*2ma^2/hbar^2" }]
out[129]//TableForm=
```

	-3.14159	-1.5708	0.	1.5708	3.14159
1.	-6.93763	-10.2041	-12.1587	-10.2041	-6.93763
2.	5.60643	13.9269	29.2855	13.9269	5.60643

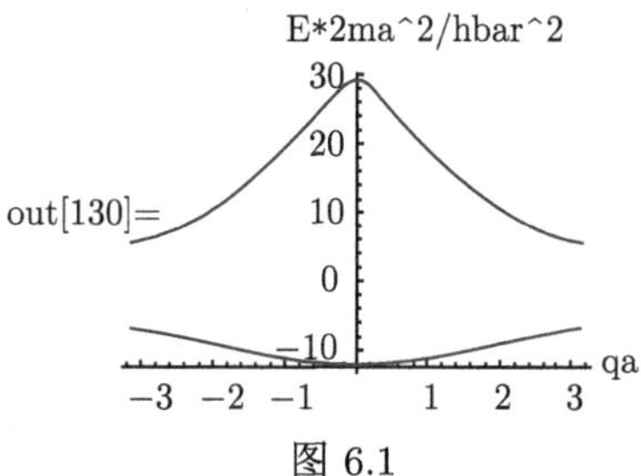

图 6.1

习题 6.7 质量分别为 m_1 和 m_2 的两个粒子 (处于一维坐标系中), 它们之间的相互作用势 $V(|x_1-x_2|)$ 仅和粒子之间距离有关, 因此哈密顿量为

$$\hat{H}=-\frac{\hbar^2}{2m_1}\frac{\partial^2}{\partial x_1^2}-\frac{\hbar^2}{2m_2}\frac{\partial^2}{\partial x_2^2}+V(|x_1-x_2|).$$

作用在两粒子波函数上的平移算符为

$$\hat{T}(a)\psi(x_1,x_2)=\psi(x_1-a,x_2-a).$$

(a) 证明: 平移算符可以写成

$$\hat{T}(a)=\mathrm{e}^{-\frac{\mathrm{i}a}{\hbar}\hat{P}},$$

其中 $\hat{P}=\hat{p}_1+\hat{p}_2$ 是系统总动量.

(b) 证明: 该系统的总动量守恒.

证明 (a) 由于最后要证明的平移算符 $\hat{T}(a)$ 写成了 e 指数形式, 而算符的操作一般都在乘积的形式下, 因此, 我们应当将推导过程用泰勒求和的形式进行展开.

$$\hat{T}(a)\psi(x_1,x_2)=\psi(x_1-a,x_2-a)$$

$$
\begin{aligned}
&=\sum_{m,n}\frac{1}{m!n!}\frac{\partial^{m+n}}{\partial x_1^m\partial x_1^n}\psi\left(x_1,x_2\right)(-a)^m(-a)^n\\
&=\sum_{m,n}\frac{1}{m!n!}\frac{\partial^{m+n}}{\partial x_1^m\partial x_1^n}\psi\left(x_1,x_2\right)(-a)^{m+n}\\
&=\sum_{m,n}\frac{1}{m!n!}\left(-\frac{\mathrm{i}a}{\hbar}\right)^{m+n}(-\mathrm{i}\hbar)^m(-\mathrm{i}\hbar)^n\frac{\partial^{m+n}}{\partial x_1^m\partial x_2^n}\psi\left(x_1,x_2\right)\\
&=\sum_{m,n}\frac{1}{m!n!}\left(-\frac{\mathrm{i}a}{\hbar}\right)^{m+n}\left(-\mathrm{i}\hbar\frac{\partial}{\partial x_1}\right)^m\left(-\mathrm{i}\hbar\frac{\partial}{\partial x_2}\right)^n\psi\left(x_1,x_2\right)\\
&=\sum_{m,n}\frac{1}{m!n!}\left(-\frac{\mathrm{i}a}{\hbar}\right)^{m+n}\left(\hat{p}_1\right)^m\left(\hat{p}_2\right)^n\psi\left(x_1,x_2\right)\\
&=\sum_{m}\frac{1}{m!}\left(-\frac{\mathrm{i}a}{\hbar}\right)^{m}\left(\hat{p}_1\right)^m\sum_{n!}\frac{1}{n!}\left(-\frac{\mathrm{i}a}{\hbar}\right)^{n}\left(\hat{p}_2\right)^n\psi\left(x_1,x_2\right)\\
&=\mathrm{e}^{-\mathrm{i}a\hat{p}_1/\hbar}\mathrm{e}^{-\mathrm{i}a\hat{p}_2/\hbar}\psi\left(x_1,x_2\right).
\end{aligned}
$$

由于 $\hat{p}_1$ 与 $\hat{p}_2$ 对易, 所以

$$
\hat{T}(a)\psi\left(x_1,x_2\right)=\mathrm{e}^{-\mathrm{i}a\hat{p}_1/\hbar}\mathrm{e}^{-\mathrm{i}a\hat{p}_2/\hbar}\psi\left(x_1,x_2\right)=\mathrm{e}^{-\mathrm{i}a(\hat{p}_1+\hat{p}_2)/\hbar}\psi\left(x_1,x_2\right)=\mathrm{e}^{-\mathrm{i}a\hat{P}/\hbar}\psi\left(x_1,x_2\right).
$$

(b) 首先证明哈密顿量是平移不变的, 然后通过平移算符与动量的关系来得到哈密顿量与动量的关系.

将平移变换后的哈密顿量作用在测试函数 $f\left(x_1,x_2\right)$ 上, 得

$$
\begin{aligned}
&\hat{H}'f\left(x_1,x_2\right)\\
&=\hat{T}^\dagger(a)\hat{H}\hat{T}(a)f\left(x_1,x_2\right)\\
&=\hat{T}(-a)\left[-\frac{\hbar^2}{2m}\frac{\partial^2}{\partial x_1^2}-\frac{\hbar^2}{2m}\frac{\partial^2}{\partial x_2^2}+V\left(\left|x_1-x_2\right|\right)\right]\hat{T}(a)f\left(x_1,x_2\right)\\
&=\hat{T}(-a)\left[-\frac{\hbar^2}{2m}\frac{\partial^2}{\partial x_1^2}-\frac{\hbar^2}{2m}\frac{\partial^2}{\partial x_2^2}+V\left(\left|x_1-x_2\right|\right)\right]f\left(x_1-a,x_2-a\right)\\
&=\left\{-\frac{\hbar^2}{2m}\frac{\partial^2}{\partial x_1'^2}-\frac{\hbar^2}{2m}\frac{\partial^2}{\partial x_2'^2}+V\left[\left|\left(x_1+a\right)-\left(x_2+a\right)\right|\right]\right\}f\left(x_1-a+a,x_2-a+a\right)\\
&=\left[-\frac{\hbar^2}{2m}\frac{\partial^2}{\partial x_1'^2}-\frac{\hbar^2}{2m}\frac{\partial^2}{\partial x_2'^2}+V\left(\left|x_1-x_2\right|\right)\right]f\left(x_1,x_2\right),
\end{aligned}
$$

其中 $x'{}_1=x_1+a, x'{}_2=x_2+a$. 偏导数形式为

$$
\begin{aligned}
&\frac{\partial}{\partial x_1'}=\frac{\partial}{\partial x_1}\frac{\partial x_1}{\partial x_1'}=\frac{\partial}{\partial x_1}\frac{\partial\left(x_1'-a\right)}{\partial x_1'}=\frac{\partial}{\partial x_1},\quad\frac{\partial}{\partial x_1'^2}=\frac{\partial^2}{\partial x_1^2};\\
&\frac{\partial}{\partial x_2'}=\frac{\partial}{\partial x_2}\frac{\partial x_2}{\partial x_2'}=\frac{\partial}{\partial x_2}\frac{\partial\left(x_2'-a\right)}{\partial x_2'}=\frac{\partial}{\partial x_2},\quad\frac{\partial^2}{\partial x_2'^2}=\frac{\partial^2}{\partial x_2^2}.
\end{aligned}
$$

因此, 可以得到

$$
\hat{H}'f(x)=\left[-\frac{\hbar^2}{2m}\frac{\partial^2}{\partial x_1^2}-\frac{\hbar^2}{2m}\frac{\partial^2}{\partial x_2^2}+V\left(\left|x_1-x_2\right|\right)\right]f\left(x_1,x_2\right)=\hat{H}f(x).
$$

即哈密顿量在平移变换下不变. 由于哈密顿量有连续平移不变性, 则在无限小平移操作下也应当保持不变,

$$\hat{T}^{\dagger}(\delta)\hat{H}\hat{T}(\delta)=\hat{H},$$

$$\left(1+\frac{\mathrm{i}\delta}{\hbar}\hat{p}\right)\hat{H}\left(1-\frac{\mathrm{i}\delta}{\hbar}\hat{p}\right)=\hat{H},$$

$$\hat{H}+\frac{\mathrm{i}\delta}{\hbar}\hat{p}\hat{H}-\hat{H}\frac{\mathrm{i}\delta}{\hbar}\hat{p}-\frac{\mathrm{i}\delta}{\hbar}\hat{p}\hat{H}\frac{\mathrm{i}\delta}{\hbar}\hat{p}=\hat{H}.$$

其中用到平移算符的泰勒展开并略去高阶小量, 得

$$\frac{\mathrm{i}\delta}{\hbar}\hat{p}\hat{H}-\hat{H}\frac{\mathrm{i}\delta}{\hbar}\hat{p}=0,$$

$$\left[\hat{p},\,\hat{H}\right]=0.$$

因此, 根据广义埃伦菲斯特定理可知系统的动量守恒.

***习题 6.8**

(a) 证明: 宇称算符 $\hat{\Pi}$ 是厄米的.

(b) 证明: 宇称算符的本征值是 ±1.

证明　(a) 从厄米算符的定义出发

$$\left\langle f(x)\right|\hat{\Pi}g(x)\Big\rangle=\int_{-\infty}^{\infty}f^{*}(x)\hat{\Pi}g(x)\,\mathrm{d}x=\int_{-\infty}^{\infty}f^{*}(x)\,g(-x)\,\mathrm{d}x,$$

令 $x=-t$, 则上式为

$$\begin{aligned}\int_{-\infty}^{\infty}f^{*}(x)\,g(-x)\,\mathrm{d}x&=\int_{\infty}^{-\infty}f^{*}(-t)\,g(t)\,\mathrm{d}(-t)\\&=\int_{-\infty}^{\infty}\left[\hat{\Pi}f(t)\right]^{*}g(t)\,\mathrm{d}t=\Big\langle\hat{\Pi}f(t)\Big|\,g(t)\Big\rangle.\end{aligned}$$

结合以上两式, 可得 $\left\langle f(x)\right|\hat{\Pi}g(x)\Big\rangle=\Big\langle\hat{\Pi}f(x)\Big|\,g(x)\Big\rangle$, 即宇称算符 $\hat{\Pi}$ 是厄米的.

(b) 令宇称算符的本征值为 λ, 则

$$\hat{\Pi}f(x)=\lambda f(-x),$$

$$\hat{\Pi}^{2}f(x)=\hat{\Pi}\lambda f(-x)=\lambda^{2}f(x)=f(x).$$

所以

$$\lambda^{2}=1.$$

又因为宇称算符是厄米的, 所以本征值只能为实数, 即

$$\lambda=\pm1.$$

***习题 6.9**

(a) "真" 标量算符在宇称操作下是不变的:

$$\hat{\Pi}^{\dagger}\hat{f}\hat{\Pi}=\hat{f},$$

然而, 赝标量改变符号. 证明: 对于 "真" 标量有 $\left[\hat{\Pi},\,\hat{f}\right]=0$, 且对于赝标量 $\left\{\hat{\Pi},\,\hat{f}\right\}=0$. **注释**　两个算符 $\hat{A}$ 和 $\hat{B}$ 的**反对易**关系定义为 $\left\{\hat{A},\,\hat{B}\right\}\equiv\hat{A}\hat{B}+\hat{B}\hat{A}$.

(b) 类似地, "真" 矢量在宇称操作下改变符号

$$\hat{\Pi}^{\dagger}\hat{\boldsymbol{V}}\hat{\Pi} = -\hat{\boldsymbol{V}},$$

赝矢量则不改变符号. 证明: 对于 "真" 矢量有 $\left\{\hat{\Pi},\ \hat{\boldsymbol{V}}\right\} = \boldsymbol{0}$, 且对于赝矢量有 $\left[\hat{\Pi},\ \hat{\boldsymbol{V}}\right] = \boldsymbol{0}$.

证明　(a) 对于 "真" 标量算符

$$\begin{aligned}
&\hat{\Pi}^{\dagger}\hat{f}\hat{\Pi} = \hat{f},\\
&\hat{\Pi}\hat{\Pi}^{\dagger}\hat{f}\hat{\Pi} = \hat{\Pi}\hat{f},\\
&\hat{f}\hat{\Pi} = \hat{\Pi}\hat{f},\\
&\left[\hat{\Pi}, \hat{f}\right] = 0.
\end{aligned}$$

对于赝标量算符

$$\begin{aligned}
&\hat{\Pi}^{\dagger}\hat{f}\hat{\Pi} = -\hat{f},\\
&\hat{\Pi}\hat{\Pi}^{\dagger}\hat{f}\hat{\Pi} = -\hat{\Pi}\hat{f},\\
&\hat{f}\hat{\Pi} = -\hat{\Pi}\hat{f},\\
&\left\{\hat{\Pi}, \hat{f}\right\} = 0.
\end{aligned}$$

(b) 对于 "真" 矢量算符

$$\begin{aligned}
&\hat{\Pi}^{\dagger}\hat{\boldsymbol{V}}\hat{\Pi} = -\hat{\boldsymbol{V}},\\
&\hat{\Pi}\hat{\Pi}^{\dagger}\hat{\boldsymbol{V}}\hat{\Pi} = -\hat{\Pi}\hat{\boldsymbol{V}},\\
&\hat{\boldsymbol{V}}\hat{\Pi} = -\hat{\Pi}\hat{\boldsymbol{V}},\\
&\left\{\hat{\Pi},\ \hat{\boldsymbol{V}}\right\} = \boldsymbol{0}.
\end{aligned}$$

对于赝矢量算符

$$\begin{aligned}
&\hat{\Pi}\hat{\Pi}^{\dagger}\hat{\boldsymbol{V}}\hat{\Pi} = \hat{\Pi}\hat{\boldsymbol{V}},\\
&\hat{\boldsymbol{V}}\hat{\Pi} = \hat{\Pi}\hat{\boldsymbol{V}},\\
&\left[\hat{\Pi},\ \hat{\boldsymbol{V}}\right] = 0.
\end{aligned}$$

习题 6.10　证明: 位置和动量算符是奇宇称的. 也就是证明方程 (6.18) 和 (6.19), 并将其扩展到三维情况下方程 (6.21) 和 (6.22).

证明　由于宇称算符的幺正性, 即

$$\hat{\Pi}^{-1} = \hat{\Pi} = \left(\hat{\Pi}\right)^{\dagger}.$$

变换后的坐标算符作用在测试函数上

$$\hat{x}'f(x) = \hat{\Pi}^{\dagger}\hat{x}\hat{\Pi}f(x) = \hat{\Pi}^{\dagger}\hat{x}f(-x) = \hat{\Pi}xf(-x) = -xf(x) = -\hat{x}f(x),$$

即

$$\hat{x}' = \hat{\Pi}^{\dagger}\hat{x}\hat{\Pi} = -\hat{x}. \tag{6.18}$$

变换后的动量算符作用在测试函数上

$$\begin{aligned}\hat{p}'f(x) &= \hat{\Pi}^\dagger\hat{p}\hat{\Pi}f(x) = \hat{\Pi}^\dagger\hat{p}f(-x)\\ &= \hat{\Pi}\left(-\mathrm{i}\hbar\frac{\mathrm{d}}{\mathrm{d}x}\right)f(-x) = \left[-\mathrm{i}\hbar\frac{\mathrm{d}}{\mathrm{d}(-x)}\right]f(x)\\ &= -\left(-\mathrm{i}\hbar\frac{\mathrm{d}}{\mathrm{d}x}\right)f(x) = -\hat{p}f(x).\end{aligned}$$

即

$$\hat{p}' = \hat{\Pi}^\dagger\hat{p}\hat{\Pi} = -\hat{p}. \tag{6.19}$$

从一维推广到三维的情况:

对于坐标算符,

$$\begin{aligned}\hat{x}'f(x) &= \hat{\Pi}^\dagger\hat{x}\hat{\Pi}f(x,y,z) = \hat{\Pi}^\dagger\hat{x}f(-x,-y,-z) = \hat{\Pi}xf(-x,-y,-z)\\ &= -xf(x,y,z) = -\hat{x}f(x,y,z),\end{aligned}$$

$$\begin{aligned}\hat{y}'f(x) &= \hat{\Pi}^\dagger\hat{y}\hat{\Pi}f(x,y,z) = \hat{\Pi}^\dagger\hat{y}f(-x,-y,-z) = \hat{\Pi}yf(-x,-y,-z)\\ &= -yf(x,y,z) = -\hat{y}f(x,y,z),\end{aligned}$$

$$\begin{aligned}\hat{z}'f(x) &= \hat{\Pi}^\dagger\hat{z}\hat{\Pi}f(x,y,z) = \hat{\Pi}^\dagger\hat{z}f(-x,-y,-z) = \hat{\Pi}zf(-x,-y,-z)\\ &= -zf(x,y,z) = -\hat{z}f(x,y,z).\end{aligned}$$

所以,

$$\hat{\boldsymbol{r}'} = \hat{\Pi} + \hat{\boldsymbol{r}}\hat{\Pi} = -\hat{\boldsymbol{r}}. \tag{6.21}$$

对于动量算符,

$$\begin{aligned}\hat{p}_x'f(x,y,z) &= \hat{\Pi}^\dagger\hat{p}_x\hat{\Pi}f(x,y,z) = \hat{\Pi}^\dagger\hat{p}_xf(-x,-y,-z)\\ &= \hat{\Pi}\left(-\mathrm{i}\hbar\frac{\mathrm{d}}{\mathrm{d}x}\right)f(-x,-y,-z) = \left[-\mathrm{i}\hbar\frac{\mathrm{d}}{\mathrm{d}(-x)}\right]f(x,y,z)\\ &= -\left(-\mathrm{i}\hbar\frac{\mathrm{d}}{\mathrm{d}x}\right)f(x,y,z) = -\hat{p}_xf(x,y,z),\end{aligned}$$

$$\begin{aligned}\hat{p}_y'f(x,y,z) &= \hat{\Pi}^\dagger\hat{p}_y\hat{\Pi}f(x,y,z) = \hat{\Pi}^\dagger\hat{p}_yf(-x,-y,-z)\\ &= \hat{\Pi}\left(-\mathrm{i}\hbar\frac{\mathrm{d}}{\mathrm{d}y}\right)f(-x,-y,-z) = \left[-\mathrm{i}\hbar\frac{\mathrm{d}}{\mathrm{d}(-y)}\right]f(x,y,z)\\ &= -\left(-\mathrm{i}\hbar\frac{\mathrm{d}}{\mathrm{d}y}\right)f(x,y,z) = -\hat{p}_yf(x,y,z),\end{aligned}$$

$$\begin{aligned}\hat{p}_z'f(x,y,z) &= \hat{\Pi}^\dagger\hat{p}_z\hat{\Pi}f(x,y,z) = \hat{\Pi}^\dagger\hat{p}_zf(-x,-y,-z)\\ &= \hat{\Pi}\left(-\mathrm{i}\hbar\frac{\mathrm{d}}{\mathrm{d}z}\right)f(-x,-y,-z) = \left[-\mathrm{i}\hbar\frac{\mathrm{d}}{\mathrm{d}(-z)}\right]f(x,y,z)\\ &= -\left(-\mathrm{i}\hbar\frac{\mathrm{d}}{\mathrm{d}z}\right)f(x,y,z) = -\hat{p}_zf(x,y,z).\end{aligned}$$

所以,

$$\hat{\boldsymbol{p}'} = \hat{\Pi} + \hat{\boldsymbol{p}}\hat{\Pi} = -\hat{\boldsymbol{p}}. \tag{6.22}$$

***习题 6.11**　考虑 $\hat{\boldsymbol{L}}$ 处于两个确定宇称态之间的矩阵元: $\langle n'\ell'm'|\,\hat{\boldsymbol{L}}\,|n\ell m\rangle$. 在什么情况下矩阵元会消失? **注释**　同样的选择定则可以用于赝矢量算符或者任意“真”标量算符.

解答　由习题 6.10 知

$$\hat{\boldsymbol{r}}'=\hat{\Pi}^{\dagger}\hat{\boldsymbol{r}}\hat{\Pi}=-\hat{\boldsymbol{r}} \text{ 和 } \hat{\boldsymbol{p}}'=\hat{\Pi}^{\dagger}\hat{\boldsymbol{r}}\hat{\Pi}=-\hat{\boldsymbol{p}}.$$

因此, $\hat{\Pi}^{\dagger}\hat{\boldsymbol{L}}\hat{\Pi}=\hat{\boldsymbol{L}}'=\hat{\boldsymbol{r}}'\times\hat{\boldsymbol{p}}'=(-\hat{\boldsymbol{r}})\times(-\hat{\boldsymbol{p}})=\hat{\boldsymbol{r}}\times\hat{\boldsymbol{p}}=\hat{\boldsymbol{L}}$. 所以,

$$\langle n'l'm'|\,\hat{\Pi}^{\dagger}\hat{\boldsymbol{L}}\hat{\Pi}\,|nlm\rangle=\langle n'l'm'|\,\hat{\boldsymbol{L}}\,|nlm\rangle\,.$$

又由习题 6.1(c) 的结论 $\hat{\Pi}\psi_{n\ell m}(r,\theta,\phi)=(-1)^{\ell}\,\psi_{n\ell m}(r,\theta,\phi)$, 得

$$\begin{aligned}\left\langle n'\ell'm'\left|\hat{\Pi}^{\dagger}\hat{\boldsymbol{L}}\hat{\Pi}\right|n\ell m\right\rangle&=\left\langle\hat{\Pi}n'\ell'm'|\hat{\boldsymbol{L}}|\hat{\Pi}n\ell m\right\rangle=\left\langle n'\ell'm'\left|(-1)^{\ell'}\hat{\boldsymbol{L}}(-1)^{\ell}\right|n\ell m\right\rangle\\&=\left\langle n'\ell'm'\left|(-1)^{\ell'+t}\hat{\boldsymbol{L}}\right|n\ell m\right\rangle=\left\langle n'\ell'm'|\hat{\boldsymbol{L}}|n\ell m\right\rangle.\end{aligned}$$

$$\langle n'\ell'm'|\left[(-1)^{\ell'+\ell}-1\right]\hat{\boldsymbol{L}}\,|n\ell m\rangle=0.$$

当两个态的宇称相同时, $(-1)^{\ell'+\ell}-1=0$ 确保上式成立.

习题 6.12　像轨道角动量 $\hat{\boldsymbol{L}}$ 一样, 自旋角动量 $\hat{\boldsymbol{S}}$ 具有偶宇称:

$$\hat{\Pi}^{\dagger}\hat{\boldsymbol{S}}\hat{\Pi}=\hat{\boldsymbol{S}} \text{ 或 } \left[\hat{\Pi},\,\hat{\boldsymbol{S}}\right]=0. \tag{6.27}$$

宇称算符作用在标准基下的旋量上 (方程 (4.139)), 将变成一个 2×2 的矩阵. 证明: 根据方程 (6.27), 该矩阵必须是单位矩阵的常数倍. 这样一来, 由于具有相同本征值的两个自旋态都是宇称的本征态, 旋量的宇称就没有意义. 可以任意将宇称选择为 +1, 因此宇称算符对波函数的自旋部分没有影响.[①]

证明　设宇称算符为二阶方阵

$$\hat{\Pi}=\begin{bmatrix}a&b\\d&c\end{bmatrix}.$$

由宇称算符的幺正性 $\hat{\Pi}=\hat{\Pi}^{\dagger}=\hat{\Pi}^{-}$, 得

$$\hat{\Pi}=\begin{bmatrix}a&b\\d&c\end{bmatrix}=\hat{\Pi}^{\dagger}=\begin{bmatrix}a^*&d^*\\b^*&c^*\end{bmatrix}.$$

所以, $a=a^*,b=d^*,c=c^*$. 因此,

$$\hat{\Pi}=\begin{bmatrix}a&b\\b^*&c\end{bmatrix},$$

其中 $a,\ b,\ c$ 都为实数.

由 $\boldsymbol{S}_x=\dfrac{\hbar}{2}\begin{bmatrix}0&1\\1&0\end{bmatrix}$, $\boldsymbol{S}_y=\dfrac{\hbar}{2}\begin{bmatrix}0&-\mathrm{i}\\\mathrm{i}&0\end{bmatrix}$, 所以,

$$\left[\hat{\Pi},\,S_x\right]=\hat{\Pi}\boldsymbol{S}_x-\boldsymbol{S}_x\hat{\Pi}=\begin{bmatrix}a&b\\b^*&c\end{bmatrix}\frac{\hbar}{2}\begin{bmatrix}0&1\\1&0\end{bmatrix}-\frac{\hbar}{2}\begin{bmatrix}0&1\\1&0\end{bmatrix}\begin{bmatrix}a&b\\b^*&c\end{bmatrix}$$

① 然而, 结果表明自旋为 1/2 的反粒子具有相反的宇称. 因此, 电子通常被赋予宇称 +1, 而正电子则具有宇称 −1.

$$= \frac{\hbar}{2}\begin{bmatrix} b-b^* & a-c \\ -a+c & -b+b^* \end{bmatrix} = \begin{bmatrix} 0 & 0 \\ 0 & 0 \end{bmatrix}.$$

这就要求 $b=b^*, a=c$, 所以 $\hat{\Pi} = \begin{bmatrix} a & b \\ b & a \end{bmatrix}$.

再由

$$\left[\hat{\Pi},\, S_y\right] = \hat{\Pi}\boldsymbol{S}_y - \boldsymbol{S}_y\hat{\Pi} = \begin{bmatrix} a & b \\ b & a \end{bmatrix}\frac{\hbar}{2}\begin{bmatrix} 0 & -\mathrm{i} \\ \mathrm{i} & 0 \end{bmatrix} - \frac{\hbar}{2}\begin{bmatrix} 0 & -\mathrm{i} \\ \mathrm{i} & 0 \end{bmatrix}\begin{bmatrix} a & b \\ b & a \end{bmatrix}$$
$$= \frac{\mathrm{i}\hbar}{2}\begin{bmatrix} 2b & 0 \\ 0 & -2b \end{bmatrix} = \begin{bmatrix} 0 & 0 \\ 0 & 0 \end{bmatrix}.$$

因此, $b=0$.

这样,

$$\hat{\Pi} = \begin{bmatrix} a & 0 \\ 0 & a \end{bmatrix} = a\begin{bmatrix} 1 & 0 \\ 0 & 1 \end{bmatrix} = a\boldsymbol{I}.$$

这与 $\boldsymbol{S}_z = \frac{\hbar}{2}\begin{bmatrix} 1 & 0 \\ 0 & -1 \end{bmatrix}$ 很明显也对易.

***习题 6.13** 考虑氢原子中的电子.

(a) 证明: 如果电子处于基态, 那么必须有 $\langle \boldsymbol{p}_\mathrm{e}\rangle = 0$. 不允许计算.

(b) 证明: 如果电子处于 $n=2$ 态, 那么 $\langle \boldsymbol{p}_\mathrm{e}\rangle$ 不必须为零. 给出处于 $n=2$ 能级且使得 $\langle \boldsymbol{p}_\mathrm{e}\rangle$ 不为零的波函数的例子, 计算该态下的 $\langle \boldsymbol{p}_\mathrm{e}\rangle$.

证明 (a) $\boldsymbol{p}_\mathrm{e} = q\hat{\boldsymbol{r}}$. 宇称算符作用下

$$\hat{\Pi}^\dagger \boldsymbol{p}_\mathrm{e}\hat{\Pi} = q\hat{\Pi}^\dagger\hat{\boldsymbol{r}}\hat{\Pi} = -q\hat{\boldsymbol{r}} = -\boldsymbol{p}_\mathrm{e}.$$

$$\langle \boldsymbol{p}_\mathrm{e}\rangle = -\left\langle n'\ell'm'\left|\hat{\Pi}^\dagger\boldsymbol{p}_\mathrm{e}\hat{\Pi}\right|n\ell m\right\rangle = -\left\langle \hat{\Pi}n'\ell'm'\left|\boldsymbol{p}_\mathrm{e}\right|\hat{\Pi}n\ell m\right\rangle$$
$$= -\left\langle n'\ell'm'\left|(-1)^{c'}\boldsymbol{p}_\mathrm{e}(-1)^{\prime}\right|n\ell m\right\rangle = (-1)^{1+l+l'}\left\langle n'\ell'm'\left|\boldsymbol{p}_\mathrm{e}\right|n\ell m\right\rangle.$$

处于基态时, 上式为 $\langle \boldsymbol{p}_\mathrm{e}\rangle = -\langle n'\ell'm'|\,\boldsymbol{p}_\mathrm{e}\,|n\ell m\rangle$. 因此 $\langle \boldsymbol{p}_\mathrm{e}\rangle = 0$.

(b) 电子处于 $n=2$ 的态, 只要 $\ell+\ell'$ 为奇数, 则 $\langle \boldsymbol{p}_e\rangle$ 不必须为零, 这就要求波函数为本征态的线性组合, 因为单一的本征态必导致 $\ell+\ell'$ 为偶数.

满足归一化条件的波函数为 $\dfrac{\langle 200| + \langle 210|}{\sqrt{2}}$,

$$\begin{aligned}
\langle \boldsymbol{p}_\mathrm{e}\rangle &= \left(\frac{\langle 200| + \langle 210|}{\sqrt{2}}\right)\boldsymbol{p}_\mathrm{e}\left(\frac{|200\rangle + |210\rangle}{\sqrt{2}}\right) \\
&= \frac{1}{2}\left(\langle 200|\,\boldsymbol{p}_\mathrm{e}\,|200\rangle + 2\mathrm{Re}\left[\langle 210|\,\boldsymbol{p}_\mathrm{e}\,|200\rangle\right] + \langle 210|\,\boldsymbol{p}_\mathrm{e}\,|210\rangle\right) \\
&= \mathrm{Re}\left[\langle 210|\,\boldsymbol{p}_\mathrm{e}\,|200\rangle\right] \\
&= -e\mathrm{Re}\left[\int \psi_{210}^*(r)\,r\sin\theta\cos\phi\,\psi_{200}(r)\,\mathrm{d}^3r\hat{i} + \int \psi_{210}^*(r)\,r\sin\theta\sin\phi\,\psi_{200}(r)\,\mathrm{d}^3r\hat{j}\right.
\end{aligned}$$

$$+\int \psi_{210}^{*}(r)\, r\cos\theta\psi_{200}(r)\,\mathrm{d}^3r\hat{k}\Big]$$
$$=3ea\hat{k}.$$

****习题 6.14**　本题将建立方程 (6.30) 和 (6.31) 之间的联系.

(a) 对角化矩阵①

$$\boldsymbol{\mathcal{M}}=\begin{pmatrix}1 & -\varphi/N\\ \varphi/N & 1\end{pmatrix}$$

得到矩阵

$$\boldsymbol{\mathcal{M}}'=\boldsymbol{\mathcal{S}}\boldsymbol{\mathcal{M}}\boldsymbol{\mathcal{S}}^{-1},$$

其中 $\boldsymbol{\mathcal{S}}^{-1}$ 为幺正矩阵, 它的列为 $\boldsymbol{\mathcal{M}}$ (归一化) 的本征矢.

(b) 用二项式展开证明 $\lim\limits_{N\to\infty}(\boldsymbol{\mathcal{M}}')^N$ 是一个以 $\mathrm{e}^{-\mathrm{i}\varphi}$ 和 $\mathrm{e}^{\mathrm{i}\varphi}$ 为对角元素的对角矩阵.

(c) 变换到初始的基矢, 证明:

$$\lim_{N\to\infty}\boldsymbol{\mathcal{M}}^N=\boldsymbol{\mathcal{S}}^{-1}\left[\lim_{N\to\infty}(\boldsymbol{\mathcal{M}}')^N\right]\boldsymbol{\mathcal{S}}$$

与方程 (6.31) 中的矩阵一致.

证明　(a) 设波矢为 $\psi=\begin{pmatrix}a\\b\end{pmatrix}$, 本征值为 λ, 则

$$\boldsymbol{\mathcal{M}}\psi=\begin{pmatrix}1 & -\varphi/N\\ \varphi/N & 1\end{pmatrix}\begin{pmatrix}a\\b\end{pmatrix}=\lambda\begin{pmatrix}a\\b\end{pmatrix}.$$

$$\begin{pmatrix}1-\lambda & -\varphi/N\\ \varphi/N & 1-\lambda\end{pmatrix}\begin{pmatrix}a\\b\end{pmatrix}=0.$$

解久期方程的本征值,

$$\begin{vmatrix}1-\lambda & -\varphi/N\\ \varphi/N & 1-\lambda\end{vmatrix}=(1-\lambda)^2+(\varphi/N)^2=0,$$

得 $\lambda=1\pm\mathrm{i}\varphi/N$. 将本征值代入

$$\begin{pmatrix}1-\lambda & -\varphi/N\\ \varphi/N & 1-\lambda\end{pmatrix}\begin{pmatrix}a\\b\end{pmatrix}=0,$$

得

$$\begin{pmatrix}\mp\mathrm{i}\varphi/N & -\varphi/N\\ \varphi/N & \mp\mathrm{i}\varphi/N\end{pmatrix}\begin{pmatrix}a\\b\end{pmatrix}=0,$$
$$b=\mp\mathrm{i}a.$$

对应本征值 $\lambda=1\pm\mathrm{i}\varphi/N$ 的归一化本征矢为

① 参见 A.5 节.

$$\frac{1}{\sqrt{2}}\begin{pmatrix}1\\-\mathrm{i}\end{pmatrix},\quad \frac{1}{\sqrt{2}}\begin{pmatrix}1\\\mathrm{i}\end{pmatrix}.$$

因此, 可以构造

$$\boldsymbol{\mathcal{S}}=\frac{1}{\sqrt{2}}\begin{pmatrix}1&1\\-\mathrm{i}&\mathrm{i}\end{pmatrix}\ \text{和}\ \boldsymbol{\mathcal{S}}^{-1}=\frac{1}{\sqrt{2}}\begin{pmatrix}1&\mathrm{i}\\1&-\mathrm{i}\end{pmatrix},$$

其中 $\boldsymbol{\mathcal{S}}$ 为幺正矩阵.

$$\begin{aligned}\boldsymbol{\mathcal{M}}'=\boldsymbol{\mathcal{S}}^{-1}\boldsymbol{\mathcal{M}}\boldsymbol{\mathcal{S}}&=\frac{1}{\sqrt{2}}\begin{pmatrix}1&\mathrm{i}\\1&-\mathrm{i}\end{pmatrix}\begin{pmatrix}1&-\varphi/N\\\varphi/N&1\end{pmatrix}\frac{1}{\sqrt{2}}\begin{pmatrix}1&1\\-\mathrm{i}&\mathrm{i}\end{pmatrix}\\&=\begin{pmatrix}1+\mathrm{i}\varphi/N&0\\0&1-\mathrm{i}\varphi/N\end{pmatrix}.\end{aligned}$$

(b)

$$\begin{aligned}\lim_{N\to\infty}(\boldsymbol{\mathcal{M}}')^N&=\lim_{N\to\infty}\begin{pmatrix}1+\mathrm{i}\varphi/N&0\\0&1-\mathrm{i}\varphi/N\end{pmatrix}^N\\&=\lim_{N\to\infty}\begin{pmatrix}(1+\mathrm{i}\varphi/N)^N&0\\0&(1-\mathrm{i}\varphi/N)^N\end{pmatrix}.\end{aligned}$$

$$\begin{aligned}\lim_{N\to\infty}(1\pm\mathrm{i}\varphi/N)^N&=\lim_{N\to\infty}\sum_{k=0}^{N}\mathrm{C}_N^k\left(\pm\mathrm{i}\frac{\varphi}{N}\right)^k=\lim_{N\to\infty}\sum_{k=0}^{N}\frac{N!}{(N-k)!k!}\left(\pm\mathrm{i}\frac{\varphi}{N}\right)^k\\&=\lim_{N\to\infty}\sum_{k=0}^{N}\frac{N!}{(N-k)!N^k}\frac{(\pm\mathrm{i}\varphi)^k}{k!}=\lim_{N\to\infty}\sum_{k=0}^{N}\frac{N!}{(N-k)!N^k}\mathrm{e}^{\pm\mathrm{i}\varphi}\\&=\lim_{N\to\infty}\sum_{k=0}^{N}\frac{\overbrace{N(N-1)\cdots(N-k+1)}^{k}}{N^k}\mathrm{e}^{\pm\mathrm{i}\varphi}\\&=\lim_{N\to\infty}\prod_{m=0}^{k-1}\left(\frac{N-m}{N}\right)\mathrm{e}^{\pm\mathrm{i}\varphi}\\&=\lim_{N\to\infty}\prod_{m=0}^{k-1}\left(1-\frac{m}{N}\right)\mathrm{e}^{\pm\mathrm{i}\varphi}\\&=\mathrm{e}^{\pm\mathrm{i}\varphi}.\end{aligned}$$

所以,

$$\lim_{N\to\infty}(\boldsymbol{\mathcal{M}}')^N=\begin{pmatrix}\mathrm{e}^{\mathrm{i}\varphi}&0\\0&\mathrm{e}^{-\mathrm{i}\varphi}\end{pmatrix}.$$

(c)

$$\begin{aligned}\lim_{N\to\infty}(\boldsymbol{\mathcal{M}})^N&=\boldsymbol{\mathcal{S}}\lim_{N\to\infty}(\boldsymbol{\mathcal{M}}')^N\boldsymbol{\mathcal{S}}^{-}\\&=\frac{1}{\sqrt{2}}\begin{pmatrix}1&1\\-\mathrm{i}&\mathrm{i}\end{pmatrix}\begin{pmatrix}\mathrm{e}^{\mathrm{i}\varphi}&0\\0&\mathrm{e}^{-\mathrm{i}\varphi}\end{pmatrix}\frac{1}{\sqrt{2}}\begin{pmatrix}1&\mathrm{i}\\1&-\mathrm{i}\end{pmatrix}\\&=\begin{pmatrix}\cos\varphi&-\sin\varphi\\\sin\varphi&\cos\varphi\end{pmatrix}.\end{aligned}$$

***习题 6.15**　证明: 方程 (6.34) 如何确保标量算符旋转不变

$$\hat{f}' = \hat{R}^{\dagger}\hat{f}\hat{R} = \hat{f}.$$

证明　以 $\boldsymbol{n}$ 为主轴, 旋转一个无限小的 δ 角度, 则旋转操作可以表示为

$$R_{\boldsymbol{n}}(\delta) \approx 1 - \mathrm{i}\frac{\delta}{\hbar}\boldsymbol{n}\cdot\hat{\boldsymbol{L}}, \quad R_{\boldsymbol{n}}^{\dagger}(\delta) \approx 1 + \mathrm{i}\frac{\delta}{\hbar}\boldsymbol{n}\cdot\hat{\boldsymbol{L}}.$$

所以,

$$\begin{aligned}\hat{f}' = \hat{R}^{\dagger}\hat{f}\hat{R} &= \left(1 + \mathrm{i}\frac{\delta}{\hbar}\boldsymbol{n}\cdot\hat{\boldsymbol{L}}\right)\hat{f}\left(1 - \mathrm{i}\frac{\delta}{\hbar}\boldsymbol{n}\cdot\hat{\boldsymbol{L}}\right)\\ &= \hat{f} + \mathrm{i}\frac{\delta}{\hbar}\boldsymbol{n}\cdot\hat{\boldsymbol{L}}\hat{f} - \mathrm{i}\frac{\delta}{\hbar}\boldsymbol{n}\cdot\hat{\boldsymbol{L}}\hat{f}\\ &= \hat{f} + \mathrm{i}\frac{\delta}{\hbar}\boldsymbol{n}\cdot\left[\hat{\boldsymbol{L}},\ \hat{f}\right].\end{aligned}$$

因此, 只要 $\hat{\boldsymbol{L}}$ 和 $\hat{f}$ 对易, 则 $\hat{f}' = \hat{R}^{\dagger}\hat{f}\hat{R} = \hat{f}$ 成立. 同理, 对于旋转任意角度 φ 也成立.

***习题 6.16**　从方程 (6.33) 出发, 求矢量算符 $\hat{\boldsymbol{V}}$ 绕 y 轴旋转一无限小角度 δ 的变换, 即求矩阵 $\boldsymbol{D}$

$$\hat{\boldsymbol{V}}' = \boldsymbol{D}\hat{\boldsymbol{V}}.$$

解答　沿着 y 轴的无限小角度 δ 旋转操作为

$$\begin{aligned}R_{\boldsymbol{y}}(\delta) &\approx 1 - \mathrm{i}\frac{\delta}{\hbar}\hat{\boldsymbol{y}}\cdot\hat{\boldsymbol{L}} = 1 - \mathrm{i}\frac{\delta}{\hbar}L_y,\\ R_{\boldsymbol{y}}^{\dagger}(\delta) &\approx 1 + \mathrm{i}\frac{\delta}{\hbar}\hat{\boldsymbol{y}}\cdot\hat{\boldsymbol{L}} = 1 + \mathrm{i}\frac{\delta}{\hbar}L_y,\end{aligned}$$

$$\begin{aligned}\hat{\boldsymbol{V}}' &= R_{\boldsymbol{y}}^{\dagger}(\delta)\hat{\boldsymbol{V}}R_{\boldsymbol{y}}(\delta) = \left(1 + \mathrm{i}\frac{\delta}{\hbar}L_y\right)\hat{\boldsymbol{V}}\left(1 - \mathrm{i}\frac{\delta}{\hbar}L_y\right) = \hat{\boldsymbol{V}} + \mathrm{i}\frac{\delta}{\hbar}\left[L_y, \hat{\boldsymbol{V}}\right]\\ &= \begin{pmatrix} V_x \\ V_y \\ V_z \end{pmatrix} + \mathrm{i}\frac{\delta}{\hbar}\begin{pmatrix} [L_y, V_x] \\ [L_y, V_y] \\ [L_y, V_z] \end{pmatrix}\\ &= \begin{pmatrix} V_x \\ V_y \\ V_z \end{pmatrix} + \mathrm{i}\frac{\delta}{\hbar}\begin{pmatrix} -\mathrm{i}\hbar V_z \\ 0 \\ \mathrm{i}\hbar V_x \end{pmatrix} = \begin{pmatrix} V_x + \delta V_z \\ V_y \\ -\delta V_x + V_z \end{pmatrix},\end{aligned}$$

因此,

$$\boldsymbol{D}(\delta) = \begin{pmatrix} 1 & 0 & \delta \\ 0 & 1 & 0 \\ -\delta & 0 & 1 \end{pmatrix}.$$

对比方程 (6.30) 和 (6.31), 得

$$\boldsymbol{D}(\varphi) = \begin{pmatrix} \cos\varphi & 0 & \sin\varphi \\ 0 & 1 & 0 \\ -\sin\varphi & 0 & \cos\varphi \end{pmatrix}.$$

习题 6.17　考虑以 $\boldsymbol{n}$ 为转轴的一个无限小旋转操作作用在角动量本征态 $\psi_{n\ell m}$ 上. 证明:

$$\hat{R}_{\boldsymbol{n}}(\delta)\,\psi_{n\ell m}=\sum_{m'}D_{m'm}\psi_{n\ell m'},$$

并求复数 $D_{m'm}$(它们依赖于 $\delta,\boldsymbol{n}$ 和 ℓ, 以及 m 和 m'). 这个结果很合理: 旋转操作并不改变角动量的大小 (由 ℓ 决定), 但改变其在 z 轴方向的投影 (由 m 决定).

证明

$$\begin{aligned}
\hat{R}_{\boldsymbol{n}}(\delta)\,\psi_{n\ell m}&=\left(1-\mathrm{i}\frac{\delta}{\hbar}\boldsymbol{n}\cdot\hat{\boldsymbol{L}}\right)\psi_{n\ell m}\\
&=\left(1-\mathrm{i}\frac{\delta}{\hbar}n_xL_x-\mathrm{i}\frac{\delta}{\hbar}n_yL_y-\mathrm{i}\frac{\delta}{\hbar}n_zL_z\right)\psi_{n\ell m}\\
&=\psi_{n\ell m}-\mathrm{i}\frac{\delta}{\hbar}\left(n_xL_x+n_yL_y+n_zL_z\right)\psi_{n\ell m}\\
&=\psi_{n\ell m}-\mathrm{i}\frac{\delta}{\hbar}\left[n_x\frac{L_++L_-}{2}+n_y\frac{-\mathrm{i}\left(L_+-L_-\right)}{2}+n_zL_z\right]\psi_{n\ell m}\\
&=\psi_{n\ell m}-\mathrm{i}\frac{\delta}{\hbar}\left(\frac{n_x-\mathrm{i}n_y}{2}L_++\frac{n_x+\mathrm{i}n_y}{2}L_-+n_zL_z\right)\psi_{n\ell m}\\
&=\psi_{n\ell m}-\mathrm{i}\frac{\delta}{\hbar}\left(\frac{n_x-\mathrm{i}n_y}{2}L_++\frac{n_x+\mathrm{i}n_y}{2}L_-+n_zL_z\right)\psi_{n\ell m}\\
&=\psi_{n\ell m}-\mathrm{i}\frac{\delta}{\hbar}\left[\frac{n_x-\mathrm{i}n_y}{2}\hbar\sqrt{\ell\left(\ell+1\right)-m\left(m+1\right)}\psi_{n\ell m+1}\right.\\
&\qquad\left.+\frac{n_x+\mathrm{i}n_y}{2}\hbar\sqrt{\ell\left(\ell+1\right)-m\left(m-1\right)}\psi_{n\ell m-1}+n_zm\hbar\psi_{n\ell m}\right]\\
&=\left(1-\mathrm{i}\delta mn_z\right)\psi_{n\ell m}-\mathrm{i}\delta\frac{n_x-\mathrm{i}n_y}{2}\sqrt{\ell\left(\ell+1\right)-m\left(m+1\right)}\psi_{n\ell m+1}\\
&\qquad-\mathrm{i}\delta\frac{n_x+\mathrm{i}n_y}{2}\sqrt{\ell\left(\ell+1\right)-m\left(m-1\right)}\psi_{n\ell m-1}\\
&=\sum_{m'}D_{m'm}\psi_{n\ell m'},
\end{aligned}$$

其中

$$\begin{aligned}
D_{m'm}=\left(1-\mathrm{i}\delta mn_z\right)\delta_{m',m}&-\mathrm{i}\delta\frac{n_x-\mathrm{i}n_y}{2}\sqrt{\ell\left(\ell+1\right)-m\left(m+1\right)}\delta_{m',m+1}\\
&-\mathrm{i}\delta\frac{n_x+\mathrm{i}n_y}{2}\sqrt{\ell\left(\ell+1\right)-m\left(m-1\right)}\delta_{m',m-1}.
\end{aligned}$$

习题 6.18　考虑一维自由粒子: $\hat{H}=\hat{p}^2/(2m)$. 该哈密顿量同时具有平移和反演对称性.

(a) 证明: 平移对称性和反演对称性不对易.

(b) 根据平移对称性, $\hat{H}$ 的本征态可以作为动量的共同本征态, 即 $f_p(x)$ (方程 (3.32)). 证明: 如果宇称算符使得 $f_p(x)$ 变为 $f_{-p}(x)$, 则这两个态必须具有相同的能量.

(c) 相应地, 根据反演对称性, $\hat{H}$ 的本征态可以作为宇称的共同本征态, 即

$$\frac{1}{\sqrt{\pi\hbar}}\cos\left(\frac{px}{\hbar}\right) \text{ 和 } \frac{1}{\sqrt{\pi\hbar}}\sin\left(\frac{px}{\hbar}\right).$$

证明: 平移算符将这两个态混合在一起; 因此, 它们必须是简并的.

注释 宇称和平移不变性对于解释自由粒子光谱的简并性都是需要的. 如果没有宇称, $f_p(x)$ 和 $f_{-p}(x)$ 具有相同的能量就不成立 (并不是说完全基于现在对对称性的讨论 …… 很明显, 可以把它和定态薛定谔方程联系起来, 证明它是正确的).

证明 (a) 引入试探函数 $f(x)$,

$$\begin{aligned}\left[\hat{\Pi},\hat{T}\right]f(x) &= \hat{\Pi}\hat{T}f(x)-\hat{T}\hat{\Pi}f(x)\\ &= \hat{\Pi}f(x-a)-\hat{T}f(-x)\\ &= f(-x-a)-f[-(x-a)]\\ &= f(-x-a)-f(-x+a)\neq 0.\end{aligned}$$

(b) 宇称算符作用在动量本征态上

$$\hat{\Pi}f_p(x)=\hat{\Pi}\frac{1}{\sqrt{2\pi\hbar}}\mathrm{e}^{\mathrm{i}px/\hbar}=\frac{1}{\sqrt{2\pi\hbar}}\mathrm{e}^{\mathrm{i}p(-x)/\hbar}=\frac{1}{\sqrt{2\pi\hbar}}\mathrm{e}^{-\mathrm{i}px/\hbar}=f_{-p}(x).$$

(c) 平移算符 $\hat{T}$ 分别作用在本征态 $\frac{1}{\sqrt{\pi\hbar}}\cos\left(\frac{px}{\hbar}\right)$ 和 $\frac{1}{\sqrt{\pi\hbar}}\sin\left(\frac{px}{\hbar}\right)$ 上, 得

$$\begin{aligned}\hat{T}\frac{1}{\sqrt{\pi\hbar}}\cos\left(\frac{px}{\hbar}\right) &= \frac{1}{\sqrt{\pi\hbar}}\cos\left[\frac{p(x-a)}{\hbar}\right]\\ &= \frac{1}{\sqrt{\pi\hbar}}\cos\left(\frac{px}{\hbar}\right)\cos\left(\frac{pa}{\hbar}\right)+\frac{1}{\sqrt{\pi\hbar}}\sin\left(\frac{px}{\hbar}\right)\sin\left(\frac{pa}{\hbar}\right),\end{aligned}$$

$$\begin{aligned}\hat{T}\frac{1}{\sqrt{\pi\hbar}}\sin\left(\frac{px}{\hbar}\right) &= \frac{1}{\sqrt{\pi\hbar}}\sin\left[\frac{p(x-a)}{\hbar}\right]\\ &= \frac{1}{\sqrt{\pi\hbar}}\sin\left(\frac{px}{\hbar}\right)\cos\left(\frac{pa}{\hbar}\right)-\frac{1}{\sqrt{\pi\hbar}}\cos\left(\frac{px}{\hbar}\right)\sin\left(\frac{pa}{\hbar}\right).\end{aligned}$$

因此, 平移算符 $\hat{T}$ 使两个本征态混合在一起.

习题 6.19 对于任意矢量算符 $\hat{\boldsymbol{V}}$, 可以定义升降阶算符

$$\hat{V}_{\pm}=\hat{V}_x\pm \mathrm{i}\hat{V}_y.$$

(a) 利用方程 (6.33), 证明:

$$\left[\hat{L}_z,\hat{V}_{\pm}\right]=\pm\hbar\hat{V}_{+}.$$

$$\left[\hat{L}^2,\hat{V}_{\pm}\right]=2\hbar^2\hat{V}_{\pm}\pm 2\hbar\hat{V}_{\pm}\hat{L}_z\mp 2\hbar\hat{V}_z\hat{L}_{\pm}.$$

(b) 证明: 如果 ψ 为 $\hat{L}^2$ 和 $\hat{L}_z$ 的本征态, 对应的本征值分别为 $\ell(\ell+1)\hbar^2$ 和 $\ell\hbar$, 则 $\hat{V}_{+}\psi$ 要么为零, 要么也是 $\hat{L}^2$ 和 $\hat{L}_z$ 的本征态, 对应的本征值分别为

$(\ell+1)(\ell+2)\hbar^2$ 和 $(\ell+1)\hbar$. 这意味着算符 $\hat{V}_+$ 作用在具有最大值 $m_\ell=\ell$ 的态时，该态的量子数 ℓ 和 m 要么同时提升 1, 要么被破坏.

证明 (a) 方程 (6.33) 为 $\left[\hat{L}_i,\,\hat{V}_j\right]=\mathrm{i}\hbar\varepsilon_{ijk}\hat{V}_k$.

$$\begin{aligned}\left[\hat{L}_z,\hat{V}_\pm\right]&=\left[\hat{L}_z,\hat{V}_x\pm\mathrm{i}\hat{V}_y\right]=\left[\hat{L}_z,\hat{V}_x\right]\pm\mathrm{i}\left[\hat{L}_z,\hat{V}_y\right]\\&=\mathrm{i}\hbar\hat{V}_y\pm\mathrm{i}\left(-\mathrm{i}\hbar\hat{V}_x\right)=\pm\hbar\left(\hat{V}_x\pm\mathrm{i}\hat{V}_y\right)=\pm\hbar\hat{V}_\pm.\end{aligned}$$

$$\begin{aligned}\left[\hat{L}^2,\hat{V}_\pm\right]&=\left[L_x^2+L_y^2+L_z^2,\hat{V}_\pm\right]=\left[L_x^2,\hat{V}_\pm\right]+\left[L_y^2,\hat{V}_\pm\right]+\left[L_z^2,\hat{V}_\pm\right]\\&=\left[L_x^2,\hat{V}_x\pm\mathrm{i}\hat{V}_y\right]+\left[L_y^2,\hat{V}_x\pm\mathrm{i}\hat{V}_y\right]+\left[L_z^2,\hat{V}_\pm\right]\\&=\left[L_x^2,\hat{V}_x\right]\pm\mathrm{i}\left[L_x^2,\hat{V}_y\right]+\left[L_y^2,\hat{V}_x\right]\pm\mathrm{i}\left[L_y^2,\hat{V}_y\right]+\left[L_z^2,\hat{V}_\pm\right]\\&=0\pm\mathrm{i}L_x\left[L_x,\hat{V}_y\right]\pm\mathrm{i}\left[L_x,\hat{V}_y\right]L_x+L_y\left[L_y,\hat{V}_x\right]+\left[L_y,\hat{V}_x\right]L_y\\&\quad+L_z\left[L_z,\hat{V}_\pm\right]+\left[L_z,\hat{V}_\pm\right]L_z\\&=\pm\mathrm{i}\left(\mathrm{i}\hbar L_xV_z+\mathrm{i}\hbar V_zL_x\right)-\mathrm{i}\hbar L_yV_z-\mathrm{i}\hbar V_zL_y\pm\hbar L_zV_\pm\pm\hbar V_\pm L_z\\&=\left(\mp\hbar L_x-\mathrm{i}\hbar L_y\right)V_z+V_z\left(\mp\hbar L_x-\mathrm{i}\hbar L_y\right)\pm\hbar L_zV_\pm\pm\hbar V_\pm L_z\\&=\mp\hbar\left(L_x\pm\mathrm{i}L_y\right)V_z\mp\hbar V_z\left(L_x\pm\mathrm{i}L_y\right)\pm\hbar L_zV_\pm\pm\hbar V_\pm L_z\\&=\mp\hbar L_\pm V_z\mp\hbar V_zL_\pm\pm\hbar L_zV_\pm\pm\hbar V_\pm L_z.\end{aligned}$$

将 $\mp\hbar L_\pm V_z=\mp\hbar V_zL_\pm\pm\hbar\left[V_z,L_\pm\right],\pm\hbar L_zV_\pm=\pm\hbar V_\pm L_z\mp\hbar\left[V_\pm,L_z\right]$ 代入上式, 得

$$\begin{aligned}&\mp\hbar L_\pm V_z\mp\hbar V_zL_\pm\pm\hbar L_zV_\pm\pm\hbar V_\pm L_z\\&=\pm\hbar\left[V_z,L_\pm\right]\mp2\hbar V_zL_\pm\pm2\hbar V_\pm L_z\mp\left[V_\pm,L_z\right]\\&=\pm\hbar\left(\left[V_z,L_x\right]\pm\mathrm{i}\left[V_z,L_y\right]\right)\mp2\hbar V_zL_\pm\pm2\hbar V_\pm L_z+\hbar^2V_\pm\\&=2\hbar^2V_\pm\pm2\hbar V_\pm L_z\mp2\hbar V_zL_\pm.\end{aligned}$$

(b) 满足已知条件的本征态为 $\psi_{n\ell\ell}$.

将对易关系 $\left[\hat{L}_z,\hat{V}_+\right]=\hbar\hat{V}_+$ 和 $\left[\hat{L}^2,\hat{V}_+\right]=2\hbar^2\hat{V}_++2\hbar\hat{V}_+\hat{L}_z-2\hbar\hat{V}_z\hat{L}_+$ 分别作用到波函数 $\psi_{n\ell\ell}$ 上, 得

$$\begin{aligned}&\left[\hat{L}_z,\hat{V}_+\right]\psi_{n\ell\ell}=\hbar\hat{V}_+\psi_{n\ell\ell},\\&L_zV_+\psi_{n\ell\ell}-V_+L_z\psi_{n\ell\ell}=\hbar\hat{V}_+\psi_{n\ell\ell},\\&L_z\left(V_+\psi_{n\ell\ell}\right)=\hbar\hat{V}_+\psi_{n\ell\ell}+\ell\hbar V_+\psi_{n\ell\ell}=(\ell+1)\hbar\left(\hat{V}_+\psi_{n\ell\ell}\right).\end{aligned}$$

$$\begin{aligned}&\left[\hat{L}^2,\hat{V}_+\right]\psi_{n\ell\ell}=\left(2\hbar^2\hat{V}_++2\hbar\hat{V}_+\hat{L}_z-2\hbar\hat{V}_z\hat{L}_+\right)\psi_{n\ell\ell},\\&L^2V_+\psi_{n\ell\ell}-V_+L^2\psi_{n\ell\ell}=2\hbar^2V_+\psi_{n\ell\ell}+2\hbar V_+L_z\psi_{n\ell\ell}-2\hbar V_zL_+\psi_{n\ell\ell},\\&L^2\left(V_+\psi_{n\ell\ell}\right)-V_+\ell(\ell+1)\hbar^2\psi_{n\ell\ell}=2\hbar^2V_+\psi_{n\ell\ell}+2\ell\hbar^2V_+\psi_{n\ell\ell}-2\hbar V_zL_+\psi_{n\ell\ell},\\&L^2\left(V_+\psi_{n\ell\ell}\right)=\left[\ell(\ell+1)+2+2\ell\right]\hbar^2\left(V_+\psi_{n\ell\ell}\right),\\&L^2\left(V_+\psi_{n\ell\ell}\right)=(\ell+1)(\ell+2)\hbar^2\left(V_+\psi_{n\ell\ell}\right).\end{aligned}$$

由此可见, V_+ 作用在波函数 $\psi_{n\ell\ell}$ 上使得 L_z 的本征值为 $(\ell+1)\hbar$, L^2 的本征值为 $(\ell+1)\times(\ell+2)\hbar^2$.

习题 6.20 证明: 对易关系 $\left[\hat{L}_-, \hat{f}\right]=0$ 与 $\left[\hat{L}_+, \hat{f}\right]=0$ 会导致形如方程 (6.46) 的同样的定则.

证明 动量本征态的左矢 $\langle n'\ell'm'|$ 和右矢 $|n\ell m\rangle$ 分别左乘和右乘到对易关系 $\left[\hat{L}_-, \hat{f}\right]=0$ 的两边, 得

$$\begin{aligned}\langle n'\ell'm'|\left[\hat{L}_-, \hat{f}\right]|n\ell m\rangle &= \langle n'\ell'm'|\hat{L}_-\hat{f}-\hat{f}\hat{L}_-|n\ell m\rangle \\ &= \langle n'\ell'm'|\hat{L}_-\hat{f}|n\ell m\rangle-\langle n'\ell'm'|\hat{f}\hat{L}_-|n\ell m\rangle \\ &= \left\langle \hat{L}_+n'\ell'm'\right|\hat{f}|n\ell m\rangle-\langle n'\ell'm'|\hat{f}\left|\hat{L}_-n\ell m\right\rangle \\ &= \hbar\sqrt{\ell'(\ell'+1)-m'(m'+1)}\langle n'\ell'm'+1|\hat{f}|n\ell m\rangle \\ &\quad -\hbar\sqrt{\ell(\ell+1)-m(m-1)}\langle n'\ell'm'|\hat{f}|n\ell m-1\rangle \\ &= 0.\end{aligned}$$

在矩阵元不等于零的情况下, 它们的系数相等且两个矩阵元相等. 这要求 $\ell=\ell', m=m'+1$, 以及

$$\langle n'\ell m|\hat{f}|n\ell m\rangle=\langle n'\ell(m-1)|\hat{f}|n\ell(m-1)\rangle,$$

这与方程 (6.46) 的情况一致.

***习题 6.21** 电子处于氢原子态

$$\psi=\frac{1}{\sqrt{2}}\left(\psi_{211}+\psi_{21-1}\right),$$

先用一个约化矩阵元来表示, 然后再求 $\langle r\rangle$.

解答 坐标期望值

$$\begin{aligned}\langle r\rangle=\langle\psi|r|\psi\rangle &= \frac{1}{2}\langle\psi_{211}+\psi_{21-1}|r|\psi_{211}+\psi_{21-1}\rangle \\ &= \frac{1}{2}\langle\psi_{211}|r|\psi_{211}\rangle+\frac{1}{2}\left(\langle\psi_{211}|r|\psi_{21-1}\rangle+\langle\psi_{21-1}|r|\psi_{211}\rangle\right)+\frac{1}{2}\langle\psi_{21-1}|r|\psi_{21-1}\rangle \\ &= \frac{1}{2}\langle\psi_{211}|r|\psi_{211}\rangle+\frac{1}{2}\left(\langle\psi_{211}|r|\psi_{21-1}\rangle+\langle\psi_{211}|r|\psi_{21-1}\rangle^*\right)+\frac{1}{2}\langle\psi_{21-1}|r|\psi_{21-1}\rangle \\ &= \frac{1}{2}\langle\psi_{211}|r|\psi_{211}\rangle+\mathrm{Re}\left(\langle\psi_{211}|r|\psi_{21-1}\rangle\right)+\frac{1}{2}\langle\psi_{21-1}|r|\psi_{21-1}\rangle.\end{aligned}$$

由方程 (6.47)

$$\langle n'\ell'm'|\hat{f}|n\ell m\rangle=\delta_{\ell\ell'}\delta_{mm'}\langle n'\ell\|f\|n\ell\rangle,$$

可得

$$\langle r\rangle=\langle\psi_{21}|r|\psi_{21}\rangle.$$

将 m 取为零便于积分, 得

$$\langle r\rangle=\langle\psi_{210}|r|\psi_{210}\rangle=\int\psi_{210}^*(r)\,r\psi_{210}^*(r)\,\mathrm{d}^3r=5a.$$

***习题 6.22**

(a) 证明: 方程 (6.50)~(6.54) 的对易关系符合矢量算符的定义 (方程 (6.33)).

如果你做了习题 6.19, 已经推导了其中的一个.

(b) 推导方程 (6.57).

解答　(a)

$$\left[\hat{L}_z, \hat{V}_z\right] = \mathrm{i}\hbar\varepsilon_{zzk}\hat{V}_k = 0.$$

$$\begin{aligned}\left[\hat{L}_z, \hat{V}_\pm\right] &= \left[\hat{L}_z, \hat{V}_x \pm \mathrm{i}\hat{V}_y\right] = \left[\hat{L}_z, \hat{V}_x\right] \pm \mathrm{i}\left[\hat{L}_z, \hat{V}_y\right] = \mathrm{i}\hbar\hat{V}_y \pm \mathrm{i}\left(-\mathrm{i}\hbar\hat{V}_x\right)\\ &= \pm\hbar\left(\hat{V}_x \pm \mathrm{i}\hat{V}_y\right) = \pm\hbar\hat{V}_\pm.\end{aligned} \tag{6.51}$$

$$\begin{aligned}\left[\hat{L}_\pm, \hat{V}_\pm\right] &= \left[\hat{L}_x \pm \mathrm{i}\hat{L}_y, \hat{V}_x \pm \mathrm{i}\hat{V}_y\right]\\ &= \left[\hat{L}_x, \hat{V}_x\right] \pm \mathrm{i}\left[\hat{L}_x, \hat{V}_y\right] \pm \mathrm{i}\left[\hat{L}_y, \hat{V}_x\right] - \left[\hat{L}_y, \hat{V}_y\right]\\ &= 0 \pm \mathrm{i}\left(\mathrm{i}\hbar\hat{V}_z\right) \pm \mathrm{i}\left(-\mathrm{i}\hbar\hat{V}_z\right) - 0\\ &= \mp\hbar\hat{V}_z \pm \hbar\hat{V}_z\\ &= 0.\end{aligned} \tag{6.52}$$

$$\begin{aligned}\left[\hat{L}_\pm, \hat{V}_z\right] &= \left[\hat{L}_x \pm \mathrm{i}\hat{L}_y, \hat{V}_z\right] = \left[\hat{L}_x, \hat{V}_z\right] \pm \mathrm{i}\left[\hat{L}_y, \hat{V}_z\right]\\ &= \left(-\mathrm{i}\hbar\hat{V}_y\right) \pm \mathrm{i}\left(\mathrm{i}\hbar\hat{V}_x\right) = \left(-\mathrm{i}\hbar\hat{V}_y\right) \mp \left(\hbar\hat{V}_x\right)\\ &= \mp\hbar\left(\hat{V}_x \pm \mathrm{i}\hat{V}_y\right)\\ &= \mp\hbar\hat{V}_\pm.\end{aligned} \tag{6.53}$$

$$\begin{aligned}\left[\hat{L}_\pm, \hat{V}_\mp\right] &= \left[\hat{L}_x \pm \mathrm{i}\hat{L}_y, \hat{V}_x \mp \mathrm{i}\hat{V}_y\right]\\ &= \left[\hat{L}_x, \hat{V}_x\right] \mp \mathrm{i}\left[\hat{L}_x, \hat{V}_y\right] \pm \mathrm{i}\left[\hat{L}_y, \hat{V}_x\right] + \left[\hat{L}_y, \hat{V}_y\right]\\ &= 0 \mp \mathrm{i}\left(\mathrm{i}\hbar\hat{V}_z\right) \pm \mathrm{i}\left(-\mathrm{i}\hbar\hat{V}_z\right) + 0\\ &= \pm 2\hbar\hat{V}_z.\end{aligned} \tag{6.54}$$

(b)

$$\begin{aligned}\langle n'\ell'm'|\left[\hat{L}_z, \hat{V}_z\right]|n\ell m\rangle &= \langle n'\ell'm'|\,\hat{L}_z\hat{V}_z - \hat{V}_z\hat{L}_z\,|n\ell m\rangle\\ &= \langle n'\ell'm'|\,\hat{L}_z\hat{V}_z\,|n\ell m\rangle - \langle n'\ell'm'|\,\hat{V}_z\hat{L}_z\,|n\ell m\rangle\\ &= m'\langle n'\ell'm'|\,\hat{V}_z\,|n\ell m\rangle - m\langle n'\ell'm'|\,\hat{V}_z\,|n\ell m\rangle\\ &= (m'-m)\langle n'\ell'm'|\,\hat{V}_z\,|n\ell m\rangle\\ &= 0.\end{aligned}$$

除非 $m'-m=0$, 否则 $\langle n'\ell'm'|\,\hat{V}_z\,|n\ell m\rangle = 0$.

习题 6.23　方程 (4.183) 定义了 CG 系数. 按照下式将两个角动量分别为 j_1 和 j_2 的态组合成一个总角动量为 J 的态:

$$|JM\rangle = \sum_{m_1,m_2} C^{j_1\,j_2\,J}_{m_1\,m_2\,M}\,|j_1\,j_2\,m_1\,m_2\rangle.$$

(a) 从方程 (6.64) 出发, 证明: CG 系数满足

$$C^{j_1\,j_2\,J}_{m_1\,m_2\,M} = \langle j_1\,j_2\,m_1\,m_2|JM\rangle .$$

(b) 将 $\hat{J}_\pm = \hat{J}^{(1)}_\pm + \hat{J}^{(2)}_\pm$ 应用到方程 (6.64) 中, 推导 **CG 系数的递归关系:**

$$A^M_J C^{j_1\,j_2\,J}_{m_1\,m_2\,M+1} = B^{m_1}_{j_1} C^{j_1\,j_2\,J}_{m_1-1\,m_2\,M} + B^{m_2}_{j_2} C^{j_1\,j_2\,J}_{m_1\,m_2-1\,M},$$

$$B^M_J C^{j_1\,j_2\,J}_{m_1\,m_2\,M-1} = A^{m_1}_{j_1} C^{j_1\,j_2\,J}_{m+1\,m_2\,M} + A^{m_2}_{j_2} C^{j_1\,j_2\,J}_{m_1\,m_2+1\,M}.$$

解答　(a) 利用正交性关系

$$\begin{aligned}\langle j_1\,j_2\,m'_1\,m'|JM\rangle &= \left\langle j_1\,j_2\,m'_1\,m'_2\left|\sum_{m_1,m_2} C^{j_1\,j_2\,J}_{m_1\,m_2\,M}\right|j_1\,j_2\,m_1\,m_2\right\rangle \\ &= \sum_{m_1,m_2} C^{j_1\,j_2\,J}_{m_1\,m_2\,M}\,\langle j_1\,j_2\,m'_1\,m'_2|j_1\,j_2\,m_1\,m_2\rangle \\ &= \sum_{m_1,m_2} C^{j_1\,j_2\,J}_{m'_1\,m'_2\,M}\delta_{m_1,m'_1}\delta_{m_2,m'_2} \\ &= C^{j_1\,j_2\,J}_{m_1\,m_2\,M}.\end{aligned}$$

(b) 将 $\hat{J}_\pm = \hat{J}^{(1)}_\pm + \hat{J}^{(2)}_\pm$ 作用到教材中方程 (6.64),

$$\begin{aligned}\hat{J}_\pm|JM\rangle &= \sum_{m_1,m_2} C^{j_1\,j_2\,J}_{m_1\,m_2\,M}\left(\hat{J}^{(1)}_\pm + \hat{J}^{(2)}_\pm\right)|j_1\,j_2\,m_1\,m_2\rangle \\ &= \sum_{m_1,m_2} C^{j_1\,j_2\,J}_{m_1\,m_2\,M}\left[\hat{J}^{(1)}_\pm|j_1\,j_2\,m_1\,m_2\rangle + \hat{J}^{(2)}_\pm|j_1\,j_2\,m_1\,m_2\rangle\right].\end{aligned}$$

下标取正号时,

$$\hat{J}_+|JM\rangle = \sum_{m_1,m_2} C^{j_1\,j_2\,J}_{m_1\,m_2\,M}\left[\hat{J}^{(1)}_+|j_1\,j_2\,m_1\,m_2\rangle + \hat{J}^{(2)}_+|j_1\,j_2\,m_1\,m_2\rangle\right],$$

$$A^M_J|JM+1\rangle = \sum_{m_1,m_2} C^{j_1\,j_2\,J}_{m_1\,m_2\,M}\Big[A^{m_1}_{j_1}|j_1\,j_2\,(m_1+1)\,m_2\rangle + A^{m_2}_{j_2}|j_1\,j_2\,m_1\,(m_2+1)\rangle\Big].$$

用左矢 $\langle j_1\,j_2\,m'_1\,m'_2|$ 左乘上式两边并结合 (a) 中结论, 得

$$\begin{aligned}\langle j_1\,j_2\,m'_1\,m'_2|\,A^M_J\,|JM+1\rangle = \sum_{m_1,m_2} C^{j_1\,j_2\,J}_{m_1\,m_2\,M}\Big[&\langle j_1\,j_2\,m'_1\,m'_2|\,A^{m_1}_{j_1}\,|j_1\,j_2\,(m_1+1)\,m_2\rangle \\ &+\langle j_1\,j_2\,m'_1\,m'_2|\,A^{m_2}_{j_2}\,|j_1\,j_2\,m_1\,(m_2+1)\rangle\Big],\end{aligned}$$

$$A^M_J C^{j_1\,j_2\,J}_{m'_1\,m'_2\,M+1} = \sum_{m_1,m_2} C^{j_1\,j_2\,J}_{m_1\,m_2\,M}\left[A^{m_1}_{j_1}\delta_{m_1+1,m'_1}\delta_{m_2,m'_2} + A^{m_2}_{j_2}\delta_{m_1,m'_1}\delta_{m_2+1,m'_2}\right].$$

等式右边中括号内第一项不为零时, 要求 $m_1+1=m'_1, m_2=m'_2$. 第二项不为零时, 要求 $m_1+1=m'_1, m_2=m'_2$. 因此,

$$A^M_J C^{j_1\,j_2\,J}_{m'_1\,m'_2\,M+1} = A^{m'_1-1}_{j_1} C^{j_1\,j_2\,J}_{m'_1-1\,m_2\,M} + A^{m'_2-1}_{j_2} C^{j_1\,j_2\,J}_{m'_1\,m_2-1\,M}.$$

令 $A^{m-1}_j = B^m_j$, 上式可写为

$$A^M_J C^{j_1\,j_2\,J}_{m_1\,m_2\,M+1} = B^{m_1}_{j_1} C^{j_1\,j_2\,J}_{m_1-1\,m_2\,M} + B^{m_2}_{j_2} C^{j_1\,j_2\,J}_{m_1\,m_2-1\,M}.$$

取负号时,

$$\hat{J}_- |JM\rangle = \sum_{m_1,m_2} C^{j_1\,j_2\,J}_{m_1\,m_2\,M} \left[\hat{J}^{(1)}_- |j_1\,j_2\,m_1\,m_2\rangle + \hat{J}^{(2)}_- |j_1\,j_2\,m_1\,m_2\rangle\right],$$

$$B^M_J |JM-1\rangle = \sum_{m_1,m_2} C^{j_1\,j_2\,J}_{m_1\,m_2\,M} \Big[B^{m_1}_{j_1} |j_1 j_2\,(m_1-1)\,m_2\rangle + B^{m_2}_{j_2} |j_1\,j_2\,m_1\,(m_2-1)\rangle\Big].$$

同样, 用左矢 $\langle j_1\,j_2\,m'_1\,m'_2|$ 左乘上式两边并结合 (a) 中结论, 得

$$\begin{aligned}\langle j_1\,j_2\,m'_1\,m'_2| B^M_J |JM-1\rangle = \sum_{m_1,m_2} C^{j_1\,j_2\,J}_{m_1\,m_2\,M} &\big[\langle j_1\,j_2\,m'_1\,m'_2| B^{m_1}_{j_1} |j_1\,j_2\,(m_1-1)\,m_2\rangle \\ &+ \langle j_1\,j_2\,m'_1\,m'_2| B^{m_2}_{j_2} |j_1\,j_2\,m_1\,(m_2-1)\rangle\big],\end{aligned}$$

$$B^M_J C^{j_1\,j_2\,J}_{m'_1\,m'_2\,M-1} = \sum_{m_1,m_2} C^{j_1\,j_2\,J}_{m_1\,m_2\,M} \left[B^{m_1}_{j_1}\delta_{m_1-1,m'_1}\delta_{m_2,m'_2} + B^{m_2}_{j_2}\delta_{m_1,m'_1}\delta_{m_2-1,m'_2}\right].$$

等式右边中括号内第一项不为零时, 要求 $m_1 - 1 = m'_1, m_2 = m'_2$. 第二项不为零时, 要求 $m_1 = m'_1, m_2 - 1 = m'_2$. 因此,

$$B^M_J C^{j_1\,j_2\,J}_{m'_1\,m'_2\,M-1} = B^{m'_1+1}_{j_1} C^{j_1\,j_2\,J}_{m'_1+1\,m'_2\,M} + B^{m'_2+1}_{j_2} C^{j_1\,j_2\,J}_{m'_1\,m'_2+1\,M}.$$

令 $B^{m+1}_j = A^m_j$, 上式可以写为

$$B^M_J C^{j_1\,j_2\,J}_{m_1\,m_2\,M-1} = A^{m_1}_{j_1} C^{j_1\,j_2\,J}_{m_1+1\,m_2\,M} + A^{m_2}_{j_2} C^{j_1\,j_2\,J}_{m_1\,m_2+1\,M}.$$

*****习题 6.24**

(a) 将方程 (6.52)~(6.54) 中的六个对易关系放在态 $\langle n'\ell'm'|$ 和 $|n\ell m\rangle$ 中间, 从而得到 $\hat{\boldsymbol{V}}$ 的矩阵元之间的关系. 例如, 升阶算符由方程 (6.52) 给出:

$$B^{m'}_{\ell'} \langle n'\ell'\,(m'-1)|\,V_+\,|n\ell m\rangle = A^m_\ell \langle n'\ell'm'|\,V_+\,|n\ell\,(m+1)\rangle.$$

(b) 利用习题 6.23 中的结论, 证明 (a) 部分的六个表达式满足方程 (6.59)~(6.61).

解答 (a) 方程 (6.52) 为 $\left[\hat{L}_\pm, \hat{V}_\pm\right] = 0$.

对于指标取正的情况,

$$\begin{aligned}\langle n'\ell'm'|\left[\hat{L}_+, \hat{V}_+\right]|n\ell m\rangle &= \langle n'\ell'm'|\,\hat{L}_+\hat{V}_+ - \hat{V}_+\hat{L}_+\,|n\ell m\rangle \\ &= \langle n'\ell'm'|\,\hat{L}_+\hat{V}_+\,|n\ell m\rangle - \langle n'\ell'm'|\,\hat{V}_+\hat{L}_+\,|n\ell m\rangle \\ &= \left\langle \hat{L}_- n'\ell'm' \middle| \hat{V}_+ |n\ell m\rangle - \langle n'\ell'm'|\,\hat{V}_+ \middle| \hat{L}_+ n\ell m\right\rangle \\ &= B^{m'}_{\ell'} \langle n'\ell'\,(m'-1)|\,\hat{V}_+\,|n\ell m\rangle - A^m_\ell \langle n'\ell'm'|\,\hat{V}_+\,|n\ell\,(m+1)\rangle \\ &= 0.\end{aligned}$$

即 $B^{m'}_{\ell'} \langle n'\ell'\,(m'-1)|\,\hat{V}_+\,|n\ell m\rangle = A^m_\ell \langle n'\ell'm'|\,\hat{V}_+\,|n\ell\,(m+1)\rangle$.

对于指标取负的情况,

$$\begin{aligned}\langle n'\ell'm'|\left[\hat{L}_-, \hat{V}_-\right]|n\ell m\rangle &= \langle n'\ell'm'|\,\hat{L}_-\hat{V}_- - \hat{V}_-\hat{L}_-\,|n\ell m\rangle \\ &= \langle n'\ell'm'|\,\hat{L}_-\hat{V}_-\,|n\ell m\rangle - \langle n'l'm'|\,\hat{V}_-\hat{L}_-\,|n\ell m\rangle\end{aligned}$$

$$
\begin{aligned}
&= \left\langle \hat{L}_{+} n'\ell' m' \middle| \hat{V}_{-} \left| n\ell m \right\rangle - \left\langle n'l'm' \right| \hat{V}_{-} \middle| \hat{L}_{-} n\ell m \right\rangle \\
&= A_{\ell'}^{m'} \left\langle n'\ell' \left(m'+1\right) \right| \hat{V}_{-} \left| n\ell m \right\rangle - B_{\ell}^{m} \left\langle n'l'm' \right| \hat{V}_{-} \left| n\ell \left(m-1\right) \right\rangle \\
&= 0.
\end{aligned}
$$

即有

$$
A_{\ell'}^{m'} \left\langle n'\ell' \left(m'+1\right) \right| \hat{V}_{-} \left| n\ell m \right\rangle = B_{\ell}^{m} \left\langle n'\ell' m' \right| \hat{V}_{-} \left| n\ell \left(m-1\right) \right\rangle .
$$

方程 (6.53) 为 $\left[\hat{L}_{\pm}, \hat{V}_z\right] = \mp\hbar\hat{V}_{\pm}$.

对于指标取正的情况,

$$
\begin{aligned}
\left\langle n'\ell' m' \right| \left[\hat{L}_{+}, \hat{V}_z\right] \left| n\ell m \right\rangle &= \left\langle n'\ell' m' \right| \hat{L}_{+}\hat{V}_z - \hat{V}_z\hat{L}_{+} \left| n\ell m \right\rangle \\
&= \left\langle n'\ell' m' \right| \hat{L}_{+}\hat{V}_z \left| n\ell m \right\rangle - \left\langle n'\ell' m' \right| \hat{V}_z\hat{L}_{+} \left| n\ell m \right\rangle \\
&= \left\langle \hat{L}_{-} n'\ell' m' \middle| \hat{V}_z \left| n\ell m \right\rangle - \left\langle n'\ell' m' \right| \hat{V}_z \middle| \hat{L}_{+} n\ell m \right\rangle \\
&= B_{\ell'}^{m'} \left\langle n'\ell' \left(m'-1\right) \right| \hat{V}_z \left| n\ell m \right\rangle - A_{l}^{m} \left\langle n'\ell' m' \right| \hat{V}_z \left| n\ell \left(m+1\right) \right\rangle \\
&= -\hbar \left\langle n'\ell' m' \right| \hat{V}_{+} \left| n\ell m \right\rangle .
\end{aligned}
$$

即有

$$
B_{\ell'}^{m'} \left\langle n'\ell' \left(m'-1\right) \right| \hat{V}_z \left| n\ell m \right\rangle = A_{\ell}^{m} \left\langle n'\ell' m' \right| \hat{V}_z \left| n\ell \left(m+1\right) \right\rangle - \hbar \left\langle n'\ell' m' \right| \hat{V}_{+} \left| n\ell m \right\rangle .
$$

对于指标取负的情况,

$$
\begin{aligned}
\left\langle n'\ell' m' \right| \left[\hat{L}_{-}, \hat{V}_z\right] \left| n\ell m \right\rangle &= \left\langle n'\ell' m' \right| \hat{L}_{-}\hat{V}_z - \hat{V}_z\hat{L}_{-} \left| n\ell m \right\rangle \\
&= \left\langle n'\ell' m' \right| \hat{L}_{-}\hat{V}_z \left| n\ell m \right\rangle - \left\langle n'\ell' m' \right| \hat{V}_z\hat{L}_{-} \left| n\ell m \right\rangle \\
&= \left\langle \hat{L}_{+} n'\ell' m' \middle| \hat{V}_z \left| n\ell m \right\rangle - \left\langle n'\ell' m' \right| \hat{V}_z \middle| \hat{L}_{-} n\ell m \right\rangle \\
&= A_{\ell'}^{m'} \left\langle n'\ell' \left(m'+1\right) \right| \hat{V}_z \left| n\ell m \right\rangle - B_{\ell}^{m} \left\langle n'\ell' m' \right| \hat{V}_z \left| n\ell \left(m-1\right) \right\rangle \\
&= \hbar \left\langle n'\ell' m' \right| \hat{V}_{-} \left| n\ell m \right\rangle .
\end{aligned}
$$

即有

$$
A_{\ell'}^{m'} \left\langle n'\ell' \left(m'+1\right) \right| \hat{V}_z \left| n\ell m \right\rangle = B_{\ell}^{m} \left\langle n'\ell' m' \right| \hat{V}_z \left| n\ell \left(m-1\right) \right\rangle + \hbar \left\langle n'\ell' m' \right| \hat{V}_{-} \left| n\ell m \right\rangle .
$$

方程 (6.54) 为 $\left[\hat{L}_{\pm}, \hat{V}_{\mp}\right] = \pm 2\hbar\hat{V}_z$.

对于指标取正的情况,

$$
\begin{aligned}
\left\langle n'\ell' m' \right| \left[\hat{L}_{+}, \hat{V}_{-}\right] \left| n\ell m \right\rangle &= \left\langle n'\ell' m' \right| \hat{L}_{+}\hat{V}_{-} - \hat{V}_{-}\hat{L}_{+} \left| n\ell m \right\rangle \\
&= \left\langle n'\ell' m' \right| \hat{L}_{+}\hat{V}_{-} \left| n\ell m \right\rangle - \left\langle n'\ell' m' \right| \hat{V}_{-}\hat{L}_{+} \left| n\ell m \right\rangle \\
&= \left\langle \hat{L}_{-} n'\ell' m' \middle| \hat{V}_{-} \left| n\ell m \right\rangle - \left\langle n'\ell' m' \right| \hat{V}_{-} \middle| \hat{L}_{+} n\ell m \right\rangle \\
&= B_{\ell'}^{m'} \left\langle n'\ell' \left(m'-1\right) \right| \hat{V}_{-} \left| n\ell m \right\rangle - A_{\ell}^{m} \left\langle n'\ell' m' \right| \hat{V}_{-} \left| n\ell \left(m+1\right) \right\rangle \\
&= 2\hbar \left\langle n'\ell' m' \right| \hat{V}_z \left| n\ell m \right\rangle .
\end{aligned}
$$

即有

$$
B_{\ell'}^{m'} \left\langle n'\ell' \left(m'-1\right) \right| \hat{V}_{-} \left| n\ell m \right\rangle = A_{\ell}^{m} \left\langle n'\ell' m' \right| \hat{V}_{-} \left| n\ell \left(m+1\right) \right\rangle + 2\hbar \left\langle n'\ell' m' \right| \hat{V}_z \left| n\ell m \right\rangle .
$$

对于指标取负的情况,

$$\begin{aligned}\langle n'\ell'm'|\left[\hat{L}_-,\hat{V}_+\right]|n\ell m\rangle &= \langle n'\ell'm'|\,\hat{L}_-\hat{V}_+-\hat{V}_+\hat{L}_-\,|n\ell m\rangle \\ &= \langle n'\ell'm'|\,\hat{L}_-\hat{V}_+\,|n\ell m\rangle-\langle n'\ell'm'|\,\hat{V}_+\hat{L}_-\,|n\ell m\rangle \\ &= \left\langle \hat{L}_+n'\ell'm'\right|\hat{V}_+\,|n\ell m\rangle-\langle n'\ell'm'|\,\hat{V}_+\left|\hat{L}_-n\ell m\right\rangle \\ &= A_{\ell'}^{m'}\,\langle n'\ell'\left(m'+1\right)|\,\hat{V}_+\,|n\ell m\rangle-B_\ell^m\,\langle n'\ell'm'|\,\hat{V}_+\,|n\ell\left(m-1\right)\rangle \\ &= -2\hbar\,\langle n'\ell'm'|\,\hat{V}_z\,|n\ell m\rangle\,.\end{aligned}$$

即有

$$A_{\ell'}^{m'}\,\langle n'\ell'\left(m'+1\right)|\,\hat{V}_+\,|n\ell m\rangle=B_\ell^m\,\langle n'\ell'm'|\,\hat{V}_+\,|n\ell\left(m-1\right)\rangle-2\hbar\,\langle n'\ell'm'|\,\hat{V}_z\,|n\ell m\rangle\,.$$

(b) (a) 的 6 个结论如下.

$\left[\hat{L}_\pm,\hat{V}_\pm\right]=0$:

[1]. $B_{\ell'}^{m'}\,\langle n'\ell'\left(m'-1\right)|\,\hat{V}_+\,|n\ell m\rangle=A_\ell^m\,\langle n'\ell'm'|\,\hat{V}_+\,|n\ell\left(m+1\right)\rangle\,.$

[2]. $A_{\ell'}^{m'}\,\langle n'\ell'\left(m'+1\right)|\,\hat{V}_-\,|n\ell m\rangle=B_\ell^m\,\langle n'\ell'm'|\,\hat{V}_-\,|n\ell\left(m-1\right)\rangle\,.$

$\left[\hat{L}_\pm,\hat{V}_z\right]=\mp\hbar\hat{V}_\pm$:

[3]. $B_{\ell'}^{m'}\,\langle n'\ell'\left(m'-1\right)|\,\hat{V}_z\,|n\ell m\rangle=A_\ell^m\,\langle n'\ell'm'|\,\hat{V}_z\,|n\ell\left(m+1\right)\rangle-\hbar\,\langle n'\ell'm'|\,\hat{V}_+\,|n\ell m\rangle\,.$

[4]. $A_{\ell'}^{m'}\,\langle n'\ell'\left(m'+1\right)|\,\hat{V}_z\,|n\ell m\rangle=B_\ell^m\,\langle n'\ell'm'|\,\hat{V}_z\,|n\ell\left(m-1\right)\rangle+\hbar\,\langle n'\ell'm'|\,\hat{V}_-\,|n\ell m\rangle\,.$

$\left[\hat{L}_\pm,\hat{V}_\mp\right]=\pm2\hbar\hat{V}_z$:

[5]. $B_{\ell'}^{m'}\,\langle n'\ell'\left(m'-1\right)|\,\hat{V}_-\,|n\ell m\rangle=A_\ell^m\,\langle n'\ell'm'|\,\hat{V}_-\,|n\ell\left(m+1\right)\rangle+2\hbar\,\langle n'\ell'm'|\,\hat{V}_z\,|n\ell m\rangle\,.$

[6]. $A_{\ell'}^{m'}\,\langle n'\ell'\left(m'+1\right)|\,\hat{V}_+\,|n\ell m\rangle=B_\ell^m\,\langle n'\ell'm'|\,\hat{V}_+\,|n\ell\left(m-1\right)\rangle-2\hbar\,\langle n'\ell'm'|\,\hat{V}_z\,|n\ell m\rangle\,.$

结合方程 (6.59)~(6.61),

$$\langle n'\ell'm'|\,\hat{V}_+\,|n\ell m\rangle=-\sqrt{2}C_{m1m'}^{\ell1\ell'}\,\langle n\ell'||V||n\ell\rangle\,,$$

$$\langle n'\ell'm'|\,\hat{V}_-\,|n\ell m\rangle=\sqrt{2}C_{m-1m'}^{\ell1\ell'}\,\langle n\ell'||V||n\ell\rangle\,,$$

$$\langle n'\ell'm'|\,\hat{V}_z\,|n\ell m\rangle=C_{m0m'}^{\ell1\ell'}\,\langle n\ell'||V||n\ell\rangle\,.$$

[1].

$$B_{\ell'}^{m'}\,\langle n'\ell'(m'-1)|\,\hat{V}_+\,|n\ell m\rangle=A_\ell^m\,\langle n'\ell'm'|\,\hat{V}_+\,|n\ell(m+1)\rangle\,,$$

$$B_{\ell'}^{m'}\left(-\sqrt{2}C_{m1m'-1}^{\ell1\ell'}\right)\langle n\ell'|\,\hat{V}\,|n\ell\rangle=A_\ell^m\left(-\sqrt{2}C_{m+11m'}^{\ell1\ell'}\right)\langle n\ell'|\,\hat{V}\,|n\ell\rangle\,,$$

$$B_{\ell'}^{m'}C_{m1m'-1}^{\ell1\ell'}=A_\ell^mC_{m+11m'}^{\ell1\ell'}.$$

由方程 (6.66) 的第二式, 得

$$B_{\ell'}^{m'}C_{m1m'-1}^{\ell1\ell'}=A_\ell^mC_{m+11m'}^{\ell1\ell'}+A_1^1C_{m2m'}^{\ell1\ell'}.$$

又因为 $A_\ell^m=\hbar\sqrt{\ell\left(\ell+1\right)-m\left(m+1\right)}$, 得 $A_1^1=0$. 所以满足方程 (6.59)~(6.61).

[2].

$$A_{\ell'}^{m'}\langle n'\ell'(m'+1)|\hat{V}_-|n\ell m\rangle=B_\ell^m\langle n'\ell'm'|\hat{V}_-|n\ell(m-1)\rangle,$$

$$A_{\ell'}^{m'}\left(\sqrt{2}C_{m-1m'+1}^{\ell1\ell'}\right)\langle n'\ell'|\hat{V}|n\ell\rangle=B_\ell^m\left(\sqrt{2}C_{m-1-1m'}^{\ell1\ell'}\right)\langle n'\ell'|\hat{V}|n\ell\rangle,$$

$$A_{\ell'}^{m'}C_{m-1m'+1}^{\ell1\ell'}=B_\ell^mC_{m-1-1m'}^{\ell1\ell'}.$$

由方程 (6.66) 的第一式, 得

$$A_{\ell'}^{m'}C_{m-1m'+1}^{\ell1\ell'}=B_\ell^mC_{m-1-1m'}^{\ell1\ell'}+B_1^{-1}C_{m-2m'}^{\ell1\ell'}.$$

又因为

$$B_\ell^m=\hbar\sqrt{\ell(\ell+1)-m(m-1)},\ \text{得}\ B_1^{-1}=0.$$

所以满足方程 (6.59)~(6.61).

[3].

$$B_{\ell'}^{m'}\langle n'\ell'(m'-1)|\hat{V}_z|n\ell m\rangle=A_\ell^m\langle n'\ell'm'|\hat{V}_z|n\ell(m+1)\rangle-\hbar\langle n'\ell'm'|\hat{V}_+|n\ell m\rangle,$$

$$B_{\ell'}^{m'}C_{m0m'-1}^{\ell1\ell'}\langle n\ell'|\hat{V}_z|n\ell\rangle=A_\ell^mC_{m+10m'}^{\ell1\ell'}\langle n\ell'|\hat{V}_z|n\ell\rangle-\hbar\left(-\sqrt{2}C_{m1m'}^{\ell1\ell'}\right)\langle n\ell'|\hat{V}_z|n\ell\rangle,$$

$$B_{\ell'}^{m'}C_{m0m'-1}^{\ell1\ell'}=A_\ell^mC_{m+10m'}^{\ell1\ell'}+\sqrt{2}\hbar C_{m1m'}^{\ell1\ell'}.$$

由方程 (6.66) 的第二式, 得

$$B_{\ell'}^{m'}C_{m0m'-1}^{\ell1\ell'}=A_\ell^mC_{m+10m'}^{\ell1\ell'}+A_1^0C_{m1m'}^{\ell1\ell'}.$$

又因为

$$A_\ell^m=\hbar\sqrt{\ell(\ell+1)-m(m+1)},\ \text{得}\ A_1^0=\sqrt{2}\hbar.$$

所以满足方程 (6.59)~(6.61).

[4].

$$A_{\ell'}^{m'}\langle n'\ell'(m'+1)|\hat{V}_z|n\ell m\rangle=B_\ell^m\langle n'\ell'm'|\hat{V}_z|n\ell(m-1)\rangle+\hbar\langle n'\ell'm'|\hat{V}_-|n\ell m\rangle,$$

$$A_{\ell'}^{m'}C_{m0m'+1}^{\ell1\ell'}\langle n\ell'|\hat{V}|n\ell\rangle=B_\ell^mC_{m-10m'}^{\ell1\ell'}\langle n\ell'|\hat{V}|n\ell\rangle+\hbar\left(\sqrt{2}C_{m-1m'}^{\ell1\ell'}\right)\langle n\ell'|\hat{V}|n\ell\rangle,$$

$$A_{\ell'}^{m'}C_{m0m'+1}^{\ell1\ell'}=B_\ell^mC_{m-10m'}^{\ell1\ell'}+\sqrt{2}\hbar C_{m-1m'}^{\ell1\ell'}.$$

由方程 (6.66) 的第一式, 得

$$A_{\ell'}^{m'}C_{m0m'+1}^{\ell1\ell'}=B_\ell^mC_{m-10m'}^{\ell1\ell'}+B_1^0C_{m-1m'}^{\ell1\ell'}.$$

又因为

$$B_\ell^m=\hbar\sqrt{\ell(\ell+1)-m(m-1)},\quad B_1^0=\sqrt{2}\hbar.$$

所以满足方程 (6.59)~(6.61).

[5].

$$B_{\ell'}^{m'}\langle n'\ell'(m'-1)|\hat{V}_-|n\ell m\rangle=A_\ell^m\langle n'\ell'm'|\hat{V}_-|n\ell(m+1)\rangle+2\hbar\langle n'\ell'm'|\hat{V}_z|n\ell m\rangle,$$

$$B_{\ell'}^{m'}\sqrt{2}C_{m-1m'-1}^{\ell1\ell'}\langle n\ell'|\hat{V}|n\ell\rangle=A_\ell^m\sqrt{2}C_{mm'}^{\ell1\ell'}\langle n\ell'|\hat{V}|n\ell\rangle+2\hbar C_{m0m'}^{\ell1\ell'}\langle n\ell'|\hat{V}|n\ell\rangle,$$

$$B_{\ell'}^{m'}C_{m-1m'-1}^{\ell1\ell'}=A_\ell^mC_{m+1-1m'}^{\ell1\ell'}+\sqrt{2}\hbar C_{m0m'}^{\ell1\ell'}.$$

由方程 (6.66) 第二式, 得

$$B_{\ell'}^{m'} C_{m-1m'-1}^{\ell 1 \ell'} = A_{\ell}^{m} C_{m+1-1m'}^{\ell 1 \ell'} + A_{1}^{-1} C_{m0m'}^{\ell 1 \ell'}.$$

又因为

$$A_{\ell}^{m} = \hbar\sqrt{\ell(\ell+1) - m(m+1)}, \quad A_{1}^{-1} = \sqrt{2}\hbar.$$

所以满足方程 (6.59)~(6.61).

[6].

$$A_{\ell'}^{m'} \langle n'\ell'(m'+1)| \hat{V}_{+} |n\ell m\rangle = B_{\ell}^{m} \langle n'\ell'm'| \hat{V}_{+} |n\ell(m-1)\rangle - 2\hbar \langle n'\ell'm'| \hat{V}_{z} |n\ell m\rangle,$$

$$\begin{aligned} A_{\ell'}^{m'} \left(-\sqrt{2}C_{m+1m'+1}^{\ell 1 \ell'}\right) \langle n\ell'| \hat{V} |n\ell\rangle = B_{\ell}^{m} \left(-\sqrt{2}C_{m-11m'}^{\ell 1 \ell'}\right) \langle n\ell'| \hat{V} |n\ell\rangle \\ -2\hbar C_{m0m'}^{\ell 1 \ell'} \langle n\ell'| \hat{V} |n\ell\rangle, \end{aligned}$$

$$A_{\ell'}^{m'} C_{m1m'+1}^{\ell 1 \ell'} = B_{\ell}^{m} C_{m-11m'}^{\ell 1 \ell'} + \sqrt{2}\hbar C_{m0m'}^{\ell 1 \ell'}.$$

由方程 (6.66) 第一式, 得

$$A_{\ell'}^{m'} C_{m1m'+1}^{\ell 1 \ell'} = B_{\ell}^{m} C_{m-11m'}^{\ell 1 \ell'} + B_{1}^{1} C_{m0m'}^{\ell 1 \ell'}.$$

又因为

$$B_{\ell}^{m} = \hbar\sqrt{\ell(\ell+1) - m(m-1)}, \quad B_{1}^{1} = \sqrt{2}\hbar.$$

所以满足方程 (6.59)~(6.61).

***习题 6.25**　用单个约化矩阵元表示电子的偶极矩 $\boldsymbol{p}_{\mathrm{e}}$ 在氢原子态

$$\psi = \frac{1}{\sqrt{2}}(\psi_{211} + \psi_{200})$$

上的期望值, 并估算该期望值. **注释**　这是一个矢量的期望值, 因此你需要计算三个分量. 不要忘记使用拉波特定则!

解答

$$\begin{aligned} \langle\psi| \boldsymbol{p}_{\mathrm{e}} |\psi\rangle &= \frac{1}{2}\left[\left(\langle 211| + \langle 200|\right) \boldsymbol{p}_{\mathrm{e}} \left(|211\rangle + |200\rangle\right)\right] \\ &= \frac{1}{2}\left[\langle 211| \boldsymbol{p}_{\mathrm{e}} |211\rangle + \langle 211| \boldsymbol{p}_{\mathrm{e}} |200\rangle + \langle 200| \boldsymbol{p}_{\mathrm{e}} |211\rangle + \langle 200| \boldsymbol{p}_{\mathrm{e}} |200\rangle\right] \\ &= \frac{1}{2}\left[\langle 211| \boldsymbol{p}_{\mathrm{e}} |211\rangle + 2\mathrm{Re}\left(\langle 211| \boldsymbol{p}_{\mathrm{e}} |200\rangle\right) + \langle 200| \boldsymbol{p}_{\mathrm{e}} |200\rangle\right]. \end{aligned}$$

由拉波特定则得, 当 $\ell + \ell'$ 为偶数时,

$$\langle n'\ell'm'| \boldsymbol{p}_{\mathrm{e}} |n\ell m\rangle = 0.$$

因此, 上式的第一项和第三项为零.

$$\begin{aligned} \langle\psi| \boldsymbol{p}_{\mathrm{e}} |\psi\rangle &= \mathrm{Re}\left(\langle 211| \boldsymbol{p}_{\mathrm{e}} |200\rangle\right) \\ &= -e\mathrm{Re}\left(\langle 211| r |200\rangle\right) \\ &= -e\mathrm{Re}\left[\langle 211| x |200\rangle \hat{x} + \langle 211| y |200\rangle \hat{y} + \langle 211| z |200\rangle \hat{z}\right]. \end{aligned}$$

由方程 (6.57), $m' \neq m$ 时, $\langle n'\ell'm'|\hat{V}_z|n\ell m\rangle = 0$. 所以上式最后一项为零.

令 $r_+ = x + \mathrm{i}y, r_- = x - \mathrm{i}y$, 则 $x = \dfrac{r_+ + r_-}{2}, y = \dfrac{r_+ - r_-}{2i}$; 因此,

$$\begin{aligned}\langle\psi|\boldsymbol{p}_\mathrm{e}|\psi\rangle &= -e\mathrm{Re}\left[\langle 211|\frac{r_+ + r_-}{2}|200\rangle\hat{x} + \langle 211|\frac{r_+ - r_-}{2\mathrm{i}}|200\rangle\hat{y}\right] \\ &= -e\mathrm{Re}\left[\langle 211|\frac{r_+\hat{x} - \mathrm{i}r_+\hat{y}}{2}|200\rangle + \langle 211|\frac{r_-\hat{x} + \mathrm{i}r_-\hat{y}}{2}|200\rangle\right] \\ &= -e\mathrm{Re}\left[\langle 211|r_+|200\rangle\frac{\hat{x} - \mathrm{i}\hat{y}}{2} + \langle 211|r_-|200\rangle\frac{\hat{x} + \mathrm{i}\hat{y}}{2}\right].\end{aligned}$$

由方程 (6.58), 当 $m' \neq m - 1$ 时, $\langle n'\ell'm'|\hat{V}_-|n\ell m\rangle = 0$, 所以上式关于 r_- 项为零. 于是,

$$\langle\psi|\boldsymbol{p}_\mathrm{e}|\psi\rangle = -e\mathrm{Re}\left[\langle 211|r_+|200\rangle\frac{\hat{x} - \mathrm{i}\hat{y}}{2}\right].$$

由方程 (6.59),

$$\langle n'\ell'm'|\hat{V}_+|n\ell m\rangle = -\sqrt{2}C^{\ell 1\ell'}_{m1m'}\langle n\ell'\|V\|n\ell\rangle,$$

则有

$$\langle 211|r_+|200\rangle = -\sqrt{2}C^{011}_{011}\langle 21|r|20\rangle.$$

因此,

$$\langle\psi|\boldsymbol{p}_\mathrm{e}|\psi\rangle = -e\mathrm{Re}\left[-\sqrt{2}C^{011}_{011}\langle 21|r|20\rangle\frac{\hat{x} - \mathrm{i}\hat{y}}{2}\right].$$

从 CG 系数计算器 (网址: https://www.wolframalpha.com/input/?i= Clebsch-Gordan+calculator) 可以查得 $C^{s_1s_2s}_{m_1m_2m} = C^{011}_{011} = 1$, 则

$$\langle\psi|\boldsymbol{p}_\mathrm{e}|\psi\rangle = e\mathrm{Re}\left[\langle 21|r|20\rangle\frac{\hat{x} - \mathrm{i}\hat{y}}{\sqrt{2}}\right] = \frac{e}{\sqrt{2}}\langle 21|r|20\rangle\hat{x}.$$

又由方程 (6.61)$\langle n\ell'|r|n\ell\rangle = \dfrac{1}{C^{\ell 1\ell'}_{m0m'}}\langle n'\ell'm'|z|n\ell m\rangle$, 为简单起见, 设 $m = m' = 0$, 则

$$\langle 21|r|20\rangle = \frac{1}{C^{011}_{000}}\langle 210|z|200\rangle = \langle 210|z|200\rangle.$$

所以,

$$\begin{aligned}\langle\psi|\boldsymbol{p}_\mathrm{e}|\psi\rangle &= \frac{e}{\sqrt{2}}\langle 210|z|200\rangle\hat{x} = \frac{e}{\sqrt{2}}\int\psi^*_{210}r\cos\theta\psi^*_{200}\mathrm{d}^3r \\ &= \frac{e}{\sqrt{2}}\langle R_{21}|r|R_{20}\rangle\frac{1}{\sqrt{3}} = \frac{e}{\sqrt{2}}\left(-3\sqrt{3}a_0\right)\frac{1}{\sqrt{3}} \\ &= \frac{-3a_0e}{\sqrt{2}}.\end{aligned}$$

***习题 6.26** 求例题 6.7 中系统的 $\hat{p}_H(t)$, 并讨论它与经典运动方程的对应关系.

解答

$$\begin{aligned}p_H(t) &= U^\dagger pU\psi_n(x) \\ &= U^\dagger\left[\mathrm{i}\sqrt{\frac{m\omega\hbar}{2}}(a_+ - a_-)\right]\mathrm{e}^{-\frac{\mathrm{i}Ht}{\hbar}}\psi_n(x) \\ &= U^\dagger\left[\mathrm{i}\sqrt{\frac{m\omega\hbar}{2}}(a_+ - a_-)\right]\mathrm{e}^{-\frac{\mathrm{i}E_nt}{\hbar}}\psi_n(x)\end{aligned}$$

$$
\begin{aligned}
&= U^{\dagger}\mathrm{i}\sqrt{\frac{m\omega\hbar}{2}}\mathrm{e}^{-\frac{\mathrm{i}E_n t}{\hbar}}\left(a_{+}-a_{-}\right)\psi_n\left(x\right)\\
&= U^{\dagger}\mathrm{i}\sqrt{\frac{m\omega\hbar}{2}}\mathrm{e}^{-\frac{\mathrm{i}E_n t}{\hbar}}\left[\sqrt{n+1}\psi_{n+1}\left(x\right)-\sqrt{n}\psi_{n-1}\left(x\right)\right]\\
&= \mathrm{i}\sqrt{\frac{m\omega\hbar}{2}}\mathrm{e}^{-\frac{\mathrm{i}E_n t}{\hbar}}\left[\sqrt{n+1}U^{\dagger}\psi_{n+1}\left(x\right)-\sqrt{n}U^{\dagger}\psi_{n-1}\left(x\right)\right]\\
&= \mathrm{i}\sqrt{\frac{m\omega\hbar}{2}}\mathrm{e}^{-\frac{\mathrm{i}E_n t}{\hbar}}\left[\sqrt{n+1}\mathrm{e}^{\frac{\mathrm{i}Ht}{\hbar}}\psi_{n+1}\left(x\right)-\sqrt{n}\mathrm{e}^{\frac{\mathrm{i}Ht}{\hbar}}\psi_{n-1}\left(x\right)\right]\\
&= \mathrm{i}\sqrt{\frac{m\omega\hbar}{2}}\mathrm{e}^{-\frac{\mathrm{i}E_n t}{\hbar}}\left[\sqrt{n+1}\mathrm{e}^{\frac{\mathrm{i}E_{n+1}t}{\hbar}}\psi_{n+1}\left(x\right)-\sqrt{n}\mathrm{e}^{\frac{\mathrm{i}E_n t}{\hbar}}\psi_{n-1}\left(x\right)\right]\\
&= \mathrm{i}\sqrt{\frac{m\omega\hbar}{2}}\left[\sqrt{n+1}\mathrm{e}^{\mathrm{i}\omega t}\psi_{n+1}\left(x\right)-\sqrt{n}\mathrm{e}^{-\mathrm{i}\omega t}\psi_{n-1}\left(x\right)\right]\\
&= \mathrm{i}\sqrt{\frac{m\omega\hbar}{2}}\left(\mathrm{e}^{\mathrm{i}\omega t}a_{+}-\mathrm{e}^{-\mathrm{i}\omega t}a_{-}\right)\psi_n.
\end{aligned}
$$

因此,

$$
\begin{aligned}
p_H(t) &= \mathrm{i}\sqrt{\frac{m\omega\hbar}{2}}\left(\mathrm{e}^{\mathrm{i}\omega t}a_{+}-\mathrm{e}^{-\mathrm{i}\omega t}a_{-}\right)\\
&= \mathrm{i}\sqrt{\frac{m\omega\hbar}{2}}\left[\mathrm{e}^{\mathrm{i}\omega t}\frac{1}{\sqrt{2\hbar m\omega}}\left(-\mathrm{i}p+m\omega x\right)-\mathrm{e}^{-\mathrm{i}\omega t}\frac{1}{\sqrt{2\hbar m\omega}}\left(\mathrm{i}p+m\omega x\right)\right]\\
&= p\cos\left(\omega t\right)-m\omega x\sin\left(\omega t\right).
\end{aligned}
$$

算符写成海森伯绘景的形式

$$
p_H\left(t\right)=p_H\left(0\right)\cos\left(\omega t\right)-m\omega x_H\left(0\right)\sin\left(\omega t\right),
$$

这与经典方程类似.

****习题 6.27** 考虑质量为 m 的自由粒子. 证明: 位置和动量算符在海森伯绘景下为

$$
\begin{aligned}
\hat{x}_H\left(t\right)&=\hat{x}_H\left(0\right)+\frac{1}{m}\hat{p}_H\left(0\right)t,\\
\hat{p}_H\left(t\right)&=\hat{p}_H\left(0\right).
\end{aligned}
$$

讨论这些方程和经典运动方程之间的关系. **提示** 你首先需要估算对易关系 $\left[\hat{x},\ \hat{H}^n\right]$, 这可以让你估算出对易关系 $\left[\hat{x},\ \hat{U}\right]$.

证明 自由粒子的哈密顿量 $H=\dfrac{p^2}{2m}$.

对易关系

$$
[p,H]=\left[p,\frac{p^2}{2m}\right]=0.
$$

$$
\begin{aligned}
[x,H]&=\left[x,\frac{p^2}{2m}\right]=\frac{1}{2m}\left[x,p^2\right]\\
&=\frac{1}{2m}p\left[x,p\right]+\frac{1}{2m}\left[x,p\right]p
\end{aligned}
$$

$$= \frac{i\hbar}{m}p.$$

$$\begin{aligned}\left[x, H^2\right] &= H[x, H] + [x, H]H \\ &= H\frac{i\hbar}{m}p + \frac{i\hbar}{m}pH \\ &= 2\frac{i\hbar}{m}pH. \\ \left[x, H^3\right] &= H\left[x, H^2\right] + [x, H]H^2 \\ &= H2\frac{i\hbar}{m}pH + \frac{i\hbar}{m}pH^2 \\ &= 3\frac{i\hbar}{m}pH.\end{aligned}$$

由数学归纳法, 猜想 $[x, H^n] = n\frac{i\hbar}{m}pH^{n-1}$.

$n=1$ 时, 显然成立. 假设 $n=k$ 时成立, 证明 $n=k+1$ 时也成立即可.

$$\left[x, H^k\right] = k\frac{i\hbar}{m}pH^{k-1} \text{ 成立.}$$

$$\begin{aligned}\left[x, H^{k+1}\right] &= H\left[x, H^k\right] + [x, H]H^k \\ &= H\left(k\frac{i\hbar}{m}pH^{k-1}\right) + \left(\frac{i\hbar}{m}p\right)H^k \\ &= k\frac{i\hbar}{m}pH^k + \frac{i\hbar}{m}pH^k \\ &= (k+1)\frac{i\hbar}{m}pH^k.\end{aligned}$$

因此, $[x, H^n] = n\frac{i\hbar}{m}pH^{n-1}$ 成立.

求对易关系

$$\begin{aligned}[x, U] &= \left[x, \sum_{n=0}^{\infty}\frac{1}{n!}\left(-\frac{i}{\hbar}Ht\right)^n\right] \\ &= \sum_{n=0}^{\infty}\frac{1}{n!}\left(-\frac{i}{\hbar}t\right)^n[x, H^n] \\ &= \sum_{n=0}^{\infty}\frac{1}{n!}\left(-\frac{i}{\hbar}t\right)^n n\frac{i\hbar}{m}pH^{n-1} \\ &= \frac{pt}{m}\sum_{n=1}^{\infty}\frac{1}{(n-1)!}\left(-\frac{i}{\hbar}t\right)^{n-1}H^{n-1} \\ &= \frac{pt}{m}U.\end{aligned}$$

因此, $x_H(t) = U^\dagger xU = U^\dagger(Ux + [x, U]) = x + U^\dagger\frac{pt}{m}U = x + \frac{pt}{m}$. 又因

$$[p, U] = 0,$$

$$p_H(t) = U^\dagger pU = U^\dagger(Up + [p, U]) = U^\dagger Up = p.$$

用算符写成海森伯绘景的形式, 则

$$\hat{x}_H(t) = \hat{x}_H(0) + \frac{\hat{p}_H(0)\,t}{m},$$

$$\hat{p}_H(t) = \hat{p}_H(0).$$

习题 6.28　证明: 方程 (6.75) 和 (6.76) 是无穷小时间 δ 下薛定谔方程的解. 提示对 $\Psi(x,t)$ 做泰勒展开.

证明　对波函数 $\Psi(x,t_0+\delta)$ 在 t_0 处进行泰勒展开, 得

$$\begin{aligned}\Psi(x,t_0+\delta) &= \Psi(x,t_0) + \delta\left.\frac{\partial\Psi}{\partial t}\right|_{t_0} + \cdots \\ &= \Psi(x,t_0) + \delta\frac{1}{\mathrm{i}\hbar}\left(\mathrm{i}\hbar\frac{\partial}{\partial t}\right)\Psi(x,t)|_{t_0} + \cdots \\ &= \Psi(x,t_0) + \delta\frac{1}{\mathrm{i}\hbar}H\Psi(x,t_0) + \cdots \\ &= \left[1 - \frac{\mathrm{i}\delta}{\hbar}H(t_0) + \cdots\right]\Psi(x,t_0).\end{aligned}$$

结合方程 (6.75), $\Psi(x,t) = U(t,t_0)\Psi(x,t_0)$, 可以得出

$$U(t_0+\delta,t_0) \approx 1 - \frac{\mathrm{i}\delta}{\hbar}H(t_0).$$

***习题 6.29**　对方程 (6.72) 求微分得到海森伯运动方程

$$\mathrm{i}\hbar\frac{\mathrm{d}}{\mathrm{d}t}\hat{Q}_H(t) = \left[\hat{Q}_H(t),\ \hat{H}\right]$$

($\hat{Q}$ 和 $\hat{H}$ 都和时间无关).① 插入 $\hat{Q} = \hat{x}$ 和 $\hat{Q} = \hat{p}$, 在海森伯绘景下, 求出质量为 m 的单粒子在势场 $V(x)$ 中运动的 $\hat{x}_H$ 和 $\hat{p}_H$ 的微分方程.

解答　方程 (6.72) 为 $\hat{Q}_H(t) = \hat{U}^\dagger(t)\hat{Q}\hat{U}(t)$.

两边做微分可得

$$\frac{\mathrm{d}}{\mathrm{d}t}Q_H(t) = \frac{\mathrm{d}U^\dagger(t)}{\mathrm{d}t}QU(t) + U^\dagger(t)Q\frac{\mathrm{d}U(t)}{\mathrm{d}t}$$

Q 是不含时间的算符.

由于 H 与时间无关, 所以

$$U(t) = \mathrm{e}^{-\mathrm{i}Ht/\hbar}, \quad U^\dagger(t) = \mathrm{e}^{\mathrm{i}Ht/\hbar},$$

$$\frac{\mathrm{d}U(t)}{\mathrm{d}t} = \left(-\frac{\mathrm{i}}{\hbar}H\right)\mathrm{e}^{-\mathrm{i}Ht/\hbar} = -\frac{\mathrm{i}}{\hbar}HU(t),$$

$$\frac{\mathrm{d}U^\dagger(t)}{\mathrm{d}t} = \left[-\frac{\mathrm{i}}{\hbar}HU(t)\right]^\dagger = \frac{\mathrm{i}}{\hbar}U^\dagger(t)H.$$

---

① 对于含时的 $\hat{Q}$ 和 $\hat{H}$, 推广的方程为

$$\mathrm{i}\hbar\frac{\mathrm{d}}{\mathrm{d}t}\hat{Q}_H(t) = \left[\hat{Q}_H(t),\hat{H}_H(t)\right] + \hat{U}^\dagger\frac{\partial\hat{Q}}{\partial t}\hat{U}.$$

H 不依赖时间, 所以 H 与 $U^\dagger$ 和 U 都对易. 因此,

$$\begin{aligned}\frac{\mathrm{d}}{\mathrm{d}t}Q_H(t) &= \frac{\mathrm{d}U^\dagger(t)}{\mathrm{d}t}QU(t)+U^\dagger(t)Q\frac{\mathrm{d}U(t)}{\mathrm{d}t}\\ &= \left(\frac{\mathrm{i}}{\hbar}U^\dagger H\right)QU+U^\dagger Q\left(-\frac{\mathrm{i}}{\hbar}\right)HU\\ &= -\frac{\mathrm{i}}{\hbar}\left(-U^\dagger HQU+U^\dagger QHU\right).\end{aligned}$$

即

$$\begin{aligned}\mathrm{i}\hbar\frac{\mathrm{d}}{\mathrm{d}t}Q_H(t) &= -U^\dagger HQU+U^\dagger QHU,\\ \mathrm{i}\hbar\frac{\mathrm{d}}{\mathrm{d}t}Q_H(t) &= U^\dagger QUH-HU^+QU,\\ \mathrm{i}\hbar\frac{\mathrm{d}}{\mathrm{d}t}Q_H(t) &= Q_HH-HQ_H=[Q_H,H].\end{aligned}$$

对于海森伯绘景下的算符 x_H, 由 $\frac{\mathrm{d}}{\mathrm{d}t}Q_H(t)=\frac{1}{\mathrm{i}\hbar}[Q_H,H]$ 知

$$\begin{aligned}\frac{\mathrm{d}}{\mathrm{d}t}x_H &= \frac{1}{\mathrm{i}\hbar}[x_H,H]=\frac{1}{\mathrm{i}\hbar}\left[U^\dagger xU,H\right]\\ &= \frac{1}{\mathrm{i}\hbar}\left(U^\dagger[xU,H]+\left[U^\dagger,H\right]xU\right)\\ &= \frac{1}{\mathrm{i}\hbar}\left(U^\dagger x[U,H]+U^\dagger[x,H]U+\left[U^\dagger,H\right]xU\right)\\ &= \frac{1}{\mathrm{i}\hbar}U^\dagger[x,H]U\\ &= \frac{1}{\mathrm{i}\hbar}U^\dagger\left[x,\frac{p^2}{2m}+V(x)\right]U\\ &= \frac{1}{\mathrm{i}\hbar}U^\dagger\left(\left[x,\frac{p^2}{2m}\right]+[x,V(x)]\right)U\\ &= \frac{1}{\mathrm{i}\hbar}U^\dagger\left(\left[x,\frac{p^2}{2m}\right]\right)U\\ &= \frac{1}{2m\mathrm{i}\hbar}U^\dagger(p[x,p]+[x,p]p)U\\ &= \frac{1}{2m\mathrm{i}\hbar}U^\dagger(\mathrm{i}\hbar)2pU\\ &= \frac{p_H}{m}.\end{aligned}$$

对于海森伯绘景下的算符 p_H, 由 $\frac{\mathrm{d}}{\mathrm{d}t}Q_H(t)=\frac{1}{\mathrm{i}\hbar}[Q_H,H]$ 结合 x_H 的部分推导, 直接可得

$$\begin{aligned}\frac{\mathrm{d}}{\mathrm{d}t}p_H &= \frac{1}{\mathrm{i}\hbar}U^\dagger\left[p,\frac{p^2}{2m}+V\right]U\\ &= \frac{1}{\mathrm{i}\hbar}U^\dagger\left(\left[p,\frac{p^2}{2m}\right]+[p,V]\right)U\\ &= \frac{1}{\mathrm{i}\hbar}U^\dagger\left(-\mathrm{i}\hbar\frac{\mathrm{d}V}{\mathrm{d}x}\right)_H.\end{aligned}$$

因此, 海森伯绘景下算符 x_H 和 p_H 都存在经典对应关系:

$$m\frac{\mathrm{d}x_H}{\mathrm{d}t}=p_H(t),\quad \frac{\mathrm{d}p_H}{\mathrm{d}t}=\left(-\frac{\mathrm{d}V}{\mathrm{d}x}\right)_H.$$

*****习题 6.30**　粒子做一维运动时的不含时哈密顿量处在能量为 E_n 的定态 $\psi_n(x)$.

(a) 证明: 含时薛定谔方程的解可以写成

$$\varPsi(x,t)=\hat{U}(t)\varPsi(x,0)=\int K(x,x',t)\varPsi(x',0)\,\mathrm{d}x',$$

其中 $K(x,x',t)$ 是熟知的**传播子**, 即

$$K(x,x',t)=\sum_n\psi_n^*(x')\,\mathrm{e}^{-\mathrm{i}E_nt/\hbar}\psi_n(x).$$

其中 $|K(x,x',t)|^2$ 是量子力学粒子在 t 时间内从 x' 位置传播到 x 位置的几率.

(b) 对质量为 m 的粒子在频率为 ω 的简谐势场中的情况, 求 K 值. 利用如下恒等式:

$$\frac{1}{\sqrt{1-z^2}}\exp\left[-\frac{\xi^2+\eta^2-2\xi\eta z}{1-z^2}\right]=\mathrm{e}^{-\xi^2}\mathrm{e}^{-\eta^2}\sum_{n=0}^{\infty}\frac{z^n}{2^nn!}H_n(\xi)H_n(\eta).$$

(c) 如果 (a) 部分粒子的初态为 ①

$$\varPsi(x,0)=\left(\frac{2a}{\pi}\right)^{1/4}\mathrm{e}^{-a(x-x_0)^2}.$$

求 $\varPsi(x,t)$. 将结果与习题 2.49 作对比. 注释　习题 2.49 是 $a=m\omega/2\hbar$ 的一个特例.

(d) 求质量为 m 的自由粒子的 K 值. 在该情况下, 定态不再是离散的, 而是连续的, 需要对方程 (6.79) 作如下替换:

$$\sum_n\to\int_{-\infty}^{\infty}\mathrm{d}p.$$

(e) 求自由粒子以初态

$$\varPsi(x,0)=\left(\frac{2a}{\pi}\right)^{1/4}\mathrm{e}^{-ax^2}$$

出发的波函数 $\varPsi(x,t)$. 将结果与习题 2.21 作对比.

解答　(a) 将零时刻的波函数 $\varPsi(x,0)$ 用本征态进行展开

$$\varPsi(x,0)=\sum_n c_n\psi_n(x),$$

① (c)∼(e) 中的积分都可以利用在习题 2.21 中推导的下面一个恒等式完成:

$$\int_{-\infty}^{\infty}\mathrm{e}^{-ax^2+bx}\mathrm{d}x=\sqrt{\frac{\pi}{a}}\mathrm{e}^{b^2/4a}.$$

其中系数 $c_n=\int\psi_n^*(x)\Psi(x,0)\,\mathrm{d}x$.

$$\begin{aligned}\Psi(x,t)&=\sum_n c_n\psi_n(x)\,\mathrm{e}^{-\mathrm{i}E_nt/\hbar}\\&=\sum_n\left[\int\psi_n^*(x')\,\psi(x',0)\,\mathrm{d}x'\right]\psi_n(x)\,\mathrm{e}^{-\mathrm{i}E_nt/\hbar}\\&=\int\sum_n\psi_n^*(x')\,\mathrm{e}^{-\mathrm{i}E_nt/\hbar}\psi_n(x)\,\psi(x',0)\,\mathrm{d}x'\\&=\int K(x,x',t)\,\psi(x',0)\,\mathrm{d}x',\end{aligned}$$

其中 $K(x,x',t)=\sum\limits_n\psi_n^*(x')\,\mathrm{e}^{-\mathrm{i}E_nt/\hbar}\psi_n(x)$.

(b) 简谐振子的定态为 $\psi_n=A_nH_n(\xi)\mathrm{e}^{-\xi^2/2}$, 其中 $\xi=\sqrt{\dfrac{m\omega}{\hbar}}x$.

由 (a) 中传播子的形式可得

$$\begin{aligned}K(x,x',t)&=\sum_n\psi_n^*(x')\,\mathrm{e}^{-\mathrm{i}E_nt/\hbar}\psi_n(x)\\&=\sum_{n=0}A_nH_n(\eta)\,\mathrm{e}^{-\eta^2/2}\mathrm{e}^{-\mathrm{i}(n+1/2)\omega t}A_nH_n(\xi)\,\mathrm{e}^{-\xi^2/2},\end{aligned}$$

其中 $\eta=\sqrt{\dfrac{m\omega}{\hbar}}x'$. 令 $z=\mathrm{e}^{-\mathrm{i}\omega t}$, 由方程 (2.86) 知 $A_n=(m\omega/\pi\hbar)^{1/4}\dfrac{1}{\sqrt{2^nn!}}$.

因此,

$$\begin{aligned}K(x,x',t)&=\mathrm{e}^{(\eta^2+\xi^2)/2}\sqrt{\frac{m\omega}{\pi\hbar}}\sqrt{z}\mathrm{e}^{\eta^2+\xi^2}\sum_{n=0}\frac{z^n}{2^nn!}H_n(\xi)\,H_n(\eta)\\&=\sqrt{\frac{m\omega}{\pi\hbar}}\sqrt{\frac{z}{1-z^2}}\exp\left[\frac{\eta^2+\xi^2}{2}-\frac{\eta^2+\xi^2-2\eta\xi z}{1-z^2}\right]\\&=\sqrt{\frac{m\omega}{\pi\hbar}}\sqrt{\frac{z}{1-z^2}}\exp\left[-\frac{1}{2}\frac{(1+z^2)(\eta^2+\xi^2)-4\eta\xi z}{1-z^2}\right].\end{aligned}$$

由于 $|z|^2=z^*z=1$, 所以

$$K(x,x',t)=\sqrt{\frac{m\omega}{\pi\hbar}}\sqrt{\frac{1}{z^*-z}}\exp\left[-\frac{1}{2}\frac{(z^*+z)(\eta^2+\xi^2)-4\eta\xi}{z^*-z}\right].$$

由 $z^*-z=\mathrm{e}^{\mathrm{i}\omega t}-\mathrm{e}^{-\mathrm{i}\omega t}=2\mathrm{i}\sin(\omega t)$, $z^*+z=\mathrm{e}^{\mathrm{i}\omega t}+\mathrm{e}^{-\mathrm{i}\omega t}=2\cos(\omega t)$, 因此上式可进一步写为

$$K(x,x',t)=\sqrt{\frac{m\omega}{2\pi\hbar}}\sqrt{\frac{1}{\mathrm{i}\sin(\omega t)}}\exp\left[-\frac{m\omega}{2\hbar}\frac{\cos(\omega t)\left(x^2+x'^2\right)-2xx'}{\mathrm{i}\sin(\omega t)}\right].$$

(c) 初始态为 $\Psi(x',0)=\left(\dfrac{2a}{\pi}\right)^{1/4}\mathrm{e}^{-a\left(x'-x_0\right)^2}$.

随时间演化态可以写为

$$\Psi(x,t)=\int_{-\infty}^{\infty}K(x,x',t)\Psi(x',0)\mathrm{d}x'$$

$$
\begin{aligned}
&= \sqrt{\frac{1}{\pi}\frac{m\omega}{2\hbar}}\sqrt{\frac{1}{\mathrm{i}\sin(\omega t)}}\int_{-\infty}^{\infty}\exp\left[-\frac{m\omega}{2\hbar}\frac{\cos(\omega t)\left(x^2+x'^2\right)-2xx'}{\mathrm{i}\sin(\omega t)}\right] \\
&\quad\times\left(\frac{2a}{\pi}\right)^{1/4}\mathrm{e}^{-a\left(x'-x_0\right)^2}\mathrm{d}x' \\
&= \sqrt{\frac{1}{\pi}\frac{m\omega}{2\hbar}}\sqrt{\frac{1}{\mathrm{i}\sin(\omega t)}}\left(\frac{2a}{\pi}\right)^{1/4}\exp\left[-\frac{m\omega}{2\hbar}\frac{x^2}{\mathrm{i}\tan(\omega t)}-ax_0^2\right] \\
&\quad\times\int_{-\infty}^{\infty}\exp\left\{-\left[\frac{m\omega}{2\hbar}\frac{1}{\mathrm{i}\tan(\omega t)}+a\right]x'^2+\left[\frac{m\omega}{\hbar}\frac{x}{\mathrm{i}\sin(\omega t)}+2ax_0\right]x'\right\}\mathrm{d}x'.
\end{aligned}
$$

中括号内的第一项积分为高斯积分形式, 第二项积分为普通的 e 指数积分, 因此

$$
\begin{aligned}
\Psi(x,t) &= \sqrt{\frac{1}{\pi}\frac{m\omega}{2\hbar}}\sqrt{\frac{1}{\mathrm{i}\sin(\omega t)}}\left(\frac{2a}{\pi}\right)^{1/4}\exp\left[-\frac{m\omega}{2\hbar}\frac{x^2}{\mathrm{i}\tan(\omega t)}-ax_0^2\right] \\
&\quad\times\sqrt{\frac{\pi}{\dfrac{m\omega}{2\hbar}\dfrac{1}{\mathrm{i}\tan(\omega t)}+a}}\exp\left\{\frac{\left[\dfrac{m\omega}{\hbar}\dfrac{x}{\mathrm{i}\sin(\omega t)}+2ax_0\right]^2}{4\left[\dfrac{m\omega}{2\hbar}\dfrac{1}{\mathrm{i}\tan(\omega t)}+a\right]}\right\}.
\end{aligned}
$$

与习题 2.49 进行对比, 设 $t=0$, 则

$$
\Psi(x,0)=\left(\frac{m\omega}{\pi\hbar}\right)^{1/4}\exp\left[-\frac{m\omega}{2\hbar}\left(x-x_0\right)^2\right],
$$

令 $a=\dfrac{m\omega}{2\hbar}$, 得

$$
\begin{aligned}
\Psi(x,t) &= \left(\frac{m\omega}{\pi\hbar}\right)^{1/4}\frac{\exp\left[-\dfrac{m\omega}{2\hbar}\dfrac{\left(x^2+x_0^2\right)\cos(\omega t)-2xx_0+\mathrm{i}\sin(\omega t)x^2}{\mathrm{e}^{\mathrm{i}\omega t}}\right]}{\sqrt{\mathrm{e}^{\mathrm{i}\omega t}}} \\
&= \left(\frac{m\omega}{\pi\hbar}\right)^{1/4}\exp\left\{-\frac{m\omega}{2\hbar}\left[x^2+\frac{x_0^2}{2}\left(1+\mathrm{e}^{-2\mathrm{i}\omega t}\right)+\frac{\mathrm{i}\hbar t}{m}-2\mathrm{e}^{-\mathrm{i}\omega t}xx_0\right]\right\}.
\end{aligned}
$$

结论与习题 2.49 一致.

(d) 对于自由粒子, 将分离形式的传播子 $K(x,x',t)=\sum\limits_n\psi_n^*(x')\mathrm{e}^{-\mathrm{i}E_nt/\hbar}\psi_n(x)$ 换为积分形式,

$$
\begin{aligned}
K(x,x',t) &= \int_{-\infty}^{\infty}f_p(x')^*\,\mathrm{e}^{-\mathrm{i}E_pt/\hbar}f_p(x)\,\mathrm{d}p \\
&= \int_{-\infty}^{\infty}\frac{\mathrm{e}^{-\mathrm{i}px'/\hbar}}{\sqrt{2\pi\hbar}}\mathrm{e}^{-\mathrm{i}p^2t/2m\hbar}\frac{\mathrm{e}^{\mathrm{i}px/\hbar}}{\sqrt{2\pi\hbar}}\mathrm{d}p \\
&= \frac{1}{2\pi\hbar}\int_{-\infty}^{\infty}\exp\left[-\mathrm{i}\frac{p^2t}{2m\hbar}+\mathrm{i}\frac{p}{\hbar}\left(x-x'\right)\right]\mathrm{d}p \\
&= \frac{1}{2\pi\hbar}\sqrt{\frac{\pi}{\mathrm{i}t/2m\hbar}}\exp\left[-\frac{\left(x-x'\right)^2/\hbar^2}{2\mathrm{i}t/(m\hbar)}\right] \\
&= \sqrt{\frac{m}{2\pi\mathrm{i}\hbar t}}\exp\left[\frac{\mathrm{i}m}{2\hbar t}\left(x-x'\right)^2\right].
\end{aligned}
$$

(e) 波函数

$$\begin{aligned}
\Psi(x,t) &= \int_{-\infty}^{\infty} K(x,x',t)\,\Psi(x',0)\,\mathrm{d}x' \\
&= \int_{-\infty}^{\infty} \sqrt{\frac{m}{2\pi \mathrm{i}\hbar t}} \exp\left[\frac{\mathrm{i}m}{2\hbar t}(x-x')^2\right]\left(\frac{2a}{\pi}\right)^{1/4} \mathrm{e}^{-ax'^2}\mathrm{d}x' \\
&= \sqrt{\frac{m}{2\pi \mathrm{i}\hbar t}}\left(\frac{2a}{\pi}\right)^{1/4} \exp\left[\frac{\mathrm{i}m}{2\hbar t}x^2\right]\int_{-\infty}^{\infty}\exp\left[-\left(a-\frac{\mathrm{i}m}{2\hbar t}\right)x'^2-\frac{\mathrm{i}m}{\hbar t}xx'\right]\mathrm{d}x' \\
&= \sqrt{\frac{m}{2\pi \mathrm{i}\hbar t}}\left(\frac{2a}{\pi}\right)^{1/4} \exp\left[\frac{\mathrm{i}m}{2\hbar t}x^2\right]\sqrt{\frac{\pi}{a-\mathrm{i}m/(2\hbar t)}}\exp\left[-\frac{[mx/(\hbar t)]^2}{4[a-\mathrm{i}m/(2\hbar t)]}\right] \\
&= \left(\frac{2a}{\pi}\right)^{1/4}\frac{\exp\left[-\dfrac{a}{1+\mathrm{i}2a\hbar t/m}x^2\right]}{\sqrt{1+\mathrm{i}2a\hbar t/m}}.
\end{aligned}$$

结论与习题 2.21 一致.

补充习题

习题 6.31　在推导方程 (6.3) 时, 假定函数具有泰勒级数形式. 如果通过谱分解定义算符指数而不是幂级数, 那么结果更具有普适性,

$$\hat{T}(a) = \int \mathrm{e}^{-\mathrm{i}ap/\hbar}\,|p\rangle\langle p|\,\mathrm{d}p.$$

这里给出狄拉克符号下的算符; 作用在位置空间函数 (参见教材 123 页的讨论) 意味着

$$\hat{T}(a)\,\psi(x) = \int_{-\infty}^{\infty} \mathrm{e}^{-\mathrm{i}ap/\hbar} f_p(x)\,\Phi(p)\,\mathrm{d}p,$$

其中 $\Phi(p)$ 是对应 $\psi(x)$ 的动量空间波函数, $f_p(x)$ 在方程 (3.32) 中已给出定义. 证明: 方程 (6.81) 给出的算符 $\hat{T}(a)$ 作用到函数

$$\psi(x) = \sqrt{\lambda}\mathrm{e}^{-\lambda|x|}$$

(其一阶导数在 $x=0$ 处未定义) 上可以得到正确的结果.

证明　首先通过傅里叶变换将波函数 $\psi(x)=\sqrt{\lambda}\mathrm{e}^{-\lambda|x|}$ 变换到动量空间上

$$\begin{aligned}
\Phi(p) &= \frac{1}{\sqrt{2\pi\hbar}}\int_{-\infty}^{\infty}\mathrm{e}^{-\mathrm{i}px/\hbar}\psi(x)\,\mathrm{d}x \\
&= \frac{1}{\sqrt{2\pi\hbar}}\int_{-\infty}^{\infty}\mathrm{e}^{-\mathrm{i}px/\hbar}\sqrt{\lambda}\mathrm{e}^{-\lambda|x|}\mathrm{d}x \\
&= \frac{\sqrt{\lambda}}{\sqrt{2\pi\hbar}}\int_{-\infty}^{\infty}\mathrm{e}^{-\lambda|x|-\mathrm{i}px/\hbar}\mathrm{d}x \\
&= \sqrt{\frac{\lambda}{2\pi\hbar}}\left[\int_{-\infty}^{0}\mathrm{e}^{(\lambda-\mathrm{i}p/\hbar)x}\mathrm{d}x+\int_{0}^{\infty}\mathrm{e}^{-(\lambda+\mathrm{i}p/\hbar)x}\mathrm{d}x\right] \\
&= \sqrt{\frac{\lambda}{2\pi\hbar}}\left(\frac{1}{\lambda-\mathrm{i}p/\hbar}+\frac{1}{\lambda+\mathrm{i}p/\hbar}\right)
\end{aligned}$$

$$= \sqrt{\frac{\lambda}{2\pi\hbar}} \frac{\lambda}{(p/\hbar)^2 + \lambda^2}.$$

再利用方程 (6.81), 得

$$\hat{T}(a)\psi(x) = \int_{-\infty}^{\infty} \mathrm{e}^{-\mathrm{i}pa/\hbar} \frac{\mathrm{e}^{\mathrm{i}px/\hbar}}{\sqrt{2\pi\hbar}} \sqrt{\frac{2\lambda}{\pi\hbar}} \frac{\lambda}{(p/\hbar)^2 + \lambda^2} \mathrm{d}p.$$

为方便积分, 令 $p = q\lambda\hbar$, 得

$$\hat{T}(a)\psi(x) = \frac{\sqrt{\lambda}}{\pi} \int_{-\infty}^{\infty} \frac{\mathrm{e}^{\mathrm{i}q\lambda(x-a)}}{q^2+1} \mathrm{d}q = \frac{2\sqrt{\lambda^3}}{\pi} \int_0^{\infty} \frac{\cos[q\lambda(x-a)]}{q^2+1} \mathrm{d}q = \sqrt{\lambda}\mathrm{e}^{-\lambda|x-a|},$$

与所求结果符合.

****习题 6.32** 自旋态的旋转可由与方程 (6.32) 相同的表达式给出, 其中用自旋角动量代替轨道角动量:

$$\mathcal{R}_{\boldsymbol{n}}(\varphi) = \exp\left[-\mathrm{i}\frac{\varphi}{\hbar}\boldsymbol{n} \cdot \boldsymbol{\mathcal{S}}\right].$$

本题将考虑自旋为 1/2 态的旋转.

(a) 证明:

$$(\boldsymbol{a} \cdot \sigma)(\boldsymbol{b} \cdot \sigma) = \boldsymbol{a} \cdot \boldsymbol{b} + \mathrm{i}(\boldsymbol{a} \times \boldsymbol{b}) \cdot \sigma,$$

其中 σ_i 是泡利自旋矩阵, $\boldsymbol{a}$ 和 $\boldsymbol{b}$ 为普通的矢量. 利用习题 4.29 的结果.

(b) 利用 (a) 部分的结果, 证明:

$$\exp\left[-\mathrm{i}\frac{\varphi}{\hbar}\boldsymbol{n} \cdot \boldsymbol{\mathcal{S}}\right] = \cos\left(\frac{\varphi}{2}\right) - \mathrm{i}\sin\left(\frac{\varphi}{2}\right)\boldsymbol{n} \cdot \sigma.$$

回顾一下 $\boldsymbol{\mathcal{S}} = (\hbar/2)\sigma$.

(c) 证明: 在沿着 z 轴自旋向上和自旋向下的标准基下, (b) 部分的结果变为如下矩阵

$$\mathcal{R}_{\boldsymbol{n}} = \cos\left(\frac{\varphi}{2}\right)\begin{pmatrix} 1 & 0 \\ 0 & 1 \end{pmatrix} - \mathrm{i}\sin\left(\frac{\varphi}{2}\right)\begin{pmatrix} \cos\theta & \sin\theta\mathrm{e}^{-\mathrm{i}\phi} \\ \sin\theta\mathrm{e}^{\mathrm{i}\phi} & -\cos\theta \end{pmatrix},$$

其中 θ 和 ϕ 是描述旋转轴单位矢量 $\boldsymbol{n}$ 的极坐标.

(d) 证明: (c) 部分的矩阵 $\mathcal{R}_{\boldsymbol{n}}$ 是幺正的.

(e) 详尽地计算矩阵 $\boldsymbol{\mathcal{S}}'_x = \mathcal{R}^\dagger \boldsymbol{\mathcal{S}}_x \mathcal{R}$, 其中 $\mathcal{R}$ 表示绕 z 轴旋转角度 φ, 并验证其是否回到预期的结果. 提示　用 $\boldsymbol{\mathcal{S}}_x$ 和 $\boldsymbol{\mathcal{S}}_y$ 重写 $\boldsymbol{\mathcal{S}}'_x$.

(f) 构建一个绕 x 轴旋转角度为 π 的矩阵, 证明: 它可以把自旋向上变为自旋向下.

(g) 求出绕 z 轴旋转 2π 的矩阵. 为什么这个结果令人吃惊? ①

解答　(a)

$$(\boldsymbol{a} \cdot \sigma)(\boldsymbol{b} \cdot \sigma) = \sum_j a_j\sigma_j \sum_k b_k\sigma_k = \sum_j \sum_k a_j b_k \sigma_j \sigma_k.$$

① 有关实际上如何测量符号变化的讨论, 请参见 S. A. Werner et al., *Phys. Rev. Lett.* **35**, 1053 (1975).

由习题 4.29 知 $\sigma_j\sigma_k=\delta_{jk}+\mathrm{i}\sum\limits_l\varepsilon_{jkl}\sigma_l$, 代入上式, 得

$$\begin{aligned}(\boldsymbol{a}\cdot\boldsymbol{\sigma})(\boldsymbol{b}\cdot\boldsymbol{\sigma})&=\sum_j\sum_k a_jb_k\left(\delta_{jk}+\mathrm{i}\sum_n\varepsilon_{jkn}\sigma_n\right)\\&=\sum_j\sum_k a_jb_k\delta_{jk}+\mathrm{i}\sum_j\sum_k a_jb_k\left(\sum_n\varepsilon_{jkn}\sigma_n\right)\\&=\sum_j a_jb_j+\mathrm{i}\sum_n\sum_j\sum_k\varepsilon_{jkn}a_jb_k\sigma_n\\&=\boldsymbol{a}\cdot\boldsymbol{b}+\mathrm{i}\sum_n(\boldsymbol{a}\times\boldsymbol{b})_n\sigma_n\\&=\boldsymbol{a}\cdot\boldsymbol{b}+\mathrm{i}(\boldsymbol{a}\times\boldsymbol{b})\cdot\boldsymbol{\sigma}.\end{aligned}$$

(b) 由于表达式中包含 $\boldsymbol{n}\cdot\boldsymbol{\mathcal{S}}=\dfrac{\hbar}{2}\boldsymbol{n}\cdot\boldsymbol{\sigma}$, 所以先研究 $(\boldsymbol{n}\cdot\boldsymbol{\sigma})^k$ 的基本结果.

$$(\boldsymbol{n}\cdot\boldsymbol{\sigma})^2=\boldsymbol{n}\cdot\boldsymbol{n}+\mathrm{i}(\boldsymbol{n}\times\boldsymbol{n})\cdot\boldsymbol{\sigma}=\boldsymbol{n}\cdot\boldsymbol{n}=1.$$

类推可知

$$(\boldsymbol{n}\cdot\boldsymbol{\sigma})^k=\begin{cases}\boldsymbol{n}\cdot\boldsymbol{\sigma}, & k\ \text{为奇数},\\ 1, & k\ \text{为偶数}.\end{cases}$$

将以上性质应用到要证明的式子中, 得

$$\begin{aligned}\exp\left[-\mathrm{i}\frac{\varphi}{\hbar}\boldsymbol{n}\cdot\boldsymbol{\mathcal{S}}\right]&=\exp\left[-\mathrm{i}\frac{\varphi}{\hbar}\boldsymbol{n}\cdot\left(\frac{\hbar}{2}\boldsymbol{\sigma}\right)\right]\\&=\exp\left[-\mathrm{i}\frac{\varphi}{2}\boldsymbol{n}\cdot\boldsymbol{\sigma}\right]\\&=\sum_{k=0}^{\infty}\frac{1}{k!}\left(-\frac{\mathrm{i}\varphi}{2}\right)^k(\boldsymbol{n}\cdot\boldsymbol{\sigma})^k\\&=\sum_{k\ even}^{\infty}\frac{1}{k!}\left(-\frac{\mathrm{i}\varphi}{2}\right)^k+\sum_{k\ odd}^{\infty}\frac{1}{k!}\left(-\frac{\mathrm{i}\varphi}{2}\right)^k(\boldsymbol{n}\cdot\boldsymbol{\sigma})\\&=\sum_{k\ even}^{\infty}\frac{(-1)^{k/2}}{k!}\left(\frac{\varphi}{2}\right)^k-\mathrm{i}\sum_{k\ odd}^{\infty}\frac{(-1)^{(k-1)/2}}{k!}\left(\frac{\varphi}{2}\right)^k(\boldsymbol{n}\cdot\boldsymbol{\sigma})\\&=\cos\left(\frac{\varphi}{2}\right)-\mathrm{i}\sin\left(\frac{\varphi}{2}\right)\boldsymbol{n}\cdot\boldsymbol{\sigma}.\end{aligned}$$

(c)

$$\begin{aligned}\boldsymbol{\mathcal{R}}_{\boldsymbol{n}}(\varphi)&=\exp\left[-\mathrm{i}\frac{\varphi}{\hbar}\boldsymbol{n}\cdot\boldsymbol{\mathcal{S}}\right]\\&=\cos\left(\frac{\varphi}{2}\right)-\mathrm{i}\sin\left(\frac{\varphi}{2}\right)\boldsymbol{n}\cdot\boldsymbol{\sigma}\\&=\cos\left(\frac{\varphi}{2}\right)-\mathrm{i}\sin\left(\frac{\varphi}{2}\right)(n_x\sigma_x+n_y\sigma_y+n_z\sigma_z).\end{aligned}$$

由于 $\boldsymbol{n}=\sin\theta\cos\phi\hat{\imath}+\sin\theta\sin\phi\hat{j}+\cos\theta\hat{k}$, 代入上式, 得

$$\boldsymbol{\mathcal{R}}_{\boldsymbol{n}}(\varphi)=\cos\left(\frac{\varphi}{2}\right)\begin{pmatrix}1&0\\0&1\end{pmatrix}-\mathrm{i}\sin\left(\frac{\varphi}{2}\right)\left[\sin\theta\cos\phi\begin{pmatrix}0&1\\1&0\end{pmatrix}\right.$$

$$+\sin\theta\sin\phi\begin{pmatrix}0 & -\mathrm{i}\\ \mathrm{i} & 0\end{pmatrix}+\cos\theta\begin{pmatrix}1 & 0\\ 0 & -1\end{pmatrix}\Bigg]$$

$$=\cos\left(\frac{\varphi}{2}\right)\begin{pmatrix}1 & 0\\ 0 & 1\end{pmatrix}-\mathrm{i}\sin\left(\frac{\varphi}{2}\right)\begin{pmatrix}\cos\theta & \sin\theta\mathrm{e}^{-\mathrm{i}\phi}\\ \sin\theta\mathrm{e}^{\mathrm{i}\phi} & -\cos\theta\end{pmatrix}.$$

(d)

$$\mathcal{R}_n^+=\cos\left(\frac{\varphi}{2}\right)\begin{pmatrix}1 & 0\\ 0 & 1\end{pmatrix}^{\mathrm{T}}+\mathrm{i}\sin\left(\frac{\varphi}{2}\right)\begin{pmatrix}\cos\theta & \sin\theta\mathrm{e}^{\mathrm{i}\phi}\\ \sin\theta\mathrm{e}^{-\mathrm{i}\phi} & -\cos\theta\end{pmatrix}^{\mathrm{T}}$$

$$=\cos\left(\frac{\varphi}{2}\right)\begin{pmatrix}1 & 0\\ 0 & 1\end{pmatrix}+\mathrm{i}\sin\left(\frac{\varphi}{2}\right)\begin{pmatrix}\cos\theta & \sin\theta\mathrm{e}^{-\mathrm{i}\phi}\\ \sin\theta\mathrm{e}^{\mathrm{i}\phi} & -\cos\theta\end{pmatrix}.$$

很明显, $\mathcal{R}_n^\dagger$ 是一个绕 $\boldsymbol{n}$ 轴旋转 $-\varphi/2$ 的操作.

$$\begin{aligned}\mathcal{R}_n\mathcal{R}_n^\dagger=&\cos\left(\frac{\varphi}{2}\right)\begin{pmatrix}1 & 0\\ 0 & 1\end{pmatrix}\cos\left(\frac{\varphi}{2}\right)\begin{pmatrix}1 & 0\\ 0 & 1\end{pmatrix}\\ &+\mathrm{i}\cos\left(\frac{\varphi}{2}\right)\begin{pmatrix}1 & 0\\ 0 & 1\end{pmatrix}\sin\left(\frac{\varphi}{2}\right)\begin{pmatrix}\cos\theta & \sin\theta\mathrm{e}^{-\mathrm{i}\phi}\\ \sin\theta\mathrm{e}^{\mathrm{i}\phi} & -\cos\theta\end{pmatrix}\\ &+\mathrm{i}\sin\left(\frac{\varphi}{2}\right)\begin{pmatrix}\cos\theta & \sin\theta\mathrm{e}^{-\mathrm{i}\phi}\\ \sin\theta\mathrm{e}^{\mathrm{i}\phi} & -\cos\theta\end{pmatrix}\cos\left(\frac{\varphi}{2}\right)\begin{pmatrix}1 & 0\\ 0 & 1\end{pmatrix}\\ &+\sin\left(\frac{\varphi}{2}\right)\begin{pmatrix}\cos\theta & \sin\theta\mathrm{e}^{-\mathrm{i}\phi}\\ \sin\theta\mathrm{e}^{\mathrm{i}\phi} & -\cos\theta\end{pmatrix}\sin\left(\frac{\varphi}{2}\right)\begin{pmatrix}\cos\theta & \sin\theta\mathrm{e}^{-\mathrm{i}\phi}\\ \sin\theta\mathrm{e}^{\mathrm{i}\phi} & -\cos\theta\end{pmatrix}\\ =&\cos^2\left(\frac{\varphi}{2}\right)\begin{pmatrix}1 & 0\\ 0 & 1\end{pmatrix}+\sin^2\left(\frac{\varphi}{2}\right)\begin{pmatrix}\cos^2\theta+\sin^2\theta & 0\\ 0 & \sin^2\theta+\cos^2\theta\end{pmatrix}\\ =&\begin{pmatrix}1 & 0\\ 0 & 1\end{pmatrix}.\end{aligned}$$

(e) 沿着 z 轴旋转时, $\theta=0$, 得

$$\begin{aligned}\mathcal{R}_z&=\cos\left(\frac{\varphi}{2}\right)\begin{pmatrix}1 & 0\\ 0 & 1\end{pmatrix}-\mathrm{i}\sin\left(\frac{\varphi}{2}\right)\begin{pmatrix}\cos 0 & \sin 0\mathrm{e}^{-\mathrm{i}\phi}\\ \sin 0\mathrm{e}^{\mathrm{i}\phi} & -\cos 0\end{pmatrix}\\ &=\cos\left(\frac{\varphi}{2}\right)\begin{pmatrix}1 & 0\\ 0 & 1\end{pmatrix}-\mathrm{i}\sin\left(\frac{\varphi}{2}\right)\begin{pmatrix}1 & 0\\ 0 & 1\end{pmatrix}\\ &=\begin{pmatrix}\cos\left(\frac{\varphi}{2}\right)-\mathrm{i}\sin\left(\frac{\varphi}{2}\right) & 0\\ 0 & \cos\left(\frac{\varphi}{2}\right)+\mathrm{i}\sin\left(\frac{\varphi}{2}\right)\end{pmatrix}.\end{aligned}$$

因此,

$$\begin{aligned}\mathcal{S}_x'=\mathcal{R}^\dagger\mathcal{S}_x\mathcal{R}=&\begin{pmatrix}\cos\left(\frac{\varphi}{2}\right)+\mathrm{i}\sin\left(\frac{\varphi}{2}\right) & 0\\ 0 & \cos\left(\frac{\varphi}{2}\right)-\mathrm{i}\sin\left(\frac{\varphi}{2}\right)\end{pmatrix}\frac{\hbar}{2}\begin{pmatrix}0 & 1\\ 1 & 0\end{pmatrix}\\ &\times\begin{pmatrix}\cos\left(\frac{\varphi}{2}\right)-\mathrm{i}\sin\left(\frac{\varphi}{2}\right) & 0\\ 0 & \cos\left(\frac{\varphi}{2}\right)+\mathrm{i}\sin\left(\frac{\varphi}{2}\right)\end{pmatrix}\end{aligned}$$

$$= \frac{\hbar}{2}\left[\cos\varphi\begin{pmatrix}0 & 1\\ 1 & 0\end{pmatrix} - \sin\varphi\begin{pmatrix}0 & -\mathrm{i}\\ \mathrm{i} & 0\end{pmatrix}\right]$$
$$= \boldsymbol{\mathcal{S}}_x\cos\varphi - \boldsymbol{\mathcal{S}}_y\sin\varphi.$$

(f)

$$\boldsymbol{\mathcal{R}}_x(\phi) = \exp\left(-\mathrm{i}\frac{\varphi}{\hbar}n_x\frac{\hbar}{2}\sigma_x\right)$$
$$= \cos\left(\frac{\varphi}{2}\right)\begin{pmatrix}1 & 0\\ 0 & 1\end{pmatrix} - \mathrm{i}\sin\left(\frac{\varphi}{2}\right)\begin{pmatrix}0 & 1\\ 1 & 0\end{pmatrix}.$$

当 $\varphi = \pi$ 时,

$$\boldsymbol{\mathcal{R}}_x(\pi) = \cos\left(\frac{\pi}{2}\right)\begin{pmatrix}1 & 0\\ 0 & 1\end{pmatrix} - \mathrm{i}\sin\left(\frac{\pi}{2}\right)\begin{pmatrix}0 & 1\\ 1 & 0\end{pmatrix}$$
$$= -\mathrm{i}\begin{pmatrix}0 & 1\\ 1 & 0\end{pmatrix}.$$

$\boldsymbol{\mathcal{R}}_x(\pi)$ 作用在自旋向上的态 $\begin{pmatrix}1\\ 0\end{pmatrix}$ 时,

$$\boldsymbol{\mathcal{R}}_x(\pi)\begin{pmatrix}1\\ 0\end{pmatrix} = -\mathrm{i}\begin{pmatrix}0 & 1\\ 1 & 0\end{pmatrix}\begin{pmatrix}1\\ 0\end{pmatrix} = -\mathrm{i}\begin{pmatrix}0\\ 1\end{pmatrix}.$$

(g)

$$\boldsymbol{\mathcal{R}}_z(2\pi) = \cos\left(\frac{2\pi}{2}\right) - \mathrm{i}\sin\left(\frac{2\pi}{2}\right)\boldsymbol{\sigma}_z$$
$$= \cos(\pi)\begin{pmatrix}1 & 0\\ 0 & 1\end{pmatrix} - \mathrm{i}\sin(\pi)\begin{pmatrix}1 & 0\\ 0 & -1\end{pmatrix}$$
$$= -1\begin{pmatrix}1 & 0\\ 0 & 1\end{pmatrix}$$
$$= \mathrm{e}^{\mathrm{i}\pi}\begin{pmatrix}1 & 0\\ 0 & 1\end{pmatrix}.$$

绕 z 轴旋转一个周期后, 多出一个相位因子 $\mathrm{e}^{\mathrm{i}\pi}$.

***　**习题 6.33**　考虑处于边长为 L 的二维无限深方势阱中质量为 m 的粒子. 原点作为势阱的中心, 定态可以写为

$$\psi_{n_x n_y}(x,y) = \frac{2}{L}\sin\left[\frac{n_x\pi}{L}\left(x-\frac{L}{2}\right)\right]\sin\left[\frac{n_y\pi}{L}\left(y-\frac{L}{2}\right)\right],$$

能量为

$$E_{n_x n_y} = \frac{\pi^2\hbar^2}{2mL^2}\left(n_x^2+n_y^2\right),$$

其中 n_x 和 n_y 为正整数.

(a) $a\neq b$ 的两个态 ψ_{ab} 和 ψ_{ba} 明显是简并的. 证明: 围绕势阱中心逆时针旋转 $90°$ 可以使一个态转变为另一个态,

$$\hat{R}\psi_{ab} \propto \psi_{ba},$$

并确定比例常数. **提示**　把 ψ_{ab} 写成极坐标形式.

(b) 假定用两个基矢 ψ_+ 和 ψ_- 作为简并态来替代 ψ_{ab} 和 ψ_{ba}:

$$\psi_\pm = \frac{\psi_{ab} \pm \psi_{ba}}{\sqrt{2}}.$$

证明: 如果 a 和 b 都是偶数或都是奇数, ψ_+ 和 ψ_- 是转动算符的本征态.

(c) 对于 $a=5$ 和 $b=7$, 绘制 ψ_- 态的等高线图, 并 (目视) 验证它是正方形每个对称操作的本征态 (旋转 $\pi/2$ 的整数倍、沿对角线上的反射或沿两边中线的反射). 事实上, ψ_+ 和 ψ_- 并没有同正方形的任何对称性操作联系起来, 这意味着必须存在额外的对称性来解释这两个态的简并度.①

解答　(a) 根据提示, 先将波函数写成极坐标的形式

$$x = r\cos\phi, \quad y = r\sin\phi.$$

$$\psi_{a,b}(r,\phi) = \frac{2}{L}\sin\left[\frac{a\pi}{L}\left(r\cos\phi - \frac{L}{2}\right)\right]\sin\left[\frac{b\pi}{L}\left(r\sin\phi - \frac{L}{2}\right)\right].$$

沿着中心轴逆时针旋转 90°, 得

$$\begin{aligned}
R_z\left(\frac{\pi}{2}\right)\psi_{a,b}(r,\phi) &= \frac{2}{L}\sin\left\{\frac{a\pi}{L}\left[r\cos\left(\phi-\frac{\pi}{2}\right)-\frac{L}{2}\right]\right\}\sin\left\{\frac{b\pi}{L}\left[r\sin\left(\phi-\frac{\pi}{2}\right)-\frac{L}{2}\right]\right\} \\
&= \frac{2}{L}\sin\left\{\frac{a\pi}{L}\left[r\sin\phi-\frac{L}{2}\right]\right\}\sin\left\{\frac{b\pi}{L}\left[-r\cos\phi-\frac{L}{2}\right]\right\} \\
&= \frac{2}{L}\sin\left[\frac{a\pi}{L}\left(y-\frac{L}{2}\right)\right]\sin\left[-\frac{b\pi}{L}\left(x+\frac{L}{2}\right)\right] \\
&= -\frac{2}{L}\sin\left[\frac{b\pi}{L}\left(x-\frac{L}{2}\right)+b\pi\right]\sin\left[\frac{a\pi}{L}\left(y-\frac{L}{2}\right)\right] \\
&= -\frac{2}{L}\left\{\sin\left[\frac{b\pi}{L}\left(x-\frac{L}{2}\right)\right]\cos(b\pi)+\cos\left[\frac{b\pi}{L}\left(x-\frac{L}{2}\right)\right]\sin(b\pi)\right\} \\
&\quad\times\sin\left[\frac{a\pi}{L}\left(y-\frac{L}{2}\right)\right] \\
&= (-1)^{b+1}\frac{2}{L}\sin\left[\frac{b\pi}{L}\left(x-\frac{L}{2}\right)\right]\sin\left[\frac{a\pi}{L}\left(y-\frac{L}{2}\right)\right] \\
&= (-1)^{b+1}\psi_{b,a}(r,\phi).
\end{aligned}$$

(b) 利用 (a) 中的结论,

$$\begin{aligned}
R\psi_\pm &= \frac{1}{\sqrt{2}}\left[R\psi_{ab} \pm R\psi_{ba}\right] \\
&= \frac{1}{\sqrt{2}}\left[(-1)^{b+1}\psi_{ba} \pm (-1)^{a+1}\psi_{ab}\right] \\
&= (-1)^{a+1}\frac{1}{\sqrt{2}}\left[(-1)^{b-a}\psi_{ba} \pm \psi_{ab}\right] \\
&= \pm(-1)^{a+1}\frac{1}{\sqrt{2}}\left[\psi_{ab} \pm (-1)^{b-a}\psi_{ba}\right].
\end{aligned}$$

① 对于这种 “偶然” 简并讨论, 请参见 F. Leyvraz, et al., *Am. J. Phys.* **65**, 1087 (1997).

如果 a 和 b 同时为奇数或者同时为偶数, 那么 $(-1)^{a-b}=1$. 上式为

$$R\psi_{\pm}=\pm(-1)^{a+1}\frac{1}{\sqrt{2}}\left[\psi_{ab}\pm\psi_{ba}\right]=\pm(-1)^{a+1}\psi_{\pm}.$$

即 ψ_{+} 和 ψ_{-} 是转动算符的本征态, 本征值为 $\pm(-1)^{a+1}$.

(c) $a=5$ 和 $b=7$ 时,

$$\psi_{-}=\frac{\psi_{57}-\psi_{75}}{\sqrt{2}}.$$

Mathematica 程序如下:

```
L = 1;
Psi[a_, b_, x_, y_]:= 2/L Sin[a Pi/L(x-L/2)] Sin[b Pi/L(y-L/2)];
Psineg[x_, y_]:= (Psi[5, 7, x, y]-Psi[7, 5, x, y])/Sqrt[2];
Psipos[x_, y_]:= (Psi[5, 7, x, y]+Psi[7, 5, x, y])/Sqrt[2];
ContourPlot[Psineg[x, y], {x, -L/2, L/2}, {y, -L/2, L/2}]
ContourPlot[Psipos[x, y], {x, -L/2, L/2}, {y, -L/2, L/2}]
```

ψ_{-} 态的等高线图见图 6.2.

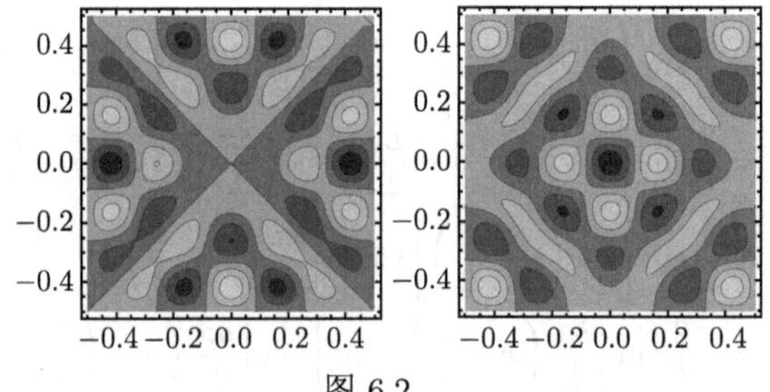

图 6.2

这两个态的能量简并度并不能通过正方形的对称性联系起来, 它们的简并关系请查阅偶然简并 (F. Leyvraz, et al.,Am. J. Phys. 65, 1087 (1997)).

*****习题 6.34** 相比简单的旋转不变性, 库仑势有更高的对称性. 这种额外的对称性表现为额外的守恒量, 即**拉普拉斯–朗格–楞次矢量**

$$\hat{\boldsymbol{M}}=\frac{\hat{\boldsymbol{p}}\times\hat{\boldsymbol{L}}-\hat{\boldsymbol{L}}\times\hat{\boldsymbol{p}}}{2m}+V(r)\,\hat{\boldsymbol{r}},$$

其中 $V(\boldsymbol{r})$ 是势能, $V(r)=-\mathrm{e}^2/(4\pi\varepsilon_0 r)$.① 氢原子守恒量对易式的完备集是

$$\text{(i)}\quad \left[\hat{H},\,\hat{M}_i\right]=0$$

$$\text{(ii)}\quad \left[\hat{H},\,\hat{L}_i\right]=0$$

$$\text{(iii)}\quad \left[\hat{L}_i,\,\hat{L}_j\right]=\mathrm{i}\hbar\varepsilon_{ijk}\hat{L}_k$$

① 库仑哈密顿量的完全对称性不仅是公认的三维旋转群 (数学家称之为 SO(3)), 而且还是四维旋转群 (SO(4)), 它有六个生成元 ($\boldsymbol{L}$ 和 $\boldsymbol{M}$). (如果四个轴为 ω, x, y 和 z, 则生成元对应于六个正交平面中的每个平面旋转, $\omega x, \omega y, \omega z$ (即 $\boldsymbol{M}$) 和 yz, zx, xy (即 $\boldsymbol{L}$)).

$$\text{(iv)}\quad \left[\hat{L}_i,\ \hat{M}_j\right] = \mathrm{i}\hbar\varepsilon_{ijk}\hat{M}_k$$

$$\text{(v)}\quad \left[\hat{M}_i,\ \hat{M}_j\right] = \frac{\hbar}{\mathrm{i}}\varepsilon_{ijk}L_k\frac{2}{m}\hat{H}.$$

这些量的物理含义为: (i) $\boldsymbol{M}$ 是守恒量, (ii) $\boldsymbol{L}$ 是守恒量, (iii) $\boldsymbol{L}$ 是矢量, (iv) $\boldsymbol{M}$ 是矢量 ((v) 没有明确的解释). 矢量 $\hat{\boldsymbol{L}}$ 和 $\hat{\boldsymbol{M}}$ 与 $\hat{H}$ 还有两个附加关系. 它们是

$$\text{(vi)}\quad \hat{M}^2 = \left(\frac{\mathrm{e}^2}{4\pi\varepsilon_0}\right)^2 + \frac{2}{m}\hat{H}\left(\hat{L}^2+\hbar^2\right)$$

$$\text{(vii)}\quad \hat{\boldsymbol{M}}\cdot\hat{\boldsymbol{L}} = 0.$$

(a) 从习题 6.19 中的结果可知 $\hat{\boldsymbol{M}}$ 是守恒量, 对于某些常数 $c_{n\ell}$ 有 $\hat{M}_+\psi_{n\ell\ell} = c_{n\ell}\psi_{n(\ell+1)(\ell+1)}$. 将 (vii) 式作用到 $\psi_{n\ell\ell}$ 态上, 证明:

$$\hat{M}_z\psi_{n\ell\ell} = -\frac{1}{\sqrt{2}}\frac{1}{\sqrt{\ell+1}}c_{n\ell}\psi_{n(\ell+1)\ell}.$$

(b) 利用 (vi) 证明:

$$\hat{M}_-\hat{M}_+\psi_{n\ell\ell} = \left(\frac{\mathrm{e}^2}{4\pi\varepsilon_0}\right)^2\left[1-\left(\frac{\ell+1}{n}\right)^2\right]\psi_{n\ell\ell} - \hat{M}_z^2\psi_{n\ell\ell}.$$

(c) 从 (a) 和 (b) 部分的结果求出常数 $c_{n\ell}$. 你会发现除非 $\ell = n-1$, 否则 $c_{n\ell}$ 是非零的. **提示**　考虑 $\int\left|M_+\psi_{n\ell m}\right|^2\mathrm{d}^3\boldsymbol{r}$ 并结合 $M_\pm$ 互为厄米共轭这一事实. 图 6.3 展示了 $\hat{\boldsymbol{L}}$ 和 $\hat{\boldsymbol{M}}$ 的生成元是如何关联氢原子简并态的.

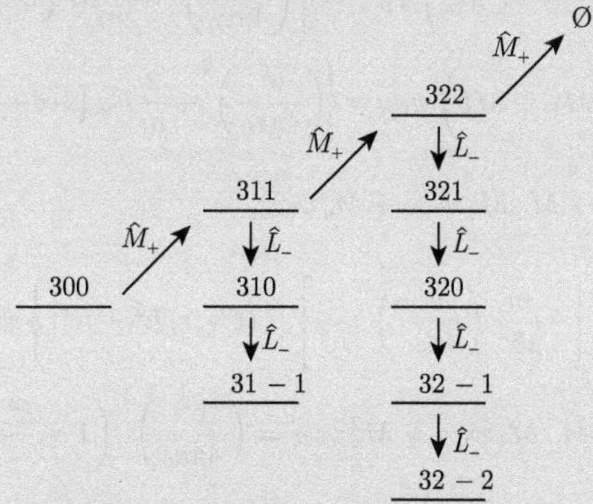

图 6.3　氢原子 $n=3$ 的简并态, 以及与它们相关联的对称操作

解答　(a) 根据提示,

$$\begin{aligned}\hat{M}\cdot\hat{L}\psi_{n\ell\ell} &= \left(M_xL_x+M_yL_y+M_zL_z\right)\psi_{n\ell\ell}\\ &= \left(\frac{M_++M_-}{2}\frac{L_++L_-}{2}+\frac{M_+-M_-}{2\mathrm{i}}\frac{L_+-L_-}{2\mathrm{i}}+M_zL_z\right)\psi_{n\ell\ell}\\ &= \left(\frac{M_+L_-+M_-L_+}{2}+M_zL_z\right)\psi_{n\ell\ell}.\end{aligned}$$

由 $\hat{M}_+\psi_{n\ell\ell} = c_{n\ell}\psi_{n(\ell+1)(\ell+1)}$, 将上式的 $\hat{M}_+$ 变换到与波函数直接作用, 有助于结果的化简. 于是

$$\begin{aligned}\hat{M}\cdot\hat{L}\psi_{n\ell\ell}&=\frac{1}{2}\left(L_-M_++[M_+,L_-]\right)\psi_{n\ell\ell}+\frac{1}{2}M_-L_+\psi_{n\ell\ell}+M_zL_z\psi_{n\ell\ell}\\&=\frac{1}{2}L_-M_+\psi_{n\ell\ell}+\frac{1}{2}[M_+,L_-]\psi_{n\ell\ell}+0+l\hbar M_z\psi_{n\ell\ell}\\&=\frac{1}{2}c_{n\ell}L_-\psi_{n(\ell+1)(\ell+1)}-\frac{1}{2}[L_-,M_+]\psi_{n\ell\ell}+\hbar lM_z\psi_{n\ell\ell}.\end{aligned}$$

再由方程 (6.54), $\left[\hat{L}_-,\hat{V}_+\right]=-2\hbar\hat{V}_z$ 和 $L_-\psi_{n\ell m}=\hbar\sqrt{\ell(\ell+1)-m(m-1)}\psi_{n\ell(m-1)}$, 上式可继续化简为

$$\begin{aligned}\hat{M}\cdot\hat{L}\psi_{n\ell\ell}&=\frac{1}{2}c_{n\ell}B^{\ell}_{\ell+1}\psi_{n(\ell+1)\ell}-\frac{1}{2}(-2\hbar M_z)\psi_{n\ell\ell}+\hbar\ell M_z\psi_{n\ell\ell}\\&=\frac{1}{2}\hbar\sqrt{l+1}c_{n\ell}\psi_{n(\ell+1)\ell}+(\ell+1)\hbar M_z\psi_{n\ell\ell}\\&=0.\end{aligned}$$

化简后, 得

$$M_z\psi_{n\ell\ell}=-\frac{1}{\sqrt{2}}\frac{1}{\sqrt{l+1}}c_{n\ell}\psi_{n(\ell+1)\ell}.$$

(b) 因为

$$M^2=M\cdot M=\frac{M_+M_-+M_-M_+}{2}+M_z^2.$$

结合

$$\hat{M}^2=\left(\frac{\mathrm{e}^2}{4\pi\varepsilon_0}\right)^2+\frac{2}{m}\hat{H}\left(\hat{L}^2+\hbar^2\right),$$

得

$$\left(\frac{M_+M_-+M_-M_+}{2}+M_z^2\right)\psi_{n\ell\ell}=\left[\left(\frac{\mathrm{e}^2}{4\pi\varepsilon_0}\right)^2+\frac{2}{m}\hat{H}\left(\hat{L}^2+\hbar^2\right)\right]\psi_{n\ell\ell}.$$

$$\left(\frac{1}{2}M_+M_-+\frac{1}{2}M_-M_++M_z^2\right)\psi_{n\ell\ell}=\left\{\left(\frac{\mathrm{e}^2}{4\pi\varepsilon_0}\right)^2+\frac{2}{m}E_n\left[\ell(\ell+1)\hbar^2+\hbar^2\right]\right\}\psi_{n\ell\ell},$$

$$\frac{1}{2}[M_+,M_-]\psi_{n\ell\ell}+M_-M_+\psi_{n\ell\ell}+M_z^2\psi_{n\ell\ell}$$

$$=\left\{\left(\frac{\mathrm{e}^2}{4\pi\varepsilon_0}\right)^2+\frac{2}{m}\left[-\frac{m}{2\hbar^2}\left(\frac{\mathrm{e}^2}{4\pi\varepsilon_0}\right)^2\frac{1}{n^2}\right]\left[\ell(\ell+1)\hbar^2+\hbar^2\right]\right\}\psi_{n\ell\ell},$$

$$\frac{1}{2}[M_+,M_-]\psi_{n\ell\ell}+M_-M_+\psi_{n\ell\ell}+M_z^2\psi_{n\ell\ell}=\left(\frac{\mathrm{e}^2}{4\pi\varepsilon_0}\right)^2\left(1-\frac{\ell^2+\ell+1}{n^2}\right)\psi_{n\ell\ell}.$$

继续化简, 得

$$\begin{aligned}[M_+,M_-]&=[M_x,M_y]+\mathrm{i}[M_y,M_x]-\mathrm{i}[M_x,M_y]-[M_y,M_y]\\&=-2\mathrm{i}[M_x,M_y]\\&=-\frac{4}{m}\hbar L_zH.\end{aligned}$$

将化简结果代入上式, 得

$$\frac{1}{2}\left(-\frac{4}{m}\hbar L_zH\right)\psi_{n\ell\ell}+M_-M_+\psi_{n\ell\ell}+M_z^2\psi_{n\ell\ell}=\left(\frac{\mathrm{e}^2}{4\pi\varepsilon_0}\right)^2\left(1-\frac{\ell^2+\ell+1}{n^2}\right)\psi_{n\ell\ell}.$$

$$-\frac{2}{m}\hbar^2\ell E_n\psi_{n\ell\ell}+M_-M_+\psi_{n\ell\ell}+M_z^2\psi_{n\ell\ell}=\left(\frac{\mathrm{e}^2}{4\pi\varepsilon_0}\right)^2\left(1-\frac{\ell^2+\ell+1}{n^2}\right)\psi_{n\ell\ell}.$$

因此, 得

$$\hat{M}_-\hat{M}_+\psi_{n\ell\ell}=\left(\frac{\mathrm{e}^2}{4\pi\varepsilon_0}\right)^2\left[1-\left(\frac{\ell+1}{n}\right)^2\right]\psi_{n\ell\ell}-\hat{M}_z^2\psi_{n\ell\ell}.$$

(c) 根据提示 $\int|M_+\psi_{n\ell m}|^2\mathrm{d}^3r$, 得

$$\begin{aligned}|c_{n\ell}|^2&=\int(M_+\psi_{n\ell\ell})^*(M_+\psi_{n\ell\ell})\,\mathrm{d}^3r\\&=\int\psi_{n\ell\ell}^*(M_-M_+)\,\psi_{n\ell\ell}\mathrm{d}^3r.\end{aligned}$$

将 (b) 部分 $\hat{M}_-\hat{M}_+\psi_{n\ell\ell}=\left(\frac{\mathrm{e}^2}{4\pi\varepsilon_0}\right)^2\left[1-\left(\frac{\ell+1}{n}\right)^2\right]\psi_{n\ell\ell}-\hat{M}_z^2\psi_{n\ell\ell}$ 的结论代入上式, 得

$$\begin{aligned}|c_{n\ell}|^2&=\int\psi_{n\ell\ell}^*\left\{\left(\frac{\mathrm{e}^2}{4\pi\varepsilon_0}\right)^2\left[1-\left(\frac{\ell+1}{n}\right)^2\right]-M_z^2\right\}\psi_{n\ell\ell}\mathrm{d}^3r\\&=\left(\frac{\mathrm{e}^2}{4\pi\varepsilon_0}\right)^2\left[1-\left(\frac{\ell+1}{n}\right)^2\right]\int\psi_{n\ell\ell}^*\psi_{n\ell\ell}\mathrm{d}^3r-\int\psi_{n\ell\ell}^*M_z^2\psi_{n\ell\ell}\mathrm{d}^3r\\&=\left(\frac{\mathrm{e}^2}{4\pi\varepsilon_0}\right)^2\left[1-\left(\frac{\ell+1}{n}\right)^2\right]-\int(M_z\psi_{n\ell\ell})^*M_z\psi_{n\ell\ell}\mathrm{d}^3r.\end{aligned}$$

将 (a) 部分 $M_z\psi_{n\ell\ell}=-\frac{1}{\sqrt{2}}\frac{1}{\sqrt{\ell+1}}c_{n\ell}\psi_{n(\ell+1)\ell}$ 代入上式, 得

$$\begin{aligned}|c_{n\ell}|^2&=\left(\frac{\mathrm{e}^2}{4\pi\varepsilon_0}\right)^2\left[1-\left(\frac{\ell+1}{n}\right)^2\right]-\frac{1}{2}\frac{1}{\ell+1}|c_{n\ell}|^2\int\psi_{n(\ell+1)\ell}{}^*\psi_{n(\ell+1)\ell}\mathrm{d}^3r\\&=\left(\frac{\mathrm{e}^2}{4\pi\varepsilon_0}\right)^2\left[1-\left(\frac{\ell+1}{n}\right)^2\right]-\frac{1}{2}\frac{1}{\ell+1}|c_{n\ell}|^2.\end{aligned}$$

因此, 得

$$|c_{n\ell}|^2=\frac{2\ell+3}{2\ell+2}\left(\frac{\mathrm{e}^2}{4\pi\varepsilon_0}\right)^2\left[1-\left(\frac{\ell+1}{n}\right)^2\right].$$

****习题 6.35 伽利略变换**是将参考系 $\mathcal{S}$ 变换到相对 $\mathcal{S}$ 以速度 $-v$ 运动的参考系 $\mathcal{S}'$ 的操作 (两个参考系在 $t=0$ 时刻原点重合). 在 t 时刻伽利略变换的幺正算符为

$$\hat{\Gamma}(v,t)=\exp\left[-\frac{\mathrm{i}}{\hbar}v(t\,\hat{p}-m\,\hat{x})\right].$$

(a) 求无限小速度 δ 变换下 $\hat{x}'=\hat{\Gamma}^\dagger\hat{x}\,\hat{\Gamma}$ 和 $\hat{p}'=\hat{\Gamma}^\dagger\hat{p}\,\hat{\Gamma}$. 你所得结果的物理意义是什么?

(b) 证明:

$$\begin{aligned}\hat{\Gamma}(v,t)&=\exp\left[\frac{\mathrm{i}}{\hbar}\left(mxv-\frac{1}{2}mv^2t\right)\right]\hat{T}(v\,t)\\&=\hat{T}(vt)\exp\left[\frac{\mathrm{i}}{\hbar}\left(mxv+\frac{1}{2}mv^2t\right)\right].\end{aligned}$$

其中 $\hat{T}$ 是空间平移算符 (方程 (6.3)). 你将会用到贝克–坎贝尔–豪斯多夫公式 (习题 3.29).

(c) 证明: 如果 Ψ 是哈密顿量

$$\hat{H}=\frac{\hat{p}^2}{2m}+V(x)$$

的含时薛定谔方程的解. 那么, 伽利略变换下的波函数 $\Psi'=\hat{\Gamma}(v,t)\Psi$ 也是运动势 $V(x)$ 的含时薛定谔方程的解:

$$\hat{H}=\frac{\hat{p}^2}{2m}+V(x-vt).$$

注释　仅当 $\left[\hat{A},\mathrm{d}\hat{A}/\mathrm{d}t\right]=0$ 时, $(\mathrm{d}/\mathrm{d}t)\,\mathrm{e}^{\hat{A}}=\mathrm{e}^{\hat{A}}\left(\mathrm{d}\hat{A}/\mathrm{d}t\right)$.

(d) 证明: 习题 2.50(a) 的结论就是本题结论的一个例子.

解答　(a) 对于一个无限小的速度, 伽利略变换的幺正算符为

$$\hat{\Gamma}(v,t)=\exp\left[-\frac{\mathrm{i}}{\hbar}v(t\hat{p}-m\hat{x})\right]=1-\frac{\mathrm{i}}{\hbar}\delta(t\hat{p}-m\hat{x}).$$

因此, 伽利略变换下坐标算符为

$$\begin{aligned}\hat{x}'=\hat{\Gamma}^{\dagger}\hat{x}\hat{\Gamma}&=\left[1+\frac{\mathrm{i}}{\hbar}\delta(t\hat{p}-m\hat{x})\right]\hat{x}\left[1-\frac{\mathrm{i}}{\hbar}\delta(t\hat{p}-m\hat{x})\right]\\&=\hat{x}+\frac{\mathrm{i}}{\hbar}\delta(t\hat{p}-m\hat{x})\,\hat{x}-\frac{\mathrm{i}}{\hbar}\hat{x}\delta(t\hat{p}-m\hat{x})\\&=\hat{x}+\frac{\mathrm{i}}{\hbar}\delta t\hat{p}\hat{x}-\frac{\mathrm{i}}{\hbar}\delta m\hat{x}^2-\frac{\mathrm{i}}{\hbar}\delta t\hat{p}\hat{x}+\frac{\mathrm{i}}{\hbar}\delta m\hat{x}^2\\&=\hat{x}+\frac{\mathrm{i}}{\hbar}\delta t\,[\hat{p},\hat{x}]\\&=\hat{x}+\delta t.\end{aligned}$$

同理, 得

$$\begin{aligned}\hat{p}'=\hat{\Gamma}^{\dagger}\hat{p}\hat{\Gamma}&=\left[1+\frac{\mathrm{i}}{\hbar}\delta(t\hat{p}-m\hat{x})\right]\hat{p}\left[1-\frac{\mathrm{i}}{\hbar}\delta(t\hat{p}-m\hat{x})\right]\\&=\hat{p}+\frac{\mathrm{i}}{\hbar}\delta(t\hat{p}-m\hat{x})\,\hat{p}-\frac{\mathrm{i}}{\hbar}\hat{p}\delta(t\hat{p}-m\hat{x})\\&=\hat{p}+\frac{\mathrm{i}}{\hbar}\delta t\hat{p}^2-\frac{\mathrm{i}}{\hbar}\delta m\hat{x}\hat{p}-\frac{\mathrm{i}}{\hbar}\delta t\hat{p}^2+\frac{\mathrm{i}}{\hbar}\delta m\hat{p}\hat{x}\\&=\hat{p}+\frac{\mathrm{i}}{\hbar}\delta m\,[\hat{p},\hat{x}]\\&=\hat{p}+\delta m.\end{aligned}$$

$\hat{x}'=\hat{x}+\delta t$: 变换后的坐标系是变换前的坐标系以速度 δ 运动时间 t 后的情况. $\hat{p}'=\hat{p}+\delta m$: 动量增加 δm.

(b) 构建两个算符

$$\hat{A}=-\frac{\mathrm{i}vt}{\hbar}\hat{p},\quad \hat{B}=\frac{\mathrm{i}m\hat{x}v}{\hbar}.$$

它们的对易关系为

$$\hat{C}=\left[\hat{A},\hat{B}\right]=\frac{mv^2t}{\hbar^2}[\hat{p},\hat{x}]=-\frac{\mathrm{i}mv^2t}{\hbar}.$$

根据贝克–坎贝尔–豪斯多夫公式

$$\begin{aligned}\hat{\Gamma}(v,t)&=\mathrm{e}^{\hat{A}+\hat{B}}=\mathrm{e}^{\hat{A}}\mathrm{e}^{\hat{B}}\mathrm{e}^{-\hat{C}/2}\\&=\exp\left[-\frac{\mathrm{i}}{\hbar}vt\hat{p}\right]\exp\left[\frac{\mathrm{i}}{\hbar}m\hat{x}v\right]\exp\left[\frac{\mathrm{i}}{\hbar}\frac{mv^2}{2}t\right]\\&=\hat{T}(vt)\exp\left[\frac{\mathrm{i}}{\hbar}\left(m\hat{x}v+\frac{1}{2}mv^2t\right)\right].\end{aligned}$$

将算符 $\hat{A}$ 与算符 $\hat{B}$ 互换, 则

$$\begin{aligned}\hat{\Gamma}(v,t)&=\mathrm{e}^{\hat{A}+\hat{B}}=\mathrm{e}^{\hat{A}}\mathrm{e}^{\hat{B}}\mathrm{e}^{-\hat{C}/2}\\&=\exp\left[\frac{\mathrm{i}}{\hbar}m\hat{x}v\right]\exp\left[-\frac{\mathrm{i}}{\hbar}vt\hat{p}\right]\exp\left[-\frac{\mathrm{i}}{\hbar}\frac{mv^2}{2}t\right]\\&=\exp\left[\frac{\mathrm{i}}{\hbar}m\hat{x}v\right]\exp\left[-\frac{\mathrm{i}}{\hbar}\frac{mv^2}{2}t\right]\exp\left[-\frac{\mathrm{i}}{\hbar}vt\hat{p}\right]\\&=\exp\left[\frac{\mathrm{i}}{\hbar}\left(m\hat{x}v-\frac{mv^2}{2}t\right)\right]\hat{T}(vt).\end{aligned}$$

(c) 薛定谔方程为

$$\mathrm{i}\hbar\frac{\partial}{\partial t}\Psi=H\Psi.$$

伽利略变换后的波函数为 $\Psi'=\hat{\Gamma}\Psi$. 所以

$$\begin{aligned}\mathrm{i}\hbar\frac{\partial}{\partial t}\left(\hat{\Gamma}\Psi\right)&=\mathrm{i}\hbar\frac{\partial\hat{\Gamma}}{\partial t}\Psi+\hat{\Gamma}\mathrm{i}\hbar\frac{\partial\Psi}{\partial t}\\&=\mathrm{i}\hbar\frac{\partial\hat{\Gamma}}{\partial t}\Psi+\hat{\Gamma}H\Psi\\&=\left(\mathrm{i}\hbar\frac{\partial\hat{\Gamma}}{\partial t}\hat{\Gamma}^{\dagger}+\hat{\Gamma}H\hat{\Gamma}^{\dagger}\right)\hat{\Gamma}\Psi.\end{aligned}$$

因此, Ψ' 满足的哈密顿量为

$$\begin{aligned}\hat{H}'&=\mathrm{i}\hbar\frac{\partial\hat{\Gamma}}{\partial t}\hat{\Gamma}^{\dagger}+\hat{\Gamma}H\hat{\Gamma}^{\dagger}\\&=\mathrm{i}\hbar\frac{\partial\hat{\Gamma}}{\partial t}\hat{\Gamma}^{\dagger}+\exp\left[\frac{\mathrm{i}}{\hbar}\left(m\hat{x}v-\frac{mv^2}{2}t\right)\right]\hat{T}(vt)H\hat{T}^{\dagger}(vt)\exp\left[-\frac{\mathrm{i}}{\hbar}\left(m\hat{x}v-\frac{mv^2}{2}t\right)\right]\\&=\mathrm{i}\hbar\frac{\partial\hat{\Gamma}}{\partial t}\hat{\Gamma}^{\dagger}+\exp\left[\frac{\mathrm{i}}{\hbar}m\hat{x}v\right]\left[\frac{\hat{p}^2}{2m}+V(x-vt)\right]\exp\left[-\frac{\mathrm{i}}{\hbar}m\hat{x}v\right].\end{aligned}$$

由

$$\begin{aligned}\frac{\mathrm{d}\hat{\Gamma}'}{\mathrm{d}t}&=\left[\frac{\mathrm{d}}{\mathrm{d}t}\hat{T}(vt)\right]\exp\left[\frac{\mathrm{i}}{\hbar}\left(m\hat{x}v+\frac{mv^2}{2}t\right)\right]+\hat{T}(vt)\frac{\mathrm{d}}{\mathrm{d}t}\exp\left[\frac{\mathrm{i}}{\hbar}\left(m\hat{x}v+\frac{mv^2}{2}t\right)\right]\\&=-\frac{\mathrm{i}}{\hbar}vp\hat{T}(vt)\exp\left[\frac{\mathrm{i}}{\hbar}\left(m\hat{x}v+\frac{mv^2}{2}t\right)\right]+\hat{T}(vt)\frac{\mathrm{i}}{\hbar}\left(\frac{mv^2}{2}\right)\exp\left[\frac{\mathrm{i}}{\hbar}\left(m\hat{x}v+\frac{mv^2}{2}t\right)\right]\\&=-\frac{\mathrm{i}}{\hbar}\left(vp-\frac{mv^2}{2}\right)\hat{\Gamma},\end{aligned}$$

所以, $i\hbar\dfrac{\partial\hat{\Gamma}'}{\partial t}\hat{\Gamma}^\dagger = vp - \dfrac{mv^2}{2}$.

$$\begin{aligned}
&\exp\left[\frac{i}{\hbar}m\hat{x}v\right]\left[\frac{\hat{p}^2}{2m}+V(\hat{x}-vt)\right]\exp\left[-\frac{i}{\hbar}m\hat{x}v\right]\\
&=\frac{1}{2m}\exp\left[\frac{i}{\hbar}m\hat{x}v\right]\hat{p}^2\exp\left[-\frac{i}{\hbar}m\hat{x}v\right]+V(\hat{x}-vt)\\
&=\frac{1}{2m}\exp\left[\frac{i}{\hbar}m\hat{x}v\right]\hat{p}\exp\left[-\frac{i}{\hbar}m\hat{x}v\right]\exp\left[\frac{i}{\hbar}m\hat{x}v\right]\hat{p}\exp\left[-\frac{i}{\hbar}m\hat{x}v\right]+V(\hat{x}-vt).
\end{aligned}$$

借鉴

$$\begin{aligned}
\left[e^{im\hat{x}v/\hbar},\hat{p}\right] &= \sum_{n=0}^{\infty}\frac{1}{n!}\left(\frac{imv}{\hbar}\right)^n[\hat{x}^n,\hat{p}]\\
&=\sum_{n=0}^{\infty}\frac{1}{n!}\left(\frac{imv}{\hbar}\right)^n i\hbar n\hat{x}^{n-1}\\
&=-mv\sum_{n=1}^{\infty}\frac{1}{(n-1)!}\left(\frac{imv}{\hbar}\hat{x}\right)^{n-1}\\
&=-mve^{im\hat{x}v/\hbar},
\end{aligned}$$

可以得出

$$e^{im\hat{x}v/\hbar}\hat{p}e^{-im\hat{x}v/\hbar}=\hat{p}-mv.$$

结合以上过程, 变换后的哈密顿量为

$$\begin{aligned}
\hat{H}' &= \frac{1}{2m}(\hat{p}-mv)^2+V(\hat{x}-vt)+v\hat{p}-\frac{mv^2}{2}\\
&=\frac{1}{2m}\hat{p}^2+V(\hat{x}-vt).
\end{aligned}$$

(d) 定态薛定谔方程的解为

$$\Psi(x,t)=\psi_0(x)e^{-iEt/\hbar},$$

$$\begin{aligned}
\Psi'(x,t) &= \hat{\Gamma}\psi_0(x)e^{-iEt/\hbar}\\
&=\exp\left[\frac{i}{\hbar}\left(m\hat{x}v-\frac{mv^2}{2}t\right)\right]\hat{T}(vt)\frac{\sqrt{m\alpha}}{\hbar}\exp\left[-m\alpha|\hat{x}|^2/\hbar^2\right]e^{-iEt/\hbar}\\
&=\exp\left[\frac{i}{\hbar}\left(m\hat{x}v-\frac{mv^2}{2}t\right)\right]\frac{\sqrt{m\alpha}}{\hbar}\exp\left[-m\alpha|\hat{x}-vt|^2/\hbar^2\right]e^{-iEt/\hbar}\\
&=\frac{\sqrt{m\alpha}}{\hbar}\exp\left[-m\alpha|\hat{x}-vt|^2/\hbar^2\right]\exp\left\{-i\left[\left(E+\frac{mv^2}{2}\right)t-m\hat{x}v\right]\Big/\hbar\right\},
\end{aligned}$$

这与习题 2.50(a) 一致.

习题 6.36　在位置 $\boldsymbol{r}_0$ 处你以速度 $\boldsymbol{v}_0$ 向空中抛出一个球, 经过 t 时间后到达 $\boldsymbol{r}_1$ 处, 且速度为 $\boldsymbol{v}_1$(图 6.4). 假如在球到达 $\boldsymbol{r}_1$ 处时, 瞬时反转球的速度, 忽略空气阻力, 球将以速度 $-\boldsymbol{v}_1$ 沿着原路径从 $\boldsymbol{r}_1$ 开始, 经过一个时间 t 后重返位置 $\boldsymbol{r}_0$ 处. 此为**时间反演不变性**的一个例子——使粒子在其轨迹上的任一点上的运动方向反向, 它将在所有位置以大小相等但方向相反的速度沿原来的路径返回.

为什么这被称作时间反演？毕竟，反转的是速度，而不是时间．如果给你看球从 $\boldsymbol{r}_1$ 运行到 $\boldsymbol{r}_0$ 的电影，你就无法判断你是在看反转后向前打球的电影还是反转前向后打球的电影．在时间反演不变的系统中，倒放电影代表着另外一种可能的运动．

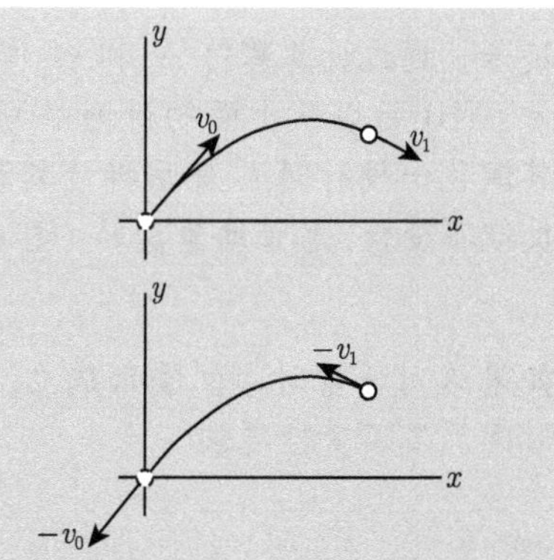

图 6.4　以扔球作为一个时间反演不变性的例子 (忽略空气阻力)．如果在轨迹的任一点反转粒子的速度，它将重复这条轨迹

一个常见的没有时间反演对称性的例子是带电粒子在外磁场中运动.[①] 在这种情况下，当反转粒子的速度时，洛伦兹力会改变符号，粒子不再沿着以前的路径返回；如图 6.5 所示．

时间反演算符 $\hat{\Theta}$ 是一个让粒子动量反转 $(\boldsymbol{p} \to -\boldsymbol{p})$ 且位置保持不变的算符．其实更好的名称应该是"运动方向反转"算符.[②] 对于无自旋粒子，时间反演算符 $\hat{\Theta}$ 是简单地把位置空间波函数取复共轭 [③]

$$\hat{\Theta}\Psi(x,t) = \Psi^*(x,t).$$

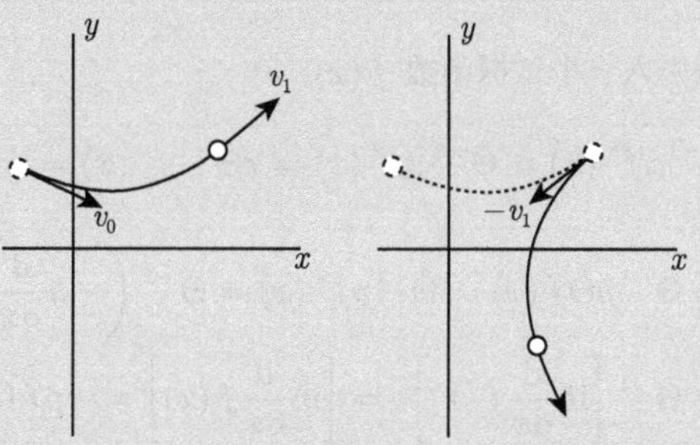

图 6.5　外磁场打破时间反演对称性．图为带电量为 $+q$ 的粒子在垂直纸面向里的均匀磁场中运动．如果粒子的速度从 $\boldsymbol{v}_1$ 到 $-\boldsymbol{v}_1$ 发生反转，粒子不再重复以前的路径，而是进入一个新的圆形轨道

(a) 证明：在时间反演操作下，算符 $\hat{x}$ 和 $\hat{p}$ 的变换是

$$\hat{x}' = \hat{\Theta}^{-1}\hat{x}\,\hat{\Theta} = \hat{x},$$
$$\hat{p}' = \hat{\Theta}^{-1}\hat{p}\,\hat{\Theta} = -\hat{p}.$$

---

① 所谓外磁场，我的意思是我们只反转电荷 q 的速度，而不是反转产生磁场的电荷的速度．如果我们也反转这些速度，磁场方向也会改变，作用在电荷 q 上的洛伦兹力也会因为反转而不变，系统实际上是时间反演不变的．

② 参见 Eugene P. Wigner，《群论及其在量子力学和原子光谱中的应用》(科学出版社，纽约，1959 年)，第 325 页．

③ 时间反转是一种**反幺正算符**．反幺正算符满足

$$\langle \Theta f | \Theta g \rangle = \langle f | g \rangle^*$$

$$\hat{\Theta}(a|\alpha\rangle + b|\beta\rangle) = a^*\hat{\Theta}|\alpha\rangle + b^*\hat{\Theta}|\beta\rangle$$

而幺正算符满足同样的两个方程，但不是复共轭．这里我不去定义反幺正算符的共轭算符；相反，我使用 Θ^{-1} 表示反幺正算符，其中我们可以互换地使用 $\hat{U}^\dagger$ 或 $\hat{U}^{-1}$ 表示幺正算符．

提示　通过计算算符 $\hat{x}'$ 和 $\hat{p}'$ 作用在任意试探函数 $f(x)$ 上来实现这一点.

(b) 可以从上面的讨论中写出时间反演不变性的数学形式. 选取一个系统, 让其演化一段时间 t, 然后再让其动量反转并再次演化一段时间 t. 如果系统具有时间反演不变性, 尽管动量反转 (图 6.4), 系统将返回到出发的地方. 用算符来描述是

$$\hat{U}(t)\,\hat{\Theta}\,\hat{U}(t)=\hat{\Theta}.$$

如果这对任意时间间隔都成立, 那么它必须对无穷小的时间间隔 δ 也成立. 证明: 时间反演不变性要求

$$\left[\hat{\Theta},\,\hat{H}\right]=0. \tag{6.83}$$

(c) 证明: 对于时间反转不变哈密顿量, 如果 $\psi_n(x)$ 是能量为 E_n 的定态, 则 $\psi_n^*(x)$ 也是一个具有相同能量 E_n 的定态. 如果能量是非简并的, 这意味着定态可以选择为实的.

(d) 对动量本征函数 $f_p(x)$ 作时间反演后会得到什么 (方程 (3.32))? 波函数为氢原子波函数 $\psi_{n\ell m}(r,\theta,\phi)$ 会怎样? 讨论每个态与没有变换态的关系, 如 (c) 所确定的, 验证变换态和未变换态具有相同能量.

解答　(a) 常用的做法是引入一个试探函数 $f(x)$,

$$\hat{x}'f(x)=\hat{\Theta}^{-1}\hat{x}\hat{\Theta}f(x)=\hat{\Theta}^{-1}\hat{x}f^*(x)=\hat{\Theta}^{-1}xf^*(x)=x\hat{\Theta}^{-1}f^*(x)=x\left[f^*(x)\right]^*=xf(x)=\hat{x}f(x).$$

$$\begin{aligned}\hat{p}'f(x)&=\hat{\Theta}^{-1}\hat{p}\hat{\Theta}f(x)=\hat{\Theta}^{-1}\hat{p}f^*(x)=\hat{\Theta}^{-1}\left(-\mathrm{i}\hbar\frac{\mathrm{d}}{\mathrm{d}x}\right)f^*(x)\\&=\hat{\Theta}^{-1}\left[\mathrm{i}\hbar\frac{\mathrm{d}}{\mathrm{d}x}f(x)\right]^*=\left[\mathrm{i}\hbar\frac{\mathrm{d}}{\mathrm{d}x}f(x)\right]=-\hat{p}f(x).\end{aligned}$$

即 $\hat{x}'=\hat{\Theta}^{-1}\hat{x}\hat{\Theta}=\hat{x}$, $\hat{p}'=\hat{\Theta}^{-1}\hat{p}\hat{\Theta}=-\hat{p}$.

(b) 由 $\hat{U}(\delta)=\exp\left[-\mathrm{i}\frac{\delta}{\hbar}\hat{H}\right]=1-\mathrm{i}\frac{\delta}{\hbar}\hat{H}$ 得

$$\begin{aligned}\hat{U}(\delta)\hat{\Theta}\hat{U}(\delta)&=\left(1-\mathrm{i}\frac{\delta}{\hbar}\hat{H}\right)\hat{\Theta}\left(1-\mathrm{i}\frac{\delta}{\hbar}\hat{H}\right)\\&=\hat{\Theta}-\mathrm{i}\frac{\delta}{\hbar}\hat{H}\hat{\Theta}+\hat{\Theta}\left(-\mathrm{i}\frac{\delta}{\hbar}\hat{H}\right)\\&=\hat{\Theta}-\mathrm{i}\frac{\delta}{\hbar}\hat{H}\hat{\Theta}+\mathrm{i}\frac{\delta}{\hbar}\hat{\Theta}\hat{H}\\&=\hat{\Theta}-\mathrm{i}\frac{\delta}{\hbar}\left[\hat{H},\hat{\Theta}\right]\\&=\hat{\Theta},\end{aligned}$$

即 $\left[\hat{H},\hat{\Theta}\right]=0$.

(c) 如果 $\hat{H}\psi_n=E_n\psi_n$, $\left[\hat{H},\hat{\Theta}\right]=0$, 那么

$$\hat{H}\psi_n^*=\hat{H}\hat{\Theta}\psi_n=\hat{\Theta}\hat{H}\psi_n=\hat{\Theta}E_n\psi_n=(E_n\psi_n)^*=E_n\psi_n^*.$$

能量非简并的情况下, $\psi_n^* = c\psi_n$, 其中 c 选为常实数. 所以 ψ_n 可以选为实的.

(d) 时间反演算符作用到动量本征态上

$$\hat{\Theta} f_p(x) = \hat{\Theta}\frac{1}{\sqrt{2\pi\hbar}}\mathrm{e}^{\mathrm{i}px/\hbar} = \frac{1}{\sqrt{2\pi\hbar}}\mathrm{e}^{-\mathrm{i}px/\hbar} = f_{-p}(x).$$

对于氢原子波函数 (参考方程 (4.32) 中 Y_ℓ^m 的表达式)

$$\begin{aligned}\hat{\Theta}\psi_{n\ell m}(r) &= \hat{\Theta}R_{n\ell}(r)\,Y_\ell^m(\theta,\varphi)\\ &= R_{n\ell}(r)\,\hat{\Theta}Y_\ell^m(\theta,\varphi)\\ &= R_{n\ell}(r)\,(-1)^m\,Y_\ell^{-m}(\theta,\varphi)\\ &= (-1)^m\,\psi_{n,\ell,-m}(r).\end{aligned}$$

这两个态为简并态, 描述粒子的运动方向相反.

习题 6.37 自旋作为粒子的角动量, 它在时间反演作用下一定反转 (习题 6.36). 时间反演对旋量的作用 (4.4.1 节) 实际上是

$$\hat{\Theta}\begin{pmatrix} a \\ b \end{pmatrix} = \begin{pmatrix} -b^* \\ a^* \end{pmatrix}.$$

(a) 证明: 对于自旋为 1/2 的粒子, $\hat{\Theta}^2 = -1$.

(b) 考虑能量为 E_n 的具有时间反演不变的哈密顿量 (方程 (6.83)) 的本征态 $|\psi_n\rangle$. 我们知道, $|\psi'_n\rangle = \hat{\Theta}|\psi_n\rangle$ 也是 $\hat{H}$ 的一个能量为 E_n 的本征态. 有两种可能性: 要么 $|\psi_n\rangle$ 和 $|\psi'_n\rangle$ 是相同的态 (这意味着 $|\psi'_n\rangle = c|\psi_n\rangle$, 其中 c 为某个复常数), 要么它们是不同的态. 证明: 对于自旋为 1/2 的粒子, 第一种情况会导致矛盾, 也就是说能级必须 (至少) 是二重简并的.

注释 所证明的是**克拉默简并性**的一个特例: 对于自旋为 1/2 奇数倍的粒子 (或任何半整数自旋), (时间反演不变的哈密顿量) 每个能级至少是二重简并的. 如同你所证明的那样, 这是因为半整数自旋态和它的时间反演态一定是不同的.①

证明 (a) 设自旋态为 $\begin{pmatrix} a \\ b \end{pmatrix}$.

$$\hat{\Theta}^2\begin{pmatrix} a \\ b \end{pmatrix} = \hat{\Theta}\begin{pmatrix} -b^* \\ a^* \end{pmatrix} = \begin{pmatrix} -(a^*)^* \\ (-b^*)^* \end{pmatrix} = -\begin{pmatrix} a \\ b \end{pmatrix}.$$

(b) 假设 $|\psi'_n\rangle = c|\psi_n\rangle$, 即 $|\psi'_n\rangle$ 与 $|\psi_n\rangle$ 是相同的态, 则

$$\hat{\Theta}^2|\psi_n\rangle = \hat{\Theta}|\psi'_n\rangle = \hat{\Theta}c|\psi_n\rangle = c^*\hat{\Theta}|\psi_n\rangle = c^*|\psi'_n\rangle = c^*c|\psi_n\rangle = |c|^2|\psi_n\rangle.$$

由 (a) 知, 对于自旋为 $\frac{1}{2}$ 的粒子, $\hat{\Theta}^2 = -1$, 这与 $|c|^2$ 不能为负值相矛盾. 因此, 能级至少是二重简并的.

① 对于自旋为 0 的粒子, 时间反演对称性能告诉我们一些有趣的东西吗? 事实上, 答案是肯定的. 一方面, 定态可以选择为实数态; 你在习题 2.2 中已经证明了这一点, 但我们现在看到这是时间反演对称性的结果. 另一个例子是周期势场 (5.3.2 节和习题 6.6) 中具有晶格动量 q 和 $-q$ 两个态的能级简并. 如果势场是对称的, 这可以归因于反转对称, 但即使没有反转对称, 简并仍然存在 (试试吧!); 这是时间反演对称性的结果.

第 II 部分 应　用

第 7 章 不含时微扰理论

本章主要内容概要

1. 非简并微扰理论

设体系的哈密顿量为 $H = H^0 + H'$, 其中 H^0 的本征函数已经知道, 但是 H 的严格解无法求出, 若 H' 对应的能量远小于 H^0 对应的能量, 这时可由微扰理论近似求解 H 的能量本征值和本征函数. 一阶近似下 (近似到 H' 一阶项), 能量本征值为

$$E_n = E_n^{(0)} + E_n^{(1)} = E_n^{(0)} + \left\langle \psi_n^{(0)} \right| H' \left| \psi_n^{(0)} \right\rangle.$$

能量本征函数为

$$\psi_n = \psi_n^{(0)} + \psi_n^{(1)} = \psi_n^{(0)} + \sum_{n \neq m} \frac{\left\langle \psi_m^{(0)} \right| H' \left| \psi_n^{(0)} \right\rangle}{E_n^{(0)} - E_m^{(0)}} \psi_m^{(0)},$$

其中 $\psi_n^{(0)}$ 是 H^0 本征值为 $E_n^{(0)}$ 的本征函数. $\left\langle \psi_m^{(0)} \right| H' \left| \psi_n^{(0)} \right\rangle$ 是微扰哈密顿量在 H^0 表象中的矩阵元. 二阶近似下, 能量本征值为

$$E_n = E_n^{(0)} + E_n^{(1)} + E_n^{(2)} = E_n^{(0)} + \left\langle \psi_n^{(0)} \right| H' \left| \psi_n^{(0)} \right\rangle + \sum_{n \neq m} \frac{\left| \left\langle \psi_m^{(0)} \right| H' \left| \psi_n^{(0)} \right\rangle \right|^2}{E_n^{(0)} - E_m^{(0)}}.$$

2. 简并微扰理论

若 H^0 的某个能量是 k 度简并的, 即有 k 个本征函数 $\psi_i \, (i = 1, 2, \cdots, k)$ 且都对应同一个能量本征值 E (这里略写了对应能级的指标), 要求能量的一阶修正, 首先在简并子空间, 即 $\{\psi_i\}$ 为基矢的表象中求出微扰哈密顿量 H' 的矩阵元 $\langle \psi_i | H' | \psi_j \rangle$, 然后求解 H' 的本征方程

$$\begin{pmatrix} H'_{11} & H'_{12} & \cdots & H'_{1k} \\ H'_{21} & H'_{22} & \cdots & H'_{2k} \\ \cdots & \cdots & \cdots & \cdots \\ H'_{k1} & H'_{k2} & \cdots & H'_{kk} \end{pmatrix} \begin{pmatrix} c_1 \\ c_2 \\ \vdots \\ c_k \end{pmatrix} = E^{(1)} \begin{pmatrix} c_1 \\ c_2 \\ \vdots \\ c_k \end{pmatrix}.$$

由此可以求出 k 个能量的一阶修正 $E_i^{(1)}$ (可能有重根, 表示简并仅部分消除), 再把得到的每个 $E_i^{(1)}$ 代入本征方程, 对每个 $E_i^{(1)}$ 可以得到 $\{c_i\}$, 对应的零阶近似波函数为

$$\phi_i^{(0)} = \sum_{j=1}^{k} c_j \psi_j.$$

之所以称 $\phi_i^{(0)}$ 为零阶近似波函数是由于它们是 ψ_i 的线性组合, 仍然为 H^0 本征值为 E 的本征函数, 并且有 $E_i^{(1)} = \left\langle \phi_i^{(0)} \right| H' \left| \phi_i^{(0)} \right\rangle$.

3. 氢原子的精细结构

若在氢原子哈密顿量中考虑相对论修正和自旋轨道耦合, 由此产生的对氢原子能级的修正称为精细结构. 相对论微扰哈密顿量为 $H_{\mathrm{r}}'=-\hat{p}^4/8m^3c^2$, 由此带来的能量一阶修正为

$$E_{\mathrm{r}}^{(1)}=-\frac{E_n^2}{2mc^2}\left(\frac{4n}{\ell+1/2}-3\right),$$

其中 E_n 为无微扰时氢原子能级 (略写了上标 0). 自旋轨道耦合哈密顿量为

$$H_{\mathrm{so}}'=\left(\frac{e^2}{8\pi\varepsilon_0}\right)\frac{1}{m^2c^2r^3}\boldsymbol{S}\cdot\boldsymbol{L},$$

故能量一阶修正为

$$E_{\mathrm{so}}^{(1)}=\frac{E_n^2}{mc^2}\left\{\frac{n\left[j\left(j+1\right)-\ell\left(\ell+1\right)-3/4\right]}{\ell\left(\ell+1/2\right)\left(\ell+1\right)}\right\},$$

其中 j 是总角动量 (自旋 + 轨道) 量子数. 精细结构修正为两者之和

$$E_{\mathrm{fs}}^{(1)}=E_{r}^{(1)}+E_{\mathrm{so}}^{(1)}=\frac{E_n^2}{2mc^2}\left(3-\frac{4n}{j+1/2}\right).$$

4. 塞曼效应

当一个原子被置于均匀外磁场 $\boldsymbol{B}_{\mathrm{ext}}$ 中时, 由于自旋和轨道磁矩与外磁场的相互作用能级将发生改变, 这个现象被称为塞曼效应. 哈密顿量为

$$H_Z'=\frac{e}{2m}\left(\boldsymbol{L}+2\boldsymbol{S}\right)\cdot\boldsymbol{B}_{\mathrm{ext}}.$$

与引起自旋轨道耦合的内场 (方程 (7.60)) 相比, 塞曼分裂的性质在很大程度上取决于外电场强度大小. 如果 $B_{\mathrm{ext}}\ll B_{\mathrm{int}}$, 则精细结构占主导地位, H_Z' 可以看作一个小微扰; 而当 $B_{\mathrm{ext}}\gg B_{\mathrm{int}}$ 时, 塞曼效应占主导地位, 精细结构成为微扰. 在中间区域, 这两个场的大小可以比拟时, 我们必须应用简并微扰理论来讨论, 并且有必要“手工”对哈密顿量的相关部分对角化.

弱场塞曼效应 ($B_{\mathrm{ext}}\ll B_{\mathrm{int}}\sim 10\ \mathrm{T}$), 能量的一阶修正为 (取 $\boldsymbol{B}_{\mathrm{ext}}$ 沿 z 方向)

$$E_Z^1=\langle nljm_j\left|H_z'\right|nljm_j\rangle=\frac{e}{2m}\boldsymbol{B}_{\mathrm{ext}}\cdot\langle\boldsymbol{L}+2\boldsymbol{S}\rangle,$$

$$E_Z^{(1)}=\mu_{\mathrm{B}}g_jB_{\mathrm{ext}}m_j,$$

其中 $\mu_{\mathrm{B}}\equiv e\hbar/(2m)=5.788\times10^{-5}\ \mathrm{eV/T}$ 是玻尔磁子, $g_j=1+\dfrac{j\left(j+1\right)-\ell\left(\ell+1\right)+3/4}{2j\left(j+1\right)}$ 为朗德 g 因子, m_j 是总动量的磁量子数.

强场塞曼效应 ($B_{\mathrm{ext}}\gg B_{\mathrm{int}}\sim 10\ \mathrm{T}$), 塞曼效应起主要作用, 我们把 $H_{\mathrm{Bohr}}+H_Z'$ 作为“未微扰”的哈密顿量, 微扰为 H_{fs}', 塞曼哈密顿量为

$$H_Z'=\frac{e}{2m}B_{\mathrm{ext}}(L_z+2S_z),$$

“未微扰”的能量:

$$E_{nm_lm_s}=-\frac{13.6\mathrm{eV}}{n^2}+\mu_{\mathrm{B}}B_{\mathrm{ext}}(m_l+2m_s).$$

中间场塞曼效应, H_Z' 和 H_{fs}' 都不占主导地位, 我们必须平等地对待这两者, 微扰哈密顿量为塞曼哈密顿量与精细结构哈密顿量之和, 即

$$H'=H_Z'+H_{\mathrm{fs}}'.$$

对于 $n=2$ 的情况, 由于不能明显地确定"好"态是什么, 所以只能完全求助于简并微扰理论. 选择以 l, j 和 m_j 为特征的基态, 使用 CG 系数将 $|j\, m_j\rangle$ 表示为 $|l\, s\, m_l\, m_s\rangle$ 的线性组合, 有

<u>$l=0$</u>:

$$\psi_1 \equiv \left|\frac{1}{2}\ \frac{1}{2}\right\rangle = \left|0\ \frac{1}{2}\ 0\ \frac{1}{2}\right\rangle,$$

$$\psi_2 \equiv \left|\frac{1}{2}\ \frac{-1}{2}\right\rangle = \left|0\ \frac{1}{2}\ 0\ \frac{-1}{2}\right\rangle,$$

<u>$l=1$</u>:

$$\begin{aligned}
\psi_3 &\equiv \left|\frac{3}{2}\ \frac{3}{2}\right\rangle = \left|1\ \frac{1}{2}\ 1\ \frac{1}{2}\right\rangle,\\
\psi_4 &\equiv \left|\frac{3}{2}\ \frac{-3}{2}\right\rangle = \left|1\ \frac{1}{2}\ -1\ \frac{-1}{2}\right\rangle,\\
\psi_5 &\equiv \left|\frac{3}{2}\ \frac{1}{2}\right\rangle = \sqrt{2/3}\left|1\ \frac{1}{2}\ 0\ \frac{1}{2}\right\rangle + \sqrt{1/3}\left|1\ \frac{1}{2}\ 1\ \frac{-1}{2}\right\rangle,\\
\psi_6 &\equiv \left|\frac{1}{2}\ \frac{1}{2}\right\rangle = -\sqrt{1/3}\left|1\ \frac{1}{2}\ 0\ \frac{1}{2}\right\rangle + \sqrt{2/3}\left|1\ \frac{1}{2}\ 1\ \frac{-1}{2}\right\rangle,\\
\psi_7 &\equiv \left|\frac{3}{2}\ -\frac{1}{2}\right\rangle = \sqrt{1/3}\left|1\ \frac{1}{2}\ -1\ \frac{1}{2}\right\rangle + \sqrt{2/3}\left|1\ \frac{1}{2}\ 0\ \frac{-1}{2}\right\rangle,\\
\psi_8 &\equiv \left|\frac{1}{2}\ -\frac{1}{2}\right\rangle = -\sqrt{2/3}\left|1\ \frac{1}{2}\ -1\ \frac{1}{2}\right\rangle + \sqrt{1/3}\left|1\ \frac{1}{2}\ 0\ \frac{-1}{2}\right\rangle.
\end{aligned}$$

在这组基矢下, H'_{fs} 的非零矩阵元都是对角的, 并由方程 (7.68) 给出; H'_Z 有四个非对角元素, 完整的矩阵 $\boldsymbol{W}$ (见习题 7.29) 为

$$\begin{pmatrix}
5\gamma-\beta & 0 & 0 & 0 & 0 & 0 & 0 & 0\\
0 & 5\gamma+\beta & 0 & 0 & 0 & 0 & 0 & 0\\
0 & 0 & \gamma-2\beta & 0 & 0 & 0 & 0 & 0\\
0 & 0 & 0 & \gamma+2\beta & 0 & 0 & 0 & 0\\
0 & 0 & 0 & 0 & \gamma-\frac{2}{3}\beta & \frac{\sqrt{2}}{3}\beta & 0 & 0\\
0 & 0 & 0 & 0 & \frac{\sqrt{2}}{3}\beta & 5\gamma-\frac{1}{3}\beta & 0 & 0\\
0 & 0 & 0 & 0 & 0 & 0 & \gamma+\frac{2}{3}\beta & \frac{\sqrt{2}}{3}\beta\\
0 & 0 & 0 & 0 & 0 & 0 & \frac{\sqrt{2}}{3}\beta & 5\gamma+\frac{1}{3}\beta
\end{pmatrix}$$

其中, $\gamma \equiv (\alpha/8)^2\, 13.6\text{eV}$ 和 $\beta \equiv \mu_{\text{B}} B_{\text{ext}}$.

第一个矩阵块的特征方程为

$$\lambda^2 + \lambda(6\lambda-\beta) + \left(5\lambda^2 - \frac{11}{3}\gamma\beta\right) = 0,$$

解该二次方程得到本征值

$$\lambda_{\pm}=-3\gamma+\beta/2\pm\sqrt{4\gamma^2+(2/3)\gamma\beta+\beta^2/4}.$$

能级为

$$\boxed{\begin{aligned}&\varepsilon_1=E_2-5\gamma+\beta\\&\varepsilon_2=E_2-5\gamma-\beta\\&\varepsilon_3=E_2-\gamma+2\beta\\&\varepsilon_4=E_2-\gamma-2\beta\\&\varepsilon_5=E_2-3\gamma+\beta/2+\sqrt{4\gamma^2+(2/3)\gamma\beta+\beta^2/4}\\&\varepsilon_6=E_2-3\gamma+\beta/2-\sqrt{4\gamma^2+(2/3)\gamma\beta+\beta^2/4}\\&\varepsilon_7=E_2-3\gamma-\beta/2+\sqrt{4\gamma^2-(2/3)\gamma\beta+\beta^2/4}\\&\varepsilon_8=E_2-3\gamma-\beta/2-\sqrt{4\gamma^2-(2/3)\gamma\beta+\beta^2/4}\end{aligned}}$$

5. 氢原子超精细分裂

氢原子超精细分裂是电子处于构成质子的三个夸克形成磁偶极子 $\boldsymbol{\mu}$ 的磁场中，能量发生劈裂的现象.

质子的磁偶极子 $\boldsymbol{\mu}$ 形成的磁场为

$$\boldsymbol{B}=\frac{\mu_0}{4\pi r^3}[3(\boldsymbol{\mu}\cdot\hat{r})\hat{r}-\boldsymbol{\mu}]+\frac{2\mu_0}{3}\boldsymbol{\mu}\,\delta^3(\boldsymbol{r}).$$

位于质子磁偶极矩形成的磁场中的电子的哈密顿量为

$$H'_{\rm hf}=\frac{\mu_0 g_{\rm p}e^2}{8\pi m_{\rm p}m_{\rm e}}\frac{[3(\boldsymbol{S}_{\rm p}\cdot\hat{r})((\boldsymbol{S}_{\rm e}\cdot\hat{r})-\boldsymbol{S}_{\rm p}\cdot\boldsymbol{S}_{\rm e}]}{r^3}+\frac{\mu_0 g_{\rm p}e^2}{3m_{\rm p}m_{\rm e}}\boldsymbol{S}_{\rm p}\cdot\boldsymbol{S}_{\rm e}\delta^3(\boldsymbol{r}).$$

能量的一级修正为

$$E^1_{\rm hf}=\frac{\mu_0 g_{\rm p}e^2}{8\pi m_{\rm p}m_{\rm e}}\left\langle\frac{3\left(\boldsymbol{S}_{\rm p}\cdot\hat{r}\right)\left(\boldsymbol{S}_{\rm e}\cdot\hat{r}\right)-\boldsymbol{S}_{\rm p}\cdot\boldsymbol{S}_{\rm e}}{r^3}\right\rangle+\frac{\mu_0 g_{\rm p}e^2}{3m_{\rm p}m_{\rm e}}\left\langle\boldsymbol{S}_{\rm p}\cdot\boldsymbol{S}_{\rm e}\right\rangle|\psi(0)|^2.$$

对于基态 (或者 $l=0$ 其他状态)，波函数是球对称的，第一项的期望值为零. 由于 $|\psi_{100}(0)|^2=1/(\pi a^3)$，对于基态有

$$E^1_{\rm hf}=\frac{\mu_0 g_{\rm p}e^2}{3\pi m_{\rm p}m_{\rm e}a^3}\left\langle\boldsymbol{S}_{\rm p}\cdot\boldsymbol{S}_{\rm e}\right\rangle,$$

这称为**自旋自旋耦合**.

此时，单个自旋角动量不再守恒；“好”态是总自旋的本征矢，

$$\boldsymbol{S}\equiv\boldsymbol{S}_{\rm e}+\boldsymbol{S}_{\rm p}.$$

和前面一样，对上式平方得到

$$\boldsymbol{S}_{\rm p}\cdot\boldsymbol{S}_{\rm e}=\frac{1}{2}(S^2-S_{\rm e}^2-S_{\rm p}^2).$$

但是，电子和质子都具有 1/2 的自旋，所以 $S_{\rm e}^2=S_{\rm p}^2=(3/4)\hbar^2$. 对三重态 (自旋“平行”)，总自旋为 1，因此 $S^2=2\hbar^2$；对自旋单态，总自旋为 0，因此 $S^2=0$，所以，

$$E^1_{\rm hf}=\frac{4g_{\rm p}\hbar^4}{3m_{\rm p}m_{\rm e}^2c^2a^4}\begin{cases}+1/4, & \text{三重态}\\-3/4, & \text{单态}\end{cases}$$

自旋自旋耦合破坏了基态的自旋简并，提高了三重态的能级，降低了单态的能级.

***习题 7.1** 假设在一维无限深方势阱的中心加入一个狄拉克峰：

$$H' = \alpha\delta(x - a/2),$$

其中 α 为常数.

(a) 求允许能级的一阶修正. 解释对于偶数 n, 为何能量没有受到扰动.

(b) 求基态波函数一阶修正 ψ_1^1 展开式 (方程 (7.13)) 中的前三个非零项.

解答 (a) 无限深方势阱的波函数为 $\psi_n^0 = \sqrt{\frac{2}{a}}\sin\left(\frac{n\pi}{a}x\right)$, 根据能量的一阶修正公式 $E_n^1 = \langle\psi_n^0|H'|\psi_n^0\rangle$, 得

$$E_n^1 = \langle\psi_n^0|H'|\psi_n^0\rangle = \frac{2\alpha}{a}\int_0^a \sin^2\left(\frac{n\pi}{a}x\right)\delta\left(x - \frac{a}{2}\right)dx = \frac{2\alpha}{a}\sin^2\left(\frac{n\pi}{2}\right).$$

当 n 为偶数时, $E_n^1 = 0$, 这是因为对 n 为偶数的波函数, 它在 $x = \frac{a}{2}$ 处的波函数值为零, 因此感受不到此处的微扰存在.

(b) 基态波函数的一阶修正为

$$\psi_1^1 = \sum_{n=2}^{\infty}\frac{\langle\psi_n^0|H'|\psi_1^0\rangle}{E_1^0 - E_n^0}\psi_n^0,$$

其中矩阵元为

$$\langle\psi_n^0|H'|\psi_1^0\rangle = \frac{2\alpha}{a}\int_0^a \sin\left(\frac{n\pi}{a}x\right)\delta\left(x - \frac{a}{2}\right)\sin\left(\frac{\pi}{a}x\right)\mathrm{d}x = \frac{2\alpha}{a}\sin\left(\frac{n\pi}{2}\right),$$

分母为

$$E_1^0 - E_n^0 = \frac{\hbar^2\pi^2}{2ma^2}\left(1 - n^2\right).$$

三个非零项为 $n = 3, 5, 7$, 故

$$\psi_1^1 = \frac{2\alpha}{a}\frac{2ma^2}{\pi^2\hbar^2}\left[\frac{1}{8}\sqrt{\frac{2}{a}}\sin\left(\frac{3\pi}{a}x\right) - \frac{1}{24}\sqrt{\frac{2}{a}}\sin\left(\frac{5\pi}{a}x\right) + \frac{1}{48}\sqrt{\frac{2}{a}}\sin\left(\frac{7\pi}{a}x\right)\right].$$

***习题 7.2** 对于谐振子 $\left[V(x) = \frac{1}{2}kx^2\right]$, 能量允许值为

$$E_n = \left(n + \frac{1}{2}\right)\hbar\omega,\quad (n = 0, 1, 2, \cdots),$$

其中 $\omega = \sqrt{\frac{k}{m}}$ 为经典频率. 假设弹性系数稍微增大一点：$k \to (1+\varepsilon)k$. (也许弹簧冷却了, 变得不那么有弹性了.)

(a) 求能量的精确值 (这种情况很平庸). 将结果展开为 ε 的幂级数, 直到第二阶.

(b) 利用方程 (7.9), 计算能量的一阶修正. 这里 H' 是指什么? 将结果和 (a) 中结果作对比. **提示** 实际上, 在解决该问题时, 没有必要也不允许进行积分计算.

解答 (a) 对于一维谐振子方程

$$-\frac{\hbar^2}{2m}\frac{\mathrm{d}^2\psi}{\mathrm{d}x^2}+\frac{1}{2}m\omega^2x^2=E\psi,$$

可以精确求解, 得

$$E_n=\left(n+\frac{1}{2}\right)\hbar\omega,\quad (n=0,1,2,3,\cdots),$$

其中 $\omega\equiv\sqrt{\dfrac{k}{m}}$. 当 $k\to(1+\varepsilon)k$ 时, $\omega\to\omega\sqrt{1+\varepsilon}$, 所以能级为

$$E_n=\left(n+\frac{1}{2}\right)\hbar\omega\cdot\sqrt{1+\varepsilon}\cdots$$

对 ε 展开, 直到第二阶, 得

$$E_n=\left(n+\frac{1}{2}\right)\hbar\omega\left(1+\frac{1}{2}\varepsilon-\frac{1}{8}\varepsilon^2\right).$$

(b) $H'=\dfrac{1}{2}\varepsilon kx^2=\varepsilon V(x)$, 能量一阶修正为

$$E_n^1=\langle\psi_n^0|H'|\psi_n^0\rangle=\varepsilon\langle\psi_n^0|V|\psi_n^0\rangle=\frac{1}{2}\varepsilon E_n=\frac{1}{2}\varepsilon\left(n+\frac{1}{2}\right)\hbar\omega.$$

利用微扰方法得到的一阶近似和精确解展开到第一阶相同.

习题 7.3 无限深方势阱中放入两个自旋为零的全同玻色子 (方程 (2.22)). 两者之间通过下面势场有微弱的相互作用:

$$V(x_1,x_2)=-aV_0\delta(x_1-x_2)$$

(V_0 为有能量量纲的一个常数, a 为势阱宽度).

(a) 首先, 忽略粒子间的相互作用, 求基态和第一激发态的波函数和相应的能量.

(b) 利用一阶微扰理论估算粒子间相互作用对基态和第一激发态能量的影响.

解答 (a) 基态和第一激发态的波函数分别为 (不考虑粒子的自旋)

$$\psi_{11}^0=\frac{2}{a}\sin\left(\frac{\pi x_1}{a}\right)\sin\left(\frac{\pi x_2}{a}\right),$$

$$E_{11}^0=\frac{\pi^2\hbar^2}{ma^2},$$

$$\psi_{12}^0=\frac{\sqrt{2}}{a}\left[\sin\left(\frac{\pi x_1}{a}\right)\sin\left(\frac{2\pi x_2}{a}\right)+\sin\left(\frac{2\pi x_1}{a}\right)\sin\left(\frac{\pi x_2}{a}\right)\right],$$

$$E_{12}^0=\frac{5\pi^2\hbar^2}{2ma^2}.$$

以上两个能级都是非简并的.

(b) 按照一阶微扰理论,

$$\begin{aligned}E_{11}'&=\langle\psi_{11}^0|H'|\psi_{11}^0\rangle\\&=-4\frac{V_0}{a}\int_0^a\int_0^a\sin\left(\frac{\pi x_1}{a}\right)\sin\left(\frac{\pi x_2}{a}\right)\delta(x_1-x_2)\sin\left(\frac{\pi x_1}{a}\right)\sin\left(\frac{\pi x_2}{a}\right)\mathrm{d}x_1\mathrm{d}x_2\\&=-4\frac{V_0}{a}\int_0^a\sin^4\left(\frac{\pi x_2}{a}\right)\mathrm{d}x_2\end{aligned}$$

$$= -\frac{3}{2}V_0.$$

$$\begin{aligned}
E'_{12} &= \langle\psi_{12}^0|\,H'\,|\psi_{12}^0\rangle \\
&= -2\frac{V_0}{a}\int_0^a\int_0^a\left[\sin\left(\frac{\pi x_1}{a}\right)\sin\left(\frac{2\pi x_2}{a}\right)\right. \\
&\quad\left.+\sin\left(\frac{2\pi x_1}{a}\right)\sin\left(\frac{\pi x_2}{a}\right)\right]^2\delta(x_1-x_2)\,\mathrm{d}x_1\mathrm{d}x_2 \\
&= -2\frac{V_0}{a}\int_0^a\left[\sin\left(\frac{\pi x_1}{a}\right)\sin\left(\frac{2\pi x_1}{a}\right)+\sin\left(\frac{2\pi x_1}{a}\right)\sin\left(\frac{\pi x_1}{a}\right)\right]^2\mathrm{d}x_1 \\
&= -8\frac{V_0}{a}\int_0^a\sin^2\left(\frac{\pi x_1}{a}\right)\sin^2\left(\frac{2\pi x_1}{a}\right)\mathrm{d}x_1 \\
&= -2V_0.
\end{aligned}$$

****习题 7.4**　将微扰理论应用于最具代表性的二能级系统. 系统未微扰的哈密顿量为

$$\boldsymbol{\mathcal{H}}^0 = \begin{pmatrix} E_a^0 & 0 \\ 0 & E_b^0 \end{pmatrix},$$

微扰项为

$$\boldsymbol{\mathcal{H}}' = \lambda\begin{pmatrix} V_{aa} & V_{ab} \\ V_{ba} & V_{bb} \end{pmatrix},$$

其中 $V_{ba}=V_{ab}^*, V_{aa}$ 和 V_{bb} 为实数, 因此 $\boldsymbol{\mathcal{H}}$ 是厄米矩阵. 如 7.1.1 节所述, λ 是一常量, 将在后面设置为 1.

(a) 求该二能级系统的精确能量.

(b) 将 (a) 中的结果展开到 λ 的二阶项 (然后设 λ 为 1). 验证展开项与 7.1.2 节和 7.1.3 节中微扰理论的结果一致. 假设 $E_b > E_a$.

(c) 设 $V_{aa}=V_{bb}=0$, 证明: (b) 中的展开项仅在 $\left|\dfrac{V_{ab}}{E_b^0-E_a^0}\right| < \dfrac{1}{2}$ 条件下收敛.

注释　一般来说, 只有当微扰矩阵元比能级之间间隔小很多时, 微扰理论才成立. 否则, 前几项 (这全部是我们曾经计算过的) 将会对我们感兴趣的物理量给出很差的近似, 并且, 如这里所示, 展开项可能无法收敛, 在这种情况下, 前几项不能提供有价值的信息.

解答　(a)

$$\boldsymbol{\mathcal{H}} = \boldsymbol{\mathcal{H}}^0 + \boldsymbol{\mathcal{H}}' = \begin{bmatrix} E_a^0+\lambda V_{aa} & \lambda V_{ab} \\ \lambda V_{ba} & E_b^0+\lambda V_{bb} \end{bmatrix} = \begin{bmatrix} A & \lambda V_{ab} \\ \lambda V_{ba} & B \end{bmatrix},$$

其中, $A=E_a^0+\lambda V_{aa}, B=E_b^0+\lambda V_{bb}$.

由

$$\begin{bmatrix} A & \lambda V_{ab} \\ \lambda V_{ba} & B \end{bmatrix}\begin{bmatrix} \psi_+ \\ \psi_- \end{bmatrix} = E\begin{bmatrix} \psi_+ \\ \psi_- \end{bmatrix},$$

得久期方程

$$\begin{vmatrix} A-E & \lambda V_{ab} \\ \lambda V_{ba} & B-E \end{vmatrix} = 0,$$

$$E^2 - (A+B)E + AB - \lambda^2 |V_{ab}|^2 = 0,$$

$$E_\pm = \frac{(A+B) \pm \sqrt{(A+B)^2 - 4\left(AB - \lambda^2 |V_{ab}|^2\right)}}{2}$$

$$= \frac{(A+B) \pm \sqrt{(A-B)^2 + 4\lambda^2 |V_{ab}|^2}}{2}.$$

(b) 由 (a) 知

$$E_\pm = \frac{(A+B) \pm \sqrt{(A-B)^2 + 4\lambda^2 |V_{ab}|^2}}{2}$$

$$= \frac{(A+B) \pm (B-A)\sqrt{1 + \frac{4\lambda^2 |V_{ab}|^2}{(B-A)^2}}}{2},$$

结合

$$\sqrt{1 + \frac{4\lambda^2 |V_{ab}|^2}{(B-A)^2}} \approx 1 + \frac{1}{2}\frac{4\lambda^2 |V_{ab}|^2}{(B-A)^2},$$

可得

$$E_\pm = \frac{1}{2}\left\{(A+B) \pm (B-A)\left[1 + \frac{2\lambda^2 |V_{ab}|^2}{(B-A)^2}\right]\right\}$$

$$= \frac{1}{2}\left\{(A+B) \pm \left[(B-A) + \frac{2\lambda^2 |V_{ab}|^2}{(B-A)}\right]\right\}$$

$$= \frac{1}{2}\left\{ \left(E_a^0 + \lambda V_{aa} + E_b^0 + \lambda V_{bb}\right) \pm \left[\left(E_b^0 + \lambda V_{bb} - E_a^0 - \lambda V_{aa}\right) + \frac{2\lambda^2 |V_{ab}|^2}{\left(E_b^0 + \lambda V_{bb} - E_a^0 - \lambda V_{aa}\right)}\right]\right\}$$

$$\approx \frac{1}{2}\left\{ \left(E_a^0 + E_b^0\right) + \lambda\left(V_{aa} + V_{bb}\right) \pm \left[\left(E_b^0 - E_a^0\right) + \lambda\left(V_{bb} - V_{aa}\right) + \frac{2\lambda^2 |V_{ab}|^2}{E_b^0 - E_a^0}\right]\right\}.$$

所以,

$$E_+ = \frac{1}{2}\left\{\left(E_a^0 + E_b^0\right) + \lambda\left(V_{aa} + V_{bb}\right) + \left[\left(E_b^0 - E_a^0\right) + \lambda\left(V_{bb} - V_{aa}\right) + \frac{2\lambda^2 |V_{ab}|^2}{E_b^0 - E_a^0}\right]\right\}$$

$$= \frac{1}{2}\left[2E_b^0 + 2\lambda V_{bb} + \frac{2\lambda^2 |V_{ab}|^2}{E_b^0 - E_a^0}\right] = E_b^0 + \lambda V_{bb} + \frac{\lambda^2 |V_{ab}|^2}{E_b^0 - E_a^0}.$$

同样地, $E_- = E_a^0 + \lambda V_{aa} - \dfrac{\lambda^2 |V_{ab}|^2}{E_b^0 - E_a^0}$.

令 $\lambda = 1$ 时, $E_+ = E_b^0 + V_{bb} + \dfrac{|V_{ab}|^2}{E_b^0 - E_a^0}$, $E_- = E_a^0 + V_{aa} - \dfrac{|V_{ab}|^2}{E_b^0 - E_a^0}$.

对比一阶微扰的结果,

$$E_a^1 = \langle\psi_a^0|\, H'\, |\psi_a^0\rangle = (1\ \ 0)\begin{pmatrix} V_{aa} & V_{ab} \\ V_{ba} & V_{bb} \end{pmatrix}\begin{pmatrix} 1 \\ 0 \end{pmatrix} = V_{aa},$$

$$E_b^1 = \langle\psi_b^0|\, H'\, |\psi_b^0\rangle = (0\ \ 1)\begin{pmatrix} V_{aa} & V_{ab} \\ V_{ba} & V_{bb} \end{pmatrix}\begin{pmatrix} 0 \\ 1 \end{pmatrix} = V_{bb},$$

这与直接求解中的第二项一致.

对比二阶微扰的结果, 由

$$\langle\psi_b^0|\, H'\, |\psi_a^0\rangle = (0\ \ 1)\begin{pmatrix} V_{aa} & V_{ab} \\ V_{ba} & V_{bb} \end{pmatrix}\begin{pmatrix} 1 \\ 0 \end{pmatrix} = V_{ba},$$

$$\langle\psi_a^0|\, H'\, |\psi_b^0\rangle = (1\ \ 0)\begin{pmatrix} V_{aa} & V_{ab} \\ V_{ba} & V_{bb} \end{pmatrix}\begin{pmatrix} 0 \\ 1 \end{pmatrix} = V_{ab},$$

所以,

$$E_a^2 = \frac{\left|\langle\psi_b^0|\, H'\, |\psi_a^0\rangle\right|^2}{E_a^0 - E_b^0} = -\frac{|V_{ab}|^2}{E_b^0 - E_a^0},$$

$$E_b^2 = \frac{\left|\langle\psi_a^0|\, H'\, |\psi_b^0\rangle\right|^2}{E_b^0 - E_a^0} = \frac{|V_{ab}|^2}{E_b^0 - E_a^0}.$$

这与直接求解中的第三项一致.

(c) 在 (a) 求解过程中将 $\sqrt{1+\dfrac{4|V_{ab}|^2}{\left(E_b^0 - E_a^0\right)^2}}$ 进行泰勒展开, 并在第二项进行截断, 这需要 $\dfrac{4|V_{ab}|^2}{\left(E_b^0 - E_a^0\right)^2}$ 是个小量, 以保证最终的解在取很少的展开项时收敛.

因此, $\dfrac{4|V_{ab}|^2}{\left(E_b^0 - E_a^0\right)^2} < 1$, 即 $\dfrac{|V_{ab}|}{E_b^0 - E_a^0} < \dfrac{1}{2}$.

*习题 7.5

(a) 求出习题 7.1 中势的能量二阶修正 (E_n^2). **注释**　可以直接对级数求和, 当 n 为奇数时, 结果为 $-2m\left(\alpha/\pi\hbar n\right)^2$.

(b) 对习题 7.2 中的作用势, 计算基态能量的二阶修正 (E_0^2). 验证所得结果和精确解一致.

解答　能量二阶修正公式为

$$E_n^2 = \sum_{k\neq n} \frac{\left|\langle\psi_k^0|\, H'\, |\psi_n^0\rangle\right|^2}{E_n^0 - E_k^0}.$$

(a) 对习题 7.1 中的无限深方势阱和微扰势 $H' = \alpha\delta\left(x - a/2\right)$, 有

$$\begin{aligned}\langle\psi_k^0|\, H'\, |\psi_n^0\rangle &= \frac{2}{a}\alpha\int_0^a \sin\left(\frac{k}{a}\pi x\right)\delta\left(x-\frac{a}{2}\right)\sin\left(\frac{n}{a}\pi x\right)\mathrm{d}x \\ &= \frac{2\alpha}{a}\sin\left(\frac{k}{2}\pi\right)\sin\left(\frac{n}{2}\pi\right),\end{aligned}$$

$$E_n^0 - E_k^0 = \frac{\left(n^2-k^2\right)\pi^2\hbar^2}{2ma^2}.$$

只有当 k 和 n 都为奇数时, 矩阵元才不为 0, 所以

$$E_n^2=\sum_{k\neq n}\frac{\left|\left\langle\psi_k^0\right|H'\left|\psi_n^0\right\rangle\right|^2}{E_n^0-E_k^0}=\sum_{k\neq n\text{ 且为奇数}}\frac{4\alpha^2/a^2}{(n^2-k^2)\pi^2\hbar^2/2ma^2}$$
$$=\frac{8m\alpha^2}{\pi^2\hbar^2}\cdot\frac{1}{2n}\sum_{k\neq n\text{ 且为奇数}}\left(\frac{1}{k+n}-\frac{1}{k-n}\right).$$

当 $n=1$ 时,

$$\sum_{k=3,5,7,\cdots}\left(\frac{1}{k+1}-\frac{1}{k-1}\right)=\frac{1}{4}+\frac{1}{6}+\frac{1}{8}+\cdots-\frac{1}{2}-\frac{1}{4}-\frac{1}{6}-\cdots=-\frac{1}{2}.$$

当 $n=3$ 时,

$$\sum_{k=1,5,7,\cdots}\left(\frac{1}{k+3}-\frac{1}{k-3}\right)=\frac{1}{4}+\frac{1}{8}+\frac{1}{10}\cdots+\frac{1}{2}-\frac{1}{2}-\frac{1}{4}-\frac{1}{6}-\frac{1}{8}-\cdots=-\frac{1}{6}.$$

……

推广到一般情况, 级数除了 $-\dfrac{1}{2n}$ 一项无法抵消外, 其余均可以相互抵消掉, 所以

$$E_n^2=\begin{cases}0 & (n\text{ 为偶数})\\ \dfrac{8m\alpha^2}{\pi^2\hbar^2}\cdot\dfrac{1}{4n^2}=-2m\dfrac{\alpha}{\pi\hbar n^2} & (n\text{ 为奇数})\end{cases}.$$

(b) 利用产生与湮灭算符,

$$x=\sqrt{\frac{\hbar}{2m\omega}}\left(a_++a_-\right),\quad a_+\psi_n=\sqrt{n+1}\psi_{n+1},\quad a_-\psi_n=\sqrt{n}\psi_{n-1}.$$

$$H'=\frac{1}{2}\varepsilon kx^2=\frac{\hbar\varepsilon k}{4m\omega}\left(a_+^2+a_+a_-+a_-a_++a_-^2\right)=\frac{\hbar\varepsilon\omega}{4}\left(a_+^2+a_+a_-+a_-a_++a_-^2\right).$$

$$E_n^2=\sum_{l\neq n}\frac{\left|\left\langle\psi_l^0\right|H'\left|\psi_n^0\right\rangle\right|^2}{E_n^0-E_l^0}=\frac{\hbar^2\varepsilon^2\omega^2}{16}\sum_{l\neq n}\frac{\left|\left\langle\psi_l^0\right|a_+^2+a_+a_-+a_-a+a_-^2\left|\psi_n^0\right\rangle\right|^2}{\hbar\omega\left(n-l\right)}.$$

由于 $l\neq n$, 故有

$$E_n^2=\frac{\varepsilon^2\hbar\omega}{16}\sum_{l\neq n}\frac{\left|\left\langle\psi_l^0\right|a_+^2\left|\psi_n^0\right\rangle+\left\langle\psi_l^0\right|a_-^2\left|\psi_n^0\right\rangle\right|^2}{n-l}$$
$$=\frac{\varepsilon^2\hbar\omega}{16}\cdot\sum_{l\neq n}\frac{\left|\sqrt{(n+1)(n+2)}\delta_{l,n+2}+\sqrt{n(n-1)}\delta_{l,n-2}\right|^2}{n-l}$$
$$=\frac{\varepsilon^2\hbar\omega}{16}\left[\frac{-(n+1)(n+2)}{2}+\frac{n(n-1)}{2}\right]=-\frac{\varepsilon^2\hbar\omega}{8}\left(n+\frac{1}{2}\right)$$
$$=-\frac{\varepsilon^2}{8}E_n^0.$$

这与习题 7.2 中的结果是一致的.

****习题 7.6**　考虑位于一维谐振子势场中的带电粒子. 假设加上一个微弱的电场 (E), 从而使势能产生了 $H'=-qEx$ 的偏移.

(a) 证明: 能量一阶修正为零, 并计算出能量的二阶修正. **提示**　参考习题 3.39.

(b) 只要将变量变成 $x' \equiv x - qE/(m\omega^2)$, 本题就可以直接求解薛定谔方程. 求出能量的精确值, 并证明它们和微扰理论的近似结果是一致的.

解答　(a) 利用升降阶算符, 能量的一阶修正为

$$E_n^1 = \langle \psi_n^0 | H' | \psi_n^0 \rangle = -qE \langle \psi_n^0 | x | \psi_n^0 \rangle = -qE\sqrt{\frac{\hbar}{2m\omega}} \langle \psi_n^0 | a_+ + a_- | \psi_n^0 \rangle = 0.$$

能量的二阶修正为

$$\begin{aligned}
E_n^2 &= \sum_{k\neq n} \frac{\left|\langle \psi_k^0 | H' | \psi_n^0 \rangle\right|^2}{E_n^0 - E_{\mathrm{k}}^0} \\
&= \frac{E^2 q^2}{\hbar\omega} \sum_{k\neq n} \frac{\left|\langle \psi_k^0 | x | \psi_n^0 \rangle\right|^2}{n-k} \\
&= \frac{E^2 q^2}{2m\omega^2} \sum_{k\neq n} \frac{\left|\langle \psi_k^0 | a_+ + a_- | \psi_n^0 \rangle\right|^2}{n-k} \\
&= \frac{E^2 q^2}{2m\omega^2} \sum_{k\neq n} \frac{\left|\sqrt{n+1}\delta_{k,n+1} + \sqrt{n}\delta_{k,n-1}\right|^2}{n-k} \\
&= \frac{E^2 q^2}{2m\omega^2} \left[\frac{\left|\sqrt{n+1}\right|^2}{n-(n+1)} + \frac{\left|\sqrt{n}\right|^2}{n-(n-1)} \right] \\
&= -\frac{E^2 q^2}{2m\omega^2}.
\end{aligned}$$

(b) 定态薛定谔方程为

$$-\frac{\hbar^2}{2m}\frac{\mathrm{d}^2\psi}{\mathrm{d}x^2} + \left(\frac{1}{2}m\omega^2 x^2 - Eqx\right)\psi = E\psi.$$

作变量代换 $x' = x - \dfrac{Eq}{m\omega^2}$, 得

$$-\frac{\hbar^2}{2m}\frac{\mathrm{d}^2\psi}{\mathrm{d}x'^2} + \frac{1}{2}m\omega^2 x'^2\psi = \left(E + \frac{E^2q^2}{2m\omega^2}\right)\psi,$$

可以得到能量的精确解为

$$E_n = \left(n + \frac{1}{2}\right)\hbar\omega - \frac{E^2q^2}{2m\omega^2}.$$

可以看出一阶微扰为零, 二阶微扰为 $-\dfrac{E^2q^2}{2m\omega^2}$, 这与微扰理论得到的近似结果是一致的.

** **习题 7.7**　考虑位于图 7.1 所示的势场中的粒子.

(a) 求出基态波函数的一阶修正. 三个非零项求和已经足够了.

(b) 利用习题 2.61 中的方法 (数值地) 求出基态波函数和能量. 令 $V_0 = 4\hbar^2/(ma)^2$ 和 $N = 100$, 将得到能量的数值结果和一阶微扰理论的结果作对比 (参见例题 7.1).

(c) 绘出示意图: (i) 未微扰基态波函数, (ii) 数值基态波函数, 以及 (iii) 基态波函数的一阶近

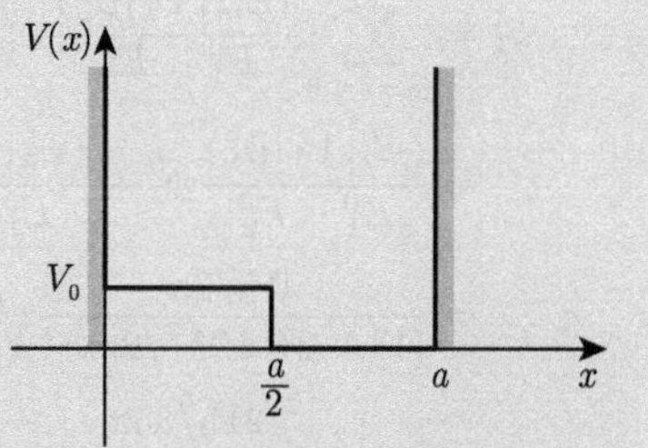

图 7.1　存在于半个势阱的常数微扰

似值. **注释**　确保所求数值结果是归一化的,

$$1=\int|\psi(x)|^2\mathrm{d}x\approx\sum_{i=1}^{N}|\psi_i|^2\Delta x.$$

解答　(a) 一维无限深方势阱的无微扰波函数为

$$\psi_m^0=\sqrt{\frac{2}{a}}\sin\left(\frac{m\pi x}{a}\right),$$

可得

$$\begin{aligned}\left\langle\psi_m^0\right|H'\left|\psi_1^0\right\rangle&=\int_0^{a/2}\sqrt{\frac{2}{a}}\sin\left(\frac{m\pi x}{a}\right)V_0\sqrt{\frac{2}{a}}\sin\left(\frac{\pi x}{a}\right)\mathrm{d}x\\&=\frac{2V_0}{a}\int_0^{a/2}\sin\left(\frac{m\pi x}{a}\right)\sin\left(\frac{\pi x}{a}\right)\mathrm{d}x\\&=\frac{2V_0}{a}\int_0^{a/2}\left\{-\frac{1}{2}\cos\left[\frac{(m+1)\pi x}{a}\right]+\frac{1}{2}\cos\left[\frac{(m-1)\pi x}{a}\right]\right\}\mathrm{d}x\\&=\frac{V_0}{a}\left\{\frac{a}{(m-1)\pi}\sin\left[\frac{(m-1)\pi x}{a}\right]-\frac{a}{(m+1)\pi}\sin\left[\frac{(m+1)\pi x}{a}\right]\right\}\Bigg|_0^{a/2}\\&=\frac{V_0}{\pi}\left\{\frac{1}{(m-1)}\sin\left[\frac{(m-1)\pi}{2}\right]-\frac{1}{m+1}\sin\left[\frac{(m+1)\pi}{a}\right]\right\}.\end{aligned}$$

如果 m 为奇数, 则波函数为零. 因此, 展开的前三个非零项是 $m=2,4$ 和 6, 即

$$\begin{aligned}\left\langle\psi_2^0\right|H'\left|\psi_1^0\right\rangle&=\frac{V_0}{\pi}\left[\sin\left(\frac{\pi}{2}\right)-\frac{1}{3}\sin\left(\frac{3\pi}{2}\right)\right]=\frac{V_0}{\pi}\left(1+\frac{1}{3}\right)=\frac{4V_0}{3\pi},\\\left\langle\psi_4^0\right|H'\left|\psi_1^0\right\rangle&=\frac{V_0}{\pi}\left[\frac{1}{3}\sin\left(\frac{3\pi}{2}\right)-\frac{1}{5}\sin\left(\frac{5\pi}{2}\right)\right]=\frac{V_0}{\pi}\left(-\frac{1}{3}-\frac{1}{5}\right)=-\frac{8V_0}{15\pi},\\\left\langle\psi_6^0\right|H'\left|\psi_1^0\right\rangle&=\frac{V_0}{\pi}\left[\frac{1}{5}\sin\left(\frac{5\pi}{2}\right)-\frac{1}{7}\sin\left(\frac{7\pi}{2}\right)\right]=\frac{V_0}{\pi}\left(\frac{1}{5}+\frac{1}{7}\right)=\frac{12V_0}{35\pi}.\end{aligned}$$

代入波函数的一阶修正公式

$$\psi_n^1=\sum_{m\neq n}\frac{\left\langle\psi_m^0\right|H'\left|\psi_n^0\right\rangle}{E_n^0-E_m^0}\psi_m^0,$$

所以一阶修正波函数为

$$\begin{aligned}\psi_1^1&=\sum_{m=2,4,6}\frac{\left\langle\psi_m^0\right|V_0\left|\psi_1^0\right\rangle}{E_1^0-E_m^0}\psi_m^0\\&=\frac{\left\langle\psi_2^0\right|V_0\left|\psi_1^0\right\rangle}{E_1^0-E_2^0}\psi_2^0+\frac{\left\langle\psi_4^0\right|V_0\left|\psi_1^0\right\rangle}{E_1^0-E_4^0}\psi_4^0+\frac{\left\langle\psi_6^0\right|V_0\left|\psi_1^0\right\rangle}{E_1^0-E_6^0}\psi_6^0\\&=\frac{4V_0/3\pi}{(1^2-2^2)\pi^2\hbar^2/2ma^2}\sqrt{\frac{2}{a}}\sin\left(\frac{2\pi}{a}x\right)+\frac{-8V_0/15\pi}{(1^2-4^2)\pi^2\hbar^2/2ma^2}\sqrt{\frac{2}{a}}\sin\left(\frac{4\pi}{a}x\right)\\&\quad+\frac{12V_0/35\pi}{(1^2-6^2)\pi^2\hbar^2/2ma^2}\sqrt{\frac{2}{a}}\sin\left(\frac{6\pi}{a}x\right)\\&=\frac{8V_0ma^2}{\pi^3\hbar^2}\sqrt{\frac{2}{a}}\left[-\frac{1}{3^2}\sin\left(\frac{2\pi}{a}x\right)+\frac{2}{15^2}\sin\left(\frac{4\pi}{a}x\right)-\frac{3}{35^2}\sin\left(\frac{6\pi}{a}x\right)\right].\end{aligned}$$

(b) 类比习题 2.61, 得

$$\lambda=\frac{\hbar^2}{2m(\Delta x)^2}=\frac{\hbar^2}{2m\frac{a^2}{(N+1)^2}}=\frac{(N+1)^2}{8}V_0.$$

在势阱的左半边, $v_j=\frac{V_0}{\lambda}=\frac{8}{101^2}$; 在势阱的右半边, $v_j=\frac{0}{\lambda}=0$.

波函数可以写为

$$-\lambda\psi_{j+1}+(2\lambda+V_j)\psi_j-\lambda\psi_{j-1}=E\psi_j,$$

$$-\psi_{j-1}+(2+\nu_j)\psi_j-\psi_{j+1}=\frac{E}{\lambda}\psi_j.$$

Mathematica 代码:

```
h = Table [If[i == j, 2 + If [i < 51, 8, / 101^2, 0], 0], {i, 100},
    {j, 100}];
k = Table [If[i == j + 1, -1, 0], {i, 100}, {j, 100}];
m = Table [If[i == j -1, -1, 0], {i, 100}, {j, 100}];
p = Table [h[[i, j]] + k[[i, j]] + m[[i, i]], {i, 100}, {j, 100}];
EVE = Eigenvectors [N[p]];
ListLinePlot[EVE[[100]], PlotRange → {0, 0.15}]
```

基态波函数曲线如图 7.2 所示. Mathematica 代码:

```
EIG = Eigenvalues [N[p]];
EIG[[100]]
0.00132025
```

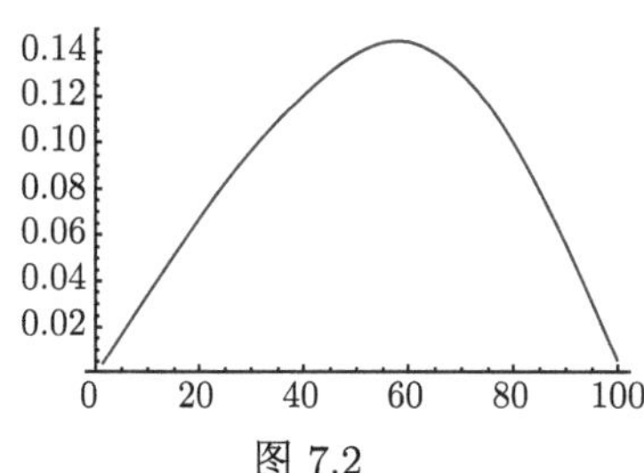

图 7.2

最低的能量本征值为 $0.00132025\lambda=0.00132025\frac{101^2}{8}V_0=1.6835V_0$. 例题 7.1 给出一阶微扰的近似值为 $\frac{\pi^2\hbar^2}{2ma^2}+\frac{V_0}{2}=\left(\frac{\pi^2}{8}+\frac{1}{2}\right)V_0=1.7337V_0$. 这样看来, 结果还符合得很好.

(c) 在图 7.3 中, 浅色实线为无微扰情况下的基态波函数, 深色实线为数值求解情况下的基态波函数, 虚线为一阶近似基态波函数. 程序自动保证波函数的归一性.

```
Show[h = Table [If[i == j, 2 + If[i < 51, 8 / 101^2, 0], 0], {i,
    100], {j, 100}];
k = Table [If[i == j+ 1, -1, 0], {i, 100}, {j, 100}];
m = Table [If[i == j-1, -1, 0], {i, 100}, {j, 100}];
p = Table [h[[i, j]] + k[[i, j]] + m[[i, j]], {i, 100},  {j, 100}];
```

```
EVE = Eigenvectors[N[p]];
ListLinePlot[EVE[[100]], PlotRange → {0, 0.15}],
Plot[Sqrt[2/100] sin[Pi*x/100], {x, 0, 100}, Plotstyle → Orange],
Plot[Sqrt[2/100] (sin[Pi*x/100]+32/Pi^3*(-1/9 Sin[2*Pi*x/100]+
    2/225*sin[4*Pi*x/100]-3/35^2*Sin[6*Pi*x/100])), {x, 0, 100},
        Plotstyle → Dashed]
]
```

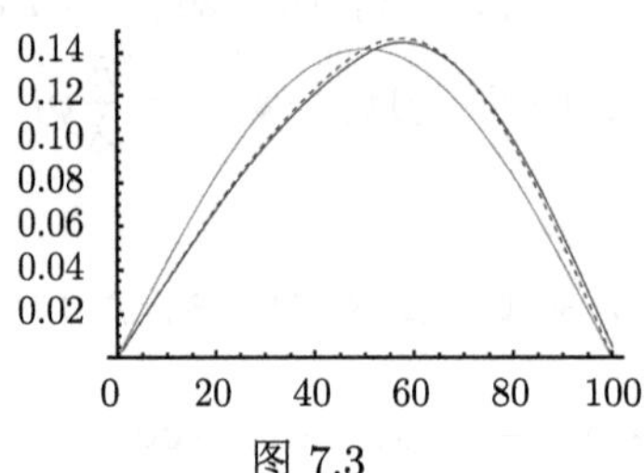

图 7.3

习题 7.8　设两个“好”的无微扰态为

$$\psi_{\pm}^{0}=\alpha_{\pm}\psi_{a}^{0}+\beta_{\pm}\psi_{b}^{0},$$

其中 $\alpha_{\pm}$ 和 $\beta_{\pm}$ (满足归一化) 由方程 (7.27) (或者方程 (7.29)) 确定. 证明:

(a) $\psi_{\pm}^{0}$ 是正交的 $\left(\left\langle\psi_{+}^{0}\middle|\psi_{-}^{0}\right\rangle=0\right)$;

(b) $\left\langle\psi_{+}^{0}\right|H'\left|\psi_{-}^{0}\right\rangle=0$;

(c) $\left\langle\psi_{\pm}^{0}\right|H'\left|\psi_{\pm}^{0}\right\rangle=E_{\pm}^{1}$, 其中 $E_{\pm}^{1}$ 由方程 (7.33) 确定.

证明　(a)

$$\begin{aligned}\left\langle\psi_{+}^{0}|\psi_{-}^{0}\right\rangle&=\left\langle\alpha_{+}\psi_{a}^{0}+\beta_{+}\psi_{b}^{0}|\alpha_{-}\psi_{a}^{0}+\beta_{-}\psi_{b}^{0}\right\rangle\\&=\alpha_{+}^{*}\alpha_{-}\left\langle\psi_{a}^{0}|\psi_{a}^{0}\right\rangle+\beta_{+}^{*}\beta_{-}\left\langle\psi_{b}^{0}|\psi_{b}^{0}\right\rangle+\alpha_{+}^{*}\beta_{-}\left\langle\psi_{a}^{0}|\psi_{b}^{0}\right\rangle+\beta_{+}^{*}\alpha_{-}\left\langle\psi_{b}^{0}|\psi_{a}^{0}\right\rangle\\&=\alpha_{+}^{*}\alpha_{-}+\beta_{+}^{*}\beta_{-}.\end{aligned}$$

由方程 (7.27), α,β 满足关系

$$\alpha W_{aa}+\beta W_{ab}=\alpha E^{1}$$

$$\Rightarrow\beta_{\pm}=\frac{\alpha_{\pm}\left(E_{\pm}^{1}-W_{aa}\right)}{W_{ab}},$$

所以

$$\left\langle\psi_{+}^{0}\mid\psi_{-}^{0}\right\rangle=\alpha_{+}^{*}\alpha_{-}+\frac{\alpha_{+}^{*}\alpha_{-}}{\left|W_{ab}\right|^{2}}\left[E_{+}^{1}E_{-}^{1}-W_{aa}\left(E_{+}^{1}+E_{-}^{1}\right)+\left|W_{aa}\right|^{2}\right],$$

其中的 $E_{\pm}^{1}$ 为下列一元二次方程的根:

$$\left(E^{1}\right)^{2}-E^{1}\left(W_{aa}+W_{bb}\right)+\left(W_{aa}W_{bb}-\left|W_{ab}\right|^{2}\right)=0.$$

所以由一元二次方程的性质:

$$E_{+}^{1}+E_{-}^{1}=W_{aa}+W_{bb},\quad E_{+}^{1}E_{-}^{1}=W_{aa}W_{bb}-\left|W_{ab}\right|^{2},$$

再代回前式, 得

$$\left\langle\psi_{+}^{0} \mid \psi_{-}^{0}\right\rangle=\alpha_{+}^{*} \alpha_{-}+\frac{\alpha_{+}^{*} \alpha_{-}}{\left|W_{ab}\right|^{2}}\left(W_{aa} W_{bb}-\left|W_{ab}\right|^{2}-W_{aa}^{2}-W_{aa} W_{bb}+\left|W_{aa}\right|^{2}\right)=0.$$

(b) 在 ψ_a^0, ψ_b^0 为基矢的表象中

$$\mathcal{H}'=\begin{pmatrix} W_{aa} & W_{ab} \\ W_{ba} & W_{bb} \end{pmatrix},$$

所以

$$\left\langle\psi_{+}^{0}\right| H'\left|\psi_{-}^{0}\right\rangle=\alpha_{+}^{*} \alpha_{-} W_{aa}+\alpha_{+}^{*} \beta_{-} W_{ab}+\beta_{+}^{*} \alpha_{-} W_{ba}+\beta_{+}^{*} \beta_{-} W_{bb}.$$

根据 (a) 的结果：$\alpha_{+}^{*} \alpha_{-}=-\beta_{+}^{*} \beta_{-}$, 因此

$$\begin{aligned}\left\langle\psi_{+}^{0}\right| H'\left|\psi_{-}^{0}\right\rangle &=\alpha_{+}^{*} \alpha_{-} W_{aa}+\alpha_{+}^{*}\left(\alpha_{-} E_{-}^{1}-\alpha_{-} W_{aa}\right) \\ &\quad+\alpha_{-}\left(\alpha_{+}^{*} E_{+}^{1}-\alpha_{+}^{*} W_{aa}^{*}\right)-\alpha_{+}^{*} \alpha_{-} W_{bb} \\ &=\alpha_{+}^{*} \alpha_{-}\left(E_{+}^{1}+E_{-}^{1}-W_{aa}-W_{bb}\right) \\ &=0.\end{aligned}$$

(c) 一阶微扰

$$\left\langle\psi_{\pm}^{0}\right| H'\left|\psi_{\pm}^{0}\right\rangle=\left|\alpha_{\pm}\right|^{2} W_{aa}+\alpha_{\pm}^{*} \beta_{\pm} W_{ab}+\beta_{\pm}^{*} \alpha_{\pm} W_{ba}+\left|\beta_{\pm}\right|^{2} W_{bb},$$

将 $\beta_{\pm} W_{ab}=\alpha_{\pm}\left(E_{\pm}^{1}-W_{aa}\right)$ 和 $\alpha_{\pm} W_{ba}=\beta\left(E_{\pm}^{1}-W_{bb}\right)$ 分别代入上式, 得

$$\left\langle\psi_{\pm}^{0}\right| H'\left|\psi_{\pm}^{0}\right\rangle=\left(\left|\alpha_{\pm}\right|^{2}+\left|\beta_{\pm}\right|^{2}\right) E_{\pm}^{1}=E_{\pm}^{1}.$$

最后一步计算利用了归一化条件 $\left|\alpha_{\pm}\right|^{2}+\left|\beta_{\pm}\right|^{2}=1$.

习题 7.9　质量为 m 的粒子在长为 L 的一维闭合区域自由运动 (例如, 小球沿长度为 L 的圆环线做无摩擦运动, 参见习题 2.46).

(a) 证明：定态可以表示为

$$\psi_n(x)=\frac{1}{\sqrt{L}} \mathrm{e}^{2 \pi \mathrm{i} n x / L}, \quad(-L / 2<x<L / 2),$$

其中 $n=0, \pm 1, \pm 2, \cdots$, 能量的允许值为

$$E_n=\frac{2}{m}\left(\frac{n \pi \hbar}{L}\right)^{2}.$$

注意　除基态 $(n=0)$ 外, 所有能级都是二重简并的.

(b) 假设引入微扰

$$H'=-V_0 \mathrm{e}^{-x^2 / a^2},$$

其中 $a \ll L$. (这个微扰势可以看成是在势场 $x=0$ 处加上了一个小凹槽, 如同将线圈弯了一下, 形成了一个小“陷阱”.) 利用方程 (7.33), 求出 E_n 的一阶修正. **提示**　为了计算积分, 需利用 $a \ll L$ 将上下限从 $\pm L/2$ 扩展到 $\pm\infty$; 毕竟, H' 在 $-a<x<a$ 范围之外基本为零.

(c) 本题中, ψ_n 和 ψ_{-n} 的“好”的线性组合是什么? (**提示**　利用方程 (7.27)) 证明：基于这些态和利用方程 (7.9), 你可以求出一阶修正.

(d) 找到一个满足定理要求的厄米算符 A, 并证明：H^0 和 A 的共同本征态就是我们在 (c) 中使用过的.

解答 (a) 参考习题 2.46 解答过程.

(b) 简并子空间的基矢为

$$\psi_a^0(x)=\psi_n(x),\quad \psi_b^0(x)=\psi_{-n}(x).$$

在这个表象中求出 H' 的矩阵元

$$\begin{aligned}W_{aa}&=\left\langle\psi_a^0\right|H'\left|\psi_a^0\right\rangle=-\frac{V_0}{L}\int_{-L/2}^{L/2}\mathrm{e}^{-2\pi\mathrm{i}nx/L}\mathrm{e}^{-x^2/a^2}\mathrm{e}^{2\pi\mathrm{i}nx/L}\mathrm{d}x\\&=-\frac{V_0}{L}\int_{-L/2}^{L/2}\mathrm{e}^{-x^2/a^2}\mathrm{d}x\approx-\frac{V_0}{L}\int_{-\infty}^{\infty}\mathrm{e}^{-x^2/a^2}\mathrm{d}x\\&=-\frac{V_0}{L}a\sqrt{\pi},\\W_{bb}&=\left\langle\psi_b^0\right|H'\left|\psi_b^0\right\rangle=-\frac{V_0}{L}a\sqrt{\pi}=W_{aa},\end{aligned}$$

$$\begin{aligned}W_{ab}&=\left\langle\psi_a^0(x)\right|H'\left|\psi_b^0(x)\right\rangle=-\frac{V_0}{L}\int_{-L/2}^{L/2}\mathrm{e}^{-4\pi\mathrm{i}nx/L}\mathrm{e}^{-x^2/a^2}\mathrm{d}x\\&\approx-\frac{V_0}{L}\int_{-\infty}^{\infty}\mathrm{e}^{-\left(x^2/a^2+4\pi\mathrm{i}nxa/L\right)}\mathrm{d}x\\&=-\frac{V_0}{L}\mathrm{e}^{-(2\pi na/L)^2}\int_{-\infty}^{\infty}\mathrm{e}^{-\left(x+2\pi\mathrm{i}na^2/L\right)^2/a^2}\mathrm{d}x\\&=-\frac{V_0}{L}\mathrm{e}^{-(2\pi na/L)^2}a\sqrt{\pi},\end{aligned}$$

$$\begin{aligned}W_{ba}&=\left\langle\psi_b^0(x)\right|H'\left|\psi_a^0(x)\right\rangle=-\frac{V_0}{L}\int_{-L/2}^{L/2}\mathrm{e}^{4\pi\mathrm{i}nx/L}\mathrm{e}^{-x^2/a^2}\mathrm{d}x\\&=-\frac{V_0}{L}\mathrm{e}^{-(2\pi na/L)^2}a\sqrt{\pi}=W_{ab}.\end{aligned}$$

解久期方程

$$\left|\begin{matrix}W_{aa}-E^1 & W_{ab}\\ W_{ba} & W_{bb}-E^1\end{matrix}\right|=0,$$

得到能量的一阶修正

$$E_\pm^1=W_{aa}\pm\left|W_{ab}\right|=-\frac{aV_0}{L}\sqrt{\pi}\left(1\mp\mathrm{e}^{-4\pi^2n^2a^2/L^2}\right).$$

(c) “好” 的线性组合系数即 α 与 β, 它们可以由方程 (7.27) 给出

$$\beta_\pm=\frac{\alpha_\pm\left(E_\pm^1-W_{aa}\right)}{W_{ab}}=\alpha_\pm\frac{\pm\left|W_{ab}\right|}{W_{ab}}=\mp\alpha_\pm.$$

进一步地, 根据波函数归一化条件 $|\alpha|^2+|\beta|^2=1$, 可以定出线性组合的新波函数为

$$\psi_+^0=\frac{1}{\sqrt{2}}\left(\psi_n^0-\psi_{-n}^0\right)=\frac{1}{\sqrt{2L}}\left(\mathrm{e}^{2\pi\mathrm{i}nx/L}-\mathrm{e}^{-2\pi\mathrm{i}nx/L}\right)=\mathrm{i}\sqrt{\frac{2}{L}}\sin\left(2\pi nx/L\right),$$

$$\psi_-^0 = \frac{1}{\sqrt{2}}\left(\psi_n^0 + \psi_{-n}^0\right) = \frac{1}{\sqrt{2L}}\left(\mathrm{e}^{2\pi\mathrm{i}nx/L} + \mathrm{e}^{-2\pi\mathrm{i}nx/L}\right) = \sqrt{\frac{2}{L}}\cos\left(2\pi nx/L\right).$$

由它们可以直接求出一阶能量修正

$$\begin{aligned}
E_+^1 &= \left\langle\psi_+^0\right| H' \left|\psi_+^0\right\rangle = -\frac{2V_0}{L}\int_{-L/2}^{L/2}\mathrm{e}^{-x^2/a^2}\sin^2\left(2\pi nx/L\right)\mathrm{d}x\\
&\approx -\frac{2aV_0}{L}\int_{-\infty}^{\infty}\mathrm{e}^{-x^2}\sin^2\left(2\pi nax/L\right)\mathrm{d}x\\
&= -\frac{aV_0}{L}\left[\int_{-\infty}^{\infty}\mathrm{e}^{-x^2}\mathrm{d}x - \int_{-\infty}^{\infty}\mathrm{e}^{-x^2}\cos\left(4\pi nax/L\right)\mathrm{d}x\right]\\
&= -\frac{aV_0}{L}\sqrt{\pi}\left(1 - \mathrm{e}^{-4\pi^2n^2a^2/L^2}\right),\\
E_-^1 &= \left\langle\psi_-^0\right| H' \left|\psi_-^0\right\rangle \approx -\frac{2aV_0}{L}\int_{-\infty}^{\infty}\mathrm{e}^{-x^2}\cos^2\left(2\pi nax/L\right)\mathrm{d}x\\
&= -\frac{aV_0}{L}\left[\int_{-\infty}^{\infty}\mathrm{e}^{-x^2}\mathrm{d}x + \int_{-\infty}^{\infty}\mathrm{e}^{-x^2}\cos\left(4\pi nax/L\right)\mathrm{d}x\right]\\
&= -\frac{aV_0}{L}\sqrt{\pi}\left(1 + \mathrm{e}^{-4\pi^2n^2a^2/L^2}\right)
\end{aligned}$$

与 (b) 中的结果相一致.

(d) 不难看出, 宇称算符 P 就是满足定理的厄米算符, 即 $Pf(x) = f(-x)$.

设宇称算符 P 的本征值为 λ, 根据宇称算符的本征方程有

$$P^2f(x) = P\left[Pf(x)\right] = P\left[\lambda f(x)\right] = \lambda Pf(x) = \lambda^2 f(x) = f(x).$$

因此, 本征值是

$$\lambda = \pm 1,$$

所以宇称算符与微扰哈密顿算符的共同本征函数可以通过对 $\psi_n(x)$ 应用上式得到:

$$\psi_+^0(x) = \frac{1}{\sqrt{2}}\frac{1}{\sqrt{L}}\left(\mathrm{e}^{2\pi\mathrm{i}nx/}L - \mathrm{e}^{-2\pi\mathrm{i}nx/L}\right) = \frac{\sqrt{2}}{\sqrt{L}}\mathrm{i}\sin\left(2\pi nx/L\right)\quad(\text{奇宇称})$$

$$\psi_-^0(x) = \frac{1}{\sqrt{2}}\frac{1}{\sqrt{L}}\left(\mathrm{e}^{2\pi\mathrm{i}nx/L} + \mathrm{e}^{-2\pi\mathrm{i}nx/L}\right) = \frac{\sqrt{2}}{\sqrt{L}}\cos\left(2\pi nx/L\right)\quad(\text{偶宇称})$$

($1/\sqrt{2}$ 为归一化因子).

习题 7.10　证明: 例题 7.3 (方程 (7.34)) 中计算的一阶能量修正值与精确解 (方程 (7.21)) 按 ε 的一阶展开一致.

证明　由例题 7.2 知 $\omega_\pm = \sqrt{1\pm\varepsilon}\omega$,

$$\begin{aligned}
E_{mn} &= \left(m + \frac{1}{2}\right)\hbar\omega_+ + \left(n + \frac{1}{2}\right)\hbar\omega_-\\
&= \left(m + \frac{1}{2}\right)\hbar\omega\sqrt{1+\varepsilon} + \left(n + \frac{1}{2}\right)\hbar\omega\sqrt{1-\varepsilon}\\
&= \left(m + \frac{1}{2}\right)\hbar\omega\left(1 + \frac{\varepsilon}{2}\right) + \left(n + \frac{1}{2}\right)\hbar\omega\left(1 - \frac{\varepsilon}{2}\right)
\end{aligned}$$

$$= (m+n+1)\hbar\omega + \frac{\varepsilon}{2}(m-n)\hbar\omega.$$

对于例题 7.3 对应的一阶修正, 上式要么 $m=1, n=0$, 要么 $m=0,\ n=1$.

所以一阶修正项为 $E^1 = \pm\frac{\varepsilon}{2}\hbar\omega$.

习题 7.11 假设在无限深立方势阱 (习题 4.2) 内一点 $(a/4,\ a/2,\ 3a/4)$ 加上一个狄拉克函数形状“凸起”的微扰:

$$H' = a^3 V_0 \delta(x-a/4)\,\delta(y-a/2)\,\delta(z-3a/4).$$

求出基态和第一激发态 (三重简并) 能量的一阶修正.

解答 对于三维无限深方势阱, 波函数的通式为

$$\psi^0_{m,n,p}(x,y,z) = \left(\frac{2}{a}\right)^{1/2}\left(\frac{2}{b}\right)^{1/2}\left(\frac{2}{c}\right)^{1/2}\sin\left(\frac{m\pi x}{a}\right)\sin\left(\frac{n\pi y}{b}\right)\sin\left(\frac{p\pi z}{c}\right),$$

所以基态波函数为

$$\psi^0_{111}(x,y,z) = \left(\frac{2}{a}\right)^{3/2}\sin\left(\frac{\pi x}{a}\right)\sin\left(\frac{\pi y}{a}\right)\sin\left(\frac{\pi z}{a}\right),$$

能量非简并, 直接用能量一阶修正公式

$$\begin{aligned}
E^1 &= \langle\psi^0_{111}|\,H'\,|\psi^0_{111}\rangle \\
&= 8V_0\int_0^a\int_0^a\int_0^a \sin^2\left(\frac{\pi x}{a}\right)\sin^2\left(\frac{\pi y}{a}\right)\sin^2\left(\frac{\pi z}{a}\right) \\
&\quad\cdot\delta(x-a/4)\,\delta(y-a/2)\,\delta(z-3a/4)\,\mathrm{d}x\mathrm{d}y\mathrm{d}z \\
&= 8V_0\sin^2\left(\frac{\pi}{4}\right)\sin^2\left(\frac{\pi}{2}\right)\sin^2\left(\frac{3\pi}{4}\right) \\
&= 2V_0.
\end{aligned}$$

对于第一激发态, 三重简并的波函数分别为

$$\psi^0_a = \psi^0_{211}(x,y,z) = \left(\frac{2}{a}\right)^{3/2}\sin\left(\frac{2\pi x}{a}\right)\sin\left(\frac{\pi y}{a}\right)\sin\left(\frac{\pi z}{a}\right),$$

$$\psi^0_b = \psi^0_{121}(x,y,z) = \left(\frac{2}{a}\right)^{3/2}\sin\left(\frac{\pi x}{a}\right)\sin\left(\frac{2\pi y}{a}\right)\sin\left(\frac{\pi z}{a}\right),$$

$$\psi^0_c = \psi^0_{112}(x,y,z) = \left(\frac{2}{a}\right)^{3/2}\sin\left(\frac{\pi x}{a}\right)\sin\left(\frac{\pi y}{a}\right)\sin\left(\frac{2\pi z}{a}\right).$$

在简并子空间求出 H' 的矩阵元. 首先, 由于波函数和哈密顿量都是实的, 因此 $\boldsymbol{\mathcal{W}}$ 矩阵是一个实矩阵; 由于 $\boldsymbol{\mathcal{W}}$ 矩阵是厄米矩阵, 所以 $W_{ij} = W_{ji}$.

$$\begin{aligned}
W_{aa} &= \langle\psi^0_a|\,H'\,|\psi^0_a\rangle \\
&= 8V_0\int_0^a\int_0^a\int_0^a \sin^2\left(\frac{2\pi x}{a}\right)\sin^2\left(\frac{\pi y}{a}\right)\sin^2\left(\frac{\pi z}{a}\right) \\
&\quad\cdot\delta(x-a/4)\,\delta(y-a/2)\,\delta(z-3a/4)\,\mathrm{d}x\mathrm{d}y\mathrm{d}z \\
&= 8V_0\sin^2\left(\frac{\pi}{2}\right)\sin^2\left(\frac{\pi}{2}\right)\sin^2\left(\frac{3\pi}{4}\right)
\end{aligned}$$

$$
\begin{aligned}
&= 4V_0.\\
W_{bb} &= \langle\psi_b^0|\, H' \,|\psi_b^0\rangle\\
&= 8V_0\int_0^a\int_0^a\int_0^a \sin^2\left(\frac{\pi x}{a}\right)\sin^2\left(\frac{2\pi y}{a}\right)\sin^2\left(\frac{\pi z}{a}\right)\\
&\quad\cdot\delta(x-a/4)\,\delta(y-a/2)\cdot\delta(z-3a/4)\,\mathrm{d}x\mathrm{d}y\mathrm{d}z\\
&= 8V_0\sin^2\left(\frac{\pi}{4}\right)\sin^2(\pi)\sin^2\left(\frac{3\pi}{4}\right)\\
&= 0.\\
W_{cc} &= \langle\psi_c^0|\, H' \,|\psi_c^0\rangle\\
&= 8V_0\int_0^a\int_0^a\int_0^a \sin^2\left(\frac{\pi x}{a}\right)\sin^2\left(\frac{\pi y}{a}\right)\sin^2\left(\frac{2\pi z}{a}\right)\\
&\quad\cdot\delta(x-a/4)\,\delta(y-a/2)\,\delta(z-3a/4)\,\mathrm{d}x\mathrm{d}y\mathrm{d}z\\
&= 8V_0\sin^2\left(\frac{\pi}{4}\right)\sin^2\left(\frac{\pi}{2}\right)\sin^2\left(\frac{3\pi}{2}\right)\\
&= 4V_0.
\end{aligned}
$$

$$
\begin{aligned}
W_{ab} &= \langle\psi_a^0|\, H' \,|\psi_b^0\rangle\\
&= 8V_0\int_0^a\int_0^a\int_0^a \sin\left(\frac{2\pi x}{a}\right)\sin\left(\frac{\pi x}{a}\right)\sin\left(\frac{\pi y}{a}\right)\sin\left(\frac{2\pi y}{a}\right)\sin^2\left(\frac{\pi z}{a}\right)\\
&\quad\cdot\delta(x-a/4)\,\delta(y-a/2)\,\delta(z-3a/4)\,\mathrm{d}x\mathrm{d}y\mathrm{d}z\\
&= 8V_0\sin\left(\frac{\pi}{2}\right)\sin\left(\frac{\pi}{4}\right)\sin\left(\frac{\pi}{2}\right)\sin(\pi)\sin^2\left(\frac{3\pi}{4}\right)\\
&= 0 = W_{ba}.\\
W_{ac} &= \langle\psi_a^0|\, H' \,|\psi_c^0\rangle\\
&= 8V_0\int_0^a\int_0^a\int_0^a \sin\left(\frac{2\pi x}{a}\right)\sin\left(\frac{\pi x}{a}\right)\sin^2\left(\frac{\pi y}{a}\right)\sin\left(\frac{2\pi z}{a}\right)\sin\left(\frac{\pi z}{a}\right)\\
&\quad\cdot\delta(x-a/4)\,\delta(y-a/2)\,\delta(z-3a/4)\,\mathrm{d}x\mathrm{d}y\mathrm{d}z\\
&= 8V_0\sin\left(\frac{\pi}{2}\right)\sin\left(\frac{\pi}{4}\right)\sin^2\left(\frac{\pi}{2}\right)\sin\left(\frac{3\pi}{2}\right)\sin\left(\frac{3\pi}{4}\right)\\
&= -4V_0 = W_{ca}.\\
W_{bc} &= \langle\psi_b^0|\, H' \,|\psi_c^0\rangle\\
&= 8V_0\int_0^a\int_0^a\int_0^a \sin^2\left(\frac{\pi x}{a}\right)\sin\left(\frac{2\pi y}{a}\right)\sin\left(\frac{\pi y}{a}\right)\sin\left(\frac{\pi z}{a}\right)\sin\left(\frac{2\pi z}{a}\right)\\
&\quad\cdot\delta(x-a/4)\,\delta(y-a/2)\,\delta(z-3a/4)\,\mathrm{d}x\mathrm{d}y\mathrm{d}z\\
&= 8V_0\sin^2\left(\frac{\pi}{4}\right)\sin(\pi)\sin\left(\frac{\pi}{2}\right)\sin\left(\frac{3\pi}{4}\right)\sin\left(\frac{3\pi}{2}\right)\\
&= 0 = W_{cb}.
\end{aligned}
$$

于是 $\boldsymbol{\mathcal{W}}$ 矩阵的具体形式可以写为

$$
\boldsymbol{\mathcal{W}} = 4V_0\begin{pmatrix} 1 & 0 & -1\\ 0 & 0 & 0\\ -1 & 0 & 1\end{pmatrix}.
$$

设本征值为 $4V_0\kappa$, 解久期方程, 得

$$\begin{vmatrix} 1-\kappa & 0 & -1 \\ 0 & -\kappa & 0 \\ -1 & 0 & 1-\kappa \end{vmatrix} = 0 \Rightarrow -(1-\kappa)^2\kappa + \kappa = 0 \Rightarrow \kappa = \begin{cases} 0 \\ 0 \\ 2 \end{cases},$$

所以第一激发态的一阶能量修正为 $0, 0, 8V_0$. 原有的简并得到了部分消除.

***习题 7.12** 一个量子系统仅有三个线性独立的态. 假设其哈密顿量的矩阵形式为

$$\boldsymbol{\mathcal{H}} = V_0 \begin{pmatrix} (1-\varepsilon) & 0 & 0 \\ 0 & 1 & \varepsilon \\ 0 & \varepsilon & 2 \end{pmatrix},$$

其中 V_0 为常数, ε 为一小量 ($\varepsilon \ll 1$).

(a) 求无微扰 ($\varepsilon = 0$) 时, 哈密顿量的本征矢和本征值.

(b) 严格求解 $\boldsymbol{\mathcal{H}}$ 的本征值. 将结果展开为 ε 的幂级数至二阶项.

(c) 利用一阶和二阶非简并微扰理论, 求解 $\boldsymbol{\mathcal{H}}^0$ 的非简并本征矢所产生态的近似本征值, 并同 (b) 中精确结果作对比.

(d) 利用简并微扰理论, 求出两个初始简并的本征值的一阶修正, 并同精确结果作对比.

解答 (a) 无微扰情况下哈密顿量的矩阵表示为

$$\boldsymbol{\mathcal{H}}^0 = V_0 \begin{pmatrix} 1 & 0 & 0 \\ 0 & 1 & 0 \\ 0 & 0 & 2 \end{pmatrix},$$

已是一个对角矩阵, 它的对角元就是 $\boldsymbol{\mathcal{H}}^0$ 的本征值. 本征值为 $V_0, V_0, 2V_0$, 对应的本征态为

$$|\psi_1^0\rangle = \begin{pmatrix} 1 \\ 0 \\ 0 \end{pmatrix}, \quad |\psi_2^0\rangle = \begin{pmatrix} 0 \\ 1 \\ 0 \end{pmatrix}, \quad |\psi_3^0\rangle = \begin{pmatrix} 0 \\ 0 \\ 1 \end{pmatrix}.$$

(b) 设本征值为 λV_0, 哈密顿量 H 的久期方程为

$$\det(H - \lambda V_0) = V_0 \begin{vmatrix} 1-\varepsilon-\lambda & 0 & 0 \\ 0 & 1-\lambda & \varepsilon \\ 0 & \varepsilon & 2-\lambda \end{vmatrix} = 0$$

$$\Rightarrow (1-\varepsilon-\lambda)\left(\lambda^2 - 3\lambda + 2 - \varepsilon^2\right) = 0.$$

所以 $\lambda_1 = 1-\varepsilon, \quad \lambda_2 = \dfrac{3}{2} - \dfrac{1}{2}\sqrt{1+4\varepsilon^2}, \quad \lambda_3 = \dfrac{3}{2} + \dfrac{1}{2}\sqrt{1+4\varepsilon^2}.$

能量本征值为

$$E_1 = (1-\varepsilon)V_0,$$

$$E_2 = \frac{3V_0}{2} - \frac{V_0}{2}\sqrt{1+4\varepsilon^2},$$

$$E_3=\frac{3V_0}{2}+\frac{V_0}{2}\sqrt{1+4\varepsilon^2}.$$

利用函数展开式

$$\sqrt{1+x}=1+\frac{1}{2}x-\frac{3}{8}x^2+\frac{5}{16}x^3-\cdots$$

可以将本征值 $E_{2,3}$ 展开为关于 ε 的级数, 精确至二阶项, 得

$$E_2\approx\left(1-\varepsilon^2\right)V_0,\quad E_3\approx\left(2+\varepsilon^2\right)V_0.$$

(c) 微扰哈密顿量的矩阵表示为

$$\boldsymbol{\mathcal{H}}'=\boldsymbol{\mathcal{H}}-\boldsymbol{\mathcal{H}}^0=V_0\begin{pmatrix}-\varepsilon & 0 & 0\\ 0 & 0 & \varepsilon\\ 0 & \varepsilon & 0\end{pmatrix}=\boldsymbol{\mathcal{W}},$$

$\left|\psi_3^0\right\rangle$ 非简并, 一阶能量修正为

$$E_3^1=\left\langle\psi_3^0\right|H'\left|\psi_3^0\right\rangle=W_{33}=0.$$

二阶能量修正为

$$E_3^2=\frac{|W_{13}|^2}{E_3^0-E_1^0}+\frac{|W_{23}|^2}{E_3^0-E_2^0}=\frac{\varepsilon^2V_0^2}{2V_0-V_0}=\varepsilon^2V_0.$$

所以在二阶修正下非简并态 $\left|\psi_3^0\right\rangle$ 的能量为

$$E_3=2V_0+\varepsilon^2V_0.$$

它正好是 (b) 中 E_3 的精确解关于 ε 的展开式精确至二阶的结果.

(d) 下面考虑有二重简并的本征态 $\left|\psi_1^0\right\rangle$ 和 $\left|\psi_2^0\right\rangle$, 微扰矩阵元为

$$\boldsymbol{\mathcal{H}}'=V_0\begin{bmatrix}-\varepsilon & 0 & 0\\ 0 & 0 & \varepsilon\\ 0 & \varepsilon & 0\end{bmatrix},$$

由此, $\boldsymbol{\mathcal{W}}$ 矩阵元为

$$W_{11}=\left\langle\psi_1^0\right|H'\left|\psi_1^0\right\rangle=[1\ \ 0\ \ 0]\ V_0\begin{bmatrix}-\varepsilon & 0 & 0\\ 0 & 0 & \varepsilon\\ 0 & \varepsilon & 0\end{bmatrix}\begin{bmatrix}1\\0\\0\end{bmatrix}=-\varepsilon V_0.$$

$$W_{22}=\left\langle\psi_2^0\right|H'\left|\psi_2^0\right\rangle=[0\ \ 1\ \ 0]\ V_0\begin{bmatrix}-\varepsilon & 0 & 0\\ 0 & 0 & \varepsilon\\ 0 & \varepsilon & 0\end{bmatrix}\begin{bmatrix}0\\1\\0\end{bmatrix}=0.$$

$$W_{12}=W_{21}=\left\langle\psi_1^0\right|H'\left|\psi_2^0\right\rangle=[1\ \ 0\ \ 0]\ V_0\begin{bmatrix}-\varepsilon & 0 & 0\\ 0 & 0 & \varepsilon\\ 0 & \varepsilon & 0\end{bmatrix}\begin{bmatrix}0\\1\\0\end{bmatrix}=0.$$

所以, $\boldsymbol{\mathcal{W}}$ 矩阵为

$$\boldsymbol{\mathcal{W}}=\begin{bmatrix}-\varepsilon V_0 & 0\\ 0 & 0\end{bmatrix},$$

久期方程为

$$\begin{vmatrix}-\varepsilon V_0-E^1 & 0\\ 0 & -E^1\end{vmatrix}=0,$$

解久期方程, 得

$$E^1 = 0 \text{ 或 } -\varepsilon V_0.$$

于是简并情况的能量经过一阶修正之后为

$$E_1 = V_0 - \varepsilon V_0, \quad E_2 = V_0,$$

能量简并被消除. 与 (b) 中的结果作对比可知, 上式与精确解在保留到一阶项时的结果一致.

习题 7.13 本教材指出 n 重能量简并的一阶修正是 $\mathcal{W}$ 矩阵的本征值, 并且证明这一说法是 $n=2$ 情形的"自然"推广. 通过重复 7.2.1 节中的步骤证明, 从

$$\psi^0 = \sum_{j=1}^{n} \alpha_j \psi_j^0$$

开始 (方程 (7.17) 的推广), 最后指出, 类同于方程 (7.27) 可以解释为矩阵 $\mathcal{W}$ 的本征值方程.

解答 设 $\psi_j^0, j = 1,2,3,\cdots,k$ 是无微扰哈密顿量 H^0 具有相同能量本征值的本征函数, 即 $H^0\psi_j^0 = E^0\psi_j^0$, 且已归一化, 并且诸 ψ_j^0 之间相互正交, 即 $\langle\psi_i^0|\,\psi_j^0\rangle = \delta_{ij}$. 以 k 个 ψ_j^0 为基矢的空间称为简并子空间. 用这 k 个 ψ_j^0 构建一个新的波函数

$$|\psi_\alpha^0\rangle = \sum_{j=1}^{n} c_{j\alpha}\,|\psi_j^0\rangle.$$

显然 $|\psi_\alpha^0\rangle$ 仍然为 H^0 本征值为 E^0 的本征函数. 现在把 $|\psi_\alpha^0\rangle$ 作为零阶近似波函数代入方程 (7.26) 中 $\left(H^0\psi^1 + H'\psi^0 = E^0\psi^1 + E^1\psi^0\right)$, 得

$$\left(H^0 - E^0\right)|\psi_\alpha^1\rangle = \left(E_\alpha^1 - H'\right)|\psi_\alpha^0\rangle = \sum_{j=1}^{n}\alpha_{j\alpha}\left(E_\alpha^1 - H'\right)|\psi_j^0\rangle.$$

对上式的两边同时左乘一个左矢 $\langle\psi_i^0|$, 对于等式左边有

$$\langle\psi_i^0|\left(H^0 - E^0\right)|\psi^1\rangle = \left(\langle\psi^1|\left(H^0 - E^0\right)|\psi_i^0\rangle\right)^* = \left[\left(E^0 - E^0\right)\langle\psi^1|\psi_i^0\rangle\right]^* = 0,$$

所以对于等式右边有

$$\begin{aligned}\sum_{j=1}^{n}\alpha_{j\alpha}\langle\psi_i^0|\left(E^1 - H'\right)|\psi_j^0\rangle &= \sum_{j=1}^{n}\alpha_{j\alpha}E^1\delta_{jk} - \sum_{j=1}^{n}\alpha_{j\alpha}\langle\psi_i^0|\,H'\,|\psi_j^0\rangle \\ &= \sum_{j=1}^{n}\alpha_{j\alpha}\left(E^1\delta_{jk} - W_{jk}\right) = 0.\end{aligned}$$

因此只要我们在简并子空间 $\left\{\psi_j^0\right\}$ 求出 $\mathcal{H}'$ 矩阵 ($\mathcal{W}$ 矩阵) 然后求解久期方程

$$\begin{vmatrix} H'_{11} - E^1 & H'_{12} & \cdots & H'_{1k} \\ H'_{21} & H'_{22} - E^1 & \cdots & H'_{2k} \\ \cdots & \cdots & \cdots & \cdots \\ H'_{k1} & H'_{k2} & \cdots & H'_{kk} - E^1 \end{vmatrix} = 0,$$

即可求出能量的一阶修正. 如果得到的 k 个根完全不同, 则简并完全消除. 如果有重根, 则简并部分消除. 把得到的某个根 E_α^1 代入本征方程

$$\begin{pmatrix} H'_{11} & H'_{12} & \cdots & H'_{1k} \\ H'_{21} & H'_{22} & \cdots & H'_{2k} \\ \cdots & \cdots & \cdots & \cdots \\ H'_{k1} & H'_{k2} & \cdots & H'_{kk} \end{pmatrix} \begin{pmatrix} c_{1\alpha} \\ c_{2\alpha} \\ \cdots \\ c_{k\alpha} \end{pmatrix} = E_\alpha^1 \begin{pmatrix} c_{1\alpha} \\ c_{2\alpha} \\ \cdots \\ c_{k\alpha} \end{pmatrix},$$

可以求出 $\{c_{j\alpha}\}$, 从而求出零阶近似波函数 ψ_α^0.

习题 7.14

(a) 用精细结构常数和电子的静止能量 (mc^2) 表示出玻尔能量.

(b) 从第一性原理出发计算精细结构常数 (即不依赖于参数 $\varepsilon_0, e, \hbar$ 和 c). 注释 精细结构常数无疑是所有物理学中最基本的纯 (无量纲) 数. 它涉及电磁学 (电子电量)、相对论 (光速) 和量子力学 (普朗克常量) 的基本常数. 如果你能解决 (b) 这一部分, 将是历史上最十拿九稳的诺贝尔奖获得者. 不建议现在花大量的时间在这上面; 许多聪明人都尝试过, 但 (到目前为止) 都失败了.

解答　(a) 由方程 (4.70) 给出玻尔能量以及精细结构常数的表达式, 得

$$E_n = -\frac{m}{2\hbar^2 n^2}\left(\frac{e^2}{4\pi\varepsilon_0}\right)^2 = -\frac{mc^2}{2n^2}\left(\frac{e^2}{4\pi\varepsilon_0 \hbar c}\right)^2 = -\frac{mc^2}{2n^2}\alpha^2.$$

(b) 暂时无解.

***习题 7.15**　利用位力定理 (习题 4.48) 证明方程 (7.56).

证明　在习题 4.48 中利用位力定理证明了在氢原子中存在如下结论:

$$\langle V\rangle = 2E_n.$$

将氢原子的库仑势表达式及玻尔能量代入上式, 得

$$-\frac{e^2}{4\pi\varepsilon_0}\left\langle\frac{1}{r}\right\rangle = -\frac{m}{\hbar^2 n^2}\left(\frac{e^2}{4\pi\varepsilon_0}\right)^2$$

$$\Rightarrow \left\langle\frac{1}{r}\right\rangle = \frac{me^2}{4\pi\varepsilon_0\hbar^2 n^2} = \frac{1}{n^2 a},$$

其中 a 是玻尔半径.

习题 7.16　在习题 4.52 中, 计算 ψ_{321} 态中 r^s 的期望值. 验证在 $s=0$ (平庸情况), $s=-1$ (方程 (7.56)), $s=-2$ (方程 (7.57)) 和 $s=-3$ (方程 (7.66)) 情况下结论的正确性. 讨论 $s=-7$ 时的情况.

解答　引用习题 4.52 中的结果, 即在 ψ_{321} 态中 r^s 的期待值表达式为

$$\langle r^s\rangle = \frac{(s+6)!}{6!}\left(\frac{3a}{2}\right)^s.$$

当 $s=0$ 时, $\langle 1\rangle=\dfrac{6!}{6!}\left(\dfrac{3a}{2}\right)^{0}=1$, 等价于波函数 ψ_{321} 的归一化;

当 $s=-1$ 时, $\left\langle\dfrac{1}{r}\right\rangle=\dfrac{5!}{6!}\left(\dfrac{3a}{2}\right)^{-1}=\dfrac{1}{9a}$, 与方程 (7.56) 给出的 $\left\langle\dfrac{1}{r}\right\rangle=\dfrac{1}{3^2a}=\dfrac{1}{9a}$ 相一致;

当 $s=-2$ 时, $\left\langle\dfrac{1}{r^2}\right\rangle=\dfrac{4!}{6!}\left(\dfrac{3a}{2}\right)^{-2}=\dfrac{2}{135a^2}$, 与方程 (7.57) 给出的

$$\left\langle\frac{1}{r^2}\right\rangle=\frac{1}{(\ell+1/2)\,n^3a^2}\underset{n=3,\ell=2}{\Rightarrow}\frac{1}{(2+1/2)\times 3^3a^2}=\frac{2}{135a^2}$$

相一致;

当 $s=-3$ 时, $\left\langle\dfrac{1}{r^3}\right\rangle=\dfrac{3!}{6!}\left(\dfrac{3a}{2}\right)^{-3}=\dfrac{1}{405a^3}$, 与方程 (7.66) 给出的

$$\left\langle\frac{1}{r^3}\right\rangle=\frac{1}{\ell\,(\ell+1/2)\,(\ell+1)\,n^3a^3}\underset{n=3,\ell=2}{\Rightarrow}\frac{1}{2\times(2+1/2)\times(2+1)\times 3^3\times a^3}=\frac{1}{405a^3}$$

相一致;

当 $s=-7$ 时, 公式中出现了因子 $(-1)!$, 它的值是 ∞, 说明积分发散.

****习题 7.17** 计算一维谐振子能级的相对论 (最低阶的) 修正. **提示** 应用习题 2.12 中的方法.

解答 由相对论修正方程 (7.54), 对能量的相对论修正可以表示为

$$E_r^1=-\frac{1}{2mc^2}\left[E^2-2E\langle V\rangle+\left\langle V^2\right\rangle\right],$$

因此, 需要求一维谐振子的 $\langle V\rangle$ 和 $\left\langle V^2\right\rangle$. 已知谐振子 $\langle V\rangle=\dfrac{1}{2}E_n$, 所以

$$E_r^1=-\frac{1}{2mc^2}\left\langle V^2\right\rangle.$$

利用升降算符 $x=\sqrt{\dfrac{\hbar}{2m\omega}}\,(a_++a_-)$,

$$\begin{aligned}\left\langle V^2\right\rangle&=\frac{1}{4}m^2\omega^4\left\langle x^4\right\rangle=\frac{1}{4}m^2\omega^4\left\langle x^2\psi_n\right|\left.x^2\psi_n\right\rangle\\&=\frac{1}{16}\hbar^2\omega^2\left\langle(a_++a_-)^2\psi_n\middle|(a_++a_-)^2\psi_n\right\rangle.\end{aligned}$$

而

$$\begin{aligned}(a_++a_-)^2\psi_n&=a_+^2\psi_n+a_+a_-\psi_n+a_-a_+\psi_n+a_-^2\psi_n\\&=a_+^2\psi_n+a_+a_-\psi_n+(1+a_+a_-)\,\psi_n+a_-^2\psi_n\\&=\sqrt{(n+1)\,(n+2)}\psi_{n+2}+(2n+1)\,\psi_n+\sqrt{n\,(n-1)}\psi_{n-2},\end{aligned}$$

所以

$$\begin{aligned}\left\langle V^2\right\rangle&=\frac{1}{16}\hbar^2\omega^2\left[(2n+1)^2+(n+1)\,(n+2)+n\,(n-1)\right]\\&=\frac{3}{16}\hbar^2\omega^2\left(2n^2+2n+1\right).\end{aligned}$$

因此, $E_r^1=-\dfrac{3\hbar^2\omega^2}{32mc^2}\left(2n^2+2n+1\right)$.

***习题 7.18** 证明：处于 $\ell=0$ 的氢原子态，p^2 为厄米算符. **提示** 这里的态 ψ 和 θ,ϕ 无关，所以，

$$p^2=-\frac{\hbar^2}{r^2}\frac{\mathrm{d}}{\mathrm{d}r}\left(r^2\frac{\mathrm{d}}{\mathrm{d}r}\right)$$

(方程 (4.13)). 利用分部积分法证明：

$$\langle f|\,p^2g\rangle=-4\pi\hbar^2\left(r^2f\frac{\mathrm{d}g}{\mathrm{d}r}-r^2g\frac{\mathrm{d}f}{\mathrm{d}r}\right)\Bigg|_0^\infty+\langle p^2f|\,g\rangle.$$

验证对于 ψ_{n00}，边界项为零；ψ_{n00} 在原点附近有如下形式：

$$\psi_{n00}\sim\frac{1}{\sqrt{\pi}\,(na)^{3/2}}\exp\left(-r/na\right),$$

p^4 的情况更微妙. 拉普拉斯算子的 $1/r$ 得到一个 δ 函数 (例如，参见 D. J. 格里菲斯，《电动力学导论》，第四版，方程 (1.102)). 证明：

$$\nabla^4\left[\mathrm{e}^{-kr}\right]=\left(-\frac{4k^3}{r}+k^4\right)\mathrm{e}^{-kr}+8\pi k\delta^3\left(\boldsymbol{r}\right),$$

并确认 p^4 是厄米的.①

证明 设有两个仅关于径向 r 的函数 $f(r)$ 和 $g(r)$. 由于此时函数不依赖 θ,ϕ, 所以

$$p^2=-\hbar^2\nabla^2=-\frac{\hbar^2}{r^2}\frac{\mathrm{d}}{\mathrm{d}r}\left(r^2\frac{\mathrm{d}}{\mathrm{d}r}\right),$$

$$\langle f|p^2g\rangle=-\hbar^2\iiint_\infty f\frac{1}{r^2}\frac{\mathrm{d}}{\mathrm{d}r}\left(r^2\frac{\mathrm{d}g}{\mathrm{d}r}\right)\mathrm{d}^3\mathbf{r}=-4\pi\hbar^2\int_0^\infty f\frac{\mathrm{d}}{\mathrm{d}r}\left(r^2\frac{\mathrm{d}g}{\mathrm{d}r}\right)\mathrm{d}r,$$

对上式进行一次分部积分，得

$$\langle f|p^2g\rangle=-4\pi\hbar^2\int_0^\infty f\mathrm{d}\left(r^2\frac{\mathrm{d}g}{\mathrm{d}r}\right)=-4\pi\hbar^2\left(r^2f\frac{\mathrm{d}g}{\mathrm{d}r}\Bigg|_0^\infty-\int_0^\infty r^2\frac{\mathrm{d}f}{\mathrm{d}r}\frac{\mathrm{d}g}{\mathrm{d}r}\mathrm{d}r\right),$$

再对右边的积分进行一次分部积分，得

$$\langle f|p^2g\rangle=-4\pi\hbar^2\left[\left(r^2f\frac{\mathrm{d}g}{\mathrm{d}r}-r^2g\frac{\mathrm{d}f}{\mathrm{d}r}\right)\Bigg|_0^\infty+\int_0^\infty g\frac{\mathrm{d}}{\mathrm{d}r}\left(r^2\frac{\mathrm{d}f}{\mathrm{d}r}\right)\mathrm{d}r\right],$$

即

$$\langle f|p^2g\rangle=-4\pi\hbar^2\left(r^2f\frac{\mathrm{d}g}{\mathrm{d}r}-r^2g\frac{\mathrm{d}f}{\mathrm{d}r}\right)\Bigg|_0^\infty+\langle p^2f|g\rangle.$$

当 $f(r)=\psi_{n00}(r)\,,g(r)=\psi_{m00}(r)$ 时，容易验证上式的边界项为零，因为氢原子的 S 波函数在原点处几率振幅有限，在无穷远处指数衰减. 所以对于 $\ell=0$ 的氢原子波函数，p^2 是厄米算符.

对于 p^4 算符，它与 ∇^4 相关，

$$\begin{aligned}\nabla^2\left[\mathrm{e}^{-kr}\right]&=\frac{1}{r^2}\frac{\mathrm{d}}{\mathrm{d}r}\left(r^2\frac{\mathrm{d}}{\mathrm{d}r}\mathrm{e}^{-kr}\right)=\frac{1}{r^2}\frac{\mathrm{d}}{\mathrm{d}r}\left(-kr^2\mathrm{e}^{-kr}\right)\\&=-\frac{k}{r^2}\left(2r\mathrm{e}^{-kr}-kr^2\mathrm{e}^{-kr}\right)\\&=\left(k^2-\frac{2k}{r}\right)\mathrm{e}^{-kr}.\end{aligned}$$

① 感谢爱德华·罗斯和李一丁解决了这个问题.

进一步可得

$$\nabla^4\left[\mathrm{e}^{-kr}\right]=\nabla^2\left[\left(k^2-\frac{2k}{r}\right)\mathrm{e}^{-kr}\right]=k^2\nabla^2\left[\mathrm{e}^{-kr}\right]-2k\nabla^2\left[\frac{1}{r}\mathrm{e}^{-kr}\right].$$

将 ∇^2 作用在两个不同的函数 f 和 g 上, 得

$$\nabla^2(fg)=\nabla\cdot\nabla(fg)=\nabla(f\nabla g+g\nabla f)=2\nabla f\cdot\nabla g+f\nabla^2 g+g\nabla^2 f,$$

并结合 $\nabla^2(1/r)=-4\pi\delta^3(\boldsymbol{r})$, 所以,

$$\begin{aligned}\nabla^2\left(\frac{1}{r}\mathrm{e}^{-kr}\right)&=2\nabla\left(\frac{1}{r}\right)\cdot\nabla\left(\mathrm{e}^{-kr}\right)+\left(\frac{1}{r}\right)\nabla^2\left(\mathrm{e}^{-kr}\right)+\mathrm{e}^{-kr}\nabla^2\left(\frac{1}{r}\right)\\&=2\left(-\frac{1}{r^2}\hat{\boldsymbol{r}}\right)\cdot\left(-k\mathrm{e}^{-kr}\hat{\boldsymbol{r}}\right)+\left(\frac{1}{r}\right)\left[\left(k^2-\frac{2k}{r}\right)\mathrm{e}^{-kr}\right]\\&\quad+\mathrm{e}^{-kr}\left[-4\pi\delta^3(\boldsymbol{r})\right]\\&=\frac{k^2}{r}\mathrm{e}^{-kr}-4\pi\delta^3(\boldsymbol{r}).\end{aligned}$$

因此,

$$\begin{aligned}\nabla^4\left[\mathrm{e}^{-kr}\right]&=k^2\nabla^2\left[\mathrm{e}^{-kr}\right]-2k\nabla^2\left[\frac{1}{r}\mathrm{e}^{-kr}\right]\\&=k^2\left(k^2-\frac{2k}{r}\right)\mathrm{e}^{-kr}-2k\left[\frac{k^2}{r}\mathrm{e}^{-kr}-4\pi\delta^3(\boldsymbol{r})\right]\\&=\left(k^4-\frac{2k^3}{r}\right)\mathrm{e}^{-kr}-\frac{2k^3}{r}\mathrm{e}^{-kr}+8k\pi\delta^3(\boldsymbol{r})\\&=\left(k^4-\frac{4k^3}{r}\right)\mathrm{e}^{-kr}+8k\pi\delta^3(\boldsymbol{r}).\end{aligned}$$

下面来看 ∇^4 的厄米性, 波函数可写为 $\psi_{n00}=f_n(r)\,\mathrm{e}^{-r/(na)}$, 其中 $f_n(r)$ 是 r 的 $n-1$ 阶多项式. 在从 0 到 ∞ 积分时, 我们关注的是在 0 处收敛的问题, 由于 $\mathrm{e}^{-r/(na)}$ 在 ∞ 处必为零, 而 r 的 $n-1$ 阶多项式只会使得在 0 处收敛得更快, 因此我们可以将波函数简化为 e^{-kr}, 这并不会改变我们的结论.

$$\begin{aligned}\left\langle\mathrm{e}^{-jr}\middle|\nabla^4\mathrm{e}^{-kr}\right\rangle&=\int\mathrm{e}^{-jr}\left[\left(k^4-\frac{4k^3}{r}\right)\mathrm{e}^{-kr}+8k\pi\delta^3(\boldsymbol{r})\right]\mathrm{d}^3\boldsymbol{r}\\&=4\pi\int_0^\infty\left(k^4-\frac{4k^3}{r}\right)\mathrm{e}^{-(j+k)r}r^2\mathrm{d}r+8\pi k\\&=4\pi k\left[k^3\int_0^\infty r^2\mathrm{e}^{-(j+k)r}\mathrm{d}r-4k^2\int_0^\infty r\mathrm{e}^{-(j+k)r}\mathrm{d}r+2\right].\end{aligned}$$

由于

$$\begin{aligned}\int_0^\infty r\mathrm{e}^{-(j+k)r}\mathrm{d}r&=\int_0^\infty\frac{r}{-(j+k)}\mathrm{d}\mathrm{e}^{-(j+k)r}\\&=\frac{1}{-(j+k)}\left[r\cdot\mathrm{e}^{-(j+k)r}\Big|_0^\infty-\int_0^\infty\mathrm{e}^{-(j+k)r}\mathrm{d}r\right]\\&=\frac{1}{-(j+k)}\left[0-\frac{1}{-(j+k)}\int_0^\infty\mathrm{d}\mathrm{e}^{-(j+k)r}\right]\\&=-\frac{1}{(j+k)^2}\mathrm{e}^{-(j+k)r}\Big|_0^\infty\end{aligned}$$

$$= \frac{1}{(j+k)^2}$$

和

$$\begin{aligned}
\int_0^\infty r^2 \mathrm{e}^{-(j+k)r}\mathrm{d}r &= \int_0^\infty \frac{r^2}{-(j+k)}\mathrm{d}\mathrm{e}^{-(j+k)r} \\
&= \frac{1}{-(j+k)}\left[r^2\cdot \mathrm{e}^{-(j+k)r}\Big|_0^\infty - 2\int_0^\infty r\mathrm{e}^{-(j+k)r}\mathrm{d}r\right] \\
&= \frac{1}{-(j+k)}\left[0 - \frac{2}{-(j+k)}\int_0^\infty r\mathrm{d}\mathrm{e}^{-(j+k)r}\right] \\
&= -\frac{2}{(j+k)^2}\left[r\mathrm{e}^{-(j+k)r}\Big|_0^\infty - \int_0^\infty \mathrm{e}^{-(j+k)r}\mathrm{d}r\right] \\
&= \frac{2}{(j+k)^2}\int_0^\infty \frac{1}{-(j+k)}\mathrm{d}\mathrm{e}^{-(j+k)r} \\
&= -\frac{2}{(j+k)^3}\,\mathrm{e}^{-(j+k)r}\Big|_0^\infty \\
&= \frac{2}{(j+k)^3},
\end{aligned}$$

所以,

$$\begin{aligned}
\left\langle \mathrm{e}^{-jr}\right|\left.\nabla^4 \mathrm{e}^{-kr}\right\rangle &= 4\pi k\left[k^3\frac{2}{(j+k)^3} - 4k^2\frac{1}{(j+k)^2} + 2\right] \\
&= \frac{8\pi kj}{(j+k)^3}\left(j^2 + 3jk + k^2\right).
\end{aligned}$$

从该结果可以看出 $\left\langle \mathrm{e}^{-jr}\right|\left.\nabla^4 \mathrm{e}^{-kr}\right\rangle = \frac{8\pi kj}{(j+k)^3}\left(j^2+3jk+k^2\right)$ 是满足 j 和 k 交换对称性的, 因此可得 $\left\langle \mathrm{e}^{-jr}\right|\left.\nabla^4 \mathrm{e}^{-kr}\right\rangle = \left\langle \nabla^4\mathrm{e}^{-jr}\right|\left.\mathrm{e}^{-kr}\right\rangle$, 即 $p^4 = \left(\hbar^4/4m^4\right)\nabla^4$ 是厄米的.

习题 7.19 计算下面的对易子: (a) $[\boldsymbol{L}\cdot\boldsymbol{S},\boldsymbol{L}]$, (b) $[\boldsymbol{L}\cdot\boldsymbol{S},\boldsymbol{S}]$, (c) $[\boldsymbol{L}\cdot\boldsymbol{S},\boldsymbol{J}]$, (d) $[\boldsymbol{L}\cdot\boldsymbol{S},L^2]$, (e) $[\boldsymbol{L}\cdot\boldsymbol{S},S^2]$, (f) $[\boldsymbol{L}\cdot\boldsymbol{S},J^2]$. 提示 $\boldsymbol{L}$ 和 $\boldsymbol{S}$ 满足角动量的基本对易关系 (方程 (4.99) 和 (4.134)), 但它们之间是相互对易的.

解答 (a) 首先计算 $\boldsymbol{L}\cdot\boldsymbol{S}$ 与 $\boldsymbol{L}$ 各分量的对易结果:

$$\begin{aligned}
[\boldsymbol{L}\cdot\boldsymbol{S},L_x] &= [L_xS_x,L_x] + [L_yS_y,L_x] + [L_zS_z,L_x] = S_y[L_y,L_x] + S_z[L_z,L_x] \\
&= \mathrm{i}\hbar\left(S_zL_y - S_yL_z\right) = \mathrm{i}\hbar\left(\boldsymbol{L}\times\boldsymbol{S}\right)_x.
\end{aligned}$$

同理可得

$$[\boldsymbol{L}\cdot\boldsymbol{S},L_y] = \mathrm{i}\hbar\left(S_xL_z - S_zL_x\right) = \mathrm{i}\hbar\left(\boldsymbol{L}\times\boldsymbol{S}\right)_y.$$

$$[\boldsymbol{L}\cdot\boldsymbol{S},L_z] = \mathrm{i}\hbar\left(S_yL_x - S_xL_y\right) = \mathrm{i}\hbar\left(\boldsymbol{L}\times\boldsymbol{S}\right)_z.$$

所以

$$[\boldsymbol{L}\cdot\boldsymbol{S},\boldsymbol{L}] = \mathrm{i}\hbar\boldsymbol{L}\times\boldsymbol{S}.$$

(b) 可以看出, 在上式中交换 $\boldsymbol{L}$ 与 $\boldsymbol{S}$ 的位置, 得 $[\boldsymbol{L}\cdot\boldsymbol{S},\boldsymbol{S}] = \mathrm{i}\hbar\boldsymbol{S}\times\boldsymbol{L}$.

(c)

$$[\boldsymbol{L}\cdot\boldsymbol{S},\boldsymbol{J}]=[\boldsymbol{L}\cdot\boldsymbol{S},\boldsymbol{S}]+[\boldsymbol{L}\cdot\boldsymbol{S},\boldsymbol{L}]=\mathrm{i}\hbar\left(\boldsymbol{S}\times\boldsymbol{L}+\boldsymbol{L}\times\boldsymbol{S}\right)=0.$$

(d) 由于 $\left[L^2,L_i\right]=0,\left[L^2,S_i\right]=0$, 其中 $i=x,y,z$, 所以 $\left[\boldsymbol{L}\cdot\boldsymbol{S},L^2\right]=0$.

(e) 同问题 (d), 所以 $\left[\boldsymbol{L}\cdot\boldsymbol{S},S^2\right]=0$.

(f)

$$\left[\boldsymbol{L}\cdot\boldsymbol{S},J^2\right]=\left[\boldsymbol{L}\cdot\boldsymbol{S},L^2\right]+\left[\boldsymbol{L}\cdot\boldsymbol{S},S^2\right]+2\left[\boldsymbol{L}\cdot\boldsymbol{S},\boldsymbol{L}\cdot\boldsymbol{S}\right]=0.$$

***习题 7.20** 从相对论修正 (方程 (7.58)) 和自旋轨道耦合 (方程 (7.67)) 推导出精细结构公式 (方程 (7.68)). **提示** 注意到 $j=\ell\pm1/2$ (除 $\ell=0$, 只需要取正号); 分别处理取正号和负号两种情况, 你将会发现不管是哪种情况, 最终结果都相同.

解答 精细结构公式为相对论修正与自旋轨道耦合修正之和, 所以,

$$E_{\mathrm{fs}}^1=E_r^1+E_{\mathrm{so}}^1=\frac{(E_n)^2}{mc^2}\left[\frac{3}{2}-\frac{2n}{\ell+\frac{1}{2}}+\frac{n\left[j\left(j+1\right)-\ell\left(\ell+1\right)-\frac{3}{4}\right]}{\ell\left(\ell+\frac{1}{2}\right)\left(\ell+1\right)}\right].$$

对于氢原子有 $j=\ell\pm\dfrac{1}{2}$. 若将 $j=\ell+\dfrac{1}{2}$ 代入上式, 化简后得

$$E_{\mathrm{fs}}^1=\frac{(E_n)^2}{mc^2}\left(\frac{3}{2}-\frac{2n}{\ell+1}\right)=\frac{(E_n)^2}{2mc^2}\left(3-\frac{4n}{j+1/2}\right).$$

而将 $j=\ell-\dfrac{1}{2}$ 代入, 得

$$E_{\mathrm{fs}}^1=\frac{(E_n)^2}{mc^2}\left(\frac{3}{2}-\frac{2n}{\ell}\right)=\frac{(E_n)^2}{2mc^2}\left(3-\frac{4n}{j+1/2}\right),$$

二者恰好相同. 综合以上结果, 就有精细结构方程 (7.68).

****习题 7.21** 氢原子光谱在可见光区域最重要的特征就是红色巴耳末线, 它源自从 $n=3$ 到 $n=2$ 能级的跃迁. 首先, 根据玻尔理论计算出该谱线的波长和频率. 精细结构的存在将使这条线分裂为几条相距很近的线; 问题是: 这些分裂出来的线的数量和分布情况是什么? **提示** 首先确定 $n=2$ 能级分裂为几条, 并找出每条子线的 E_{fs}^1, 单位为 eV. 然后, 对 $n=3$ 重复上述步骤. 画出能级图并表示出所有可能的从 $n=3$ 到 $n=2$ 的跃迁. 释放出的能量 (以光子形式) 为 $(E_3-E_2)+\Delta E$, 第一项是所有可能的跃迁都有的部分, ΔE 部分 (由精细结构导致的) 对于不同的跃迁方式其大小是不同的. 求每个跃迁的 ΔE (单位为 eV). 最后转化为光子频率, 并确定出相邻谱线的间距 (单位为 Hz)——它不是每条谱线和无扰动时的谱线的频率间距 (它显然也是观察不到的), 而是每条谱线和它相邻的谱线的频率间距. 最终答案的形式应该是: "红色巴耳末线分裂为 (? ? ?) 条. 按照频率逐渐增加的顺序, 跃迁分别为 (1) 从 $j=(???)$ 到 $j=(???)$, (2) 从 $j=(???)$ 到 $j=(???)$, $\cdots$. 线 (1) 和线 (2) 的频率差值为 (? ? ?) Hz, 线 (2) 和线 (3) 的频率差值为 (? ? ?) Hz, $\cdots$."

解答　首先, 根据玻尔公式和德布罗意关系

$$E_3^0 - E_2^0 = E_1\left(\frac{1}{3^2} - \frac{1}{2^2}\right) = -\frac{5}{36}E_1 = \frac{hc}{\lambda},$$

其中 $E_1 = -13.6\ \text{eV}$ 为氢原子的基态能量, 可以得到红色巴耳末线的波长与频率

$$\lambda = 655\ \text{nm}, \quad \nu = 4.58\times10^{14}\ \text{Hz}.$$

下面引用精细结构方程 (7.68)

$$E_{\text{fs}}^1 = \frac{(E_n)^2}{2mc^2}\left(3 - \frac{4n}{j+1/2}\right).$$

当 $n=2$ 时, 轨道角动量 $\ell = 0, 1$, 总角动量 $j = \frac{1}{2}, \frac{3}{2}$, 因此氢原子的第一激发态能级在精细结构公式的修正下分裂为两个子能级, 其修正值分别为

$$\varepsilon_1 = \frac{(E_2)^2}{2mc^2}\left(3 - \frac{4\times2}{1/2+1/2}\right) = -\frac{5\,(E_1)^2}{32mc^2},$$

$$\varepsilon_2 = \frac{(E_2)^2}{2mc^2}\left(3 - \frac{4\times2}{3/2+1/2}\right) = -\frac{(E_1)^2}{32mc^2}.$$

当 $n=3$ 时, 轨道角动量 $\ell = 0, 1, 2$, 总角动量 $j = \frac{1}{2}, \frac{3}{2}, \frac{5}{2}$, 因此氢原子的第二激发态能级在精细结构公式的修正下分裂为三个子能级, 其修正值分别为

$$\varepsilon_3 = \frac{(E_3)^2}{2mc^2}\left(3 - \frac{4\times3}{1/2+1/2}\right) = -\frac{(E_1)^2}{18mc^2},$$

$$\varepsilon_4 = \frac{(E_3)^2}{2mc^2}\left(3 - \frac{4\times3}{3/2+1/2}\right) = -\frac{(E_1)^2}{54mc^2},$$

$$\varepsilon_5 = \frac{(E_3)^2}{2mc^2}\left(3 - \frac{4\times3}{5/2+1/2}\right) = -\frac{(E_1)^2}{162mc^2}.$$

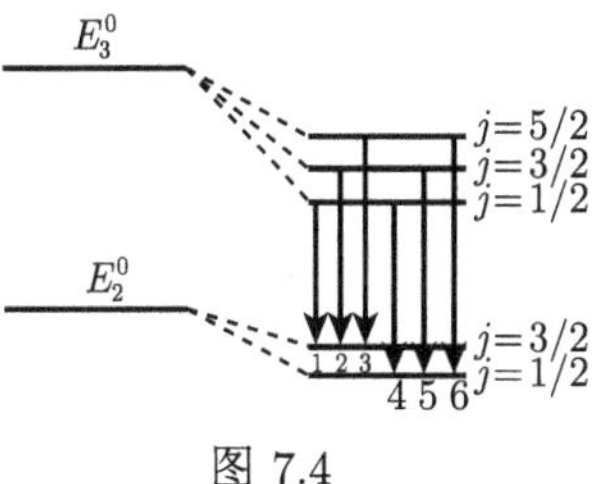

图 7.4

能级示意图见图 7.4.

从图 7.4 中容易看出共有六种可能的能级跃迁. 因此, 原有的红色巴耳末谱线在精细结构中分裂为六条子谱线, 它们分别为

(1) $j=\frac{1}{2} \to j=\frac{3}{2}$:　$\Delta E = \varepsilon_3 - \varepsilon_2 = -\frac{7}{288}\frac{(E_1)^2}{mc^2} = -8.80\times10^{-6}\ \text{eV}.$

(2) $j=\frac{3}{2} \to j=\frac{3}{2}$:　$\Delta E = \varepsilon_4 - \varepsilon_2 = \frac{11}{864}\frac{(E_1)^2}{mc^2} = 4.61\times10^{-6}\ \text{eV}.$

(3) $j=\frac{5}{2} \to j=\frac{3}{2}$:　$\Delta E = \varepsilon_5 - \varepsilon_2 = \frac{65}{2592}\frac{(E_1)^2}{mc^2} = 9.08\times10^{-6}\ \text{eV}.$

(4) $j=\frac{1}{2} \to j=\frac{1}{2}$:　$\Delta E = \varepsilon_3 - \varepsilon_1 = \frac{29}{288}\frac{(E_1)^2}{mc^2} = 36.45\times10^{-6}\ \text{eV}.$

(5) $j=\frac{3}{2} \to j=\frac{1}{2}$:　$\Delta E = \varepsilon_4 - \varepsilon_1 = \frac{119}{864}\frac{(E_1)^2}{mc^2} = 49.86\times10^{-6}\ \text{eV}.$

(6) $j=\frac{5}{2} \to j=\frac{1}{2}$:　$\Delta E = \varepsilon_5 - \varepsilon_1 = \frac{389}{2592}\frac{(E_1)^2}{mc^2} = 54.33\times10^{-6}\ \text{eV}.$

最后, 根据以上数据求得相邻谱线的频率差为

$$\nu_2-\nu_1=\frac{\Delta E_2-\Delta E_1}{h}=3.23\times10^9\ \text{Hz},\quad \nu_3-\nu_2=\frac{\Delta E_3-\Delta E_2}{h}=1.08\times10^9\ \text{Hz},$$

$$\nu_4-\nu_3=\frac{\Delta E_4-\Delta E_3}{h}=6.60\times10^9\ \text{Hz},\quad \nu_5-\nu_4=\frac{\Delta E_5-\Delta E_4}{h}=3.23\times10^9\ \text{Hz},$$

$$\nu_6-\nu_5=\frac{\Delta E_6-\Delta E_5}{h}=1.08\times10^9\ \text{Hz}.$$

习题 7.22 氢原子精确的精细结构公式为 (由狄拉克方程导出, 没有借助微扰理论)[①]

$$E_{nj}=mc^2\left\{\left[1+\left(\frac{\alpha}{n-(j+1/2)+\sqrt{(j+1/2)^2-\alpha^2}}\right)^2\right]^{-1/2}-1\right\}.$$

展开至 α^4 项 (注意到有 $\alpha\ll1$), 并证明你重新得到的方程 (7.69).

解答 由 $\alpha\ll1\Rightarrow\alpha\ll j+1/2\Rightarrow\dfrac{\alpha}{j+1/2}\ll1$, 得

$$\begin{aligned}\sqrt{(j+1/2)^2-\alpha^2}&=(j+1/2)\sqrt{1-\frac{\alpha^2}{(j+1/2)^2}}\\&\approx(j+1/2)\left[1-\frac{1}{2}\frac{\alpha^2}{(j+1/2)^2}\right]=(j+1/2)-\frac{1}{2}\frac{\alpha^2}{(j+1/2)}.\end{aligned}$$

所以

$$\begin{aligned}\frac{\alpha}{n-(j+1/2)+\sqrt{(j+1/2)^2-\alpha^2}}&=\frac{\alpha}{n-(j+1/2)+(j+1/2)-\dfrac{\alpha^2}{2(j+1/2)}}\\&=\frac{\alpha}{n-\dfrac{\alpha^2}{2(j+1/2)}}=\frac{\alpha}{n}\left[\frac{1}{1-\dfrac{\alpha^2}{2n(j+1/2)}}\right]\\&\approx\frac{\alpha}{n}\left[1+\frac{\alpha^2}{2n(j+1/2)}\right].\end{aligned}$$

因此,

$$\begin{aligned}&\left[1+\left(\frac{\alpha}{n-(j+1/2)+\sqrt{(j+1/2)^2-\alpha^2}}\right)^2\right]^{-1/2}\\&=\left\{1+\frac{\alpha^2}{n^2}\left[1+\frac{\alpha^2}{2n(j+1/2)}\right]^2\right\}^{-1/2}\\&\approx\left\{1+\frac{\alpha^2}{n^2}\left[1+\frac{\alpha^2}{n(j+1/2)}\right]\right\}^{-1/2}\\&\approx1-\frac{1}{2}\frac{\alpha^2}{n^2}\left[1+\frac{\alpha^2}{n(j+1/2)}\right]+\frac{3}{8}\frac{\alpha^4}{n^4}\end{aligned}$$

① Bethe 和 Salpeter (教材中第 298 页脚注 12), 第 238 页.

$$\begin{aligned}&=1-\frac{1}{2}\frac{\alpha^2}{n^2}+\frac{\alpha^4}{2n^4}\left[\frac{-n}{j+1/2}+\frac{3}{4}\right].\\E_{nj}&\approx mc^2\left\{1-\frac{1}{2}\frac{\alpha^2}{n^2}+\frac{\alpha^4}{2n^4}\left[\frac{-n}{j+1/2}+\frac{3}{4}\right]-1\right\}\\&=mc^2\left\{-\frac{1}{2}\frac{\alpha^2}{n^2}+\frac{\alpha^4}{2n^4}\left[\frac{-n}{j+1/2}+\frac{3}{4}\right]\right\}\\&=-\frac{mc^2\alpha^2}{2n^2}\left\{1-\frac{\alpha^2}{n^2}\left[\frac{-n}{j+1/2}+\frac{3}{4}\right]\right\}\\&=-\frac{13.6\ eV}{n^2}\left\{1-\frac{\alpha^2}{n^2}\left[\frac{-n}{j+1/2}+\frac{3}{4}\right]\right\}.\end{aligned}$$

习题 7.23 利用方程 (7.60) 估算氢原子的内磁场大小, 并定量表征其是一个“强”或“弱”的塞曼场.

解答 在 $\boldsymbol{B}=\frac{1}{4\pi\varepsilon_0}\frac{e}{mc^2r^3}\boldsymbol{L}$ 中, $L\approx\hbar, r\approx a$ (玻尔半径), 所以

$$\begin{aligned}B&\sim\frac{1}{4\pi\varepsilon_0}\frac{e\hbar}{mc^2a^3}\\&=\frac{\left(1.60\times10^{-19}\ \mathrm{C}\right)\left(1.05\times10^{-34}\ \mathrm{J\cdot s}\right)}{4\pi\left(8.9\times10^{-12}\ (\mathrm{C^2/N})\cdot\mathrm{m^2}\right)(9.1\times10^{-31}\ \mathrm{kg})\left(3\times10^8\ \mathrm{m/s}\right)^2\left(0.53\times10^{-10}\ \mathrm{m}\right)^3}\\&\approx12\ \mathrm{T}.\end{aligned}$$

通常所说的外加强磁场与弱磁场, 其“强”与“弱”是针对原子内磁场而言的, 故“强”塞曼场应对应远大于原子内磁场的磁场量级, 即 $B\gg10$ T; “弱”塞曼场应对应远小于原子内磁场的磁场量级, 即 $B\ll10$ T.

***习题 7.24** 考虑 (共 8 个) $n=2$ 的态, $|2\,\ell\,j\,m_j\rangle$. 求出位于弱场塞曼分裂下的各个态的能量, 并画出类似于教材图 7.10 的示意图来表示当 B_{ext} 增大时能量的演变过程. 清晰地画出每条线, 并表示出其相应的斜率.

解答 弱场中氢原子态的能量为

$$E=-\frac{13.6\ \mathrm{eV}}{n^2}\left[1+\frac{\alpha^2}{n^2}\left(\frac{n}{j+1/2}-\frac{3}{4}\right)\right]+mg_J\mu_{\mathrm{B}}B,$$

其中

$$g_J=1+\frac{j(j+1)-\ell(\ell+1)+3/4}{2j(j+1)}.$$

当 $n=2$ 时, $\ell=0,1$. 由 $j=\ell\pm s$ 知: $\ell=0$ 时, $j=1/2, m_J=1/2,-1/2$; $\ell=1$ 时, $j=1/2$ 或 $3/2, m_J=3/2,1/2,-1/2,-3/2$.

故 8 个 $|2\,\ell\,j\,m_j\rangle$ 态为

$$\left.\begin{aligned}|1\rangle&=\left|2\ \ 0\ \ \frac{1}{2}\ \ +\frac{1}{2}\right\rangle\\|2\rangle&=\left|2\ \ 0\ \ \frac{1}{2}\ \ -\frac{1}{2}\right\rangle\end{aligned}\right\}g_J=1+\frac{\frac{1}{2}\cdot\left(\frac{1}{2}+1\right)-0+\frac{3}{4}}{2\cdot\frac{1}{2}\cdot\left(\frac{1}{2}+1\right)}=2.$$

$$\left.\begin{aligned} |3\rangle &= \left|2\ 1\ \frac{1}{2}\ +\frac{1}{2}\right\rangle \\ |4\rangle &= \left|2\ 1\ \frac{1}{2}\ -\frac{1}{2}\right\rangle \end{aligned}\right\} g_J = 1+\frac{\frac{1}{2}\cdot\left(\frac{1}{2}+1\right)-1\cdot(1+1)+\frac{3}{4}}{2\cdot\frac{1}{2}\cdot\left(\frac{1}{2}+1\right)} = \frac{2}{3}.$$

$$\left.\begin{aligned} |5\rangle &= \left|2\ 1\ \frac{3}{2}\ +\frac{3}{2}\right\rangle \\ |6\rangle &= \left|2\ 1\ \frac{3}{2}\ +\frac{1}{2}\right\rangle \\ |7\rangle &= \left|2\ 1\ \frac{3}{2}\ -\frac{1}{2}\right\rangle \\ |8\rangle &= \left|2\ 1\ \frac{3}{2}\ -\frac{3}{2}\right\rangle \end{aligned}\right\} g_J = 1+\frac{\frac{3}{2}\cdot\left(\frac{3}{2}+1\right)-1\cdot(1+1)+\frac{3}{4}}{2\cdot\frac{3}{2}\cdot\left(\frac{3}{2}+1\right)} = \frac{4}{3}.$$

这 8 个态的能量为

$$E_1 = -3.4\text{ eV}\left(1+\frac{5\alpha^2}{16}\right)+\mu_B B_{\text{ext}};\quad E_2 = -3.4\text{ eV}\left(1+\frac{5\alpha^2}{16}\right)-\mu_B B_{\text{ext}};$$

$$E_3 = -3.4\text{ eV}\left(1+\frac{5\alpha^2}{16}\right)+\frac{1}{3}\mu_B B_{\text{ext}};\quad E_4 = -3.4\text{ eV}\left(1+\frac{5\alpha^2}{16}\right)-\frac{1}{3}\mu_B B_{\text{ext}};$$

$$E_5 = -3.4\text{ eV}\left(1+\frac{\alpha^2}{16}\right)+2\mu_B B_{\text{ext}};\quad E_6 = -3.4\text{ eV}\left(1+\frac{\alpha^2}{16}\right)+\frac{2}{3}\mu_B B_{\text{ext}};$$

$$E_7 = -3.4\text{ eV}\left(1+\frac{\alpha^2}{16}\right)-\frac{2}{3}\mu_B B_{\text{ext}};\quad E_8 = -3.4\text{ eV}\left(1+\frac{\alpha^2}{16}\right)-2\mu_B B_{\text{ext}}.$$

能级分裂随外磁场的变化如图 7.5 所示.

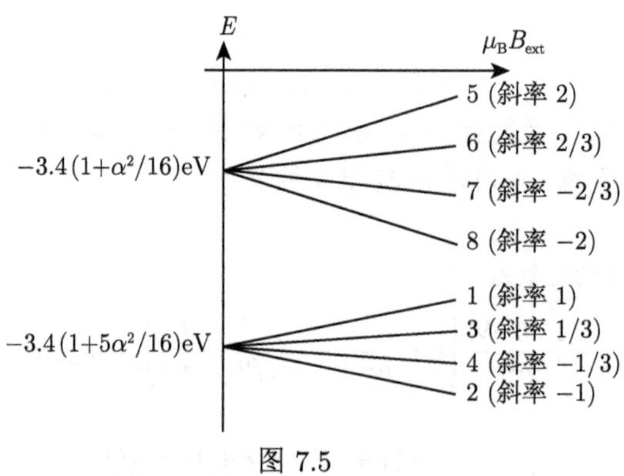

图 7.5

习题 7.25 使用维格纳–埃卡特定理 (方程 (6.59)~(6.61)) 证明：任意两个向量算符 $\boldsymbol{V}$ 和 $\boldsymbol{W}$ 的矩阵元在角动量本征态的基矢下是成比例的.

$$\langle n\,\ell'\,m'|\,\boldsymbol{V}\,|n\,\ell\,m\rangle = \alpha\,\langle n\,\ell'\,m'|\,\boldsymbol{W}\,|n\,\ell\,m\rangle\,. \tag{7.82}$$

注释　用 j 代替 ℓ (无论状态是轨道、自旋或者总角动量的本征态, 定理都成立), $\boldsymbol{V}=\boldsymbol{L}+2\boldsymbol{S}$ 和 $\boldsymbol{W}=\boldsymbol{J}$, 这证明了方程 (7.77).

证明　由

$$\langle n\ell'm'|\,\hat{V}_x\,|n\ell m\rangle=\frac{1}{2}\left[\langle n\ell'm'|\,\hat{V}_-\,|n\ell m\rangle+\langle n\ell'm'|\,\hat{V}_+\,|n\ell m\rangle\right],$$
$$\langle n\ell'm'|\,\hat{V}_y\,|n\ell m\rangle=\frac{\mathrm{i}}{2}\left[\langle n\ell'm'|\,\hat{V}_-\,|n\ell m\rangle-\langle n\ell'm'|\,\hat{V}_+\,|n\ell m\rangle\right],$$

得

$$\begin{aligned}\langle n\ell'm'|\,\boldsymbol{V}\,|n\ell m\rangle&=\langle n\ell'm'|\,\hat{V}_x\,|n\ell m\rangle+\langle n\ell'm'|\,\hat{V}_y\,|n\ell m\rangle+\langle n\ell'm'|\,\hat{V}_z\,|n\ell m\rangle\\&=\frac{1}{2}\left[\langle n\ell'm'|\,\hat{V}_-\,|n\ell m\rangle+\langle n\ell'm'|\,\hat{V}_+\,|n\ell m\rangle\right]\\&\quad+\frac{\mathrm{i}}{2}\left[\langle n\ell'm'|\,\hat{V}_-\,|n\ell m\rangle-\langle n\ell'm'|\,\hat{V}_+\,|n\ell m\rangle\right]+\langle n\ell'm'|\,\hat{V}_z\,|n\ell m\rangle.\end{aligned}$$

将方程 (6.59)~(6.61)

$$\langle n'\ell'm'|\,\hat{V}_+\,|n\ell m\rangle=-\sqrt{2}C^{\ell\,1\,\ell'}_{m1m'}\,\langle n\ell'\,\|V\|\,n\ell\rangle,$$
$$\langle n'\ell'm'|\,\hat{V}_-\,|n\ell m\rangle=\sqrt{2}C^{\ell\,1\,\ell'}_{m-1m'}\,\langle n\ell'\,\|V\|\,n\ell\rangle,$$
$$\langle n'\ell'm'|\,\hat{V}_z\,|n\ell m\rangle=C^{\ell\,1\,\ell'}_{m0m'}\,\langle n\ell'\,\|V\|\,n\ell\rangle,$$

代入, 可得

$$\begin{aligned}\langle n\ell'm'|\,\boldsymbol{V}\,|n\ell m\rangle&=\frac{1}{2}\left[\sqrt{2}C^{\ell\,1\,\ell'}_{m-1m'}\,\langle n\ell'\,\|V\|\,n\ell\rangle-\sqrt{2}C^{\ell\,1\,\ell'}_{m1m'}\,\langle n\ell'\,\|V\|\,n\ell\rangle\right]\\&\quad+\frac{\mathrm{i}}{2}\left[\sqrt{2}C^{\ell\,1\,\ell'}_{m-1m'}\,\langle n\ell'\,\|V\|\,n\ell\rangle+\sqrt{2}C^{\ell\,1\,l'}_{m1m'}\,\langle n\ell'\,\|V\|\,n\ell\rangle\right]\\&\quad+C^{\ell\,1\,\ell'}_{m0m'}\,\langle n\ell'\,\|V\|\,n\ell\rangle\\&=\left(\frac{1}{\sqrt{2}}C^{\ell\,1\,\ell'}_{m-1m'}-\frac{1}{\sqrt{2}}C^{\ell\,1\,\ell'}_{m1m'}+\frac{\mathrm{i}}{\sqrt{2}}C^{\ell\,1\,\ell'}_{m-1m'}+\frac{\mathrm{i}}{\sqrt{2}}C^{\ell\,1\,\ell'}_{m1m'}+C^{\ell\,1\,\ell'}_{m0m'}\right)\\&\quad\cdot\langle n\ell'\,\|V\|\,n\ell\rangle.\end{aligned}$$

同理, 可得

$$\begin{aligned}&\langle n\ell'm'|\,\boldsymbol{W}\,|n\ell m\rangle\\&=\left(\frac{1}{\sqrt{2}}C^{\ell\,1\,\ell'}_{m-1m'}-\frac{1}{\sqrt{2}}C^{\ell\,1\,\ell'}_{m1m'}+\frac{\mathrm{i}}{\sqrt{2}}C^{\ell\,1\,\ell'}_{m-1m'}+\frac{\mathrm{i}}{\sqrt{2}}C^{\ell\,1\,\ell'}_{m1m'}+C^{\ell\,1\,\ell'}_{m0m'}\right)\langle n\ell'\,\|W\|\,n\ell\rangle.\end{aligned}$$

前面的系数是一样的, 因此两个矢量算符的矩阵元在角动量本征态的基矢下是成比例的.

习题 7.26　从方程 (7.84) 出发, 利用方程 (7.58)、(7.63)、(7.66) 和 (7.85) 推导出方程 (7.86).

解答　所需的各式为

$$E^l_{\mathrm{fs}}=\langle n\ell m_\ell m_s|\,\left(H'_r+H'_{\mathrm{so}}\right)|\,n\ell m_\ell m_s\rangle,\tag{7.84}$$

$$E^1_r=-\frac{(E_n)^2}{2mc^2}\left[\frac{4n}{\ell+1/2}-3\right],\tag{7.58}$$

$$H'_{\text{so}} = \left(\frac{e^2}{8\pi\varepsilon_0}\right)\frac{1}{m^2c^2r^3}\boldsymbol{S}\cdot\boldsymbol{L}, \tag{7.63}$$

$$\left\langle\frac{1}{r^3}\right\rangle = \frac{1}{\ell(\ell+1/2)(\ell+1)n^3a^3}, \tag{7.66}$$

$$\langle\boldsymbol{S}\cdot\boldsymbol{L}\rangle = \langle S_x\rangle\langle L_x\rangle + \langle S_y\rangle\langle L_y\rangle + \langle S_z\rangle\langle L_z\rangle = \hbar^2 m_\ell m_s. \tag{7.85}$$

$$E^1_{\text{fs}} = \frac{13.6\ \text{eV}\alpha^2}{n^3}\left[\frac{3}{4n} - \frac{\ell(\ell+1)-m_\ell m_s}{\ell(\ell+1/2)(\ell+1)}\right], \tag{7.86}$$

$$\begin{aligned}E^1_{\text{fs}} &= \langle n\ell m_\ell m_s|(H'_r + H'_{\text{so}})|n\ell m_\ell m_s\rangle \\ &= \langle n\ell m_\ell m_s|H'_r|n\ell m_\ell m_s\rangle + \langle n\ell m_\ell m_s|H'_{\text{so}}|n\ell m_\ell m_s\rangle \\ &= -\frac{(E_n)^2}{2mc^2}\left(\frac{4n}{\ell+1/2}-3\right) + \left(\frac{e^2}{8\pi\varepsilon_0 m^2c^2}\right)\frac{\hbar^2 m_\ell m_s}{\ell(\ell+1/2)(\ell+1)n^3a^3}.\end{aligned}$$

将以下两式代入上式：

$$\frac{2E_n^2}{mc^2} = \left(-\frac{2E_1}{mc^2}\right)\left(-\frac{E_1}{n^4}\right) = \frac{\alpha^2}{n^4}\ (13.6\ \text{eV}),$$

$$\begin{aligned}\frac{e^2\hbar^2}{8\pi\varepsilon_0 m^2c^2a^3} &= \frac{e^2\hbar^2}{8\pi\varepsilon_0 m^2c^2}\left(\frac{me^2}{4\pi\varepsilon_0\hbar^2}\right)^3 = \left(\frac{e^2}{4\pi\varepsilon_0\hbar c}\right)\left[\frac{m}{2\hbar^2}\left(\frac{e^2}{4\pi\varepsilon_0}\right)^2\right] \\ &= \alpha^2\ (13.6\ \text{eV}),\end{aligned}$$

得

$$\begin{aligned}E^1_{\text{fs}} &= (13.6\ \text{eV})\frac{\alpha^2}{n^3}\left[-\frac{1}{\ell+1/2}+\frac{3}{4n}+\frac{m_\ell m_s}{\ell(\ell+1/2)(\ell+1)}\right] \\ &= (13.6\ \text{eV})\frac{\alpha^2}{n^3}\left[\frac{3}{4n}-\frac{\ell(\ell+1)-m_\ell m_s}{\ell(\ell+1/2)(\ell+1)}\right].\end{aligned}$$

****习题 7.27**　考虑 (共 8 个) $n=2$ 的态, $|2\,\ell\,m_\ell\,m_s\rangle$. 求出位于强场塞曼分裂下的各个态的能量值. 将每个结果表示成三项求和的形式：玻尔能级, 精细结构 (α^2 的倍数) 和塞曼效应部分 (正比于 $\mu_{\text{B}}B_{\text{ext}}$). 如果完全忽略了精细结构, 有多少不同的能级? 它们的简并度是多少?

解答　当 $n=2$ 时, 氢原子能级的玻尔能级部分为 $E_2 = E_1/2^2 = -3.4$ eV, 精细结构部分为

$$E^1_{\text{fs}} = \frac{13.6\ \text{eV}\alpha^2}{2^3}\left[\frac{3}{8}-\frac{\ell(\ell+1)-m_l m_s}{\ell(\ell+1/2)(\ell+1)}\right] = (1.7\ \text{eV})\,\alpha^2\left[\frac{3}{8}-\frac{\ell(\ell+1)-m_l m_s}{\ell(\ell+1/2)(\ell+1)}\right].$$

(注　对 $\ell=0$, $\dfrac{\ell(\ell+1)-m_\ell m_s}{\ell(\ell+1/2)(\ell+1)}$ 没有意义, 因为 s 能级不劈裂, 所以应取值为 1.)

塞曼分裂部分为 $E_Z = \mu_{\text{B}}B(m_\ell+2m_s)$, 因此总能量为

$$\begin{aligned}E &= E_2 + E^1_{\text{fs}} + E_Z \\ &= -3.4\ \text{eV} + (1.7\ \text{eV})\,\alpha^2\left[\frac{3}{8}-\frac{\ell(\ell+1)-m_\ell m_s}{\ell(\ell+1/2)(\ell+1)}\right] + \mu_{\text{B}}B(m_\ell+2m_s).\end{aligned}$$

表 7.1 中列出 8 个态对应的能量.

表 7.1

$\lvert n\ \ell\ m_\ell\ m_s\rangle$	$m_\ell+2m_s$	$\left[\frac{3}{8}-\frac{\ell(\ell+1)-m_\ell m_s}{\ell(\ell+1/2)(\ell+1)}\right]$	$E=E_2+E_{fs}^1+E_Z$
$\lvert 1\rangle=\lvert 2\ 0\ 0\ +\frac{1}{2}\rangle$	1	$-\frac{5}{8}$	$-3.4\text{ eV}\left(1+\frac{5}{16}\alpha^2\right)+\mu_B B_{ext}$
$\lvert 2\rangle=\lvert 2\ 0\ 0\ -\frac{1}{2}\rangle$	−1	$-\frac{5}{8}$	$-3.4\text{ eV}\left(1+\frac{5}{16}\alpha^2\right)-\mu_B B_{ext}$
$\lvert 3\rangle=\lvert 2\ 1\ 1\ +\frac{1}{2}\rangle$	2	$-\frac{1}{8}$	$-3.4\text{ eV}\left(1+\frac{1}{16}\alpha^2\right)+2\mu_B B_{ext}$
$\lvert 4\rangle=\lvert 2\ 1\ 1\ -\frac{1}{2}\rangle$	0	$-\frac{11}{24}$	$-3.4\text{ eV}\left(1+\frac{11}{48}\alpha^2\right)$
$\lvert 5\rangle=\lvert 2\ 1\ 0\ +\frac{1}{2}\rangle$	1	$-\frac{7}{24}$	$-3.4\text{ eV}\left(1+\frac{7}{48}\alpha^2\right)+\mu_B B_{ext}$
$\lvert 6\rangle=\lvert 2\ 1\ 0\ -\frac{1}{2}\rangle$	−1	$-\frac{7}{24}$	$-3.4\text{ eV}\left(1+\frac{7}{48}\alpha^2\right)-\mu_B B_{ext}$
$\lvert 7\rangle=\lvert 2\ 1\ -1\ +\frac{1}{2}\rangle$	0	$-\frac{11}{24}$	$-3.4\text{ eV}\left(1+\frac{11}{48}\alpha^2\right)$
$\lvert 8\rangle=\lvert 2\ 1\ -1\ -\frac{1}{2}\rangle$	−2	$-\frac{1}{8}$	$-3.4\text{ eV}\left(1+\frac{1}{16}\alpha^2\right)-2\mu_B B_{ext}$

从上面的讨论中可以看到, 在考虑精细结构的情况下, $n=2$ 情况一共有 8 种能级. 若忽略精细结构, 则可能的能级有

$E_1=E_5=-3.4\text{ eV}+\mu_B B_{ext}$ (二重简并),

$E_2=E_6=-3.4\text{ eV}-\mu_B B_{ext}$ (二重简并),

$E_3=-3.4\text{ eV}+2\mu_B B_{ext}$, $E_4=E_7=-3.4\text{ eV}$ (二重简并),

$E_8=-3.4\text{ eV}-2\mu_B B_{ext}$.

习题 7.28 如果 $\ell=0$, 则 $j=s, m_j=m_s$, 对于强场和弱场, "好" 量子态是一样的 ($\lvert nm_s\rangle$). 确定 E_Z^1 (由方程 (7.74)) 和精细结构能量 (方程 (7.69)), 并写出 $\ell=0$ 时, 塞曼效应的一般结果——不管磁场强度如何. 证明: 当把方括号中的不确定项取为 1 时, 强场公式 (方程 (7.86)) 同样会得到这个结果.

解答 由方程 (7.74), 当 $\ell=0$ 时,

$$E_Z^1=\frac{e}{2m}B_{ext}\hat{k}\cdot\langle \boldsymbol{L}+2\boldsymbol{S}\rangle=\frac{e}{2m}B_{ext}2m_s\hbar=2m_s\mu_B B_{ext},$$

由方程 (7.69), 当 $j=1/2$ 时,

$$E_{nj}=-\frac{13.6\text{ eV}}{n^2}\left[1+\frac{\alpha^2}{n^2}\left(\frac{n}{j+1/2}-\frac{3}{4}\right)\right]\underset{j=1/2}{=}-\frac{13.6\text{ eV}}{n^2}\left[1+\frac{\alpha^2}{n^2}\left(n-\frac{3}{4}\right)\right],$$

所以总能量为

$$E=E_{nj}+E_Z^1=-\frac{13.6\text{ eV}}{n^2}\left[1+\frac{\alpha^2}{n^2}\left(n-\frac{3}{4}\right)\right]+2m_s\mu_B B_{ext}.$$

精细结构部分为

$$E_{fs}^1=-\frac{13.6\text{ eV}\alpha^2}{n^3}\left(1-\frac{3}{4n}\right).$$

这与在方程 (7.86)

$$E_{fs}^1=\frac{13.6\text{ eV}\alpha^2}{n^3}\left[\frac{3}{4n}-\frac{\ell(\ell+1)-m_\ell m_s}{\ell(\ell+1/2)(\ell+1)}\right]$$

把 $\dfrac{\ell(\ell+1)-m_\ell m_s}{\ell(\ell+1/2)(\ell+1)}$ 取 1 结果是一样的.

习题 7.29 计算出 H'_Z 和 H'_{fs} 的矩阵元, 当 $n=2$ 时, 构造出本节中给出的 $\mathcal{W}$ 矩阵.

解答 当 $n=2$ 时, 由方程 (7.68),

$$\begin{aligned}E_{\text{fs}}^1&=\frac{E_2^2}{2mc^2}\left(3-\frac{8}{j+1/2}\right)=\frac{E_1^2}{32mc^2}\left(3-\frac{8}{j+1/2}\right)\\&=\frac{(13.6\ \text{eV})\,\alpha^2}{64}\left(3-\frac{8}{j+1/2}\right)\\&=\gamma\left(3-\frac{8}{j+1/2}\right),\quad\left(\gamma\equiv\frac{(13.6\ \text{eV})\,\alpha^2}{64}\right).\end{aligned}$$

$n=2$ 所对应的 8 个态为

$$\ell=0\begin{cases}|\psi_1\rangle=\left|\frac{1}{2}\ \ \frac{1}{2}\right\rangle=|0\ \ 0\rangle\left|\frac{1}{2}\ \ \frac{1}{2}\right\rangle\\|\psi_2\rangle=\left|\frac{1}{2}\ \ -\frac{1}{2}\right\rangle=|0\ \ 0\rangle\left|\frac{1}{2}\ \ -\frac{1}{2}\right\rangle\end{cases},$$

$$\ell=1\begin{cases}|\psi_3\rangle\equiv\left|\frac{3}{2}\ \ \frac{3}{2}\right\rangle=|1\ \ 1\rangle\left|\frac{1}{2}\ \ \frac{1}{2}\right\rangle\\|\psi_4\rangle\equiv\left|\frac{3}{2}\ \ -\frac{3}{2}\right\rangle=|1\ \ -1\rangle\left|\frac{1}{2}\ \ -\frac{1}{2}\right\rangle\\|\psi_5\rangle\equiv\left|\frac{3}{2}\ \ \frac{1}{2}\right\rangle=\sqrt{\frac{2}{3}}|1\ \ 0\rangle\left|\frac{1}{2}\ \ \frac{1}{2}\right\rangle+\sqrt{\frac{1}{3}}|1\ \ 1\rangle\left|\frac{1}{2}\ \ -\frac{1}{2}\right\rangle\\|\psi_6\rangle\equiv\left|\frac{1}{2}\ \ \frac{1}{2}\right\rangle=-\sqrt{\frac{1}{3}}|1\ \ 0\rangle\left|\frac{1}{2}\ \ \frac{1}{2}\right\rangle+\sqrt{\frac{2}{3}}|1\ \ 1\rangle\left|\frac{1}{2}\ \ -\frac{1}{2}\right\rangle\\|\psi_7\rangle\equiv\left|\frac{3}{2}\ \ -\frac{1}{2}\right\rangle=\sqrt{\frac{1}{3}}|1\ \ -1\rangle\left|\frac{1}{2}\ \ \frac{1}{2}\right\rangle+\sqrt{\frac{2}{3}}|1\ \ 0\rangle\left|\frac{1}{2}\ \ -\frac{1}{2}\right\rangle\\|\psi_8\rangle\equiv\left|\frac{1}{2}\ \ -\frac{1}{2}\right\rangle=-\sqrt{\frac{2}{3}}|1\ \ -1\rangle\left|\frac{1}{2}\ \ \frac{1}{2}\right\rangle+\sqrt{\frac{1}{3}}|1\ \ 0\rangle\left|\frac{1}{2}\ \ -\frac{1}{2}\right\rangle\end{cases}$$

以上都是 H_{fs}^1 的本征态, 所以 H_{fs}^1 在这个表象中是对角的. 对 $j=\dfrac{1}{2}$ 态, 对应 ψ_1, ψ_2, ψ_6, ψ_8, $H_{\text{fs}}^1=\gamma(3-8)=-5\gamma$. 对 $j=\dfrac{3}{2}$ 态, 对应 $\psi_3,\psi_4,\psi_5,\psi_7, H_{\text{fs}}^1=\gamma(3-8/2)=-\gamma$. 而对 $H'_Z=\dfrac{e}{2m}B_{\text{ext}}(L_z+2S_z),\psi_1,\psi_2,\psi_3,\psi_4$ 是 H'_Z 的本征态 (这四个态既是耦合表象的基矢, 也是无耦合表象的基矢), 所以仅有对角元素.

$$H'_Z=\frac{e\hbar}{2m}B_{\text{ext}}(m_l+2m_s)=\beta(m_l+2m_s),$$

$$\left(H'_Z\right)_{11}=\beta,\quad\left(H'_Z\right)_{22}=-\beta,\quad\left(H'_Z\right)_{33}=2\beta,\quad\left(H'_Z\right)_{44}=-2\beta.$$

对 $\psi_5,\psi_6,\psi_7,\psi_8$, 它们不是 H'_Z 的本征态 (它们仅是耦合表象的基矢, 而不是无耦合表象的基矢), 我们需要计算矩阵元, 由

$$(L_z+2S_z)|\psi_5\rangle=(L_z+2S_z)\left[\sqrt{\frac{2}{3}}|1\ \ 0\rangle\left|\frac{1}{2}\ \ \frac{1}{2}\right\rangle+\sqrt{\frac{1}{3}}|1\ \ 1\rangle\left|\frac{1}{2}\ \ -\frac{1}{2}\right\rangle\right]$$

$$
\begin{aligned}
&= \hbar\sqrt{\frac{2}{3}}\,|1\ \ 0\rangle\left|\frac{1}{2}\ \ \frac{1}{2}\right\rangle, \\
(L_z+2S_z)|\psi_6\rangle &= (L_z+2S_z)\left[-\sqrt{\frac{1}{3}}\,|1\ \ 0\rangle\left|\frac{1}{2}\ \ \frac{1}{2}\right\rangle+\sqrt{\frac{2}{3}}\,|1\ \ 1\rangle\left|\frac{1}{2}\ \ -\frac{1}{2}\right\rangle\right] \\
&= -\hbar\sqrt{\frac{1}{3}}\,|1\ \ 0\rangle\left|\frac{1}{2}\ \ \frac{1}{2}\right\rangle, \\
(L_z+2S_z)|\psi_7\rangle &= (L_z+2S_z)\left[\sqrt{\frac{1}{3}}\,|1\ \ -1\rangle\left|\frac{1}{2}\ \ \frac{1}{2}\right\rangle+\sqrt{\frac{2}{3}}\,|1\ \ 0\rangle\left|\frac{1}{2}\ \ -\frac{1}{2}\right\rangle\right] \\
&= -\hbar\sqrt{\frac{2}{3}}\,|1\ \ 0\rangle\left|\frac{1}{2}\ \ -\frac{1}{2}\right\rangle, \\
(L_z+2S_z)|\psi_8\rangle &= (L_z+2S_z)\left[-\sqrt{\frac{2}{3}}\,|1\ \ -1\rangle\left|\frac{1}{2}\ \ \frac{1}{2}\right\rangle+\sqrt{\frac{1}{3}}\,|1\ \ 0\rangle\left|\frac{1}{2}\ \ -\frac{1}{2}\right\rangle\right] \\
&= -\hbar\sqrt{\frac{1}{3}}\,|1\ \ 0\rangle\left|\frac{1}{2}\ \ -\frac{1}{2}\right\rangle,
\end{aligned}
$$

可以得到

$$
\begin{aligned}
&(H_Z')_{55}=\frac{2}{3}\beta,\quad (H_Z')_{66}=\frac{1}{3}\beta,\quad (H_Z')_{77}=-\frac{2}{3}\beta,\quad (H_Z')_{88}=-\frac{1}{3}\beta,\\
&(H_Z')_{56}=(H_Z')_{65}=-\frac{\sqrt{2}}{3}\beta,\quad (H_Z')_{78}=(H_Z')_{87}=-\frac{\sqrt{2}}{3}\beta.
\end{aligned}
$$

最后得到 $-\mathcal{W}$ 矩阵

$$
\begin{pmatrix}
5\gamma-\beta & 0 & 0 & 0 & 0 & 0 & 0 & 0\\
0 & 5\gamma+\beta & 0 & 0 & 0 & 0 & 0 & 0\\
0 & 0 & \gamma-2\beta & 0 & 0 & 0 & 0 & 0\\
0 & 0 & 0 & \gamma+2\beta & 0 & 0 & 0 & 0\\
0 & 0 & 0 & 0 & \gamma-\frac{2}{3}\beta & \frac{\sqrt{2}}{3}\beta & 0 & 0\\
0 & 0 & 0 & 0 & \frac{\sqrt{2}}{3}\beta & 5\gamma-\frac{1}{3}\beta & 0 & 0\\
0 & 0 & 0 & 0 & 0 & 0 & \gamma+\frac{2}{3}\beta & \frac{\sqrt{2}}{3}\beta\\
0 & 0 & 0 & 0 & 0 & 0 & \frac{\sqrt{2}}{3}\beta & 5\gamma+\frac{1}{3}\beta
\end{pmatrix}.
$$

*****习题 7.30**　对弱场、中间场、强场情况下, 分析氢原子 $n=3$ 时的塞曼效应. 构建类似于教材表 7.2 的能级, 作为外场函数画图 (类似于教材图 7.11), 并验证中间场情况下的两个极限情况. **提示**　维格纳–埃卡特定理在这里很有用. 在第 6 章中用轨道角动量 ℓ 表示这个定理, 但它也适用于总角动量 j 的态. 特别地, 对任意矢量算符 $\boldsymbol{V}$

$$
\langle j'm_j'|\,V^z\,|jm_j\rangle = C^{j1j}_{m_j0m_j'}\,\langle j'\,\|V\|\,j\rangle
$$

都成立 (并且 $\boldsymbol{L}+2\boldsymbol{S}$ 是个矢量算符).

解答 对于 $n=3$, 可能的态数目为 $2n^2=18$.

弱场情况：方程 (7.69) 给出精细结构项为

$$E_{nj}=-\frac{13.6\ \text{eV}}{n^2}\left[1+\frac{\alpha^2}{n^2}\left(\frac{3}{j+1/2}-\frac{3}{4}\right)\right]$$
$$=-1.51\ \text{eV}\left[1+\frac{\alpha^2}{3}\left(\frac{1}{j+1/2}-\frac{1}{4}\right)\right].$$

方程 (7.79) 给出塞曼分裂项为

$$E_Z^1=g_J m_j \mu_B B_{\text{ext}},$$

其中 $g_j=1+\dfrac{j(j+1)-\ell(\ell+1)-3/4}{2j(j+1)}$.

能量列表见表 7.2.

表 7.2

	$\|3\ \ell\ j\ m_j\rangle$	g_j	$\frac{1}{3}\left(\frac{1}{j+1/2}-\frac{1}{4}\right)$	$E=E_{nj}+E_Z^1$
$\ell=0, j=\frac{1}{2}$	$\left\|3\quad 0\quad \frac{1}{2}\quad \frac{1}{2}\right\rangle$	2	$\frac{1}{4}$	$-1.51\ \text{eV}\left(1+\frac{\alpha^2}{4}\right)+\mu_B B_{\text{ext}}$
$\ell=0, j=\frac{1}{2}$	$\left\|3\quad 0\quad \frac{1}{2}\quad -\frac{1}{2}\right\rangle$	2	$\frac{1}{4}$	$-1.51\ \text{eV}\left(1+\frac{\alpha^2}{4}\right)-\mu_B B_{\text{ext}}$
$\ell=1, j=\frac{1}{2}$	$\left\|3\quad 1\quad \frac{1}{2}\quad \frac{1}{2}\right\rangle$	$\frac{2}{3}$	$\frac{1}{4}$	$-1.51\ \text{eV}\left(1+\frac{\alpha^2}{4}\right)+\frac{1}{3}\mu_B B_{\text{ext}}$
$\ell=1, j=\frac{1}{2}$	$\left\|3\quad 1\quad \frac{1}{2}\quad -\frac{1}{2}\right\rangle$	$\frac{2}{3}$	$\frac{1}{4}$	$-1.51\ \text{eV}\left(1+\frac{\alpha^2}{4}\right)-\frac{1}{3}\mu_B B_{\text{ext}}$
$\ell=1, j=\frac{3}{2}$	$\left\|3\quad 1\quad \frac{3}{2}\quad \frac{3}{2}\right\rangle$	$\frac{4}{3}$	$\frac{1}{12}$	$-1.51\ \text{eV}\left(1+\frac{\alpha^2}{12}\right)+2\mu_B B_{\text{ext}}$
$\ell=1, j=\frac{3}{2}$	$\left\|3\quad 1\quad \frac{3}{2}\quad \frac{1}{2}\right\rangle$	$\frac{4}{3}$	$\frac{1}{12}$	$-1.51\ \text{eV}\left(1+\frac{\alpha^2}{12}\right)+\frac{2}{3}\mu_B B_{\text{ext}}$
$\ell=1, j=\frac{3}{2}$	$\left\|3\quad 1\quad \frac{3}{2}\quad -\frac{1}{2}\right\rangle$	$\frac{4}{3}$	$\frac{1}{12}$	$-1.51\ \text{eV}\left(1+\frac{\alpha^2}{12}\right)-\frac{2}{3}\mu_B B_{\text{ext}}$
$\ell=1, j=\frac{3}{2}$	$\left\|3\quad 1\quad \frac{3}{2}\quad -\frac{3}{2}\right\rangle$	$\frac{4}{3}$	$\frac{1}{12}$	$-1.51\ \text{eV}\left(1+\frac{\alpha^2}{12}\right)-2\mu_B B_{\text{ext}}$
$\ell=2, j=\frac{3}{2}$	$\left\|3\quad 2\quad \frac{3}{2}\quad \frac{3}{2}\right\rangle$	$\frac{4}{5}$	$\frac{1}{12}$	$-1.51\ \text{eV}\left(1+\frac{\alpha^2}{12}\right)+\frac{6}{5}\mu_B B_{\text{ext}}$
$\ell=2, j=\frac{3}{2}$	$\left\|3\quad 2\quad \frac{3}{2}\quad \frac{1}{2}\right\rangle$	$\frac{4}{5}$	$\frac{1}{12}$	$-1.51\ \text{eV}\left(1+\frac{\alpha^2}{12}\right)+\frac{2}{5}\mu_B B_{\text{ext}}$
$\ell=2, j=\frac{3}{2}$	$\left\|3\quad 2\quad \frac{3}{2}\quad -\frac{1}{2}\right\rangle$	$\frac{4}{5}$	$\frac{1}{12}$	$-1.51\ \text{eV}\left(1+\frac{\alpha^2}{12}\right)-\frac{2}{5}\mu_B B_{\text{ext}}$
$\ell=2, j=\frac{3}{2}$	$\left\|3\quad 2\quad \frac{3}{2}\quad -\frac{3}{2}\right\rangle$	$\frac{4}{5}$	$\frac{1}{12}$	$-1.51\ \text{eV}\left(1+\frac{\alpha^2}{12}\right)-\frac{6}{5}\mu_B B_{\text{ext}}$
$\ell=2, j=\frac{5}{2}$	$\left\|3\quad 2\quad \frac{5}{2}\quad \frac{5}{2}\right\rangle$	$\frac{6}{5}$	$\frac{1}{36}$	$-1.51\ \text{eV}\left(1+\frac{\alpha^2}{36}\right)+3\mu_B B_{\text{ext}}$

续表

$\|3\ \ell\ j\ m_j\rangle$		g_j	$\frac{1}{3}\left(\frac{1}{j+1/2}-\frac{1}{4}\right)$	$E=E_{nj}+E_Z^1$
$\ell=2, j=\frac{5}{2}$	$\left\|3\quad 2\quad \frac{5}{2}\quad \frac{3}{2}\right\rangle$	$\frac{6}{5}$	$\frac{1}{36}$	$-1.51\text{ eV}\left(1+\frac{\alpha^2}{36}\right)+\frac{9}{5}\mu_\text{B}B_\text{ext}$
$\ell=2, j=\frac{5}{2}$	$\left\|3\quad 2\quad \frac{5}{2}\quad \frac{1}{2}\right\rangle$	$\frac{6}{5}$	$\frac{1}{36}$	$-1.51\text{ eV}\left(1+\frac{\alpha^2}{36}\right)+\frac{3}{5}\mu_\text{B}B_\text{ext}$
$\ell=2, j=\frac{5}{2}$	$\left\|3\quad 2\quad \frac{5}{2}\quad -\frac{1}{2}\right\rangle$	$\frac{6}{5}$	$\frac{1}{36}$	$-1.51\text{ eV}\left(1+\frac{\alpha^2}{36}\right)-\frac{3}{5}\mu_\text{B}B_\text{ext}$
$\ell=2, j=\frac{5}{2}$	$\left\|3\quad 2\quad \frac{5}{2}\quad -\frac{3}{2}\right\rangle$	$\frac{6}{5}$	$\frac{1}{36}$	$-1.51\text{ eV}\left(1+\frac{\alpha^2}{36}\right)-\frac{9}{5}\mu_\text{B}B_\text{ext}$
$\ell=2, j=\frac{5}{2}$	$\left\|3\quad 2\quad \frac{5}{2}\quad -\frac{5}{2}\right\rangle$	$\frac{6}{5}$	$\frac{1}{36}$	$-1.51\text{ eV}\left(1+\frac{\alpha^2}{36}\right)-3\mu_\text{B}B_\text{ext}$

强场情况：由方程 (7.83), 玻尔能量 + 塞曼分裂项为

$$\begin{aligned}E_{nm_\ell m_s}&=-\frac{13.6\text{ eV}}{n^2}+\mu_\text{B}B_\text{ext}\left(m_\ell+2m_s\right)\\&=-1.51\text{ eV}+\mu_\text{B}B_\text{ext}\left(m_\ell+2m_s\right),\end{aligned}$$

能量的精细结构项为

$$\begin{aligned}E_\text{fs}^1&=\frac{13.6\text{ eV}}{n^3}\alpha^2\left[\frac{3}{4n}-\frac{\ell\left(\ell+1\right)-m_\ell m_s}{\ell\left(\ell+1/2\right)\left(\ell+1\right)}\right]\\&=-1.51\text{ eV}\frac{\alpha^2}{3}\left[\frac{\ell\left(\ell+1\right)-m_\ell m_s}{\ell\left(\ell+1/3\right)\left(\ell+1\right)}-\frac{1}{4}\right].\end{aligned}$$

总能量为

$$\begin{gathered}E=E_{nm_\ell m_s}+E_\text{fs}^1=-1.51\text{ eV}\left(1+A\alpha^2\right)+\mu_\text{B}B_\text{ext}\left(m_\ell+2m_s\right),\\A\equiv\frac{1}{3}\left[\frac{\ell\left(\ell+1\right)-m_\ell m_s}{\ell\left(\ell+1/3\right)\left(\ell+1\right)}-\frac{1}{4}\right].\end{gathered}$$

能量列表见表 7.3.

表 7.3

$\|3\ \ell\ m_\ell\ m_s\rangle$		$m_\ell+2m_s$	A	E
$\ell=0$	$\left\|3\quad 0\quad 0\quad \frac{1}{2}\right\rangle$	1	$\frac{1}{4}$	$-1.51\text{ eV}\left(1+\frac{\alpha^2}{4}\right)+\mu_\text{B}B_\text{ext}$
$\ell=0$	$\left\|3\quad 0\quad 0\quad -\frac{1}{2}\right\rangle$	−1	$\frac{1}{4}$	$-1.51\text{ eV}\left(1+\frac{\alpha^2}{4}\right)-\mu_\text{B}B_\text{ext}$
$\ell=1$	$\left\|3\quad 1\quad 1\quad \frac{1}{2}\right\rangle$	2	$\frac{1}{12}$	$-1.51\text{ eV}\left(1+\frac{\alpha^2}{12}\right)+2\mu_\text{B}B_\text{ext}$
$\ell=1$	$\left\|3\quad 1\quad 1\quad -\frac{1}{2}\right\rangle$	0	$\frac{7}{36}$	$-1.51\text{ eV}\left(1+\frac{7\alpha^2}{36}\right)$
$\ell=1$	$\left\|3\quad 1\quad 0\quad \frac{1}{2}\right\rangle$	1	$\frac{5}{36}$	$-1.51\text{ eV}\left(1+\frac{5\alpha^2}{36}\right)+\mu_\text{B}B_\text{ext}$
$\ell=1$	$\left\|3\quad 1\quad 0\quad -\frac{1}{2}\right\rangle$	−1	$\frac{5}{36}$	$-1.51\text{ eV}\left(1+\frac{5\alpha^2}{36}\right)-\mu_\text{B}B_\text{ext}$

续表

	$\|3\ \ell\ m_\ell\ m_s\rangle$	$m_\ell+2m_s$	A	E
$\ell=1$	$\left\|3\quad 1\quad -1\quad \frac{1}{2}\right\rangle$	0	$\frac{7}{36}$	$-1.51\text{ eV}\left(1+\frac{7\alpha^2}{36}\right)$
$\ell=1$	$\left\|3\quad 1\quad -1\quad -\frac{1}{2}\right\rangle$	-2	$\frac{1}{12}$	$-1.51\text{ eV}\left(1+\frac{\alpha^2}{12}\right)-\mu_B B_{\text{ext}}$
$\ell=2$	$\left\|3\quad 2\quad 2\quad \frac{1}{2}\right\rangle$	3	$\frac{1}{36}$	$-1.51\text{ eV}\left(1+\frac{\alpha^2}{36}\right)+3\mu_B B_{\text{ext}}$
$\ell=2$	$\left\|3\quad 2\quad 2\quad -\frac{1}{2}\right\rangle$	1	$\frac{1}{20}$	$-1.51\text{ eV}\left(1+\frac{\alpha^2}{20}\right)+\mu_B B_{\text{ext}}$
$\ell=2$	$\left\|3\quad 2\quad 1\quad \frac{1}{2}\right\rangle$	2	$\frac{7}{180}$	$-1.51\text{ eV}\left(1+\frac{7\alpha^2}{180}\right)+2\mu_B B_{\text{ext}}$
$\ell=2$	$\left\|3\quad 2\quad 1\quad -\frac{1}{2}\right\rangle$	0	$\frac{11}{180}$	$-1.51\text{ eV}\left(1+\frac{11\alpha^2}{180}\right)$
$\ell=2$	$\left\|3\quad 2\quad 0\quad \frac{1}{2}\right\rangle$	1	$\frac{13}{180}$	$-1.51\text{ eV}\left(1+\frac{13\alpha^2}{180}\right)+\mu_B B_{\text{ext}}$
$\ell=2$	$\left\|3\quad 2\quad 0\quad -\frac{1}{2}\right\rangle$	-1	$\frac{1}{20}$	$-1.51\text{ eV}\left(1+\frac{\alpha^2}{20}\right)-\mu_B B_{\text{ext}}$
$\ell=2$	$\left\|3\quad 2\quad -1\quad \frac{1}{2}\right\rangle$	0	$\frac{11}{180}$	$-1.51\text{ eV}\left(1+\frac{11\alpha^2}{180}\right)$
$\ell=2$	$\left\|3\quad 2\quad -1\quad -\frac{1}{2}\right\rangle$	-2	$\frac{7}{180}$	$-1.51\text{ eV}\left(1+\frac{7\alpha^2}{180}\right)-2\mu_B B_{\text{ext}}$
$\ell=2$	$\left\|3\quad 2\quad -2\quad \frac{1}{2}\right\rangle$	-1	$\frac{13}{180}$	$-1.51\text{ eV}\left(1+\frac{13\alpha^2}{180}\right)-\mu_B B_{\text{ext}}$
$\ell=2$	$\left\|3\quad 2\quad -2\quad -\frac{1}{2}\right\rangle$	-3	$\frac{1}{36}$	$-1.51\text{ eV}\left(1+\frac{\alpha^2}{36}\right)-3\mu_B B_{\text{ext}}$

中强磁场：仍用 $|n\ \ell\ j\ m_j\rangle$ 为表象基矢, 则精细结构项的哈密顿量在这个表象是对角的, 由方程 (7.68),

$$E_{\text{fs}}^1=\frac{E_3^2}{2mc^2}\left(3-\frac{4n}{j+1/2}\right)=\frac{E_1^2}{54mc^2}\left(1-\frac{4}{j+1/2}\right)=-\frac{E_1\alpha^2}{108}\left(1-\frac{4}{j+1/2}\right)$$
$$=3\gamma\left(1-\frac{4}{j+1/2}\right),\quad \left(\gamma\equiv\frac{13.6\text{ eV}\alpha^2}{324}\right).$$

对 $j=1/2, E_{\text{fs}}^1=-9\gamma$; 对 $j=3/2, E_{\text{fs}}^1=-3\gamma$; 对 $j=5/2, E_{\text{fs}}^1=-\gamma$.

由方程 (7.73), 能量的塞曼分裂项为

$$H_Z'=\frac{1}{\hbar}\mu_B B_{\text{ext}}\left(L_z+2S_z\right)=\frac{\beta}{\hbar}\left(L_z+2S_z\right),\quad \left(\beta\equiv\mu_B B_{\text{ext}}\right),$$

对 $\ell=0,\ell=1$ 的 8 个态, H_Z' 的矩阵元与习题 7.29 中的一样.

对 $\ell=2$ 的 10 个态, 我们把耦合表象的基矢用无耦合表象的基矢表示出来, 并求出 H_Z' 的矩阵元, 从而得到 $\mathcal{W}$ 矩阵 (解法与习题 7.29 中一样).

$$|\psi_9\rangle=\left|\frac{5}{2}\ \frac{5}{2}\right\rangle=|2\ \ 2\rangle\left|\frac{1}{2}\ \ \frac{1}{2}\right\rangle,\quad (-\mathcal{W})_{99}=\left(-H_{\text{fs}}^1-H_Z'\right)_{99}=\gamma-3\beta,$$

$$|\psi_{10}\rangle=\left|\frac{5}{2}\ \ -\frac{5}{2}\right\rangle=|2\ \ -2\rangle\left|\frac{1}{2}\ \ -\frac{1}{2}\right\rangle,\quad (-\mathcal{W})_{1010}=\left(-H_{\text{fs}}^1-H_Z'\right)_{1010}=\gamma+3\beta,$$

$$|\psi_{11}\rangle = \left|\frac{5}{2}\ \ \frac{3}{2}\right\rangle = \sqrt{\frac{1}{5}}|2\ \ 2\rangle\left|\frac{1}{2}\ \ -\frac{1}{2}\right\rangle + \sqrt{\frac{4}{5}}|2\ \ 1\rangle\left|\frac{1}{2}\ \ \frac{1}{2}\right\rangle,$$

$$|\psi_{12}\rangle = \left|\frac{3}{2}\ \ \frac{3}{2}\right\rangle = \sqrt{\frac{4}{5}}|2\ \ 2\rangle\left|\frac{1}{2}\ \ -\frac{1}{2}\right\rangle - \sqrt{\frac{1}{5}}|2\ \ 1\rangle\left|\frac{1}{2}\ \ \frac{1}{2}\right\rangle.$$

$$(L_z+2S_z)|\psi_{11}\rangle = \sqrt{\frac{1}{5}}\hbar|2\ \ 2\rangle\left|\frac{1}{2}\ \ -\frac{1}{2}\right\rangle + 2\hbar\sqrt{\frac{4}{5}}|2\ \ 1\rangle\left|\frac{1}{2}\ \ \frac{1}{2}\right\rangle,$$

$$(L_z+2S_z)|\psi_{12}\rangle = \hbar\sqrt{\frac{4}{5}}|2\ \ 2\rangle\left|\frac{1}{2}\ \ -\frac{1}{2}\right\rangle - 2\hbar\sqrt{\frac{1}{5}}|2\ \ 1\rangle\left|\frac{1}{2}\ \ \frac{1}{2}\right\rangle,$$

$$(-\boldsymbol{\mathcal{W}})_{1111} = \left(-H_{\mathrm{fs}}^1 - H_Z'\right)_{1111} = \gamma - \frac{9}{5}\beta, \quad (-\boldsymbol{\mathcal{W}})_{1212} = 3\gamma - \frac{6}{5}\beta,$$

$$(-\boldsymbol{\mathcal{W}})_{1112} = (-\boldsymbol{\mathcal{W}})_{1211} = \frac{2}{5}\beta.$$

同样地,

$$|\psi_{13}\rangle = \left|\frac{5}{2}\ \ \frac{1}{2}\right\rangle = \sqrt{\frac{2}{5}}|2\ \ 1\rangle\left|\frac{1}{2}\ \ -\frac{1}{2}\right\rangle + \sqrt{\frac{3}{5}}|2\ \ 0\rangle\left|\frac{1}{2}\ \ \frac{1}{2}\right\rangle,$$

$$|\psi_{14}\rangle = \left|\frac{3}{2}\ \ \frac{1}{2}\right\rangle = \sqrt{\frac{3}{5}}|2\ \ 1\rangle\left|\frac{1}{2}\ \ -\frac{1}{2}\right\rangle - \sqrt{\frac{2}{5}}|2\ \ 0\rangle\left|\frac{1}{2}\ \ \frac{1}{2}\right\rangle,$$

可求出

$$-\begin{pmatrix} W_{1313} & W_{1314} \\ W_{1413} & W_{1414} \end{pmatrix} = \begin{pmatrix} \gamma - \frac{3}{5}\beta & \frac{\sqrt{6}}{5}\beta \\ \frac{\sqrt{6}}{5}\beta & 3\gamma - \frac{2}{5}\beta \end{pmatrix}.$$

故

$$|\psi_{15}\rangle = \left|\frac{5}{2}\ \ -\frac{1}{2}\right\rangle = \sqrt{\frac{3}{5}}|2\ \ 0\rangle\left|\frac{1}{2}\ \ -\frac{1}{2}\right\rangle + \sqrt{\frac{2}{5}}|2\ \ -1\rangle\left|\frac{1}{2}\ \ \frac{1}{2}\right\rangle,$$

$$|\psi_{16}\rangle = \left|\frac{3}{2}\ \ -\frac{1}{2}\right\rangle = \sqrt{\frac{2}{5}}|2\ \ 0\rangle\left|\frac{1}{2}\ \ -\frac{1}{2}\right\rangle - \sqrt{\frac{3}{5}}|2\ \ -1\rangle\left|\frac{1}{2}\ \ \frac{1}{2}\right\rangle,$$

$$-\begin{pmatrix} W_{1515} & W_{1516} \\ W_{1615} & W_{1616} \end{pmatrix} = \begin{pmatrix} \gamma + \frac{3}{5}\beta & \frac{\sqrt{6}}{5}\beta \\ \frac{\sqrt{6}}{5}\beta & 3\gamma + \frac{2}{5}\beta \end{pmatrix}.$$

因此

$$|\psi_{17}\rangle = \left|\frac{5}{2}\ \ -\frac{3}{2}\right\rangle = \sqrt{\frac{4}{5}}|2\ \ -1\rangle\left|\frac{1}{2}\ \ -\frac{1}{2}\right\rangle + \sqrt{\frac{1}{5}}|2\ \ -2\rangle\left|\frac{1}{2}\ \ \frac{1}{2}\right\rangle,$$

$$|\psi_{18}\rangle = \left|\frac{3}{2}\ \ -\frac{3}{2}\right\rangle = \sqrt{\frac{1}{5}}|2\ \ -1\rangle\left|\frac{1}{2}\ \ -\frac{1}{2}\right\rangle - \sqrt{\frac{4}{5}}|2\ \ -2\rangle\left|\frac{1}{2}\ \ \frac{1}{2}\right\rangle,$$

$$-\begin{pmatrix} W_{1717} & W_{1718} \\ W_{1817} & W_{1818} \end{pmatrix} = \begin{pmatrix} \gamma + \frac{9}{5}\beta & \frac{2}{5}\beta \\ \frac{2}{5}\beta & 3\gamma + \frac{6}{5}\beta \end{pmatrix}.$$

这样 18×18 的 $-\mathcal{W}$ 矩阵可以约化为 6 个 1×1 矩阵和 6 个 2×2 矩阵. 我们需要求出这 6 个 2×2 矩阵的 12 个本征值 (解法略), 再加上 6 个对角元, 从而得到 18 个能量的修正值.

$$\begin{aligned}
\varepsilon_1 &= E_3 - 9\gamma + \beta,\\
\varepsilon_2 &= E_3 - 9\gamma + 2\beta,\\
\varepsilon_3 &= E_3 - \gamma + 3\beta,\\
\varepsilon_4 &= E_3 - 6\gamma + \frac{\beta}{2} + \sqrt{9\gamma^2 + \beta\gamma + \frac{\beta^2}{4}},\\
\varepsilon_5 &= E_3 - 6\gamma + \frac{\beta}{2} - \sqrt{9\gamma^2 + \beta\gamma + \frac{\beta^2}{4}},\\
\varepsilon_6 &= E_3 - 2\gamma + \frac{3\beta}{2} + \sqrt{\gamma^2 + \frac{3}{5}\beta\gamma + \frac{\beta^2}{4}},\\
\varepsilon_7 &= E_3 - 2\gamma + \frac{3\beta}{2} - \sqrt{\gamma^2 + \frac{3}{5}\beta\gamma + \frac{\beta^2}{4}},\\
\varepsilon_8 &= E_3 - 2\gamma + \frac{\beta}{2} + \sqrt{\gamma^2 + \frac{1}{5}\beta\gamma + \frac{\beta^2}{4}},\\
\varepsilon_9 &= E_3 - 2\gamma + \frac{\beta}{2} - \sqrt{\gamma^2 + \frac{1}{5}\beta\gamma + \frac{\beta^2}{4}}.
\end{aligned}$$

另外 9 个能量修正值由上面的 9 个能量修正值做代换 $\beta \to -\beta$ 得到.

在弱场极限下, $\beta \ll \gamma$, 则

$$\begin{aligned}
\varepsilon_4 &\approx E_3 - 6\gamma + \frac{\beta}{2} + 3\gamma\sqrt{1 + \frac{\beta}{9\gamma}}\\
&\approx E_3 - 6\gamma + \frac{\beta}{2} + 3\gamma\left(1 + \frac{\beta}{18\gamma}\right) = E_3 - 6\gamma + \frac{2\beta}{3},\\
\varepsilon_5 &\approx E_3 - 6\gamma + \frac{\beta}{2} - \sqrt{9\gamma^2 + \beta\gamma} \approx E_3 - 9\gamma + \frac{\beta}{3},\\
\varepsilon_6 &\approx E_3 - 2\gamma + \frac{3\beta}{2} + \sqrt{\gamma^2 + \frac{3}{5}\beta\gamma} \approx E_3 - \gamma + \frac{9\beta}{5},\\
\varepsilon_7 &\approx E_3 - 2\gamma + \frac{3\beta}{2} - \sqrt{\gamma^2 + \frac{3}{5}\beta\gamma} \approx E_3 - 3\gamma + \frac{6\beta}{5},\\
\varepsilon_8 &\approx E_3 - 2\gamma + \frac{\beta}{2} + \sqrt{\gamma^2 + \frac{1}{5}\beta\gamma} \approx E_3 - \gamma + \frac{3\beta}{5},\\
\varepsilon_9 &\approx E_3 - 2\gamma + \frac{\beta}{2} - \sqrt{\gamma^2 + \frac{1}{5}\beta\gamma} \approx E_3 - 3\gamma + \frac{2\beta}{5}.
\end{aligned}$$

将 $\gamma = \dfrac{1.51\ \mathrm{eV}\alpha^2}{36}, \beta = \mu_{\mathrm{B}} B_{\mathrm{ext}}$ 代入上式, 这些结果与表 7.2 中的弱场情况能量是一致的. 在强场情况下, $\beta \gg \gamma$, 则

$$\begin{aligned}
\varepsilon_4 &\approx E_3 - 6\gamma + \frac{\beta}{2} + \frac{\beta}{2}\sqrt{\frac{4\gamma}{\beta} + 1} \approx E_3 - 5\gamma + \beta,\\
\varepsilon_5 &\approx E_3 - 6\gamma + \frac{\beta}{2} - \frac{\beta}{2}\sqrt{\frac{4\gamma}{\beta} + 1} \approx E_3 - 7\gamma,
\end{aligned}$$

$$\varepsilon_6 \approx E_3 - 2\gamma + \frac{3\beta}{2} + \frac{\beta}{2}\sqrt{\frac{12}{5}\frac{\gamma}{\beta} + 1} \approx E_3 - \frac{7}{5}\gamma + 2\beta,$$

$$\varepsilon_7 \approx E_3 - 2\gamma + \frac{3\beta}{2} - \frac{\beta}{2}\sqrt{\frac{12}{5}\frac{\gamma}{\beta} + 1} \approx E_3 - \frac{13}{5}\gamma + \beta,$$

$$\varepsilon_8 \approx E_3 - 2\gamma + \frac{\beta}{2} + \frac{\beta}{2}\sqrt{\frac{4}{5}\frac{\gamma}{\beta} + 1} \approx E_3 - \frac{9}{5}\gamma + \beta,$$

$$\varepsilon_9 \approx E_3 - 2\gamma + \frac{\beta}{2} - \frac{\beta}{2}\sqrt{\frac{4}{5}\frac{\gamma}{\beta} + 1} \approx E_3 - \frac{11}{5}\gamma.$$

这些结果与表 7.3 中的强场情况能量是一致的. 图 7.6 画出了能级随外场的变化情况.

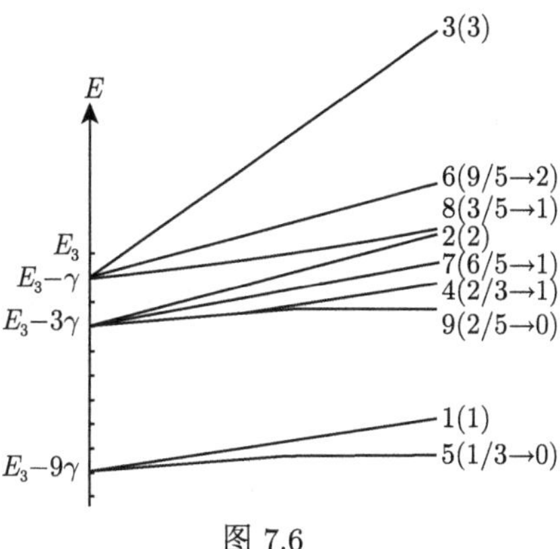

图 7.6

习题 7.31　令 $\boldsymbol{a}$、$\boldsymbol{b}$ 为两个常矢量. 证明:

$$\int (\boldsymbol{a}\cdot\hat{r})(\boldsymbol{b}\cdot\hat{r})\sin\theta \mathrm{d}\theta\mathrm{d}\phi = \frac{4\pi}{3}(\boldsymbol{a}\cdot\boldsymbol{b})$$

(积分区域范围为 $0<\theta<\pi, 0<\phi<2\pi$). 利用该结果证明：对 $\ell=0$ 态,

$$\left\langle \frac{3(\boldsymbol{S}_{\mathrm{p}}\cdot\hat{r})(\boldsymbol{S}_{\mathrm{e}}\cdot\hat{r}) - \boldsymbol{S}_{\mathrm{p}}\cdot\boldsymbol{S}_{\mathrm{e}}}{r^3}\right\rangle = 0,$$

提示　$\hat{r} = \sin\theta\cos\phi\hat{i} + \sin\theta\sin\phi\hat{j} + \cos\theta\hat{k}$. 首先进行角积分运算.

证明

$$\begin{aligned}
&\int (\boldsymbol{a}\cdot\hat{r})(\boldsymbol{b}\cdot\hat{r})\sin\theta\mathrm{d}\theta\mathrm{d}\phi \\
=& \int (a_x\sin\theta\cos\phi + a_y\sin\theta\sin\phi + a_z\cos\theta)(b_x\sin\theta\cos\phi \\
&+ b_y\sin\theta\sin\phi + b_z\cos\theta)\mathrm{d}\theta\mathrm{d}\phi \\
=& \int a_xb_x\sin^3\theta\cos^2\phi\mathrm{d}\theta\mathrm{d}\phi + \int a_yb_y\sin^3\theta\sin^2\phi\mathrm{d}\theta\mathrm{d}\phi \\
&+ \int a_zb_z\cos^2\theta\sin\phi\mathrm{d}\theta\mathrm{d}\phi + \int (a_xb_y + a_yb_x)\sin^3\theta\sin\phi\cos\phi\mathrm{d}\theta\mathrm{d}\phi \\
&+ \int (a_xb_z + a_zb_x)\sin^2\theta\cos\theta\cos\phi\mathrm{d}\theta\mathrm{d}\phi \\
&+ \int (a_yb_z + a_zb_y)\sin^2\theta\cos\theta\sin\phi\mathrm{d}\theta\mathrm{d}\phi.
\end{aligned}$$

由于 $\int_0^{2\pi}\cos\phi\mathrm{d}\phi = \int_0^{2\pi}\sin\phi\mathrm{d}\phi = \int_0^{2\pi}\sin\phi\cos\phi\mathrm{d}\phi = 0$,

$$\begin{aligned}
&\int (\boldsymbol{a}\cdot\hat{r})(\boldsymbol{b}\cdot\hat{r})\sin\theta\mathrm{d}\theta\mathrm{d}\phi \\
=& a_xb_x\int_0^{\pi}\sin^3\theta\mathrm{d}\theta\int_0^{2\pi}\cos^2\phi\mathrm{d}\phi + a_yb_y\int_0^{\pi}\sin^3\theta\mathrm{d}\theta\int_0^{2\pi}\sin^2\phi\mathrm{d}\phi \\
&+ a_zb_z\int_0^{\pi}\cos^2\theta\sin\theta\mathrm{d}\theta\int_0^{2\pi}\mathrm{d}\phi
\end{aligned}$$

$$= \frac{4}{3}\pi\left(a_x b_x + a_y b_y + a_z b_z\right) = \frac{4}{3}\pi\left(\boldsymbol{a} \cdot \boldsymbol{b}\right).$$

利用以上结果, $\ell = 0$ 态不依赖 θ, ϕ, 所以

$$\begin{aligned}&\left\langle \frac{3\left(\boldsymbol{S}_p \cdot \hat{r}\right)\left(\boldsymbol{S}_e \cdot \hat{r}\right) - \boldsymbol{S}_p \cdot \boldsymbol{S}_e}{r^3} \right\rangle \\ &= \int_0^\infty \frac{1}{r^3}|\psi|^2 r^2 \mathrm{d}r \left[\int 3\left(\boldsymbol{S}_p \cdot \hat{r}\right)\left(\boldsymbol{S}_e \cdot \hat{r}\right)\sin\theta \mathrm{d}\theta \mathrm{d}\phi - \int \boldsymbol{S}_p \cdot \boldsymbol{S}_e \sin\theta \mathrm{d}\theta \mathrm{d}\phi\right] \\ &= \int_0^\infty \frac{1}{r^3}|\psi|^2 r^2 \mathrm{d}r \left[4\pi\left(\boldsymbol{S}_p \cdot \boldsymbol{S}_e\right) - \left(\boldsymbol{S}_p \cdot \boldsymbol{S}_e\right)\int_0^\pi \int_0^{2\pi} \sin\theta \mathrm{d}\theta \mathrm{d}\phi\right] \\ &= \int_0^\infty \frac{1}{r^3}|\psi|^2 r^2 \mathrm{d}r \left[4\pi\left(\boldsymbol{S}_p \cdot \boldsymbol{S}_e\right) - 4\pi\left(\boldsymbol{S}_p \cdot \boldsymbol{S}_e\right)\right] = 0.\end{aligned}$$

所以, 对 $\ell = 0$ 态,

$$\left\langle \frac{3\left(\boldsymbol{S}_p \cdot \hat{r}\right)\left(\boldsymbol{S}_e \cdot \hat{r}\right) - \boldsymbol{S}_p \cdot \boldsymbol{S}_e}{r^3} \right\rangle = 0.$$

习题 7.32 通过适当修正氢原子的公式, 确定以下粒子基态的超精细分裂: (a) **μ 子氢** (其中一个介子——和电子具有相同电荷和 g 因子, 但质量为其 207 倍——是电子的替代品), (b) **正电子偶素** (其中一个正电子——和电子具有相同的质量和 g 因子, 但电荷量相反——是质子的替代品), (c) **反 μ 子素** (其中一个反介子——和 μ 子具有相同质量和 g 因子, 但电荷量相反——是质子的替代品). **提示** 在计算奇异原子的“玻尔半径”时, 不要忘记约化质量 (习题 5.1), 但是在回转旋磁比中使用实际质量. 顺便指出, 得到的正电子偶素的答案 (4.82×10^{-4} eV) 会和实验值 (8.41×10^{-4} eV) 有很大差异; 这个差异是由于正负电子对湮没 ($\mathrm{e}^+ + \mathrm{e}^- \rightarrow \gamma + \gamma$) 导致的, 它贡献了 $(3/4)\,\Delta E$ 的额外能量, 不过在一般的氢原子、μ 子氢和反 μ 子素中都不会发生.[①]

解答 氢原子超精细结构能量修正公式为

$$E_{\mathrm{hf}}^1 = \frac{\mu_0 g_{\mathrm{p}} e^2}{3\pi m_{\mathrm{p}} m_{\mathrm{e}} a^3}\left\langle \boldsymbol{S}_{\mathrm{p}} \cdot \boldsymbol{S}_{\mathrm{e}}\right\rangle,$$

其中 $a = \dfrac{h^2}{\mu \mathrm{e}^2}, \mu = \dfrac{m_{\mathrm{e}} m_{\mathrm{p}}}{m_{\mathrm{e}} + m_{\mathrm{p}}}$ 是氢原子中电子的约化质量.

三重态与单态能量差为 (方程 (7.97)) $\Delta E = 5.88 \times 10^{-6}$ eV.

μ 子氢: g 因子不变, 做代换 $m_{\mathrm{e}} \rightarrow m_{\mu} = 207 m_{\mathrm{e}}, a \rightarrow a_{\mu}$,

$$\begin{aligned}\frac{a}{a_\mu} &= \frac{m_\mu m_{\mathrm{p}}/(m_\mu + m_{\mathrm{p}})}{m_{\mathrm{e}} m_{\mathrm{p}}/(m_{\mathrm{e}} + m_{\mathrm{p}})} \approx \frac{m_\mu m_{\mathrm{p}}/(m_\mu + m_{\mathrm{p}})}{m_{\mathrm{e}}} \\ &= \frac{207}{1 + m_\mu/m_{\mathrm{p}}} = \frac{207}{1 + 207\left(9.11 \times 10^{-31}/1.67 \times 10^{-27}\right)} = \frac{207}{1.11} = 186.486.\end{aligned}$$

$$\Delta E = 5.88 \times 10^{-6}\ \mathrm{eV}\left(\frac{m_{\mathrm{e}}}{m_\mu}\right)\left(\frac{a^3}{a_\mu^3}\right)$$

① 详情见教材第 311 页脚注 29.

$$= 5.88 \times 10^{-6}\ \text{eV}\left(\frac{1}{207}\right)(186.486)^3 = 0.184\ \text{eV}.$$

正电子偶素：质子 $g=5.59$ 被正电子 $g=2$ 所替代. 做代换 $m_\text{p} \to m_\text{e}, a \to a_{+\text{e}}$,

$$\frac{a}{a_{+\text{e}}} \approx \frac{m_\text{e} m_\text{e}/(m_\text{e}+m_\text{e})}{m_\text{e}} = \frac{1}{2},$$

$$\begin{aligned}\Delta E &= 5.88 \times 10^{-6}\ \text{eV}\left(\frac{g_\text{e}}{g_\text{p}}\right)\left(\frac{m_\text{p}}{m_\text{e}}\right)\left(\frac{a^3}{a_{+\text{e}}^3}\right)\\ &= 5.88 \times 10^{-6}\ \text{eV}\left(\frac{2}{5.59}\right)\left(\frac{1.67\times 10^{-27}}{9.11\times 10^{-31}}\right)\left(\frac{1}{2}\right)^3\\ &= 4.821 \times 10^{-4}\ \text{eV}.\end{aligned}$$

反 μ 子素：质子 $g=5.59$ 被 μ 子的 $g=2$ 所替代, 做代换 $m_\text{p} \to m_\mu, a \to a_\mu$,

$$\frac{a}{a_\mu} \approx \frac{m_\text{e} m_\mu/(m_\text{e}+m_\mu)}{m_\text{e}} = \frac{207}{208},$$

$$\begin{aligned}\Delta E &= 5.88 \times 10^{-6}\ \text{eV}\left(\frac{g_\mu}{g_\text{p}}\right)\left(\frac{m_\text{p}}{m_\mu}\right)\left(\frac{a^3}{a_\mu^3}\right)\\ &= 5.88 \times 10^{-6}\ \text{eV}\left(\frac{2}{5.59}\right)\left(\frac{1.67\times 10^{-27}}{207\times 9.11\times 10^{-31}}\right)\left(\frac{207}{208}\right)^3\\ &= 1.836 \times 10^{-5}\ \text{eV}.\end{aligned}$$

补充习题

习题 7.33　估算原子核的有限尺寸对氢原子基态能量的修正. 将质子视为半径为 b 的均匀带电的球壳, 因此, 电子在壳层内的势能是恒定的：$-e^2/(4\pi\varepsilon_0 b)$; 这虽然不太现实, 但却是最简单的模型, 而且能够给出正确的数量级. 将结果展开为小参数 (b/a) 的幂级数, 其中 a 是玻尔半径, 仅保留第一项, 所以最终答案是

$$\frac{\Delta E}{E} = A\,(b/a)^n.$$

确定常数 A 和幂指数 n 的值. 最后, 将 $b \approx 10^{-15}$ m (大约为质子的半径) 代入计算出实际数值. 它与精细结构和超精细结构相比如何?

解答　根据题意, 当 $r<b$ 时, 电子的哈密顿量为

$$H = -\frac{e^2}{4\pi\varepsilon_0 b},\quad 0<r<b,$$

该哈密顿量可以写为

$$H = H_0 + H' = -\frac{e^2}{4\pi\varepsilon_0 r} - \frac{e^2}{4\pi\varepsilon_0}\left(\frac{1}{b}-\frac{1}{r}\right),\quad 0<r<b.$$

所以微扰哈密顿量为

$$H' = -\frac{e^2}{4\pi\varepsilon_0}\left(\frac{1}{b}-\frac{1}{r}\right).$$

氢原子基态波函数为 $\psi_{100}=\dfrac{1}{\sqrt{\pi a^3}}\mathrm{e}^{-r/a}$, 所以能量的一阶修正为

$$\begin{aligned}\Delta E=\langle\psi_{100}|\,H'\,|\,\psi_{100}\rangle&=-\frac{e^2}{4\pi\varepsilon_0}\frac{1}{\pi a^3}\int\left(\frac{1}{b}-\frac{1}{r}\right)\mathrm{e}^{-2r/a}r^2\sin\theta\mathrm{d}\theta\mathrm{d}\phi\mathrm{d}r\\&=-\frac{e^2}{4\pi\varepsilon_0}\frac{1}{\pi a^3}4\pi\int_0^b\left(\frac{r^2}{b}-r\right)\mathrm{e}^{-2r/a}\mathrm{d}r.\end{aligned}$$

积分, 得

$$\int_0^b r^2\mathrm{e}^{-2r/a}\mathrm{d}r=-\frac{ab^2}{2}\mathrm{e}^{-2b/a}-\frac{a^2b}{2}\mathrm{e}^{-2b/a}-\frac{a^3}{4}\mathrm{e}^{-2b/a}+\frac{a^3}{4},$$

$$\int_0^b r\mathrm{e}^{-2r/a}\mathrm{d}r=-\frac{ab}{2}\mathrm{e}^{-2b/a}-\frac{a^2}{4}\mathrm{e}^{-2b/a}+\frac{a^2}{4},$$

得

$$\begin{aligned}\int_0^b\left(\frac{r^2}{b}-r\right)\mathrm{e}^{-2r/a}\mathrm{d}r&=-\frac{a^2}{4}\mathrm{e}^{-2b/a}-\frac{a^3}{4b}\mathrm{e}^{-2b/a}+\frac{a^3}{4b}-\frac{a^2}{4}\\&=-\frac{1}{4}a^2\left[\left(1-\frac{a}{b}\right)+\mathrm{e}^{-2b/a}\left(1+\frac{a}{b}\right)\right],\end{aligned}$$

故

$$\Delta E=\frac{e^2}{4\pi\varepsilon_0 a}\left[\left(1-\frac{a}{b}\right)+\mathrm{e}^{-2b/a}\left(1+\frac{a}{b}\right)\right].$$

由于 $a\sim10^{-11}$ m, $b\sim10^{-15}$ m, 所以 $b/a\ll1$. 设 $\varepsilon=2b/a$, 则能量修正可以表示为

$$\begin{aligned}\Delta E&=\frac{e^2}{4\pi\varepsilon_0 a}\left[\left(1-\frac{2}{\varepsilon}\right)+\mathrm{e}^{-\varepsilon}\left(1+\frac{2}{\varepsilon}\right)\right]\\&=\frac{e^2}{4\pi\varepsilon_0 a}\left[\left(1-\frac{2}{\varepsilon}\right)+\left(1-\varepsilon+\frac{1}{2}\varepsilon^2-\frac{1}{6}\varepsilon^3+\cdots\right)\left(1+\frac{2}{\varepsilon}\right)\right]\\&=\frac{e^2}{4\pi\varepsilon_0 a}\left(\frac{1}{6}\varepsilon^2+\cdots\right)\\&\approx\frac{e^2}{4\pi\varepsilon_0 a}\frac{4}{6}\frac{b^2}{a^2}\\&\approx\frac{e^2b^2}{6\pi\varepsilon_0 a^3}.\end{aligned}$$

由于 $E_1=-\dfrac{e^2}{8\pi\varepsilon_0 a}$, 所以

$$\frac{\Delta E}{E_1}=-\frac{4}{3}\left(\frac{b}{a}\right)^2=-\frac{4}{3}\left(\frac{10^{-15}}{5\times10^{-11}}\right)^2\approx-5\times10^{-10}.$$

对于精细结构, 有 $\dfrac{\Delta E}{E}\approx\alpha^2\approx\left(\dfrac{1}{137}\right)^2\sim10^{-5}$. 对于超精细结构, 有 $\dfrac{\Delta E}{E}\approx\left(\dfrac{m_\mathrm{e}}{m_\mathrm{p}}\right)\alpha^2\sim10^{-8}$, 所以考虑核子有限半径的能量修正要比精细结构和超精细结构能量修正小得多.

习题 7.34 在本题中, 将发展另外一种简并微扰理论方法. 考虑无微扰哈密顿量 H^0 具有两个简并态 ψ_a^0 和 ψ_b^0 (能量 E_0), 微扰为 H'. 定义投影[①] 到简并子空间的算符为

$$P_D=\left|\psi_a^0\right\rangle\left\langle\psi_a^0\right|+\left|\psi_b^0\right\rangle\left\langle\psi_b^0\right|.$$

① 有关投影运算符的讨论, 请参见教材第 118 页.

哈密顿量可以写成

$$H = H^0 + H' = \tilde{H}^0 + \tilde{H}',$$

其中

$$\tilde{H}^0 = H^0 + P_D H' P_D, \quad \tilde{H}' = H' - P_D H' P_D.$$

假设 $\tilde{H}^0$ 为"无微扰"哈密顿量, $\tilde{H}'$ 为微扰; 很快就会发现, $\tilde{H}^0$ 是非简并的, 所以可以利用一般的非简并微扰理论来处理.

(a) 首先需要求出 $\tilde{H}^0$ 的本征态.

(i) 证明: H^0 的任何一个本征态 ψ_n^0 (除 ψ_a^0 和 ψ_b^0 以外) 也是 $\tilde{H}^0$ 的本征态, 且本征值相同.

(ii) 证明: "好" 态 $\psi^0 = \alpha\psi_a^0 + \beta\psi_b^0$ 是 $\tilde{H}^0$ 的本征态 (α 和 β 由方程 (7.30) 确定), 能量为 $E^0 + E_\pm^1$.

(b) 假设 E_+^1 和 E_-^1 不同, 现在存在一个非简并的无微扰哈密顿量 $\tilde{H}^0$, 你可以将 $\tilde{H}'$ 作为微扰利用非简并微扰理论. 对在 (ii) 中的态 $\psi_\pm^0$, 求出能量二阶修正的表达式.

注释　这种方法的一个优点是, 它还可以处理无微扰能量不完全相等的体系, 但非常接近的情况: [1]$E_a^0 \approx E_b^0$. 在该情况下, 还必须使用简并微扰理论; 一个重要的例子是计算**近自由电子近似**的能带结构.[2]

解答　(a)

(i)

$$\begin{aligned}
\tilde{H}^0 \left|\psi_n^0\right\rangle &= H^0 \left|\psi_n^0\right\rangle + P_D H' P_D \left|\psi_n^0\right\rangle \\
&= H^0 \left|\psi_n^0\right\rangle + \left(\left|\psi_a^0\right\rangle\left\langle\psi_a^0\right| + \left|\psi_b^0\right\rangle\left\langle\psi_b^0\right|\right) H' \left(\left|\psi_a^0\right\rangle\left\langle\psi_a^0\right| + \left|\psi_b^0\right\rangle\left\langle\psi_b^0\right|\right)\left|\psi_n^0\right\rangle \\
&= E_n^0 \left|\psi_n^0\right\rangle + \left(\left|\psi_a^0\right\rangle\left\langle\psi_a^0\right| + \left|\psi_b^0\right\rangle\left\langle\psi_b^0\right|\right) H' \left(\left|\psi_a^0\right\rangle\left\langle\psi_a^0 \middle| \psi_n^0\right\rangle + \left|\psi_b^0\right\rangle\left\langle\psi_b^0 \middle| \psi_n^0\right\rangle\right) \\
&= E_n^0 \left|\psi_n^0\right\rangle.
\end{aligned}$$

$$H^0 \left|\psi_n^0\right\rangle = E_n^0 \left|\psi_n^0\right\rangle.$$

因此, H^0 的任何一个本征态 ψ_n^0 (而不是 ψ_a^0 或 ψ_b^0) 同样也是具有相同本征值的 $\tilde{H}^0$ 的一个本征态.

(ii)

$$\begin{aligned}
\tilde{H}^0 \psi_n^0 &= \left(H^0 + P_D H' P_D\right)\left(\alpha\left|\psi_a^0\right\rangle + \beta\left|\psi_b^0\right\rangle\right) \\
&= \alpha H^0 \left|\psi_a^0\right\rangle + \beta H^0 \left|\psi_b^0\right\rangle + \alpha P_D H' P_D \left|\psi_a^0\right\rangle + \beta P_D H' P_D \left|\psi_b^0\right\rangle \\
&= \alpha E^0 \psi_a^0 + \beta E^0 \psi_b^0 + \alpha\left(\left|\psi_a^0\right\rangle\left\langle\psi_a^0\right| + \left|\psi_b^0\right\rangle\left\langle\psi_b^0\right|\right) H' \\
&\quad \times \left(\left|\psi_a^0\right\rangle\left\langle\psi_a^0\right| + \left|\psi_b^0\right\rangle\left\langle\psi_b^0\right|\right)\left|\psi_a^0\right\rangle \\
&\quad + \beta\left(\left|\psi_a^0\right\rangle\left\langle\psi_a^0\right| + \left|\psi_b^0\right\rangle\left\langle\psi_b^0\right|\right) H' \left(\left|\psi_a^0\right\rangle\left\langle\psi_a^0\right| + \left|\psi_b^0\right\rangle\left\langle\psi_b^0\right|\right)\left|\psi_b^0\right\rangle \\
&= \alpha E^0 \psi_a^0 + \beta E^0 \psi_b^0 + \alpha\left(\left|\psi_a^0\right\rangle\left\langle\psi_a^0\right| + \left|\psi_b^0\right\rangle\left\langle\psi_b^0\right|\right) H' \left|\psi_a^0\right\rangle \\
&\quad + \beta\left(\left|\psi_a^0\right\rangle\left\langle\psi_a^0\right| + \left|\psi_b^0\right\rangle\left\langle\psi_b^0\right|\right) H' \left|\psi_b^0\right\rangle
\end{aligned}$$

① 关于 "close" 在这种情况下的含义的讨论, 见习题 7.4.

② 参见, 例如 Steven H. Simon, 《牛津固态基础》(牛津大学出版社, 2013), 第 15.1 节.

$$
\begin{aligned}
&= \alpha E^0 \left|\psi_a^0\right\rangle + \beta E^0 \left|\psi_b^0\right\rangle + \alpha\left(W_{aa}\left|\psi_a^0\right\rangle + W_{ba}\left|\psi_b^0\right\rangle\right) \\
&\quad + \beta\left(W_{ab}\left|\psi_a^0\right\rangle + W_{bb}\left|\psi_b^0\right\rangle\right),
\end{aligned}
$$

其中 $W_{aa}=\left\langle\psi_a^0\right| H'\left|\psi_a^0\right\rangle, W_{ab}=W_{ba}^*=\left\langle\psi_a^0\right| H'\left|\psi_a^0\right\rangle, W_{bb}=\left\langle\psi_b^0\right| H'\left|\psi_b^0\right\rangle$; 上式可继续写为

$$
\begin{aligned}
&\left(\alpha E^0+\alpha E^0 W_{aa}+\beta W_{ab}\right)\left|\psi_a^0\right\rangle+\left(\beta E^0+\alpha W_{ba}+\beta W_{bb}\right)\left|\psi_b^0\right\rangle \\
&=\left(\alpha E^0+\alpha E^1\right)\left|\psi_a^0\right\rangle+\left(\beta E^0+\beta E^1\right)\left|\psi_b^0\right\rangle \\
&=\left(E^0+E^1\right)\left(\alpha\left|\psi_a^0\right\rangle+\beta\left|\psi_\beta^0\right\rangle\right) \\
&=\left(E^0+E^1\right)\left|\psi^0\right\rangle,
\end{aligned}
$$

其中 E^1 来自于方程 (7.27) 和 (7.29), 即

$$
\alpha W_{aa}+\beta W_{ab}=\alpha E^1, \quad \alpha W_{ba}+\beta W_{bb}=\beta E^1 .
$$

(b) 利用非简并微扰理论对 ψ_+ 能量的二阶修正为

$$
E_+=\left(E^0+E_+^1\right)+\left\langle\psi_+^0\right| \tilde{H}'\left|\psi_+^0\right\rangle+\sum_{m \neq +} \frac{\left|\left\langle\psi_m^0\right| \tilde{H}'\left|\psi_+^0\right\rangle\right|^2}{E^0+E_+^1-E_m^0} .
$$

由于 $\left|\psi_+^0\right\rangle$ 为 $\left|\psi_a^0\right\rangle$ 和 $\left|\psi_b^0\right\rangle$ 的线性组合, 所以 $P_D\left|\psi_+^0\right\rangle=\left|\psi_+^0\right\rangle$ 和 $\left\langle\psi_+^0\right| P_D=\left\langle\psi_+^0\right|$. 因此,

$$
\begin{aligned}
\left\langle\psi_+^0\right| \tilde{H}'\left|\psi_+^0\right\rangle &=\left\langle\psi_+^0\right| H'\left|\psi_+^0\right\rangle-\left\langle\psi_+^0\right| P_D H' P_D\left|\psi_+^0\right\rangle \\
&=\left\langle\psi_+^0\right| H'\left|\psi_+^0\right\rangle-\left\langle\psi_+^0\right| H'\left|\psi_+^0\right\rangle \\
&=0 .
\end{aligned}
$$

又因为

$$
\begin{aligned}
\left\langle\psi_m^0\right| \tilde{H}'\left|\psi_+^0\right\rangle &=\left\langle\psi_m^0\right| H'\left|\psi_+^0\right\rangle-\left\langle\psi_m^0\right| P_D H' P_D\left|\psi_+^0\right\rangle \\
&=\left\langle\psi_m^0\right| H'\left|\psi_+^0\right\rangle-\left\langle\psi_m^0\right| P_D H' P_D\left|\psi_+^0\right\rangle \\
&=\begin{cases}\left\langle\psi_m^0\right| H'\left|\psi_+^0\right\rangle, & (m \neq \pm) \\ 0, & (m=\pm)\end{cases}
\end{aligned}
$$

所以

$$
E_{\pm}=E^0+E_{\pm}^1+\sum_{m \neq \pm} \frac{\left|\left\langle\psi_m^0\right| H'\left|\psi_{\pm}^0\right\rangle\right|^2}{E^0+E_{\pm}^1-E_m^0} .
$$

习题 7.35　下面是习题 7.34 中的方法发展的具体应用. 考虑如下哈密顿量:

$$
\boldsymbol{\mathcal{H}}^0=\begin{pmatrix}\varepsilon & 0 & 0 \\ 0 & \varepsilon & 0 \\ 0 & 0 & \varepsilon'\end{pmatrix}, \quad \boldsymbol{\mathcal{H}}'=\begin{pmatrix}0 & a & b \\ a^* & 0 & c \\ b^* & c^* & 0\end{pmatrix} .
$$

(a) 求出投影算符 $\boldsymbol{\mathcal{P}}_D$ (3×3 的矩阵) 投影到由

$$
\left|\psi_a^0\right\rangle=\begin{pmatrix}1 \\ 0 \\ 0\end{pmatrix} \text{ 和 } \left|\psi_b^0\right\rangle=\begin{pmatrix}0 \\ 1 \\ 0\end{pmatrix} .
$$

张开的子空间. 然后构造矩阵 $\tilde{\boldsymbol{\mathcal{H}}}^0$ 和 $\tilde{\boldsymbol{\mathcal{H}}}'$.

(b) 求解 $\tilde{\mathcal{H}}^0$ 的本征态并验证

(i) 它的能谱是非简并的;

(ii) $\mathcal{H}^0$ 的非简并本征态

$$|\psi_c^0\rangle = \begin{pmatrix} 0 \\ 0 \\ 1 \end{pmatrix}$$

也是 $\tilde{\mathcal{H}}^0$ 的一个本征态, 且具有相同的本征值.

(c) 什么是“好”态? 它们能量的一阶微扰是多少?

解答 (a)

$$\begin{aligned}
\mathcal{P}_D &= \left(|\psi_a^0\rangle\langle\psi_a^0| + |\psi_b^0\rangle\langle\psi_b^0|\right) \\
&= \begin{pmatrix} 1 \\ 0 \\ 0 \end{pmatrix}(1\ \ 0\ \ 0) + \begin{pmatrix} 0 \\ 1 \\ 0 \end{pmatrix}(0\ \ 1\ \ 0) \\
&= \begin{pmatrix} 1 & 0 & 0 \\ 0 & 0 & 0 \\ 0 & 0 & 0 \end{pmatrix} + \begin{pmatrix} 0 & 0 & 0 \\ 0 & 1 & 0 \\ 0 & 0 & 0 \end{pmatrix} \\
&= \begin{pmatrix} 1 & 0 & 0 \\ 0 & 1 & 0 \\ 0 & 0 & 0 \end{pmatrix}.
\end{aligned}$$

构建矩阵 $\tilde{\mathcal{H}}^0$ 和 $\tilde{\mathcal{H}}'$,

$$\begin{aligned}
\tilde{\mathcal{H}}^0 &= \mathcal{H}^0 + \mathcal{P}_D\mathcal{H}'\mathcal{P}_D \\
&= \begin{pmatrix} \varepsilon & 0 & 0 \\ 0 & \varepsilon & 0 \\ 0 & 0 & \varepsilon' \end{pmatrix} + \begin{pmatrix} 1 & 0 & 0 \\ 0 & 1 & 0 \\ 0 & 0 & 0 \end{pmatrix}\begin{pmatrix} 0 & a & b \\ a^* & 0 & c \\ b^* & c^* & 0 \end{pmatrix}\begin{pmatrix} 1 & 0 & 0 \\ 0 & 1 & 0 \\ 0 & 0 & 0 \end{pmatrix} \\
&= \begin{pmatrix} \varepsilon & 0 & 0 \\ 0 & \varepsilon & 0 \\ 0 & 0 & \varepsilon' \end{pmatrix} + \begin{pmatrix} 0 & a & 0 \\ a^* & 0 & 0 \\ 0 & 0 & 0 \end{pmatrix} \\
&= \begin{pmatrix} \varepsilon & a & 0 \\ a^* & \varepsilon & 0 \\ 0 & 0 & \varepsilon' \end{pmatrix}.
\end{aligned}$$

$$\begin{aligned}
\tilde{\mathcal{H}}' &= \mathcal{H}' - \mathcal{P}_D\mathcal{H}'\mathcal{P}_D \\
&= \begin{pmatrix} 0 & a & b \\ a^* & 0 & c \\ b^* & c^* & 0 \end{pmatrix} - \begin{pmatrix} 0 & a & 0 \\ a^* & 0 & 0 \\ 0 & 0 & 0 \end{pmatrix} \\
&= \begin{pmatrix} 0 & 0 & b \\ 0 & 0 & c \\ b^* & c^* & 0 \end{pmatrix}.
\end{aligned}$$

(b) 求解 $\tilde{\mathcal{H}}^0$ 的本征态, 由

$$\tilde{\mathcal{H}}^0=\begin{pmatrix}\varepsilon & a & 0\\ a^* & \varepsilon & 0\\ 0 & 0 & \varepsilon'\end{pmatrix}$$

对应的久期方程为

$$\begin{vmatrix}\varepsilon-E & a & 0\\ a^* & \varepsilon-E & 0\\ 0 & 0 & \varepsilon'-E\end{vmatrix}=0;$$

可得本征值为

$$E_1=\varepsilon+|a|,\quad E_2=\varepsilon-|a|,\quad E_3=\varepsilon'.$$

在 $a\neq 0$ 和 $\varepsilon'\neq\varepsilon\pm|a|$ 时, 能谱是非简并的.

本征值 $E_1=\varepsilon+|a|$ 对应的本征态为

$$\begin{pmatrix}\varepsilon-E_1 & a & 0\\ a^* & \varepsilon-E_1 & 0\\ 0 & 0 & \varepsilon'-E_1\end{pmatrix}\begin{pmatrix}x\\ y\\ z\end{pmatrix}=0,$$

$$\begin{pmatrix}-|a| & a & 0\\ a^* & -|a| & 0\\ 0 & 0 & \varepsilon'-\varepsilon-|a|\end{pmatrix}\begin{pmatrix}x\\ y\\ z\end{pmatrix}=0,$$

$$\begin{cases}-|a|\,x+ay=0;\\ a^*x-|a|\,y=0;\\ z=0.\end{cases}$$

所以, $y=\dfrac{a^*}{|a|}x, z=0$; 归一化, 得

$$|\psi_1\rangle=\frac{1}{\sqrt{2}}\begin{pmatrix}1\\ \sqrt{\dfrac{a^*}{a}}\\ 0\end{pmatrix};$$

本征值 $E_2=\varepsilon-|a|$ 对应的本征态为

$$\begin{pmatrix}\varepsilon-E_2 & a & 0\\ a^* & \varepsilon-E_2 & 0\\ 0 & 0 & \varepsilon'-E_2\end{pmatrix}\begin{pmatrix}x\\ y\\ z\end{pmatrix}=0$$

$$\Rightarrow\begin{pmatrix}|a| & a & 0\\ a^* & |a| & 0\\ 0 & 0 & \varepsilon'-\varepsilon+|a|\end{pmatrix}\begin{pmatrix}x\\ y\\ z\end{pmatrix}=0$$

$$\Rightarrow\begin{cases}|a|\,x+ay=0;\\ a^*x+|a|\,y=0;\\ z=0;\end{cases}$$

所以, $y=-\dfrac{a^*}{|a|}x, z=0$; 归一化, 得

$$|\psi_2\rangle=\frac{1}{\sqrt{2}}\begin{pmatrix}1\\ -\sqrt{\dfrac{a^*}{a}}\\ 0\end{pmatrix};$$

本征值 $E_3=\varepsilon'$ 对应的本征态为

$$\begin{pmatrix} \varepsilon-E_3 & a & 0 \\ a^* & \varepsilon-E_3 & 0 \\ 0 & 0 & \varepsilon'-E_3 \end{pmatrix}\begin{pmatrix} x \\ y \\ z \end{pmatrix}=0,$$

$$\begin{pmatrix} \varepsilon-\varepsilon' & a & 0 \\ a^* & \varepsilon-\varepsilon' & 0 \\ 0 & 0 & 0 \end{pmatrix}\begin{pmatrix} x \\ y \\ z \end{pmatrix}=0,$$

$$\begin{cases} (\varepsilon-\varepsilon')\,x+ay=0; \\ a^*x+(\varepsilon-\varepsilon')\,y=0; \\ z=1; \end{cases}$$

所以, $y=x=0, z=1$; 归一化, 得

$$|\psi_3\rangle=\begin{pmatrix} 0 \\ 0 \\ 1 \end{pmatrix}.$$

(c) $\tilde{\boldsymbol{\mathcal{H}}}^0$ 的“好”的本征态为 (b) 中的 $|\psi_1\rangle\,,|\psi_2\rangle$ 和 $|\psi_3\rangle$, 对应的能量本征值为

$$E_1=\varepsilon+|a|\,,\quad E_2=\varepsilon-|a|\,,\quad E_3=\varepsilon'.$$

习题 7.36　考虑各向同性三维谐振子 (习题 4.46). 讨论下面情况的 (一阶) 微扰效应 (λ 为常数):

$$H'=\lambda x^2yz.$$

(a) 基态.

(b) 第一激发态 (三重简并). **提示**　利用习题 2.12 和习题 3.39 的结果.

解答　在直角坐标系中, 各向同性的三维谐振子的波函数可以表示为一维谐振子波函数的乘积, 即

$$\psi_{n_xn_yn_z}(x,y,z)=\psi_{n_x}(x)\,\psi_{n_y}(y)\,\psi_{n_z}(z)\,,$$

$$E_{n_xn_yn_z}=\left(n_x+n_y+n_z+\frac{3}{2}\right)\hbar\omega,\quad n_x,n_y,n_z=0,1,2,3,\cdots$$

(a) 对于基态, 波函数为

$$\psi_0(x,y,z)=\psi_0(x)\,\psi_0(y)\,\psi_0(z)\,,$$

它是非简并的, 能量的一阶修正为

$$\begin{aligned} E_0^{(1)}&=\langle 0|\,H'\,|0\rangle=\int\psi_0^*(x)\,\psi_0^*(y)\,\psi_0^*(z)\,\lambda x^2yz\psi_0(x)\,\psi_0(y)\,\psi_0(z)\,\mathrm{d}x\mathrm{d}y\mathrm{d}z \\ &=\lambda\int_{-\infty}^{\infty}\psi_0^*(x)x^2\psi_0(x)\,\mathrm{d}x\underbrace{\int_{-\infty}^{\infty}\psi_0^*(y)\,y\psi_0(y)\,\mathrm{d}y}_{0}\underbrace{\int_{-\infty}^{\infty}\psi_0^*(z)\,z\psi_0(z)\,\mathrm{d}z}_{0} \\ &=0. \end{aligned}$$

(b) 对于第一激发态, 波函数有三种情况

$$|1\rangle=|\psi_1(x)\,\psi_0(y)\,\psi_0(z)\rangle\,,\quad |2\rangle=|\psi_0(x)\,\psi_1(y)\,\psi_0(z)\rangle\,,$$

$$|3\rangle = |\psi_0(x)\psi_0(y)\psi_1(z)\rangle,$$

所以第一激发态三重简并, 在以这三个态为基矢的简并子空间, 微扰矩阵元为

$$H'_{11} = \langle 1| H' |1\rangle = \int \psi_1^*(x)\psi_0^*(y)\psi_0^*(z)\lambda x^2 yz\psi_1(x)\psi_0(y)\psi_0(z)\,\mathrm{d}x\mathrm{d}y\mathrm{d}z = 0,$$

$$H'_{22} = \langle 2| H' |2\rangle = \int \psi_0^*(x)\psi_1^*(y)\psi_0^*(z)\lambda x^2 yz\psi_0(x)\psi_1(y)\psi_0(z)\,\mathrm{d}x\mathrm{d}y\mathrm{d}z = 0,$$

$$H'_{33} = \langle 2| H' |2\rangle = \int \psi_0^*(x)\psi_0^*(y)\psi_1^*(z)\lambda x^2 yz\psi_0(x)\psi_0(y)\psi_1(z)\,\mathrm{d}x\mathrm{d}y\mathrm{d}z = 0,$$

$$\begin{aligned}H'_{12} &= (H'_{21})^* = \langle 1| H' |2\rangle \\ &= \int \psi_1^*(x)\psi_0^*(y)\psi_0^*(z)\lambda x^2 yz\psi_0(x)\psi_1(y)\psi_1(z)\,\mathrm{d}x\mathrm{d}y\mathrm{d}z = 0,\end{aligned}$$

$$\begin{aligned}H'_{13} &= (H'_{31})^* = \langle 1| H' |3\rangle \\ &= \int \psi_1^*(x)\psi_0^*(y)\psi_0^*(z)\lambda x^2 yz\psi_0(x)\psi_0(y)\psi_1(z)\,\mathrm{d}x\mathrm{d}y\mathrm{d}z = 0,\end{aligned}$$

$$\begin{aligned}H'_{23} &= (H'_{32})^* = \langle 2| H' |3\rangle \\ &= \int \psi_0^*(x)\psi_1^*(y)\psi_0^*(z)\lambda x^2 yz\psi_0(x)\psi_0(y)\psi_1(z)\,\mathrm{d}x\mathrm{d}y\mathrm{d}z \\ &= \lambda \underbrace{\int_{-\infty}^{\infty}\psi_0^*(x)\,x^2\psi_0(x)\,\mathrm{d}x}_{\hbar/2m\omega}\underbrace{\int_{-\infty}^{\infty}\psi_1^*(y)\,y\psi_0(y)\,\mathrm{d}y}_{\sqrt{\hbar/2m\omega}} \\ &\quad\times\underbrace{\int_{-\infty}^{\infty}\psi_0^*(z)\,z\psi_1(z)\,\mathrm{d}z}_{\sqrt{\hbar/2m\omega}} = \lambda\left(\frac{\hbar}{2m\omega}\right)^2.\end{aligned}$$

设 $\kappa \equiv \lambda\left(\frac{h}{2m\omega}\right)^2$, 微扰矩阵可以写为

$$\boldsymbol{\mathcal{H}}' = \begin{pmatrix} 0 & 0 & 0 \\ 0 & 0 & \kappa \\ 0 & \kappa & 0 \end{pmatrix},$$

解久期方程, 得

$$\begin{vmatrix} -E_1^{(1)} & 0 & 0 \\ 0 & -E_1^{(1)} & \kappa \\ 0 & \kappa & -E_1^{(1)} \end{vmatrix} = 0$$

$$\Rightarrow E_1^{(1)} = \begin{cases} -\kappa \\ 0 \\ \kappa \end{cases}.$$

*****习题 7.37　范德瓦耳斯相互作用**. 考虑两相距为 R 的原子. 因为它们都是电中性的, 你可能认为它们之间没有力作用, 但如果它们是可极化的, 它们之间有一个弱的相互作用. 为模拟该系统, 将每个原子都看作由一个电子 (质量为 m, 电荷为 $-e$)

通过一个弹簧 (弹性系数为 k) 连接到原子核 (电荷为 $+e$), 如图 7.7 所示. 假设核很重, 而且基本不动. 无微扰系统的哈密顿量为

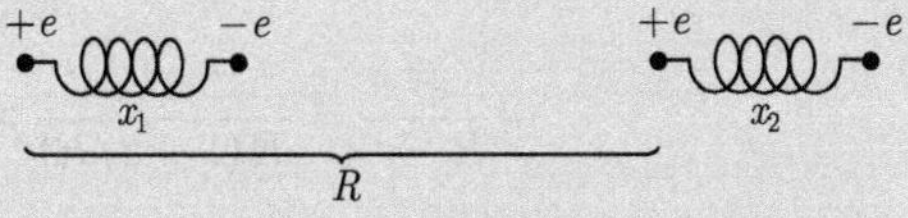

+e　−e　x_1　+e　−e　x_2　R

图 7.7　两个相邻的极化原子 (习题 7.37)

$$H^0=\frac{1}{2m}p_1^2+\frac{1}{2}kx_1^2+\frac{1}{2m}p_2^2+\frac{1}{2}kx_2^2.$$

原子间的库仑相互作用为

$$H'=\frac{1}{4\pi\varepsilon_0}\left(\frac{e^2}{R}-\frac{e^2}{R-x_1}-\frac{e^2}{R+x_2}+\frac{e^2}{R-x_1+x_2}\right).$$

(a) 解释方程 (7.104). 假设 $|x_1|$ 和 $|x_2|$ 都远小于 R, 证明:

$$H'\cong-\frac{e^2x_1x_2}{2\pi\varepsilon_0R^3}.$$

(b) 证明: 系统总的哈密顿量 (H^0 加上方程 (7.105)) 可分解为两个谐振子哈密顿量

$$H=\left[\frac{1}{2m}p_+^2+\frac{1}{2}\left(k-\frac{e^2}{2\pi\varepsilon_0R^3}\right)x_+^2\right]+\left[\frac{1}{2m}p_-^2+\frac{1}{2}\left(k+\frac{e^2}{2\pi\varepsilon_0R^3}\right)x_-^2\right],$$

其中变量变换为

$$x_\pm\equiv\frac{1}{\sqrt{2}}(x_1\pm x_2),\ \text{这意味着}\ p_\pm=\frac{1}{\sqrt{2}}(p_1\pm p_2).$$

(c) 显然, 该哈密顿量的基态能量为

$$E=\frac{1}{2}\hbar(\omega_++\omega_-),\ \text{其中}\ \omega_\pm=\sqrt{\frac{k\mp(e^2/(2\pi\varepsilon_0R^3))}{m}}.$$

若没有库仑相互作用, 则 $E_0=\hbar\omega_0$, 其中 $\omega_0=\sqrt{k/m}$. 假设 $k\gg(e^2/(2\pi\varepsilon_0R^3))$, 证明:

$$\Delta V\equiv E-E_0\cong-\frac{\hbar}{8m^2\omega_0^3}\left(\frac{e^2}{2\pi\varepsilon_0}\right)^2\frac{1}{R^6}.$$

结论: 原子之间存在一个相互吸引势, 它的大小和原子间距的六次方成反比. 这就是两中性原子间的**范德瓦耳斯相互作用**.

(d) 现在利用二阶微扰理论做同样的计算. **提示**　无微扰态的形式是 $\psi_{n1}(x_1)\cdot\psi_{n2}(x_2)$, 其中 $\psi_n(x)$ 是质量为 m, 弹性系数为 k 的单粒子谐振子的波函数; ΔV 是方程 (7.105) 中微扰对基态能量的二阶修正 (注意到能量一阶修正为零).[①]

解答　(a) 图 7.7 中两个核子 (正电荷) 的库仑势为 $\dfrac{e^2}{4\pi\varepsilon_0R}$,两个电子之间的库仑势为 $e^2/[4\pi\varepsilon_0(R-x_1+x_2)]$,第一个核子与第二个原子中电子的库仑势为 $-e^2/[4\pi\varepsilon_0(R+x_2)]$, 第二个核子与第一个原子中的电子的库仑势为 $-e^2/[4\pi\varepsilon_0(R-x_1)]$, 所以原子间库仑相互作用为

$$H'=\frac{1}{4\pi\varepsilon_0}\left(\frac{e^2}{R}-\frac{e^2}{R-x_1}-\frac{e^2}{R+x_2}+\frac{e^2}{R-x_1+x_2}\right).$$

① 在这个众所周知的问题中有一个有趣的“骗局”. 如果你把 H' 展开到 $1/R^5$ 阶, 多余项在基态 H^0 中有一个非零的期望值, 所以存在一个非零的一阶微扰, 主要贡献像 $1/R^5$, 而不是 $1/R^6$. 该模型在三维情况下得到了“正确”的幂 (期望值为零), 但在一维情况下不能. 参见 A. C. Ipsen and K. Splittorff, *Am. J. Phys.* **83**, 150 (2015).

由于 $x_1 \ll R, x_2 \ll R$, 可得

$$\frac{e^2}{R-x}=\frac{e^2}{R(1-x/R)}\approx\frac{e^2}{R}\left(1-\frac{x}{R}+\frac{x^2}{R^2}+\cdots\right),$$

因此,

$$\begin{aligned}
H' &= \frac{e^2}{4\pi\varepsilon_0 R}\left[1-\frac{1}{1-x_1/R}-\frac{1}{1+x_2/R}+\frac{1}{1-(x_1-x_2)/R}\right]\\
&= \frac{e^2}{4\pi\varepsilon_0 R}\left\{1-\left[1-\frac{x_1}{R}+\left(\frac{x_1}{R}\right)^2+\cdots\right]-\left[1+\frac{x_2}{R}+\left(\frac{x_2}{R}\right)^2+\cdots\right]\right.\\
&\quad\left.+\left[1-\frac{x_1-x_2}{R}+\left(\frac{x_1-x_2}{R}\right)^2+\cdots\right]\right\}\\
&\approx \frac{e^2}{4\pi\varepsilon_0 R}\frac{-2x_1x_2}{R^2}\\
&= -\frac{e^2x_1x_2}{2\pi\varepsilon_0 R^3}.
\end{aligned}$$

(b)

$$\begin{aligned}
H &= \frac{p_1^2}{2m}+\frac{1}{2}kx_1^2+\frac{p_2^2}{2m}+\frac{1}{2}kx_2^2-\frac{e^2x_1x_2}{2\pi\varepsilon_0 R^3}\\
&= -\frac{\hbar^2}{2m}\left(\frac{\partial^2}{\partial x_1^2}+\frac{\partial^2}{\partial x_2^2}\right)+\frac{1}{2}kx_1^2+\frac{1}{2}kx_2^2-\frac{e^2x_1x_2}{2\pi\varepsilon_0 R^3}.
\end{aligned}$$

做变量变换 $x_\pm=\frac{1}{\sqrt{2}}(x_1\pm x_2)\Rightarrow x_1=\frac{1}{\sqrt{2}}(x_++x_-), x_2=\frac{1}{\sqrt{2}}(x_+-x_-)$.

$$\begin{aligned}
\frac{\partial}{\partial x_1} &= \frac{\partial x_+}{\partial x_1}\frac{\partial}{\partial x_+}+\frac{\partial x_-}{\partial x_1}\frac{\partial}{\partial x_-}=\frac{1}{\sqrt{2}}\left(\frac{\partial}{\partial x_+}+\frac{\partial}{\partial x_-}\right),\\
\frac{\partial}{\partial x_2} &= \frac{\partial x_+}{\partial x_2}\frac{\partial}{\partial x_+}+\frac{\partial x_-}{\partial x_2}\frac{\partial}{\partial x_-}=\frac{1}{\sqrt{2}}\left(\frac{\partial}{\partial x_+}-\frac{\partial}{\partial x_-}\right).
\end{aligned}$$

则

$$\begin{aligned}
H &= -\frac{\hbar^2}{2m}\left(\frac{\partial^2}{\partial x_1^2}+\frac{\partial^2}{\partial x_2^2}\right)+\frac{1}{2}kx_1^2+\frac{1}{2}kx_2^2-\frac{e^2x_1x_2}{2\pi\varepsilon_0 R^3}\\
&= -\frac{\hbar^2}{2m}\left[\frac{1}{2}\left(\frac{\partial}{\partial x_+}+\frac{\partial}{\partial x_-}\right)\left(\frac{\partial}{\partial x_+}+\frac{\partial}{\partial x_-}\right)+\frac{1}{2}\left(\frac{\partial}{\partial x_+}-\frac{\partial}{\partial x_-}\right)\left(\frac{\partial}{\partial x_+}-\frac{\partial}{\partial x_-}\right)\right]\\
&\quad+\frac{1}{2}k\cdot\frac{1}{2}(x_++x_-)^2+\frac{1}{2}k\cdot\frac{1}{2}(x_+-x_-)^2-\frac{e^2}{2\pi\varepsilon_0 R^3}\cdot\frac{1}{2}(x_++x_-)(x_+-x_-)\\
&= -\frac{\hbar^2}{2m}\left(\frac{\partial^2}{\partial x_+^2}+\frac{\partial^2}{\partial x_-^2}\right)+\frac{1}{2}\left(k-\frac{e^2}{2\pi\varepsilon_0 R^3}\right)x_+^2+\frac{1}{2}\left(k+\frac{e^2}{2\pi\varepsilon_0 R^3}\right)x_-^2\\
&= \left[\frac{p_+^2}{2m}+\frac{1}{2}\left(k-\frac{e^2}{2\pi\varepsilon_0 R^3}\right)x_+^2\right]+\left[\frac{p_-^2}{2m}+\frac{1}{2}\left(k-\frac{e^2}{2\pi\varepsilon_0 R^3}\right)x_-^2\right].
\end{aligned}$$

(c) 显然这是两个一维谐振子的哈密顿量之和, 所以基态能量为

$$E=\hbar(\omega_++\omega_-),\quad \omega_\pm=\sqrt{\frac{k\mp[e^2/(2\pi\varepsilon_0 R^3)]}{m}}.$$

若 $k \gg e^2/2\pi\varepsilon_0 R^3$, 则

$$\begin{aligned}\omega_\pm &= \sqrt{\frac{k \mp [e^2/(2\pi\varepsilon_0 R^3)]}{m}} = \sqrt{\frac{k}{m}}\sqrt{1 \mp \frac{e^2}{2\pi\varepsilon_0 R^3 k}} \\ &\approx \omega_0 \left[1 \mp \frac{1}{2}\left(\frac{e^2}{2\pi\varepsilon_0 R^3 m\omega_0^2}\right) - \frac{1}{8}\left(\frac{e^2}{2\pi\varepsilon_0 R^3 m\omega_0^2}\right)^2 + \cdots\right].\end{aligned}$$

故

$$\begin{aligned}\Delta V = E - E_0 &= \frac{1}{2}\hbar(\omega_+ + \omega_-) - \hbar\omega_0 \\ &\approx -\hbar\omega_0 \frac{1}{8}\left(\frac{e^2}{2\pi\varepsilon_0 R^3 m\omega_0^2}\right)^2 \\ &= -\frac{\hbar}{8m^2\omega_0^3}\left(\frac{e^2}{2\pi\varepsilon_0}\right)^2 \frac{1}{R^6}.\end{aligned}$$

(d) 对于基态, 无微扰时的非简并波函数为

$$\psi_0(x_1, x_2) = \psi_0(x_1)\psi_0(x_2).$$

故能量的一阶修正为

$$\begin{aligned}E_0^{(1)} &= \langle\psi_0| H' |\psi_0\rangle = -\frac{e^2}{2\pi\varepsilon_0 R^3}\langle\psi_0| x_1 x_2 |\psi_0\rangle \\ &= -\frac{e^2}{2\pi\varepsilon_0 R^3} \underbrace{\int_{-\infty}^{\infty} \psi_0^*(x_1) x_1 \psi_0(x_2)\,\mathrm{d}x_1}_{0} \underbrace{\int_{-\infty}^{\infty} \psi_0^*(x_2) x_2 \psi_0(x_2)\,\mathrm{d}x_2}_{0} = 0.\end{aligned}$$

能量的二阶修正为

$$\begin{aligned}E_0^{(2)} &= \sum_{n,\ell=1}^{\infty} \frac{|\langle\psi_{00}| H' |\psi_{n\ell}\rangle|^2}{E_{0,0}^{(0)} - E_{n,l}^{(0)}}, \qquad |\psi_{00}\rangle \equiv |\psi_0\rangle|\psi_0\rangle, \quad |\psi_{n\ell}\rangle \equiv |\psi_n\rangle|\psi_\ell\rangle, \\ &= \left(\frac{e^2}{2\pi\varepsilon_0 R^3}\right)^2 \sum_{n=1}^{\infty}\sum_{\ell=1}^{\infty} \frac{|\langle\psi_0| x_1 |\psi_n\rangle|^2 |\langle\psi_0| x_2 |\psi_\ell\rangle|^2}{E_{0,0}^{(0)} - E_{n,\ell}^{(0)}}.\end{aligned}$$

显然求和只有当 $n = 1, \ell = 1$ 时才不为零, 由于 $\langle\psi_0| x |\psi_1\rangle = \sqrt{\dfrac{\hbar}{2m\omega_0}}$, 所以

$$E_0^{(2)} = \left(\frac{e^2}{2\pi\varepsilon_0 R^3}\right)^2 \frac{[\hbar/(2m\omega_0)]^2}{\hbar\omega_0 - 3\hbar\omega_0} = -\frac{\hbar}{8m^2\omega_0^3}\left(\frac{e^2}{2\pi\varepsilon_0}\right)^2 \frac{1}{R^6},$$

这与前面的结果一致.

****习题 7.38**　对一个特定的量子系统, 设哈密顿量 H 是某个参数 λ 的函数; 令 $E_n(\lambda)$ 和 $\psi_n(\lambda)$ 为 $H(\lambda)$ 的本征值和本征函数. **费曼–赫尔曼定理**[①] 指出:

$$\frac{\partial E_n}{\partial \lambda} = \left\langle \psi_n \middle| \frac{\partial H}{\partial \lambda} \middle| \psi_n \right\rangle$$

(假定 E_n 非简并, 或 (如果简并的话) $\psi_n s$ 为简并本征波函数“好”的线性组合).

(a) 证明: 费曼–赫尔曼定理. **提示**　利用方程 (7.9).

① 方程 (7.110) 是费曼在麻省理工学院做本科毕业论文时得到的 (R. P. Feynman, *Phys. Rev.* **56**, 340, (1939)); 在此四年前, 赫尔曼的研究成果发表在一份名不见经传的苏联期刊上.

(b) 将该定理应用于一维谐振子, (i) 令 $\lambda=\omega$ (这将得出关于 V 期望值的公式), (ii) 令 $\lambda=\hbar$ (这将得到 $\langle T\rangle$), (iii) 令 $\lambda=m$ (这将得到 $\langle T\rangle$ 和 $\langle V\rangle$ 的一个关系式). 将你的结果与习题 2.12 及位力定理的结果作对比 (习题 3.37).

解答 (a) $E_n(\lambda)$ 和 $\psi_n(\lambda)$ 为 $H(\lambda)$ 的本征值和本征函数, 所以有

$$[H(\lambda)-E_n(\lambda)]|\psi_n(\lambda)\rangle=0.\quad (\text{能量本征方程})$$

对 λ 求导, 得

$$\left[\frac{\partial H(\lambda)}{\partial\lambda}-\frac{\partial E_n(\lambda)}{\partial\lambda}\right]|\psi_n(\lambda)\rangle+[H(\lambda)-E_n(\lambda)]\frac{\partial|\psi_n(\lambda)\rangle}{\partial\lambda}=0,$$

左乘 $\langle\psi_n(\lambda)|$, 得

$$\begin{aligned}
&\langle\psi_n(\lambda)|\left[\frac{\partial H(\lambda)}{\partial\lambda}-\frac{\partial E_n(\lambda)}{\partial\lambda}\right]|\psi_n(\lambda)\rangle+\langle\psi_n(\lambda)|[H(\lambda)-E_n(\lambda)]\frac{\partial|\psi_n(\lambda)\rangle}{\partial\lambda}=0,\\
&\langle\psi_n(\lambda)|\left[\frac{\partial H(\lambda)}{\partial\lambda}-\frac{\partial E_n(\lambda)}{\partial\lambda}\right]|\psi_n(\lambda)\rangle+\langle\psi_n(\lambda)|\underbrace{[E_n(\lambda)-E_n(\lambda)]}_{0}\frac{\partial|\psi_n(\lambda)\rangle}{\partial\lambda}=0,\\
&\langle\psi_n(\lambda)|\left[\frac{\partial H(\lambda)}{\partial\lambda}-\frac{\partial E_n(\lambda)}{\partial\lambda}\right]|\psi_n(\lambda)\rangle=0,\\
&\frac{\partial E_n(\lambda)}{\partial\lambda}\langle\psi_n(\lambda)|\psi_n(\lambda)\rangle=\frac{\partial E_n(\lambda)}{\partial\lambda}=\langle\psi_n(\lambda)|\frac{\partial H(\lambda)}{\partial\lambda}|\psi_n(\lambda)\rangle.
\end{aligned}$$

其中利用了哈密顿算符的厄米性及本征态的归一性.

(b) 对于一维简谐振子:

$$E_n=\left(n+\frac{1}{2}\right)\hbar\omega,\quad H=-\frac{\hbar^2}{2m}\frac{\mathrm{d}^2}{\mathrm{d}x^2}+\frac{1}{2}m\omega^2x^2,$$

取 $\lambda=\omega$,

$$\frac{\partial E_n}{\partial\omega}=\left(n+\frac{1}{2}\right)\hbar,\quad \frac{\partial H}{\partial\omega}=m\omega x^2.$$

由费曼–赫尔曼定理, 得

$$\left(n+\frac{1}{2}\right)\hbar=\langle n|m\omega x^2|n\rangle,$$

而

$$\langle V\rangle=\left\langle n\left|\frac{1}{2}m\omega^2x^2\right|n\right\rangle=\frac{1}{2}\omega\left(n+\frac{1}{2}\right)\hbar\Rightarrow\langle V\rangle=\frac{1}{2}\left(n+\frac{1}{2}\right)\hbar\omega=\frac{1}{2}E_n.$$

取 $\lambda=\hbar$, 得

$$\frac{\partial E_n}{\partial\hbar}=\left(n+\frac{1}{2}\right)\omega,\quad \frac{\partial H}{\partial\hbar}=-\frac{\hbar}{m}\frac{\mathrm{d}^2}{\mathrm{d}x^2}=\frac{2}{\hbar}\left(-\frac{\hbar^2}{2m}\frac{\mathrm{d}^2}{\mathrm{d}x^2}\right)=\frac{2}{\hbar}T.$$

由费曼–赫尔曼定理, 得

$$\left(n+\frac{1}{2}\right)\omega=\frac{2}{\hbar}\langle n|T|n\rangle\Rightarrow\langle T\rangle=\frac{1}{2}\left(n+\frac{1}{2}\right)\hbar\omega=\frac{1}{2}E_n.$$

取 $\lambda=m$, 得

$$\frac{\partial E_n}{\partial m}=0,$$

$$\frac{\partial H}{\partial m}=\frac{\hbar^2}{2m^2}\frac{\mathrm{d}^2}{\mathrm{d}x^2}+\frac{1}{2}\omega^2x^2=-\frac{1}{m}\left(-\frac{\hbar^2}{2m}\frac{\mathrm{d}^2}{\mathrm{d}x^2}\right)+\frac{1}{m}\left(\frac{1}{2}m\omega^2x^2\right)=-\frac{1}{m}T+\frac{1}{m}V,$$

由费曼–赫尔曼定理, 得 $0=-\frac{1}{m}\langle T\rangle+\frac{1}{m}\langle V\rangle\Rightarrow\langle T\rangle=\langle V\rangle$, 这里的结果与习题 2.12 和习题 3.37 中的结果是一致的.

习题 7.39　考虑一个三能级系统, 其未微扰哈密顿量为

$$\boldsymbol{\mathcal{H}}^0=\begin{pmatrix}\varepsilon_a & 0 & 0\\ 0 & \varepsilon_a & 0\\ 0 & 0 & \varepsilon_c\end{pmatrix}$$

$(\varepsilon_a>\varepsilon_c)$, 微扰哈密顿量为

$$\boldsymbol{\mathcal{H}}'=\begin{pmatrix}0 & 0 & V\\ 0 & 0 & V\\ V^* & V^* & 0\end{pmatrix}.$$

由于 2×2 的 $\boldsymbol{\mathcal{W}}$ 矩阵在态基矢 $(1,0,0)$ 和 $(0,1,0)$ 上是对角的 (实际上全为零), 可以假定它们是“好”态, 但其实不是. 为证明这一点,

(a) 求微扰哈密顿量 $\boldsymbol{\mathcal{H}}=\boldsymbol{\mathcal{H}}^0+\boldsymbol{\mathcal{H}}'$ 的精确本征值.

(b) 将 (a) 中的结果以 $|V|$ 为小量展开到二阶项.

(c) 通过非简并微扰理论求三个态的能量 (到二阶), 你能得到什么结果? 如果上面关于“好”态的假设是正确的, 这将是可行的.

理论上, 如果 $\boldsymbol{\mathcal{W}}$ 矩阵的任一本征值都相等, 那么对角化 $\boldsymbol{\mathcal{W}}$ 矩阵的态不是唯一的, 对 $\boldsymbol{\mathcal{W}}$ 矩阵对角化并不能确定“好”态. 当这种情况发生时 (这并不少见), 你需要采用二阶简并微扰理论 (见习题 7.40).

解答　(a)

$$\boldsymbol{\mathcal{H}}=\boldsymbol{\mathcal{H}}^0+\boldsymbol{\mathcal{H}}'=\begin{pmatrix}\varepsilon_a & 0 & 0\\ 0 & \varepsilon_a & 0\\ 0 & 0 & \varepsilon_c\end{pmatrix}+\begin{pmatrix}0 & 0 & V\\ 0 & 0 & V\\ V^* & V^* & 0\end{pmatrix}=\begin{pmatrix}\varepsilon_a & 0 & V\\ 0 & \varepsilon_a & V\\ V^* & V^* & \varepsilon_c\end{pmatrix}.$$

久期方程为

$$\begin{vmatrix}\varepsilon_a-E & 0 & V\\ 0 & \varepsilon_a-E & V\\ V^* & V^* & \varepsilon_c-E\end{vmatrix}=0,$$

$$(\varepsilon_a-E)\left[(\varepsilon_a-E)(\varepsilon_c-E)-2|V|^2\right]=0,$$

可得

$$\begin{aligned}E_1&=\varepsilon_a,\\ E_\pm&=\frac{\varepsilon_a+\varepsilon_c}{2}\pm\sqrt{\frac{\varepsilon_a-\varepsilon_c}{2}+2|V|^2}\\ &=\frac{\varepsilon_a+\varepsilon_c}{2}\pm\frac{\varepsilon_a-\varepsilon_c}{2}\sqrt{1+\frac{8|V|^2}{(\varepsilon_a-\varepsilon_c)^2}}.\end{aligned}$$

(b) 由泰勒展开公式

$$f(x)=\frac{f\left(x_0\right)}{0!}+\frac{f'\left(x_0\right)}{1!}\left(x-x_0\right)+\frac{f''\left(x_0\right)}{2!}\left(x-x_0\right)^2+\cdots,$$

所以,

$$\begin{aligned}E_{\pm}&=\frac{\varepsilon_a+\varepsilon_c}{2}\pm\frac{\varepsilon_a-\varepsilon_c}{2}\sqrt{1+\frac{8\left|V\right|^2}{\left(\varepsilon_a-\varepsilon_c\right)^2}}\\&\approx\frac{\varepsilon_a+\varepsilon_c}{2}\pm\frac{\varepsilon_a-\varepsilon_c}{2}\left[1+\frac{4\left|V\right|^2}{\left(\varepsilon_a-\varepsilon_c\right)^2}\right]\\&=\frac{\varepsilon_a+\varepsilon_c}{2}\pm\left[\frac{\varepsilon_a-\varepsilon_c}{2}+\frac{2\left|V\right|^2}{\left(\varepsilon_a-\varepsilon_c\right)}\right].\end{aligned}$$

因此, $E_1=\varepsilon_a, E_+=\varepsilon_a+\dfrac{2\left|V\right|^2}{\varepsilon_a-\varepsilon_c}, E_-=\varepsilon_c-\dfrac{2\left|V\right|^2}{\varepsilon_a-\varepsilon_c}$.

(c) 非简并微扰理论对应的三个量子态分别为 $(1,0,0)$, $(0,1,0)$ 和 $(0,0,1)$;

$$E_1\approx\varepsilon_a+H'_{11}+\sum_{n\neq1}\frac{\left|H'_{n1}\right|^2}{\varepsilon_a-E_n^0},$$

由

$$H'_{11}=\begin{pmatrix}1&0&0\end{pmatrix}\begin{pmatrix}0&0&V\\0&0&V\\V^*&V^*&0\end{pmatrix}\begin{pmatrix}1\\0\\0\end{pmatrix}=0,$$

$$H'_{21}=\begin{pmatrix}0&1&0\end{pmatrix}\begin{pmatrix}0&0&V\\0&0&V\\V^*&V^*&0\end{pmatrix}\begin{pmatrix}1\\0\\0\end{pmatrix}=0,$$

$$H'_{31}=\begin{pmatrix}0&0&1\end{pmatrix}\begin{pmatrix}0&0&V\\0&0&V\\V^*&V^*&0\end{pmatrix}\begin{pmatrix}1\\0\\0\end{pmatrix}=V^*,$$

可得

$$\begin{aligned}E_1&\approx\varepsilon_a+0+\frac{\left|V\right|^2}{\varepsilon_a-\varepsilon_c}\\&=\varepsilon_a+\frac{\left|V\right|^2}{\varepsilon_a-\varepsilon_c}.\end{aligned}$$

同理,

$$\begin{aligned}E_2&\approx\varepsilon_a+H'_{22}+\sum_{n\neq2}\frac{\left|H'_{n2}\right|^2}{\varepsilon_a-E_n^0}\\&=\varepsilon_a+\frac{\left|V\right|^2}{\varepsilon_a-\varepsilon_c},\\E_3&\approx\varepsilon_c+H'_{33}+\sum_{n\neq3}\frac{\left|H'_{n3}\right|^2}{\varepsilon_c-E_n^0}\\&=\varepsilon_c+2\frac{\left|V\right|^2}{\varepsilon_c-\varepsilon_a}.\end{aligned}$$

习题 7.40　如果方程 (7.33) 中平方根消失, 即 $E_+^1 = E_-^1$; 简并在一阶近似下是无法消除的. 在这种情况下, 对 $\mathcal{W}$ 矩阵对角化不能起到限制 α 和 β 的作用, 因此你依然无法知道 "好" 态是什么. 如果你需要去确定 "好" 态——例如, 需要计算高阶修正——你需要采用**二阶简并微扰理论**.

(a) 证明: 对于在 7.2.1 节中学习过的二重简并, 在简并微扰理论中, 波函数的一阶修正是

$$\psi^1 = \sum_{m\neq a,b} \frac{\alpha V_{ma} + \beta V_{mb}}{E^0 - E_m^0}\psi_m^0.$$

(b) 考虑 λ^2 项 (对应非简并情况中的方程 (7.8)), 证明: α 和 β 可以通过求 $\mathcal{W}^2$ (上标表示二阶符号而不是 $\mathcal{W}$ 的平方) 矩阵的本征矢来确定, 其中

$$\left[\mathcal{W}^2\right]_{ij} = \sum_{m\neq a,b} \frac{\left\langle\psi_i^0\right| H' \left|\psi_m^0\right\rangle \left\langle\psi_m^0\right| H' \left|\psi_j^0\right\rangle}{E^0 - E_m^0},$$

并且该矩阵的本征值对应于二阶能量 E^2.

(c) 证明: 在 (b) 中发展的二阶简并微扰理论为习题 7.39 中的三态哈密顿量给出了正确的能量二阶修正.

证明　(a) 由 $\left(H^0 - E_n^0\right)\psi_n^1 = -\left(H^1 - E_n^1\right)\psi_n^0$, 其中 ψ_n^1 为一阶微扰波函数, 是无微扰本征波函数 ψ_n^0 的线性组合. 上式两边左乘 $\psi_m^0\,(m\neq n)$ 并积分, 得

$$E_m^0\left\langle\psi_m^0|\psi_n^1\right\rangle - E_n^0\left\langle\psi_m^0|\psi_n^1\right\rangle = -\left\langle\psi_m^0\right| H' \left|\psi_n^0\right\rangle + E_n^1\left\langle\psi_m^0|\psi_n^0\right\rangle,$$

其中 $\left\langle\psi_m^0|\psi_n^0\right\rangle = 0$.

因此, $\left\langle\psi_m^0|\psi_n^1\right\rangle = \dfrac{\left\langle\psi_m^0\right| H' \left|\psi_n^0\right\rangle}{E_n^0 - E_m^0}$.

令 $\psi_n^0 = \alpha\psi_a^0 + \beta\psi_b^0$, 则

$$\left\langle\psi_m^0|\psi_n^1\right\rangle = \frac{\left\langle\psi_m^0\right| H' \left|\alpha\psi_a^0 + \beta\psi_b^0\right\rangle}{E_n^0 - E_m^0} = \frac{\alpha H'_{ma} + \beta H'_{mb}}{E_n^0 - E_m^0}.$$

所以, 一阶修正波函数为

$$\psi_n^1 = \sum_{m\neq a,b} \frac{\alpha H'_{ma} + \beta H'_{mb}}{E_n^0 - E_m^0}\,\psi_m^0.$$

由于考虑的是一个简并能级, 可以将指标 n 去掉, 为保持与题目一致, 可将 H' 换成 V, 得

$$\psi^1 = \sum_{m\neq a,b} \frac{\alpha V_{ma} + \beta V_{mb}}{E^0 - E_m^0}\,\psi_m^0.$$

(b) 二阶修正等式为

$$H^0\psi_n^2 + H'\psi_n^1 = E_n^0\psi_n^2 + E_n^1\psi_n^1 + E_n^2\psi_n^0,$$

令 ψ_n 为 ψ, 分别采用 ψ_a^0 和 ψ_b^0 乘以上式左边并进行内积, 得

$$\left\langle\psi_a^0\right| H^0 \left|\psi^2\right\rangle + \left\langle\psi_a^0\right| H' \left|\psi^1\right\rangle = E^0\left\langle\psi_a^0 \mid \psi^2\right\rangle + E^1\left\langle\psi_a^0 \mid \psi^1\right\rangle + E^2\left\langle\psi_a^0 \mid \psi^0\right\rangle,$$

$$E^0\left\langle\psi_a^0 \mid \psi^2\right\rangle + \left\langle\psi_a^0\right| H' \left|\psi^1\right\rangle = E^0\left\langle\psi_a^0 \mid \psi^2\right\rangle + E^1\left\langle\psi_a^0 \mid \psi^1\right\rangle + E^2\left\langle\psi_a^0 \mid \psi^0\right\rangle.$$

由于 $\psi^0=\alpha\psi_a^0+\beta\psi_b^0$, 所以 $\langle\psi_a^0\mid\psi^0\rangle=\alpha$. 因此, 上式可化简为

$$\left\langle\psi_a^0\right|H'\left|\psi^1\right\rangle=\alpha E^2.$$

同理, 可得 $\left\langle\psi_b^0\right|H'\left|\psi^1\right\rangle=\beta E^2$.

将 (a) 中的结论 $\psi^1=\sum\limits_{m\neq a,b}\dfrac{\alpha H'_{ma}+\beta H'_{mb}}{E^0-E_m^0}\psi_m^0$ 代入以上两式, 得

$$\sum_{m\neq a,b}\frac{\alpha H'_{ma}+\beta H'_{mb}}{E^0-E_m^0}\left\langle\psi_a^0\right|H'\left|\psi_m^0\right\rangle=\sum_{m\neq a,b}\frac{\alpha H'_{ma}+\beta H'_{mb}}{E^0-E_m^0}H'_{am}=\alpha E^2,$$

$$\sum_{m\neq a,b}\frac{\alpha H'_{ma}+\beta H'_{mb}}{E^0-E_m^0}\left\langle\psi_b^0\right|H'\left|\psi_m^0\right\rangle=\sum_{m\neq a,b}\frac{\alpha H'_{ma}+\beta H'_{mb}}{E^0-E_m^0}H'_{bm}=\beta E^2.$$

将两式结合起来, 可以写为

$$\sum_{m\neq a,b}\frac{1}{E^0-E_m^0}\begin{pmatrix}|H'_{ma}|^2 & H'_{am}H'_{mb}\\ H'_{bm}H'_{ma} & |H'_{mb}|^2\end{pmatrix}\begin{pmatrix}\alpha\\ \beta\end{pmatrix}=E^2\begin{pmatrix}\alpha\\ \beta\end{pmatrix}.$$

做代换 $a,b\to i,j$, 得

$$\left[\mathcal{W}^2\right]_{ij}=\sum_{m\neq a,b}\frac{\left\langle\psi_i^0\right|H'\left|\psi_m^0\right\rangle\left\langle\psi_m^0\right|H'\left|\psi_j^0\right\rangle}{E^0-E_m^0}.$$

(c) 对应于习题 7.39, 如矩阵元 $H'_{ma},a=1,m=3$ 时,

$$H'_{31}=(0\ \ 0\ \ 1)\begin{pmatrix}0 & 0 & V\\ 0 & 0 & V\\ V^* & V^* & 0\end{pmatrix}\begin{pmatrix}1\\ 0\\ 0\end{pmatrix}=V^*.$$

所以,

$$\left|H'_{31}\right|^2=|V|^2.$$

同理, 可得 $H'_{13}H'_{32}=|V|^2,H'_{23}H'_{31}=|V|^2$ 和 $\left|H'_{32}\right|^2=|V|^2$.

因此, $\mathcal{W}^2$ 矩阵为

$$\mathcal{W}^2=\frac{1}{\varepsilon_a-\varepsilon_c}\begin{pmatrix}|V|^2 & |V|^2\\ |V|^2 & |V|^2\end{pmatrix}.$$

对应的本征矢为

$$\frac{1}{\sqrt{2}}\begin{pmatrix}1\\ \pm1\end{pmatrix},$$

因此, “好” 的量子态为 $\psi_\pm^0=\dfrac{\psi_a^0\pm\psi_b^0}{\sqrt{2}}$,

简并能级的二阶修正由 $\mathcal{W}^2$ 矩阵的久期方程得出:

$$\frac{1}{\varepsilon_a-\varepsilon_c}\begin{vmatrix}|V|^2-E'^2 & |V|^2\\ |V|^2 & |V|^2-E'^2\end{vmatrix}=0.$$

因此, $E_+^2=\dfrac{E_+'^2}{\varepsilon_a-\varepsilon_c}=2\dfrac{|V|^2}{\varepsilon_a-\varepsilon_c}$ 和 $E_-^2=0$.

****习题 7.41**　质量为 m 的自由粒子限制在周长为 L 的圆环上, 满足 $\psi(x+L)=\psi(x)$. 无微扰哈密顿量为

$$H^0=-\frac{\hbar^2}{2m}\frac{\mathrm{d}^2}{\mathrm{d}x^2},$$

在此基础上加入一个微扰

$$H'=V_0\cos\left(2\pi\frac{x}{L}\right).$$

(a) 证明：无微扰态可写成

$$\psi_n^0(x)=\frac{1}{\sqrt{L}}\mathrm{e}^{\mathrm{i}2\pi nx/L}.$$

对于 $n=0,\pm1,\pm2$, 除了 $n=0$ 外, 所有的态都是二重简并的.

(b) 求微扰矩阵元的一般表达式

$$H'_{mn}=\left\langle\psi_m^0\right|H'\left|\psi_n^0\right\rangle.$$

(c) 考虑一对简并态 $n=\pm1$. 构建 $\mathcal{W}$ 矩阵并计算一阶能量修正 E^1. 注意在一阶微扰下简并没有消除. 因此, 对角化 $\mathcal{W}$ 矩阵并不能给出什么是“好”态.

(d) 对 $n=\pm1$ 的态构建 $\mathcal{W}^2$ 矩阵 (习题 7.40), 证明：简并度在二阶近似下消除. 对 $n=\pm1$ 态的“好”的线性组合是什么?

(e) 对于这些态, 精确到二阶修正的能量是多少?①

解答　(a) 薛定谔方程为

$$-\frac{\hbar^2}{2m}\frac{\mathrm{d}^2}{\mathrm{d}x^2}\psi(x)=E\psi(x),$$

$$\frac{\mathrm{d}^2}{\mathrm{d}x^2}\psi(x)+\frac{2mE}{\hbar^2}\psi(x)=0,$$

令 $k=\sqrt{\dfrac{2mE}{\hbar^2}}$,

$$\frac{\mathrm{d}^2}{\mathrm{d}x^2}\psi(x)+k^2\psi(x)=0,$$

所以,

$$\psi(x)=A\mathrm{e}^{\mathrm{i}kx};$$

根据边界条件 $\psi(0)=\psi(L)$, 可得 $\mathrm{e}^{\mathrm{i}kL}=1, kL=2n\pi\ (n=0,\pm1,\pm2,\cdots)$, 所以,

$$\psi_n^0(x)=\frac{1}{\sqrt{L}}\mathrm{e}^{\mathrm{i}2\pi nx/L}.$$

对应的能量本征值为

$$k=\sqrt{\frac{2mE}{\hbar^2}}=\frac{2n\pi}{L},$$

$$E_n^0=\frac{2n^2\pi^2\hbar^2}{mL^2}=n^2E_1^0.$$

① 对该问题的进一步讨论, 参见 D. Kiang, *Am. J. Phys.* **46** (11), 1978 和 L.-K. Chen, *Am. J. Phys.* **72** (7), 2004. 结果表明, 在微扰理论中, 每个简并能级 $E_{\pm n}^0$ 在二阶修正发生分裂. 当 $H=H^0+H^1$ 不含时薛定谔方程简化为 **Mathieu 方程**时, 也可得到问题的精确解.

(b) 微扰矩阵元的一般表达式

$$\begin{aligned}H'_{mn} &= \int_0^L \psi_m^{0*}(x)\, H' \psi_n^0(x)\, \mathrm{d}x \\ &= \int_0^L \frac{1}{\sqrt{L}} \mathrm{e}^{-\mathrm{i}2\pi m x/L} V_0 \cos\left(2\pi \frac{x}{L}\right) \frac{1}{\sqrt{L}} \mathrm{e}^{\mathrm{i}2\pi n x/L} \mathrm{d}x \\ &= \frac{V_0}{L} \int_0^L \mathrm{e}^{\mathrm{i}2\pi(n-m)x/L} \frac{\mathrm{e}^{\mathrm{i}2\pi x/L} + \mathrm{e}^{-\mathrm{i}2\pi x/L}}{2} \mathrm{d}x \\ &= \frac{V_0}{2L} \int_0^L \left[\mathrm{e}^{\mathrm{i}2\pi(n-m+1)x/L} + \mathrm{e}^{\mathrm{i}2\pi(n-m-1)x/L}\right] \mathrm{d}x.\end{aligned}$$

由于当 $N \neq 0$ 时,

$$\int_0^L \mathrm{e}^{\mathrm{i}2\pi N x/L} \mathrm{d}x = \left.\frac{\mathrm{e}^{\mathrm{i}2\pi N x/L}}{\mathrm{i}2\pi N/L}\right|_0^L = \frac{\mathrm{e}^{\mathrm{i}2\pi N} - 1}{\mathrm{i}2\pi N/L} = 0,$$

当 $N = 0$ 时, 积分值为 L.

因此, 微扰矩阵元的通式可以写为

$$H'_{mn} = \frac{V_0}{2}\left(\delta_{m,n+1} + \delta_{m,n-1}\right).$$

(c) 对简并态 $n = \pm 1$, 构建 $\mathcal{W}$ 矩阵

$$\begin{aligned}W_{1,1} &= H'_{1,1} = \frac{V_0}{2}\left(\delta_{1,1+1} + \delta_{1,1-1}\right) = \frac{V_0}{2}\left(\delta_{1,2} + \delta_{1,0}\right) = 0, \\ W_{1,-1} &= H'_{1,-1} = \frac{V_0}{2}\left(\delta_{1,1-1} + \delta_{1,1+1}\right) = \frac{V_0}{2}\left(\delta_{1,0} + \delta_{1,2}\right) = 0, \\ W_{-1,1} &= H'_{-1,1} = \frac{V_0}{2}\left(\delta_{-1,1+1} + \delta_{-1,1-1}\right) = \frac{V_0}{2}\left(\delta_{-1,2} + \delta_{-1,0}\right) = 0, \\ W_{-1,-1} &= H'_{-1,-1} = \frac{V_0}{2}\left(\delta_{-1,-1+1} + \delta_{-1,-1-1}\right) = \frac{V_0}{2}\left(\delta_{-1,0} + \delta_{-1,-2}\right) = 0.\end{aligned}$$

因此, $\mathcal{W} = \begin{pmatrix} 0 & 0 \\ 0 & 0 \end{pmatrix}$, 能量的一阶修正为零.

(d) 对 $n = \pm 1$ 的态构建 $\mathcal{W}^2$ 矩阵, 四个二阶矩阵元分别为

$$\begin{aligned}W_{1,1}^2 &= \sum_{m \neq 1,-1} \frac{H'_{1,m} H'_{m,1}}{E_{\pm 1}^0 - E_m^0} = \frac{\left|H'_{1,0}\right|^2}{E_{\pm 1}^0 - E_0^0} + \frac{\left|H'_{1,2}\right|^2}{E_{\pm 1}^0 - E_2^0} \\ &= \left(\frac{V_0}{2}\right)^2 \left(\frac{1}{E_1^0} + \frac{1}{E_1^0 - 2^2 E_1^0}\right) = \frac{V_0^2}{6E_1^0}, \\ W_{1,-1}^2 &= \sum_{m \neq 1,-1} \frac{H'_{1,m} H'_{m,-1}}{E_{\pm 1}^0 - E_m^0} = \frac{H'_{1,0} H'_{0,-1}}{E_{\pm 1}^0 - E_0^0} = \left(\frac{V_0}{2}\right)^2 \left(\frac{1}{E_1^0}\right) = \frac{V_0^2}{4E_1^0}, \\ W_{-1,1}^2 &= W_{1,-1}^{2*} = \frac{V_0^2}{4E_1^0}, \\ W_{-1,-1}^2 &= \sum_{m \neq -1,-1} \frac{H'_{-1,m} H'_{m,-1}}{E_{\pm 1}^0 - E_m^0} = \frac{H'_{-1,0} H'_{0,-1}}{E_{\pm 1}^0 - E_0^0} + \frac{H'_{-1,-2} H'_{-2,-1}}{E_{\pm 1}^0 - E_2^0} \\ &= \left(\frac{V_0}{2}\right)^2 \left(\frac{1}{E_1^0} + \frac{1}{E_1^0 - 2^2 E_1^0}\right) = \frac{V_0^2}{6E_1^0}.\end{aligned}$$

因此, $\mathcal{W}^2$ 矩阵可写为

$$\mathcal{W}^2=\frac{V_0^2}{12E_1^0}\begin{pmatrix}2&3\\3&2\end{pmatrix}.$$

设能量本征值为 $\dfrac{V_0^2}{12E_1}\lambda$, 则 $\mathcal{W}^2$ 矩阵的久期方程为

$$\begin{vmatrix}2-\lambda&3\\3&2-\lambda\end{vmatrix}=0,\quad \lambda_+=5,\quad \lambda_-=-1.$$

因此, 能量二阶修正为

$$E_+^2=\frac{5V_0^2}{12E_1},\quad E_-^2=-\frac{V_0^2}{12E_1}.$$

本征矢为

$$\begin{pmatrix}2&3\\3&2\end{pmatrix}\begin{pmatrix}x\\y\end{pmatrix}=\lambda\begin{pmatrix}x\\y\end{pmatrix}\Rightarrow 2x+3y=\lambda x;$$

当 $\lambda=5$ 时, 得 $x=y$, 因此归一化本征矢为 $\dfrac{1}{\sqrt{2}}\begin{pmatrix}1\\1\end{pmatrix}$. 当 $\lambda=-1$ 时, 得 $x=-y$, 因此归一化本征矢为 $\dfrac{1}{\sqrt{2}}\begin{pmatrix}1\\-1\end{pmatrix}$.

所以, “好” 量子态为无微扰本征态的线性组合, 即

$$\psi_+=\frac{1}{\sqrt{2}}(\psi_1+\psi_{-1})=\frac{1}{\sqrt{2}}\left(\frac{1}{\sqrt{L}}\mathrm{e}^{\mathrm{i}2\pi x/L}+\frac{1}{\sqrt{L}}\mathrm{e}^{-\mathrm{i}2\pi x/L}\right)=\sqrt{\frac{2}{L}}\cos\left(\frac{2\pi x}{L}\right),$$

$$\psi_-=\frac{1}{\sqrt{2}}(\psi_1-\psi_{-1})=\frac{1}{\sqrt{2}}\left(\frac{1}{\sqrt{L}}\mathrm{e}^{\mathrm{i}2\pi x/L}-\frac{1}{\sqrt{L}}\mathrm{e}^{-\mathrm{i}2\pi x/L}\right)=\mathrm{i}\sqrt{\frac{2}{L}}\sin\left(\frac{2\pi x}{L}\right).$$

(e) 对于 $n=\pm1$ 的态, 能量的二阶修正为

$$\begin{aligned}E_+&=E_1^0+E_1^2+E_1^2=E_1^0+0+\frac{5V_0^2}{12E_1^0}\\&=\frac{2\pi^2\hbar^2}{mL^2}+\frac{5V_0^2}{12}\frac{mL^2}{2\pi^2\hbar^2}=\frac{2\pi^2\hbar^2}{mL^2}+\frac{5mL^2V_0^2}{24\pi^2\hbar^2},\\E_-&=E_{-1}^0+E_{-1}^2+E_{-1}^2=E_1^0+0-\frac{V_0^2}{12E_1^0}\\&=\frac{2\pi^2\hbar^2}{mL^2}-\frac{V_0^2}{12}\frac{mL^2}{2\pi^2\hbar^2}=\frac{2\pi^2\hbar^2}{mL^2}-\frac{mL^2V_0^2}{24\pi^2\hbar^2}.\end{aligned}$$

****习题 7.42** 费曼–赫尔曼定理 (习题 7.38) 可以用来确定氢原子 $1/r$ 和 $1/r^2$ 的期望值.[①] 径向波函数 (方程 (4.53)) 的有效哈密顿量为

$$H=-\frac{\hbar^2}{2m}\frac{\mathrm{d}^2}{\mathrm{d}r^2}+\frac{\hbar^2}{2m}\frac{\ell(\ell+1)}{r^2}-\frac{e^2}{4\pi\varepsilon_0}\frac{1}{r},$$

① C. Sánchez del Rio, *Am. J. Phys.* **50**, 556 (1982); H. S. Valk, *Am. J. Phys.* **54**, 921(1986).

能量本征值 (表示 ℓ 的函数)[①] 为 (方程 (4.70))

$$E_n = -\frac{me^4}{32\pi^2\varepsilon_0^2\hbar^2 (N+\ell)^2}.$$

(a) 令费曼–赫尔曼定理中的 $\lambda = e$ 可以得到 $\langle 1/r \rangle$. 对比方程 (7.56) 验证你的结果.

(b) 令费曼–赫尔曼定理中的 $\lambda = \ell$ 可以得到 $\langle 1/r^2 \rangle$. 对比方程 (7.57) 验证你的结果.

解答　(a) 对参数求偏导

$$\frac{\partial E_n}{\partial e} = -\frac{4me^3}{32\pi^2\varepsilon_0^2\hbar^2 (N+\ell)^2} = \frac{4}{e}E_n,$$

$$\frac{\partial H}{\partial e} = -\frac{2e}{4\pi\varepsilon_0}\frac{1}{r} = -\frac{e}{2\pi\varepsilon_0}\frac{1}{r}.$$

由费曼–赫尔曼定理, 得

$$\frac{4}{e}E_n = -\frac{e}{2\pi\varepsilon_0}\left\langle \frac{1}{r} \right\rangle \Rightarrow \left\langle \frac{1}{r} \right\rangle = -\left(\frac{8\pi\varepsilon_0}{e^2}\right)E_n$$
$$= \left(\frac{8\pi\varepsilon_0}{e^2}\right)\frac{me^4}{32\pi^2\varepsilon_0^2\hbar^2 n^2} = \frac{me^2}{4\pi\varepsilon_0\hbar^2 n^2} = \frac{1}{an^2}.$$

(b) 对参数求偏导

$$\frac{\partial E_n}{\partial l} = \frac{2me^4}{32\pi^2\varepsilon_0^2\hbar^2 (N+\ell)^3} = -\frac{2E_n}{n},$$

$$\frac{\partial H}{\partial \ell} = \frac{\hbar^2}{2mr^2}(2\ell+1).$$

由费曼–赫尔曼定理, 得

$$-\frac{2E_n}{n} = \frac{\hbar^2 (2\ell+1)}{2m}\left\langle \frac{1}{r^2} \right\rangle,$$

$$\left\langle \frac{1}{r^2} \right\rangle = -\frac{4mE_n}{n\hbar^2(2\ell+1)} = \frac{4m}{n\hbar^2(2\ell+1)}\frac{me^4}{32\pi^2\varepsilon_0^2\hbar^2 n^2}$$
$$= \frac{2}{n^3(2\ell+1)}\left(\frac{me^2}{4\pi\varepsilon_0\hbar^2}\right)^2 = \frac{1}{n^3(\ell+1/2)a^2}.$$

*****习题 7.43**　证明: **克拉默斯关系**[②]

$$\frac{s+1}{n^2}\langle r^s \rangle - (2s+1)a\langle r^{s-1} \rangle + \frac{s}{4}\left[(2\ell+1)^2 - s^2\right]a^2\langle r^{s-2} \rangle = 0.$$

对氢原子 $\psi_{n\ell m}$ 态的电子, 它将 r 的期望值与三个不同的幂 (s, $s-1$ 和 $s-2$) 联系起来. **提示**　重新将径向方程 (方程 (4.53)) 写成如下形式:

① 在 (b) 部分, 我们把 ℓ 看作一个连续变量; 根据方程 (4.67), n 变为 ℓ 的函数, 因为 N 必须是整数, 所以 N 被固定. 为了避免混淆, 我去掉了 n, 以明确地揭示对 ℓ 的依赖.

② 这也被称为 (第二个) **Pasternack 关系**. 参见 H. Beker, *Am. J. Phys.* **65**, 1118 (1997). 对基于费曼–赫尔曼定理 (习题 7.38) 上的证明, 参见 S. Balasubramanian, *Am. J. Phys.* **68**, 959 (2000).

$$u'' = \left[\frac{\ell(\ell+1)}{r^2} - \frac{2}{ar} + \frac{1}{n^2a^2}\right]u,$$

并用它与 $\langle r^s\rangle, \langle r^{s-1}\rangle$ 和 $\langle r^{s-2}\rangle$ 表示 $\int (ur^s u'')\,\mathrm{d}r$. 然后利用分部积分将二次导数降阶. 证明: $\int (ur^s u')\,\mathrm{d}r = -(s/2)\langle r^{s-1}\rangle$ 和 $\int (u'r^s u')\,\mathrm{d}r = -[2/(s+1)]\int (u''r^{s+1}u')\,\mathrm{d}r$. 可从这里接着研究.

证明　由径向方程 (4.53)

$$-\frac{\hbar^2}{2m}\frac{d^2u}{\mathrm{d}r^2} + \left[-\frac{e^2}{4\pi\varepsilon_0}\frac{1}{r} + \frac{\hbar^2}{2m}\frac{\ell(\ell+1)}{r^2}\right]u = Eu.$$

可写为

$$u'' = \left[\frac{\ell(\ell+1)}{r^2} - \frac{2mE_n}{\hbar^2} - \frac{2m}{\hbar^2}\left(\frac{e^2}{4\pi\varepsilon_0}\right)\frac{1}{r}\right].$$

由于

$$E_n = \frac{E_1}{n^2},\quad E_1 = -\frac{m}{2\hbar^2}\left(\frac{e^2}{4\pi\varepsilon_0}\right)^2,\quad a = \frac{4\pi\varepsilon_0\hbar^2}{me^2},$$

$$\Rightarrow -\frac{2mE_n}{\hbar^2} = \left(\frac{me^2}{\hbar^2 4\pi\varepsilon_0}\right)^2\frac{1}{n^2} = \frac{1}{a^2n^2}.$$

由此径向方程可写为

$$u'' = \left[\frac{\ell(\ell+1)}{r^2} - \frac{2}{ar} + \frac{1}{n^2a^2}\right]u,$$

$$\begin{aligned}\int (ur^s u'')\,\mathrm{d}r &= \int ur^s\left[\frac{\ell(\ell+1)}{r^2} - \frac{2}{ar} + \frac{1}{n^2a^2}\right]u\mathrm{d}r\\ &= \ell(\ell+1)\langle r^{s-2}\rangle - \frac{2}{a}\langle r^{s-1}\rangle + \frac{1}{n^2a^2}\langle r^s\rangle,\end{aligned}$$

用分部积分方法逐次降低幂指数, 结合波函数在无穷远处为零的条件, 得

$$\begin{aligned}\int (ur^s u'')\,\mathrm{d}r &= \int (ur^s)\,\mathrm{d}u' = 0 - \int \frac{\mathrm{d}}{\mathrm{d}r}(ur^s)\,u'\mathrm{d}r\\ &= -\int (u'r^s u')\,\mathrm{d}r - s\int (ur^{s-1}u')\,\mathrm{d}r.\end{aligned}$$

引理 1:

$$\begin{aligned}\int (ur^s u')\,\mathrm{d}r &= \int (ur^s)\,\mathrm{d}u = 0 - \int \frac{\mathrm{d}}{\mathrm{d}r}(ur^s)\,u\mathrm{d}r\\ &= -\int (u'r^s u)\,\mathrm{d}r - s\int (ur^{s-1}u)\,\mathrm{d}r,\end{aligned}$$

$$2\int (ur^s u')\,\mathrm{d}r = -s\int ur^{s-1}u\mathrm{d}r.$$

引理 2:

$$\begin{aligned}\int (u''r^{s+1}u')\,\mathrm{d}r &= \int (u'r^s)\,\mathrm{d}u' = 0 - \int \frac{\mathrm{d}}{\mathrm{d}r}(u'r^{s+1})\,u'\mathrm{d}r\\ &= -(s+1)\int (u'r^s u')\,\mathrm{d}r - \int (u'r^{s+1}u'')\,\mathrm{d}r,\end{aligned}$$

$$2\int\left(u''r^{s+1}u'\right)\mathrm{d}r=-\left(s+1\right)\int\left(u'r^{s}u'\right)\mathrm{d}r.$$

引理 3:
综合上述结果, 得

$$\begin{aligned}\int\left(u'r^{s}u'\right)\mathrm{d}r&=-\frac{2}{s+1}\int\left[\frac{\ell\left(\ell+1\right)}{r^{2}}-\frac{2}{ar}+\frac{1}{n^{2}a^{2}}\right]\left(ur^{s+1}u'\right)\mathrm{d}r\\&=-\frac{2}{s+1}\left[\ell\left(\ell+1\right)\int\left(ur^{s-1}u'\right)\mathrm{d}r-\frac{2}{a}\int\left(ur^{s}u'\right)\mathrm{d}r\right.\\&\quad\left.+\frac{1}{n^{2}a^{2}}\int\left(ur^{s+1}u'\right)\mathrm{d}r\right]\\&=-\frac{2}{s+1}\left[\ell\left(\ell+1\right)\left(-\frac{s-1}{2}\left\langle r^{s-2}\right\rangle\right)\right.\\&\quad\left.-\frac{2}{a}\left(-\frac{s}{2}\left\langle r^{s-1}\right\rangle\right)+\frac{1}{n^{2}a^{2}}\left(-\frac{s+1}{2}\left\langle r^{s}\right\rangle\right)\right]\\&=\ell\left(\ell+1\right)\left(\frac{s-1}{s+1}\right)\left\langle r^{s-2}\right\rangle-\frac{2}{a}\left(\frac{s}{s+1}\right)\left\langle r^{s-1}\right\rangle+\frac{1}{n^{2}a^{2}}\left\langle r^{s}\right\rangle.\end{aligned}$$

$$\begin{aligned}\int\left(ur^{s}u''\right)\mathrm{d}r&=\ell\left(\ell+1\right)\left\langle r^{s-2}\right\rangle-\frac{2}{a}\left\langle r^{s-1}\right\rangle+\frac{1}{n^{2}a^{2}}\left\langle r^{s}\right\rangle\\&=-\int\left(u'r^{s}u'\right)\mathrm{d}r-s\int\left(ur^{s-1}u'\right)\mathrm{d}r\\&=-\ell\left(\ell+1\right)\left(\frac{s-1}{s+1}\right)\left\langle r^{s-2}\right\rangle+\frac{2}{a}\left(\frac{s}{s+1}\right)\left\langle r^{s-1}\right\rangle\\&\quad-\frac{1}{n^{2}a^{2}}\left\langle r^{s}\right\rangle+\frac{s\left(s-1\right)}{2}\left\langle r^{s-2}\right\rangle.\end{aligned}$$

移项并合并得到克拉默斯关系, 即

$$\frac{s+1}{n^{2}}\left\langle r^{s}\right\rangle-\left(2s+1\right)a\left\langle r^{s-1}\right\rangle+\frac{s}{4}\left[\left(2\ell+1\right)^{2}-s^{2}\right]a^{2}\left\langle r^{s-2}\right\rangle=0.$$

习题 7.44

(a) 分别将 $s=0,s=1,s=2$ 和 $s=3$ 代入克拉默斯关系 (方程 (7.113)) 得到 $\langle r^{-1}\rangle$、$\langle r\rangle$、$\langle r^{2}\rangle$ 和 $\langle r^{3}\rangle$ 的公式. 请注意可以无限次进行该过程, 得到任意的正幂次项.

(b) 然而, 当你向另外一个方向重复这个过程时, 将遇到一个障碍. 把 $s=-1$ 代入, 证明你能得到的只有 $\langle r^{-2}\rangle$ 和 $\langle r^{-3}\rangle$ 的关系式.

(c) 但如果你能够通过其他方法得到 $\langle r^{-2}\rangle$, 你仍然可以利用克拉默斯关系得到其他负幂次项. 利用方程 (7.57) (在习题 7.42 中推导出) 确定 $\langle r^{-3}\rangle$ 的大小, 利用方程 (7.66) 验证你的结果.

解答 (a) $s=0$,

$$\frac{1}{n^{2}}\left\langle 1\right\rangle-a\left\langle r^{-1}\right\rangle+0=0\Rightarrow\left\langle r^{-1}\right\rangle=\frac{1}{n^{2}a}.$$

$s=1$,

$$\frac{2}{n^2}\langle r\rangle-3a\langle 1\rangle+\frac{1}{4}\left[(2\ell+1)^2-1\right]a^2\left\langle r^{-1}\right\rangle=0$$

$$\Rightarrow\frac{2}{n^2}\langle r\rangle=3a\langle 1\rangle-\frac{1}{4}\left[(2\ell+1)^2-1\right]a^2\left\langle r^{-1}\right\rangle,$$

$$\langle r\rangle=\frac{n^2}{2}\left[3a-\ell(\ell+1)\frac{a}{n^2}\right]=\frac{a}{2}\left[3n^2-\ell(\ell+1)\right].$$

$s=2$,

$$\frac{3}{n^2}\left\langle r^2\right\rangle-5a\langle r\rangle+\frac{1}{2}\left[(2\ell+1)^2-4\right]a^2\langle 1\rangle=0$$

$$\Rightarrow\frac{3}{n^2}\left\langle r^2\right\rangle=5a\langle r\rangle-\frac{1}{2}\left[(2\ell+1)^2-4\right]a^2,$$

$$\left\langle r^2\right\rangle=\frac{n^2a^2}{2}\left[5n^2-3\ell(\ell+1)+1\right].$$

$s=3$,

$$\frac{4}{n^2}\left\langle r^3\right\rangle-7a\left\langle r^2\right\rangle+\frac{3}{4}\left[(2\ell+1)^2-9\right]a^2\langle r\rangle=0$$

$$\Rightarrow\frac{4}{n^2}\left\langle r^3\right\rangle=7a\left\langle r^2\right\rangle-\frac{3}{4}\left[(2\ell+1)^2-9\right]a^2\langle r\rangle,$$

$$\left\langle r^3\right\rangle=\frac{n^2a^3}{8}\left[35n^4+25n^2-30\ell(\ell+1)+3\ell^2(\ell+1)^2-6\ell(\ell+1)\right].$$

(b) $s=-1$,

$$0+a\left\langle r^{-2}\right\rangle-\frac{1}{4}\left[(2\ell+1)^2-1\right]a^2\left\langle r^{-3}\right\rangle=0$$

$$\Rightarrow\left\langle r^{-2}\right\rangle=a\ell(\ell+1)\left\langle r^{-3}\right\rangle.$$

(c) 利用习题 7.42 中的结果

$$\left\langle r^{-2}\right\rangle=\frac{1}{n^3(\ell+1/2)a^2},$$

得

$$\left\langle r^{-3}\right\rangle=\frac{\left\langle r^{-2}\right\rangle}{a\ell(\ell+1)}=\frac{1}{\ell(\ell+1/2)(\ell+1)n^3a^3}.$$

*****习题 7.45**　原子置于一个恒定外电场 $\boldsymbol{E}_{\text{ext}}$ 中, 其电子能级将发生分裂——该现象被称为**斯塔克效应** (它在电学上和塞曼效应相对应). 本题研究氢原子 $n=1$ 和 $n=2$ 态能级的斯塔克效应. 令电场沿 z 轴方向, 因此电子的势能为

$$H_S'=eE_{\text{ext}}z=eE_{\text{ext}}r\cos\theta.$$

将其看成加在玻尔哈密顿量 (方程 (7.43)) 上的微扰. (自旋和这个问题无关, 所以我们将其忽略, 忽略精细结构的影响.)

(a) 证明: 在一阶修正下, 基态能量不受微扰的影响.

(b) 第一激发态是四重简并的: $\psi_{200},\psi_{211},\psi_{210},\psi_{21-1}$. 利用简并微扰理论确定能量的一阶修正. E_2 将分裂为几条能级?

(c) 问题 (b) 的 "好" 波函数是什么? 求出在这些 "好" 态中电偶极矩 ($\boldsymbol{p}_e=-e\boldsymbol{r}$) 的期望值. 注意结果将与施加场没有关系——显然, 处在第一激发态的氢原子可以具有恒定的电偶极矩.

提示　本题中涉及很多积分需要计算, 但几乎所有的积分都为零. 所以在你计算每一个积分前, 要仔细分析: 如果 ϕ 积分为零, 那么无需计算 r 和 θ 的积

分！如果使用 6.4.3 节和 6.7.2 节的选择规则，则可以完全避免这些积分. 部分答案：$W_{13}=W_{31}=-3eaE_{\text{ext}}$；其他所有的部分都为零.

解答 (a) 氢原子基态为 $|1\ \ 0\ \ 0\rangle=\dfrac{1}{\sqrt{\pi a^3}}\mathrm{e}^{-r/a}$, 非简并, 能量一阶修正为

$$\begin{aligned}E_0^1&=\left\langle 1\quad 0\quad 0\left|H_S'\right|1\quad 0\quad 0\right\rangle\\&=\frac{eE_{\text{ext}}}{\pi a^3}\int \mathrm{e}^{-2r/a}r\cos\theta r^2\sin\theta\mathrm{d}r\mathrm{d}\theta\mathrm{d}\phi\\&=\frac{eE_{\text{ext}}}{\pi a^3}\int_0^\infty \mathrm{e}^{-2r/a}r^3\mathrm{d}r\underbrace{\int_0^\pi\cos\theta\sin\theta\mathrm{d}\theta}_{0}\int_0^{2\pi}\mathrm{d}\phi=0.\end{aligned}$$

(b) 第一激发态四重简并

$$\begin{aligned}|1\rangle&=\psi_{200}=\frac{1}{\sqrt{8\pi a^3}}\left(1-\frac{r}{2a}\right)\mathrm{e}^{-r/(2a)},\\|2\rangle&=\psi_{211}=-\frac{1}{\sqrt{64\pi a^5}}r\mathrm{e}^{-r/(2a)}\sin\theta\mathrm{e}^{\mathrm{i}\phi},\\|3\rangle&=\psi_{210}=\frac{1}{\sqrt{32\pi a^5}}r\mathrm{e}^{-r/(2a)}\cos\theta,\\|4\rangle&=\psi_{21-1}=\frac{1}{\sqrt{64\pi a^5}}r\mathrm{e}^{-r/(2a)}\sin\theta\mathrm{e}^{-\mathrm{i}\phi}.\end{aligned}$$

在简并子空间计算 H_S' 矩阵元, 发现仅有 $\langle 1|H'|3\rangle,\langle 3|H'|1\rangle$ 不为零, 其余为零.

$$\begin{aligned}\langle 1|H_S'|3\rangle=&\frac{1}{\sqrt{8\pi a^3}}\frac{1}{\sqrt{32\pi a^5}}eE_{\text{ext}}\underbrace{\int_0^\infty\left(1-\frac{r}{2a}\right)\mathrm{e}^{-r/a}r^4\mathrm{d}r}_{4!a^5-5!a^6/(2a)}\underbrace{\int_0^\pi\cos^2\theta\sin\theta\mathrm{d}\theta}_{2/3}\\&\times\underbrace{\int_0^{2\pi}\mathrm{d}\phi}_{2\pi}=-3aeE_{\text{ext}}.\end{aligned}$$

$\boldsymbol{\mathcal{H}}_S'$ 矩阵为

$$\boldsymbol{\mathcal{H}}_S'=-3aeE_{\text{ext}}\begin{pmatrix}0&0&1&0\\0&0&0&0\\1&0&0&0\\0&0&0&0\end{pmatrix},$$

设能量本征值为 $-3aeE_{\text{ext}}\lambda$. 解久期方程

$$\begin{vmatrix}-\lambda&0&1&0\\0&-\lambda&0&0\\1&0&-\lambda&0\\0&0&0&-\lambda\end{vmatrix}=-\lambda\begin{vmatrix}-\lambda&0&0\\0&-\lambda&0\\0&0&-\lambda\end{vmatrix}+\begin{vmatrix}0&1&0\\-\lambda&0&0\\0&0&-\lambda\end{vmatrix}=0,$$

得

$$\lambda^4-\lambda^2\Rightarrow\lambda=0,0,1,-1.$$

对应能量的一阶修正为

$$E=E_2,E_2,E_2-3aeE_{\text{ext}},E_2+3aeE_{\text{ext}}.$$

(c) 将本征值 $\lambda=0,0,1,-1$ 代入本征方程, 求本征函数

$$\begin{pmatrix} 0 & 0 & 1 & 0 \\ 0 & 0 & 0 & 0 \\ 1 & 0 & 0 & 0 \\ 0 & 0 & 0 & 0 \end{pmatrix}\begin{pmatrix} c_1 \\ c_2 \\ c_3 \\ c_4 \end{pmatrix}=\lambda\begin{pmatrix} c_1 \\ c_2 \\ c_3 \\ c_4 \end{pmatrix},$$

$\lambda=0$ 时, $c_1=0, c_3=0$, 考虑到归一化, $\lambda=0$ 的两个态可选为 ($c_2=1, c_4=0$ 或 $c_2=0, c_4=1$)

$$|\psi_{\lambda=0_1}\rangle=|2\rangle=\begin{pmatrix} 0 \\ 1 \\ 0 \\ 0 \end{pmatrix}, \quad |\psi_{\lambda=0_2}\rangle=|4\rangle=\begin{pmatrix} 0 \\ 0 \\ 0 \\ 1 \end{pmatrix}.$$

$\lambda=\pm1$ 时, $c_2=0, c_4=0, c_1=\pm c_3$, 归一化后, $\lambda=\pm1$ 的两个态为

$$|\psi_{\lambda=1}\rangle=\frac{1}{\sqrt{2}}\begin{pmatrix} 1 \\ 0 \\ 1 \\ 0 \end{pmatrix}, \quad |\psi_{\lambda=-1}\rangle=\frac{1}{\sqrt{2}}\begin{pmatrix} 1 \\ 0 \\ -1 \\ 0 \end{pmatrix}.$$

零阶近似波函数 (“好” 的波函数) 为

$$|\psi\rangle=\sum_{n=1}^{4} c_n |n\rangle.$$

对 $\lambda=0$, 零阶近似波函数为

$$|\psi_{\lambda=0_1}\rangle=(0 \quad 1 \quad 0 \quad 0)\begin{pmatrix} \psi_{200} \\ \psi_{211} \\ \psi_{210} \\ \psi_{21-1} \end{pmatrix}=\psi_{211},$$

$$|\psi_{\lambda=0_2}\rangle=(0 \quad 0 \quad 0 \quad 1)\begin{pmatrix} \psi_{200} \\ \psi_{211} \\ \psi_{210} \\ \psi_{21-1} \end{pmatrix}=\psi_{21-1}.$$

对 $\lambda=1$, 零阶近似波函数为

$$|\psi_{\lambda=1}\rangle=\frac{1}{\sqrt{2}}(1 \quad 0 \quad 1 \quad 0)\begin{pmatrix} \psi_{200} \\ \psi_{211} \\ \psi_{210} \\ \psi_{21-1} \end{pmatrix}=\frac{1}{\sqrt{2}}\left(\psi_{200}+\psi_{210}\right).$$

对 $\lambda=-1$, 零阶近似波函数为

$$|\psi_{\lambda=-1}\rangle=\frac{1}{\sqrt{2}}(1 \quad 0 \quad -1 \quad 0)\begin{pmatrix} \psi_{200} \\ \psi_{211} \\ \psi_{210} \\ \psi_{21-1} \end{pmatrix}=\frac{1}{\sqrt{2}}\left(\psi_{200}-\psi_{210}\right).$$

在这四个零阶近似波函数中求电偶极矩 ($\boldsymbol{p}_e = -e\boldsymbol{r}$) 的期望值:

对 $\lambda = 0$ 的两个态

$$\begin{aligned}\langle\psi_{\lambda=0_1}|\,\boldsymbol{p}_e\,|\psi_{\lambda=0_1}\rangle &= \langle 2|\,\boldsymbol{p}_e\,|2\rangle \\ &= \int \psi_{211}^*\,(-e\boldsymbol{r})\,\psi_{211}\mathrm{d}^3\boldsymbol{r} \\ &= -e\frac{1}{64\pi a^5}\int_0^\infty\int_0^\pi\int_0^{2\pi} r^2\mathrm{e}^{-r/a}\sin^2\theta\Big(r\sin\theta\cos\phi\hat{i} \\ &\quad + r\sin\theta\sin\phi\hat{j} + r\cos\theta\hat{k}\Big)r^2\sin\theta\mathrm{d}r\mathrm{d}\theta\mathrm{d}\phi \\ &= -e\frac{1}{64\pi a^5}\left[\int_0^\infty r^5\mathrm{e}^{-r/a}\mathrm{d}r\int_0^\pi\sin^4\theta\mathrm{d}\theta\underbrace{\int_0^{2\pi}\cos\phi\mathrm{d}\phi\,\hat{i}}_{0}\right. \\ &\quad + \int_0^\infty r^5\mathrm{e}^{-r/a}\mathrm{d}r\int_0^\pi\sin^4\theta\mathrm{d}\theta\underbrace{\int_0^{2\pi}\sin\phi\mathrm{d}\phi\,\hat{j}}_{0} \\ &\quad \left. + \int_0^\infty r^5\mathrm{e}^{-r/a}\mathrm{d}r\underbrace{\int_0^\pi\sin^3\theta\cos\theta\mathrm{d}\theta}_{0}\int_0^{2\pi}\mathrm{d}\phi\hat{k}\right] = 0.\end{aligned}$$

同样有

$$\langle\psi_{\lambda=0_2}|\,\boldsymbol{p}_e\,|\psi_{\lambda=0_2}\rangle = \langle 4|\,\boldsymbol{p}_e\,|4\rangle = \int \psi_{21-1}^*\,(-e\boldsymbol{r})\,\psi_{21-1}\mathrm{d}^3\boldsymbol{r} = 0.$$

对 $\lambda = \pm 1$ 的两个态

$$\begin{aligned}&\langle\psi_{\lambda=1}|\,\boldsymbol{p}_e\,|\psi_{\lambda=1}\rangle \\ &= \frac{1}{2}\left(\langle 1| + \langle 3|\right)\boldsymbol{p}_e\left(|1\rangle + |3\rangle\right) \\ &= \frac{1}{2}\int\left(\psi_{200}+\psi_{210}\right)^*(-e\boldsymbol{r})\left(\psi_{200}+\psi_{210}\right)\mathrm{d}^3\boldsymbol{r} \\ &= \frac{1}{2}\left[\underbrace{\int\psi_{200}^*\,(-e\boldsymbol{r})\,\psi_{200}\mathrm{d}^3\boldsymbol{r}}_{0} + \int\psi_{200}^*\,(-e\boldsymbol{r})\,\psi_{210}\mathrm{d}^3\boldsymbol{r}\right. \\ &\quad\left. + \int\psi_{210}^*\,(-e\boldsymbol{r})\,\psi_{200}\mathrm{d}^3\boldsymbol{r} + \underbrace{\int\psi_{210}^*\,(-e\boldsymbol{r})\,\psi_{210}\mathrm{d}^3\boldsymbol{r}}_{0}\right] \\ &= \int\psi_{200}\psi_{210}\,(-e\boldsymbol{r})\,\mathrm{d}^3\boldsymbol{r} \\ &= -e\frac{1}{8\pi a^3}\int_0^\infty\int_0^\pi\int_0^{2\pi}\left(1-\frac{r}{2a}\right)\left(\frac{r}{2a}\cos\theta\right)\mathrm{e}^{-r/a} \\ &\quad\times\left(r\sin\theta\cos\phi\hat{i} + r\sin\theta\sin\phi\hat{j} + r\cos\theta\hat{k}\right)r^2\sin\theta\mathrm{d}r\mathrm{d}\theta\mathrm{d}\phi\end{aligned}$$

$$
\begin{aligned}
&= -e\frac{1}{8\pi a^3}\frac{1}{2a}\left[\int_0^\infty\left(1-\frac{r}{2a}\right)r^4\mathrm{e}^{-r/a}\mathrm{d}r\int_0^\pi\sin^2\theta\cos\theta\mathrm{d}\theta\underbrace{\int_0^{2\pi}\cos\phi\mathrm{d}\phi}_{0}\,\hat{i}\right.\\
&\quad+\int_0^\infty\left(1-\frac{r}{2a}\right)r^4\mathrm{e}^{-r/a}\mathrm{d}r\int_0^\pi\sin^2\theta\cos\theta\mathrm{d}\theta\underbrace{\int_0^{2\pi}\sin\phi\mathrm{d}\phi}_{0}\hat{j}\\
&\quad\left.+\int_0^\infty\left(1-\frac{r}{2a}\right)r^4\mathrm{e}^{-r/a}\mathrm{d}r\underbrace{\int_0^\pi\sin\theta\cos^2\theta\mathrm{d}\theta}_{2/3}\underbrace{\int_0^{2\pi}\mathrm{d}\phi}_{2\pi}\,\hat{k}\right]\\
&= -e\frac{\hat{k}}{12a^4}\underbrace{\int_0^\infty\left(1-\frac{r}{2a}\right)r^4\mathrm{e}^{-r/a}\mathrm{d}r}_{4!a^5-5!a^6/2a}=3ea\hat{k}.
\end{aligned}
$$

同样可得

$$
\begin{aligned}
\langle\psi_{\lambda=-1}|\,\boldsymbol{p}_e\,|\psi_{\lambda=-1}\rangle &= \frac{1}{2}\left(\langle 1|-\langle 3|\right)\boldsymbol{p}_e\left(|1\rangle-|3\rangle\right)\\
&= \frac{1}{2}\int\left(\psi_{200}-\psi_{210}\right)^*\left(-e\boldsymbol{r}\right)\left(\psi_{200}-\psi_{210}\right)\mathrm{d}^3\boldsymbol{r}\\
&= -\int\psi_{200}\psi_{210}\left(-e\boldsymbol{r}\right)\mathrm{d}^3\boldsymbol{r}=-3ea\hat{k}.
\end{aligned}
$$

*****习题 7.46**　考虑 $n=3$ 时氢原子态的斯塔克效应 (习题 7.45). 开始时有九个简并态, $\psi_{3\ell m}$ (和以前一样, 忽略自旋), 然后在沿 z 轴方向上加一个电场.

(a) 构造 9×9 的矩阵表示微扰哈密顿量. 部分答案:

$$
\langle 300|\,z\,|310\rangle=-3\sqrt{6}a,\quad \langle 310|\,z\,|320\rangle=-3\sqrt{3}a,
$$
$$
\langle 31\pm 1|\,z\,|32\pm 1\rangle=-(9/2)\,a.
$$

(b) 确定其本征值和简并度.

解答　(a) 简并子空间的 9 个态是

$$
\begin{aligned}
&|1\rangle=|3\ \ 0\ \ 0\rangle=R_{30}Y_0^0,\quad |2\rangle=|3\ \ 1\ \ 0\rangle=R_{31}Y_1^0,\\
&|3\rangle=|3\ \ 2\ \ 0\rangle=R_{32}Y_2^0,\quad |4\rangle=|3\ \ 1\ \ 1\rangle=R_{31}Y_1^1,\\
&|5\rangle=|3\ \ 2\ \ 1\rangle=R_{32}Y_2^1,\quad |6\rangle=|3\ \ 1\ \ -1\rangle=R_{31}Y_1^{-1},\\
&|7\rangle=|3\ \ 2\ \ -1\rangle=R_{32}Y_2^{-1},\quad |8\rangle=|3\ \ 2\ \ 2\rangle=R_{32}Y_2^2,\\
&|9\rangle=|3\ \ 2\ \ -2\rangle=R_{32}Y_2^{-2}.
\end{aligned}
$$

由于 $H_S'=eE_{\text{ext}}z=eE_{\text{ext}}r\cos\theta$ 不依赖 ϕ, 所以

$$
\left\langle n\quad \ell'\quad m'\ \middle|H_S'\middle|\ n\quad \ell\quad m\right\rangle=\{\cdots\}\int_0^{2\pi}\mathrm{e}^{-m'\phi}\mathrm{e}^{\mathrm{i}m\phi}\mathrm{d}\phi.
$$

当 $m \neq m'$ 时, 矩阵元为零. 对于对角元

$$\left\langle n \quad \ell \quad m \left| H_S' \right| n \quad \ell \quad m \right\rangle = \{\cdots\} \int_0^{\pi} \left[P_\ell^m(\cos\theta)\right]^2 \cos\theta \sin\theta \mathrm{d}\theta,$$

由于 $\left[P_\ell^m(\cos\theta)\right]^2$ 是 $\cos\theta$ 偶次幂的多项式, 而每一项的积分

$$\int_0^{\pi} \cos^{2J}\theta \cos\theta \sin\theta \mathrm{d}\theta = -\left.\frac{\cos^{2J+1}\theta}{2J+1}\right|_0^{\pi} = 0,$$

所以所有的对角元都为零, 另外, 当 $m = m'$ 时, 如果 $\ell + \ell'$ 为偶数, $P_\ell^m(\cos\theta) P_\ell'^m(\cos\theta)$ 也是 $\cos\theta$ 偶次幂的多项式, 积分为零, 这样我们只需计算 3 个矩阵元 (共有 8 个不为零).

$$\left\langle 3 \quad 0 \quad 0 \left| H_S' \right| 3 \quad 1 \quad 0 \right\rangle, \left\langle 3 \quad 0 \quad 0 \left| H_S' \right| 3 \quad 2 \quad 0 \right\rangle = 0,$$

$$\left\langle 3 \quad 1 \quad 0 \left| H_S' \right| 3 \quad 2 \quad 0 \right\rangle, \left\langle 3 \quad 1 \quad \pm 1 \left| H_S' \right| 3 \quad 2 \quad \pm 1 \right\rangle.$$

由 $\left\langle 3 \quad 0 \quad 0 \left| H_S' \right| 3 \quad 1 \quad 0 \right\rangle = eE_{\text{ext}} \int_0^{\infty} R_{30} R_{31} r^3 \mathrm{d}r \int_0^{\pi} Y_0^0 Y_1^0 \cos\theta \sin\theta \mathrm{d}\theta,$

$$\begin{aligned}
\int_0^{\infty} R_{30} R_{31} r^3 \mathrm{d}r &= \frac{2}{\sqrt{27a^3}} \frac{4}{9\sqrt{6a^3}} \int_0^{\infty} \left(1 - \frac{2r}{3a} + \frac{1}{6}\left(\frac{2r}{3a}\right)^2\right) \\
&\quad \times \mathrm{e}^{-r/3a} \left(1 - \frac{1}{4}\left(\frac{2r}{3a}\right)\right)\left(\frac{2r}{3a}\right) \mathrm{e}^{-r/3a} r^3 \mathrm{d}r \\
&= \frac{a}{2\sqrt{2}} \int_0^{\infty} \left(1 - x + \frac{1}{6}x^2\right)\left(1 - \frac{1}{4}x\right) x^4 \mathrm{e}^{-x} \mathrm{d}x, \quad \left(x \equiv \frac{2r}{3a}\right) \\
&= \frac{a}{2\sqrt{2}} \int_0^{\infty} \left(1 - \frac{5}{4}x + \frac{5}{12}x^2 - \frac{1}{24}x^3\right) x^4 \mathrm{e}^{-x} \mathrm{d}x \\
&= \frac{a}{2\sqrt{2}} \left(4! - \frac{5}{4}5! + \frac{5}{12}6! - \frac{1}{24}7!\right) = -9\sqrt{2}a,
\end{aligned}$$

$$\int Y_0^0 Y_1^0 \cos\theta \sin\theta \mathrm{d}\theta \mathrm{d}\phi = \frac{1}{\sqrt{4\pi}} \sqrt{\frac{3}{4\pi}} 2\pi \underbrace{\int_0^{\pi} \cos^2\theta \sin\theta \mathrm{d}\theta}_{2/3} = \frac{\sqrt{3}}{3},$$

所以

$$\left\langle 3 \quad 0 \quad 0 \left| H_S' \right| 3 \quad 1 \quad 0 \right\rangle = -3\sqrt{6} a e E_{\text{ext}}.$$

同样计算另外两个态, 得

$$\left\langle 3 \quad 1 \quad 0 \left| H_S' \right| 3 \quad 2 \quad 0 \right\rangle = -3\sqrt{3} a e E_{\text{ext}},$$

$$\left\langle 3 \quad 1 \quad \pm 1 \left| H_S' \right| 3 \quad 2 \quad \pm 1 \right\rangle = -\frac{9}{2} a e E_{\text{ext}}.$$

所以微扰矩阵为

$$-aeE_{\text{ext}} \begin{pmatrix}
0 & 3\sqrt{6} & 0 & 0 & 0 & 0 & 0 & 0 & 0 \\
3\sqrt{6} & 0 & 3\sqrt{3} & 0 & 0 & 0 & 0 & 0 & 0 \\
0 & 3\sqrt{3} & 0 & 0 & 0 & 0 & 0 & 0 & 0 \\
0 & 0 & 0 & 0 & 9/2 & 0 & 0 & 0 & 0 \\
0 & 0 & 0 & 9/2 & 0 & 0 & 0 & 0 & 0 \\
0 & 0 & 0 & 0 & 0 & 0 & 9/2 & 0 & 0 \\
0 & 0 & 0 & 0 & 0 & 9/2 & 0 & 0 & 0 \\
0 & 0 & 0 & 0 & 0 & 0 & 0 & 0 & 0 \\
0 & 0 & 0 & 0 & 0 & 0 & 0 & 0 & 0
\end{pmatrix}.$$

(b) 该矩阵可以约化为一个 3×3, 2 个 2×2 和 2 个 1×1 子矩阵, 设能量本征值为 $-aeE_{\text{ext}}\lambda$, 对 3×3 的矩阵, 久期方程为

$$\begin{vmatrix} -\lambda & 3\sqrt{6} & 0 \\ 3\sqrt{6} & -\lambda & 3\sqrt{3} \\ 0 & 3\sqrt{3} & -\lambda \end{vmatrix} = 0$$

$$\Rightarrow -\lambda^3 + 81\lambda = 0 \Rightarrow \lambda = 0, \pm 9.$$

所以能量的一阶修正为 (这里下标表示不同的能量修正本征值, 不是玻尔能量量子数)

$$E_1^1 = 0,\quad E_2^1 = 9aeE_{\text{ext}},\quad E_3^1 = -9aeE_{\text{ext}}.$$

对 2×2 矩阵 (2 个一样)

$$\begin{vmatrix} -\lambda & \dfrac{9}{2} \\ \dfrac{9}{2} & -\lambda \end{vmatrix} = 0 \Rightarrow \lambda = \pm\frac{9}{2}.$$

所以能量的一阶修正为

$$E_4^1 = \frac{9}{2}aeE_{\text{ext}},\quad E_5^1 = -\frac{9}{2}aeE_{\text{ext}},\quad E_6^1 = \frac{9}{2}aeE_{\text{ext}},\quad E_7^1 = -\frac{9}{2}aeE_{\text{ext}}.$$

对于 2 个 1×1 矩阵, $\lambda = 0$, 所以 $E_8^1 = E_9^1 = 0$. 这样原来 9 重简并的能级分裂为 5 个能级. $E_1^1 = E_8^1 = E_9^1 = 0$ (3 重简并); $E_4^1 = E_6^1 = \dfrac{9}{2}aeE_{\text{ext}}$ (2 重简并); $E_5^1 = E_7^1 = -\dfrac{9}{2}aeE_{\text{ext}}$ (2 重简并); $E_2^1 = 9aeE_{\text{ext}}$, $E_3^1 = -9aeE_{\text{ext}}$ (非简并).

习题 7.47 计算基态 ($n=1$) **氘原子**的超精细跃迁所释放出的光子的波长, 单位为厘米. 氘原子是 "重" 的氢原子, 它的核比氢原子核中多出来一个中子; 质子和中子结合在一起形成**氘核**, 自旋为 1, 磁矩为

$$\boldsymbol{\mu}_{\text{d}} = \frac{g_{\text{d}}e}{2m_{\text{d}}}\boldsymbol{S}_{\text{d}};$$

氘核的 g 因子为 1.71.

解答 由方程 (7.93), 氘原子的超细结构能量修正应为

$$E_{\text{hf}}^1 = \frac{\mu_0 g_{\text{d}} e^2}{3\pi m_{\text{d}} m_{\text{e}} a^3}\langle \boldsymbol{S}_{\text{d}}\cdot\boldsymbol{S}_{\text{e}}\rangle = \frac{\mu_0 g_{\text{d}} e^2}{3\pi m_{\text{d}} m_{\text{e}} a^3}\frac{1}{2}\left\langle S^2 - S_{\text{d}}^2 - S_{\text{e}}^2\right\rangle.$$

氘核子的自旋为 1, 所以 $S_{\text{d}}^2 = S_{\text{d}}(S_{\text{d}}+1)\hbar^2 = 2\hbar^2$. 电子 $S_{\text{e}}^2 = S_{\text{e}}(S_{\text{e}}+1) = 3\hbar^2/4$, 总自旋量子数为 $3/2, 1/2$, 所以 $S^2 = S(S+1) = 15\hbar^2/4, 3\hbar^2/4$, 因此

$$E_{\text{hf}}^1 = \frac{\mu_0 g_{\text{d}} e^2}{6\pi m_{\text{d}} m_{\text{e}} a^3}\left\langle \boldsymbol{S}^2 - \boldsymbol{S}_{\text{d}}^2 - \boldsymbol{S}_{\text{e}}^2\right\rangle = \begin{cases} \dfrac{\mu_0 g_{\text{d}} e^2\hbar^2}{6\pi m_{\text{d}} m_{\text{e}} a^3}, & S^2 = 15\hbar^2/4 \\ -2\dfrac{\mu_0 g_{\text{d}} e^2\hbar^2}{6\pi m_{\text{d}} m_{\text{e}} a^3}, & S^2 = 3\hbar^2/4 \end{cases}.$$

两个能级的能量差为

$$\Delta E = \frac{\mu_0 g_{\text{d}} e^2\hbar^2}{2\pi m_{\text{d}} m_{\text{e}} a^3} = \frac{g_{\text{d}} e^2\hbar^2}{2\pi\varepsilon_0 m_{\text{d}} m_{\text{e}} c^2 a^3},\quad \left(\mu_0\varepsilon_0 \equiv 1/c^2\right).$$

把这个能量差用氢原子的超细结构能量差表示 (氘原子的玻尔半径与氢原子的玻尔半径近似一样)

$$\Delta E_{\text{hydrogen}} = \frac{\mu_0 g_{\text{p}} e^2 \hbar^2}{3\pi m_{\text{p}} m_{\text{e}} a^3} = \frac{g_{\text{p}} e^2 \hbar^2}{3\pi\varepsilon_0 m_{\text{p}} m_{\text{e}} c^2 a^3},$$

$$\Delta E = \left(\frac{g_{\text{d}}}{g_{\text{p}}}\right)\left(\frac{m_{\text{p}}}{m_{\text{d}}}\right)\left(\frac{3}{2}\right)\frac{g_{\text{p}} e^2 \hbar^2}{3\pi\varepsilon_0 m_{\text{p}} m_{\text{e}} c^2 a^3} = \left(\frac{g_{\text{d}}}{g_{\text{p}}}\right)\left(\frac{m_{\text{p}}}{m_{\text{d}}}\right)\left(\frac{3}{2}\right)\Delta E_{\text{hydrogen}},$$

$$\lambda_{\text{d}} = \frac{c}{v_{\text{d}}} = \frac{ch}{\Delta E} = \left(\frac{2}{3}\right)\left(\frac{g_{\text{p}}}{g_{\text{d}}}\right)\left(\frac{m_{\text{d}}}{m_{\text{p}}}\right)\frac{ch}{\Delta E_{\text{hydrogen}}} = \left(\frac{2}{3}\right)\left(\frac{g_{\text{p}}}{g_{\text{d}}}\right)\left(\frac{m_{\text{d}}}{m_{\text{p}}}\right)\lambda_{\text{h}}$$

$$= \left(\frac{2}{3}\right)\left(\frac{5.59}{1.71}\right)(2)\,(21\ \text{cm}) = 91.532\ \text{cm}.$$

*****习题 7.48** 晶体中, 原子能级受到相邻离子产生电场的微扰. 作为粗略模型, 假设一个氢原子被三对点电荷包围, 如图 7.8 所示. (自旋与该问题无关, 故将其忽略.)

(a) 假设 $r \ll d_1, r \ll d_2, r \ll d_3$, 证明:

$$H' = V_0 + 3\left(\beta_1 x^2 + \beta_2 y^2 + \beta_3 z^2\right) - (\beta_1 + \beta_2 + \beta_3) r^2,$$

其中

$$\beta_i \equiv -\frac{e}{4\pi\varepsilon_0}\frac{q_i}{d_i^3} \text{ 和 } V_0 = 2\left(\beta_1 d_1^2 + \beta_2 d_2^2 + \beta_3 d_3^2\right).$$

(b) 求基态能量的最低阶修正.

(c) 分别计算下列情况下的第一激发态 $(n=2)$ 的能量一阶修正. 求出该四重简并体系分裂为几个能级: (i) **立方对称**情况, $\beta_1 = \beta_2 = \beta_3$; (ii) **四方对称**情况, $\beta_1 = \beta_2 \neq \beta_3$; (iii) 一般的**正交对称**情况 (三个都不相同). **注意** 你可能从习题 4.71 中得到“好”态.

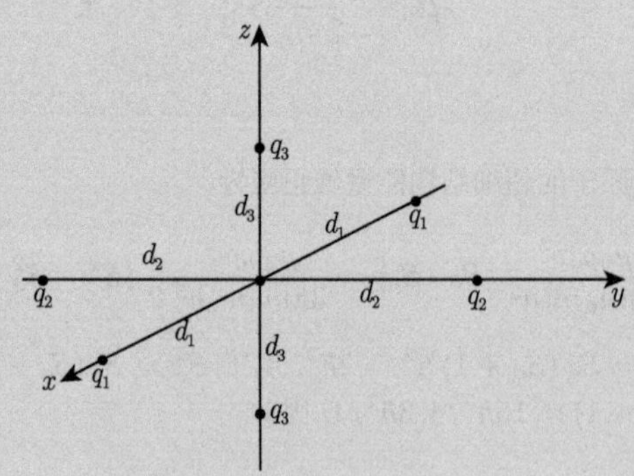

图 7.8 被六个点电荷包围的氢原子 (晶格的粗略模型)

解答 (a) 氢原子中的电子 (坐标为 (x,y,z)) 与一对点电荷 q (处在 $(\pm d,0,0)$) 的相互作用势能为

$$V = -\frac{eq}{4\pi\varepsilon_0}\left[\frac{1}{\sqrt{(x+d)^2 + y^2 + z^2}} + \frac{1}{\sqrt{(x-d) + y^2 + z^2}}\right],$$

由于 $d \gg x, y, z$, 可将其展开

$$\begin{aligned}
&\frac{1}{\sqrt{(x+d)^2+y^2+z^2}} \\
&=\left(x^2+2dx+d^2+y^2+z^2\right)^{-1/2}=\left(d^2+2dx+r^2\right)^{-1/2} \\
&=\frac{1}{d}\left(1+\frac{2x}{d}+\frac{r^2}{d^2}\right)^{-1/2} \approx \frac{1}{d}\left[1-\frac{1}{2}\left(\frac{2x}{d}+\frac{r^2}{d^2}\right)+\frac{3}{8}\left(\frac{2x}{d}+\frac{r^2}{d^2}\right)^2\right] \\
&=\frac{1}{d}\left[1-\frac{1}{2}\left(\frac{2x}{d}+\frac{r^2}{d^2}\right)+\frac{3}{8}\frac{4x^2}{d^2}\right]=\frac{1}{d}\left[1-\frac{x}{d}+\frac{1}{2d^2}\left(3x^2-r^2\right)\right].
\end{aligned}$$

势能由此可表示为

$$\begin{aligned}
V&=-\frac{eq}{4\pi\varepsilon_0}\frac{1}{d}\left[1-\frac{x}{d}+\frac{1}{2d^2}\left(3x^2-r^2\right)+1+\frac{x}{d}+\frac{1}{2d^2}\left(3x^2-r^2\right)\right] \\
&=-\frac{eq}{4\pi\varepsilon_0 d^3}\left[2d^2+\left(3x^2-r^2\right)\right] \\
&=2\beta d^2+3\beta x^2-\beta r^2, \quad \beta \equiv -\frac{eq}{4\pi\varepsilon_0 d^3}.
\end{aligned}$$

另外两对点电荷 (处在 $(0,\pm d_2,0),(0,0,\pm d_3)$) 的势也可以求出, 因此微扰哈密顿量为

$$\begin{aligned}
H'&=2\left(\beta_1 d_1^2+\beta_2 d_2^2+\beta_3 d_3^2\right)+3\left(\beta_1 x^2+\beta_2 y^2+\beta_3 z^2\right)-r^2\left(\beta_1+\beta_2+\beta_3\right) \\
&=V_0+3\left(\beta_1 x^2+\beta_2 y^2+\beta_3 z^2\right)-r^2\left(\beta_1+\beta_2+\beta_3\right).
\end{aligned}$$

(b) 基态非简并, 一阶能量修正为

$$\begin{aligned}
\langle 100|H'|100\rangle=&\langle 100|V_0|100\rangle \\
&+3\left[\beta_1\langle 100|x^2|100\rangle+\beta_2\langle 100|y^2|100\rangle+\beta_3\langle 100|z^2|100\rangle\right] \\
&-\left(\beta_1+\beta_2+\beta_3\right)\langle 100|r^2|100\rangle.
\end{aligned}$$

在球坐标下：$x=r\sin\theta\cos\phi, y=r\sin\theta\sin\phi, z=r\cos\theta$,

$$\begin{aligned}
\langle 100|x^2|100\rangle&=\int R_{10}^* R_{10} r^4 \mathrm{d}r \frac{1}{4\pi}\iint \sin^2\theta\cos^2\phi\sin\theta\mathrm{d}\theta\mathrm{d}\phi \\
&=\frac{1}{\pi a^3}\int_0^\infty \mathrm{e}^{-2r/a} r^4\mathrm{d}r\int_0^\pi \sin^3\theta\mathrm{d}\theta\int_0^{2\pi}\cos^2\phi\mathrm{d}\phi \\
&=\frac{1}{\pi a^3}\left(\frac{a}{2}\right)^5 4!\frac{4}{3}\pi=a^2.
\end{aligned}$$

同理：$\langle 100|y^2|100\rangle=\langle 100|z^2|100\rangle=a^2, \langle 100|r^2|100\rangle=3a^2$.

于是基态能量一阶修正为

$$\langle 100|H'|100\rangle=V_0+3\left(\beta_1+\beta_2+\beta_3\right)a^2-3\left(\beta_1+\beta_2+\beta_3\right)a^2=V_0.$$

(c) 第一激发态 $(n=2)$ 四重简并, 4 个态分别为

$$\begin{aligned}
&|1\rangle=|200\rangle=R_{20}Y_0^0, \qquad |2\rangle=|211\rangle=R_{21}Y_1^1, \\
&|3\rangle=|21-1\rangle=R_{21}Y_1^{-1}, \quad |4\rangle=|210\rangle=R_{21}Y_1^0.
\end{aligned}$$

计算微扰矩阵的矩阵元, 对角矩阵元有如下形式：

$$\langle n\ell m|H'|n\ell m\rangle=V_0+3\left(\beta_1\langle x^2\rangle+\beta_2\langle y^2\rangle+\beta_3\langle z^2\rangle\right)-\left(\beta_1+\beta_2+\beta_3\right)\langle r^2\rangle.$$

对于 $|200\rangle$ 态：Y_0^0 不依赖于 θ,ϕ, 波函数具有球对称性, 所以,

$$\left\langle x^2\right\rangle=\left\langle y^2\right\rangle=\left\langle z^2\right\rangle=\frac{1}{3}\left\langle r^2\right\rangle \Rightarrow\langle 200| H'|200\rangle=V_0.$$

对于 $|210\rangle$ 态：由习题 7.44(a), 得 $\left\langle r^2\right\rangle=\dfrac{n^2a^2}{2}\left[5n^2-3\ell(\ell+1)+1\right]\underset{n=2,\ell=1}{\Rightarrow}\left\langle r^2\right\rangle=30a^2$,

$$\left\langle x^2\right\rangle=\{\cdots\}\int_0^{2\pi}\cos^2\phi\mathrm{d}\phi=\{\cdots\}\int_0^{2\pi}\sin^2\phi\mathrm{d}\phi=\left\langle y^2\right\rangle,$$

$$\begin{aligned}\left\langle z^2\right\rangle&=\langle 210| z^2|210\rangle=\frac{1}{2\pi a}\frac{1}{16a^4}\int r^2\mathrm{e}^{-r/a}\cos^2\theta\left(r^2\cos^2\theta\right)r^2\sin\theta\mathrm{d}r\mathrm{d}\theta\mathrm{d}\phi\\&=\frac{1}{16a^5}\int_0^\infty r^6\mathrm{e}^{-r/a}\mathrm{d}r\int_o^\pi\cos^4\theta\sin\theta\mathrm{d}\theta=\frac{1}{16a^5}6!a^7\frac{2}{5}=18a^2,\\\left\langle x^2\right\rangle&=\left\langle y^2\right\rangle=\frac{1}{2}\left(\left\langle r^2\right\rangle-\left\langle z^2\right\rangle\right)=\frac{1}{2}\left(30a^2-18a^2\right)=6a^2.\end{aligned}$$

所以

$$\begin{aligned}\langle 210| H'|210\rangle&=V_0+3\left(6a^2\beta_1+6a^2\beta_2+18a^2\beta_3\right)-30a^2\left(\beta_1+\beta_2+\beta_3\right)\\&=V_0-12a^2\left(\beta_1+\beta_2+\beta_3\right)+36a^2\beta_3.\end{aligned}$$

对于 $|21\pm1\rangle$ 态：

$$\begin{aligned}\left\langle z^2\right\rangle&=\langle 21\pm1| z^2|21\pm1\rangle=\frac{1}{\pi a}\frac{1}{64a^4}\int r^2\mathrm{e}^{-r/a}\sin^2\theta\left(r^2\cos^2\theta\right)r^2\sin\theta\mathrm{d}r\mathrm{d}\theta\mathrm{d}\phi\\&=\frac{1}{32a^5}\int_0^\infty r^6\mathrm{e}^{-r/a}\mathrm{d}r\int_o^\pi\left(1-\cos^2\theta\right)\cos^2\theta\sin\theta\mathrm{d}\theta\\&=\frac{1}{32a^5}6!a^7\left(\frac{2}{3}-\frac{2}{5}\right)=6a^2,\\\left\langle x^2\right\rangle&=\left\langle y^2\right\rangle=\frac{1}{2}\left(\left\langle r^2\right\rangle-\left\langle z^2\right\rangle\right)=\frac{1}{2}\left(30a^2-6a^2\right)=12a^2,\end{aligned}$$

所以

$$\begin{aligned}\langle 21\pm1| H'|21\pm1\rangle&=V_0+3\left(12a^2\beta_1+12a^2\beta_2+6a^2\beta_3\right)-30a^2\left(\beta_1+\beta_2+\beta_3\right)\\&=V_0+6a^2\left(\beta_1+\beta_2+\beta_3\right)-18a^2\beta_3.\end{aligned}$$

对 6 个非对角元：

$$\langle 200| H'|210\rangle,\quad\langle 200| H'|21\pm1\rangle,\quad\langle 210| H'|21\pm1\rangle,\quad\langle 21-1| H'|211\rangle.$$

由不同态函数的正交归一性, 得 $\langle n\ell m| V_0\left|n'\ell'm'\right\rangle=0$. 由 Y_ℓ^m 的正交归一性, 得

$$\langle n\ell m| r^2\left|n'\ell'm'\right\rangle=0\Rightarrow\left\langle x^2\right\rangle+\left\langle y^2\right\rangle+\left\langle z^2\right\rangle=0.$$

对于 $\langle 200| x^2|21\pm1\rangle$ 和 $\langle 210| x^2|21\pm1\rangle$, 积分中关于 ϕ 的表达式为

$$\int_0^{2\pi}\cos^2\phi\mathrm{e}^{\pm\mathrm{i}\phi}\mathrm{d}\phi=\int_0^{2\pi}\cos^3\phi\mathrm{d}\phi\pm\mathrm{i}\int_0^{2\pi}\cos^2\phi\sin\phi\mathrm{d}\phi=0.$$

对于 $\left\langle y^2\right\rangle$ 也有同样的结果, 所以 $\left\langle z^2\right\rangle=0,\left\langle r^2\right\rangle=0$,

$$\langle 200| H'|21\pm1\rangle=\langle 210| H'|21\pm1\rangle=0.$$

对于 $\langle 200|\, x^2\, |210\rangle$ 和 $\langle 200|\, y^2\, |210\rangle$, 积分中关于 θ 的积分为

$$\int_0^{\pi} \cos\theta \sin^2\theta \sin\theta \mathrm{d}\theta = 0,$$

所以

$$\langle 200|\, H'\, |210\rangle = 0.$$

对于 $\langle 21-1|\, H'\, |211\rangle$:

$$\begin{aligned}
\langle 21-1|\, x^2\, |211\rangle &= -\frac{1}{\pi a}\frac{1}{64a^4}\int r^2 \mathrm{e}^{-r/a}\sin^2\theta \mathrm{e}^{2\mathrm{i}\phi}\left(r^2\sin^2\theta\cos^2\phi\right) r^2\sin\theta \mathrm{d}r\mathrm{d}\theta\mathrm{d}\phi \\
&= -\frac{1}{64\pi a^5}\int_0^{\infty} r^6 \mathrm{e}^{-r/a}\mathrm{d}r\int_0^{\pi}\sin^5\theta\mathrm{d}\theta\int_0^{2\pi}\mathrm{e}^{2\mathrm{i}\phi}\cos^2\phi\mathrm{d}\phi \\
&= -\frac{1}{64\pi a^5}6!a^7\frac{16}{15}\frac{\pi}{2} = -6a^2, \\
\langle 21-1|\, y^2\, |211\rangle &= -\frac{1}{\pi a}\frac{1}{64a^4}\int r^2 \mathrm{e}^{-r/a}\sin^2\theta \mathrm{e}^{2\mathrm{i}\phi}\left(r^2\sin^2\theta\sin^2\phi\right) r^2\sin\theta \mathrm{d}r\mathrm{d}\theta\mathrm{d}\phi \\
&= -\frac{1}{64\pi a^5}\int_0^{\infty} r^6 \mathrm{e}^{-r/a}\mathrm{d}r\int_0^{\pi}\sin^5\theta\mathrm{d}\theta\int_0^{2\pi}\mathrm{e}^{2\mathrm{i}\phi}\sin^2\phi\mathrm{d}\phi \\
&= -\frac{1}{64\pi a^5}6!a^7\frac{16}{15}\left(-\frac{\pi}{2}\right) = 6a^2, \\
\left\langle z^2\right\rangle &= 0 - \left\langle x^2\right\rangle - \left\langle y^2\right\rangle = 0,
\end{aligned}$$

所以

$$\langle 21-1|\, H'\, |211\rangle = 3\left[\beta_1\left(-6a^2\right) + \beta_2\left(6a^2\right)\right] = -18a^2\left(\beta_1 - \beta_2\right).$$

最后得到微扰矩阵为

$$\begin{pmatrix}
V_0 & 0 & 0 & 0 \\
0 & V_0-12a^2(\beta_1+\beta_2)+24a^2\beta_3 & 0 & 0 \\
0 & 0 & V_0+6a^2(\beta_1+\beta_2)-12a^2\beta_3 & -18a^2(\beta_1-\beta_2) \\
0 & 0 & -18a^2(\beta_1-\beta_2) & V_0+6a^2(\beta_1+\beta_2)-12a^2\beta_3
\end{pmatrix}$$

久期方程为

$$\begin{vmatrix}
H'_{11}-E_2^{(1)} & 0 & 0 & 0 \\
0 & H'_{22}-E_2^{(1)} & 0 & 0 \\
0 & 0 & H'_{33}-E_2^{(1)} & H'_{34} \\
0 & 0 & H'_{43} & H'_{44}-E_2^{(1)}
\end{vmatrix} = 0$$

$$\Rightarrow \left(H'_{11}-E_2^{(1)}\right)\left(H'_{22}-E_2^{(1)}\right)\left[\left(H'_{33}-E_2^{(1)}\right)^2 - H'_{34}H'_{43}\right] = 0.$$

由此可解得能量的一阶修正为

$$\begin{aligned}
\varepsilon_1 &= E_{21}^{(1)} = H'_{11} = V_0, \\
\varepsilon_2 &= E_{22}^{(1)} = H'_{22} = V_0 - 12a^2\left(\beta_1+\beta_2-2\beta_3\right), \\
\varepsilon_3 &= E_{23}^{(1)} = H'_{33} - H'_{34} = V_0 - 12a^2\left(-2\beta_1+\beta_2+\beta_3\right), \\
\varepsilon_4 &= E_{24}^{(1)} = H'_{33} + H'_{34} = V_0 - 12a^2\left(\beta_1-2\beta_2+\beta_3\right).
\end{aligned}$$

(i) 立方对称, $\beta_1 = \beta_2 = \beta_3$,

$$\varepsilon_1 = \varepsilon_2 = \varepsilon_3 = \varepsilon_4 = V_0,$$

能级发生平移, 未出现分裂.

(ii) 四方对称, $\beta_1 = \beta_2 \neq \beta_3$,

$$\varepsilon_1 = V_0,$$
$$\varepsilon_2 = V_0 - 24a^2(\beta_1 - \beta_3),$$
$$\varepsilon_3 = \varepsilon_4 = V_0 + 12a^2(\beta_1 - \beta_3),$$

能级出现分裂, 但仍有一个未分裂的能级.

(iii) 如果 $\beta_1 \neq \beta_2 \neq \beta_3$, 则出现 4 个分裂的能级, 简并完全消除.

习题 7.49 将氢原子置于 $\boldsymbol{B}_0 = B_0\hat{z}$ 的均匀磁场中 (哈密顿量可以写成方程 (4.230)). 用费曼–赫尔曼定理 (习题 7.38) 证明:

$$\frac{\partial E_n}{\partial B_0} = -\langle\psi_n|\,\mu_z\,|\psi_n\rangle,$$

其中电子的磁偶极矩[①] (轨道加自旋) 为

$$\boldsymbol{\mu} = \gamma_0 \boldsymbol{L}_{\text{mechanical}} + \gamma \boldsymbol{S}.$$

机械角动量的定义在方程 (4.231) 中给出.

注释 从方程 (7.114) 可以得出, 在体积 V 和温度 0 K (当它们都处于基态时) 下 N 个原子的磁化率为[②]

$$\chi = \mu_0 \frac{\partial M}{\partial B_0} = -\frac{N}{V}\mu_0 \frac{\partial^2 E_0}{\partial B_0^2},$$

其中 E_0 是基态能量. 尽管已经推导了氢原子的方程 (7.114), 但该表达式同样适用于多电子原子, 甚至电子–电子相互作用也包含在内.

证明 由机械角动量方程 (4.231)

$$\begin{aligned}
\boldsymbol{L}_{\text{mechanical}} &= \boldsymbol{r} \times m\boldsymbol{v} = \boldsymbol{r} \times (\boldsymbol{p} - q\boldsymbol{A}) = \boldsymbol{r} \times \boldsymbol{p} - q(\boldsymbol{r} \times \boldsymbol{A}) \\
&= \boldsymbol{L} - q(\boldsymbol{r} \times \boldsymbol{A}) = \boldsymbol{L} - q\left[\boldsymbol{r} \times \left(-\frac{1}{2}\boldsymbol{r} \times \boldsymbol{B_0}\right)\right] \\
&= \boldsymbol{L} - \frac{1}{2}\left[r^2\boldsymbol{B_0} - \boldsymbol{r}(\boldsymbol{r} \cdot \boldsymbol{B_0})\right],
\end{aligned}$$

其中用到 $\boldsymbol{A} \times (\boldsymbol{B} \times \boldsymbol{C}) = \boldsymbol{B}(\boldsymbol{A} \cdot \boldsymbol{C}) - \boldsymbol{C}(\boldsymbol{A} \cdot \boldsymbol{B})$.

习题 4.72 中哈密顿量为

$$\begin{aligned}
H &= \frac{p^2}{2m} + q\varphi - \boldsymbol{B_0} \cdot (\gamma_0 \boldsymbol{L} + \gamma \boldsymbol{S}) + \frac{q^2}{8m}\left[r^2 B_0^2 - (\boldsymbol{r} \cdot \boldsymbol{B_0})^2\right] \\
&= \frac{p^2}{2m} + q\varphi - B_0 \cdot (\gamma_0 L_z + \gamma S_z) + \frac{q^2}{8m}\left[r^2 B_0^2 - (r_z B_0)^2\right].
\end{aligned}$$

因此,

$$\frac{\partial H}{\partial B_0} = -(\gamma_0 L_z + \gamma S_z) + \frac{q^2}{4m}\left[r^2 B_0 - (\boldsymbol{r} \cdot \boldsymbol{B_0})_z\right].$$

① 在大多数情况下, 我们也可以把它当作原子的磁矩. 质子较大的质量意味着它对偶极矩的贡献比电子的贡献小几个数量级.

② 磁化率的定义见习题 5.33. 当基态简并时, 这个公式不适用 (参见 Neil W. Ashcroft 和 N. David Mermin, 《固体物理学》(Belmont: Cengage, 1976 年), 第 655 页.); 具有非简并基态的原子 $J = 0$ (见教材表 5.1).

由于 $\gamma_0=\dfrac{q^2}{2m}$, 所以上式可化简为

$$\begin{aligned}\frac{\partial H}{\partial B_0}&=-\gamma_0\left\{L_z-\frac{1}{2}\left[r^2B_0-(\boldsymbol{r}\cdot\boldsymbol{B_0})_z\right]\right\}-\gamma S_z\\&=-\gamma_0\boldsymbol{L}_{\text{mechanical}z}-\gamma\boldsymbol{S_z}\\&=-\mu_z.\end{aligned}$$

因此, 费曼–赫尔曼定理得证

$$\frac{\partial E_n}{\partial B_0}=-\left\langle\psi_n\right|\mu_z\left|\psi_n\right\rangle.$$

习题 7.50　处于均匀磁场 $\boldsymbol{B_0}=B_0\hat{z}$ 中的原子, 方程 (4.230) 给出

$$H=H_{\text{atom}}-B_0\left(\gamma_0L_z+\gamma S_z\right)+\frac{e^2}{8m}B_0^2\sum_{i=1}^{Z}\left(x_i^2+y_i^2\right),$$

其中 L_z 和 S_z 是所有电子总的电子轨道和自旋角动量.

(a) 将含有 B_0 的项作为微扰, 计算氦原子基态能级的移动, 精确到 B_0 的二阶修正. 假定氦原子基态由下式给出:

$$\psi_0=\psi_{100}\left(r_1\right)\psi_{100}\left(r_2\right)\frac{|\uparrow\downarrow\rangle-|\downarrow\uparrow\rangle}{\sqrt{2}},$$

其中 ψ_{100} 指的是类氢原子基态 $(Z=2)$.

(b) 利用习题 7.49 中的结论, 计算氦原子的磁化率. 假设密度为 0.166 kg/m^3, 求磁化率的具体数值. 注释　实验值为 -1.0×10^{-9} (负号表明氦是**抗磁的**). 通过增加轨道半径来考虑屏蔽效应 (见 8.2 节), 数值结果可以和实验更加接近.

解答　(a)

$$H'=-B_0\left(\gamma_0L_z+\gamma S_z\right)+\frac{e^2}{8m}B_0^2\sum_{i=1}^{Z}\left(x_i^2+y_i^2\right),$$

一阶微扰为

$$E^1=-B_0\left(\gamma_0\left\langle L_z\right\rangle+\gamma\left\langle S_z\right\rangle\right)+\frac{e^2}{8m}B_0^2\sum_{i=1}^{Z}\left\langle x_i^2+y_i^2\right\rangle,$$

二阶微扰为

$$E^2=\sum_{n\neq0}\frac{\left|\left\langle\psi_n\right|-B_0\left(\gamma_0L_z+\gamma S_z\right)+\dfrac{e^2}{8m}B_0^2\displaystyle\sum_{i=1}^{Z}\left(x_i^2+y_i^2\right)\left|\psi_0\right\rangle\right|^2}{E_0-E_n}.$$

只保留到 B_0^2 级, 则

$$E^2=B_0^2\sum_{n\neq0}\frac{\left|\left\langle\psi_n\right|\left(\gamma_0L_z+\gamma S_z\right)\left|\psi_0\right\rangle\right|^2}{E_0-E_n}.$$

由于

$$\begin{gathered}L_z\left|\psi_{100}\left(r_1\right)\right\rangle\left|\psi_{100}\left(r_2\right)\right\rangle=\left(L_z^1+L_z^2\right)\left|\psi_{100}\left(r_1\right)\right\rangle\left|\psi_{100}\left(r_2\right)\right\rangle=0,\\S_z\frac{|\uparrow\downarrow\rangle-|\downarrow\uparrow\rangle}{\sqrt{2}}=\left(S_z^1+S_z^2\right)\frac{|\uparrow\downarrow\rangle-|\downarrow\uparrow\rangle}{\sqrt{2}}=0,\end{gathered}$$

所以

$$\Delta E = E^1 + E^2 = \frac{e^2}{8m} B_0^2 \sum_{i=1}^{Z} \langle x_i^2 + y_i^2 \rangle$$
$$= \frac{2e^2}{8m} B_0^2 \left(\langle x_i^2 \rangle + \langle y_i^2 \rangle \right)$$
$$= \frac{2e^2}{8m} B_0^2 \frac{2}{3} \langle r^2 \rangle = \frac{e^2}{6m} B_0^2 \langle r^2 \rangle .$$

由 $\langle r^2 \rangle = \dfrac{3a^2}{Z^2}$, 所以

$$\Delta E = \frac{e^2}{6m} B_0^2 \left(\frac{3a^2}{Z^2} \right) = \frac{e^2}{2m} B_0^2 \left(\frac{a^2}{Z^2} \right).$$

(b) 由习题 7.49 并结合 (a) 中结论, 得

$$\chi = \mu_0 \frac{\partial M}{\partial B_0} = -\frac{N}{V} \mu_0 \frac{\partial^2 E_0}{\partial B_0^2} = -\frac{N}{V} \mu_0 \frac{e^2}{m} \left(\frac{a}{Z} \right)^2$$
$$= -\left(\frac{1}{m/N} \right) \left(\frac{m}{V} \right) \mu_0 \frac{e^2}{m} \left(\frac{a}{Z} \right)^2$$
$$= -\left(\frac{\rho}{m_{\mathrm{He}}} \right) \mu_0 \frac{e^2}{m} \left(\frac{a}{Z} \right)^2 .$$

将 $Z = 2$ 代入上式, 得 -6.2×10^{-10}, 如果考虑电子的屏蔽效应即 $Z = 1.69$, 得 -8.7×10^{-10}.

***习题 7.51** 有时不需要将 ψ_n^1 用无微扰波函数 (方程 (7.11)) 展开, 而能直接求解方程 (7.10). 这里有两个非常好的例子:

(a) **氢原子基态的斯塔克效应.**

(i) 求处于恒定外电场 E_{ext} 中的氢原子基态能量的一阶修正 (见习题 7.45). 提示 尝试如下形式的解:

$$\left(A + Br + Cr^2\right) \mathrm{e}^{-r/a} \cos\theta;$$

你的问题是找到常数 A, B 和 C 来解方程 (7.10).

(ii) 利用方程 (7.14) 确定基态能量的二阶修正 (在习题 7.45(a) 中已经知道它的一阶修正为零). 答案: $-m\left[3a^2 eE_{\mathrm{ext}}/(2\hbar)\right]^2$.

(b) 如果质子电偶极矩为 p, 氢原子中电子的势能将受到如下大小量的扰动:

$$H' = -\frac{ep\cos\theta}{4\pi\varepsilon_0 r^2}.$$

(i) 求解方程 (7.10), 给出基态波函数一阶修正.

(ii) 证明: 原子总的电偶极矩在一阶近似下 (令人吃惊地) 为零.

(iii) 利用方程 (7.14) 确定基态能量的二阶修正. 一阶修正是多少呢?

解答 (a)

(i) 对氢原子基态 $n = 0$, 将 $n = 0$ 代入方程 (7.10), 得

$$\left(H^0 - E_0^0\right) \psi_0^1 = -\left(H' - E_0^1\right) \psi_0^0.$$

氢原子基态哈密顿量可写为

$$H^0 = -\frac{\hbar^2}{2m}\nabla^2 - \frac{e^2}{4\pi\varepsilon_0 r^2}$$
$$= -\frac{\hbar^2}{2m}\left(\nabla^2 + \frac{2}{ar}\right), \quad \left(a \equiv \frac{4\pi\varepsilon_0\hbar^2}{me^2}\right),$$

$$E_0^0 = -\frac{\hbar^2}{2ma^2}.$$

$H' = eE_{\text{ext}} r\cos\theta$, (由习题 7.45(a)) $E_0^1 = 0; \psi_0^0 = \frac{1}{\sqrt{\pi a^3}}\mathrm{e}^{-r/a}$. 设 $\psi_0^1 = f(r)\mathrm{e}^{-r/a}\cos\theta$, 将以上诸式代入方程 (7.10), 同时参考以下球坐标中的拉普拉斯算符表示:

$$\nabla^2 = \frac{1}{r^2}\frac{\partial}{\partial r}\left(r^2\frac{\partial}{\partial r}\right) + \frac{1}{r^2\sin\theta}\frac{\partial}{\partial\theta}\left(\sin\theta\frac{\partial}{\partial\theta}\right) + \frac{1}{r^2\sin^2\theta}\frac{\partial^2}{\partial\phi^2},$$

所以,

$$\nabla^2\psi_0^1 = \frac{\cos\theta}{r^2}\left\{r^2\frac{\mathrm{d}}{\mathrm{d}r}\left[f(r)\mathrm{e}^{-r/a}\right]\right\} + \frac{f(r)\mathrm{e}^{-r/a}}{r^2\sin\theta}\frac{\mathrm{d}}{\mathrm{d}\theta}\left(\sin\theta\frac{\mathrm{d}\cos\theta}{\mathrm{d}\theta}\right)$$
$$= \mathrm{e}^{-r/a}\cos\theta\left[\left(f'' - \frac{2}{a}f' + \frac{f}{a^2}\right) + \frac{2}{r}\left(f' - \frac{f}{a}\right) - \frac{2f}{r^2}\right].$$

代入方程 (7.10) 并化简, 最后得

$$f'' - \frac{2f'}{a} + \frac{2f'}{r} - \frac{2f}{r^2} = \frac{2meE_{\text{ext}}}{\hbar^2\sqrt{\pi a^3}}r.$$

令 $f(r) = A + Br + Cr^2$, 于是有

$$-\frac{1}{r^2}\left(A + Br + Cr^2\right) + \frac{1}{r}(B + 2Cr) - \frac{1}{a}(B + 2Cr) + C = \frac{meE_{\text{ext}}}{\hbar^2\sqrt{\pi a^3}}r.$$

比较两边 r 的不同次幂的系数可以得到关于 A、B 和 C 的一次方程组并求解, 得

$$A = 0, \quad B = -\frac{meE_{\text{ext}}}{\hbar^2}\sqrt{\frac{a}{\pi}}, \quad C = -\frac{meE_{\text{ext}}}{2\hbar^2\sqrt{\pi a}}.$$

即

$$\psi_0^1 = -\frac{meE_{\text{ext}}}{2\hbar^2\sqrt{\pi a}}\left(r^2 + 2ar\right)\mathrm{e}^{-r/a}\cos\theta.$$

(ii) 已知波函数的一阶修正, 则能量的二阶修正为

$$E_0^2 = \left\langle\psi_0^0\right| H' \left|\psi_0^1\right\rangle$$
$$= -\frac{1}{\sqrt{\pi a^3}}\frac{meE_{\text{ext}}}{2\hbar^2\sqrt{\pi a}}\int \mathrm{e}^{-r/a}\left(eE_{\text{ext}}r\cos\theta\right)\left(r^2 + 2ra\right)\mathrm{e}^{-r/a}\cos\theta r^2\sin\theta\mathrm{d}r\mathrm{d}\theta\mathrm{d}\phi$$
$$= -\frac{me^2E_{\text{ext}}^2}{a^2\hbar^2}\underbrace{\int_0^\infty\left(r^5 + 2ar^4\right)\mathrm{e}^{-2r/a}\mathrm{d}r}_{5!(a/2)^6+2a4!(a/2)^5}\underbrace{\int_0^\pi\cos^2\theta\sin\theta\mathrm{d}\theta}_{2/3}$$
$$= -\frac{9me^2a^4E_{\text{ext}}^2}{4\hbar^2}.$$

(b)

(i) 沿用 (a)(i) 中的结果, 此时 $H' = -\dfrac{ep\cos\theta}{4\pi\varepsilon_0 r^2}$, 方程 (7.10) 变为

$$f'' + 2f'\left(\frac{1}{r} - \frac{1}{a}\right) - \frac{2f}{r^2} = -\frac{2mep}{4\pi\varepsilon_0\hbar^2\sqrt{\pi a^3}}\frac{1}{r^2}.$$

比较两边关于 r 不同次幂的系数后, 得

$$f(r) = \frac{mep}{4\pi\varepsilon_0\hbar^2\sqrt{\pi a^3}}$$

是一个常数. 所以基态波函数的一阶修正为

$$\psi_0^1 = \frac{mep}{4\pi\varepsilon_0\hbar^2\sqrt{\pi a^3}}\mathrm{e}^{-r/a}\cos\theta.$$

(ii) 在质子电偶极矩的影响下, 电子也会产生相应的电偶极矩, 下面在电子波函数的一阶近似条件下来计算该电偶极矩的平均值：

$$\begin{aligned}
\langle p_e\rangle &= \langle -er\cos\theta\rangle \\
&= -e\left\langle \psi_0^0 + \psi_0^1\right| r\cos\theta\left|\psi_0^0 + \psi_0^1\right\rangle \\
&= -e\left(\left\langle\psi_0^0\right| r\cos\theta\left|\psi_0^0\right\rangle + 2\left\langle\psi_0^0\right| r\cos\theta\left|\psi_0^1\right\rangle + \left\langle\psi_0^1\right| r\cos\theta\left|\psi_0^1\right\rangle\right) \\
&= -e\left(\langle z\rangle + 2\left\langle\psi_0^0\right| r\cos\theta\left|\psi_0^1\right\rangle + \left\langle\psi_0^1\right| r\cos\theta\left|\psi_0^1\right\rangle\right).
\end{aligned}$$

由于氢原子的 s 轨道波函数是球对称的, 所以上式的第一项为零. 最后一项属于高阶项 (只考虑一阶修正), 可以舍弃, 所以电子云产生的电偶极矩平均值为

$$\begin{aligned}
\langle p_e\rangle &= -2e\left\langle\psi_0^0\right| r\cos\theta\left|\psi_0^1\right\rangle \\
&= -\frac{me^2p}{2\pi^2\varepsilon_0\hbar^2a^3}\int r\mathrm{e}^{-2r/a}\cos^2\theta r^2\sin\theta\mathrm{d}r\mathrm{d}\theta\mathrm{d}\phi \\
&= -\frac{me^2p}{\pi\varepsilon_0\hbar^2a^3}\underbrace{\int_0^\infty r^3\mathrm{e}^{-2r/a}\mathrm{d}r}_{3!(a/2)^4}\underbrace{\int_0^\pi\sin\theta\cos^2\theta\mathrm{d}\theta}_{2/3} \\
&= -\frac{me^2pa}{4\pi\varepsilon_0\hbar^2} \\
&= -p.
\end{aligned}$$

电子的电偶极矩正好抵消了质子的电偶极矩, 因此原子的电偶极矩在一阶近似下为零.

(iii) 由于氢原子的 s 轨道波函数是球对称的, 因此 $\langle\cos\theta\rangle = 0$, 即基态能量的一阶修正是零. 下面考虑二阶修正,

$$\begin{aligned}
E_0^2 &= \left\langle\psi_0^0\right| H'\left|\psi_0^1\right\rangle \\
&= \int\left(\frac{\mathrm{e}^{-r/a}}{\sqrt{\pi a^3}}\right)\left(-\frac{ep\cos\theta}{4\pi\varepsilon_0r^2}\right)\left(\frac{mep}{4\pi\varepsilon_0\hbar^2\sqrt{\pi a^3}}\mathrm{e}^{-r/a}\right)\cos\theta r^2\sin\theta\mathrm{d}r\mathrm{d}\theta\mathrm{d}\phi \\
&= -\frac{2\pi me^2p^2}{(4\pi\varepsilon_0\hbar)^2\pi a^3}\underbrace{\int_0^\infty\mathrm{e}^{-2r/a}\mathrm{d}r}_{a/2}\underbrace{\int_0^\pi\sin\theta\cos^2\theta\mathrm{d}\theta}_{2/3} \\
&= -\frac{2}{3}m\left(\frac{ep}{4\pi\varepsilon_0\hbar a}\right)^2.
\end{aligned}$$

代入玻尔基态能量 $E_1=-\dfrac{me^4}{2\hbar^2(4\pi\varepsilon_0)^2}$, 能量的二阶修正可以表示为

$$E_0^2=\frac{4}{3}\left(\frac{p}{ea}\right)^2E_1.$$

习题 7.52 质量为 m、带电荷 q 的无自旋带电粒子在二维谐振子势的作用下, 在 xy 平面内运动, 势能为

$$V(x,y)=\frac{1}{2}m\omega^2\left(x^2+y^2\right).$$

(a) 构建基态波函数 $\psi_0(x,y)$, 并写出其能量. 同样地, 求 (简并) 第一激发态的波函数和能量.

(b) 假设在 z 方向加一个微弱的外磁场 B_0, 因此 (对于一阶的 B_0) 哈密顿量获得了一个额外的项

$$H'=-\boldsymbol{\mu}\cdot\boldsymbol{B}=-\frac{q}{2m}(\boldsymbol{L}\cdot\boldsymbol{B})=-\frac{qB_0}{2m}(xp_y-yp_x).$$

将此项作为微扰, 求基态和第一激发态能量的一阶修正.

解答 (a) 二维无耦合项的谐振子的波函数可用分离变量法写成两个一维谐振子波函数之积

$$\psi_{mn}(x,y)=\psi_m(x)\psi_n(y),$$

能量也为两个一维谐振子能量之和

$$E_{m,n}=E_m+E_n=\left(m+\frac{1}{2}\right)\hbar\omega+\left(n+\frac{1}{2}\right)\hbar\omega=(m+n+1)\hbar\omega.$$

基态情况下, $m=n=0, E_{0,0}=\hbar\omega, \psi_{0,0}(x,y)=\psi_0(x)\psi_0(y)$, 由方程 (2.60) $\psi_0(x)=\left(\dfrac{m\omega}{\pi\hbar}\right)^{1/4}\mathrm{e}^{-\frac{m\omega}{2\hbar}x^2}$, 所以

$$\psi_{0,0}(x,y)=\psi_0(x)\psi_0(y)=\left(\frac{m\omega}{\pi\hbar}\right)^{1/2}\mathrm{e}^{-\frac{m\omega}{2\hbar}\left(x^2+y^2\right)}.$$

第一激发态有两种情况:

$m=1,n=0$ 时,

$$E_{1,0}=(1+0+1)\hbar\omega=2\hbar\omega.$$

由方程 (2.63) $\psi_1(x)=\left(\dfrac{m\omega}{\pi\hbar}\right)^{1/4}\sqrt{\dfrac{2m\omega}{\hbar}}x\mathrm{e}^{-\frac{m\omega}{2\hbar}x^2}$, 所以

$$\begin{aligned}\psi_{1,0}(x,y)&=\left(\frac{m\omega}{\pi\hbar}\right)^{1/4}\sqrt{\frac{2m\omega}{\hbar}}x\mathrm{e}^{-\frac{m\omega}{2\hbar}x^2}\cdot\left(\frac{m\omega}{\pi\hbar}\right)^{1/4}\mathrm{e}^{-\frac{m\omega}{2\hbar}y^2}\\&=\sqrt{\frac{m\omega}{\pi\hbar}}\sqrt{\frac{2m\omega}{\hbar}}x\mathrm{e}^{-\frac{m\omega}{2\hbar}\left(x^2+y^2\right)}\\&=\sqrt{\frac{2}{\pi}}\left(\frac{m\omega}{\hbar}\right)x\mathrm{e}^{-\frac{m\omega}{2\hbar}\left(x^2+y^2\right)}.\end{aligned}$$

$m=0,n=1$ 时,

$$E_{0,1}=(0+1+1)\hbar\omega=2\hbar\omega.$$

同理, 波函数为

$$\psi_{0,1}(x,y)=\sqrt{\frac{2}{\pi}}\left(\frac{m\omega}{\hbar}\right)y\mathrm{e}^{-\frac{m\omega}{2\hbar}\left(x^2+y^2\right)}.$$

(b) 基态能量的一阶修正为

$$\begin{aligned}E_0^1&=\langle\psi_{0,0}|H'|\psi_{0,0}\rangle\\&=\iint\left(\frac{m\omega}{\pi\hbar}\right)^{1/2}\mathrm{e}^{-\frac{m\omega}{2\hbar}\left(x^2+y^2\right)}\left[-\frac{qB_0}{2m}\left(xp_y-yp_x\right)\right]\left(\frac{m\omega}{\pi\hbar}\right)^{1/2}\mathrm{e}^{-\frac{m\omega}{2\hbar}\left(x^2+y^2\right)}\mathrm{d}x\mathrm{d}y\\&=\left(\frac{m\omega}{\pi\hbar}\right)\cdot\left(-\frac{qB_0}{2m}\right)\cdot\iint\mathrm{e}^{-\frac{m\omega}{2\hbar}\left(x^2+y^2\right)}\left(xp_y-yp_x\right)\mathrm{e}^{-\frac{m\omega}{2\hbar}\left(x^2+y^2\right)}\mathrm{d}x\mathrm{d}y.\end{aligned}$$

将 p_x 和 p_y 当作算符向后作用

$$\begin{aligned}\left(xp_y-yp_x\right)\mathrm{e}^{-\frac{m\omega}{2\hbar}\left(x^2+y^2\right)}&=\left[x\left(-\mathrm{i}\hbar\frac{\partial}{\partial y}\right)-y\left(-\mathrm{i}\hbar\frac{\partial}{\partial x}\right)\right]\mathrm{e}^{-\frac{m\omega}{2\hbar}\left(x^2+y^2\right)}\\&=-\mathrm{i}\hbar\left(x\frac{\partial}{\partial y}-y\frac{\partial}{\partial x}\right)\mathrm{e}^{-\frac{m\omega}{2\hbar}\left(x^2+y^2\right)}\\&=-\mathrm{i}\hbar\left[x\left(-\frac{m\omega}{\hbar}y\right)-y\left(-\frac{m\omega}{\hbar}x\right)\right]\mathrm{e}^{-\frac{m\omega}{2\hbar}\left(x^2+y^2\right)}\\&=0,\end{aligned}$$

所以, $E_0^1=0$.

对于第一激发态, 它是二重简并的, 因此需要用到简并微扰理论. 构造 $\mathcal{W}$ 矩阵, 先求解 $\mathcal{W}$ 矩阵元, 令 $\psi_1^a=\psi_{1,0},\psi_1^b=\psi_{0,1}$, 得

$$\begin{aligned}W_{aa}&=\langle\psi_1^a|H'|\psi_1^a\rangle\\&=\iint\sqrt{\frac{2}{\pi}}\left(\frac{m\omega}{\hbar}\right)x\mathrm{e}^{-\frac{m\omega}{2\hbar}\left(x^2+y^2\right)}\\&\quad\times\left[-\frac{qB_0}{2m}\left(xp_y-yp_x\right)\right]\sqrt{\frac{2}{\pi}}\left(\frac{m\omega}{\hbar}\right)x\mathrm{e}^{-\frac{m\omega}{2\hbar}\left(x^2+y^2\right)}\mathrm{d}x\mathrm{d}y\\&=\frac{2}{\pi}\left(\frac{m\omega}{\hbar}\right)^2\cdot\left(-\frac{qB_0}{2m}\right)\cdot\iint x\mathrm{e}^{-\frac{m\omega}{2\hbar}\left(x^2+y^2\right)}\left(xp_y-yp_x\right)x\mathrm{e}^{-\frac{m\omega}{2\hbar}\left(x^2+y^2\right)}\mathrm{d}x\mathrm{d}y.\end{aligned}$$

将 p_x 和 p_y 当作算符向后作用, 得

$$\begin{aligned}&\left(xp_y-yp_x\right)\left[x\mathrm{e}^{-\frac{m\omega}{2\hbar}\left(x^2+y^2\right)}\right]\\&=\left[x\left(-\mathrm{i}\hbar\frac{\partial}{\partial y}\right)-y\left(-\mathrm{i}\hbar\frac{\partial}{\partial x}\right)\right]\left[x\mathrm{e}^{-\frac{m\omega}{2\hbar}\left(x^2+y^2\right)}\right]\\&=-\mathrm{i}\hbar\left(x\frac{\partial}{\partial y}-y\frac{\partial}{\partial x}\right)\left[x\mathrm{e}^{-\frac{m\omega}{2\hbar}\left(x^2+y^2\right)}\right]\\&=\mathrm{i}\hbar\left\{x^2\left(-\frac{m\omega}{\hbar}y\right)-\left[y+xy\cdot\left(-\frac{m\omega}{\hbar}x\right)\right]\right\}\mathrm{e}^{-\frac{m\omega}{2\hbar}\left(x^2+y^2\right)}\\&=\mathrm{i}\hbar\left(-\frac{m\omega}{\hbar}x^2y-y+\frac{m\omega}{\hbar}x^2y\right)\mathrm{e}^{-\frac{m\omega}{2\hbar}\left(x^2+y^2\right)}\\&=-\mathrm{i}\hbar y\mathrm{e}^{-\frac{m\omega}{2\hbar}\left(x^2+y^2\right)},\end{aligned}$$

所以,

$$W_{aa}=\frac{2}{\pi}\left(\frac{m\omega}{\hbar}\right)^2\cdot\left(-\frac{qB_0}{2m}\right)\cdot\iint x\mathrm{e}^{-\frac{m\omega}{2\hbar}\left(x^2+y^2\right)}\left(-\mathrm{i}\hbar y\right)\mathrm{e}^{-\frac{m\omega}{2\hbar}\left(x^2+y^2\right)}\mathrm{d}x\mathrm{d}y$$

$$
\begin{aligned}
&= \frac{\mathrm{i}m\omega^2 qB_0}{\pi\hbar}\iint xy\mathrm{e}^{-\frac{m\omega}{\hbar}\left(x^2+y^2\right)}\mathrm{d}x\mathrm{d}y \\
&= \frac{\mathrm{i}m\omega^2 qB_0}{\pi\hbar}\int x\mathrm{e}^{-\frac{m\omega}{\hbar}x^2}\mathrm{d}x\int y\mathrm{e}^{-\frac{m\omega}{\hbar}y^2}\mathrm{d}y \\
&= 0 \quad (\text{用到了奇函数在对称区间上积分的性质, 同理}, W_{bb}=0).
\end{aligned}
$$

而

$$
\begin{aligned}
W_{ba} &= \left\langle \psi_1^b \middle| H' \middle| \psi_1^a \right\rangle \\
&= \frac{2}{\pi}\left(\frac{m\omega}{\hbar}\right)^2\cdot\left(-\frac{qB_0}{2m}\right)\cdot(-\mathrm{i}\hbar)\iint x^2\mathrm{e}^{-\frac{m\omega}{\hbar}\left(x^2+y^2\right)}\mathrm{d}x\mathrm{d}y \\
&= \mathrm{i}\left(\frac{m\omega^2 qB_0}{\pi\hbar}\right)\left(\frac{\hbar}{2m\omega}\sqrt{\frac{\pi\hbar}{m\omega}}\right)\left(\sqrt{\frac{\pi\hbar}{m\omega}}\right) \\
&= \mathrm{i}\left(\frac{qB_0\hbar}{2m}\right),
\end{aligned}
$$

则

$$
W_{ab} = W_{ba}^* = -\mathrm{i}\left(\frac{qB_0\hbar}{2m}\right).
$$

所以

$$
\mathcal{W} = \begin{vmatrix} W_{aa} & W_{ab} \\ W_{ba} & W_{bb} \end{vmatrix} = \begin{vmatrix} 0 & -\mathrm{i}\dfrac{qB_0\hbar}{2m} \\ \mathrm{i}\dfrac{qB_0\hbar}{2m} & 0 \end{vmatrix} = \mathrm{i}\frac{qB_0\hbar}{2m}\begin{vmatrix} 0 & -1 \\ 1 & 0 \end{vmatrix}.
$$

解久期方程 $\begin{vmatrix} -\lambda & -1 \\ 1 & -\lambda \end{vmatrix} = 0, \lambda^2+1=0, \lambda=\pm\mathrm{i}.$

$$
\begin{aligned}
&\text{当 } \lambda=-\mathrm{i} \text{ 时}, E_+^1 = \frac{qB_0\hbar}{2m}; \\
&\text{当 } \lambda=\mathrm{i} \text{ 时}, E_-^1 = -\frac{qB_0\hbar}{2m}.
\end{aligned}
$$

*** **习题 7.53** 假设在无限深方势阱 (方程 (2.22)) 中引入一个 δ 函数微扰,

$$
H'(x) = \lambda\delta(x-x_0),
$$

其中 λ 是一正常数, 且 $0<x_0<a$ (为简化问题, 令 $x_0=pa$, 其中 $0<p<1$).[①]

(a) 假定 λ 很小, 求第 n 个能量允许值 (方程 (2.30)) 的一阶修正. (在上下文中, “小” 的含义是什么?)

(b) 求能量允许值的二阶修正. (将结果表示为求和形式.)

(c) 精确求解薛定谔方程, 分别考虑 $0\leqslant x<x_0$ 和 $x_0<x<a$ 区间, 在 x_0 处施加边界条件. 推导出能量的超越方程:

$$
u_n\sin(u_n) + \Lambda\sin(pu_n)\sin[(1-p)u_n] = 0, \quad (E>0) \tag{7.116}
$$

① 我们采用 Y. N. Joglekar. *Am. J. Phys.* **77**, 734 (2009) 的注释, 从中引出这个问题.

其中 $\Lambda \equiv 2ma\lambda/\hbar^2, u_n \equiv k_n a$ 和 $k_n \equiv \sqrt{2mE_n}/\hbar$. 在适当限制条件下, 验证方程 (7.116) 是否在合适的限制条件下重现了 (a) 部分中的结果.

(d) 如果 λ 为负, 所有这些都成立, 但在这种情况下, 可能会出现一个负能量的额外解. 推导出一个负能态的超越方程:

$$\nu \sinh(\nu) + \Lambda \sinh(p\nu) \sinh[(1-p)\nu] = 0 \quad (E < 0),$$

其中 $\nu \equiv ka$ 和 $k \equiv \sqrt{-2mE}/\hbar$. 对于 $p = 1/2$ 的对称情况, 证明: 在适当的区域你可以恢复 δ 函数势阱 (方程 (2.132)) 的能量.

(e) 事实上, 如果 $|\Lambda| > 1/[p(1-p)]$, 存在一个负能量解. 首先, 对 $p = 1/2$ 时的情况 (图像地) 证明. (低于这个临界值, 负能量解不存在.) 下一步, 对于 $\Lambda = -4.1, -5$ 和 -10, 用计算机画出 p 的函数的解 ν. 验证该解仅存在于 p 的预测范围内.

(f) 对于 $p = 1/2$, 画出 $\Lambda = 0, -2, -3, -3.5, -4.5, -5$ 和 -10 情况下的基态波函数, 演示随着 δ 势阱函数的深度变化, 波函数是怎样由正弦形状 (教材图 2.2) 演化为指数形状的 (教材图 2.13).①

解答 (a) 一维无限深方势阱的波函数为 $\psi_n^0 = \sqrt{\frac{2}{a}}\frac{\sin n\pi x}{a}$, 能量为 $E_n^0 = \frac{n^2\pi^2\hbar^2}{2ma^2}$, 第 n 个本征能量 $E_n^0 = \frac{n^2\pi^2\hbar^2}{2ma^2}$ 的一阶微扰为

$$\begin{aligned}
E_n^1 &= \langle \psi_n^0 | H' | \psi_n^0 \rangle \\
&= \int \sqrt{\frac{2}{a}} \sin\left(\frac{n\pi x}{a}\right) \cdot \lambda\delta(x-x_0) \sqrt{\frac{2}{a}} \sin\left(\frac{n\pi x}{a}\right) \mathrm{d}x \\
&= \frac{2}{a}\lambda \int \sin\left(\frac{n\pi x}{a}\right) \delta(x-x_0) \sin\left(\frac{n\pi x}{a}\right) \mathrm{d}x \\
&= \frac{2\lambda}{a} \sin^2\left(\frac{n\pi x_0}{a}\right),
\end{aligned}$$

其中用到 δ 函数的积分性质.

λ 很小, 意味着矩阵元 $|V_{mn}| = \left(\frac{2\lambda}{a}\right)\left|\sin\left(\frac{m\pi x_0}{a}\right) \cdot \sin\left(\frac{n\pi x_0}{a}\right)\right|$ 与能级间隔相比较小, 即

$$\left(\frac{2\lambda}{a}\right) \Big/ \left(\frac{\pi^2\hbar^2}{2ma^2}\right) \ll 1,$$

所以 $\lambda \ll \frac{a}{2}, \frac{\pi^2\hbar^2}{2ma^2} = \frac{\pi^2\hbar^2}{4ma}$.

(b) 微扰矩阵元为

$$\begin{aligned}
V_{mn} &= \langle \psi_m^0 | H' | \psi_n^0 \rangle \\
&= \frac{2\lambda}{a} \sin\left(\frac{m\pi x_0}{a}\right) \cdot \sin\left(\frac{n\pi x_0}{a}\right).
\end{aligned}$$

由二阶微扰理论, 得

$$E_n^2 = \sum_{m\neq n} \frac{|V_{mn}|^2}{E_n^0 - E_m^0}$$

① 对于 δ 函数势垒 (正 λ) 的相应分析见习题 11.34.

$$
\begin{aligned}
&= \sum_{m\neq n} \frac{\left(\dfrac{2\lambda}{a}\right)^2 \sin^2\left(\dfrac{m\pi x_0}{a}\right)\cdot \sin^2\left(\dfrac{n\pi x_0}{a}\right)}{\dfrac{\pi^2\hbar^2}{2ma^2}\left(n^2-m^2\right)} \\
&= \left(\frac{2\lambda}{a}\right)^2 \cdot \frac{2ma^2}{\pi^2\hbar^2} \sum_{m\neq n} \frac{\sin^2\left(\dfrac{m\pi x_0}{a}\right)\cdot \sin^2\left(\dfrac{n\pi x_0}{a}\right)}{n^2-m^2} \\
&= \frac{8m\lambda^2}{\pi^2\hbar^2}\sin^2\left(\frac{n\pi x_0}{a}\right)\sum_{m\neq n}\frac{\sin^2\left(\dfrac{m\pi x_0}{a}\right)}{n^2-m^2}.
\end{aligned}
$$

(c) 分段求解定态薛定谔方程:

在 $0\leqslant x<x_0$ 和 $x_0<x<a$ 时, $V(x)=0$. 方程为

$$
-\frac{\hbar^2}{2\mathrm{m}}\frac{\mathrm{d}^2}{\mathrm{d}x^2}\psi(x)=E\psi(x),
$$

通解为

$$
\psi(x)=A\sin(kx)+B\cos(kx),\ \text{其中}\ k=\sqrt{\frac{2mE}{\hbar^2}},
$$

分段解可写为

$$
\psi(x)=\begin{cases} A\sin(kx)+B\cos(kx), & 0\leqslant x<x_0, \\ C\sin(kx)+D\cos(kx), & x_0\leqslant x<a. \end{cases}
$$

由边界条件 $x=0,\psi(x)=0$ 得 $B=0$, 由 $x=a,\psi(a)=0$ 得 $D=-C\tan(ka)$.
因此, 在 $x_0<x<a$ 时,

$$
\begin{aligned}
\psi(x)&=-C\tan(ka)\cos(kx)+C\sin(kx) \\
&=\frac{-C}{\cos(ka)}\left[\sin(ka)\cos(kx)-\cos(ka)\sin(kx)\right] \\
&=\frac{-C}{\cos(ka)}\sin(ka-kx) \\
&=C'\sin\left[k(a-x)\right].
\end{aligned}
$$

所以

$$
\psi(x)=\begin{cases} A\sin(kx), & 0\leqslant x<x_0 \\ C'\sin\left[k(a-x)\right], & x_0\leqslant x<a \end{cases}
$$

其中 $C'=-\dfrac{C}{\cos(ka)}$.

由波函数连续性条件, 得

$$
A\sin(kx_0)=C'\sin\left[k(a-x_0)\right]. \tag{①}
$$

一阶微分连续, 由方程 (2.128), 得

$$
\Delta\left(\frac{\mathrm{d}\psi}{\mathrm{d}x}\right)=\frac{2m\lambda}{\hbar^2}\psi(x_0),
$$

即

$$
-C'k\cos\left[k(a-x_0)\right]-Ak\cos(kx_0)=\frac{2m\lambda}{\hbar^2}A\sin(kx_0). \tag{②}
$$

联立① ②, 得

$$
k\cot(kx_0)+\frac{2m\lambda}{\hbar^2}=-k\cot\left[k(a-x_0)\right],
$$

$$u\cot(pu)+\Lambda=-u\cot[u(1-p)],$$
$$u\cos(pu)\sin[u(1-p)]+\Lambda\sin(pu)\sin[u(1-p)]=-u\cos[u(q-p)]\sin(pu).$$

化简为

$$u\sin(u)+\Lambda\sin(pu)\sin[u(1-p)]=0,\quad u=\sqrt{\frac{2ma^2E}{\hbar^2}}.$$

求能量修正

$$\begin{aligned}u&=\sqrt{\frac{2ma^2E}{\hbar^2}}=\sqrt{\frac{2ma^2\left(E_n^0+E_n^1+\cdots\right)}{\hbar^2}}\\&=\sqrt{\frac{2ma^2E_n^0}{\hbar^2}}+\sqrt{\frac{2ma^2E_n^1}{\hbar^2}}+\cdots\\&=n\pi+\frac{ma^2}{n\pi\hbar^2}E_n^1+\cdots\\&=u_0+\delta u.\end{aligned}$$

将 $u=u_0+\delta u$ 代入 $u\sin(u)+\Lambda\sin(pu)\sin[u(1-p)]=0$, 得

$$(u_0+\delta u)\sin(u_0+\delta u)+\Lambda\sin(pu_0)\sin[u_0(1-p)]=0.$$

忽略 δ^2u 项, 得

$$u_0\sin(u_0)+[u_0\cos(u_0)+\sin(u_0)]\,\delta u+\Lambda\sin(pu_0)\approx 0,$$
$$\delta u=\frac{ma^2}{n\pi\hbar^2}E_n^1=-(-1)^n\frac{\Lambda}{u_0}\sin(pu_0)\sin[u_0(1-p)].$$

所以

$$\begin{aligned}E_n^1&=-(-1)^n\frac{n\pi\hbar^2}{ma^2}\frac{2ma\lambda}{n\pi\hbar^2}\sin(pu_0)\left[\sin u_0\cos(pu_0)-\sin(pu_0)\cos u_0\right]\\&=\frac{2\lambda}{a}\left[\sin(pu_0)\right]^2.\end{aligned}$$

由于 $pu_0=\dfrac{n\pi x_0}{a}$, 所以这与 (a) 中的结论一致.

(d) 考虑到能量为负值的情况

$$u=\sqrt{\frac{2mEa^2}{\hbar^2}}=\mathrm{i}\sqrt{\frac{2m|E|a^2}{\hbar^2}}=\mathrm{i}\nu.$$

将其代入 $u\sin(u)+\Lambda\sin(pu)\sin[u(1-p)]=0$ 中, 且由 $\sin(\mathrm{i}z)=\mathrm{i}\sinh(z)$, 得

$$u\sinh(\nu)+\Lambda\sinh(p\nu)\sinh[(1-p)\nu]=0.$$

对于 $p=1/2$ 的情况:

$$\nu\sinh\nu+\Lambda\sinh^2\left(\frac{\nu}{2}\right)=0,$$
$$\nu=-\frac{1}{2}\Lambda\tanh\left(\frac{\nu}{2}\right).$$

如果 a 足够大, 那么边界就不再重要, 所以 $\tanh\left(\dfrac{\nu}{2}\right)=\tanh(ka/2)\approx 1,\nu=\dfrac{\Lambda}{2}$.

所以 $E=-\dfrac{\hbar^2\nu^2}{2ma^2}\approx-\dfrac{\hbar^2\Lambda^2}{8ma^2}=-\dfrac{m\lambda^2}{2\hbar^2}$, 这与 δ 函数势阱的能量一致.

(e) 对于 $p=1/2$ 的情况, $\nu=\frac{1}{2}|\Lambda|\tanh\left(\frac{\nu}{2}\right)$. 可以看出, 这个方程要有解就需要等式两边的函数至少有一个交点. 因此, 为了使这个结论成立, 等式右边的斜率在原点处必须大于 1, 即

$$\frac{\mathrm{d}}{\mathrm{d}\nu}\frac{1}{2}|\Lambda|\tanh\left(\frac{\nu}{2}\right)\bigg|_0>1,\quad \frac{|\Lambda|}{4}>1.$$

图 7.9 展示了 $\Lambda=-4$ 和 -10 时, 以 ν 为自变量, 函数 $\frac{1}{2}|\Lambda|\tanh\left(\frac{\nu}{2}\right)$ 的变化曲线.

```
Show[
nmda = -4;
Plot[{v, Abs [nmda]/2*Tanh[v/2]}, {v, 0, 10}, AxesLabel → {"v", None
    }, PlotStyle → Dashed],
nmda = -10;
Plot[{v, Abs [nmda]/2 * Tanh[v/2]}, {v, 0, 10}, AxesLabel  → {"v",
    None}]
]
```

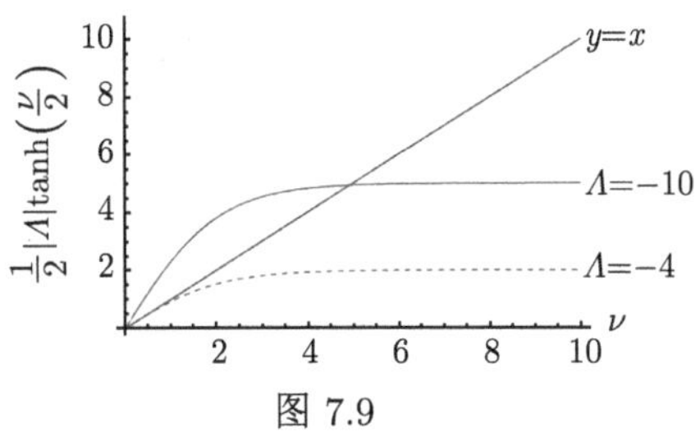

图 7.9

ν 作为 p 的函数, 解存在的条件是

$$\frac{1}{2}\left(1-\sqrt{\frac{|\Lambda|-4}{|\Lambda|}}\right)<p<\frac{1}{2}\left(1+\sqrt{\frac{|\Lambda|-4}{|\Lambda|}}\right).$$

$\Lambda=-4.1,-5$ 和 -10 时, 超越方程解的曲线如图 7.10 所示. 求超越方程负能量的解的程序为

```
(*超越方程负能量的解*)
f[nmda_, p_, v_] := v*Sinh[v]+nmda*Sinh[p * v] Sinh[(1-p) * v]
(*解超越方程, 从一个猜测值4开始*)
solution [nmd_, p_] := v/. FindRoot[f[nmd, p, v],{v, 4}];
(*对于给定nmda, p的最大值和最小值对应的解*)
p1[nmd_]:=1/2(1-Sqrt[(-4+Abs [nmd])/Abs [nmd]]);
p2[nmd_]:=1/2(1+Sqrt[(-4+Abs [nmd])/Abs [nmd]]);
(*以下是作图求解。垂直线为求解区域的边界*)
(*a = p1[-41 / 10]; b = p2[-41 / 10]; c = p1[-5]; d = p2[-5]; e = p1
    [-10]; f = p2[-10]; *)
Plot[{solution[-4.1, P], solution[-5, P], solution[-10, P] }, {P, 0,
    1}, PlotRange → {0, 5},
GridLines → {{p1[-41/ 10], p2[-41/10], p1[-5], p2[-5], p1[-10], p2
    [-10]}, {}}, AxesLabel→ {"p", "v"}}
```

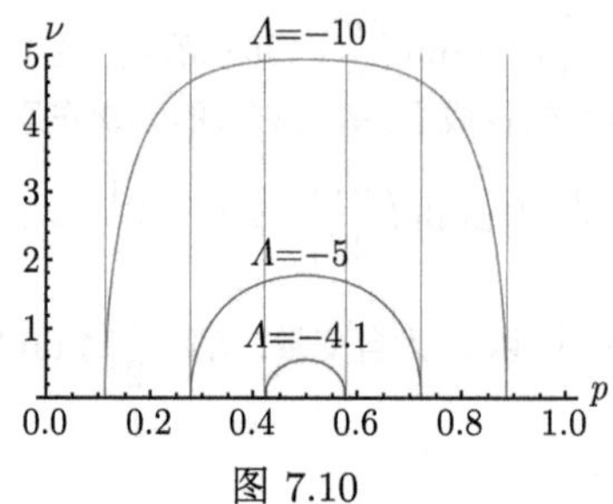

图 7.10

(f) 对于 $p=1/2$ 的情况, 负能量解存在必须要求

$$|\Lambda| > \frac{1}{1/2\,(1-1/2)} = 4.$$

基态波函数的形状变化如图 7.11 所示, 曲线按峰值从低到高排列, 依次对应 $\Lambda = 0, -2, -3, -3.5, -4.5, -5$ 和 -10 的情况. 紧接 (e) 部分的代码:

```
g[Λ_, p_, u_] : = u * Sin[u] + Λ * Sin[p u]* Sin [(1 - p) u];
solutionF[λ_] : = If[Abs[λ] > 4, I * solution[λ, 1/2], u/. FindRoot[g[
    λ, 1/2, u], {u, 4}]];
ψ[k_, x_] : = If[x < 1/2, Sin [k x], Sin[k (1-x)]];
ψ[x_] = Table [ψ[solutionF[λ], x], {λ, {0, -2, -3, -3.5, -4.5, -5,
    10}}];
norm = Sqrt [Integrate [Abs[ψ[x]]^2, {x, 0, 1}]];
ψ[x_] = ψ[x]/norm;
Plot [Abs[ψ[x] ], {x, 0, 1},  AxesLabel → { "x/a", "Psi"} ]
```

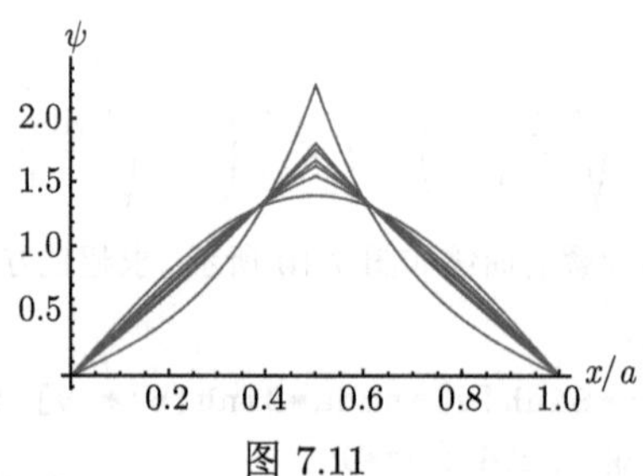

图 7.11

*****习题 7.54** 在某系统第 n 个能量本征态下计算可观测量 Ω 的期望值, 系统受到 H' 微扰:

$$\langle \Omega \rangle = \langle \psi_n | \hat{\Omega} | \psi_n \rangle .$$

ψ_n 用本征态进行微扰展开, 即方程 (7.5),[①]

$$\langle \Omega \rangle = \langle \psi_n^0 | \hat{\Omega} | \psi_n^0 \rangle + \lambda \left[\langle \psi_n^1 | \hat{\Omega} | \psi_n^0 \rangle + \langle \psi_n^0 | \hat{\Omega} | \psi_n^1 \rangle \right] + \lambda^2 (\cdots) + \cdots .$$

① 一般来说, 方程 (7.5) 不保证是归一化波函数, 但方程 (7.11) 中的选择 $c_n^{(n)} = 0$ 保证了归一化到一阶 λ, 这就是我们在这里所需要的 (见教材第 282 页脚注 4).

因此, $\langle\Omega\rangle$ 的一阶修正为

$$\langle\Omega\rangle^1 = 2\mathrm{Re}\left[\left\langle\psi_n^0\right|\hat{\Omega}\left|\psi_n^1\right\rangle\right],$$

或者, 用方程 (7.13),

$$\langle\Omega\rangle^1 = 2\mathrm{Re}\sum_{m\neq n}\frac{\left\langle\psi_n^0\right|\hat{\Omega}\left|\psi_m^0\right\rangle\left\langle\psi_m^0\right|H'\left|\psi_n^0\right\rangle}{E_n^0 - E_m^0}$$

(假定无微扰的能量是非简并的, 或者我们选取了“好”的基态).

(a) 如果 $\Omega = H'$ (微扰本身), 在该情况下, 方程 (7.118) 告诉了我们什么? (小心地) 解释为什么这与方程 (7.15) 相符合.

(b) 考虑带电量 q 的粒子 (可能是氢原子中的一个电子, 或者一个与弹簧相连接的木髓球), 放置在一沿 x 方向的弱电场 E_{ext} 中, 因此,

$$H' = -qE_{\text{ext}}x.$$

电场将在“原子”中诱导一个偶极矩, $p_e = qx$. p_e 的期望值正比于施加电场, 比例因子被称为**极化率** α. 证明:

$$\alpha = -2q^2\sum_{m\neq n}\frac{\left|\left\langle\psi_n^0\right|x\left|\psi_m^0\right\rangle\right|^2}{E_n^0 - E_m^0}.$$

求一维谐振子基态极化率. 与经典结果作对比.

(c) 假设质量为 m 的粒子处于一维谐振子势场中, 并有一个小的非谐微扰①

$$H' = -\frac{1}{6}\kappa x^3.$$

求在第 n 个能量本征态下的 (一阶) 修正 $\langle x\rangle$. 答案: $\left(n+\dfrac{1}{2}\right)\hbar\kappa/(2m^2\omega^3)$.

注释　随着温度的升高, 高能量态被占据, 粒子 (平均) 运动距离远离平衡位置; 这就是为什么固体随着温度升高而膨胀.

解答　(a) 由 $\langle\Omega\rangle^1 = 2\mathrm{Re}\left[\left\langle\psi_n^0\right|\hat{\Omega}\left|\psi_n^1\right\rangle\right]$, 结合方程 (7.13),

$$\psi_n^1 = \sum_{m\neq n}\frac{\left\langle\psi_m^0\right|H'\left|\psi_n^0\right\rangle}{E_n^0 - E_m^0}\psi_m^0.$$

所以,

$$\begin{aligned}\langle\Omega\rangle^1 &= 2\mathrm{Re}\sum_{m\neq n}\left\langle\psi_n^0\right|\hat{\Omega}\left|\psi_m^0\right\rangle\frac{\left\langle\psi_m^0\right|H'\left|\psi_n^0\right\rangle}{E_n^0 - E_m^0}\\ &= 2\mathrm{Re}\sum_{m\neq n}\frac{\left|\left\langle\psi_m^0\right|H'\left|\psi_n^0\right\rangle\right|^2}{E_n^0 - E_m^0}\\ &= 2\sum_{m\neq n}\frac{\left|\left\langle\psi_m^0\right|H'\left|\psi_n^0\right\rangle\right|^2}{E_n^0 - E_m^0},\end{aligned}$$

其中用到 $\langle\Omega\rangle = H'$, 其结果必为实数.

① 这只是对简谐振子势 $\dfrac{1}{2}\kappa x^2$ 的一个一般的调整; κ 是一个常数, $-1/6$ 因子是为了方便.

由方程 (7.15),

$$E_n^2=\sum_{m\neq n}\frac{\left|\left\langle\psi_m^0\right|H'\left|\psi_n^0\right\rangle\right|^2}{E_n^0-E_m^0},$$

所以 $\langle\Omega\rangle^1=2E_n^2$.

解释　因 $\dfrac{\langle\psi_n|\,H_0+\lambda H'\,|\psi_n\rangle}{\langle\psi_n|\psi_n\rangle}=\dfrac{\langle\psi_n|\,H_0\,|\psi_n\rangle}{\langle\psi_n|\psi_n\rangle}+\lambda\dfrac{\langle\psi_n|\,H'\,|\psi_n\rangle}{\langle\psi_n|\psi_n\rangle}$, 且已知 $\langle\Omega\rangle'=\lambda\dfrac{\langle\psi_n|\,H'\,|\psi_n\rangle}{\langle\psi_n|\psi_n\rangle}=2E_n^2$, 所以, 我们只需考虑右边第一项

$$\begin{aligned}\langle\psi_n|\,H_0\,|\psi_n\rangle&=\left\langle(\psi_n^0+\lambda\psi_n^1+\lambda^2\psi_n^2+\cdots\right|H_0\left|\psi_n^0+\lambda\psi_n^1+\lambda^2\psi_n^2+\cdots)\right\rangle\\&=\left\langle\psi_n^0\right|H_0\left|\psi_n^0\right\rangle+\lambda\left[\left\langle\psi_n^0\right|H_0\left|\psi_n^1\right\rangle+\left\langle\psi_n^1\right|H_0\left|\psi_n^0\right\rangle\right]\\&\quad+\lambda^2\left[\left\langle\psi_n^0\right|H_0\left|\psi_n^2\right\rangle+\left\langle\psi_n^1\right|H_0\left|\psi_n^1\right\rangle+\left\langle\psi_n^2\right|H_0\left|\psi_n^1\right\rangle\right]+\cdots\\&\approx E_n^0+\lambda E_n^0\left[\left\langle\psi_n^0|\psi_n^1\right\rangle+\left\langle\psi_n^1|\psi_n^0\right\rangle\right]\\&\quad+\lambda^2\left[E_n^0\left\langle\psi_n^0|\psi_n^2\right\rangle+\left\langle\psi_n^1\right|H_0\left|\psi_n^1\right\rangle+E_n^0\left\langle\psi_n^2|\psi_n^1\right\rangle\right]\\&=E_n^0+\lambda^2\left\langle\psi_n^1|H_0|\psi_n^1\right\rangle.\end{aligned}$$

由归一化条件

$$\begin{aligned}\langle\psi_n|\psi_n\rangle&=\left\langle\psi_n^0+\lambda\psi_n^1+\lambda^2\psi_n^2+\cdots|\psi_n^0+\lambda\psi_n^1+\lambda^2\psi_n^2+\cdots\right\rangle\\&=\left\langle\psi_n^0|\psi_n^0\right\rangle+\lambda\left[\left\langle\psi_n^1|\psi_n^0\right\rangle+\left\langle\psi_n^0|\psi_n^1\right\rangle\right]\\&\quad+\lambda^2\left[\left\langle\psi_n^0|\psi_n^2\right\rangle+\left\langle\psi_n^1|\psi_n^1\right\rangle+\left\langle\psi_n^2|\psi_n^0\right\rangle\right]+\cdots\\&\approx1+\lambda^2\left\langle\psi_n^1|\psi_n^1\right\rangle,\end{aligned}$$

因此,

$$\begin{aligned}\frac{\langle\psi_n|\,H_0\,|\psi_n\rangle}{\langle\psi_n|\psi_n\rangle}&=\frac{E_n^0+\lambda^2\left\langle\psi_n^1\right|H_0\left|\psi_n^1\right\rangle}{1+\lambda^2\left\langle\psi_n^1|\psi_n^1\right\rangle}\\&=\left[E_n^0+\lambda^2\left\langle\psi_n^1\right|H_0\left|\psi_n^1\right\rangle\right]\cdot\left[1-\lambda^2\left\langle\psi_n^1|\psi_n^1\right\rangle\right]\\&=E_n^0+\lambda^2\left[\left\langle\psi_n^1\right|H_0\left|\psi_n^1\right\rangle-E_n^0\left\langle\psi_n^1|\psi_n^1\right\rangle\right]\\&=E_n^0+\lambda^2\left\langle\psi_n^1\right|H_0-E_n^0\left|\psi_n^1\right\rangle.\end{aligned}$$

先考虑 $\left\langle\psi_n^1\right|H_0-E_n^0\left|\psi_n^1\right\rangle$, 结合方程 (7.13) $\psi_n^1=\sum\limits_{m\neq n}\dfrac{\left\langle\psi_m^0\right|H'\left|\psi_n^0\right\rangle}{E_n^0-E_m^0}\psi_m^0$, 得

$$\begin{aligned}\left\langle\psi_n^1\right|H_0-E_n^0\left|\psi_n^1\right\rangle&=\left\langle\psi_n^1\right|H_0-E_n^0\sum_{m\neq n}\frac{\left\langle\psi_m^0\right|H'\left|\psi_n^0\right\rangle}{E_n^0-E_m^0}\left|\psi_m^0\right\rangle\\&=\left\langle\psi_n^1\right|H_0-E_n^0\sum_{m\neq n}\frac{H'_{mn}}{E_n^0-E_m^0}\left|\psi_m^0\right\rangle\\&=\left\langle\psi_n^1\right|\sum_{m\neq n}\frac{\left(E_m^0-E_n^0\right)H'_{mn}}{E_n^0-E_m^0}\left|\psi_m^0\right\rangle\\&=-\left\langle\psi_n^1\right|\sum_{m\neq n}H'_{mn}\left|\psi_m^0\right\rangle.\end{aligned}$$

再将 $\langle\psi_n^1|$ 用方程 (7.13) 的共轭替换, 得

$$-\langle\psi_n^1|\sum_{m\neq n}H'_{mn}|\psi_m^0\rangle=-\sum_{p\neq n}\sum_{m\neq n}\frac{H'^*_{pn}}{E_n^0-E_p^0}H'_{mn}\langle\psi_p^0|\psi_m^0\rangle$$
$$=-\sum_{m\neq n}\frac{|H'_{mn}|^2}{E_n^0-E_m^0}=-E_n^2.$$

因此, 能量二阶修正为 $-E_n^2+2E_n^2=E_n^2$.

(b) 由题知可观测量 Ω 的一阶修正可表示为 $\langle\Omega\rangle^1=2\mathrm{Re}\left[\langle\psi_n^0|\hat{\Omega}|\psi_n^1\rangle\right]$.

令 $\Omega=px, H'=-qE_{\text{ext}}x$, 则

$$\begin{aligned}\langle px\rangle'&=2\langle\psi_n^0|px|\psi_n^1\rangle\\&=2\langle\psi_n^0|px\sum_{m\neq n}\frac{\langle\psi_m^0|-qE_{\text{ext}}|\psi_n^0\rangle}{E_n^0-E_m^0}|\psi_m^0\rangle\\&=-2q^2E_{\text{ext}}\sum_{m\neq n}\frac{|\langle\psi_n^0|x|\psi_m^0\rangle|^2}{E_n^0-E_m^0}.\end{aligned}$$

所以

$$\alpha=-2q^2\sum_{m\neq n}\frac{|\langle\psi_n^0|x|\psi_m^0\rangle|^2}{E_n^0-E_m^0}.$$

求一维谐振子的极化率, 要先求矩阵元 $\langle\psi_n^0|x|\psi_m^0\rangle$, 由升降阶算符

$$a_\pm=\frac{1}{\sqrt{2m\omega\hbar}}(m\omega x\mp\mathrm{i}p),$$
$$a_+\psi_n=\sqrt{n+1}\psi_{n+1},$$
$$a_-\psi_n=\sqrt{n}\psi_{n-1},$$

得

$$x=\sqrt{\frac{\hbar}{2m\omega}}(a_++a_-).$$

所以,

$$\begin{aligned}\langle\psi_n^0|x|\psi_m^0\rangle&=\sqrt{\frac{\hbar}{2m\omega}}\langle\psi_n^0|a_++a_-|\psi_m^0\rangle\\&=\sqrt{\frac{\hbar}{2m\omega}}\left[\langle\psi_n^0|a_+|\psi_m^0\rangle+\langle\psi_n^0|a_-|\psi_m^0\rangle\right]\\&=\sqrt{\frac{\hbar}{2m\omega}}\left[\langle\psi_n^0|\sqrt{m+1}|\psi_{m+1}^0\rangle+\langle\psi_n^0|\sqrt{m}|\psi_{m-1}^0\rangle\right].\end{aligned}$$

因此,

$$\alpha=-2q^2\sum_{m\neq n}\frac{\frac{\hbar}{2m\omega}\left(\sqrt{m+1}\delta_{n,m+1}+\sqrt{m}\delta_{n,m-1}\right)^2}{E_n^0-E_m^0}.$$

基态情况下 $n=0$,

$$\alpha=-2q^2\frac{\hbar}{2m\omega}\sum_{m\neq 0}\frac{\left(\sqrt{m+1}\delta_{0,m+1}+\sqrt{m}\delta_{0,m-1}\right)^2}{E_n^0-E_m^0}$$

$$= -2q^2 \frac{\hbar}{2m\omega} \cdot \frac{1}{\frac{1}{2}\hbar\omega - \frac{3}{2}\hbar\omega} = \frac{q^2}{m\omega^2}.$$

经典情况下, 电场力与弹性力相等, 即 $qE_{\text{ext}} = kd$.

由 $p_e = qd = q\frac{qE_{\text{ext}}}{k}$, 则 $\alpha = \frac{q^2}{k}$, 再由 $\omega = \sqrt{\frac{k}{m}}$, 所以 $\alpha = \frac{q^2}{m\omega^2}$, 与量子情况一致.

(c) 令 $\Omega = x$, 则 x 期望值的一阶微扰为

$$\begin{aligned}
\langle x\rangle' &= 2\text{Re}\sum_{m\neq n} \frac{\langle\psi_n^0|\, x\, |\psi_m^0\rangle \langle\psi_m^0|\, H'\, |\psi_n^0\rangle}{E_n^0 - E_m^0} \\
&= 2\text{Re}\sum_{m\neq n} \frac{\langle\psi_n^0|\, x\, |\psi_m^0\rangle \langle\psi_m^0|\, -\frac{1}{6}\kappa x^3\, |\psi_n^0\rangle}{\left(n+\frac{1}{2}\right)\hbar\omega - \left(m+\frac{1}{2}\right)\hbar\omega} \\
&= -\frac{k}{3\hbar\omega}\sqrt{\frac{\hbar}{2m\omega}}\text{Re}\left[\sum_{m\neq n} \frac{(\sqrt{m}\delta_{n,m-1} + \sqrt{n}\delta_{m,n-1})}{n-m} \langle\psi_m^0|\, x^3\, |\psi_n^0\rangle\right] \\
&= -\frac{k}{3\hbar\omega}\sqrt{\frac{\hbar}{2m\omega}}\text{Re}\left[-\sqrt{n+1}\,\langle\psi_{n+1}^0|\, x^3\, |\psi_n^0\rangle + \sqrt{n}\,\langle\psi_{n-1}^0|\, x^3\, |\psi_n^0\rangle\right].
\end{aligned}$$

由 $x = \sqrt{\frac{\hbar}{2m\omega}}(a_+ + a_-)$, 得

$$x^3 = \left(\frac{\hbar}{2m\omega}\right)^2 \left(a_+^3 + a_+^2 a_- + a_+ a_- a_+ + a_+ a_-^2 + a_- a_+^2 + a_- a_+ a_- + a_-^2 a_+ + a_-^3\right),$$

所以,

$$\begin{aligned}
\langle\psi_{n+1}^0|\, x^3\, |\psi_n^0\rangle = \left(\frac{\hbar}{2m\omega}\right)^{\frac{3}{2}} \langle n+1|\, &\left(a_+^3 + a_+^2 a_- + a_+ a_- a_+ + a_+ a_-^2 + a_- a_+^2\right. \\
&\left. + a_- a_+ a_- + a_-^2 a_+ + a_-^3\right) |n\rangle.
\end{aligned}$$

由正交性定理知, 我们只需要得到 $x^3\,|\psi_n^0\rangle = \lambda\,|\psi_{n+1}^0\rangle$ 项即可, λ 为待求系数.

因此 $a_+^2 a_- + a_+ a_- a_+ + a_- a_+^2$ 是有效项, 则

$$\begin{aligned}
a_+^2 a_-\,|n\rangle &= a_+^2\sqrt{n}\,|n-1\rangle = a_+\sqrt{n}\sqrt{n}\,|n\rangle \\
&= \sqrt{n}\sqrt{n}\sqrt{n+1}\,|n+1\rangle = n\sqrt{n+1}\,|n+1\rangle, \\
a_+ a_- a_+\,|n\rangle &= a_+ a_-\sqrt{n+1}\,|n+1\rangle = a_+\sqrt{n+1}\sqrt{n+1}\,|n\rangle \\
&= \sqrt{n+1}\sqrt{n+1}\sqrt{n+1}\,|n+1\rangle = n+1\sqrt{n+1}\,|n+1\rangle, \\
a_- a_+^2\,|n\rangle &= a_- a_+\sqrt{n+1}\,|n+1\rangle = a_-\sqrt{n+1}\sqrt{n+2}\,|n+2\rangle \\
&= \sqrt{n+1}\sqrt{n+2}\sqrt{n+2}\,|n+1\rangle = (n+2)\sqrt{n+1}\,|n+1\rangle.
\end{aligned}$$

$\langle\psi_{n-1}^0|\, x^3\, |\psi_n^0\rangle$ 的非零项要求 $x^3\,|\psi_n^0\rangle = \lambda'\,|\psi_{n-1}^0\rangle$, λ' 为待求系数.

因此 $a_+ a_-^2 + a_- a_+ a_- + a_-^2 a_+$ 是有效项, 则

$$\begin{aligned}
a_+ a_-^2\,|n\rangle &= a_+ a_-\sqrt{n}\,|n-1\rangle = a_+\sqrt{n}\sqrt{n-1}\,|n-2\rangle \\
&= \sqrt{n}\sqrt{n-1}\sqrt{n-1}\,|n-1\rangle = (n-1)\sqrt{n}\,|n-1\rangle,
\end{aligned}$$

$$\begin{aligned}a_-a_+a_-|n\rangle &= a_-a_+\sqrt{n}|n-1\rangle = a_-\sqrt{n}\sqrt{n}|n\rangle\\ &= \sqrt{n}\sqrt{n}\sqrt{n}|n-1\rangle = n\sqrt{n}|n-1\rangle,\\ a_-^2a_+|n\rangle &= a_-^2\sqrt{n+1}|n+1\rangle = a_-\sqrt{n+1}\sqrt{n+1}|n\rangle\\ &= \sqrt{n+1}\sqrt{n+1}\sqrt{n}|n-1\rangle = (n+1)\sqrt{n}|n-1\rangle.\end{aligned}$$

故

$$\begin{aligned}\langle\psi_{n+1}^0|x^3|\psi_n^0\rangle &= \left(\frac{\hbar}{2m\omega}\right)^{\frac{3}{2}}\left[n\sqrt{n+1}+(n+1)\sqrt{n+1}+(n+2)\sqrt{n+1}\right]\\ &= \left(\frac{\hbar}{2m\omega}\right)^{\frac{3}{2}}\left[(n-1)\sqrt{n}+n\sqrt{n}+(n+1)\sqrt{n}\right]\\ &= \left(\frac{\hbar}{2m\omega}\right)^{\frac{3}{2}}\cdot 3n\sqrt{n}.\end{aligned}$$

因此

$$\begin{aligned}\langle x\rangle' = &-\frac{k}{3\hbar\omega}\sqrt{\frac{\hbar}{2m\omega}}\mathrm{Re}\left[-\sqrt{n+1}\left(\frac{\hbar}{2m\omega}\right)^{\frac{3}{2}}\cdot 3(n+1)\sqrt{n+1}\right.\\ &\left.+\sqrt{n}\left(\frac{\hbar}{2m\omega}\right)^{\frac{3}{2}}\cdot 3n\sqrt{n}\right]\\ = &(2n+1)\frac{\hbar k}{4m^2\omega^3}.\end{aligned}$$

习题 7.55　克兰德尔之谜.[①] 一维定态薛定谔方程通常遵循“三个基本经验法则”: (1) 能量非简并; (2) 基态无节点, 第一激发态有一个节点, 第二激发态有两个节点, 等等; (3) 如果势场是 x 的偶函数, 基态是偶函数, 第一激发态是奇函数, 第二激发态是偶函数, 等等. 我们已经看到“环上的一个珠子” (习题 2.46) 违反了第一条规则; 现在假设在原点处引入了一个“刻痕”:

$$H' = -\alpha\delta(x).$$

(如果你不喜欢 δ 函数, 可以像习题 7.9 中那样变成高斯函数.) 这消除了简并, 但是偶波函数和奇波函数的次序是什么? 节点数的次序是什么? **提示**　你不需要做任何计算, 这里可以认为 α 足够小, 但是如果你愿意, 可以精确求解薛定谔方程.

解答　由习题 2.46 知

$$\psi_n^+(x) = \frac{\mathrm{e}^{\mathrm{i}2n\pi x/L}}{\sqrt{L}},\quad \psi_n^-(x) = \frac{\mathrm{e}^{-\mathrm{i}2n\pi x/L}}{\sqrt{L}},\quad E_n = \frac{2n^2\pi^2\hbar^2}{mL^2};$$

对于基态 $\psi_0(x) = \dfrac{1}{\sqrt{L}}$, $E_0 = 0$; 对于非基态 $n \neq 0$, 则能量是二重简并的.

基态能量的一阶修正为

$$E_0^1 = \int_0^L \psi_0^*(x)\left[-\alpha\delta(x)\right]\psi_0(x)\,\mathrm{d}L$$

① 理查德 · 克兰德尔向我推荐了这个问题.

$$=\int_0^L \frac{1}{\sqrt{L}}\left[-\alpha\delta(x)\right]\frac{1}{\sqrt{L}}\mathrm{d}L=-\frac{\alpha}{L}.$$

对于其他简并情况, 构建 $\mathcal{W}$ 矩阵:

令

$$\psi_n^a=\psi_n^+(x)=\frac{\mathrm{e}^{\mathrm{i}2n\pi x/L}}{\sqrt{L}},\quad \psi_n^b=\psi_n^-(x)=\frac{\mathrm{e}^{-\mathrm{i}2n\pi x/L}}{\sqrt{L}};$$

则

$$W_{aa}=\langle\psi_n^a|H'|\psi_n^a\rangle=\int\frac{\mathrm{e}^{-\mathrm{i}2n\pi x/L}}{\sqrt{L}}\left[-\alpha\delta(x)\right]\frac{\mathrm{e}^{\mathrm{i}2n\pi x/L}}{\sqrt{L}}\mathrm{d}x=-\frac{\alpha}{L};$$

同理 $W_{bb}=-\dfrac{\alpha}{L}$.

$$W_{ab}=\langle\psi_n^a|H'\left|\psi_n^b\right\rangle=\int\frac{\mathrm{e}^{-\mathrm{i}2n\pi x/L}}{\sqrt{L}}\left[-\alpha\delta(x)\right]\frac{\mathrm{e}^{-\mathrm{i}2n\pi x/L}}{\sqrt{L}}\mathrm{d}x=-\frac{\alpha}{L};$$

同理 $W_{ba}=-\dfrac{\alpha}{L}$.

因此,

$$\mathcal{W}=-\frac{\alpha}{L}\begin{bmatrix}1&1\\1&1\end{bmatrix};$$

解久期方程 $-\dfrac{\alpha}{L}\begin{vmatrix}1-\lambda&1\\1&1-\lambda\end{vmatrix}=0$, 得 $\lambda=0$ 或 $\lambda=2$.

$\lambda=0$ 时, $E_+=-\dfrac{\alpha}{L}\cdot 0=0$,

$$\psi_n=\frac{1}{\sqrt{2}}\left[\psi_n^a(x)+\psi_n^b(x)\right]=\frac{1}{\sqrt{2L}}\left(\mathrm{e}^{\mathrm{i}2n\pi x/L}-\mathrm{e}^{-\mathrm{i}2n\pi x/L}\right)=\sqrt{\frac{2}{L}}\mathrm{i}\sin(2n\pi x/L).$$

$\lambda=2$ 时, $E_-=-\dfrac{2\alpha}{L}$,

$$\psi_n=\frac{1}{\sqrt{2}}\left[\psi_n^a(x)+\psi_n^b(x)\right]=\frac{1}{\sqrt{2L}}\left(\mathrm{e}^{\mathrm{i}2n\pi x/L}+\mathrm{e}^{-\mathrm{i}2n\pi x/L}\right)=\sqrt{\frac{2}{L}}\cos(2n\pi x/L).$$

此时, 我们可以得到 n 对应的能量、节点数和宇称, 如表 7.4.

表 7.4

n	E	节点数	宇称	波函数
0	$-\dfrac{\alpha}{L}$	0	偶	$\dfrac{1}{\sqrt{L}}$
1	$-\dfrac{2\alpha}{L}+\dfrac{2n^2\hbar^2}{L^2m}$	2	偶	$\sqrt{\dfrac{2}{L}}\cos\left(\dfrac{2\pi x}{L}\right)$
1	$\dfrac{2n^2\hbar^2}{L^2m}$	2	奇	$\sqrt{\dfrac{2}{L}}\sin\left(\dfrac{2\pi x}{L}\right)$
2	$-\dfrac{2\alpha}{L}+\dfrac{8n^2\hbar^2}{L^2m}$	4	偶	$\sqrt{\dfrac{2}{L}}\cos\left(\dfrac{4\pi x}{L}\right)$
2	$\dfrac{8n^2\hbar^2}{L^2m}$	4	奇	$\sqrt{\dfrac{2}{L}}\sin\left(\dfrac{4\pi x}{L}\right)$

续表

n	E	节点数	宇称	波函数
3	$-\frac{2\alpha}{L}+\frac{18n^2\hbar^2}{L^2m}$	6	偶	$\sqrt{\frac{2}{L}}\cos\left(\frac{6\pi x}{L}\right)$
3	$\frac{18n^2\hbar^2}{L^2m}$	6	偶	$\sqrt{\frac{2}{L}}\sin\left(\frac{6\pi x}{L}\right)$

*****习题 7.56** 在本题中, 将电子–电子的排斥项作为氦原子哈密顿量 (方程 (5.38)) 中的微扰,

$$H'=\frac{1}{4\pi\varepsilon_0}\frac{e^2}{|\boldsymbol{r}_1-\boldsymbol{r}_2|}.$$

(这是不精确的, 因为微扰对比于电子与核之间的库仑作用而言并不是一个小量 …… 但这是一个开始.)

(a) 求基态的一阶修正

$$\psi_0(\boldsymbol{r}_1,\boldsymbol{r}_2)=\psi_{100}(\boldsymbol{r}_1)\psi_{100}(\boldsymbol{r}_2).$$

(如果你做了习题 5.15, 你已经完成了此计算, 不过在那时我们并没有称之为微扰理论.)

(b) 现在处理第一激发态, 一个电子处于类氢原子的基态 ψ_{100}, 另一个处于态 ψ_{200}. 事实上, 存在两个这样的态, 它依赖于电子自旋是单态 (仲氦) 还是三重态 (正氦): ①

$$\psi_\pm(\boldsymbol{r}_1,\boldsymbol{r}_2)=\frac{1}{\sqrt{2}}\left[\psi_{100}(\boldsymbol{r}_1)\psi_{200}(\boldsymbol{r}_2)\pm\psi_{200}(\boldsymbol{r}_1)\psi_{100}(\boldsymbol{r}_2)\right].$$

证明:

$$E_\pm^1=\frac{1}{2}(K\pm J),$$

其中

$$K\equiv 2\int\psi_{100}(\boldsymbol{r}_1)\psi_{200}(\boldsymbol{r}_2)H'\psi_{100}(\boldsymbol{r}_1)\psi_{200}(\boldsymbol{r}_2)\,\mathrm{d}^3\boldsymbol{r}_1\mathrm{d}^3\boldsymbol{r}_2,$$

$$J\equiv 2\int\psi_{100}(\boldsymbol{r}_1)\psi_{200}(\boldsymbol{r}_2)H'\psi_{200}(\boldsymbol{r}_1)\psi_{100}(\boldsymbol{r}_2)\,\mathrm{d}^3\boldsymbol{r}_1\mathrm{d}^3\boldsymbol{r}_2.$$

估计这两个积分, 输入具体的数值, 将结果与教材图 5.2 进行对比 (测量值为 -59.2 eV 和 -58.4 eV).②

解答 (a) 基态的一阶微扰为

$$E_0^1=\langle\psi_0|\frac{e^2}{4\pi\varepsilon_0 r}|\psi_0\rangle=\frac{e^2}{4\pi\varepsilon_0}\left\langle\frac{1}{r}\right\rangle,$$

其中 $\frac{1}{r}=\frac{1}{|\boldsymbol{r}_1-\boldsymbol{r}_2|}$, 由习题 5.15(a) 知 $\left\langle\frac{1}{r}\right\rangle=\frac{5}{4a}$, 所以

① 乍一看, 这似乎很奇怪, 自旋和它有关, 因为微扰本身并不涉及自旋 (我甚至懒得明确地包含自旋状态). 当然, 关键是反对称自旋态会产生对称波函数, 反之亦然, 这确实会影响结果.

② 如果你想进一步研究这个问题, 参见 R. C. Massé and T. G. Walker, *Am. J. Phys.* **83**, 730 (2015).

$$E_0^1 = \frac{e^2}{4\pi\varepsilon_0} \cdot \frac{5}{4a} = \frac{5e^2}{16\pi\varepsilon_0 a} = \frac{5}{2} E_1 = \frac{5}{2} \times 13.6 \text{ eV} = 34 \text{ eV}.$$

(b) 对于第一激发态, 一个电子处于态 ψ_{100}, 另一个电子处于态 ψ_{200} 时, 波函数为

$$\psi_\pm(\boldsymbol{r}_1, \boldsymbol{r}_2) = \frac{1}{\sqrt{2}}\left[\psi_{100}(\boldsymbol{r}_1)\psi_{200}(\boldsymbol{r}_2) \pm \psi_{200}(\boldsymbol{r}_1)\psi_{100}(\boldsymbol{r}_2)\right].$$

由于哈密顿量在 $\boldsymbol{r}_1$ 和 $\boldsymbol{r}_2$ 的交换作用下保持不变, 这两个态在交换作用下保持奇和偶宇称, 所以微扰不会使这两个态发生交叠, 即 $\mathcal{W}$ 矩阵的非对角项为零.

因此, 可以按照非简并情况处理:

$$\begin{aligned} E_\pm^1 = \langle\psi_\pm| \frac{e^2}{4\pi\varepsilon_0 r} |\psi_\pm\rangle = \frac{1}{2} \iint \Big[& \psi_{100}^*(\boldsymbol{r}_1)\psi_{200}^*(\boldsymbol{r}_2) \frac{e^2}{4\pi\varepsilon_0 r} \psi_{100}(\boldsymbol{r}_1)\psi_{200}(\boldsymbol{r}_2) \\ & \pm \psi_{100}^*(\boldsymbol{r}_1)\psi_{200}^*(\boldsymbol{r}_2) \frac{e^2}{4\pi\varepsilon_0 r} \psi_{200}(\boldsymbol{r}_1)\psi_{100}(\boldsymbol{r}_2) \\ & \pm \psi_{200}^*(\boldsymbol{r}_1)\psi_{100}^*(\boldsymbol{r}_2) \frac{e^2}{4\pi\varepsilon_0 r} \psi_{100}(\boldsymbol{r}_1)\psi_{200}(\boldsymbol{r}_2) \\ & \pm \psi_{200}^*(\boldsymbol{r}_1)\psi_{100}^*(\boldsymbol{r}_2) \frac{e^2}{4\pi\varepsilon_0 r} \psi_{200}(\boldsymbol{r}_1)\psi_{100}(\boldsymbol{r}_2) \Big] \mathrm{d}^3 r_1 \mathrm{d}^3 r_2. \end{aligned}$$

将上式第三项和第四项的 $\boldsymbol{r}_1$ 和 $\boldsymbol{r}_2$ 交换, 可以得到第三项与第二项等价, 第四项与第一项等价. 因此, 上式可写为 $E_\pm^1 = 2(K \pm J)$, 其中

$$K = 2\int |\psi_{200}(\boldsymbol{r}_2)|^2 \int |\psi_{200}(\boldsymbol{r}_1)|^2 \frac{e^2}{4\pi\varepsilon_0 r} \mathrm{d}^3 r_1 \mathrm{d}^3 r_2,$$

$$J = 2\int \psi_{200}(\boldsymbol{r}_2)\psi_{100}(\boldsymbol{r}_2) \int \psi_{200}(\boldsymbol{r}_1)\psi_{100}(\boldsymbol{r}_1) \frac{e^2}{4\pi\varepsilon_0 r} \mathrm{d}^3 r_1 \mathrm{d}^3 r_2.$$

令 K 中 $V_1 = \int |\psi_{200}(r_1)|^2 \frac{e^2}{4\pi\varepsilon_0 r} \mathrm{d}^3 r_1$, 则

$$\begin{aligned} V_1 &= \frac{e^2}{4\pi\varepsilon_0 r} \int \frac{8}{\pi a^3} \mathrm{e}^{-4r_1/a} \frac{a}{|\boldsymbol{r}_1 - \boldsymbol{r}_2|} \mathrm{d}r_1 \\ &= 2|E_1| \frac{16}{a^3} \int_0^\infty \mathrm{e}^{-4r_1/a} \int_0^\pi \frac{a\sin\theta_1 r_1^2}{\sqrt{r_1^2 + r_2^2 - 2r_1 r_2 \cos\theta_1}} \mathrm{d}\theta_1 \mathrm{d}r_1. \end{aligned}$$

由

$$\begin{aligned} \int_0^\pi \frac{a\sin\theta_1}{\sqrt{r_1^2 + r_2^2 - 2r_1 r_2 \cos\theta_1}} \mathrm{d}\theta_1 &= \int_{-1}^1 \frac{a}{\sqrt{r_1^2 + r_2^2 - 2r_1 r_2 u}} \mathrm{d}u \, (u = \cos\theta_1) \\ &= \frac{a}{r_1 r_2}(r_1 + r_2 - |r_1 - r_2|) = \begin{cases} 2a/r_1, & r_1 > r_2 \\ 2a/r_2, & r_1 < r_2 \end{cases}, \end{aligned}$$

将上式代入 V_1, 得

$$\begin{aligned} V_1 &= 2|E_1| \frac{32}{a^3} \left[\int_0^{r_2} \mathrm{e}^{-4r_1/a} \frac{a}{r_2} r_1^2 \mathrm{d}r_1 + \int_{r_2}^\infty \mathrm{e}^{-4r_1/a} a r_1 \mathrm{d}r_1 \right] \\ &= |E_1| \left\{ \frac{a}{r_2} \left[2 - \left(2 + \frac{8r^2}{a} + \frac{16r_2^2}{a^2} \right) \mathrm{e}^{-4r_2/a} \right] + 4\left(1 + \frac{4r_2}{a}\right) \mathrm{e}^{-4r_2/a} \right\} \\ &= 2|E_1| \left[\frac{a}{r_2} - \left(2 + \frac{a}{r_2} \right) \mathrm{e}^{-4r_2/a} \right]. \end{aligned}$$

由于 V_1 和 ψ_{200} 只依赖 $\boldsymbol{r}_2$, 所以

$$
\begin{aligned}
K &= 8\pi\int_0^{\infty}|\psi_{200}(\boldsymbol{r}_2)|^2V_1(\boldsymbol{r}_2)\,r_2^2\mathrm{d}r_2\\
&= 8\pi\cdot 2|E_1|\int_0^{\infty}\frac{1}{\pi a^3}\left(1-\frac{r_2}{a}\right)^2\mathrm{e}^{-2r_2/a}\left[\frac{r_2}{a}-\left(2+\frac{a}{r_2}\right)\mathrm{e}^{-4r_2/a}\right]r_2^2\mathrm{d}r_2\\
&= \frac{16}{a^3}|E_1|\left[\int_0^{\infty}ar_2\left(1-\frac{r_2}{a}\right)^2\mathrm{e}^{-2r_2/a}\mathrm{d}r_2\right.\\
&\quad\left.-\int_0^{\infty}\left(2r_2^2+ar_2\right)\left(1-\frac{r_2}{a}\right)^2\mathrm{e}^{-6r_2/a}\mathrm{d}r_2\right].
\end{aligned}
$$

令 $Z=\dfrac{2r_2}{a}$ 和 $z=\dfrac{6r_2}{a}$, 在第一个积分和第二个积分中作代换, 得

$$
\begin{aligned}
K &= \frac{16}{a^3}|E_1|\left[\int_0^{\infty}\frac{a^2Z}{2}\left(1-\frac{Z}{2}\right)^2\mathrm{e}^{-Z}\frac{a}{2}\mathrm{d}Z\right.\\
&\quad\left.-\int_0^{\infty}\left(\frac{1}{18}a^2z^2+\frac{1}{6}a^2z\right)\left(1-\frac{z}{6}\right)^2\mathrm{e}^{-z}\frac{a}{6}\mathrm{d}z\right]\\
&= 2|E_1|\int_0^{\infty}\frac{16}{9}z-2z^2+\frac{14}{27}z^3-\frac{1}{486}z^4\mathrm{e}^{-Z}\mathrm{d}z\\
&= \frac{136}{81}|E_1| = 22.83\ \mathrm{eV}.
\end{aligned}
$$

对于 J,

$$
J = 2\int\psi_{200}(\boldsymbol{r}_2)\,\psi_{100}(\boldsymbol{r}_2)\int\psi_{200}(\boldsymbol{r}_1)\,\psi_{100}(\boldsymbol{r}_1)\frac{e^2}{4\pi\varepsilon_0 r}\mathrm{d}^3r_1\mathrm{d}^3r_2.
$$

令

$$
\begin{aligned}
V_2 &= \int\psi_{200}(\boldsymbol{r}_2)\,\psi_{100}(\boldsymbol{r}_2)\,\frac{e^2}{4\pi\varepsilon_0 r}\mathrm{d}^3r_1\\
&= \frac{e^2}{4\pi\varepsilon_0 r}\frac{2\sqrt{2}}{\pi a^3}\int\left(1-\frac{r_1}{a}\right)\mathrm{e}^{-3r_1/a}\frac{a}{|r_1-r_2|}\mathrm{d}r_1\\
&= \frac{e^2}{4\pi\varepsilon_0 r}\frac{2\sqrt{2}}{\pi a^3}\int_0^{2\pi}\mathrm{d}\varphi\int\left(1-\frac{r_1}{a}\right)\mathrm{e}^{-3r_1/a}\int_0^{\pi}\frac{a\sin\theta_1}{\sqrt{r_1^2+r_2^2-2r_1r_2\cos\theta_1}}\mathrm{d}\theta_1 r_1^2\mathrm{d}r_1\\
&= 2|E_1|\frac{2\sqrt{2}}{\pi a^3}2\pi\int_0^{\infty}\left(1-\frac{r_1}{a}\right)\mathrm{e}^{-3r_1/a}z_1(r_1)\,r_1^2\mathrm{d}r_1,
\end{aligned}
$$

其中 z_1 与 K 中计算用到的 z_1 一样, 因此通过分段积分可得

$$
V_2 = |E_1|\frac{16\sqrt{2}}{a^3}\left[\int_0^{r_2}\frac{ar_1^2}{r_2}\left(1-\frac{r_1}{a}\right)\mathrm{e}^{-3r_1/a}\mathrm{d}r_1+\int_{r_2}^{\infty}ar_1\left(1-\frac{r_1}{a}\right)\mathrm{e}^{-3r_1/a}\mathrm{d}r_1\right].
$$

令 $Z=\dfrac{r_1}{a}$, 得

$$
\begin{aligned}
V_2 &= |E_1|\frac{16\sqrt{2}}{a^3}\left[\int_0^{3r_2/a}\frac{a^3z^2}{ar_2}\left(1-\frac{z}{3}\right)\mathrm{e}^{-z}\frac{a}{3}\mathrm{d}z+\int_{3r_2/a}^{\infty}\frac{a^2z}{3}\left(1-\frac{z}{3}\right)\mathrm{e}^{-z}\frac{a}{3}\mathrm{d}z\right]\\
&= |E_1|\frac{16\sqrt{2}}{9}\left[\frac{a}{3r_2}\int_0^{3r_2/a}\left(z^2-\frac{z^3}{3}\right)\mathrm{e}^{-z}\frac{a}{3}\mathrm{d}z+\int_{3r_2/a}^{\infty}\left(z-\frac{z^2}{3}\right)\mathrm{e}^{-z}\frac{a}{3}\mathrm{d}z\right]\\
&= |E_1|\frac{16\sqrt{2}}{9}\left\{\frac{a}{3r_2}\left\{2-\left(2+\frac{6r_2}{a}+\frac{9r_2^2}{a^2}\right)\mathrm{e}^{-3r_2/a}\right.\right.
\end{aligned}
$$

$$
\begin{aligned}
& -\left[2-\left(2+\frac{6r_2}{a}+\frac{9r_2^2}{a^2}+\frac{9r_2^3}{a^3}\right)\mathrm{e}^{-3r_2/a}\right]\Bigg\} \\
& +\left(1+\frac{3r_1}{a}\right)\mathrm{e}^{-3r_2/a}-\frac{1}{3}\left(2+\frac{6r_2}{a}+\frac{9r_2^2}{a^2}\right)\mathrm{e}^{-3r_2/a}\Bigg\} \\
= & \left|E_1\right|\frac{16\sqrt{2}}{27}\left(1+\frac{3r_1}{a}\right)\mathrm{e}^{-3r_2/a}.
\end{aligned}
$$

将 V_2 代入 J 的表达式中, 得

$$
\begin{aligned}
J & =8\pi\int\psi_{200}\left(\boldsymbol{r}_2\right)\psi_{100}\left(\boldsymbol{r}_2\right)V_2\left(\boldsymbol{r}_2\right)r_2^2\mathrm{d}r_2 \\
& =8\pi\left|E_1\right|\frac{16\sqrt{2}}{27}\frac{2\sqrt{2}}{\pi a^3}\int_0^{\infty}\left(1-\frac{r_2}{a}\right)\mathrm{e}^{-3r_2/a}\left(1+\frac{3r_2}{a}\right)\mathrm{e}^{-3r_2/a}r_2^2\mathrm{d}r_2 \\
& =\frac{518}{27}\left|E_1\right|\frac{1}{6}\int_0^{\infty}\left(1-\frac{z}{6}\right)\left(1+\frac{z}{2}\right)\mathrm{e}^{-z}z^2\mathrm{d}z \\
& =\frac{64}{729}\left|E_1\right|\int_0^{\infty}\left(z^2+\frac{z^3}{3}-\frac{z^4}{12}\right)\mathrm{e}^{-z}\mathrm{d}z \\
& =\frac{128}{729}\left|E_1\right|=2.39\ \mathrm{eV}.
\end{aligned}
$$

因此, 总能为

$$
E_0+\frac{1}{2}(K+J)=4E_1+4\times\frac{E_1}{4}-\frac{68}{81}E_1-\frac{64}{729}E_1=-55.39\ \mathrm{eV},
$$

$$
E_0+\frac{1}{2}(K-J)=4E_1+4\times\frac{E_1}{4}-\frac{68}{81}E_1+\frac{64}{729}E_1=-57.78\ \mathrm{eV}.
$$

习题 7.57 通过定义 H^0 和 H', 布洛赫函数 (方程 (6.12)) 的哈密顿量可以用微扰理论来分析,

$$
H^0u_{n0}=E_{n0}u_{n0},
$$

$$
\left(H^0+H'\right)u_{nq}=E_{nq}u_{nq}.
$$

在本题中, 不要假设任何形式的 $V(x)$.

(a) 确定算符 H^0 和 H' (用 $\hat{p}$ 项表示).

(b) 求 E_{nq} 精确到 q 的二阶, 即求 A_n, B_n 和 C_n 的表达式 (用 E_{n0} 和 $\hat{p}$ 在无微扰态 u_{n0} 中的矩阵元表示)

$$
E_{nq}\approx A_n+B_nq+C_nq^2.
$$

(c) 证明: 所有的常数 B_n 都为零. 提示 见习题 2.1(b). 记住 $u_{n0}(x)$ 是周期性的.

注释 习惯上写 $C_n=\hbar^2/(2m_n^*)$, 其中 m_n^* 是粒子在第 n 个带中的**有效质量**, 正如刚才所证明的那样

$$
E_{nq}\approx\mathrm{constant}+\frac{\hbar^2q^2}{2m_n^*},
$$

当 $k \to q$ 时, 它像自由粒子一样 (方程 (2.92)).

解答 (a) 布洛赫波函数可以写为周期性调制的平面波的形式 (方程 (6.12))

$$\psi(x) = \mathrm{e}^{\mathrm{i}qx} u(x).$$

由方程 (6.14) 知,

$$-\frac{\hbar^2}{2m}\frac{\mathrm{d}^2 u_{nq}}{\mathrm{d}x^2} - \frac{\mathrm{i}\hbar^2 q}{m}\frac{\mathrm{d}u_{nq}}{\mathrm{d}x} + V(x)u_{nq} = \left(E_{nq} - \frac{\hbar^2 q^2}{2m}\right)u_{nq}.$$

当 $q=0$ 时, 上式变为

$$-\frac{\hbar^2}{2m}\frac{\mathrm{d}^2 u_{n0}}{\mathrm{d}x^2} + V(x)u_{n0} = E_{n0}u_{n0},$$

即 $H_0 = -\frac{\hbar^2}{2m}\frac{\mathrm{d}^2}{\mathrm{d}^2 x} + V(x) = \frac{p^2}{2m} + V(x)$.

当 $q \neq 0$ 时,

$$-\frac{\hbar^2}{2m}\frac{\mathrm{d}^2 u_{nq}}{\mathrm{d}x^2} - \frac{\mathrm{i}\hbar^2 q}{m}\frac{\mathrm{d}u_{nq}}{\mathrm{d}x} + V(x)u_{nq} = \left(E_{nq} - \frac{\hbar^2 q^2}{2m}\right)u_{nq},$$

$$\frac{p^2}{2m}u_{nq} + \frac{\hbar qp}{m}u_{nq} + V(x)u_{nq} = \left(E_{nq} - \frac{\hbar^2 q^2}{2m}\right)u_{nq},$$

$$\left[\frac{p^2}{2m} + V(x) + \left(\frac{\hbar qp}{m} + \frac{\hbar^2 q^2}{2m}\right)\right]u_{nq} = E_{nq}u_{nq},$$

因此, $H' = \frac{\hbar qp}{m} + \frac{\hbar^2 q^2}{2m}$.

(b) 由一阶微扰和二阶微扰理论可知,

$$E_{nq} = E_{n0} + \langle u_{n0}| H' |u_{n0}\rangle + \sum_{m\neq n}\frac{|\langle u_{m0}| H' |u_{n0}\rangle|^2}{E_{n0} - E_{m0}},$$

由于

$$\begin{aligned}\langle u_{m0}| H' |u_{n0}\rangle &= \langle u_{m0}| \frac{\hbar qp}{m} + \frac{\hbar^2 q^2}{2m} |u_{n0}\rangle \\ &= \frac{\hbar q}{m}\langle u_{m0}| p |u_{n0}\rangle + \frac{\hbar^2 q^2}{2m}\langle u_{m0}|u_{n0}\rangle \\ &= \frac{\hbar q}{m}\langle u_{m0}| p |u_{n0}\rangle + \frac{\hbar^2 q^2}{2m}\delta_{mn},\end{aligned}$$

所以

$$E_{nq} = E_{n0} + \frac{\hbar q}{m}\langle u_{n0}| p |u_{n0}\rangle + \frac{\hbar^2 q^2}{2m} + \left(\frac{\hbar q}{m}\right)^2\sum_{m\neq n}\frac{|\langle u_{m0}| p |u_{n0}\rangle|^2}{E_{n0} - E_{m0}}.$$

(c) 由习题 2.1(b) 可知 u_{n0} 可以选为实数. 因此,

$$\begin{aligned}\langle u_{n0}| p |u_{n0}\rangle &= \int_0^a u_{n0}(x)\left(-\mathrm{i}\hbar\frac{\mathrm{d}}{\mathrm{d}x}\right)u_{n0}(x)\,\mathrm{d}x \\ &= -\frac{\mathrm{i}\hbar}{2}\int_0^a \frac{\mathrm{d}}{\mathrm{d}x}[u_{n0}(x)]^2\,\mathrm{d}x \\ &= -\frac{\mathrm{i}\hbar}{2}\int_0^a \mathrm{d}[u_{n0}(x)]^2 \\ &= -\frac{\mathrm{i}\hbar}{2}[u_{n0}(x)]^2\Big|_0^a \\ &= -\frac{\mathrm{i}\hbar}{2}\left([u_{n0}(a)]^2 - [u_{n0}(0)]^2\right) \\ &= 0.\end{aligned}$$

第 8 章 变分原理

本章主要内容概要

1. 变分原理

设有任意试探波函数 $\psi(\lambda)$，其中 λ 为可调参数，变分原理指出用这个波函数求出的能量期望值一定大于等于体系的基态能量，即 $\langle H\rangle = \langle\psi| H |\psi\rangle \geqslant E_{\mathrm{gs}}$，因此改变可调参数使 $\langle H\rangle$ 达到最小值，即令 $\dfrac{\partial\langle H\rangle}{\partial\lambda}=0$，可以得到基态能量的上限.

2. 氦原子基态

体系哈密顿量为

$$H=-\frac{\hbar^2}{2m}\left(\nabla_1^2+\nabla_2^2\right)-\frac{e^2}{4\pi\varepsilon_0}\left(\frac{2}{r_1}+\frac{2}{r_2}-\frac{1}{|\boldsymbol{r}_1-\boldsymbol{r}_2|}\right),$$

选取试探波函数为

$$\psi_1(\boldsymbol{r}_1,\boldsymbol{r}_2)\equiv\frac{Z^3}{\pi a^3}\mathrm{e}^{-Z(r_1+r_2)/a},$$

其中 Z 为可调参数，计算出能量期望值，即

$$\langle H\rangle=\left[2Z^2-4Z(Z-2)-(5/4)Z\right]E_1=\left[-2Z^2+(27/4)Z\right]E_1,$$

其中 E_1 为氢原子基态能量. 令 $\partial\langle H\rangle/\partial Z=0$，求出当 $Z=27/16$ 时，$\langle H\rangle$ 最小为

$$\langle H\rangle_{\min}=\frac{1}{2}\left(\frac{3}{2}\right)^6E_1=-77.5\ \mathrm{eV}.$$

由变分原理，氦原子基态能量 $\leqslant -77.5$ eV(实验值为 -79 eV).

3. 氢分子离子

体系哈密顿量为

$$H=-\frac{\hbar^2}{2m}\nabla^2-\frac{e^2}{4\pi\varepsilon_0}\left(\frac{1}{r}+\frac{1}{r'}\right),$$

选取试探波函数为

$$\psi=A\left[\psi_0(r)+\psi_0(r')\right],$$

其中，

$$\psi_0(\boldsymbol{r})=\frac{1}{\sqrt{\pi a^3}}\mathrm{e}^{-r/a}.$$

量子化学家称此为原子轨道函数线性组合法.

电子能量的期望值为

$$\langle H\rangle=\left[1+2\frac{D+X}{1+I}\right]E_1,$$

其中,

$$I=\mathrm{e}^{-R/a}\left[1+\left(\frac{R}{a}\right)+\frac{1}{3}\left(\frac{R}{a}\right)^{2}\right],\quad D=\frac{a}{R}-\left(1+\frac{a}{R}\right)\mathrm{e}^{-2R/a},$$

$$X\equiv a\left\langle\psi_0(r)\right|\frac{1}{r}\left|\psi_0(r')\right\rangle.$$

质子–质子排斥作用有关的势能

$$V_{pp}=\frac{e^2}{4\pi\varepsilon_0}\frac{1}{R}=-\frac{2a}{R}E_1.$$

4. 氢分子

假设两个质子处于静止状态, 哈密顿量是

$$\hat{H}=-\frac{\hbar^2}{2m}\left(\nabla_1^2+\nabla_2^2\right)+\frac{e^2}{4\pi\varepsilon_0}\left(\frac{1}{r_{12}}+\frac{1}{R}-\frac{1}{r_1}-\frac{1}{r_1'}-\frac{1}{r_2}-\frac{1}{r_2'}\right),$$

其中 r_1 和 r_1' 分别是电子 1 与每个质子的距离, r_2 和 r_2' 分别是电子 2 与每个质子的距离; 六个势能项分别描述了两个电子之间的排斥, 两个质子之间的排斥, 以及每个电子对每个质子的吸引力.

试探波函数可以选取对称化波函数和反对称波函数

$$\psi_+(\boldsymbol{r_1},\boldsymbol{r}_2)=A_+\left[\psi_0(r_1)\psi_0(r_2')+\psi_0(r_1')\psi_0(r_2)\right],$$

$$\psi_-(\boldsymbol{r_1},\boldsymbol{r}_2)=A_-\left[\psi_0(r_1)\psi_0(r_2')-\psi_0(r_1')\psi_0(r_2)\right].$$

把所有对能量的贡献加起来: 动能, 电子–质子势能, 电子–电子势能, 以及质子–质子势能, 得到

$$\langle H\rangle_\pm=2E_1\left[1-\frac{a}{R}+\frac{2D-D_2\pm(2IX-X_2)}{1\pm I^2}\right].$$

态 ψ_+ 要求将两个电子置于自旋单态组态中, 而 ψ_- 意味着将它们置于自旋三重态组态中. 只有当两个电子处于单态时才发生键合, 即共价键.

***习题 8.1** 利用高斯试探波函数 (方程 (8.2)) 求出下列情况下所能得基态能量的最低上限: (a) 线性势 $V(x)=\alpha|x|$;(b) 四次方势能 $V(x)=\alpha x^4$.

解答 取高斯型函数作为试探波函数

$$\psi(x)=A\mathrm{e}^{-bx^2},$$

其中 b 为常数, A 通过归一化条件可得

$$1=|A|^2\int_{-\infty}^{\infty}\mathrm{e}^{-2bx^2}\mathrm{d}x=|A|^2\sqrt{\frac{\pi}{2b}}$$

$$\Rightarrow A=\left(\frac{2b}{\pi}\right)^{\frac{1}{4}}.$$

所以动能项为

$$\langle T\rangle=-\frac{\hbar}{2m}A^2\int_{-\infty}^{\infty}\mathrm{e}^{-bx^2}\frac{\mathrm{d}^2}{\mathrm{d}x^2}\left(\mathrm{e}^{-bx^2}\right)\mathrm{d}x=\frac{\hbar^2 b}{2m}.$$

(a) 线性势 $V(x)=\alpha|x|$ 的势能项

$$\langle V\rangle=\alpha A^2\int_{-\infty}^{\infty}|x|\,\mathrm{e}^{-2bx^2}\mathrm{d}x=2\alpha A^2\int_0^{\infty}x\mathrm{e}^{-2bx^2}\mathrm{d}x=2\alpha A^2\frac{1}{2b}=\frac{\alpha}{\sqrt{2b\pi}},$$

$$\langle H\rangle=\langle T\rangle+\langle V\rangle=\frac{\hbar^2b}{2m}+\frac{\alpha}{\sqrt{2\pi b}}.$$

对任意 b, $\langle H\rangle$ 必大于等于 E_{gs}. 为了得到最佳上限, 求 $\langle H\rangle$ 的最小值:

$$\frac{\mathrm{d}\langle H\rangle}{\mathrm{d}b}=\frac{\hbar^2}{2m}-\frac{1}{2}\frac{\alpha}{\sqrt{2\pi}}b^{-\frac{3}{2}}=0\Rightarrow b=\left(\frac{m\alpha}{\sqrt{2\pi}\hbar^2}\right)^{\frac{2}{3}},$$

$$\langle H\rangle_{\min}=\frac{\hbar^2}{2m}\left(\frac{m\alpha}{\sqrt{2\pi}\hbar^2}\right)^{\frac{2}{3}}+\frac{\alpha}{\sqrt{2\pi}}\left(\frac{\sqrt{2\pi}\hbar^2}{m\alpha}\right)^{\frac{1}{3}}=\frac{3}{2}\left(\frac{\alpha^2\hbar^2}{2\pi m}\right)^{\frac{1}{3}}.$$

(b) 四次方势能项

$$\begin{aligned}\langle V\rangle&=\alpha A^2\int_{-\infty}^{\infty}x^4\mathrm{e}^{-2bx^2}\mathrm{d}x=2\alpha A^2\int_0^{\infty}x^4\mathrm{e}^{-2bx^2}\mathrm{d}x\\&=2\alpha A^2\frac{3}{8(2b)^2}\sqrt{\frac{\pi}{2b}}=\frac{3\alpha}{16b^2},\end{aligned}$$

$$\langle H\rangle=\langle T\rangle+\langle V\rangle=\frac{\hbar^2b}{2m}+\frac{3\alpha}{16b^2}.$$

求 $\langle H\rangle$ 的最小值:

$$\frac{\mathrm{d}\langle H\rangle}{\mathrm{d}b}=\frac{\hbar^2}{2m}-\frac{3\alpha}{8b^3}=0\Rightarrow b=\left(\frac{3m\alpha}{4\hbar^2}\right)^{\frac{1}{3}},$$

$$\langle H\rangle_{\min}=\frac{\hbar^2}{2m}\left(\frac{m\alpha}{\sqrt{2\pi}\hbar^2}\right)^{\frac{2}{3}}+\frac{3\alpha}{16}\left(\frac{4\hbar^2}{3m\alpha}\right)^{\frac{2}{3}}=\frac{3}{4}\left(\frac{3\alpha^2\hbar^4}{4m^2}\right)^{\frac{1}{3}}.$$

****习题 8.2** 取如下形式的试探波函数:

$$\psi(x)=\frac{A}{x^2+b^2},$$

求一维谐振子 E_{gs} 的最佳上限, 其中 A 由归一化确定, b 为可调参数.

解答 归一化波函数求 A

$$1=|A|^2\int_{-\infty}^{\infty}\left(\frac{1}{x^2+b^2}\right)^2\mathrm{d}x=2|A|^2\int_0^{\infty}\left(\frac{1}{x^2+b^2}\right)^2\mathrm{d}x=2|A|^2\frac{\pi}{4b^3}=\frac{\pi}{2b^3}|A|^2,$$

$$A=\sqrt{\frac{2b^3}{\pi}}.$$

动能项:

$$\begin{aligned}\langle T\rangle&=-\frac{\hbar^2}{2m}|A|^2\int_{-\infty}^{\infty}\frac{1}{x^2+b^2}\frac{\mathrm{d}^2}{\mathrm{d}x^2}\left(\frac{1}{x^2+b^2}\right)\mathrm{d}x\\&=-\frac{\hbar^2}{2m}|A|^2\int_{-\infty}^{\infty}\frac{1}{x^2+b^2}\frac{2\left(3x^2-b^2\right)}{(x^2+b^2)^3}\mathrm{d}x\\&=-\frac{\hbar^2}{2m}|A|^2 4\int_0^{\infty}\frac{3\left(x^2+b^2\right)-4b^2}{(x^2+b^2)^4}\mathrm{d}x\end{aligned}$$

$$
\begin{aligned}
&= -\frac{4\hbar^2 b^3}{m\pi}\left[\int_0^\infty \frac{3}{(x^2+b^2)^3}\mathrm{d}x - \int_0^\infty \frac{4b^2}{(x^2+b^2)^4}\mathrm{d}x\right] \\
&= -\frac{4\hbar^2 b^3}{m\pi}\left(3\frac{3\pi}{16b^5} - 4b^2\frac{5\pi}{32b^7}\right) \\
&= \frac{\hbar^2}{4mb^2}.
\end{aligned}
$$

势能项:

$$
\begin{aligned}
\langle V\rangle &= \frac{1}{2}m\omega^2|A|^2\int_{-\infty}^\infty \frac{x^2}{(x^2+b^2)^2}\mathrm{d}x \\
&= m\omega^2|A|^2\int_0^\infty \frac{x^2+b^2-b^2}{(x^2+b^2)^2}\mathrm{d}x \\
&= m\omega^2|A|^2\left[\int_0^\infty \frac{1}{x^2+b^2}\mathrm{d}x - \int_0^\infty \frac{b^2}{(x^2+b^2)^2}\mathrm{d}x\right] \\
&= m\omega^2|A|^2\left(\frac{\pi}{2b} - \frac{b^2}{2b^3}\frac{\pi}{2}\right) \\
&= m\omega^2\frac{2b^3}{\pi}\frac{\pi}{4b} \\
&= \frac{1}{2}m\omega^2 b^2.
\end{aligned}
$$

则

$$
\langle H\rangle = \langle T\rangle + \langle V\rangle = \frac{\hbar^2}{4mb^2} + \frac{1}{2}m\omega^2 b^2,
$$

$$
\frac{\partial\langle H\rangle}{\partial b} = -\frac{\hbar^2}{2mb^3} + m\omega^2 b = 0 \Rightarrow b^2 = \frac{\hbar}{\sqrt{2}m\omega},
$$

$$
\langle H\rangle_{\min} = \frac{\hbar^2}{4m}\frac{\sqrt{2}m\omega}{\hbar} + \frac{1}{2}m\omega^2\frac{\hbar}{\sqrt{2}m\omega} = \frac{\sqrt{2}}{2}\hbar\omega \geqslant \frac{1}{2}\hbar\omega.
$$

习题 8.3 取三角函数为试探波函数, a 为可调参数. 求位于 δ 函数势 $V(x) = -\alpha\delta(x)$(方程 (8.10), 中心在原点) 中最佳上限 E_{gs}.

解答 取试探波函数为

$$
\psi(x) = \begin{cases} A(x+a/2), & -a/2 \leqslant x < 0, \\ A(a/2-x), & 0 \leqslant x \leqslant a/2, \\ 0, & \text{其他}. \end{cases}
$$

归一化波函数可得

$$
\begin{aligned}
1 &= |A|^2\int_{-a/2}^0\left(x+\frac{a}{2}\right)^2\mathrm{d}x + |A|^2\int_0^{a/2}\left(\frac{a}{2}-x\right)^2\mathrm{d}x \\
&= 2|A|^2\int_0^{a/2}\left(\frac{a}{2}-x\right)^2\mathrm{d}x \\
&= \frac{a^3}{12}|A|^2,
\end{aligned}
$$

$$A=\sqrt{\frac{12}{a^3}}.$$

$$\frac{\mathrm{d}\psi}{\mathrm{d}x}=\begin{cases}A, & -a/2\leqslant x<0,\\ -A, & 0\leqslant x\leqslant a/2,\\ 0, & \text{其他}.\end{cases}$$

$$\frac{\mathrm{d}^2\psi}{\mathrm{d}x^2}=A\delta\left(x+\frac{a}{2}\right)-2A\delta(x)+A\delta\left(x-\frac{a}{2}\right).$$

动能项:

$$\begin{aligned}\langle T\rangle&=-\frac{\hbar^2}{2m}\int\psi\left[A\delta\left(x+\frac{a}{2}\right)-2A\delta(x)+A\delta\left(x-\frac{a}{2}\right)\right]\mathrm{d}x\\&=\frac{\hbar^2}{2m}2A\psi(0)\\&=6\frac{\hbar^2}{ma^2}.\end{aligned}$$

势能项:

$$\langle V\rangle=-\alpha\int|\psi|^2\delta(x)\,\mathrm{d}x=-\alpha|\psi(0)|^2=-3\frac{\alpha}{a}.$$

则

$$\langle H\rangle=\langle T\rangle+\langle V\rangle=6\frac{\hbar^2}{ma^2}-3\frac{\alpha}{a},$$

$$\frac{\partial\langle H\rangle}{\partial a}=-12\frac{\hbar^2}{ma^3}+3\frac{\alpha}{a^2}=0,$$

$$a=4\frac{\hbar^2}{m\alpha},$$

$$\langle H\rangle_{\min}=6\frac{\hbar^2}{m}\left(\frac{m\alpha}{4\hbar^2}\right)^2-3\alpha\left(\frac{m\alpha}{4\hbar^2}\right)=-\frac{3m\alpha^2}{8\hbar^2}\geqslant-\frac{m\alpha^2}{2\hbar^2}.$$

(这是 δ 势束缚态能量.)

习题 8.4

(a) 证明变分原理有如下推论: 如果 $\langle\psi|\,\psi_{\mathrm{gs}}\rangle=0$, 则 $\langle H\rangle\geqslant E_{\mathrm{fe}}$, 其中 E_{fe} 是第一激发态的能量. 注释 如果可以找到一个试探波函数和严格的基态正交的话, 就可以得到第一激发态的能量上限. 一般来说, 很难保证 ψ 与 ψ_{gs} 是正交的, 因为 (假定地) 我们并不知道后者. 然而, 如果势能 $V(x)$ 是 x 的偶函数, 则基态也是偶函数. 因此任意奇的试探波函数将自动满足推论的条件.[①]

(b) 使用以下函数为试探波函数:

$$\psi(x)=Axe^{-bx^2},$$

求一维谐振子的第一激发态能量最佳上限.

解答 (a) 任意波函数可以用能量本征函数展开为 $\psi=\sum\limits_{n=1}^{\infty}c_n\psi_n$, 其中 $\psi_1=\psi_{\mathrm{gs}}$ 为基态波函数.

① 你可以将此技巧扩展到其他对称. 假设存在一个厄米算符 A, 使得 $[A,H]=0$. 基态 (假设它是非简并的) 必须是 A 的本征态; 本征值为 λ : $A\psi_{\mathrm{gs}}=\lambda\psi_{\mathrm{gs}}$. 如果选择一个变分函数 ψ, 它是具有不同本征值的 A 的本征态: $A\psi=\nu\psi,\lambda\neq\nu$, 则可以确定 ψ 和 ψ_{gs} 是正交的 (见 3.3 节). 具体应用参见习题 8.20.

由于 $\langle\psi/\psi_{\text{gs}}\rangle = 0$, 则

$$\sum_{n=1}^{\infty} c_n \langle\psi_1/\psi\rangle = c_1 = 0,$$

基态的展开系数为 0. 所以

$$\langle H\rangle = \sum_{n=2}^{\infty} E_n |c_n|^2 \geqslant E_{\text{fe}} \sum_{n=2}^{\infty} |c_n|^2 = E_{\text{fe}}.$$

因此 $\langle H\rangle > E_{\text{fe}}$, 其中 E_{fe} 是第一激发态的能量.

(b) 归一化试探波函数

$$\begin{aligned}
1 &= |A|^2 \int_{-\infty}^{\infty} x^2 \mathrm{e}^{-bx^2} \mathrm{d}x \\
&= |A|^2 2 \frac{1}{8b} \sqrt{\frac{\pi}{2b}}, \\
|A|^2 &= 4b\sqrt{\frac{2b}{\pi}}.
\end{aligned}$$

动能项:

$$\begin{aligned}
\langle T\rangle &= -\frac{\hbar^2}{2m} |A|^2 \int_{-\infty}^{\infty} x\mathrm{e}^{-bx^2} \frac{\mathrm{d}^2}{\mathrm{d}x^2} \left(x\mathrm{e}^{-bx^2}\right) \mathrm{d}x \\
&= -\frac{\hbar^2}{2m} |A|^2 \int_{-\infty}^{\infty} x\mathrm{e}^{-bx^2} \left(-6bx\mathrm{e}^{-bx^2} + 4b^2x^3\mathrm{e}^{-bx^2}\right) \mathrm{d}x \\
&= \frac{\hbar^2}{2m} |A|^2 6b \int_{-\infty}^{\infty} x^2 \mathrm{e}^{-2bx^2} \mathrm{d}x - \frac{\hbar^2}{2m} |A|^2 4b^2 \int_{-\infty}^{\infty} x^4 \mathrm{e}^{-2bx^2} \mathrm{d}x \\
&= \frac{\hbar^2}{2m} 4b\sqrt{\frac{2b}{\pi}} 2 \left(6b \frac{1}{8b}\sqrt{\frac{\pi}{2b}} + 4b^2 \frac{3}{32b^2}\sqrt{\frac{\pi}{2b}}\right) \\
&= \frac{3b\hbar^2}{2m}.
\end{aligned}$$

势能项:

$$\begin{aligned}
\langle V\rangle &= \frac{1}{2} m\omega^2 |A|^2 \int_{-\infty}^{\infty} x^4 \mathrm{e}^{-2bx^2} \mathrm{d}x \\
&= \frac{1}{2} m\omega^2 |A|^2 2 \frac{3}{32b^2} \sqrt{\frac{\pi}{2b}} = \frac{3m\omega^2}{8b}.
\end{aligned}$$

则

$$\begin{aligned}
\langle H\rangle &= \frac{3b\hbar^2}{2m} + \frac{3m\omega}{8b}, \\
\frac{\partial\langle H\rangle}{\partial b} &= \frac{3\hbar^2}{2m} - \frac{3m\omega^2}{8b^2} = 0, \\
b &= \frac{m\omega}{2\hbar}, \\
\langle H\rangle_{\min} &= \frac{3\hbar^2}{2m}\frac{m\omega}{2\hbar} + \frac{3m\omega^2}{8}\frac{2\hbar}{m\omega} = \frac{3}{2}\hbar\omega \geqslant \frac{3}{2}\hbar\omega.
\end{aligned}$$

这是第一激发态能量的准确值, 因为试探波函数是真实波函数的形式.

习题 8.5 使用自己设计的试探波函数，求“弹跳球”势能的基态能量上限 (方程 (2.185)), 并将其与精确结果作对比 (习题 2.59): $E_{\text{gs}}=2.33811\left(mg^2\hbar^2/2\right)^{1/3}$.

解答 弹跳球势的形式是

$$V(x)=\begin{cases} mgx, & x>0, \\ \infty, & x\leqslant 0. \end{cases}$$

可知试探波函数在 $x=0$ 处为 0, 且在 $x=\infty$ 处也为 0. 为保证波函数在 0 到 ∞ 范围内单值、连续, 试探波函数可采用如下形式: $\psi(x)=Axe^{-bx}$ 或者 $\psi(x)=Axe^{-bx^2}$, 其中 b 为变分参数, A 为归一化常数.

对于形式 $\psi(x)=Axe^{-bx}$ 的波函数, 先归一化求 A.

$$\begin{aligned}
1&=\int_0^\infty A^2x^2e^{-2bx}dx\\
&=A^2\int_0^\infty x^2e^{-2bx}dx\\
&=A^2\left(-\frac{1}{2b}\int_0^\infty x^2de^{-2bx}\right)\\
&=A^2\left[-\frac{1}{2b}\left(x^2e^{-2bx}\Big|_0^\infty-\int_0^\infty e^{-2bx}2xdx\right)\right]\\
&=\frac{A^2}{b}\left(-\frac{1}{2b}\int_0^\infty xde^{-2bx}\right)\\
&=\frac{A^2}{b}\left(-\frac{1}{2b}\right)\left(xe^{-2bx}\Big|_0^\infty-\int e^{-2bx}dx\right)\\
&=-\frac{A^2}{2b^2}\frac{1}{2b}\int de^{-2bx}\\
&=\frac{A^2}{4b^3},
\end{aligned}$$

所以

$$A=2b^{\frac{3}{2}}.$$

由 $\frac{d}{dx}=A\frac{d}{dx}\left(xe^{-bx}\right)=A(1-bx)e^{-bx}$, 得动能部分为

$$\begin{aligned}
\langle T\rangle&=\langle\psi|\frac{p^2}{2m}|\psi\rangle\\
&=\frac{1}{2m}\langle p\psi|p\psi\rangle\\
&=\frac{\hbar^2}{2m}\left\langle\frac{d\psi}{dx}\middle|\frac{d\psi}{dx}\right\rangle\\
&=\frac{A^2\hbar^2}{2m}\int_0^\infty(1-bx)^2e^{-2bx}dx\\
&=\frac{A^2\hbar^2}{2m}\int_0^\infty\left(1-2bx+b^2x^2\right)e^{-2bx}dx\\
&=\frac{A^2\hbar^2}{2m}\left(\int_0^\infty e^{-2bx}dx-2b\int_0^\infty xe^{-2bx}dx+b^2\int_0^\infty x^2e^{-2bx}dx\right)\\
&=\frac{A^2\hbar^2}{2m}\left(\frac{1}{-2b}e^{-2bx}\Big|_0^\infty+\int_0^\infty xde^{-2bx}-\frac{b}{2}\int_0^\infty x^2de^{-2bx}\right)
\end{aligned}$$

$$
\begin{aligned}
&= \frac{A^2\hbar^2}{2m}\left[\left(0+\frac{1}{2b}\right)+\left(x\mathrm{e}^{-2bx}\Big|_0^\infty-\int_0^\infty \mathrm{e}^{-2bx}\mathrm{d}x\right)\right.\\
&\quad\left.-\frac{b}{2}\left(x^2\mathrm{e}^{-2bx}\Big|_0^\infty-\int_0^\infty \mathrm{e}^{-2bx}2x\mathrm{d}x\right)\right]\\
&= \frac{A^2\hbar^2}{2m}\left(\frac{1}{2b}+0-\int_0^\infty \mathrm{e}^{-2bx}\mathrm{d}x+b\int_0^\infty \mathrm{e}^{-2bx}x\mathrm{d}x\right)\\
&= \frac{A^2\hbar^2}{2m}\left[\frac{1}{2b}+\frac{1}{2b}\mathrm{e}^{-2bx}\Big|_0^\infty+b\left(-\frac{1}{2b}\right)\int_0^\infty x\mathrm{d}\mathrm{e}^{-2bx}\right]\\
&= \frac{A^2\hbar^2}{2m}\left[\frac{1}{2b}+0-\frac{1}{2b}-\frac{1}{2}\left(x\mathrm{e}^{-2bx}\Big|_0^\infty-\int_0^\infty \mathrm{e}^{-2bx}\mathrm{d}x\right)\right]\\
&= -\frac{A^2\hbar^2}{4m}\left(\frac{1}{2b}\,\mathrm{e}^{-2bx}\Big|_0^\infty\right)=\frac{A^2\hbar^2}{8mb}\\
&= \frac{\hbar^2b^2}{2m}.
\end{aligned}
$$

势能部分为

$$
\begin{aligned}
\langle V(x)\rangle &= \int_0^\infty \psi^*(x)V(x)\psi(x)\,\mathrm{d}x = A^2mg\int_0^\infty x^3\mathrm{e}^{-2bx}\mathrm{d}x\\
&= A^2mg\left(-\frac{1}{2b}\right)\int_0^\infty x^3\mathrm{d}\mathrm{e}^{-2bx}\\
&= A^2mg\left(-\frac{1}{2b}\right)\left(x^3\mathrm{e}^{-2bx}\Big|_0^\infty-\int_0^\infty \mathrm{e}^{-2bx}3x^2\mathrm{d}x\right)\\
&= A^2mg\frac{3}{2b}\left(-\frac{1}{2b}\right)\int_0^\infty 3x^2\mathrm{d}\mathrm{e}^{-2bx}\\
&= A^2mg\frac{-3}{4b^2}\left(3x^2\mathrm{e}^{-2bx}\Big|_0^\infty-\int_0^\infty \mathrm{e}^{-2bx}6x\mathrm{d}x\right)\\
&= A^2mg\frac{18}{4b^2}\int_0^\infty x\mathrm{e}^{-2bx}\mathrm{d}x = A^2mg\frac{-18}{8b^3}\left(x\mathrm{e}^{-2bx}\Big|_0^\infty-\int_0^\infty \mathrm{e}^{-2bx}\mathrm{d}x\right)\\
&= A^2mg\frac{18}{8b^3}\left(-\frac{1}{2b}\right)\mathrm{e}^{-2bx}\Big|_0^\infty\\
&= \frac{9mg}{2b}.
\end{aligned}
$$

因此, 能量的期望值为 $E(b)=\dfrac{\hbar^2b^2}{2m}+\dfrac{9mg}{2b}$.

求基态能量的上限,

$$
\frac{\mathrm{d}E(b)}{\mathrm{d}b}=\frac{\hbar^2b}{m}-\frac{9mg}{2b^2}=0,
$$

得 $b=\left(\dfrac{9m^2g}{2\hbar^2}\right)^{\frac{1}{3}}$, 代入 $E(b)$, 得

$$
\begin{aligned}
E(b) &= \frac{\hbar^2}{2m}\left(\frac{9m^2g}{2\hbar^2}\right)^{\frac{2}{3}}+\frac{9mg}{2}\left(\frac{2\hbar^2}{9m^2g}\right)^{\frac{1}{3}}\\
&= \left(\frac{9^{\frac{2}{3}}}{2^{\frac{4}{3}}}\frac{\hbar}{m}+2\right)\left(\frac{mg^2\hbar^2}{2}\right)^{\frac{1}{3}}.
\end{aligned}
$$

由于 $\hbar$ 为 10^{-34} 量级, 所以 $E(b)\approx 2\left(\frac{mg^2\hbar^2}{2}\right)^{\frac{1}{3}}<2.33811\left(\frac{mg^2\hbar^2}{2}\right)^{\frac{1}{3}}=E_{\mathrm{gs}}$.

对于 $\psi(x)=Ax\mathrm{e}^{-bx^2}$, 归一化求 A.

$$\begin{aligned}1&=\int_0^{\infty}|\psi(x)|^2\mathrm{d}x\\&=A^2\int_0^{\infty}x^2\mathrm{e}^{-2bx^2}\mathrm{d}x\\&=A^2\frac{1}{\sqrt{8b^3}}\int_0^{\infty}u^2\mathrm{e}^{-u^2}\mathrm{d}u\\&=A^2\frac{1}{\sqrt{8b^3}}\frac{\sqrt{\pi}}{4},\end{aligned}$$

得

$$A^2=8\sqrt{\frac{2b^3}{\pi}}.$$

由 $\frac{\mathrm{d}\psi(x)}{\mathrm{d}x}=A\mathrm{e}^{-bx^2}-2bAx^2\mathrm{e}^{-bx^2}$, 动能部分为

$$\begin{aligned}\langle T\rangle&=\langle\psi|\frac{p^2}{2m}|\psi\rangle\\&=\frac{1}{2m}\langle p\psi|p\psi\rangle\\&=\frac{A^2\hbar^2}{2m}\int_0^{\infty}\left(1-2bx^2\right)^2\mathrm{e}^{-2bx^2}\mathrm{d}x\\&=\frac{\hbar^2}{2m}8\sqrt{\frac{2b^3}{\pi}}\frac{1}{\sqrt{2\lambda}}\int_0^{\infty}\left(1-u^2\right)^2\mathrm{e}^{-u^2}\mathrm{d}u\\&=\frac{3b\hbar^2}{2m}.\end{aligned}$$

势能部分为

$$\begin{aligned}\langle V\rangle&=\langle\psi|V(x)|\psi\rangle\\&=A^2mg\int_0^{\infty}x^3\mathrm{e}^{-2bx^2}\mathrm{d}x\\&=8\sqrt{\frac{2b^3}{\pi}}mg\frac{1}{(2b)^2}\int_0^{\infty}u^3\mathrm{e}^{-u^2}\mathrm{d}u\\&=\frac{2}{\sqrt{\pi b}}mg.\end{aligned}$$

因此, 能量的期望值为

$$E(b)=\frac{3b\hbar^2}{2m}+\frac{2}{\sqrt{\pi b}}mg.$$

求基态能量上限

$$\begin{aligned}\frac{\mathrm{d}E(b)}{\mathrm{d}b}&=\frac{3\hbar^2}{2m}+mg\sqrt{\frac{2}{\pi}}\left(-\frac{1}{2}\right)\frac{1}{b^{\frac{3}{2}}}=0,\\b&=\left(\frac{2m^4g^2}{9\pi\hbar^4}\right)^{\frac{1}{3}}.\end{aligned}$$

代入 $E(b)$ 中, 得

$$E(b) \leqslant 3\left(\frac{3}{2\pi}\right)^{\frac{1}{3}}\left(\frac{mg^2\hbar^2}{2}\right)^{\frac{1}{3}} \approx 2.345\left(\frac{mg^2\hbar^2}{2}\right)^{\frac{1}{3}}.$$

习题 8.6

(a) 利用变分定理, 证明: 一阶非简并微扰理论总是高估 (或者说在任何情况下从未低估过) 基态能量.

(b) 根据 (a) 的结论, 你会期望基态的二阶修正总是负的. 通过验证方程 (7.15), 确认情况确实如此.

解答　(a) 对于一阶非简并微扰, 不妨选取无微扰情况下的基态波函数 ψ_{gs}^0 作为试探波函数. 由变分原理

$$E_{\mathrm{gs}} \leqslant \langle\psi_0|\, H\, |\psi_0\rangle,$$

其中 $H = H^0 + H'$, H_0 为无微扰情况下的哈密顿量, H' 为微扰哈密顿量. 代入上式, 得

$$E_{\mathrm{gs}} \leqslant \langle\psi_0|\, H_0 + H'\, |\psi_0\rangle = \langle\psi_0|\, H_0\, |\psi_0\rangle + \langle\psi_0|\, H'\, |\psi_0\rangle,$$

第一项 E_{gs}^0 是无微扰情况下的基态能量, 第二项为 E_{gs}^1 基态能量的一阶修正. 因此,

$$E_{\mathrm{gs}} \leqslant E_{\mathrm{gs}}^0 + E_{\mathrm{gs}}^1,$$

所以一阶非简并微扰理论永远高估了基态能量.

(b) 基态能量的二阶修正项为

$$E_{\mathrm{gs}}^2 = \sum_{\mathrm{gs}\neq m} \frac{\left|\langle\psi_m^0|\, H'\, |\psi_{\mathrm{gs}}^0\rangle\right|^2}{E_{\mathrm{gs}}^0 - E_m^0}.$$

等号右边分子显然为正, 对于分母, 由于所有的 $E_m^0 > E_{\mathrm{gs}}^0$, 即分母恒负, 所以 E_{gs}^2 恒为负值.

习题 8.7　氦原子的基态能量取为 $E_{\mathrm{gs}} = -79.0\ \mathrm{eV}$, 计算电离能 (移走一个电子所需要的能量).

提示　先计算只有一个电子绕原子核运动的氦离子 He^+ 的基态能量, 然后两个能量相减.

解答　根据能量守恒定律, 计算出 He^+ 的基态能量, 与氦的基态能量之差即为所求. He^+ 属于类氢原子 $(Z = 2)$, 其基态能量为

$$E_1 = 2^2 \times (-13.6\ \mathrm{eV}) = -54.4\ \mathrm{eV}.$$

所以, 氦的电离能为

$$79.0\mathrm{eV} - 54.4\mathrm{eV} = 24.6\ \mathrm{eV}.$$

***习题 8.8**　将本节的方法应用于 H^- 和 Li^+ (与氦原子类似, 它们都包含两个电子, 但核电荷分别是 $Z = 1$ 和 $Z = 3$). 求出有效 (部分屏蔽) 核电荷, 并确定每种情况下 E_{gs} 的最佳上限. **注释**　在 H^- 的情况中, 你会发现 $\langle H\rangle > -13.6\ \mathrm{eV}$, 这表明根本不存在束缚态. 因为从能量上看, 这利于一个电子脱离原子核的束缚, 留下中性的氢原子. 这并不令人惊讶, 因为电子受 H^- 原子核的吸引要比在氦核中小得多, 而且

电子排斥倾向于使原子分裂. 然而, 事实证明这是不正确的. 用更复杂的试探波函数 (见习题 8.25) 可以证明 $E_{gs} < -13.6$ eV, 因此确实存在束缚态. 不过, 它几乎没有束缚态, 也没有激发态,[①] 所以 H^- 没有离散的光谱 (所有的跃迁都是从连续谱到连续谱). 因此, 尽管它在太阳表面大量存在, 但很难在实验室进行研究.[②]

解答 和氦原子类似, 这里唯一不同的是 Z 值的大小, 其值分别为 1, 2, 3. 所以, 我们先求出任意 Z 值的情况. 设核子有 Z_0 个质子, 忽略两电子间相互排斥力, 基态波函数为

$$\psi_0 = \frac{Z_0^3}{\pi a^3}\mathrm{e}^{-Z_0(r_1+r_2)/a}.$$

对应能量为 $2Z_0^2E_1$. 电子间的排斥能为 (对比方程 (8.21)~(8.32))

$$\langle V_{ee}\rangle = -\frac{5}{4}Z_0E_1.$$

所以,

$$\langle H\rangle = \left(2Z_0^2 - \frac{5}{4}Z_0\right)E_1.$$

考虑两个电子之间的相互作用使实际上的 Z 要比 Z_0 小. 故选取试探波函数

$$\psi_1(r_1,r_2) = \frac{Z^3}{\pi a^3}e^{-Z(r_1+r_2)/a}.$$

计算 $\langle H\rangle$, 与教材中计算氦基态能量的方程 (8.29)$(Z_0=2)$ 对比, 只需把对应公式中的 $Z-2$ 换作 $Z-Z_0$, 因此

$$\langle H\rangle = \left[2Z^2 - 4Z(Z-Z_0) - \frac{5}{4}Z\right]E_1 = \left(-2Z^2 + 4ZZ_0 - \frac{5}{4}Z\right)E_1.$$

对 Z 求微分求能量最小值, 得

$$\frac{\partial\langle H\rangle}{\partial Z} = \left(-4Z + 4Z_0 - \frac{5}{4}\right)E_1 = 0$$
$$\Rightarrow Z = Z_0 - \frac{5}{16},$$

所以,

$$\begin{aligned}\langle H\rangle_{\min} &= \left[-2\left(Z_0-\frac{5}{16}\right)^2 + 4\left(Z_0-\frac{5}{16}\right)Z_0 - \frac{5}{4}\left(Z_0-\frac{5}{16}\right)\right]E_1\\ &= \left(2Z_0^2 - \frac{5}{4}Z_0 + \frac{25}{128}\right)E_1 = \frac{(16Z_0-5)^2}{128}E_1,\end{aligned}$$

$$Z_0 = 1\,(\mathrm{H}^-):\ Z = \frac{11}{16},\ \langle H\rangle_{\min} = \frac{121}{128}E_1 = -12.9\ \mathrm{eV},$$

$$Z_0 = 2\,(\mathrm{He}):\ Z = \frac{27}{16},\ \langle H\rangle_{\min} = \frac{639}{128}E_1 = -77.5\ \mathrm{eV},$$

$$Z_0 = 3\,(\mathrm{Li}^+):\ Z = \frac{43}{16},\ \langle H\rangle_{\min} = \frac{1849}{128}E_1 = -196\ \mathrm{eV}.$$

---

① 参见 Robert N. Hill, *J. Math. Phys.* **18**, 2316 (1977).

② 更进一步的讨论参见 Hans A. Bethe 和 Edwin E. Salpeter, 《单电子和双电子原子的量子力学》, Plenum, 纽约, 1997 年, 第 34 节.

***习题 8.9** 计算 D 和 X(方程 (8.46) 和 (8.47)). 用方程 (8.48) 和 (8.49) 验证你的结果.

解答 由方程 (8.46) 得

$$
\begin{aligned}
D &= a\langle\psi_0(r_1)|\frac{1}{r_2}|\psi_0(r_1)\rangle = a\langle\psi_0(r_2)|\frac{1}{r_1}|\psi_0(r_2)\rangle\\
&= a\frac{1}{\pi a^3}\int \mathrm{e}^{-2r_2/a}\frac{1}{r_1}r^2\sin\theta \mathrm{d}r\mathrm{d}\theta\mathrm{d}\phi,
\end{aligned}
$$

其中 r_1 是 H_2^+ 中电子到第一个核子的距离, r_2 是该电子到第二个核子的距离. 与教材中计算 I 时一样, 我们设第一个核子处于坐标原点, 所以

$$
r_1 = r,\quad r_2 = \sqrt{r^2+R^2-2rR\cos\theta}.
$$

故

$$
\begin{aligned}
D &= a\frac{1}{\pi a^3}\int \mathrm{e}^{-\frac{2}{a}\sqrt{r^2+R^2-2rR\cos\theta}}r\sin\theta \mathrm{d}r\mathrm{d}\theta\mathrm{d}\phi\\
&= \frac{2\pi}{\pi a^2}\int_0^\infty r\mathrm{d}r\int_0^\pi \mathrm{e}^{-\frac{2}{a}\sqrt{r^2+R^2-2rR\cos\theta}}\sin\theta\mathrm{d}\theta.
\end{aligned}
$$

令

$$
r^2+R^2-2rR\cos\theta = y^2 \Rightarrow rR\sin\theta\mathrm{d}\theta = y\mathrm{d}y,
$$

$$
\begin{aligned}
&\int_0^\pi \mathrm{e}^{-\frac{2}{a}\sqrt{r^2+R^2-2rR\cos\theta}}\sin\theta\mathrm{d}\theta\\
&= \frac{1}{rR}\int_{|R-r|}^{R+r}\mathrm{e}^{-2y/a}y\mathrm{d}y = \frac{1}{rR}\left(-\frac{a}{2}\mathrm{e}^{-2y/a}y - \frac{a^2}{4}\mathrm{e}^{-2y/a}\right)\Bigg|_{|R-r|}^{R+r}\\
&= -\frac{a}{2rR}\left[\mathrm{e}^{-2(R+r)/a}\left(R+r+\frac{a}{2}\right) - \mathrm{e}^{-2|R-r|/a}\left(|R-r|+\frac{a}{2}\right)\right],\\
D &= -\frac{1}{aR}\int_0^\infty \mathrm{d}r\left[\mathrm{e}^{-2(R+r)/a}\left(R+r+\frac{a}{2}\right) - \mathrm{e}^{-2|R-r|/a}\left(|R-r|+\frac{a}{2}\right)\right]\\
&= -\frac{1}{aR}\left[\int_0^\infty \mathrm{d}r\mathrm{e}^{-2(R+r)/a}\left(R+r+\frac{a}{2}\right) - \int_0^R \mathrm{d}r\mathrm{e}^{-2(R-r)/a}\left(R-r+\frac{a}{2}\right)\right.\\
&\quad\left. - \int_R^\infty \mathrm{d}r\mathrm{e}^{-2(r-R)/a}\left(r-R+\frac{a}{2}\right)\right]\\
&= -\frac{1}{aR}\left[\mathrm{e}^{-2R/a}\int_0^\infty \mathrm{d}r\mathrm{e}^{-2r/a}\left(R+r+\frac{a}{2}\right) - \mathrm{e}^{-2R/a}\int_0^R \mathrm{d}r\mathrm{e}^{2r/a}\left(R-r+\frac{a}{2}\right)\right.\\
&\quad\left. -\mathrm{e}^{2R/a}\int_R^\infty \mathrm{d}r\mathrm{e}^{-2r/a}\left(r-R-\frac{a}{2}\right)\right]\\
&= -\frac{1}{aR}\left\{\mathrm{e}^{-2R/a}\left[R\frac{a}{2}+\left(\frac{a}{2}\right)^2+\left(\frac{a}{2}\right)^2\right]\right.\\
&\quad - \mathrm{e}^{-2R/a}\left[\frac{a}{2}\mathrm{e}^{2r/a}\left(R-r+\frac{a}{2}\right)+\left(\frac{a}{2}\right)^2\mathrm{e}^{2r/a}\right]\Bigg|_0^R\\
&\quad\left. -\mathrm{e}^{2R/a}\left[-\frac{a}{2}\mathrm{e}^{-2r/a}\left(r-R+\frac{a}{2}\right)-\left(\frac{a}{2}\right)^2\mathrm{e}^{-2r/a}\right]\Bigg|_R^\infty\right\}
\end{aligned}
$$

$$= -\frac{1}{aR}\left\{\mathrm{e}^{-2R/a}\left[R\frac{a}{2}+2\left(\frac{a}{2}\right)^2\right]-2\left(\frac{a}{2}\right)^2+\mathrm{e}^{-2R/a}\frac{a}{2}(R+a)-2\left(\frac{a}{2}\right)^2\right\}$$
$$= -\frac{1}{aR}\left[\mathrm{e}^{-2R/a}\left(Ra+a^2\right)-a^2\right],$$

即

$$D = \frac{a}{R} - \mathrm{e}^{-2R/a}\left(1+\frac{a}{R}\right). \tag{8.48}$$

对于 X, 类似有

$$X = a\langle\psi_0(r_1)|\frac{1}{r_1}|\psi_0(r_2)\rangle$$
$$= \frac{2\pi}{\pi a^2}\int_0^\infty r\mathrm{e}^{-r/a}\mathrm{d}r\left(\int_0^\pi \mathrm{e}^{-\frac{1}{a}\sqrt{r^2+R^2-2rR\cos\theta}}\sin\theta\mathrm{d}\theta\right)$$
$$= \frac{2}{a^2}\int_0^\infty r\mathrm{e}^{-r/a}\mathrm{d}r\left(\frac{1}{rR}\int_{|R-r|}^{R+r}\mathrm{e}^{-y/a}y\mathrm{d}y\right)$$
$$= \frac{2}{a^2}\int_0^\infty r\mathrm{e}^{-r/a}\mathrm{d}r\left\{-\frac{a}{rR}\left[\mathrm{e}^{-(R+r)/a}(R+r+a)-\mathrm{e}^{-|R-r|/a}(|R-r|+a)\right]\right\}$$
$$= -\frac{2}{aR}\left[\mathrm{e}^{-R/a}\int_0^\infty \mathrm{d}r\mathrm{e}^{-2r/a}(R+r+a)-\mathrm{e}^{-R/a}\int_0^R \mathrm{d}r(R-r+a)\right.$$
$$\left.-\mathrm{e}^{R/a}\int_R^\infty \mathrm{d}r\mathrm{e}^{-2r/a}(r-R+a)\right]$$
$$= -\frac{2}{aR}\left\{\mathrm{e}^{-R/a}\left[\frac{a}{2}(R+a)+\left(\frac{a}{2}\right)^2\right]-\mathrm{e}^{-R/a}\left[(R+a)R-\frac{R^2}{2}\right]\right.$$
$$\left.-\mathrm{e}^{R/a}\left[-\frac{a}{2}\mathrm{e}^{-2r/a}(r-R+a)-\left(\frac{a}{2}\right)^2\mathrm{e}^{-2r/a}\right]\Bigg|_R^\infty\right\}$$
$$= -\frac{2}{aR}\left\{\mathrm{e}^{-R/a}\left[\frac{a}{2}(R+a)+\left(\frac{a}{2}\right)^2\right]-\mathrm{e}^{-R/a}\left[(R+a)R-\frac{R^2}{2}\right]\right.$$
$$\left.-\mathrm{e}^{R/a}\left[\frac{a^2}{2}\mathrm{e}^{-2R/a}+\left(\frac{a}{2}\right)^2\mathrm{e}^{-2R/a}\right]\right\}$$
$$= -\frac{2}{aR}\mathrm{e}^{-R/a}\left(-\frac{aR}{2}-\frac{R^2}{2}\right),$$

即

$$X = \mathrm{e}^{-R/a}\left(1+\frac{R}{a}\right). \tag{8.49}$$

****习题 8.10** 假设在试探波函数 (方程 (8.38)) 中使用负号:

$$\psi = A\left[\psi_0(r)-\psi_0(r')\right].$$

对于该情况, 不需做任何新的积分, (类比方程 (8.52)) 求解 $F(x)$ 并作图. 证明: 没有明显的结合态.[①] (由于变分原理只给出了一个上限, 这并不能证明该状态下键不能发生, 但它看起来确实不太有希望.)

① 带正号的波函数 (方程 (8.38)) 称为**键轨道**. 成键与两个原子核之间电子几率的增加有关. 奇数线性组合 (方程 (8.53)) 的中心有一个节点, 因此这种组合不会导致成键也就不奇怪了; 它被称为**反键轨道**.

解答　试探波函数为

$$\psi = A\left[\psi_0\left(r_1\right) - \psi_0\left(r_2\right)\right].$$

归一化求 A,

$$\begin{aligned}1 &= \int |\psi|^2 \mathrm{d}^3 r \\ &= |A|^2\left[\int\left|\psi_0\left(r_1\right)\right|^2 \mathrm{d}^3 r + \int\left|\psi_0\left(r_2\right)\right|^2 \mathrm{d}^3 r - 2\int \psi_0\left(r_1\right)\psi_0\left(r_2\right)\mathrm{d}^3 r\right].\end{aligned}$$

同样地, 前面两项积分是 1, 第三项只是前面变为负号. 仍然定义

$$I \equiv \left\langle\psi_0\left(r_1\right) \middle| \psi_0\left(r_2\right)\right\rangle = \frac{1}{\pi a^3}\int \mathrm{e}^{-\left(r_1+r_2\right)/a}\mathrm{d}^3 r.$$

于是, 归一化结果为

$$|A|^2 = \frac{1}{2(1-I)}.$$

与方程 (8.44) 相比, 也只是在 I 前面为负号. 现在, 在此试探波函数下求 H 的期望值. 显然, 与方程 (8.50) 相比, 也只是在第二项中由 $D+X$ 变为了 $D-X$, 于是, 类比方程 (8.50), 得到新试探波函数下的能量期望值为

$$\langle H\rangle = \left[1 + 2\frac{D-X}{1-I}\right]E_1,$$

其中的 E_1, I, D, X 和原来定义完全一样. 将习题 8.9 计算的结果 (方程 (8.48) 和 (8.49)) 代入上式, 并考虑两个质子间的排斥能 $e^2/4\pi\varepsilon_0 R = -2aE_1/R$(方程 (8.51)), 令 $R/a \equiv x$. 以 $-E_1$ 为单位表示能量, 因此, 系统的总能量小于

$$\begin{aligned}F(x) &= \frac{E_{\text{tot}}}{-E_1} = \frac{2a}{R} - 1 - 2\frac{D-X}{1-I} \\ &= \frac{2}{x} - 1 - 2\frac{\dfrac{1}{x} - \left(1+\dfrac{1}{x}\right)\mathrm{e}^{-2x} - (1+x)\mathrm{e}^{-x}}{1-\left(1+x+\dfrac{x^2}{3}\right)\mathrm{e}^{-x}} \\ &= -1 + \frac{2}{x}\left[\frac{\left(1+\dfrac{1}{x}\right)\mathrm{e}^{-2x} + \left(-1+\dfrac{2x^2}{3}\right)\mathrm{e}^{-x}}{1-\left(1+x+\dfrac{x^2}{3}\right)\mathrm{e}^{-x}}\right].\end{aligned}$$

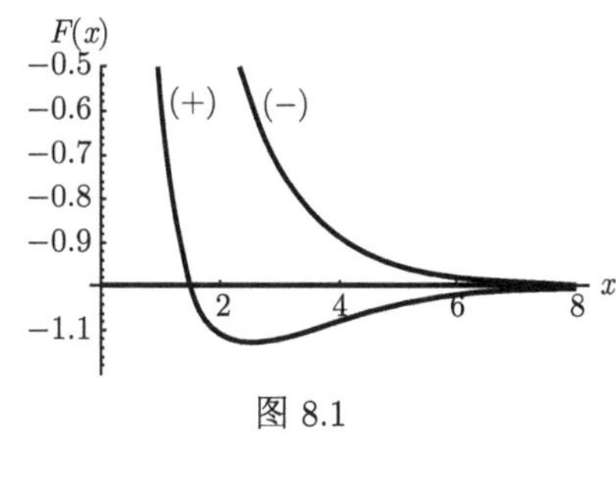

图 8.1

函数作图如图 8.1 所示 (与原题中未变号的相比).

从图 8.1 中显然可以得到以下结论, 新的试探波函数下的 $F(x)$ 没有极小值, 恒大于 -1, 也就是说系统总能量恒大于 E_1(氢原子基态能量). 因此对新的波函数, 不存在束缚态.

*** **习题 8.11**　由 $F(x)$ 在平衡点处的二阶导数可估算氢分子离子中两个质子振动的固有频率 (ω)(见 2.3 节). 如果该谐振子的基态能量 ($\hbar\omega/2$) 超过体系的束缚能, 它将会分离. 证明: 事实上振子能量足够小, 不会发生这种情况, 并估计有多少束缚的振动能级. **注释**　你不可能得到最小值的位置, 更不用说二阶导数的数值. 需要在计算机上做数值运算.

解答 由方程 (8.52)

$$F(x)=-1+\frac{2}{x}\left\{\frac{\left[1-(2/3)x^2\right]\mathrm{e}^{-x}+(1+x)\,\mathrm{e}^{-2x}}{1+\left[1+x+(1/3)x^2\right]\mathrm{e}^{-x}}\right\},$$

令一阶导数等于零, 数值计算可得极值发生在 $x=2.493$, 此点的二阶导数为 $F''=0.1257$. 由 2.3 节可知谐振子势能的二阶导数与频率有关系, 即

$$m\omega^2=V''=-\frac{E_1}{a^2}F''.$$

所以

$$\omega=\frac{1}{a}\sqrt{\frac{0.1257E_1}{m}}.$$

这里 m 为约化质量 $m=\dfrac{m_p m_p}{m_p+m_p}=\dfrac{m_p}{2}$, 将相关量代入, 即可估算出氢分子离子中两个质子振动的固有频率

$$\omega=\frac{1}{a}\sqrt{\frac{-E_1F''}{m}}=3.42\times10^{14}\ \mathrm{s}^{-1}.$$

于是得到基态振动能为

$$\frac{1}{2}\hbar\omega=0.113\ \mathrm{eV}.$$

在此平衡位置 $(x=2.493)$ 处 $F=-1.1297$. 于是, 束缚态能量为 $0.1297\times13.6\ \mathrm{eV}=1.76\ \mathrm{eV}$. 可见, 其能量值远大于质子振动的基态能量 (0.113 eV) .

通过

$$E=(n+1/2)\,\hbar\omega$$

可求出束缚能级的数目, 代入各个数值, 求出当 $n=7.29$ 时, $E=1.76$ eV, 这表明质子束缚振动态至少存在 8 个 (包括基态).

习题 8.12 证明: 反对称态 (方程 (8.56)) 可以用 8.3 节的分子轨道来表示——具体来说, 通过将一个电子置于成键轨道 (方程 (8.38)) 和一个电子置于反键轨道 (方程 (8.53)).

证明 略去归一化因子,

$$\begin{aligned}\psi_-(\boldsymbol{r}_1,\ \boldsymbol{r}_2)&=\left[\psi_B(r_1)\,\psi_A(r_2)-\psi_A(r_1)\,\psi_B(r_2)\right]\\&=\left[\psi_0(r_1)+\psi_0(r_1')\right]\left[\psi_0(r_2)-\psi_0(r_2')\right]\\&\quad-\left[\psi_0(r_1)-\psi_0(r_1')\right]\left[\psi_0(r_2)+\psi_0(r_2')\right]\\&=\psi_0(r_1)\,\psi_0(r_2)-\psi_0(r_1)\,\psi_0(r_2')+\psi_0(r_1')\,\psi_0(r_2)-\psi_0(r_1')\,\psi_0(r_2')\\&\quad-\psi_0(r_1)\,\psi_0(r_2)-\psi_0(r_1)\,\psi_0(r_2')+\psi_0(r_1')\,\psi_0(r_2)+\psi_0(r_1')\,\psi_0(r_2')\\&=-2\left[\psi_0(r_1)\,\psi_0(r_2')-\psi_0(r_1')\,\psi_0(r_2)\right].\end{aligned}$$

习题 8.13 验证电子–质子势能方程 (8.63).

证明 波函数为

$$\psi_{\pm}(r_1,r_2)=A_{\pm}\left[\psi_0(r_1)\psi_0(r_2')\pm\psi_0(r_1')\psi_0(r_2)\right],$$

则

$$\begin{aligned}\left\langle-\frac{e^2}{4\pi\varepsilon_0 r_1}\right\rangle_{\pm}&=\langle\psi_{\pm}(r_1,r_2)|\left(-\frac{e^2}{4\pi\varepsilon_0 r_1}\right)|\psi_{\pm}(r_1,r_2)\rangle\\&=-\frac{e^2}{4\pi\varepsilon_0 a}A_{\pm}^2\left[\langle\psi_0(r_1)|\frac{a}{r_1}|\psi_0(r_1)\rangle\langle\psi_0(r_2')|\psi_0(r_2')\rangle\right.\\&\quad+\langle\psi_0(r_1')|\frac{a}{r_1}|\psi_0(r_1')\rangle\langle\psi_0(r_2)|\psi_0(r_2)\rangle\\&\quad\left.\pm2\langle\psi_0(r_1)|\frac{a}{r_1}|\psi_0(r_1')\rangle\langle\psi_0(r_2')|\psi_0(r_2)\rangle\right]\\&=-\frac{e^2}{4\pi\varepsilon_0 a}\frac{1}{2(1\pm I^2)}(1\times1+D\times1\pm2\times I)\\&=-\frac{1}{2}\frac{e^2}{4\pi\varepsilon_0 a}\frac{1+D\pm2IX}{1\pm I^2}.\end{aligned}$$

*****习题 8.14** 在方程 (8.65) 和 (8.66) 中定义了两体积分 D_2 和 X_2. 为了计算 D_2, 可以写成如下形式:

$$\begin{aligned}D_2&=\int|\psi_0(r_2')|^2\Phi(r_2)\,\mathrm{d}^3\boldsymbol{r}_2\\&=\iiint\frac{\mathrm{e}^{-2\sqrt{R^2+r_2^2-2Rr_2\cos\theta_2}/a}}{\pi a^3}\Phi(r_2)\,r_2^2\mathrm{d}r_2\sin\theta_2\mathrm{d}\theta_2\mathrm{d}\phi_2,\end{aligned}$$

其中 θ_2 是 $\boldsymbol{R}$ 和 $\boldsymbol{r}_2$ 之间的夹角 (教材图 8.8), 且

$$\Phi(r_2)\equiv\int|\psi_0(r_1)|^2\frac{a}{|\boldsymbol{r}_1-\boldsymbol{r}_2|}\mathrm{d}^3\boldsymbol{r}_1.$$

(a) 首先考虑 $\boldsymbol{r}_1$ 上的积分. 取 z 轴沿 $\boldsymbol{r}_2$ 方向 (对于第一个积分而言, $\boldsymbol{r}_2$ 是一个常矢量) 以便

$$\Phi(r_2)=\frac{1}{\pi a^3}\iiint\frac{a\mathrm{e}^{-2r_1/a}}{\sqrt{r_1^2+r_2^2-2r_1r_2\cos\theta_1}}r_1^2\mathrm{d}r_1\sin\theta_1\mathrm{d}\theta_1\mathrm{d}\phi_1.$$

先对角度积分, 然后证明:

$$\Phi(r_2)=\frac{a}{r_2}-\left(1+\frac{a}{r_2}\right)\mathrm{e}^{-2r_2/a}.$$

(b) 将 (a) 中的结果代入 D_2 的关系中, 并证明:

$$D_2=\frac{a}{R}-\mathrm{e}^{-2R/a}\left[\frac{1}{6}\left(\frac{R}{a}\right)^2+\frac{3}{4}\left(\frac{R}{a}\right)+\frac{11}{8}+\frac{a}{R}\right].$$

同样先做角度积分.

注释　积分 X_2 也可以用闭合形式计算, 但过程相当复杂.① 我们只引用结果,

$$X_2 = \mathrm{e}^{-2R/a}\left[\frac{5}{8} - \frac{23}{20}\frac{R}{a} - \frac{3}{5}\left(\frac{R}{a}\right)^2 - \frac{1}{15}\left(\frac{R}{a}\right)^3\right]$$

$$+\frac{6}{5}\frac{a}{R}I^2\left[\gamma + \log\left(\frac{R}{a}\right) + \left(\frac{\tilde{I}}{I}\right)^2 \mathrm{Ei}\left(-\frac{4R}{a}\right) - 2\frac{\tilde{I}}{I}\mathrm{Ei}\left(-\frac{2R}{a}\right)\right],$$

其中 $\gamma = 0.5772\cdots$ 是欧拉常数, $\mathrm{Ei}(x)$ 是指数积分

$$\mathrm{Ei}(x) = -\int_{-x}^{\infty}\frac{\mathrm{e}^{-t}}{t}\mathrm{d}t,$$

通过改变 R 的符号, 可以从 I 中得到 $\tilde{I}$:

$$\tilde{I} = \mathrm{e}^{R/a}\left[1 - \frac{R}{a} + \frac{1}{3}\left(\frac{R}{a}\right)^2\right].$$

解答　(a)

$$\begin{aligned}
\varPhi(r_2) &= \int|\psi_0(r_1)|^2\frac{a}{|\boldsymbol{r}_1-\boldsymbol{r}_2|}\mathrm{d}^3\boldsymbol{r}_1\\
&= \iiint\left(\frac{1}{\sqrt{\pi a^3}}\mathrm{e}^{-\frac{r_1}{a}}\right)^2\frac{a}{\sqrt{r_1^2+r_2^2-2r_1r_2\cos\theta_1}}r_1^2\mathrm{d}r_1\sin\theta_1\mathrm{d}\theta_1\mathrm{d}\phi_1\\
&= \frac{1}{\pi a^3}\int\int\frac{a\mathrm{e}^{-\frac{2r_1}{a}}}{\sqrt{r_1^2+r_2^2-2r_1r_2\cos\theta_1}}r_1^2\mathrm{d}r_1\sin\theta_1\mathrm{d}\theta_1\int_0^{2\pi}\mathrm{d}\phi_1\\
&= \frac{2}{a^2}\int\int\frac{\mathrm{e}^{-\frac{2r_1}{a}}}{\sqrt{r_1^2+r_2^2-2r_1r_2\cos\theta_1}}r_1^2\mathrm{d}r_1\sin\theta_1\mathrm{d}\theta_1\\
&= \frac{2}{a^2}\int\int\frac{\sin\theta}{\sqrt{r_1^2+r_2^2-2r_1r_2\cos\theta_1}}\mathrm{d}\theta_1\mathrm{e}^{-\frac{2r_1}{a}}r_1^2\mathrm{d}r_1.
\end{aligned}$$

先对 θ_1 积分:

$$\begin{aligned}
&\int_0^{\pi}\frac{\sin\theta_1}{\sqrt{r_1^2+r_2^2-2r_1r_2\cos\theta_1}}\mathrm{d}\theta_1\\
&= \int_0^{\pi}\frac{-1}{\sqrt{r_1^2+r_2^2-2r_1r_2\cos\theta_1}}\mathrm{d}\cos\theta_1\\
&= \int_1^{-1}\frac{-1}{\sqrt{r_1^2+r_2^2-2r_1r_2t}}\mathrm{d}t\\
&= \frac{1}{2r_1r_2}\int_1^{-1}\left(r_1^2+r_2^2-2r_1r_2t\right)^{-\frac{1}{2}}\mathrm{d}(-2r_1r_2t)\\
&= \frac{1}{r_1r_2}\left(r_1^2+r_2^2-2r_1r_2t\right)^{\frac{1}{2}}\Big|_1^{-1}\\
&= \frac{1}{r_1r_2}\left(r_1+r_2-|r_1-r_2|\right)
\end{aligned}$$

① 该计算是由 Y. Sugiura 完成的, 参见 Y. Sugiura, *Z. Phys.* **44**, 455 (1927).

$$=\begin{cases}\dfrac{2}{r_2}, & (r_1<r_2)\\[2ex] \dfrac{2}{r_1}, & (r_1>r_2)\end{cases}$$

所以

$$\varPhi(r_2)=\begin{cases}\dfrac{2}{a^2}\displaystyle\int\dfrac{2}{r_2}\mathrm{e}^{-\frac{2r_1}{a}}r_1^2\mathrm{d}r_1, & (r_1<r_2)\\[2ex] \dfrac{2}{a^2}\displaystyle\int 2r_1\mathrm{e}^{-\frac{2r_1}{a}}\mathrm{d}r_1, & (r_1>r_2)\end{cases}.$$

再对 r_1 进行分段积分,

$$\begin{aligned}\varPhi(r_2)&=\frac{4}{a^2}\left(\frac{1}{r_2}\int_0^{r_2}\mathrm{e}^{-\frac{2r_1}{a}}r_1\mathrm{d}r_1+\int_{r_2}^{\infty}\mathrm{e}^{-\frac{2r_1}{a}}r_1\mathrm{d}r_1\right)\\&=\frac{4}{a^2}\left\{\frac{1}{r_2}\left[-\frac{a^3}{4}\mathrm{e}^{-\frac{2r_1}{a}}\left(\frac{2r_1^2}{a^2}+\frac{2r_1}{a}+1\right)\right]\Bigg|_0^{r_2}+\left[-\frac{a^2}{4}\mathrm{e}^{-\frac{2r_1}{a}}\left(\frac{2r_1}{a}+1\right)\right]\Bigg|_{r_2}^{\infty}\right\}\\&=\frac{a}{r_2}-\left(1+\frac{a}{r_2}\right)\mathrm{e}^{-\frac{2r_2}{a}}.\end{aligned}$$

(b) 将 (a) 中的结果代入 D_2 中, 得

$$\begin{aligned}D_2&=\frac{1}{\pi a^3}\int\int\mathrm{e}^{\frac{-2\sqrt{R^2+r_2^2-2Rr_2\cos\theta_2}}{a}}\left[\frac{a}{r_2}-\left(1+\frac{a}{r_2}\right)\mathrm{e}^{-\frac{2r_2}{a}}\right]\\&\quad\cdot r_2^2\mathrm{d}r_2\sin\theta_2\mathrm{d}\theta_2\int_0^{2\pi}\mathrm{d}\phi_2\\&=\frac{2\pi}{\pi a^3}\int\int\mathrm{e}^{\frac{-2\sqrt{R^2+r_2^2-2Rr_2\cos\theta_2}}{a}}\left[\frac{a}{r_2}-\left(1+\frac{a}{r_2}\right)\mathrm{e}^{-\frac{2r_2}{a}}\right]r_2^2\mathrm{d}r_2\sin\theta_2\mathrm{d}\theta_2.\end{aligned}$$

先对 θ_2 进行积分,

$$I_{\theta_2}=\int_0^{\pi}\mathrm{e}^{\frac{-2\sqrt{R^2+r_2^2-2Rr_2\cos\theta_2}}{a}}\sin\theta_2\mathrm{d}\theta_2,$$

这里需要进行变量代换,

令 $u=\dfrac{2\sqrt{R^2+r_2^2-2Rr_2\cos\theta_2}}{a}$, 则 $\mathrm{d}u=\dfrac{2Rr_2\sin\theta_2}{\sqrt{R^2+r_2^2-2Rr_2\cos\theta_2}}\dfrac{1}{a}\mathrm{d}\theta_2$.

$$\begin{aligned}\frac{\mathrm{d}u}{u}&=\frac{2Rr_2\sin\theta_2}{\sqrt{R^2+r_2^2-2Rr_2\cos\theta_2}}\frac{1}{a}\frac{a}{2\sqrt{R^2+r_2^2-2Rr_2\cos\theta_2}}\mathrm{d}\theta_2\\&=\frac{Rr_2\sin\theta_2}{R^2+r_2^2-2Rr_2\cos\theta_2}\mathrm{d}\theta_2\\&=\frac{\frac{4}{a^2}Rr_2\sin\theta_2}{\left(\frac{2}{a}\sqrt{R^2+r_2^2-2Rr_2\cos\theta_2}\right)^2}\mathrm{d}\theta_2\\&=\frac{4}{a^2}Rr_2\sin\theta_2\frac{1}{u^2}\mathrm{d}\theta_2.\end{aligned}$$

所以 $\sin\theta_2\mathrm{d}\theta_2=\dfrac{a^2}{4Rr_2}u\mathrm{d}u$.

因此,

$$I_\theta=\int_0^\pi \mathrm{e}^{-u}\frac{a^2}{4Rr_2}u\mathrm{d}u=\frac{a^2}{4Rr_2}\int_{u_1}^{u_2}u\mathrm{e}^{-u}\mathrm{d}u=-\frac{a^2}{4Rr_2}(u+1)\,\mathrm{e}^{-u}\Big|_{u_1}^{u_2}.$$

由 $u=\dfrac{2}{a}\sqrt{R^2+r_2^2-2Rr_2\cos\theta_2}$, 所以积分上、下限为

$$u_2=\frac{2}{a}\sqrt{R^2+r_2^2+2Rr_2}=\frac{2}{a}(R+r_2)=\frac{2R}{a}\left(1+\frac{r_2}{R}\right),$$

$$u_1=\frac{2}{a}\sqrt{R^2+r_2^2-2Rr_2}=\frac{2}{a}|R-r_2|=\frac{2R}{a}\left|1-\frac{r_2}{R}\right|.$$

令 $\rho=\dfrac{2R}{a}$, $x=\dfrac{r_2}{R}$, 则

$$u_2=\rho(1+x),\quad u_1=\rho|1-x|.$$

所以,

$$I_\theta=\frac{1}{\rho^2x}\left\{[\rho|1-x|+1]\,\mathrm{e}^{-\rho|1-x|}-[\rho(1+x)+1]\,\mathrm{e}^{-\rho(1+x)}\right\}.$$

再对 r_2 进行积分, 即为对 x 的积分.

$$\begin{aligned}
D_2&=\frac{2\pi}{\pi a^3}\int I_\theta\left[\frac{a}{r_2}-\left(1+\frac{a}{r_2}\right)\mathrm{e}^{\frac{-2r_2}{a}}\right]r_2^2\mathrm{d}r_2\\
&=\frac{1}{4}\int_0^\infty\left\{[\rho|1-x|+1]\,\mathrm{e}^{-\rho|1-x|}-[\rho(1+x)+1]\,\mathrm{e}^{-\rho(1+x)}\right\}\\
&\quad\cdot\left[2-(\rho x+2)\,\mathrm{e}^{-\rho x}\right]\mathrm{d}x\\
&=\frac{\mathrm{e}^{-\rho}}{4}\int_0^1\{[\rho(1-x)+1]\,\rho^{\rho x}\}\left[2-(\rho x+2)\,\mathrm{e}^{-\rho x}\right]\mathrm{d}x\\
&\quad+\frac{\mathrm{e}^{\rho}}{4}\int_1^\infty\{[\rho(x-1)+1]\,\mathrm{e}^{-\rho x}\}\left[2-(\rho x+2)\,\mathrm{e}^{-\rho x}\right]\mathrm{d}x\\
&\quad-\frac{\mathrm{e}^{\rho}}{4}\int_0^\infty\{[\rho(1+x)+1]\,\mathrm{e}^{-\rho x}\}\left[2-(\rho x+2)\,\mathrm{e}^{-\rho x}\right]\mathrm{d}x\\
&=\frac{\mathrm{e}^{-\rho}}{4}\left\{2\int_0^1[(\rho+1)-\rho x]\,\mathrm{e}^{\rho x}\mathrm{d}x-\int_0^1\left[2(\rho+1)+(\rho-1)\rho x-(\rho x)^2\right]\mathrm{d}x\right\}\\
&\quad+\frac{\mathrm{e}^{\rho}}{4}\left\{2\int_1^\infty[(1-\rho)+\rho x]\,\mathrm{e}^{-\rho x}\mathrm{d}x\right.\\
&\quad\left.-\int_1^\infty\left[2(1-\rho)+\rho x(3-\rho)+(\rho x)^2\right]\mathrm{e}^{-2\rho x}\mathrm{d}x\right\}\\
&\quad-\frac{\mathrm{e}^{-\rho}}{4}\left\{2\int_0^\infty[(1+\rho)+\rho x]\,\mathrm{e}^{-\rho x}\mathrm{d}x\right.\\
&\quad\left.-\int_0^\infty\left[2(1+\rho)+(3+\rho)\rho x+(\rho x)^2\right]\mathrm{e}^{-2\rho x}\mathrm{d}x\right\}\\
&=\frac{\mathrm{e}^{-\rho}}{4}\left[\frac{2}{\rho}(2\mathrm{e}^{\rho}-\rho-2)-\left(2+\frac{3}{2}\rho+\frac{1}{6}\rho^2\right)\right]+\frac{\mathrm{e}^{\rho}}{4}\left[\frac{4}{\rho}\mathrm{e}^{-\rho}-\left(\frac{3}{4}+\frac{2}{\rho}\right)\mathrm{e}^{-2\rho}\right]\\
&\quad-\frac{\mathrm{e}^{-\rho}}{4}\left[2\left(1+\frac{2}{\rho}\right)-\left(\frac{5}{4}+\frac{2}{\rho}\right)\right]\\
&=\frac{2}{\rho}-\frac{1}{8}\left(11+3\rho+\frac{16}{\rho}+\frac{\rho^2}{3}\right)\mathrm{e}^{-\rho}.
\end{aligned}$$

再将 $\rho=\dfrac{2R}{a}$ 代入上式中, 得

$$D_2=\frac{a}{R}-\left(\frac{11}{8}+\frac{3R}{4a}+\frac{a}{R}+\frac{R^2}{6a^2}\right)e^{-\frac{2R}{a}}.$$

*习题 8.15 绘出 H_2 的单态和三重态的动能随 R/a 的变化曲线. 对电子–质子势能和电子–电子势能也做同样的事情. 你会发现, 对于所有的 R 值, 三重态的势能都比单态低. 然而, 由于单态的动能要小得多, 所以它的总能量要低. **注释** 在没有大的动能消耗来调整自旋的情况下, 例如原子中部分填充轨道中的两个电子, 三重态的能量可能会更低. 这就是洪德第一定则背后的物理原理.

解答 先分别给出所需要物理量的具体表达式, 由方程 (8.48) 和 (8.49) 知,

$$D=\frac{a}{R}-\left(1+\frac{a}{R}\right)e^{-2R/a},\quad D=\frac{1}{\rho}-\left(1+\frac{1}{\rho}\right)e^{-2\rho};$$
$$X=\left(1+\frac{R}{a}\right)e^{-R/a},\quad X=(1+\rho)\,e^{-\rho};$$

其中 $\rho=\dfrac{R}{a}$.

由方程 (8.43) 知,

$$I=e^{-R/a}\left[1+\left(\frac{R}{a}\right)+\frac{1}{3}\left(\frac{R}{a}\right)^2\right]=e^{-\rho}\left(1+\rho+\frac{1}{3}\rho^2\right);$$

由方程 (8.70) 和 (8.71) 知,

$$\begin{aligned}D_2&=\frac{a}{R}-e^{-2R/a}\left[\frac{1}{6}\left(\frac{R}{a}\right)^2+\frac{3}{4}\left(\frac{R}{a}\right)+\frac{11}{8}+\frac{a}{R}\right]\\&=\frac{1}{\rho}-e^{-2\rho}\frac{1}{\rho}\left(1+\frac{11}{8}\rho+\frac{3}{4}\rho^2+\frac{1}{6}\rho^3\right),\\X_2&=e^{-2R/a}\left[\frac{5}{8}-\frac{23}{20}\frac{R}{a}-\frac{3}{5}\left(\frac{R}{a}\right)^2-\frac{1}{15}\left(\frac{R}{a}\right)^3\right]\\&\quad+\frac{6}{5}\frac{a}{R}I^2\left[\gamma+\log\left(\frac{R}{a}\right)+\left(\frac{\tilde{I}}{I}\right)^2\mathrm{Ei}\left(-\frac{4R}{a}\right)-2\frac{\tilde{I}}{I}\mathrm{Ei}\left(-\frac{2R}{a}\right)\right]\\&=\frac{1}{5}\left\{e^{-2\rho}\left[\frac{25}{8}-\frac{23}{4\rho}-3\rho^2-\frac{1}{3}\rho^3\right]\right.\\&\quad\left.+\frac{6}{\rho}I[\rho]^2(\gamma+\log[\rho])+I[-\rho]^2\,\mathrm{Ei}[-4\rho]-2I[\rho]\,I[-\rho]\,\mathrm{Ei}[-2\rho]\right\},\end{aligned}$$

其中 $\gamma=0.5772\cdots$ 为欧拉常数, $\mathrm{Ei}(x)$ 为指数积分, 则

$$\mathrm{Ei}(x)=-\int_{-x}^{\infty}\frac{e^{-t}}{t}dt,$$

$\tilde{I}$ 为 I 中改变 R 的符号:

$$\tilde{I}=e^{R/a}\left[1-\frac{R}{a}+\frac{1}{3}\left(\frac{R}{a}\right)^2\right].$$

由方程 (8.68) 知, 哈密顿量为

$$\langle H\rangle_{\pm}=2E_1\left[1-\frac{a}{R}+\frac{2D-D_2\pm(2IX-X_2)}{1\pm I^2}\right]$$

$$= -2\left\{1-\frac{1}{\rho}+\left[\frac{2D[\rho]-D_2[\rho]\pm(2I[\rho]X[\rho]-X_2[\rho])}{1\pm I[\rho]^2}\right]\right\}.$$

由方程 (8.62) 知, 动能项为

$$2\left\langle-\frac{\hbar^2}{2m}\nabla_1^2\right\rangle=2\left[E_1+\left(\frac{e^2}{4\pi\varepsilon_0 a}\right)\frac{1\pm IX}{1\pm I^2}\right]=-2\left[1-2\frac{1\pm I[\rho]X[\rho]}{1\pm I[\rho]^2}\right].$$

由方程 (8.63) 知, 离子势能项为

$$\begin{aligned}2\left\langle-\frac{e^2}{4\pi\varepsilon_0 r_1}\right\rangle&=-\frac{2}{2}\left(\frac{e^2}{4\pi\varepsilon_0 a}\right)\frac{1+D\pm 2IX}{1\pm I^2}\\&=-4\frac{1+D[\rho]\pm 2I[\rho]X[\rho]}{1\pm I[\rho]^2}.\end{aligned}$$

由方程 (8.67) 知, 电子之间相互作用势为

$$\langle V_{ee}\rangle=\left(\frac{e^2}{4\pi\varepsilon_0 a}\right)\frac{D_2\pm X_2}{1\pm I^2}=2\frac{D_2[\rho]\pm X_2[\rho]}{1\pm I[\rho]^2}.$$

程序及绘图 (图 8.2~图 8.5) 如下:

```
DInt[rho_]:=1/rho-(1+1/rho)Exp[-2rho];
                            ⌊指数形式
XInt[rho_]:=(1+rho)Exp[-rho];
                     ⌊指数形式
IInt[rho_]:=Exp[-rho](1+rho+1/3rho^2);
            ⌊指数形式
D2Int[rho_]:=1/rho-Exp[-2rho]/rho(1+11/8rho+3/4rho^2+1/6rho^3);
                     ⌊指数形式
X2Int[rho_]:=
 1/5
  (Exp[-2 rho](25/8-23/4 rho-3 rho^2-1/3 rho^3)+
  ⌊指数形式
  6/rho(IInt[rho]^2(EulerGamma+Log[rho])+IInt[-rho]^2
                    ⌊欧拉常数伽马 ⌊对数
  ExpIntegralEi[-4rho]-2IInt[rho]IInt[-rho]ExpIntegralEi[-2rho]))
   ⌊指数积分Ei                          ⌊指数积分Ei
H[pm_,rho_]:=-2(1-1/rho+(2 DInt[rho]-D2Int[rho]+pm(2 IInt[rho]XInt
  [rho]-X2Int[rho]))/(1+pm*IInt[rho]^2))
Plot[{H[1,rho],H[-1,rho]},{rho,0,6},PlotRange→{-2.5,0},AxesLabel
⌊绘图                            ⌊控制范围          ⌊坐标轴标签
    →{"R/a","<H>/|E1"},Plotstyle→{{Black},{Black,Dashed}},
                        ⌊绘图样式    ⌊黑色   ⌊黑色  ⌊虚线
GridLines→{None,{-2}}]
⌊网格线     ⌊无
```

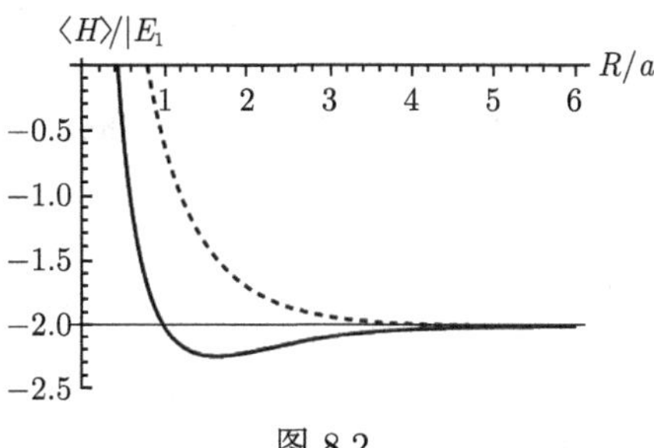

图 8.2

```
Kinetic[pm_,rho_]:=-2(1-2(1+pm*XInt[rho]*IInt[rho])/(1+pm*IInt
    [rho]^2))
IonPotential[pm_,rho_]:=-4(1+DInt[rho]+pm*2XInt[rho]*IInt[rho])/(1+pm*
    IInt[rho]^2)
ElectronPotential[pm_,rho_]:=2*D2Int[rho]/(1+pm*IInt[rho]^2)+2pm*X2Int
    [rho]/(1+pm*IInt[rho]^2)
Plot[{Kinetic[1,rho],Kinetic[-1,rho]},{rho,0,6},PlotStyle→
⌊绘图                                                   ⌊绘图样式
    {{Black},{Black,Dashed}}]
     ⌊黑色      ⌊黑色 ⌊虚线
```

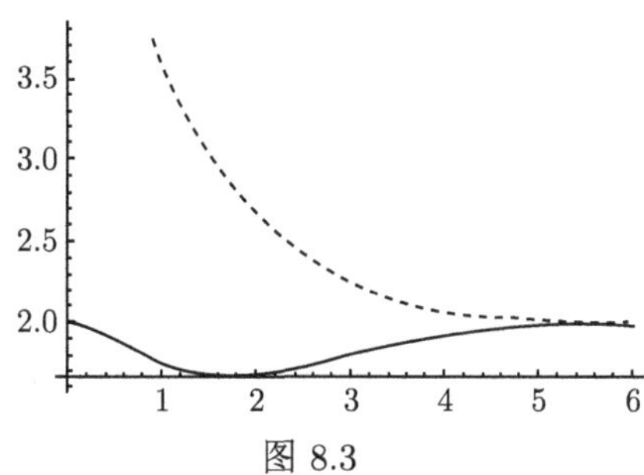

图 8.3

```
Plot[{IonPotential[1,rho],IonPotential[-1,rho]},{rho,0,6},
⌊绘图
    PlotStyle→{{Black},{Black,Dashed}}]
    ⌊绘图样式    ⌊黑色      ⌊黑色  ⌊虚线
```

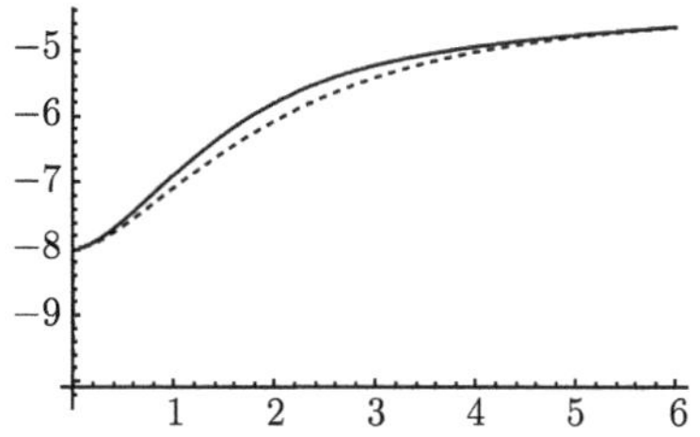

图 8.4

```
Plot[{ElectronPotential[1,rho],ElectronPotential[-1,rho]},
⌊绘图
    {rho,θ,6},PlotStyle→{{Black},{Black,Dashed}}]
                ⌊绘图样式    ⌊黑色     ⌊黑色  ⌊虚线
```

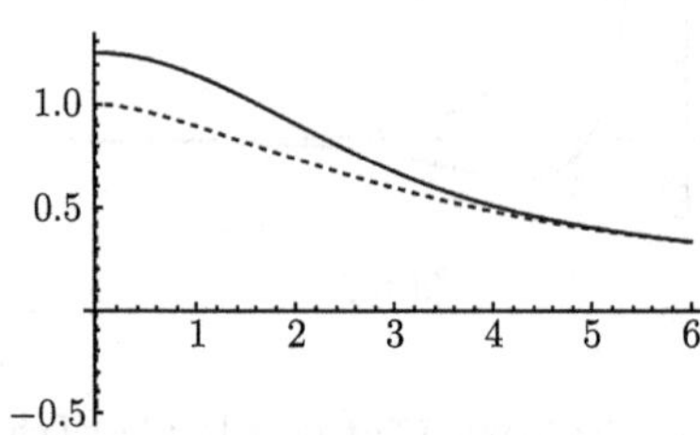

图 8.5

补充习题

习题 8.16

(a) 使用函数 $\psi(x) = Ax(a-x)$(在 $0 < x < a$ 范围内, 否则为 0) 求在无限深方势阱中基态束缚能级的上限.

(b) 对于某些实数 p, 推广到 $\psi(x) = A[x(a-x)]^p$ 形式的函数, p 的优化值是多少? 基态能量的最佳上限是多少? 和精确值作对比. 答案: $(5+2\sqrt{6})\,\hbar^2/(2ma^2)$.

解答 (a) 归一化波函数, 求系数 A.

$$
\begin{aligned}
I &= \int_{-\infty}^{\infty} \psi^*(x)\,\psi(x)\,\mathrm{d}x = A^2 \int_0^a x^2\left(x^2 - 2ax + a^2\right)\mathrm{d}x \\
&= A^2 \int_0^a \left(x^4 - 2ax^3 + a^2x^2\right)\mathrm{d}x \\
&= A^2\left(\frac{x^5}{5} - 2a\frac{x^4}{4} + \frac{a^2x^3}{3}\right)\Bigg|_0^a = A^2\left(\frac{a^5}{5} - \frac{a^5}{2} + \frac{a^5}{3}\right) \\
&= A^2\frac{a^5}{30},
\end{aligned}
$$

所以,

$$
A = \left(\frac{30}{a^5}\right)^{\frac{1}{2}}.
$$

能量期望值

$$
\begin{aligned}
\langle H\rangle &= \langle\psi|\,\frac{p^2}{2m}\,|\psi\rangle = \frac{1}{2m}\,\langle p\psi|\,p\psi\rangle \\
&= \frac{1}{2m}\int_0^a \left(-\mathrm{i}\hbar\frac{\mathrm{d}\psi}{\mathrm{d}x}\right)^*\left(-\mathrm{i}\hbar\frac{\mathrm{d}\psi}{\mathrm{d}x}\right)\mathrm{d}x \\
&= \frac{\hbar^2}{2m}\int_0^a \frac{\mathrm{d}\psi^*}{\mathrm{d}x}\frac{\mathrm{d}\psi}{\mathrm{d}x}\mathrm{d}x \\
&= \frac{\hbar^2A^2}{2m}\int_0^a \frac{\mathrm{d}}{\mathrm{d}x}\left[x(a-x)\right]\frac{\mathrm{d}}{\mathrm{d}x}\left[x(a-x)\right]\mathrm{d}x
\end{aligned}
$$

$$
\begin{aligned}
&= \frac{\hbar^2 A^2}{2m}\int_0^a (a-2x)(a-2x)\,\mathrm{d}x \\
&= -\frac{1}{2}\frac{\hbar^2 A^2}{2m}\int_0^a (a-2x)^2\mathrm{d}(a-2x) \\
&= -\frac{1}{2}\frac{\hbar^2 A^2}{2m}\frac{(a-2x)^3}{3}\bigg|_0^a \\
&= -\frac{\hbar^2 A^2(-a)^3}{12m}+\frac{\hbar^2 A^2 a^3}{12m} \\
&= \frac{\hbar^2 A^2 a^3}{6m} \\
&= \frac{5\hbar^2}{ma^2}.
\end{aligned}
$$

因此, $E_{\mathrm{gs}} \leqslant \frac{5\hbar^2}{ma^2} = \frac{10}{\pi^2}\frac{\pi^2\hbar^2}{2ma^2} = \frac{10}{\pi^2}E_{\mathrm{gs}}$.

(b) 先归一化

$$
\begin{aligned}
1 &= \int_0^a |\psi|^2\mathrm{d}x \\
&= A^2\int_0^a x^{2p}(a-x)^{2p}\,\mathrm{d}x \\
&= A^2\int_0^a \left(\frac{x}{a}\right)^{2p} a^{2p}\left(1-\frac{x}{a}\right)^{2p} a^{2p}\mathrm{d}\frac{x}{a}a \\
&= A^2 a^{4p+1}\int_0^a \left(\frac{x}{a}\right)^{2p}\left(1-\frac{x}{a}\right)^{2p}\mathrm{d}\frac{x}{a},
\end{aligned}
$$

做变量代换 $u=\frac{x}{a}$,

$$
1 = A^2 a^{4p+1}\int_0^1 u^{2p}(1-u)^{2p}\mathrm{d}u.
$$

哈密顿量的期望值为

$$
\begin{aligned}
\langle H\rangle &= \langle\psi|\frac{p^2}{2m}|\psi\rangle = \frac{1}{2m}\langle p\psi|\,p\psi\rangle \\
&= \frac{1}{2m}\int_0^a\left(-\mathrm{i}\hbar\frac{\mathrm{d}\psi}{\mathrm{d}x}\right)^*\left(-\mathrm{i}\hbar\frac{\mathrm{d}\psi}{\mathrm{d}x}\right)\mathrm{d}x \\
&= \frac{\hbar^2}{2m}\int_0^a\left(\frac{\mathrm{d}\psi}{\mathrm{d}x}\right)^*\left(\frac{\mathrm{d}\psi}{\mathrm{d}x}\right)\mathrm{d}x \\
&= \frac{\hbar^2A^2}{2m}\int_0^a p\,[x(a-x)]^{p-1}(a-2x)p\,[x(a-x)]^{p-1}(a-2x)\,\mathrm{d}x \\
&= \frac{\hbar^2A^2p^2}{2m}\int_0^a (a-2x)^2\,[x(a-x)]^{2p-2}\,\mathrm{d}x \\
&= \frac{\hbar^2A^2p^2}{2m}\int_0^a\left(1-2\frac{x}{a}\right)^2 a^2\left[\frac{x}{a}\left(1-\frac{x}{a}\right)\right]^{2p-2}a^{4p-4}\mathrm{d}\frac{x}{a}a.
\end{aligned}
$$

令 $u=\frac{x}{a}$, 则

$$
\langle H\rangle = \frac{\hbar^2A^2p^2}{2m}a^{4p-1}\int_0^1 (1-2u)^2\,[u(1-u)]^{2p-2}\,\mathrm{d}u
$$

$$=\frac{p^2\hbar^2}{2ma^2}\frac{\displaystyle\int_0^1(1-2u)^2\left[u(1-u)\right]^{2p-2}\mathrm{d}u}{\displaystyle\int_0^1|u(1-u)|^{2p}\mathrm{d}u}.$$

上式分子的积分化简, 得

$$\begin{aligned}&\int_0^1(1-2u)^2\left[u(1-u)\right]^{2p-2}\mathrm{d}u\\&=\frac{1}{2p-1}\int_0^1(1-2u)\frac{\mathrm{d}}{\mathrm{d}u}\left[u(1-u)\right]^{2p-1}\\&=\frac{1}{2p-1}2\int_0^1\left[u(1-u)\right]^{2p-1}\mathrm{d}u.\end{aligned}$$

代入 $\langle H\rangle$ 中, 得

$$\begin{aligned}\langle H\rangle&=\frac{2p^2}{2p-1}\frac{\hbar^2}{2ma^2}\frac{\displaystyle\int_0^1\left[u(1-u)\right]^{2p-1}\mathrm{d}u}{\displaystyle\int_0^1|u(1-u)|^{2p}\mathrm{d}u}\\&=\frac{2p(4p+1)}{2p-1}\frac{\hbar^2}{2ma^2}.\end{aligned}$$

求极小值

$$0=\frac{\mathrm{d}\langle H\rangle}{\mathrm{d}p}=\frac{\hbar^2}{2ma^2}\frac{16p^2-16p-2}{(2p-1)^2},$$

p 取正值 $p_{\min}=\dfrac{2+\sqrt{6}}{4}$.

因此,

$$E_{\mathrm{gs}}\leqslant\langle H\rangle_{\min}=\frac{2p(4p+1)}{2p-1}\frac{\hbar^2}{2ma^2}=\frac{5+2\sqrt{6}}{\pi^2}E_{\mathrm{gs}}.$$

习题 8.17

(a) 用以下形式的试探波函数:

$$\psi(x)=\begin{cases}A\cos(\pi x/a), & -a/2<x<a/2,\\0, & \text{其他},\end{cases}$$

求一维简谐振子的基态束缚能. a 的“最优”值是多少? 将 $\langle H\rangle_{\min}$ 与准确值作对比.

注释 该试探波函数在 $\pm a/2$ 处有一个“扭结”(不连续导数); 你是否需要像在例题 8.3 中所做的那样来考虑这一点?

(b) 在区间 $(-a, a)$ 中取 $\psi(x)=B\sin(\pi x/a)$, 求第一激发态束缚能上限, 并与准确结果作对比.

解答 (a) 首先归一化试探波函数

$$1=\int|\psi|^2\mathrm{d}x=|A|^2\int_{-a/2}^{a/2}\cos^2\left(\frac{\pi x}{a}\right)\mathrm{d}x=|A|^2\frac{a}{2},$$

得

$$A=\sqrt{\frac{2}{a}}.$$

对于一维简谐振子,

$$H=T+V=-\frac{\hbar^2}{2m}\frac{\mathrm{d}^2}{\mathrm{d}x^2}+\frac{1}{2}m\omega^2x^2.$$

$$\langle T\rangle=-\frac{\hbar^2}{2m}\int_{-\infty}^{\infty}\psi\frac{\mathrm{d}^2\psi}{\mathrm{d}x^2}\mathrm{d}x=\frac{\hbar^2}{2m}\left(\frac{\pi}{a}\right)^2\int_{-a/2}^{a/2}\psi^2\mathrm{d}x=\frac{\pi^2\hbar^2}{2ma^2},$$

$$\langle V\rangle=\frac{1}{2}m\omega^2\int_{-\infty}^{\infty}x^2\psi^2\mathrm{d}x=\frac{1}{2}m\omega^2\frac{2}{a}\int_{-a/2}^{a/2}x^2\cos^2\left(\frac{\pi x}{a}\right)\mathrm{d}x=\frac{m\omega^2a^2}{4\pi^2}\left(\frac{\pi^2}{6}-1\right),$$

$$\langle H\rangle=\frac{\pi^2\hbar^2}{2ma^2}+\frac{m\omega^2a^2}{4\pi^2}\left(\frac{\pi^2}{6}-1\right).$$

$$\frac{\partial}{\partial a}\langle H\rangle=-\frac{\pi^2\hbar^2}{ma^3}+\frac{m\omega^2a}{2\pi^2}\left(\frac{\pi^2}{6}-1\right)=0\Rightarrow a=\pi\sqrt{\frac{\hbar}{m\omega}}\left(\frac{2}{\pi^2/6-1}\right)^{1/4}$$

$$\Rightarrow\langle H\rangle_{\min}=\frac{1}{2}\hbar\omega\sqrt{\frac{\pi^2}{3}-2}=\frac{1}{2}\hbar\omega\cdot(1.136)>\frac{1}{2}\hbar\omega.$$

(波函数的二阶导数在 $x=\pm a/2$ 处的确为 δ 函数, 但是在此处的波函数为 0, 故在运算中无需考虑.)

(b) 试探波函数为奇函数, 它与基态波函数 (偶函数) 正交, 所以可以由变分法求第一激发态能量的上限. 归一化波函数

$$1=\int|\psi|^2\mathrm{d}x=|B|^2\int_{-a}^{a}\sin^2\left(\frac{\pi x}{a}\right)\mathrm{d}x=|B|^2a\Rightarrow B=\sqrt{\frac{1}{a}}.$$

$$\langle T\rangle=-\frac{\hbar^2}{2m}\int_{-\infty}^{\infty}\psi\frac{\mathrm{d}^2\psi}{\mathrm{d}x^2}\mathrm{d}x=\frac{\hbar^2}{2m}\left(\frac{\pi}{a}\right)^2\int_{-a}^{a}\psi^2\mathrm{d}x=\frac{\pi^2\hbar^2}{2ma^2}.$$

$$\langle V\rangle=\frac{1}{2}m\omega^2\int_{-\infty}^{\infty}x^2\psi^2\mathrm{d}x=\frac{1}{2}m\omega^2\frac{1}{a}\int_{-a}^{a}x^2\sin^2\left(\frac{\pi x}{a}\right)\mathrm{d}x=\frac{m\omega^2a^2}{4\pi^2}\left(\frac{2\pi^2}{3}-1\right).$$

$$\langle H\rangle=\frac{\pi^2\hbar^2}{2ma^2}+\frac{m\omega^2a^2}{4\pi^2}\left(\frac{2\pi^2}{3}-1\right).$$

$$\frac{\partial}{\partial a}\langle H\rangle=-\frac{\pi^2\hbar^2}{ma^3}+\frac{m\omega^2a}{2\pi^2}\left(\frac{2\pi^2}{3}-1\right)=0\Rightarrow a=\pi\sqrt{\frac{\hbar}{m\omega}}\left(\frac{2}{2\pi^2/3-1}\right)^{1/4}$$

$$\Rightarrow\langle H\rangle_{\min}=\frac{1}{2}\hbar\omega\sqrt{\frac{4\pi^2}{3}-2}=\frac{1}{2}\hbar\omega\cdot(3.341)>\frac{3}{2}\hbar\omega.$$

****习题 8.18**

(a) 推广习题 8.2, 对任意 n, 使用如下试探波函数①

$$\psi(x)=\frac{A}{(x^2+b^2)^n},$$

部分答案: b 的最优值由下式给出

$$b^2=\frac{\hbar}{m\omega}\left[\frac{n(4n-1)(4n-3)}{2(2n+1)}\right]^{1/2}.$$

(b) 求简谐振子第一激发态能量最小上限, 取试探波函数为

$$\psi(x)=\frac{Bx}{(x^2+b^2)^n}.$$

① W. N. Mei, *Int. J. Educ. Sci. Tech.* **27,** 285 (1996).

部分答案: b 的最佳值由下式给出

$$b^2 = \frac{\hbar}{m\omega}\left[\frac{n(4n-5)(4n-3)}{2(2n+1)}\right]^{1/2}.$$

(c) 注意到当 $n\to\infty$ 时, 上限值趋于能量精确值. 为什么会是这样? **提示** 对 $n=2$, $n=3$ 和 $n=4$ 的试探波函数分别作图, 并将它们与真实波函数 (方程 (2.60) 和 (2.63)) 作对比. 具体分析从下面等式开始

$$\mathrm{e}^z = \lim_{n\to\infty}\left(1+\frac{z}{n}\right)^n.$$

解答 (a) 归一化试探波函数

$$1 = 2|A|^2\int_0^\infty \frac{1}{(x^2+b^2)^{2n}}\mathrm{d}x = \frac{|A|^2}{b^{4n-1}}\frac{\Gamma\left(\frac{1}{2}\right)\Gamma\left(\frac{4n-1}{2}\right)}{\Gamma(2n)},$$

得

$$A = \sqrt{\frac{b^{4n-1}\Gamma(2n)}{\Gamma\left(\frac{1}{2}\right)\Gamma\left(\frac{4n-1}{2}\right)}},$$

其中利用了定积分公式

$$\int_0^\infty \frac{x^k}{(x^2+b^2)^l}\mathrm{d}x = \frac{1}{2b^{2l-k-1}}\frac{\Gamma\left(\frac{k+1}{2}\right)\Gamma\left(\frac{2l-k-1}{2}\right)}{\Gamma(l)}.$$

$$\begin{aligned}
\langle T\rangle &= \frac{1}{2m}\int_{-\infty}^{\infty}\psi^*\hat{p}^2\psi\mathrm{d}x = \frac{1}{2m}\int_{-\infty}^{\infty}(\hat{p}\psi)^*\hat{p}\psi\mathrm{d}x \\
&= \frac{\hbar^2}{2m}\int_{-\infty}^{\infty}\left(\frac{\mathrm{d}\psi}{\mathrm{d}x}\right)^*\frac{\mathrm{d}\psi}{\mathrm{d}x}\mathrm{d}x = \frac{\hbar^2}{2m}|A|^2\int_{-\infty}^{\infty}\left[\frac{-2nx}{(x^2+b^2)^{n+1}}\right]^2\mathrm{d}x \\
&= \frac{2n^2\hbar^2}{m}|A|^2\int_{-\infty}^{\infty}\frac{x^2}{(x^2+b^2)^{2n+2}}\mathrm{d}x \\
&= \frac{2n^2\hbar^2}{m}\frac{b^{4n-1}\Gamma(2n)}{\Gamma\left(\frac{1}{2}\right)\Gamma\left(\frac{4n-1}{2}\right)}\frac{\Gamma\left(\frac{2+1}{2}\right)\Gamma\left[\frac{2(2n+2)-2-1}{2}\right]}{b^{2(2n+2)-2-1}\Gamma(2n+2)} \\
&= \frac{2n^2\hbar^2}{m}\frac{b^{4n-1}\Gamma(2n)}{\Gamma\left(\frac{1}{2}\right)\Gamma\left(\frac{4n-1}{2}\right)}\frac{\Gamma\left(\frac{3}{2}\right)\Gamma\left(\frac{4n+1}{2}\right)}{b^{4n+1}\Gamma(2n+2)} \\
&= \frac{2n^2\hbar^2}{m}\frac{b^{4n-1}(2n-1)!}{\Gamma\left(\frac{1}{2}\right)\Gamma\left(\frac{4n-1}{2}\right)}\frac{\frac{1}{2}\Gamma\left(\frac{1}{2}\right)\left(2n-\frac{1}{2}\right)\Gamma\left(\frac{4n-1}{2}\right)}{b^{4n+1}(2n+1)!} \\
&= \frac{2n^2\hbar^2}{mb^2}\frac{\frac{1}{2}\left(2n-\frac{1}{2}\right)}{(2n+1)\cdot 2n}
\end{aligned}$$

$$= \frac{\hbar^2}{4mb^2}\frac{n(4n-1)}{2n+1}.$$

上式积分运算利用了 $(\Gamma(z+1) = z\Gamma(z)$；$\Gamma(n+1) = n!)$

$$\begin{aligned}\langle V\rangle &= \frac{1}{2}m\omega^2\int_{-\infty}^{\infty} x^2|\psi|^2\mathrm{d}x = \frac{1}{2}m\omega^2 2|A|^2\int_0^{\infty}\frac{x^2}{(x^2+b^2)^{2n}}\mathrm{d}x \\ &= m\omega^2\frac{b^{4n-1}\Gamma(2n)}{\Gamma\left(\frac{1}{2}\right)\Gamma\left(\frac{4n-1}{2}\right)}\frac{\Gamma\left(\frac{3}{2}\right)\Gamma\left(\frac{4n-3}{2}\right)}{2b^{4n-3}\Gamma(2n)} \\ &= m\omega^2 b^2\frac{1}{\Gamma\left(\frac{1}{2}\right)\left(2n-\frac{3}{2}\right)\Gamma\left(\frac{4n-3}{2}\right)}\frac{\frac{1}{2}\Gamma\left(\frac{1}{2}\right)\Gamma\left(\frac{4n-3}{2}\right)}{2} \\ &= \frac{m\omega^2b^2}{8n-6}.\end{aligned}$$

由 $\langle H\rangle = \frac{\hbar^2}{4mb^2}\frac{n(4n-1)}{2n+1} + \frac{m\omega^2b^2}{8n-6}, \frac{\partial\langle H\rangle}{\partial b} = -\frac{\hbar^2}{2mb^3}\frac{n(4n-1)}{2n+1} + \frac{m\omega^2 b}{4n-3} = 0$, 得

$$b^2 = \frac{\hbar}{m\omega}\left[\frac{n(4n-1)(4n-3)}{2(2n+1)}\right]^{1/2},$$

所以,

$$\langle H\rangle_{\min} = \frac{1}{2}\hbar\omega\sqrt{\frac{2n(4n-1)}{(2n+1)(4n-3)}} > \frac{1}{2}\hbar\omega.$$

显然 $n\to\infty, \langle H\rangle_{\min}\underset{n\to\infty}{\rightarrow}\frac{1}{2}\hbar\omega$.

(b) $\psi(x)$ 为奇函数与基态波函数 (偶函数) 正交, 所以可由变分法求第一激发态能量上限. 归一化波函数

$$1 = 2|B|^2\int_0^{\infty}\frac{x^2}{(x^2+b^2)^{2n}}\mathrm{d}x = 2|B|^2\frac{\Gamma\left(\frac{3}{2}\right)\Gamma\left(\frac{4n-3}{2}\right)}{2b^{4n-3}\Gamma(2n)},$$

得

$$B = \sqrt{\frac{b^{4n-3}\Gamma(2n)}{\Gamma\left(\frac{3}{2}\right)\Gamma\left(\frac{4n-3}{2}\right)}}.$$

同 (a) 中同样的方法, 求得第一激发态能量期望值为

$$\langle H\rangle = \langle T\rangle + \langle V\rangle = \frac{3\hbar^2}{4mb^2}\frac{n(4n-3)}{2n+1} + \frac{3m\omega^2b^2}{2(4n-5)}.$$

$$\frac{\partial}{\partial b}\langle H\rangle = -\frac{3\hbar^2}{2mb^3}\frac{n(4n-3)}{(2n+1)} + \frac{3m\omega^2 b}{(4n-5)} = 0, \quad b^2 = \frac{\hbar}{m\omega}\left[\frac{n(4n-3)(4n-5)}{2(2n+1)}\right]^{\frac{1}{2}},$$

得

$$\langle H\rangle_{\min} = \frac{3}{2}\hbar\omega\sqrt{\frac{2n(4n-3)}{(2n+1)(4n-5)}} > \frac{3}{2}\hbar\omega.$$

显然 $n \to \infty, \langle H \rangle_{\min} \underset{n\to\infty}{\to} \dfrac{3}{2}\hbar\omega$.

(c) 为什么当 $n \to \infty$ 时, $\langle H \rangle_{\min}$ 成为精确的能量值? 由 (a) 中 b 的最优值表达式知,

$$b^2 = \frac{\hbar}{m\omega}\left[\frac{n(4n-1)(4n-3)}{2(2n+1)}\right]^{\frac{1}{2}} \underset{n\to\infty}{\to} \frac{2n\hbar}{m\omega}.$$

于是, 试探波函数在 $n \to \infty$ 的情况下有

$$\psi(x) = \frac{A}{(x^2+b^2)^n} = \frac{A}{b^{2n}\left(1+\dfrac{x^2}{b^2}\right)^n} \underset{n\to\infty}{\to} \frac{A}{b^{2n}\left(1+\dfrac{m\omega x^2}{2\hbar}\dfrac{1}{n}\right)^n} \underset{n\to\infty}{\to} \frac{A}{b^{2n}}\mathrm{e}^{-\frac{m\omega x^2}{2\hbar}}.$$

利用斯特林公式，对较大的 z 有 $\Gamma(z+1) \approx z^z \mathrm{e}^{-z}$, 则

$$\begin{aligned}A^2 &= \frac{b^{4n-1}\Gamma(2n)}{\Gamma\left(\dfrac{1}{2}\right)\Gamma\left(\dfrac{4n-1}{2}\right)} \approx \frac{b^{4n-1}(2n-1)^{2n-1}\mathrm{e}^{-(2n-1)}}{\sqrt{\pi}\left(2n-\dfrac{3}{2}\right)^{2n-\frac{3}{2}}\mathrm{e}^{-\left(2n-\frac{3}{2}\right)}} \\ &= \frac{b^{4n-1}}{\sqrt{\pi}\sqrt{\mathrm{e}}}\left(\frac{2n-1}{2n-\dfrac{3}{2}}\right)^{2n-1}\sqrt{2n-\frac{3}{2}}.\end{aligned}$$

由于

$$\begin{aligned}\left(\frac{2n-1}{2n-\dfrac{3}{2}}\right)^{2n-1} &= \left(1+\frac{\dfrac{1}{2}}{2n-\dfrac{3}{2}}\right)^{2n}\left(1+\frac{\dfrac{1}{2}}{2n-\dfrac{3}{2}}\right)^{-1} \\ &\underset{n\to\infty}{\approx} \left(1+\frac{1}{4n}\right)^{2n}\frac{1}{1+\dfrac{1}{4n}} \underset{n\to\infty}{\to} \left(\mathrm{e}^{\frac{1}{4}}\right)^2 \approx \sqrt{\mathrm{e}},\end{aligned}$$

所以,

$$\begin{aligned}A &= \sqrt{\frac{b^{4n-1}}{\sqrt{\pi}\sqrt{\mathrm{e}}}\left(\frac{2n-1}{2n-\dfrac{3}{2}}\right)^{2n-1}\sqrt{2n-\frac{3}{2}}} \underset{n\to\hbar}{\to} \sqrt{\frac{b^{4n-1}}{\sqrt{\pi}}\sqrt{2n}} = \left(\frac{2n}{\pi}\right)^2 b^{2n-\frac{1}{2}}\frac{A}{b^{2n}} \\ &\underset{n\to\infty}{\to} \left(\frac{2n}{\pi}\right)^{\frac{1}{2}}\frac{1}{b} = \left(\frac{2n}{\pi}\right)^{\frac{1}{2}}\frac{1}{[2n\hbar/(m\omega)]^{\frac{1}{4}}} = \left(\frac{m\omega}{\pi\hbar}\right)^{\frac{1}{4}}.\end{aligned}$$

故

$$\psi(x) = \underset{n\to\infty}{\to} \frac{A}{b^{2n}}\mathrm{e}^{-\frac{m\omega x^2}{2\hbar}} = \left(\frac{m\omega}{\pi\hbar}\right)^{\frac{1}{4}}\mathrm{e}^{-\frac{m\omega x^2}{2\hbar}}.$$

即波函数形式为精确的基态波函数, 由此波函数得到的基态能量为精确基态能量也就不奇怪了. 对第一激发态, 同样有

$$b^2 = \frac{\hbar}{m\omega}\left[\frac{n(4n-3)(4n-5)}{2(2n+1)}\right]^{\frac{1}{2}} \underset{n\to\infty}{\to} \frac{2n\hbar}{m\omega}.$$

试探波函数

$$\psi_1(x) = \frac{Bx}{(x^2+b^2)^n} = \frac{Bx}{b^{2n}\left(1+\dfrac{x^2}{b^2}\right)^n} = \frac{Bx}{b^{2n}\left(1+\dfrac{m\omega x^2}{2\hbar n}\right)^n} \underset{n\to\infty}{\to} \frac{B}{b^{2n}}x\mathrm{e}^{-\frac{m\omega x^2}{2\hbar}}.$$

$$B^2=\frac{b^{4n-3}\Gamma(2n)}{\Gamma\left(\frac{3}{2}\right)\Gamma\left(\frac{4n-3}{2}\right)}=\frac{b^{4n-3}(2n-1)^{2n-1}e^{-(2n-1)}}{\frac{1}{2}\sqrt{\pi}\left(2n-\frac{5}{2}\right)^{2n-\frac{5}{2}}e^{-\left(2n-\frac{5}{2}\right)}}$$

$$=\frac{2b^{4n-3}}{\sqrt{\pi}e^{\frac{3}{2}}}\left(\frac{2n-1}{2n-\frac{5}{2}}\right)^{2n-1}\left(2n-\frac{5}{2}\right)^{\frac{3}{2}}\left(\frac{2n-1}{2n-\frac{5}{2}}\right)^{2n-1}$$

$$=\left(1+\frac{\frac{3}{2}}{2n-\frac{5}{2}}\right)^{2n}\left(1+\frac{\frac{3}{2}}{2n-\frac{5}{2}}\right)^{-1}\underset{n\to\infty}{\approx}\left(1+\frac{3}{4n}\right)^{2n}\frac{1}{1+\frac{1}{n}}\approx e^{\frac{3}{2}}$$

$$\frac{B}{b^{2n}}\underset{n\to\infty}{\to}\frac{1}{b^{2n}}\sqrt{\frac{2b^{4n-3}}{\sqrt{\pi}}(2n)^{\frac{3}{2}}}=\sqrt{\frac{2b^{-3}}{\sqrt{\pi}}(2n)^{\frac{3}{2}}}=\sqrt{\frac{2}{\sqrt{\pi}}\left(\frac{m\omega}{2n\hbar}\right)^{\frac{3}{2}}(2n)^{\frac{3}{2}}}$$

$$=\sqrt{\frac{2}{\sqrt{\pi}}\left(\frac{m\omega}{\hbar}\right)^{\frac{3}{2}}}=\sqrt{2}\left(\frac{m\omega}{\pi\hbar}\right)^{\frac{1}{4}}\left(\frac{m\omega}{\hbar}\right)^{\frac{1}{2}}.$$

所以

$$\psi_1(x)\underset{n\to\infty}{\to}\frac{B}{b^{2n}}xe^{-\frac{m\omega x^2}{2\hbar}}=\frac{1}{\sqrt{2}}\left(\frac{m\omega}{\pi\hbar}\right)^{\frac{1}{4}}\left[2\left(\frac{m\omega}{\hbar}\right)^{\frac{1}{2}}x\right]e^{-\frac{m\omega x^2}{2\hbar}}.$$

这正是精确的第一激发态波函数, 所以由它可以得到精确的第一激发态能量.

图 8.6(a) 和 (b) 给出了 $n=2,\ 3,\ 4$ 时, 本题所给的基态和第一激发态波函数, 可以看出它们已经非常接近精确的基态和第一激发态波函数. 图 8.6(a) 中虚线为基态试探波函数, 按 0 点处的值从高到低依次为 $n=2, 3$ 和 4 的情况. 实线为真实的基态波函数. 图 8.6(b) 中虚线为第一激发态试探波函数, 按极值从低到高依次为 $n=2, 3$ 和 4 的情况. 实线为真实的第一激发态波函数.

```
Show [n=2;
⌊显示
 b2=(n(4n-5)(4n-2)/(2(2n+1)))^(1/2);
 B=Sqrt[(Sqrt[b2])^(4n-3)*Gamma[2n]/(Gamma[3/2]*Gamma[(4n-3)/2])];
  ⌊平方根 ⌊平方根             ⌊伽马函数  ⌊伽马函数  ⌊伽马函数
 Psi [x_]=B*x/(x^2+b2)^n;
 Plot[{Psi[x]}, {x,0,4}, PlotStyle → {Black, Dashed}],
 ⌊绘图                    ⌊绘图样式     ⌊黑色    ⌊虚线
 n=3;
 b2=(n(4n-5)(4n-2)/(2(2n+1)))^(1/2);
 B=Sqrt[(Sqrt[b2])^(4n-3)*Gamma[2n]/(Gamma[3/2]*Gamma[(4n-3)/2])];
  ⌊平方根 ⌊平方根             ⌊伽马函数  ⌊伽马函数  ⌊伽马函数
 Psi[x_]=B*x/(x^2+b2)^n;
 Plot[{Psi[x]},{x,0,4}, PlotStyle→{Black, Dashed}],
 ⌊绘图                   ⌊绘图样式   ⌊黑色   ⌊虚线
 n=4;
 b2=(n(4n-5)(4n-2)/(2(2n+1)))^(1/2);
 B=Sqrt[(Sqrt[b2])^(4n-3)*Gamma[2n]/(Gamma[3/2]*Gamma[(4n-3)/2])];
  ⌊平方根 ⌊平方根             ⌊伽马函数 ⌊伽马函数  ⌊伽马函数
```

```
Psi[x_]=B*x/(x^2+b2)^n;
Plot[{Psi[x]},{x,0,4},PlotStyle→{Black, Dashed}],
⌊绘图                    ⌊给图样式 ⌊黑色  ⌊虚线
Ps[x_]=(1/Pi)^(1/4)*Sqrt[2]*x*Exp[-1/2x^2];
        ⌊圆周率   ⌊平方根   ⌊指数形式
Plot[Ps[x],{x,0,4},PlotStyle→{Black}]]
 ⌊绘图                ⌊给图样式   ⌊黑色
```

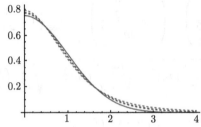

图 8.6　(a) 虚线为基态试探波函数，按 0 点处的值从高到低依次为 $n=2,3$ 和 4 的情况. 实线为真实的基态波函数

```
Show [n=2;
⌊显示
 b2=(n(4n-5)(4n-2)/(2(2n+1)))^(1/2);
 B=Sqrt[(Sqrt[b2])^(4n-3)*Gamma[2n]/(Gamma[3/2]*Gamma[(4n-3)/2])];
  ⌊平方根 ⌊平方根           ⌊伽马函数  ⌊伽马函数  ⌊伽马函数
 Psi[x_]=B*x/(x^2+b2)^n;
 Plot[{Psi[x]}, {x,0,4}, PlotStyle → {Black, Dashed}],
 ⌊绘图                     ⌊绘图样式      ⌊黑色    ⌊虚线
 n=3;
 b2=(n(4n-5)(4n-2)/(2(2n+1)))^(1/2);
 B=Sqrt[(Sqrt[b2])^(4n-3)*Gamma[2n]/(Gamma[3/2]*Gamma[(4n-3)/2])];
  ⌊平方根 ⌊平方根           ⌊伽马函数  ⌊伽马函数  ⌊伽马函数
 Psi[x_]=B*x/(x^2+b2)^n;
 Plot[{Psi[x]},{x,0,4}, PlotStyle→{Black, Dashed}],
 ⌊绘图           ⌊给图样式              ⌊黑色    ⌊虚线
 n=4;
 b2=(n(4n-5)(4n-2)/(2(2n+1)))^(1/2);
 B=Sqrt[(Sqrt[b2])^(4n-3)*Gamma[2n]/(Gamma[3/2]*Gamma[(4n-3)/2])];
  ⌊平方根 ⌊平方根           ⌊伽马函数  ⌊伽马函数   ⌊伽马函数
 Psi[x_]=B*x/(x^2+b2)^n;
 Plot[{Psi[x]},{x,0,4},PlotStyle→{Black, Dashed}],
 ⌊绘图                    ⌊给图样式 ⌊黑色  ⌊虚线
 Ps[x_]=(1/Pi)^(1/4)*Sqrt[2]*x*Exp[-1/2x^2];
          ⌊圆周率   ⌊平方根    ⌊指数形式
 Plot[Ps[x],{x,0,4},PlotStyle→{Black}]]
 ⌊绘图                ⌊绘图样式   ⌊黑色
```

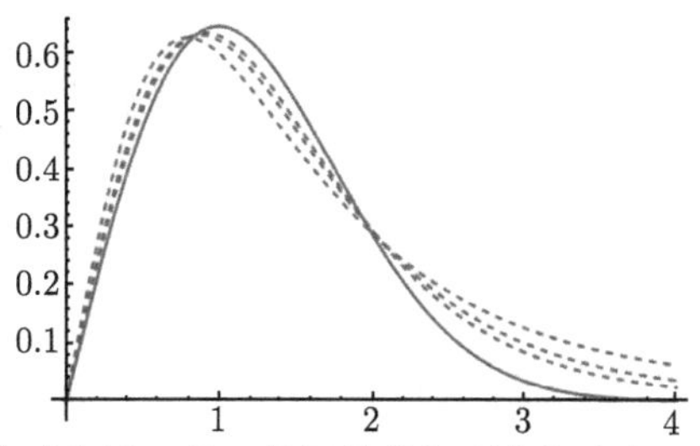

图 8.6　(b) 虚线为第一激发态试探波函数，按极值从低到高依次为 $n=2,3$ 和 4 的情况. 实线为真实的第一激发态波函数

习题 8.19　利用下面高斯型试探波函数:

$$\psi(\boldsymbol{r}) = A\mathrm{e}^{-br^2},$$

求解氢原子基态能量的最低上限值. 其中 A 由归一化决定, b 是可调参数.

解答　首先归一化波函数

$$1 = |A|^2 \int \mathrm{e}^{-2br^2} r^2 \sin\theta \mathrm{d}r\mathrm{d}\theta\mathrm{d}\varphi = 4\pi |A|^2 \int_0^\infty r^2 \mathrm{e}^{-2br^2} \mathrm{d}r = |A|^2 \left(\frac{\pi}{2b}\right)^{\frac{3}{2}},$$

得

$$A = \left(\frac{2b}{\pi}\right)^{\frac{3}{4}}.$$

$$\langle V \rangle = -\frac{e^2}{4\pi\varepsilon_0} |A|^2 4\pi \int_0^\infty \mathrm{e}^{-2br^2} \frac{1}{r} r^2 \mathrm{d}r = -\frac{e^2}{4\pi\varepsilon_0} 2\sqrt{\frac{2b}{\pi}}.$$

$$\begin{aligned}
\langle T \rangle &= -\frac{4\pi\hbar^2}{2m} |A|^2 \int_0^\infty \mathrm{e}^{-br^2} \left(\nabla^2 \mathrm{e}^{-br^2}\right) r^2 \mathrm{d}r \\
&= -\frac{\hbar^2}{2m} |A|^2 \int_0^\infty \mathrm{e}^{-br^2} \left[\frac{1}{r^2}\frac{\mathrm{d}}{\mathrm{d}r}\left(r^2 \frac{\mathrm{d}}{\mathrm{d}r}\mathrm{e}^{-br^2}\right)\right] r^2 \mathrm{d}r \\
&= -\frac{4\pi\hbar^2}{2m} |A|^2 \int_0^\infty \mathrm{e}^{-br^2} \left[-2b\left(3r^2 - 2br^4\right)\mathrm{e}^{-br^2}\right] \mathrm{d}r \\
&= \frac{4b\pi\hbar^2}{m} \left(\frac{2b}{\pi}\right)^{\frac{3}{2}} \int_0^\infty \left(3r^2 - 2br^4\right) \mathrm{e}^{-2br^2} \mathrm{d}r \\
&= \frac{4\pi b\hbar^2}{m} \left(\frac{2b}{\pi}\right)^{\frac{3}{2}} \left[3\frac{1}{8b}\sqrt{\frac{\pi}{2b}} - 2b\frac{3}{32b^2}\sqrt{\frac{\pi}{2b}}\right] \\
&= \frac{4\pi b\hbar^2}{m} \left(\frac{2b}{\pi}\right) \left(\frac{3}{8b} - \frac{3}{16b}\right) \\
&= \frac{3\hbar^2 b}{2m}.
\end{aligned}$$

所以,

$$\langle H \rangle = \langle T \rangle + \langle V \rangle = \frac{3\hbar^2 b}{2m} - \frac{e^2}{4\pi\varepsilon_0} 2\sqrt{\frac{2b}{\pi}}.$$

$$\frac{\partial}{\partial b} \langle H \rangle = \frac{3\hbar^2}{2m} - \frac{e^2}{4\pi\varepsilon_0} \sqrt{\frac{2}{\pi}} \frac{1}{\sqrt{b}} = 0,$$

得

$$\sqrt{b} = \left(\frac{e^2}{4\pi\varepsilon_0} \sqrt{\frac{2}{\pi}} \frac{2m}{3\hbar^2}\right).$$

$$
\begin{aligned}
\langle H\rangle_{\min} &= \frac{3\hbar^2}{2m}\left(\frac{e^2}{4\pi\varepsilon_0}\right)^2\frac{2}{\pi}\frac{4m^2}{9\hbar^4}-\frac{e^2}{4\pi\varepsilon_0}2\sqrt{\frac{2}{\pi}}\left(\frac{e^2}{4\pi\varepsilon_0}\sqrt{\frac{2}{\pi}}\frac{2m}{3\hbar^2}\right)\\
&=\left(\frac{e^2}{4\pi\varepsilon_0}\right)^2\frac{12m}{9\pi\hbar^2}-\left(\frac{e^2}{4\pi\varepsilon_0}\right)^2\frac{8m}{3\pi\hbar^2}=-\left(\frac{e^2}{4\pi\varepsilon_0}\right)^2\frac{12m}{9\pi\hbar^2}\\
&=\frac{24}{9\pi}\left[-\left(\frac{e^2}{4\pi\varepsilon_0}\right)^2\frac{m}{2\hbar^2}\right]\\
&=\frac{8}{3\pi}E_1=\frac{8}{3\pi}(-13.6\ \text{eV})=-11.5\ \text{eV}>-13.6\ \text{eV}.
\end{aligned}
$$

习题 8.20 求解氢原子第一激发态能量的上限. $\ell=1$ 的试探波函数将自动与基态波函数正交 (见原书脚注 6); 对于 ψ 的径向部分, 可以使用与习题 8.19 相同的函数.

解答 由题意可知, 取试探波函数为

$$
\psi(r,\theta,\phi)=A\mathrm{e}^{-br^2}Y_1^0(\theta,\phi)=\sqrt{\frac{3}{4\pi}}A\mathrm{e}^{-br^2}\cos\theta.
$$

先对波函数进行归一化, 求系数 A.

$$
\begin{aligned}
1=\langle\psi|\,\psi\rangle &= |A|^2\int_0^\infty \mathrm{e}^{-2br^2}r^2\mathrm{d}r\int\left|Y_1^0\right|^2\mathrm{d}\Omega=|A|^2\int_0^\infty\mathrm{e}^{-2br^2}\left(-\frac{r}{4b}\right)\mathrm{d}\left(-2br^2\right)\\
&=|A|^2\int_0^\infty\left(-\frac{r}{4b}\right)\mathrm{d}\mathrm{e}^{-2br^2}=|A|^2\left[-\frac{r}{4b}\mathrm{e}^{-2br^2}\Big|_0^\infty-\int_0^\infty\mathrm{e}^{-2br^2}\left(-\frac{1}{4b}\right)\mathrm{d}r\right]\\
&=|A|^2\left[0+\frac{1}{4b}\int_0^\infty\frac{\mathrm{e}^{-2br^2}}{\sqrt{2b}}\mathrm{d}\left(\sqrt{2b}r\right)\right]=\frac{|A|^2}{4b\sqrt{2b}}\frac{\sqrt{\pi}}{2}=\frac{|A|^2}{8b}\sqrt{\frac{\pi}{2b}},
\end{aligned}
$$

故

$$
A=2\left(\frac{8b^3}{\pi}\right)^{\frac{1}{4}}.
$$

势能期望值为

$$
\begin{aligned}
\langle V\rangle &= \langle\psi|\,\frac{-e^2}{4\pi\varepsilon_0 r}\,|\psi\rangle=\frac{-e^2}{4\pi\varepsilon_0}|A|^2\int_0^\infty\mathrm{e}^{-2br^2}\frac{1}{r}r^2\mathrm{d}r=-\frac{e^2}{4\pi\varepsilon_0}\left(4\sqrt{\frac{8b^3}{\pi}}\right)\frac{1}{4b}\\
&=-\frac{e^2}{4\pi\varepsilon_0}\sqrt{\frac{8b}{\pi}}.
\end{aligned}
$$

对于动能期望值, 先求函数的二阶微分, 得

$$
\begin{aligned}
\nabla^2\psi &= \left[\frac{1}{r^2}\frac{\partial}{\partial r}\left(r^2\frac{\partial}{\partial r}\right)+\frac{1}{r^2\sin\theta}\frac{\partial}{\partial\theta}\left(\sin\theta\frac{\partial}{\partial\theta}\right)\right]\psi\\
&=\sqrt{\frac{3}{4\pi}}A\left\{\frac{\cos\theta}{r^2}\frac{\mathrm{d}}{\mathrm{d}r}\left[r^2\mathrm{e}^{-br^2}(-2br)\right]+\frac{\mathrm{e}^{-br^2}}{r^2\sin\theta}\frac{\partial}{\partial\theta}\left(-\sin^2\theta\right)\right\}\\
&=\sqrt{\frac{3}{4\pi}}A\left[\frac{-2b\cos\theta}{r^2}\left(-2br^4\mathrm{e}^{-br^2}+3r^2\mathrm{e}^{-br^2}\right)-\frac{\mathrm{e}^{-br^2}}{r^2\sin\theta}(2\sin\theta\cos\theta)\right]\\
&=\sqrt{\frac{3}{\pi}}A\mathrm{e}^{-br^2}\frac{\cos\theta}{r^2}\left(2b^2r^4-3br^2-1\right),
\end{aligned}
$$

$$
\begin{aligned}
\langle T\rangle &= \langle\psi| -\frac{\hbar^2}{2m}\nabla^2|\psi\rangle = -\frac{\hbar^2}{2m}\langle\psi|\nabla^2|\psi\rangle \\
&= -\frac{\hbar^2}{2m}\int\left(\sqrt{\frac{3}{4\pi}}A\mathrm{e}^{-br^2}\cos\theta\right)\left[\sqrt{\frac{3}{\pi}}A\mathrm{e}^{-br^2}\frac{\cos\theta}{r^2}\left(2b^2r^4-3br^2-1\right)\right]\mathrm{d}\tau \\
&= -\frac{\hbar^2}{2m}\sqrt{\frac{3}{4\pi}}\sqrt{\frac{3}{\pi}}|A|^2\int \mathrm{e}^{-2br^2}\cos^2\theta\left(2b^2r^4-3br^2-1\right)\sin\theta\mathrm{d}r\mathrm{d}\theta\mathrm{d}\phi \\
&= -\frac{3\hbar^2|A|^2}{4m\pi}\int_0^\infty \mathrm{e}^{-2br^2}\left(2b^2r^4-3br^2-1\right)\mathrm{d}r\int_0^\pi\cos^2\theta\sin\theta\mathrm{d}\theta\int_0^{2\pi}\mathrm{d}\phi \\
&= -\frac{3\hbar^2|A|^2}{2m}\Big(\int_0^\infty 2b^2r^4\mathrm{e}^{-2br^2}\mathrm{d}r-\int_0^\infty 3br^2\mathrm{e}^{-2br^2}\mathrm{d}r \\
&\quad -\int_0^\infty \mathrm{e}^{-2br^2}\mathrm{d}r\Big)\left[-\int_0^\pi\cos^2\theta\mathrm{d}(\cos\theta)\right] \\
&= -\frac{3\hbar^2|A|^2}{2m}\Big[2b^2\int_0^\infty r^4\mathrm{e}^{-2br^2}\mathrm{d}r-3b\int_0^\infty r^2\mathrm{e}^{-2br^2}\mathrm{d}r \\
&\quad -\int_0^\infty\frac{\mathrm{e}^{-2br^2}}{\sqrt{2b}}\mathrm{d}\left(\sqrt{2b}r\right)\Big]\left(\frac{-\cos^2\theta}{3}\right)\Bigg|_0^\pi \\
&= -\frac{\hbar^2|A|^2}{m}\left[2b^2\int_0^\infty\frac{r^3\mathrm{e}^{-2br^2}}{-4b}\mathrm{d}\left(-2br^2\right)-3b\int_0^\infty\frac{r\mathrm{e}^{-2br^2}}{-4b}\mathrm{d}\left(-2br^2\right)-\frac{1}{\sqrt{2b}}\frac{\sqrt{\pi}}{2}\right] \\
&= -\frac{\hbar^2|A|^2}{m}\left(-\frac{b}{2}\int_0^\infty r^3\mathrm{d}\mathrm{e}^{-2br^2}+\frac{3}{4}\int_0^\infty r\mathrm{d}\mathrm{e}^{-2br^2}-\frac{\sqrt{\pi}}{2\sqrt{2b}}\right) \\
&= -\frac{\hbar^2|A|^2}{m}\left(\frac{b}{2}\int_0^\infty \mathrm{e}^{-2br^2}3r^2\mathrm{d}r-\frac{3}{4}\int_0^\infty\mathrm{e}^{-2br^2}\mathrm{d}r-\frac{\sqrt{\pi}}{2\sqrt{2b}}\right) \\
&= -\frac{\hbar^2|A|^2}{m}\Big[\frac{b}{2}\int_0^\infty\mathrm{e}^{-2br^2}\left(-\frac{3r}{4b}\right)\mathrm{d}\left(-2br^2\right) \\
&\quad -\frac{3}{4}\int_0^\infty\mathrm{e}^{-2br^2}\frac{1}{\sqrt{2b}}\mathrm{d}\left(\sqrt{2b}r\right)-\frac{\sqrt{\pi}}{2\sqrt{2b}}\Big] \\
&= -\frac{\hbar^2|A|^2}{m}\left[-\frac{3}{8}\int r\mathrm{d}\mathrm{e}^{-2br^2}-\frac{3}{4\sqrt{2b}}\int_0^\infty\mathrm{e}^{-2br^2}\mathrm{d}\left(\sqrt{2b}r\right)-\frac{\sqrt{\pi}}{2\sqrt{2b}}\right] \\
&= -\frac{\hbar^2|A|^2}{m}\left(\frac{3}{8}\int\mathrm{e}^{-2br^2}\mathrm{d}r-\frac{3}{4\sqrt{2b}}\frac{\sqrt{\pi}}{2}-\frac{\sqrt{\pi}}{2\sqrt{2b}}\right) \\
&= -\frac{\hbar^2|A|^2}{m}\left[\frac{3}{8}\int\frac{\mathrm{e}^{-2br^2}}{\sqrt{2b}}\mathrm{d}\left(\sqrt{2b}r\right)-\frac{7\sqrt{\pi}}{8\sqrt{2b}}\right] \\
&= \frac{\hbar^2|A|^2}{m}\sqrt{\frac{\pi}{2b}}\frac{11}{16}.
\end{aligned}
$$

将 $A=2\left(\dfrac{8b^3}{\pi}\right)^{\frac{1}{4}}$ 代入上式, 得

$$
\langle T\rangle=\frac{11b\hbar^2}{2m}.
$$

$$
\langle H\rangle=\langle T\rangle+\langle V\rangle=\frac{11b\hbar^2}{2m}-\frac{e^2}{4\pi\varepsilon_0}\sqrt{\frac{8b}{\pi}}.
$$

为求极小值, 对 $\langle H\rangle$ 进行微分, 得

$$\frac{\mathrm{d}\langle H\rangle}{\mathrm{d}b}=\frac{11\hbar^2}{2m}-\frac{e^2}{4\pi\varepsilon_0}\sqrt{\frac{2}{\pi b}}=0.$$

将 $b=\left(\frac{e^2}{4\pi\varepsilon_0}\sqrt{\frac{2}{\pi}}\frac{2m}{11\hbar^2}\right)^2$ 再代回到 $\langle H\rangle$ 中, 得

$$\begin{aligned}\langle H\rangle_{\min}&=\frac{11\hbar^2}{2m}\left(\frac{e^2}{4\pi\varepsilon_0}\sqrt{\frac{2}{\pi}}\frac{2m}{11\hbar^2}\right)^2-\frac{e^2}{4\pi\varepsilon_0}\sqrt{\frac{8}{\pi}}\left(\frac{e^2}{4\pi\varepsilon_0}\sqrt{\frac{2}{\pi}}\frac{2m}{11\hbar^2}\right)\\&=-\frac{4}{11\pi}\frac{me^4}{\hbar^2(4\pi\varepsilon_0)^2}=\frac{32}{11\pi}\frac{-me^4}{8\hbar^2(4\pi\varepsilon_0)^2}\\&=\frac{32}{11\pi}E_2=0.926E_2.\end{aligned}$$

此值为第一激发态能量的上限.

****习题 8.21** 如果光子的质量不等于零 $(m_\gamma\neq 0)$, 则库仑势可由**汤川势**代替,

$$V(\boldsymbol{r})=-\frac{e^2}{4\pi\varepsilon_0}\frac{\mathrm{e}^{-\mu r}}{r},$$

其中 $\mu=m_\gamma c/\hbar$. 用你选用的试探波函数, 估算在这种作用势下"氢"原子的结合能. 假设 $\mu a\ll 1$, 给出你的结果, 精确至 $(\mu a)^2$ 数量级.

解答 汤川势是日本物理学家汤川秀树在他的介子理论中提出的, 用以描述粒子之间短程相互作用. 在粒子物理中, 汤川势具有如下形式:

$$V_{\text{Yukawa}}(r)=-g^2\frac{\mathrm{e}^{\kappa mr}}{r},$$

其中 g 是粒子相互作用耦合常数, m 是相互作用粒子的质量, r 是粒子之间的距离, κ 是另外一个常数, $1/(\kappa m)$ 表示核力作用范围. 在电磁学中, 库仑势是汤川势在 $\mathrm{e}^{\kappa mr}=1$ 的特殊情况, 说明了光子的静止质量为零, 这也表明电磁相互作用是通过交换光子产生的.

氢原子的基态波函数为 $\psi_{100}=\frac{1}{\sqrt{\pi a^3}}\mathrm{e}^{-\frac{r}{a}}$, a 为玻尔半径, 本题中将原有的库仑势变为汤川势, 我们可以选取 $a\to b$ 为变分参数, 则试探波函数为 $\psi_{100}=\frac{1}{\sqrt{\pi b^3}}\mathrm{e}^{-\frac{r}{b}}$, 动能项类比于方程 (4.218), 得 $\langle T\rangle=-E_1=\frac{\hbar^2}{2mb^2}$. 势能项为

$$\begin{aligned}\langle V\rangle&=\langle\psi|-\frac{e^2}{4\pi\varepsilon_0}\frac{\mathrm{e}^{-ur}}{r}|\psi\rangle=-\frac{e^2}{4\pi\varepsilon_0}\int\frac{1}{\pi b^3}\mathrm{e}^{-\frac{2r}{b}}\frac{\mathrm{e}^{-ur}}{r}\mathrm{d}\tau\\&=-\frac{e^2}{4\pi\varepsilon_0}\frac{1}{b^3}\int_0^\infty\frac{\mathrm{e}^{-\frac{2r}{b}}\mathrm{e}^{-ur}}{r}r^2\mathrm{d}r\int_0^\pi\sin\theta\mathrm{d}\theta\int_0^{2\pi}\mathrm{d}\phi\\&=-\frac{2\pi e^2}{4\pi\varepsilon_0}\frac{1}{b^3}\int_0^\infty\mathrm{e}^{-\left(\frac{2}{b}+u\right)r}r\mathrm{d}r\left[-\cos\theta\right]\Big|_0^\pi\\&=-\frac{2e^2}{2\pi\varepsilon_0b^3}\int_0^\infty\frac{r}{-\left(\frac{2}{b}+u\right)}\mathrm{d}\mathrm{e}^{-\left(\frac{2}{b}+u\right)r}\\&=\frac{e^2}{\pi\varepsilon_0b^3}\frac{b}{2+bu}\left[r\mathrm{e}^{-\left(\frac{2}{b}+u\right)r}\Big|_0^\infty-\int_0^\infty\mathrm{e}^{-\left(\frac{2}{b}+u\right)r}\mathrm{d}r\right]\end{aligned}$$

$$
\begin{aligned}
&= \frac{be^2}{\pi\varepsilon_0 b^3}\frac{1}{2+bu}\left\{\frac{1}{\frac{2}{b}+u}\int_0^\infty \mathrm{e}^{-\left(\frac{2}{b}+u\right)r}\mathrm{d}\left[-\left(\frac{2}{b}+u\right)r\right]\right\} \\
&= \frac{be^2}{\pi\varepsilon_0 b^3}\frac{1}{2+bu}\frac{b}{2+bu}\mathrm{e}^{-\left(\frac{2}{b}+u\right)r}\Big|_0^\infty \\
&= -\frac{e^2}{4\pi\varepsilon_0 b}\frac{1}{\left(1+\frac{ub}{2}\right)^2}.
\end{aligned}
$$

哈密顿量平均值为

$$
\langle H\rangle = \langle T\rangle + \langle V\rangle = \frac{\hbar^2}{2mb^2} - \frac{e^2}{4\pi\varepsilon_0 b}\frac{1}{\left(1+\frac{ub}{2}\right)^2}.
$$

求极值, 对 $\langle H\rangle$ 作微分, 得

$$
\begin{aligned}
\frac{\partial\langle H\rangle}{\partial b} &= \frac{\hbar^2}{2m}(-2)\frac{1}{b^3} - \left[\frac{e^2}{4\pi\varepsilon_0}(-1)\frac{1}{b^2}\frac{1}{\left(1+\frac{ub}{2}\right)^2} + \frac{e^2}{4\pi\varepsilon_0 b}(-2)\frac{1}{\left(1+\frac{ub}{2}\right)^3}\frac{u}{2}\right] \\
&= \frac{-\hbar^2}{mb^3} + \frac{e^2}{4\pi\varepsilon_0}\frac{1+\frac{3ub}{2}}{b^2\left(1+\frac{ub}{2}\right)^3} = 0.
\end{aligned}
$$

即

$$
\frac{\hbar^2}{m}\frac{4\pi\varepsilon_0}{e^2} = b\frac{1+\frac{3ub}{2}}{\left(1+\frac{ub}{2}\right)^3} \Rightarrow a = \frac{1+\frac{3ub}{2}}{\left(1+\frac{ub}{2}\right)^3}.
$$

这里要求出变分参数 b, 但是上式中为 b^3 项, 不便于求 b 的精确表达式. 考虑到 $u=0$ 时, $b=a$, 也就是光子质量为零. 因此, 我们可以合理地认为 $ua \ll 1$ 和 $ub \ll 1$. 这样, 我们将上式分母进行泰勒展开 (以 ub 为小量), 得

$$
a \approx b\left(1+\frac{3ub}{2}\right)\left[1-\frac{3ub}{2}+6\left(\frac{ub}{2}\right)^2\right] = b\left[1-\frac{3}{4}(ub)^2\right].
$$

由于 $(ub)^2$ 已经是一个二阶小量, 可以认为 $(ub)^2=(ua)^2$.

因此可得

$$
b \approx \frac{a}{1-\frac{3}{4}(ub)^2} \approx \frac{a}{\mathrm{e}^{-\frac{3}{4}(ub)^2}} = a\mathrm{e}^{\frac{3}{4}(ub)^2} = a\left[1+\frac{3}{4}(ua)^2\right].
$$

将 b 代入 $\langle H\rangle$ 中, 得

$$
\begin{aligned}
\langle H\rangle_{\min} &= \frac{\hbar^2}{2ma^2\left[1+\frac{3}{4}(ua)^2\right]^2} - \frac{e^2}{4\pi\varepsilon_0}\frac{1}{a\left[1+\frac{3}{4}(ua)^2\right]\left[1+\frac{1}{2}(ua)\right]^2} \\
&\approx \frac{\hbar^2}{2ma^2}\left[1-2\frac{3}{4}(ua)^2\right] - \frac{e^2}{4\pi\varepsilon_0}\frac{1}{a}\left[1-\frac{3}{4}(ua)^2\right]\left[1-2\frac{ua}{2}+3\left(\frac{ua}{2}\right)^2\right]
\end{aligned}
$$

$$= E_1 \left[1 - 2ua + \frac{3}{2}(ua)^2\right],$$

其中 $E_1 = -\dfrac{\hbar^2}{2ma^2}$.

习题 8.22 假设给定一个二能级量子系统, 其哈密顿量 H^0(不含时) 仅有两个本征态, ψ_a(能量为 E_a) 和 ψ_b(能量为 E_b). 它们是正交归一化和非简并的 (假设 E_a 是两个能量中较小的一个). 现引入微扰 H', 它有以下矩阵元:

$$\langle\psi_a| H' |\psi_a\rangle = \langle\psi_b| H' |\psi_b\rangle = 0, \quad \langle\psi_a| H' |\psi_b\rangle = \langle\psi_b| H' |\psi_a\rangle = h,$$

其中 h 是某一给定常量.

(a) 求微扰哈密顿量的严格本征值.

(b) 用二阶微扰理论估算微扰系统的能量.

(c) 用变分原理估算微扰系统的基态能量, 试探波函数的形式为

$$\psi = (\cos\phi)\,\psi_a + (\sin\phi)\,\psi_b,$$

其中 ϕ 为可调参数. 注释 写成线性组合的形式是保证 ψ 归一化的一种简便方法.

(d) 对比 (a)、(b) 和 (c) 各部分的答案. 在该情况下, 为什么变分原理的结果会如此准确?

解答 (a)$H = H^0 + H'$ 的矩阵表达式为

$$\boldsymbol{\mathcal{H}} = \begin{pmatrix} E_a & h \\ h & E_b \end{pmatrix}.$$

解久期方程, 得

$$\begin{vmatrix} E_a - E & h \\ h & E_b - E \end{vmatrix} = 0$$

$$\Rightarrow E^2 - E(E_a + E_b) + E_aE_b - h^2 = 0$$

$$\Rightarrow E_\pm = \frac{1}{2}\left(E_a + E_b \pm \sqrt{E_a^2 - 2E_aE_b + E_b^2 + 4h^2}\right)$$

$$= \frac{1}{2}\left[E_a + E_b \pm (E_b - E_a)\sqrt{1 + 4h^2/(E_b - E_a)^2}\right].$$

(b) 由非简并微扰理论, 能量的一阶修正为

$$E_a^1 = \langle\psi_a| H' |\psi_a\rangle = 0, \quad E_b^1 = \langle\psi_b| H' |\psi_b\rangle = 0.$$

二阶修正为

$$E_a^2 = \frac{|\langle\psi_b| H' |\psi_a\rangle|^2}{E_a - E_b} = -\frac{h^2}{E_b - E_a},$$

$$E_b^2 = \frac{|\langle\psi_a| H' |\psi_b\rangle|^2}{E_b - E_a} = \frac{h^2}{E_b - E_a}.$$

于是二阶微扰理论下的微扰系统能量为

$$E_- = E_a - \frac{h^2}{E_b - E_a}, \quad E_+ = E_b + \frac{h^2}{E_b - E_a}.$$

(c) 用变分原理方法, 我们需求出在试探波函数下 H 的期望值

$$\begin{aligned}\langle H\rangle &= \langle\cos\phi\psi_a+\sin\phi\psi_b|\left(H^0+H'\right)|\cos\phi\psi_a+\sin\phi\psi_b\rangle\\&=E_a\cos^2\phi+E_b\sin^2\phi+2h\sin\phi\cos\phi,\\\frac{\partial}{\partial\phi}\langle H\rangle &= (E_b-E_a)\sin 2\phi+2h\cos 2\phi=0\Rightarrow\tan 2\phi\\&=-\frac{2h}{E_b-E_a}\equiv-\varepsilon.\end{aligned}$$

利用三角函数之间的关系,

$$\begin{aligned}&\sin 2\phi=\frac{\pm\varepsilon}{\sqrt{1+\varepsilon^2}},\quad \cos 2\phi=\frac{\mp 1}{\sqrt{1+\varepsilon^2}},\\&\cos^2\phi=\frac{1}{2}(1+\cos 2\phi)=\frac{1}{2}\left(1\mp\frac{1}{\sqrt{1+\varepsilon^2}}\right),\\&\sin^2\phi=\frac{1}{2}(1-\cos 2\phi)=\frac{1}{2}\left(1\pm\frac{1}{\sqrt{1+\varepsilon^2}}\right).\end{aligned}$$

代入即可得到能量的极值

$$\langle H\rangle=\frac{1}{2}\left(E_a+E_b\pm\sqrt{E_a^2-2E_aE_b+E_b^2+4h^2}\right).$$

根号前为正号对应极大值, 负号对应极小值, 所以

$$\langle H\rangle_{\min}=\frac{1}{2}\left(E_a+E_b-\sqrt{E_a^2-2E_aE_b+E_b^2+4h^2}\right).$$

(d) 当微扰 $h\ll E_b-E_a$ 时, (a) 中的精确解可展开为

$$\begin{aligned}E_\pm&=\frac{1}{2}\left[E_a+E_b\pm(E_b-E_a)\sqrt{1+4h^2/(E_b-E_a)^2}\right]\\&\approx\frac{1}{2}\left\{E_a+E_b\pm(E_b-E_a)\left[1+2h^2/(E_b-E_a)^2\right]\right\}\\&\approx\begin{cases}E_b+h^2/(E_b-E_a)\\E_a-h^2/(E_b-E_a)\end{cases}.\end{aligned}$$

这与 (b) 中用微扰理论计算的结果一致. (c) 用变分原理得到的基态能量与精确解完全一致, 这是因为所选取的试探波函数已是最一般的波函数形式. 由变分法确定基态 $\cos\phi$, $\sin\phi$ 的值, 正好是由本征方程解出精确的基态波函数的叠加系数. 证明如下: 由能量本征方程

$$\begin{pmatrix}E_a & h\\ h & E_b\end{pmatrix}\begin{pmatrix}c_a\\c_b\end{pmatrix}=E_-\begin{pmatrix}c_a\\c_b\end{pmatrix}$$

$$\Rightarrow c_b=\frac{E_--E_a}{h}c_a.$$

归一化, 得

$$|c_a|^2+|c_b|^2=1\Rightarrow|c_a|^2\left(1+\left|\frac{E_--E_a}{h}\right|^2\right)=1$$

$$\Rightarrow c_a=\frac{h}{\sqrt{(E_a-E_-)^2+h^2}},\quad c_b=-\frac{E_a-E_-}{\sqrt{(E_a-E_-)^2+h^2}}.$$

将上式代入 c_a 与 c_b 的关系式, 得

$$E_- = \frac{1}{2}\left[E_a + E_b - (E_b - E_a)\sqrt{1+\varepsilon^2}\right],$$

$$E_a - E_- = E_a - \frac{1}{2}\left[E_a + E_b - (E_b - E_a)\sqrt{1+\varepsilon^2}\right] = \frac{1}{2}(E_b - E_a)\left(\sqrt{1+\varepsilon^2} - 1\right).$$

$$\begin{aligned}
c_a &= \frac{h}{\sqrt{\frac{1}{4}(E_b - E_a)^2\left(\sqrt{1+\varepsilon^2}-1\right)^2 + h^2}} = \frac{2h/(E_b - E_a)}{\sqrt{\left(\sqrt{1+\varepsilon^2}-1\right)^2 + 4h^2/(E_b - E_a)^2}} \\
&= \frac{\varepsilon}{\sqrt{\left(\sqrt{1+\varepsilon^2}-1\right)^2 + \varepsilon^2}} = \frac{\varepsilon}{\sqrt{2(1+\varepsilon^2) + 2\sqrt{1+\varepsilon^2}}} \\
&= \frac{1}{\sqrt{2}}\frac{\varepsilon}{(1+\varepsilon^2)^{1/4}}\frac{1}{\sqrt{\sqrt{1+\varepsilon^2}+1}} \\
&= \frac{1}{\sqrt{2}}\frac{\varepsilon}{(1+\varepsilon^2)^{1/4}}\frac{1}{\sqrt{\sqrt{1+\varepsilon^2}+1}}\frac{\sqrt{\sqrt{1+\varepsilon^2}-1}}{\sqrt{\sqrt{1+\varepsilon^2}-1}} = \frac{1}{\sqrt{2}}\sqrt{1 - \frac{1}{\sqrt{1+\varepsilon^2}}}.
\end{aligned}$$

同样可以求出

$$c_b = \frac{1}{\sqrt{2}}\sqrt{1 + \frac{1}{\sqrt{1+\varepsilon^2}}}.$$

精确的基态波函数为 $\psi = c_a\psi_a + c_b\psi_b$.

与基态对应的 $\cos\phi$, $\sin\phi$ 分别为

$$\cos\phi = \frac{1}{\sqrt{2}}\sqrt{1 - \frac{1}{\sqrt{1+\varepsilon^2}}}, \quad \sin\phi = \frac{1}{\sqrt{2}}\sqrt{1 + \frac{1}{\sqrt{1+\varepsilon^2}}}.$$

变分法得出的 $\cos\phi$, $\sin\phi$ 值正好是精确解的叠加系数, 这样变分法能得到精确的基态能量也就不奇怪了.

习题 8.23 作为在习题 8.22 中所发展方法的一个典型例子, 考虑处在均匀磁场 $\boldsymbol{B} = B_z\hat{k}$ 中的电子, 其哈密顿量是 (方程 (4.158))

$$H^0 = \frac{eB_z}{m}S_z.$$

在方程 (4.161) 中给出了本征旋量 χ_a 和 χ_b 以及相应的能量 E_a 和 E_b. 现引入一沿 x 方向的均匀磁场作为微扰, 形式为

$$H' = \frac{eB_x}{m}S_x.$$

(a) 求 H' 的矩阵元, 并证明它和方程 (8.74) 有相同的结构形式. h 表示什么?

(b) 利用习题 8.22(b) 的结果, 用二阶微扰理论求解新的基态能量.

(c) 利用习题 8.22(c) 的结果, 用变分原理求解基态能量上限.

解答 (a) 设 $E_b > E_a$, 在 S_z 的表象中,

$$\chi_b = \chi_+ = \begin{pmatrix} 1 \\ 0 \end{pmatrix}, \quad \chi_a = \chi_- = \begin{pmatrix} 0 \\ 1 \end{pmatrix};$$

$$E_a=-\frac{eB_z\hbar}{2m},\ E_b=\frac{eB_z\hbar}{2m};\quad \boldsymbol{\mathcal{H}}^0=\frac{eB_z\hbar}{2m}\begin{pmatrix}1 & 0\\ 0 & -1\end{pmatrix}.$$

在 S_z 的表象中, 微扰矩阵为

$$\boldsymbol{\mathcal{H}}'=\frac{eB_x\hbar}{2m}\begin{pmatrix}0 & 1\\ 1 & 0\end{pmatrix}.$$

对照上题, 可知此时 $h=\dfrac{eB_x\hbar}{2m}$.

(b) 由非简并微扰理论, 能量的一阶修正为零 (H' 对角元为零), 基态能量的二阶修正为

$$E_a^{(2)}=\frac{|H'_{ab}|^2}{E_a-E_b}=\frac{[eB_x\hbar/(2m)]^2}{-eB_z\hbar/(2m)-[eB_z\hbar/(2m)]}=-\left(\frac{e\hbar}{2m}\right)\frac{B_x^2}{2B_z}.$$

$$E_{\mathrm{gs}}\approx E_a+E_a^{(2)}=-\frac{e\hbar}{2m}\left(B_z+\frac{B_x^2}{2B_z}\right).$$

(c) 根据习题 8.22(c) 的结果, 变分法给出 (实际上是精确解)

$$\langle H\rangle_{\min}=\frac{1}{2}\left[E_a+E_b-\sqrt{(E_b-E_a)^2+4h^2}\right]=-\frac{1}{2}\sqrt{(E_b-E_a)^2+4h^2}$$

$$=-\frac{1}{2}\sqrt{\left(\frac{eB_z\hbar}{m}\right)^2+4\left(\frac{eB_x\hbar}{2m}\right)^2}=-\frac{e\hbar}{2m}\sqrt{B_z^2+B_x^2}.$$

*****习题 8.24** 尽管氦原子本身的薛定谔方程无法精确求解, 但存在可以精确求解的"类氦"体系. 一个简单的例子[①]是"橡皮筋氦", 其中的库仑力被胡克定律的弹性力取代:

$$H=-\frac{\hbar^2}{2m}\left(\nabla_1^2+\nabla_2^2\right)+\frac{1}{2}m\omega^2\left(r_1^2+r_2^2\right)-\frac{\lambda}{4}m\omega^2\left|\boldsymbol{r}_1-\boldsymbol{r}_2\right|^2.$$

(a) 证明: 将变量 $\boldsymbol{r}_1,\boldsymbol{r}_2$ 做如下代换

$$\boldsymbol{u}\equiv\frac{1}{\sqrt{2}}(\boldsymbol{r}_1+\boldsymbol{r}_2),\quad \boldsymbol{v}\equiv\frac{1}{\sqrt{2}}(\boldsymbol{r}_1-\boldsymbol{r}_2),$$

则系统哈密顿量变换为 2 个独立的三维谐振子

$$H=\left[-\frac{\hbar^2}{2m}\nabla_u^2+\frac{1}{2}m\omega^2u^2\right]+\left[-\frac{\hbar^2}{2m}\nabla_v^2+\frac{1}{2}(1-\lambda)m\omega^2v^2\right].$$

(b) 系统基态能量精确值是多少?

(c) 如果我们不知道精确解, 可能倾向于将教材 8.2 节的方法应用于哈密顿量的原始形式 (方程 (8.78)). 请照此做一下 (但是不考虑屏蔽). 你的结果与精确答案相比如何? 答案: $\langle H\rangle=3\hbar\omega(1-\lambda/4)$.

解答 (a) 由变换

$$r_1=\frac{1}{\sqrt{2}}(u+v),\quad r_2=\frac{1}{\sqrt{2}}(u-v),$$

可得

$$\boldsymbol{r}_1=\frac{1}{\sqrt{2}}(\boldsymbol{u}+\boldsymbol{v}),\quad \boldsymbol{r}_2=\frac{1}{\sqrt{2}}(\boldsymbol{u}-\boldsymbol{v}).$$

① 更复杂的模型参见 R. Crandall, R. Whitnell and R. Bettega, *Am. J. Phys.* **52,** 438 (1984).

因此

$$r_1^2+r_2^2=\frac{1}{2}(\boldsymbol{u}+\boldsymbol{v})^2+\frac{1}{2}(\boldsymbol{u}-\boldsymbol{v})^2=u^2+v^2.$$

$$\frac{\partial}{\partial x_1}=\frac{\partial u_x}{\partial x_1}\frac{\partial}{\partial u_x}+\frac{\partial v_x}{\partial x_1}\frac{\partial}{\partial v_x}=\frac{1}{\sqrt{2}}\left(\frac{\partial}{\partial u_x}+\frac{\partial}{\partial v_x}\right)$$

$$\frac{\partial^2}{\partial x_1^2}=\frac{1}{\sqrt{2}}\left(\frac{\partial}{\partial u_x}+\frac{\partial}{\partial v_x}\right)\frac{1}{\sqrt{2}}\left(\frac{\partial}{\partial u_x}+\frac{\partial}{\partial v_x}\right)=\frac{1}{2}\left(\frac{\partial^2}{\partial u_x^2}+2\frac{\partial^2}{\partial u_x\partial v_x}+\frac{\partial^2}{\partial v_x^2}\right)$$

$$\frac{\partial}{\partial x_2}=\frac{\partial u_x}{\partial x_2}\frac{\partial}{\partial u_x}+\frac{\partial v_x}{\partial x_2}\frac{\partial}{\partial v_x}=\frac{1}{\sqrt{2}}\left(\frac{\partial}{\partial u_x}-\frac{\partial}{\partial v_x}\right)$$

$$\frac{\partial^2}{\partial x_2^2}=\frac{1}{\sqrt{2}}\left(\frac{\partial}{\partial u_x}-\frac{\partial}{\partial v_x}\right)\frac{1}{\sqrt{2}}\left(\frac{\partial}{\partial u_x}-\frac{\partial}{\partial v_x}\right)=\frac{1}{2}\left(\frac{\partial^2}{\partial u_x^2}-2\frac{\partial^2}{\partial u_x\partial v_x}+\frac{\partial^2}{\partial v_x^2}\right)$$

$$\Rightarrow\frac{\partial^2}{\partial x_1^2}+\frac{\partial^2}{\partial x_2^2}=\frac{\partial^2}{\partial u_x^2}+\frac{\partial^2}{\partial v_x^2}.$$

同样可得

$$\frac{\partial^2}{\partial y_1^2}+\frac{\partial^2}{\partial y_2^2}=\frac{\partial^2}{\partial u_y^2}+\frac{\partial^2}{\partial v_y^2}\text{和}\frac{\partial^2}{\partial z_1^2}+\frac{\partial^2}{\partial z_2^2}=\frac{\partial^2}{\partial u_z^2}+\frac{\partial^2}{\partial v_z^2},$$

即 $\nabla_1^2+\nabla_2^2=\nabla_u^2+\nabla_v^2$.

所以

$$\begin{aligned}H&=-\frac{\hbar^2}{2m}\left(\nabla_1^2+\nabla_2^2\right)+\frac{1}{2}m\omega^2\left(r_1^2+r_2^2\right)-\frac{\lambda}{4}m\omega^2\left|\boldsymbol{r}_1-\boldsymbol{r}_2\right|^2\\&=-\frac{\hbar^2}{2m}\left(\nabla_u^2+\nabla_v^2\right)+\frac{1}{2}m\omega^2\left(u^2+v^2\right)-\frac{\lambda}{4}m\omega^2\left|\sqrt{2}\boldsymbol{v}\right|^2\\&=\left[-\frac{\hbar^2}{2m}\nabla_u^2+\frac{1}{2}m\omega^2u^2\right]+\left[-\frac{\hbar^2}{2m}\nabla_v^2+\frac{1}{2}(1-\lambda)m\omega^2v^2\right].\end{aligned}$$

(b) 现在哈密顿量为两个无耦合的三维谐振子哈密顿量之和, 一个频率为 ω, 另一个频率为 $\sqrt{1-\lambda}\omega$, 所以基态能量为

$$E_{\mathrm{gs}}=\frac{3}{2}\hbar\omega+\frac{3}{2}\hbar\omega\sqrt{1-\lambda}.$$

(c) 对于一维谐振子, 基态波函数为

$$\psi_0(x)=\left(\frac{m\omega}{\pi\hbar}\right)^{\frac{1}{4}}\mathrm{e}^{-\frac{m\omega}{2\hbar}x^2}.$$

因此三维谐振子的基态波函数为

$$\psi_0(r)=\left(\frac{m\omega}{\pi\hbar}\right)^{\frac{3}{4}}\mathrm{e}^{-\frac{m\omega}{2\hbar}r^2}.$$

对哈密顿量

$$H=-\frac{\hbar^2}{2m}\left(\nabla_1^2+\nabla_2^2\right)+\frac{1}{2}m\omega^2\left(r_1^2+r_2^2\right)-\frac{\lambda}{4}m\omega^2\left|\boldsymbol{r}_1-\boldsymbol{r}_2\right|^2,$$

如果没有最后一项微扰项, 基态波函数为

$$\psi_0(r_1,r_2)=\left(\frac{m\omega}{\pi\hbar}\right)^{\frac{3}{2}}\mathrm{e}^{-\frac{m\omega}{2\hbar}\left(r_1^2+r_2^2\right)}.$$

我们把该波函数作为试探波函数来求哈密顿量的期望值

$$\langle H\rangle=2\cdot\frac{3}{2}\hbar\omega+\langle V_{ee}\rangle,$$

其中

$$\begin{aligned}\langle V_{ee}\rangle &= -\frac{\lambda}{4}m\omega^2\left(\frac{m\omega}{\pi\hbar}\right)^3\int \mathrm{e}^{-\frac{m\omega}{\hbar}\left(r_1^2+r_2^2\right)}\left|\boldsymbol{r}_1-\boldsymbol{r}_2\right|^2\mathrm{d}^3r_1\mathrm{d}^3r_2\\ &= -\frac{\lambda}{4}m\omega^2\left(\frac{m\omega}{\pi\hbar}\right)^3\int \mathrm{e}^{-\frac{m\omega}{\hbar}\left(r_1^2+r_2^2\right)}\left(r_1^2+r_2^2-2\boldsymbol{r}_1\cdot\boldsymbol{r}_2\right)\mathrm{d}^3r_1\mathrm{d}^3r_2.\end{aligned}$$

对 $\boldsymbol{r}_1\cdot\boldsymbol{r}_2$ 的积分为零 (这相当于 x 对基态的积分), 对 r_1^2, r_2^2 两项的积分是一样的, 因此

$$\begin{aligned}\langle V_{ee}\rangle &= -\frac{\lambda}{4}m\omega^2\left(\frac{m\omega}{\pi\hbar}\right)^3\int \mathrm{e}^{-\frac{m\omega}{\hbar}\left(r_1^2+r_2^2\right)}\left(r_1^2+r_2^2\right)\mathrm{d}^3r_1\mathrm{d}^3r_2\\ &= -2\frac{\lambda}{4}m\omega^2\left[\left(\frac{m\omega}{\pi\hbar}\right)^{\frac{3}{2}}\int \mathrm{e}^{-\frac{m\omega}{\hbar}r_1^2}r_1^2\mathrm{d}^3r\right]\underbrace{\left[\left(\frac{m\omega}{\pi\hbar}\right)^{\frac{3}{2}}\int \mathrm{e}^{-\frac{m\omega}{\hbar}r_2^2}\mathrm{d}^3r_2\right]}_{1}\\ &= -2\cdot\frac{\lambda}{4}m\omega^2\left[4\pi\left(\frac{m\omega}{\pi\hbar}\right)^{\frac{3}{2}}\int \mathrm{e}^{-\frac{m\omega}{\hbar}r_1^2}r_1^4\mathrm{d}r_1\right]\\ &= -2\cdot\frac{\lambda}{4}m\omega^2\left[4\pi\left(\frac{m\omega}{\pi\hbar}\right)^{\frac{3}{2}}\frac{3}{2^3}\frac{\sqrt{\pi}}{\left(\frac{m\omega}{\hbar}\right)^{\frac{5}{2}}}\right] = -\frac{3}{4}\lambda\hbar\omega.\end{aligned}$$

所以

$$\langle H\rangle = 3\hbar\omega-\frac{3}{4}\lambda\hbar\omega = 3\hbar\omega\left(1-\frac{\lambda}{4}\right).$$

由于 $\langle H\rangle$ 的极小值是大于等于基态能量的, 所以必有

$$\langle H\rangle = 3\hbar\omega\left(1-\frac{\lambda}{4}\right)\geqslant E_{\mathrm{gs}}=\frac{3}{2}\hbar\omega+\frac{3}{2}\hbar\omega\sqrt{1-\lambda}.$$

检验如下:

$$\begin{aligned}&3\hbar\omega\left(1-\frac{\lambda}{4}\right)\geqslant\frac{3}{2}\hbar\omega+\frac{3}{2}\hbar\omega\sqrt{1-\lambda}\Rightarrow 2-\frac{\lambda}{2}\geqslant 1+\sqrt{1-\lambda}\\ &\Rightarrow 1-\frac{\lambda}{2}\geqslant\sqrt{1-\lambda}\Rightarrow 1-\lambda+\frac{\lambda^2}{4}\geqslant 1-\lambda.\end{aligned}$$

*****习题 8.25** 在习题 8.8 中, 我们发现对处理氦原子很有效的屏蔽试探波函数 (方程 (8.28)), 这对氦很有效, 但不足以确定负氢离子的束缚态的存在. 钱德拉塞卡[①] 使用了如下形式的试探波函数:

$$\psi\left(\boldsymbol{r}_1,\boldsymbol{r}_2\right)\equiv A\left[\psi_1\left(r_1\right)\psi_2\left(r_2\right)+\psi_2\left(r_1\right)\psi_1\left(r_2\right)\right],$$

其中

$$\psi_1(r)\equiv\sqrt{\frac{Z_1^3}{\pi a^3}}\mathrm{e}^{-Z_1r/a}\ \text{和}\ \psi_2(r)\equiv\sqrt{\frac{Z_2^3}{\pi a^3}}\mathrm{e}^{-Z_2r/a}.$$

实际上, 他允许了两个不同的屏蔽因子, 这表明一个电子相对靠近原子核, 另一个离原子核更远. (由于电子是全同粒子, 空间波函数满足交换对称. 与计算无关的自旋态明显是反对称的.) 证明: 通过巧妙地选择可调参数 Z_1 和 Z_2, 可以得到 $\langle H\rangle$ 小于 $-13.6\,\mathrm{eV}$.

① S. Chandrasekhar, *Astrophys. J.* **100,** 176 (1944).

$$\langle H\rangle=\frac{E_1}{x^6+y^6}\left(-x^8+2x^7+\frac{1}{2}x^6y^2-\frac{1}{2}x^5y^2-\frac{1}{8}x^3y^4+\frac{11}{8}xy^6-\frac{1}{2}y^8\right),$$

其中 $x\equiv Z_1+Z_2$, $y\equiv 2\sqrt{Z_1Z_2}$. 钱德拉塞卡取 $Z_1=1.039$(因为该值大于 1, 作为有效核电荷的解释就会出现问题, 但没关系, 这仍然是一个可以接受的试探波函数) 和 $Z_2=0.283$.

解答 波函数归一化

$$\begin{aligned}1&=\int|\psi|^2\,\mathrm{d}^3r_1\mathrm{d}^3r_2\\&=|A|^2\left[\int\psi_1^2(r_1)\,\mathrm{d}^3r_1\int\psi_2^2(r_2)\,\mathrm{d}^3r_2+2\int\psi_1\psi_2\mathrm{d}^3r_1\int\psi_1\psi_2\mathrm{d}^3r_2\right.\\&\quad\left.+\int\psi_2^2(r_1)\,\mathrm{d}^3r_1\int\psi_1^2(r_2)\,\mathrm{d}^3r_2\right]\\&=|A|^2\left(1+2S^2+1\right),\end{aligned}$$

其中

$$\begin{aligned}S\equiv\int\psi_1\psi_2\mathrm{d}^3r_1&=\left(\frac{\sqrt{(Z_1Z_2)^3}}{\pi a^3}\int\mathrm{e}^{-(Z_1+Z_2)r/a}4\pi r^2\mathrm{d}r\right)\\&=\frac{4}{a^3}\left(\frac{y}{2}\right)^3\left[\frac{2a^3}{(Z_1+Z_2)^3}\right]=\left(\frac{y}{x}\right)^3.\end{aligned}$$

这里 $x\equiv Z_1+Z_2$; $y\equiv 2\sqrt{Z_1Z_2}$. 因此, 归一化常数为

$$A^2=\frac{1}{2+2S^2}.$$

体系的哈密顿量为

$$H=-\frac{\hbar^2}{2m}\left(\nabla_1^2+\nabla_2^2\right)-\frac{e^2}{4\pi\varepsilon_0}\left(\frac{1}{r_1}+\frac{1}{r_2}-\frac{1}{|\boldsymbol{r}_1-\boldsymbol{r}_2|}\right).$$

将它作用到波函数上, 得

$$\begin{aligned}H\psi=A\Bigg\{&\left[-\frac{\hbar^2}{2m}\left(\nabla_1^2+\nabla_2^2\right)-\frac{e^2}{4\pi\varepsilon_0}\left(\frac{Z_1}{r_1}+\frac{Z_2}{r_2}\right)\right][\psi_1(r_1)\psi_2(r_2)\\&+\psi_2(r_1)\psi_1(r_2)]\Bigg\}+A\frac{e^2}{4\pi\varepsilon_0}\left[\left(\frac{Z_1-1}{r_1}+\frac{Z_2-1}{r_2}\right)\psi_1(r_1)\psi_2(r_2)\right.\\&\left.+\left(\frac{Z_2-1}{r_1}+\frac{Z_1-1}{r_2}\right)\psi_2(r_1)\psi_1(r_2)\right]+V_{ee}\psi,\end{aligned}$$

其中

$$V_{ee}\equiv\frac{e^2}{4\pi\varepsilon_0}\frac{1}{|r_1-r_2|}.$$

下面求哈密顿量的期望值. 第一项显然为基本项,

$$\langle H\rangle_1=\left(Z_1^2+Z_2^2\right)E_1=E_1\left(x^2-y^2/2\right).$$

第二项

$$\langle H\rangle_2=A^2\left(\frac{e^2}{4\pi\varepsilon_0}\right)\Bigg\{\langle\psi_1(r_1)\psi_2(r_2)+\psi_2(r_1)\psi_1(r_2)|\left[\left(\frac{Z_1-1}{r_1}\right.\right.$$

$$
\begin{aligned}
&+\left.\frac{Z_2-1}{r_2}\right)|\psi_1(r_1)\psi_2(r_2)\rangle+\left(\frac{Z_2-1}{r_1}+\frac{Z_1-1}{r_2}\right)|\psi_2(r_1)\psi_1(r_2)\rangle\Big]\Big\}\\
=&A^2\left(\frac{e^2}{4\pi\varepsilon_0}\right)\left[(Z_1-1)\langle\psi_1(r_1)|\frac{1}{r_1}|\psi_1(r_1)\rangle+(Z_2-1)\langle\psi_2(r_2)|\frac{1}{r_2}|\psi_2(r_2)\rangle\right.\\
&+(Z_2-1)\langle\psi_1(r_1)|\frac{1}{r_1}|\psi_2(r_1)\rangle\langle\psi_2(r_2)|\psi_1(r_2)\rangle\\
&+(Z_1-1)\langle\psi_1(r_1)|\psi_2(r_1)\rangle\langle\psi_2(r_2)|\frac{1}{r_2}|\psi_1(r_2)\rangle\\
&+(Z_1-1)\langle\psi_2(r_1)|\frac{1}{r_1}|\psi_1(r_1)\rangle\langle\psi_1(r_2)|\psi_2(r_2)\rangle\\
&+(Z_2-1)\langle\psi_2(r_1)|\psi_1(r_1)\rangle\langle\psi_1(r_2)|\frac{1}{r_2}|\psi_2(r_2)\rangle\\
&\left.+(Z_2-1)\langle\psi_2(r_1)|\frac{1}{r_1}|\psi_2(r_1)\rangle+(Z_1-1)\langle\psi_1(r_2)|\frac{1}{r_2}|\psi_1(r_2)\rangle\right]\\
=&A^2\left(\frac{e^2}{4\pi\varepsilon_0}\right)\left[2(Z_1-1)\left\langle\frac{1}{r}\right\rangle_1+2(Z_2-1)\left\langle\frac{1}{r}\right\rangle_2\right.\\
&\left.+2(Z_1-1)\langle\psi_1|\psi_2\rangle\langle\psi_1|\frac{1}{r}|\psi_2\rangle+2(Z_2-1)\langle\psi_1|\psi_2\rangle\langle\psi_1|\frac{1}{r}|\psi_2\rangle\right].
\end{aligned}
$$

将

$$
\left\langle\frac{1}{r}\right\rangle_1=\frac{Z_1}{a},\qquad\left\langle\frac{1}{r}\right\rangle_2=\frac{Z_2}{a},\qquad\langle\psi_1|\psi_2\rangle=S=\left(\frac{y}{x}\right)^3,
$$

以及

$$
\begin{aligned}
\langle\psi_1|\frac{1}{r}|\psi_2\rangle&=\frac{\sqrt{(Z_1Z_2)^3}}{\pi a^3}4\pi\int_0^\infty \mathrm{e}^{-(Z_1+Z_2)r/a}r\mathrm{d}r\\
&=\frac{\sqrt{(Z_1Z_2)^3}}{\pi a^3}4\pi\left(\frac{a}{Z_1+Z_2}\right)^2=\frac{y^3}{2ax^2}
\end{aligned}
$$

代入 $\langle H\rangle_2$ 中, 得

$$
\langle H\rangle_2=A^2\left(\frac{e^2}{4\pi\varepsilon_0}\right)2\left[\frac{1}{a}(Z_1-1)Z_1+\frac{1}{a}(Z_2-1)Z_2+(Z_1+Z_2-2)\left(\frac{y}{x}\right)^3\frac{y^3}{2ax^2}\right].
$$

最后一项势能项

$$
\begin{aligned}
\langle V_{ee}\rangle&=\frac{e^2}{4\pi\varepsilon_0}\langle\psi|\frac{1}{|\boldsymbol{r}_1-\boldsymbol{r}_2|}|\psi\rangle\\
&=A^2\frac{e^2}{4\pi\varepsilon_0}\langle\psi_1(r_1)\psi_2(r_2)+\psi_2(r_1)\psi_1(r_2)|\frac{1}{|\boldsymbol{r}_1-\boldsymbol{r}_2|}\\
&\quad\cdot|\psi_1(r_1)\psi_2(r_2)+\psi_2(r_1)\psi_1(r_2)\rangle\\
&=A^2\frac{e^2}{4\pi\varepsilon_0}\left[2\langle\psi_1(r_1)\psi_2(r_2)|\frac{1}{|\boldsymbol{r}_1-\boldsymbol{r}_2|}|\psi_1(r_1)\psi_2(r_2)\rangle\right.\\
&\quad\left.+\langle\psi_1(r_1)\psi_2(r_2)|\frac{1}{|\boldsymbol{r}_1-\boldsymbol{r}_2|}|\psi_2(r_1)\psi_1(r_2)\rangle\right]\\
&=2A^2\frac{e^2}{4\pi\varepsilon_0}(B+C),
\end{aligned}
$$

其中

$$\begin{aligned}B &\equiv \langle\psi_1(r_1)\psi_2(r_2)|\frac{1}{|\boldsymbol{r}_1-\boldsymbol{r}_2|}|\psi_1(r_1)\psi_2(r_2)\rangle\\&=\frac{Z_1^3Z_2^3}{(\pi a^3)^2}\int \mathrm{e}^{-2Z_1r_1/a}\mathrm{e}^{-2Z_2r_2/a}\frac{1}{|\boldsymbol{r}_1-\boldsymbol{r}_2|}\mathrm{d}^3\boldsymbol{r}_1\mathrm{d}^3\boldsymbol{r}_2.\end{aligned}$$

这种类型的积分在教材 8.2 节做过, 先对 $\boldsymbol{r}_2$ 积分

$$\begin{aligned}&\int \mathrm{e}^{-2Z_2r_2/a}\frac{r_2^2\sin\theta_2\mathrm{d}r_2\mathrm{d}\theta_2\mathrm{d}\phi_2}{\sqrt{r_1^2+r_2^2-2r_1r_2\cos\theta_2}}\\&=2\pi\int_0^\infty r_2^2\mathrm{d}r_2\int_0^\pi\frac{\sin\theta_2\mathrm{d}\theta_2}{\sqrt{r_1^2+r_2^2-2r_1r_2\cos\theta_2}}\\&=2\pi\int_0^\infty \mathrm{e}^{-2Z_2r_2/a}r_2^2\mathrm{d}r_2\left(\left.\frac{\sqrt{r_1^2+r_2^2-2r_1r_2\cos\theta_2}}{r_1r_2}\right|_0^\pi\right)\\&=\frac{2\pi}{r_1}\int_0^\infty \mathrm{e}^{-2Z_2r_2/a}r_2\mathrm{d}r_2\left(r_1+r_2-|r_1-r_2|\right)\\&=\frac{4\pi}{r_1}\int_0^{r_1}\mathrm{e}^{-2Z_2r_2/a}r_2^2\mathrm{d}r_2+4\pi\int_{r_1}^\infty \mathrm{e}^{-2Z_2r_2/a}r_2\mathrm{d}r_2\\&=\frac{\pi a^3}{Z_2^3r_1}\left[1-\left(1+\frac{Z_2r_1}{a}\right)\mathrm{e}^{-2Z_2r_1/a}\right],\end{aligned}$$

所以,

$$\begin{aligned}B&=4\pi\frac{Z_1^3}{\pi a^3}\int_0^\infty \mathrm{e}^{-2Z_1r_1/a}\left[1-\left(1+\frac{Z_2r_1}{a}\right)\mathrm{e}^{-2Z_2r_1/a}\right]r_1\mathrm{d}r_1\\&=\frac{4Z_1^3}{a^3}\int_0^\infty\left[\mathrm{e}^{-2Z_1r_1/a}r_1-\mathrm{e}^{-2(Z_1+Z_2)r_1/a}r_1-\frac{Z_2}{a}\mathrm{e}^{-2(Z_1+Z_2)r_1/a}r_1^2\right]\mathrm{d}r_1\\&=\frac{4Z_1^3}{a^3}\left\{\left(\frac{a}{2Z_1}\right)^2-\left[\frac{a}{2(Z_1+Z_2)}\right]^2-2\frac{Z_2}{a}\left[\frac{a}{2(Z_1+Z_2)}\right]^3\right\}\\&=\frac{Z_1^3}{a}\left[\frac{1}{Z_1^2}-\frac{1}{(Z_1+Z_2)^2}-\frac{Z_2}{(Z_1+Z_2)^3}\right]\\&=\frac{Z_1Z_2}{a(Z_1+Z_2)}\left[1+\frac{Z_1Z_2}{(Z_1+Z_2)^2}\right]=\frac{y^2}{4ax}\left(1+\frac{y^2}{4ax^2}\right).\end{aligned}$$

$$\begin{aligned}C&\equiv\langle\psi_1(r_1)\psi_2(r_2)|\frac{1}{|\boldsymbol{r}_1-\boldsymbol{r}_2|}|\psi_2(r_1)\psi_1(r_2)\rangle\\&=\frac{Z_1^3Z_2^3}{(\pi a^3)^2}\int \mathrm{e}^{-Z_1r_1/a}\mathrm{e}^{-Z_2r_2/a}\mathrm{e}^{-Z_2r_1/a}\mathrm{e}^{-Z_1r_2/a}\frac{1}{|\boldsymbol{r}_1-\boldsymbol{r}_2|}\mathrm{d}^3\boldsymbol{r}_1\mathrm{d}^3\boldsymbol{r}_2\\&=\frac{Z_1^3Z_2^3}{(\pi a^3)^2}\int \mathrm{e}^{-(Z_1+Z_2)r_1/a}\mathrm{e}^{-(Z_1+Z_2)r_2/a}\frac{1}{|\boldsymbol{r}_1-\boldsymbol{r}_2|}\mathrm{d}^3\boldsymbol{r}_1\mathrm{d}^3\boldsymbol{r}_2.\end{aligned}$$

该积分与 B 类似, 只不过 $2Z_1\to(Z_1+Z_2)$, $2Z_2\to(Z_1+Z_2)$, 所以

$$C=\frac{(Z_1Z_2)^3}{(\pi a^3)^2}\frac{5\pi^2}{256}\frac{4^5a^5}{(Z_1+Z_2)^5}=\frac{5}{16a}\frac{y^6}{x^5}.$$

最后得到

$$\langle H\rangle=\langle H\rangle_1+\langle H\rangle_2+\langle V_{ee}\rangle$$

$$= E_1 \left\{ x^2 - \frac{1}{2}y^2 - \frac{2}{1+(y/x)^6}\left[x^2 - \frac{1}{2}y^2 - x + \frac{1}{2}(x-2)\frac{y^6}{x^5} \right] \right.$$
$$\left. - \frac{2}{1+(y/x)^6}\frac{y^2}{4x}\left(1+\frac{y^2}{4x^2}+\frac{5y^4}{4x^4}\right) \right\}$$
$$= \frac{E_1}{x^6+y^6}\left(-x^8+2x^7+\frac{1}{2}x^6y^2-\frac{1}{2}x^5y^2-\frac{1}{8}x^3y^4+\frac{11}{8}xy^6-\frac{1}{2}y^8\right).$$

对 x, y 求导求极小值, 用数值解法求出 $x=1.32245$; $y=1.08505$; $Z_1=1.0392, Z_2=0.2832$ 时 $\langle H\rangle$ 取最小值,

$$\langle H\rangle_{\min} = 1.0266E_1 = -13.962\ \text{eV} < -13.6\ \text{eV}.$$

这确实比氢原子基态能量要小, 但是差别并不是很大.

习题 8.26 核聚变的基本问题是使两个粒子 (比如说两个氘核) 靠得足够近, 以使得核吸引力 (但是短程力) 能够克服库仑斥力. “推土机” 的方法是将粒子加热到极高的温度, 让粒子随机碰撞将它们聚集在一起. 一个更新奇的计划是 **μ 介子催化**, 在该计划中, 我们构造了一个“氢分子离子”, 用氘代替质子, 用 μ 介子代替电子. 预测这种结构中氘核之间的平衡距离, 并解释为什么 μ 介子在这方面优于电子.①

解答 由变分原理对氢分子离子的分析可知, 质子间的平衡距离大概为 $R_H = ax_0$, 且经过数值计算 (习题 8.11) 得, $F(x)$ 的极值点在 x 处, 其中 $a = 4\pi\varepsilon_0\hbar^2/(me^2)$ 为玻尔半径. 当进行 μ 介子催化时, 即让氘核取代质子, 而 μ 介子取代电子, 对这样一个体系的求解, 与利用变分原理分析氢分子离子的方法完全一致.

我们可以得到: 氘核间的平衡距离大概为 $R' = a'x_0$, 仍有 $m = 0.100\ \text{kg}, x_0 = 2.493$, 但此时 a' 不再为玻尔半径, 而是 $a' = 4\pi\varepsilon_0\hbar^2/(m'e^2)$, 其中 m' 为 μ 介子在体系中的约化质量, 即

$$m' = \frac{m_\mu m_d}{m_\mu + m_d} = \frac{m_\mu 2m_p}{m_\mu + 2m_p} = \frac{m_\mu}{1+m_\mu/(2m_p)}.$$

代入 $m_\mu = 207m_e$, 则 $1+\dfrac{m_\mu}{2m_p} = 1+\dfrac{207}{2}\dfrac{9.11\times10^{-31}}{1.67\times10^{-27}} = 1.056$, 代入上式, 得 $m' = \dfrac{207m_e}{1.056} = 196m_e$, 所以 $R' = \dfrac{1}{196}ax_0 = \dfrac{2.493}{196}\left(0.529\times10^{-10}\right)\ \text{m} = 6.729\times10^{-13}\ \text{m}$.

由此可以看出, 两核之间的平衡距离缩减为原先的约 1/200, 这就可能使得两个氘核靠得足够近以致核吸引力 (短程力) 克服库仑斥力, 进而满足产生核聚变的条件.

*****习题 8.27 量子点.** 如图 8.7 所示, 粒子约束在二维十字架形区域中运动. 十字架的“手臂” 延伸至无穷远. 十字架区域内的电势为零, 外部阴影区的电势为无穷大. 令人惊讶的是, 这种结构允许正能量束缚态存在.②

① μ 介子催化聚变的经典论文见 J. D. Jackson, *Phys. Rev.* **106,** 330 (1957); 更多科普性评述参见 J. Rafelski 和 S. Jones, 《科学美国人》, 1987 年 11 月, 第 84 页.

② 该模型取自 R. L. Schult et al., *Phys. Rev. B* **39,** 5476 (1989). 进一步的讨论参见 J. T. Londergan and D. P. Murdock, *Am. J. Phys.* **80,** 1085 (2012). 在量子隧穿的存在下, 经典束缚态可以变成非束缚态; 这里是相反的: 经典非束缚态是量子力学束缚态.

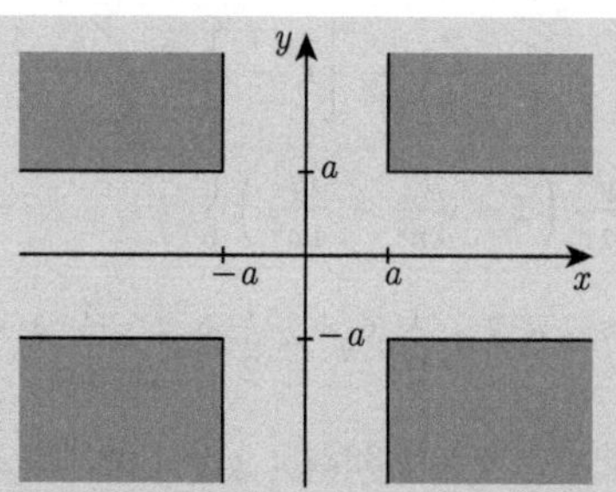

图 8.7　习题 8.27 中的十字交叉区域

(a) 证明: 能传播至无穷远的最小能量为

$$E_{\text{threshold}} = \frac{\pi^2\hbar^2}{8ma^2};$$

任何低于该能量值的解都是束缚态. **提示**　沿着一个臂 (例如 $x \gg a$), 用分离变量法求解薛定谔方程. 如果波函数可以传播至无穷远, 依赖 x 的部分必须是以 $\exp(\mathrm{i}k_x x)$ 的形式出现, 其中 $k_x > 0$.

(b) 用变分原理证明基态能量小于 $E_{\text{threshold}}$. 采用如下试探波函数 (由 Jim McTavish 建议):

$$\psi(x,y) = A\begin{cases} \left[\cos(\pi x/(2a)) + \cos(\pi y/(2a))\right]\mathrm{e}^{-\alpha}, & |x| \leqslant a \text{且} |y| \leqslant a \\ \cos(\pi x/(2a))\,\mathrm{e}^{-\alpha|y|/a}, & |x| \leqslant a \text{且} |y| > a \\ \cos(\pi y/(2a))\,\mathrm{e}^{-\alpha|x|/a}, & |x| > a \text{且} |y| \leqslant a \\ 0, & \text{其他}. \end{cases}$$

归一化求 A 并计算 H 的期望值. 答案:

$$\langle H\rangle = \frac{\hbar^2}{ma^2}\left[\frac{\pi^2}{8} - \left(\frac{1-\alpha/4}{1+8/\pi^2+1/(2\alpha)}\right)\right].$$

现在通过 α 求能量最小值, 并证明它小于 $E_{\text{threshold}}$. **提示**　充分利用问题的对称性——你只需要对 1/8 的区域积分就可以了, 因为其他七个区域的积分是相同的. 然而, 请注意, 尽管试探波函数是连续的, 但其导数却不连续——在连接处有“屋顶线”, 需要利用例题 8.3 中的技巧.①

解答　(a) 粒子束缚在二维十字形区域内运动的定态薛定谔方程为

$$-\frac{\hbar^2}{2m}\left(\frac{\partial^2\psi}{\partial x^2} + \frac{\partial^2\psi}{\partial y^2}\right) = E\psi.$$

分离变量, 令 $\psi(x,y) = X(x)Y(y)$, 则

$$Y\frac{\mathrm{d}^2X}{\mathrm{d}x^2} + X\frac{\mathrm{d}^2Y}{\mathrm{d}y^2} = -\frac{2mE}{\hbar^2}XY \Rightarrow \frac{1}{X}\frac{\mathrm{d}^2X}{\mathrm{d}x^2} + \frac{1}{Y}\frac{\mathrm{d}^2Y}{\mathrm{d}y^2} = -\frac{2mE}{\hbar^2}.$$

① W.-N. Mei 使用

$$\psi(x,y) = A\mathrm{e}^{-\alpha(x^2+y^2)/a^2}\begin{cases} (1-x^2y^2/a^4), \\ (1-x^2/a^2), \\ (1-y^2/a^2), \end{cases}$$

得到了一个更好的束缚态 (并避免使用屋顶线), 但是必须是数值积分.

方程左边第一项仅与 x 有关, 第二项仅与 y 有关, 所以它们应分别等于常数, 两常数之和是 $-\dfrac{2mE}{\hbar^2}$, 若分别以 $-k_x^2$ 和 $-k_y^2$ 表示这两项, 则

$$\frac{\mathrm{d}^2X}{\mathrm{d}x^2}=-k_x^2X,\quad \frac{\mathrm{d}^2Y}{\mathrm{d}y^2}=-k_y^2Y$$

且

$$-k_x^2-k_x^2=-\frac{2mE}{\hbar^2}.$$

其中关于 y 的方程的通解是

$$Y(y)=A\sin(k_yy)+B\cos(k_yy).$$

因我们现在考虑的是粒子沿着一个臂 (例如 $x\gg a$) 进行运动, 则 y 方向的边界条件是 $Y(\pm a)=0$, 推出 $k_y=\dfrac{n\pi}{2a}(n=1,2,3,\cdots), k_ya=\dfrac{n\pi}{2}(n=1,2,3,\cdots), k_y=\dfrac{\pi}{2a}$ 为最小值, 故

$$E\geqslant\frac{\hbar^2}{2m}\left(k_x^2+\frac{\pi^2}{4a^2}\right),$$

所以对沿着 x 方向传播的波, $k_x^2\geqslant 0$, 任何 $E<\dfrac{\hbar^2\pi^2}{8ma^2}$ 的态都是束缚态.

(b) 将试探波函数归一化时, 考虑到问题的对称性, 只需对如图 8.8 所示的 $\dfrac{1}{8}$ 开区域积分就可以了, 因为其他七个区域和它完全相同.

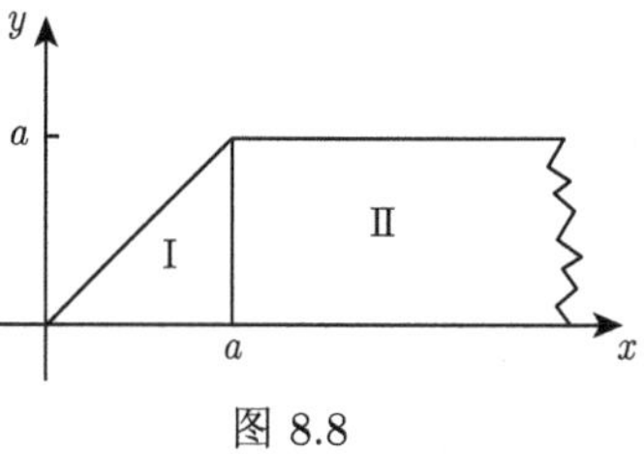

图 8.8

I 区域为正方区域 ($0\leqslant x\leqslant a,\ 0\leqslant y\leqslant a$) 的一半, 所以

$$\begin{aligned}I_{\mathrm{I}}&=-\frac{1}{2}A^2\int_{x=0}^{a}\int_{y=0}^{a}\left[\cos\left(\frac{\pi x}{2a}\right)+\cos\left(\frac{\pi y}{2a}\right)\right]^2\mathrm{e}^{-2\alpha}\mathrm{d}x\mathrm{d}y\\&=\frac{1}{2}A^2\mathrm{e}^{-2\alpha}\left[2\int_0^a\cos^2\left(\frac{\pi x}{2a}\right)\mathrm{d}x\int_0^a\mathrm{d}y+2\int_0^a\cos\left(\frac{\pi x}{2a}\right)\mathrm{d}x\int_0^a\cos\left(\frac{\pi y}{2a}\right)\mathrm{d}y\right]\\&=A^2\mathrm{e}^{-2\alpha}\left\{\frac{a}{2}a+\left[\frac{2a}{\pi}\sin\left(\frac{\pi x}{2a}\right)\Big|_0^a\right]^2\right\}=A^2\frac{a^2}{2}\mathrm{e}^{-2\alpha}\left(1+\frac{8}{\pi^2}\right).\end{aligned}$$

$$\begin{aligned}I_{\mathrm{II}}&=A^2\int_{x=a}^{\infty}\int_{y=0}^{a}\cos^2\left(\frac{\pi y}{2a}\right)\mathrm{e}^{-\frac{2\alpha x}{a}}\mathrm{d}x\mathrm{d}y\\&=A^2\left(-\frac{a}{2\alpha}\mathrm{e}^{-\frac{2\alpha x}{a}}\Big|_0^{\infty}\right)\left[\frac{1}{2\left(\frac{\pi}{2a}\right)}\sin\left(\frac{\pi y}{2a}\right)\cos\left(\frac{\pi y}{2a}\right)+\frac{1}{2}y\Big|_0^a\right]\\&=A^2\left(\frac{a}{2\alpha}\mathrm{e}^{-2\alpha}\right)\left(0+\frac{1}{2}a\right)=A^2\frac{a^2}{4\alpha}\mathrm{e}^{-2\alpha}.\end{aligned}$$

归一化, 得

$$1=8(I_{\mathrm{I}}+I_{\mathrm{II}})=8A^2a^2\mathrm{e}^{-2\alpha}\left[\frac{1}{4\alpha}+\frac{1}{2}\left(1+\frac{8}{\pi^2}\right)\right],$$

所以, 归一化常数 $A^2=\dfrac{\mathrm{e}^{2\alpha}}{4a^2\left(1+\dfrac{8}{\pi^2}+\dfrac{1}{2\alpha}\right)}$.

为求哈密顿量的平均值, 我们将 $\dfrac{1}{8}$ 的区域又分成三个部分, 分别为 I、II 区域和 I 与 II 区域的连接部分.

则 $\langle H\rangle=-8\dfrac{\hbar^2}{2m}\left(J_{\mathrm{I}}+J_{\mathrm{II}}+J_{\mathrm{III}}\right)$, 其中

$$\begin{aligned}
J_{\mathrm{I}}&=\frac{1}{2}A^2\int_{x=0}^{a}\int_{y=0}^{a}\left[\cos\left(\frac{\pi x}{2a}\right)+\cos\left(\frac{\pi y}{2a}\right)\right]\mathrm{e}^{-\alpha}\left(\frac{\partial^2}{\partial x^2}+\frac{\partial^2}{\partial y^2}\right)\\
&\quad\cdot\left[\cos\left(\frac{\pi x}{2a}\right)+\cos\left(\frac{\pi y}{2a}\right)\right]\mathrm{e}^{-\alpha}\mathrm{d}x\mathrm{d}y\\
&=\frac{1}{2}A^2\int_{x=0}^{a}\int_{y=0}^{a}\left[\cos\left(\frac{\pi x}{2a}\right)+\cos\left(\frac{\pi y}{2a}\right)\right]\mathrm{e}^{-\alpha}\left(-\frac{\pi^2}{4a^2}\right)\\
&\quad\cdot\left[\cos\left(\frac{\pi x}{2a}\right)+\cos\left(\frac{\pi y}{2a}\right)\right]\mathrm{e}^{-\alpha}\mathrm{d}x\mathrm{d}y\\
&=-\frac{\pi^2}{4a^2}I_{\mathrm{I}}=-A^2\left(1+\frac{\pi^2}{8}\right)\mathrm{e}^{-2\alpha}.\\
J_{\mathrm{II}}&=A^2\int_{x=a}^{\infty}\int_{y=0}^{\alpha}\left[\cos\left(\frac{\pi y}{2a}\right)\right]\mathrm{e}^{-\frac{\alpha x}{a}}\left(\frac{\partial^2}{\partial x^2}+\frac{\partial^2}{\partial y^2}\right)\left[\cos\left(\frac{\pi y}{2a}\right)\mathrm{e}^{-\frac{\alpha x}{a}}\right]\mathrm{d}x\mathrm{d}y\\
&=\left[\left(\frac{\alpha}{a}\right)^2-\left(\frac{\pi}{2a}\right)^2\right]I_{\mathrm{II}}=A^2\frac{1}{4\alpha}\left(\alpha^2-\frac{\pi^2}{4}\right)\mathrm{e}^{-2\alpha}.\\
J_{\mathrm{III}}&=\int_{x=a-\varepsilon}^{a+\varepsilon}\int_{y=0}^{a}\psi(x,y)\left(\frac{\partial^2}{\partial x^2}\right)\psi(x,y)\,\mathrm{d}x\mathrm{d}y\\
&=A^2\int_{y=0}^{a}\left[\cos\left(\frac{\pi y}{2a}\right)\mathrm{e}^{-\alpha}\right]\left[-\frac{\alpha}{a}\cos\left(\frac{\pi y}{2a}\right)\mathrm{e}^{-\alpha}+\frac{\pi}{2a}\sin\left(\frac{\pi}{2}\right)\mathrm{e}^{-\alpha}\right]\mathrm{d}y\\
&=A^2\frac{1}{a}\mathrm{e}^{-2\alpha}\int_0^a\left[\frac{\pi}{2}\cos\left(\frac{\pi y}{2a}\right)-\alpha\cos^2\left(\frac{\pi y}{2a}\right)\right]\mathrm{d}y=A^2\mathrm{e}^{-2\alpha}\left(1-\frac{\alpha}{2}\right).
\end{aligned}$$

所以,

$$\begin{aligned}
\langle H\rangle&=-8\frac{\hbar^2}{2m}\left(J_{\mathrm{I}}+J_{\mathrm{II}}+J_{\mathrm{III}}\right)\\
&=-8\frac{\hbar^2}{2m}\left[-A^2\left(1+\frac{\pi^2}{8}\right)\mathrm{e}^{-2\alpha}+A^2\frac{1}{4\alpha}\left(\alpha^2-\frac{\pi^2}{4}\right)\mathrm{e}^{-2\alpha}+A^2\mathrm{e}^{-2\alpha}\left(1-\frac{\alpha}{2}\right)\right]\\
&=\frac{\hbar^2}{2m}\left[\frac{\pi^2+\dfrac{\pi^2}{2\alpha}+2\alpha}{4a^2\left(1+\dfrac{8}{\pi^2}+\dfrac{1}{2\alpha}\right)}\right]=\frac{\hbar^2}{ma^2}\left(\frac{\pi^2}{8}-\frac{1-\dfrac{\alpha}{4}}{1+\dfrac{8}{\pi^2}+\dfrac{1}{2\alpha}}\right).
\end{aligned}$$

微分求极值

$$0=\frac{\mathrm{d}\langle H\rangle}{\mathrm{d}\alpha}=\frac{\mathrm{d}}{\mathrm{d}\alpha}\left(\frac{1-\dfrac{\alpha}{4}}{1+\dfrac{8}{\pi^2}+\dfrac{1}{2\alpha}}\right)=\frac{-\dfrac{1}{4}}{1+\dfrac{8}{\pi^2}+\dfrac{1}{2\alpha}}-\frac{1-\dfrac{\alpha}{4}}{1+\dfrac{8}{\pi^2}+\dfrac{1}{2\alpha}}\left(-\frac{1}{2}\right)\frac{1}{\alpha^2}.$$

化简后, 得

$$\alpha^2\left(1+\frac{8}{\pi^2}\right)+\alpha-2=0,\quad \alpha=\frac{-1\pm\sqrt{1^2+8\left(1+\dfrac{8}{\pi^2}\right)}}{2\left(1+\dfrac{8}{\pi^2}\right)}.$$

注意到 α 必须取正值, 所以 $\alpha=0.81053$.

将 α 代入 $\langle H\rangle$ 中, 得

$$\langle H\rangle_{\min}=0.90522\frac{\hbar^2}{ma^2}.$$

由于 $E_{阈值}=\dfrac{\pi^2}{8}\dfrac{\hbar^2}{ma^2}=1.2337\dfrac{\hbar^2}{ma^2}$, 因此 E_0 小于 $E_{阈值}$.

习题 8.28 在汤川的原始理论 (1934 年) 中, 质子和中子之间的“强”作用力是通过交换 π 介子来调节的, 该理论在核物理中仍然是一个有用的近似. 势能是

$$V(r)=-r_0V_0\frac{\mathrm{e}^{-r/r_0}}{r},$$

其中 r 是核子之间的距离, r_0 范围与介子的质量有关: $r_0=\hbar/(m_\pi c)$. 问题: 该理论能解释**氘核** (质子和中子的束缚态) 的存在吗?

质子/中子系统的薛定谔方程为 (见习题 5.1)

$$-\frac{\hbar^2}{2\mu}\nabla^2\psi(\boldsymbol{r})+V(r)\psi(\boldsymbol{r})=E\psi(\boldsymbol{r}),$$

其中 μ 是约化质量 (质子和中子的质量几乎相同, 所以称它们都为 m), $\boldsymbol{r}$ 是中子相对于质子的位置: $\boldsymbol{r}=\boldsymbol{r}_n-\boldsymbol{r}_p$. 任务是利用如下形式的变分试探波函数

$$\psi_\beta(\boldsymbol{r})=A\mathrm{e}^{-\beta r/r_0}$$

证明存在一个具有负能量 (束缚态) 的解.

(a) 通过归一化 $\psi_\beta(\boldsymbol{r})$, 确定 A 值.

(b) 求出 ψ_β 态下哈密顿量 $\left(H=-\dfrac{\hbar^2}{2\mu}\nabla^2+V\right)$ 的期望值. 答案:

$$E(\beta)=\frac{\hbar^2}{2\mu r_0^2}\beta^2\left[1-\frac{4\gamma\beta}{(1+2\beta)^2}\right],\text{其中}\gamma\equiv\frac{2\mu r_0^2}{\hbar^2}V_0.$$

(c) 令 $\mathrm{d}E(\beta)/\mathrm{d}\beta=0$, 优化试探波函数. 这告诉你 β 是 γ 的函数 (因此是 V_0 的函数, 其他的都是常数), 但是让我们用它来消除 γ, 取而代之的是 β:

$$E_{\min}=\frac{\hbar^2}{2\mu r_0^2}\frac{\beta^2(1-2\beta)}{3+2\beta}.$$

(d) 令 $\hbar^2/(2\mu r_0^2)=1$, 在 $0\leqslant\beta\leqslant1$ 范围内绘出 $E_{\min}$ 作为 β 的函数图像. 关于氘核的结合, 这说明了什么? 确定存在一个束缚态的 V_0 最小值是多少 (你可以查必要的质量)? 实验值为 52 MeV.

解答 (a) 先归一化 $\psi_\beta(\boldsymbol{r})$,

$$\begin{aligned}
1&=A^2\int\mathrm{e}^{-2\beta r/r_0}\mathrm{d}^3\boldsymbol{r}=A^2\int\mathrm{e}^{-2\beta r/r_0}r^2\mathrm{d}r\int_0^\pi\sin\theta\mathrm{d}\theta\int_0^{2\pi}\mathrm{d}\phi\\
&=4\pi A^2\int_0^\infty\mathrm{e}^{-2\beta r/r_0}r^2\mathrm{d}r=4\pi A^2\int_0^\infty\frac{r^2}{-2\beta/r_0}\mathrm{d}\mathrm{e}^{-2\beta r/r_0}\\
&=4\pi A^2\left(\frac{r^2}{-2\beta/r_0}\mathrm{e}^{-2\beta r/r_0}\Big|_0^\infty-\int_0^\infty\frac{2r\mathrm{e}^{-2\beta r/r_0}}{-2\beta r/r_0}\mathrm{d}r\right)\\
&=4\pi A^2\frac{2}{2\beta/r_0}\int_0^\infty r\mathrm{e}^{-2\beta r/r_0}\mathrm{d}r=\frac{4\pi A^2r_0}{\beta}\int_0^\infty\frac{r}{-2\beta/r_0}\mathrm{d}\mathrm{e}^{-2\beta r/r_0}\\
&=\frac{4\pi A^2r_0}{\beta}\frac{r_0}{-2\beta}\left(r\mathrm{e}^{-2\beta r/r_0}\Big|_0^\infty-\int_0^\infty\mathrm{e}^{-2\beta r/r_0}\mathrm{d}r\right)\\
&=\frac{2\pi A^2r_0^2}{\beta^2}\int_0^\infty\frac{\mathrm{e}^{-2\beta r/r_0}}{-2\beta/r_0}\mathrm{d}(-2\beta r/r_0)
\end{aligned}$$

$$= \frac{2\pi A^2 r_0^2}{\beta^2} \frac{r_0}{-2\beta} \mathrm{e}^{-2\beta r/r_0}\Big|_0^\infty = \frac{\pi A^2 r_0^3}{\beta^3}.$$

所以,

$$A = \sqrt{\frac{\beta^3}{\pi r_0^3}}.$$

(b) 由 $H = -\frac{\hbar^2}{2\mu}\frac{1}{r^2}\frac{\mathrm{d}}{\mathrm{d}r}\left(r^2\frac{\mathrm{d}}{\mathrm{d}r}\right) - r_0 V_0 \frac{\mathrm{e}^{-r/r_0}}{r}$, 则

$$\begin{aligned}
\langle H\rangle &= \langle \psi_\beta | H | \psi_\beta\rangle \\
&= A^2 \int_0^\infty \mathrm{e}^{-\beta r/r_0}\left[-\frac{\hbar^2}{2\mu}\frac{1}{r^2}\frac{\mathrm{d}}{\mathrm{d}r}\left(r^2\frac{\mathrm{d}\psi_\beta}{\mathrm{d}r}\right) - r_0V_0\frac{\mathrm{e}^{-r/r_0}}{r}\psi_\beta\right] r^2\mathrm{d}r\mathrm{d}\Omega \\
&= 4\pi A^2 \int_0^\infty \mathrm{e}^{-\beta r/r_0}\left[-\frac{\hbar^2}{2\mu}\frac{1}{r^2}\frac{\mathrm{d}}{\mathrm{d}r}\left(-\frac{r^2\beta}{r_0}\mathrm{e}^{-\beta r/r_0}\right) - r_0V_0\frac{\mathrm{e}^{-r/r_0}\mathrm{e}^{-\beta r/r_0}}{r}\right] r^2\mathrm{d}r \\
&= 4\pi A^2 \int_0^\infty \mathrm{e}^{-\beta r/r_0}\left[-\frac{\hbar^2}{2\mu}\frac{1}{r^2}\left(-\frac{2r\beta}{r_0}\mathrm{e}^{-\beta r/r_0} + \frac{r^2\beta^2}{r_0^2}\mathrm{e}^{-\beta r/r_0}\right)\right. \\
&\quad \left. -\frac{r_0V_0\mathrm{e}^{-r(1/r_0+\beta/r_0)}}{r}\right] r^2\mathrm{d}r \\
&= 4\pi A^2 \int_0^\infty \mathrm{e}^{-\beta r/r_0}\left(\frac{2r\beta\hbar^2}{2\mu r^2 r_0}\mathrm{e}^{-\beta r/r_0} - \frac{\hbar^2 r^2\beta^2}{2\mu r^2 r_0^2}\mathrm{e}^{-\beta r/r_0}\right) r^2\mathrm{d}r \\
&\quad - 4\pi A^2 \int_0^\infty \mathrm{e}^{-\beta r/r_0}\frac{r_0V_0\mathrm{e}^{-r(1/r_0+\beta/r_0)}}{r} r^2\mathrm{d}r \\
&= 4\pi A^2 \left\{\int_0^\infty \mathrm{e}^{-\beta r/r_0}\left[\frac{\hbar^2}{2\mu}\frac{\beta}{r_0^2}\left(\frac{2r_0}{r} - \beta\right)\mathrm{e}^{-\beta r/r_0}\right] r^2\mathrm{d}r\right. \\
&\quad \left. -r_0V_0\int_0^\infty \mathrm{e}^{-(2\beta+1)r/r_0} r\mathrm{d}r\right\}.
\end{aligned}$$

令 $z = \frac{2\beta r}{r_0}$ 和 $z' = \frac{(2\beta+1)r}{r_0}$, 得

$$\begin{aligned}
\langle H\rangle &= \frac{4\beta^3}{r_0^3}\left[\frac{\hbar^2 r_0}{4\mu\beta}\int_0^\infty\left(z - \frac{1}{4}z^2\right)\mathrm{e}^{-z}\mathrm{d}z - \frac{r_0^3 V_0}{2\beta+1}\int_0^\infty z'\mathrm{e}^{-z'}\mathrm{d}z'\right] \\
&= \frac{4\beta^3}{r_0^3}\left[\frac{\hbar^2 r_0}{4\mu\beta}\left(-\frac{1}{2}\right) - \frac{r_0^3 V_0}{(2\beta+1)^2}\right] \\
&= \frac{\beta^2\hbar^2}{2\mu r_0^2} - \frac{4\beta^3}{(2\beta+1)^2}\frac{\gamma\hbar^2}{2\mu r_0^2},
\end{aligned}$$

即 $E(\beta) = \frac{\hbar^2}{2\mu r_0^2}\beta^2\left[1 - \frac{4\gamma\beta}{(1+2\beta)^2}\right]$, 其中 $\gamma = \frac{2\mu r_0^2}{\hbar^2}V_0$.

(c) 微分求极值

$$0 = \frac{\mathrm{d}E(\beta)}{\mathrm{d}\beta} = \frac{\hbar^2}{2\mu r_0^2}\left[2\beta - \frac{12\beta^2\gamma}{(2\beta+1)^2} + 4\frac{4\beta^3\gamma}{(2\beta+1)^3}\right],$$

化简后, 得

$$(2\beta+1)^3 - 2\beta(3+2\beta)\gamma = 0.$$

则 $\gamma=\dfrac{(2\beta+1)^3}{2\beta(3+2\beta)}$, 将 γ 代入 $E(\beta)$ 中, 得

$$E_{\min}=\frac{\hbar^2}{2\mu r_0^2}\beta^2\left[1-\frac{4\beta}{(2\beta+1)^2}\frac{(2\beta+1)^3}{2\beta}\right]$$

$$=\frac{\hbar^2}{2\mu r_0^2}\beta^2\left[1-\frac{4\beta}{(2\beta+1)^2}\frac{(2\beta+1)^3}{2\beta(3+2\beta)}\right]$$

$$=\frac{\hbar^2\beta^2}{2\mu r_0^2}\frac{1-2\beta}{3+2\beta}.$$

(d) 由 $E_{\min}<0$, 得 $\beta>\dfrac{1}{2}$. 将 β 代入 γ 中, 得

$$\gamma=\frac{(2\beta+1)^3}{2\beta(3+2\beta)}>\frac{\left(2\frac{1}{2}+1\right)^3}{2\frac{1}{2}\left(3+2\frac{1}{2}\right)}=2.$$

由 $\gamma=\dfrac{2\mu r_0^2}{\hbar^2}V_0$, 得

$$V_0>\frac{\hbar^2}{\mu r_0^2}=\frac{2\left(m_\pi c^2\right)^2}{m_p c^2}=42\ \text{MeV}.$$

因此, 当 $V_0>42$ MeV 时, 存在一个束缚态.

作图见图 8.9.

```
Emin[belta_]=belta^2*(1-2belta)/(2+2belta);
Plot[Emin[belta],{belta,0,1},PlotStyle
⌊绘图                          ⌊绘图样式
     →Black,AxesLabel→{"Belta","Emin"}]
      ⌊黑色 ⌊坐标轴标签
```

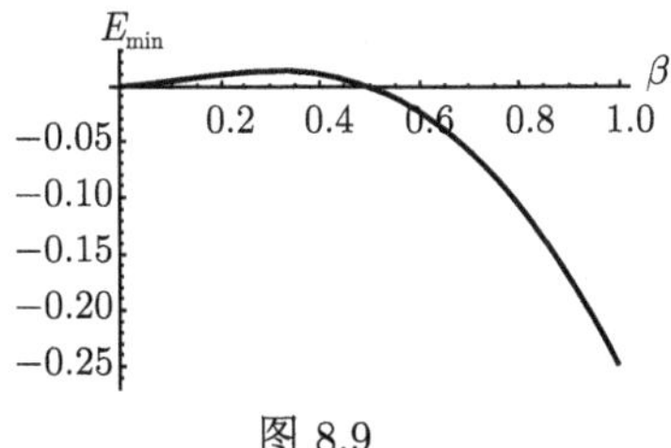

图 8.9

习题 8.29 束缚态的存在. (一维) 势阱 $V(x)$ 为一个非正的函数 (对所有的 $x, V(x)\leqslant 0$), 且在无穷远处趋于零 (当 $x\to\pm\infty$ 时, $V(x)\to 0$).[①]

(a) 证明下列**定理**: 如果势阱 $V_1(x)$ 至少存在一个束缚态, 那么任何更深/更宽的势阱 (对所有的 $x, V_2(x)\leqslant V_1(x)$ 成立) 也至少存在一个束缚态. **提示** 用 V_1 的基态 $\psi_1(x)$ 作变分测试函数.

① 为了排除不重要的情况, 我们还假设它具有非零区域 $\left(\int V(x)\,\mathrm{d}x\neq 0\right)$. 注意, 就该问题而言, 无限深方势阱和谐振子都不是 "势阱", 尽管它们都有束缚态.

(b) 证明如下**推论**: 任何一个一维势阱都存在一个束缚态.[①] **提示** 对 V_1 使用有限深方势阱 (教材 2.6 节).

(c) 这个定理能推广到二维和三维吗? 推论又是如何呢? **提示** 你可能需要复习习题 4.11 和习题 4.51.

解答 (a) 设 $\psi_1(x)$ 为势阱 V_1 的基态, 对应的能量为 E_1. 用 $\psi_1(x)$ 作为势阱 $V_2(x)$ 的试探波函数, 则能量必有如下关系:

$$\begin{aligned}E_2 &\leqslant \int_{-\infty}^{\infty} \psi_1^*(x)\left[-\frac{\hbar^2}{2m}+V_2(x)\right]\psi_1(x)\,\mathrm{d}x \\ &= \int_{-\infty}^{\infty} \psi_1^*(x)\left[-\frac{\hbar^2}{2m}+V_1(x)\right]\psi_1(x)\,\mathrm{d}x \\ &\quad+\int_{-\infty}^{\infty} \psi_1^*(x)\left[V_2(x)-V_1(x)\right]\psi_1(x)\,\mathrm{d}x \\ &= E_1+\int_{-\infty}^{\infty} |\psi_1(x)|^2\left[V_2(x)-V_1(x)\right]\mathrm{d}x.\end{aligned}$$

由于 $V_2(x)<V_1(x)$, 所以

$$E_2 \leqslant E_1-\int_{-\infty}^{\infty} |\psi_1(x)|^2\left[V_1(x)-V_2(x)\right]\mathrm{d}x.$$

这里 E_1 是负的, 积分项是正的, 所以不等式右边恒为负. 这意味着, E_1 如果为束缚态, E_2 必为束缚态.

(b) 在教材 2.6 节中, 任意宽度和任意深度的势阱 V 都有一个束缚态, 因此, 对于任意一个一维势阱都存在一个束缚态.

(c) 该定理可以推广到任意维度, 因为仅仅将积分中的 $\mathrm{d}x \Rightarrow \mathrm{d}^N x$. 但是必然有一个束缚态的结论只能推广到二维, 三维情况下, 如果势场足够弱, 则不存在束缚态, 见习题 4.11.

** **习题 8.30** 将能量作为变分参数的函数, 进行变分计算需要找到能量的最小值. 总的来说, 这是一个非常困难的问题. 然而, 如果合理地选择试探波函数的形式, 可以发展出一种有效的算法. 特别是, 假设我们使用函数 $\phi_n(x)$ 的线性组合:

$$\psi(x)=\sum_{n=1}^{N} c_n\phi_n(x),$$

其中 c_n 是变分参数. 如果 ϕ_n 是一个正交集 ($\langle\phi_m|\phi_n\rangle=\delta_{mn}$), 但 $\psi(x)$ 不一定归一化, 则 $\langle H\rangle$ 是

$$\varepsilon=\frac{\langle\psi|H|\psi\rangle}{\langle\psi|\psi\rangle}=\frac{\sum\limits_{mn} c_m^* H_{mn} c_n}{\sum\limits_n |c_n|^2}$$

① K. R. Brownstein, *Am. J. Phys.* **68**, 160 (2000) 证明了任何一维势满足 $\int_{-\infty}^{\infty} V(x)\,\mathrm{d}x \leqslant 0$ 就允许存在一个束缚态 (只要 $V(x)$ 不等于零)——即使它在某些地方变为正值.

其中 $H_{mn}=\langle\phi_m|H|\phi_n\rangle$. 对 c_j^* 求导数 (并将结果设为 0) 得出[①]

$$\sum_n H_{jn}c_n=\varepsilon c_j.$$

可以看作为第 j 行的本征值问题:

$$\begin{pmatrix} H_{11} & H_{12} & \cdots & H_{1N} \\ H_{21} & H_{22} & \cdots & H_{2N} \\ \vdots & \vdots & \ddots & \vdots \\ H_{N1} & H_{N2} & \cdots & H_{NN} \end{pmatrix}\begin{pmatrix} c_1 \\ c_2 \\ \vdots \\ c_N \end{pmatrix}=\varepsilon\begin{pmatrix} c_1 \\ c_2 \\ \vdots \\ c_N \end{pmatrix}.$$

矩阵 $\boldsymbol{\mathcal{H}}$ 的最小特征值给出了基态能量的上限, 相应的本征向量决定了其具有方程 (8.88) 形式的最佳变分波函数.

(a) 验证方程 (8.90).

(b) 将方程 (8.89) 对 c_j^* 求导数, 证明你得到了一个和方程 (8.90) 等价的结果.

(c) 考虑一粒子在宽度为 a、底部为斜边的无限深方势阱中:

$$V(x)=\begin{cases} \infty & x<0, \\ V_0x/a & 0\leqslant x\leqslant a, \\ \infty & x>a. \end{cases}$$

使用无限深方势阱中前 10 个定态波函数的线性组合作为基函数,

$$\phi_n=\sqrt{\frac{2}{a}}\sin\left(\frac{n\pi x}{a}\right).$$

在 $V_0=100\hbar^2/(ma^2)$ 的情况下, 确定基态能量的上限. 绘制优化后的变分波函数图. (注释 准确结果为 $39.9819\hbar^2/(ma^2)$.)

解答 (a) 由 $\varepsilon=\dfrac{\sum\limits_{mn}c_m^*H_{mn}c_n}{\sum\limits_n|c_n|^2}$, 则

$$\frac{\partial\varepsilon}{\partial c_j^*}=\frac{\sum\limits_n H_{jn}c_n}{\sum\limits_n|c_n|^2}-\frac{\sum\limits_{nm}c_m^*H_{mn}c_n}{\left(\sum\limits_n|c_n|^2\right)^2}c_j=0,$$

---

① 每个 c_j 都是复数, 表示两个独立的参数 (其实部和虚部). 可以对实部和虚部分别求导数,

$$\frac{\partial}{\partial\mathrm{Re}\,[c_j]}E=0\text{和}\frac{\partial}{\partial\mathrm{Im}\,[c_j]}E=0,$$

但将 c_j 和 c_j^* 作为独立参数也是合理的 (而且更简单):

$$\frac{\partial}{\partial c_j}E=0\text{和}\frac{\partial}{\partial c_j^*}E=0,$$

无论哪种方式, 结果都是一样的.

两边同时乘以 $\sum\limits_n |c_n|^2$, 得

$$\sum_n H_{jn}c_n - \varepsilon c_j = 0.$$

(b) 由

$$\frac{\partial \varepsilon}{\partial c_j} = \frac{\sum\limits_m c_m^* H_{mj}}{\sum\limits_n |c_n|^2} - \frac{\sum\limits_{nm} c_m^* H_{mn} c_n}{\left(\sum\limits_n |c_n|^2\right)^2} c_j^* = 0,$$

两边同时乘以 $\sum\limits_n |c_n|^2$, 得

$$\sum_m c_m^* H_{mj} - \varepsilon c_j^* = 0.$$

两边取复共轭, 得

$$\sum_m c_m H_{mj}^* - \varepsilon^* c_j = 0 \Rightarrow \sum_m H_{jm}c_m - \varepsilon c_j = 0.$$

(c) Mathematica 程序和作图 (图 8.10) 如下. $\left(\text{基态能量为 } E_0 = 39.982\dfrac{\hbar^2}{ma^2}.\right)$

```
a=h=m=1;(*常数设为1*)
V[x_]:=100x;(*势能*)
Psi[n_,x_]:=Sqrt[2/a]Sin[nPix/a];(*一维无限深势阱波函数*)
              ⌊平方根 ⌊正弦 ⌊圆周率
f[n_,p_]:=FullSimplify[Integrate[Psi[n,x]V[x]Psi[p,x],
            ⌊完全简化      ⌊积分
     {x,θ,a}]];(*n≠p*)
fD[n_]:=FullSimplify[Integrate[Psi[n,x]V[x]Psi[n,x],{x,θ,a}]];
         ⌊完全简化      ⌊积分
     (*n=p*)
Num=10;
H=1.Table[If[p==n,n^2Pi^2/2+fD[n],f[n,p],{n,1,Num},{p,1,Num}]
     ⌊表格 ⌊如果       ⌊圆周率
     //Chop;
        ⌊近似到:
E0=Last[Eigenvalues[H]]
   ⌊... ⌊特征值
c=Normalize[Last[Eigenvectors[H]]];
  ⌊正规化  ⌊...  ⌊特征向量
c=c/Sign[c[[1]]];
    ⌊正负符号
PSI[x_]:=Sum[c[[i]]Psi[i,x],{i,1,Num}];
         ⌊求和
plott=Plot[PSI[x],{x,θ,1}];
       ⌊绘图
Show[plott]
⌊显示
```

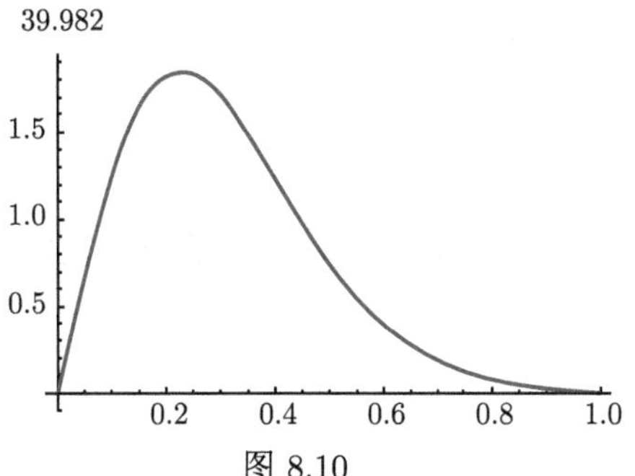

图 8.10

第 9 章　WKB 近似

本章主要内容概要

1. WKB **近似**

一种求一维定态薛定谔方程近似解的技术，其基本思想也可应用于求解许多其他的微分方程，以及三维薛定谔方程的径向部分. 它在计算束缚态能量和通过势垒的隧穿几率时特别有用.

假设能量为 E 的粒子穿过势能 $V(x)$ 的区域. 如果 $V(x)$ 为常量，当 $E>V$ 时，波函数的形式为

$$\psi(x)=A\mathrm{e}^{\pm\mathrm{i}kx},\ 且k\equiv\sqrt{2m(V-E)}/\hbar$$

同理，当 $E<V$(其中 V 为常量) 时，ψ 为指数形式:

$$\psi(x)=A\mathrm{e}^{\mathrm{i}kx},\ 且k\equiv\sqrt{2m(V-E)}/\hbar$$

如果 $V(x)$ 不是常量，但 $V(x)$ 变化相比 $1/k$ 变化很缓慢，除了 A 和 k 随 x 缓慢地变化外，其解实际上仍然是指数形式.

现在，$V(x)$ 仍然有一个使整个方法不适用的地方，这就是经典**转折点**的邻域，此处 $E\approx V$. 这里λ(或者 $1/k$) 趋于无穷大，相比之下 $V(x)$ 就很难说是“缓慢地”变化.

2. 经典区域

薛定谔方程 $-\dfrac{\hbar^2}{2m}\dfrac{\mathrm{d}^2\psi}{\mathrm{d}x^2}+V(x)\psi=E\psi$，改写为 $\dfrac{\mathrm{d}^2\psi}{\mathrm{d}x^2}=-\dfrac{p^2}{\hbar^2}\psi$，其中

$$p(x)\equiv\sqrt{2m\left[E-V(x)\right]},$$

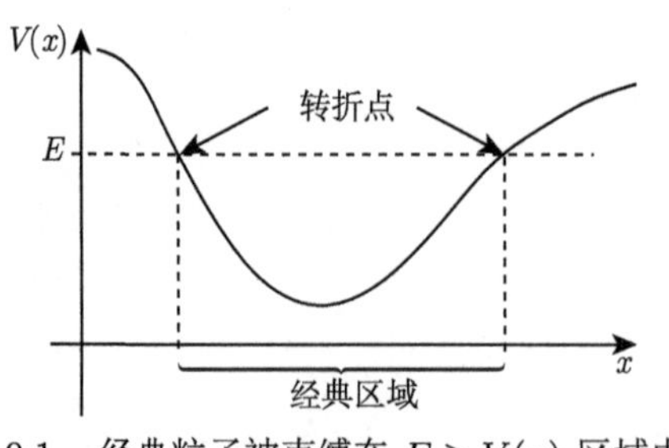

图 9.1　经典粒子被束缚在 $E\geqslant V(x)$ 区域内

这是具有总能量 E 和势能 $V(x)$ 的粒子的动量经典表示式. 如果 $E>V(x)$，则 $p(x)$ 为实数；这称为“经典”区域，从经典的角度看，粒子被限制在 x 的范围内 (见图 9.1). 一般来说，ψ 为复函数，可以用振幅 $A(x)$ 和相位 $\varphi(x)$ 来表示，且两者都是实数：$\psi(x)=A(x)\mathrm{e}^{\mathrm{i}\phi(x)}$，用撇号表示对 x 的导数，得到

$$\frac{\mathrm{d}\psi}{\mathrm{d}x}=(A'+\mathrm{i}A\phi')\,\mathrm{e}^{\mathrm{i}\phi}$$

和

$$\frac{\mathrm{d}^2\psi}{\mathrm{d}x^2}=\left[A''+2\mathrm{i}A'\phi'+\mathrm{i}A\phi''-A(\phi')^2\right]\mathrm{e}^{\mathrm{i}\phi}$$

代入改写后的薛定谔方程, 得

$$A'' + 2\mathrm{i}A'\phi' + \mathrm{i}A\phi'' - A(\phi')^2 = -\frac{p^2}{\hbar^2}A,$$

这相当于两个实方程, 一个用于实部, 一个用于虚部:

$$A'' - A(\phi')^2 = -\frac{p^2}{\hbar^2}A \quad \text{或者} \quad A'' = A\left[(\phi')^2 - \frac{p^2}{\hbar^2}\right]$$

和

$$2A'\phi' + A\phi'' = 0 \quad \text{或者} \quad (A^2\phi')' = 0.$$

第二个方程很容易解出: $A^2\phi' = C^2$, 或者 $A = \dfrac{C}{\sqrt{\phi'}}$.

第一个方程在假定振幅 A 的变化非常缓慢, 从而 A'' 项可以忽略的情况下, 可解得 $\phi(x) = \pm\dfrac{1}{\hbar}\displaystyle\int p(x)\mathrm{d}x$.

由此, 得 $\psi(x) \cong \dfrac{C}{\sqrt{p(x)}}\mathrm{e}^{\pm\frac{\mathrm{i}}{\hbar}\int p(x)\mathrm{d}x}$.

注意到 $|\psi(x)|^2 \cong \dfrac{|C|^2}{p(x)}$, 也就是说, 在 x 点发现粒子的几率与其在该点的动量成反比. 这正是所期望的, 粒子不会在快速运动的地方停留很长时间, 因此被捕获的几率很小.

3. 隧道效应

粒子有几率穿过高于其动能势垒的现象称为隧道效应. 对应的非经典区域 $E < V$, 相应结果的形式与经典区域一样, 只是现在 $p(x)$ 变为虚数

$$\psi(x) \cong \frac{C}{\sqrt{|p(x)|}}\mathrm{e}^{\pm\frac{1}{\hbar}\int |p(x)|\mathrm{d}x}.$$

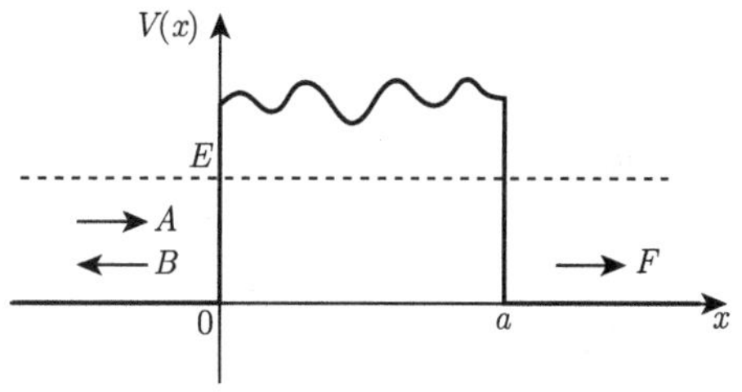

图 9.2 顶部凸凹不平的方势垒散射问题

考虑粒子被一顶部凸凹不平的方势垒散射问题 (见图 9.2). 在势垒左边 $(x < 0)$,

$$\psi(x) = A\mathrm{e}^{\mathrm{i}kx} + B\mathrm{e}^{-\mathrm{i}kx}$$

其中, A 为入射振幅; B 为反射振幅; $k \equiv \sqrt{2mE}/\hbar$(见 2.5 节). 在势垒右边 $(x > a)$,

$$\psi(x) = F\mathrm{e}^{\mathrm{i}kx}$$

F 为透射振幅 (transmitted amplitude), 透射几率为

$$T = \frac{|F|^2}{|A|^2}.$$

在隧穿区域 $(0 \leqslant x \leqslant a)$, WKB 近似给出

$$\psi(x) \cong \frac{C}{\sqrt{|p(x)|}}\mathrm{e}^{\frac{1}{\hbar}\int_0^x |p(x')|\mathrm{d}x'} + \frac{D}{\sqrt{|p(x)|}}\mathrm{e}^{-\frac{1}{\hbar}\int_0^x |p(x')|\mathrm{d}x'}$$

4. 连接公式

用于处理“经典”允许区和“非经典”允许区的连接处.

仅讨论束缚态问题, 结合图 9.3, 由 WKB 近似, 得

$$\psi(x) \cong \begin{cases} \dfrac{1}{\sqrt{p(x)}}\left[B\mathrm{e}^{\frac{\mathrm{i}}{\hbar}\int_x^0 p(x')\mathrm{d}x'} + C\mathrm{e}^{-\frac{\mathrm{i}}{\hbar}\int_x^0 p(x')\mathrm{d}x'}\right], & x<0 \\ \dfrac{1}{\sqrt{|p(x)|}}D\mathrm{e}^{-\frac{1}{\hbar}\int_0^x |p(x')|\mathrm{d}x'}, & x>0 \end{cases}$$

在转折点 $p(x) \to 0, \psi \to \infty$. WKB 近似方法在转折点不适用, 需要找一个“修补”波函数将两个区域的 WKB 解连接在一起.

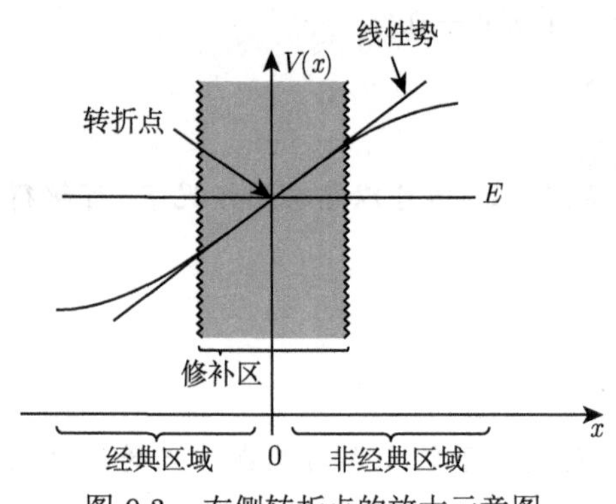

图 9.3　右侧转折点的放大示意图

只需原点领域的修补波函数, 因此, 将此处的势能近似为线性势能 $V(x) \cong E + V'(0)x$. 这个线性势能的薛定谔方程为

$$-\frac{\hbar^2}{2m}\frac{\mathrm{d}^2\psi_p}{\mathrm{d}x^2} + [E+V'(0)x]\psi_p = E\psi_p,$$

或者

$$\frac{\mathrm{d}^2\psi_p}{\mathrm{d}x^2} = \alpha^3 x\psi_p, \text{其中 } \alpha \equiv \left[\frac{2m}{\hbar^2}V'(0)\right]^{1/3}.$$

作变量代换 $z \equiv \alpha x$, 得 $\dfrac{\mathrm{d}^2\psi_p}{\mathrm{d}z^2} = z\psi_p$, 这是**艾里方程**, 其解称为**艾里函数**, 两个线性独立的艾里函数为 $\mathrm{Ai}(z)$ 和 $\mathrm{Bi}(z)$.

修补波函数应是 $\mathrm{Ai}(z)$ 和 $\mathrm{Bi}(z)$ 的线性组合

$$\psi_p(x) = a\mathrm{Ai}(\alpha x) + b\mathrm{Bi}(\alpha x),$$

其中 a 和 b 是适当的常数.

$\psi_p(x)$ 是原点附近的 (近似) 波函数, 需要将其与两侧相交区域的 WKB 解相匹配. 因为相交区离转折点处足够近, 所以可以合理地认为线性势足够精确,

$$p(x) \cong \sqrt{2m(E-E-V'(0)x)} = \hbar\alpha^{3/2}\sqrt{-x}.$$

在第二交叠区,

$$\int_0^x |p(x')|\mathrm{d}x' \approx \hbar\alpha^{3/2}\int_0^x \sqrt{x}'\mathrm{d}x' = \frac{2}{3}\hbar(\alpha x)^{3/2},$$

WKB 波函数可写为

$$\psi(x) \approx \frac{D}{\sqrt{\hbar}\alpha^{3/4}x^{1/4}}\mathrm{e}^{-\frac{2}{3}(\alpha x)^{3/2}},$$

利用艾里函数在 z 很大时的渐近形式, 第二交叠区的修补波函数变为

$$\psi_p(x) \approx \frac{a}{2\sqrt{\pi}(\alpha x)^{1/4}}\mathrm{e}^{-\frac{2}{3}(\alpha x)^{3/2}} + \frac{b}{\sqrt{\pi}(\alpha x)^{1/4}}\mathrm{e}^{\frac{2}{3}(\alpha x)^{3/2}},$$

比较这两个解, 得

$$a = \sqrt{\frac{4\pi}{\alpha\hbar}}D, \quad b = 0.$$

在第一交叠区,

$$\int_x^0 p(x')\mathrm{d}x' \approx \frac{2}{3}\hbar(-\alpha x)^{3/2},$$

WKB 波函数为

$$\psi(x) \approx \frac{1}{\sqrt{\hbar}\alpha^{3/4}(-x)^{1/4}}\left[B\mathrm{e}^{\mathrm{i}\frac{2}{3}(-\alpha x)^{3/2}} + C\mathrm{e}^{-\mathrm{i}\frac{2}{3}(-\alpha x)^{3/2}}\right]$$

同时, 利用艾里函数在负 z 值很大时的渐近形式, 修补波函数为

$$\begin{aligned}\psi_p(x) &\approx \frac{a}{\sqrt{\pi}(-\alpha x)^{1/4}}\sin\left[\frac{2}{3}(-\alpha x)^{3/2} + \frac{\pi}{4}\right] \\ &= \frac{a}{\sqrt{\pi}(-\alpha x)^{1/4}}\frac{1}{2\mathrm{i}}\left[\mathrm{e}^{\mathrm{i}\pi/4}\mathrm{e}^{\mathrm{i}\frac{2}{3}(-\alpha x)^{3/2}} - \mathrm{e}^{-\mathrm{i}\pi/4}\mathrm{e}^{-\mathrm{i}\frac{2}{3}(-\alpha x)^{3/2}}\right]\end{aligned}$$

比较在第一交叠区的 WKB 波函数和修补波函数, 我们发现有

$$\frac{a}{2\mathrm{i}\sqrt{\pi}}\mathrm{e}^{\mathrm{i}\pi/4} = \frac{B}{\sqrt{\hbar\alpha}} \text{ 和 } \frac{-a}{2\mathrm{i}\sqrt{\pi}}\mathrm{e}^{-\mathrm{i}\pi/4} = \frac{C}{\sqrt{\hbar\alpha}}$$

将第二交叠区中得到的 $a = \sqrt{\dfrac{4\pi}{\alpha\hbar}}D$ 代入上式, 得

$$B = -\mathrm{i}\mathrm{e}^{\mathrm{i}\pi/4}D \text{ 和 } C = \mathrm{i}\mathrm{e}^{-\mathrm{i}\pi/4}D.$$

这就是**连接公式**, 它们将转折点两边的 WKB 解连接起来. 用一个归一化常数 D 表示, 并将转折点从原点移回任意点 x_2, 则完整得 WKB 波函数为

$$\psi(x) \approx \begin{cases} \dfrac{2D}{\sqrt{p(x)}}\sin\left[\dfrac{1}{\hbar}\displaystyle\int_x^{x_2} p(x')\mathrm{d}x' + \dfrac{\pi}{4}\right], & x < x_2 \\ \dfrac{D}{\sqrt{|p(x)|}}\exp\left[-\dfrac{1}{\hbar}\displaystyle\int_{x_2}^{x} |p(x')|\,\mathrm{d}x'\right], & x > x_2 \end{cases}$$

***习题 9.1**　无限深方势阱中有一高度为 V_0 且延伸至势阱一半的"搁板", 使用 WKB 近似确定能量允许值 (E_n)(教材图 7.3):

$$V(x) = \begin{cases} V_0, & (0 < x < a/2), \\ 0, & (a/2 < x < a), \\ \infty, & (\text{其他}). \end{cases}$$

结果用 V_0 和 $E_n^0 \equiv (n\pi\hbar)^2/(2ma^2)$(无搁板时无限深方势阱的第 n 个允许能级) 表示. 假设 $E_1^0 > V_0$, 但是不能假设 $E_n \gg V_0$. 将你的结果与 7.1.2 节中使用一阶微扰理论得到的结果作对比. 注意　如果 V_0 非常小 (微扰理论区域) 或 n 非常大 (WKB 半经典区域), 它们是一致的.

解答　如图 9.4 所示势阱, 假设 $E_1^0 > V_0$, 可知 $E > V$, 此时势阱内部为"经典"区域, 波函数是

$$\psi(x) \cong \frac{1}{\sqrt{p(x)}}\left[C_1\sin\phi(x) + C_2\cos\phi(x)\right],$$

其中

$$\phi(x) = \frac{1}{\hbar}\int_0^x p(x')\,\mathrm{d}x'.$$

由波函数 $\psi(x)$ 连续性边界条件 $\psi(0) = 0$ 和 $\psi(a) = 0$, 得 $C_2 = 0$,

$$\phi(a) = \frac{1}{\hbar}\int_0^a p(x)\,\mathrm{d}x = n\pi.$$

将 $p(x)=\sqrt{2m[E-V(x)]}$ 代入上式, 得

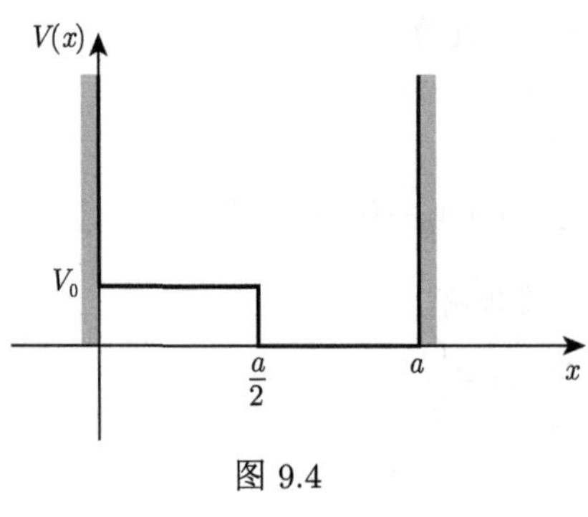

图 9.4

$$\frac{a}{2}\sqrt{2mE}+\frac{a}{2}\sqrt{2m(E-V_0)}=n\pi\hbar$$

$$\sqrt{E}+\sqrt{E-V_0}=\frac{2}{a}\frac{n\pi\hbar}{\sqrt{2m}}$$

$$E+E-V_0+2\sqrt{E(E-V_0)}=4\frac{n^2\pi^2\hbar^2}{2ma^2}=4E_n^0$$

$$4E(E-V_0)=\left(4E_n^0+V_0-2E\right)^2$$

$$4E(E-V_0)=\left(4E_n^0+V_0\right)^2-4E\left(4E_n^0+V_0\right)+4E^2$$

$$E_n=\frac{\left(4E_n^0+V_0\right)^2}{16E_n^0}=E_n^0+\frac{V_0}{2}+\frac{V_0^2}{16E_n^0}.$$

而例题 7.1 中一阶微扰理论得出的结果为: $E_n=E_n^0+\dfrac{V_0}{2}$, 对比两式可知, 对于用 WKB 近似得到的解, 当 V_0 非常小或 n 比较大时, 最后一项可以忽略不计, 此时 WKB 近似解与微扰理论的结果一致.

****习题 9.2** 另一种推导 WKB 公式 (方程 (9.10)) 的方法是基于 $\hbar$ 作幂级数展开. 受自由粒子波函数 $\psi=A\exp(\pm ipx/\hbar)$ 的启发, 写出

$$\psi(x)=e^{if(x)/\hbar},$$

其中 $f(x)$ 为某个复数函数. (注意 不失一般性——任何一非零函数都可以写成这种形式.)

(a) 将此代入薛定谔方程 (以方程 (9.1) 的形式), 并证明:

$$i\hbar f''-(f')^2+p^2=0.$$

(b) 将 $f(x)$ 按 $\hbar$ 的幂级数展开

$$f(x)=f_0(x)+\hbar f_1(x)+\hbar^2 f_2(x)+\cdots,$$

然后比较 $\hbar$ 的同次幂项系数, 证明:

$$(f_0')^2=p^2,\quad if_0''=2f_0'f_1',\quad if_1''=2f_0'f_2'+(f_1')^2,\ \cdots.$$

(c) 解出 $f_0(x)$ 和 $f_1(x)$, 并证明: 取 $\hbar$ 的一阶近似项时, 可以重新得到方程 (9.10).

注释 负数的对数定义为 $\ln(-z)=\ln(z)+in\pi$, 其中 n 为奇整数. 如果该公式对你来说是新的, 尝试在两边同时求幂, 你立刻就明白它的出处了.

解答 (a) 由 $\psi(x)=e^{if(x)/\hbar}$, 得其一阶微分与二阶微分为

$$\frac{d\psi(x)}{dx}=\frac{i}{\hbar}f'e^{if/\hbar},$$

$$\frac{d^2\psi(x)}{dx^2}=\frac{i}{\hbar}\left[f''e^{if/\hbar}+\frac{i}{\hbar}(f')^2e^{if/\hbar}\right]$$
$$=\left[\frac{i}{\hbar}f''-\frac{1}{\hbar^2}(f')^2\right]e^{if/\hbar}.$$

代入薛定谔方程 (9.1) $\frac{\mathrm{d}^2\psi}{\mathrm{d}x^2}=-\frac{p^2}{\hbar^2}\psi$ 中, 得

$$\frac{\mathrm{i}}{\hbar}f''\mathrm{e}^{\mathrm{i}f/\hbar}-\frac{1}{\hbar^2}\left(f'\right)^2\mathrm{e}^{\mathrm{i}f/\hbar}=-\frac{p^2}{\hbar^2}\mathrm{e}^{\mathrm{i}f/\hbar},$$

整理得, $\mathrm{i}\hbar f''-\left(f'\right)^2+p^2=0$.

(b) 将 $f(x)$ 按 $\hbar$ 作幂级数展开后, 得

$$f(x)=f_0(x)+\hbar f_1(x)+\hbar^2 f_2(x)+\cdots,$$

类比, 得

$$\begin{aligned}f'&=f_0'+\hbar f_1'+\hbar^2 f_2'+\cdots\\ f''&=f_0''+\hbar f_1''+\hbar^2 f_2''+\cdots\end{aligned}$$

代入 (a) 中结论, 得

$$\mathrm{i}\hbar f''-\left(f'\right)^2=\mathrm{i}\hbar\left(f_0''+\hbar f_1''+\hbar^2 f_2''+\cdots\right)-\left(f_0'+\hbar f_1'+\hbar^2 f_2'+\cdots\right)^2=-p^2.$$

合并 $\hbar$ 的同次幂项, 得

$$-\left(f_0'\right)^2+\hbar\left(\mathrm{i}f_0''-2f_0'f_1'\right)+\hbar^2\left[\mathrm{i}f_1''-\left(f_1'\right)^2-2f_0'f_2'\right]+\cdots=-p^2.$$

比较上式两边 $\hbar$ 同次幂项的系数, 得

$$\left(f_0'\right)^2=p^2,\quad \mathrm{i}f_0''=2f_0'f_1',\quad \mathrm{i}f_1''=2f_0'f_2'+\left(f_1'\right)^2,\ \cdots.$$

(c) 由 (b) 中的结论知,

$$\left(f_0'\right)^2=p^2\Rightarrow f_0'=\pm p\Rightarrow f_0=\pm\int p(x)\,\mathrm{d}x+c_1,$$

其中 c_1 为常数.

由 $f_0'=\pm p\Rightarrow f_0''=\pm p'$ 和 (b) 中结论, 得

$$\begin{aligned}&\mathrm{i}f_0''=2f_0'f_1'\\ &\quad\Rightarrow f_1'=\frac{\mathrm{i}f_0''}{2f_0'}=\frac{\pm\mathrm{i}p'}{\pm 2p}=\frac{\mathrm{i}p'}{2p}=\frac{\mathrm{i}}{2}\frac{\mathrm{d}(\ln p)}{\mathrm{d}x}\\ &\quad\Rightarrow f_1=\frac{\mathrm{i}}{2}\ln p+c_2,\end{aligned}$$

其中 c_2 为常数.

当波函数 ψ 取到 $\hbar$ 的一阶近似项时,

$$\begin{aligned}\psi(x)=\mathrm{e}^{\mathrm{i}f(x)/\hbar}&=\exp\left\{\frac{\mathrm{i}}{\hbar}\left[\pm\int p(x)\,\mathrm{d}x+c_1+\hbar\frac{\mathrm{i}}{2}\ln p+\hbar c_2\right]\right\}\\ &=\exp\left[\pm\frac{\mathrm{i}}{\hbar}\int p(x)\,\mathrm{d}x\right]\exp\left(\frac{\mathrm{i}}{\hbar}c_1\right)\exp\left(-\frac{1}{2}\ln p\right)\exp\left(\mathrm{i}c_2\right)\\ &\approx\frac{c}{\sqrt{p(x)}}\exp\left[\pm\frac{\mathrm{i}}{\hbar}\int p(x)\,\mathrm{d}x\right],\end{aligned}$$

其中 c 为常数, 此即方程 (9.10).

***习题 9.3** 使用方程 (9.23) 近似计算能量为 E 的粒子通过高度为 $V_0 > E$ 且宽度为 $2a$ 的有限方势垒时的透射几率. 将你的结果与精确结果 (习题 2.33) 作对比, 由 WKB 方法得到的结果在 $T \ll 1$ 时, 应简化到该结果.

解答 在隧穿区 $(0 \leqslant x \leqslant 2a)$,WKB 近似给出粒子的透射几率为 $T \approx \mathrm{e}^{-2\gamma}$, 其中

$$\gamma = \frac{1}{\hbar}\int_0^{2a} |p(x)|\mathrm{d}x = \frac{1}{\hbar}\int_0^{2a} \sqrt{2m(V_0 - E)}\mathrm{d}x = \frac{2a}{\hbar}\sqrt{2m(V_0 - E)}.$$

所以

$$T \approx \exp\left[-4a\sqrt{2m(V_0 - E)}/\hbar\right].$$

习题 2.33 给出的精确解为

$$T = \frac{1}{1 + \dfrac{V_0^2}{4E(V_0 - E)}\sinh^2\gamma}.$$

因为 WKB 近似假定透射几率非常小, 也就是说 γ 很大, 所以在此情况下

$$\sinh\gamma = \frac{1}{2}\left(\mathrm{e}^{\gamma} - \mathrm{e}^{-\gamma}\right) \approx \frac{1}{2}\mathrm{e}^{\gamma} \Rightarrow \sinh^2\gamma = \frac{1}{4}\mathrm{e}^{2\gamma}.$$

可将精确解简化为

$$T = \frac{1}{1 + \dfrac{V_0^2}{4E(V_0 - E)}\dfrac{1}{4}\mathrm{e}^{2\gamma}} \approx D_0\mathrm{e}^{-2\gamma},$$

其中 $D_0 = \dfrac{16E(V_0 - E)}{V_0^2}$ 是一常数, 且数值接近于 1. 因此, 透射几率 T 对入射粒子能量 E 的依赖主要体现在其指数因子上, 在这种意义上, 就得到了 WKB 近似解 $T \approx \exp[-4a\sqrt{2m(V_0 - E)}/\hbar]$.

****习题 9.4** 利用方程 (9.26) 和 (9.29), 计算 U^{238} 和 Po^{212} 的寿命. **提示** 核物质的密度相对恒定 (即所有核的密度相同), 所以, $(r_1)^3$ 与 A(质子数加中子数) 成比例. 根据经验,

$$r_1 \approx (1.07\ \mathrm{fm})\,A^{1/3}. \tag{9.30}$$

发射 α 粒子的能量可以用爱因斯坦公式 $(E = mc^2)$ 推导出来:

$$E = m_p c^2 - m_d c^2 - m_\alpha c^2, \tag{9.31}$$

其中 m_p、m_d、m_α 分别是母核、子核和 α 粒子 (He^4 核) 的质量. 为了弄清楚子核是什么, 注意 α 粒子包含两个质子和两个中子, 所以 Z 减少 2 而 A 减少 4. 查找相关的核质量. 使用公式 $E = (1/2)\,mv^2$ 来估算 v, 这忽略了原子核内部的势能 (负值), 当然低估了 v 值; 但这是在这个阶段, 我们目前所能做的最好的. 顺便提及, 实验中两者的寿命分别为 6×10^9 年和 0.5 μs.

解答 在伽莫夫的 α 衰变理论中, 用 WKB 近似可以得到原子核的寿命为

$$\tau = \frac{2r_1}{v}\mathrm{e}^{2\gamma}(\text{方程 (9.29)}),$$

由方程 (9.26)~(9.28) 联立计算, 得

$$\gamma = 1.980\ (\text{MeV})^{1/2}\frac{Z}{\sqrt{E}} - 1.485\,(\text{fm})^{-1/2}\sqrt{Zr_1},$$

其中 Z 为子核的质子数, r_1 为母核的半径.

$$\begin{aligned}&\text{U}^{238}:\ Z=92, A=238, m=238.050784\ \text{u},\ \left(1\ \text{u}=931\ \text{MeV}/c^2\right)\\&r_1=\left(1.07\times10^{-15}\ \text{m}\right)(238)^{1/3}=6.631\times10^{-15}\ \text{m}.\end{aligned}$$

U^{238} 发射一个 α 粒子衰变为 Th^{234}(其质量为 $m = 234.043596$ u), 所以发射的 α 粒子 (其质量为 $m = 4.002602$ u) 的动能为

$$\begin{aligned}E &= m_pc^2 - m_dc^2 - m_\alpha c^2 = (238.050784 - 234.043593 - 4.002602)\,(913)\ \text{MeV}\\&= 4.190\ \text{MeV}.\end{aligned}$$

所以 α 粒子的速度为

$$v=\sqrt{\frac{2E}{m_\alpha}}=\sqrt{\frac{2E}{m_\alpha c^2}}c=\sqrt{\frac{2\times4.190\ \text{MeV}}{3727\ \text{MeV}}}\times3\times10^8\ \text{m / s}=1.423\times10^7\ \text{m / s}.$$

衰变因子为

$$\gamma = 1.980\frac{90}{\sqrt{4.190}} - 1.485\sqrt{90\times6.631} = 50.779.$$

U^{238} 的寿命为

$$\begin{aligned}\tau &= \frac{2\times6.631\times10^{-15}}{1.423\times10^7}\text{e}^{2\times50.779}\ \text{s} = 1.19\times10^{23}\ \text{s}\\&= \frac{1.190\times10^{23}}{365\times24\times60\times60}\ \text{yr} = 3.773\times10^{15}\ \text{yr}.\end{aligned}$$

对于 Po^{212}:

$$\begin{aligned}&Z=84,\ A=212,\ m=211.988842\ \text{u},\\&r_1=\left(1.07\times10^{-15}\ \text{m}\right)(212)^{1/3}=6.380\times10^{-15}\ \text{m}.\end{aligned}$$

Po^{212} 发射一个 α 粒子衰变为 Pd^{208}(其质量为 $m = 207.976627$ u), 所以所发射的 α 粒子的动能为

$$\begin{aligned}E &= m_pc^2 - m_dc^2 - m_\alpha c^2 = (211.988842 - 207.976627 - 4.002602)\,(913)\ \text{MeV}\\&= 8.777\ \text{MeV}.\end{aligned}$$

所以 α 粒子的速度为

$$v=\sqrt{\frac{2E}{m_\alpha}}=\sqrt{\frac{2E}{m_\alpha c^2}}c=\sqrt{\frac{2\times8.777\ \text{MeV}}{3727\ \text{MeV}}}\times3\times10^8\ \text{m / s}=2.059\times10^7\ \text{m / s}.$$

衰变因子为

$$\gamma = 1.980\frac{82}{\sqrt{8.777}} - 1.458\sqrt{82\times6.380} = 21.446.$$

Po^{212} 的寿命为

$$\tau = \frac{2\times6.380\times10^{-15}}{2.059\times10^7}\text{e}^{2\times21.446}\ \text{s} = 2.630\times10^{-3}\ \text{s}.$$

两种元素的寿命差异如此之大, 显示出元素的寿命对原子核质量的依赖非常强烈, 发射 α 粒子的能量细微变化, 可以引起指数因子的巨大变化, 从而引起寿命的巨大变化.

习题 9.5　齐纳隧穿. 在半导体中, 电场 (如果足够大) 可以在能带之间产生跃迁, 这种现象称为齐纳隧穿. 如图 9.5 所示, 一均匀电场 $\boldsymbol{E}=-E_0\hat{i}$, 其中

$$H'=-eE_0x,$$

将能带和位置关联起来. 然后电子就有可能从价带 (下) 隧穿到导带 (上); 这种现象是**齐纳二极管**的基础. 将带隙看作电子通过的势垒大小, 根据 E_g 和 E_0(以及 m, $\hbar$, e) 求出隧穿几率.

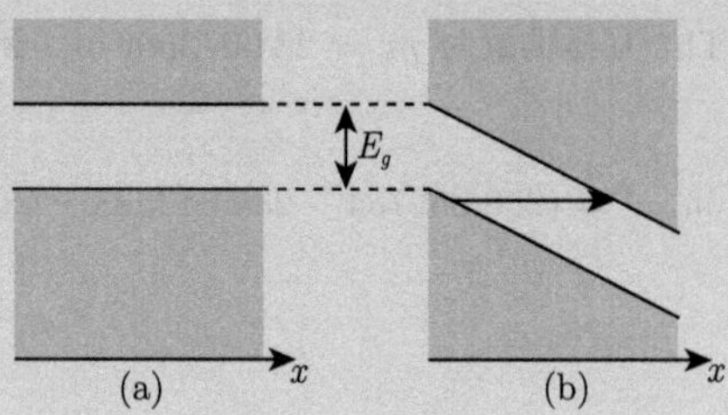

图 9.5　(a) 没有电场时的能带; (b) 在电场存在的情况下, 电子可以在能带之间进行隧穿

解答　由方程 (9.2) 和 (9.23) 可知隧穿几率为

$$T\sim \mathrm{e}^{-2\gamma},$$

其中 $\gamma\equiv\dfrac{1}{\hbar}\int_0^a|p(x)|\,\mathrm{d}x,\ p(x)\equiv\sqrt{2m[E-V(x)]}$.

位于低能带上的电子在均匀电场 $\boldsymbol{E}=-E_0\hat{i}$ 作用下需穿越的势垒为

$$V(x)=E+E_g-eE_0x,$$

所以

$$\begin{aligned}|p(x)|&=\left|\sqrt{2m[E-(E+E_g-eE_0x)]}\right|=\left|\sqrt{-2m(E_g-eE_0x)}\right|\\&=\sqrt{2m(E_g-eE_0x)}.\end{aligned}$$

则

$$\begin{aligned}\gamma&=\frac{1}{\hbar}\int_0^a\sqrt{2m(E_g-eE_0x)}\mathrm{d}x\\&=\frac{\sqrt{2mE_g}}{\hbar}\int_0^a\sqrt{1-\frac{eE_0x}{E_g}}\mathrm{d}x\\&=\frac{\sqrt{2mE_g}}{\hbar}\left(-\frac{E_g}{eE_0}\right)\int_0^a\left(1-\frac{eE_0x}{E_g}\right)^{\frac{1}{2}}\mathrm{d}\left(1-\frac{eE_0x}{E_g}\right)\\&=-\frac{\sqrt{2mE_g}E_g}{\hbar eE_0}\frac{2}{3}\left(1-\frac{eE_0x}{E_g}\right)^{\frac{3}{2}}\Bigg|_0^a\\&=\frac{2}{3}\frac{E_g^{\frac{3}{2}}}{eE_0}\frac{\sqrt{2m}}{\hbar},\end{aligned}$$

其中用到 $eE_0a=E_g$.

因此,

$$T=\mathrm{e}^{-2\gamma}=\exp\left(-\frac{4}{3}\frac{E_g^{\frac{3}{2}}}{eE_0}\frac{\sqrt{2m}}{\hbar}\right).$$

****习题 9.6　重新审视"弹跳球".** 考虑 (质量为 m) 球在地板上弹性弹跳这一经典问题的量子力学模拟.①

(a) 作为高度 x 的势能函数是多少? (对于 x 为负值的情况, 势是无限大的, 球根本无法到达.)

(b) 求解该势的薛定谔方程, 结果用适当的艾里函数表示 (注意 $\mathrm{Bi}(z)$ 在 z 很大时发散, 因此必须舍弃). 不要费心归一化 $\psi(x)$.

(c) 取 $g = 9.80\ \mathrm{m/s^2}$ 和 $m = 0.100\ \mathrm{kg}$, 求出前四个能量允许值, 以焦耳为单位, 保留 3 位有效数字. **提示** 参考 Milton Abramowitz 和 Irene A. Stegun 所著,《数学函数手册》, 多佛出版社, 纽约 (1970), 第 478 页; 记法定义在第 450 页.

(d) 在该引力场中, 电子的基态能量是多少 (单位为 eV)? 这个电子平均离地有多高? **提示** 使用位力定理求 $\langle x\rangle$.

解答 (a) 由于球不可能到达负 x 处, 球的势能可以表示为

$$V(x) = \begin{cases} mgx, & x \geqslant 0, \\ \infty, & x < 0. \end{cases}$$

(b) 在 $x < 0$ 区域, 因为 $V(x) = \infty$, 故 $\psi(x) = 0$. 在 $x \geqslant 0$ 区域, 定态薛定谔方程为

$$-\frac{\hbar^2}{2m}\frac{\mathrm{d}^2\psi}{\mathrm{d}x^2} + mgx\psi = E\psi,$$

$$\frac{\mathrm{d}^2\psi}{\mathrm{d}x^2} = \frac{2m}{\hbar^2}(mgx - E).$$

令 $y = x - \dfrac{E}{mg}, \alpha^3 \equiv \left(\dfrac{2m^2g}{\hbar^2}\right)$, 则

$$\frac{\mathrm{d}^2\psi}{\mathrm{d}y^2} = \alpha^3 y\psi.$$

再令 $z = \alpha y = \alpha\left(x - \dfrac{E}{mg}\right)$, 则

$$\frac{\mathrm{d}^2\psi}{\mathrm{d}z^2} = z\psi.$$

此即艾里方程, 其通解为

$$\psi = a\mathrm{Ai}(z) + b\mathrm{Bi}(z).$$

但对于 $z \to \infty, \mathrm{Bi}(z) \sim \dfrac{1}{\sqrt{\pi}z^{1/4}}\mathrm{e}^{2z^{2/3}/3} \to \infty$, 所以必须取 $b = 0$. 这样在 $x \geqslant 0$ 区域的解为

$$\psi(x) = a\mathrm{Ai}(z) = a\mathrm{Ai}[\alpha(x - E/mg)].$$

(c) 波函数在 $x = 0$ 处的连续性要求: $\psi(0) = a\mathrm{Ai}[\alpha(-E/mg)] = 0$, 设 $\mathrm{Ai}(z)$ 的零点处在 $a_n\ (n = 1, 2, 3, \cdots)$, 由数学手册查得

$$a_1 = -2.338,\ a_2 = -4.088,\ a_3 = -5.521,\ a_4 = -6.787.$$

① 有关量子反弹球的更多信息, 请参见习题 2.59, J. Gea-Banacloche, *Am. J. Phys.* **67,** 776(1999) 和 N. Wheeler,《均匀引力场中的经典/量子动力学》, 里德学院报告 (未出版, 2002 年). 这听起来可能是一个哗众取宠的问题, 但实验实际上是用中子完成的 (V. V. Nesvizhevsky et al., *Nature,* **415,** 297 (2002)).

所以允许的能级为

$$E_n = -\frac{mg}{\alpha}a_n = -\left(\frac{1}{2}mg^2\hbar^2\right)^{1/3}a_n.$$

将 $g = 9.80\ \mathrm{m/s^2}, m = 0.100\ \mathrm{kg}$ 代入, 得

$$\frac{1}{2}mg^2\hbar^2 = \frac{1}{2}(0.1\ \mathrm{kg})\left(9.8\ \mathrm{m/s^2}\right)^2\left(1.055\times10^{-34}\ \mathrm{J\cdot s}\right)^2 = 5.34\times10^{-68}\ \mathrm{J^3},$$

$$\left(\frac{1}{2}mg^2\hbar^2\right)^{1/3} = 3.77\times10^{-23}\ \mathrm{J}.$$

于是可求得前四个允许能量分别为

$$E_1 = -3.77\times10^{-23}\ \mathrm{J}\times(-2.338) = 8.81\times10^{-23}\ \mathrm{J},$$

$$E_2 = 1.54\times10^{-22}\ \mathrm{J},\ E_3 = 2.08\times10^{-22}\ \mathrm{J},\ E_4 = 2.56\times10^{-22}\ \mathrm{J}.$$

(d) 对于电子, $m = 9.11\times10^{-31}\ \mathrm{kg}$,

$$\left(\frac{1}{2}mg^2\hbar^2\right)^{1/3} = \left[\frac{1}{2}\left(9.11\times10^{-31}\ \mathrm{kg}\right)\left(9.8\ \mathrm{m\ /\ s^2}\right)^2\left(1.055\times10^{-34}\ \mathrm{J\cdot s}\right)^2\right]^{1/3} = 7.87\times10^{-33}\ \mathrm{J}.$$

基态能量为

$$E_1 = -7.87\times10^{-33}\ \mathrm{J}\times(-2.338) = 1.84\times10^{-32}\ \mathrm{J} = \frac{1.84\times10^{-32}}{1.6\times10^{-19}}\ \mathrm{eV} = 1.15\times10^{-13}\ \mathrm{eV}.$$

由方程 (3.113) 知位力定理为

$$2\langle T\rangle = \left\langle x\frac{\mathrm{d}V}{\mathrm{d}x}\right\rangle.$$

由 $V = mgx$, 得

$$2\langle T\rangle = \left\langle x\frac{\mathrm{d}V}{\mathrm{d}x}\right\rangle = \langle mgx\rangle = \langle V\rangle \Rightarrow \langle T\rangle = \frac{1}{2}\langle V\rangle.$$

另由 $\langle T\rangle + \langle V\rangle = \langle H\rangle = E_n$, 得

$$\frac{3}{2}\langle V\rangle = \frac{3}{2}mg\langle x\rangle = E_n \Rightarrow \langle x\rangle = \frac{2E_n}{3mg}.$$

故处在基态的电子离地面的平均高度为

$$\langle x\rangle = \frac{2E_1}{3mg} = 1.37\times10^{-3}\ \mathrm{m} = 1.37\ \mathrm{mm}.$$

***习题 9.7**　使用 WKB 近似分析反弹球 (习题 9.6).

(a) 用 m, g 和 $\hbar$ 表示能量允许值 E_n.

(b) 将习题 9.6(c) 中给出的特定值代入, 并将 WKB 近似得到的前四个能量值与“精确”结果作对比.

(c) 量子数 n 必须取多大时, 才能使球的平均高度达到离地面 1m?

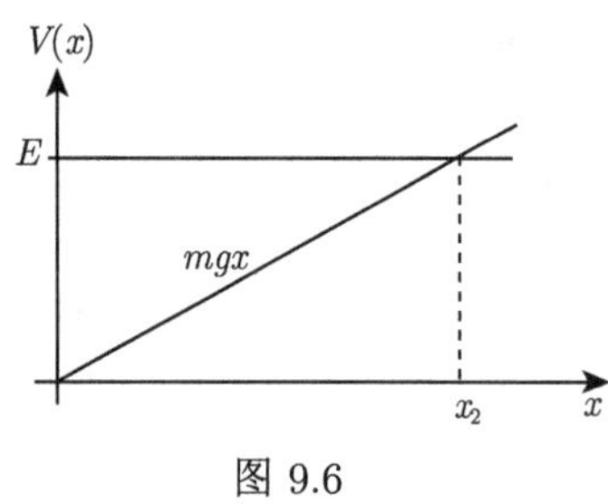

图 9.6

解答　(a) 设球的能量为 E, 经典区域 (见图 9.6) 为 $0 < x < x_2$, $x_2 = E/(mg)$.

将 WKB 近似应用到单垂直壁势阱, 得

$$\int_0^{x_2} p(x)\,\mathrm{d}x = \left(n - \frac{1}{4}\right)\pi\hbar,$$

其中 $p(x) = \sqrt{2m(E - mgx)}$, 将其代入上式, 得

$$\begin{aligned}\int_0^{x_2} p(x)\,\mathrm{d}x &= \sqrt{2m}\int_0^{x_2}\sqrt{E - mgx}\,\mathrm{d}x \\ &= \sqrt{2m}\left[-\frac{2}{3mg}(E - mgx)^{3/2}\right]\Bigg|_0^{x_2} \\ &= -\frac{2}{3}\sqrt{\frac{2}{m}}\frac{1}{g}\left[(E - mgx_2)^{3/2} - E^{3/2}\right] \\ &= \frac{2}{3}\sqrt{\frac{2}{m}}\frac{1}{g}E^{3/2}.\end{aligned}$$

因此,

$$\frac{2}{3}\sqrt{\frac{2}{m}}\frac{1}{g}E^{3/2} = (n - 1/4)\pi\hbar,$$

$$E_n = \left[\frac{9}{8}\pi^2 mg^2\hbar^2 (n - 1/4)^2\right]^{1/3}.$$

(b) WKB 近似解

$$\begin{aligned}\left(\frac{9}{8}\pi^2 mg^2\hbar^2\right)^{1/3} &= \left[\frac{9}{8}\pi^2 (0.1\ \mathrm{kg})\left(9.8\ \mathrm{m/s^2}\right)^2\left(1.055\times 10^{-34}\ \mathrm{J\cdot s}\right)^2\right]^{1/3} \\ &= 1.059\times 10^{-22}\ \mathrm{J}.\end{aligned}$$

代入 E_n, 得

$$E_1 = \left(1.059\times 10^{-22}\mathrm{J}\right)\left(\frac{3}{4}\right)^{2/3} = 8.742\times 10^{-23}\ \mathrm{J},$$

$$E_2 = \left(1.059\times 10^{-22}\mathrm{J}\right)\left(\frac{7}{4}\right)^{2/3} = 1.538\times 10^{-22}\ \mathrm{J},$$

$$E_3 = \left(1.059\times 10^{-22}\mathrm{J}\right)\left(\frac{11}{4}\right)^{2/3} = 2.079\times 10^{-22}\ \mathrm{J},$$

$$E_4 = \left(1.059\times 10^{-22}\mathrm{J}\right)\left(\frac{15}{4}\right)^{2/3} = 2.556\times 10^{-22}\ \mathrm{J}.$$

通过对比可以看出, 求得的 WKB 近似解与习题 9.6 中的精确解非常接近. 除 E_1 外 (精确结果为 8.81×10^{-23} J), 其他三个能级的 WKB 近似解都精确到了三位有效数字的程度.

(c) 从习题 9.6(d) 可知, 球在量子数为 n 的状态的平均高度值为 $\langle x\rangle = \dfrac{2E_n}{3mg}$. 要使球高出地面 1m, 可将 (a) 中 E_n 代入, 得

$$1 = \frac{2}{3}\frac{1.059\times 10^{-22}}{(0.1)(9.8)}\left(n - \frac{1}{4}\right)^{2/3}.$$

求解上式, 得

$$n = 1.699\times 10^{33}.$$

***习题 9.8**　利用 WKB 近似求解谐振子的能量允许值.

解答　将 WKB 近似用于无垂直壁势阱, 设粒子能量为 E, 则经典区域为

$$x_1 < x < x_2, \quad \left(-x_1 = x_2 = \sqrt{\frac{2E}{m\omega^2}}\right).$$

由

$$\int_{x_1}^{x_2} p(x)\,\mathrm{d}x = \left(n - \frac{1}{2}\right)\pi\hbar, \quad (n = 1, 2, 3, \cdots),$$

其中 $p(x) = \sqrt{2m\left(E - \frac{1}{2}m\omega^2x^2\right)}$, 将其代入上式, 得

$$\begin{aligned}\int_{x_1}^{x_2} p(x)\,\mathrm{d}x &= m\omega\int_{-x_2}^{x_2}\sqrt{\frac{2E}{m\omega^2} - x^2}\mathrm{d}x\\ &= 2m\omega\int_0^{x_2}\sqrt{x_2^2 - x^2}\mathrm{d}x\\ &= m\omega\left[x\sqrt{x_2^2 - x^2} + x_2^2\arcsin(x/x_2)\right]\Big|_0^{x_2}\\ &= \frac{\pi}{2}m\omega x_2^2 = \frac{\pi E}{\omega}.\end{aligned}$$

由此得出

$$E_n = (n - 1/2)\,\hbar\omega, \quad (n = 1, 2, 3, \cdots)$$

或者

$$E_n = (n + 1/2)\,\hbar\omega. \ (n = 0, 1, 2, 3, \cdots)$$

可以看出, WKB 近似解和精确解是一致的.

习题 9.9　质量为 m 的粒子处于谐振子的第 n 能级上 (角频率 ω).

(a) 求转折点 x_2.

(b) 在线性势能误差 (方程 (9.33), 但转折点在 x_2 处) 达到 1% 之前, 距转折点上方有多远 (d)? 也就是说, 如果

$$\frac{V(x_2 + d) - V_{\text{lin}}(x_2 + d)}{V(x_2)} = 0.01,$$

那么, d 是多少?

(c) 只要 $z \geqslant 5, \mathrm{Ai}(z)$ 的渐近形式的精度为 1% . 对于 (b) 中的 d 值, 求满足 $\alpha d \geqslant 5$ 时 n 的最小值.(对于任何大于该值的 n, 存在一个重叠区域, 其中线性势的精度可以达到 1% , 而且艾里函数的大 z 形式也准确到 1% .)

解答　(a) 设粒子处于谐振子第 n 级定态, 得

$$\frac{1}{2}m\omega^2x_2^2 = E_n = \left(n + \frac{1}{2}\right)\hbar\omega,$$

$$x_2 = \sqrt{\frac{(2n+1)\hbar}{m\omega}}.$$

(b) 由方程 (9.33)

$$V(x) \approx E + V'(0)\,x,$$

可知在 x_2 处线性势为

$$V_{\text{lin}}(x) = \frac{1}{2}m\omega^2 x_2^2 + \left(m\omega^2 x_2\right)(x - x_2),$$

则

$$\begin{aligned}\frac{V(x_2+d) - V_{\text{lin}}(x_2+d)}{V(x_2)} &= \frac{(1/2)\,m\omega^2 (x_2+d)^2 - \left[(1/2)\,m\omega^2 (x_2)^2 + m\omega^2 x_2 d\right]}{(1/2)\,m\omega^2 (x_2)^2} \\ &= \left(\frac{d}{x_2}\right)^2 = 0.01.\end{aligned}$$

得

$$d = 0.1x_2.$$

(c) 方程 (9.35) 给出 $\alpha = \left[\dfrac{2m}{\hbar^2}V'(x_2)\right]^{1/3} = \left[\dfrac{2m}{\hbar^2}m\omega^2 x_2\right]^{1/3}$，要使 $\mathrm{Ai}(z)$ 的渐近形式的准确率为 1%, 则须有

$$z = \alpha d \geqslant 5,$$

即

$$0.1x_2\left[\frac{2m}{\hbar^2}m\omega^2 x_2\right]^{1/3} \geqslant 5,$$

$$\left[\frac{2m^2}{\hbar^2}\omega^2\right]^{1/3}[x_2]^{4/3} \geqslant 50,$$

$$\frac{2m^2}{\hbar^2}\omega^2 x_2^4 = \frac{2m^2\omega^2}{\hbar^2}\frac{(2n+1)^2\hbar^2}{m^2\omega^2} \geqslant 50^3,$$

$$(2n+1)^2 \geqslant \frac{50^3}{2}.$$

即

$$2n+1 \geqslant 250, \qquad n \geqslant 124.5,$$

$$n_{\min} = 125.$$

正如我们在习题 9.7 和习题 9.8 中所看到的, 即对更小的 n, WKB 近似解也是有效的.

****习题 9.10**　推导向下倾斜转折点处的连接公式, 并证明方程 (9.51).

解答　先平移坐标轴, 使转折点处在 $x=0$ 处 (如图 9.7 所示).

$x>0$ 区域为经典区域, $x<0$ 区域为非经典区域, 由 WKB 近似, 有

$$\psi_{\text{WKB}}(x) \cong \begin{cases} \dfrac{D}{\sqrt{|p(x)|}}\mathrm{e}^{-\frac{1}{\hbar}\int_x^0 |p(x')|\mathrm{d}x'}, & x<0 \\ \dfrac{1}{\sqrt{p(x)}}\left[B\mathrm{e}^{\frac{\mathrm{i}}{\hbar}\int_0^x p(x')\mathrm{d}x'} + C\mathrm{e}^{-\frac{\mathrm{i}}{\hbar}\int_0^x p(x')\mathrm{d}x'}\right], & x>0 \end{cases}$$

由于 WKB 近似方法在转折点附近不适用 (趋于无限大), 我们就需要一个原点邻域的修补波函数 ψ_p 来把两个区域的 WKB 解连接在一起. 仿照教材讨论的向左下 (x 负方向) 倾斜势的方法, 首先将原点邻域处势能近似为线性势,

$$V(x) \approx V(0) + V'(0)x = E + V'(0)x,$$

(注意 $V'(0)$ 为负值) 对该线性势求解薛定谔方程,

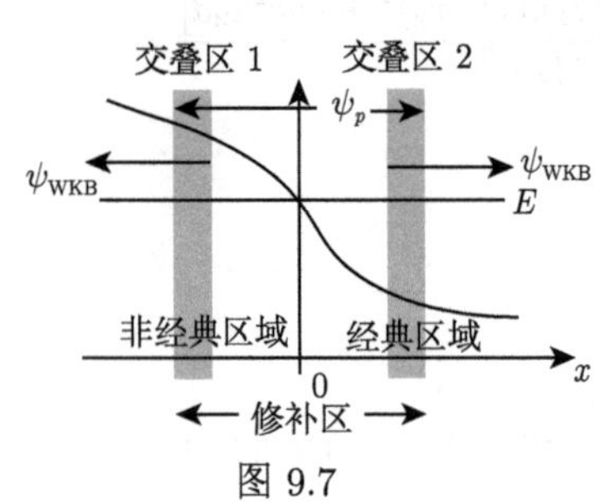

图 9.7

$$-\frac{\hbar^2}{2m}\frac{d^2\psi_p}{dx^2} + [E + V'(0)x]\psi_p = E\psi_p$$

$$\Rightarrow \frac{d^2\psi_p}{dx^2} = \frac{2mV'(0)}{\hbar^2}x\psi_p.$$

令 $\alpha = \left[\frac{2m}{\hbar^2}|V'(0)|\right]^{1/3}$, $z \equiv -\alpha x$, 方程化为

$$\frac{d^2\psi_p}{dz^2} = z\psi_p,$$

这是艾里方程, 其解为

$$\psi_p(x) = a\text{Ai}(-\alpha x) + b\text{Bi}(-\alpha x),$$

下面我们要将它与两侧的 WKB 近似解相匹配. 根据 WKB 近似解在离转折点足够远处是可靠的, 假设修补波函数 ψ_p 和 WKB 近似解重叠形成两个交叠区 (如图 9.7 所示), 且在交叠区线性势能 $V(x) = E + V'(0)x$ 足够精确, 即在交叠区有

$$p(x) \cong \sqrt{2m[E - E - V'(0)x]} = \sqrt{-2mV'(0)x} = \sqrt{\hbar^2\alpha^3 x} = \hbar\alpha^{3/2}\sqrt{x}.$$

在左侧第一交叠区:

$$\int_x^0 |p(x')|dx' \cong \hbar\alpha^{3/2}\int_x^0 \sqrt{-x'}dx' = \frac{2}{3}\hbar\alpha^{3/2}(-x)^{3/2} = \frac{2}{3}\hbar(-\alpha x)^{3/2}.$$

因此 WKB 波函数可写为

$$\psi_{\text{WKB}}(x) \cong \frac{D}{\sqrt{\hbar}\alpha^{3/4}(-x)^{1/4}}e^{-\frac{2}{3}(-\alpha x)^{3/2}}.$$

同时, 利用艾里函数大 $z\,(z = -\alpha x \gg 1)$ 时的渐近形式 (教材表 9.1), 第一交叠区的修补波函数为

$$\psi_p(x) \cong \frac{a}{2\sqrt{\pi}(-\alpha x)^{1/4}}e^{-\frac{2}{3}(-\alpha x)^{3/2}} + \frac{b}{\sqrt{\pi}(-\alpha x)^{1/4}}e^{\frac{2}{3}(-\alpha x)^{3/2}}.$$

对比这两个解, 我们得到

$$a = \sqrt{\frac{4\pi}{\alpha\hbar}}D, \quad b = 0.$$

在右侧第二交叠区:

$$\int_0^x p(x')\,dx' = \hbar\alpha^{3/2}\int_0^x \sqrt{x'}dx' = \frac{2}{3}\hbar(\alpha x)^{3/2}.$$

WKB 波函数为

$$\psi_{\text{WKB}}(x) \cong \frac{1}{\sqrt{\hbar}\alpha^{3/4}x^{1/4}}\left[Be^{i\frac{2}{3}(\alpha x)^{3/2}} + Ce^{-i\frac{2}{3}(\alpha x)^{3/2}}\right].$$

同时, 利用艾里函数负的大 $z\,(z=-\alpha x\ll 1)$ 时的渐近形式, 第二交叠区的修补波函数为 (注意修补波函数中的系数 b 已经为零)

$$\begin{aligned}\psi_p(x) &\cong \frac{a}{\sqrt{\pi}(\alpha x)^{1/4}}\sin\left[\frac{2}{3}(\alpha x)^{3/2}+\frac{\pi}{4}\right]\\ &\cong \frac{a}{\sqrt{\pi}(\alpha x)^{1/4}}\frac{1}{2\mathrm{i}}\left[\mathrm{e}^{\mathrm{i}\pi/4}\mathrm{e}^{\mathrm{i}\frac{2}{3}(\alpha x)^{3/2}}-\mathrm{e}^{-\mathrm{i}\pi/4}\mathrm{e}^{-\mathrm{i}\frac{2}{3}(\alpha x)^{3/2}}\right].\end{aligned}$$

对比这两个解, 得

$$B=\frac{a}{2\mathrm{i}}\sqrt{\frac{\hbar\alpha}{\pi}}\mathrm{e}^{\mathrm{i}\pi/4},\quad C=-\frac{a}{2\mathrm{i}}\sqrt{\frac{\hbar\alpha}{\pi}}\mathrm{e}^{-\mathrm{i}\pi/4}.$$

将 $a=\sqrt{\dfrac{4\pi}{\alpha\hbar}}D$ 代入以上两式, 得 $B=-\mathrm{i}\mathrm{e}^{\mathrm{i}\pi/4}D, C=\mathrm{i}\mathrm{e}^{-\mathrm{i}\pi/4}D$. 所以在 $x>0$ 区域

$$\begin{aligned}\psi_{\mathrm{WKB}}(x) &= \frac{1}{\sqrt{p(x)}}\left[B\mathrm{e}^{\frac{\mathrm{i}}{\hbar}\int_0^x p(x')\mathrm{d}x'}+C\mathrm{e}^{-\frac{\mathrm{i}}{\hbar}\int_0^x p(x')\mathrm{d}x'}\right]\\ &= \frac{1}{\sqrt{p(x)}}\left[-\mathrm{i}D\mathrm{e}^{\mathrm{i}\pi/4}\mathrm{e}^{\frac{\mathrm{i}}{\hbar}\int_0^x p(x')\mathrm{d}x'}+\mathrm{i}D\mathrm{e}^{-\mathrm{i}\pi/4}\mathrm{e}^{-\frac{\mathrm{i}}{\hbar}\int_0^x p(x')\mathrm{d}x'}\right]\\ &= \frac{-\mathrm{i}D}{\sqrt{p(x)}}\left[\mathrm{e}^{\mathrm{i}\left[\frac{1}{\hbar}\int_0^x p(x')\mathrm{d}x'+\frac{\pi}{4}\right]}-C\mathrm{e}^{-\mathrm{i}\left[\frac{1}{\hbar}\int_0^x p(x')\mathrm{d}x'+\frac{\pi}{4}\right]}\right]\\ &= \frac{2D}{\sqrt{p(x)}}\sin\left[\frac{1}{\hbar}\int_0^x p(x')\,\mathrm{d}x'+\frac{\pi}{4}\right].\end{aligned}$$

将转折点从原点移动至任意点 x_1, 则 WKB 波函数变为

$$\psi_{\mathrm{WKB}}(x)\cong\begin{cases}\dfrac{D}{\sqrt{|p(x)|}}\exp\left[-\dfrac{1}{\hbar}\displaystyle\int_x^{x_1}|p(x')|\,\mathrm{d}x'\right], & x<x_1,\\ \dfrac{2D}{\sqrt{p(x)}}\sin\left[\dfrac{1}{\hbar}\displaystyle\int_{x_1}^x p(x')\,\mathrm{d}x'+\dfrac{\pi}{4}\right], & x>x_1.\end{cases}$$

*****习题 9.11**　使用适当的连接公式分析倾斜壁势垒的散射问题 (图 9.8). 提示先把 WKB 波函数写成以下形式:

$$\psi(x)\approx\begin{cases}\dfrac{1}{\sqrt{p(x)}}\left[A\mathrm{e}^{-\frac{\mathrm{i}}{\hbar}\int_x^{x_1}p(x')\mathrm{d}x'}+B\mathrm{e}^{\frac{\mathrm{i}}{\hbar}\int_x^{x_1}p(x')\mathrm{d}x'}\right], & x<x_1;\\ \dfrac{1}{\sqrt{|p(x)|}}\left[C\mathrm{e}^{\frac{1}{\hbar}\int_{x_1}^x|p(x')|\mathrm{d}x'}+D\mathrm{e}^{-\frac{1}{\hbar}\int_{x_1}^x|p(x')|\mathrm{d}x'}\right], & x_1<x<x_2;\\ \dfrac{1}{\sqrt{p(x)}}\left[F\mathrm{e}^{\frac{\mathrm{i}}{\hbar}\int_{x_2}^x p(x')\mathrm{d}x'}\right], & x>x_2.\end{cases}$$

不要假设 $C=0$. 计算隧穿几率 $T=|F|^2/|A|^2$, 并证明: 在较宽、高势垒的情况下, 结果简化为方程 (9.23).

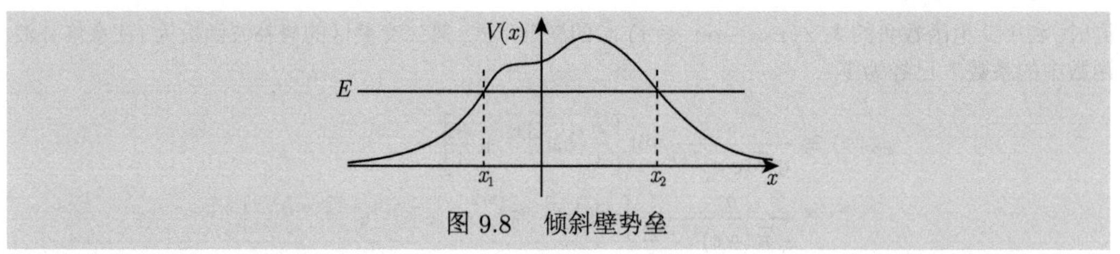

图 9.8　倾斜壁势垒

解答　先分析 x_1 点情况, 它是一个势向右上倾斜的转折点, 这种转折点在教材 9.3 节中讨论过, 不过现在非经典区域为有限区域, 两个指数项都需保留. 所以我们需要求出 5 个系数之间的关系. 设 x_1 邻域处的势能近似为线性势:

$$V(x) \approx V(x_1) + V'(x_1)(x - x_1) = E + V'(x_1)(x - x_1),$$

其中 $V'(x_1)$ 为正值.

对这个势求解薛定谔方程,

$$-\frac{\hbar^2}{2m}\frac{\mathrm{d}^2\psi_p(x)}{\mathrm{d}x^2} + V(x)\psi_p(x) = E\psi_p(x),$$

$$-\frac{\hbar^2}{2m}\frac{\mathrm{d}^2\psi_p(x)}{\mathrm{d}x^2} + [E + V'(x_1)(x - x_1)]\psi_p(x) = E\psi_p(x),$$

$$\frac{\mathrm{d}^2\psi_p}{\mathrm{d}x^2} = \frac{2m}{\hbar^2}V'(x_1)(x - x_1)\psi_p.$$

令 $\alpha \equiv \left[\frac{2m}{\hbar^2}V'(x_1)\right]^{1/3}$, $z \equiv \alpha(x - x_1)$, 方程即可化作艾里方程

$$\frac{\mathrm{d}^2\psi_p}{\mathrm{d}z^2} = z\psi_p,$$

其通解为

$$\psi_p(x) = a\mathrm{Ai}[\alpha(x - x_1)] + b\mathrm{Bi}[\alpha(x - x_1)].$$

下面将 x_1 处的修补波函数与题中所设定的 WKB 近似解进行匹配.

在 x_1 左侧交叠区 $(x < x_1)$,

$$p(x) \cong \sqrt{2m[E - E - V'(x_1)(x - x_1)]} = \hbar\alpha^{3/2}\sqrt{x_1 - x}, \text{(实动量)}$$

$$\int_x^{x_1} p(x')\,\mathrm{d}x' = \int_x^{x_1} \hbar\alpha^{3/2}\sqrt{x_1 - x'}\,\mathrm{d}x' = \frac{2}{3}\hbar[-\alpha(x - x_1)]^{3/2}.$$

因此 WKB 近似解为

$$\psi(x) \cong \frac{1}{\sqrt{\hbar}\alpha^{3/4}(x_1 - x)^{1/4}}\left[A\mathrm{e}^{\mathrm{i}\frac{2}{3}[-\alpha(x-x_1)]^{3/2}} + B\mathrm{e}^{-\mathrm{i}\frac{2}{3}[-\alpha(x-x_1)]^{3/2}}\right].$$

同时, 利用艾里函数在 z 趋于负的极大时的渐近形式, 可写出

$$\psi_p(x) = \frac{1}{\sqrt{\pi}[-\alpha(x - x_1)]^{1/4}}\left\{a\sin\left[\frac{2}{3}[-\alpha(x - x_1)]^{3/2} + \frac{\pi}{4}\right]\right.$$
$$\left. + b\cos\left[\frac{2}{3}[-\alpha(x - x_1)]^{3/2} + \frac{\pi}{4}\right]\right\}.$$

比较两个解, 可以得出

$$A=\sqrt{\frac{\hbar\alpha}{\pi}}\mathrm{e}^{\mathrm{i}\pi/4}\left(\frac{1}{2\mathrm{i}}a+\frac{1}{2}b\right),\quad B=\sqrt{\frac{\hbar\alpha}{\pi}}\mathrm{e}^{-\mathrm{i}\pi/4}\left(-\frac{1}{2\mathrm{i}}a+\frac{1}{2}b\right).$$

同理, 在 x_1 右侧交叠区 $(x>x_1)$,

$$p(x)\cong\sqrt{2m\left[E-E-V'(x_1)(x-x_1)\right]}=\hbar\alpha^{3/2}\sqrt{x_1-x},(\text{虚动量})$$

$$\int_{x_1}^{x}\left|p(x')\right|\mathrm{d}x'=\int_{x_1}^{x}\hbar\alpha^{3/2}\sqrt{x'-x_1}\mathrm{d}x'=\frac{2}{3}\hbar\left[\alpha(x-x_1)\right]^{3/2}.$$

可得 WKB 近似解与艾里函数在 z 区域正的极大时的渐近形式分别为

$$\psi(x)=\frac{1}{\sqrt{\hbar}\alpha^{3/4}(x-x_1)^{1/4}}\left[C\mathrm{e}^{(2/3)[\alpha(x-x_1)]^{3/2}}+D\mathrm{e}^{-(2/3)[\alpha(x-x_1)]^{3/2}}\right],$$

$$\psi_p(x)=\frac{a}{2\sqrt{\pi}\left[\alpha(x-x_1)\right]^{1/4}}\mathrm{e}^{-\frac{2}{3}[\alpha(x-x_1)]^{3/2}}+\frac{b}{\sqrt{\pi}\left[\alpha(x-x_1)\right]^{1/4}}\mathrm{e}^{\frac{2}{3}[\alpha(x-x_1)]^{3/2}}.$$

对比这两个解, 可以得出 $a=\sqrt{\frac{4\pi}{\hbar\alpha}}D$, $b=\sqrt{\frac{\pi}{\hbar\alpha}}C$, 将其代入 A,B 中, 得

$$A=\left(\frac{1}{2}C-\mathrm{i}D\right)\mathrm{e}^{\mathrm{i}\pi/4},\quad B=\left(\frac{1}{2}C+\mathrm{i}D\right)\mathrm{e}^{-\mathrm{i}\pi/4}.$$

此即 A,B 与 C 和 D 的关系式.

再分析 x_2 点, 它是一个向下倾斜的转折点, 在 $(x_1<x<x_2)$ 区域的 WKB 近似波函数为

$$\psi(x)=\frac{1}{\sqrt{|p(x)|}}\left[C\mathrm{e}^{\frac{1}{\hbar}\int_{x_1}^{x}|p(x')|\mathrm{d}x'}+D\mathrm{e}^{-\frac{1}{\hbar}\int_{x_1}^{x}|p(x')|\mathrm{d}x'}\right].$$

由于我们是在 x_2 邻近区域分析, 我们把在 $(x_1<x<x_2)$ 区域的 WKB 近似波函数写为

$$\begin{aligned}\psi(x)&=\frac{1}{\sqrt{|p(x)|}}\left[C\mathrm{e}^{\frac{1}{\hbar}\int_{x_1}^{x_2}|p(x')|\mathrm{d}x'+\frac{1}{\hbar}\int_{x_2}^{x}|p(x')|\mathrm{d}x'}\right.\\&\quad\left.+D\mathrm{e}^{-\frac{1}{\hbar}\int_{x_1}^{x}|p(x')|\mathrm{d}x'-\frac{1}{\hbar}\int_{x_2}^{x}|p(x')|\mathrm{d}x'}\right]\\&=\frac{1}{\sqrt{|p(x)|}}\left[C'\mathrm{e}^{\frac{1}{\hbar}\int_{x}^{x_2}|p(x')|\mathrm{d}x'}+D'\mathrm{e}^{-\frac{1}{\hbar}\int_{x}^{x_2}|p(x')|\mathrm{d}x'}\right],\end{aligned}$$

其中 (注意积分上下限的调换及 C', D' 与 C, D 的关系)

$$\begin{aligned}&C'\equiv D\mathrm{e}^{-\frac{1}{\hbar}\int_{x_1}^{x_2}|p(x')|\mathrm{d}x'}=D\mathrm{e}^{-\gamma},\quad D'\equiv C\mathrm{e}^{\frac{1}{\hbar}\int_{x_1}^{x_2}|p(x')|\mathrm{d}x'}=C\mathrm{e}^{-\gamma},\\&\gamma\equiv\frac{1}{\hbar}\int_{x_1}^{x_2}\left|p(x')\right|\mathrm{d}x'.\end{aligned}$$

将 x_2 邻域处的势能近似为线性势

$$V(x)\approx V(x_2)+V'(x_2)(x-x_1)=E+V'(x_2)(x-x_2),\quad (V'(x_2)\text{为负值})$$

并代入薛定谔方程

$$\frac{\mathrm{d}^2\psi_p}{\mathrm{d}x^2}=\frac{2m}{\hbar^2}V'(x_2)(x-x_2)\psi_p.$$

令 $\alpha\equiv\left[\dfrac{2m}{\hbar^2}\left|V'(x_2)\right|\right]^{1/3}$, $z=-\alpha(x-x_2)$, 方程化简为艾里方程

$$\frac{\mathrm{d}^2\psi_p}{\mathrm{d}z^2}=z\psi_p,$$

其解为

$$\psi_p(x)=a\mathrm{Ai}\left[-\alpha(x-x_2)\right]+b\mathrm{Bi}\left[-\alpha(x-x_2)\right].$$

下面将 x_2 处的修补波函数与题中所设定的 WKB 近似解进行匹配.

在 x_2 左侧交叠区 $(x<x_2)$,

$$p(x)=\sqrt{2m\left[E-E-V'(x_2)(x-x_2)\right]}=\hbar\alpha^{3/2}\sqrt{x-x_2},(\text{虚动量})$$

$$\int_x^{x_2}\left|p(x')\right|\mathrm{d}x'=\int_x^{x_2}\hbar\alpha^{3/2}\sqrt{x_2-x'}\mathrm{d}x'=\frac{2}{3}\hbar\left[-\alpha(x-x_2)\right]^{3/2}.$$

因此在 x_2 左侧交叠区, WKB 近似解与艾里函数的正的大 $z\,(z=-\alpha(x-x_2)\gg 0)$ 时的渐近形式分别为

$$\psi_{\mathrm{WKB}}(x)=\frac{1}{\sqrt{\hbar}\alpha^{3/4}(x_2-x)^{1/4}}\left[C'\mathrm{e}^{\frac{2}{3}[\alpha(x_2-x)]^{3/2}}+D'\mathrm{e}^{-\frac{2}{3}[\alpha(x_2-x)]^{3/2}}\right],$$

$$\begin{aligned}\psi_p(x)=&\frac{a}{2\sqrt{\pi}\left[-\alpha(x-x_2)\right]^{1/4}}\mathrm{e}^{-(2/3)[-\alpha(x-x_2)]^{3/2}}\\&+\frac{b}{\sqrt{\pi}\left[\alpha(x-x_2)\right]^{1/4}}\mathrm{e}^{(2/3)[-\alpha(x-x_2)]^{3/2}}.\end{aligned}$$

对比可得

$$a=2\sqrt{\frac{\pi}{\hbar\alpha}}D',\quad b=\sqrt{\frac{\pi}{\hbar\alpha}}C'.$$

在 x_2 右侧交叠区 $(x>x_2)$,

$$p(x)=\sqrt{2m\left[E-E-V'(x_2)(x-x_2)\right]}=\hbar\alpha^{3/2}\sqrt{x-x_2},(\text{实动量})$$

$$\int_{x_2}^{x}p(x')\,\mathrm{d}x'=\int_{x_2}^{x}\hbar\alpha^{3/2}\sqrt{x'-x_2}\mathrm{d}x'=\frac{2}{3}\hbar\left[\alpha(x-x_2)\right]^{3/2}.$$

因此, 在 x_2 右侧交叠区, WKB 近似解与艾里函数的负的大 $z(z=-\alpha(x-x_2)\ll 0)$ 时的渐近形式分别为

$$\psi(x)\cong\frac{1}{\sqrt{\hbar}\alpha^{3/4}(x-x_2)^{1/4}}F\mathrm{e}^{\mathrm{i}\frac{2}{3}[\alpha(x-x_2)]^{3/2}},$$

$$\begin{aligned}\psi_p(x)=&\frac{a}{\sqrt{\pi}\left[\alpha(x-x_2)\right]^{1/4}}\sin\left[\frac{2}{3}\left[\alpha(x-x_2)\right]^{3/2}+\frac{\pi}{4}\right]\\&+\frac{b}{\sqrt{\pi}\left[\alpha(x-x_2)\right]^{1/4}}\cos\left[\frac{2}{3}\left[-\alpha(x-x_2)\right]^{3/2}+\frac{\pi}{4}\right]\\=&\frac{1}{\sqrt{\pi}\left[\alpha(x-x_2)\right]^{1/4}}\left[(-\mathrm{i}a+b)\,\mathrm{e}^{\mathrm{i}\pi/4}\mathrm{e}^{\mathrm{i}(2/3)[\alpha(x-x_2)]^{3/2}}\right.\\&\left.+(\mathrm{i}a+b)\,\mathrm{e}^{-\mathrm{i}\pi/4}\mathrm{e}^{-\mathrm{i}(2/3)[\alpha(x-x_2)]^{3/2}}\right].\end{aligned}$$

对比可得

$$\mathrm{i}a+b=0,\quad -\mathrm{i}a+b=2\sqrt{\frac{\pi}{\hbar\alpha}}\mathrm{e}^{-\mathrm{i}\pi/4}F$$

$$\Rightarrow a=\mathrm{i}\sqrt{\frac{\pi}{\hbar\alpha}}\mathrm{e}^{-\mathrm{i}\pi/4}F,\quad b=\sqrt{\frac{\pi}{\hbar\alpha}}\mathrm{e}^{-\mathrm{i}\pi/4}F.$$

这样我们得到系数 C', D' 与 F 之间的关系为

$$C'=\sqrt{\frac{\hbar\alpha}{\pi}}b=\mathrm{e}^{-\mathrm{i}\pi/4}F,\quad D'=\frac{1}{2}\sqrt{\frac{\hbar\alpha}{\pi}}a=\frac{\mathrm{i}}{2}\mathrm{e}^{-\mathrm{i}\pi/4}F.$$

从而得到 C, D 与 F 之间的关系

$$C=\frac{\mathrm{i}}{2}\mathrm{e}^{-\gamma}\mathrm{e}^{-\mathrm{i}\pi/4}F,\quad D=\mathrm{e}^{\gamma}\mathrm{e}^{-\mathrm{i}\pi/4}F.$$

加上在 x_1 邻近区的连接关系

$$A=\left(\frac{1}{2}C-\mathrm{i}D\right)\mathrm{e}^{\mathrm{i}\pi/4},\quad B=\left(\frac{1}{2}C+\mathrm{i}D\right)\mathrm{e}^{-\mathrm{i}\pi/4},$$

可以得到

$$A=\mathrm{i}F\left(\frac{\mathrm{e}^{-\gamma}}{4}-\mathrm{e}^{\gamma}\right).$$

透射系数为

$$T=\left|\frac{F}{A}\right|^2=\left|\frac{1}{(\mathrm{e}^{-\gamma}/4)-\mathrm{e}^{\gamma}}\right|^2=\frac{\mathrm{e}^{-2\gamma}}{\left[1-(\mathrm{e}^{-\gamma}/2)^2\right]^2}.$$

如果 $\gamma\gg 1$, 则

$$T\approx\mathrm{e}^{-2\gamma},$$

其中 $\gamma\equiv\frac{1}{\hbar}\int_{x_1}^{x_2}|p(x')|\,\mathrm{d}x'=\frac{1}{\hbar}\int_{x_1}^{x_2}|p(x)|\,\mathrm{d}x$, 可得方程 (9.23).

** **习题 9.12** 对于 “半谐振子”(例题 9.3), 绘图将能级 $n=3$ 的归一化 WKB 波函数与精确解的波函数作对比. 你必须通过实验才能确定修补区的宽度. **注意** 你可以直接求 $p(x)$ 的积分, 但也可以进行数值积分. 对 $|\psi_{\mathrm{WKB}}|^2$ 做数值积分才能归一化波函数.

解答 我们假定 $m>0$, $E_n>0$ 和 $\omega>0$, 选取修补区域的宽度为 $0.3x_2$. 将波函数分成三个区域, 即 $x<0.85x_2$, $0.85x_2\leqslant x\leqslant 1.15x_2$ 和 $x>1.15x_2$. 下面分别求出这三个区域的波函数. 绘图见图 9.9.

```
h=m=w=1;n=3;
V[x_]:=1/2m*w^2x^2;
p[x_]:=Sqrt[2m(En-V[x])];
       ⌊平方根
x2=Sqrt[2]*Sqrt[En]/(Sqrt[m]w);
   ⌊平方根 ⌊平方根    ⌊平方根
En=(2n-1/2)h*w;
psi1[x_]:=2/Sqrt[p[x]]Sin[1/h*NIntegrate[p[xp],{xp,x,x2}]+Pi/4];
            ⌊平方根    ⌊正弦    ⌊数值积分                  ⌊圆周率
psi3[x_]:=1/Sqrt[Abs[p[x]]]*Exp[-1/h*NIntegrate[Abs[p[xp]],
            ⌊... ⌊绝对值     ⌊指数形式 ⌊数值积分 ⌊绝对值
    {xp,x2,x}]];
alpha=(2m/h^2*V'[x2])^(1/3):
psi2[x_]:=Sqrt[4*Pi/(alpha*h)]AiryAi[alpha*(x-x2)];
          ⌊平方根⌊圆周率       ⌊艾里函数Ai
```

```
psiexact(n_,x_]:=Sqrt[2]*(m*w/(Pi*h))^(1/4)/Sqrt[2^n*n!]*
                     ⌊平方根          ⌊圆周率           ⌊平方根
    HermiteH[n,Sqrt[m*w/h]*x]Exp[-1/2(Sqrt[m*w/h]x)^2];
    ⌊厄米多项式 ⌊平方根        ⌊指数形式  ⌊平方根
psiwKB[x_]:=If[x<0.85*x2,psi1[x],If[x<1.15*x2,psi2[x],psi3[x]]];
              ⌊如果                   ⌊如果
norm=1/Sqrt[NIntegrate[psiWKB[x]^2,{x,0,2x2}]];
        ⌊... ⌊数值积分
psiexact[n_,x_]:=Sqrt[2]*(m*w/(Pi*h))^(1/4)/Sqrt[2^n*n!]*
                     ⌊平方根         ⌊圆周率           ⌊平方根
    HermiteH[n,Sqrt[m*w/h]*x]Exp[-1/2(Sqrt[m*w/h]x)^2];
    ⌊厄米多项式 ⌊平方根         ⌊指数形式   ⌊平方根
Show(Plot[normpsi1[x],(x,0,0.75*x2),PlotRange→{(0,1.5*x2),
⌊显示 ⌊绘图                               ⌊绘制范围
    (-1,1)},Ticks→{{{x2,"x2"}},None},PlotStyle→
              ⌊刻度                 ⌊无   ⌊绘图样式
    Thickness[0.01]],
    ⌊粗细
Plot[normpsi3[x],{x,1.15*x2,1.5x2},PlotRange→All,PlotStyle→
⌊绘图                                ⌊绘制范围     ⌊全部⌊绘图样式
    Thickness[0.01]],
    ⌊粗细
Plot[normpsi2[x],{x,0.75*x2,1.15*x2},PlotRange→{{0,2*x2),
⌊绘图                                  ⌊绘制范围
    {-2,2}},Plotstyle→{Red,Thickness[0.01]}],
              ⌊绘图样式   ⌊红色  ⌊粗细
Plot[psiexact[2n-1,x],{x,0,1.5*x2},Plotstyle→(Black,Dashed}]]
⌊绘图                                 ⌊绘图样式    ⌊黑色 ⌊虚线
...NIntegrate: Numerical integration converging too slowly; suspect
    one of the following: singularity, value of the integration is 0,
     highly oscillatory
integrand, or WorkingPrecision too small.
...NIntegrate: NIntegrate failed to converge to prescribed accuracy
    after 9 recursive bisections in x near {x} = {2.82421}.
    NIntegrate obtained
3.1612204450791044 and 0.00045217935747O6307 for the integral and
    error estimates.
```

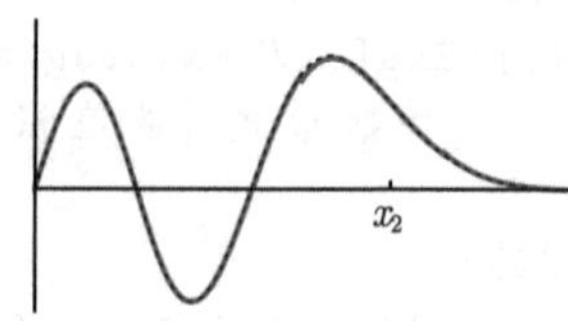

图 9.9

补充习题

****习题 9.13** 利用 WKB 近似求解一般指数型势的能量允许值:

$$V(x)=\alpha|x|^{\nu},$$

其中 ν 是正数. 对 $\nu=2$ 验证你的结果.

解答 将 WKB 近似用于无垂直壁势阱 (方程 (9.52)), 有

$$\int_{x_1}^{x_2}p(x)\,\mathrm{d}x=\left(n-\frac{1}{2}\right)\pi\hbar\quad(n=1,2,3,\cdots).$$

设经典区域为 $x_1<x<x_2$, 并在转折点满足

$$-x_1=x_2=\left(\frac{E}{\alpha}\right)^{\frac{1}{\nu}},$$

$$\int_{x_1}^{x_2}p(x)\,\mathrm{d}x=\int_{x_1}^{x_2}\sqrt{2m\left(E-\alpha|x|^{\nu}\right)}\mathrm{d}x=2\sqrt{2mE}\int_0^{x_2}\sqrt{1-\frac{\alpha}{E}x^{\nu}}\mathrm{d}x.$$

令 $z=\dfrac{\alpha}{E}x^{\nu}$, 所以 $x=\left(\dfrac{zE}{\alpha}\right)^{\frac{1}{\nu}}$, $\mathrm{d}x=\left(\dfrac{E}{\alpha}\right)^{\frac{1}{\nu}}\dfrac{1}{\nu}z^{\frac{1}{\nu}-1}\mathrm{d}z$, 代入上式, 得

$$\begin{aligned}\left(n-\frac{1}{2}\right)\pi\hbar&=2\sqrt{2mE}\left(\frac{E}{\alpha}\right)^{\frac{1}{\nu}}\frac{1}{\nu}\int_0^1 z^{\frac{1}{\nu}-1}\sqrt{1-z}\mathrm{d}z\\&=2\sqrt{2mE}\left(\frac{E}{\alpha}\right)^{\frac{1}{\nu}}\frac{1}{\nu}\frac{\Gamma\left(\frac{1}{\nu}\right)\Gamma\left(\frac{3}{2}\right)}{\Gamma\left(\frac{1}{\nu}+\frac{3}{2}\right)}\\&=2\sqrt{2mE}\left(\frac{E}{\alpha}\right)^{\frac{1}{\nu}}\frac{\Gamma\left(\frac{1}{\nu}+1\right)\frac{1}{2}\sqrt{\pi}}{\Gamma\left(\frac{1}{\nu}+\frac{3}{2}\right)}\\&=\sqrt{2\pi mE}\left(\frac{E}{\alpha}\right)^{\frac{1}{\nu}}\frac{\Gamma\left(\frac{1}{\nu}+1\right)}{\Gamma\left(\frac{1}{\nu}+\frac{3}{2}\right)}\cdot\left(\Gamma\left(\frac{1}{\nu}+1\right)=\frac{1}{\nu}\Gamma\left(\frac{1}{\nu}\right)\right)\end{aligned}$$

由上式解出 E, 得

$$E_n=\alpha\left[\left(n-\frac{1}{2}\right)\hbar\sqrt{\frac{\pi}{2m\alpha}}\frac{\Gamma\left(\frac{1}{\nu}+\frac{3}{2}\right)}{\Gamma\left(\frac{1}{\nu}+1\right)}\right]^{\frac{2\nu}{\nu+2}}.$$

讨论: (i) 对于 $\nu=2$,

$$E_n=\alpha\left[\left(n-\frac{1}{2}\right)\hbar\sqrt{\frac{\pi}{2m\alpha}}\frac{\Gamma(2)}{\Gamma\left(\frac{3}{2}\right)}\right]=\left(n-\frac{1}{2}\right)\hbar\sqrt{\frac{2\alpha}{m}}.$$

(ii) 对于简谐振子, $\alpha=\dfrac{1}{2}m\omega^2$, 代入上式, 得

$$E_n==\left(n-\frac{1}{2}\right)\hbar\omega\quad(n=1,2,3,\cdots).$$

****习题 9.14**　对习题 2.52 中的势, 利用 WKB 近似求其束缚态能量, 并与精确结果作对比: $-\left[(9/8)-\left(1/\sqrt{2}\right)\right]\hbar^2a^2/m$.

解答　习题 2.52 中的势能为

$$V(x)=-\frac{\hbar^2a^2}{m}\operatorname{sech}^2(ax),$$

将 WKB 近似用于此无垂直壁势阱, 得

$$\begin{aligned}\left(n-\frac{1}{2}\right)\pi\hbar&=2\int_0^{x_2}\sqrt{2m\left[E+\frac{\hbar^2a^2}{m}\operatorname{sech}^2(ax)\right]}\mathrm{d}x\\&=2\sqrt{2}\hbar a\int_0^{x_2}\sqrt{\operatorname{sech}^2(ax)+\frac{mE}{\hbar^2a^2}}\mathrm{d}x,\end{aligned}$$

其中转折点 x_2 由 $E=-\dfrac{\hbar^2a^2}{m}\operatorname{sech}^2(ax_2)$ 给出. 令 $b=-\dfrac{mE}{\hbar^2a^2}, z=\operatorname{sech}^2(ax)$, 则

$$x=\frac{1}{a}\operatorname{arsech}\sqrt{z}\Rightarrow\mathrm{d}x=\frac{1}{a}\left(\frac{-1}{\sqrt{z}\sqrt{1-z}}\right)\frac{1}{2\sqrt{z}}\mathrm{d}z=-\frac{1}{2a}\left(\frac{1}{z\sqrt{1-z}}\right)\mathrm{d}z,$$

同时 $z_1=\operatorname{sech}^2(0)=1$ 及 $z_2=\operatorname{sech}^2(ax_2)=-\dfrac{mE}{\hbar^2a^2}=b$, 将这些式子代入上式, 得

$$\left(n-\frac{1}{2}\right)\pi=2\sqrt{2}a\left(-\frac{1}{2a}\right)\int_{z_1}^{z_2}\frac{\sqrt{z-b}}{z\sqrt{1-z}}\mathrm{d}z=\sqrt{2}\int_b^1\frac{1}{z}\sqrt{\frac{z-b}{1-z}}\mathrm{d}z,$$

其中

$$\frac{1}{z}\sqrt{\frac{z-b}{1-z}}=\frac{1}{z}\frac{z-b}{\sqrt{(1-z)(z-b)}}=\frac{1}{\sqrt{(1-z)(z-b)}}-\frac{b}{z\sqrt{(1-z)(z-b)}}.$$

则

$$\begin{aligned}\left(n-\frac{1}{2}\right)\pi&=\sqrt{2}\left[\int_b^1\frac{1}{z}\frac{1}{\sqrt{(1-z)(z-b)}}\mathrm{d}z-b\int_b^1\frac{1}{z\sqrt{(1-z)(z-b)}}\mathrm{d}z\right]\\&=\sqrt{2}\left\{-2\arctan\sqrt{\frac{1-z}{z-b}}-\sqrt{b}\arcsin\left[\frac{(1+b)z-2b}{z(1-b)}\right]\right\}\Bigg|_b^1\\&=\sqrt{2}\left[-2\arctan(0)+2\arctan(\infty)-\sqrt{b}\arcsin(1)+\sqrt{b}\arcsin(-1)\right]\\&=\sqrt{2}\left(0+2\frac{\pi}{2}-\sqrt{b}\frac{\pi}{2}-\sqrt{b}\frac{\pi}{2}\right)=\sqrt{2}\pi\left(1-\sqrt{b}\right)\\&\Rightarrow\sqrt{b}=1-\frac{1}{\sqrt{2}}\left(n-\frac{1}{2}\right).\end{aligned}$$

式子左边是正的, 所以必须有

$$n-\frac{1}{2}<\sqrt{2}.$$

即

$$n<\frac{1}{2}+\sqrt{2}=0.5+1.414=1.914,$$

因此 n 的可能值只能是 1, 这也就是习题 2.52 中所给出的只有一个束缚态的结论.

对于 $n=1$,

$$\sqrt{b}=1-\frac{1}{2\sqrt{2}}\Rightarrow b=1-\frac{1}{\sqrt{2}}+\frac{1}{8}=\frac{9}{8}-\frac{1}{\sqrt{2}},$$

又由 $b=-\dfrac{mE}{\hbar^2a^2}$, 得

$$E_1=-\frac{\hbar^2a^2}{m}\left(\frac{9}{8}-\frac{1}{\sqrt{2}}\right)=-0.418\frac{\hbar^2a^2}{m}.$$

而习题 2.52 中求得的精确解为 $-\dfrac{1}{2}\dfrac{\hbar^2a^2}{m}$, 对比可以得出, WKB 近似解是比较接近精确解的.

习题 9.15　对于球对称势, 可以将 WKB 近似用于径向部分求解 (方程 (4.37)). 在 $\ell=0$ 的情况下, 将方程 (9.48) 表示为以下形式是合理的[①]:

$$\int_0^{r_0}p(r)\,\mathrm{d}r=(n-1/4)\,\pi\hbar,$$

其中 r_0 是转折点 (实际上, 我们将 $r=0$ 视为一无限深阱垒). 利用该公式估计如下对数势中粒子的能量允许值:

$$V(r)=V_0\ln(r/a)$$

(V_0 和 a 为常数). 仅对 $\ell=0$ 的情况进行讨论. 证明: 能级间隔与质量无关. 部分答案:

$$E_{n+1}-E_n=V_0\ln\left(\frac{n+3/4}{n-1/4}\right).$$

解答　由方程 (4.37) 知球对称势的径向定态薛定谔方程为

$$-\frac{\hbar^2}{2m}\frac{\mathrm{d}^2u}{\mathrm{d}r^2}+\left[V+\frac{\hbar^2}{2m}\frac{\ell(\ell+1)}{r^2}\right]u=Eu.$$

对 $\ell=0$:

$$-\frac{\hbar^2}{2m}\frac{\mathrm{d}^2u}{\mathrm{d}r^2}+Vu=Eu.$$

当 $r=r_0$(转折点) 时,

$$E=V(r_0)=V_0\ln(r_0/a).$$

$$\begin{aligned}(n-1/4)\,\pi\hbar&=\int_0^{r_0}p(r)\,\mathrm{d}r=\int_0^{r_0}\sqrt{2m\left[E-V_0\ln(r/a)\right]}\mathrm{d}r\\&=\sqrt{2mV_0}\int_0^{r_0}\sqrt{\ln(r_0/a)-\ln(r/a)}\mathrm{d}r=\sqrt{2mV_0}\int_0^{r_0}\sqrt{\ln(r_0/r)}\mathrm{d}r.\end{aligned}$$

令 $x=\ln(r_0/r)\Rightarrow \mathrm{e}^x=r_0/r\Rightarrow r=r_0\mathrm{e}^{-x}\Rightarrow \mathrm{d}r=-r_0\mathrm{e}^{-x}\mathrm{d}x\ (r=0,x=\infty;r=r_0,x=0)$,

$$\begin{aligned}(n-1/4)\,\pi\hbar=\sqrt{2mV_0}r_0\int_0^{\infty}\sqrt{x}\mathrm{e}^{-x}\mathrm{d}x=\sqrt{2mV_0}r_0\frac{\sqrt{\pi}}{2}\Rightarrow r_0\\=\sqrt{\frac{2\pi}{mV_0}}(n-1/4)\,\hbar\\\Rightarrow E_n=V_0\ln\left[\frac{\hbar}{a}\sqrt{\frac{2\pi}{mV_0}}(n-1/4)\right]\end{aligned}$$

① 将 WKB 准经典近似应用于径向方程产生了很多精巧复杂的问题, 这里我不再赘述. 关于该问题的经典论文参见 R. Langer, *Phys. Rev.* **51,** 669 (1937).

$$= V_0 \ln(n-1/4) + V_0 \ln\left[\frac{\hbar}{a}\sqrt{\frac{2\pi}{mV_0}}\right],$$

$$\Rightarrow E_{n+1} - E_n = V_0 \ln(n+3/4) - V_0 \ln(n-1/4)$$

$$= V_0 \ln\left(\frac{n+3/4}{n-1/4}\right).$$

****习题 9.16** 利用方程 (9.52) 中 WKB 近似形式

$$\int_{r_1}^{r_2} p(r)\,\mathrm{d}r = (n'-1/2)\,\pi\hbar$$

估算氢原子的束缚态能量. 不要忘记有效势中的离心项 (方程 (4.38)). 下列积分可能有用:

$$\int_a^b \frac{1}{x}\sqrt{(x-a)(b-x)}\mathrm{d}x = \frac{\pi}{2}\left(\sqrt{b}-\sqrt{a}\right)^2.$$

答案:

$$E_{n'\ell} \approx \frac{-13.6\ \mathrm{eV}}{\left[n' - (1/2) + \sqrt{\ell(\ell+1)}\right]^2}.$$

在 n 上加了一撇, 是因为没有理由假设它就对应于玻尔公式中的 n. 相反, 通过计算径向波函数中的节点数, 它对给定 ℓ 的态进行排序.[①] 在第 4 章的记号中, $n' = N = n - \ell$(方程 (4.67)). 将此代入, 展开平方根 $\left(\sqrt{1+\varepsilon} = 1 + \frac{1}{2}\varepsilon - \frac{1}{8}\varepsilon^2 + \cdots\right)$, 并将结果与玻尔公式作对比.

解答 在径向方程中的有效势为

$$V_{\text{eff}} = V + \frac{\hbar^2}{2m}\frac{\ell(\ell+1)}{r^2}, \quad V = -\frac{e^2}{4\pi\varepsilon_0}\frac{1}{r}.$$

所以

$$(n'-1/2)\,\pi\hbar = \int_{r_1}^{r_2} \sqrt{2m\left(E + \frac{e^2}{4\pi\varepsilon_0}\frac{1}{r} - \frac{\hbar^2}{2m}\frac{\ell(\ell+1)}{r^2}\right)}\mathrm{d}r$$

$$= \sqrt{-2mE}\int_{r_1}^{r_2} \sqrt{-1 + \frac{A}{r} - \frac{B}{r^2}}\mathrm{d}r$$

$$= \sqrt{-2mE}\int_{r_1}^{r_2} \frac{\sqrt{-r^2 + Ar - B}}{r}\mathrm{d}r,$$

其中

$$A = -\frac{e^2}{4\pi\varepsilon_0}\frac{1}{E}, \quad B = -\frac{\hbar^2}{2m}\frac{\ell(\ell+1)}{E}, \quad E < 0.$$

因为转折点 r_1, r_2 是根号下一元二次方程的两个根, 故

$$-r^2 + Ar - B = (r - r_1)(r_2 - r).$$

① 我感谢 Ian Gatland 和 Owen Vajk 指出这一点.

所以积分可以写为

$$\left(n'-1/2\right)\pi\hbar=\sqrt{-2mE}\int_{r_1}^{r_2}\frac{\sqrt{\left(r-r_1\right)\left(r-r_2\right)}}{r}\mathrm{d}r.$$

利用本题所给积分公式

$$\int_a^b\frac{1}{x}\sqrt{\left(x-a\right)\left(b-x\right)}\mathrm{d}x=\frac{\pi}{2}\left(\sqrt{b}-\sqrt{a}\right)^2,$$

$$\left(n'-1/2\right)\pi\hbar=\sqrt{-2mE}\frac{\pi}{2}\left(\sqrt{r_2}-\sqrt{r_1}\right)^2=\sqrt{-2mE}\frac{\pi}{2}\left(r_1+r_2-2\sqrt{r_1r_2}\right).$$

由

$$-r^2+Ar-B=\left(r-r_1\right)\left(r_2-r\right)=-r^2+\left(r_1+r_2\right)r-r_1r_2,$$

可知 $r_1+r_2=A, r_1r_2=B$.

所以

$$\begin{aligned}2\left(n'-1/2\right)\pi\hbar&=\sqrt{-2mE}\pi\left(A-2\sqrt{B}\right)\\&=\sqrt{-2mE}\pi\left[-\frac{e^2}{4\pi\varepsilon_0}\frac{1}{E}-2\sqrt{-\frac{\hbar^2}{2m}\frac{\ell\left(\ell+1\right)}{E}}\right]\\&=\left[\frac{e^2}{4\pi\varepsilon_0}\sqrt{-\frac{2m}{E}}-2\hbar\sqrt{\ell\left(\ell+1\right)}\right]\pi\\&\Rightarrow-\frac{e^2}{4\pi\varepsilon_0}\sqrt{-\frac{2m}{E}}=2\hbar\left[n'-1/2+\sqrt{\ell\left(\ell+1\right)}\right]\\&\Rightarrow-\frac{E}{2m}=\frac{\left[e^2/\left(4\pi\varepsilon_0\right)\right]^2}{4\hbar^2\left[n'-1/2+\sqrt{\ell\left(\ell+1\right)}\right]^2}\\&\Rightarrow E_{n'\ell}\cong\frac{-13.6\ eV}{\left[n'-1/2+\sqrt{\ell\left(\ell+1\right)}\right]^2}.\end{aligned}$$

当 $n'\gg\ell, n'\gg1/2$ 时,

$$E_n\cong\frac{-13.6\ \mathrm{eV}}{n^2},$$

回到玻尔能级的结果.

*****习题 9.17** 考虑对称双势阱情况, 如图 9.10 所示. 我们感兴趣的是 $E<V(0)$ 的束缚态.

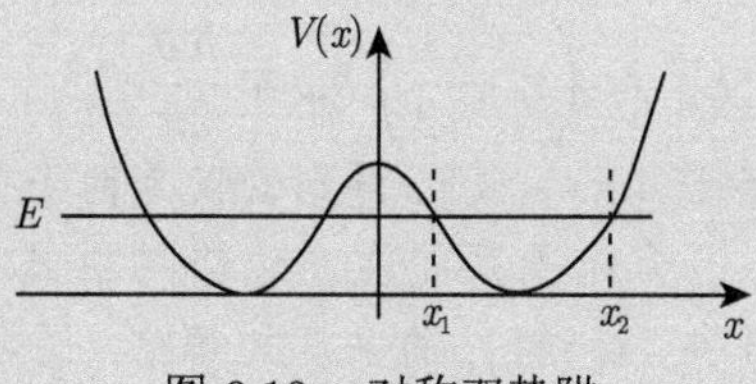

图 9.10　对称双势阱

(a) 写出如下区域的 WKB 波函数: (i)$x>x_2$,(ii)$x_1<x<x_2$, (iii)$0<x<x_1$. 在 x_1 和 x_2 处施加适当连接公式 (对在 x_2 处的, 已在方程 (9.47) 给出; 需要自己求出 x_1 处的连接公式), 证明:

$$\psi(x) \approx \begin{cases} \dfrac{D}{\sqrt{|p(x)|}} \exp\left[-\dfrac{1}{\hbar}\displaystyle\int_{x_2}^{x} |p(x')|\,\mathrm{d}x'\right], & \text{(i)} \\ \dfrac{2D}{\sqrt{p(x)}} \sin\left[\dfrac{1}{\hbar}\displaystyle\int_{x}^{x_2} p(x')\,\mathrm{d}x' + \dfrac{\pi}{4}\right], & \text{(ii)} \\ \dfrac{D}{\sqrt{|p(x)|}}\left[2\cos\theta \mathrm{e}^{\frac{1}{\hbar}\int_x^{x_1}|p(x')|\mathrm{d}x'} + \sin\theta\,\mathrm{e}^{-\frac{1}{\hbar}\int_x^{x_1}|p(x')|\mathrm{d}x'}\right], & \text{(iii)} \end{cases}$$

其中

$$\theta \equiv \frac{1}{\hbar}\int_{x_1}^{x_2} p(x)\,\mathrm{d}x.$$

(b) 由于 $V(x)$ 是对称的，所以只需考虑偶 (+) 和奇 (−) 波函数. 对前者有 $\psi'(0)=0$, 对后者有 $\psi(0)=0$. 证明: 这会导致下列量子化条件

$$\tan\theta = \pm 2\mathrm{e}^{\phi},$$

其中

$$\phi \equiv \frac{1}{\hbar}\int_{-x_1}^{x_1} |p(x')|\,\mathrm{d}x'.$$

方程 (9.60)(近似地) 确定了能量允许值 (注意 E 被整合到 x_1 和 x_2 中, 所以 θ 和 φ 均为 E 的函数).

(c) 我们对高而 (或者) 宽的中心势垒特别感兴趣, 在此情况下 ϕ 很大, 所以 e^{ϕ} 十分大. 方程 (9.60) 则告诉我们 θ 必须非常接近 π 的半整数倍. 鉴于此, 将 θ 记为 $\theta=(n+1/2)\pi+\varepsilon$, 其中 $|\varepsilon|\ll 1$, 证明: 量子化条件变为

$$\theta \approx \left(n+\frac{1}{2}\right)\pi \mp \frac{1}{2}\mathrm{e}^{-\phi}.$$

(d) 假设每个势阱都是抛物线:[①]

$$V(x) = \begin{cases} \dfrac{1}{2}m\omega^2(x+a)^2, & x<0, \\ \dfrac{1}{2}m\omega^2(x-a)^2, & x>0. \end{cases}$$

画出此势的示意图, 求出 θ(方程 (9.59)), 并证明:

$$E_n^{\pm} \approx \left(n+\frac{1}{2}\right)\hbar\omega \mp \frac{\hbar\omega}{2\pi}\mathrm{e}^{-\phi}.$$

注释　如果中间势垒不可穿透 ($\phi\to\infty$), 得到的仅是两个分离的谐振子, 能量 $E_n=(n+1/2)\hbar\omega$ 为双重简并, 因为粒子可能在左边势阱中或者在右边势阱中. 当中间势垒变为有限时 (将两个势阱“连通”), 简并度被解除. 偶数态 (ψ_n^+) 的能量稍低, 奇数态 (ψ_n^-) 的能量稍高.

① 基于在 2.3 节中的讨论, $\omega\equiv\sqrt{V''(x_0)/m}$, 其中 x_0 是最小值的位置; 所以在各个势阱中, 即使 $V(x)$ 不是严格的抛物线, θ 的计算和由此得到的结果 (方程 (9.64)) 都是近似正确的.

(e) 设粒子从右边的势阱开始运动, 或者更确切地说初态为

$$\Psi(x,0)=\frac{1}{\sqrt{2}}\left(\psi_n^{+}+\psi_n^{-}\right),$$

假设相位取一“自然”值, 则粒子将集中在右边的势阱中. 证明: 它在两个势阱之间来回振荡, 周期为

$$\tau=\frac{2\pi^2}{\omega}\mathrm{e}^{\phi}. \tag{9.65}$$

(f) 对 (d) 中所描述的势, 计算 ϕ. 并证明: 对 $V(0)\gg E$, $\phi\sim m\omega a^2/\hbar$.

解答　(a) 在 $x>x_2$(非经典区)、$x_1<x<x_2$(经典区)、$0<x<x_1$(非经典区) 三个区域的 WKB 近似波函数为

$$\psi_{\mathrm{WKB}}(x)=\begin{cases}\dfrac{D}{\sqrt{|p(x)|}}\mathrm{e}^{-\frac{1}{\hbar}\int_{x_2}^{x}|p(x')|\mathrm{d}x'}, & (x>x_2)\\[2ex] \dfrac{1}{\sqrt{p(x)}}\left[B\mathrm{e}^{\frac{\mathrm{i}}{\hbar}\int_x^{x_2}p(x')\mathrm{d}x'}+C\mathrm{e}^{-\frac{\mathrm{i}}{\hbar}\int_x^{x_2}p(x')\mathrm{d}x'}\right], & (x_1<x<x_2)\\[2ex] \dfrac{1}{\sqrt{|p(x)|}}\left[F\mathrm{e}^{\frac{1}{\hbar}\int_x^{x_1}|p(x')|\mathrm{d}x'}+G\mathrm{e}^{-\frac{1}{\hbar}\int_x^{x_1}|p(x')|\mathrm{d}x'}\right], & (0<x<x_1)\end{cases}$$

我们需要用转折点 x_1,x_2 处的修补波函数把系数 B, C, D, F, G 联系起来, 做法与习题 9.11 类似, 不过现在在 $x_1<x<x_2$ 区域势是向下弯曲的, x_1 是一个向右下倾斜的转折点, x_2 是一个向右上倾斜的转折点.

对向右上倾斜的转折点 x_2, 教材中已经讨论过, 由方程 (9.46) 知

$$B=-\mathrm{i}\mathrm{e}^{\mathrm{i}\pi/4}D,\quad C=\mathrm{i}\mathrm{e}^{-\mathrm{i}\pi/4}D,$$

所以

$$\psi_{\mathrm{WKB}}(x)=\frac{2D}{\sqrt{p(x)}}\sin\left[\frac{\mathrm{i}}{\hbar}\int_x^{x_2}p(x')\,\mathrm{d}x'+\frac{\pi}{4}\right],\ (x_1<x<x_2)$$

对向右下倾斜的转折点 x_1, 我们先把在经典区的波函数写为

$$\begin{aligned}\psi_{\mathrm{WKB}}(x)&=\frac{2D}{\sqrt{p(x)}}\sin\left[\frac{\mathrm{i}}{\hbar}\int_{x_1}^{x_2}p(x')\,\mathrm{d}x'-\frac{\mathrm{i}}{\hbar}\int_{x_1}^{x}p(x')\,\mathrm{d}x'+\frac{\pi}{4}\right]\\&=-\frac{2D}{\sqrt{p(x)}}\sin\left[\frac{\mathrm{i}}{\hbar}\int_{x_1}^{x}p(x')\,\mathrm{d}x'-\theta-\frac{\pi}{4}\right],\quad (x_1<x<x_2)\\&\left(\theta\equiv\frac{\mathrm{i}}{\hbar}\int_{x_1}^{x_2}p(x')\,\mathrm{d}x'\right)\end{aligned}$$

这样在转折点 x_1 邻近区的 WKB 波函数为

$$\psi_{\mathrm{WKB}}(x)=\begin{cases}-\dfrac{2D}{\sqrt{p(x)}}\sin\left[\dfrac{\mathrm{i}}{\hbar}\displaystyle\int_{x_1}^{x}p(x')\,\mathrm{d}x'-\theta-\dfrac{\pi}{4}\right], & (x_1<x<x_2)\\[2ex] \dfrac{1}{\sqrt{|p(x)|}}\left[F\mathrm{e}^{\frac{1}{\hbar}\int_x^{x_1}|p(x')|\mathrm{d}x'}+G\mathrm{e}^{-\frac{1}{\hbar}\int_x^{x_1}|p(x')|\mathrm{d}x'}\right]. & (0<x<x_1)\end{cases}$$

由习题 9.10 讨论向右下倾斜转折点的方法, 在 x_1 附近的线性化势能为

$$V(x)=V(x_1)+V'(x_1)(x-x_1)=E+V'(x_1)(x-x_1).\ (V'(x_1)\text{为负值})$$

代入修补波函数的薛定谔方程

$$\frac{\mathrm{d}^2\psi_p}{\mathrm{d}x^2}=\frac{2m}{\hbar^2}V'(x_1)(x-x_1)\psi_p.$$

令 $\alpha\equiv\left[\frac{2m}{\hbar^2}|V'(x_1)|\right]^{1/3}$, $z=-\alpha(x-x_1)$, 方程化作艾里方程 $\frac{\mathrm{d}^2\psi_p}{\mathrm{d}z^2}=z\psi_p$, 其解为

$$\psi_p(x)=a\mathrm{Ai}[-\alpha(x-x_1)]+b\mathrm{Bi}[-\alpha(x-x_1)].$$

下面将 x_1 处的修补波函数与 WKB 近似解进行匹配.

在 x_1 左侧交叠区 $(0<x<x_1)$,

$$p(x)=\sqrt{2m[E-E-V'(x_1)(x-x_1)]}=\hbar\alpha^{3/2}\sqrt{x-x_1},(\text{虚动量})$$

$$\int_x^{x_1}|p(x')|\mathrm{d}x'=\int_x^{x_2}\hbar\alpha^{3/2}\sqrt{x_1-x'}\mathrm{d}x'=\frac{2}{3}\hbar[-\alpha(x-x_1)]^{3/2}.$$

因此在 x_1 左侧交叠区 WKB 近似解与艾里函数的正的大 $z\,(z=-\alpha(x-x_1)\gg 0)$ 时的渐近形式分别为

$$\psi_{\mathrm{WKB}}(x)=\frac{1}{\sqrt{\hbar}\alpha^{3/4}(x_1-x)^{1/4}}\left[F\mathrm{e}^{\frac{2}{3}[\alpha(x_1-x)]^{3/2}}+G\mathrm{e}^{-\frac{2}{3}[\alpha(x_1-x)]^{3/2}}\right],$$

$$\psi_p(x)=\frac{a}{2\sqrt{\pi}[-\alpha(x-x_1)]^{1/4}}\mathrm{e}^{-\frac{2}{3}[-\alpha(x-x_1)]^{3/2}}+\frac{b}{\sqrt{\pi}[\alpha(x-x_1)]^{1/4}}\mathrm{e}^{\frac{2}{3}[-\alpha(x-x_1)]^{3/2}}.$$

对比可得

$$a=2\sqrt{\frac{\pi}{\hbar\alpha}}G,\quad b=\sqrt{\frac{\pi}{\hbar\alpha}}F.$$

在 x_1 右侧交叠区 $(x_1<x)$,

$$p(x)=\sqrt{2m[E-E-V'(x_1)(x-x_1)]}=\hbar\alpha^{3/2}\sqrt{x-x_1},(\text{实动量})$$

$$\int_{x_1}^{x}p(x')\,\mathrm{d}x'=\int_{x_1}^{x}\hbar\alpha^{3/2}\sqrt{x'-x_1}\mathrm{d}x'=\frac{2}{3}\hbar[\alpha(x-x_1)]^{3/2}.$$

因此在 x_1 右侧交叠区 WKB 近似解与艾里函数的负的大 $z\,(z=-\alpha(x-x_1)\ll 0)$ 时的渐近形式分别为

$$\psi(x)=\frac{2D}{\sqrt{\hbar}\alpha^{3/4}(x-x_1)^{1/4}}\sin\left[\frac{2}{3}[\alpha(x-x_1)]^{3/2}-\theta-\frac{\pi}{4}\right],$$

$$\psi_p(x)=\frac{a}{\sqrt{\pi}[\alpha(x-x_1)]^{1/4}}\sin\left\{\frac{2}{3}[\alpha(x-x_1)]^{3/2}+\frac{\pi}{4}\right\}$$
$$+\frac{b}{\sqrt{\pi}[\alpha(x-x_1)]^{1/4}}\cos\left\{\frac{2}{3}[-\alpha(x-x_1)]^{3/2}+\frac{\pi}{4}\right\}.$$

把这两个式子都写成指数形式, 对比可得

$$a=2D\sqrt{\frac{\pi}{\hbar\alpha}}\sin\theta,\quad b=2D\sqrt{\frac{\pi}{\hbar\alpha}}\cos\theta.$$

与 x_2 转折点的结果结合起来, 得

$$G=D\sin\theta,\quad F=2D\cos\theta.$$

因此

$$\psi(x) \cong \begin{cases} \dfrac{D}{\sqrt{|p(x)|}} \exp\left[-\dfrac{1}{\hbar}\displaystyle\int_{x_2}^{x} |p(x')|\,\mathrm{d}x'\right], & (x_2 < x) \\ \dfrac{2D}{\sqrt{p(x)}} \sin\left[\dfrac{1}{\hbar}\displaystyle\int_{x}^{x_2} p(x')\,\mathrm{d}x' + \dfrac{\pi}{4}\right], & (x_1 < x < x_2) \\ \dfrac{D}{\sqrt{|p(x)|}} \left[2\cos\theta \mathrm{e}^{\frac{1}{\hbar}\int_x^{x_1} |p(x')|\mathrm{d}x'} + \sin\theta \mathrm{e}^{-\frac{1}{\hbar}\int_x^{x_1} |p(x')|\mathrm{d}x'}\right]. & (0 < x < x_1) \end{cases}$$

(b) 对奇函数有 $\psi(0) = 0$, 所以

$$\frac{D}{\sqrt{|p(x)|}} \left[2\cos\theta \mathrm{e}^{\frac{1}{\hbar}\int_0^{x_1} |p(x')|\mathrm{d}x'} + \sin\theta \mathrm{e}^{-\frac{1}{\hbar}\int_0^{x_1} |p(x')|\mathrm{d}x'}\right] = 0,$$

令

$$\frac{1}{\hbar}\int_0^{x_1} |p(x)|\,\mathrm{d}x = \frac{1}{2\hbar}\int_{-x_1}^{x_1} |p(x)|\,\mathrm{d}x \equiv \frac{1}{2}\phi,$$

则

$$2\cos\theta \mathrm{e}^{\phi/2} + \sin\theta \mathrm{e}^{-\phi/2} = 0 \Rightarrow \tan\theta = -2\mathrm{e}^{\phi}.$$

对偶函数有 $\psi'(0) = 0$, 所以

$$\begin{aligned} &\frac{\mathrm{d}}{\mathrm{d}x}\left\{\frac{D}{\sqrt{|p(x)|}} \left[2\cos\theta \mathrm{e}^{\frac{1}{\hbar}\int_x^{x_1} |p(x')|\mathrm{d}x'} + \sin\theta \mathrm{e}^{-\frac{1}{\hbar}\int_x^{x_1} |p(x')|\mathrm{d}x'}\right]\right\}\Bigg|_{x=0} = 0 \\ &\Rightarrow -\frac{1}{2}\left[\frac{D}{(|p(x)|)^{3/2}} \frac{\mathrm{d}|p(x)|}{\mathrm{d}x}\right]\Bigg|_{x=0} \left[2\cos\theta \mathrm{e}^{\phi/2} + \sin\theta \mathrm{e}^{-\phi/2}\right] \\ &\quad + \frac{D}{\sqrt{|p(0)|}} \frac{|p(0)|}{\hbar} \left[-2\cos\theta \mathrm{e}^{\phi/2} + \sin\theta \mathrm{e}^{-\phi/2}\right] = 0. \end{aligned}$$

将

$$\left.\frac{\mathrm{d}|p(x)|}{\mathrm{d}x}\right|_{x=0} = \left.\frac{\mathrm{d}\sqrt{2m[V(x) - E]}}{\mathrm{d}x}\right|_{x=0} = \sqrt{2m}\left(\frac{1}{2\sqrt{V(x) - E}} \frac{\mathrm{d}V}{\mathrm{d}x}\right)\Bigg|_{x=0} = 0,$$

代入, 得

$$-2\cos\theta \mathrm{e}^{\phi/2} + \sin\theta \mathrm{e}^{-\phi/2} = 0 \Rightarrow \tan\theta = 2\mathrm{e}^{\phi}.$$

(c) 令 $\theta = (n + 1/2)\pi + \varepsilon$, 并且有 $\varepsilon \ll 1$, 则

$$\begin{aligned} \tan\theta &= \tan[(n + 1/2)\pi + \varepsilon] = \frac{\sin[(n + 1/2)\pi + \varepsilon]}{\cos[(n + 1/2)\pi + \varepsilon]} = \frac{(-1)^n \cos\varepsilon}{(-1)^{n+1} \sin\varepsilon} \\ &= -\frac{\cos\varepsilon}{\sin\varepsilon} \approx -\frac{1}{\varepsilon}. \end{aligned}$$

所以,

$$-\frac{1}{\varepsilon} \approx \pm 2\mathrm{e}^{\phi} \Rightarrow \varepsilon \approx \mp\frac{1}{2}\mathrm{e}^{-\phi} \Rightarrow \theta - (n + 1/2)\pi \approx \mp\frac{1}{2}\mathrm{e}^{-\phi} \Rightarrow \theta \approx (n + 1/2)\pi \mp \frac{1}{2}\mathrm{e}^{-\phi}.$$

由于 θ 是非负的, 所以 n 必须为非负整数, 即 $n = 0,\ 1,\ 2,\ 3, \cdots$.

(d) 本题所给势能如图 9.11 所示.

对该势能计算 θ

$$\theta \equiv \frac{1}{\hbar}\int_{x_1}^{x_2} p(x)\,\mathrm{d}x = \frac{1}{\hbar}\int_{x_1}^{x_2}\sqrt{2m\left[E-\frac{1}{2}m\omega^2(x-a)^2\right]}\mathrm{d}x.$$

做变量变换 $z=x-a$(即把坐标原点移至 a), 得

$$\theta = \frac{1}{\hbar}\int_{z_1}^{z_2}\sqrt{2m\left(E-\frac{1}{2}m\omega^2 z^2\right)}\mathrm{d}z.$$

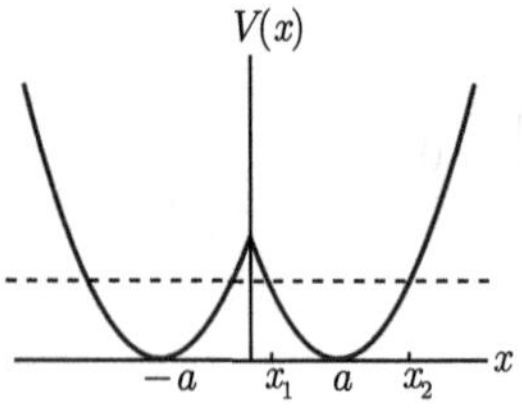

其中转折点为 $-z_1=z_2=\sqrt{\dfrac{2E}{m\omega^2}}$, 积分给出

$$\begin{aligned}\theta &= \frac{2}{\hbar}\int_0^{z_2}\sqrt{2m\left(E-\frac{1}{2}m\omega^2 z^2\right)}\mathrm{d}z = \frac{2m\omega}{\hbar}\int_0^{z_2}\sqrt{z_2^2-z^2}\mathrm{d}z \\ &= 2\frac{m\omega}{\hbar}\left[\frac{z}{2}\sqrt{z_2^2-z^2}+\frac{z_2^2}{2}\arcsin(z/z_2)\right]\Bigg|_0^{z_2} \\ &= \frac{m\omega}{\hbar}z_2^2\arcsin(1) = \frac{\pi}{2}\frac{m\omega}{\hbar}\frac{2E}{m\omega^2} = \frac{\pi E}{\hbar\omega} \\ &\Rightarrow E_n^{\pm} = \frac{\theta}{\pi}\hbar\omega \approx \frac{(n+1/2)\pi \mp (1/2)\mathrm{e}^{-\phi}}{\pi}\hbar\omega = (n+1/2)\hbar\omega \mp \frac{\hbar\omega}{2\pi}\mathrm{e}^{-\phi}.\end{aligned}$$

图 9.11

(e) 由题目所给的初始波函数, 推导出 t 时刻的波函数为

$$\begin{aligned}&\Psi(x,t) = \frac{1}{\sqrt{2}}\left(\psi_n^+\mathrm{e}^{-\mathrm{i}E_n^+ t/\hbar} + \psi_n^-\mathrm{e}^{-\mathrm{i}E_n^- t/\hbar}\right) \\ &\Rightarrow |\Psi(x,t)|^2 = \frac{1}{2}\left[\left|\psi_n^+\right|^2 + \left|\psi_n^-\right|^2 + \psi_n^{+*}\psi_n^-\mathrm{e}^{\mathrm{i}\left(E_n^+-E_n^-\right)t/\hbar} + \psi_n^+\psi_n^{-*}\mathrm{e}^{-\mathrm{i}\left(E_n^+-E_n^-\right)t/\hbar}\right].\end{aligned}$$

代入 $\dfrac{E_n^+-E_n^-}{\hbar}\approx -\dfrac{\omega}{\pi}\mathrm{e}^{-\phi}$, 并注意到 WKB 波函数都是实的, 则

$$\begin{aligned}|\Psi(x,t)|^2 &= \frac{1}{2}\left\{\left(\psi_n^+\right)^2 + \left(\psi_n^-\right)^2 + \psi_n^+\psi_n^-\left[\exp\left(-\mathrm{i}\frac{\omega}{\pi}\mathrm{e}^{-\phi}t\right) + \exp\left(\mathrm{i}\frac{\omega}{\pi}\mathrm{e}^{-\phi}t\right)\right]\right\} \\ &= \frac{1}{2}\left[\left(\psi_n^+\right)^2 + \left(\psi_n^-\right)^2 + 2\psi_n^+\psi_n^-\cos\left(\frac{\omega}{\pi}\mathrm{e}^{-\phi}t\right)\right].\end{aligned}$$

显然振荡的周期为

$$\tau = \frac{2\pi}{(\omega/\pi)\mathrm{e}^{-\phi}} = \frac{2\pi^2}{\omega}\mathrm{e}^{\phi}.$$

(f)

$$\begin{aligned}\phi &= \frac{1}{\hbar}\int_{-x_1}^{x_1}|p(x)|\mathrm{d}x = \frac{2}{\hbar}\int_0^{x_1}\mathrm{d}x\sqrt{2m\left[\frac{1}{2}m\omega^2(a-x)^2-E\right]} \\ &= \frac{2}{\hbar}\sqrt{2mE}\int_0^{x_1}\mathrm{d}x\sqrt{\frac{m\omega^2}{2E}(a-x)^2-1}.\end{aligned}$$

做变量变换

$$z\equiv\sqrt{\frac{m\omega^2}{2E}}(a-x) \Rightarrow \mathrm{d}z = -\sqrt{\frac{m\omega^2}{2E}}\mathrm{d}x \Rightarrow \mathrm{d}x = -\sqrt{\frac{2E}{m\omega^2}}\mathrm{d}z.$$

当 $x=0$ 时, $z=z_0=\sqrt{\dfrac{m\omega^2}{2E}}a$, 当 $x=x_1$ 时 (转折点), $z=1$, 做积分

$$\phi = \frac{2}{\hbar}\sqrt{2mE}\left(-\sqrt{\frac{2E}{m\omega^2}}\right)\int_{z_0}^{1}\mathrm{d}z\sqrt{z^2-1} = \frac{4E}{\hbar\omega}\int_1^{z_0}\mathrm{d}z\sqrt{z^2-1}$$

$$
\begin{aligned}
&= \frac{4E}{\hbar\omega}\frac{1}{2}\left[z\sqrt{z^2-1}-\ln\left(z+\sqrt{z^2-1}\right)\right]\Big|_1^{z_0} \\
&= \frac{2E}{\hbar\omega}\left[z_0\sqrt{z_0^2-1}-\ln\left(z_0+\sqrt{z_0^2-1}\right)\right].
\end{aligned}
$$

由于 $V(0)=\frac{1}{2}m\omega^2a^2 \gg E \Rightarrow \sqrt{\frac{m\omega^2}{2E}}a = z_0 \gg 1$, 所以近似有

$$
\phi \approx \frac{2E}{\hbar\omega}\left[z_0^2-\ln(2z_0)\right] \approx \frac{2E}{\hbar\omega}z_0^2 = \frac{2E}{\hbar\omega}\frac{m\omega^2}{2E}a^2 = \frac{m\omega a^2}{\hbar}.
$$

习题 9.18　斯塔克效应中的隧穿. 把一个原子置于外电场中, 原则上原子内的电子可隧穿, 从而使原子电离. 问题: 这可能在通常的斯塔克效应实验中发生吗? 可以用下面一个粗略的一维模型来估算其可能性. 设想粒子处在一非常深的有限深方势阱中 (见 2.6 节).

(a) 从势阱底部向上测量, 基态能量是多少? 假设 $V_0 \gg \hbar^2/(ma^2)$. **提示**　这是无限深方势阱 (宽度 $2a$) 的基态能量.

(b) 引入微扰 $H' = -\alpha x$(对处在电场 $\boldsymbol{E} = -E_{\text{ext}}\hat{i}$ 的电子, 有 $\alpha = eE_{\text{ext}}$). 假设它相对较弱 $\left(\alpha a \ll \hbar^2/(ma^2)\right)$. 画出总势能的图像, 注意粒子可以沿 x 正方向隧穿.

(c) 计算隧穿因子 γ(方程 (9.23)), 并估算粒子逃逸所需的时间 (方程 (9.29)). 答案: $\gamma = \sqrt{8mV_0^3}/(3\alpha\hbar), \tau = (8ma^2/(\pi\hbar))\,\mathrm{e}^{2\gamma}$.

(d) 将一些合理的数据代入: $V_0 = 20$ eV(通常外层电子的结合能), $a = 10^{-10}$ m (通常原子半径大小), $E_{\text{ext}} = 7\times10^6$ V/m(强实验室场), 电子的电量 e 和质量 m. 计算 τ 并将它与宇宙的年龄作对比.

解答　(a) 对宽度为 $2a$ 的无限深方势阱

$$
E_n = \frac{n^2\pi^2\hbar^2}{2m(2a)^2},\quad E_1 = \frac{\pi^2\hbar^2}{8ma^2}.
$$

若势阱为有限深但是 $V_0 \gg \hbar^2/(ma^2)$, 则

$$
E_n \cong \frac{n^2\pi^2\hbar^2}{2m(2a)^2},\quad E_1 \cong \frac{\pi^2\hbar^2}{8ma^2}.
$$

(b) 没有加电场和加电场时的势能图分别如图 9.12(a) 和 (b) 所示.

(c) 由图 9.12 可以看出转折点 x_0 满足

$$
E_1 = V_0 + H'(x_0) = V_0 - \alpha x_0 \Rightarrow x_0 = \frac{V_0 - E_1}{\alpha}.
$$

所以隧穿因子为

$$
\begin{aligned}
\gamma &= \frac{1}{\hbar}\int_a^{x_0}|p(x)|\mathrm{d}x = \frac{1}{\hbar}\int_a^{x_0}\left|\sqrt{2m(E_1-V_0+\alpha x)}\right|\mathrm{d}x \\
&= \frac{2}{3}\frac{\sqrt{2m\alpha}}{\hbar}(x_0-a)^{3/2} = \frac{2}{3}\frac{\sqrt{2m\alpha}}{\hbar}\left(\frac{V_0-E_1-\alpha a}{\alpha}\right)^{3/2}.
\end{aligned}
$$

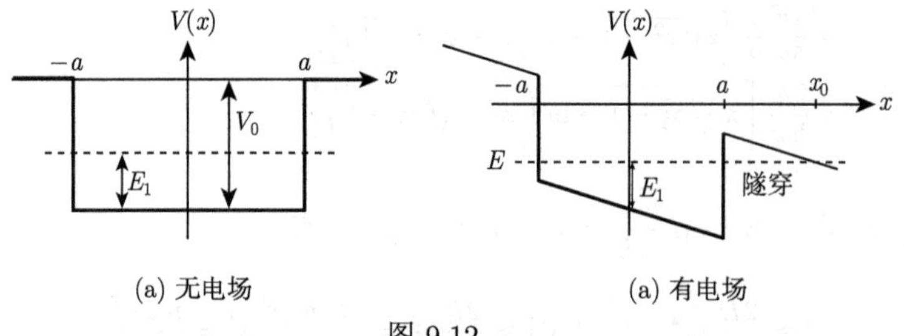

(a) 无电场 (a) 有电场

图 9.12

由于 $\alpha a \ll \hbar^2/ma^2 \approx E_1 \ll V_0$, 所以与 V_0 相比可以略去 E_1 和 αa, 有

$$\gamma \approx \frac{2}{3}\frac{\sqrt{2m\alpha}}{\hbar}\left(\frac{V_0}{\alpha}\right)^{3/2} = \frac{\sqrt{8mV_0^3}}{3\hbar\alpha}.$$

把 $\frac{1}{2}mv^2 \approx \frac{\pi^2\hbar^2}{8ma^2} \Rightarrow v \approx \frac{\pi\hbar}{2ma}$ 代入 $\tau = \frac{4a}{v}\mathrm{e}^{2\gamma}$(方程 (9.29)) 得到隧穿寿命为

$$\tau = \frac{4a}{\pi\hbar}2ma\mathrm{e}^{2\gamma} = \frac{8ma^2}{\pi\hbar}\mathrm{e}^{2\gamma}.$$

(d) 代入 $V_0 = 20\ \mathrm{eV}, a = 10^{-10}\ \mathrm{m}, E_{\mathrm{ext}} = 7\times10^6\ \mathrm{V/m}$(强实验室场), 电子的电量 e 和电子的质量 m, 得

$$\begin{aligned}\gamma &= \frac{\sqrt{8mV_0^3}}{3\hbar\alpha} = \frac{\sqrt{8\times(9.1\times10^{-31})\times(20\times1.6\times10^{-19})^3}}{\pi(1.05\times10^{-34})(7\times10^6)(1.6\times10^{-19})}\\ &= 4.181\times10^4 \Rightarrow \mathrm{e}^{2\gamma} = \mathrm{e}^{8.362\times10^4} = 5.065\times10^{36315},\\ \tau &= \frac{8ma^2}{\pi\hbar}\mathrm{e}^{2\gamma} = \frac{8\left(9.1\times10^{-31}\right)\left(10^{-10}\right)^2}{\pi(1.05\times10^{-34})}\left(5.065\times10^{36315}\right)\\ &= \left(2.207\times10^{-16}\right)\left(5.065\times10^{36315}\right)\mathrm{s} \approx 1.118\times10^{36300}\ \mathrm{yr}.\end{aligned}$$

这要比宇宙的年龄 10^{10} yr 大许多倍. 所以把一个原子置于外电场中, 是不可能使电子电离的.

习题 9.19 由于量子隧穿效应, 在室温下, 一罐 (装满的) 啤酒自发倾倒需要多长时间? **提示** 将其视为质量为 m、半径为 R、高度为 h 的均匀圆柱体. 作为罐尖, 设 x 为中心高出其平衡位置 $h/2$ 的高度. 势能为 mgx, 当 x 达到临界值 $x_0 = \sqrt{R^2+(h/2)^2} - h/2$ 时, 啤酒罐将倾倒. 计算 $E=0$ 时的隧穿几率 (方程 (9.23)). 使用方程 (9.29) 和热能 $((1/2)mv^2 = (1/2)k_BT)$ 估算其速度. 代入合理的数据, 并以年为单位给出最终答案.[①]

解答 已知隧穿几率为 $T \sim \mathrm{e}^{-2\gamma}$(方程 (9.23)), 其中

$$\gamma \equiv \frac{1}{\hbar}\int_0^a |p(x)|\mathrm{d}x.$$

① R. E. Crandall, 科学美国人, 1997 年第 2 期, 第 74 页.

对本题, 当罐倾斜时, 设 x 表示它中心高出平衡位置 $h/2$ 的高度, 则势能为 mgx. 对 $E=0$, 有

$$\gamma=\frac{1}{\hbar}\int_0^{x_0}\sqrt{2mV(x)}\mathrm{d}x=\frac{m}{\hbar}\sqrt{2g}\int_0^{x_0}\sqrt{x}\mathrm{d}x=\frac{2}{3}\frac{m}{\hbar}\sqrt{2g}x_0^{3/2}.$$

设 $h=10\text{ cm}$, $R=3\text{ cm}$, $m=300\text{ g}$, $g=9.8\text{ m / s}^2$, 则

$$\begin{aligned}
x_0&=\sqrt{9+25}-5=0.83\ (\text{cm}),\\
\gamma&=\frac{2}{3}\frac{m}{\hbar}\sqrt{2g}x_0^{3/2}\\
&=\frac{2}{3}\frac{0.3\text{ kg}}{1.05\times10^{-34}\text{ J}\cdot\text{s}}\sqrt{2\times9.8\text{ m / s}^2}\left(0.83\times10^{-2}\text{ m}\right)^{3/2}\\
&=6.377\times10^{30}.
\end{aligned}$$

罐子维持不倒的时间 (寿命) 为 (方程 (9.29))

$$\tau=\frac{2R}{v}\mathrm{e}^{2\gamma}.$$

将用热能估计的速度 $v=\sqrt{k_\mathrm{B}T/m}$(取室温 $T=300\text{ K}$) 代入上式, 得

$$\begin{aligned}
\tau&=\frac{2R}{v}\mathrm{e}^{2\gamma}=\frac{2R}{\sqrt{k_\mathrm{B}T/m}}\mathrm{e}^{2\gamma}\\
&=2\times(0.03)\sqrt{\frac{0.3}{1.4\times10^{-23}\times300}}\exp\left(2\times6.377\times10^{30}\right)\ \text{s}\\
&=5.071\times10^{8}\times\left(10^{\log e}\right)^{1.28\times10^{30}}\text{s}\\
&=5.071\times10^{8}\times10^{5.559\times10^{30}}\text{s}=16.08\times10^{5.559\times10^{30}}\text{yr}.
\end{aligned}$$

习题 9.20 对于 $E<V_{\max}$ 的经典禁戒过程, 方程 (9.23) 给出隧穿通过一势垒的 (近似) 穿透几率. 在本题中, 我们探讨其互补现象: 当 $E>V_{\max}$ 时, 从势垒反射 (同样是一个经典禁戒的过程). 假设 $V(x)$ 是一个偶数解析函数, 当 $x\to\pm\infty$ 时, 其趋于零 (图 9.13). 问题 类比于方程 (9.23) 的是什么?

(a) 尝试显而易见的方法: 假设 $|x|\geqslant a$ 时, 势为零, 在散射区使用 WKB 近似 (方程 (9.13))

$$\psi(x)\begin{cases}=A\mathrm{e}^{\mathrm{i}kx}+B\mathrm{e}^{-\mathrm{i}kx}, & x<a,\\ \approx\dfrac{1}{\sqrt{p(x)}}\left[C_+\mathrm{e}^{\mathrm{i}\phi(x)}+C_-\mathrm{e}^{-\mathrm{i}\phi(x)}\right], & -a<x<a,\\ =C\mathrm{e}^{\mathrm{i}kx}, & x>a.\end{cases}$$

在 $\pm a$ 处加上边界条件, 求反射几率 $R=|B|^2/|A|^2$.

遗憾的是, 结果 $(R=0)$ 没有给出任何信息. 的确, R 是按指数减小的 (就像 $E<V_{\max}$ 时的穿透系数一样), 但在作近似时, 却不分好坏地把需要保留的项也都取了近似, 这个近似值太过激进. 正确的公式是

$$R=\mathrm{e}^{-2\lambda}, \text{其中}\ \lambda\equiv\frac{2}{\hbar}\int_0^{y_0}p(\mathrm{i}y)\,\mathrm{d}y.$$

y_0 由 $p(\mathrm{i}y_0)=0$ 确定. 注意 λ(如方程 (9.23) 中的 γ) 的值和 $1/\hbar$ 类似; 事实上, 它

是 λ 以 $\hbar$ 为幂展开的第一项: $\lambda = c_1/\hbar + c_2 + c_3\hbar + c_4\hbar^2 + \cdots$. 正如所预期的那样, 在经典极限下 $(\hbar \to 0)$, λ 和 γ 变为无穷大, 所以 R 和 T 为零. 推导方程 (9.67)① 并不容易, 但让我们看一些例子.

(b) 对于某些正的常数 V_0 和 a, 假设 $V(x) = V_0 \operatorname{sech}^2(x/a)$. 画出 $V(x)$ 图像, 在 $0 \leqslant y \leqslant y_0$ 区间画出 $p(\mathrm{i}y)$ 图像, 并证明: $\lambda = (\pi a/\hbar)\left(\sqrt{2mE} - \sqrt{2mV_0}\right)$. 对于给定的 V_0, 画出 R 与 E 的函数关系图.

(c) 假设 $V(x) = V_0/[1 + (x/a)^2]$. 画出 $V(x)$ 图像, 将 λ 用椭圆积分表示, 并画出 R 与 E 的函数关系图.

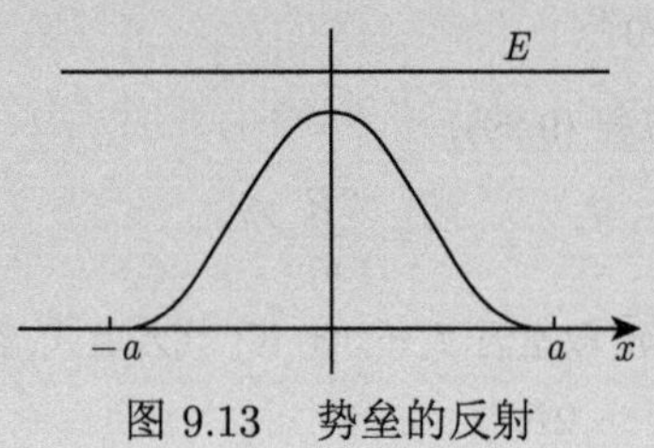

图 9.13 势垒的反射

解答 (a) 由 $\phi(x) = \dfrac{1}{\hbar}\displaystyle\int_0^x p(x')\,\mathrm{d}x'$, 得

$$\phi'(x) = \frac{1}{\hbar} p(x),$$

其中 $p(x) = \sqrt{2m[E - V(x)]}$.

对于 $|x| \geqslant a$, 则 $V(x) = 0$, 因此,

$$p(\pm a) = \sqrt{2mE} = \hbar k, \quad \phi'(\pm a) = k, \quad p'(\pm a) = 0.$$

在边界 $-a$ 处, 由波函数连续和一阶导数连续条件, 得

$$\begin{aligned} A\mathrm{e}^{-\mathrm{i}ka} + B\mathrm{e}^{\mathrm{i}ka} &= \frac{1}{\sqrt{p(-a)}}\left[C_+\mathrm{e}^{\mathrm{i}\phi(-a)} + C_-\mathrm{e}^{-\mathrm{i}\phi(-a)}\right], \\ \mathrm{i}k\left(A\mathrm{e}^{-\mathrm{i}ka} - B\mathrm{e}^{\mathrm{i}ka}\right) &= \frac{\mathrm{i}}{\sqrt{p(-a)}}\left[C_+\mathrm{e}^{\mathrm{i}\phi(-a)} - C_-\mathrm{e}^{-\mathrm{i}\phi(-a)}\right]\phi'(-a) \\ &\quad - \frac{1}{2}p'(-a)\left[C_+\mathrm{e}^{\mathrm{i}\phi(-a)} + C_-\mathrm{e}^{-\mathrm{i}\phi(-a)}\right] \\ &= \frac{\mathrm{i}}{\sqrt{p(-a)}}\left[C_+\mathrm{e}^{\mathrm{i}\phi(-a)} - C_-\mathrm{e}^{-\mathrm{i}\phi(-a)}\right]\phi'(-a). \end{aligned}$$

由 $\phi'(\pm a) = k$, 第二式可进一步化简为 $\left(A\mathrm{e}^{-\mathrm{i}ka} - B\mathrm{e}^{\mathrm{i}ka}\right) = \dfrac{1}{\sqrt{p(-a)}}[C_+\mathrm{e}^{\mathrm{i}\phi(-a)} - C_-\mathrm{e}^{-\mathrm{i}\phi(-a)}]$.

由第一式减去上式, 得 $B\mathrm{e}^{\mathrm{i}ka} = \dfrac{1}{\sqrt{p(-a)}}C_-\mathrm{e}^{-\mathrm{i}\phi(-a)}$.

① L. D. Landau 和 E. M. Lifshitz, 《量子力学: 非相对论理论》, Pergamon 出版社, 牛津 (1958), 第 190~191 页. 文献 R. L. Jaffe, *Am. J. Phys.* **78,** 620 (2010) 证明反射 (对于 $E > V_{\max}$) 可被视为动量空间中的隧穿, 并通过和方程 (9.23) 巧妙地类比, 得到方程 (9.67).

在边界 a 处,

$$Ce^{ika}=\frac{1}{\sqrt{p(a)}}\left[C_+e^{i\phi(a)}+C_-e^{-i\phi(a)}\right],$$

$$ikCe^{ika}=\frac{i}{\sqrt{p(a)}}\left[C_+e^{i\phi(a)}-C_-e^{-i\phi(a)}\right]\phi'(a)\text{, 得}$$

$$Ce^{ika}=\frac{i}{\sqrt{p(a)}}\left[C_+e^{i\phi(a)}-C_-e^{-i\phi(a)}\right].$$

由上式中的第一个式子减去第二个式子, 得 $0=\frac{1}{\sqrt{p(a)}}C_-e^{-i\phi(a)}$,

$$\text{即}C_-=0.\text{因此}, B=0.$$

这样得出反射几率 $R=|B|^2/|A|^2=0$.

(b) $V(x)$ 图像见图 9.14.

```
Plot[(Sech[x])^2,{x,-4,4},PlotRange→{0,1}]
⌊绘图 ⌊双曲正割              ⌊绘制范围
```

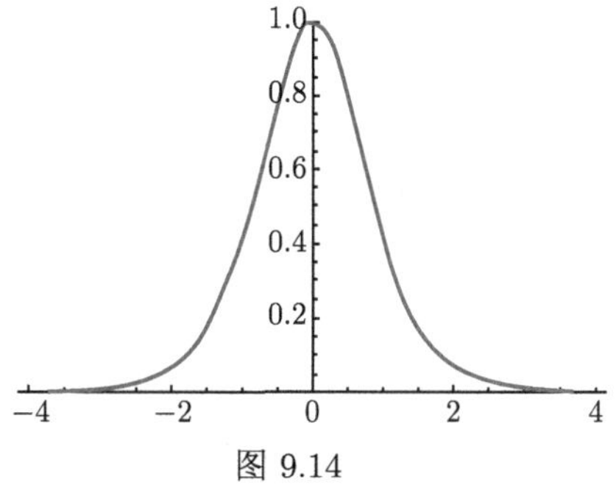

图 9.14

由 $\operatorname{sech}(iz)=\frac{1}{\cos(z)}$, 得 $p(iy)=\sqrt{2m\left[E-\frac{V_0}{\cos^2(y/a)}\right]}$, 作图如图 9.15 所示.

```
Plot[Sqrt[4-(1/Cos[x])^2],{x,0,1.5},PlotRange→{0,2}]
⌊绘图 ⌊平方根  ⌊余弦                    ⌊绘制范围
```

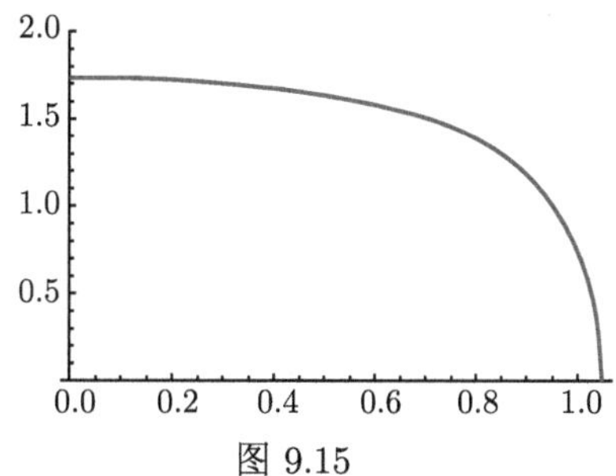

图 9.15

$$\lambda=\frac{2}{\hbar}\int_0^{y_0}p(iy)\,dy$$

$$
\begin{aligned}
&= \frac{2}{\hbar}\int_0^{y_0}\sqrt{2m\left[E-\frac{V_0}{\cos^2(y/a)}\right]}\mathrm{d}y \\
&= \frac{2a}{\hbar}\sqrt{2mV_0}\int_0^{u_0}\sqrt{\beta^2-\frac{1}{\cos^2 u}}\mathrm{d}u,
\end{aligned}
$$

其中 $\beta=\sqrt{E/V_0}$ 和 $u=y/a$.

$$
\begin{aligned}
\lambda &= \frac{2a}{\hbar}\sqrt{2mV_0}\int_0^{u_0}\frac{\sqrt{\beta^2\cos^2 u-1}}{\cos u}\mathrm{d}u \\
&= \frac{2a}{\hbar}\sqrt{2mV_0}\int_0^{u_0}\frac{\sqrt{\beta^2\left(1-\sin^2 u\right)-1}}{1-\sin^2 u}\mathrm{d}\sin u,
\end{aligned}
$$

令 $z=\sin u, \mathrm{d}z=\cos u\mathrm{d}u$, 则

$$
\begin{aligned}
\lambda &= \frac{2a}{\hbar}\sqrt{2mV_0}\int_0^{z_0}\frac{\sqrt{\beta^2\left(1-z^2\right)-1}}{1-z^2}\mathrm{d}z \\
&= \frac{2a}{\hbar}\sqrt{2mV_0}\int_0^{z_0}\frac{\sqrt{z_0^2-z}}{1-z^2}\mathrm{d}z,
\end{aligned}
$$

其中 $z_0^2=1-1/\beta^2$.

$$
\begin{aligned}
\lambda &= \frac{2a}{\hbar}\sqrt{2mV_0}\frac{\pi}{2}(\beta-1) \\
&= \frac{\pi a}{\hbar}\left(\sqrt{2mE}-\sqrt{2mV_0}\right).
\end{aligned}
$$

画出 $R(E)$, 见图 9.16.

```
Plot[Exp[1-Sqrt[x]],{x,1,10},PlotRange→{0,1.1},
⌊绘图⌊指数形式⌊平方根              ⌊绘 制 范 围
AxesOrigin→{1, 0}]
⌊坐 标 轴 原 点
```

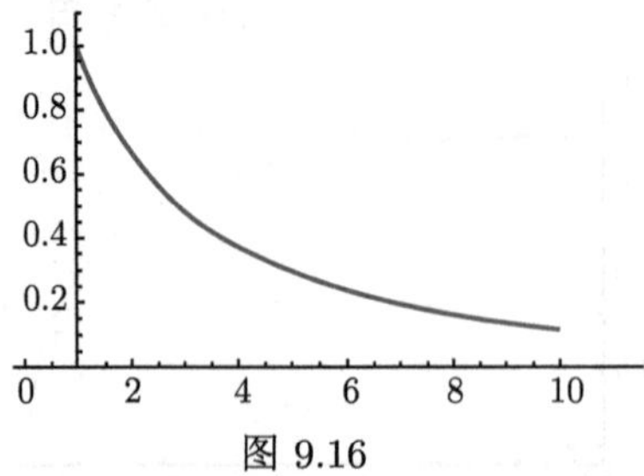

图 9.16

(c) 画出 $V(x)$, 见图 9.17.

```
Plot[1/(1+x^2),{x,-5,5},PlotRange→{0,1}]
⌊绘 图                    ⌊绘 制 范 围
```

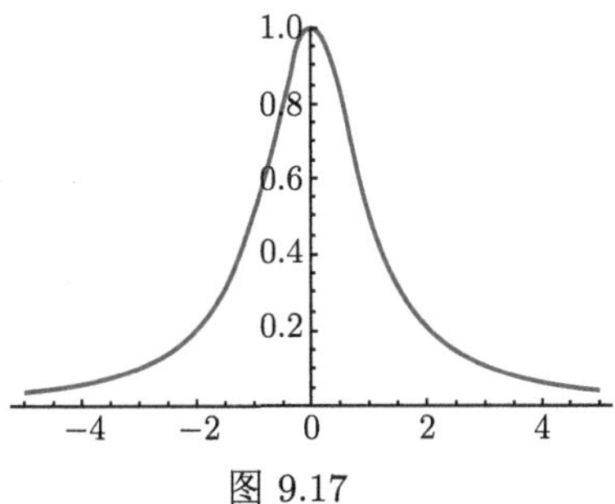

图 9.17

将 (b) 中的势能项换成 $V(x) = V_0\mathrm{sech}^2(x/a)$, 得

$$\begin{aligned}
\lambda &= \frac{2}{\hbar}\int_0^{y_0}\sqrt{2m\left[E - \frac{V_0}{(y/a)^2}\right]}\mathrm{d}y \\
&= \frac{2a}{\hbar}\sqrt{2mV_0}\int_0^{u_0}\sqrt{\beta^2 - \frac{1}{1-u^2}}\mathrm{d}u \\
&= \frac{2a\beta}{\hbar}\sqrt{2mV_0}\int_0^{u_0}\frac{\sqrt{u_0^2 - u^2}}{\sqrt{1-u^2}}\mathrm{d}u, \\
&= \frac{2a\beta}{\hbar}\sqrt{2mV_0}u_0\int_0^{u_0}\frac{\sqrt{1-u/u_0}}{\sqrt{1-u^2}}\mathrm{d}u \\
&= \frac{2a}{\hbar}\sqrt{2m(E-V_0)}E\left(u_0|u_0^{-2}\right),
\end{aligned}$$

其中 $u_0^2 = 1 - 1/\beta^2, E(x|m)$ 是第二类椭圆积分. 画出 $R(E)$, 见图 9.18.

```
w[x_]:=1-1/x;
L[x_]:=Sqrt[w[x]]/Sqrt[1-w[x]]*EllipticE[ArcSin[Sqrt[w[x]]],
        ⌊平方根        ⌊平方根           ⌊第二类 (完…⌊反正弦⌊平方根
   1/w[x]]
Plot[Exp[-L[x]],{x,1,10}]
⌊绘图⌊指数形式
```

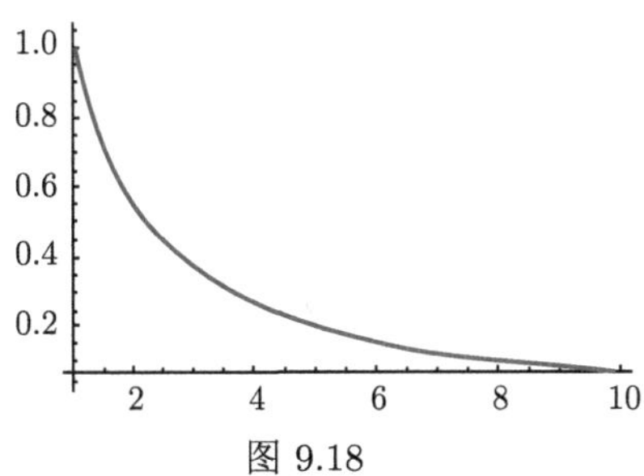

图 9.18

第 10 章 散　射

本章主要内容概要

1. 散射的基本概念

微分散射截面: 入射到横截面积 $\mathrm{d}\sigma$ 的微元内的粒子被散射到相应的微元立体角 $\mathrm{d}\Omega$ 内, 其比例系数 $D(\theta,\phi)\equiv \mathrm{d}\sigma/\mathrm{d}\Omega$ 称为微分散射截面.

总散射截面: $\sigma=\int D(\theta,\phi)\,\mathrm{d}\Omega$.

2. 量子散射理论

设入射波沿 z 方向传播, 散射势是球对称势, 则在远离散射中心的地方, 波函数 (入射波 + 散射波) 可以表示为

$$\psi(r,\theta)\approx A\left[\mathrm{e}^{\mathrm{i}kz}+f(\theta)\frac{\mathrm{e}^{\mathrm{i}kr}}{r}\right].$$

$f(\theta)$ 是散射波振幅, 微分散射截面与 $f(\theta)$ 关系为 $D(\theta)=|f(\theta)|^2$.

显然, 微分散射截面等于散射振幅绝对值的平方. 散射振幅可以采用分波法和玻恩近似两种方法计算.

3. 分波法求散射截面

分波法只适用于局域势场的情况, 因此不适用于长程的库仑势.

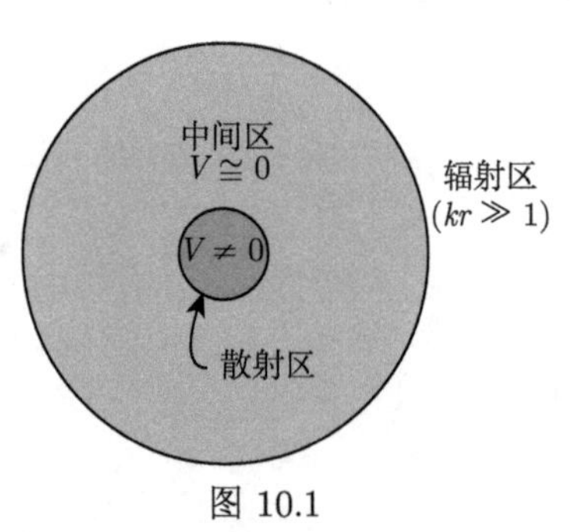

图 10.1

假定球对称势场如图 10.1 所示.

局域势的散射: 散射区 (较暗的阴影); 中间区, 这里 $V=0$ (较亮的阴影); 辐射区 (此区域内 $kr\gg 1$).

球对称势 $V(r)$ 的薛定谔方程的波函数可以分离变量, 即 $\psi(r,\theta,\varphi)=R(r)Y_l^m(\theta,\varphi)$, 其中 Y_l^m 是球谐函数, $u(r)=rR(r)$ 满足径向方程

$$-\frac{\hbar^2}{2m}\frac{\mathrm{d}^2u}{\mathrm{d}r^2}+\left[V(r)+\frac{\hbar^2}{2m}\frac{l(l+1)}{r^2}\right]u=Eu.$$

当 r 很大时, 势趋于零, 且离心部分贡献可以忽略, 有 $\dfrac{\mathrm{d}^2u}{\mathrm{d}r^2}\approx -k^2u$.

其通解为

$$u(r)=C\mathrm{e}^{\mathrm{i}kr}+D\mathrm{e}^{-\mathrm{i}kr};$$

第 1 项代表出射球面波, 第 2 项代表入射波. 对于散射波的求解, 我们希望 $D=0$.

当 r 很大时, 有 $R(r)\sim\dfrac{\mathrm{e}^{\mathrm{i}kr}}{r}$.

当 r 处于中间区域时, 外势基本为零 ($V\cong 0$), 但离心项要保留, 薛定谔方程为 $\dfrac{\mathrm{d}^2u}{\mathrm{d}r^2}-\dfrac{l(l+1)}{r^2}u=-k^2u$, 通解为球贝塞尔函数的线性组合 $u(r)=Arj_l(kr)+Brn_l(kr)$. 然而, 无论 j_l (有点像正弦函数) 还是 n_l (像一种广义的余弦函数) 都不能表示出射波 (或入射波). 我们需要的是类似于 $\mathrm{e}^{\mathrm{i}kr}$ 和 $\mathrm{e}^{-\mathrm{i}kr}$ 的线性组合; 因此选择**球汉克尔函数**.

在 r 很大时, $h_l^{(1)}(kr)$ 趋于 $\mathrm{e}^{\mathrm{i}kr}/r$, 而 $h_l^{(2)}(kr)$ 趋于 $\mathrm{e}^{-\mathrm{i}kr}/r$; 对于出射波, 我们需要第一类球形汉克尔函数 $R(r)\sim h_l^{(1)}(kr)$.

外部区域 ($V(r)=0$) 中的精确波函数为

$$\psi(r,\theta,\varphi)=A\left\{\mathrm{e}^{\mathrm{i}kz}+\sum_{l,m}C_{l,m}h_l^{(1)}(kr)Y_l^m(\theta,\varphi)\right\}.$$

第 1 项是入射平面波, 求和项 (展开系数 $C_{l,m}$) 是散射波. 由于势是球对称的, 波函数仅对应有 $m=0$ 的项存在, 有 $Y_l^0(\theta,\phi)=\sqrt{\dfrac{2l+1}{4\pi}}P_l(\cos\theta)$.

通常会重新定义展开系数 ($C_{l,0}\equiv \mathrm{i}^{l+1}k\sqrt{4\pi(2l+1)}a_l$), 得

$$\psi(r,\theta)=A\left\{\mathrm{e}^{\mathrm{i}kz}+k\sum_{l=0}^{\infty}\mathrm{i}^{l+1}(2l+1)a_lh_l^{(1)}(kr)P_l(\cos\theta)\right\},$$

a_l 称为第 l 个**分波振幅**.

当 r 很大时, 汉克尔函数趋近于 $(-\mathrm{i})^{l+1}\mathrm{e}^{\mathrm{i}kr}/kr$, 得 $\psi(r,\theta)\approx A\left\{\mathrm{e}^{\mathrm{i}kz}+f(\theta)\dfrac{\mathrm{e}^{\mathrm{i}kr}}{r}\right\}$, 其中 $f(\theta)=\sum\limits_{l=0}^{\infty}(2l+1)a_lP_l(\cos\theta)$.

微分散射截面是

$$D(\theta)=|f(\theta)|^2=\sum_l\sum_{l'}(2l+1)(2l'+1)a_l^*a_{l'}P_l(\cos\theta)P_{l'}(\cos\theta),$$

总散射截面是

$$\sigma=4\pi\sum_{l=0}^{\infty}(2l+1)\left|a_l\right|^2.$$

4. 相移的思想

考虑在半轴 $x<0$ 中局域势 $V(x)$ 的一维散射 (见图 10.2), 在 $x=0$ 处放置一堵 “砖墙”, 从左边入射的波

$$\psi_i(x)=A\mathrm{e}^{\mathrm{i}kx}\qquad(x<-a)$$

被完全反射

$$\psi_r(x)=B\mathrm{e}^{-\mathrm{i}kx}\qquad(x<-a).$$

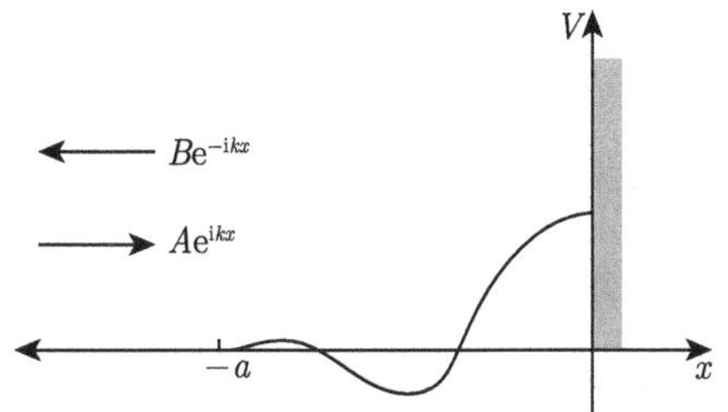

图 10.2　局域势的一维散射, 该势位于一无限高墙的左侧

无论在相互作用区域 ($-a<x<0$) 发生什么, 由于几率守恒, 反射波的振幅一定和入射波的振幅相等 ($|B|=|A|$). 但它们的相位未必相同.

如果完全没有势, 仅在 $x=0$ 处有一堵 “墙”, 由于入射波函数和反射波函数之和在

原点处必须等于零, 那么 $B=-A$:

$$\psi_0(x)=A(\mathrm{e}^{\mathrm{i}kx}-\mathrm{e}^{-\mathrm{i}kx}) \qquad (V(x)=0).$$

如果势不为零, 波函数 (对于 $x<-a$) 取如下形式:

$$\psi(x)=A(\mathrm{e}^{\mathrm{i}kx}-\mathrm{e}^{\mathrm{i}(2\delta-kx)}) \qquad (V(x)\neq 0).$$

三维情况下, 入射平面波 $A\mathrm{e}^{\mathrm{i}kz}$ 在 z 方向上没有角动量 (瑞利公式不包含 $m\neq 0$ 的项), 但是它包含总角动量的所有值 ($\ell=0,1,2,\cdots$). 因为角动量守恒 (球对称势), 所以每个分波 (用一个特定的 ℓ 标记) 独立散射, 只有相位的变化, 而振幅不变.

如果根本不存在势, 那么 $\psi_0=A\mathrm{e}^{\mathrm{i}kz}$; 并且第 ℓ 个分波是

$$\psi_0^{(\ell)}=A\mathrm{i}^{\ell}(2\ell+1)j_\ell(kr)P_\ell(\cos\theta) \qquad (V(r)=0).$$

但是由于

$$j_\ell(x)=\frac{1}{2}\left[h^{(1)}(x)+h_l^{(2)}(x)\right]\approx\frac{1}{2x}\left[(-\mathrm{i})^{\ell+1}\mathrm{e}^{\mathrm{i}x}+\mathrm{i}^{\ell+1}\mathrm{e}^{-\mathrm{i}x}\right] \qquad (x\gg 1).$$

所以, 对于大的 r,

$$\psi_0^{(\ell)}\approx A\frac{2\ell+1}{2\mathrm{i}kr}\left[\mathrm{e}^{\mathrm{i}kr}-(-1)^{\ell}\mathrm{e}^{-\mathrm{i}kr}\right]P_\ell(\cos\theta) \qquad (V(r)=0).$$

其中方括号中的第 2 项代表一列入射球面波; 它来自入射平面波, 在引入散射势时它是不改变的. 第 1 项是出射波; 它得到了相移 δ_ℓ (由于散射势的存在):

$$\psi^{(\ell)}\approx A\frac{2\ell+1}{2\mathrm{i}kr}\left[\mathrm{e}^{\mathrm{i}(kr-2\delta\ell)}-(-1)^{\ell}\mathrm{e}^{-\mathrm{i}kr}\right]P_\ell(\cos\theta), \quad (V(r)\neq 0).$$

分波振幅 a_ℓ 与相移 δ_ℓ 的关系:

比较如下两式,

$$\psi(r,\theta)=A\left\{\mathrm{e}^{\mathrm{i}kz}+k\sum_{\ell=0}^{\infty}\mathrm{i}^{\ell+1}(2\ell+1)a_\ell h_\ell^{(1)}(kr)P_\ell(\cos\theta)\right\}$$

和 $\psi^{(\ell)}$ 的第 ℓ 个分波在 r 很大时的形式

$$\psi^{(r)}\approx A\left\{\frac{2\ell+1}{2\mathrm{i}kr}\left[\mathrm{e}^{\mathrm{i}kr}-(-1)^{\ell}\mathrm{e}^{-\mathrm{i}kr}\right]+\frac{2\ell+1}{r}a_\ell\mathrm{e}^{\mathrm{i}kr}\right\}P_\ell(\cos\theta),$$

得分波振幅与相移的关系为

$$a_\ell=\frac{1}{2\mathrm{i}k}(\mathrm{e}^{2\mathrm{i}\delta_\ell}-1)=\frac{1}{k}\mathrm{e}^{\mathrm{i}\delta_\ell\sin(\delta_\ell)}.$$

散射振幅与相移的关系为 $f(\theta)=\dfrac{1}{k}\sum\limits_{\ell=0}^{\infty}(2\ell+1)\mathrm{e}^{\mathrm{i}\delta_\ell}\sin(\delta_\ell)P_\ell(\cos\theta)$.

散射界面与相移的关系为 $\sigma=\dfrac{4\pi}{k^2}\sum\limits_{\ell=0}^{\infty}(2\ell+1)\sin^2(\delta_\ell)$.

5. 玻恩近似法求散射截面

定态薛定谔方程,

$$-\frac{\hbar^2}{2m}\nabla^2\psi+V\psi=E\psi,$$

可更简洁地写为

$$(\nabla^2+k^2)\psi=Q,$$

其中

$$k \equiv \frac{\sqrt{2mE}}{\hbar}, \quad Q \equiv \frac{2m}{\hbar^2}V\psi.$$

这在外观上同亥姆霍兹方程的形式一样; 这里"非齐次"项 (Q) 本身与 ψ 有关. 假设我们可以用函数 $G(r)$ 来求解具有 δ 函数"源"的亥姆霍兹方程:

$$(\nabla^2 + k^2)G(\boldsymbol{r}) = \delta^3(\boldsymbol{r}).$$

然后可以将 ψ 表示为一个积分

$$\psi(\boldsymbol{r}) = \int G(\boldsymbol{r} - \boldsymbol{r}_0)Q(\boldsymbol{r}_0)\mathrm{d}^3\boldsymbol{r}_0.$$

很容易证明它满足薛定谔方程,

$$\begin{aligned}(\nabla^2 + k^2)\psi(\boldsymbol{r}) &= \int [(\nabla^2 + k^2)G(\boldsymbol{r} - \boldsymbol{r}_0)]Q(\boldsymbol{r}_0)\mathrm{d}^3\boldsymbol{r}_0 \\ &= \int \delta^3(\boldsymbol{r} - \boldsymbol{r}_0)Q(\boldsymbol{r}_0)\mathrm{d}^3\boldsymbol{r}_0 = Q(\boldsymbol{r})\end{aligned}$$

$G(\boldsymbol{r})$ 称为亥姆霍兹方程的**格林函数**.

求**格林函数**, 作傅里叶变换将微分方程转化为代数方程, 令

$$G(\boldsymbol{r}) = \frac{1}{(2\pi)^{3/2}}\int \mathrm{e}^{\mathrm{i}\boldsymbol{s}\cdot\boldsymbol{r}}g(\boldsymbol{s})\mathrm{d}^3\boldsymbol{s}.$$

则

$$\left(\nabla^2 + k^2\right)G(\boldsymbol{r}) = \frac{1}{(2\pi)^{3/2}}\int \left[(\nabla^2 + k^2)\mathrm{e}^{\mathrm{i}\boldsymbol{s}\cdot\boldsymbol{r}}\right]g(\boldsymbol{s})\mathrm{d}^3\boldsymbol{s}.$$

然而

$$\nabla^2\mathrm{e}^{\mathrm{i}\boldsymbol{s}\cdot\boldsymbol{r}} = -s^2\mathrm{e}^{\mathrm{i}\boldsymbol{s}\cdot\boldsymbol{r}}, \quad \delta^3(\boldsymbol{r}) = \frac{1}{(2\pi)^3}\int \mathrm{e}^{\mathrm{i}\boldsymbol{s}\cdot\boldsymbol{r}}\mathrm{d}^3\boldsymbol{s}.$$

因此, 方程 $(\nabla^2 + k^2)G(\boldsymbol{r}) = \delta^3(\boldsymbol{r})$ 可写为

$$\frac{1}{(2\pi)^{3/2}}\int (-s^2 + k^2)\mathrm{e}^{\mathrm{i}\boldsymbol{s}\cdot\boldsymbol{r}}g(\boldsymbol{s})\mathrm{d}^3\boldsymbol{s} = \frac{1}{(2\pi)^3}\int \mathrm{e}^{\mathrm{i}\boldsymbol{s}\cdot\boldsymbol{r}}\mathrm{d}^3\boldsymbol{s}.$$

由此, 得

$$g(\boldsymbol{s}) = \frac{1}{(2\pi)^{3/2}(k^2 - s^2)}.$$

将上式代入方程 $G(\boldsymbol{r}) = \frac{1}{(2\pi)^{3/2}}\int \mathrm{e}^{\mathrm{i}\boldsymbol{s}\cdot\boldsymbol{r}}g(\boldsymbol{s})\mathrm{d}^3\boldsymbol{s}$, 得到

$$G(\boldsymbol{r}) = \frac{1}{(2\pi)^3}\int \mathrm{e}^{\mathrm{i}\boldsymbol{s}\cdot\boldsymbol{r}}\frac{1}{(k^2 - s^2)}\mathrm{d}^3\boldsymbol{s}.$$

计算 $G(\boldsymbol{r}) = \frac{1}{(2\pi)^3}\int \mathrm{e}^{\mathrm{i}\boldsymbol{s}\cdot\boldsymbol{r}}\frac{1}{(k^2 - s^2)}\mathrm{d}^3\boldsymbol{s}$ 积分, 由 $\boldsymbol{s}\cdot\boldsymbol{r} = sr\cos\theta$, 对 ϕ 的积分为 2π, 对 θ 的积分为

$$\int_0^{\pi} \mathrm{e}^{\mathrm{i}sr\cos\theta}\sin\theta\mathrm{d}\theta = -\left.\frac{\mathrm{e}^{\mathrm{i}sr\cos\theta}}{\mathrm{i}sr}\right|_0^{\pi} = \frac{2\sin(sr)}{sr},$$

$$G(r) = \frac{1}{(2\pi)^3}\int \frac{\mathrm{e}^{\mathrm{i}sr\cos\theta}}{k^2 - s^2}\sin(\theta)\, s^2\mathrm{d}\theta\mathrm{d}\varphi\mathrm{d}s,$$

$$G(r)=\frac{1}{4\pi^2 r}\int_{-\infty}^{+\infty}\frac{s\cdot\sin(sr)}{k^2-s^2}\mathrm{d}s.$$

$$G(\boldsymbol{r})=\frac{\mathrm{i}}{8\pi^2 r}\left\{\int_{-\infty}^{\infty}\frac{s\mathrm{e}^{\mathrm{i}sr}}{(s-k)(s+k)}\mathrm{d}s-\int_{-\infty}^{\infty}\frac{s\mathrm{e}^{-\mathrm{i}sr}}{(s-k)(s+k)}\mathrm{d}s\right\}$$
$$=\frac{\mathrm{i}}{8\pi^2 r}(I_1-I_2).$$

其中,

$$I_1=\oint\left[\frac{s\mathrm{e}^{\mathrm{i}sr}}{s+k}\right]\frac{1}{s-k}\mathrm{d}s=2\pi\mathrm{i}\left[\frac{s\mathrm{e}^{\mathrm{i}sr}}{s+k}\right]\Bigg|_{s=k}=\mathrm{i}\pi\mathrm{e}^{\mathrm{i}kr},$$
$$I_2=\oint\left[\frac{s\mathrm{e}^{-\mathrm{i}sr}}{s-k}\right]\frac{1}{s+k}\mathrm{d}s=-2\pi\mathrm{i}\left[\frac{s\mathrm{e}^{-\mathrm{i}sr}}{s-k}\right]\Bigg|_{s=-k}=-\mathrm{i}\pi\mathrm{e}^{\mathrm{i}kr}.$$

亥姆霍兹方程的格林函数为

$$G(\boldsymbol{r})=\frac{\mathrm{i}}{8\pi^2 r}\left[(\mathrm{i}\pi\mathrm{e}^{\mathrm{i}kr})-(-\mathrm{i}\pi\mathrm{e}^{\mathrm{i}kr})\right]=-\frac{\mathrm{e}^{\mathrm{i}kr}}{4\pi r}.$$

定态薛定谔方程的一般解可以写为

$$\psi(\boldsymbol{r})=\psi_0(\boldsymbol{r})-\frac{m}{2\pi\hbar^2}\int\frac{\mathrm{e}^{\mathrm{i}k|\boldsymbol{r}-\boldsymbol{r}_0|}}{|\boldsymbol{r}-\boldsymbol{r}_0|}V(\boldsymbol{r}_0)\psi(\boldsymbol{r}_0)\mathrm{d}^3\boldsymbol{r}_0,$$

其中 ψ_0 满足自由粒子薛定谔方程 $(\nabla^2+k^2)\psi_0=0$.

一阶玻恩近似:

设势 $V(\boldsymbol{r_0})$ 在 $\boldsymbol{r_0}=0$ 附近是局域的, 需要计算远离散射中心点处的 $\psi(r)$. 那么, 在 $|\boldsymbol{r}|\gg|\boldsymbol{r}_0|$ 内所有点对方程

$$\psi(\boldsymbol{r})=\psi_0(\boldsymbol{r})-\frac{m}{2\pi\hbar^2}\int\frac{\mathrm{e}^{\mathrm{i}k|\boldsymbol{r}-\boldsymbol{r}_0|}}{|\boldsymbol{r}-\boldsymbol{r}_0|}V(\boldsymbol{r}_0)\psi(\boldsymbol{r}_0)\mathrm{d}^3\boldsymbol{r}_0$$

的积分都有贡献, 所以

$$|\boldsymbol{r}-\boldsymbol{r}_0|^2=r^2+r_0^2-2\boldsymbol{r}\cdot\boldsymbol{r}_0\approx r^2\left(1-2\frac{\boldsymbol{r}\cdot\boldsymbol{r}_0}{r^2}\right),$$

因此, $|\boldsymbol{r}-\boldsymbol{r}_0|\approx r-\hat{r}\cdot\boldsymbol{r}_0$; 令 $\boldsymbol{k}\equiv k\hat{r}$, 从而 $\mathrm{e}^{\mathrm{i}k|\boldsymbol{r}-\boldsymbol{r}_0|}\approx\mathrm{e}^{\mathrm{i}kr}\mathrm{e}^{-\mathrm{i}\boldsymbol{k}\cdot\boldsymbol{r}_0}$, 因此 $\dfrac{\mathrm{e}^{\mathrm{i}k|\boldsymbol{r}-\boldsymbol{r}_0|}}{|\boldsymbol{r}-\boldsymbol{r}_0|}\approx\dfrac{\mathrm{e}^{\mathrm{i}kr}}{r}\mathrm{e}^{-\mathrm{i}\boldsymbol{k}\cdot\boldsymbol{r}_0}$.

在散射情况下, 需要用 $\psi_0(\boldsymbol{r})=A\mathrm{e}^{\mathrm{i}kz}$ 表示入射平面波. 当 r 较大时, 有

$$\psi(\boldsymbol{r})\approx A\mathrm{e}^{\mathrm{i}kz}-\frac{m}{2\pi\hbar^2}\frac{\mathrm{e}^{\mathrm{i}kr}}{r}\int\mathrm{e}^{-\mathrm{i}\boldsymbol{k}\cdot\boldsymbol{r}_0}V(\boldsymbol{r}_0)\psi(\boldsymbol{r}_0)\mathrm{d}^3\boldsymbol{r}_0.$$

由此可以读出散射振幅:

$$f(\theta,\varphi)=-\frac{m}{2\pi\hbar^2 A}\int\mathrm{e}^{-\mathrm{i}\boldsymbol{k}\cdot\boldsymbol{r}_0}V(\boldsymbol{r}_0)\psi(\boldsymbol{r}_0)\mathrm{d}^3\boldsymbol{r}_0.$$

玻恩近似:

假设入射平面波在散射区域没有发生实质性变化 (其中 V 为非零), 则使用式

$$\psi(\boldsymbol{r}_0)\approx\psi_0(\boldsymbol{r}_0)=A\mathrm{e}^{\mathrm{i}kz_0}=A\mathrm{e}^{\mathrm{i}\boldsymbol{k}'\cdot\boldsymbol{r}_0}$$

就有意义. 其中在积分内 $\boldsymbol{k}'\equiv k\hat{z}$.

在玻恩近似下有

$$f(\theta,\phi)=-\frac{m}{2\pi\hbar^2}\int \mathrm{e}^{\mathrm{i}(\boldsymbol{k}'-\boldsymbol{k})\cdot r_0}V(\boldsymbol{r}_0)\mathrm{d}^3\boldsymbol{r}_0.$$

特别地, 对于**低能散射**, 在整个散射区域指数因子基本不变, 从而玻恩近似简化为

$$f(\theta,\phi)=-\frac{m}{2\pi\hbar^2}\int V(\boldsymbol{r})\mathrm{d}^3\boldsymbol{r},\quad (\text{低能情形}).$$

玻恩级数:

薛定谔方程的积分形式为

$$\psi(\boldsymbol{r})=\psi_0(\boldsymbol{r})+\int g(\boldsymbol{r}-\boldsymbol{r}_0)V(\boldsymbol{r}_0)\,\psi(\boldsymbol{r}_0)\mathrm{d}^3\boldsymbol{r}_0,$$

其中 ψ_0 为入射波,

$$g(\boldsymbol{r})\equiv-\frac{m}{2\pi\hbar^2}\frac{\mathrm{e}^{\mathrm{i}kr}}{r}$$

为格林函数, V 是散射势. 用简单的框架表示为

$$\psi=\psi_0+\int gV\psi.$$

取此式为 ψ 的表达式, 并将其代入积分符号中, 迭代一次, 得

$$\psi=\psi_0+\int gV\psi_0+\iint gVgV\psi.$$

重复迭代该过程, 可得到 ψ 的级数是

$$\psi=\psi_0+\int gV\psi_0+\iint gVgV\psi_0+\iiint gVgVgV\psi_0+\cdots.$$

在每个被积函数中, 只出现入射波函数 (ψ_0) 和越来越多的 gV 幂次项.

*****习题 10.1　卢瑟福散射**. 电荷量为 q_1、动能为 E 的入射粒子被另一电荷量为 q_2 的静止重粒子散射.

(a) 推导碰撞参量和散射角的关系.[1]

(b) 求微分散射截面.

(c) 证明: 卢瑟福散射的总截面无穷大.

解答　(a) 卢瑟福散射是用经典力学求解带电粒子被库仑场散射的问题. 散射示意图见图 10.3, 其中 θ 为散射角.

在散射过程中能量守恒 (保守力场), 则 (这是个二维问题, 用平面极坐标 r, ϕ)

$$E=\frac{m}{2}\left(\dot{r}^2+r^2\dot{\phi}^2\right)+V(r)=\text{const},\quad V(r)\equiv\frac{1}{4\pi\varepsilon_0}\frac{q_1q_2}{r}.$$

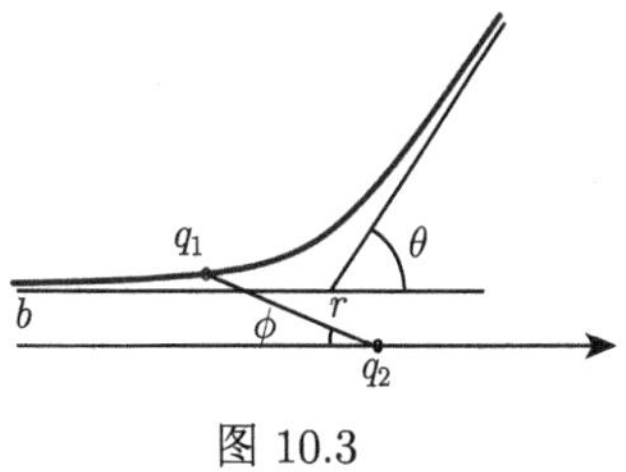

图 10.3

角动量守恒 (中心力场), 则

$$J=mr^2\dot{\phi}=\text{const}\Rightarrow\dot{\phi}=\frac{J}{mr^2}.$$

① 可参考有关经典力学的书, 例如: Jerry B. Marion 和 Stephen T. Thornton,《粒子与系统的经典动力学》, 第 4 版, Saunders, Fort Worth, TX (1995), 第 9.10 节.

将其代入能量守恒表达式, 得

$$\dot{r}^2 = \frac{2}{m}\left[E - V(r)\right] - \frac{J^2}{m^2 r^2}.$$

求出 r 作为 ϕ 的函数, 令 $r = 1/u$, 则

$$\dot{r} = \frac{\mathrm{d}r}{\mathrm{d}t} = \frac{\mathrm{d}r}{\mathrm{d}u}\frac{\mathrm{d}u}{\mathrm{d}\phi}\frac{\mathrm{d}\phi}{\mathrm{d}t} = -\frac{1}{u^2}\dot{\phi}\frac{\mathrm{d}u}{\mathrm{d}\phi} = -\frac{1}{u^2}\frac{J}{mr^2}\frac{\mathrm{d}u}{\mathrm{d}\phi} = -\frac{J}{m}\frac{\mathrm{d}u}{\mathrm{d}\phi}.$$

因此

$$\left(-\frac{J}{m}\frac{\mathrm{d}u}{\mathrm{d}\phi}\right)^2 = \frac{2}{m}\left(E - \frac{q_1 q_2}{4\pi\varepsilon_0}u\right) - \frac{J^2}{m^2}u^2,$$

$$\frac{\mathrm{d}u}{\mathrm{d}\phi} = \sqrt{\frac{2m}{J^2}\left(E - \frac{q_1 q_2}{4\pi\varepsilon_0}u\right) - u^2}.$$

或者

$$\mathrm{d}\phi = \frac{\mathrm{d}u}{\sqrt{\frac{2m}{J^2}\left(E - \frac{q_1 q_2}{4\pi\varepsilon_0}u\right) - u^2}}.$$

q_1 粒子从 $r = \infty\ (u = 0), \phi = 0$ 开始散射, 设它离 q_2 粒子最近距离为 $r_{\min}(u_{\max}), \phi = \phi_0$. 显然有

$$\phi_0 = \int_0^{u_{\max}} \frac{\mathrm{d}u}{\sqrt{\frac{2m}{J^2}\left(E - \frac{q_1 q_2}{4\pi\varepsilon_0}u\right) - u^2}}.$$

当 q_1 粒子以散射角 θ 出射时, 由对称性

$$\phi_0 + \phi_0 + \theta = \pi,$$

所以,

$$\theta = \pi - 2\phi_0 = \pi - 2\int_0^{u_{\max}} \frac{\mathrm{d}u}{\sqrt{\frac{2m}{J^2}\left(E - \frac{q_1 q_2}{4\pi\varepsilon_0}u\right) - u^2}}.$$

设 u_1, u_2 是上式分母的两个根

$$\frac{2m}{J^2}\left(E - \frac{q_1 q_2}{4\pi\varepsilon_0}u\right) - u^2 = (u_2 - u)(u - u_1).$$

由于

$$\frac{\mathrm{d}u}{\mathrm{d}\phi} = \sqrt{\frac{2m}{J^2}\left(E - \frac{q_1 q_2}{4\pi\varepsilon_0}u\right) - u^2} = \sqrt{(u_2 - u)(u - u_1)},$$

所以极大值点 $u_{\max}$ 是一个根, 设 $u_2 > u_1$, 则 $u_{\max} = u_2$, 利用积分公式

$$\int_a^b \frac{\mathrm{d}x}{\sqrt{(x - u_1)(u_2 - x)}} = -\arcsin\left(\frac{-2u + u_2 + u_1}{u_2 - u_1}\right)\Bigg|_a^b,$$

$$\begin{aligned}\theta &= \pi - 2\int_0^{u_{\max}} \frac{\mathrm{d}u}{\sqrt{(u_{\max} - u)(u_1 - u)}} \\ &= \pi + 2\arcsin\left(\frac{-2u + u_{\max} + u_1}{u_{\max} - u_1}\right)\Bigg|_0^{u_{\max}}\end{aligned}$$

$$= \pi + 2\left[\arcsin(-1) - \arcsin\left(\frac{u_{\max}+u_1}{u_{\max}-u_1}\right)\right]$$
$$= \pi + 2\left[-\frac{\pi}{2} - \arcsin\left(\frac{u_{\max}+u_1}{u_{\max}-u_1}\right)\right] = -2\arcsin\left(\frac{u_{\max}+u_1}{u_{\max}-u_1}\right).$$

现在我们需要解出两个根来, 将

$$\frac{2m}{J^2}\left(E - \frac{q_1q_2}{4\pi\varepsilon_0}u\right) - u^2 = 0,$$

$$u_{\max} = \frac{-\dfrac{2m}{J^2}\dfrac{qq}{4\pi\varepsilon_0} + \sqrt{\left(\dfrac{2m}{J^2}\dfrac{qq}{4\pi\varepsilon_0}\right)^2 + 4\dfrac{2m}{J^2}E}}{2},$$
$$u_1 = \frac{-\dfrac{2m}{J^2}\dfrac{qq}{4\pi\varepsilon_0} - \sqrt{\left(\dfrac{2m}{J^2}\dfrac{qq}{4\pi\varepsilon_0}\right)^2 + 4\dfrac{2m}{J^2}E}}{2}.$$

代入

$$E = \frac{1}{2}mv^2, \quad J = mvb. \quad (b \text{ 为瞄准参数})$$
$$J^2 = m^2v^2b^2 = 2mEb^2.$$

$$u_{\max} = \frac{-\dfrac{q_1q_2}{Eb^2 4\pi\varepsilon_0} + \sqrt{\left(\dfrac{q_1q_2}{Eb^2 4\pi\varepsilon_0}\right)^2 + \dfrac{4}{b^2}}}{2} = \frac{A}{2b^2}\left[-1 + \sqrt{1 + (2b/A)^2}\right],$$
$$u_1 = \frac{-\dfrac{q_1q_2}{Eb^2 4\pi\varepsilon_0} - \sqrt{\left(\dfrac{q_1q_2}{Eb^2 4\pi\varepsilon_0}\right)^2 + \dfrac{4}{b^2}}}{2} = \frac{A}{2b^2}\left[-1 - \sqrt{1 + (2b/A)^2}\right],$$

其中 $A \equiv \dfrac{q_1q_2}{E4\pi\varepsilon_0}$. 所以,

$$\frac{u_{\max}+u_1}{u_{\max}-u_1} = \frac{-1}{\sqrt{1+(2b/A)^2}}.$$

$$\theta = -2\arcsin\left(\frac{u_{\max}+u_1}{u_{\max}-u_1}\right) \to \theta = -2\arcsin\left(\frac{-1}{\sqrt{1+(2b/A)^2}}\right),$$
$$\frac{1}{\sqrt{1+(2b/A)^2}} = \sin(\theta/2) \Rightarrow 1 + (2b/A)^2 = \frac{1}{\sin^2(\theta/2)},$$
$$(2b/A)^2 = \frac{1}{\sin^2(\theta/2)} - 1 = \cot^2(\theta/2) \Rightarrow (2b/A) = \cot(\theta/2),$$
$$b = \frac{A}{2}\cot(\theta/2) = \frac{q_1q_2}{8\pi\varepsilon_0 E}\cot(\theta/2).$$

(b) 微分散射截面 (方程 (10.4)) 为

$$D(\theta) = \frac{b}{\sin\theta}\left|\frac{\mathrm{d}b}{\mathrm{d}\theta}\right|$$

$$= \frac{\dfrac{q_1q_2}{8\pi\varepsilon_0 E}\cot(\theta/2)}{2\sin(\theta/2)\cos(\theta/2)}\frac{q_1q_2}{8\pi\varepsilon_0 E}\left|\frac{\mathrm{d}\cot(\theta/2)}{\mathrm{d}\theta}\right|$$
$$= \left(\frac{q_1q_2}{8\pi\varepsilon_0 E}\right)^2\frac{1}{2\sin^2(\theta/2)}\left|-\frac{1}{2\sin^2(\theta/2)}\right|$$
$$= \left[\frac{q_1q_2}{16\pi\varepsilon_0 E\sin^2(\theta/2)}\right]^2.$$

(c) 总散射截面为

$$\sigma = \int D(\theta)\sin\theta\mathrm{d}\theta\mathrm{d}\phi = \left(\frac{q_1q_2}{16\pi\varepsilon_0 E}\right)^2 2\pi\int_0^{\pi}\frac{\sin\theta}{\sin^4(\theta/2)}\mathrm{d}\theta.$$

这个积分并不收敛, 因为当 θ 非常接近零时 (或者 π 时), $\sin\theta\approx\theta$, $\sin(\theta/2)\approx\theta/2$.

$$\int_0^{\varepsilon}\frac{\sin\theta}{\sin^4(\theta/2)}\mathrm{d}\theta = 16\int_0^{\varepsilon}\frac{1}{\theta^3}\mathrm{d}\theta = 8\left(\left.\frac{-1}{\theta^2}\right|_0^{\varepsilon}\right)\to\infty.$$

习题 10.2　针对一维和二维散射, 构造与方程 (10.12) 相对应的表达式.

解答　对于一维形式, 由于散射波只能向前 ($\theta = 0$ 透射波) 或向后 ($\theta = \pi$ 反射波) 传播, 而且波幅不会衰减. 因此 (设散射中心位于 $z = 0$)

$$\psi(z) = A\left\{\mathrm{e}^{\mathrm{i}kz} + f\left[(1 - z/|z|)\pi/2\right]\mathrm{e}^{-\mathrm{i}kz}\right\},$$

其中当 $z > 0$ 时, $f\left[(1 - z/|z|)\pi/2\right] = f(0)$, 散射波向前传播; 当 $z < 0$ 时, $f\left[(1 - z/|z|)\pi/2\right] = f(\pi)$, 散射波向后传播.

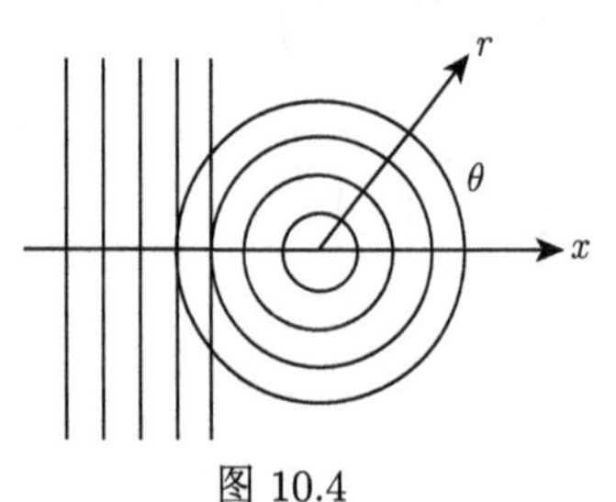

图 10.4

对于二维形式, 以靶粒子为圆心建立极坐标, 如图 10.4 所示. 此时考虑到散射波概率密度对距离靶粒子 r 处的半径为 r 的圆积分有限, 可仿照三维形式 (方程 (10.12)) 写出其二维形式

$$\psi(r,\theta) = A\left[\mathrm{e}^{\mathrm{i}kz} + f(\theta)\frac{\mathrm{e}^{\mathrm{i}kr}}{\sqrt{r}}\right],$$

其中 θ 为极角.

习题 10.3　从方程 (10.32) 开始, 证明方程 (10.33). **提示**　利用勒让德多项式的正交性, 证明: 具有不同 ℓ 值的系数必须分别为零.

证明　方程 (10.32) 两边同时乘以 $P_{\ell'}(\cos\theta)$ 并对 θ 积分, 得

$$\sum_{\ell=0}^{\infty}\mathrm{i}^{\ell}(2\ell+1)\left[j_\ell(kr) + \mathrm{i}ka_\ell h_\ell^{(1)}(kr)\right]\int_0^{\pi}P_\ell(\cos\theta)P_{\ell'}(\cos\theta)\sin\theta\mathrm{d}\theta = 0.$$

而积分

$$\int_0^{\pi}P_\ell(\cos\theta)P_{\ell'}(\cos\theta)\sin\theta\mathrm{d}\theta = \frac{2\delta_{\ell\ell'}}{2\ell+1},$$

所以

$$\sum_{\ell=0}^{\infty}\mathrm{i}^{\ell}(2\ell+1)\left[j_\ell(kr) + \mathrm{i}ka_\ell h_\ell^{(1)}(kr)\right]\frac{2\delta_{\ell\ell'}}{2\ell+1} = 0,$$

$$\mathrm{i}^{\ell}(2\ell+1)\left[j_{\ell}(kr)+\mathrm{i}ka_{\ell}h_{\ell}^{(1)}(kr)\right]\frac{2}{2\ell+1}=0,\quad (\ell'\to\ell)$$

$$a_{\ell}=\frac{\mathrm{i}j_{\ell}(kr)}{kh_{\ell}^{(1)}(kr)}.$$

****习题 10.4** 考虑球面 δ 函数球壳低能散射:

$$V(r)=\alpha\delta(r-a),$$

其中 α 和 a 是正的常数. 计算散射振幅 $f(\theta)$、微分截面 $D(\theta)$ 以及总截面 σ. 假定 $ka\ll 1$, 从而仅有 $\ell=0$ 的项起主要作用. (为简化问题, 从一开始我们就舍去所有的 $\ell\neq 0$ 项.) 当然, 主要问题是确定 C_0. 答案用无量纲量 $\beta\equiv 2ma\alpha/\hbar^2$ 来表示.

解答 只考虑 S 波 ($\ell=0$), 由方程 (10.29), 在球壳外部区域,

$$\begin{aligned}\psi&=A\left[j_0(kr)+\mathrm{i}ka_0h_0^{(1)}(kr)\right]P_0(\cos\theta)=A\left[\frac{\sin(kr)}{kr}+\mathrm{i}ka_0\left(-\mathrm{i}\frac{\mathrm{e}^{ikr}}{kr}\right)\right]\\&=A\left[\frac{\sin(kr)}{kr}+a_0\frac{\mathrm{e}^{ikr}}{r}\right],\quad r>a\end{aligned}$$

在内部区域, 由方程 (10.18) (n_ℓ 在原点处发散), 得

$$\psi=[Bj_0(kr)+Cn_0(kr)]=B\frac{\sin(kr)}{kr},\quad r<a.$$

(因为 $r\to 0, n_0\to\infty$, 所以必须有 $C=0$). 波函数在 $r=a$ 处连续, 故

$$A\left[\frac{\sin(ka)}{ka}+a_0\frac{\mathrm{e}^{ika}}{a}\right]=B\frac{\sin(ka)}{ka}.$$

在 $r=a$ 处, 波函数的导数有跃变 (δ 函数势), 积分薛定谔方程 ($\ell=0$) 为

$$\lim_{\varepsilon\to 0}\int_{a-\varepsilon}^{a+\varepsilon}\left[\frac{\mathrm{d}^2u}{\mathrm{d}r^2}+k^2u-\frac{2m\alpha}{\hbar^2}\delta(r-a)u\right]=0,$$

$$\lim_{\varepsilon\to 0}\left.\frac{\mathrm{d}u}{\mathrm{d}r}\right|_{a-\varepsilon}^{a+\varepsilon}=\frac{2m\alpha}{\hbar^2}u(a)\to\Delta\left(\frac{\mathrm{d}u}{\mathrm{d}r}\right)=\frac{2m\alpha}{\hbar^2}u(a).$$

由于 $\psi=u(r)/r$, 所以

$$\frac{\mathrm{d}u}{\mathrm{d}r}=r\frac{\mathrm{d}\psi}{\mathrm{d}r}+\psi\to\Delta\left(\frac{\mathrm{d}u}{\mathrm{d}r}\right)=a\Delta\left(\frac{\mathrm{d}\psi}{\mathrm{d}r}\right).$$

所以

$$\Delta\left(\frac{\mathrm{d}\psi}{\mathrm{d}r}\right)=\frac{2m\alpha}{\hbar^2}au(a)=\frac{\beta}{a}\psi(a),$$

即

$$\begin{aligned}&A\left[\frac{k\cos(ka)}{ka}-\frac{\sin(ka)}{ka^2}+a_0\frac{ik\mathrm{e}^{ika}}{a}-a_0\frac{\mathrm{e}^{ika}}{a^2}\right]-B\left[\frac{k\cos(ka)}{ka}-\frac{\sin(ka)}{ka^2}\right]\\&=\frac{\beta}{a}B\frac{\sin(ka)}{ka}.\end{aligned}$$

由波函数连续的条件, 上式化简为

$$A\left[\frac{k\cos(ka)}{ka}+a_0\frac{\mathrm{i}k\mathrm{e}^{\mathrm{i}ka}}{a}\right]-B\left[\frac{k\cos(ka)}{ka}\right]=\frac{\beta}{a}B\frac{\sin(ka)}{ka},$$

$$A\left[\cos(ka)+a_0\mathrm{i}k\mathrm{e}^{\mathrm{i}ka}\right]=B\sin(ka)\left[\cot(ka)+\frac{\beta}{ka}\right].$$

再次利用波函数连续条件消去 B, 得

$$A\left[\frac{\sin(ka)}{ka}+a_0\frac{\mathrm{e}^{\mathrm{i}ka}}{a}\right]=B\frac{\sin(ka)}{ka},$$

$$A\left[\cos(ka)+a_0\mathrm{i}k\mathrm{e}^{\mathrm{i}ka}\right]=A\left[\cot(ka)+\frac{\beta}{ka}\right]\left[\sin(ka)+a_0k\mathrm{e}^{\mathrm{i}ka}\right],$$

$$\cos(ka)+a_0\mathrm{i}k\mathrm{e}^{\mathrm{i}ka}=\left[\cot(ka)+\frac{\beta}{ka}\right]\left[\sin(ka)+a_0k\mathrm{e}^{\mathrm{i}ka}\right],$$

$$\cos(ka)+a_0\mathrm{i}k\mathrm{e}^{\mathrm{i}ka}=\cos(ka)+\frac{\beta}{ka}\sin(ka)+a_0k\mathrm{e}^{\mathrm{i}ka}\cot(ka)+\frac{\beta}{ka}a_0k\mathrm{e}^{\mathrm{i}ka},$$

$$a_0\mathrm{i}k\mathrm{e}^{\mathrm{i}ka}=\left[\frac{\beta}{ka}\sin(ka)+a_0k\mathrm{e}^{\mathrm{i}ka}\cot(ka)+\frac{\beta}{ka}a_0k\mathrm{e}^{\mathrm{i}ka}\right],$$

$$\mathrm{i}ka_0\mathrm{e}^{\mathrm{i}ka}\left[1+\mathrm{i}\cot(ka)+\mathrm{i}\frac{\beta}{ka}\right]=\frac{\beta}{ka}\sin(ka).$$

由 $ka\ll 1\rightarrow\sin(ka)\approx ka,\ \cos(ka)\approx 1$, 上式为

$$\mathrm{i}ka_0(1+\mathrm{i}ka)\left(1+\mathrm{i}\frac{1}{ka}+\mathrm{i}\frac{\beta}{ka}\right)=\frac{\beta}{ka}ka,$$

$$\mathrm{i}ka_0(1+\mathrm{i}ka)\left(1+\mathrm{i}\frac{1}{ka}+\mathrm{i}\frac{\beta}{ka}\right)=\frac{\beta}{ka}ka,$$

$$\mathrm{i}ka_0\left[1+\frac{\mathrm{i}}{ka}(1+\beta)+\mathrm{i}ka-1-\beta\right]\approx\mathrm{i}ka_0\left[\frac{\mathrm{i}}{ka}(1+\beta)\right]=\beta,$$

$$a_0=\frac{a\beta}{1+\beta}.$$

由方程 (10.25) $f(\theta)=\sum\limits_{\ell=0}^{\infty}(2\ell+1)a_\ell P_\ell(\cos\theta)$, 所以只考虑 $\ell=0$ 分波时, 散射振幅、微分散射截面、散射截面分别为

$$f(\theta)\approx a_0=-\frac{\beta a}{1+\beta},$$

$$D(\theta)=|f(\theta)|^2\approx\frac{\beta^2a^2}{(1+\beta)^2},$$

$$\sigma=\int D(\theta)\,\mathrm{d}\Omega=4\pi\frac{\beta^2a^2}{(1+\beta)^2}.$$

习题 10.5　质量为 m, 能量为 E 的粒子从左边入射到如下势上:

$$V(x)=\begin{cases}0, & (x<-a),\\ -V_0, & (-a\leqslant x\leqslant 0),\\ \infty, & (x>0).\end{cases}$$

(a) 设入射波是 $A\mathrm{e}^{\mathrm{i}kx}$ (其中 $k=\sqrt{2mE}\big/\hbar$), 求反射波.

(b) 验证反射波振幅与入射波振幅相同.

(c) 对于一个非常深的势阱 ($E \ll V_0$), 求相移 δ (方程 (10.40)).

解答 (a) 如图 10.5 所示, 将 $x \leqslant 0$ 区域分为 I、II 区, I 区中 $V(x) = -V_0\,(-a \leqslant x \leqslant 0)$, II 区中 $V(x) = 0\,(x \leqslant -a)$. 定态薛定谔方程的解为

I 区:

$$\psi_1 = A\mathrm{e}^{\mathrm{i}kx} + B\mathrm{e}^{-\mathrm{i}kx},$$

其中 $x < -a, k \equiv \dfrac{\sqrt{2mE}}{\hbar}$, $A\mathrm{e}^{\mathrm{i}kx}$ 为入射波, $B\mathrm{e}^{-\mathrm{i}kx}$ 为反射波.

II 区:

$$\psi_2 = C\sin(k'x) + D\cos(k'x),$$

其中 $-a < x < 0, k' \equiv \dfrac{\sqrt{2m(E+V_0)}}{\hbar}$.

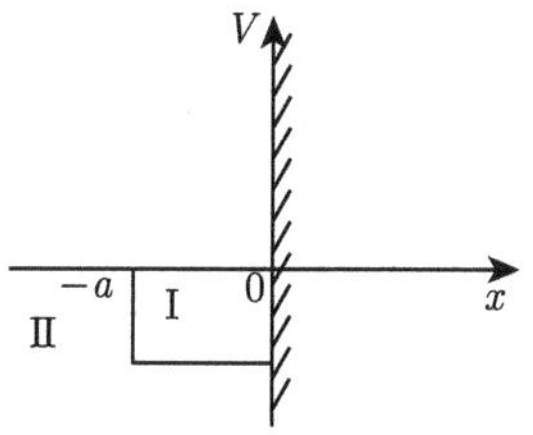

图 10.5

在 $x = 0$ 处, $\psi = 0$, 因此 $D = 0$; 在 $x = -a$ 处, 由 ψ 及其导数连续条件, 得

$$A\mathrm{e}^{-\mathrm{i}ka} + B\mathrm{e}^{\mathrm{i}ka} = -C\sin(k'a),$$

$$\mathrm{i}k\left(A\mathrm{e}^{-\mathrm{i}ka} - B\mathrm{e}^{\mathrm{i}ka}\right) = k'C\cos(k'a),$$

两式相除消去 C, 得

$$\frac{\mathrm{i}k\left(A\mathrm{e}^{-\mathrm{i}ka} - B\mathrm{e}^{\mathrm{i}ka}\right)}{A\mathrm{e}^{-\mathrm{i}ka} + B\mathrm{e}^{-\mathrm{i}ka}} = -k'\cot(k'a),$$

求得的 B 与 A 的关系为

$$\mathrm{i}k\left(A\mathrm{e}^{-\mathrm{i}ka} - B\mathrm{e}^{\mathrm{i}ka}\right) = -k'\cot k'a\left(A\mathrm{e}^{-\mathrm{i}ka} + B\mathrm{e}^{\mathrm{i}ka}\right),$$

$$\left(k'\cot(k'a) - \mathrm{i}k\right)B\mathrm{e}^{\mathrm{i}ka} = -\left(k'\cot k'a + \mathrm{i}k\right)A\mathrm{e}^{-\mathrm{i}ka},$$

$$B = -\frac{k'\cot(k'a) + \mathrm{i}k}{k'\cot(k'a) - \mathrm{i}k}A\mathrm{e}^{-2\mathrm{i}ka} = A\mathrm{e}^{-2\mathrm{i}ka}\frac{k - \mathrm{i}k'\cot(k'a)}{k + \mathrm{i}k'\cot(k'a)}.$$

故所求反射波为

$$B\mathrm{e}^{-\mathrm{i}kx} = A\frac{k - \mathrm{i}k'\cot(k'a)}{k + \mathrm{i}k'\cot(k'a)}\mathrm{e}^{-2\mathrm{i}ka}\mathrm{e}^{-\mathrm{i}kx}.$$

(b)

$$|B|^2 = |A|^2\left|\mathrm{e}^{-2\mathrm{i}ka}\frac{k - \mathrm{i}k'\cot(k'a)}{k + \mathrm{i}k'\cot(k'a)}\right|^2 = |A|^2,$$

或者

$$B = A\frac{k - \mathrm{i}k'\cot(k'a)}{k + \mathrm{i}k'\cot(k'a)}\mathrm{e}^{-2\mathrm{i}ka} = A\mathrm{e}^{-2\mathrm{i}ka}\mathrm{e}^{-2\mathrm{i}\theta},$$

其中

$$\tan\theta = \frac{k'\cot(k'a)}{k}.$$

反射波与入射波相比只多了一个固定的相位, 它们的模平方一样.

(c) 在 $x < -a$ 区域的波函数为

$$\psi(x) = A\left[\mathrm{e}^{\mathrm{i}kx} + \frac{k - \mathrm{i}k'\cot(k'a)}{k + \mathrm{i}k'\cot(k'a)}\mathrm{e}^{-2\mathrm{i}ka}\mathrm{e}^{-\mathrm{i}kx}\right].$$

但是该区域的波函数形式应为 (方程 (10.40))

$$\psi(x) = A\left[\mathrm{e}^{\mathrm{i}kx} - \mathrm{e}^{\mathrm{i}(2\delta - kx)}\right], \quad (V(x) \neq 0).$$

所以

$$\frac{k - \mathrm{i}k'\cot(k'a)}{k + \mathrm{i}k'\cot(k'a)}\mathrm{e}^{-2\mathrm{i}ka} = -\mathrm{e}^{2\mathrm{i}\delta},$$

因为 $E \ll V_0 \to k \ll k'$, 所以

$$\frac{-\mathrm{i}k'\cot(k'a)}{+\mathrm{i}k'\cot(k'a)}\mathrm{e}^{-2\mathrm{i}ka} = -\mathrm{e}^{-2\mathrm{i}ka} = -\mathrm{e}^{2\mathrm{i}\delta}$$

$$\Rightarrow \delta = -ka.$$

习题 10.6　硬球散射 (例题 10.3) 的分波相移 (δ_ℓ) 是多少?

解答　对于硬球散射, 分波振幅为 (方程 (10.33))

$$a_\ell = \frac{\mathrm{i}j_\ell(ka)}{kh_\ell^{(1)}(ka)} = \frac{\mathrm{i}j_\ell(ka)}{k[j_\ell(ka)+\mathrm{i}n_\ell(ka)]}.$$

而由方程 (10.46)

$$a_\ell = \frac{1}{2\mathrm{i}k}\left(\mathrm{e}^{2\mathrm{i}\delta_\ell}-1\right) = \frac{1}{k}\mathrm{e}^{\mathrm{i}\delta_\ell}\sin(\delta_\ell),$$

对比可得

$$\begin{aligned}\mathrm{e}^{\mathrm{i}\delta}\sin(\delta_\ell) &= \frac{\mathrm{i}j_\ell(ka)}{[j_\ell(ka)+\mathrm{i}n_\ell(ka)]}\\ &= \mathrm{i}\frac{1}{1+\mathrm{i}n_\ell/j_\ell}\\ &= \mathrm{i}\frac{1-\mathrm{i}n_\ell/j_\ell}{1+(n_\ell/j_\ell)^2}\\ &= \frac{n_\ell/j_\ell+\mathrm{i}}{1+(n_\ell/j_\ell)^2}.\end{aligned}$$

两边实部和虚部应分别相等, 所以

$$\cos\delta_\ell\sin\delta_\ell = \frac{n_\ell/j_\ell}{1+(n_\ell/j_\ell)^2},\qquad \sin^2\delta_\ell = \frac{1}{1+(n_\ell/j_\ell)^2}.$$

两式相除, 得

$$\tan\delta_\ell = \frac{1}{n_\ell/j_\ell},\qquad \delta_\ell = \arctan\left[\frac{j_\ell(ka)}{n_\ell(ka)}\right].$$

习题 10.7　求 δ 函数壳势散射 S 波 ($\ell=0$) 的分波相移 $\delta_0(k)$ (习题 10.4). 假设当 $r\to 0$ 时, 径向波函数 $u(r)$ 趋于 0. 答案:

$$-\operatorname{arccot}\left[\cot(ka)+\frac{ka}{\beta\sin^2(ka)}\right],\ 其中\ \beta\equiv\frac{2m\alpha a}{\hbar^2}.$$

解答　在 $r<a$ 区域, 势能为零, S 波 ($\ell=0$) 的径向波函数 $u(r)=rR(r)$ 满足方程

$$\frac{\mathrm{d}^2u}{\mathrm{d}r^2}+k^2u=0,\quad r<a,\quad k\equiv\frac{\sqrt{2mE}}{\hbar}.$$

方程解为

$$u(r) = A\sin\left(kr+\delta_0'\right).$$

$R(r)=\dfrac{u(r)}{r}$, 在 $r\to 0$ 时有限, $\delta_0'=0$, 所以 $u(r)=A\sin(kr), r<a$.

在 $r>a$ 区域, 势能也为零, 径向波函数 $u(r)$ 为

$$u(r) = C\sin(kr+\delta_0),\qquad (r>a).$$

由波函数在 $r=a$ 处连续, 得

$$C[\sin(ka+\delta_0)] = A\sin(ka)$$

及导数跃变条件 (δ 函数产生的跃变)

$$\left.\frac{\mathrm{d}u}{\mathrm{d}r}\right|_{a+0^+} - \left.\frac{\mathrm{d}u}{\mathrm{d}r}\right|_{a+0^-} = \frac{2m\alpha}{\hbar^2}u(a),$$

得

$$Ck\cos(ka+\delta_0)-Ak\cos(ka)=\frac{2m\alpha}{\hbar^2}A\sin(ka),$$

$$C\cos(ka+\delta_0)=A\left[\cos(ka)+\frac{2m\alpha}{\hbar^2 k}\sin(ka)\right].$$

将其与 $C[\sin(ka+\delta_0)]=A\sin(ka)$ 相除, 得

$$\cot(ka+\delta_0)=\cot(ka)+\frac{2m\alpha}{\hbar^2 k},$$

$$\frac{\cos\delta_0\cos(ka)-\sin\delta_0\sin(ka)}{\sin\delta_0\cos(ka)+\sin(ka)\cos\delta_0}=\frac{\cos(ka)}{\sin(ka)}+\frac{\beta}{ka},\quad \beta\equiv\frac{2m\alpha a}{\hbar^2}$$

$$\cos\delta_0\cos(ka)-\sin\delta_0\sin(ka)=(\sin\delta_0\cos(ka)+\sin(ka)\cos\delta_0)\left(\frac{\cos(ka)}{\sin(ka)}+\frac{\beta}{ka}\right),$$

$$\cos\delta_0\sin(ka)\frac{\beta}{ka}=-\sin\delta_0\sin(ka)-\sin\delta_0\cos(ka)\left(\frac{\cos(ka)}{\sin(ka)}+\frac{\beta}{ka}\right),$$

$$\cos\delta_0\sin(ka)\frac{\beta}{ka}=-\sin\delta_0\left(\sin(ka)+\frac{\cos^2(ka)}{\sin(ka)}+\cos(ka)\frac{\beta}{ka}\right),$$

$$\cos\delta_0\sin(ka)\frac{\beta}{ka}=-\sin\delta_0\left(\frac{1}{\sin(ka)}+\cos(ka)\frac{\beta}{ka}\right),$$

$$\cot\delta_0=-\left(\cot(ka)+\frac{ka}{\beta\sin^2(ka)}\right).$$

所以

$$\delta_0=-\operatorname{arccot}\left[\cot(ka)+\frac{ka}{\beta\sin^2(ka)}\right].$$

当 $ka\ll 1$ 时 (δ_0 不一定很小), 取近似 $\sin(ka)\approx ka$, $\cos(ka)\approx 1$, 得

$$\frac{\cos\delta_0-ka\sin\delta_0}{\sin\delta_0+ka\cos\delta_0}\approx\frac{1}{ka}+\frac{\beta}{ka}=\frac{1+\beta}{ka},$$

$$ka(\cos\delta_0-ka\sin\delta_0)=(1+\beta)(\sin\delta_0+ka\cos\delta_0),$$

$$-(ka)^2\sin\delta_0=(1+\beta)\sin\delta_0+\beta ka\cos\delta_0,$$

$$\left[1+\beta+(ka)^2\right]\sin\delta_0=\beta ka\cos\delta_0,$$

$$\left[1+\beta+(ka)^2\right]^2\sin^2\delta_0=(\beta ka)^2\left(1-\sin^2\delta_0\right),$$

$$\sin^2\delta_0=\frac{(\beta ka)^2}{\left[1+\beta+(ka)^2+(\beta ka)^2\right]^2}\approx\frac{(\beta ka)^2}{(1+\beta)^2}.$$

所以

$$D(\theta)=|f(\theta)|^2=\frac{1}{k^2}\sin^2\delta_0\approx\left(\frac{\beta a}{1+\beta}\right)^2.$$

这与习题 10.4 中结果一样.

习题 10.8 通过直接代入方法, 验证方程 (10.65) 满足方程 (10.52). 提示 $\nabla^2(1/r)=-4\pi\delta^3(\boldsymbol{r})$.[①]

① 例如, 参见大卫 • 格里菲斯, 电动学导论, 第 4 版 (剑桥大学出版社, 英国剑桥, 2017 年), 第 1.5.3 节.

解答

$$\nabla G(\boldsymbol{r})=\nabla\left(-\frac{\mathrm{e}^{\mathrm{i}kr}}{4\pi r}\right)=\left[-\frac{\mathrm{i}k}{r}\nabla r-\nabla\left(\frac{1}{r}\right)\right]\frac{\mathrm{e}^{\mathrm{i}kr}}{4\pi},$$

$$\begin{aligned}\nabla\cdot\nabla G(\boldsymbol{r})&=\left[-\mathrm{i}k\nabla\left(\frac{1}{r}\right)\nabla r-\mathrm{i}k\frac{1}{r}\nabla^2 r-\nabla^2\left(\frac{1}{r}\right)\right]\frac{\mathrm{e}^{\mathrm{i}kr}}{4\pi}\\&\quad+\left[-\frac{\mathrm{i}k}{r}\nabla r-\nabla\left(\frac{1}{r}\right)\right]\mathrm{i}k\nabla r\frac{\mathrm{e}^{\mathrm{i}kr}}{4\pi}\\&=\left[-2\mathrm{i}k\nabla\left(\frac{1}{r}\right)\nabla r-\mathrm{i}k\frac{1}{r}\nabla^2 r+k^2\frac{1}{r}(\nabla r)^2-\nabla^2\left(\frac{1}{r}\right)\right]\frac{\mathrm{e}^{\mathrm{i}kr}}{4\pi}.\end{aligned}$$

在上式中代入

$$\nabla r=\frac{\boldsymbol{r}}{r},\quad \nabla\left(\frac{1}{r}\right)=-\frac{\boldsymbol{r}}{r^3},\quad \nabla^2(r)=\frac{2}{r},\quad \nabla^2(1/r)=-4\pi\delta^3(\boldsymbol{r}),$$

得

$$\begin{aligned}\nabla\cdot\nabla G(\boldsymbol{r})&=\left[2\mathrm{i}k\frac{1}{r^2}-\mathrm{i}k\frac{2}{r^2}+k^2\frac{1}{r}+4\pi\delta^3(\boldsymbol{r})\right]\frac{\mathrm{e}^{\mathrm{i}kr}}{4\pi}\\&=\left[k^2\frac{1}{r}+4\pi\delta^3(r)\right]\frac{\mathrm{e}^{\mathrm{i}kr}}{4\pi}\\&=-k^2G(\boldsymbol{r})+\mathrm{e}^{\mathrm{i}kr}\delta^3(\boldsymbol{r}).\end{aligned}$$

所以,

$$\left(\nabla^2+k^2\right)G(\boldsymbol{r})=\mathrm{e}^{\mathrm{i}kr}\delta^3(\boldsymbol{r}).$$

而 $\mathrm{e}^{\mathrm{i}kr}\delta^3(\boldsymbol{r})$ 等同于 $\delta^3(\boldsymbol{r})$, 因为对于任何函数 $f(x)$ 有

$$\int_{-\varepsilon}^{\varepsilon}f(x)\,\mathrm{e}^{\mathrm{i}kr}\delta^3(\boldsymbol{r})\,\mathrm{d}^3\boldsymbol{r}=f(0),$$

所以,

$$\left(\nabla^2+k^2\right)G(\boldsymbol{r})=\delta^3(\boldsymbol{r}).$$

习题 10.9 对于适当的 V 和 E, 证明: 氢原子基态 (方程 (4.80)) 满足积分形式薛定谔方程 (注意 E 为负值, 所以 $k=\mathrm{i}\kappa$, 其中 $\kappa\equiv\sqrt{-2mE}/\hbar$).

解答 氢原子基态波函数为 $\psi(r)=\dfrac{1}{\sqrt{\pi a^3}}\mathrm{e}^{-\frac{r}{a}}$, 其中 $a\equiv\dfrac{4\pi\varepsilon_0\hbar^2}{me^2}$ 为玻尔半径.

相应的势场为

$$V(r)=-\frac{1}{4\pi\varepsilon_0}\frac{e^2}{r}=-\frac{\hbar^2}{ma}\frac{1}{r}.$$

在氢原子的情况下没有入射波函数, 因而 $\psi_0(\boldsymbol{r})=0$. 于是我们要证明的是下面的式子:

$$-\frac{m}{2\pi\hbar^2}\int\frac{\mathrm{e}^{\mathrm{i}k|\boldsymbol{r}-\boldsymbol{r}_0|}}{|\boldsymbol{r}-\boldsymbol{r}_0|}V(\boldsymbol{r}_0)\,\psi(\boldsymbol{r}_0)\,\mathrm{d}^3\boldsymbol{r}_0=\psi(\boldsymbol{r}).$$

通过化简左边部分来证明它等于右边部分. 代入波函数和势能,

$$\text{左边}=-\frac{m}{2\pi\hbar^2}\left(-\frac{\hbar^2}{ma}\right)\frac{1}{\sqrt{\pi a^3}}\int\frac{\mathrm{e}^{-|\boldsymbol{r}-\boldsymbol{r}_0|/a}}{|\boldsymbol{r}-\boldsymbol{r}_0|}\frac{1}{r_0}\mathrm{e}^{-r_0/a}\mathrm{d}^3\boldsymbol{r}_0$$

$$
\begin{aligned}
&= \frac{1}{2\pi a}\frac{1}{\sqrt{\pi a^3}}\int \frac{\mathrm{e}^{-\sqrt{r^2+r_0^2-2rr_0\cos\theta}/a}}{\sqrt{r^2+r_0^2-2rr_0\cos\theta}}\frac{1}{r_0}\mathrm{e}^{-r_0/a}r_0^2 2\pi\sin\theta\mathrm{d}\theta\mathrm{d}r_0 \\
&= \frac{1}{a\sqrt{\pi a^3}}\int_0^\infty \mathrm{d}r_0\mathrm{e}^{-r_0/a}r_0\int_0^\pi \frac{\mathrm{e}^{-\sqrt{r^2+r_0^2-2rr_0\cos\theta}/a}}{\sqrt{r^2+r_0^2-2rr_0\cos\theta}}\sin\theta\mathrm{d}\theta \\
&= \frac{1}{a\sqrt{\pi a^3}}\int \mathrm{e}^{-r_0/a}r_0\mathrm{d}r_0\left(-\frac{a}{rr_0}\right)\left(\mathrm{e}^{-\sqrt{r^2+r_0^2-2rr_0\cos\theta}/a}\Big|_0^\pi\right) \\
&= -\frac{1}{r\sqrt{\pi a^3}}\int_0^\infty \mathrm{d}r_0\mathrm{e}^{-r_0/a}\left(\mathrm{e}^{-(r+r_0)/a}-\mathrm{e}^{-|r-r_0|/a}\right) \\
&= -\frac{1}{r}\frac{1}{\sqrt{\pi a^3}}\left(\mathrm{e}^{-r/a}\int_0^\infty \mathrm{e}^{-2r_0/a}\mathrm{d}r_0-\mathrm{e}^{-r/a}\int_0^r \mathrm{d}r_0-\mathrm{e}^{r/a}\int_r^\infty \mathrm{e}^{-2r_0/a}\mathrm{d}r_0\right) \\
&= -\frac{1}{r}\frac{1}{\sqrt{\pi a^3}}\left(\frac{a}{2}\mathrm{e}^{-r/a}-r\mathrm{e}^{-r/a}-\frac{a}{2}\mathrm{e}^{r/a}\mathrm{e}^{-2r/a}\right)=\frac{1}{\sqrt{\pi a^3}}\mathrm{e}^{-r/a}.
\end{aligned}
$$

右边正是氢原子基态波函数, 所以基态波函数 $\left(\mathrm{e}^{-r/a}\Big/\sqrt{\pi a^3}\right)$ 满足薛定谔方程的积分形式.

***习题 10.10** 在玻恩近似下, 求任意能量的软球散射的散射振幅, 并证明所得结果在低能极限情况下变为方程 (10.82).

解答 在玻恩近似下, 散射振幅的表达式 (方程 (10.79)) 为

$$
f(\theta,\phi)\approx-\frac{m}{2\pi\hbar^2}\int \mathrm{e}^{\mathrm{i}(\boldsymbol{k}'-\boldsymbol{k})\cdot\boldsymbol{r}_0}V(\boldsymbol{r}_0)\mathrm{d}^3\boldsymbol{r}_0.
$$

令 $\boldsymbol{\kappa}=\boldsymbol{k}'-\boldsymbol{k}$, 并让极轴 ($z_0$) 方向沿 $\boldsymbol{\kappa}$ 方向, 所以 $(\boldsymbol{k}'-\boldsymbol{k})\cdot\boldsymbol{r}_0=\boldsymbol{\kappa}\cdot\boldsymbol{r}_0=\kappa r\cos\theta_0$, 其中 θ_0 是 $\boldsymbol{\kappa}$ 与 $\boldsymbol{r}_0$ 的夹角, 所以

$$
f(\theta,\phi)=-\frac{m}{2\pi\hbar^2}\int \mathrm{e}^{\mathrm{i}\kappa r_0\cos\theta_0}V(\boldsymbol{r}_0)r_0^2\sin\theta_0\mathrm{d}r_0\mathrm{d}\theta_0\mathrm{d}\phi_0.
$$

对于软球势,

$$
V(r)=\begin{cases} V_0, & r\leqslant a,\\ 0, & r>a.\end{cases}
$$

对 θ_0 和 ϕ_0 进行积分, 得

$$
\begin{aligned}
f(\theta,\phi)&=-\frac{mV_0}{2\pi\hbar^2}\int_0^a r_0^2\mathrm{d}r_0\int_0^\pi \mathrm{e}^{\mathrm{i}\kappa r_0\cos\theta_0}\sin\theta_0\mathrm{d}\theta_0\int_0^{2\pi}\mathrm{d}\phi_0 \\
&=-\frac{mV_0}{\hbar^2}\int_0^a r_0^2\mathrm{d}r_0\left(\frac{1}{\mathrm{i}\kappa r_0}\mathrm{e}^{\mathrm{i}\kappa r_0\cos\theta_0}\Big|_0^\pi\right) \\
&=-\frac{mV_0}{\hbar^2}\int_0^a r_0^2\mathrm{d}r_0\left(\frac{\mathrm{e}^{-\mathrm{i}\kappa r_0}-\mathrm{e}^{\mathrm{i}\kappa r_0}}{\mathrm{i}\kappa r_0}\right) \\
&=-\frac{2mV_0}{\kappa\hbar^2}\int_0^a r_0\sin(\kappa r_0)\mathrm{d}r_0 \\
&=-\frac{2mV_0}{\kappa\hbar^2}\left[\frac{1}{\kappa^2}\sin(\kappa r_0)-\frac{r_0}{\kappa}\cos(\kappa r_0)\right]\Big|_0^a \\
&=-\frac{2mV_0}{\kappa\hbar^2}\left[\frac{1}{\kappa^2}\sin(\kappa a)-\frac{a}{\kappa}\cos(\kappa a)\right] \\
&=-\frac{2mV_0}{\kappa^3\hbar^2}\left[\sin(\kappa a)-\kappa a\cos(\kappa a)\right].
\end{aligned}
$$

由 $\kappa=2k\sin(\theta/2)$, $ka\ll 1\to \kappa a\ll 1$, 所以

$$\begin{aligned}
f(\theta,\phi)&=-\frac{2mV_0}{\kappa^3\hbar^2}\left[\sin(\kappa a)-\kappa a\cos(\kappa a)\right]\\
&\approx-\frac{2mV_0}{\kappa^3\hbar^2}\left\{\left[\kappa a-\frac{1}{3!}(\kappa a)^3\right]-\kappa a\left[1-\frac{1}{2}(\kappa a)^2\right]\right\}\\
&=-\frac{2mV_0}{\kappa^3\hbar^2}\frac{1}{3}(\kappa a)^3\\
&=-\frac{2mV_0a^3}{3\hbar^2}.
\end{aligned}$$

这与方程 (10.82) 结果一样.

习题 10.11 计算方程 (10.91) 中的积分, 并验证其右边的表达式.

解答 将 $\sin(kr)=\dfrac{\mathrm{e}^{\mathrm{i}kr}-\mathrm{e}^{-\mathrm{i}kr}}{2\mathrm{i}}$ 代入方程 (10.91), 得

$$\begin{aligned}
-\frac{2m\beta}{\hbar^2\kappa}\int_0^\infty \mathrm{e}^{-\mu r}\left(\frac{\mathrm{e}^{\mathrm{i}\kappa r}-\mathrm{e}^{-\mathrm{i}\kappa r}}{2\mathrm{i}}\right)\mathrm{d}r&=-\frac{2m\beta}{\hbar^2\kappa}\frac{1}{2\mathrm{i}}\int_0^\infty\left[\mathrm{e}^{(-\mu+\mathrm{i}\kappa)r}-\mathrm{e}^{(-\mu-\mathrm{i}\kappa)r}\right]\mathrm{d}r\\
&=-\frac{2m\beta}{\hbar^2\kappa}\frac{1}{2\mathrm{i}}\left[\frac{\mathrm{e}^{(-\mu+\mathrm{i}\kappa)r}}{-\mu+\mathrm{i}\kappa}-\frac{\mathrm{e}^{(-\mu-\mathrm{i}\kappa)r}}{-\mu-\mathrm{i}\kappa}\right]\Bigg|_0^\infty\\
&=-\frac{2m\beta}{\hbar^2\kappa}\frac{1}{2\mathrm{i}}\left(\frac{1}{-\mu-\mathrm{i}\kappa}-\frac{1}{-\mu+\mathrm{i}\kappa}\right)\\
&=-\frac{2m\beta}{\hbar^2(\mu^2+\kappa^2)}.
\end{aligned}$$

****习题 10.12** 在玻恩近似下, 计算汤川势散射的总截面, 用能量 E 的函数来表示结果.

解答 习题 10.11 的结果即汤川势的散射振幅, 汤川势的微分散射截面为散射振幅的模平方, 即

$$D(\theta)=|f(\theta)|^2=\left(\frac{2m\beta}{\hbar^2}\right)^2\frac{1}{(\mu^2+\kappa^2)^2},$$

总散射截面

$$\begin{aligned}
\sigma&=\int D(\theta)\,\mathrm{d}\Omega\\
&=\left(\frac{2m\beta}{\hbar^2}\right)^2\int_0^\pi\int_0^{2\pi}\frac{1}{(\mu^2+\kappa^2)^2}\sin\theta\mathrm{d}\theta\mathrm{d}\phi\\
&=\left(\frac{2m\beta}{\hbar^2}\right)^2 2\pi\int_0^\pi\frac{1}{(\mu^2+\kappa^2)^2}\sin\theta\mathrm{d}\theta.
\end{aligned}$$

这里要注意其中 κ 是隐含角度 θ 的, 因为 $\kappa=2k\sin(\theta/2)$. 忽略掉常数系数, 关键是要做下面这个积分:

$$\int_0^\pi\frac{1}{\left[\mu^2+4k^2\sin^2(\theta/2)\right]^2}\sin\theta\mathrm{d}\theta.$$

利用 $\sin\theta=2\sin(\theta/2)\cos(\theta/2)$, 并作变量代换 $t=4k^2\sin(\theta/2)^2$,

$$\mathrm{d}t=4k^2\sin(\theta/2)\cos(\theta/2)\,\mathrm{d}\theta=2k^2\sin\theta\mathrm{d}\theta,\quad t\in\left[0,\ 4k^2\right],$$

得

$$\frac{1}{2k^2}\int_0^{4k^2}\frac{1}{\left(\mu^2+t\right)^2}\mathrm{d}t=\frac{1}{2k^2}\left(-\frac{1}{\mu^2+t}\right)\Bigg|_0^{4k^2}=\frac{2}{\mu^2\left(\mu^2+4k^2\right)}.$$

所以

$$\sigma=2\pi\left(\frac{2m\beta}{\hbar^2}\right)^2\frac{2}{\mu^2\left(\mu^2+4k^2\right)}=\pi\left(\frac{4m\beta}{\mu\hbar^2}\right)^2\frac{1}{\mu^2+4k^2}.$$

将 $k^2=\dfrac{2mE}{\hbar^2}$ 代入上式, 得

$$\sigma=\pi\left(\frac{4m\beta}{\mu\hbar}\right)^2\frac{1}{\hbar^2\mu^2+8mE}.$$

***习题 10.13**　对于习题 10.4 中的势,

(a) 在低能玻恩近似下, 计算 $f(\theta), D(\theta)$ 和 σ;

(b) 在玻恩近似下, 计算任意能量情况下的 $f(\theta)$;

(c) 在适当的范围内, 证明你的结果与习题 10.4 的结果一致.

解答　(a) 习题 10.4 中的势是 δ 函数球壳势,

$$V(r)=\alpha\delta(r-a).$$

利用低能玻恩近似公式很容易得到 $f(\theta)$, $D(\theta)$, 即

$$\begin{aligned}f(\theta)&=-\frac{m}{2\pi\hbar^2}\int_0^\infty V(r)\,4\pi r^2\mathrm{d}r\\&=-\frac{2m}{\hbar^2}\int_0^\infty\alpha\delta(r-a)\,r^2\mathrm{d}r\\&=-\frac{2m\alpha a^2}{\hbar^2},\end{aligned}$$

$$D(\theta)=|f(\theta)|^2=\left(\frac{2m\alpha a^2}{\hbar^2}\right)^2.$$

由于 $D(\theta)$ 与角度无关, 所以总散射截面就可以写成很简单的形式, 即

$$\sigma=4\pi D(\theta)=\pi\left(\frac{4m\alpha a^2}{\hbar^2}\right).$$

(b) 由于势是球对称的, 直接套用球对称情形下的玻恩近似公式, 得

$$f(\theta)\cong-\frac{2m}{\hbar^2\kappa}\int_0^\infty\alpha\delta(r-a)\,r\sin(\kappa r)\,\mathrm{d}r=-\frac{2m\alpha}{\hbar^2\kappa}a\sin(\kappa a),$$

其中 $\kappa\equiv 2k\sin(\theta/2)$.

(c) 注意到习题 10.4 中考虑的是低能情况, $ka\ll 1$, 而 $\kappa=2k\sin(\theta/2)$, 所 $\kappa a\ll 1$ 也成立. 在这种低能情况下, (b) 中的 $f(\theta)\approx-\dfrac{2m\alpha a^2}{\hbar^2}$, 引入 $\beta=\dfrac{2m\alpha a}{\hbar^2}$, 则 $f(\theta)\approx-a\beta$. 而习题 10.4 中得到的是 $f(\theta)=-\dfrac{a\beta}{1+\beta}$. 如果 $\beta\ll 1$, 那么两题的结果是一致的. 因为 $\beta=f/a\ll 1$ 是散射波振幅相对于散射区域的比例, 所以 $\beta\ll 1$ 是一个合理的条件.

习题 10.14 在冲量近似下, 计算卢瑟福散射角 θ (作为碰撞参数的函数). 并证明: 在适当的极限情况下所得结果与精确表达式 (习题 10.1(a)) 一致.

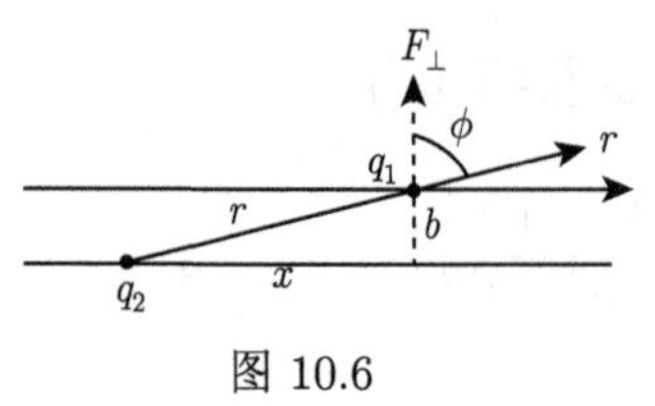

图 10.6

解答 冲量近似假设了粒子在整个散射过程始终沿着入射时的那条直线以恒定的初始速度运动, 然后考虑在该情况下垂直于运动方向的动量转移作为实际情况的近似. 如图 10.6 所示.

$$F_\perp=\frac{1}{4\pi\varepsilon_0}\frac{q_1q_2}{r^2}\cos\phi,\quad \cos\phi=\frac{b}{r},\quad r=\sqrt{x^2+b^2}.$$

垂直方向上的冲量为

$$I_\perp=\int F_\perp \mathrm{d}t=\int_{-\infty}^{\infty}\frac{F_\perp}{v}\mathrm{d}x=\int_{-\infty}^{\infty}\frac{1}{4\pi\varepsilon_0 v}\frac{q_1q_2}{r^2}\frac{b}{r}\mathrm{d}x=\frac{bq_1q_2}{4\pi\varepsilon_0 v}\int_{-\infty}^{\infty}\frac{1}{\left(x^2+b^2\right)^{3/2}}\mathrm{d}x,$$

利用变量代换 $x=b\tan\alpha, \mathrm{d}x=\left(b/\cos^2\alpha\right)\mathrm{d}\alpha$, 上式的积分部分为

$$\int_{-\infty}^{\infty}\frac{1}{\left(x^2+b^2\right)^{3/2}}\mathrm{d}x=\int_{-\frac{\pi}{2}}^{\frac{\pi}{2}}\frac{\cos\alpha}{b^2}\mathrm{d}\alpha=\frac{2}{b^2},$$

所以,

$$I_\perp=\frac{1}{4\pi\varepsilon_0}\frac{2q_1q_2}{bv}.$$

散射角为

$$\theta\cong\arctan\left(I/p\right)=\arctan\left(\frac{1}{4\pi\varepsilon_0}\frac{2q_1q_2}{bmv^2}\right)=\arctan\left(\frac{1}{4\pi\varepsilon_0}\frac{q_1q_2}{bE}\right).$$

因此,

$$b=\frac{q_1q_2}{4\pi\varepsilon_0 E\tan\theta}.$$

假设散射角很小, 则

$$\tan\theta\approx\theta=2\frac{\theta}{2}\approx 2\tan\left(\frac{\theta}{2}\right),$$

因此 b 又可以写成

$$b=\frac{q_1q_2}{8\pi\varepsilon_0 E\tan\left(\theta/2\right)}=\frac{q_1q_2}{8\pi\varepsilon_0 E}\cot\left(\frac{\theta}{2}\right).$$

这与习题 10.1(a) 中的精确表达式是一致的.

*****习题 10.15** 在二阶玻恩近似下, 计算低能软球散射的散射振幅.

解答 根据二阶近似公式 (方程 (10.101)) 有

$$\psi=\psi_0\left(\boldsymbol{r}\right)+\int g\left(\boldsymbol{r}-\boldsymbol{r}_0\right)V\left(\boldsymbol{r}_0\right)\psi_0\left(\boldsymbol{r}_0\right)+\iint g\left(\boldsymbol{r}-\boldsymbol{r}_0\right)V\left(\boldsymbol{r}_0\right)\cdot\left[\int g\left(\boldsymbol{r}_0-\boldsymbol{r}_1\right)V\left(\boldsymbol{r}_1\right)\psi_0\left(\boldsymbol{r}_1\right)\mathrm{d}^3\boldsymbol{r}_1\right]\mathrm{d}^3\boldsymbol{r}_0,$$

代入入射波 (方程 (10.74)) 和格林函数 (方程 (10.98))

$$\psi_0\left(\boldsymbol{r}\right)=A\mathrm{e}^{\mathrm{i}kz},$$

$$g(\boldsymbol{r}) \equiv -\frac{m}{2\pi\hbar^2}\frac{\mathrm{e}^{\mathrm{i}kr}}{r},$$

得

$$\begin{aligned}\psi(\boldsymbol{r}) =& A\mathrm{e}^{\mathrm{i}kz} - \frac{mA}{2\pi\hbar^2}\int \frac{\mathrm{e}^{\mathrm{i}k|\boldsymbol{r}-\boldsymbol{r}_0|}}{|\boldsymbol{r}-\boldsymbol{r}_0|}V(\boldsymbol{r}_0)\mathrm{e}^{\mathrm{i}kz_0}\mathrm{d}^3\boldsymbol{r}_0\\&+A\left(\frac{m}{2\pi\hbar^2}\right)^2\int\frac{\mathrm{e}^{\mathrm{i}k|\boldsymbol{r}-\boldsymbol{r}_0|}}{|\boldsymbol{r}-\boldsymbol{r}_0|}V(\boldsymbol{r}_0)\left[\int\frac{\mathrm{e}^{\mathrm{i}k|\boldsymbol{r}_0-\boldsymbol{r}_1|}}{|\boldsymbol{r}_0-\boldsymbol{r}_1|}V(\boldsymbol{r}_1)\mathrm{e}^{\mathrm{i}kz_1}\mathrm{d}^3\boldsymbol{r}_1\right]\mathrm{d}^3\boldsymbol{r}_0.\end{aligned}$$

在散射区域 $r \gg r_0$, 所以近似有

$$k|\boldsymbol{r}-\boldsymbol{r}_0| \approx kr - \boldsymbol{k}\cdot\boldsymbol{r}_0,\quad \frac{\mathrm{e}^{\mathrm{i}k|\boldsymbol{r}-\boldsymbol{r}_0|}}{|\boldsymbol{r}-\boldsymbol{r}_0|}\approx\frac{\mathrm{e}^{\mathrm{i}kr}}{r}\mathrm{e}^{-\mathrm{i}\boldsymbol{k}\cdot\boldsymbol{r}_0},$$

其中 $\boldsymbol{k} = k\hat{r}$. 在该近似下, 得

$$\begin{aligned}\psi(\boldsymbol{r}) =& A\left\{\mathrm{e}^{\mathrm{i}kz} - \frac{m}{2\pi\hbar^2}\frac{\mathrm{e}^{\mathrm{i}kr}}{r}\int \mathrm{e}^{-\mathrm{i}\boldsymbol{k}\cdot\boldsymbol{r}_0}V(\boldsymbol{r}_0)\mathrm{e}^{\mathrm{i}kz_0}\mathrm{d}^3\boldsymbol{r}_0\right.\\&\left.+\left(\frac{m}{2\pi\hbar^2}\right)^2\frac{\mathrm{e}^{\mathrm{i}kr}}{r}\int\mathrm{e}^{-\mathrm{i}\boldsymbol{k}\cdot\boldsymbol{r}_0}V(\boldsymbol{r}_0)\left[\int\frac{\mathrm{e}^{\mathrm{i}k|\boldsymbol{r}_1-\boldsymbol{r}_0|}}{|\boldsymbol{r}_1-\boldsymbol{r}_0|}V(\boldsymbol{r}_1)\mathrm{e}^{\mathrm{i}kz_1}\mathrm{d}^3\boldsymbol{r}_1\right]\mathrm{d}^3\boldsymbol{r}_0\right\}.\end{aligned}$$

散射振幅是 $\dfrac{\mathrm{e}^{\mathrm{i}kr}}{r}$ 前的系数, 即

$$\begin{aligned}f(\theta,\phi) =& -\frac{m}{2\pi\hbar^2}\int\mathrm{e}^{-\mathrm{i}\boldsymbol{k}\cdot\boldsymbol{r}_0}V(\boldsymbol{r}_0)\mathrm{e}^{\mathrm{i}kz_0}\mathrm{d}^3\boldsymbol{r}_0+\left(\frac{m}{2\pi\hbar^2}\right)^2\int\mathrm{e}^{-\mathrm{i}\boldsymbol{k}\cdot\boldsymbol{r}_0}V(\boldsymbol{r}_0)\\&\cdot\left[\int\frac{\mathrm{e}^{\mathrm{i}k|\boldsymbol{r}_0-\boldsymbol{r}_1|}}{|\boldsymbol{r}_0-\boldsymbol{r}_1|}V(\boldsymbol{r}_1)\mathrm{e}^{\mathrm{i}kz_1}\mathrm{d}^3\boldsymbol{r}_1\right]\mathrm{d}^3\boldsymbol{r}_0.\end{aligned}$$

接下来我们还要考虑另一个近似, 也就是低能散射近似. 根据这个近似, 指数部分都可认为近似为 1, 所以

$$\begin{aligned}f(\theta,\phi) \approx& -\frac{m}{2\pi\hbar^2}\int V(\boldsymbol{r}_0)\mathrm{d}^3\boldsymbol{r}_0+\left(\frac{m}{2\pi\hbar^2}\right)^2\int V(\boldsymbol{r}_0)\\&\cdot\left[\int\frac{1}{|\boldsymbol{r}_0-\boldsymbol{r}_1|}V(\boldsymbol{r}_1)\mathrm{d}^3\boldsymbol{r}_1\right]\mathrm{d}^3\boldsymbol{r}_0.\end{aligned}$$

对软球势

$$V(r) = \begin{cases} V_0, & r \leqslant a,\\ 0, & r > a.\end{cases}$$

先处理

$$\int\frac{1}{|\boldsymbol{r}_0-\boldsymbol{r}_1|}V(\boldsymbol{r}_1)\mathrm{d}^3\boldsymbol{r}_1 = V_0\int_0^a\int_0^\pi\int_0^{2\pi}\frac{1}{|\boldsymbol{r}_0-\boldsymbol{r}_1|}r_1^2\mathrm{d}r_1\sin\theta_1\mathrm{d}\theta_1\mathrm{d}\phi_1,$$

设 z_1 沿 $\boldsymbol{r}_0$ 方向, 所以 $|\boldsymbol{r}_0-\boldsymbol{r}_1| = \sqrt{r_0^2+r_1^2-2r_0r_1\cos\theta_1}$, 因此

$$\begin{aligned}&\int\frac{1}{\sqrt{r_0^2+r_1^2-2r_0r_1\cos\theta}}V(\boldsymbol{r}_1)r_1^2\mathrm{d}r_1\mathrm{d}\Omega_1\\&=2\pi V_0\int_0^a r_1^2\mathrm{d}r_1\int_0^\pi\frac{1}{\sqrt{r_0^2+r_1^2-2r_0r_1\cos\theta_1}}\sin\theta_1\mathrm{d}\theta_1\end{aligned}$$

$$=2\pi V_0\int_0^a r_1^2\mathrm{d}r_1\left(\frac{1}{r_0r_1}\left.\sqrt{r_0^2+r_1^2-2r_0r_1\cos\theta_1}\right|_0^{\pi}\right)$$
$$=\frac{2\pi V_0}{r_0}\int_0^a r_1\left[(r_0+r_1)-|r_0-r_1|\right]\mathrm{d}r_1.$$

当 $r_1<r_0$ 时, $(r_0+r_1)-|r_0-r_1|=2r_1$; 当 $r_1>r_0$ 时, $(r_0+r_1)-|r_0-r_1|=2r_0$.

由于 $r_0\ll a$, 所以上式

$$\int\frac{1}{|\boldsymbol{r}_0-\boldsymbol{r}_1|}V(\boldsymbol{r}_1)\,\mathrm{d}^3\boldsymbol{r}_1=\frac{2\pi V_0}{r_0}\left(\int_0^{r_0}2r_1^2\mathrm{d}r_1+r_0\int_{r_0}^a 2r_1\mathrm{d}r_1\right)$$
$$=2\pi V_0\left(-\frac{1}{3}r_0^2+a^2\right).$$

从而

$$\int V(\boldsymbol{r}_0)\left(\int\frac{1}{|\boldsymbol{r}_1-\boldsymbol{r}_0|}V(\boldsymbol{r}_1)\,\mathrm{d}^3\boldsymbol{r}_1\right)\mathrm{d}^3\boldsymbol{r}_0$$
$$=8\pi^2V_0^2\int_0^a\left(-\frac{1}{3}r_0^2+a^2\right)r_0^2\mathrm{d}r_0$$
$$=8\pi^2V_0^2\left(-\frac{1}{15}a^5+\frac{1}{3}a^5\right)$$
$$=\frac{32}{15}\pi^2V_0^2a^5.$$

最后得到

$$f(\theta)=-\frac{m}{2\pi\hbar^2}\frac{4}{3}\pi a^3V_0+\left(\frac{m}{2\pi\hbar^2}\right)^2\frac{32}{15}\pi^2V_0^2a^5$$
$$=-\frac{2ma^3V_0}{3\hbar^2}\left(1-\frac{4}{5}\frac{V_0ma^2}{\hbar^2}\right).$$

补 充 习 题

*****习题 10.16**　求解一维薛定谔方程的格林函数, 并利用它构造其积分形式 (类似于方程 (10.66)).

解答　类比方程 (10.52) 和 (10.54), 在一维情况下, 格林函数满足

$$\left(\frac{\mathrm{d}^2}{\mathrm{d}x^2}+k^2\right)G(x)=\delta(x),$$

其中 $G(x)=\frac{1}{\sqrt{2\pi}}\int\mathrm{e}^{\mathrm{i}sx}g(s)\,\mathrm{d}s$. 所以

$$\left(\frac{\mathrm{d}^2}{\mathrm{d}x^2}+k^2\right)G(x)=\frac{1}{\sqrt{2\pi}}\int\left(-s^2+k^2\right)\mathrm{e}^{\mathrm{i}sx}g(s)\,\mathrm{d}s=\delta(x)=\frac{1}{2\pi}\int\mathrm{e}^{\mathrm{i}sx}\mathrm{d}s$$
$$\Rightarrow g(s)=\frac{1}{\sqrt{2\pi}\left(-s^2+k^2\right)},$$

$$G(x)=\frac{1}{2\pi}\int\frac{\mathrm{e}^{\mathrm{i}sx}}{k^2-s^2}\mathrm{d}s=-\frac{1}{2\pi}\int\frac{\mathrm{e}^{\mathrm{i}sx}}{(s+k)(s-k)}\mathrm{d}s.$$

将 s 扩展到复平面, 该积分有两个极点 $s=\pm k$, 对 $x>0$, 积分围道应在上半平面, 利用留数定理

$$G(x)=-\frac{1}{2\pi}\oint\frac{\mathrm{e}^{\mathrm{i}sx}}{(s+k)(s-k)}\mathrm{d}s=2\pi\mathrm{i}\left[-\frac{1}{2\pi}\frac{\mathrm{e}^{\mathrm{i}sx}}{s+k}\right]\bigg|_{s=k}=-\mathrm{i}\frac{\mathrm{e}^{\mathrm{i}kx}}{2k}.$$

对 $x<0$, 积分围道应在下半平面,

$$G(x)=+\frac{1}{2\pi}\oint\frac{\mathrm{e}^{\mathrm{i}sx}}{(s+k)(s-k)}\mathrm{d}s=2\pi\mathrm{i}\left[\frac{1}{2\pi}\frac{\mathrm{e}^{\mathrm{i}sx}}{s-k}\right]\bigg|_{s=-k}=-\mathrm{i}\frac{\mathrm{e}^{-\mathrm{i}kx}}{2k},$$

所以在两种情况下, 都可以把 $G(x)$ 表示为

$$G(x)=-\mathrm{i}\frac{\mathrm{e}^{\mathrm{i}k|x|}}{2k}.$$

所以由方程 (10.67), 得

$$\begin{aligned}\psi(x)&=\psi_0(x)+\frac{2m}{\hbar^2}\int G(x-x_0)V(x_0)\psi(x_0)\mathrm{d}x_0\\&=\psi_0(x)-\mathrm{i}\frac{m}{k\hbar^2}\int\mathrm{e}^{\mathrm{i}k|x-x_0|}V(x_0)\psi(x_0)\mathrm{d}x_0,\end{aligned}$$

其中 $\psi_0(x)$ 满足齐次薛定谔方程 $\left(\dfrac{\mathrm{d}^2}{\mathrm{d}x^2}+k^2\right)\psi_0(x)=0$.

****习题 10.17** 利用习题 10.16 的结果推导一维散射的玻恩近似 (在区间 $-\infty<x<\infty$ 内, 原点处无“砖墙”). 也就是, 选择 $\psi_0(x)=A\mathrm{e}^{\mathrm{i}kx}$, 且假定 $\psi(x_0)\approx\psi_0(x_0)$ 来计算积分. 证明: 反射系数具有如下形式

$$R\approx\left(\frac{m}{\hbar^2k}\right)^2\left|\int_{-\infty}^{\infty}\mathrm{e}^{2\mathrm{i}kx}V(x)\mathrm{d}x\right|^2.$$

解答 由玻恩近似, 令 $\psi_0(x)=A\mathrm{e}^{\mathrm{i}kx_0}$, $\psi(x)\approx A\mathrm{e}^{\mathrm{i}kx}$, 则

$$\begin{aligned}\psi(x)&=A\mathrm{e}^{\mathrm{i}kx}-\frac{\mathrm{i}m}{\hbar^2k}\int_{-\infty}^{x}\mathrm{e}^{\mathrm{i}k|x-x_0|}V(x_0)A\mathrm{e}^{\mathrm{i}kx_0}\mathrm{d}x_0\\&=A\left[\mathrm{e}^{\mathrm{i}kx}-\frac{\mathrm{i}m}{\hbar^2k}\int_{-\infty}^{x}\mathrm{e}^{\mathrm{i}k(x-x_0)}V(x_0)\mathrm{e}^{\mathrm{i}kx_0}\mathrm{d}x_0-\frac{\mathrm{i}m}{\hbar^2k}\int_{x}^{\infty}\mathrm{e}^{\mathrm{i}k(x_0-x)}V(x_0)\mathrm{e}^{\mathrm{i}kx_0}\mathrm{d}x_0\right]\\&=A\left[\mathrm{e}^{\mathrm{i}kx}-\frac{\mathrm{i}m}{\hbar^2k}\mathrm{e}^{\mathrm{i}kx}\int_{-\infty}^{x}V(x_0)\mathrm{d}x_0-\frac{\mathrm{i}m}{\hbar^2k}\mathrm{e}^{-\mathrm{i}kx}\int_{x}^{\infty}\mathrm{e}^{2\mathrm{i}kx_0}V(x_0)\mathrm{d}x_0\right]\\&=A\left[1-\frac{\mathrm{i}m}{\hbar^2k}\int_{-\infty}^{x}V(x_0)\mathrm{d}x_0\right]\mathrm{e}^{\mathrm{i}kx}-A\left[\frac{\mathrm{i}m}{\hbar^2k}\int_{x}^{\infty}\mathrm{e}^{2\mathrm{i}kx_0}V(x_0)\mathrm{d}x_0\right]\mathrm{e}^{-\mathrm{i}kx}.\end{aligned}$$

由于势是局域的, 那么当 $x\to\infty$ 时, 上面的最后一项为零,

$$\psi(x)=A\left[1-\frac{\mathrm{i}m}{\hbar^2k}\int_{-\infty}^{\infty}V(x_0)\mathrm{d}x_0\right]\mathrm{e}^{\mathrm{i}kx},$$

显然这是透射波. 当 $x\to-\infty$ 时, 第一个积分为零,

$$\psi(x)=A\mathrm{e}^{\mathrm{i}kx}-A\left[\frac{\mathrm{i}m}{\hbar^2k}\int_{-\infty}^{\infty}\mathrm{e}^{2\mathrm{i}kx_0}V(x_0)\mathrm{d}x_0\right]\mathrm{e}^{-\mathrm{i}kx},$$

显然, 第一项代表入射波, 第二项代表反射波, 所以反射系数是

$$R \approx \left(\frac{m}{\hbar^2 k}\right)^2 \left|\int_{-\infty}^{\infty} \mathrm{e}^{2\mathrm{i}kx} V(x)\,\mathrm{d}x\right|^2 .$$

如果我们试图计算透射系数

$$T = \left|1 - \frac{\mathrm{i}m}{\hbar^2 k}\int_{-\infty}^{\infty} V(x_0)\,\mathrm{d}x_0\right|^2 = 1 + \left[\frac{m}{\hbar^2 k}\int_{-\infty}^{\infty} V(x_0)\,\mathrm{d}x_0\right]^2 .$$

这显然不合理, 因为 $T > 1$, 所以玻恩一阶近似可以给出反射系数, 但是不能给出合理的透射系数, 应当使用 $T = 1 - R$ 来计算透射系数.

习题 10.18　利用一维玻恩近似 (习题 10.17), 分别计算 δ 函数 (方程 (2.117)) 和有限方势阱 (方程 (2.148)) 散射的透射系数 ($T = 1 - R$), 并将所得结果与精确解 (方程 (2.144) 和 (2.172)) 作对比.

解答　对 δ 函数势 $V(x) = -\alpha\delta(x)$, 由上题结果知

$$R = \left(\frac{m}{\hbar^2 k}\right)^2 \left|-\alpha\int_{-\infty}^{\infty} \mathrm{e}^{2\mathrm{i}kx}\delta(x)\,\mathrm{d}x\right|^2 = \left(\frac{m\alpha}{\hbar^2 k}\right)^2 .$$

用能量 $E = \hbar^2 k^2/2m$ 重新表示结果为

$$R = \frac{m\alpha^2}{2\hbar^2 E}, \quad T = 1 - \frac{m\alpha^2}{2\hbar^2 E}.$$

而精确结果 (方程 (2.144)) 为 $T = 1\Big/\left(1 + \dfrac{m\alpha^2}{2\hbar^2 E}\right) \approx 1 - \dfrac{m\alpha^2}{2\hbar^2 E}$. 当 $\dfrac{m\alpha^2}{2\hbar^2 E} \ll 1$ 时, 两者是一致的.

对有限方势阱

$$V(x) = \begin{cases} -V_0, & -a < x < a, \\ 0, & \text{其他}. \end{cases}$$

则

$$R = \left(\frac{m}{\hbar^2 k}\right)^2 \left|-V_0\int_{-a}^{a} \mathrm{e}^{2\mathrm{i}kx}\mathrm{d}x\right|^2 = \left(\frac{m}{\hbar^2 k}\right)^2 \left[V_0\frac{\sin(2ka)}{k}\right]^2 ,$$

透射系数为

$$T = 1 - \left[\frac{V_0}{2E}\sin\left(\frac{2a}{\hbar}\sqrt{2mE}\right)\right]^2 ,$$

当 $E \gg V_0$ 时, 精确解 (方程 (2.172)) 为

$$T^{-1} \approx 1 + \left[\frac{V_0}{2E}\sin\left(\frac{2a}{\hbar}\sqrt{2mE}\right)\right]^2 ,$$

$$T = 1 - \left[\frac{V_0}{2E}\sin\left(\frac{2a}{\hbar}\sqrt{2mE}\right)\right]^2 ,$$

所以两者结果是一致的.

习题 10.19 证明: **光学定理**, 它将总截面和向前散射振幅的虚部联系起来,

$$\sigma=\frac{4\pi}{k}\mathrm{Im}\left[f\left(0\right)\right].$$

提示 利用方程 (10.47) 和 (10.48).

证明 由方程 (10.47)

$$f\left(\theta\right)=\frac{1}{k}\sum_{\ell=0}^{\infty}\left(2\ell+1\right)\mathrm{e}^{\mathrm{i}\delta_{\ell}}\sin\left(\delta_{\ell}\right)P_{\ell}\left(\cos\theta\right),$$

由于 $P_{\ell}\left(1\right)=1$, 所以

$$f\left(0\right)=\frac{1}{k}\sum_{\ell=0}^{\infty}\left(2\ell+1\right)\mathrm{e}^{\mathrm{i}\delta_{\ell}}\sin\left(\delta_{\ell}\right).$$

取 $f\left(0\right)$ 的虚部

$$\mathrm{Im}\left[f\left(0\right)\right]=\frac{1}{k}\sum_{\ell=0}^{\infty}\left(2\ell+1\right)\sin^{2}\left(\delta_{\ell}\right),$$

由总散射截面 (方程 (10.48))

$$\sigma=\frac{4\pi}{k^{2}}\sum_{\ell=0}^{\infty}\left(2\ell+1\right)\sin^{2}\left(\delta_{\ell}\right),$$

所以

$$\sigma=\frac{4\pi}{k}\mathrm{Im}\left[f\left(0\right)\right].$$

习题 10.20 使用玻恩近似确定高斯势散射的总截面,

$$V\left(\boldsymbol{r}\right)=A\mathrm{e}^{-\mu r^{2}}.$$

用常数 A、μ、m (入射粒子质量) 和 $k\equiv\sqrt{2mE}\big/\hbar$ 表示你的结果, 其中 E 是入射能量.

解答 由方程 (10.88), 得

$$\begin{aligned}
f\left(\theta\right)&=-\frac{2m}{\hbar^{2}\kappa}\int_{0}^{\infty}rA\mathrm{e}^{-\mu r^{2}}\sin\left(\kappa r\right)\mathrm{d}r\\
&=-\frac{2mA}{\hbar^{2}\kappa}\int_{0}^{\infty}\sin\left(\kappa r\right)\mathrm{d}\left(-\frac{1}{2\mu}\mathrm{e}^{-\mu r^{2}}\right)\\
&=\frac{2mA}{2\mu\hbar^{2}\kappa}\left\{\mathrm{e}^{-\mu r^{2}}\sin\left(\kappa r\right)\Big|_{0}^{\infty}-\int_{0}^{\infty}\mathrm{e}^{-\mu r^{2}}\mathrm{d}\left[\sin\left(\kappa r\right)\right]\right\}\\
&=\frac{mA}{\mu\hbar^{2}\kappa}\left[0-k\int_{0}^{\infty}\mathrm{e}^{-\mu r^{2}}\cos\left(\kappa r\right)\mathrm{d}r\right]\\
&=-\frac{mA}{\mu\hbar^{2}}\left(\frac{\sqrt{\pi}}{2\sqrt{\mu}}\mathrm{e}^{-\kappa^{2}/4\mu}\right)\\
&=-\frac{mA\sqrt{\pi}}{2\mu^{3/2}\hbar^{2}}\mathrm{e}^{-\kappa^{2}/4\mu},
\end{aligned}$$

其中 $\kappa = 2k\sin(\theta/2)$.

由方程 (10.14), 得

$$D(\theta) = \frac{d\sigma}{d\Omega} = |f(\theta)|^2 = \frac{\pi m^2 A^2}{4\mu^3\hbar^4} e^{-\kappa^2/(2\mu)},$$

因此,

$$\begin{aligned}\sigma &= \int \frac{d\sigma}{d\Omega} d\Omega = \frac{\pi m^2 A^2}{4\mu^3\hbar^4} \int e^{-4k^2\sin^2(\theta/2)/(2\mu)} \sin\theta d\theta d\phi \\ &= \frac{\pi^2 m^2 A^2}{2\mu^3\hbar^4} \int e^{-2k^2\sin^2(\theta/2)/\mu} \sin\theta d\theta d\phi.\end{aligned}$$

已知 $\sin\theta = 2\sin(\theta/2)\cos(\theta/2)$, 令 $z = \sin(\theta/2)$, 得

$$\begin{aligned}\sigma &= \frac{\pi^2 m^2 A^2}{2\mu^3\hbar^4} \int_0^1 e^{-2k^2x^2/\mu} 4x dx \\ &= \frac{2\pi^2 m^2 A^2}{\mu^3\hbar^4} \int_0^1 e^{-2k^2x^2/\mu} x dx \\ &= \frac{2\pi^2 m^2 A^2}{\mu^3\hbar^4} \left(-\frac{\mu}{4k^2} e^{-2k^2x^2/\mu}\right)\Bigg|_0^1 \\ &= \frac{\pi^2 m^2 A^2}{2\mu^2\hbar^4 k^2} \left(1 - e^{-2k^2/\mu}\right).\end{aligned}$$

习题 10.21 中子衍射. 考虑在晶体中散射的中子束 (图 10.7). 中子与晶体中原子核之间的相互作用是短程的, 可以近似为

$$V(\boldsymbol{r}) = \frac{2\pi\hbar^2 b}{m} \sum_i \delta^3(\boldsymbol{r} - \boldsymbol{r}_i),$$

其中 $\boldsymbol{r}_i$ 是原子核的位置, 势的强度用**原子核散射长度** b 表示.

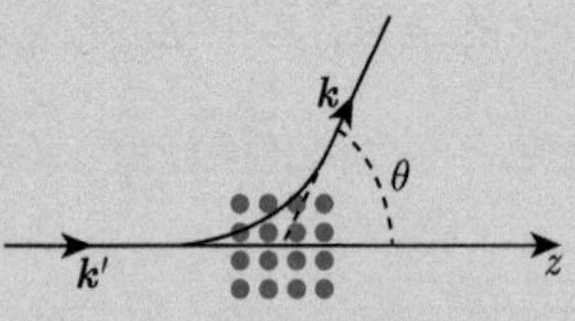

图 10.7 晶体的中子散射

(a) 在一阶玻恩近似值中, 证明:

$$\frac{d\sigma}{d\Omega} = b^2 \left|\sum_i e^{-i\boldsymbol{q}\cdot\boldsymbol{r}_i}\right|^2, \text{ 其中 } \boldsymbol{q} \equiv \boldsymbol{k} - \boldsymbol{k}'.$$

(b) 考虑原子核排列在间距为 a 的立方晶格上的情况. 位置为

$$\boldsymbol{r}_i = la\,\hat{i} + ma\,\hat{j} + na\hat{k},$$

其中 l、m 和 n 都在 0 到 $N-1$ 之间, 所以总共有 N^3 个原子核.[①] 证明:

$$\frac{d\sigma}{d\Omega} = b^2 \frac{\sin^2(Nq_x a/2)}{\sin^2(q_x a/2)} \frac{\sin^2(Nq_y a/2)}{\sin^2(q_y a/2)} \frac{\sin^2(Nq_z a/2)}{\sin^2(q_z a/2)}.$$

(c) 对于几个确定的 N 值 $(N = 1, 5, 10)$, 绘制 $\dfrac{1}{N}\dfrac{\sin^2(Nq_x a/2)}{\sin^2(q_x a/2)}$ 作为 $q_x a$ 的函数. 并证明: 随着 N 的增加, 该函数描述的一系列峰逐渐变得尖锐起来.

① 晶体位置不"居中"在原点也没有区别: 将晶体平移 $\boldsymbol{R}$ 等于将 $\boldsymbol{R}$ 加到每个 $\boldsymbol{r}_i$ 上, 这不会影响 $\dfrac{d\sigma}{d\Omega}$ 的大小. 毕竟, 我们假设一个入射平面波, 它在 x 和 y 方向延伸到 $\pm\infty$ 处.

(d) 根据 (c), 对大 N 极限内, 除了其中一个峰值外, 其他微分散射截面小得可以忽略. 对整数 l, m 和 n,

$$\boldsymbol{q}=\boldsymbol{G}_{lmn}=\frac{2\pi}{a}\left(l\hat{i}+m\hat{j}+n\hat{k}\right),$$

矢量 $\boldsymbol{G}_{lmn}$ 称为**倒格矢**.

求出现峰值的散射角 (θ). 如果中子的波长等于晶格间距 a, 则三个最小的 (非零) 散射角是多少?

注释 中子衍射是确定晶体结构的一种方法 (也可以使用电子和 X 射线, 峰值位置的表达式同样适用). 在本题中, 我们研究了晶体的原子立方排列, 但是不同的排列 (例如六边形) 会在不同的角度产生峰值. 因此, 从散射数据可以推断出晶体结构.

解答 (a) 由方程 (10.79) 知一阶玻恩近似为

$$f(\theta,\phi)\approx-\frac{m}{2\pi\hbar^2}\int \mathrm{e}^{\mathrm{i}(\boldsymbol{k}'-\boldsymbol{k})\cdot\boldsymbol{r}_0}V(\boldsymbol{r}_0)\,\mathrm{d}^3\boldsymbol{r}_0.$$

将势能

$$V(\boldsymbol{r})=\frac{2\pi\hbar^2 b}{m}\sum_i\delta^3(\boldsymbol{r}-\boldsymbol{r}_i)$$

代入上式, 得

$$\begin{aligned}f(\theta,\phi)&\approx-\frac{m}{2\pi\hbar^2}\frac{2\pi\hbar^2 b}{m}\int \mathrm{e}^{\mathrm{i}(\boldsymbol{k}'-\boldsymbol{k})\cdot\boldsymbol{r}_0}\sum_i\delta^3(\boldsymbol{r}-\boldsymbol{r}_i)\,\mathrm{d}^3\boldsymbol{r}_0\\&\approx-b\sum_i\mathrm{e}^{-\mathrm{i}(\boldsymbol{k}'-\boldsymbol{k})\cdot\boldsymbol{r}_i}\approx-b\sum_i\mathrm{e}^{-\mathrm{i}\boldsymbol{q}\cdot\boldsymbol{r}_i}.\\\frac{\mathrm{d}\sigma}{\mathrm{d}\Omega}&=|f(\theta,\phi)|=b^2\left|\sum_i\mathrm{e}^{-\mathrm{i}\boldsymbol{q}\cdot\boldsymbol{r}_i}\right|^2,\end{aligned}$$

其中 $\boldsymbol{q}\equiv\boldsymbol{k}-\boldsymbol{k}'$.

(b) 由 (a) 中的结论知, 要求微分界面就要先求 $\sum\limits_i\mathrm{e}^{-\mathrm{i}\boldsymbol{q}\cdot\boldsymbol{r}_i}$,

$$\sum_i\mathrm{e}^{-\mathrm{i}\boldsymbol{q}\cdot\boldsymbol{r}_i}=\sum_{l,m,n}\mathrm{e}^{-\mathrm{i}(q_x la+q_y ma+q_z na)}=\sum_{l=0}^{N-1}\mathrm{e}^{-\mathrm{i}q_x la}\sum_{m=0}^{N-1}\mathrm{e}^{-\mathrm{i}q_y ma}\sum_{m=0}^{N-1}\mathrm{e}^{-\mathrm{i}q_z na}.$$

由 $\sum\limits_{l=0}^{N-1}\mathrm{e}^{-\mathrm{i}q_x la}=\sum\limits_{l=0}^{N-1}\left(\mathrm{e}^{-\mathrm{i}q_x a}\right)^l=\dfrac{1-\left(\mathrm{e}^{-\mathrm{i}q_x a}\right)^N}{1-\mathrm{e}^{-\mathrm{i}q_x a}}=\dfrac{\mathrm{e}^{-\mathrm{i}q_x aN/2}\left(\mathrm{e}^{\mathrm{i}q_x aN/2}-\mathrm{e}^{-\mathrm{i}q_x aN/2}\right)}{\mathrm{e}^{-\mathrm{i}q_x a/2}\left(\mathrm{e}^{\mathrm{i}q_x a/2}-\mathrm{e}^{-\mathrm{i}q_x a/2}\right)}=\mathrm{e}^{-\mathrm{i}q_x a(N-1)/2}$ $\dfrac{\sin(q_x aN/2)}{\sin(q_x a/2)}$, 得

$$\frac{\mathrm{d}\sigma}{\mathrm{d}\Omega}=b^2\left|\sum_i\mathrm{e}^{-\mathrm{i}\boldsymbol{q}\cdot\boldsymbol{r}_i}\right|^2=b^2\frac{\sin^2(q_x aN/2)}{\sin^2(q_x a/2)}\frac{\sin^2(q_y aN/2)}{\sin^2(q_y a/2)}\frac{\sin^2(q_z aN/2)}{\sin^2(q_z a/2)}.$$

(c) 作图见图 10.8.

```
f[N_, x_] : = (1 / N ) (Sin[N * x / 2] / Sin[x / 2])^2;
                  ⌊···   ⌊正弦⌊数值运算      ⌊正弦
```

```
Plot[{f[1, x], f[5, x], f[10, x]}, {x, 0, 4 * Pi}, PlotRange → {0,
⌊绘图                                                  ⌊···     ⌊绘制范围
    10}]
```

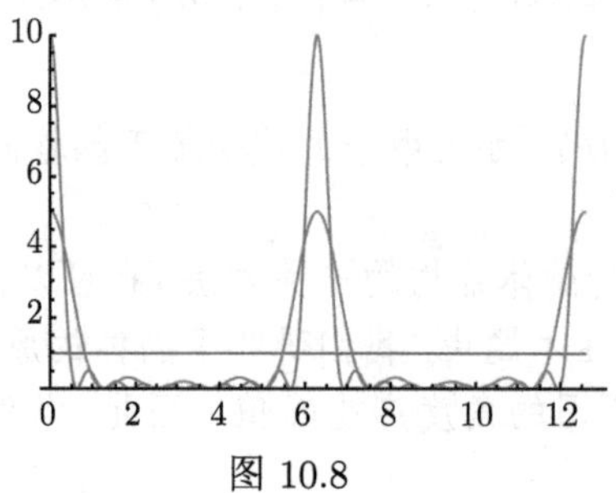

图 10.8

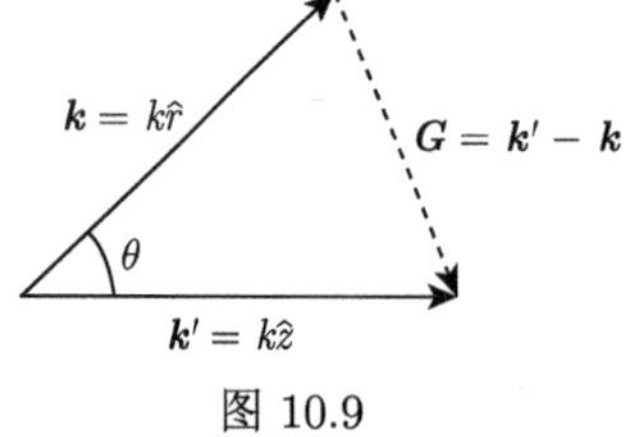

图 10.9

(d) 由图 10.9 可知, $\boldsymbol{k}$, $\boldsymbol{k}'$ 和 $\boldsymbol{G}$ 形成一个等腰三角形, 得

$$\sin(\theta/2) = \frac{G/2}{k} = \frac{\pi}{ka}\sqrt{l^2+m^2+n^2},$$

又因为 $\lambda = 2\pi/k$, 则

$$\theta = 2\arcsin\left(\frac{\lambda}{2a}\sqrt{l^2+m^2+n^2}\right).$$

最小的三个非零 θ 角对应 $l^2+m^2+n^2 = 1, 2$ 和 3, 即 $\theta = \pi/3, \pi/2$ 和 $2\pi/3$.

*****习题 10.22　二维散射理论**. 参照 10.2 节, 发展二维分波分析.

(a) 在极坐标 (r,θ) 中, 拉普拉斯函数是

$$\nabla^2 = \frac{\partial^2}{\partial x^2} + \frac{\partial^2}{\partial y^2} = \frac{\partial^2}{\partial r^2} + \frac{1}{r}\frac{\partial}{\partial r} + \frac{1}{r^2}\frac{\partial^2}{\partial\theta^2}.$$

对具有方位角对称的势 $(V(r,\theta)\to V(r))$, 求定态薛定谔方程分离变量解. 答案:

$$\psi(r,\theta) = R(r)\,\mathrm{e}^{\mathrm{i}j\theta},$$

其中 j 是整数, $u \equiv \sqrt{r}R$ 满足如下径向方程

$$-\frac{\hbar^2}{2m}\frac{\mathrm{d}^2u}{\mathrm{d}r^2} + \left[V(r) + \frac{\hbar^2}{2m}\frac{(j^2-1/4)}{r^2}\right]u = Eu.$$

(b) 通过求解 r 极大时 (其中 $V(r)$ 和离心项均为零) 的径向方程, 证明: 出射径向波函数具有如下渐近形式

$$R(r) \sim \frac{\mathrm{e}^{\mathrm{i}kr}}{\sqrt{r}},$$

其中 $k \equiv \sqrt{2mE}\big/\hbar$. 验证 $A\mathrm{e}^{\mathrm{i}kx}$ 形式的入射波是否满足势 $V(r)=0$ 的薛定谔方程 (如果使用笛卡儿坐标系, 这很简单). 写出类似方程 (10.12) 的二维形式, 并将结果同习题 10.2 作对比.

(c) 构造类似方程 (10.21) 的方程 ($V(r)=0$, 但离心项不能忽略的区域中的波函数).

(d) 对于大的 z,

$$H_j^{(1)}(z)\sim\sqrt{2/\pi}\mathrm{e}^{-\mathrm{i}\pi/4}(-\mathrm{i})^j\frac{\mathrm{e}^{\mathrm{i}z}}{\sqrt{z}}.$$

利用上式证明:

$$f(\theta)=\sqrt{2/\pi k}\mathrm{e}^{-\mathrm{i}\pi/4}\sum_{j=-\infty}^{\infty}(-\mathrm{i})^j c_j\mathrm{e}^{\mathrm{i}j\theta}.$$

(e) 将 10.1.2 节中的结论应用到二维几何问题. 我们用长度 $\mathrm{d}b$ 代替面积 $\mathrm{d}\sigma$, 散射角的增量 $\mathrm{d}\theta$ 代替立体角 $\mathrm{d}\Omega$; 微分横截面的作用由下式来扮演:

$$D(\theta)\equiv\left|\frac{\mathrm{d}b}{\mathrm{d}\theta}\right|,$$

且靶的"有效"宽度 (类似总截面) 是

$$B\equiv\int_0^{2\pi}D(\theta)\,\mathrm{d}\theta.$$

证明:

$$D(\theta)=|f(\theta)|^2\ \text{和}\ B=\frac{4}{k}\sum_{j=-\infty}^{\infty}|c_j|^2.$$

(f) 考虑在半径为 a 的硬盘 (或者一个三维无限圆柱体[①]) 中的散射情况:

$$V(r)=\begin{cases}\infty, & (r\leqslant a),\\ 0, & (r>a).\end{cases}$$

通过在 $r=a$ 处施加适当的边界条件, 确定 B. 你需要和瑞利公式作对比:

$$\mathrm{e}^{\mathrm{i}kx}=\sum_{j=-\infty}^{\infty}(\mathrm{i})^j J_j(kr)\,\mathrm{e}^{\mathrm{i}j\theta}.$$

(这里 J_j 是 J 阶贝塞尔函数). 在 $0<ka<2$ 范围内, 以 B 作为变量 kx 的函数绘图.

解答 (a) 定态薛定谔方程为

$$\left[-\frac{\hbar^2}{2m}\nabla^2+V(r)\right]\psi(r,\theta)=E\psi(r,\theta).$$

由于 $V(r,\theta)$ 是方位角对称的, 因此波函数可分离变量, 即

$$\psi(r,\theta)=R(r)\Theta(\theta).$$

所以,

$$\left[-\frac{\hbar^2}{2m}\nabla^2+V(r)\right]R(r)\Theta(\theta)=ER(r)\Theta(\theta),$$

① S. McAlinden and J. Shertzer, *Am. J. Phys.* **84,** 764 (2016).

$$-\frac{\hbar^2}{2m}\left\{\left[\frac{\mathrm{d}^2R(r)}{\mathrm{d}r^2}+\frac{1}{r}\frac{\mathrm{d}R(r)}{\mathrm{d}r}\right]\Theta(\theta)+\frac{R(r)}{r^2}\frac{\mathrm{d}^2\Theta(\theta)}{\mathrm{d}\theta^2}\right\}+V(r)R(r)\Theta(\theta)$$
$$=ER(r)\Theta(\theta).$$

两边同时除以 $R(r)\Theta(\theta)$, 并除以 r^2, 得

$$-\frac{\hbar^2}{2m}\left[\frac{r^2}{R(r)}\frac{\mathrm{d}^2R(r)}{\mathrm{d}r^2}+\frac{r}{R(r)}\frac{\mathrm{d}R(r)}{\mathrm{d}r}\right]-\frac{\hbar^2}{2m}\frac{1}{\Theta(\theta)}\frac{\mathrm{d}^2\Theta(\theta)}{\mathrm{d}\theta^2}+r^2V(r)=r^2E,$$
$$-\frac{\hbar^2}{2m}\left[\frac{r^2}{R(r)}\frac{\mathrm{d}^2R(r)}{\mathrm{d}r^2}+\frac{r}{R(r)}\frac{\mathrm{d}R(r)}{\mathrm{d}r}\right]+r^2V(r)-r^2E=\frac{\hbar^2}{2m}\frac{1}{\Theta(\theta)}\frac{\mathrm{d}^2\Theta(\theta)}{\mathrm{d}\theta^2}.$$

等式左边为 r 的相关项, 右边为 θ 的相关项, 因此, 左右两边必等于同一常数.

令 $\dfrac{1}{\Theta(\theta)}\dfrac{\mathrm{d}^2\Theta(\theta)}{\mathrm{d}\theta^2}=-j^2$, 得

$$\frac{\mathrm{d}^2\Theta(\theta)}{\mathrm{d}\theta^2}=-j^2\Theta(\theta)\Rightarrow\Theta(\theta)=A\mathrm{e}^{\mathrm{i}j\theta},$$

其中 A 为积分常数.

由周期性条件知 $\Theta(0)=\Theta(2\pi)$, 故 j 必为整数.

径向 r 的部分为

$$-\frac{\hbar^2}{2m}\left[\frac{r^2}{R(r)}\frac{\mathrm{d}^2R(r)}{\mathrm{d}r^2}+\frac{r}{R(r)}\frac{\mathrm{d}R(r)}{\mathrm{d}r}\right]+r^2V(r)-r^2E=-\frac{\hbar^2}{2m}j^2.$$

两边同时乘以 $R(r)$, 得

$$-\frac{\hbar^2}{2m}\left[r^2\frac{\mathrm{d}^2R(r)}{\mathrm{d}r^2}+r\frac{\mathrm{d}R(r)}{\mathrm{d}r}\right]+\frac{\hbar^2}{2m}j^2R(r)+r^2V(r)R(r)=r^2R(r)E.$$

令

$$u(r)=\sqrt{r}R(r),$$
$$R(r)=\frac{u(r)}{\sqrt{r}},$$
$$\frac{\mathrm{d}R(r)}{\mathrm{d}r}=\frac{1}{\sqrt{r}}\frac{\mathrm{d}u(r)}{\mathrm{d}r}-\frac{1}{2}\frac{u(r)}{r^{3/2}},$$
$$\frac{\mathrm{d}^2R(r)}{\mathrm{d}r^2}=\frac{1}{\sqrt{r}}\frac{\mathrm{d}^2u(r)}{\mathrm{d}r^2}-\frac{1}{r^{3/2}}\frac{\mathrm{d}u(r)}{\mathrm{d}r}+\frac{3}{4}\frac{u(r)}{r^{5/2}}.$$

代入定态薛定谔方程中, 得

$$-\frac{\hbar^2}{2m}\left[\left(\frac{1}{\sqrt{r}}\frac{\mathrm{d}^2u}{\mathrm{d}r^2}-\frac{1}{r^{3/2}}\frac{\mathrm{d}u}{\mathrm{d}r}+\frac{3}{4}\frac{u}{r^{5/2}}\right)+\frac{1}{r}\left(\frac{1}{\sqrt{r}}\frac{\mathrm{d}u}{\mathrm{d}r}-\frac{1}{2}\frac{u}{r^{3/2}}\right)\right]$$
$$+\frac{\hbar^2}{2m}j^2\frac{1}{r^2}\frac{u}{\sqrt{r}}+V(r)\frac{u}{\sqrt{r}}=E\frac{u}{\sqrt{r}}.$$

化简后, 得

$$-\frac{\hbar^2}{2m}\frac{\mathrm{d}^2u}{\mathrm{d}r^2}+\left[V(r)+\frac{\hbar^2}{2m}\frac{j^2-1/4}{r^2}\right]u=Eu.$$

波函数为 $\psi(r,\theta)=\dfrac{u}{\sqrt{r}}\mathrm{e}^{\mathrm{i}j\theta}$.

(b) 在 r 取很大时, $V(r)\to 0$, 离心项也趋于 0, 所以 (a) 中结论可写为

$$-\frac{\hbar^2}{2m}\frac{\mathrm{d}^2u}{\mathrm{d}r^2}=Eu,$$
$$\frac{\mathrm{d}^2u}{\mathrm{d}r^2}=-\frac{2mE}{\hbar^2}u=-r^2u,$$

其中 $k=\frac{\sqrt{2mE}}{\hbar}$. 通解为

$$u(r)=A\mathrm{e}^{\mathrm{i}kr}+B\mathrm{e}^{-\mathrm{i}kr},$$

考虑到实际情况为出射波, 所以,

$$R(r)=\frac{u}{\sqrt{r}}=A\frac{\mathrm{e}^{\mathrm{i}kr}}{\sqrt{r}}.$$

由于渐近形式对所有的 j 都是成立的, 在 r 很大的时候, 径向部分可以忽略, 因此

$$\psi=Af(\theta)\frac{\mathrm{e}^{\mathrm{i}kr}}{\sqrt{r}}.$$

对于 $V(r)=0$ 的情况,

$$-\frac{\hbar^2}{2m}\nabla^2\psi=-\frac{\hbar^2}{2m}\left(\frac{\partial^2}{\partial x^2}+\frac{\partial^2}{\partial y^2}\right)A\mathrm{e}^{\mathrm{i}kx}=\frac{\hbar^2k^2}{2m}A\mathrm{e}^{\mathrm{i}kx}=E\psi.$$

(c) 在 $V(r)=0$ 且离心项不能忽略时, (a) 中结论可写为

$$-\frac{\hbar^2}{2m}\frac{\mathrm{d}^2u}{\mathrm{d}r^2}+\frac{\hbar^2}{2m}\frac{j^2-1/4}{r^2}u=Eu,$$
$$\frac{\mathrm{d}^2u}{\mathrm{d}r^2}-\frac{j^2-1/4}{r^2}u=-k^2u,$$

其中 $k=\frac{\sqrt{2mE}}{\hbar}$. 这是贝塞尔方程的形式, 出射波为 $H^{(1)}$, 因此 $H_j^{(1)}(kr)=\frac{u(r)}{\sqrt{r}}$, 即 $u(r)=\sqrt{r}H_j^{(1)}(kr)$, 可分离的解为 $\psi(r,\theta)=H_j^{(1)}(kr)\mathrm{e}^{\mathrm{i}j\theta}$, 通解为其线性组合

$$\psi_{\text{out}}(r,\theta)=A\sum c_jH_j^{(1)}(kr)\mathrm{e}^{\mathrm{i}j\theta}.$$

结合入射波函数 $A\mathrm{e}^{\mathrm{i}kx}$, 则

$$\psi(r,\theta)=A\left[\mathrm{e}^{\mathrm{i}kx}+\sum c_jH_j^{(1)}(kr)\mathrm{e}^{\mathrm{i}j\theta}\right].$$

(d) 对 z 很大时, (c) 中结论可写为

$$\psi(r,\theta)\sim A\left\{\mathrm{e}^{\mathrm{i}kx}+\sqrt{\frac{2}{\pi}}\mathrm{e}^{-\mathrm{i}\pi/4}\left[\sum_{j=-\infty}^{\infty}c_j(-\mathrm{i})^j\mathrm{e}^{\mathrm{i}j\theta}\right]\frac{\mathrm{e}^{\mathrm{i}kr}}{\sqrt{kr}}\right\}.$$

对比方程 (10.109), 可得

$$f(\theta)=\sqrt{\frac{2}{\pi k}}\mathrm{e}^{-\mathrm{i}\pi/4}\sum_{j=-\infty}^{\infty}c_j(-\mathrm{i})^j\mathrm{e}^{\mathrm{i}j\theta}.$$

(e) 一个速度为 v 的粒子穿过一个无限小长度为 $\mathrm{d}b$ 的几率为

$$\mathrm{d}P=|\psi_{\text{incident}}|^2\mathrm{d}a=|A|^2(v\mathrm{d}t)\mathrm{d}b=|\psi_{\text{scattered}}|^2\mathrm{d}a=\frac{|A|^2|f|^2}{r}(v\mathrm{d}t)r\mathrm{d}\theta,$$
$$\mathrm{d}b=|f|^2\mathrm{d}\theta\Rightarrow D(\theta)=|f(\theta)|^2.$$

$$B=\int_0^{2\pi}D(\theta)\,\mathrm{d}\theta=\int_0^{2\pi}|f(\theta)|^2\,\mathrm{d}\theta$$
$$=\int_0^{2\pi}\frac{2}{\pi k}\left[\sum_j(-\mathrm{i})^j c_j\mathrm{e}^{\mathrm{i}j\theta}\right]\left[\sum_{j'}(\mathrm{i})^{j'}c_{j'}^*\mathrm{e}^{-\mathrm{i}j'\theta}\right]\mathrm{d}\theta$$
$$=\frac{2}{\pi k}\sum_{j,j'}(\mathrm{i})^{j'-j}c_jc_{j'}^*\int_0^{2\pi}\mathrm{e}^{\mathrm{i}(j-j')\theta}\mathrm{d}\theta$$
$$=\frac{2}{\pi k}\sum_{j,j'}(\mathrm{i})^{j'-j}c_jc_{j'}^*\left(2\pi\delta_{j,j'}\right)$$
$$=\frac{4}{k}\sum_{j=-\infty}^{\infty}|c_j|^2.$$

(f) 波函数

$$\psi(a,\theta)=A\left[\sum_{j=-\infty}^{\infty}(\mathrm{i})^jJ_j(ka)\,\mathrm{e}^{\mathrm{i}j\theta}+\sum_{j=-\infty}^{\infty}c_jH_j^{(1)}(ka)\,\mathrm{e}^{\mathrm{i}j\theta}\right]$$
$$=A\sum_{j=-\infty}^{\infty}\left(\mathrm{i}^jJ_j+c_jH_j^{(1)}\right)\mathrm{e}^{\mathrm{i}j\theta}$$
$$=0.$$

每个系数只能为零, 因此

$$\mathrm{i}^jJ_j(ka)+c_jH_j^{(1)}(ka)=0,$$
$$c_j=-\frac{\mathrm{i}^jJ_j(ka)}{H_j^{(1)}(ka)},\quad B=\frac{4}{k}\sum_{j=-\infty}^{\infty}\left|\frac{J_j(ka)}{H_j^{(1)}(ka)}\right|^2.$$

注意到 $H_j^{(1)}=J_j+\mathrm{i}N_j$, 其中 J_j 和 N_j 都是实的, 因此

$$\left|\frac{J_j}{H_j^{(1)}}\right|^2=\left[1+(N_j/J_j)^2\right]^{-1}.$$

B 作为变量 kx 的函数图形如图 10.10 所示.

```
b[x_] : = 4 / x Sum[ (1 + (BesselY[j, x]/BesselJ[j, x])^2)^(-1), {j,
                  ⌊求和        ⌊第二类贝塞尔函数    ⌊第一类贝塞尔函数
    -10, 10} ];
Plot[b[x], {x, 0, 2}, PlotRange → {0, 15} ]
⌊绘图                  ⌊绘制范围
```

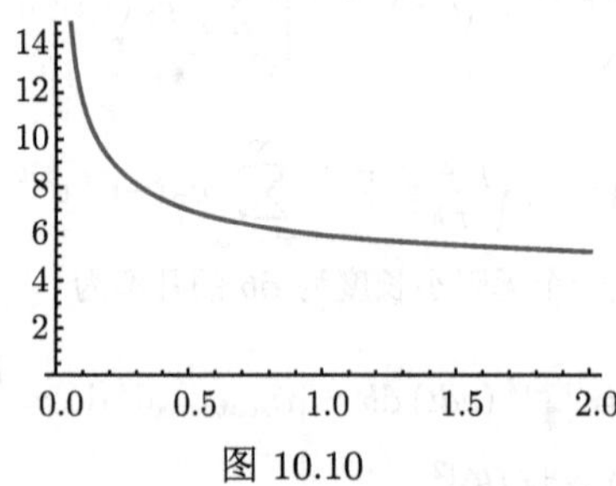

图 10.10

习题 10.23　全同粒子的散射. 单粒子从固定靶上散射的结果也适用于质心框架中两个粒子的散射. 由 $\psi(\boldsymbol{R},\boldsymbol{r})=\psi_R(\boldsymbol{R})\psi_r(\boldsymbol{r}),\psi_r(\boldsymbol{r})$ 满足

$$-\frac{\hbar}{2\mu}\nabla^2\psi_r+V(r)\psi_r=E_r\psi_r.$$

(参见习题 5.1) 其中 $V(r)$ 是粒子之间的相互作用 (假设仅取决于它们之间的分隔距离). 这是一个单粒子薛定谔方程 (用约化质量 μ 代替 m).

(a) 证明: 如果两个粒子是全同 (无自旋) 玻色子, 则 $\psi_r(\boldsymbol{r})$ 必须是 $\boldsymbol{r}$ 的偶函数 (图 10.11).

(b) 通过对称化方程 (10.12)(为什么这是允许的?), 证明: 在该情况下, 散射振幅为

$$f_B(\theta)=f(\theta)+f(\pi-\theta),$$

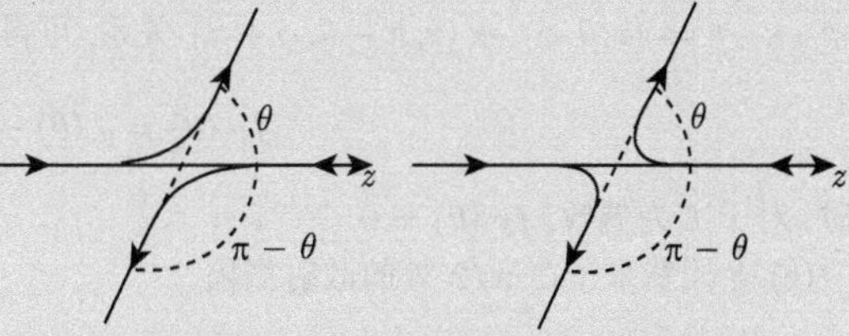

图 10.11　全同粒子的散射

其中 $f(\theta)$ 是质量为 μ 的单个粒子从固定靶 $V(r)$ 的散射振幅.

(c) 证明: 对于 ℓ 的所有奇次幂, f_B 的分波振幅均为零.

(d) 如果粒子是全同费米子 (处于三重自旋态), 那么 (a)~ (c) 的结果有什么不同?

(e) 证明: 全同费米子的散射振幅在 $\pi/2$ 处为零.

(f) 画出卢瑟福散射中费米子和玻色子微分散射截面的对数 (方程 (10.93))①.

解答　(a) 由于质心坐标为 $\boldsymbol{R}=(\boldsymbol{r}_1+\boldsymbol{r}_2)/2$, 相对坐标为 $\boldsymbol{r}=\boldsymbol{r}_2-\boldsymbol{r}_1$, 因此, 交换两个粒子的位置, $\boldsymbol{R}$ 不变, 但是 $\boldsymbol{r}\to-\boldsymbol{r}$. 由于玻色子波函数具有对称性的要求, 所以 $\psi_r(-\boldsymbol{r})=\psi_r(\boldsymbol{r})$.

(b) 由于势是球对称的, 有 $V(\boldsymbol{r})=V(-\boldsymbol{r})$. 如果 $\psi_r(\boldsymbol{r})$ 是薛定谔方程的解, 那么 $\psi_r(-\boldsymbol{r})$ 也是薛定谔方程的解. 构造对称波函数 $\psi_r(\boldsymbol{r})+\psi_r(-\boldsymbol{r})$, 代入方程 (10.12) 中, 得

$$\psi(r,\theta)=A\left\{\mathrm{e}^{\mathrm{i}kz}+\mathrm{e}^{-\mathrm{i}kz}+[f(\theta)+f(\pi-\theta)]\frac{\mathrm{e}^{ikr}}{r}\right\},$$

这里用到球坐标中变换条件,

$$\text{由 } \boldsymbol{r}\to-\boldsymbol{r},\ \text{得 } (r,\theta,\phi)\to(r,\pi-\theta,\phi+\pi).$$

因此, 我们可以直接读出散射振幅为 $f_B(\theta)=f(\theta)+f(\pi-\theta)$.

(c) 方程 (10.25) 为

$$f(\theta)=\sum_{\ell=0}^{\infty}(2\ell+1)\,a_\ell P_\ell(\cos\theta).$$

由 (b) 中结论, 得

$$f_B(\theta)=\sum_{\ell=0}^{\infty}(2\ell+1)\,a_\ell\left\{P_\ell(\cos\theta)+P_\ell[\cos(\pi-\theta)]\right\}$$

① 方程 (10.93) 是通过取汤川散射的极限 (例题 10.5) 得到的, $f(\theta)$ 的结果中少了一个相位因子 (参见 Albert Messiah, 《量子力学》, 多佛出版社, 纽约 (1999 年), 第 XI.7 节). 该因子在固定势散射的横截面中为零——给出例题 10.6 中的正确答案——但会在全同粒子散射的横截面中出现.

$$= \sum_{\ell=0}^{\infty} (2\ell+1)\, a_\ell \left[P_\ell(\cos\theta) + P_\ell(-\cos\theta)\right].$$

由于 $P_\ell(-x) = (-1)^\ell P_\ell(x)$, 所以对于 ℓ 为奇数时, 上式为

$$P_\ell(\cos\theta) + P_\ell(-\cos\theta) = P_\ell(\cos\theta) - P_\ell(\cos\theta) = 0.$$

因此, $f_B(\theta) = 0$.

(d) 对于费米子, 波函数满足反对称关系 $\psi_r(-\boldsymbol{r}) = -\psi_r(\boldsymbol{r})$. 构建对称波函数 $\psi_r(\boldsymbol{r}) - \psi_r(-\boldsymbol{r})$, 由 $\boldsymbol{r} \to -\boldsymbol{r} \Rightarrow (r,\theta,\phi) \to (r, \pi-\theta, \phi+\pi)$ 关系, 可得

$$f_F(\theta) = f(\theta) - f(\pi-\theta).$$

此时, 对于 ℓ 为偶数, $f_F(\theta) = 0$.

(e) 全同费米子在 $\pi/2$ 处的散射振幅

$$f_F(\pi/2) = f(\pi/2) - f(\pi-\pi/2) = f(\pi/2) - f(\pi/2) = 0.$$

(f) 方程 (10.93) 为

$$f(\theta) \approx -\frac{q_1 q_2}{16\pi\varepsilon_0 E \sin^2(\theta/2)}.$$

对比可得

$$\begin{aligned} f_{B/F} &= A\left\{\frac{1}{\sin^2(\theta/2)} \pm \frac{1}{\sin^2[(\theta-\pi/2)/2]}\right\} \\ &= A\left\{\frac{1}{\frac{1}{2}(1-\cos\theta)} \pm \frac{1}{\frac{1}{2}\left[1-\cos\left(\theta-\frac{\pi}{2}\right)\right]}\right\} \\ &= 2A\left(\frac{1}{1-\cos\theta} \pm \frac{1}{1-\sin\theta}\right) = 2A\frac{1-\sin\theta \pm (1-\cos\theta)}{(1-\cos\theta)(1-\sin\theta)}. \end{aligned}$$

所以, 由

$$f_B = 2A\frac{2-\sin\theta-\cos\theta}{(1-\cos\theta)(1-\sin\theta)},$$

$$f_F = 2A\frac{\cos\theta-\sin\theta}{(1-\cos\theta)(1-\sin\theta)},$$

得

$$\left(\frac{\mathrm{d}\sigma}{\mathrm{d}\Omega}\right)_B = 4A^2\left[\frac{2-\sin\theta-\cos\theta}{1-(\cos\theta+\sin\theta)+\cos\theta\sin\theta}\right]^2,$$

$$\left(\frac{\mathrm{d}\sigma}{\mathrm{d}\Omega}\right)_F = 4A^2\left[\frac{\cos\theta-\sin\theta}{1-(\cos\theta+\sin\theta)+\cos\theta\sin\theta}\right]^2.$$

作图见图 10.12 (虚线为玻色子情况, 实线为费米子情况).

```
Show[LogPlot[((2 - Sin[x] - Cos[x]) / (1 - (Cos[x] + Sin[x]) +
⌊显示 ⌊对数图       ⌊正弦      ⌊余弦                 ⌊余弦      ⌊正弦
    Cos[x] Sin[x]))^2, {x, 0, Pi / 2},
    ⌊余弦  ⌊正弦                 ⌊圆周率
```

```
PlotRange → {0.001, 10^5}, Plotstyle → Dashing[{0.01, 0.01} ] ],
⌊绘制范围                      ⌊绘图样式    ⌊虚线线段配置
LogPlot [ ( (Cos[x] - Sin[x]) / (1 - (Cos[x] + Sin[x]) + Cos [x]
⌊对数图        ⌊余弦      ⌊正弦                 ⌊余弦       ⌊正弦       ⌊余弦
Sin [X]))^2, {x, 0, Pi / 2], PlotRange → {0.001, 10^5}] ]
⌊正弦                    ⌊圆周率    ⌊绘制范围
```

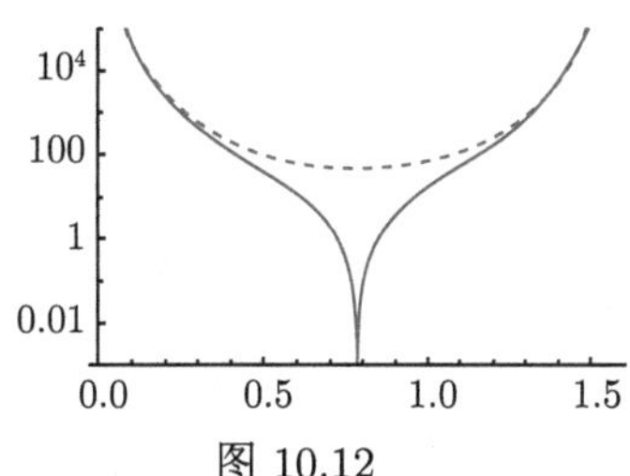

图 10.12

第 11 章　量子动力学

本章主要内容概要

1. 含时微扰理论

设体系哈密顿量为 $\hat{H}(t)=\hat{H}_0+\hat{H}'(t)$, 其中 $\hat{H}_0$ 与时间无关, 仅微扰部分 $\hat{H}'(t)$ 与时间有关. 在微扰作用下, 体系可由 $\hat{H}_0$ 一个定态跃迁到另一个定态, 含时微扰理论要近似求出跃迁几率. 对于两能级系统, ψ_a 和 ψ_b 构成一个完备集, 波函数 $\Psi(t)$ 仍可以表示为它们的线性组合: $\Psi(t)=c_a(t)\psi_a\mathrm{e}^{-\mathrm{i}E_a t/\hbar}+c_b(t)\psi_b\mathrm{e}^{-\mathrm{i}E_b t/\hbar}$, 其中 c_a 和 c_b 现在是时间 t 的函数, 这样整个问题变为确定作为时间函数的 c_a 和 c_b. 波函数代入薛定谔方程并化简后, 可得

$$c_b^{(1)}(t)=-\frac{\mathrm{i}}{\hbar}\int_0^t H'_{ba}(t')\mathrm{e}^{\mathrm{i}\omega_0 t'}\mathrm{d}t',$$

其中,

$$H'_{ij}\equiv\left\langle\psi_i\left|\hat{H}'\right|\psi_j\right\rangle,\quad \omega_0\equiv\frac{E_b-E_a}{\hbar}.$$

所以体系在微扰作用下由初态 ψ_a 跃迁到末态 ψ_b 的几率为

$$W_{a\to b}=\left|c_b^{(1)}(t)\right|^2.$$

2. 正弦微扰情况

设微扰对时间的依赖关系具有余弦形式 $H'(\boldsymbol{r},t)=V(\boldsymbol{r})\cos(\omega t)$, 则有

$$H'=V_{ab}\cos(\omega t),$$

其中,

$$V_{ab}\equiv\langle\psi_a|V|\psi_b\rangle.$$

对一级近似, 有

$$\begin{aligned}c_b(t)&\approx-\frac{\mathrm{i}}{\hbar}V_{ba}\int_0^t\cos(\omega t')\mathrm{e}^{\mathrm{i}\omega_0 t'}\mathrm{d}t'=-\frac{\mathrm{i}V_{ba}}{2\hbar}\int_0^t\left[\mathrm{e}^{\mathrm{i}(\omega_0+\omega)t'}+\mathrm{e}^{\mathrm{i}(\omega_0-\omega)t'}\right]\mathrm{d}t'\\&=-\frac{V_{ba}}{2\hbar}\left[\frac{\mathrm{e}^{\mathrm{i}(\omega_0+\omega)t}-1}{\omega_0+\omega}+\frac{\mathrm{e}^{\mathrm{i}(\omega_0-\omega)t}-1}{\omega_0-\omega}\right].\end{aligned}$$

考虑驱动频率 (ω) 和跃迁频率 (ω_0) 非常接近的情况, 问题将会大大简化, 此时方括号中的第二项起主要作用; 具体而言, 我们假设:

$$\omega_0+\omega\gg|\omega_0-\omega|.$$

这并不是一个很大的限制, 因为其他频率的微扰所能导致跃迁的几率都可以忽略. 舍弃第一项, 有

$$\begin{aligned} c_b(t) &\approx -\frac{V_{ba}}{2\hbar} = -\mathrm{i}\frac{V_{ba}}{\hbar}\frac{\sin[(\omega_0-\omega)t/2]}{\omega_0-\omega}\mathrm{e}^{\mathrm{i}(\omega_0-\omega)t/2} \\ &= -\mathrm{i}\frac{V_{ba}}{\hbar}\frac{\sin[(\omega_0-\omega)t/2]}{\omega_0-\omega}\mathrm{e}^{\mathrm{i}(\omega_0-\omega)t/2}. \end{aligned}$$

跃迁几率——初始时处在 ψ_a 态的粒子, 经时间 t 后发现它处在 ψ_b 态的几率是

$$P_{a\to b}(t) = |c_b(t)|^2 \approx \frac{|V_{ab}|^2}{\hbar^2}\frac{\sin^2[(\omega_0-\omega)t/2]}{(\omega_0-\omega)^2}.$$

3. 辐射的发射与吸收

如果原子开始处于“较低”能态 ψ_a, 且受到一束单色偏振光的照射, 则跃迁到“较高”能态 ψ_b 的概率为

$$P_{a\to b}(t) = \left(\frac{|\wp|E_0}{\hbar}\right)^2\frac{\sin^2[(\omega_0-\omega)t/2]}{(\omega_0-\omega)^2},$$

其中, $\wp \equiv q\langle\psi_b|z|\psi_a\rangle$, $\omega_0 = \dfrac{E_b-E_a}{\hbar}$.

在此过程中, 原子从电磁场中吸收能量 $E_b-E_a=\hbar\omega_0$, 这叫做**光的吸收**.

反过来, 对一个从较高状态 $(c_a(0)=0, c_b(0)=1)$ 开始的系统来进行整个推导过程, 结果是完全一样的, 只是这次计算的是 $P_{b\to a}=|c_a(t)|^2$, 向低能态跃迁的几率:

$$P_{b\to a}(t) = \left(\frac{|\wp|E_0}{\hbar}\right)^2\frac{\sin^2[(\omega_0-\omega)t/2]}{(\omega_0-\omega)^2}.$$

粒子处于较高的能量状态, 光照可以使它跃迁到较低的能量状态, 这一过程被称为**受激发射**.

除了吸收和受激发射外, 辐射与物质相互作用还有第三种机制, 被称为**自发发射**. 在这里, 处于激发态的原子向下跃迁, 释放光子, 这个过程无需外加电磁场来激发. 在量子电动力学中, 即使在基态, 场也是非零的, 正如谐振子在其基态仍具有非零能量 (即 $\hbar\omega/2$). 你可以关掉所有的灯, 把房间冷却到绝对零度, 但是仍然有电磁辐射的存在, 正是这种“零点”辐射催生了自发发射.

4. 自发发射, 爱因斯坦 A, B 系数

原子在单位时间内由高能级 E_m 自发地向低能级 E_k 跃迁的几率称为自发发射系数 A_{mk}; 设作用于原子的光波在 $\omega\to\omega+\mathrm{d}\omega$ 频率范围内的能量密度是 $I(\omega)\,\mathrm{d}\omega$, 则在单位时间内原子由高能级 E_m 向低能级 E_k 跃迁的几率 (同时发射一个能量为 $\hbar\omega_{mk}$ 的光子) 为 $B_{mk}I(\omega_{mk}), B_{mk}$ 称为受激发射系数, 在单位时间内原子由低能级 E_k 跃迁到高能级 E_m 的几率 (同时吸收一个能量为 $\hbar\omega_{mk}$ 的光子) 为 $B_{km}I(\omega_{mk}), B_{km}$ 称为吸收系数. 在一阶近似下 (同时仅考虑光波中的电场的作用, 称为偶极近似)

$$B_{mk} = B_{km} = \frac{\pi \mathrm{e}^2}{3\varepsilon_0\hbar^2}|\langle\psi_m|\boldsymbol{r}|\psi_k\rangle|^2,$$

$$A_{mk}=\frac{\hbar\omega_{mk}^3}{c^3\pi^2}B_{mk}=\frac{\mathrm{e}^2\omega_{mk}^3}{3\varepsilon_0\hbar c^3}\left|\langle\psi_m|\,\boldsymbol{r}\,|\psi_k\rangle\right|^2.$$

由于 $e\boldsymbol{r}$ 为电子的电偶极矩, 则由 $|\langle\psi_m|\,e\boldsymbol{r}\,|\psi_k\rangle|$ 决定的跃迁称为偶极跃迁.

5. 选择定则

在光波的作用下, 要实现原子在 $\psi_{n\ell m}$ 态与 $\psi_{n'\ell'm'}$ 态之间的跃迁, 必须满足 $|\langle\psi_{n\ell m}|\boldsymbol{r}|\psi_{n'\ell'm'}\rangle|\neq 0$ 的条件, 不能实现的跃迁称为禁戒跃迁. 要使矩阵元不为零, 两态之间的角量子数和磁量子数必须满足

$$\Delta\ell=\ell'-\ell=\pm 1,\quad \Delta m=m'-m=0,\ \pm 1.$$

6. 激发态寿命

设大量的原子处于激发态, 由于自发发射, 激发态上的原子数量将随着时间增加而减少; 具体来说, 在 $\mathrm{d}t$ 时间间隔内, 减少的原子数为 $A\mathrm{d}t$:

$$\mathrm{d}N_b=-AN_b\mathrm{d}t,$$

求解 $N_b(t)$, 得到

$$N_b(t)=N_b(0)\mathrm{e}^{-At};$$

显然, 处在激发态的剩余原子数目呈指数减少, 并且有一时间常数

$$\tau=\frac{1}{A},$$

即为状态的**寿命**——严格地讲, 它是 $N_b(t)$ 减少至初始值的 $1/\mathrm{e}\approx 0.368$ 倍时所需要的时间.

7. 费米黄金定则

考虑 E_f 位于一个连续状态的情况, 如果辐射能量足够大, 它可以电离原子, 即光电效应将电子从一个束缚态激发到连续的散射态. 在这个连续态中, 我们无法讨论到某一精确状态的跃迁, 但可以计算体系跃迁到能量为 E_f 的一个 ΔE 范围内状态的几率. 由如下方程对所有最终状态的积分给出:

$$P=\int_{E_f-\Delta E/2}^{E_f+\Delta E/2}\frac{|V_{in}|^2}{\hbar^2}\left\{\frac{\sin^2[(\omega_0-\omega)t/2]}{(\omega_0-\omega)^2}\right\}\rho(E_n)\mathrm{d}E_n,$$

其中 $\omega_0=(E_n-E_i)/\hbar$. 物理量 $\rho(E)\mathrm{d}E$ 是能量介于 E 和 $E+\mathrm{d}E$ 之间的状态数目; $\rho(E)$ 称为**态密度**.

时间很短时, 上式给出跃迁几率与 t^2 成正比, 与离散态之间的跃迁一样. 另一方面, 方程中大括号内的量经过较长时间达到峰值: 作为能量 E_n 的函数, 其最大值在 $E_f=E_i+\hbar\omega$ 处, 中心峰值的宽度为 $4\pi\hbar/t$. 因此, 在 t 足够大时, 可以将上式近似为

$$P=\frac{|V_{if}|^2}{\hbar^2}\rho(E_f)\int_{-\infty}^{\infty}\frac{\sin^2[(\omega_0-\omega)t/2]}{(\omega_0-\omega)^2}\mathrm{d}E_n.$$

进一步积分，得

$$P=\frac{2\pi}{\hbar}\left|\frac{V_{if}}{2}\right|^2\rho(E_f)t.$$

P 的振荡行为再次被“洗掉”，给出了一恒定的跃迁速率

$$R=\frac{2\pi}{\hbar}\left|\frac{V_{if}}{2}\right|^2\rho(E_f),$$

这被称为**费米黄金定则**. 除了因子 $2\pi/\hbar$ 之外，它表示跃迁速率是矩阵元平方乘以态密度.

8. 绝热定理

如果粒子最初处于 $\hat{H}(0)$ 的第 n 个本征态，它将演化至 (根据薛定谔方程)$\hat{H}(T)$ 的第 n 个本征态. 当哈密顿量逐渐变化时，系统处在初始哈密顿量 ($\hat{H}(0)$) 的第 n 个本征态将演化为瞬时哈密顿量 ($\hat{H}(t)$) 的第 n 个本征态. 然而，这并没有给出波函数的相位如何变化. 对于恒定的哈密顿量，它具有标准的“摆动因子”,

$$e^{-iE_nt/\hbar},$$

但是本征值 E_n 本身可能是时间的函数，因此“摆动因子”自然地推广到

$$e^{i\theta_n(t)}, \text{其中}\theta_n(t)\equiv-\frac{1}{\hbar}\int_0^t E_n(t')\,dt',$$

这称为**动力学相**. 还有一个额外的相位因子 $\gamma_n(t)$，即所谓的**几何相位**. 在绝热极限下，t 时刻的波函数形式为 $\Psi_n(t)=e^{i\theta_n(t)}e^{i\gamma_n(t)}\psi_n(t)$，此为绝热定理的正式表述，其中 $\psi_n(t)$ 为瞬时哈密顿量的第 n 个本征态,

$$\hat{H}(t)\psi_n(t)=E_n(t)\psi_n(t).$$

9. 贝里相位

$\psi_n(t)$ 本身的相位可以是任意的，因此几何相位本身没有物理意义. 但是，如果把系统引入一闭合路径中，那么净的相位变化为一可测量. 动力学相位取决于经过的时间，但绝热闭合路径的几何相位仅取决于所经过的路径，它被称为**贝里相**, $\gamma_B\equiv\gamma(T)-\gamma(0)$.

习题 11.1 为什么求解依赖于时间 t 的含时薛定谔方程 (方程 (11.1)) 不是件小事? 毕竟，这是一个一阶微分方程.

(a) 如果 k 是常数，如何求解下面方程 (得到 $f(t)$)?

$$\frac{df}{dt}=kf.$$

(b) 如果 k 本身是 t 的函数，又是如何? (这里，$k(t)$ 和 $f(t)$ 可能还依赖于其他的变量，比如 $\boldsymbol{r}$——这无关紧要.)

(c) 为什么不对薛定谔方程 (含时哈密顿量) 做同样的事情呢? 注意到这不起作

用, 考虑简单的情况,

$$\hat{H}(t)=\begin{cases}\hat{H}_1, & (0<t<\tau),\\ \hat{H}_2, & (t>\tau),\end{cases}$$

其中 $\hat{H}_1$ 和 $\hat{H}_2$ 本身与时间无关. 如果 (b) 部分中的解满足薛定谔方程, 则 $t>\tau$ 时刻的波函数为

$$\Psi(t)=\mathrm{e}^{-\mathrm{i}\left[\hat{H}_1\tau+\hat{H}_2(t-\tau)\right]/\hbar}\Psi(0),$$

当然, 也可以写成如下形式:

$$\Psi(t)=\mathrm{e}^{-\mathrm{i}\hat{H}_2(t-\tau)/\hbar}\Psi(\tau)=\mathrm{e}^{-\mathrm{i}\hat{H}_2(t-\tau)/\hbar}\mathrm{e}^{-\mathrm{i}\hat{H}_1\tau/\hbar}\Psi(0).$$

为什么这些通常是不一样的? (这是一个微妙的事情; 如果你想进一步研究, 请参阅习题 11.23.)

解答 (a)

$$\begin{aligned}&\frac{\mathrm{d}f}{\mathrm{d}t}=kf\Rightarrow\frac{\mathrm{d}f}{f}=k\mathrm{d}t\\&\Rightarrow\int\frac{\mathrm{d}f}{f}=\int k\mathrm{d}t\Rightarrow\ln f=kt+C\\&\Rightarrow\mathrm{e}^{\ln f}=\mathrm{e}^{kt+C}\Rightarrow f(t)=f_0\mathrm{e}^{kt},\end{aligned}$$

其中 $f_0=\mathrm{e}^C$.

(b) 如果 $k(t)$ 是一个含时间的函数, 那么

$$\begin{aligned}&\frac{\mathrm{d}f}{\mathrm{d}t}=kf,\\&\frac{\mathrm{d}f}{f}=k\mathrm{d}t,\\&\int_{f_0}^{f}\frac{\mathrm{d}f'}{f'}=\int_0^t k(t')\,\mathrm{d}t',\\&\ln\frac{f}{f_0}=\int_0^t k(t')\,\mathrm{d}t',\\&f(t)=f_0\exp\left[\int_0^t k(t')\,\mathrm{d}t'\right].\end{aligned}$$

(c) 如果将 $\Psi(t)$ 写成 $\Psi(t)=\mathrm{e}^{-\mathrm{i}\hat{H}_2(t-\tau)/\hbar}\mathrm{e}^{-\mathrm{i}\hat{H}_1\tau/\hbar}\Psi(0)$, 则要求哈密顿量 $\hat{H}_1$ 和 $\hat{H}_2$ 必须是对易的, 如果不是对易的, 参考习题 3.29.

***习题 11.2** 将氢原子置于 (含时) 电场 $\boldsymbol{E}=E(t)\hat{k}$ 中. 计算微扰 $\hat{H}'=eEz$ 在基态 $(n=1)$ 与 (四重简并) 第一激发态 $(n=2)$ 的所有四个矩阵元 H'_{ij}. 并证明: 对于所有的五个状态, $H'_{ii}=0$. 注释 如果考虑到状态是 z 的奇函数, 只需做一个积分; 在该形式的微扰下, 电子只能从基态跃迁到 $n=2$ 中的一个状态; 因此, 假定可

以忽略更高激发态跃迁, 体系的波函数为两态系统.

解答 氢原子基态和第一激发态的波函数分别为

$$\psi_{100}=\frac{1}{\sqrt{\pi a^3}}\mathrm{e}^{-r/a}=\varphi_0,\quad \psi_{200}=\frac{1}{\sqrt{8\pi a^3}}\left(1-\frac{r}{2a}\right)\mathrm{e}^{-r/2a}=\varphi_1,$$

$$\psi_{211}=-\frac{1}{8\sqrt{\pi a^3}}\frac{r}{a}\mathrm{e}^{-r/(2a)}\sin\theta\mathrm{e}^{\mathrm{i}\phi}=\varphi_2,\quad \psi_{210}=\frac{1}{4\sqrt{2\pi a^3}}\frac{r}{a}\mathrm{e}^{-r/2a}\cos\theta=\varphi_3,$$

$$\psi_{21-1}=\frac{1}{8\sqrt{\pi a^3}}\frac{r}{a}\mathrm{e}^{-r/(2a)}\sin\theta\mathrm{e}^{-\mathrm{i}\phi}=\varphi_4.$$

由题意知: $H'=-eEz$, 其中 $z=r\cos\theta$, 另外 $r\sin\theta\mathrm{e}^{\pm\mathrm{i}\phi}=r\sin\theta(\cos\phi\pm\mathrm{i}\sin\phi)=x\pm\mathrm{i}y$, 因此对这五个态, $|\varphi_i|^2$ 都是 z 的偶函数, 所以

$$H'_{ii}=\langle\varphi_i|H'|\varphi_i\rangle=-eE(t)\int z|\varphi_i|^2\mathrm{d}x\mathrm{d}y\mathrm{d}z=0.$$

由于 ψ_{100} 与 $\psi_{200},\psi_{211},\psi_{21-1}$ 都是 z 的偶函数, 所以 ψ_{100} 与 $\psi_{200},\psi_{211},\psi_{21-1}$ 之间的矩阵元 H'_{ij} 为零. 只有 ψ_{210} 是 z 的奇函数 $(r\cos\theta=z)$, 所以仅需求解

$$\begin{aligned}H'_{100,210}&=-eE\frac{1}{\sqrt{\pi a^3}}\frac{1}{\sqrt{32\pi a^3}}\frac{1}{a}\int\mathrm{e}^{-r/a}\mathrm{e}^{-r/(2a)}z^2\mathrm{d}^3\boldsymbol{r}\\&=-\frac{eE}{4\sqrt{2}\pi a^4}\int\mathrm{e}^{-r/a}\mathrm{e}^{-r/(2a)}r^2\cos^2\theta r^2\sin\theta\mathrm{d}r\mathrm{d}\theta\mathrm{d}\phi\\&=-\frac{eE}{4\sqrt{2}\pi a^4}\int_0^\infty\mathrm{e}^{-3r/(2a)}r^4\mathrm{d}r\int_0^\pi\cos^2\theta\sin\theta\mathrm{d}\theta\int_0^{2\pi}\mathrm{d}\phi\\&=-\frac{eE}{4\sqrt{2}\pi a^4}\left[4!\,(2a/3)^5\right](2/3)(2\pi)=-\frac{2^8}{3^5\sqrt{2}}eEa\\&=-0.7449eEa.\end{aligned}$$

***习题 11.3** 假设 $c_a(0)=1$ 和 $c_b(0)=0$, 在不含时微扰情况下求解方程 (11.17). 验证 $|c_a(t)|^2+|c_b(t)|^2=1$. **注释** 表面上, 该系统在“纯 ψ_a”和“某些 ψ_b”之间振荡. 这是否与我的一般断言相矛盾, 即不含时微扰不会发生跃迁? 答案是不, 但原因相当微妙: 在该情况下, ψ_a 和 ψ_b 不是, 也从来不是哈密顿量的本征态, 即对能量的测量永远不会得到 E_a 或 E_b. 在含时微扰理论中, 通常考虑的是先加上微扰一段时间, 然后再关闭它, 以便检验系统是否发生跃迁. 在开始和结束时, ψ_a 和 ψ_b 都是精确哈密顿量的本征态, 只有在这种情况下, 系统经历了从一个状态到另一个状态的变化才有意义. 那么, 本题中假设微扰在 $t=0$ 时加上, 在时间 T 时关闭——这不会影响计算, 但它可以对结果进行更合理的解释.

解答 在不含时微扰情况下 H'_{ab} 和 H'_{ba} 均不含时. 方程 (11.17) 为

$$\dot{c}_a=-\frac{\mathrm{i}}{\hbar}H'_{ab}\mathrm{e}^{-\mathrm{i}\omega_0 t}c_b,\quad \dot{c}_b=-\frac{\mathrm{i}}{\hbar}H'_{ba}\mathrm{e}^{\mathrm{i}\omega_0 t}c_a.$$

再对上式 t 求一次导数, 得

$$\ddot{c}_a=-\mathrm{i}\omega_0\dot{c}_a-\frac{\mathrm{i}}{\hbar}H'_{ab}\mathrm{e}^{-\mathrm{i}\omega_0 t}\dot{c}_b=-\mathrm{i}\omega_0\dot{c}_a-\frac{1}{\hbar^2}H'_{ab}H'_{ba}c_a$$

$$\Rightarrow \ddot{c}_a + \mathrm{i}\omega_0 \dot{c}_a + \frac{1}{\hbar^2} H'_{ab} H'_{ba} c_a = 0.$$

这是一个线性方程, 可设 $c_a = \mathrm{e}^{\lambda t}$ 求特解, 代入方程, 得

$$\lambda^2 + \mathrm{i}\omega_0 \lambda + \frac{1}{\hbar^2} \left| H'_{ab} \right|^2 = 0,$$

解出

$$\lambda = \frac{1}{2}\left(-\mathrm{i}\omega_0 \pm \sqrt{-\omega_0^2 - \frac{4}{\hbar^2}\left|H'_{ab}\right|^2}\right) = \frac{\mathrm{i}}{2}\left(-\omega_0 \pm \omega\right), \quad \left(\omega \equiv \sqrt{\omega_0^2 + \frac{4}{\hbar^2}\left|H'_{ab}\right|^2}\right).$$

通解为

$$\begin{aligned} c_a(t) &= C_1 \mathrm{e}^{-\frac{\mathrm{i}}{2}(\omega_0 - \omega)t} + C_2 \mathrm{e}^{-\frac{\mathrm{i}}{2}(\omega_0 + \omega)t} = \mathrm{e}^{-\frac{\mathrm{i}}{2}\omega_0 t}\left(C_1 \mathrm{e}^{\frac{\mathrm{i}}{2}\omega t} + C_2 \mathrm{e}^{-\frac{\mathrm{i}}{2}\omega t}\right) \\ &= \mathrm{e}^{-\frac{\mathrm{i}}{2}\omega_0 t}\left[C_3 \cos\left(\frac{\omega t}{2}\right) + C_4 \sin\left(\frac{\omega t}{2}\right)\right]. \end{aligned}$$

由题意知 $c_a(0) = 1$, 得 $C_3 = 1$, 则

$$c_a(t) = \mathrm{e}^{-\frac{\mathrm{i}}{2}\omega_0 t}\left[\cos\left(\frac{\omega t}{2}\right) + C_4 \sin\left(\frac{\omega t}{2}\right)\right],$$

$$\begin{aligned} \dot{c}_a =& \left(-\frac{\mathrm{i}\omega_0}{2}\right)\mathrm{e}^{-\frac{\mathrm{i}}{2}\omega_0 t}\left[\cos\left(\frac{\omega t}{2}\right) + C_4 \sin\left(\frac{\omega t}{2}\right)\right] \\ &+ \mathrm{e}^{-\frac{\mathrm{i}}{2}\omega_0 t}\left[-\frac{\omega}{2}\sin\left(\frac{\omega t}{2}\right) + C_4 \frac{\omega}{2}\cos\left(\frac{\omega t}{2}\right)\right] \\ =& \mathrm{e}^{-\frac{\mathrm{i}}{2}\omega_0 t}\left[\left(C_4\frac{\omega}{2} - \frac{\mathrm{i}\omega_0}{2}\right)\cos\left(\frac{\omega t}{2}\right) - \left(C_4\frac{\mathrm{i}\omega_0}{2} + \frac{\omega}{2}\right)\left(\frac{\omega t}{2}\right)\right], \end{aligned}$$

$$\begin{aligned} c_b &= -\frac{\hbar}{\mathrm{i}H'_{ab}}\mathrm{e}^{\mathrm{i}\omega_0 t}\dot{c}_a \\ &= -\frac{\hbar}{\mathrm{i}H'_{ab}}\mathrm{e}^{\frac{\mathrm{i}\omega_0 t}{2}}\left[\left(\frac{\omega}{2}C_4 - \frac{\mathrm{i}\omega_0}{2}\right)\cos\left(\frac{\omega t}{2}\right) - \left(\frac{\mathrm{i}\omega_0}{2}C_4 + \frac{\omega}{2}\right)\sin\left(\frac{\omega t}{2}\right)\right]. \end{aligned}$$

由 $c_b(0) = 0$, 得 $C_4 = \dfrac{\mathrm{i}\omega_0}{\omega}$, 所以

$$c_a(t) = \mathrm{e}^{-\frac{\mathrm{i}}{2}\omega_0 t}\left[\cos\left(\frac{\omega t}{2}\right) + \frac{\mathrm{i}\omega_0}{\omega}\sin\left(\frac{\omega t}{2}\right)\right],$$

$$c_b(t) = \frac{\hbar}{\mathrm{i}H'_{ab}}\mathrm{e}^{\frac{\mathrm{i}\omega_0 t}{2}}\left(-\frac{\omega_0^2}{2\omega} + \frac{\omega}{2}\right)\sin\left(\frac{\omega t}{2}\right) = \frac{2H'_{ba}}{\mathrm{i}\hbar\omega}\mathrm{e}^{\frac{\mathrm{i}\omega_0 t}{2}}\sin\left(\frac{\omega t}{2}\right),$$

$$\begin{aligned} |c_a|^2 + |c_b|^2 &= \cos^2\left(\frac{\omega t}{2}\right) + \left(\frac{\omega_0}{\omega}\right)^2 \sin^2\left(\frac{\omega t}{2}\right) + \frac{4\left|H'_{ab}\right|^2}{\hbar^2\omega^2}\sin^2\left(\frac{\omega t}{2}\right) \\ &= \cos^2\left(\frac{\omega t}{2}\right) + \left[\left(\frac{\omega_0}{\omega}\right)^2 + \frac{\omega^2 - \omega_0^2}{\omega^2}\right]\sin^2\left(\frac{\omega t}{2}\right) = 1. \end{aligned}$$

结果得到验证.

****习题 11.4**　设微扰采用 (含时) δ 函数形式

$$\hat{H}' = \hat{U}\delta(t);$$

假设 $U_{aa} = U_{bb} = 0$, 取 $U_{ab} = U_{ba}^* \equiv \alpha$. 如果 $c_a(-\infty) = 1$ 和 $c_b(-\infty) = 0$, 求 $c_a(t)$ 和 $c_b(t)$, 并验证 $|c_a(t)|^2 + |c_b(t)|^2 = 1$. 发生跃迁 (当 $t \to \infty$ 的 $P_{a\to b}$) 的净几率为多少? **提示**　可以把 δ 函数看做一系列矩形的极限情况来处理.

解答　把 δ 函数表示为

$$\delta_\varepsilon(t) = \begin{cases} \dfrac{1}{2\varepsilon} & (-\varepsilon < t < \varepsilon), \\ 0 & (t < -\varepsilon, t > \varepsilon). \end{cases}$$

因为 $c_a(-\infty) = 1, c_b(-\infty) = 0$, 所以当 $t < -\varepsilon$ 时, $c_a(t) = 1, c_b(t) = 0$.

设当 $t > \varepsilon$ 时, $c_a(t) = a, c_b(t) = b$. 当 $-\varepsilon < t < \varepsilon$ 时,

$$\begin{cases} \dot{c}_a = -\dfrac{\mathrm{i}}{\hbar}H'_{ab}\mathrm{e}^{-\mathrm{i}\omega_0 t}c_b = -\dfrac{\mathrm{i}\alpha}{2\hbar\varepsilon}\mathrm{e}^{-\mathrm{i}\omega_0 t}c_b \\ \dot{c}_b = -\dfrac{\mathrm{i}}{\hbar}H'_{ba}\mathrm{e}^{\mathrm{i}\omega_0 t}c_a = -\dfrac{\mathrm{i}\alpha^*}{2\hbar\varepsilon}\mathrm{e}^{\mathrm{i}\omega_0 t}c_a \end{cases}$$

因此, 得

$$\begin{aligned} \ddot{c}_b &= -\frac{\mathrm{i}\alpha^*}{2\hbar\varepsilon}\left[(\mathrm{i}\omega_0)c_a + \mathrm{e}^{\mathrm{i}\omega_0 t}\dot{c}_a\right]\mathrm{e}^{-\mathrm{i}\omega_0 t} \\ &= \mathrm{i}\omega_0\dot{c}_b - \frac{|\alpha|^2}{(2\hbar\varepsilon)^2}c_b, \end{aligned}$$

$$\ddot{c}_b - \mathrm{i}\omega_0\dot{c}_b + \frac{\alpha^2}{(2\hbar\varepsilon)^2}c_b = 0.$$

与上题一样解该线性方程, 得到通解为

$$c_b(t) = A\mathrm{e}^{\mathrm{i}(\omega_0+\omega)t/2} + B\mathrm{e}^{\mathrm{i}(\omega_0-\omega)t/2} = \mathrm{e}^{\mathrm{i}\omega_0 t/2}\left(A\mathrm{e}^{\mathrm{i}\omega t/2} + B\mathrm{e}^{-\mathrm{i}\omega t/2}\right),$$
$$\left(\omega = \sqrt{\omega_0^2 + \frac{\alpha^2}{\varepsilon^2\hbar^2}}\right)$$

由初始条件

$$c_b(-\varepsilon) = \mathrm{e}^{\mathrm{i}\omega_0\varepsilon/2}\left(A\mathrm{e}^{-\mathrm{i}\omega\varepsilon/2} + B\mathrm{e}^{\mathrm{i}\omega\varepsilon/2}\right) = 0,$$

得

$$B = -A\mathrm{e}^{-\mathrm{i}\omega\varepsilon},$$

所以

$$\begin{aligned} c_b(t) &= \mathrm{e}^{\mathrm{i}\omega_0 t/2}A\left[\mathrm{e}^{\mathrm{i}\omega t/2} - \mathrm{e}^{-\mathrm{i}\omega(\varepsilon+t/2)}\right], \\ \dot{c}_b(t) &= \frac{\mathrm{i}\omega_0}{2}\mathrm{e}^{\mathrm{i}\omega_0 t/2}A\left[\mathrm{e}^{\mathrm{i}\omega t/2} - \mathrm{e}^{-\mathrm{i}\omega(\varepsilon+t/2)}\right] + \mathrm{e}^{\mathrm{i}\omega_0 t/2}\frac{\mathrm{i}\omega}{2}A\left[\mathrm{e}^{\mathrm{i}\omega t/2} + \mathrm{e}^{-\mathrm{i}\omega(\varepsilon+t/2)}\right] \\ &= \mathrm{e}^{\mathrm{i}\omega_0 t/2}A\frac{\mathrm{i}}{2}\left[(\omega_0+\omega)\mathrm{e}^{\mathrm{i}\omega t/2} - (\omega_0-\omega)\mathrm{e}^{-\mathrm{i}\omega(\varepsilon+t/2)}\right]. \end{aligned}$$

由初始条件

$$c_a(-\varepsilon) = 1,$$

得

$$\dot{c}_b(t)\big|_{t=-\varepsilon}=\left[-\frac{\mathrm{i}\alpha^*}{2\hbar\varepsilon}\mathrm{e}^{\mathrm{i}\omega_0 t}c_a(t)\right]\Bigg|_{t=-\varepsilon}=-\frac{\mathrm{i}\alpha^*}{2\hbar\varepsilon}\mathrm{e}^{-\mathrm{i}\omega_0\varepsilon},$$

$$\begin{aligned}&\dot{c}_b(-\varepsilon)=\mathrm{e}^{-\mathrm{i}\omega_0\varepsilon/2}A\frac{\mathrm{i}}{2}\left[(\omega_0+\omega)\mathrm{e}^{-\mathrm{i}\omega\varepsilon/2}-(\omega_0-\omega)\mathrm{e}^{-\mathrm{i}\omega\varepsilon/2}\right]=-\frac{\mathrm{i}\alpha^*}{2\hbar\varepsilon}\mathrm{e}^{-\mathrm{i}\omega_0\varepsilon},\\&A=-\frac{\alpha^*}{2\hbar\varepsilon\omega}\mathrm{e}^{-\mathrm{i}(\omega_0-\omega)\varepsilon/2},\end{aligned}$$

所以,

$$\begin{aligned}c_b(t)&=\mathrm{e}^{\mathrm{i}\omega_0 t/2}\left[-\frac{\alpha^*}{2\hbar\varepsilon\omega}\mathrm{e}^{-\mathrm{i}(\omega_0-\omega)\varepsilon/2}\right]\left[\mathrm{e}^{\mathrm{i}\omega t/2}-\mathrm{e}^{-\mathrm{i}\omega(\varepsilon+t/2)}\right]\\&=-\frac{\alpha^*}{2\hbar\varepsilon\omega}\mathrm{e}^{\mathrm{i}\omega_0(t-\varepsilon)/2}\left[\mathrm{e}^{\mathrm{i}\omega(t+\varepsilon)/2}-\mathrm{e}^{-\mathrm{i}\omega(t+\varepsilon)/2}\right]\\&=-\frac{\mathrm{i}\alpha^*}{\hbar\varepsilon\omega}\mathrm{e}^{\mathrm{i}\omega_0(t-\varepsilon)/2}\sin\left[\frac{\omega(t+\varepsilon)}{2}\right],\\c_a(t)&=-\frac{2\hbar\varepsilon}{\mathrm{i}\alpha^*}\mathrm{e}^{-\mathrm{i}\omega_0 t}\dot{c}_b\\&=-\frac{2\hbar\varepsilon}{\mathrm{i}\alpha^*}\mathrm{e}^{-\mathrm{i}\omega_0 t}\left\{\mathrm{e}^{\mathrm{i}\omega_0 t/2}A\frac{\mathrm{i}}{2}\left[(\omega_0+\omega)\mathrm{e}^{\mathrm{i}\omega t/2}-(\omega_0-\omega)\mathrm{e}^{-\mathrm{i}\omega(\varepsilon+t/2)}\right]\right\}\\&=-\frac{\hbar\varepsilon}{\alpha^*}\mathrm{e}^{-\mathrm{i}\omega_0 t/2}\left\{A\left[(\omega_0+\omega)\mathrm{e}^{\mathrm{i}\omega t/2}-(\omega_0-\omega)\mathrm{e}^{-\mathrm{i}\omega(\varepsilon+t/2)}\right]\right\}\\&=-\frac{\hbar\varepsilon}{\alpha^*}\mathrm{e}^{-\mathrm{i}\omega_0 t/2}\left\{\left[-\frac{\alpha^*}{2\hbar\varepsilon\omega}\mathrm{e}^{-\mathrm{i}(\omega_0-\omega)\varepsilon/2}\right]\left[(\omega_0+\omega)\mathrm{e}^{\mathrm{i}\omega t/2}-(\omega_0-\omega)\mathrm{e}^{-\mathrm{i}\omega(\varepsilon+t/2)}\right]\right\}\\&=\frac{1}{2\omega}\mathrm{e}^{-\mathrm{i}\omega_0(t+\varepsilon)/2}\left[(\omega_0+\omega)\mathrm{e}^{\mathrm{i}\omega(t+\varepsilon)/2}-(\omega_0-\omega)\mathrm{e}^{-\mathrm{i}\omega(t+\varepsilon)/2}\right]\\&=\mathrm{e}^{-\mathrm{i}\omega_0(t+\varepsilon)/2}\left\{\frac{1}{2}\left[\mathrm{e}^{\mathrm{i}\omega(t+\varepsilon)/2}+\mathrm{e}^{-\mathrm{i}\omega(t+\varepsilon)/2}\right]+\frac{\omega_0}{2\omega}\left[\mathrm{e}^{\mathrm{i}\omega(t+\varepsilon)/2}-\mathrm{e}^{-\mathrm{i}\omega(t+\varepsilon)/2}\right]\right\}\\&=\mathrm{e}^{-\mathrm{i}\omega_0(t+\varepsilon)/2}\left\{\cos\left[\frac{\omega(t+\varepsilon)}{2}\right]+\frac{\mathrm{i}\omega_0}{\omega}\sin\left[\frac{\omega(t+\varepsilon)}{2}\right]\right\}.\end{aligned}$$

当 $t=\varepsilon$ 时, 我们有

$$a=c_a(\varepsilon)=\mathrm{e}^{-\mathrm{i}\omega_0\varepsilon}\left[\cos(\varepsilon\omega)+\mathrm{i}\frac{\omega_0}{\omega}\sin(\omega\varepsilon)\right],\quad b=c_b(\varepsilon)=-\frac{\mathrm{i}\alpha}{\hbar\varepsilon\omega}\sin(\omega\varepsilon).$$

现在设 $\varepsilon\to 0$, 矩形趋于 δ 函数, 此时 $\omega\to\dfrac{|\alpha|}{\hbar\varepsilon}$, 可以得到

$$a\to\cos\left(\frac{|\alpha|}{\hbar}\right),\quad b\to-\frac{\mathrm{i}\alpha}{|\alpha|}\sin\left(\frac{|\alpha|}{\hbar}\right).$$

所以

$$c_a(t)=\begin{cases}1 & t<0\\ \cos\left(\dfrac{|\alpha|}{\hbar}\right) & t>0\end{cases},\quad c_b(t)=\begin{cases}0 & t<0\\ -\dfrac{\mathrm{i}\alpha}{|\alpha|}\sin\left(\dfrac{|\alpha|}{\hbar}\right) & t>0\end{cases}.$$

显然有

$$|c_a(t)|^2+|c_b(t)|^2=1.$$

当 $t \to \infty$ 时, 从 a 态跃迁到 b 态的几率为

$$P_{ab} = |c_b(t)|^2 = \sin^2\left(\frac{|\alpha|}{\hbar}\right).$$

****习题 11.5** 如果没有假定 $H'_{aa} = H'_{bb} = 0$.

(a) 在 $c_a(0) = 1, c_b(0) = 0$ 情况下, 利用一阶微扰理论求 $c_a(t)$ 和 $c_b(t)$. 取 H' 的一阶近似, 验证

$$\left|c_a^{(1)}(t)\right|^2 + \left|c_b^{(1)}(t)\right|^2 = 1.$$

(b) 有一个更好的方法处理该问题. 令

$$d_a \equiv e^{\frac{i}{\hbar}\int_0^t H'_{aa}(t')dt'} c_a, \quad d_b \equiv e^{\frac{i}{\hbar}\int_0^t H'_{bb}(t')dt'} c_b.$$

证明:

$$\dot{d}_a = -\frac{i}{\hbar} e^{i\phi} H'_{ab} e^{-i\omega_0 t} d_b, \quad \dot{d}_b = -\frac{i}{\hbar} e^{-i\phi} H'_{ba} e^{i\omega_0 t} d_a,$$

其中

$$\phi(t) \equiv \frac{1}{\hbar}\int_0^t \left[H'_{aa}(t') - H'_{bb}(t')\right] dt'.$$

所以, 关于 d_a 和 d_b 的方程与方程 (11.17) 在结构上是一样的 (除在 $\hat{H}'$ 前加了一个附加因子 $e^{i\phi}$).

(c) 在一阶微扰理论中, 采用 (b) 中的方法求出 $c_a(t)$ 和 $c_b(t)$; 然后和 (a) 中得到的结果作对比, 讨论其区别.

解答 (a) 当 H'_{aa}, H'_{bb} 不为零时, 由方程 (11.14) 和方程 (11.15) 知

$$\dot{c}_a = -\frac{i}{\hbar}\left(c_a H'_{aa} + H'_{ab} e^{-i\omega_0 t} c_b\right),$$

$$\dot{c}_b = -\frac{i}{\hbar}\left(c_b H'_{bb} + H'_{ba} e^{i\omega_0 t} c_a\right).$$

其中 $\omega_0 \equiv \frac{E_b - E_a}{\hbar}$, 在 $c_a(0) = 1, c_b(0) = 0$ 的初始条件下, 零阶近似 (忽略 H'):

$$c_a^{(0)}(t) = 1, \quad c_b^{(0)}(t) = 0.$$

一阶近似 (近似到 H' 一阶项):

$$由\ \frac{dc_a^{(1)}}{dt} = -\frac{i}{\hbar} H'_{aa},\ 得\ c_a^{(1)} = 1 - \frac{i}{\hbar}\int_0^t H'_{aa}(t')\,dt',$$

$$由\ \frac{dc_b^{(1)}}{dt} = -\frac{i}{\hbar} H'_{ba} e^{i\omega_0 t},\ 得\ c_b^{(1)} = -\frac{i}{\hbar}\int_0^t H'_{ba}(t')\,e^{i\omega_0 t'}dt',$$

$$\left|c_a^{(1)}\right|^2 = \left[1 + \frac{i}{\hbar}\int_0^t H'_{aa}(t')\,dt'\right]\left[1 - \frac{i}{\hbar}\int_0^t H'_{aa}(t')\,dt'\right]$$

$$= 1 + \frac{1}{\hbar^2}\left[\int_0^t H'_{aa}(t')\,\mathrm{d}t'\right]^2 = 1,$$

$$\left|c_b^{(1)}\right|^2 = \left[\frac{\mathrm{i}}{\hbar}\int_0^t H'_{ab}(t')\,\mathrm{e}^{-\mathrm{i}\omega_0 t'}\mathrm{d}t'\right]\left[-\frac{\mathrm{i}}{\hbar}\int_0^t H'_{ba}(t')\,\mathrm{e}^{\mathrm{i}\omega_0 t'}\mathrm{d}t'\right]$$

$$= \frac{1}{\hbar^2}\left[\int_0^t H'_{ba}(t')\,\mathrm{e}^{\mathrm{i}\omega_0 t'}\mathrm{d}t'\right]^2 = 0.$$

所以有

$$\left|c_a^{(1)}(t)\right|^2 + \left|c_b^{(1)}(t)\right|^2 = 1.$$

(b) 因为

$$d_a \equiv \mathrm{e}^{\frac{\mathrm{i}}{\hbar}\int_0^t H'_{aa}(t')\mathrm{d}t'}c_a, \quad \dot{c}_a = -\frac{\mathrm{i}}{\hbar}\left(c_a H'_{aa} + H'_{ab}\mathrm{e}^{-\mathrm{i}\omega_0 t}c_b\right).$$

$$\dot{d}_a = \mathrm{e}^{\frac{\mathrm{i}}{\hbar}\int_0^t H'_{aa}(t')\mathrm{d}t'}\left(\frac{\mathrm{i}}{\hbar}H'_{aa}c_a + \dot{c}_a\right)$$

$$= \mathrm{e}^{\frac{\mathrm{i}}{\hbar}\int_0^t H'_{aa}(t')\mathrm{d}t'}\left[\frac{\mathrm{i}}{\hbar}H'_{aa}c_a - \frac{\mathrm{i}}{\hbar}\left(c_a H'_{aa} + H'_{ab}\mathrm{e}^{-\mathrm{i}\omega_0 t}c_b\right)\right]$$

$$= -\frac{\mathrm{i}}{\hbar}H'_{ab}\mathrm{e}^{-\mathrm{i}\omega_0 t}c_b\mathrm{e}^{\frac{\mathrm{i}}{\hbar}\int_0^t H'_{aa}(t')\mathrm{d}t'}$$

$$= -\frac{\mathrm{i}}{\hbar}H'_{ab}\mathrm{e}^{-\mathrm{i}\omega_0 t}\mathrm{e}^{\frac{\mathrm{i}}{\hbar}\int_0^t [H'_{aa}(t') - H'_{bb}(t')]\mathrm{d}t'}d_b$$

$$= -\frac{\mathrm{i}}{\hbar}\mathrm{e}^{\mathrm{i}\phi}H'_{ab}\mathrm{e}^{-\mathrm{i}\omega_0 t}d_b,$$

其中, $\phi(t) \equiv \frac{\mathrm{i}}{\hbar}\int_0^t \left[H'_{aa}(t') - H'_{bb}(t')\right]\mathrm{d}t'$.

同理可得,

$$d_b \equiv \mathrm{e}^{\frac{\mathrm{i}}{\hbar}\int_0^t H'_{bb}(t')\mathrm{d}t'}c_b, \quad \dot{c}_b = -\frac{\mathrm{i}}{\hbar}\left(c_b H'_{bb} + H'_{ba}\mathrm{e}^{\mathrm{i}\omega_0 t}c_a\right).$$

$$\dot{d}_b = \mathrm{e}^{\frac{\mathrm{i}}{\hbar}\int_0^t H'_{bb}(t')\mathrm{d}t'}\left(\frac{\mathrm{i}}{\hbar}H'_{bb}c_b + \dot{c}_b\right)$$

$$= \mathrm{e}^{\frac{\mathrm{i}}{\hbar}\int_0^t H'_{bb}(t')\mathrm{d}t'}\left[\frac{\mathrm{i}}{\hbar}H'_{bb}c_b - \frac{\mathrm{i}}{\hbar}\left(c_b H'_{bb} + H'_{ba}\mathrm{e}^{\mathrm{i}\omega_0 t}c_a\right)\right]$$

$$= -\frac{\mathrm{i}}{\hbar}H'_{ba}\mathrm{e}^{\mathrm{i}\omega_0 t}\mathrm{e}^{\frac{\mathrm{i}}{\hbar}\int_0^t H'_{bb}(t')\mathrm{d}t'}\mathrm{e}^{-\frac{\mathrm{i}}{\hbar}\int_0^t H'_{aa}(t')\mathrm{d}t'}d_a$$

$$= -\frac{\mathrm{i}}{\hbar}\mathrm{e}^{-\mathrm{i}\phi}H'_{ba}\mathrm{e}^{\mathrm{i}\omega_0 t}d_a.$$

(c) 由初始条件 $c_a(0) = 1$ 和 $c_b(0) = 0$ 得 $d_a(0) = 1$ 和 $d_b(0) = 0$.

零阶近似:

$$d_a^{(0)}(t) = 1, \quad d_b^{(0)}(t) = 0.$$

一阶近似:

$$\dot{d}_a^{(1)} = 0, \quad d_a^{(1)}(t) = 1, \quad c_a^{(1)}(t) = \mathrm{e}^{-\frac{\mathrm{i}}{\hbar}\int_0^t H'_{aa}(t')\mathrm{d}t'},$$

$$\dot{d}_b = -\frac{\mathrm{i}}{\hbar}\mathrm{e}^{-\mathrm{i}\phi}H'_{ba}\mathrm{e}^{\mathrm{i}\omega_0 t}, \quad d_b^{(1)}(t) = -\frac{\mathrm{i}}{\hbar}\int_0^t \mathrm{e}^{-\mathrm{i}\phi(t')}H'_{ba}(t')\,\mathrm{e}^{\mathrm{i}\omega_0 t'}\mathrm{d}t',$$

$$c_b^1(t) = -\frac{\mathrm{i}}{\hbar}\mathrm{e}^{-\frac{\mathrm{i}}{\hbar}\int_0^t H'_{bb}(t')\mathrm{d}t'}\int_0^t \mathrm{e}^{-\mathrm{i}\phi(t')}H'_{ba}(t')\,\mathrm{e}^{\mathrm{i}\omega_0 t'}\mathrm{d}t'.$$

这与 (a) 的结果非常不一样, 但是如果把指数展开并近似到一阶项, 得

$$c_a^{(1)} = 1 - \frac{\mathrm{i}}{\hbar}\int_0^t H'_{aa}(t')\,\mathrm{d}t', \quad c_b^{(1)} = -\frac{\mathrm{i}}{\hbar}\int_0^t H'_{ba}(t')\,\mathrm{e}^{\mathrm{i}\omega_0 t'}\mathrm{d}t'.$$

这与 (a) 的结果是一致的.

***习题 11.6**　对 $c_a(0) = a, c_b(0) = b$ 的一般性情况, 用微扰理论求解方程 (11.17) 至二阶.

解答　方程 (11.17) 为

$$\dot{c}_a = -\frac{\mathrm{i}}{\hbar}H'_{ab}\mathrm{e}^{-\mathrm{i}\omega_0 t}c_b, \quad \dot{c}_b = -\frac{\mathrm{i}}{\hbar}H'_{ba}\mathrm{e}^{\mathrm{i}\omega_0 t}c_a.$$

初始条件为

$$c_a(0) = a, \quad c_b(0) = b.$$

零阶近似:

$$c_a^0(t) = a, \quad c_b^0(t) = b.$$

一阶近似:

$$\text{由 } \frac{\mathrm{d}c_a^{(1)}}{\mathrm{d}t} = -\frac{\mathrm{i}}{\hbar}H'_{ab}\mathrm{e}^{\mathrm{i}\omega_0 t}b, \text{ 得 } c_a^{(1)}(t) = a - \frac{\mathrm{i}b}{\hbar}\int_0^t H'_{ab}(t')\,\mathrm{e}^{\mathrm{i}\omega_0 t'}\mathrm{d}t',$$

$$\text{由 } \frac{\mathrm{d}c_b^{(1)}}{\mathrm{d}t} = -\frac{\mathrm{i}}{\hbar}H'_{ba}\mathrm{e}^{\mathrm{i}\omega_0 t}a, \text{ 得 } c_b^{(1)}(t) = b - \frac{\mathrm{i}a}{\hbar}\int_0^t H'_{ba}(t')\,\mathrm{e}^{\mathrm{i}\omega_0 t'}\mathrm{d}t'.$$

二阶近似:

由 $\dfrac{\mathrm{d}c_a^{(2)}}{\mathrm{d}t} = -\dfrac{\mathrm{i}}{\hbar}H'_{ab}\mathrm{e}^{\mathrm{i}\omega_0 t}\left[b - \dfrac{\mathrm{i}a}{\hbar}\displaystyle\int_0^t H'_{ba}(t')\,\mathrm{e}^{\mathrm{i}\omega_0 t'}\mathrm{d}t'\right]$, 得

$$c_a^{(2)}(t) = a - \frac{\mathrm{i}}{\hbar}\int_0^t H'_{ab}(t')\,\mathrm{e}^{\mathrm{i}\omega_0 t'}\left[b - \frac{\mathrm{i}a}{\hbar}\int_0^{t'} H'_{ba}(t'')\,\mathrm{e}^{\mathrm{i}\omega_0 t''}\mathrm{d}t''\right]\mathrm{d}t'.$$

由 $\dfrac{\mathrm{d}c_b^{(2)}}{\mathrm{d}t} = -\dfrac{\mathrm{i}}{\hbar}H'_{ba}\mathrm{e}^{\mathrm{i}\omega_0 t}\left[a - \dfrac{\mathrm{i}b}{\hbar}\displaystyle\int_0^t H'_{ab}(t')\,\mathrm{e}^{-\mathrm{i}\omega_0 t'}\mathrm{d}t'\right]$, 得

$$c_b^{(2)}(t) = b - \frac{\mathrm{i}}{\hbar}\int_0^t H'_{ba}(t')\,\mathrm{e}^{\mathrm{i}\omega_0 t'}\left[a - \frac{\mathrm{i}b}{\hbar}\int_0^{t'} H'_{ab}(t'')\,\mathrm{e}^{-\mathrm{i}\omega_0 t''}\mathrm{d}t''\right]\mathrm{d}t'.$$

****习题 11.7**　计算习题 11.3 中 $c_a(t)$ 和 $c_b(t)$ 至二阶近似, 并同精确解作对比.

解答　不含时微扰情况下, H'_{ab} 和 H'_{ba} 均不随时间变化. 初始条件为 $c_a(0) = 1, c_b(0) = 0$.
零阶近似:

$$c_a^{(0)}(t) = 1, \quad c_b^{(0)}(t) = 0.$$

一阶近似:

由 $\dfrac{\mathrm{d}c_a^{(1)}}{\mathrm{d}t} = 0$, 得 $c_a^{(1)}(t) = 1$.

由 $\dfrac{\mathrm{d}c_b^{(1)}}{\mathrm{d}t}=-\dfrac{\mathrm{i}}{\hbar}H'_{ba}\mathrm{e}^{\mathrm{i}\omega_0 t}$, 得

$$c_b^{(1)}(t)=-\frac{\mathrm{i}}{\hbar}H'_{ba}\int_0^t \mathrm{e}^{\mathrm{i}\omega_0 t'}\mathrm{d}t'=-\frac{H'_{ba}}{\hbar\omega_0}\left(\mathrm{e}^{\mathrm{i}\omega_0 t}-1\right).$$

二阶近似:

由 $\dfrac{\mathrm{d}c_a^{(2)}}{\mathrm{d}t}=-\dfrac{\mathrm{i}}{\hbar}H'_{ab}\mathrm{e}^{-\mathrm{i}\omega_0 t}\left[-\dfrac{H'_{ba}}{\hbar\omega_0}\left(\mathrm{e}^{\mathrm{i}\omega_0 t}-1\right)\right]=\dfrac{\mathrm{i}\left|H'_{ab}\right|^2}{\hbar^2\omega_0}\left(1-\mathrm{e}^{-\mathrm{i}\omega_0 t}\right)$, 得

$$c_a^{(2)}(t)=1+\frac{\mathrm{i}\left|H'_{ab}\right|^2}{\hbar^2\omega_0}\int_0^t\left(1-\mathrm{e}^{-\mathrm{i}\omega_0 t'}\right)\mathrm{d}t'=1+\frac{\mathrm{i}\left|H'_{ab}\right|^2}{\hbar^2\omega_0}\left(t+\frac{\mathrm{e}^{-\mathrm{i}\omega_0 t}-1}{\mathrm{i}\omega_0}\right),$$

由 $\dfrac{\mathrm{d}c_b^{(2)}}{\mathrm{d}t}=-\dfrac{\mathrm{i}}{\hbar}H'_{ba}\mathrm{e}^{\mathrm{i}\omega_0 t}$, 得

$$c_b^{(2)}(t)=\frac{H'_{ba}}{\hbar\omega_0}\left(1-\mathrm{e}^{\mathrm{i}\omega_0 t}\right).$$

习题 11.3 中的严格解为

$$c_a(t)=\mathrm{e}^{-\frac{\mathrm{i}}{2}\omega_0 t}\left[\cos\left(\frac{\omega t}{2}\right)+\frac{\mathrm{i}\omega_0}{\omega}\sin\left(\frac{\omega t}{2}\right)\right],$$

$$c_b(t)=\frac{\hbar}{\mathrm{i}H'_{ab}}\mathrm{e}^{\frac{\mathrm{i}\omega_0 t}{2}}\left(-\frac{\omega_0^2}{2\omega}+\frac{\omega}{2}\right)\sin\left(\frac{\omega t}{2}\right)=\frac{2H'_{ba}}{\mathrm{i}\hbar\omega}\mathrm{e}^{\frac{\mathrm{i}\omega_0 t}{2}}\sin\left(\frac{\omega t}{2}\right).$$

注意到

$$\omega=\omega_0\sqrt{1+\frac{4\left|H'_{ab}\right|^2}{\omega_0^2\hbar^2}}\approx\omega_0\left(1+\frac{2\left|H'_{ab}\right|^2}{\omega_0^2\hbar^2}\right)=\omega_0+\frac{2\left|H'_{ab}\right|^2}{\omega_0\hbar^2},$$

$$\frac{\omega_0}{\omega}=\left(1+\frac{4\left|H'_{ab}\right|^2}{\omega_0^2\hbar^2}\right)^{-1/2}\approx 1-\frac{2\left|H'_{ab}\right|^2}{\omega_0^2\hbar^2},$$

即两者的差别是 H' 的二次项. 注意到 $c_b(t)$ 的表达式前面已有 H' 的一次项, 故我们可以用 ω_0 取代 ω 得到二阶近似结果

$$c_b(t)\approx\frac{2H'_{ba}}{\mathrm{i}\hbar\omega_0}\mathrm{e}^{\frac{\mathrm{i}\omega_0 t}{2}}\sin\left(\frac{\omega_0 t}{2}\right)=\frac{2H'_{ba}}{\mathrm{i}\hbar\omega_0}\mathrm{e}^{\frac{\mathrm{i}\omega_0 t}{2}}\frac{1}{2\mathrm{i}}\left(\mathrm{e}^{\frac{\mathrm{i}\omega_0 t}{2}}-\mathrm{e}^{-\frac{\mathrm{i}\omega_0 t}{2}}\right)=-\frac{H'_{ba}}{\hbar\omega_0}\left(\mathrm{e}^{\mathrm{i}\omega_0 t}-1\right).$$

这与现在得到的二阶近似解是一致的.

对 $c_a(t)$ 做如下泰勒展开:

$$\begin{cases}\cos(x+\varepsilon)=\cos x-\varepsilon\sin x\\ \sin(x+\varepsilon)=\sin x+\varepsilon\cos x\end{cases}\quad(\varepsilon\ll 1)$$

得

$$\begin{cases}\cos\left(\dfrac{\omega t}{2}\right)=\cos\left(\dfrac{\omega_0 t}{2}+\dfrac{\left|H'_{ab}\right|^2 t}{\hbar^2\omega_0}\right)\approx\cos\left(\dfrac{\omega_0 t}{2}\right)-\dfrac{\left|H'_{ab}\right|^2 t}{\hbar^2\omega_0}\sin\left(\dfrac{\omega_0 t}{2}\right).\\ \sin\left(\dfrac{\omega t}{2}\right)=\sin\left(\dfrac{\omega_0 t}{2}+\dfrac{\left|H'_{ab}\right|^2 t}{\hbar^2\omega_0}\right)\approx\sin\left(\dfrac{\omega_0 t}{2}\right)+\dfrac{\left|H'_{ab}\right|^2 t}{\hbar^2\omega_0}\cos\left(\dfrac{\omega_0 t}{2}\right).\end{cases}$$

所以 (保留到 H' 二阶项)

$$c_a(t)\approx\mathrm{e}^{-\frac{\mathrm{i}\omega_0 t}{2}}\left\{\cos\left(\frac{\omega_0 t}{2}\right)-\frac{\left|H'_{ab}\right|^2 t}{\hbar^2\omega_0}\sin\left(\frac{\omega_0 t}{2}\right)\right.$$

$$+\mathrm{i}\left(1-2\frac{|H'_{ab}|^2}{\hbar^2\omega_0^2}\right)\left[\sin\left(\frac{\omega_0 t}{2}\right)+\frac{|H'_{ab}|^2 t}{\hbar^2\omega_0}\cos\left(\frac{\omega_0 t}{2}\right)\right]\Bigg\}$$

$$=\mathrm{e}^{-\frac{\mathrm{i}\omega_0 t}{2}}\Bigg\{\left[\cos\left(\frac{\omega_0 t}{2}\right)+\mathrm{i}\sin\left(\frac{\omega_0 t}{2}\right)\right]$$

$$-\frac{|H'_{ab}|^2 t}{\hbar^2\omega_0}\left[\sin\left(\frac{\omega_0 t}{2}\right)-\mathrm{i}\cos\left(\frac{\omega_0 t}{2}\right)\right]-2\mathrm{i}\frac{|H'_{ab}|^2}{\hbar^2\omega_0^2}\sin\left(\frac{\omega_0 t}{2}\right)\Bigg\}$$

$$=\mathrm{e}^{-\frac{\mathrm{i}\omega_0 t}{2}}\left\{\mathrm{e}^{\frac{\mathrm{i}\omega_0 t}{2}}+\mathrm{i}\frac{|H'_{ab}|^2 t}{\hbar^2\omega_0}\mathrm{e}^{\frac{\mathrm{i}\omega_0 t}{2}}-2\mathrm{i}\frac{|H'_{ab}|^2}{\hbar^2\omega_0^2}\left(\mathrm{e}^{\frac{\mathrm{i}\omega_0 t}{2}}-\mathrm{e}^{-\frac{\mathrm{i}\omega_0 t}{2}}\right)\right\}$$

$$=1+\mathrm{i}\frac{|H'_{ab}|^2}{\hbar^2\omega_0}\left[t+\frac{1}{\mathrm{i}\omega_0}\left(1-\mathrm{e}^{-\mathrm{i}\omega_0 t}\right)\right].$$

这与现在得到的二阶近似解一致.

***习题 11.8**　考虑具有如下矩阵元的二能级系统的微扰:

$$H'_{ab}=H'_{ba}=\frac{\alpha}{\sqrt{\pi}\tau}\mathrm{e}^{-(t/\tau)^2},\quad H'_{aa}=H'_{bb}=0,$$

其中 τ 和 α 是具有适当单位的正常数.

(a) 按照一阶微扰理论, 如果系统在 $t=-\infty$ 时, 初态为 $c_a=1, c_b=0$; 则在 $t=\infty$ 时, 发现 b 态的几率是多少?

(b) 在 $\tau\to 0$ 的极限下, $H'_{ab}=\alpha\delta(t)$. 计算 $\tau\to 0$ 时, (a) 部分中极限表达式, 并同习题 11.4 的结果作对比.

(c) 考虑相反的极端情况: $\omega_0\tau\gg 1$. (a) 部分中表达式的极限是什么? 注释这是绝热定理的一个例子 (见 11.5.2 节).

解答　(a) 按照一阶微扰理论, 求处于态 b 的几率, 由方程 (11.21), 得

$$c_b^{(1)}(t)=-\frac{\mathrm{i}}{\hbar}\int_{-\infty}^{t}H'_{ba}(t')\,\mathrm{e}^{\mathrm{i}\omega_0 t'}\mathrm{d}t'=-\frac{\mathrm{i}}{\hbar}\int_{-\infty}^{t}\frac{\alpha}{\sqrt{\pi}\tau}\mathrm{e}^{-\left(\frac{t'}{\tau}\right)^2}\mathrm{e}^{\mathrm{i}\omega_0 t'}\mathrm{d}t'$$

$$=-\frac{\mathrm{i}\alpha}{\sqrt{\pi}\hbar\tau}\int_{-\infty}^{t}\mathrm{e}^{-\left(\frac{t'}{\tau}\right)^2+\mathrm{i}\omega_0 t'}\mathrm{d}t'=-\frac{\mathrm{i}\alpha}{\sqrt{\pi}\hbar\tau}\int_{-\infty}^{t}\mathrm{e}^{-\left(\frac{t'}{\tau}-\frac{\mathrm{i}\omega_0\tau}{2}\right)^2-\left(\frac{\omega_0\tau}{2}\right)^2}\mathrm{d}t'$$

$$=-\frac{\mathrm{i}\alpha}{\sqrt{\pi}\hbar}\mathrm{e}^{-\left(\frac{\omega_0\tau}{2}\right)^2}\int_{-\infty}^{t}\mathrm{e}^{-\left(\frac{t'}{\tau}-\frac{\mathrm{i}\omega_0\tau}{2}\right)^2}\mathrm{d}\frac{t'}{\tau}$$

$$=-\frac{\mathrm{i}\alpha}{\sqrt{\pi}\hbar}\mathrm{e}^{-\left(\frac{\omega_0\tau}{2}\right)^2}\int_{-\infty}^{t}\mathrm{e}^{-\left(\frac{t'}{\tau}-\frac{\mathrm{i}\omega_0\tau}{2}\right)^2}\mathrm{d}\left(\frac{t'}{\tau}-\frac{\mathrm{i}\omega_0\tau}{2}\right).$$

在 $t\to\infty$ 时, 令 $u=\dfrac{t'}{\tau}-\dfrac{\mathrm{i}\omega_0\tau}{2}$, 则上式为

$$c_b^{(1)}(t)=-\frac{\mathrm{i}\alpha}{\sqrt{\pi}\hbar}\mathrm{e}^{-\left(\frac{\omega_0\tau}{2}\right)^2}\sqrt{\pi}=-\frac{\mathrm{i}\alpha}{\hbar}\mathrm{e}^{-\left(\frac{\omega_0\tau}{2}\right)^2}.$$

由 a 态到 b 态的几率为

$$P_{a\to b}=\left|c_b^{(1)}(\infty)\right|^2=\frac{\alpha^2}{\hbar^2}\exp\left[-\frac{(\omega_0\tau)^2}{2}\right].$$

(b) 在 $\tau \to 0$ 时,

$$P_{a\to b} = \frac{\alpha^2}{\hbar^2}.$$

由习题 11.4 知精确解为 $\sin^2\left(\frac{\alpha}{\hbar}\right)$, 泰勒展开为 $\left(\frac{\alpha}{\hbar}\right)^2 + \cdots$, 因此, 一阶微扰理论与精确解的一阶展开项完全一致.

(c) 在 $\omega_0\tau \gg 1$ 时,

$$P_{a\to b} = \frac{\alpha^2}{\hbar^2}\exp\left[-\frac{(\omega_0\tau)^2}{2}\right] = 0,$$

即没有跃迁发生.

****习题 11.9**　方程 (11.32) 中的第 1 项来自 $\cos(\omega t)$ 的 $\mathrm{e}^{\mathrm{i}\omega t}/2$ 部分, 第 2 项来自 $\mathrm{e}^{-\mathrm{i}\omega t}/2$. 因此, 舍去第 1 项在形式上等同于把 $\hat{H}$ 写成 $\hat{H}' = (V/2)\,\mathrm{e}^{-\mathrm{i}\omega t}$, 也就是说

$$H'_{ba} = \frac{V_{ba}}{2}\mathrm{e}^{-\mathrm{i}\omega t}, \quad H'_{ab} = \frac{V_{ab}}{2}\mathrm{e}^{\mathrm{i}\omega t}.$$

(后者是因为哈密顿矩阵必须是厄米矩阵——或者, 如果你愿意, 类似于方程 (11.32) 中的 $c_a(t)$, 可以选择公式中起主导作用的项.) 拉比注意到, 如果在计算开始时采用所谓的**旋波近似**, 则方程 (11.17) 可以精确求解, 无需微扰理论, 也无需假设磁场强度.

(a) 用旋波近似 (方程 (11.36)) 求解方程 (11.17), 通常初始条件为: $c_a(0) = 1, c_b(0) = 0$. 用**拉比振荡频率**

$$\omega_r \equiv \frac{1}{2}\sqrt{(\omega-\omega_0)^2 + (|V_{ab}|/\hbar)^2}$$

表示你的结果 ($c_a(t)$ 和 $c_b(t)$).

(b) 确定跃迁几率 $P_{a\to b}(t)$, 并证明: 它不大于 1. 验证 $|c_a(t)|^2 + |c_b(t)|^2 = 1$.

(c) 验证当微扰很小时, $P_{a\to b}(t)$ 简化为微扰理论的结果 (方程 (11.35)), 作为对 V 的限制, 并解释微扰很小在这种情况下的精确含义.

(d) 系统经过多长的时间第一次回到它的初始态?

解答　(a) 因为旋转波近似为 $H'_{ba} = \frac{V_{ba}}{2}\mathrm{e}^{-\mathrm{i}\omega t}, H'_{ab} = \frac{V_{ab}}{2}\mathrm{e}^{\mathrm{i}\omega t}$. 由方程 (11.17)

$$\dot{c}_a = -\frac{\mathrm{i}}{\hbar}H'_{ab}\mathrm{e}^{-\mathrm{i}\omega_0 t}c_b, \quad \dot{c}_b = -\frac{\mathrm{i}}{\hbar}H'_{ba}\mathrm{e}^{\mathrm{i}\omega_0 t}c_a,$$

可以得到

$$\dot{c}_a = -\frac{\mathrm{i}}{\hbar}\frac{V_{ab}}{2}\mathrm{e}^{\mathrm{i}\omega t}\mathrm{e}^{-\mathrm{i}\omega_0 t}c_b, \quad \dot{c}_b = -\frac{\mathrm{i}}{\hbar}\frac{V_{ba}}{2}\mathrm{e}^{-\mathrm{i}\omega t}\mathrm{e}^{\mathrm{i}\omega_0 t}c_a$$

$$\begin{aligned}
\ddot{c}_b &= \mathrm{i}(\omega_0-\omega)\,\dot{c}_b - \frac{\mathrm{i}}{\hbar}\frac{V_{ba}}{2}\mathrm{e}^{\mathrm{i}(\omega_0-\omega)t}\dot{c}_a \\
&= \mathrm{i}(\omega_0-\omega)\,\dot{c}_b - \frac{\mathrm{i}}{\hbar}\frac{V_{ba}}{2}\mathrm{e}^{\mathrm{i}(\omega_0-\omega)t}\left(-\frac{\mathrm{i}}{\hbar}\frac{V_{ab}}{2}\mathrm{e}^{\mathrm{i}\omega t}\mathrm{e}^{-\mathrm{i}\omega_0 t}c_b\right) \\
&= \mathrm{i}(\omega_0-\omega)\,\dot{c}_b - \frac{|V_{ab}|^2}{4\hbar^2}c_b,
\end{aligned}$$

$$\ddot{c}_b+\mathrm{i}\,(\omega-\omega_0)\,\dot{c}_b+\frac{|V_{ab}|^2}{4\hbar^2}c_b=0.$$

与前面一样, 把 $c_b=\mathrm{e}^{\lambda t}$ 代入求这个线性微分方程的特解. λ 满足的特征方程为

$$\lambda^2+\mathrm{i}\,(\omega-\omega_0)\,\lambda+\frac{|V_{ab}|^2}{4\hbar^2}=0,$$

$$\lambda=\frac{1}{2}\left[-\mathrm{i}\,(\omega-\omega_0)\pm\mathrm{i}\sqrt{(\omega-\omega_0)^2+\frac{|V_{ab}|^2}{\hbar^2}}\right]=\mathrm{i}\left[-\frac{(\omega-\omega_0)}{2}\pm\omega_r\right],$$

其中 $\omega_r\equiv\frac{1}{2}\sqrt{(\omega-\omega_0)^2+(|V_{ab}|/\hbar)^2}$ 是拉比频率. $c_b\,(t)$ 的通解为

$$c_b\,(t)=A\mathrm{e}^{\mathrm{i}[-(\omega-\omega_0)/2+\omega_r]t}+B\mathrm{e}^{\mathrm{i}[-(\omega-\omega_0)/2-\omega_r]t}=\mathrm{e}^{\mathrm{i}(\omega_0-\omega)t/2}\left(A\mathrm{e}^{\mathrm{i}\omega_r t}+B\mathrm{e}^{-\mathrm{i}\omega_r t}\right).$$

把解表示为正弦余弦函数会更方便一些:

$$c_b\,(t)=\mathrm{e}^{\mathrm{i}(\omega_0-\omega)t/2}\left[C\cos\left(\omega_r t\right)+D\sin\left(\omega_r t\right)\right].$$

由初始条件 $c_b\,(0)=0$, 可得 $C=0$. 故

$$\begin{aligned}
c_b(t)&=D\mathrm{e}^{\mathrm{i}(\omega_0-\omega)t/2}\sin\left(\omega_r t\right),\\
\dot{c}_b(t)&=D\frac{\mathrm{i}\,(\omega_0-\omega)}{2}\mathrm{e}^{\mathrm{i}(\omega_0-\omega)t/2}\sin\left(\omega_r t\right)+D\mathrm{e}^{\mathrm{i}(\omega_0-\omega)t/2}\omega_r\cos\left(\omega_r t\right).
\end{aligned}$$

因此,

$$\begin{aligned}
c_a\,(t)&=-\frac{2\hbar}{\mathrm{i}V_{ba}}\mathrm{e}^{\mathrm{i}\omega t}\mathrm{e}^{-\mathrm{i}\omega_0 t}\dot{c}_b\\
&=-\frac{2\hbar}{\mathrm{i}V_{ba}}\mathrm{e}^{\mathrm{i}\omega t}\mathrm{e}^{-\mathrm{i}\omega_0 t}D\mathrm{e}^{\mathrm{i}(\omega_0-\omega)t/2}\left[\frac{\mathrm{i}\,(\omega_0-\omega)}{2}\sin\left(\omega_r t\right)+\omega_r\cos\left(\omega_r t\right)\right],\\
c_a\,(0)&=-\frac{2\hbar}{\mathrm{i}V_{ba}}D\omega_r=1,\quad D=-\frac{\mathrm{i}V_{ba}}{2\hbar\omega_r}.\\
c_a\,(t)&=\frac{1}{\omega_r}\mathrm{e}^{\mathrm{i}\omega t}\mathrm{e}^{-\mathrm{i}\omega_0 t}\mathrm{e}^{\mathrm{i}(\omega_0-\omega)t/2}\left[\frac{\mathrm{i}\,(\omega_0-\omega)}{2}\sin\left(\omega_r t\right)+\omega_r\cos\left(\omega_r t\right)\right]\\
&=\mathrm{e}^{-\mathrm{i}(\omega_0-\omega)t/2}\left[\cos\left(\omega_r t\right)+\frac{\mathrm{i}\,(\omega_0-\omega)}{2\omega_r}\sin\left(\omega_r t\right)\right].\\
c_b\,(t)&=-\frac{\mathrm{i}V_{ba}}{2\hbar\omega_r}\mathrm{e}^{\mathrm{i}(\omega_0-\omega)t/2}\sin\left(\omega_r t\right).
\end{aligned}$$

(b) 跃迁几率为

$$P_{a\to b}\,(t)=|c_b\,(t)|^2=\frac{|V_{ab}|^2}{4\hbar^2\omega_r^2}\sin^2\left(\omega_r t\right),$$

其最大值出现在 $\sin(\omega_r t)=1$ 时, 最大值为 $P_{a\to b}\,(t)_{\max}=\frac{|V_{ab}|^2}{4\hbar^2\omega_r^2}$. 由于 $4\omega_r^2=(\omega_0-\omega)^2+\frac{|V_{ab}|^2}{\hbar^2}\geqslant\frac{|V_{ab}|^2}{\hbar^2}$, 所以 $P_{a\to b}\,(t)\leqslant 1$ 等号只有在 $\omega=\omega_0$ 时成立.

$$|c_a\,(t)|^2+|c_b\,(t)|^2=\cos^2\left(\omega_r t\right)+\left[\frac{\omega_0-\omega}{2\omega_r}\right]^2\sin^2\left(\omega_r t\right)+\frac{|V_{ab}|^2}{4\hbar^2\omega_r^2}\sin^2\left(\omega_r t\right)$$

$$= \cos^2(\omega_r t) + \left[\frac{\omega_0-\omega}{2\omega_r}\right]^2 \sin^2(\omega_r t) + \frac{4\omega_r^2-(\omega_0-\omega)^2}{4\omega_r^2}\sin^2(\omega_r t)$$
$$= 1.$$

(c) 如果微扰很小, 由 $|V_{ab}|^2 \ll \hbar^2(\omega_0-\omega)^2$, 得 $\omega_r \equiv \frac{1}{2}\sqrt{(\omega-\omega_0)^2+(|V_{ab}|/\hbar)^2} \approx \frac{1}{2}|\omega_0-\omega|$, 则

$$P_{a\to b}(t) \approx \frac{|V_{ab}|^2}{\hbar^2}\frac{\sin^2\left(\frac{\omega_0-\omega}{2}t\right)}{(\omega_0-\omega)^2},$$

这与方程 (11.35) 一致.

(d) 由于 $P_{a\to b}(t) = |c_b(t)|^2 = \frac{|V_{ab}|^2}{4\hbar^2\omega_r^2}\sin^2(\omega_r t)$, 当 $\omega_r t = \pi$ 时,

$$P_{a\to b}(t) = 0,$$

体系首次回到初始态, 对应的时间为 $t = \frac{\pi}{\omega_r}$.

习题 11.10 作为向下跃迁的一种机制, 自发发射与热受激发射 (黑体辐射作为源的受激发射) 存在竞争. 证明: 在室温 ($T = 300$ K) 下, 热受激发射在远低于 5×10^{12} Hz 的频率下占主导地位, 而自发发射在远高于 5×10^{12} Hz 的频率下占主导地位. 对于可见光, 哪种机制占主导地位?

解答 由方程 (11.63) 知自发发射的跃迁速率为 $A = \frac{\omega^3|\wp|^2}{3\pi\varepsilon_0\hbar c^3}$; 由方程 (11.54) 知热激发射的跃迁速率为 $R_{b\to a} = \frac{\pi}{3\varepsilon_0\hbar^2}|\wp|^2\rho(\omega)$, 其中 $\wp \equiv q\langle\psi_b|\boldsymbol{r}|\psi_a\rangle$ 是电偶极矩矩阵元, $\rho(\omega) = \frac{\hbar}{\pi^2c^3}\frac{\omega^3}{e^{\hbar\omega/(k_BT)}-1}$ 是电磁波的能量密度, 可得

$$\frac{A}{R} = \frac{\omega^3|\wp|^2}{3\pi\varepsilon_0\hbar c^3}\frac{3\varepsilon_0\hbar^2}{\pi}\frac{1}{|\wp|^2}\frac{\pi^2c^3}{\hbar}\frac{e^{\hbar\omega/(k_BT)}-1}{\omega^3} = e^{\hbar\omega/(k_BT)}-1.$$

这个比率是随 ω 增加而单调增加的函数.

当 $\frac{A}{R} = e^{\hbar\omega/(k_BT)}-1 = 1$ 时, 由 $e^{\hbar\omega/(k_BT)} = 2$ 得 $v = \omega/(2\pi) = k_BT\ln 2/h$. 当温度 $T = 300$ K 时, 可得频率 $\nu = \frac{(1.38\times10^{-23}\ \text{J / K})(300\ \text{K})\times\ln 2}{6.63\times10^{-34}\ \text{J}\cdot\text{s}} = 4.328\times10^{12}$ Hz. 当跃迁频率高于这个频率时, 自发发射占主导地位, 低于这个频率时, 热受激发射占主导地位. 可见光频率远高于这个频率, 所以对可见光是自发发射占主导地位.

习题 11.11 若已知电磁场的基态能量密度 $\rho_0(\omega)$, 不需要借助爱因斯坦的 A 和 B 系数就可以推导出自发发射速率 (方程 (11.63)), 因为这就是简单的受激发射 (方程 (11.54)). 要真正做到这一点, 需要用到量子电动力学, 但如果你相信基态在每个经典模式下都是由一个光子组成, 那么推导就相当简单:

(a) 为得到经典模式, 考虑边长为 l 的空立方体盒子, 原点处在一个角上. (真空中) 电磁场满足经典波动方程①

① 格里菲斯, 教材 9.2.1 节, 脚注 11.

$$\left(\frac{1}{c^2}\frac{\partial^2}{\partial t^2}-\nabla^2\right)f(x,y,z,t)=0,$$

其中 f 代表 $\boldsymbol{E}$ 或 $\boldsymbol{B}$ 的任意分量. 证明: 通过分离变量法, 并在所有六个表面上施加边界条件 $f=0$, 可求得驻波模式

$$f_{n_x,n_y,n_z}=A\cos(\omega t)\sin\left(\frac{n_x\pi}{l}x\right)\sin\left(\frac{n_y\pi}{l}y\right)\sin\left(\frac{n_z\pi}{l}z\right),$$

其中

$$\omega=\frac{\pi c}{l}\sqrt{n_x^2+n_y^2+n_z^2}.$$

对每个正整数对应的三重态都有两种模式 $(n_x,n_y,n_z=1,2,3,\cdots)$, 对应于两种偏振状态.

(b) 光子的能量 $E=h\nu=\hbar\omega$ (方程 (4.92)), 所以模式 (n_x,n_y,n_z) 的能量是

$$E_{n_x,n_y,n_z}=\frac{2\pi\hbar c}{l}\sqrt{n_x^2+n_y^2+n_z^2}.$$

如果每个模式有一个光子, 那么在频率范围 $\mathrm{d}\omega$ 内, 每单位体积的总能量是多少? 用下面形式表示你的结果:

$$\frac{1}{l^3}\mathrm{d}E=\rho_0(\omega)\,\mathrm{d}\omega,$$

并读取 $\rho_0(\omega)$. **提示**　参考图 11.1.

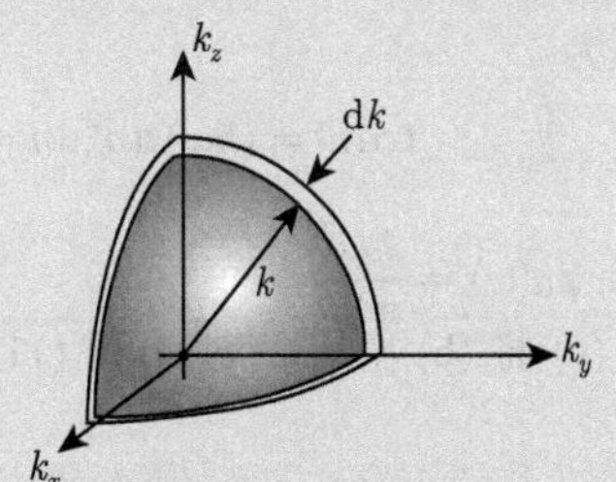

图 11.1　k 空间中一个球壳体积的八分之一

(c) 利用得到的结果以及方程 (11.54) 求自发发射速率, 并同方程 (11.63) 作对比.

解答　(a) 设方程解的形式可以写成 $f(x,y,z,t)=X(x)Y(y)Z(z)T(t)$, 并代入方程, 得

$$\frac{1}{c^2}XYZ\frac{\mathrm{d}^2T}{\mathrm{d}t^2}-\left(YZ\frac{\mathrm{d}^2X}{\mathrm{d}x^2}+XZ\frac{\mathrm{d}^2Y}{\mathrm{d}y^2}+XY\frac{\mathrm{d}^2Z}{\mathrm{d}z^2}\right)T=0.$$

方程两边同时除以 $XYZT$, 得

$$\frac{1}{c^2}\frac{1}{T}\frac{\mathrm{d}^2T}{\mathrm{d}t^2}-\frac{1}{X}\frac{\mathrm{d}^2X}{\mathrm{d}x^2}-\frac{1}{Y}\frac{\mathrm{d}^2Y}{\mathrm{d}y^2}-\frac{1}{Z}\frac{\mathrm{d}^2Z}{\mathrm{d}z^2}=0.$$

由于上式中每一项都没有变量耦合, 所以每一项都只能等于常数, 可设为

$$\frac{1}{c^2}\frac{1}{T}\frac{\mathrm{d}^2T}{\mathrm{d}t^2}=-\frac{\omega^2}{c^2},\quad \frac{1}{X}\frac{\mathrm{d}^2X}{\mathrm{d}x^2}=-k_x^2,\quad \frac{1}{Y}\frac{\mathrm{d}^2Y}{\mathrm{d}y^2}=-k_y^2,\quad \frac{1}{Z}\frac{\mathrm{d}^2Z}{\mathrm{d}z^2}=-k_z^2.$$

即

$$\frac{\mathrm{d}^2T}{\mathrm{d}t^2}=-\omega^2T,\quad \frac{\mathrm{d}^2X}{\mathrm{d}x^2}=-k_x^2X,\quad \frac{\mathrm{d}^2Y}{\mathrm{d}y^2}=-k_y^2Y,\quad \frac{\mathrm{d}^2Z}{\mathrm{d}z^2}=-k_z^2Z,$$

且满足 $-\dfrac{\omega^2}{c^2}+k_x^2+k_y^2+k_z^2=0$.

$T(t)$ 的通解为 $T(t)=A\sin(\omega t)+B\cos(\omega t)$, 不妨设其为 $T(t)=B\cos(\omega t)$.

对于 $X(x)$ 的通解为

$$X(x)=A_x\sin(k_x x)+B_x\cos(k_x x),$$

由边界条件 $x=0$ 得, $X(0)=B_x=0$; $x=l$ 时, $X(l)=A_x\sin(k_x l)=0$. 所以 $k_x=\dfrac{n_x\pi}{l}$, 其中 n_x 为整数, $n_x=0$ 没有意义, n_x 取负整数并不给出更多的解, 因此 n_x 取正整数. 同理, 对于 $Y(y)$ 和 $Z(z)$, n_y 和 n_z 也取正整数. 由此, 解为

$$f(x,y,z,t)=A\cos(\omega t)\sin\left(\frac{n_x\pi}{l}x\right)\sin\left(\frac{n_y\pi}{l}y\right)\sin\left(\frac{n_z\pi}{l}z\right).$$

所以 $-\dfrac{\omega^2}{c^2}+k_x^2+k_y^2+k_z^2=0$, $\omega=\dfrac{\pi c}{l}\sqrt{n_x^2+n_y^2+n_z^2}$, 其中 n_x,n_y,n_z 为正整数.

(b) 如图 11.1 所示, 八分之一球壳的半径为 $n=\sqrt{n_x^2+n_y^2+n_z^2}$, 厚度为 $\mathrm{d}n$, 那么状态数为

$$2\times\frac{1}{8}4\pi n^2\mathrm{d}n=\pi n^2\mathrm{d}n,$$

能量为

$$\mathrm{d}E=(\hbar\omega)\pi n^2\mathrm{d}n=\pi\hbar\omega\left(\frac{l}{\pi c}\right)^3\omega^2\mathrm{d}\omega,\quad \frac{\mathrm{d}E}{l^3}=\frac{\mathrm{d}E}{V}=\left(\frac{\hbar\omega^3}{\pi^2c^3}\right)\mathrm{d}\omega.$$

所以, $\rho_0(\omega)=\dfrac{\hbar\omega^3}{\pi^2c^3}$.

(c) 将 (b) 中结论代入方程 (11.54) 中, 得

$$R_{b\to a}=\frac{\pi}{3\varepsilon_0\hbar^2}|\wp|^2\frac{\hbar\omega^3}{\pi^2c^3}=\frac{\omega^3|\wp|^2}{3\pi\varepsilon_0\hbar c^3},$$

此即方程 (11.63).

习题 11.12 激发态的**半寿命**$(t_{1/2})$ 是指在较大样品中有半数原子发生跃迁所需要的时间. 求 $t_{1/2}$ 与 τ 之间的关系 (态的“寿命”).

解答 由方程 (11.65) 得 $N(t)=N(0)\mathrm{e}^{-t/\tau}$, 根据题意知 $N(t_{1/2})=N(0)/2\Rightarrow 1/2=\mathrm{e}^{-t_{1/2}/\tau}$, 得 $t_{1/2}=\tau\ln 2$.

***习题 11.13** 计算氢原子 $n=2$ 态时, 4 个态的寿命 (以秒为单位). **提示** 你需要计算以下形式的矩阵元, $\langle\psi_{100}|x|\psi_{200}\rangle$, $\langle\psi_{100}|y|\psi_{211}\rangle$ 等. 记住: $x=r\sin\theta\cos\phi$, $y=r\sin\theta\sin\phi$ 和 $z=r\cos\theta$. 这些积分大多数为零, 因此在开始计算之前, 仔细检查一下. 答案: 1.60×10^{-9}s (除了 ψ_{200} 态, ψ_{200} 态的寿命无限大).

解答 球坐标系下 $x=r\sin\theta\cos\phi$, $y=\sin\theta\sin\phi$, $z=r\cos\theta$, 则

$$x+\mathrm{i}y=r\sin\theta\mathrm{e}^{\mathrm{i}\phi},\quad x-\mathrm{i}y=r\sin\theta\mathrm{e}^{-\mathrm{i}\phi}.$$

在习题 11.2 中我们已经计算过 z 的矩阵元, 除了 $\langle 100|z|210\rangle=2^8a/(3^5\sqrt{2})$ 外, 其余为零. 对 x,y 注意到 $|100\rangle$, $|200\rangle$, $|210\rangle$ 是 x,y 的偶函数, 而 $|21\pm1\rangle$ 是 x,y 的奇函数. 所以非零矩阵元为 $\langle 100|x|21\pm1\rangle$ 和 $\langle 100|y|21\pm1\rangle$.

$$\langle\psi_{100}|x|\psi_{21\pm1}\rangle=\langle\psi_{100}|r\sin\theta\cos\phi|\psi_{21\pm1}\rangle$$

$$= \int_0^\infty R_{10}^* R_{21} r^3 \mathrm{d}r \int_{\phi=0}^{2\pi} \int_{\theta=0}^{\pi} Y_0^{0*} \sin\theta \cos\phi Y_1^{\pm 1} \sin\theta \mathrm{d}\theta \mathrm{d}\phi$$

$$= \frac{1}{\sqrt{\pi a^3}} \left(\frac{\mp 1}{\sqrt{64\pi a^3}} \right) \int_0^\infty \mathrm{e}^{-r/a} \left(\frac{r}{a} \right) \mathrm{e}^{-r/2a} r^3 \mathrm{d}r \int_0^\pi \sin^3\theta \mathrm{d}\theta \int_0^{2\pi} \mathrm{e}^{\pm \mathrm{i}\phi} \cos\phi \mathrm{d}\phi$$

$$= \left(\frac{\mp 1}{8\pi a^4} \right) \left[4! \left(\frac{2a}{3} \right)^5 \right] \left(\frac{4}{3} \right) (\pi) = \mp \frac{2^7}{3^5} a.$$

$$\langle \psi_{100} | y | \psi_{21\pm1} \rangle$$

$$= \langle \psi_{100} | r \sin\theta \sin\phi | \psi_{21\pm1} \rangle$$

$$= \int_0^\infty R_{10}^* R_{21} r^3 \mathrm{d}r \int_{\phi=0}^{2\pi} \int_{\theta=0}^{\pi} Y_0^{0*} \sin\theta \sin\phi Y_1^{\pm 1} \sin\theta \mathrm{d}\theta \mathrm{d}\phi$$

$$= \frac{1}{\sqrt{\pi a^3}} \left(\frac{\mp 1}{\sqrt{64\pi a^3}} \right) \int_0^\infty \mathrm{e}^{-r/a} \left(\frac{r}{a} \right) \mathrm{e}^{-r/(2a)} r^3 \mathrm{d}r \int_0^\pi \sin^3\theta \mathrm{d}\theta \int_0^{2\pi} \mathrm{e}^{\pm \mathrm{i}\phi} \sin\phi \mathrm{d}\phi$$

$$= \left(\frac{\mp 1}{8\pi a^4} \right) \left[4! \left(\frac{2a}{3} \right)^5 \right] \left(\frac{4}{3} \right) (\pm \mathrm{i}\pi) = -\mathrm{i} \frac{2^7}{3^5} a.$$

所以,

$$\langle \psi_{100} | \boldsymbol{r} | \psi_{200} \rangle = 0, \quad \langle \psi_{100} | \boldsymbol{r} | \psi_{210} \rangle = \frac{2^7}{3^5} \sqrt{2} a \hat{k}, \quad \langle \psi_{100} | \boldsymbol{r} | \psi_{21\pm1} \rangle = \frac{2^7}{3^5} a \left(\mp \hat{i} - \mathrm{i} \hat{j} \right).$$

因此, 由 $n=2$ 的 4 个态向 $n=1$ 态的自发发射速率为

$$A_{200\to100} = \frac{\omega_0^3}{3\pi\varepsilon_0 \hbar c^3} e^2 \left| \langle 100 | \boldsymbol{r} | 200 \rangle \right|^2 = 0, \quad \left(\hbar\omega_0 \equiv E_2 - E_1 = -\frac{3E_1}{4} \right),$$

$$\begin{aligned} A_{210\to100} &= \frac{\omega_0^3}{3\pi\varepsilon_0 \hbar c^3} e^2 \left| \langle 100 | \boldsymbol{r} | 210 \rangle \right|^2 \\ &= \frac{\omega_0^3 e^2}{3\pi\varepsilon_0 \hbar c^3} \frac{2^{15}}{3^{10}} a^2 \\ &= \left(-\frac{3E_1}{4\hbar} \right)^3 \frac{2^{15}}{3^{10}} \frac{e^2 a^2}{3\pi\varepsilon_0 \hbar c^3} \\ &= \frac{2^{10}}{3^8} \left(\frac{-E_1}{m_e c^2} \right)^2 \frac{c}{a} \\ &= \frac{2^{10}}{3^8} \left(\frac{13.6}{0.511 \times 10^6} \right)^2 \frac{3 \times 10^8 \text{ m/s}}{0.529 \times 10^{-10} \text{ m}} \\ &= 6.269 \times 10^8 \mathrm{s}^{-1}, \end{aligned}$$

$$A_{21\pm1\to100} = \frac{\omega_0^3}{3\pi\varepsilon_0 \hbar c^3} e^2 \left| \langle 100 | \boldsymbol{r} | 21\pm1 \rangle \right|^2 = 6.269 \times 10^8 \mathrm{s}^{-1}.$$

所以对 $\ell = 1$ 的三个态, 寿命为 $\tau = \dfrac{1}{6.269 \times 10^8} \text{ s} = 1.595 \times 10^{-9} \text{ s} \approx 1.60 \times 10^{-9} \text{s}$. 对 $\ell = 0$ 态, 寿命为无限大.

习题 11.14 从 L_z 与 x、y 和 z 的对易关系 (方程 (4.122)):

$$[L_z, x] = \mathrm{i}\hbar y, \quad [L_z, y] = -\mathrm{i}\hbar x, \quad [L_z, z] = 0,$$

得到 Δm 的选择定则和方程 (11.76). **提示** 把每个对易式夹在 $\langle n'\ell'm'|$ 和 $|n\ell m\rangle$

之间.

解答 由

$$\langle n'\ell'm'|[L_z,x]|n\ell m\rangle=\langle n'\ell'm'|L_zx-xL_z|n\ell m\rangle=(m'-m)\hbar\langle n'\ell'm'|x|n\ell m\rangle$$
$$\langle n'\ell'm'|[L_z,x]|n\ell m\rangle=\mathrm{i}\hbar\langle n'\ell'm'|y|n\ell m\rangle,$$

得

$$(m'-m)\langle n'\ell'm'|x|n\ell m\rangle=\mathrm{i}\langle n'\ell'm'|y|n\ell m\rangle. \quad ①$$

由

$$\langle n'\ell'm'|[L_z,y]|n\ell m\rangle=\langle n'\ell'm'|L_zy-yL_z|n\ell m\rangle=(m'-m)\hbar\langle n'\ell'm'|y|n\ell m\rangle$$
$$\langle n'\ell'm'|[L_z,y]|n\ell m\rangle=-\mathrm{i}\hbar\langle n'\ell'm'|x|n\ell m\rangle,$$

得

$$(m'-m)\langle n'\ell'm'|y|n\ell m\rangle=-\mathrm{i}\langle n'\ell'm'|x|n\ell m\rangle. \quad ②$$

由

$$\langle n'\ell'm'|[L_z,z]|n\ell m\rangle=\langle n'\ell'm'|L_zz-zL_z|n\ell m\rangle=(m'-m)\hbar\langle n'\ell'm'|z|n\ell m\rangle$$
$$\langle n'\ell'm'|[L_z,z]|n\ell m\rangle=0,$$

得

$$(m'-m)\langle n'\ell'm'|z|n\ell m\rangle=0. \quad ③$$

联立 ① ② ③, 当 $m'=m$ 时,

$$\langle n'\ell'm'|x|n\ell m\rangle=\langle n'\ell'm'|y|n\ell m\rangle=0.$$

当 $m'=m\pm1$ 时,

$$\langle n'\ell'm'|x|n\ell m\rangle=\pm\mathrm{i}\langle n'\ell'm'|y|n\ell m\rangle,\quad \langle n'\ell'm'|z|n\ell m\rangle=0.$$

在其他情况时,

$$\begin{aligned}&(m'-m)^2\langle n'\ell'm'|x|n\ell m\rangle\\&=(m'-m)\,\mathrm{i}\langle n'\ell'm'|y|n\ell m\rangle\\&=\mathrm{i}\left[(m'-m)\langle n'\ell'm'|y|n\ell m\rangle\right]\\&=\mathrm{i}(-\mathrm{i})\langle n'\ell'm'|x|n\ell m\rangle=\langle n'\ell'm'|x|n\ell m\rangle,\end{aligned}$$

所以,

$$\langle n'\ell'm'|x|n\ell m\rangle=\langle n'\ell'm'|y|n\ell m\rangle=\langle n'\ell'm'|z|n\ell m\rangle=0.$$

****习题 11.15** 求出下面情况的 $\Delta\ell$ 的选择定则:

(a) 推导对易关系

$$\left[L^2,\left[L^2,\boldsymbol{r}\right]\right]=2\hbar^2\left(\boldsymbol{r}L^2+L^2\boldsymbol{r}\right).$$

提示 先证明:

$$\left[L^2,z\right]=2\mathrm{i}\hbar\left(xL_y-yL_x-\mathrm{i}\hbar z\right).$$

利用这一点, 以及 (在最后一步)$\boldsymbol{r}\cdot\boldsymbol{L}=\boldsymbol{r}\cdot(\boldsymbol{r}\times\boldsymbol{p})=0$ 这一事实来证明:

$$\left[L^2,\left[L^2,z\right]\right]=2\hbar^2\left(zL^2+L^2z\right).$$

从 z 推广到 $\boldsymbol{r}$ 十分容易.

(b) 把这个对易式夹在 $\langle n'\ell'm'|$ 和 $|n\ell m\rangle$ 之间, 运算并指出其含义.

证明　(a) 首先证明 $\left[L^2,z\right]=2\mathrm{i}\hbar\left(xL_y-yL_X-\mathrm{i}\hbar z\right)$.

$$[L_x,z]=[yp_z-zp_y,z]=[yp_z,z]-[zp_y,z]=y\left[p_z,z\right]=-\mathrm{i}\hbar y.$$

同理可得

$$[L_y,z]=\mathrm{i}\hbar x,\ \ [L_z,z]=0,\ \ [L_x,y]=-\left[L_y,x\right]=\mathrm{i}\hbar z.$$

$$\begin{aligned}\left[L^2,z\right]&=\left[L_x^2,z\right]+\left[L_y^2,z\right]+\underbrace{\left[L_z^2,z\right]}_{0}\\&=L_x\left[L_x,z\right]+\left[L_x,z\right]L_x+L_y\left[L_y,z\right]+\left[L_y,z\right]L_y\\&=\mathrm{i}\hbar\left(-L_xy-yL_x+L_yx+xL_y\right)\\&=\mathrm{i}\hbar\left(-L_xy-yL_x+L_yx+xL_y+\left[L_x,y\right]-\left[L_y,x\right]-2\mathrm{i}\hbar z\right)\\&=\mathrm{i}\hbar\left(2xL_y-2yL_x-2\mathrm{i}\hbar z\right)\\&=2\mathrm{i}\hbar\left(xL_y-yL_x-\mathrm{i}\hbar z\right).\end{aligned}$$

类比可写出

$$\left[L^2,x\right]=2\mathrm{i}\hbar\left(yL_z-zL_y-\mathrm{i}\hbar x\right),\ \ \left[L^2,y\right]=2\mathrm{i}\hbar\left(zL_x-xL_z-\mathrm{i}\hbar y\right).$$

$$\begin{aligned}&\left[L^2,\left[L^2,z\right]\right]\\=&\left[L^2,2\mathrm{i}\hbar\left(xL_y-yL_x-\mathrm{i}\hbar z\right)\right]\\=&2\mathrm{i}\hbar\left(\left[L^2,xL_y\right]-\left[L^2,yL_x\right]-\mathrm{i}\hbar\left[L^2,z\right]\right)\\=&2\mathrm{i}\hbar\left(x\underbrace{\left[L^2,L_y\right]}_{0}+\left[L^2,x\right]L_y-y\underbrace{\left[L^2,L_x\right]}_{0}-\left[L^2,y\right]L_x-\mathrm{i}\hbar L^2z+\mathrm{i}\hbar zL^2\right)\\=&2\mathrm{i}\hbar\left[2\mathrm{i}\hbar\left(yL_z-zL_y-\mathrm{i}\hbar x\right)L_y-2\mathrm{i}\hbar\left(zL_x-xL_z-\mathrm{i}\hbar y\right)L_x-\mathrm{i}\hbar L^2z+\mathrm{i}\hbar zL^2\right]\\=&-2\hbar^2\left[-2z\left(L_x^2+L_y^2\right)-L^2z+zL^2+2\left(yL_z-\mathrm{i}\hbar x\right)L_y+2\left(xL_z+\mathrm{i}\hbar y\right)L_x\right]\\=&-2\hbar^2\left[-2z\left(L^2-L_z^2\right)-L^2z+zL^2+2\left(yL_z+\left[L_z,y\right]\right)L_y+2\left(xL_z+\left[L_z,x\right]\right)\right]\\=&-2\hbar^2\left(-zL^2-L^2z+2zL_z^2+2L_zyL_y+2L_zxL_x\right)\\=&2\hbar^2\left(zL^2+L^2z\right)-4\hbar^2L_z\left(xL_x+zL_z+yL_y\right)\\=&2\hbar^2\left(zL^2+L^2z\right)-4\hbar^2L_z\underbrace{\boldsymbol{r}\cdot\boldsymbol{L}}_{0}=2\hbar^2\left(zL^2+L^2z\right).\end{aligned}$$

同理可得

$$\left[L^2,\left[L^2,x\right]\right]=2\hbar^2\left(xL^2+L^2x\right),\quad\left[L^2,\left[L^2,y\right]\right]=2\hbar^2\left(yL^2+L^2y\right),$$

所以,

$$\left[L^2,\left[L^2,\boldsymbol{r}\right]\right]=2\hbar^2\left(\boldsymbol{r}L^2+L^2\boldsymbol{r}\right).$$

(b) 由 (a) 中结论知 $\left[L^2,\left[L^2,\boldsymbol{r}\right]\right]=2\hbar^2\left(\boldsymbol{r}L^2+L^2\boldsymbol{r}\right)$, 将其夹在 $\langle n'\ell'm'|$ 和 $|n\ell m\rangle$ 之间, 得

$$\begin{aligned}
&\langle n'\ell'm'|\left[L^2,\left[L^2,\boldsymbol{r}\right]\right]|n\ell m\rangle=2\hbar^2\langle n'\ell'm'|\left(\boldsymbol{r}L^2+L^2\boldsymbol{r}\right)|n\ell m\rangle,\\
&\langle n'\ell'm'|L^2\left[L^2,\boldsymbol{r}\right]-\left[L^2,\boldsymbol{r}\right]L^2|n\ell m\rangle\\
=&2\hbar^4\left[\ell(\ell+1)+\ell'(\ell'+1)\right]\langle n'\ell'm'|\boldsymbol{r}|n\ell m\rangle,\\
&\hbar^2\left[\ell'(\ell'+1)-\ell(\ell+1)\right]\langle n'\ell'm'|\left[L^2,\boldsymbol{r}\right]|n\ell m\rangle\\
=&2\hbar^4\left[\ell(\ell+1)+\ell'(\ell'+1)\right]\langle n'\ell'm'|\boldsymbol{r}|n\ell m\rangle,\\
&\hbar^2\left[\ell'(\ell'+1)-\ell(\ell+1)\right]\langle n'\ell'm'|L^2\boldsymbol{r}-\boldsymbol{r}L^2|n\ell m\rangle\\
=&2\hbar^4\left[\ell(\ell+1)+\ell'(\ell'+1)\right]\langle n'\ell'm'|\boldsymbol{r}|n\ell m\rangle,\\
&\hbar^4\left[\ell'(\ell'+1)-\ell(\ell+1)\right]^2\langle n'\ell'm'|\boldsymbol{r}|n\ell m\rangle\\
=&2\hbar^4\left[\ell(\ell+1)+\ell'(\ell'+1)\right]\langle n'\ell'm'|\boldsymbol{r}|n\ell m\rangle.
\end{aligned}$$

即

$$\left[\ell'(\ell'+1)-\ell(\ell+1)\right]^2=2\left[\ell(\ell+1)+\ell'(\ell'+1)\right]$$

或 $\langle n'\ell'm'|\boldsymbol{r}|n\ell m\rangle=0$ 时, 上式才成立.

由于

$$\begin{aligned}
\left[\ell'(\ell'+1)-\ell(\ell+1)\right]^2&=\left(\ell'^2+\ell'-\ell^2-\ell\right)^2=\left[(\ell'+\ell)(\ell'-\ell)+(\ell'-\ell)\right]^2\\
&=(\ell'+\ell+1)^2(\ell'-\ell)^2.
\end{aligned}$$

$$2\left[\ell(\ell+1)+\ell'(\ell'+1)\right]=(\ell'+\ell+1)^2+(\ell'-\ell)^2-1,$$

所以,

$$\begin{aligned}
&2\left[\ell(\ell+1)+\ell'(\ell'+1)\right]-\left[\ell'(\ell'+1)-\ell(\ell+1)\right]^2\\
=&(\ell'+\ell+1)^2+(\ell'-\ell)^2-1-(\ell'+\ell+1)^2(\ell'-\ell)^2\\
=&\left[(\ell'+\ell+1)^2-1\right]+(\ell'-\ell)^2\left[1-(\ell'+\ell+1)^2\right]\\
=&\left[(\ell'+\ell+1)^2-1\right]\left[1-(\ell'-\ell)^2\right]\\
=&0.
\end{aligned}$$

上式第一个因子不能等于 0, 因为如果等于 0, 则 $\ell'=\ell=0$, 此时 $\langle n'00|\boldsymbol{r}|n00\rangle$ 是奇函数, 积分恒等于 0. 因此, 只能是第二个因子等于 0, 所以 $\ell'=\ell\pm1$, 即 $\Delta\ell=\pm1$ 时, 跃迁才能发生.

****习题 11.16** 氢原子中处在 $n=3,\ \ell=0,\ m=0$ 态的电子经过一系列跃迁 (电偶极矩) 衰变至基态.

(a) 有哪些衰变路径? 按下列方式写出每条具体路径:

$$|300\rangle\to|n\ell m\rangle\to|n'\ell'm'\rangle\to\cdots\to|100\rangle.$$

(b) 如果你有许多处在该态的原子, 通过每条路径衰变的百分比是多少?

(c) 该态的寿命是多少? **提示**　一旦开始第一次跃迁, 它将不再处于 $|300\rangle$ 态, 因此在计算寿命时, 仅每个跃迁路径的第一步是与之相关的.

解答　(a) 由选择定则 $\Delta\ell=\pm1,\ \Delta m=0,\pm1$, 衰变路径可为

$$\left|\ 3\quad 0\quad 0\ \right\rangle \to \left\{\begin{array}{c}\left|\ 2\quad 1\quad 0\ \right\rangle \\ \left|\ 2\quad 1\quad 1\ \right\rangle \\ \left|\ 2\quad 1\quad -1\ \right\rangle\end{array}\right\} \to \left|\ 1\quad 0\quad 0\ \right\rangle.$$

(b) 需要计算矩阵元

$$\langle\psi_{210}|\,\boldsymbol{r}\,|\psi_{300}\rangle\,,\ \ \langle\psi_{211}|\,\boldsymbol{r}\,|\psi_{300}\rangle\,,\ \ \langle\psi_{21-1}|\,\boldsymbol{r}\,|\psi_{300}\rangle\,,$$

由方程 (11.76), 当 $\Delta m=0$ 时, $\langle n'\ell'm'|\,x\,|n\ell m\rangle=\langle n'\ell'm'|\,y\,|n\ell m\rangle=0$, 所以,

$$\langle\psi_{210}|\,\boldsymbol{r}\,|\psi_{300}\rangle=\langle\psi_{210}|\,z\,|\psi_{300}\rangle\,\hat{k}.$$

当 $\Delta m=\pm1$ 时, $\langle n'\ell'm'|\,z\,|n\ell m\rangle=0$, 所以

$$\langle\psi_{21\pm1}|\,\boldsymbol{r}\,|\psi_{300}\rangle=\langle\psi_{21\pm1}|\,x\,|\psi_{300}\rangle\,\hat{\imath}+\langle\psi_{21\pm1}|\,y\,|\psi_{300}\rangle\,\hat{\jmath}.$$

另外, 由习题 11.14 结论 (1), 得

$$(m'-m)\,\langle n'\ell'm'|\,x\,|n\ell m\rangle=\mathrm{i}\,\langle n'\ell'm'|\,y\,|n\ell m\rangle\,,$$

所以,

$$\pm\,\langle\psi_{21\pm1}|\,x\,|\psi_{300}\rangle=\mathrm{i}\,\langle\psi_{21\pm1}|\,y\,|\psi_{300}\rangle\,,$$
$$|\langle\psi_{21\pm1}|\,x\,|\psi_{300}\rangle|^2=|\langle\psi_{21\pm1}|\,y\,|\psi_{300}\rangle|^2\,.$$

因此只需要计算两个矩阵元

$$|\langle\psi_{210}|\,\boldsymbol{r}\,|\psi_{300}\rangle|^2=|\langle\psi_{210}|\,z\,|\psi_{300}\rangle|^2\,,\quad |\langle\psi_{21\pm1}|\,\boldsymbol{r}\,|\psi_{300}\rangle|^2=2\,|\langle\psi_{21\pm1}|\,x\,|\psi_{300}\rangle|^2\,.$$

首先计算下列积分:

$$\begin{aligned}\int_0^\infty R_{21}^*R_{30}r^3\mathrm{d}r&=\int_0^\infty\left(\frac{1}{6a^2}\right)^{2/3}\frac{r^4}{\sqrt{3}a}\mathrm{e}^{-5r/(6a)}\left[2-\frac{4r}{3a}+\frac{4}{27}\left(\frac{r}{a}\right)^2\right]r^3\mathrm{d}r\\&=\frac{2}{18\sqrt{2}a^4}\left(\int_0^\infty\mathrm{e}^{-5r/(6a)}r^4\mathrm{d}r-\frac{2}{3a}\int_0^\infty\mathrm{e}^{-5r/(6a)}r^5\mathrm{d}r+\frac{2}{27a^2}\int_0^\infty\mathrm{e}^{-5r/(6a)}r^6\mathrm{d}r\right)\\&=\frac{1}{9\sqrt{2}}\frac{1}{a^4}\left[4!\left(\frac{6a}{5}\right)^5-\frac{2}{3a}5!\left(\frac{6a}{5}\right)^6+\frac{2}{27a^2}6!\left(\frac{6a}{5}\right)^7\right]\\&=\frac{2\sqrt{2}}{9}\left(\frac{6}{5}\right)^6\cdot a\\&\equiv K.\end{aligned}$$

$$\begin{aligned}\int_0^\pi\int_0^{2\pi}Y_1^{0*}Y_0^0\cos\theta\sin\theta\mathrm{d}\theta\mathrm{d}\phi&=\frac{\sqrt{3}}{4\pi}\int_0^\pi\cos^2\theta\sin\theta\mathrm{d}\theta\int_0^{2\pi}\mathrm{d}\phi\\&=\frac{\sqrt{3}}{4\pi}\left(\frac{2}{3}\right)(2\pi)=\frac{1}{\sqrt{3}}.\end{aligned}$$

$$\int_0^\pi\int_0^{2\pi} Y_1^{\pm1*}Y_0^0\sin\theta\cos\phi\sin\theta\mathrm{d}\theta\mathrm{d}\phi = \mp\frac{\sqrt{3}}{4\sqrt{2}\pi}\int_0^\pi\sin^3\theta\mathrm{d}\theta\int_0^{2\pi}\mathrm{e}^{\mp\mathrm{i}\phi}\cos\phi\mathrm{d}\phi$$
$$= \mp\frac{\sqrt{3}}{4\sqrt{2}\pi}\left(\frac{4}{3}\right)(\pi) = \mp\frac{1}{\sqrt{6}}.$$

因此,

$$\langle\psi_{210}|\,z\,|\psi_{300}\rangle = \int\left(R_{21}Y_1^0\right)^* r\cos\theta\left(R_{30}Y_0^0\right)r^2\sin\theta\mathrm{d}r\mathrm{d}\theta\mathrm{d}\phi = \frac{K}{\sqrt{3}},$$
$$|\langle\psi_{210}|\,\boldsymbol{r}\,|\psi_{300}\rangle|^2 = \frac{K^2}{3}.$$
$$\langle\psi_{21\pm1}|\,x\,|\psi_{300}\rangle = \int\left(R_{21}Y_1^{\pm1}\right)^* r\sin\theta\cos\phi\left(R_{30}Y_0^0\right)r^2\sin\theta\mathrm{d}r\mathrm{d}\theta\mathrm{d}\phi = \frac{K}{\sqrt{6}},$$
$$|\langle\psi_{21\pm1}|\,\boldsymbol{r}\,|\psi_{300}\rangle|^2 = \frac{K^2}{3}.$$

所以 $|300\rangle$ 向 $|210\rangle$, $|211\rangle$, $|21-1\rangle$ 这三个态的衰变几率相等, 即通过每条路径衰变的比率为 1/3.

(c) 共有三个跃迁路径, 跃迁速率相等, 总跃迁速率为三者之和, 即

$$A = 3\frac{\omega_0^3e^2\left(K^2/3\right)}{3\pi\varepsilon_0\hbar c^3} = 3\frac{\left[(E_3-E_2)/\hbar\right]^3e^2a^2}{3\pi\varepsilon_0\hbar c^3}\frac{2^{15}3^7}{5^{12}} = \frac{\left[(E_1/9)-(E_1/4)\right]^3e^2a^2}{\pi\varepsilon_0\hbar^4c^3}\frac{2^{15}3^7}{5^{12}}$$
$$= \frac{|E_1|^3e^2a^2}{\pi\varepsilon_0\hbar^4c^3}\frac{5}{36}\frac{2^{15}3^7}{5^{12}} = 6\left(\frac{2}{5}\right)^9\left(\frac{E_1}{mc^2}\right)^2\left(\frac{c}{a}\right)$$
$$= 6\left(\frac{2}{5}\right)^9\left(\frac{13.6\text{ eV}}{0.511\times10^6\text{ eV}}\right)^2\left(\frac{3\times10^8\text{ m / s}}{0.529\times10^{-10}\text{ m}}\right)$$
$$= 6.318\times10^6\text{s}^{-1},$$

其中 $E_1 \equiv -\dfrac{me^4}{2\hbar^2\left(4\pi\varepsilon_0\right)^2}$, $a \equiv \dfrac{4\pi\varepsilon_0\hbar^2}{me^2}$.

$|300\rangle$ 态的寿命为

$$\tau = \frac{1}{A} = 1.583\times10^{-7}\text{ s}.$$

*****习题 11.17** 在光电效应中, 如果原子的能量 ($\hbar\omega$) 大于电子的结合能, 光就可以使原子电离. 考虑氢原子基态的光电效应, 其中电子以动量 $\hbar\boldsymbol{k}$ 逸出. 取电子的初态为 $\psi_0(r)$ (方程 (4.80)), 其末态为 ①

$$\psi_f = \frac{1}{\sqrt{l^3}}\mathrm{e}^{\mathrm{i}\boldsymbol{k}\cdot\boldsymbol{r}},$$

如例题 11.2 所示.

(a) 对于沿 z 轴方向的偏振光, 使用费米黄金规则计算偶极子近似下电子射入立体角 $\mathrm{d}\Omega$ 的速率.②

① 这是一个近似; 我们应该使用氢原子的散射态. 有关光电效应的拓展性讨论, 包括与实验的比较和该近似的有效性, 参见 W. Heitler, 《辐射的量子理论》, 第 3 版, 牛津大学出版社, 伦敦 (1954 年), 第 21 节.

② 这里得到的结果因子大了 4 倍; 修正这一点需要更仔细地推导出辐射跃迁矩阵元 (见习题 11.30). 但是, 结果仅是整体因子受到影响; 其有趣的特征 (对 k 和 θ 的依赖性) 是正确的.

提示　使用如下技巧来计算矩阵元. 写成

$$ze^{i\boldsymbol{k}\cdot\boldsymbol{r}} = -i\frac{d}{dk_z}e^{i\boldsymbol{k}\cdot\boldsymbol{r}},$$

把 d/dk_z 移出积分符号之外, 剩余的就可以直接计算.

(b) **光电散射截面**定义为

$$\sigma(k) = \frac{R_{i\to all}\hbar\omega}{\dfrac{1}{2}\varepsilon_0 E_0^2 c},$$

其中分子中的量是能量被吸收的速率 $\left(\text{每光电子为 } \hbar\omega = \dfrac{\hbar^2k^2}{2m} - E_1\right)$, 分母中的量是入射光的强度. 将 (a) 中的结果对各个角度进行积分, 求出 $R_{i\to all}$; 并计算光电散射截面.

(c) 求出紫外光波长为 220 Å 的光电散射截面的具体数值 (**请注意**　这是入射光的波长, 而不是散射电子的波长). 将你的答案以单位 Mb 表示出来 ($1\text{Mb} = 10^{-22}\ \text{m}^2$).

解答　(a) 由方程 (11.81) 费米黄金规则知跃迁速率公式为

$$R = \frac{2\pi}{\hbar}\left|\frac{V_{if}}{2}\right|^2 \rho(E_f).$$

由题意知 $V_{if} = \langle\psi_i|V|\psi_f\rangle$, 其中 $V = eE_0z$, $\psi_i = \psi_0 = \dfrac{1}{\sqrt{\pi a^3}}e^{-\frac{r}{a}}$, $\psi_f = \dfrac{1}{\sqrt{l^3}}e^{i\boldsymbol{k}\cdot\boldsymbol{r}}$, 所以

$$V_{if} = eE_0\langle\psi_0|z|\psi_f\rangle = \frac{eE_0}{\sqrt{\pi a^3}}\frac{1}{\sqrt{l^3}}\int e^{-\frac{r}{a}}ze^{i\boldsymbol{k}\cdot\boldsymbol{r}}d^3\boldsymbol{r}.$$

将 $ze^{i\boldsymbol{k}\cdot\boldsymbol{r}}$ 写成 $-i\dfrac{d}{dk_z}e^{i\boldsymbol{k}\cdot\boldsymbol{r}}$, 上式可写为

$$V_{if} = \frac{eE_0}{\sqrt{\pi a^3 l^3}}\left(-i\frac{d}{dk_z}\right)\int e^{-\frac{r}{a}}e^{i\boldsymbol{k}\cdot\boldsymbol{r}}d^3\boldsymbol{r}.$$

为计算上式积分项, 我们设 $\boldsymbol{k}$ 沿 z 轴方向, 则

$$\begin{aligned}
&\int e^{-r/a}e^{i\boldsymbol{k}\cdot\boldsymbol{r}}d^3\boldsymbol{r} = \int e^{-r/a}e^{ikr\cos\theta}r^2dr\sin\theta d\theta d\phi\\
=&\int e^{-r/a}r^2\left(\int e^{ikr\cos\theta}\sin\theta d\theta\int_0^{2\pi}d\phi\right)dr\\
=&2\pi\int_0^\infty e^{-r/a}r^2\left(-\int_0^\pi e^{ikr\cos\theta}d\cos\theta\right)dr\\
=&2\pi\int_0^\infty e^{-r/a}r^2\left[\frac{-1}{ikr}\int_0^\pi e^{ikr\cos\theta}d(ikr\cos\theta)\right]dr\\
=&\frac{-2\pi}{ik}\int_0^\infty re^{-r/a}\left(e^{ikr\cos\theta}\right)\Big|_0^\pi dr = \frac{-2\pi}{ik}\int_0^\infty re^{-r/a}\left(e^{-ikr}-e^{ikr}\right)dr\\
=&\frac{2\pi i}{k}\left[\int_0^\infty re^{-r(1/a+ik)}dr - \int_0^\infty re^{-r(1/a-ik)}dr\right]
\end{aligned}$$

$$
\begin{aligned}
&= \frac{2\pi \mathrm{i}}{k}\left\{\frac{-1}{1/a+\mathrm{i}k}\int_0^\infty r\mathrm{d}\left[\mathrm{e}^{-r(1/a+\mathrm{i}k)}\right] - \frac{-1}{1/a-\mathrm{i}k}\int_0^\infty r\mathrm{d}\left[\mathrm{e}^{-r(1/a-\mathrm{i}k)}\right]\right\} \\
&= \frac{2\pi \mathrm{i}}{k}\left\{\frac{-1}{1/a+\mathrm{i}k}\left[r\mathrm{e}^{-r(1/a+\mathrm{i}k)}\Big|_0^\infty - \int_0^\infty \mathrm{e}^{-r(1/a+\mathrm{i}k)}\mathrm{d}r\right]\right. \\
&\quad \left. + \frac{1}{1/a-\mathrm{i}k}\left[r\mathrm{e}^{-r(1/a-\mathrm{i}k)}\Big|_0^\infty - \int_0^\infty \mathrm{e}^{-r(1/a-\mathrm{i}k)}\mathrm{d}r\right]\right\} \\
&= \frac{2\pi \mathrm{i}}{k}\left[\frac{1}{1/a+\mathrm{i}k}\int_0^\infty \mathrm{e}^{-r(1/a+\mathrm{i}k)}\mathrm{d}r - \frac{1}{1/a-\mathrm{i}k}\int_0^\infty \mathrm{e}^{-r(1/a-\mathrm{i}k)}\mathrm{d}r\right] \\
&= \frac{2\pi \mathrm{i}}{k}\left\{\frac{-1}{(1/a+\mathrm{i}k)^2}\left[\mathrm{e}^{-r(1/a+\mathrm{i}k)}\right]\Big|_0^\infty + \frac{1}{(1/a-\mathrm{i}k)^2}\left[\mathrm{e}^{-r(1/a-\mathrm{i}k)}\right]\Big|_0^\infty\right\} \\
&= \frac{2\pi \mathrm{i}}{k}\left[\frac{1}{(1/a+\mathrm{i}k)^2} - \frac{1}{(1/a-\mathrm{i}k)^2}\right] = \frac{2\pi a^2 \mathrm{i}}{k}\frac{(1-\mathrm{i}ka)^2-(1+\mathrm{i}ka)^2}{\left[1+(ka)^2\right]^2} \\
&= \frac{2\pi a^2 \mathrm{i}}{k}\frac{-4\mathrm{i}ka}{\left[1+(ka)^2\right]^2} \\
&= \frac{8\pi a^3}{\left[1+(ka)^2\right]^2}.
\end{aligned}
$$

因此,

$$
\begin{aligned}
V_{if} &= -\frac{\mathrm{i}eE_0}{\sqrt{\pi a^3 l^3}}\frac{\mathrm{d}}{\mathrm{d}k_z}\frac{8\pi a^3}{\left[1+(ka)^2\right]^2} \\
&= -\frac{\mathrm{i}eE_0}{\sqrt{\pi a^3 l^3}}\frac{8\pi a^3}{\left[1+(ka)^2\right]^3}(-2)\,2kaa\frac{\mathrm{d}k}{\mathrm{d}k_z} \\
&= -\frac{\mathrm{i}eE_0}{\sqrt{\pi a^3 l^3}}\frac{8\pi a^3}{\left[1+(ka)^2\right]^3}\left(-4ka^2\cos\theta\right) \\
&= \frac{32\mathrm{i}eE_0a^2k\cos\theta}{(1+k^2a^2)^3}\sqrt{\frac{\pi a^3}{l^3}}.
\end{aligned}
$$

将 V_{if} 代入 R 中, 得

$$
\begin{aligned}
R &= \frac{\pi}{2\hbar}\left[\frac{32\mathrm{i}eE_0a^2k\cos\theta}{(1+k^2a^2)^3}\sqrt{\frac{\pi a^3}{l^3}}\right]^2\left(\frac{l}{2\pi}\right)^3\frac{mk}{\hbar^2}\mathrm{d}\Omega \\
&= \frac{256}{\hbar}\varepsilon_0E_0^2\frac{k^3a^6}{(1+k^2a^2)^6}\cos^2\theta\mathrm{d}\Omega,
\end{aligned}
$$

其中用到 $me^2 = 4\pi\varepsilon_0\hbar^2/a$.

(b) 对立体角进行全角度空间积分

$$
\begin{aligned}
R_{i\to all} &= \frac{256}{\hbar}\varepsilon_0E_0^2\frac{k^3a^6}{(1+k^2a^2)^6}\int_0^\pi\cos^2\theta\sin\theta\mathrm{d}\theta\int_0^{2\pi}\mathrm{d}\phi \\
&= \frac{256}{\hbar}\varepsilon_0E_0^2\frac{k^3a^6}{(1+k^2a^2)^6}\left(\frac{4\pi}{3}\right).
\end{aligned}
$$

由题意知 $\hbar\omega = \dfrac{\hbar^2k^2}{2m} + \dfrac{\hbar^2}{2ma^2} = \dfrac{\hbar^2}{2ma^2}\left(1+k^2a^2\right)$, 所以微分散射截面为

$$\sigma(k)=\frac{R_{i\to all}\hbar\omega}{\frac{1}{2}\varepsilon_0E_0^2c}$$
$$=\frac{1}{\frac{1}{2}\varepsilon_0E_0^2c}\frac{256}{\hbar}\varepsilon_0E_0^2\frac{k^3a^6}{(1+k^2a^2)^6}\left(\frac{4\pi}{3}\right)\frac{\hbar^2}{2ma^2}\left(1+k^2a^2\right)$$
$$=\frac{1024\pi\hbar}{3mc}\frac{k^3a^4}{\left(1+k^2a^2\right)^5}.$$

(c) $T=\dfrac{\lambda}{c}=\dfrac{2\pi}{\omega},\ \lambda=\dfrac{2\pi c}{\omega},\ \hbar\omega=\hbar\dfrac{2\pi c}{\lambda}=\dfrac{\hbar^2}{2ma^2}\left(1+k^2a^2\right),$

$$1+k^2a^2=\frac{2ma^2}{\hbar^2}\frac{\hbar 2\pi c}{\lambda}=\frac{4\pi ma^2c}{\hbar\lambda}.$$

由 $|E_1|=\dfrac{\hbar^2}{2ma^2}$, 得 $ma^2=\dfrac{\hbar^2}{2|E_1|}$, 所以,

$$1+k^2a^2=\frac{4\pi c}{\hbar\lambda}\frac{\hbar^2}{2|E_1|}=\frac{2\pi c\hbar}{\lambda|E_1|}=\frac{2\pi\left(3\times10^8\right)\left(1.055\times10^{-34}\right)}{\left(220\times10^{-10}\right)(13.6)\left(1.6\times10^{-19}\right)}=4.154.$$

因此 $k^2a^2=3.154$, 得 $ka=\sqrt{3.154}=1.776$.

光电散射截面为

$$\sigma=\frac{1024\pi\left(1.055\times10^{-34}\right)(1.77)^3\left(5.29\times10^{-11}\right)}{3\left(9.11\times10^{-31}\right)\left(3\times10^8\right)(4.15)^5}=0.986\times10^{-22}\ (\mathrm{m}^2)\approx1\ (\mathrm{Mb}).$$

***习题 11.18**　质量为 m 的粒子处于无限深方势阱的基态 (方程 (2.22)). 势阱突然扩大到原来尺寸的 2 倍, 即势阱右壁从 a 移动到 $2a$, 使波函数 (瞬间) 不受干扰. 测量粒子的能量.

(a) 最可能的结果是什么? 获得该结果的几率是多少?

(b) 下一个最可能的结果是什么? 其几率是多少? 假设你测量重新得到此值; 关于能量守恒, 你的结论是什么?

(c) 能量的期望值是多少? **提示**　如果你发现自己面对的是一个无穷级数, 尝试另一种方法.

解答　(a) 势阱未扩大时, 系统基态波函数 $\psi(x)=\sqrt{\dfrac{2}{a}}\sin\left(\dfrac{\pi x}{a}\right)$ 为初始波函数, 范围为 $0\sim a$. 这里略去动力学相因子, 因其对最后的几率计算没有贡献. 势阱突然扩大二倍后, 对体系进行能量测量, 测量结果必落到此时系统的某一本征态对应的能量本征值上.

本征态为 $\psi'(x)=\sqrt{\dfrac{2}{2a}}\sin\left(\dfrac{n\pi x}{2a}\right)$, 范围为 $0\sim2a$. 本征值为 $E_n=\dfrac{n^2\pi^2\hbar^2}{2m(2a)^2}=\dfrac{n^2\pi^2\hbar^2}{8ma^2}$. 所以,

$$c_n=\int_0^{2a}\left[\psi'(x)\right]^*\psi(x)\,\mathrm{d}x=\int_0^a\sqrt{\frac{2}{2a}}\sin\left(\frac{n\pi x}{2a}\right)\sqrt{\frac{2}{a}}\sin\left(\frac{\pi x}{a}\right)\mathrm{d}x$$
$$=\frac{\sqrt{2}}{a}\int_0^a\sin\left(\frac{n\pi x}{2a}\right)\sin\left(\frac{\pi x}{a}\right)\mathrm{d}x.$$

利用三角函数积化和差公式 $\sin\alpha\sin\beta=-\dfrac{1}{2}\left[\cos(\alpha+\beta)-\cos(\alpha-\beta)\right]$, 得

$$c_n = \frac{1}{\sqrt{2}a}\int_0^a \left\{\cos\left[\left(\frac{n}{2}-1\right)\frac{\pi x}{a}\right] - \cos\left[\left(\frac{n}{2}+1\right)\frac{\pi x}{a}\right]\right\}\mathrm{d}x$$
$$= \frac{1}{\sqrt{2}a}\left\{\frac{\sin\left[\left(\frac{n}{2}-1\right)\frac{\pi x}{a}\right]}{\left(\frac{n}{2}-1\right)\frac{\pi}{a}} - \frac{\sin\left[\left(\frac{n}{2}+1\right)\frac{\pi x}{a}\right]}{\left(\frac{n}{2}+1\right)\frac{\pi}{a}}\right\}\Bigg|_0^a .$$

这里要求 $n \neq 2$, 则

$$c_n = \frac{1}{\sqrt{2}\pi}\left\{\frac{\sin\left[\left(\frac{n}{2}-1\right)\pi\right]}{\frac{n}{2}-1} - \frac{\sin\left[\left(\frac{n}{2}+1\right)\pi\right]}{\frac{n}{2}+1}\right\} = \frac{4\sqrt{2}\sin\left[\left(\frac{n}{2}+1\right)\pi\right]}{\pi\left(n^2-4\right)}.$$

所以,

$$c_n = \begin{cases} 0, & (n\text{ 为偶数, 且 } n \neq 2) \\ \pm\dfrac{4\sqrt{2}}{\pi\left(n^2-4\right)}. & (n\text{ 为奇数}) \end{cases}$$

当 $n = 2$ 时,

$$c_2 = \frac{\sqrt{2}}{a}\int_0^a \sin^2\left(\frac{\pi x}{a}\right)\mathrm{d}x = \frac{\sqrt{2}}{a}\int_0^a \frac{1}{2}\mathrm{d}x = \frac{1}{\sqrt{2}}.$$

所以, 本征值对应的几率为

$$P_n = |c_n|^2 = \begin{cases} \dfrac{1}{2}, & (n = 2) \\ 0, & (n\text{ 为偶数, 且} n \neq 2) \\ \dfrac{32}{\pi^2\left(n^2-4\right)^2}. & (n\text{ 为奇数}) \end{cases}$$

最大几率对应的本征值为 $E_2 = \dfrac{\pi^2\hbar^2}{2ma^2}$, 几率为 $P_2 = \dfrac{1}{2}$.

(b) 接下来的一个最大的几率为

$$P_1 = \frac{32}{\pi^2\left(1^2-4\right)^2} = \frac{32}{9\pi^2} = 0.36025,$$

对应的本征值为 $E_1 = \dfrac{\pi^2\hbar^2}{8ma^2}$.

(c) 能量的期望值为

$$\langle H\rangle = \int \psi^* H\psi\mathrm{d}x = \frac{2}{a}\left(-\frac{\hbar^2}{2m}\right)\int_0^a \sin\left(\frac{\pi x}{a}\right)\left(\frac{\mathrm{d}^2}{\mathrm{d}x^2}\right)\sin\left(\frac{\pi x}{a}\right)\mathrm{d}x = \frac{\pi^2\hbar^2}{2ma^2}.$$

因为势阱宽度突然扩大二倍, 系统没有对外做功, 外界也未向系统做功, 所以可以用阱宽未变之前的态求解.

习题 11.19 粒子处于经典频率为 ω 的谐振子基态, 此时弹性系数突然变为 4 倍, 即 $\omega' = 2\omega$; 最初不改变其波函数 (当然, 由于哈密顿量已改变, Ψ 将以不同方式演化). 对能量测量仍能得到 $\dfrac{\hbar\omega}{2}$ 值的几率是多少? 得到 $\hbar\omega$ 的几率是多少? 答案: 0.943.

解答 设弹性系数 k 变为原来的 4 倍后的频率为 ω', 由 $\omega = \sqrt{\dfrac{k}{m}}$ 可知, 频率将变为原来的 2 倍, 即

$$\omega' = 2\omega.$$

能量变为

$$E_n = \left(n+\frac{1}{2}\right)\hbar\omega' = (2n+1)\hbar\omega, \quad n=0,1,2,\cdots.$$

所以, 能量测量得到值为 $\frac{1}{2}\hbar\omega$ 的几率变为 0. 能量测量值为 $\hbar\omega$ 时, $n=0$.

由 $\psi(x,0)=\psi_0(x)=\left(\frac{m\omega}{\pi\hbar}\right)^{\frac{1}{4}}\mathrm{e}^{-\frac{m\omega}{2\hbar}x^2}, \psi_0'(x)=\left(\frac{m2\omega}{\pi\hbar}\right)^{\frac{1}{4}}\mathrm{e}^{-\frac{m2\omega}{2\hbar}x^2}=\left(\frac{2m\omega}{\pi\hbar}\right)^{\frac{1}{4}}\times\mathrm{e}^{-\frac{m\omega}{\hbar}x^2}$, 得

$$c_0=\int\psi'^*_0\psi_0\mathrm{d}x=2^{\frac{1}{4}}\sqrt{\frac{m\omega}{\pi\hbar}}\int_{-\infty}^{\infty}\mathrm{e}^{-\frac{3m\omega}{2\hbar}x^2}\mathrm{d}x=2^{\frac{1}{4}}\sqrt{\frac{m\omega}{\pi\hbar}}\sqrt{\frac{2\hbar}{3m\omega}}\int_{-\infty}^{\infty}\mathrm{e}^{-u^2}\mathrm{d}u,$$

其中 $u=\sqrt{\frac{3m\omega}{2\hbar}}x$, 则 $c_0=2^{\frac{1}{4}}\sqrt{\frac{m\omega}{\pi\hbar}}\sqrt{\frac{2\hbar}{3m\omega}}\sqrt{\pi}=2^{\frac{1}{4}}\sqrt{\frac{2}{3}}$.

对能量测量得到 $\hbar\omega$ 的几率是

$$P_0=|c_0|^2=\frac{2}{3}\sqrt{2}\approx 0.943.$$

****习题 11.20** 对方程 (11.97) 中哈密顿量, 验证方程 (11.103) 是否满足含时薛定谔方程. 并验证方程 (11.105) 是否满足含时薛定谔方程, 根据归一化要求, 证明: 系数的平方和等于 1.

解答 系统哈密顿量为

$$H=\frac{\hbar\omega_1}{2}\begin{pmatrix}\cos\alpha & \mathrm{e}^{-\mathrm{i}\omega t}\sin\alpha\\ \mathrm{e}^{\mathrm{i}\omega t}\sin\alpha & -\cos\alpha\end{pmatrix},$$

方程 (11.103) 为

$$\chi(t)=\begin{pmatrix}\left[\cos\left(\frac{\lambda t}{2}\right)-\mathrm{i}\frac{\omega_1-\omega}{\lambda}\sin\left(\frac{\lambda t}{2}\right)\right]\cos\left(\frac{\alpha}{2}\right)\mathrm{e}^{-\frac{\mathrm{i}\omega t}{2}}\\ \left[\cos\left(\frac{\lambda t}{2}\right)-\mathrm{i}\frac{\omega_1+\omega}{\lambda}\sin\left(\frac{\lambda t}{2}\right)\right]\sin\left(\frac{\alpha}{2}\right)\mathrm{e}^{\frac{\mathrm{i}\omega t}{2}}\end{pmatrix}.$$

(i) 验证含时薛定谔方程 $\mathrm{i}\hbar\frac{\partial\chi}{\partial t}=H\chi$ 成立.

左边:

$$\mathrm{i}\hbar\frac{\partial\chi}{\partial t}=\mathrm{i}\hbar\begin{pmatrix}\frac{\lambda}{2}\left[-\sin\left(\frac{\lambda t}{2}\right)-\mathrm{i}\frac{\omega_1-\omega}{\lambda}\cos\left(\frac{\lambda t}{2}\right)\right]\cos\left(\frac{\alpha}{2}\right)\mathrm{e}^{-\frac{\mathrm{i}\omega t}{2}}\\ -\frac{\mathrm{i}\omega}{2}\left[\cos\left(\frac{\lambda t}{2}\right)-\mathrm{i}\frac{\omega_1-\omega}{\lambda}\sin\left(\frac{\lambda t}{2}\right)\right]\cos\left(\frac{\alpha}{2}\right)\mathrm{e}^{-\frac{\mathrm{i}\omega t}{2}},\\ \frac{\lambda}{2}\left[-\sin\left(\frac{\lambda t}{2}\right)-\mathrm{i}\frac{\omega_1+\omega}{\lambda}\cos\left(\frac{\lambda t}{2}\right)\right]\sin\left(\frac{\alpha}{2}\right)\mathrm{e}^{\frac{\mathrm{i}\omega t}{2}}\\ +\frac{\mathrm{i}\omega}{2}\left[\cos\left(\frac{\lambda t}{2}\right)-\mathrm{i}\frac{\omega_1+\omega}{\lambda}\sin\left(\frac{\lambda t}{2}\right)\right]\sin\left(\frac{\alpha}{2}\right)\mathrm{e}^{\frac{\mathrm{i}\omega t}{2}}\end{pmatrix};$$

右边:

$$H\chi=\frac{\hbar\omega_1}{2}\begin{pmatrix}\cos\alpha & \mathrm{e}^{-\mathrm{i}\omega t}\sin\alpha\\ \mathrm{e}^{\mathrm{i}\omega t}\sin\alpha & -\cos\alpha\end{pmatrix}$$

$$\times\begin{pmatrix}\left[\cos\left(\frac{\lambda t}{2}\right)-\mathrm{i}\frac{\omega_1-\omega}{\lambda}\sin\left(\frac{\lambda t}{2}\right)\right]\cos\left(\frac{\alpha}{2}\right)\mathrm{e}^{-\frac{\mathrm{i}\omega t}{2}}\\\left[\cos\left(\frac{\lambda t}{2}\right)-\mathrm{i}\frac{\omega_1+\omega}{\lambda}\sin\left(\frac{\lambda t}{2}\right)\right]\sin\left(\frac{\alpha}{2}\right)\mathrm{e}^{\frac{\mathrm{i}\omega t}{2}}\end{pmatrix}$$

$$=\frac{\hbar\omega_1}{2}\begin{pmatrix}\cos\alpha\left[\cos\left(\frac{\lambda t}{2}\right)-\mathrm{i}\frac{\omega_1-\omega}{\lambda}\sin\left(\frac{\lambda t}{2}\right)\right]\cos\left(\frac{\alpha}{2}\right)\mathrm{e}^{-\frac{\mathrm{i}\omega t}{2}}\\+\mathrm{e}^{-\mathrm{i}\omega t}\sin\alpha\left[\cos\left(\frac{\lambda t}{2}\right)-\mathrm{i}\frac{\omega_1+\omega}{\lambda}\sin\left(\frac{\lambda t}{2}\right)\right]\sin\left(\frac{\alpha}{2}\right)\mathrm{e}^{\frac{\mathrm{i}\omega t}{2}},\\\mathrm{e}^{\mathrm{i}\omega t}\sin\alpha\left[\cos\left(\frac{\lambda t}{2}\right)-\mathrm{i}\frac{\omega_1-\omega}{\lambda}\sin\left(\frac{\lambda t}{2}\right)\right]\cos\left(\frac{\alpha}{2}\right)\mathrm{e}^{-\frac{\mathrm{i}\omega t}{2}}\\-\cos\alpha\left[\cos\left(\frac{\lambda t}{2}\right)-\mathrm{i}\frac{\omega_1+\omega}{\lambda}\sin\left(\frac{\lambda t}{2}\right)\right]\sin\left(\frac{\alpha}{2}\right)\mathrm{e}^{\frac{\mathrm{i}\omega t}{2}}\end{pmatrix}.$$

由左右两边矩阵的第一行相等有

$$\begin{aligned}&\mathrm{i}\hbar\left\{\frac{\lambda}{2}\left[-\sin\left(\frac{\lambda t}{2}\right)-\mathrm{i}\frac{\omega_1-\omega}{\lambda}\cos\left(\frac{\lambda t}{2}\right)\right]\cos\left(\frac{\alpha}{2}\right)\mathrm{e}^{-\frac{\mathrm{i}\omega t}{2}}\right.\\&\left.-\frac{\mathrm{i}\omega}{2}\left[\cos\left(\frac{\lambda t}{2}\right)-\mathrm{i}\frac{\omega_1-\omega}{\lambda}\sin\left(\frac{\lambda t}{2}\right)\right]\cos\left(\frac{\alpha}{2}\right)\mathrm{e}^{-\frac{\mathrm{i}\omega t}{2}}\right\}\\&=\frac{\hbar\omega_1}{2}\left\{\cos\alpha\left[\cos\left(\frac{\lambda t}{2}\right)-\mathrm{i}\frac{\omega_1-\omega}{\lambda}\sin\left(\frac{\lambda t}{2}\right)\right]\cos\left(\frac{\alpha}{2}\right)\mathrm{e}^{-\frac{\mathrm{i}\omega t}{2}}\right.\\&\left.+\mathrm{e}^{-\mathrm{i}\omega t}\underbrace{\sin\alpha}_{2\sin\frac{\alpha}{2}\cos\frac{\alpha}{2}}\left[\cos\left(\frac{\lambda t}{2}\right)-\mathrm{i}\frac{\omega_1+\omega}{\lambda}\sin\left(\frac{\lambda t}{2}\right)\right]\sin\left(\frac{\alpha}{2}\right)\mathrm{e}^{\frac{\mathrm{i}\omega t}{2}}\right\};\end{aligned}$$

可得 $\sin\left(\frac{\lambda t}{2}\right)$ 项为

$$\begin{aligned}&\sin\left(\frac{\lambda t}{2}\right)\left[-\mathrm{i}\lambda-\frac{\mathrm{i}\omega\left(\omega_1-\omega\right)}{\lambda}+\frac{\mathrm{i}\omega_1\left(\omega_1-\omega\right)}{\lambda}\cos\alpha+\frac{\mathrm{i}\omega_1\left(\omega_1+\omega\right)}{\lambda}2\sin^2\left(\frac{\alpha}{2}\right)\right]\\&=\frac{\mathrm{i}}{\lambda}\sin\left(\frac{\lambda t}{2}\right)\left[-\lambda^2-\omega\omega_1+\omega^2+\left(\omega_1^2-\omega\omega_1\right)\cos\alpha+\left(\omega_1^2+\omega\omega_1\right)(1-\cos\alpha)\right]\\&=\frac{\mathrm{i}}{\lambda}\sin\left(\frac{\lambda t}{2}\right)\left[-\omega^2-\omega_1^2+2\omega\omega_1\cos\alpha-\omega\omega_1+\omega^2\right.\\&\left.\quad+\left(\omega_1^2-\omega\omega_1\right)\cos\alpha+\left(\omega_1^2+\omega\omega_1\right)(1-\cos\alpha)\right]\\&=0.\end{aligned}$$

$\cos\left(\frac{\lambda t}{2}\right)$ 项为

$$\begin{aligned}&\cos\left(\frac{\lambda t}{2}\right)\left[(\omega_1-\omega)+\omega-\omega_1\cos\alpha-2\omega_1\sin^2\left(\frac{\alpha}{2}\right)\right]\\&=\cos\left(\frac{\lambda t}{2}\right)\left[\omega_1-\omega+\omega-\omega_1\cos\alpha-2\omega_1\left(-\frac{1}{2}\right)(\cos\alpha-1)\right]\\&=\cos\left(\frac{\lambda t}{2}\right)\left[\omega_1-\omega+\omega-\omega_1\cos\alpha+\omega_1(\cos\alpha-1)\right]\end{aligned}$$

$$=0.$$

因此, 薛定谔方程第一行成立.

由左右两边矩阵的第二行相等有

$$\begin{aligned}&\mathrm{i}\hbar\left\{\frac{\lambda}{2}\left[-\sin\left(\frac{\lambda t}{2}\right)-\mathrm{i}\frac{\omega_1+\omega}{\lambda}\cos\left(\frac{\lambda t}{2}\right)\right]\sin\left(\frac{\alpha}{2}\right)\right.\\&\left.+\frac{\mathrm{i}\omega}{2}\left[\cos\left(\frac{\lambda t}{2}\right)-\mathrm{i}\frac{\omega_1+\omega}{\lambda}\sin\left(\frac{\lambda t}{2}\right)\right]\sin\left(\frac{\alpha}{2}\right)\right\}\\=&\frac{\hbar\omega_1}{2}\left\{\left[\cos\left(\frac{\lambda t}{2}\right)-\mathrm{i}\frac{\omega_1-\omega}{\lambda}\sin\left(\frac{\lambda t}{2}\right)\right]2\sin\left(\frac{\alpha}{2}\right)\cos^2\left(\frac{\alpha}{2}\right)\right.\\&\left.-\left[\cos\left(\frac{\lambda t}{2}\right)-\mathrm{i}\frac{\omega_1+\omega}{\lambda}\sin\left(\frac{\lambda t}{2}\right)\right]\cos\alpha\sin\left(\frac{\alpha}{2}\right)\right\},\end{aligned}$$

可得 $\sin\left(\frac{\lambda t}{2}\right)$ 项为

$$\begin{aligned}&\sin\left(\frac{\lambda t}{2}\right)\left[-\mathrm{i}\lambda+\frac{\mathrm{i}\omega\left(\omega_1+\omega\right)}{\lambda}+\frac{\mathrm{i}\omega_1\left(\omega_1-\omega\right)}{\lambda}2\cos^2\left(\frac{\alpha}{2}\right)-\frac{\mathrm{i}\omega_1\left(\omega_1+\omega\right)}{\lambda}\cos\alpha\right]\\=&\frac{\mathrm{i}}{\lambda}\sin\left(\frac{\lambda t}{2}\right)\left[-\lambda^2+\omega\omega_1+\omega^2+\left(\omega_1^2-\omega\omega_1\right)\left(1+\cos\alpha\right)-\left(\omega_1^2+\omega\omega_1\right)\cos\alpha\right]\\=&\frac{\mathrm{i}}{\lambda}\sin\left(\frac{\lambda t}{2}\right)\left[-\omega^2-\omega_1^2+2\omega\omega_1\cos\alpha+\omega\omega_1+\omega^2+\left(\omega_1^2-\omega\omega_1\right)\left(1+\cos\alpha\right)\right.\\&\left.-\left(\omega_1^2+\omega\omega_1\right)\cos\alpha\right]\\=&0.\end{aligned}$$

$\cos\left(\frac{\lambda t}{2}\right)$ 项为

$$\begin{aligned}&\cos\left(\frac{\lambda t}{2}\right)\left[\left(\omega_1+\omega\right)-\omega-\omega_1 2\cos^2\left(\frac{\alpha}{2}\right)+\omega_1\cos\alpha\right]\\=&\cos\left(\frac{\lambda t}{2}\right)\left[\omega_1-\omega_1\left(1+\cos\alpha\right)+\omega_1\cos\alpha\right]\\=&0.\end{aligned}$$

因此, 薛定谔方程第二行成立, 方程 (11.103) 满足薛定谔方程.

(ii) 对方程 (11.105)

$$\begin{aligned}\chi(t)=&\left[\cos\left(\frac{\lambda t}{2}\right)-\mathrm{i}\frac{\omega_1-\omega\cos\alpha}{\lambda}\sin\left(\frac{\lambda t}{2}\right)\right]\mathrm{e}^{-\frac{\mathrm{i}\omega t}{2}}\chi_+(t)\\&+\mathrm{i}\left[\frac{\omega}{\lambda}\sin\alpha\sin\left(\frac{\lambda t}{2}\right)\right]\mathrm{e}^{\frac{\mathrm{i}\omega t}{2}}\chi_-(t)\\=&\left[\cos\left(\frac{\lambda t}{2}\right)-\mathrm{i}\frac{\omega_1-\omega\cos\alpha}{\lambda}\sin\left(\frac{\lambda t}{2}\right)\right]\mathrm{e}^{-\frac{\mathrm{i}\omega t}{2}}\begin{pmatrix}\cos\frac{\alpha}{2}\\\mathrm{e}^{\mathrm{i}\omega t}\sin\frac{\alpha}{2}\end{pmatrix}\\&+\mathrm{i}\left[\frac{\omega}{\lambda}\sin\alpha\sin\left(\frac{\lambda t}{2}\right)\right]\mathrm{e}^{\frac{\mathrm{i}\omega t}{2}}\begin{pmatrix}\mathrm{e}^{-\mathrm{i}\omega t}\sin\frac{\alpha}{2}\\-\cos\frac{\alpha}{2}\end{pmatrix}\end{aligned}$$

$$
= \begin{pmatrix} \alpha \\ \beta \end{pmatrix}
$$

得

$$
\begin{aligned}
\alpha = & \left\{ \left[\cos\left(\frac{\lambda t}{2}\right) - \frac{\mathrm{i}\omega_1}{\lambda}\sin\left(\frac{\lambda t}{2}\right)\right]\cos\frac{\alpha}{2} \right. \\
& \left. + \frac{\mathrm{i}\omega}{\lambda}\left[\cos\alpha\cos\frac{\alpha}{2} + \sin\alpha\sin\frac{\alpha}{2}\right]\sin\left(\frac{\lambda t}{2}\right)\right\}\mathrm{e}^{-\frac{\mathrm{i}\omega t}{2}} \\
= & \left[\cos\left(\frac{\lambda t}{2}\right) - \frac{\mathrm{i}\left(\omega_1 - \omega\right)}{\lambda}\sin\left(\frac{\lambda t}{2}\right)\right]\cos\frac{\alpha}{2}\mathrm{e}^{-\frac{\mathrm{i}\omega t}{2}}, \\
\beta = & \left\{ \left[\cos\left(\frac{\lambda t}{2}\right) - \frac{\mathrm{i}\omega_1}{\lambda}\sin\left(\frac{\lambda t}{2}\right)\right]\sin\frac{\alpha}{2} \right. \\
& \left. + \frac{\mathrm{i}\omega}{\lambda}\left[\cos\alpha\sin\frac{\alpha}{2} - \sin\alpha\cos\frac{\alpha}{2}\right]\sin\left(\frac{\lambda t}{2}\right)\right\}\mathrm{e}^{\frac{\mathrm{i}\omega t}{2}} \\
= & \left[\cos\left(\frac{\lambda t}{2}\right) - \frac{\mathrm{i}\left(\omega_1 + \omega\right)}{\lambda}\sin\left(\frac{\lambda t}{2}\right)\right]\sin\frac{\alpha}{2}\mathrm{e}^{\frac{\mathrm{i}\omega t}{2}}.
\end{aligned}
$$

所以, 由波函数归一化, 得

$$
\begin{aligned}
\chi^{+}(t)\chi(t) = & |\alpha|^2 + |\beta|^2 \\
= & \left[\cos^2\left(\frac{\lambda t}{2}\right) + \frac{\left(\omega_1 - \omega\right)^2}{\lambda^2}\sin^2\left(\frac{\lambda t}{2}\right)\right]\cos^2\left(\frac{\alpha}{2}\right) \\
& + \left[\cos^2\left(\frac{\lambda t}{2}\right) + \frac{\left(\omega_1 + \omega\right)^2}{\lambda^2}\sin^2\left(\frac{\lambda t}{2}\right)\right]\sin^2\left(\frac{\alpha}{2}\right) \\
= & \cos^2\left(\frac{\lambda t}{2}\right)\left[\cos^2\left(\frac{\alpha}{2}\right) + \sin^2\left(\frac{\alpha}{2}\right)\right] \\
& + \frac{1}{\lambda^2}\sin^2\left(\frac{\lambda t}{2}\right)\left[\left(\omega_1 - \omega\right)^2\cos^2\left(\frac{\alpha}{2}\right) + \left(\omega_1 + \omega\right)^2\sin^2\left(\frac{\alpha}{2}\right)\right] \\
= & \cos^2\left(\frac{\lambda t}{2}\right) + \frac{1}{\lambda^2}\sin^2\left(\frac{\lambda t}{2}\right) \\
& \times\left[\left(\omega_1^2 + \omega^2 - 2\omega_1\omega\right)\cos^2\left(\frac{\alpha}{2}\right) + \left(\omega_1^2 + \omega^2 + 2\omega_1\omega\right)\sin^2\left(\frac{\alpha}{2}\right)\right] \\
= & \cos^2\left(\frac{\lambda t}{2}\right) + \frac{1}{\lambda^2}\sin^2\left(\frac{\lambda t}{2}\right)\left\{\omega_1^2 + \omega^2 - 2\omega_1\omega\left[\cos^2\left(\frac{\alpha}{2}\right) - \sin^2\left(\frac{\alpha}{2}\right)\right]\right\} \\
= & \cos^2\left(\frac{\lambda t}{2}\right) + \frac{1}{\lambda^2}\sin^2\left(\frac{\lambda t}{2}\right)\left(\omega_1^2 + \omega^2 - 2\omega_1\omega\cos\alpha\right) \\
= & \cos^2\left(\frac{\lambda t}{2}\right) + \sin^2\left(\frac{\lambda t}{2}\right) \\
= & 1,
\end{aligned}
$$

其中用到 $\lambda = \sqrt{\omega_1^2 + \omega^2 - 2\omega_1\omega\cos\alpha}$.

***习题 11.21** 在例题 11.4 中，求经过一个周期的贝里相位．**提示** 使用方程 (11.105) 求出总的相位改变，并减去动力学部分．你需要把 λ (方程 (11.104)) 展开到 ω/ω_1 的一阶．

解答 绝热近似要求 $\omega \ll \omega_1$, 即外部变化要远小于内部变化.

由方程 (11.104)

$$\begin{aligned}\lambda &\equiv \sqrt{\omega^2+\omega_1^2-2\omega\omega_1\cos\alpha}\\ &= \omega_1\sqrt{1-2\frac{\omega}{\omega_1}\cos\alpha+\left(\frac{\omega}{\omega_1}\right)^2}\\ &\approx \omega_1\sqrt{1-2\frac{\omega}{\omega_1}\cos\alpha}\\ &\approx \omega_1\left(1-\frac{\omega}{\omega_1}\cos\alpha\right)\\ &= \omega_1-\omega\cos\alpha.\end{aligned}$$

这里略去二阶小量并将根号下的式子进行泰勒展开, 取前两项.

薛定谔方程的精确解为方程 (11.105),

$$\begin{aligned}\chi(t) = &\left[\cos\left(\frac{\lambda t}{2}\right)-\mathrm{i}\frac{(\omega_1-\omega\cos\alpha)}{\lambda}\sin\left(\frac{\lambda t}{2}\right)\right]\mathrm{e}^{-\frac{\mathrm{i}\omega t}{2}}\chi_+(t)\\ &+\mathrm{i}\left[\frac{\omega}{\lambda}\sin\alpha\sin\left(\frac{\lambda t}{2}\right)\right]\mathrm{e}^{\frac{\mathrm{i}\omega t}{2}}\chi_-(t).\end{aligned}$$

将 $\lambda \approx \omega_1-\omega\cos\alpha$ 代入上式, 得

$$\begin{aligned}\chi(t) \approx &\left[\cos\left(\frac{\lambda t}{2}\right)-\mathrm{i}\sin\left(\frac{\lambda t}{2}\right)\right]\mathrm{e}^{-\frac{\mathrm{i}\omega t}{2}}\chi_+(t)\\ &+\mathrm{i}\left[\frac{\omega}{\omega_1-\omega\cos\alpha}\sin\alpha\sin\left(\frac{\lambda t}{2}\right)\right]\mathrm{e}^{\frac{\mathrm{i}\omega t}{2}}\chi_-(t)\\ =&\,\mathrm{e}^{-\frac{\mathrm{i}\lambda t}{2}}\mathrm{e}^{-\frac{\mathrm{i}\omega t}{2}}\chi_+(t)+\mathrm{i}\left[\frac{\omega}{\omega_1}\sin\alpha\sin\left(\frac{\omega_1 t}{2}\right)\right]\mathrm{e}^{\frac{\mathrm{i}\omega t}{2}}\chi_-(t)\\ =&\,\mathrm{e}^{\frac{-\mathrm{i}(\omega_1-\omega\cos\alpha)t}{2}}\mathrm{e}^{-\frac{\mathrm{i}\omega t}{2}}\chi_+(t)+\mathrm{i}\left[\frac{\omega}{\omega_1}\sin\alpha\sin\left(\frac{\omega_1 t}{2}\right)\right]\mathrm{e}^{\frac{\mathrm{i}\omega t}{2}}\chi_-(t).\end{aligned}$$

由于 $\omega \ll \omega_1$, 所以上式中第二项可以忽略, 则

$$\chi(t) = \mathrm{e}^{\mathrm{i}[\omega\cos\alpha-(\omega+\omega_1)]\frac{t}{2}}\chi_+(t), \text{ 对应的本征能量为 } E_+(t) = \frac{\hbar\omega_1}{2}.$$

此时, 波函数总的相位为 $[\omega\cos\alpha-(\omega+\omega_1)]\dfrac{t}{2}$. 动力学相位为

$$\theta_+(t) = -\frac{1}{\hbar}\int_0^t E(t')\,\mathrm{d}t' = -\frac{1}{\hbar}\int_0^t \frac{\hbar\omega_1}{2}\mathrm{d}t' = -\frac{\omega_1 t}{2}.$$

所以, 几何相位为总的相位减去动力学相位

$$\gamma_+(t) = [\omega\cos\alpha-(\omega+\omega_1)]\frac{t}{2}+\frac{\omega_1 t}{2} = (\cos\alpha-1)\frac{\omega t}{2}.$$

如果旋转一周 $T = \dfrac{2\pi}{\omega}$, 则有

$$\gamma_+(T) = \pi(\cos\alpha-1).$$

习题 11.22 δ 函数势阱 (方程 (2.117)) 有一个单束缚态 (方程 (2.132)). 当 α 由 α_1 逐渐变化到 α_2 时, 计算几何相的变化. 如果 α 以恒定的速率增加 $(\mathrm{d}\alpha/\mathrm{d}t = c)$, 此过程中动力学相变化是多少? ① **提示** 将方程 (11.93) 插入含时薛定谔方程, 并求解 $\dot{\gamma}$, 假设 $\dot{\alpha}$ 可以忽略不计.

解答 (方法一) δ 势阱 $V(x) = -\alpha\delta(x)$ 有唯一束缚态 $\psi(x) = \dfrac{\sqrt{m\alpha}}{\hbar}\mathrm{e}^{-m\alpha|x|/\hbar^2}$, 能量为 $E = -\dfrac{m\alpha^2}{2\hbar^2}$, 变化参量为 $R = \alpha$, 所以

$$\frac{\partial\psi}{\partial\alpha} = \frac{\sqrt{m}}{\hbar}\frac{1}{2}\frac{1}{\sqrt{\alpha}}\mathrm{e}^{-m\alpha|x|/\hbar^2} + \frac{\sqrt{m\alpha}}{\hbar}\left(-\frac{m|x|}{\hbar^2}\right)\mathrm{e}^{-m\alpha|x|/\hbar^2}.$$

由于几何相位公式为 $\gamma_n(T) = \mathrm{i}\oint\langle\psi_n \mid \nabla_R\psi_n\rangle\cdot\mathrm{d}R$, 先算波函数与波函数梯度的内积项, 得

$$\begin{aligned}
\langle\psi|\ \partial\psi/\partial\alpha\rangle &= \int_{-\infty}^{\infty}\psi * \frac{\partial\psi}{\partial\alpha}\mathrm{d}x \\
&= 2\int_0^{\infty}\frac{\sqrt{m\alpha}}{\hbar}\mathrm{e}^{-m\alpha x/\hbar^2}\left[\frac{\sqrt{m}}{\hbar}\frac{1}{2}\frac{1}{\sqrt{\alpha}}\mathrm{e}^{-m\alpha x/\hbar^2} + \frac{\sqrt{m\alpha}}{\hbar}\left(-\frac{mx}{\hbar^2}\right)\mathrm{e}^{-m\alpha x/\hbar^2}\right]\mathrm{d}x \\
&= \frac{m}{\hbar^2}\left[\int_0^{\infty}\mathrm{e}^{-2m\alpha x/\hbar^2}\mathrm{d}x - 2\frac{m\alpha}{\hbar^2}\int_0^{\infty}x\mathrm{e}^{-2m\alpha x/\hbar^2}\mathrm{d}x\right] \\
&= \frac{m}{\hbar^2}\left[\left(\frac{\hbar^2}{2m\alpha}\right) - 2\frac{m\alpha}{\hbar^2}\left(\frac{\hbar^2}{2m\alpha}\right)^2\right] \\
&= 0,
\end{aligned}$$

所以几何相位为零. 由 $E = -\dfrac{m(\alpha_1 + ct)^2}{2\hbar^2}$, 则动力学相位为

$$\begin{aligned}
\theta(t) &= -\frac{1}{\hbar}\int_0^T E(t')\,\mathrm{d}t' = \frac{1}{\hbar}\int_0^T\frac{m(\alpha_1 + ct')^2}{2\hbar^2}\mathrm{d}t' \\
&= \frac{m}{6c\hbar^3}\left[(\alpha_1 + cT)^3 - \alpha_1^3\right] = \frac{m}{6c\hbar^3}\left(\alpha_2^3 - \alpha_1^3\right).
\end{aligned}$$

(方法二) 由方程 (11.93) 知绝热近似下波函数的形式为

$$\varPsi_n(x,t) = \mathrm{e}^{\mathrm{i}\theta_n(t)}\mathrm{e}^{\mathrm{i}\gamma_n(t)}\psi_n(x,t),$$

其中 $\psi_n(x,t)$ 为系统的瞬时本征态.

由方程 (2.132) 知,

$$\varPsi(x,t) = \frac{\sqrt{m\alpha(t)}}{\hbar}\exp\left[-\frac{m\alpha(t)|x|}{\hbar^2}\right],$$

θ 为动力学相位, 由方程 (11.92) 知 $\theta_n(t) \equiv -\dfrac{1}{\hbar}\displaystyle\int_0^t E_n(t')\,\mathrm{d}t'$, 所以,

$$\dot{\theta}(t) = -\frac{1}{\hbar}E(t).$$

① 如果 $\psi_n(t)$ 为实数, 则几何相位消失. 你可以尝试在本征函数上加一个不必要的 (但完全合理的) 相位因子: $\psi_n'(t) \equiv \mathrm{e}^{\mathrm{i}\phi_n}\psi_n(t)$, 其中 ϕ_n 是任意的 (实) 函数. 试试看, 你将会得到一个非零的几何相位, 但注意当你把它代回方程 (11.93) 时会发生什么. 对于一个闭合回路, 其结果是零.

由方程 (2.132) 知

$$E(t)=-\frac{m\alpha^2(t)}{2\hbar^2}.$$

将 $\Psi(x,t)$ 代入含时薛定谔方程,

$$\hat{H}(t)\Psi(x,t)=\mathrm{i}\hbar\frac{\partial\Psi}{\partial t},$$

$$\hat{H}(t)\left[\mathrm{e}^{\mathrm{i}\theta(t)}\mathrm{e}^{\mathrm{i}\gamma(t)}\psi(x,t)\right]=\mathrm{i}\hbar\frac{\partial}{\partial t}\left[\mathrm{e}^{\mathrm{i}\theta(t)}\mathrm{e}^{\mathrm{i}\gamma(t)}\psi(x,t)\right],$$

$$\mathrm{e}^{\mathrm{i}\theta(t)}\mathrm{e}^{\mathrm{i}\gamma(t)}\hat{H}(t)\psi(x,t)=\mathrm{i}\hbar\left[\mathrm{i}\dot{\theta}\psi(x,t)+\mathrm{i}\dot{\gamma}\psi(x,t)+\dot{\psi}(x,t)\right]\mathrm{e}^{\mathrm{i}\theta(t)}\mathrm{e}^{\mathrm{i}\gamma(t)},$$

两边同时乘以 $\mathrm{e}^{-\mathrm{i}\theta(t)}\mathrm{e}^{-\mathrm{i}\gamma(t)}$, 得

$$\hat{H}(t)\psi(x,t)=\mathrm{i}\hbar\left[\mathrm{i}\dot{\theta}\psi(x,t)+\mathrm{i}\dot{\gamma}\psi(x,t)+\dot{\psi}(x,t)\right],$$

由 $\dot{\theta}(t)=-\frac{1}{\hbar}E(t)$, 可得

$$E(t)\psi(x,t)=E(t)\psi(x,t)-\hbar\dot{\gamma}\psi(x,t)+\mathrm{i}\hbar\dot{\psi}(x,t),$$

即 $\dot{\gamma}\psi(x,t)=\mathrm{i}\frac{\partial\psi(x,t)}{\partial t}$.

又由

$$\begin{aligned}\frac{\partial\psi}{\partial t}&=\frac{\partial\psi}{\partial\alpha}\frac{\partial\alpha}{\partial t}\\&=\left[\frac{1}{2}\frac{\sqrt{m}}{\hbar\sqrt{\alpha}}\mathrm{e}^{-m\alpha|x|/\hbar^2}-\frac{\sqrt{m\alpha}}{\hbar}\frac{m|x|}{\hbar^2}\mathrm{e}^{-m\alpha|x|/\hbar^2}\right]\dot{\alpha}\\&=\left(\frac{1}{2\alpha}-\frac{m|x|}{\hbar^2}\right)\dot{\alpha}\psi,\end{aligned}$$

结合 $\dot{\gamma}\psi(x,t)=\mathrm{i}\frac{\partial\psi(x,t)}{\partial t}$, 得

$$\dot{\gamma}\psi(x,t)=\mathrm{i}\left(\frac{1}{2\alpha}-\frac{m|x|}{\hbar^2}\right)\dot{\alpha}\psi(x,t)\Rightarrow\dot{\gamma}=\mathrm{i}\left(\frac{\dot{\alpha}}{2\alpha}-\frac{m\dot{\alpha}|x|}{\hbar^2}\right).$$

由于在绝热近似下, $\dot{\alpha}\to 0$, 因此 $\dot{\gamma}\to 0$. 所以 γ 是一个常数. 在 $t=0$ 时, $\gamma=0$, 那么 γ 一直都等于 0. 所以, 动力学相位为

$$\begin{aligned}\theta(t)&=-\frac{1}{\hbar}\int_0^t E(t')\,\mathrm{d}t'=-\frac{1}{\hbar}\int_{\alpha_1}^{\alpha_2}E(\alpha)\,\mathrm{d}\alpha\frac{\mathrm{d}t'}{\mathrm{d}\alpha}\\&=-\frac{1}{\hbar}\int_{\alpha_1}^{\alpha_2}E(\alpha)\left(\frac{1}{\mathrm{d}\alpha/\mathrm{d}t'}\right)\mathrm{d}\alpha=-\frac{1}{\hbar c}\int_{\alpha_1}^{\alpha_2}E(\alpha)\,\mathrm{d}\alpha\\&=-\frac{c}{\hbar}\left(-\frac{m}{2\hbar^2}\right)\int_{\alpha_1}^{\alpha_2}\alpha^2\mathrm{d}\alpha\\&=\frac{m}{6\hbar^3c}\left(\alpha_2^3-\alpha_1^3\right).\end{aligned}$$

补充习题

***习题 11.23**　在习题 11.1 中, 你证明了

$$\frac{\mathrm{d}f}{\mathrm{d}t}=k(t)f(t)$$

的解是 (其中 $k(t)$ 是时间 t 的函数)

$$f(t)=\mathrm{e}^{K(t)}f(0)\text{，其中 }K(t)\equiv\int_0^t k(t')\,\mathrm{d}t'.$$

这表明薛定谔方程 (方程 (11.1)) 的解可能是

$$\Psi(t)=\mathrm{e}^{\hat{G}(t)}\Psi(0)\text{，其中 }\hat{G}(t)\equiv-\frac{\mathrm{i}}{\hbar}\int_0^t \hat{H}(t')\,\mathrm{d}t'.$$

这并不成立, 因为 $\hat{H}(t)$ 是一个算符, 而不是函数; 且一般情况下 $\hat{H}(t_1)$ 和 $\hat{H}(t_2)$ 不对易.

(a) 利用方程 (11.108), 计算 $\mathrm{i}\hbar\partial\Psi/\partial t$. **注释** 与通常一样, 指数运算符应表示为幂级数:

$$\mathrm{e}^{\hat{G}}\equiv 1+\hat{G}+\frac{1}{2}\hat{G}\hat{G}+\frac{1}{3!}\hat{G}\hat{G}\hat{G}+\cdots.$$

证明: 如果 $\left[\hat{G},\hat{H}\right]=0$, 那么 Ψ 满足薛定谔方程.

(b) 验证一般情况下 $\left(\left[\hat{G},\hat{H}\right]\neq 0\right)$ 的修正解是

$$\begin{aligned}\Psi(t)=&\left\{1+\left(-\frac{\mathrm{i}}{\hbar}\right)\int_0^t \hat{H}(t_1)\,\mathrm{d}t_1+\left(-\frac{\mathrm{i}}{\hbar}\right)^2\int_0^t \hat{H}(t_1)\right.\\&\times\left[\int_0^{t_1}\hat{H}(t_2)\,\mathrm{d}t_2\right]\mathrm{d}t_1+\left(-\frac{\mathrm{i}}{\hbar}\right)^3\int_0^t \hat{H}(t_1)\\&\left.\times\left[\int_0^{t_1}\hat{H}(t_2)\left(\int_0^{t_2}\hat{H}(t_3)\,\mathrm{d}t_3\right)\mathrm{d}t_2\right]\mathrm{d}t_1+\cdots\right\}\Psi(0).\end{aligned}$$

令人很不愉快! **请注意** 每项中的算符都是“按时间顺序”的, 即最新的 $\hat{H}$ 出现在最左侧, 然后是下一个最新的, 依此类推 ($t\geqslant t_1\geqslant t_2\geqslant t_3\cdots$). 戴森引入了两个算符的**时序积**:

$$\mathbf{T}\left[\hat{H}(t_i)\quad \hat{H}(t_j)\right]\equiv\begin{cases}\hat{H}(t_i)\,\hat{H}(t_j), & t_i\geqslant t_j\\ \hat{H}(t_j)\,\hat{H}(t_i), & t_j\geqslant t_i\end{cases}$$

或者更为一般地,

$$\mathbf{T}\left[\hat{H}(t_1)\,\hat{H}(t_2)\cdots\hat{H}(t_n)\right]\equiv\hat{H}(t_{j1})\,\hat{H}(t_{j2})\cdots\hat{H}(t_{jn}),$$

其中 $t_{j1}\geqslant t_{j2}\geqslant\cdots\geqslant t_{jn}$.

(c) 证明:

$$\mathbf{T}\left[\hat{G}\hat{G}\right]=-\frac{2}{\hbar^2}\int_0^t \hat{H}(t_1)\left[\int_0^{t_1}\hat{H}(t_2)\,\mathrm{d}t_2\right]\mathrm{d}t_1,$$

并推广到 $\hat{G}$ 的高阶次幂. 在方程 (11.108) 中, 我们需要用 $\mathbf{T}\left[\hat{G}^n\right]$ 来代替 $\hat{G}^n$:

$$\Psi(t)=\mathbf{T}\left[\mathrm{e}^{-\frac{\mathrm{i}}{\hbar}\int_0^t\hat{H}(t')\mathrm{d}t'}\right]\Psi(0).$$

这就是**戴森公式**; 这是方程 (11.109) 的一种简洁表示方法, 是薛定谔方程的形式解. 戴森公式在量子场论中起着基础性的作用. ①

解答　(a) 若 ψ 满足薛定谔方程 $\mathrm{i}\hbar\dfrac{\partial\Psi}{\partial t}=H\Psi$ 就是验证等式两边相等.

等式左边:

$$\begin{aligned}\mathrm{i}\hbar\frac{\partial}{\partial t}\left[\mathrm{e}^{\hat{G}(t)}\psi(0)\right]&=\mathrm{i}\hbar\frac{\partial}{\partial t}\left[1+\hat{G}+\frac{1}{2!}\hat{G}^2+\frac{1}{3!}\hat{G}^3+\cdots\right]\psi(0)\\&=\mathrm{i}\hbar\left[0+\dot{\hat{G}}+\frac{1}{2}\dot{\hat{G}}\hat{G}+\frac{1}{2}\hat{G}\dot{\hat{G}}+\frac{1}{3!}\dot{\hat{G}}\hat{G}\hat{G}+\frac{1}{3!}\hat{G}\dot{\hat{G}}\hat{G}+\frac{1}{3!}\hat{G}\hat{G}\dot{\hat{G}}+\cdots\right]\psi(0).\end{aligned}$$

由于

$$\dot{\hat{G}}=\frac{\mathrm{d}}{\mathrm{d}t}\left[-\frac{\mathrm{i}}{\hbar}\int_0^t\hat{H}(t')\,\mathrm{d}t'\right]=-\frac{\mathrm{i}}{\hbar}\hat{H}(t)\Rightarrow\hat{H}(t)=\mathrm{i}\hbar\dot{\hat{G}},$$

代入上式, 得

$$\mathrm{i}\hbar\frac{\partial\Psi}{\partial t}=\left[\hat{H}(t)+\frac{1}{2!}\hat{H}\hat{G}+\frac{1}{2!}\hat{G}\hat{H}+\frac{1}{3!}\hat{H}\hat{G}\hat{G}+\frac{1}{3!}\hat{G}\hat{H}\hat{G}+\frac{1}{3!}\hat{G}\hat{G}\hat{H}+\cdots\right]\psi(0).$$

如果 $\left[\hat{G},\hat{H}\right]=0\Rightarrow\hat{G}\hat{H}=\hat{H}\hat{G}$, 则 $\hat{G}$ 与 $\hat{H}$ 可以互换位置, 应用到上式, 得

$$\begin{aligned}\mathrm{i}\hbar\frac{\partial\Psi(t)}{\partial t}&=\hat{H}(t)\left[1+\hat{G}+\frac{1}{2}\hat{G}^2+\frac{1}{3!}\hat{G}^3+\cdots\right]\psi(0)\\&=\hat{H}(t)\,\mathrm{e}^{\hat{G}(t)}\psi(0)=\hat{H}(t)\,\Psi(t).\end{aligned}$$

因此, 方程 (11.108) 在 $\left[\hat{G},\hat{H}\right]=0$ 的条件下是薛定谔方程的解.

(b) 将方程 (11.109) 代入薛定谔方程对时间求导部分, 得

$$\begin{aligned}\mathrm{i}\hbar\frac{\partial\Psi(t)}{\partial t}=&\left\{0+\hat{H}(t)+\left(-\frac{\mathrm{i}}{\hbar}\right)\hat{H}(t)\int_0^t\hat{H}(t_2)\,\mathrm{d}t_2\right.\\&\left.+\left(-\frac{\mathrm{i}}{\hbar}\right)^2\hat{H}(t)\int_0^t\hat{H}(t_2)\left[\int_0^{t_2}\hat{H}(t_3)\,\mathrm{d}t_3\right]\mathrm{d}t_2+\cdots\right\}\psi(0).\end{aligned}$$

等式右边可以将 $\hat{H}(t)$ 提出来放到外边, 且这里的时间指标可以重新从 1 开始排列, 即 $t_2,t_3,\cdots\to t_1,t_2,\cdots$, 上式变为

$$\mathrm{i}\hbar\frac{\partial\Psi(t)}{\partial t}=\hat{H}(t)\left\{1+\left(-\frac{\mathrm{i}}{\hbar}\right)\int_0^t\hat{H}(t_1)\,\mathrm{d}t_1\right.$$

---

① **相互作用绘景 (interaction picture)** 介于海森伯绘景和薛定谔绘景之间 (见教材 6.8.1 节). 在相互作用绘景中, 波函数满足 “薛定谔方程”

$$\mathrm{i}\hbar\frac{\mathrm{d}}{\mathrm{d}t}\left|\Psi_I(t)\right\rangle=\hat{H}_I'(t)\left|\Psi_I(t)\right\rangle,$$

其中, 相互作用绘景和薛定谔绘景算符由下式关联起来:

$$\hat{H}_I'(t)=\mathrm{e}^{\mathrm{i}\hat{H}_0t/\hbar}\hat{H}'(t)\,\mathrm{e}^{-\mathrm{i}\hat{H}_0t/\hbar}$$

且波函数满足

$$\left|\Psi_I(t)\right\rangle=\mathrm{e}^{\mathrm{i}\hat{H}_0t/\hbar}\left|\Psi(t)\right\rangle.$$

如果将戴森级数应用于相互作用绘景中的薛定谔方程, 则可精确地得到在教材 11.1.2 节导出的微扰级数. 更多细节参见 Ramamurti Shankar, 《量子力学原理》, 第 2 版, 斯普林格, 纽约 (1994 年), 第 18.3 节.

$$+\left(-\frac{\mathrm{i}}{\hbar}\right)^2\int_0^t\hat{H}\left(t_1\right)\left[\int_0^{t_1}\hat{H}\left(t_2\right)\mathrm{d}t_2\right]\mathrm{d}t_1+\cdots\Bigg\}\psi\left(0\right)=\hat{H}\left(t\right)\Psi\left(t\right).$$

(c)

$$\begin{aligned}\mathbf{T}\left[\hat{G}\left(t\right)\hat{G}\left(t\right)\right]&=\mathbf{T}\left[\left(-\frac{\mathrm{i}}{\hbar}\right)^2\int_0^t\hat{H}\left(t'\right)\mathrm{d}t'\int_0^t\hat{H}\left(t''\right)\mathrm{d}t''\right]\\&=\left(-\frac{\mathrm{i}}{\hbar}\right)^2\int_0^t\int_0^t\mathbf{T}\left[\hat{H}\left(t'\right)\hat{H}\left(t''\right)\right]\mathrm{d}t'\mathrm{d}t''\\&=\left(-\frac{\mathrm{i}}{\hbar}\right)^2\left[\int_0^t\int_0^{t''}\hat{H}\left(t''\right)\hat{H}\left(t'\right)\mathrm{d}t'\mathrm{d}t''+\int_0^t\int_0^{t'}\hat{H}\left(t'\right)\hat{H}\left(t''\right)\mathrm{d}t''\mathrm{d}t'\right].\end{aligned}$$

将中括号中第一项作变量替换 $t'\to t_2,t''\to t_1$, 第二项作变量替换 $t'\to t_1,t''\to t_2$, 上式可写为

$$\mathbf{T}\left[\hat{G}\left(t\right)\hat{G}\left(t\right)\right]=-\frac{2}{\hbar^2}\int_0^t\hat{H}\left(t_1\right)\left[\int_0^{t_1}\hat{H}\left(t_2\right)\mathrm{d}t_2\right]\mathrm{d}t_1.$$

将上式推广可得

$$\mathbf{T}\left[\hat{G}^n\right]=n!\left(-\frac{\mathrm{i}}{\hbar}\right)^n\int_0^t\hat{H}\left(t_1\right)\int_0^{t_1}\hat{H}\left(t_2\right)\cdots\int_0^{t_{n-1}}\hat{H}\left(t_n\right)\mathrm{d}t_n\mathrm{d}t_{n-1}\cdots\mathrm{d}t_1.$$

****习题 11.24** 在本题中, 我们从方程 (11.5) 和 (11.6) 的推广开始, 发展多能级系统的含时微扰理论:

$$\hat{H}_0\psi_n=E_n\psi_n,\quad\langle\psi_n\mid\psi_m\rangle=\delta_{nm}.$$

在 $t=0$ 时, 加上微扰 $\hat{H}'(t)$ 后, 总的哈密顿量为

$$\hat{H}=\hat{H}_0+\hat{H}'\left(t\right).$$

(a) 将方程 (11.10) 概括为

$$\Psi\left(t\right)=\sum_n c_n\left(t\right)\psi_n\mathrm{e}^{-\mathrm{i}E_nt/\hbar},$$

并证明:

$$\dot{c}_m=-\frac{\mathrm{i}}{\hbar}\sum_n c_nH'_{mn}\mathrm{e}^{\mathrm{i}(E_m-E_n)t/\hbar},$$

其中

$$H'_{mn}\equiv\left\langle\psi_m\left|\hat{H}'\right|\psi_n\right\rangle.$$

(b) 如果系统初态为 ψ_N, (在一阶微扰理论中) 证明:

$$c_N\left(t\right)\approx1-\frac{\mathrm{i}}{\hbar}\int_0^tH'_{NN}\left(t'\right)\mathrm{d}t'.$$

以及

$$c_m\left(t\right)\approx-\frac{\mathrm{i}}{\hbar}\int_0^tH'_{mN}\left(t'\right)\mathrm{e}^{\mathrm{i}(E_m-E_N)t'/\hbar}\mathrm{d}t',\quad(m\neq N).$$

(c) 例如, 假设 $\hat{H}'$ 是一个常量 (只是在 $t=0$ 时加上, 经过时间 T 后再去掉), 作为时间 T 的函数, 求从 N 态到 M 态 $(M \neq N)$ 的跃迁几率.

(d) 现在假设 $\hat{H}'$ 是时间的正弦函数: $\hat{H}' = V\cos(\omega t)$. 按照通常的假设, 证明: 跃迁只发生在能量为 $E_M = E_N \pm \hbar\omega$ 的态上, 跃迁几率是

$$P_{N\to M} = |V_{MN}|^2 \frac{\sin^2\left[(E_N - E_M \pm \hbar\omega) T/2\hbar\right]}{(E_N - E_M \pm \hbar\omega)^2}.$$

(e) 假设多能级系统处在非相干电磁辐射中. 参考 11.2.3 节, 证明: 受激发射的跃迁几率由与两能级系统相同的公式给出 (方程 (11.54)).

解答　(a) 由波函数 $\Psi(t) = \sum\limits_n c_n(t)\,\mathrm{e}^{-\mathrm{i}E_n t/\hbar}\psi_n$ 和薛定谔方程 $H\Psi(t) = \mathrm{i}\hbar\dfrac{\partial \Psi(t)}{\partial t}$, 得加入微扰后, $H = H_0 + H'$, 且 $H_0\psi_n = E_n\psi_n$.

因此,

$$\left(H_0 + H'\right)\sum_n c_n(t)\,\mathrm{e}^{-\mathrm{i}E_n t/\hbar}\psi_n = \mathrm{i}\hbar\frac{\partial}{\partial t}\left[\sum_n c_n(t)\,\mathrm{e}^{-\mathrm{i}E_n t/\hbar}\psi_n\right],$$

$$\sum_n c_n(t)\,\mathrm{e}^{-\mathrm{i}E_n t/\hbar}E_n\psi_n + \sum_n c_n(t)\,\mathrm{e}^{-\mathrm{i}E_n t/\hbar}H'\psi_n$$

$$= \mathrm{i}\hbar\sum_n \dot{c}_n(t)\,\mathrm{e}^{-\mathrm{i}E_n t/\hbar}\psi_n + \mathrm{i}\hbar\left(-\frac{\mathrm{i}}{\hbar}\right)\sum_n c_n E_n \mathrm{e}^{-\mathrm{i}E_n t/\hbar}\psi_n.$$

上式第一项与最后一项约掉, 得

$$\sum_n c_n(t)\,\mathrm{e}^{-\mathrm{i}E_n t/\hbar}H'\psi_n = \mathrm{i}\hbar\sum_n \dot{c}_n(t)\mathrm{e}^{-\mathrm{i}E_n t/\hbar}\psi_n,$$

两边同时左乘 H_0 的本征态 ψ_m^*, 并作积分, 得

$$\sum_n c_n(t)\,\mathrm{e}^{-\mathrm{i}E_n t/\hbar}\langle\psi_m|\,H'\,|\psi_n\rangle = \mathrm{i}\hbar\sum_n \dot{c}_n(t)\,\mathrm{e}^{-\mathrm{i}E_n t/\hbar}\langle\psi_m|\,\psi_n\rangle.$$

由本征态的正交性, 上式可写为

$$\sum_n c_n(t)\,\mathrm{e}^{-\mathrm{i}E_n t/\hbar}H'_{mn} = \mathrm{i}\hbar\sum_n \dot{c}_n(t)\,\mathrm{e}^{-\mathrm{i}E_n t/\hbar}\delta_{mn}, \text{ 其中 } H'_{mn} = \langle\psi_m|\,H'\,|\psi_n\rangle$$

$$\sum_n c_n(t)\,\mathrm{e}^{-\mathrm{i}E_n t/\hbar}H'_{mn} = \mathrm{i}\hbar\dot{c}_m(t)\,\mathrm{e}^{-\mathrm{i}E_m t/\hbar}, \quad \dot{c}_m(t) = -\frac{\mathrm{i}}{\hbar}\sum_n c_n(t)\,H'_{mn}\mathrm{e}^{\mathrm{i}(E_m - E_n)t/\hbar}.$$

(b) 零阶的情况, 末态 m 不等于初态 $N\,(m \neq N)$ 时, $c_N(t) = 1,\ c_m(t) = 0$.

(i) 一阶近似 $m = N$ 时, 由 (a) 中结论 $\dot{c}_m(t) = -\dfrac{\mathrm{i}}{\hbar}\sum\limits_n c_n(t)\,H'_{mn}\mathrm{e}^{\mathrm{i}(E_m - E_n)t/\hbar}$, 得

$$\dot{c}_N = -\frac{\mathrm{i}}{\hbar}c_N(t)\,H'_{NN}\mathrm{e}^{\mathrm{i}(E_N - E_N)t/\hbar} = -\frac{\mathrm{i}}{\hbar}H'_{NN},$$

或者

$$c_N(t) = 1 - \frac{\mathrm{i}}{\hbar}\int_0^t H'_{NN}(t')\,\mathrm{d}t'.$$

(ii) 当 $m \neq N$ 时,

$$\dot{c}_m = -\frac{\mathrm{i}}{\hbar}c_N(t)\,H'_{mN}\mathrm{e}^{\mathrm{i}(E_m - E_N)t/\hbar} = -\frac{\mathrm{i}}{\hbar}H'_{mN}\mathrm{e}^{\mathrm{i}(E_m - E_N)t/\hbar},$$

或者

$$c_m(t)=-\frac{\mathrm{i}}{\hbar}\int_0^t H'_{mN}(t')\,\mathrm{e}^{\mathrm{i}(E_m-E_N)t'/\hbar}\mathrm{d}t'.$$

(c) 由于 $M\neq N$, 由 (b) 中结论知

$$c_M(t)=-\frac{\mathrm{i}}{\hbar}\int_0^t H'_{MN}\mathrm{e}^{\mathrm{i}(E_M-E_N)t'/\hbar}\mathrm{d}t'.$$

由于 H' 是常数, 所以 H'_{MN} 与时间无关, 上式中 H'_{MN} 可以提到积分外, 得

$$\begin{aligned}c_M(t)&=-\frac{\mathrm{i}}{\hbar}H'_{MN}\int_0^t \mathrm{e}^{\mathrm{i}(E_M-E_N)t'/\hbar}\mathrm{d}t'\\&=-\frac{\mathrm{i}}{\hbar}H'_{MN}\frac{\hbar}{\mathrm{i}(E_M-E_N)}\int_0^t \mathrm{e}^{\mathrm{i}(E_M-E_N)t'/\hbar}\mathrm{d}\left[\frac{\mathrm{i}(E_M-E_N)}{\hbar}t'\right]\\&=-\frac{H'_{MN}}{E_M-E_N}\left[\mathrm{e}^{\mathrm{i}(E_M-E_N)t'/\hbar}\right]\Big|_0^t\\&=-\frac{H'_{MN}}{E_M-E_N}\left[\mathrm{e}^{\mathrm{i}(E_M-E_N)t/\hbar}-1\right]\\&=-\frac{H'_{MN}}{E_M-E_N}\mathrm{e}^{\mathrm{i}(E_M-E_N)t/(2\hbar)}\left[\mathrm{e}^{\mathrm{i}(E_M-E_N)t/(2\hbar)}-\mathrm{e}^{-\mathrm{i}(E_M-E_N)t/(2\hbar)}\right]\\&=-\frac{H'_{MN}}{E_M-E_N}\mathrm{e}^{\mathrm{i}(E_M-E_N)t/(2\hbar)}2\mathrm{i}\sin\left[\frac{E_M-E_N}{2\hbar}t\right].\end{aligned}$$

因此, 由 N 态跃迁到 M 态的几率为

$$P_{N\to M}=|c_M|^2=\frac{4\left|H'_{MN}\right|^2}{(E_M-E_N)^2}\sin^2\left[\frac{E_M-E_N}{2\hbar}t\right].$$

(d) 将 H' 换成 $V\cos(\omega t)$, 则

$$\begin{aligned}c_M(t)&=-\frac{\mathrm{i}}{\hbar}V_{MN}\int_0^t\frac{1}{2}\left(\mathrm{e}^{\mathrm{i}\omega t'}+\mathrm{e}^{-\mathrm{i}\omega t'}\right)\mathrm{e}^{\mathrm{i}(E_M-E_N)t'/\hbar}\mathrm{d}t'\\&=-\frac{\mathrm{i}}{2\hbar}V_{MN}\int_0^t\left[\mathrm{e}^{\mathrm{i}(E_M-E_N+\hbar\omega)t'/\hbar}+\mathrm{e}^{\mathrm{i}(E_M-E_N-\hbar\omega)t'/\hbar}\right]\mathrm{d}t'\\&=-\frac{\mathrm{i}}{2\hbar}V_{MN}\left[\frac{\mathrm{e}^{\mathrm{i}(E_M-E_N+\hbar\omega)t'/\hbar}}{\mathrm{i}(E_M-E_N+\hbar\omega)/\hbar}+\frac{\mathrm{e}^{\mathrm{i}(E_M-E_N-\hbar\omega)t'/\hbar}}{\mathrm{i}(E_M-E_N-\hbar\omega)/\hbar}\right]\Bigg|_0^t\\&=-\frac{V_{MN}}{2}\left[\frac{\mathrm{e}^{\mathrm{i}(E_M-E_N+\hbar\omega)t'/\hbar}}{E_M-E_N+\hbar\omega}+\frac{\mathrm{e}^{\mathrm{i}(E_M-E_N-\hbar\omega)t'/\hbar}}{E_M-E_N-\hbar\omega}\right]\Bigg|_0^t.\end{aligned}$$

当 $E_M>E_N$ 时, 上式中第二项占主导

$$\begin{aligned}c_M(t)&=-\frac{V_{MN}}{2}\left[\frac{\mathrm{e}^{\mathrm{i}(E_M-E_N-\hbar\omega)t/\hbar}}{E_M-E_N-\hbar\omega}-1\right]\\&=-\frac{V_{MN}}{2}\frac{\mathrm{e}^{\mathrm{i}(E_M-E_N-\hbar\omega)t/(2\hbar)}}{E_M-E_N-\hbar\omega}\left[\mathrm{e}^{\mathrm{i}(E_M-E_N-\hbar\omega)t/(2\hbar)}-\mathrm{e}^{-\mathrm{i}(E_M-E_N-\hbar\omega)t/(2\hbar)}\right]\\&=-\frac{V_{MN}}{2}\frac{\mathrm{e}^{\mathrm{i}(E_M-E_N-\hbar\omega)t/(2\hbar)}}{E_M-E_N-\hbar\omega}2\mathrm{i}\sin\left[\frac{(E_M-E_N-\hbar\omega)t}{2\hbar}\right]\\&=-\mathrm{i}V_{MN}\frac{\mathrm{e}^{\mathrm{i}(E_M-E_N-\hbar\omega)t/(2\hbar)}}{E_M-E_N-\hbar\omega}\sin\left[\frac{(E_M-E_N-\hbar\omega)t}{2\hbar}\right].\end{aligned}$$

因此

$$P_{N\to M}=|c_M|^2=\frac{|V_{MN}|^2}{(E_M-E_N-\hbar\omega)^2}\sin^2\left[\frac{(E_M-E_N-\hbar\omega)\,t}{2\hbar}\right].$$

当 $E_M<E_N$ 时, 第一项占主导, 可得

$$P_{N\to M}=\frac{|V_{MN}|^2}{(E_M-E_N+\hbar\omega)^2}\sin^2\left[\frac{E_M-E_N+\hbar\omega}{2\hbar}t\right].$$

结合这两种情况, 跃迁发生只能是 $E_M\approx E_N\pm\hbar\omega$, 即

$$P_{N\to M}=\frac{|V_{MN}|^2}{(E_M-E_N\pm\hbar\omega)^2}\sin^2\left[\frac{E_M-E_N\pm\hbar\omega}{2\hbar}t\right].$$

(e) 对非相干电磁辐射 (光), $V_{ba}=-\wp E_0$ (方程 (11.41)), 导致方程 (11.54) 变为 $P_{N\to M}=\frac{\pi}{3\varepsilon_0\hbar^2}|\wp|^2\rho(\omega)$, 其中 $\omega=\pm(E_M-E_N)/\hbar$, + 号表示光吸收跃迁, − 号表示受激发射跃迁.

习题 11.25　对习题 11.24 中的 (c) 和 (d), 计算 $c_m(t)$ 至一阶近似. 验证归一化条件:

$$\sum_m |c_m(t)|^2=1,$$

并讨论误差. 假设你想计算仍然停留在初始态 ψ_N 的几率, 使用 $|c_N(t)|^2$ 或 $1-\sum\limits_{m\neq N}|c_m(t)|^2$ 哪个会更好一些?

解答　对于习题 11.24(c):

由

$$c_N(t)=1-\frac{\mathrm{i}}{\hbar}H'_{NN}t,$$

$$c_m(t)=-2\mathrm{i}\frac{H'_{mN}}{E_m-E_N}\mathrm{e}^{\mathrm{i}(E_m-E_N)t/(2\hbar)}\sin\left(\frac{E_m-E_N}{2\hbar}t\right),\quad (m\neq N),$$

所以,

$$|c_N|^2=1+\frac{1}{\hbar^2}|H'_{NN}|^2t^2,\quad |c_m|^2=4\frac{|H'_{mN}|^2}{(E_m-E_N)^2}\sin^2\left(\frac{E_m-E_N}{2\hbar}t\right).$$

因此,

$$\begin{aligned}\sum_m|c_m|^2&=|c_N|^2+\sum_{m\neq N}|c_m|^2\\&=1+\frac{|H'_{NN}|^2}{\hbar^2}t^2+4\sum_{m\neq N}\frac{|H'_{mN}|^2}{(E_m-E_N)^2}\sin^2\left(\frac{E_m-E_N}{2\hbar}t\right).\end{aligned}$$

明显 $\sum\limits_m|c_m|^2>1$, 但是 c 只有对 H' 的一阶项求和才是精确的; $|H'|^2$ 项并不属于 c.

对于习题 11.24(b):

由

$$c_N=1-\frac{\mathrm{i}}{\hbar}V_{NN}\int_0^t\cos(\omega t')\,\mathrm{d}t'=1-\frac{\mathrm{i}}{\hbar}V_{NN}\left.\frac{\sin(\omega t')}{\omega}\right|_0^t=1-\frac{\mathrm{i}}{\hbar\omega}V_{NN}\sin(\omega t),$$

$$c_m(t)=-\frac{V_{mN}}{2}\left[\frac{\mathrm{e}^{\mathrm{i}(E_m-E_N+\hbar\omega)t/\hbar}-1}{E_m-E_N+\hbar\omega}+\frac{\mathrm{e}^{\mathrm{i}(E_m-E_N-\hbar\omega)t/\hbar}-1}{E_m-E_N-\hbar\omega}\right],\quad(m\neq N)$$

所以,

$$|c_N|^2 = 1 + \frac{|V_{NN}|^2}{(\hbar\omega)^2}\sin^2(\omega t);$$

由旋转波近似

$$|c_m|^2 = \frac{|V_{mN}|^2}{(E_m - E_N \pm \hbar\omega)^2}\sin^2\left(\frac{E_m - E_N \pm \hbar\omega}{2\hbar}t\right), \quad (m \neq N)$$

因此,

$$\sum_m |c_m|^2 = |c_N|^2 + \sum_{m\neq N}|c_m|^2 = 1 + \frac{|V_{NN}|^2}{(\hbar\omega)^2}\sin^2(\omega t) + \sum_{m\neq N}\frac{|V_{mN}|^2}{(E_m - E_N \pm \hbar\omega)^2}\sin^2\left(\frac{E_m - E_N \pm \hbar\omega}{2\hbar}t\right).$$

明显地, $\sum\limits_m |c_m|^2 > 1$, 由于其他项都是 $|H'|$ 的二阶项, 因此都不属于 c.

如果仍停留在初始态 ψ_N, 则用 $1 - \sum\limits_{m\neq N}|c_m|^2$ 来计算几率会更好一些.

习题 11.26 粒子开始 ($t=0$ 时刻) 处在无限深方势阱的第 N 个态. 现在势阱的底部暂时上升 (可能是漏水, 然后再次排水), 因此内部的势是均匀的, 但依赖于时间: $V_0(t), V_0(0)=V_0(T)=0$.

(a) 利用方程 (11.116) 严格求解 $c_m(t)$, 并证明: 波函数的相位发生了改变, 但无跃迁发生. 利用函数 $V_0(t)$ 将相位的变化 $\phi(T)$ 表示出来.

(b) 用一阶微扰理论分析同样的问题, 并对比结果.

注释 当微扰仅仅是向势中增加一个常数 (常数是 x 函数, 不是 t) 时, 同样的结果成立; 它与无限深方势阱本身无关. 对比习题 1.8 的结果.

解答 (a) 由方程 (11.116) 知 $\dot{c}_m = -\frac{\mathrm{i}}{\hbar}\sum\limits_n c_n H'_{mn}\mathrm{e}^{\mathrm{i}(E_m - E_n)t/\hbar}$, 其中

$$H'_{mn} \equiv \langle\psi_m|\hat{H}'|\psi_n\rangle = \langle\psi_m|V_0(t)|\psi_n\rangle = \delta_{mn}V_0(t).$$

所以,

$$\dot{c}_m = -\frac{\mathrm{i}}{\hbar}c_m V_0(t) \Rightarrow \frac{\mathrm{d}c_m}{\mathrm{d}t} = -\frac{\mathrm{i}}{\hbar}c_m V_0(t) \Rightarrow \ln c_m = -\frac{\mathrm{i}}{\hbar}\int V_0(t')\,\mathrm{d}t' + c,$$

其中 c 为常数. 因此,

$$c_m(t) = c_m(0)\,\mathrm{e}^{-\frac{\mathrm{i}}{\hbar}\int_0^t V_0(t')\mathrm{d}t'},$$

$$|c_m(t)|^2 = |c_m(0)|^2.$$

初态 $t=0$ 时刻的几率等于 t 时刻的几率.

但是相位却变化了 $\Phi(T) = -\frac{\mathrm{i}}{\hbar}\int_0^T V_0(t')\,\mathrm{d}t'$, 没有跃迁发生.

(b) 由方程 (11.118) 知初态 $c_N(t) \approx 1 - \frac{\mathrm{i}}{\hbar}\int_0^t V_0(t')\,\mathrm{d}t' = 1 + \mathrm{i}\Phi(T) \approx \mathrm{e}^{\mathrm{i}\Phi(T)}$.

由方程 (11.119) 知末态 $c_m(t) \approx -\frac{\mathrm{i}}{\hbar}\int_0^t \delta_{mN}V_0(t')\mathrm{e}^{\mathrm{i}(E_m - E_N)t'/\hbar}\mathrm{d}t' = 0, (m \neq N)$.

因此, 一阶近似下没有跃迁发生, 相位变化 $\Phi(T) = -\frac{\mathrm{i}}{\hbar}\int_0^T V_0(t')\,\mathrm{d}t'$ 与 (a) 中结论一致.

***习题 11.27** 质量为 m 的粒子开始时处于 (一维) 无限深方势阱的基态. $t=0$ 时, 把一块 "砖" 放入势阱中, 使势变为

$$V(x)=\begin{cases} V_0, & 0\leqslant x\leqslant a/2, \\ 0, & a/2<x\leqslant a, \\ \infty, & \text{其他}, \end{cases}$$

其中 $V_0 \ll E_1$. 经过时间 T 后, 砖被移走, 测量粒子的能量. (在一阶微扰理论中) 求出能量为 E_2 的几率.

解答 由于微扰为常数 V_0, 所以可以采用方程 (11.120)

$$P_{1\to 2}=4\left|H_{21}'\right|^2\frac{\sin^2\left[\left(E_1-E_2\right)T/(2\hbar)\right]}{\left(E_1-E_2\right)^2}.$$

一维无限深方势阱

$$E_n=\frac{n^2\pi^2\hbar^2}{2ma^2}\Rightarrow E_1=\frac{\pi^2\hbar^2}{2ma^2},\quad E_2=\frac{4\pi^2\hbar^2}{2ma^2}.$$

$$\psi_n^0=\sqrt{\frac{2}{a}}\sin\left(\frac{n\pi x}{a}\right).$$

所以 $E_2-E_1=\dfrac{3\pi^2\hbar^2}{2ma^2}$.

跃迁矩阵为

$$\begin{aligned}
H_{21}' &= \left\langle\psi_2^0\left|H'\right|\psi_1^0\right\rangle \\
&= \int_0^{\frac{a}{2}}\sqrt{\frac{2}{a}}\sin\left(\frac{2\pi x}{a}\right)V_0\sqrt{\frac{2}{a}}\sin\left(\frac{\pi x}{a}\right)\mathrm{d}x \\
&= \frac{2V_0}{a}\int_0^{\frac{a}{2}}\left(-\frac{1}{2}\right)\left[\cos\left(\frac{3\pi x}{a}\right)-\cos\left(\frac{\pi x}{a}\right)\right]\mathrm{d}x \\
&= -\frac{V_0}{a}\left[\frac{a}{3\pi}\int_0^{\frac{a}{2}}\mathrm{d}\sin\left(\frac{3\pi x}{a}\right)-\frac{a}{\pi}\int_0^{\frac{a}{2}}\mathrm{d}\sin\left(\frac{\pi x}{a}\right)\right] \\
&= -\frac{V_0}{3\pi}\left[\sin\left(\frac{3\pi x}{a}\right)\right]\Big|_0^{\frac{a}{2}}+\frac{V_0}{\pi}\left[\sin\left(\frac{\pi x}{a}\right)\right]\Big|_0^{\frac{a}{2}} \\
&= -\frac{V_0}{3\pi}\sin\left(\frac{3\pi}{2}\right)+\frac{V_0}{\pi}\sin\left(\frac{\pi}{2}\right) \\
&= \frac{V_0}{3\pi}+\frac{V_0}{\pi}=\frac{4V_0}{3\pi}.
\end{aligned}$$

代入跃迁几率公式, 得

$$\begin{aligned}
P_{1\to 2} &= 4\left(\frac{4V_0}{3\pi}\right)^2\left(\frac{2ma^2}{3\pi^2\hbar^2}\right)^2\sin^2\left(\frac{3\pi^2\hbar}{4ma^2}t\right) \\
&= \left[\frac{16ma^2V_0}{9\pi^3\hbar^2}\sin\left(\frac{3\pi^2\hbar T}{4ma^2}\right)\right]^2.
\end{aligned}$$

习题 11.28 我们学习过受激发射、(受激) 吸收和自发发射, 为什么没有自发吸收呢?

解答 自发吸收会有一种情况, 从电磁场的基态吸收能量. 但这是不可能的, 因为电磁场已经处于基态, 无法再降低自身的能量.

*****习题 11.29** **磁共振**. 静止在稳恒磁场 $B_0\hat{k}$ 中的自旋 1/2 粒子, 其旋磁比为 γ, 以拉莫尔频率 $\omega_0=\gamma B_0$ 开始进动 (例题 4.3). 现施加一个小的横向射频 (rf) 场 $B_{\text{rf}}\left[\cos(\omega t)\hat{i}-\sin(\omega t)\hat{j}\right]$, 总磁场是

$$\boldsymbol{B}=B_{\text{rf}}\cos(\omega t)\hat{i}-B_{\text{rf}}\sin(\omega t)\hat{j}+B_0\hat{k}.$$

(a) 写出该体系的 2×2 哈密顿矩阵 (方程 (4.158)).

(b) 如果 t 时刻的自旋态为 $\chi(t)=\begin{pmatrix}a(t)\\b(t)\end{pmatrix}$, 证明:

$$\dot{a}=\frac{\mathrm{i}}{2}\left(\varOmega\mathrm{e}^{\mathrm{i}\omega t}b+\omega_0a\right),\quad \dot{b}=\frac{\mathrm{i}}{2}\left(\varOmega\mathrm{e}^{-\mathrm{i}\omega t}a-\omega_0b\right),$$

其中 $\varOmega\equiv\gamma B_{\text{rf}}$, 它和射频场的强度有关.

(c) 根据它们的初始值 a_0 和 b_0, 验证 $a(t)$ 和 $b(t)$ 的一般解为

$$a(t)=\left\{a_0\cos(\omega't/2)+\frac{\mathrm{i}}{\omega'}\left[a_0(\omega_0-\omega)+b_0\varOmega\right]\sin(\omega't/2)\right\}\mathrm{e}^{\mathrm{i}\omega t/2},$$
$$b(t)=\left\{b_0\cos(\omega't/2)+\frac{\mathrm{i}}{\omega'}\left[b_0(\omega-\omega_0)+a_0\varOmega\right]\sin(\omega't/2)\right\}\mathrm{e}^{-\mathrm{i}\omega t/2},$$

其中

$$\omega'\equiv\sqrt{(\omega-\omega_0)^2+\varOmega^2}.$$

(d) 开始时, 若粒子的自旋向上 (即 $a_0=1$, $b_0=0$), 求粒子向自旋向下态跃迁几率随时间变化关系. 答案: $P(t)=\left\{\varOmega^2\Big/\left[(\omega-\omega_0)^2+\varOmega^2\right]\right\}\sin^2(\omega't/2)$.

(e) 以驱动频率 ω (固定 ω_0 和 $\varOmega$) 作为函数的自变量, 画出**共振曲线**

$$P(\omega)=\frac{\varOmega^2}{(\omega-\omega_0)^2+\varOmega^2}.$$

注释　当 $\omega=\omega_0$ 时, 函数有最大值; 求 “半峰宽度” $\Delta\omega$.

(f) 由于 $\omega_0=\gamma B_0$, 我们可以利用实验观察到的共振来确定粒子的磁偶极矩. 在**核磁共振** (NMR) 实验中, 使用 10000 Gs 的静态磁场和振幅为 0.01 Gs 的射频场

测量质子的 g 因子. 共振频率是多少? (质子的磁矩可参考 7.5 节). 求出共振曲线的宽度. (答案用单位 Hz 表示.)

解答　(a) 由方程 (4.158) 知

$$\begin{aligned}\boldsymbol{\mathcal{H}} &= -\gamma \boldsymbol{B}\cdot\boldsymbol{S} = -\gamma\left(B_xS_x+B_yS_y+B_zS_z\right)\\&= -\gamma\frac{\hbar}{2}\left(B_x\sigma_x+B_y\sigma_y+B_z\sigma_z\right)\\&= -\frac{\gamma\hbar}{2}\left[B_x\begin{pmatrix}0&1\\1&0\end{pmatrix}+B_y\begin{pmatrix}0&-\mathrm{i}\\\mathrm{i}&0\end{pmatrix}+B_z\begin{pmatrix}1&0\\0&-1\end{pmatrix}\right]\\&= -\frac{\gamma\hbar}{2}\begin{pmatrix}B_z & B_x-\mathrm{i}B_y\\ B_x+\mathrm{i}B_y & -B_z\end{pmatrix}\\&= -\frac{\gamma\hbar}{2}\begin{bmatrix}B_0 & B_{\mathrm{rf}}\left(\cos\omega t+\mathrm{i}\sin\omega t\right)\\ B_{\mathrm{rf}}\left(\cos\omega t-\mathrm{i}\sin\omega t\right) & -B_0\end{bmatrix}\\&= -\frac{\gamma\hbar}{2}\begin{pmatrix}B_0 & B_{\mathrm{rf}}\mathrm{e}^{\mathrm{i}\omega t}\\ B_{\mathrm{rf}}\mathrm{e}^{-\mathrm{i}\omega t} & -B_0\end{pmatrix}.\end{aligned}$$

(b) 由 $\mathrm{i}\hbar\dot{\chi}=\boldsymbol{\mathcal{H}}\chi$, 得

$$\begin{aligned}\mathrm{i}\hbar\begin{bmatrix}\dot{a}(t)\\ \dot{b}(t)\end{bmatrix} &= -\frac{\gamma\hbar}{2}\begin{pmatrix}B_0 & B_{\mathrm{rf}}\mathrm{e}^{\mathrm{i}\omega t}\\ B_{\mathrm{rf}}\mathrm{e}^{-\mathrm{i}\omega t} & -B_0\end{pmatrix}\begin{pmatrix}a\\b\end{pmatrix}\\&= -\frac{\gamma\hbar}{2}\begin{pmatrix}B_0a+B_{\mathrm{rf}}\mathrm{e}^{\mathrm{i}\omega t}b\\ B_{\mathrm{rf}}\mathrm{e}^{-\mathrm{i}\omega t}a-B_0b\end{pmatrix}\\&= -\frac{\hbar}{2}\begin{pmatrix}\omega_0a+\Omega\mathrm{e}^{\mathrm{i}\omega t}b\\ \Omega\mathrm{e}^{-\mathrm{i}\omega t}a-\omega_0b\end{pmatrix},\end{aligned}$$

所以,

$$\begin{aligned}\dot{a} &= \frac{\mathrm{i}}{2}\left(\Omega\mathrm{e}^{\mathrm{i}\omega t}b+\omega_0a\right),\\ \dot{b} &= \frac{\mathrm{i}}{2}\left(\Omega\mathrm{e}^{-\mathrm{i}\omega t}a-\omega_0b\right).\end{aligned}$$

(c) 验证 $a(t)$ 和 $b(t)$ 的一般解, 当 $t=0$ 时, $a(t=0)=a_0$, $b(t=0)=b_0$ 显然成立. 对 $a(t)$ 求导, 得

$$\begin{aligned}\dot{a}(t) &= \left\{-a_0\frac{\omega'}{2}\sin\left(\frac{\omega't}{2}\right)+\frac{\mathrm{i}}{\omega'}\frac{\omega'}{2}\left[a_0\left(\omega_0-\omega\right)+b_0\Omega\right]\cos\left(\frac{\omega't}{2}\right)\right\}\mathrm{e}^{\mathrm{i}\omega t/2}\\&\quad+\frac{\mathrm{i}\omega}{2}\left\{a_0\cos\left(\frac{\omega't}{2}\right)+\frac{\mathrm{i}}{\omega'}\left[a_0\left(\omega_0-\omega\right)+b_0\Omega\right]\sin\left(\frac{\omega't}{2}\right)\right\}\mathrm{e}^{\mathrm{i}\omega t/2}\\&= \frac{\mathrm{i}}{2}\mathrm{e}^{\mathrm{i}\omega t/2}\left\{\mathrm{i}\omega'a_0\sin\left(\frac{\omega't}{2}\right)+\left[a_0\left(\omega_0-\omega\right)+b_0\Omega\right]\cos\left(\frac{\omega't}{2}\right)\right.\\&\quad\left.+\omega a_0\cos\left(\frac{\omega't}{2}\right)+\mathrm{i}\frac{\omega}{\omega'}\left[a_0\left(\omega_0-\omega\right)+b_0\Omega\right]\sin\left(\frac{\omega't}{2}\right)\right\}.\end{aligned}\qquad ①$$

由 (b) 中结论, 知

$$\dot{a}(t)=\frac{\mathrm{i}}{2}\left(\Omega\mathrm{e}^{\mathrm{i}\omega t}b+\omega_0a\right)$$

$$
\begin{aligned}
&=\frac{\mathrm{i}}{2}\Omega \mathrm{e}^{\mathrm{i}\omega t}\left\{b_0\cos\left(\frac{\omega' t}{2}\right)+\frac{\mathrm{i}}{\omega'}\left[b_0(\omega-\omega_0)+a_0\Omega\right]\sin\left(\frac{\omega' t}{2}\right)\right\}\mathrm{e}^{-\mathrm{i}\omega t/2}\\
&\quad+\frac{\mathrm{i}}{2}\omega_0\left\{a_0\cos\left(\frac{\omega' t}{2}\right)+\frac{\mathrm{i}}{\omega'}\left[a_0(\omega_0-\omega)+b_0\Omega\right]\sin\left(\frac{\omega' t}{2}\right)\right\}\mathrm{e}^{\mathrm{i}\omega t/2}\\
&=\frac{\mathrm{i}}{2}\mathrm{e}^{\mathrm{i}\omega t/2}\left\{\Omega b_0\cos\left(\frac{\omega' t}{2}\right)+\frac{\mathrm{i}\Omega}{\omega'}\left[b_0(\omega-\omega_0)+a_0\Omega\right]\sin\left(\frac{\omega' t}{2}\right)\right.\\
&\quad\left.+\omega_0 a_0\cos\left(\frac{\omega' t}{2}\right)+\frac{\mathrm{i}\omega_0}{\omega'}\left[a_0(\omega_0-\omega)+b_0\Omega\right]\sin\left(\frac{\omega' t}{2}\right)\right\}. \qquad ②
\end{aligned}
$$

① 式和 ② 式中的 $\cos\left(\frac{\omega' t}{2}\right)$ 项相等, 则要求它们的系数相等,

$$
\begin{aligned}
\Omega b_0+\omega_0 a_0&=\left[a_0(\omega_0-\omega)+b_0\Omega\right]+\omega a_0,\\
\Omega b_0+\omega_0 a_0&=a_0\omega_0-a_0\omega+b_0\Omega+\omega a_0,\\
\Omega b_0+\omega_0 a_0&=\Omega b_0+\omega_0 a_0,
\end{aligned}
$$

两边相等.

① 式和 ② 式中的 $\sin\left(\frac{\omega' t}{2}\right)$ 项相等, 则要求它们的系数相等,

$$
\begin{aligned}
&\mathrm{i}\omega' a_0+\mathrm{i}\frac{\omega}{\omega'}\left[a_0(\omega_0-\omega)+b_0\Omega\right]=\frac{\mathrm{i}\Omega}{\omega'}\left[b_0(\omega-\omega_0)+a_0\Omega\right]+\frac{\mathrm{i}\omega_0}{\omega'}\left[a_0(\omega_0-\omega)+b_0\Omega\right],\\
&\omega'^2 a_0+\omega\left[a_0(\omega_0-\omega)+b_0\Omega\right]=\Omega\left[b_0(\omega-\omega_0)+a_0\Omega\right]+\omega_0\left[a_0(\omega_0-\omega)+b_0\Omega\right].
\end{aligned}
$$

由 $\omega'^2=(\omega-\omega_0)^2+\Omega^2$, 则上式为

$$
\begin{aligned}
&(\omega-\omega_0)^2 a_0+\Omega^2 a_0+a_0\omega\omega_0-a_0\omega^2+b_0\omega\Omega\\
&=\Omega b_0\omega-\Omega b_0\omega_0+\Omega^2 a_0+\omega_0^2 a_0-a_0\omega_0\omega+b_0\omega_0\Omega,\\
&\omega^2 a_0-2\omega\omega_0 a_0+\omega_0^2 a_0+\Omega^2 a_0+a_0\omega\omega_0-a_0\omega^2+b_0\omega\Omega\\
&=\omega_0^2 a_0+\Omega b_0\omega-a_0\omega_0\omega+\Omega^2 a_0,\\
&\omega_0^2 a_0+b_0\omega\Omega-a_0\omega_0\omega+\Omega^2 a_0=\omega_0^2 a_0+\Omega b_0\omega-a_0\omega_0\omega+\Omega^2 a_0,
\end{aligned}
$$

等式成立.

所以有

$$
a(t)=\left\{a_0\cos\left(\frac{\omega' t}{2}\right)+\frac{\mathrm{i}}{\omega'}\left[a_0(\omega_0-\omega)+b_0\Omega\right]\sin\left(\frac{\omega' t}{2}\right)\right\}\mathrm{e}^{\mathrm{i}\omega t/2}
$$

是方程的一般解.

对 $b(t)$ 求导, 得

$$
\begin{aligned}
\dot b(t)&=\left\{-b_0\frac{\omega'}{2}\sin\left(\frac{\omega' t}{2}\right)+\frac{\mathrm{i}}{\omega'}\frac{\omega'}{2}\left[b_0(\omega-\omega_0)+a_0\Omega\right]\cos\left(\frac{\omega' t}{2}\right)\right\}\mathrm{e}^{-\mathrm{i}\omega t/2}\\
&\quad-\frac{\mathrm{i}\omega}{2}\left\{b_0\cos\left(\frac{\omega' t}{2}\right)+\frac{\mathrm{i}}{\omega'}\left[b_0(\omega-\omega_0)+a_0\Omega\right]\sin\left(\frac{\omega' t}{2}\right)\right\}\mathrm{e}^{-\mathrm{i}\omega t/2}\\
&=\frac{\mathrm{i}}{2}\mathrm{e}^{-\mathrm{i}\omega t/2}\left\{\mathrm{i}b_0\omega'\sin\left(\frac{\omega' t}{2}\right)+\left[b_0(\omega-\omega_0)+a_0\Omega\right]\cos\left(\frac{\omega' t}{2}\right)\right.\\
&\quad\left.-\omega b_0\cos\left(\frac{\omega' t}{2}\right)-\mathrm{i}\frac{\omega}{\omega'}\left[b_0(\omega-\omega_0)+a_0\Omega\right]\sin\left(\frac{\omega' t}{2}\right)\right\}. \qquad ③
\end{aligned}
$$

由 (b) 中结论, 知

$$\begin{aligned}
\dot{b}(t) &= \frac{\mathrm{i}}{2}\left(\Omega \mathrm{e}^{-\mathrm{i}\omega t}a - \omega_0 b\right) \\
&= \frac{\mathrm{i}}{2}\Omega \mathrm{e}^{-\mathrm{i}\omega t}\left\{a_0\cos\left(\frac{\omega' t}{2}\right) + \frac{\mathrm{i}}{\omega'}\left[a_0(\omega_0-\omega)+b_0\Omega\right]\sin\left(\frac{\omega' t}{2}\right)\right\}\mathrm{e}^{\mathrm{i}\omega t/2} \\
&\quad - \frac{\mathrm{i}}{2}\omega_0\left\{b_0\cos\left(\frac{\omega' t}{2}\right) + \frac{\mathrm{i}}{\omega'}\left[b_0(\omega-\omega_0)+a_0\Omega\right]\sin\left(\frac{\omega' t}{2}\right)\right\}\mathrm{e}^{-\mathrm{i}\omega t/2} \\
&= \frac{\mathrm{i}}{2}\mathrm{e}^{-\mathrm{i}\omega t/2}\left\{\Omega a_0\cos\left(\frac{\omega' t}{2}\right) + \frac{\mathrm{i}\Omega}{\omega'}\left[a_0(\omega_0-\omega)+b_0\Omega\right]\sin\left(\frac{\omega' t}{2}\right)\right. \\
&\quad \left. - \omega_0 b_0\cos\left(\frac{\omega' t}{2}\right) - \frac{\omega_0\mathrm{i}}{\omega'}\left[b_0(\omega-\omega_0)+a_0\Omega\right]\sin\left(\frac{\omega' t}{2}\right)\right\}.
\end{aligned} \quad ④$$

③ 式和 ④ 式中的 $\cos\left(\frac{\omega' t}{2}\right)$ 项相等, 则要求它们的系数相等,

$$\begin{aligned}
&\left[b_0(\omega-\omega_0)+a_0\Omega\right] - \omega b_0 = \Omega a_0 - \omega_0 b_0, \\
&\omega b_0 - \omega_0 b_0 + \Omega a_0 - \omega b_0 = \Omega a_0 - \omega_0 b_0, \\
&\Omega a_0 - \omega_0 b_0 = \Omega a_0 - \omega_0 b_0.
\end{aligned}$$

等式成立.

③ 式和 ④ 式中的 $\sin\left(\frac{\omega' t}{2}\right)$ 项相等, 则要求它们的系数相等,

$$\begin{aligned}
&\mathrm{i}b_0\omega' - \mathrm{i}\frac{\omega}{\omega'}\left[b_0(\omega-\omega_0)+a_0\Omega\right] = \frac{\mathrm{i}\Omega}{\omega'}\left[a_0(\omega_0-\omega)+b_0\Omega\right] - \frac{\omega_0\mathrm{i}}{\omega'}\left[b_0(\omega-\omega_0)+a_0\Omega\right], \\
&b_0\omega'^2 - \omega\left[b_0(\omega-\omega_0)+a_0\Omega\right] = \Omega\left[a_0(\omega_0-\omega)+b_0\Omega\right] - \omega_0\left[b_0(\omega-\omega_0)+a_0\Omega\right].
\end{aligned}$$

由 $\omega'^2 = (\omega-\omega_0)^2 + \Omega^2$, 则上式为

$$\begin{aligned}
&b_0(\omega-\omega_0)^2 + b_0\Omega^2 - \omega\left[b_0\omega - b_0\omega_0 + a_0\Omega\right] \\
=& a_0\omega_0\Omega - a_0\omega\Omega + b_0\Omega^2 - b_0\omega_0\omega + b_0\omega_0^2 - a_0\omega_0\Omega, \\
&b_0\omega^2 + b_0\omega_0^2 - 2b_0\omega\omega_0 + b_0\Omega^2 - b_0\omega^2 + b_0\omega_0\omega - a_0\omega\Omega \\
=& b_0\Omega^2 - a_0\omega\Omega - b_0\omega_0\omega + b_0\omega_0^2, \\
&b_0\Omega^2 - a_0\omega\Omega - b_0\omega_0\omega + b_0\omega_0^2 = b_0\Omega^2 - a_0\omega\Omega - b_0\omega_0\omega + b_0\omega_0^2,
\end{aligned}$$

等式成立.

所以,

$$b(t) = \left\{b_0\cos\left(\frac{\omega' t}{2}\right) + \frac{\mathrm{i}}{\omega'}\left[b_0(\omega-\omega_0)+a_0\Omega\right]\sin\left(\frac{\omega' t}{2}\right)\right\}\mathrm{e}^{-\mathrm{i}\omega t/2}$$

是方程的一般解.

(d) 开始时, 粒子的自旋向上, 得 $a_0 = 1, b_0 = 0$, 则

$$b(t) = \mathrm{i}\frac{\Omega}{\omega'}\sin\left(\frac{\omega' t}{2}\right)\mathrm{e}^{-\mathrm{i}\omega t/2}.$$

几率为

$$P(t) = |b(t)|^2 = \left(\frac{\Omega}{\omega'}\right)^2\sin^2\left(\frac{\omega' t}{2}\right) = \frac{\Omega^2}{(\omega-\omega_0)^2+\Omega^2}\sin^2\left(\frac{\omega' t}{2}\right).$$

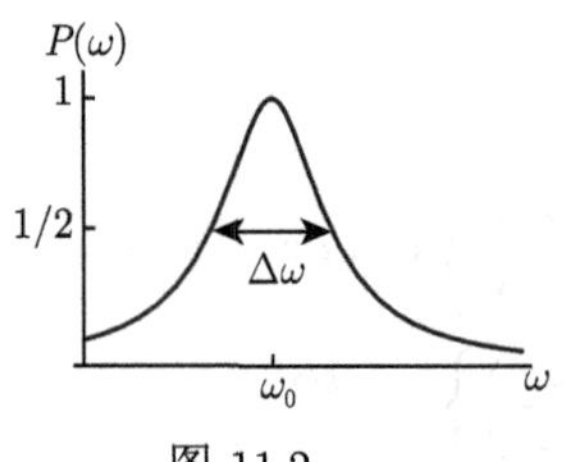

图 11.2

(e) 如图 11.2 所示, 在 $\omega=\omega_0$ 处, $P_{\max}=1$.

$$\frac{\Omega^2}{(\omega-\omega_0)^2+\Omega^2}=\frac{1}{2},$$
$$(\omega-\omega_0)^2=\Omega^2\Rightarrow\omega_\pm=\omega_0\pm\Omega,$$
$$\Delta\omega=\omega_+-\omega_-=2\Omega.$$

(f) $B_0=10000\text{Gs}=1\ \text{T};\ B_{\text{rf}}=0.01\text{Gs}=1\times10^{-6}\ \text{T};\ \omega_0=\gamma B_0$. 对比方程 (4.156) 和 (7.89), 即 $\boldsymbol{\mu}=\gamma\boldsymbol{S}$ 和 $\boldsymbol{\mu}_P=\dfrac{g_Pe}{2m_P}\boldsymbol{S}_P$.

所以,

$$\nu_{res}=\frac{\omega_0}{2\pi}=\frac{g_Pe}{4\pi m_P}B_0=\frac{5.59\times1.6\times10^{-19}}{4\pi\times(1.67\times10^{-27})}=4.262\times10^7\ (\text{Hz}),$$

$$\Delta\nu=\frac{\Delta\omega}{2\pi}=\frac{\Omega}{\pi}=\frac{\gamma}{2\pi}2B_{\text{rf}}=\nu_{res}\frac{2B_{\text{rf}}}{B_0}=4.262\times10^7\times2\times10^{-6}=85.24\ (\text{Hz}).$$

****习题 11.30**　本题中, 我们将直接从电磁场中带电粒子的哈密顿量 (方程 (4.188)) 重新获得 11.2.1 节的结果. 电磁波可以用下面势来描述:

$$\boldsymbol{A}=\frac{\boldsymbol{E}_0}{\omega}\sin(\boldsymbol{k}\cdot\boldsymbol{r}-\omega t),\ \varphi=0$$

其中, 为了满足麦克斯韦方程组, 波必须是横波 ($\boldsymbol{E}_0\cdot\boldsymbol{k}=0$), 当然是以光速 ($\omega=c|\boldsymbol{k}|$) 运动.

(a) 求该平面波的电场和磁场.

(b) 哈密顿量可以写成 H^0+H', 其中 H^0 是无电磁波情况下的哈密顿量, H' 是微扰. 证明: 微扰由下式给出

$$\hat{H}'(t)=\frac{e}{2\mathrm{i}m\omega}\mathrm{e}^{\mathrm{i}\boldsymbol{k}\cdot\boldsymbol{r}}\boldsymbol{E}_0\cdot\hat{\boldsymbol{p}}\mathrm{e}^{-\mathrm{i}\omega t}-\frac{e}{2\mathrm{i}m\omega}\mathrm{e}^{-\mathrm{i}\boldsymbol{k}\cdot\boldsymbol{r}}\boldsymbol{E}_0\cdot\hat{\boldsymbol{p}}\mathrm{e}^{\mathrm{i}\omega t},$$

再加上一个与 E_0^2 成比例的项, 我们将忽略它. **注释**　第 1 项对应于吸收, 第 2 项对应于发射.

(c) 在偶极子近似下, 令 $\mathrm{e}^{\mathrm{i}\boldsymbol{k}\cdot\boldsymbol{r}}\approx1$. 当电磁波的极化方向沿 z 轴时, 证明: 吸收矩阵元为

$$V_{ba}=-\frac{\omega_0}{\omega}\wp E_0.$$

对比方程 (11.41). 它们并不完全相同; 其差别是否会影响我们在 11.2.3 节或 11.3 节中的计算? 为什么? **提示**　要将 $\boldsymbol{p}$ 的矩阵元转换为 $\boldsymbol{r}$ 的矩阵元, 需要证明以下恒等式: $\mathrm{i}m\left[\hat{H}^0,\hat{\boldsymbol{r}}\right]=\hbar\hat{\boldsymbol{p}}$.

解答　(a) 平面波的电场和磁场

$$\boldsymbol{E}=-\nabla\varphi-\frac{\partial\boldsymbol{A}}{\partial t}=-\frac{\partial}{\partial t}\left[\frac{\boldsymbol{E}_0}{\omega}\sin(\boldsymbol{k}\cdot\boldsymbol{r}-\omega t)\right]$$

$$= -\frac{\boldsymbol{E_0}}{\omega}\cos(\boldsymbol{k}\cdot\boldsymbol{r}-\omega t)(-\omega) = \boldsymbol{E_0}\cos(\boldsymbol{k}\cdot\boldsymbol{r}-\omega t).$$

$$\boldsymbol{B} = \nabla\times\boldsymbol{A} = \frac{1}{\omega}\sin(\boldsymbol{k}\cdot\boldsymbol{r}-\omega t)\nabla\times\boldsymbol{E_0} - \frac{1}{\omega}\boldsymbol{E_0}\times\nabla[\sin(\boldsymbol{k}\cdot\boldsymbol{r}-\omega t)]$$
$$= 0 - \frac{1}{\omega}\boldsymbol{E_0}\times[\cos(\boldsymbol{k}\cdot\boldsymbol{r}-\omega t)\boldsymbol{k}] = \frac{\boldsymbol{k}\times\boldsymbol{E_0}}{\omega}\cos(\boldsymbol{k}\cdot\boldsymbol{r}-\omega t) = \frac{1}{\omega}\boldsymbol{k}\times\boldsymbol{E}.$$

(b) 由方程 (4.188), 得

$$H = \frac{1}{2m}(\boldsymbol{p}-q\boldsymbol{A})(\boldsymbol{p}-q\boldsymbol{A}) + q\phi + V = \frac{p^2}{2m} + V - \frac{q}{2m}(\boldsymbol{p}\cdot\boldsymbol{A}+\boldsymbol{A}\cdot\boldsymbol{p}) + \frac{q^2}{2m}A^2$$
$$= H^0 - \frac{q}{2m}(\boldsymbol{p}\cdot\boldsymbol{A}+\boldsymbol{A}\cdot\boldsymbol{p}) + \frac{q^2}{2m}A^2$$
$$\approx H^0 - \frac{q}{2m}(\boldsymbol{p}\cdot\boldsymbol{A}+\boldsymbol{A}\cdot\boldsymbol{p}).$$

上式忽略了 $\boldsymbol{A}^2$ 项, 一阶微扰项 $H' = -\frac{q}{2m}(\boldsymbol{p}\cdot\boldsymbol{A}+\boldsymbol{A}\cdot\boldsymbol{p})$.

由 $(\boldsymbol{p}\cdot\boldsymbol{A}+\boldsymbol{A}\cdot\boldsymbol{p})f = -\mathrm{i}\hbar[\nabla(\boldsymbol{A}f)+\boldsymbol{A}\cdot(\nabla f)] = -\mathrm{i}\hbar\Big[(\nabla\cdot\boldsymbol{A})f+\boldsymbol{A}\cdot(\nabla f)+\boldsymbol{A}\cdot(\nabla f)\Big]$,

$$\nabla\cdot\boldsymbol{A} = \frac{1}{\omega}\nabla\cdot[\boldsymbol{E_0}\sin(\boldsymbol{k}\cdot\boldsymbol{r}-\omega t)]$$
$$= \frac{1}{\omega}(\nabla\cdot\boldsymbol{E_0})\sin(\boldsymbol{k}\cdot\boldsymbol{r}-\omega t) + \frac{\boldsymbol{E_0}}{\omega}\cdot[\nabla\sin(\boldsymbol{k}\cdot\boldsymbol{r}-\omega t)]$$
$$= \frac{1}{\omega}\boldsymbol{E_0}\cdot\cos(\boldsymbol{k}\cdot\boldsymbol{r}-\omega t)\boldsymbol{k} = 0,$$

因此, $\boldsymbol{p}\cdot\boldsymbol{A}+\boldsymbol{A}\cdot\boldsymbol{p} = 2\boldsymbol{A}\cdot\boldsymbol{p}$. 所以,

$$H' = -\frac{q}{2m}2\boldsymbol{A}\cdot\boldsymbol{p} = \frac{e}{m}\boldsymbol{A}\cdot\boldsymbol{p} = \frac{e}{m\omega}\sin(\boldsymbol{k}\cdot\boldsymbol{r}-\omega t)\boldsymbol{E_0}\cdot\boldsymbol{p}$$
$$= \frac{e}{2m\mathrm{i}\omega}\mathrm{e}^{\mathrm{i}\boldsymbol{k}\cdot\boldsymbol{r}}\boldsymbol{E_0}\cdot\boldsymbol{p}\mathrm{e}^{-\mathrm{i}\omega t} - \frac{e}{2m\mathrm{i}\omega}\mathrm{e}^{-\mathrm{i}\boldsymbol{k}\cdot\boldsymbol{r}}\boldsymbol{E_0}\cdot\boldsymbol{p}\mathrm{e}^{\mathrm{i}\omega t}.$$

(c) 由 (b) 知 H' 的表达式, 若电磁波的极化方向沿 z 轴, 则

$$H' = \frac{e}{\mathrm{i}m\omega}E_0 p_z \mathrm{e}^{\mathrm{i}kr}\mathrm{e}^{-\mathrm{i}\omega t}.$$

由方程 (11.36), 得

$$V_{ba} = \frac{e}{\mathrm{i}m\omega}E_0\langle b|p_z|a\rangle.$$

为便于计算, 我们先看 H^0 与 z 的对易关系,

$$\left[H^0, z\right] = \frac{1}{2m}\left[p_z^2, z\right] = \frac{1}{2m}(p_z[p_z,z]+[p_z,z]p_z) = -\frac{\mathrm{i}\hbar}{m}p_z,$$

因此,

$$V_{ba} = \frac{e}{\mathrm{i}m\omega}E_0\left(-\frac{m}{\mathrm{i}\hbar}\right)\langle b|\left[H^0,z\right]|a\rangle$$
$$= \frac{eE_0}{\hbar\omega}\langle b|H^0 z - zH^0|a\rangle = \frac{eE_0}{\hbar\omega}(E_b-E_a)\langle b|z|a\rangle$$
$$= \frac{eE_0}{\hbar\omega}\hbar\omega_0\langle b|z|a\rangle = -\frac{\omega_0}{\omega}\wp E_0.$$

这与方程 (11.41) $V_{ba} = -\wp E_0$ 不相同, 因为在 11.2.3 节或 11.3 节中我们只考虑了 $\omega = \omega_0$ 情况下的跃迁, 但这并不影响我们的结论, 在 $\omega \neq \omega_0$ 条件下的跃迁几率可以忽略.

① 一个系统的处理方法 (包括磁场的作用) 可以参见 David Park, 《量子力学导论》, 第 3 版 (麦克劳希尔, 纽约, 1992 年), 第 11 章.

② 参见 Masataka Mizushima,《原子频谱和原子结构的量子力学》, 本杰明, 纽约 (1970 年), 第 5.6 节.

***习题 11.31　在方程 (11.38) 中, 假设原子很小 (和光波波长相比) 以至于场的空间变化可以忽略. 真实的电场应该是

$$\boldsymbol{E}(\boldsymbol{r},t)=\boldsymbol{E}_0\cos(\boldsymbol{k}\cdot\boldsymbol{r}-\omega t).$$

如果原子位于原点, 则在相关体积内 $\boldsymbol{k}\cdot\boldsymbol{r}\ll 1$ ($|\boldsymbol{k}|=2\pi/\lambda$, 因此, $\boldsymbol{k}\cdot\boldsymbol{r}\sim r/\lambda\ll 1$) 这就是为什么能舍弃该项. 假设保留一阶修正:

$$\boldsymbol{E}(\boldsymbol{r},t)=\boldsymbol{E}_0\left[\cos(\omega t)+(\boldsymbol{k}\cdot\boldsymbol{r})\sin(\omega t)\right].$$

第 1 项给出教材中考虑的**允许 (电偶极矩)** 跃迁; 而第 2 项导致所谓的**禁戒 (磁偶极和电四极矩)** 跃迁 (高阶 $\boldsymbol{k}\cdot\boldsymbol{r}$ 甚至会产生更多的“禁戒”跃迁, 这种跃迁与高阶多极矩相联系).[①]

(a) 求禁戒跃迁的自发发射速率 (不要被极化和传播方向的平均所烦扰, 尽管这对完成计算是必须的).

(b) 对一维谐振子, 证明: n 到 $n-2$ 能级的跃迁是禁戒的, 跃迁速率 (适当地对 $\hat{n}$ 和 $\hat{k}$ 求平均) 是

$$R=\frac{\hbar q^2\omega^3 n(n-1)}{15\pi\varepsilon_0 m^2c^5}.$$

(注释　这里 ω 是光子的频率而不是谐振子频率.) 求“禁戒”跃迁速率与“允许”跃迁速率的比值, 并对这两个术语发表看法.

(c) 证明: 对于氢原子中 2S → 1S 的跃迁, 即便是“禁戒”跃迁也是不可能的. (事实证明, 所有高阶多极矩也是不可能的; 实际上占支配地位的衰变是双光子发射, 寿命约为十分之一秒.[②])

解答　(a) 禁戒跃迁项的微扰哈密顿量为

$$H'=-q\boldsymbol{E}\cdot\boldsymbol{r}=-q(\boldsymbol{E}_0\cdot\boldsymbol{r})(\boldsymbol{k}\cdot\boldsymbol{r})\sin(\omega t).$$

设 $\boldsymbol{E}_0=E_0\hat{n}$, $\boldsymbol{k}=k\hat{k}=\dfrac{\omega}{c}\hat{k}$, 则

$$H'=-\frac{qE_0\omega}{c}(\hat{n}\cdot\boldsymbol{r})\left(\hat{k}\cdot\boldsymbol{r}\right)\sin(\omega t).$$

微扰矩阵元为

$$H'_{ab}=\langle a|H'|b\rangle=-\frac{qE_0\omega}{c}\langle a|(\hat{n}\cdot\boldsymbol{r})\left(\hat{k}\cdot\boldsymbol{r}\right)|b\rangle\sin(\omega t).$$

这与前面讨论过的 $H'_{ab}=V_{ab}\cos(\omega t)$ 类似, 只不过余弦变成了正弦, 但是这只是时间的零点做了移动, 对结果没有影响. 所以, 禁戒跃迁的受激辐射速率为

$$\begin{aligned}R_{a\to b}(t)&=\frac{|V_{ab}|^2}{\hbar^2}\frac{\sin^2[(\omega_0-\omega)t/2]}{(\omega_0-\omega)^2}\\&=\left(\frac{qE_0\omega}{\hbar c}\right)^2\left|\langle a|(\hat{n}\cdot\boldsymbol{r})\left(\hat{k}\cdot\boldsymbol{r}\right)|b\rangle\right|^2\frac{\sin^2[(\omega_0-\omega)t/2]}{(\omega_0-\omega)^2}\\&=\left(\frac{q\omega}{\hbar c}\right)^2\frac{2u}{\varepsilon_0}\left|\langle a|(\hat{n}\cdot\boldsymbol{r})\left(\hat{k}\cdot\boldsymbol{r}\right)|b\rangle\right|^2\frac{\sin^2[(\omega_0-\omega)t/2]}{(\omega_0-\omega)^2},\end{aligned}$$

其中 $u=\dfrac{1}{2}\varepsilon_0 E_0^2$ 是电磁场能量密度. 对非单色光情况, 用 $\rho(\omega)\,\mathrm{d}\omega$ 取代 u 积分, 并考虑到 $\sin^2(\xi t/2)/\xi^2$ 在大 t 时的 δ 函数特性, 得

$$\begin{aligned}R_{a\to b}(t) &= \frac{2q^2\omega^2}{\varepsilon_0\hbar^2c^2}\left|\langle a|(\hat{n}\cdot\boldsymbol{r})\left(\hat{k}\cdot\boldsymbol{r}\right)|b\rangle\right|^2\int_0^\infty \rho(\omega)\frac{\sin^2[(\omega_0-\omega)t/2]}{(\omega_0-\omega)^2}\mathrm{d}\omega\\ &= \frac{\pi q^2\omega^2}{\varepsilon_0\hbar^2c^2}\left|\langle a|(\hat{n}\cdot\boldsymbol{r})\left(\hat{k}\cdot\boldsymbol{r}\right)|b\rangle\right|^2\rho(\omega_0)\,t.\end{aligned}$$

所以受激跃迁速率为

$$B_{a\to b} = \frac{\mathrm{d}R_{a\to b}}{\mathrm{d}t} = \frac{\pi q^2\omega^2}{\varepsilon_0\hbar^2c^2}\left|\langle a|(\hat{n}\cdot\boldsymbol{r})\left(\hat{k}\cdot\boldsymbol{r}\right)|b\rangle\right|^2 = B_{b\to a}.$$

由爱因斯坦关系方程 (11.61), 禁戒跃迁的自发辐射速率为 (注意　自发辐射只能从高能态到低能态)

$$\begin{aligned}A &= \frac{\omega_0^3\hbar}{\pi^2c^3}B_{b\to a} = \frac{\omega_0^3\hbar}{\pi^2c^3}\frac{\pi q^2\omega^2}{\varepsilon_0\hbar^2c^2}\left|\langle b|(\hat{n}\cdot\boldsymbol{r})\left(\hat{k}\cdot\boldsymbol{r}\right)|a\rangle\right|^2\\ &= \frac{q^2\omega^5}{\pi\varepsilon_0\hbar c^5}\left|\langle b|(\hat{n}\cdot\boldsymbol{r})\left(\hat{k}\cdot\boldsymbol{r}\right)|a\rangle\right|^2.\end{aligned}$$

(b) 设振子沿 x 方向振动, 则有 $\hat{n}\cdot\boldsymbol{r}=\hat{n}_x x$, $\hat{k}\cdot\boldsymbol{r}=\hat{k}_x x$, 对从 $n\to n'$ 态的自发跃迁 $(n>n')$, 我们有

$$A = \frac{q^2\omega^5}{\pi\varepsilon_0\hbar c^5}\left|\langle n'|(\hat{n}_x x)\left(\hat{k}_x x\right)|n\rangle\right|^2 = \frac{q^2\omega^5}{\pi\varepsilon_0\hbar c^5}\left(\hat{n}_x\hat{k}_x\right)^2\left|\langle n'|x^2|n\rangle\right|^2,$$

其中

$$\langle n'|x^2|n\rangle = \frac{\hbar}{2m\varpi}\langle n'|(a_+ + a_-)^2|n\rangle = \frac{\hbar}{2m\varpi}\langle n'|\left(a_+^2 + a_+a_- + a_-a_+ + a_-^2\right)|n\rangle.$$

(注意　这里用 ϖ 表示谐振子频率, 以与电磁场频率 ω 区分.) 由于 $n>n'$, 只有 a_-^2 不为零, 所以

$$\langle n'|x^2|n\rangle = \frac{\hbar}{2m\varpi}\langle n'|a_-^2|n\rangle = \frac{\hbar}{2m\varpi}\sqrt{n(n-1)}\delta_{n',n-2}.$$

因此自发禁戒跃迁只能从 $|n\rangle$ 到 $|n-2\rangle$ 态. 所发射光子频率为 $\omega=\dfrac{E_n-E_{n-2}}{\hbar}=2\varpi$. 故

$$A_{n\to n-2} = \frac{q^2\omega^5}{\pi\varepsilon_0\hbar c^5}\left(\hat{n}_x\hat{k}_x\right)^2\left(\frac{\hbar}{2m\varpi}\right)^2 n(n-1) = \frac{q^2\omega^3\hbar}{\pi\varepsilon_0 m^2c^5}\left(\hat{n}_x\hat{k}_x\right)^2 n(n-1).$$

如果振子不是沿 x 方向振动的, 而是各向同性的 (或者说光的极化方向与振动方向的交角是无规则的), 即我们需要求出 $\left(n_x^2k_x^2\right)$ 平均值. 可设光沿 z 方向入射, 电场方向沿 y 方向, 而振动沿 $\hat{r}$, 我们需要对所有 $\hat{r}$ 方向求平均. 设 $\boldsymbol{k}=k\hat{z}$, $\boldsymbol{n}=\hat{y}$, 则

$$\begin{aligned}\hat{n}\cdot\hat{r} &\equiv \hat{n}_r = \hat{y}\cdot(\sin\theta\cos\phi\hat{x}+\sin\theta\sin\phi\hat{y}+\cos\theta\hat{z}) = \sin\theta\sin\phi,\\ \hat{k}\cdot\hat{r} &\equiv \hat{k}_r = \hat{z}\cdot(\sin\theta\cos\phi\hat{x}+\sin\theta\sin\phi\hat{y}+\cos\theta\hat{z}) = \cos\theta.\end{aligned}$$

(注意　这里我们用 $\hat{x},\hat{y},\hat{z}$ 表示沿 x,y,z 方向的单位矢量, 而没用常用的 $\hat{i},\hat{j},\hat{k}$, 因为本题前面用了 $\hat{k}$ 表示光的传播方向), 对所有的角度求平均, 得

$$\begin{aligned}\left\langle n_r^2k_r^2\right\rangle &= \frac{1}{4\pi}\int_{\theta=0}^{\pi}\int_{\phi=0}^{2\pi}\sin^2\theta\sin^2\phi\cos^2\theta\sin\theta\mathrm{d}\theta\mathrm{d}\phi\\ &= \frac{1}{4\pi}\int_0^{2\pi}\sin^2\phi\mathrm{d}\phi\int_0^{\pi}\sin^3\theta\cos^2\theta\mathrm{d}\theta\\ &= -\frac{1}{4\pi}\int_0^{2\pi}\frac{1}{2}(1-\cos2\phi)\,\mathrm{d}\phi\int_0^{\pi}\left(\cos^2\theta-\cos^4\theta\right)\mathrm{d}\cos\theta\end{aligned}$$

$$= -\frac{1}{4\pi}\left(\frac{1}{2}\varphi - \frac{1}{4}\sin 2\varphi\right)\Big|_0^{2\pi}\left(\frac{1}{3}\cos^3\theta - \frac{1}{5}\cos^5\theta\right)\Big|_0^{\pi}$$
$$= -\frac{1}{4\pi}(\pi)\left(-\frac{4}{15}\right) = \frac{1}{15}.$$

这样自发禁戒跃迁速率为

$$A_{n\to n-2} = \frac{q^2\omega^3\hbar}{15\pi\varepsilon_0 m^2c^5}n(n-1) = \frac{q^2(2\varpi)^3\hbar}{15\pi\varepsilon_0 m^2c^5}n(n-1).$$

由方程 (11.70) 允许项 $(n\to n-1)$ 的自发跃迁速率为 $A = \dfrac{nq^2\varpi^2}{6\pi\varepsilon_0 mc^3}$ (注意　这里发射光子的频率与谐振子频率一样).

两者之比为

$$\frac{\hbar q^2(2\varpi)^3 n(n-1)}{15\pi\varepsilon_0 m^2c^5}\Bigg/\frac{nq^2\varpi^2}{6\pi\varepsilon_0 mc^3} = \frac{12}{5}\frac{\hbar\varpi(n-1)}{mc^2}.$$

对非相对论情况, $\hbar\varpi \ll mc^2$, 故禁戒跃迁的速率是很小的, 这是称之为“禁戒”的原因.

(c) 由 $|200\rangle = \dfrac{1}{\sqrt{4\pi}}R_{20}$, $|100\rangle = \dfrac{1}{4\pi}R_{10}$, 角度部分积分为

$$\langle 100|(\hat{n}\cdot\boldsymbol{r})\left(\hat{k}\cdot\boldsymbol{r}\right)|200\rangle = \frac{1}{4\pi}\int_0^\infty R_{10}^*R_{20}r^4\mathrm{d}r\int_0^{2\pi}\int_0^{\pi}(\hat{n}\cdot\hat{r})\left(\hat{k}\cdot\hat{r}\right)\sin\theta\mathrm{d}\theta\mathrm{d}\varphi.$$

但是由方程 (7.99), 得

$$\int(\boldsymbol{a}\cdot\hat{r})(\boldsymbol{b}\cdot\hat{r})\sin\theta\mathrm{d}\theta\mathrm{d}\phi = \frac{4\pi}{3}(\boldsymbol{a}\cdot\boldsymbol{b})$$
$$\Rightarrow \int_0^{2\pi}\int_0^{\pi}(\hat{n}\cdot\hat{r})\left(\hat{k}\cdot\hat{r}\right)\sin\theta\mathrm{d}\theta\mathrm{d}\varphi = \frac{4\pi}{3}\left(\hat{n}\cdot\hat{k}\right).$$

对于电磁波, 由于是横波 $\left(\hat{n}\cdot\hat{k}\right) = 0$, 故

$$\langle 100|(\hat{n}\cdot\boldsymbol{r})\left(\hat{k}\cdot\boldsymbol{r}\right)|200\rangle = 0 \Rightarrow A_{2\mathrm{s}\to1\mathrm{s}} = 0.$$

即 2S → 1S 的跃迁即使是禁戒跃迁也不会发生.

*****习题 11.32**　证明: 氢原子从 n,ℓ 到 n',ℓ' 跃迁的自发发射速率 (方程 (11.63)) 是

$$\frac{e^2\omega^3 I^2}{3\pi\varepsilon_0\hbar c^3}\times\begin{cases}\dfrac{\ell+1}{2\ell+1}, & \ell' = \ell+1,\\[2mm] \dfrac{\ell}{2\ell+1}, & \ell' = \ell-1,\end{cases}$$

其中

$$I \equiv \int_0^\infty r^3 R_{n\ell}(r)R_{n'\ell'}(r)\mathrm{d}r.$$

(原子从一个特定的 m 值开始, 可以到任意 m' 的态, 只要满足选择定则: $m' = m+1,\ m,\ m-1$. 注意答案不依赖于 m.) 提示　首先对 $\ell' = \ell+1$ 情况, 计算在

$|n\,\ell\,m\rangle$ 和 $|n'\,\ell'\,m'\rangle$ 之间 x、y 和 z 的所有非零矩阵元. 根据这些, 来确定

$$\left|\langle n',\ell+1,m+1\,|\boldsymbol{r}|\,n\ell m\rangle\right|^2+\left|\langle n',\ell+1,m\,|\boldsymbol{r}|\,n\ell m\rangle\right|^2$$
$$+\left|\langle n',\ell+1,m-1\,|\boldsymbol{r}|\,n\ell m\rangle\right|^2$$

的值. 然后对 $\ell'=\ell-1$ 情况做同样的计算. 你会发现以下递归公式 (适用于 $m\geqslant 0$)① 和正交关系方程 (4.33) 很有用:

$$(2\ell+1)\,xP_\ell^m(x)=(\ell+m)\,P_{\ell-1}^m(x)+(\ell-m+1)\,P_{\ell+1}^m(x),$$

$$(2\ell+1)\sqrt{1-x^2}P_\ell^m(x)=P_{\ell+1}^{m+1}(x)-P_{\ell-1}^{m+1}(x),$$

解答　由跃迁选择定则 $\Delta\ell=\pm1$, $\Delta m=0,\pm1$, 跃迁只能发生在满足 $\ell'=\ell\pm1$, $m'=m\pm1$, m 的态之间.

在极坐标系下

$$x=r\sin\theta\cos\varphi,\qquad y=r\sin\theta\sin\varphi,\qquad z=r\cos\theta;$$

$$\langle n'\ell'm'|\,x\,|n\ell m\rangle=\frac{1}{2}\left[\langle n'\ell'm'|\,r\sin\theta\mathrm{e}^{\mathrm{i}\varphi}\,|n\ell m\rangle+\langle n'\ell'm'|\,r\sin\theta\mathrm{e}^{-\mathrm{i}\varphi}\,|n\ell m\rangle\right],$$

$$\langle n'\ell'm'|\,y\,|n\ell m\rangle=\frac{1}{2\mathrm{i}}\left[\langle n'\ell'm'|\,r\sin\theta\mathrm{e}^{\mathrm{i}\varphi}\,|n\ell m\rangle-\langle n'\ell'm'|\,r\sin\theta\mathrm{e}^{-\mathrm{i}\varphi}\,|n\ell m\rangle\right].$$

球谐函数的性质为

$$\cos\theta Y_\ell^m=a_{\ell,m}Y_{\ell+1}^m+a_{\ell-1,m}Y_{\ell-1}^m,$$

$$\sin\theta\mathrm{e}^{\mathrm{i}\varphi}Y_\ell^m=b_{\ell-1,-(m+1)}Y_{\ell-1}^{m+1}-b_{\ell m}Y_{\ell+1}^{m+1},$$

$$\sin\theta\mathrm{e}^{-\mathrm{i}\varphi}Y_{\ell m}=-b_{\ell-1,m-1}Y_{\ell-1}^{m-1}-b_{\ell,-m}Y_{\ell+1}^{m-1},$$

其中 $a_{\ell m}=\sqrt{\dfrac{(\ell+1)^2-m^2}{(2\ell+1)(2\ell+3)}}$, $b_{\ell m}=\sqrt{\dfrac{(\ell+m+1)(\ell+m+2)}{(2\ell+1)(2\ell+3)}}$.

$$\begin{aligned}\langle n'\ell'm'|\,r\sin\theta\mathrm{e}^{\mathrm{i}\varphi}\,|n\ell m\rangle&=\Big[b_{\ell-1,-(m+1)}\,\langle n'\ell'm'|\,r\,|n,\ell-1,m+1\rangle\\&\qquad-b_{\ell,m}\,\langle n'\ell'm'|\,r\,|n,\ell+1,m+1\rangle\Big]\\&=I\left[b_{\ell-1,-(m+1)}\delta_{\ell',\ell-1}\delta_{m',m+1}-b_{\ell,m}\delta_{\ell',\ell+1}\delta_{m',m+1}\right],\\\langle n'\ell'm'|\,r\sin\theta\mathrm{e}^{-\mathrm{i}\varphi}\,|n\ell m\rangle&=\Big[-b_{\ell-1,m-1}\,\langle n'\ell'm'|\,r\,|n,\ell-1,m-1\rangle\\&\qquad-b_{\ell,-m}\,\langle n'\ell'm'|\,r\,|n,\ell+1,m-1\rangle\Big]\\&=I\left[-b_{\ell-1,m-1}\delta_{\ell',\ell-1}\delta_{m',m-1}-b_{\ell,-m}\delta_{\ell',\ell+1}\delta_{m',m-1}\right],\\\langle n'\ell'm'|\,r\cos\theta\,|n\ell m\rangle&=\Big[a_{\ell m}\,\langle n'\ell'm'|\,r\,|n,\ell+1,m\rangle+a_{\ell-1,m}\,\langle n'\ell'm'|\,r\,|n,\ell-1,m\rangle\Big]\end{aligned}$$

① 见 George B. Arfken 和 Hans J. Weber, 《物理学家的数学方法》, 第 7 版, 科学出版社, 圣地亚哥 (2013 年), 第 744 页.

$$=I\left[a_{\ell m}\delta_{\ell',\ell+1}\delta_{m',m}+a_{\ell-1,m}\delta_{\ell',\ell-1}\delta_{m',m}\right],$$

其中 $I\equiv\int_0^{\infty}r^3R_{n\ell}(r)R_{n'\ell'}(r)\,\mathrm{d}r$.

由以上关系可知, 当 $\ell'=\ell+1, m'=m\pm1, m$ 时, $\langle n'\ell'm'|r\sin\theta\mathrm{e}^{\mathrm{i}\varphi}|n\ell m\rangle$, $\langle n'\ell'm'|r\sin\theta\mathrm{e}^{-\mathrm{i}\varphi}|n\ell m\rangle$ 和 $\langle n'\ell'm'|r\sin\theta\mathrm{e}^{-\mathrm{i}\varphi}|n\ell m\rangle$ 对应的 9 个矩阵元中只有 3 个不为零.

这三项分别为

$$\langle n',\ell+1,m+1|\,r\sin\theta\mathrm{e}^{\mathrm{i}\varphi}\,|n\ell m\rangle=-Ib_{\ell m},$$
$$\langle n',\ell+1,m|\,r\cos\theta\,|n\ell m\rangle=Ia_{\ell m},$$
$$\langle n',\ell+1,m-1|\,r\sin\theta\mathrm{e}^{-\mathrm{i}\varphi}\,|n\ell m\rangle=-Ib_{\ell,-m}.$$

由此可得

$$\langle n',\ell+1,m+1|\,x\,|n\ell m\rangle=-\frac{1}{2}Ib_{\ell m},\quad\langle n',\ell+1,m+1|\,y\,|n\ell m\rangle=-\frac{1}{2\mathrm{i}}Ib_{\ell m},$$
$$\langle n',\ell+1,m+1|\,z\,|n\ell m\rangle=0,\quad\langle n',\ell+1,m|\,x\,|n\ell m\rangle=\langle n',\ell+1,m'|\,y\,|n\ell m\rangle=0,$$
$$\langle n',\ell+1,m|\,z\,|n\ell m\rangle=Ia_{\ell m},\quad\langle n',\ell+1,m-1|\,x\,|n\ell m\rangle=-\frac{1}{2}Ib_{\ell,-m},$$
$$\langle n',\ell+1,m-1|\,y\,|n\ell m\rangle=\frac{1}{2\mathrm{i}}Ib_{\ell,-m},$$
$$\langle n',\ell+1,m-1|\,z\,|n\ell m\rangle=0.$$

各跃迁矩阵元为

$$\langle n',\ell+1,m+1|\,\boldsymbol{r}\,|n\ell m\rangle=-\frac{1}{2}Ib_{\ell m}\hat{\imath}-\frac{1}{2\mathrm{i}}Ib_{\ell m}\hat{\jmath},$$
$$\langle n',\ell+1,m|\,\boldsymbol{r}\,|n\ell m\rangle=Ia_{\ell m}\hat{k},$$
$$\langle n',\ell+1,m-1|\,\boldsymbol{r}\,|n\ell m\rangle=-\frac{1}{2}Ib_{\ell,-m}\hat{\imath}+\frac{1}{2\mathrm{i}}Ib_{\ell,-m}\hat{\jmath},$$

$$\left|\langle n',\ell+1,m+1|\,\boldsymbol{r}\,|n\ell m\rangle\right|^2+\left|\langle n',\ell+1,m|\,\boldsymbol{r}\,|n\ell m\rangle\right|^2+\left|\langle n',\ell+1,m-1|\,\boldsymbol{r}\,|n\ell m\rangle\right|^2$$
$$=I^2\left[\frac{1}{4}b_{\ell m}^2(2)+a_{\ell m}^2+\frac{1}{4}b_{\ell,-m}^2(2)\right]$$
$$=I^2\left[\frac{1}{2}\frac{(\ell+m+1)(\ell+m+2)}{(2\ell+1)(2\ell+3)}+\frac{(\ell+1)^2-m^2}{(2\ell+1)(2\ell+3)}+\frac{1}{2}\frac{(\ell-m+1)(\ell-m+2)}{(2\ell+1)(2\ell+3)}\right]$$
$$=I^2\frac{\ell+1}{2\ell+1}.$$

$$|R|^2=e^2I^2\frac{\ell+1}{2\ell+1},$$

$$A=\frac{\omega^3|R|^2}{3\pi\varepsilon_0\hbar c^3}=\frac{e^2\omega^3I^2}{3\pi\varepsilon_0\hbar c^3}\times\frac{\ell+1}{2\ell+1},\ (\ell'=\ell+1).$$

同理, $\ell'=\ell-1,\ m'=m\pm1,\ m$ 时, 可得出

$$\langle n',\ell-1,m+1|\,\boldsymbol{r}\,|n\ell m\rangle=\frac{1}{2}Ib_{\ell-1,-(m+1)}\hat{\imath}+\frac{1}{2\mathrm{i}}Ib_{\ell-1,-(m+1)}\hat{\jmath},$$
$$\langle n',\ell-1,m|\,\boldsymbol{r}\,|n\ell m\rangle=Ia_{\ell-1,m}\hat{k},$$

$$\langle n', \ell-1, m-1|\, \boldsymbol{r}\, |n\ell m\rangle = -\frac{1}{2} I b_{\ell-1,m-1}\hat{\imath} + \frac{1}{2\mathrm{i}} I b_{\ell-1,m-1}\hat{\jmath},$$

$$\left|\langle n', \ell-1, m+1|\, \boldsymbol{r}\, |n\ell m\rangle\right|^2 + \left|\langle n', \ell-1, m|\, \boldsymbol{r}\, |n\ell m\rangle\right|^2 + \left|\langle n', \ell-1, m-1|\, \boldsymbol{r}\, |n\ell m\rangle\right|^2$$

$$= I^2 \left[\frac{1}{4} b_{\ell-1,-(m+1)}^2 (2) + a_{\ell-1,m}^2 + \frac{1}{4} b_{\ell-1,m-1}^2 (2)\right]$$

$$= I^2 \left[\frac{1}{2} \frac{(\ell-m+1)(\ell-m+2)}{(2\ell+1)(2\ell-1)} + \frac{\ell^2-(m-1)^2}{(2\ell+1)(2\ell-1)} + \frac{1}{2} \frac{(\ell+m-1)(\ell+m)}{(2\ell+1)(2\ell-1)}\right]$$

$$= I^2 \frac{\ell}{2\ell-1}.$$

$$|R|^2 = e^2 I^2 \frac{\ell}{2\ell-1},$$

$$A = \frac{\omega^3 |R|^2}{3\pi\varepsilon_0\hbar c^3} = \frac{e^2\omega^3 I^2}{3\pi\varepsilon_0\hbar c^3} \times \frac{\ell}{2\ell-1} \quad (\ell' = \ell-1).$$

综上所得,

$$A = \frac{e^2\omega^3 I^2}{3\pi\varepsilon_0\hbar c^3} \times \begin{cases} \dfrac{\ell+1}{2\ell+1}, & \ell' = \ell+1, \\ \dfrac{l}{2l-1}, & \ell' = \ell-1. \end{cases}$$

习题 11.33　氢原子中 21cm 超精细线的自发发射速率 (7.5 节) 可从方程 (11.63) 中得到, 但这是磁偶极跃迁, 而不是电偶极跃迁: [1]

$$\wp \to \frac{1}{c}\mathrm{M} = \frac{1}{c}\langle 1|\,(\boldsymbol{\mu}_{\mathrm{e}} + \boldsymbol{\mu}_{\mathrm{p}})\,|0\rangle,$$

其中

$$\boldsymbol{\mu}_{\mathrm{e}} = -\frac{e}{m_{\mathrm{e}}}\boldsymbol{S}_{\mathrm{e}},\ \boldsymbol{\mu}_{\mathrm{p}} = \frac{5.59e}{2m_{\mathrm{p}}}\boldsymbol{S}_{\mathrm{p}}$$

分别是电子和质子的磁矩 (方程 (7.89)), 而 $|0\rangle$ 和 $|1\rangle$ 分别是单态和三重态 (方程 (4.175) 和 (4.176)). 由于 $m_{\mathrm{p}} \gg m_{\mathrm{e}}$, 质子的贡献可以忽略不计, 因此

$$A = \frac{\omega_0^3 e^2}{3\pi\varepsilon_0\hbar c^5 m_{\mathrm{e}}^2}\left|\langle 1|\,\boldsymbol{S}_{\mathrm{e}}\,|0\rangle\right|^2$$

(使用你喜欢的三重态). 计算 $|\langle 1|\,\boldsymbol{S}_{\mathrm{e}}\,|0\rangle|^2$. 代入实际数据, 确定三重态的跃迁速率和寿命.

解答　自旋单态为

$$|0\rangle = \frac{1}{\sqrt{2}}\left(|\uparrow_{\mathrm{e}}\downarrow_{\mathrm{p}}\rangle - |\downarrow_{\mathrm{e}}\uparrow_{\mathrm{p}}\rangle\right).$$

[1] 电偶极矩和磁偶极矩有不同的单位, 因此有系数 $1/c$ (可以通过量纲分析进行验证).

自旋三重态中的一个可选为 $|1\rangle = |\uparrow_e\uparrow_p\rangle$, 所以,

$$\begin{aligned}\langle 1|\,\boldsymbol{S}_e\,|0\rangle &= \frac{1}{\sqrt{2}}\left[\langle\uparrow_e\uparrow_p|\,\boldsymbol{S}_e\,|\uparrow_e\downarrow_p\rangle - \langle\uparrow_e\uparrow_p|\,\boldsymbol{S}_e\,|\downarrow_e\uparrow_p\rangle\right]\\ &= \frac{1}{\sqrt{2}}\left[\langle\uparrow_e|\,\boldsymbol{S}_e\,|\uparrow_e\rangle\langle\uparrow_p|\downarrow_p\rangle - \langle\uparrow_e|\,\boldsymbol{S}_e\,|\downarrow_e\rangle\langle\uparrow_p|\uparrow_p\rangle\right]\\ &= -\frac{1}{\sqrt{2}}\langle\uparrow_e|\,\boldsymbol{S}_e\,|\downarrow_e\rangle.\end{aligned}$$

将 $\boldsymbol{S}_e = \hat{S}_x + \hat{S}_y + \hat{S}_z = \frac{1}{2}\left(S_e^+ + S_e^-\right)\hat{x} + \frac{1}{2\mathrm{i}}\left(S_e^+ - S_e^-\right) + S_e^z\hat{z}$ 代入上式, 得

$$\langle 1|\,\boldsymbol{S}_e\,|0\rangle = -\frac{1}{\sqrt{2}}\begin{bmatrix}\frac{1}{2}\langle\uparrow_e|\,S_e^+ + S_e^-\,|\downarrow_e\rangle\\ \frac{1}{2\mathrm{i}}\langle\uparrow_e|\,S_e^+ + S_e^-\,|\downarrow_e\rangle\\ \langle\uparrow_e|\,S_e^z\,|\downarrow_e\rangle\end{bmatrix} = \frac{\mathrm{i}\hbar}{2\sqrt{2}}\begin{bmatrix}\mathrm{i}\\1\\0\end{bmatrix}.$$

因此,

$$|\langle 1|\,\boldsymbol{S}_e\,|0\rangle|^2 = \frac{\hbar^2}{8}(1+1) = \frac{\hbar^2}{4}.$$

由题中表达式 $A = \frac{\omega_0^3 e^2}{3\pi\varepsilon_0\hbar c^5 m_e^2}|\langle 1|\,\boldsymbol{S}_e\,|0\rangle|^2$, 得 $A = \frac{\omega_0^3 e^2}{3\pi\varepsilon_0\hbar c^5 m_e^2}\frac{\hbar^2}{4} = \frac{\omega_0^3 e^2\hbar}{12\pi\varepsilon_0 c^5 m_e^2}$.

由方程 (7.97) 和 (7.98), 得 $\omega_0 = \frac{\Delta E}{\hbar} = \frac{4g_p\hbar^4}{3m_p m_e^2 c^2 a^4}\frac{1}{\hbar} = \frac{4g_p\hbar^3}{3m_p m_e^2 c^2 a^4}$, 进一步可得

$$\tau = \frac{1}{A} = \frac{81}{64}\frac{1}{\alpha'^3}\frac{1}{g_p^3}\left(\frac{m_p}{m_e}\right)^3\frac{\hbar}{m_e c^2} = 1.1\times 10^7\ \mathrm{yr}.$$

*** **习题 11.34** 粒子开始时处在无限深方势阱的基态 (在 $0 \leqslant x \leqslant a$ 区间). 现在一阱壁慢慢竖立起来, 并稍微偏离中心: ①

$$V(x) = f(t)\,\delta\left(x - \frac{a}{2} - \varepsilon\right),$$

其中 $f(t)$ 从 0 逐渐增加到 ∞. 按照绝热定理, 粒子将仍处在演化哈密顿量的基态.

(a) 求出 (并画出)$t\to\infty$ 时的基态. **提示** 这应该是在 $a/2+\varepsilon$ 处有一个不可穿透势垒的无限深方势阱的基态. **注意** 粒子限域在势阱略大的左侧“一半”里.

(b) 求出 t 时刻基态能量的 (超越) 方程. 答案:

$$z\sin z = T\left[\cos z - \cos(z\delta)\right],$$

其中 $z\equiv ka$, $T\equiv maf(t)/\hbar^2$, $\delta\equiv 2\varepsilon/a$ 和 $k\equiv\sqrt{2mE}\big/\hbar$.

① Julio Gea-Banacloche, *Am. J. Phys.* **70,** 307 (2002) 采用了矩形势垒; δ 函数势垒参见 M. Lakner and J. Peternelj, *Am. J. Phys.* **71,** 519 (2003).

(c) 设 $\delta=0$, 图解求 z, 并证明: 当 T 从 0 增加到 ∞ 时, z 从 π 变到 2π. 解释这一结果.

(d) 设 $\delta=0.01$, 分别取 $T=0,\ 1,\ 5,\ 20,\ 100,\ 1000$, 数值求解 z.

(e) 作为 z 和 δ 的函数, 求出粒子位于势阱右半部分的几率 P_r. 答案: $P_r=1/[1+(I_+/I_-)]$, 其中 $I_\pm\equiv[1\pm\delta-(1/z)\sin(z(1\pm\delta))]\sin^2[z(1\mp\delta)/2]$. 利用 (d) 中给出的 T 和 δ 的值计算几率的数值. 讨论你得到的结果.

(f) 绘制相同 T 和 δ 值的基态波函数. 留意波函数是如何随着势垒的增加而被挤压到势阱的左半部分.[①]

解答　(a) $t\to\infty$ 时, $f(t)\to\infty$, 即在 $x=a/2+\varepsilon$ 处有一个不能穿透的势垒, 即粒子仅可能存在于势垒的一边, 也就是说此时相当于存在左右两个无限深势阱并且左边阱宽 $a/2+\varepsilon$ 大于右边阱宽 $a/2-\varepsilon$. 由无限深方势阱基态能量 $E_1=\pi^2\hbar^2/(2ma^2)$ 知, 阱宽 a 越小, 基态能量越高, 因此左势阱基态能量要低于右势阱基态能量, 整个系统的基态为粒子处于左势阱基态, 左势阱基态波函数为

$$\psi(x)=\begin{cases}\sqrt{\dfrac{2}{a/2+\varepsilon}}\sin\left(\dfrac{\pi x}{a/2+\varepsilon}\right), & 0<x<a/2+\varepsilon,\\ 0, & \text{其他}.\end{cases}$$

基态能量为 $E_1=\dfrac{\pi^2\hbar^2}{2m(a/2+\varepsilon)^2}$, 基态波函数示意图见图 11.3.

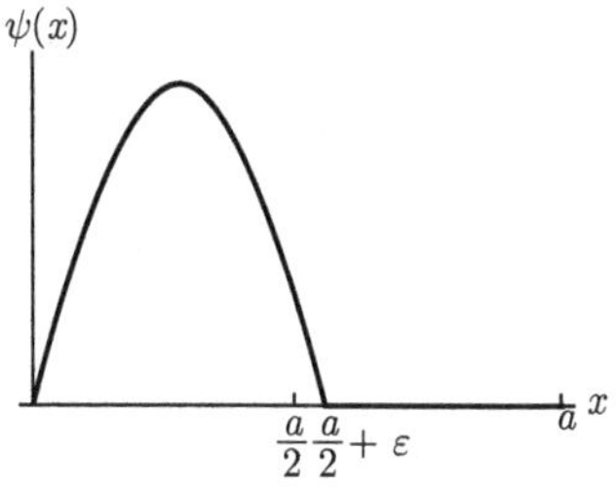

图 11.3

(b) 在时刻 t, 势垒表示为 $V(x)=f(t)\delta\left(x-\dfrac{a}{2}-\varepsilon\right)$, 此时 $f(t)$ 为有限值.

在 $0\leqslant x\leqslant a/2+\varepsilon$ 区域, 定态薛定谔方程为

$$\frac{\mathrm{d}^2\psi}{\mathrm{d}x^2}=-k^2\psi,\quad k\equiv\sqrt{2mE}\Big/\hbar.$$

该方程的解为

$$\psi=A\sin(kx)+B\cos(kx).$$

由边界条件 $\psi(0)=0\Rightarrow B=0$, 故

$$\psi=A\sin(kx),\quad \psi'=Ak\cos(kx).$$

在 $a/2+\varepsilon\leqslant x\leqslant a$ 区域, 波函数为

$$\psi=C\sin(kx)+D\cos(kx).$$

由边界条件 $\psi(a)=C\sin(ka)+D\cos(ka)=0\Rightarrow D=-C\tan(ka)$, 所以

$$\psi(x)=C[\sin(kx)-\tan(ka)\cos(kx)].$$

利用三角公式, 该波函数可以写作

$$\psi(x)=F\sin[k(a-x)],\quad \psi'(x)=-Fk\cos[k(a-x)].$$

在 $x=a/2+\varepsilon$ 处, 波函数连续, 但是波函数的导数有跃变

$$\psi'\left(a/2+\varepsilon+0^+\right)-\psi'\left(a/2+\varepsilon+0^-\right)=\frac{2mf(t)}{\hbar^2}\psi(a/2+\varepsilon).$$

① Gea-Banacloche (教材第 441 页脚注 43) 讨论了波函数的演化, 但没有使用绝热定理.

所以有

$$\begin{cases} A\sin\left[k\left(a/2+\varepsilon\right)\right]=F\sin\left[k\left(a/2-\varepsilon\right)\right], \\ -Fk\cos\left[k\left(a/2-\varepsilon\right)\right]-Ak\cos\left[k\left(a/2+\varepsilon\right)\right]=\dfrac{2mf\left(t\right)}{\hbar^2}A\sin\left[k\left(a/2+\varepsilon\right)\right]. \end{cases}$$

第一个方程给出 $F=A\dfrac{\sin\left[k\left(a/2+\varepsilon\right)\right]}{\sin\left[k\left(a/2-\varepsilon\right)\right]}$, 将其代入第二个方程消去 A 后, 得

$$\frac{\sin\left[k\left(a/2+\varepsilon\right)\right]}{\sin\left[k\left(a/2-\varepsilon\right)\right]}\cos\left[k\left(a/2-\varepsilon\right)\right]+\cos\left[k\left(a/2+\varepsilon\right)\right]=-\frac{2mf(t)}{\hbar^2k}\sin\left[k\left(a/2+\varepsilon\right)\right],$$

$$\sin\left[k\left(a/2+\varepsilon\right)\right]\cos\left[k\left(a/2-\varepsilon\right)\right]+\cos\left[k\left(a/2+\varepsilon\right)\right]\sin\left[k\left(a/2-\varepsilon\right)\right]$$
$$=-\frac{2mf(t)}{\hbar^2k}\sin\left[k\left(a/2+\varepsilon\right)\right]\sin\left[k\left(a/2-\varepsilon\right)\right].$$

利用三角公式, 上式可化为 $\sin\left(ka\right)=-\dfrac{2mf\left(t\right)}{\hbar^2k}\left[\cos\left(2k\varepsilon\right)-\cos\left(ka\right)\right]$.

设 $z\equiv ka,\ T\equiv maf\left(t\right)/\hbar^2,\ \delta\equiv 2\varepsilon/a$, 上式为

$$\sin z=-\frac{T}{z}\left[\cos\left(z\delta\right)-\cos z\right],\quad z\sin z=T\left[\cos\left(z\right)-\cos\left(z\delta\right)\right],$$

这就是时刻 t 体系基态能量所满足的超越方程.

(c) 当 $\delta=0$ 时, (b) 中的基态能量方程为

$$z\sin z=T\left[\cos\left(z\right)-1\right],\quad -\frac{z}{T}=\frac{1-\cos\left(z\right)}{\sin z}=\frac{2\sin^2\left(z/2\right)}{2\sin\left(z/2\right)\cos\left(z/2\right)}=\tan\left(z/2\right),$$

斜线 $-z/T$ 与 $\tan\left(z/2\right)$ 的图形如图 11.4 所示.

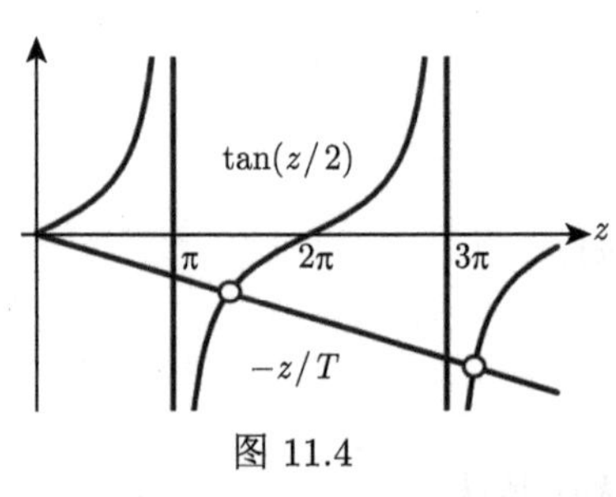

图 11.4

当 t 变化时, 斜线 $-z/T$ 与 $\tan\left(z/2\right)$ 的第一个交点的变化反映了基态能量的变化情况, 当 $T=0$ (竖直线) 时, 交点位于 $z=\pi, E_1=\dfrac{z^2\hbar^2}{2ma^2}=\dfrac{\pi^2\hbar^2}{2ma^2}$.$t\to\infty$ 时, $T\to\infty$ (水平线), 交点位于 $z=2\pi, E_1=\dfrac{z^2\hbar^2}{2ma^2}=\dfrac{\pi^2\hbar^2}{2m\left(a/2\right)^2}$. 也就是说, 当 t 从 $0\to\infty$ 时, z 从 π 增加到 2π, 在该过程中基态能量不断升高, 从阱宽为 a 的基态能量 $\dfrac{\pi^2\hbar^2}{2ma^2}$ 增加到阱宽为 $a/2$ 的基态能量 $\dfrac{\pi^2\hbar^2}{2m\left(a/2\right)^2}$.

(d) 设 $\delta=0.01$, 数值求解 $z\sin z=T\left[\cos\left(z\right)-\cos\left(0.01z\right)\right]$, 结果见表 11.1.

表 11.1

T	0	1	5	20	100	1000
z	3.14159	3.67303	4.76031	5.72036	6.13523	6.21452

(e) $P_r=\dfrac{I_r}{I_l+I_r}=\dfrac{1}{1+I_l/I_r}$, 其中

$$I_l=\int_0^{a/2+\varepsilon}A^2\sin^2\left(kx\right)\mathrm{d}x=A^2\left[\frac{1}{2}x-\frac{1}{4k}\sin\left(2kx\right)\right]\Bigg|_0^{a/2+\varepsilon}$$

$$
\begin{aligned}
&= A^2\left\{\frac{1}{2}\left(\frac{a}{2}+\varepsilon\right)-\frac{1}{4k}\sin\left[2k\left(a/2+\varepsilon\right)\right]\right\} \\
&= A^2\frac{a}{4}\left[1+\frac{2\varepsilon}{a}-\frac{1}{ka}\sin\left(ka+\frac{2\varepsilon}{a}ka\right)\right] \\
&= A^2\frac{a}{4}\left[1+\delta-\frac{1}{z}\sin\left(z+\delta z\right)\right],
\end{aligned}
$$

$$
\begin{aligned}
I_r &= \int_{a/2+\varepsilon}^{a} F^2\sin^2\left[k\left(a-x\right)\right]\mathrm{d}x \quad (\text{令 } u\equiv a-x) \\
&= -F^2\int_{a/2-\varepsilon}^{0}\sin^2\left(ku\right)\mathrm{d}u = F^2\int_{0}^{a/2-\varepsilon}\sin^2\left(ku\right)\mathrm{d}u \\
&= F^2\frac{a}{4}\left[1-\delta-\frac{1}{z}\sin\left(z-z\delta\right)\right].
\end{aligned}
$$

代入前面得到的 $F=A\dfrac{\sin\left[k\left(a/2+\varepsilon\right)\right]}{\sin\left[k\left(a/2-\varepsilon\right)\right]}$, 得

$$
\frac{I_l}{I_r}=\frac{\sin^2\left[k\left(a/2-\varepsilon\right)\right]}{\sin^2\left[k\left(a/2+\varepsilon\right)\right]}\frac{\left[1+\delta-\dfrac{1}{z}\sin\left(z+\delta z\right)\right]}{\left[1-\delta-\dfrac{1}{z}\sin\left(z-z\delta\right)\right]}=\frac{\sin^2\left[(z-\delta)/2\right]}{\sin^2\left[(z+\delta)/2\right]}\frac{\left[1+\delta-\dfrac{1}{z}\sin\left(z+\delta z\right)\right]}{\left[1-\delta-\dfrac{1}{z}\sin\left(z-z\delta\right)\right]}=\frac{I_+}{I_-};
$$

$$
I_\pm\equiv\sin^2\left[(z\mp\delta)/2\right]\left[1\pm\delta-\frac{1}{z}\sin\left(z\pm\delta z\right)\right].
$$

这样就把 $P_r=\dfrac{1}{1+I_+/I_-}$ 表示成了 z, δ 的函数.

若取 $\delta=0.01$, 由 (d) 已经得到相应的 z 值, 分别将 δ, z 代入 P_r 表达式可求出与各个 T 相应的 P_r, 结果见表 11.2.

表 11.2

T	0	1	5	20	100	1000
P_r	0.490001	0.486822	0.471116	0.401313	0.146523	0.00248163

由表 11.2 知, 随着时间 t 的增加, 粒子处于势阱右半部分的几率 P_r 是不断减小的, 即粒子逐渐被挤进势阱的左半部分.

(f) 基态波函数随时间的变换示意图见图 11.5.

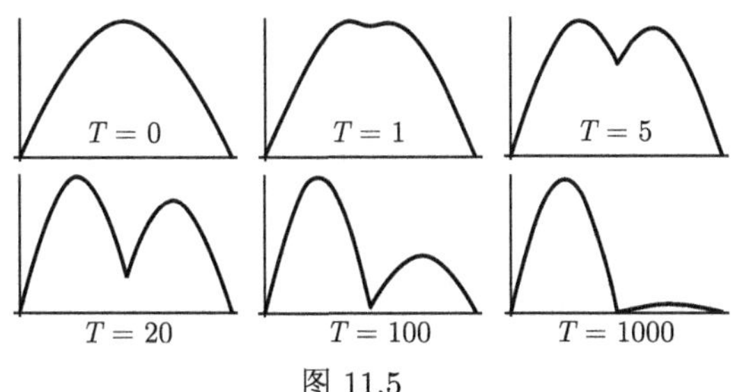

图 11.5

*****习题 11.35** 右壁以恒定速度 (v) 膨胀的无限深方势阱可以精确地求解.[①] 一组完备解是

$$\Phi_n(x,t) \equiv \sqrt{\frac{2}{\omega}} \sin\left(\frac{n\pi}{\omega}x\right) \mathrm{e}^{\mathrm{i}\left(mvx^2 - 2E_n^i at\right)/(2\hbar\omega)},$$

其中 $\omega(t) \equiv a + vt$ 是运动势阱的宽度, $E_n^i \equiv n^2\pi^2\hbar^2/(2ma^2)$ 是初始势阱 (宽度 a) 的第 n 个允许能量, 通解是诸 Φ 的线性组合:

$$\Psi(x,t) = \sum_{n=1}^{\infty} c_n \Phi_n(x,t),$$

其系数 c_n 和时间 t 无关.

(a) 验证方程 (11.136) 是否满足具有适当边界条件的含时薛定谔方程.

(b) 假设粒子开始时 ($t=0$) 位于初始势阱的基态:

$$\Psi(x,0) = \sqrt{\frac{2}{a}} \sin\left(\frac{\pi}{a}x\right).$$

证明: 展开系数可以写成如下形式

$$c_n = \frac{2}{\pi}\int_0^{\pi} \mathrm{e}^{-\mathrm{i}\alpha z^2} \sin(nz)\sin(z)\,\mathrm{d}z,$$

其中 $\alpha \equiv mva/(2\pi^2\hbar)$ 是量度势阱膨胀速度的一个无量纲量.(遗憾的是, 该积分不能用初等函数来计算.)

(c) 假设势阱的宽度膨胀为原来的 2 倍, 因此 "外部时间" 由 $\omega(T_e) = 2a$ 确定. "内部时间" 是 (初始) 基态含时指数因子的周期. 确定 T_e 和 T_i, 并证明: 绝热区域对应 $\alpha \ll 1$, 因此在整个积分区域 $\exp(-\mathrm{i}\alpha z^2) \approx 1$. 由此确定展开系数 c_n, 构造 $\Psi(x,t)$, 并验证它与绝热定理一致.

(d) 证明: $\Psi(x,t)$ 中的相因子可以写成

$$\theta_n(t) = -\frac{1}{\hbar}\int_0^t E_1(t')\,\mathrm{d}t',$$

其中 $E_n(t) \equiv n^2\pi^2\hbar^2/(2m\omega^2)$ 是在 t 时刻的第 n 瞬时能量本征值. 讨论该结果. 几何相位是多少? 如果势阱收缩回到原来位置, 该周期内的贝里相是多少?

解答 (a) 令 $\phi(x,t) \equiv \left(mvx^2 - 2E_n^i at\right)/(2\hbar\omega)$, 则 $\Phi_n = \sqrt{\dfrac{2}{\omega}} \sin\left(\dfrac{n\pi}{\omega}x\right) \mathrm{e}^{\mathrm{i}\phi}$.
进一步, 得

$$\frac{\partial\phi}{\partial t} = \frac{\left(-2E_n^i a\right)}{2\hbar\omega} - \frac{\left(mvx^2 - 2E_n^i at\right)(v)}{2\hbar\omega^2} = -\frac{E_n^i a}{\hbar\omega} - \frac{v}{\omega}\phi,$$

$$\frac{\partial\Phi_n(x,t)}{\partial t} = \mathrm{i}\frac{\partial\phi}{\partial t}\sqrt{\frac{2}{\omega}}\sin\left(\frac{n\pi x}{\omega}\right)\mathrm{e}^{\mathrm{i}\phi} - \frac{v}{2\omega}\sqrt{\frac{2}{\omega}}\sin\left(\frac{n\pi x}{\omega}\right)\mathrm{e}^{\mathrm{i}\phi}$$

① S. W. Doescher and M. H. Rice, *Am. J. Phys.* **37,** 1246(1969).

$$
\begin{aligned}
&-\frac{n\pi xv}{\omega^2}\sqrt{\frac{2}{\omega}}\cos\left(\frac{n\pi x}{\omega}\right)\mathrm{e}^{\mathrm{i}\phi}\\
&=\left[\mathrm{i}\frac{\partial\phi}{\partial t}-\frac{v}{2\omega}-\frac{n\pi xv}{\omega^2}\cot\left(\frac{n\pi x}{\omega}\right)\right]\varPhi_n\\
&=\left[-\frac{\mathrm{i}E_n^i a}{\hbar\omega}-\frac{\mathrm{i}v}{\omega}\phi-\frac{v}{2\omega}-\frac{n\pi xv}{\omega^2}\cot\left(\frac{n\pi x}{\omega}\right)\right]\varPhi_n,
\end{aligned}
$$

$$
\mathrm{i}\hbar\frac{\partial\varPhi_n(x,t)}{\partial t}=\mathrm{i}\hbar\left[-\frac{\mathrm{i}E_n^i a}{\hbar\omega}-\frac{\mathrm{i}v}{\omega}\phi-\frac{v}{2\omega}-\frac{n\pi xv}{\omega^2}\cot\left(\frac{n\pi x}{\omega}\right)\right]\varPhi_n.
$$

$$
\begin{aligned}
\frac{\mathrm{d}\varPhi_n(x,t)}{\mathrm{d}x}&=\mathrm{i}\frac{\partial\phi}{\partial x}\sqrt{\frac{2}{\omega}}\sin\left(\frac{n\pi x}{\omega}\right)\mathrm{e}^{\mathrm{i}\phi}+\frac{n\pi}{\omega}\sqrt{\frac{2}{\omega}}\cos\left(\frac{n\pi x}{\omega}\right)\mathrm{e}^{\mathrm{i}\phi}\\
&=\left[\mathrm{i}\frac{\partial\phi}{\partial x}+\frac{n\pi}{\omega}\cot\left(\frac{n\pi x}{\omega}\right)\right]\varPhi_n=\left[\mathrm{i}\frac{mvx}{\hbar\omega}+\frac{n\pi}{\omega}\cot\left(\frac{n\pi x}{\omega}\right)\right]\varPhi_n.
\end{aligned}
$$

$$
\frac{\mathrm{d}^2\varPhi_n(x,t)}{\mathrm{d}x^2}=\left\{\mathrm{i}\frac{mv}{\hbar\omega}-\left(\frac{n\pi}{\omega}\right)^2\left[\sin\left(\frac{n\pi x}{\omega}\right)\right]^{-2}\right\}\varPhi_n+\left[\mathrm{i}\frac{mvx}{\hbar\omega}+\frac{n\pi}{\omega}\cot\left(\frac{n\pi x}{\omega}\right)\right]^2\varPhi_n.
$$

将上面结果代入一维无限深方势阱的薛定谔方程

$$
\mathrm{i}\hbar\frac{\partial\varPhi_n}{\partial t}=-\frac{\hbar^2}{2m}\frac{\partial^2\varPhi_n}{\partial x^2},\quad 0<x<\omega,
$$

得

$$
\begin{aligned}
&-\mathrm{i}\hbar\left[\frac{\mathrm{i}E_n^i a}{\hbar\omega}+\frac{\mathrm{i}v}{\omega}\phi+\frac{v}{2\omega}+\frac{n\pi xv}{\omega^2}\cot\left(\frac{n\pi x}{\omega}\right)\right]\\
=&-\frac{\hbar^2}{2m}\left\{\mathrm{i}\frac{mv}{\hbar\omega}-\left(\frac{n\pi}{\omega}\right)^2\left[\sin\left(\frac{n\pi x}{\omega}\right)\right]^{-2}\right\}-\frac{\hbar^2}{2m}\left[\mathrm{i}\frac{mvx}{\hbar\omega}+\frac{n\pi}{\omega}\cot\left(\frac{n\pi x}{\omega}\right)\right]^2\\
=&-\frac{\hbar^2}{2m}\left\{\mathrm{i}\frac{mv}{\hbar\omega}-\left(\frac{n\pi}{\omega}\right)^2\left[\sin\left(\frac{n\pi x}{\omega}\right)\right]^{-2}\right\}\\
&-\frac{\hbar^2}{2m}\left[-\left(\frac{mvx}{\hbar\omega}\right)^2+2\mathrm{i}\frac{mvx}{\hbar\omega}\frac{n\pi}{\omega}\cot\left(\frac{n\pi x}{\omega}\right)+\left(\frac{n\pi}{\omega}\right)^2\cot^2\left(\frac{n\pi x}{\omega}\right)\right].
\end{aligned}
$$

从上式可以看出两边的 cot 项相消, 右边的 $-(\sin)^{-2}$ 和 $\cot^2$ 项合并为 -1, 所以

$$
-\mathrm{i}\hbar\left(\frac{\mathrm{i}E_n^i a}{\hbar\omega}+\frac{\mathrm{i}v}{\omega}\phi+\frac{v}{2\omega}\right)=-\frac{\hbar^2}{2m}\left[\mathrm{i}\frac{mv}{\hbar\omega}-\left(\frac{n\pi}{\omega}\right)^2-\left(\frac{mvx}{\hbar\omega}\right)^2\right],
$$

将 $E_n^i\equiv\dfrac{n^2\pi^2\hbar^2}{2ma^2}, \phi(x,t)\equiv\left(mvx^2-2E_n^i at\right)/(2\hbar\omega)$ 代入上式, 得

$$
\begin{aligned}
&\mathrm{i}\left[\frac{\mathrm{i}E_n^i a}{\hbar\omega}+\frac{\mathrm{i}v}{2\hbar\omega^2}\left(mvx^2-2E_n^i at\right)+\frac{v}{2\omega}\right]=\frac{\hbar}{2m}\left[\mathrm{i}\frac{mv}{\hbar\omega}-\left(\frac{n\pi}{\omega}\right)^2-\left(\frac{mvx}{\hbar\omega}\right)^2\right],\\
&-\frac{E_n^i a}{\hbar\omega}-\frac{mv^2x^2}{2\hbar\omega^2}+\frac{E_n^i avt}{\hbar\omega^2}+\frac{\mathrm{i}v}{2\omega}=\frac{\mathrm{i}v}{2\omega}-\frac{\hbar}{2m}\left(\frac{n\pi}{\omega}\right)^2-\frac{mv^2x^2}{2\hbar\omega^2},\\
&-\frac{E_n^i a}{\hbar\omega}+\frac{E_n^i avt}{\hbar\omega^2}=-\frac{\hbar}{2m}\left(\frac{n\pi}{\omega}\right)^2,\\
&-\frac{E_n^i a}{\hbar\omega^2}\underbrace{(\omega-vt)}_{a}=-\frac{\hbar}{2m}\left(\frac{n\pi}{\omega}\right)^2,\\
&-\frac{E_n^i a^2}{\hbar\omega^2}=-\frac{\hbar}{2m}\left(\frac{n\pi}{\omega}\right)^2,
\end{aligned}
$$

$$E_n^i=\frac{\hbar^2n^2\pi^2}{2ma^2}.$$

所以本题所给的定态波函数满足含时薛定谔方程. 由于含有 $\sin(n\pi x/\omega)$, 它也满足边界条件

$$\Phi_n(0,t)=\Phi_n(\omega,t)=0.$$

(b) 初始时刻, 波函数的展开式

$$\Psi(x,0)=\sqrt{\frac{2}{a}}\sin\left(\frac{\pi x}{a}\right)=\sum_n c_n\Phi_n(x,0)=\sum_n c_n\sqrt{\frac{2}{a}}\sin\left(\frac{n\pi x}{a}\right)\mathrm{e}^{\mathrm{i}mvx^2/(2\hbar a)}.$$

由傅里叶变换

$$c_n=\int_0^a\Phi_n^*(x,0)\Psi(x,0)\,\mathrm{d}x=\frac{2}{a}\int_0^a\sin\left(\frac{\pi x}{a}\right)\sin\left(\frac{n\pi}{a}x\right)\mathrm{e}^{-\mathrm{i}mvx^2/(2\hbar a)}\mathrm{d}x.$$

令 $\alpha=\dfrac{mva}{2\hbar\pi^2}$, $z=\dfrac{\pi x}{a}\Rightarrow\mathrm{d}x=\dfrac{a}{\pi}\mathrm{d}z$, 所以

$$c_n=\frac{2}{\pi}\int_0^\pi\sin(z)\sin(nz)\,\mathrm{e}^{-\mathrm{i}\alpha z^2}\mathrm{d}z.$$

(c) 由 $\omega(T_e)=a+vT_e=2a$, 得 $T_e=\dfrac{a}{v}$.

基态含时指数因子为 $\dfrac{E_1}{\hbar}=\dfrac{\pi^2\hbar}{2ma^2}$.

$$T_i=2\pi\Big/\frac{\pi^2\hbar}{2ma^2}=\frac{4ma^2}{\pi\hbar}.$$

绝热近似条件下 $T_e\gg T_i$, 即 $T_i/T_e\ll1$, 得

$$\frac{4ma^2}{\pi\hbar}\Big/\frac{a}{v}=8\pi\frac{mav}{2\pi^2\hbar}=8\pi\alpha\ll1,$$

所以,

$$\alpha\ll1.$$

当 $\mathrm{e}^{-\mathrm{i}\alpha z^2}\approx1$ 时,

$$\begin{aligned}c_n&=\frac{2}{\pi}\int_0^\pi\sin(nz)\sin(z)\,\mathrm{d}z\\&=\frac{1}{\pi}\int_0^\pi[\cos(n-1)z-\cos(n+1)z]\,\mathrm{d}z=\begin{cases}0, & n\neq1\\1, & n=1\end{cases},\end{aligned}$$

$$\Psi(x,t)=\sum_n c_n\Phi_n(x,t)=c_1\Phi_1(x,t)=\sqrt{\frac{2}{\omega}}\sin\left(\frac{\pi x}{\omega}\right)\mathrm{e}^{\mathrm{i}\left(mvx^2-2E_1^iat\right)/(2\hbar\omega)}.$$

除了一个相因子外, 展式是基态, 即正如绝热定理所说的那样, 若初始时粒子处于此时的基态, 在阱壁缓慢移动的过程中, 粒子始终处于扩展后势阱的基态.

(d) 相因子

$$\theta(t)=-\frac{1}{\hbar}\int_0^tE_1(t')\,\mathrm{d}t'=-\frac{\pi^2\hbar^2}{2m\hbar}\int_0^t\frac{1}{(a+vt')^2}\mathrm{d}t'=-\frac{\pi^2\hbar}{2m}\frac{1}{v}\left(-\frac{1}{a+vt'}\right)\Bigg|_0^t$$

$$= -\frac{\pi^2\hbar}{2m}\frac{1}{v}\left(\frac{1}{a}-\frac{1}{a+vt}\right) = -\frac{\pi^2\hbar}{2ma\,(a+vt)}t$$
$$= -\frac{E_1^i at}{\hbar w}.$$

由于 $\dfrac{mvx^2}{2\hbar w} = \dfrac{x^2\pi}{aw}\alpha \ll 1$, 故相因子中该项可忽略

$$\Psi\,(x,t) = \sqrt{\frac{2}{\omega}}\sin\left(\frac{\pi x}{\omega}\right)\mathrm{e}^{\mathrm{i}\left(mvx^2-2E_1^i at\right)/(2\hbar\omega)}$$
$$= \sqrt{\frac{2}{\omega}}\sin\left(\frac{\pi x}{\omega}\right)\mathrm{e}^{-\mathrm{i}E_1^i at/(\hbar\omega)} = \sqrt{\frac{2}{\omega}}\sin\left(\frac{\pi x}{\omega}\right)\mathrm{e}^{\mathrm{i}\theta_n(t)}.$$

可以看出, 对固定阱宽的阱, 我们有 $\Psi\,(x,t) = \psi_1\,(x)\,\mathrm{e}^{-\mathrm{i}E_1 t/\hbar}$. 当阱壁绝热移动时, 用变化的阱宽 ω 取代 a, 用 $\int_0^t E_1\,(t')\,\mathrm{d}t'$ 取代 $E_1 t$, 我们就得到在绝热变化下的波函数.

*****习题 11.36　受驱谐振子**. 设质量为 m、频率为 ω 的一维谐振子受到一驱动力为 $F\,(t) = m\omega^2 f\,(t)$, 其中 $f\,(t)$ 是某确定的函数. (为了标记方便, 提取出 $m\omega^2$ 因子; $f\,(t)$ 具有长度量纲.) 其哈密顿量是

$$H\,(t) = -\frac{\hbar^2}{2m}\frac{\partial^2}{\partial x^2} + \frac{1}{2}m\omega^2 x^2 - m\omega^2 x f\,(t).$$

设在 $t = 0$ 时, 首次施加力的作用, 即 $t \leqslant 0$ 时, $f\,(t) = 0$. 该体系可以在经典力学和量子力学中精确求解. ①

(a) 设谐振子从原点静止开始运动 ($x_c\,(0) = \dot{x}_c\,(0) = 0$), 求它的经典位置. 答案:

$$x_c\,(t) = \omega\int_0^t f\,(t')\sin\left[\omega\,(t-t')\right]\mathrm{d}t'.$$

(b) 设谐振子开始时处在没有受驱动力的第 n 个本征态 ($\Psi\,(x,0) = \psi_n\,(x)$, 其中 $\psi_n\,(x)$ 由方程 (2.62) 确定), 证明: 该谐振子含时薛定谔方程的解可以写成

$$\Psi\,(x,t) = \psi_n\,(x-x_c)\,\mathrm{e}^{\frac{\mathrm{i}}{\hbar}\left[-\left(n+\frac{1}{2}\right)\hbar\omega t + m\dot{x}_c\left(x-\frac{x_c}{2}\right)+\frac{m\omega^2}{2}\int_0^t f(t')x_c(t')\mathrm{d}t'\right]}.$$

(c) 证明: $H\,(t)$ 的本征值和本征函数为

$$\psi_n\,(x,t) = \psi_n\,(x-f)\,;\ E_n\,(t) = \left(n+\frac{1}{2}\right)\hbar\omega - \frac{1}{2}m\omega^2 f^2.$$

(d) 证明: 在绝热近似下经典位置 (方程 (11.141)) 减小到 $x_c\,(t) \approx f\,(t)$. 本题中, 作为 f 对时间导数的约束条件, 给出绝热近似成立的精确判据. **提示**　把 $\sin\left[\omega\,(t-t')\right]$ 写成 $(1/\omega)\,(\mathrm{d}/\mathrm{d}t')\cos\left[\omega\,(t-t')\right]$, 并利用分部积分.

① 参见 Y. Nogami, *Am. J. Phys.* **59,** 64(1991) 及其中的参考文献.

(e) 通过使用 (c) 和 (d) 中的结果来证明这个例子的绝热定理

$$\Psi(x,t) \approx \psi_n(x,t)\,\mathrm{e}^{\mathrm{i}\theta_n(t)}\mathrm{e}^{\mathrm{i}\gamma_n(t)}.$$

验证动力学相位的形式是否正确 (方程 (11.92)). 几何相位是你所期望的吗?

解答 (a) 由牛顿方程

$$m\ddot{x} = -\frac{\partial V}{\partial x} = -\frac{\partial}{\partial x}\left[\frac{1}{2}m\omega^2x^2 - m\omega^2 x f(t)\right] = -m\omega^2 x + m\omega^2 f(t),$$

$$\ddot{x} + \omega^2 x = f(t).$$

得

$$\ddot{x} + \omega^2 x = f(t).$$

求解这个常微分方程得到

$$\begin{aligned} x(t) =& c_1\sin(\omega t) + c_2\cos(\omega t) + \sin(\omega t)\int_0^t \omega f(t')\cos(\omega t')\,\mathrm{d}t' \\ &+ \cos(\omega t)\int_0^t -\omega f(t')\sin(\omega t')\,\mathrm{d}t', \\ \dot{x}(t) =& c_1\omega\cos(\omega t) - c_2\omega\sin(\omega t) + \omega\cos(\omega t)\int_0^t \omega f(t')\cos(\omega t')\,\mathrm{d}t' \\ &+ \sin(\omega t)\,\omega f(t)\cos(\omega t) - \omega\sin(\omega t)\int_0^t -\omega f(t')\sin(\omega t')\,\mathrm{d}t' \\ &+ \cos(\omega t)(-\omega) f(t)\sin(\omega t). \end{aligned}$$

由初始条件 $x(0)=0,\ \dot{x}(0)=0$ 得 $c_1=c_2=0$. 故所求谐振子的经典位置为

$$\begin{aligned} x_c &= \sin(\omega t)\int_0^t \omega f(t')\cos(\omega t')\,\mathrm{d}t' - \cos(\omega t)\int_0^t \omega f(t')\sin(\omega t')\,\mathrm{d}t' \\ &= \int_0^t \omega f(t')\left[\sin(\omega t)\cos(\omega t') - \cos(\omega t)\sin(\omega t')\right]\mathrm{d}t' \\ &= \int_0^t \omega f(t')\sin(\omega t - \omega t')\,\mathrm{d}t' = \int_0^t \omega f(t')\sin[\omega(t-t')]\,\mathrm{d}t'. \end{aligned}$$

(b) 设 $z \equiv x - x_c \Rightarrow \psi_n(x-x_c) = \psi_n(z)$, 显然 z 依赖于 x,t. 标记

$$\{\,\} \equiv \frac{1}{\hbar}\left[-\left(n+\frac{1}{2}\right)\hbar\omega t + m\dot{x}_c\left(x - \frac{x_c}{2}\right) + \frac{m\omega^2}{2}\int_0^t f(t')\,x_c(t')\,\mathrm{d}t'\right],$$

$$\begin{aligned} \frac{\partial\Psi(x,t)}{\partial t} =& \frac{\partial\psi_n}{\partial z}(-\dot{x}_c)\,\mathrm{e}^{\mathrm{i}\{\}} + \psi_n(z)\mathrm{e}^{\mathrm{i}\{\}}\frac{\mathrm{i}}{\hbar}\left[-\left(n+\frac{1}{2}\right)\hbar\omega\right. \\ &\left. + m\ddot{x}_c\left(x - \frac{x_c}{2}\right) + m\dot{x}_c\left(-\frac{\dot{x}_c}{2}\right) + \frac{m\omega^2}{2} f x_c\right], \end{aligned}$$

代入 $m\ddot{x}_c = m\omega^2[f(t) - x_c]$, 得

$$\mathrm{i}\hbar\frac{\partial\Psi(x,t)}{\partial t} = \mathrm{i}\hbar\frac{\partial\psi_n}{\partial z}(-\dot{x}_c)\,\mathrm{e}^{\mathrm{i}\{\}} - \psi_n\mathrm{e}^{\mathrm{i}\{\}}\left[-\left(n+\frac{1}{2}\right)\hbar\omega\right.$$

$$
\begin{aligned}
&\quad + m\omega^2 (f - x_c)\left(x - \frac{x_c}{2}\right) + m\dot{x}_c\left(-\frac{\dot{x}_c}{2}\right) + \frac{m\omega^2}{2} f x_c\Bigg] \\
&= \mathrm{i}\hbar\frac{\partial\psi_n}{\partial z}(-\dot{x}_c)\mathrm{e}^{\mathrm{i}\{\}} + \psi_n\mathrm{e}^{\mathrm{i}\{\}}\left[\left(n+\frac{1}{2}\right)\hbar\omega\right. \\
&\quad \left. - m\omega^2 (f - x_c) x - \frac{1}{2}m\omega^2 x_c^2 + \frac{1}{2}m\dot{x}_c^2\right],
\end{aligned}
$$

$$
\begin{aligned}
\frac{\partial\Psi}{\partial x} &= \frac{\partial\psi_n}{\partial x}\mathrm{e}^{\mathrm{i}\{\}} + \psi_n\mathrm{e}^{\mathrm{i}\{\}}\frac{\mathrm{i}}{\hbar}m\dot{x}_c = \frac{\partial\psi_n}{\partial z}\mathrm{e}^{\mathrm{i}\{\}} + \Psi\frac{\mathrm{i}}{\hbar}m\dot{x}_c, \\
\frac{\partial^2\Psi}{\partial x^2} &= \frac{\partial^2\psi_n}{\partial x\partial z}\mathrm{e}^{\mathrm{i}\{\}} + \frac{\partial\psi_n}{\partial z}\mathrm{e}^{\mathrm{i}\{\}}\left(\frac{\mathrm{i}}{\hbar}m\dot{x}_c\right) + \frac{\partial\Psi}{\partial x}\frac{\mathrm{i}}{\hbar}m\dot{x}_c \\
&= \frac{\partial^2\psi_n}{\partial z^2}\mathrm{e}^{\mathrm{i}\{\}} + \frac{\partial\psi_n}{\partial z}\mathrm{e}^{\mathrm{i}\{\}}\left(\frac{\mathrm{i}}{\hbar}m\dot{x}_c\right) + \left(\frac{\partial\psi_n}{\partial z}\mathrm{e}^{\mathrm{i}\{\}} + \Psi\frac{\mathrm{i}}{\hbar}m\dot{x}_c\right)\frac{\mathrm{i}}{\hbar}m\dot{x}_c \\
&= \frac{\partial^2\psi_n}{\partial z^2}\mathrm{e}^{\mathrm{i}\{\}} + 2\frac{\partial\psi_n}{\partial z}\mathrm{e}^{\mathrm{i}\{\}}\left(\frac{\mathrm{i}}{\hbar}m\dot{x}_c\right) - \psi_n\mathrm{e}^{\mathrm{i}\{\}}\left(\frac{m\dot{x}_c}{\hbar}\right)^2. \\
H(t)\Psi &= \left(-\frac{\hbar^2}{2m}\frac{\mathrm{d}^2}{\mathrm{d}x^2} + \frac{1}{2}m\omega^2 x^2 - m\omega^2 x f\right)\Psi \\
&= -\frac{\hbar^2}{2m}\left[\frac{\partial^2\psi_n}{\partial z^2}\mathrm{e}^{\mathrm{i}\{\}} + 2\frac{\partial\psi_n}{\partial z}\mathrm{e}^{\mathrm{i}\{\}}\left(\frac{\mathrm{i}}{\hbar}m\dot{x}_c\right) - \psi_n\mathrm{e}^{\mathrm{i}\{\}}\left(\frac{m\dot{x}_c}{\hbar}\right)^2\right] \\
&\quad + \left(\frac{1}{2}m\omega^2 x^2 - m\omega^2 x f\right)\psi_n\mathrm{e}^{\mathrm{i}\{\}}.
\end{aligned}
$$

由于 $\psi_n(z)$ 满足定态薛定谔方程

$$
\begin{aligned}
-\frac{\hbar^2}{2m}\frac{\mathrm{d}^2\psi_n(z)}{\mathrm{d}z^2} + \frac{1}{2}m\omega^2 z^2\psi_n(z) &= \left(n+\frac{1}{2}\right)\hbar\omega\psi_n(z), \\
-\frac{\hbar^2}{2m}\frac{\mathrm{d}^2\psi_n(z)}{\mathrm{d}z^2} &= \left[\left(n+\frac{1}{2}\right)\hbar\omega - \frac{1}{2}m\omega^2 z^2\right]\psi_n(z).
\end{aligned}
$$

所以

$$
\begin{aligned}
H(t)\Psi = &\left[\left(n+\frac{1}{2}\right)\hbar\omega - \frac{1}{2}m\omega^2 z^2\right]\psi_n(z)\mathrm{e}^{\mathrm{i}\{\}} \\
&- \frac{\hbar^2}{2m}\left[+2\frac{\partial\psi_n}{\partial z}\mathrm{e}^{\mathrm{i}\{\}}\left(\frac{\mathrm{i}}{\hbar}m\dot{x}_c\right) - \psi_n\mathrm{e}^{\mathrm{i}\{\}}\left(\frac{m\dot{x}_c}{\hbar}\right)^2\right] \\
&+ \left(\frac{1}{2}m\omega^2 x^2 - m\omega^2 x f\right)\psi_n\mathrm{e}^{\mathrm{i}\{\}}.
\end{aligned}
$$

由 $\mathrm{i}\hbar\dfrac{\partial\Psi}{\partial t} = H\Psi$ 得

$$
\begin{aligned}
&\mathrm{i}\hbar\frac{\partial\psi_n}{\partial z}(-\dot{x}_c)\mathrm{e}^{\mathrm{i}\{\}} + \psi_n\mathrm{e}^{\mathrm{i}\{\}}\left[\left(n+\frac{1}{2}\right)\hbar\omega - m\omega^2(f - x_c)x - \frac{1}{2}m\omega^2 x_c^2 + \frac{1}{2}m\dot{x}_c^2\right] \\
= &\left[\left(n+\frac{1}{2}\right)\hbar\omega - \frac{1}{2}m\omega^2 z^2\right]\psi_n(z)\mathrm{e}^{\mathrm{i}\{\}} - \frac{\hbar^2}{2m}\left[2\frac{\partial\psi_n}{\partial z}\mathrm{e}^{\mathrm{i}\{\}}\left(\frac{\mathrm{i}}{\hbar}m\dot{x}_c\right)\right. \\
&\left. - \psi_n\mathrm{e}^{\mathrm{i}\{\}}\left(\frac{m\dot{x}_c}{\hbar}\right)^2\right] + \left(\frac{1}{2}m\omega^2 x^2 - m\omega^2 x f\right)\psi_n\mathrm{e}^{\mathrm{i}\{\}},
\end{aligned}
$$

$$\left[-m\omega^2(f-x_c)x-\frac{1}{2}m\omega^2x_c^2\right]=-\frac{1}{2}m\omega^2z^2+\left(\frac{1}{2}m\omega^2x^2-m\omega^2xf\right),$$

$$m\omega^2x_cx-\frac{1}{2}m\omega^2x_c^2=-\frac{1}{2}m\omega^2(x-x_c)^2+\frac{1}{2}m\omega^2x^2,$$

$$m\omega^2x_cx-\frac{1}{2}m\omega^2x_c^2=m\omega^2x_cx-\frac{1}{2}m\omega^2x_c^2.$$

所以本题给的 $\Psi(x,t)$ 满足含时薛定谔方程.

(c) 哈密顿量可以写为

$$H(t)=-\frac{\hbar^2}{2m}\frac{\mathrm{d}^2}{\mathrm{d}x^2}+\frac{1}{2}m\omega^2[x-f(t)]^2-\frac{1}{2}m\omega^2f(t)^2.$$

令 $u\equiv x-f(t)$, 得 $\mathrm{d}x=\mathrm{d}u$, 定态薛定谔方程为

$$\left(-\frac{\hbar^2}{2m}\frac{\mathrm{d}^2}{\mathrm{d}u^2}+\frac{1}{2}m\omega^2u^2\right)\psi=\left[E+\frac{1}{2}m\omega^2f(t)^2\right]\psi.$$

此方程是一维线性谐振子能量本征方程, 能量本征值为

$$E_n'=\left(n+\frac{1}{2}\right)\hbar\omega=E_n+\frac{1}{2}m\omega^2f^2,$$

$$E_n=\left(n+\frac{1}{2}\right)\hbar\omega-\frac{1}{2}m\omega^2f^2.$$

本征函数为 $\psi_n(u)=\psi_n(x-f)$.

(d)

$$\begin{aligned}x_c(t)&=\omega\int_0^t f(t')\sin[\omega(t-t')]\,\mathrm{d}t'=\omega\int_0^t f(t')\frac{1}{\omega}\frac{\mathrm{d}}{\mathrm{d}t'}\cos[\omega(t-t')]\,\mathrm{d}t'\\&=\int_0^t f(t')\,\mathrm{d}\cos[\omega(t-t')]=f(t')\cos[\omega(t-t')]\big|_0^t-\int_0^t\cos[\omega(t-t')]\,\mathrm{d}f(t')\\&=f(t)-\underbrace{f(0)}_{0}\cos\omega t-\int_0^t\cos[\omega(t-t')]\,f'(t')\,\mathrm{d}t'\\&=f(t)-\int_0^t\cos[\omega(t-t')]\,f'(t')\,\mathrm{d}t'.\end{aligned}$$

绝热近似要求 $f(t)$ 缓慢变化, 即 $f'(t')\ll 1$, 而 $|\cos[\omega(t-t')]|\leqslant 1$, 因此上面第二项的积分可忽略不计, $x_c(t)\approx f(t)$.

(e) 如果在 (b) 所给的 $\Psi(x,t)$ 中, 令 $x_c=f$, 则

$$\Psi(x,t)=\psi_n(x-f)\exp\left\{\frac{\mathrm{i}}{\hbar}\left[-\left(n+\frac{1}{2}\right)\hbar\omega t+m\dot{f}\left(x-\frac{f}{2}\right)+\frac{m\omega^2}{2}\int_0^t f^2(t')\,\mathrm{d}t'\right]\right\}.$$

而由 (c) 知 $\psi_n(x-f)$ 为 t 时刻粒子的第 n 本征态, $E_n(t)=\left(n+\frac{1}{2}\right)\hbar\omega-\frac{1}{2}m\omega^2f^2$, 所以动力学相位为

$$\begin{aligned}\theta_n&=-\frac{1}{\hbar}\int_0^t E_n(t')\,\mathrm{d}t'=-\frac{1}{\hbar}\int_0^t\left[\left(n+\frac{1}{2}\right)\hbar\omega-\frac{1}{2}m\omega^2f(t')^2\right]\mathrm{d}t'\\&=-\left(n+\frac{1}{2}\right)\omega t+\frac{m\omega^2}{2\hbar}\int_0^t f(t')^2\,\mathrm{d}t'.\end{aligned}$$

与 $\Psi(x,t)$ 对比可得几何相位为 $\gamma_n = \frac{m}{\hbar}\dot{f}\left(x-\frac{f}{2}\right)$.

但是本征函数是实的, 因此几何相位相应为零. 要点在于 $\dot{f}$ 非常小, 在该极限下 $\gamma_n \approx 0$.

习题 11.37　量子芝诺佯谬.① 假设系统开始时处于激发态 ψ_b, 其跃迁到基态 ψ_a 的寿命为 τ. 通常而言, 对于远小于 τ 的时间 t, 跃迁几率与 t 成正比 (方程 (11.49)):

$$P_{b\to a} = \frac{t}{\tau}.$$

如果经过时间 t 之后进行测量, 那么系统仍然处于能量较高态的几率为

$$P_b(t) = 1 - \frac{t}{\tau}.$$

假设我们确实发现它处于较高能态. 在该情况下, 波函数坍缩到 ψ_b, 这个过程将重新开始. 如果在 $2t$ 时刻进行第 2 次测量, 系统仍处于较高能态的概率是

$$\left(1-\frac{t}{\tau}\right)^2 \approx 1 - \frac{2t}{\tau},$$

这与从未在 t 时刻进行过第 1 次测量 (正如人们天真地期望的那样) 的结果是一样的.

然而, 对于 t 非常小, 跃迁的几率不是与 t 成正比, 而是与 t^2 成正比 (方程 (11.46)): ②

$$P_{b\to a} = \alpha t^2.$$

(a) 在该情况下, 系统在两次测量后仍处于较高能态的几率是多少? 如果我们从未进行过第 1 次测量 (经过相同的时间), 结果又是什么样的情况?

(b) 假设我们以均匀 (极短) 的时间间隔, 从 $t=0$ 到 $t=T$ 时间内对系统进行 n 次测量 (也就是说, 在 T/n, $2T/n$, $3T/n, \cdots$, T 处进行测量). 在 T 时刻系统仍处于较高能态的几率是多少? 当 $n\to\infty$ 时, 其极限是多少? 这个问题的寓意: 由于每次测量时波函数都会坍缩, 所以对一个连续观测的系统将永远不会衰变! ③

解答　(a) 在 t 非常小时, 系统仍处于激发态的几率为

$$P_b(t) = 1 - \alpha t^2.$$

---

① 这一现象与芝诺没有太大关系, 但它让人想起了古老的格言 “心急水不开”, 因此有时被称为**观壶效应 (watched pot effect)**.

② 在导致线性时间依赖性的论证中, 我们假设方程 (11.46) 中的函数 $\sin^2(\Omega t/2)/\Omega^2$ 是一个尖峰. 然而, “尖峰” 的宽度为 $\Delta\omega = 4\pi/t$ 量级; 对于极短的 t, 该假设失效, 积分变成 $(t^2/4)\int\rho(\omega)\mathrm{d}\omega$.

③ 该论点参见 B. Misra and E. C. G. Sudarshan, *J. Math. Phys.* **18,** 756 (1977). 其主要结论已在实验室得到证实: 见 W. M. Itano, D. J. Heinzen, J. J. Bollinger and D. J. Wineland, *Phys. Rev. A* **41,** 2295 (1990). 遗憾的是, 这项实验并不像其设计者所希望的那样令人信服地检验波函数的坍缩, 因为观察到的效应也可以用其他方法来解释——见 L. E. Ballentine, *Found. Phys.* **20,** 1329 (1990); T. Petrosky, S. Tasaki and I. Prigogine, *Phys. Lett. A* **151,** 109 (1990).

系统在第二次测量后仍处于激发态的几率为

$$P_b^2(t) = \left(1 - \alpha t^2\right)^2 \approx 1 - 2\alpha t^2.$$

如果我们只经过一次测量, 测量时间间隔为 $2t$, 则系统处于激发态的几率为

$$P_b(2t) = 1 - \alpha(2t)^2 = 1 - 4\alpha t^2.$$

因此, 重复测量得到处于激发态的几率更大.

(b) 如果我们测量 n 次, 时间间隔为 T/n, 则系统处于激发态的几率为

$$\begin{aligned} P_b(T) &= \left[1 - \alpha\left(\frac{T}{n}\right)^2\right]^n \\ &= 1 - n\alpha\left(\frac{T}{n}\right)^2 + \frac{n(n-1)}{2}\alpha^2\left(\frac{T}{n}\right)^4 + \cdots \\ &= 1 - \frac{\alpha}{n}T^2 + \frac{1}{2}\frac{(n-1)}{n^3}\alpha^2 T^4 + \cdots. \end{aligned}$$

如果 $n \to \infty$, 则 $P_b(T) = 1$, 即系统仍处于激发态的几率为 1, 这也说明了每次观测都会导致波函数坍缩, 所以连续的测量将使得系统永远不会衰变.

***** 习题 11.38** 习题 2.61 中对定态薛定谔方程的数值求解可以扩展到求解含时薛定谔方程. 当对变量 x 做离散处理时, 得到了矩阵方程

$$\boldsymbol{\mathcal{H}}\boldsymbol{\Psi} = \mathrm{i}\hbar\frac{\mathrm{d}}{\mathrm{d}t}\boldsymbol{\Psi}.$$

方程的解可以写为

$$\boldsymbol{\Psi}(t+\Delta t) = \boldsymbol{\mathcal{U}}(\Delta t)\boldsymbol{\Psi}(t).$$

如果 $\boldsymbol{\mathcal{H}}$ 不含时, 则时间演化算符的精确表达式为 ①

$$\boldsymbol{\mathcal{U}}(\Delta t) = \mathrm{e}^{-\mathrm{i}\boldsymbol{\mathcal{H}}\Delta t/\hbar}.$$

当 Δt 足够小时, 时间演化算符可以近似为

$$\boldsymbol{\mathcal{U}}(\Delta t) \approx 1 - \mathrm{i}\boldsymbol{\mathcal{H}}\frac{\Delta t}{\hbar}.$$

虽然方程 (11.152) 是最直接的对 $\boldsymbol{\mathcal{U}}$ 近似处理的方法, 但基于它的数值形式是不稳定的, 最好使用**凯利形式 (Cayley's form)** 进行近似 ②

$$\boldsymbol{\mathcal{U}}(\Delta t) \approx \frac{1 - \frac{1}{2}\mathrm{i}\frac{\Delta t}{\hbar}\boldsymbol{\mathcal{H}}}{1 + \frac{1}{2}\mathrm{i}\frac{\Delta t}{\hbar}\boldsymbol{\mathcal{H}}}.$$

① 如果选择的 Δt 足够小, 实际上可以使用这个精确的形式. Mathematica 软件中 **MatrixExp** 之类的示例程序可用于得到 (数值) 矩阵的指数.

② 对于这些近似的进一步讨论可以参见 A. Goldberg, *Am. J. Phys.* **35,** 177 (1967).

结合方程 (11.153) 和 (11.150), 得

$$\left(1+\frac{1}{2}\mathrm{i}\frac{\Delta t}{\hbar}\boldsymbol{\mathcal{H}}\right)\boldsymbol{\Psi}(t+\Delta t)=\left(1-\frac{1}{2}\mathrm{i}\frac{\Delta t}{\hbar}\boldsymbol{\mathcal{H}}\right)\boldsymbol{\Psi}(t).$$

这是矩阵方程 $\boldsymbol{\mathcal{M}}\mathbf{x}=\boldsymbol{b}$ 的形式, 它可以求解未知的 $\boldsymbol{x}=\boldsymbol{\Psi}(t+\Delta t)$. 由于矩阵 $\boldsymbol{\mathcal{M}}=1+\frac{1}{2}\mathrm{i}\frac{\Delta t}{\hbar}\boldsymbol{\mathcal{H}}$ 是**三对角**的,[①] 存在有效的算法对其求解.[②]

(a) 证明: 方程 (11.153) 中的近似值精确到二阶. 也就是说, 方程 (11.151) 和 (11.153) 对 Δt 进行幂级数展开, 自始至终 $(\Delta t)^2$ 阶项都一样. 验证方程 (11.153) 中的矩阵是幺正矩阵.

作为一个例子, 考虑质量为 m 的粒子在一维简谐振子势中运动. 对于数值部分, 设 $m=1,\omega=1$ 和 $\hbar=1$ (这仅是定义了质量、时间和长度的单位).

(b) 对 $N+1=100$ 个空间网格点构造哈密顿矩阵 $\boldsymbol{\mathcal{H}}$. 设置无量纲长度为 $\xi=\pm 10$ 的空间边界 (足够远, 我们可以假定低能级态波函数在那里消失). 用计算机求 $\boldsymbol{\mathcal{H}}$ 最低的两个本征值, 并和精确值作对比. 画出相应的本征函数. 它们是归一化的吗? 如果没有, 做 (c) 部分之前将其归一化.

(c) 取 $\Psi(0)=(\psi_0+\psi_1)/\sqrt{2}$ (第 (b) 部分) 并使用方程 (11.154) 将波函数从时间 $t=0$ 演化到 $t=4\pi/\omega$. 制作一个视频 (Mathematica 软件中 **Animate**), 展示 $\mathrm{Re}(\Psi(t)),\mathrm{Im}(\Psi(t))$ 和 $|\Psi(t)|$, 以及精确结果. **提示**　你需要首先确定使用什么样的 Δt. 由时间步数 $N_t, N_t\Delta t=4\pi/\omega$. 为了使指数的近似值保持不变, 需要满足 $E\Delta t/\hbar\ll 1$. 所讨论的态的能量为 $\hbar\omega$ 量级, 因此 $N_t\gg 4\pi$. 所以, 你至少需要 (比如)100 个时间步数.

解答　(a) 令 $\theta=\Delta t\boldsymbol{\mathcal{H}}/\hbar$. 方程 (11.151) 可以写为

$$\boldsymbol{\mathcal{U}}=\mathrm{e}^{-\mathrm{i}\theta}=1-\mathrm{i}\theta-\frac{\theta^2}{2}+\mathrm{i}\frac{\theta^3}{6}+\frac{\theta^4}{24}+\cdots,$$

而方程 (11.153) 可以写为

$$\begin{aligned}\boldsymbol{\mathcal{U}}&\approx\frac{1-\mathrm{i}\theta/2}{1+\mathrm{i}\theta/2}=\left(1-\mathrm{i}\frac{\theta}{2}\right)\left(1-\mathrm{i}\frac{\theta}{2}-\frac{\theta^2}{4}+\mathrm{i}\frac{\theta^3}{8}+\frac{\theta^4}{16}+\cdots\right)\\&=1-\mathrm{i}\theta-\frac{\theta^2}{2}+\mathrm{i}\frac{\theta^3}{4}+\frac{\theta^4}{8}+\cdots,\end{aligned}$$

由此可见, 上面两式中直到 θ^2 项都是完全一样的.

验证方程 (11.153) 的幺正性, 结合 $\theta=\Delta t\boldsymbol{\mathcal{H}}/\hbar$ 是厄米的, 得

$$\boldsymbol{\mathcal{U}}\boldsymbol{\mathcal{U}}^\dagger=\left(\frac{1-\mathrm{i}\theta/2}{1+\mathrm{i}\theta/2}\right)\left(\frac{1+\mathrm{i}\theta/2}{1-\mathrm{i}\theta/2}\right)=1.$$

① 三对角矩阵是仅在主对角线上有非零项, 并且在对角线左右各有一个空间.

② 使用你的计算机环境内置的线性方程求解器; 在 Mathematica 软件中, 这是 $\mathbf{x}=$ **Linear − Solve** [**M**, **b**]. 欲了解其实际的工作原理, 参见 A. Goldberg 等, 教材第 444 页脚注 51.

(b) 相应的本征函数见图 11.6 和图 11.7.

```
m = 1; omega = 1; h = 1; (*constant*)
Nx = 100; xmin = -10; xmax = 10; dx = (xmax - xmin) / (Nx + 1);
Nt = 100; dt = 2 Pi / omega / Nt;
                    ⌊圆周率
(*Construct Hamilton*)
(*Identity Matrix*)
OpenOne = SparseArray[ {i_, i_} → 1., {Nx, Nx} ];
          ⌊稀疏数组
(*Second derivative operator*)
(*Construct a tridiagonal matrix using patterns for indices*)
D2 = 1.0 / dx^2*SparseArray[{{i_, i_} → -2., {i_, j_} / ; Abs[i
                    ⌊稀疏数组                                    ⌊绝对值
  - j ] = 1 → 1.}, {Nx, NX} ];
(*Position operator*)
X = SparseArray [ {i_, i_} → xmin + dx * i, {Nx, NX} ];
    ⌊稀疏数组
(*Hamilton*)
H= -1 / 2 * D2 + 1 / 2 X. X;
Take [Reverse[Eigenvalues [H] ], 2]
⌊选取 ⌊反向排序 ⌊特征值
{0.49877160455319824`, 1.493845785085218`}
EVE = Eigenvectors [H] / Sqrt[dx];
      ⌊特征向量          ⌊平方根
ListLinePlot [EVE[ [100] ], PlotRange → {0, 1} ]
⌊绘制点集的线条              ⌊绘制范围
ListLinePlot [EVE[ [99] ], PlotRange → {-1, 1} ]
⌊绘制点集的线条             ⌊绘制范围
{0.498772, 1.49385}
```

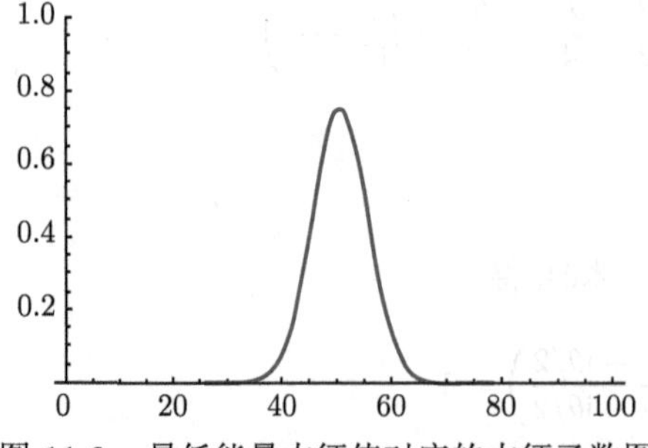

图 11.6 最低能量本征值对应的本征函数图

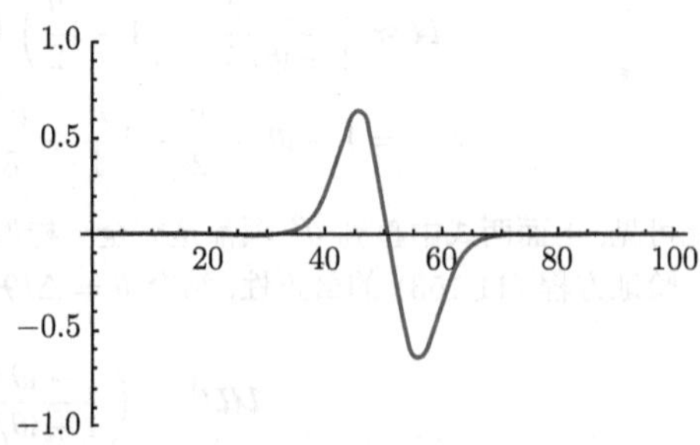

图 11.7 倒数第二低的能量本征值对应的本征函数图

(c) 视频截图见图 11.8.

```
(*Construct U*)
```

```
(*Denominator Cayley' s form*)
Uplus = OpenOne + 1 / 2 * I * H * dt;
                          ⌊虚数单位
(*Numerator in cayley' s form*)
Uminus = OpenOne -1 / 2 * I * H * dt;
                          ⌊虚数单位
(*Solve t - dep Schrodinger equation*)
psi0 = Eigenvectors [H] [ [Nx] ] / Sqrt [dx];
       ⌊特征向量                ⌊平方根
psi1 = Eigenvectors [H] [ [Nx -1] ] / Sqrt[dx];
       ⌊特征向量                   ⌊平方根
Psi0 = (psi0 + psi1) / Sqrt[2];
                       ⌊平方根
(*Analytical form of eigenstates*)
psi[n_, x_] : = (m * omega / Pi / h)^(1 / 4) / Sqrt[2^n * n ! ]
                             ⌊圆周率             ⌊平方根
  * HermiteH[n, Sqrt[m * omega / h] * x ] * Exp[-1 / 2 (Sqrt[m *
   ⌊厄米…       ⌊平方根                        ⌊指数形式   ⌊平方根
  omega / h] * x)^2]
Psi = Psi0;
Data = Table[Psi = LinearSolve[uplus, uminus. Psi];
       ⌊表格      ⌊线性求解
   If[Mod[i, Nt / 100] = 0, |
      ⌊模余
   g[x_] = (psi[0, x] * Exp[-I * omega * i * dt / 2] -psi[1, x]
                         ⌊…   ⌊虚数单位
    * Exp[-3 I * i * dt / 2]) / Sqrt[2];
      ⌊指…  ⌊虚数单位            ⌊平方根
   Show[ {Plot[ {Re[g[x] ], Im[g[x] ], Abs[g[x] ] }, (x, -3, 3},
   ⌊显示  ⌊绘图  ⌊实部        ⌊虚部       ⌊绘对值
    PlotRange → {-1, 1}, AxesLabel → {"x", "PSI"}, plotstyle →
    ⌊绘制范围            ⌊坐标轴标签                 ⌊绘图样式
    {(Blue, Red, Black} ],
     ⌊蓝色  ⌊红色 ⌊黑色
   ListPlot[ {Re[Psi], Im[Psi], Abs[Psi]}, plotRange → {-1, 1},
   ⌊绘制点集 ⌊实部     ⌊虚部     ⌊绝对值    ⌊绘制范围
    DataRange → {xmin + dx, xmax - dx}, Plotstyle →
    ⌊数据范围                          ⌊绘图样式
    Pointsize[Medium] ] } ],
    ⌊点的大小 ⌊中
   Nothing],
   ⌊无 (会自被删除)
   {i, 1, Nt}
```

```
    ];
ListAnimate [Data]
⌊列表帧动画
```

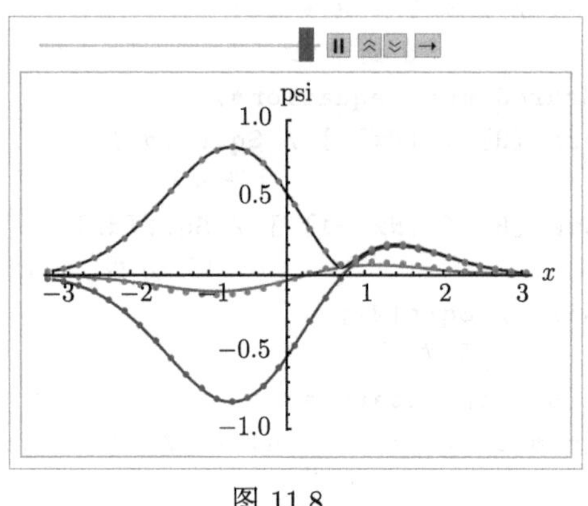

图 11.8

*** 习题 11.39　当哈密顿量确实与时间有关时, 只要选择足够小的 Δt, 可以利用习题 11.38 的方法来研究哈密顿量随时间的演化. 在每个时间步长的中点计算 $\boldsymbol{\mathcal{H}}$, 只需将方程 (11.154) 替换为 ①

$$\left[1+\frac{1}{2}\mathrm{i}\frac{\Delta t}{\hbar}\boldsymbol{\mathcal{H}}\left(t+\frac{\Delta t}{2}\right)\right]\boldsymbol{\Psi}\left(t+\Delta t\right)=\left[1-\frac{1}{2}\mathrm{i}\frac{\Delta t}{\hbar}\boldsymbol{\mathcal{H}}\left(t+\frac{\Delta t}{2}\right)\right]\boldsymbol{\Psi}\left(t\right).$$

考虑习题 11.36 的受驱谐振子

$$f\left(t\right)=A\sin\left(\Omega t\right),$$

其中 A 是具有长度单位的常数, Ω 是驱动频率. 接下来, 我们设置 $m=\omega=\hbar=A=1$, 并考虑 Ω 变化的影响. 使用同习题 11.38 中相同的空间离散化参数, 但设置 $N_t=1000$. 对初始时 $(t=0)$ 处在基态的粒子, 制作一个视频, 展示其数值和精确解, 以及从 $t=0$ 到 $t=2\pi/\omega$ 的瞬时基态的变化.

(a) $\Omega=\omega/5$. 根据绝热定理, 你可以看出数值解与瞬时基态非常接近 (接近同一相位).

(b) $\Omega=5\omega$. 根据所了解的关于瞬时微扰的知识, 你会发现数值解几乎不受驱动力的影响.

(c) $\Omega=6\omega/5$.

解答　(a) 视频截图见图 11.9.

① C. Lubich,《复杂多体系统的量子模拟: 从理论到算法》, J.Grotendorst, D.Marx 和 A.Muramatsu 主编 (约翰 · 冯 · 诺依曼计算研究所, 于里希, 2002 年), 第 10 卷, 第 459 页. 可从诺依曼计算研究所 (NIC) 网站下载.

```
clear[m, omega, h, omeg, A];
⌊清除
f[t_] = A * Sin[omeg * t];
          ⌊正弦
xc[t_] = Simplify[omega * Integrate[f[tp] * Sin[omega * (t - tp)
         ⌊化简              ⌊积分               ⌊正弦
   ], {tp, 0, t} ] ];
psi[n_, x_ ] : = (m * omega / Pi / h)^(1 / 4) / Sqrt[2^n * n!] *
                                 ⌊圆周率             ⌊平方根
  HermiteH[n, Sqrt[m * omega / h] * x] * Exp[-1 / 2(Sqrt [m *
  ⌊厄米···     ⌊平方根                    ⌊指数形式  ⌊平方根
  omega * / h] * x)^2]
PSI(n_, x_, t_] = Simplify [psi[n, x - xcl[t] ] * Exp[I / h (-(n
                  ⌊化简                        ⌊··· ⌊虚部位置
 + 1 / 2)h * omega * t + m * xc' [t](x-xc [t]/2) + m * omega^2 /
 2 * Integrate[f[tp], * xc[tp], {tp, 0, t} ] )] ];
    ⌊积分

m = 1; omega = 1; h = 1; Omeg = 0.2; A = 1;
Nx = 100; xmin = -10; xmax = 10; dx = (xmax - xmin)/(Nx + 1);
Nt = 1000; dt = 2 Pi / Omeg / Nt;
                  ⌊圆周率
OpenOne = SparseArray[{i_, i_} → 1.0, {Nx, Nx} ];
          ⌊稀疏数组
D2 = 1 / dx^2 * SparseArray[ { {i_, i_} → -2, {i_, j_} / ; Abs[i
                ⌊稀疏数组                                  ⌊绝对值
 - j] = 1 → 1.0}, {Nx, Nx} ];
X = SparseArray[ {i_, i_} → xmin + dx * i, {Nx, Nx} ];
    ⌊稀疏数组
H[t_] = -h^2 / (2m) * D2 + 1 / 2 m * omega^2 * X.X - m * omega^2 * X
   * f[t];
Uplus[t_] = Openone + I * H[t + dt / 2] dt / 2;
             ⌊虚数单位
Uminus[t_] = OpenOne - I * H[t + dt / 2] dt / 2;
              ⌊虚数单位
Psi0 = Eigenvectors[H[0] ] [ [Nx] ] / Sqrt[dx];
       ⌊特征向量                     ⌊平方根
Psi = Psi0;
Data = Table[Psi = LinearSolve[Uplus[(i - 1) dt], Uminus[ (i
       ⌊表格        ⌊线性求解
  - 1) dt]. Psi]; If[Mod[i, Nt / 100]   0, g[(x_] = PSI[0, x, i
                  ⌊···⌊模余
   * dt]; h[(x_] = psi [0, x - f[i * dt] ];
```

```
Show[ {plot [{Re[g[x] ], Im[g[x] ], Abs [g[x] ]1, Abs [h[x] ]},
⌊显示   ⌊绘图  ⌊实部          ⌊虚部         ⌊绘对值         ⌊绝对值
 (x, -3, 3), plotRange → {-1, 1), AxesLabel → {"x", "prt"},
          ⌊绘制范围                 ⌊坐标轴标签
  plotstyle → {Blue, Red, Black, {Black, Dashed}} ],
  ⌊绘图样式      ⌊蓝色 ⌊红色 ⌊黑色    ⌊黑色 ⌊虚线
  Listplot[ {Re[Psi], Im[Psi], Abs [Psi] }, plotRange → {-1, 1},
  ⌊绘制点集  ⌊实部     ⌊虚部    ⌊绝对值      ⌊绘制范围
   DataRange → {xmin + dx, xmax - dx}, plotstyle → Pointsize[
   ⌊数据范围                             ⌊绘图样式   ⌊点的大小
   Medium] ] } ], Nothing], {i,1, Nt}];
   ⌊中              ⌊无（会自动被删除）
ListAnimate[Data]
⌊列表帧动画
```

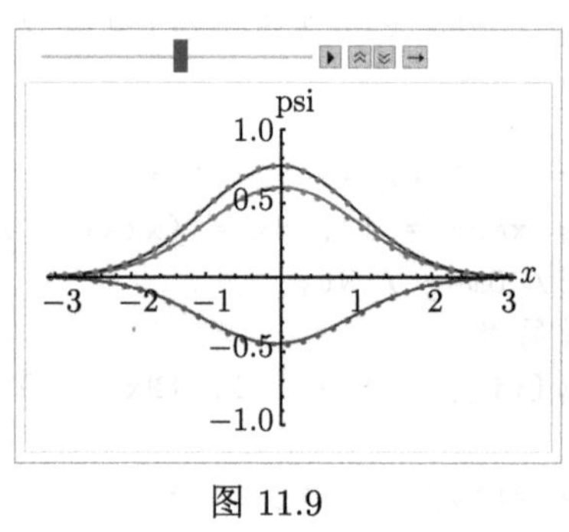

图 11.9

(b) 视频截图见图 11.10.

```
m = 1; omega = 1; h = 1; omeg = 5; A = 1;
f[t_] = A * Sin[omeg * t];
          ⌊正弦
xc[t_] = Simplify[omega * Integrate[f[tp] * Sin[omega * (t - tp)
        ⌊化简               ⌊积分                ⌊正弦
  ], {tp, 0, t} ] ];
psi[n_,x_ ] : = (m * omega / Pi / h)^(1 /4) / Sqrt[2^n * n!] *
                                ⌊圆周率          ⌊平方根
  HermiteH[n, sqart[m * omega / h] * x] * Exp[-1 / 2(Sqrt[m *
  ⌊厄米…     ⌊平方根                          ⌊指数形式  ⌊平方根
  omega / h] * x)^2]
PSI[n_, x_,t_] = Simplify[psi[n, x - xc[t] ] * Exp[I / h(-(n + 1
                 ⌊化简                       ⌊… ⌊虚数单位
  / 2) h * omega * t + m * xc'[t](x - xc[t] / 2) + m * omega^2 / 2 *
     Integrate[f[tp] * xc([tp], {tp, 0, t} ] ) ] ];
     ⌊积分
```

```
Nx = 100; xmin = -10; xmax = 10; dx = (xmax - xmin) / (Nx + 1);
Nt = 1000; dt = 2 Pi / omeg / Nt;
                  ⌊圆周率
OpenOne = SparseArray[ {i_, i_} → 1.0, {Nx, Nx} ];
           ⌊稀疏数组
D2 = 1 / dx^2 * SparseArray[ { {i_, i_} → -2, {i_, j_} / ; Abs[i
                 ⌊稀疏数组                                   ⌊绝对值
  - j]  1 → 1.0}, {Nx, Nx} ];
X = SparseArray[ {i_, i_} → xmin + dx * i, {Nx, Nx} ];
   ⌊稀疏数组
H[t_] = -h^2 / (2m) * D2 + 1 / 2 m * omega^2 * X. X - m * omega^2 * X
    * f[t];
uplus [t_] = OpenOne + I * H[t + dt / 2] dt / 2:
                       ⌊虚数单位
Uminus[t_] = OpenOne - I * H[t + dt / 2] dt / 2;
                       ⌊虚数单位
Psi0 = Eigenvectors [H[0] ][ [Nx] ] / Sqrt [dx];
       ⌊特征向量                      ⌊平方根
Psi = Psi0;
Data = Table[Psi = Linearsolve[Uplus[(i - 1) dt], Uminus[(i - 1)
       ⌊表格        ⌊线性求解
 dt]. Psi]; If[Mod[i, Nt / 100]  0, g[x_] = PSI[0, ×, i * dt];
           ⌊···⌊模余
  h[x_] = psi[0, x - f[i * dt] ];
  Show[ {Plot[ {Re[g[x] ] , Im[g[x] ] , Abs[g[x] ], Abs [h[x] ]
  ⌊显示 ⌊绘图 ⌊实部         ⌊虚部        ⌊绝对值      ⌊绝对值
   }, {x, -3, 3}, plotRange → {-1, 1}, AxesLabel → {"x", "psi"},
                  ⌊绘制范围              ⌊坐标轴标签
    Plotstyle → (Blve, Red, Black, {Black, Dashed} } ],
    ⌊绘图样式    ⌊蓝色 ⌊红色 ⌊黑色   ⌊黑色 ⌊虚线
Listplot[ {Re[Psi], Im(Psi], Abs[Psi] }, plotRange → (-1, 1),
⌊绘制点集 ⌊实部     ⌊虚部    ⌊绝对值      ⌊绘制范围
 DataRange → [xmin + dx, xmax - dx}, Plotstyle → PointSize
 ⌊数据范围                            ⌊绘图样式   ⌊点的大小
 [Medium] ] } ], Nothing], (i, 1 Nt} ];
 ⌊中               ⌊无 (会自动被删除)
ListAnimate [Data]
⌊列表帧动画
```

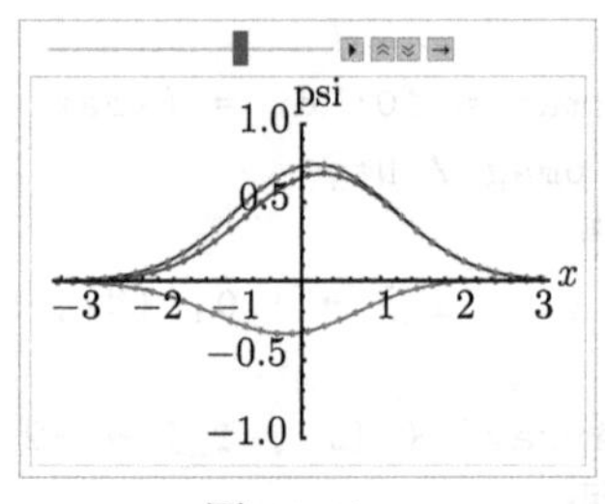

图 11.10

(c) 视频截图见图 11.11.

```
m = 1; omega = 1; h = 1; Omeg = 5; A = 1;
f[t_] = A * Sin[Omeg * t];
          ⌊正弦
xc[t_] = Simplify[omega * Integrate[f[tp] * Sin[omega * (t - tp)
         ⌊化简                 ⌊积分            ⌊正弦
 ], {tp, 0, t} ] ];
psi[n_, x_] : = (m * omega / Pi / h)^(1 / 4) / Sqrt[2^n * n!] *
                                ⌊圆周率           ⌊平方根
HermiteH[n, Sqrt[m * omega / h] * x] * Exp[-1 /  2(Sqrt[m *
⌊厄米…      ⌊平方根                       ⌊指数形式  ⌊平方根
omega / h] * x)^2]
PSI[n_, x_, t_] = Simplify[psi[n, x - xc[t] ] * Exp[I / h (-(n +
                  ⌊化简                          ⌊… ⌊虚数单位
1 / 2) h * omega *t + m * xc'[t](x - xc[t] / 2) + m * omega^2 / 2 *
   Integrate[f[tp] * xc[tp], {tp, 0, t} ] ) ] ];
   ⌊积分

Nx = 100; xmin = -10; xmax = 10; dx = (xmax - xmin) / (Nx + 1);
Nt = 1000; dt = 2 Pi / omeg / Nt;
                 ⌊圆周率
OpenOne = SparseArray[ {i_, i_} → 1.0, {Nx, Nx}, ];
         ⌊稀疏数组
D2 = 1 / dx^2 * SparseArray[ { {i_, i_} → -2, {i_, j_]; Abs[i -
               ⌊稀疏数组                               ⌊绝对值
 j]  1 → 1.0}, {Nx, Nx} ];
X = SparseArray[ {i_, i_} → xmin + dx * i, {Nx, NX} ];
   ⌊稀疏数组
H[t_] = -h^2 / (2m) * D2 + 1 / 2m * omega^2 * X. X - m * omega^2 * X
   * f[t];
uplus[t_] = OpenOne + I * H[t + dt / 2]dt / 2;
          ⌊虚数单位
Uminus [t_] = OpenOne - I * H[t + dt / 2] dt / 2;
           ⌊虚数单位
```

```
Psi0 = Eigenvectors[H[0] ] [ [Nx] ] / Sqrt[dx];
       ⌊特征向量                      ⌊平方根
Psi = Psi0;
Data = Table[Psi = LineaSolve[uplus[ (i - 1) dt1, Uminus[ (i -
       ⌊表格          ⌊线性求解
1) dt]. Psi]; If[Mod[i, Nt / 100]  0, g[x_] = PSI [0, x, i * dt
             ⌊···⌊模余
]; h[x_] = psi[0, x - f[i * dt] ];
   Show[ {plot[ {Re [g[x] ], Im[g[a] ], Abs [g[x] ], Abs [h[x
   ⌊显示  ⌊绘图  ⌊实部         ⌊虚部         ⌊绝对值        ⌊绝对值
   ]]}, {x, -3, 3}, plotRange → {-1, 1}, AxesLabel → {"x", "psi
                    ⌊绘制范围               ⌊坐标轴标签
    "}, Plotstyle → {Blue, Red, Black, {Black, Dashed} } ],
        ⌊绘图样式     ⌊蓝色 ⌊红色 ⌊黑色    ⌊黑色  ⌊虚线
ListPlot[ {Re[Psi], Im[Rsi], Abs [Psi] }, plotRange → (-1,1),
⌊绘制点集  ⌊实部      ⌊虚部      ⌊绝对值        ⌊绘制范围
DataRange → (xmin + dx, xmax - dx}, plotStyle → PointSize[
⌊数据范围                            ⌊绘图样式    ⌊点的大小
Medium] ] } ], Nothing], {i, 1, Nt} ];
⌊中             ⌊无 (会自动被删除)
ListAnimate[Data]
⌊列表帧动画
```

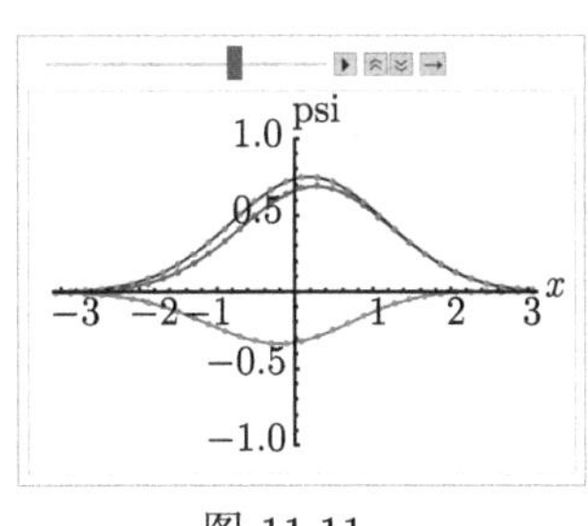

图 11.11

第 12 章 跋

本章主要内容概要

1. 纯态

定义**密度算符**$\hat{\rho} \equiv |\Psi\rangle\langle\Psi|$. 对于一组正交基 $\{|e_j\rangle\}$, 算符用一个矩阵表示; 矩阵 $\boldsymbol{\mathcal{A}}$ 用于表示算符 $\hat{A}$, 其矩阵元 ij 是

$$A_{ij} = \langle e_i|\hat{A}|e_j\rangle.$$

特别地, **密度矩阵**的矩阵元 ρ_{ij} 为

$$\rho_{ij} = \langle e_i|\hat{\rho}|e_j\rangle = \langle e_i||\Psi\rangle\langle\Psi||e_j\rangle.$$

对于纯态, 密度矩阵有几个有趣的性质:

$$\rho^2 = \rho, \quad (\text{等幂性})$$

$$\rho^{\dagger} = \rho, \quad (\text{厄米性})$$

$$\mathrm{Tr}(\rho) = \sum \rho_{ii} = 1, \quad (\text{迹是 } 1)$$

可观测量 A 的期望值为 $\langle A\rangle = \mathrm{Tr}(\rho\boldsymbol{\mathcal{A}})$.

2. 纠缠态

考虑一个两能级体系, $|\phi_a\rangle, |\phi_b\rangle$, 且 $\langle\phi_i|\phi_j\rangle = \delta_{ij}$. 对任何单粒子态 $|\psi_r\rangle$ 和 $|\psi_s\rangle$, 两粒子体系态 $\alpha|\phi_a(1)\rangle|\phi_b(2)\rangle + \beta|\phi_b(1)\rangle|\phi_a(2)\rangle$ ($\alpha \neq 0$ 和 $\beta \neq 0$) 都不能够被表示为 $|\psi_r(1)\rangle|\psi_s(2)\rangle$ 的乘积形式.

3. 混合态

实际情况是我们常常不知道粒子的态. 例如, 直线加速器中出现的电子可能有自旋向上 (沿着某个给定的方向), 也可能有自旋向下, 或者可能是两者的线性组合——只是我们不清楚而已, 我们称粒子处于**混合态**.

事实上, 可以简单地列出粒子在每个可能态 $|\Psi\rangle$ 下的概率 p_k. 一个可观测系统的期望值将是对一个体系的系综进行测量的平均值, 这些系综不是完全相同的体系 (它们并非都处于相同的态); 相反, 它们中的一部分 p_k 处于每个 (纯) 态 $|\Psi\rangle$ 上: $\langle A\rangle = \sum\limits_k p_k\langle\Psi|\hat{A}|\Psi\rangle$.

通过推广密度运算符, 有一种巧妙的方法来表示这些信息: $\hat{\rho} \equiv \sum\limits_k p_k|\Psi\rangle\langle\Psi|$.

同样, 对一特定基来说, 它变成一个矩阵: $\rho_{ij}=\sum\limits_{k}p_k\left\langle e_i\right|\left|\Psi\right\rangle\left\langle\Psi\right|\left|e_j\right\rangle$.

密度矩阵包含了可以获取的有关系统的所有信息.

同任何几率一样, $0\leqslant p_k\leqslant 1$ 且 $\sum\limits_{k}p_k0=1$.

混合态的密度矩阵保留了大多数前面讨论过的纯态密度矩阵的特性: $\rho^{\dagger}=\rho,\mathrm{Tr}\left(\rho\right)=1,\langle A\rangle=\mathrm{Tr}\left(\rho\boldsymbol{\mathcal{A}}\right)$. $\mathrm{i}\hbar\dfrac{\mathrm{d}\hat{\rho}}{\mathrm{d}t}=\left[\hat{H},\hat{\rho}\right]$, 对所有的 k, 有 $\dfrac{\mathrm{d}p_k}{\mathrm{d}t}=0$, 但 ρ 只有在表示纯态时才是等幂的: $\rho^2\neq\rho$ (事实上, 这是一种快速检验体系状态是否为纯态的方法).

4. 薛定谔猫态

测量过程在量子力学中扮演着一个恶作剧的角色: 就是在这里, 不确定性、非局域性、波函数的坍缩以及所有随之而来的概念上的问题都出现了. 但究竟什么是测量? 是什么使它与其他物理过程如此不同? 我们如何判断什么时候发生了测量?

薛定谔在其著名的**猫佯谬 (cat paradox)** 中鲜明地提出了这个基本问题: **一只猫和一个奇特的装置被放在一个钢制的房间里. 其中在盖革计数器中有微量的放射性物质, 非常微小, 在 1h 内可能有一个原子衰变, 但同样也可能没有衰变. 如果一个衰变了, 计数器就会被触发, 并通过继电器激活一个小锤子, 打破一个盛有氰化物的罐子. 如果一个人离开整个系统 1h, 没有发生原子衰变, 他就会说猫还活着. 第一次衰变就会把猫毒死. 整个系统的波函数将表示为包含活猫和死猫的两个相等部分. 整个系统的波函数将表示为含有活猫和死猫相等的部分.**

那么, 在 1h 结束时, 猫的波函数具有如下简略形式:

$$\psi=\frac{1}{\sqrt{2}}\left(\psi_{\text{活猫}}+\psi_{\text{死猫}}\right)$$

直到进行测量之前 (比如说, 你窥视窗户去查看猫的状态), 猫既不是死的也不是活的, 而是两者的线性组合. 在你窥视的那一刻, 你的观察迫使猫去"表明立场": 死或活. 如果你发现猫死了, 那是你通过窥视窗户把它杀死了.

5. EPR 佯谬

考虑一个中性 π^0 介子到电子和正电子对的衰变:

$$\pi^0\rightarrow\mathrm{e}^-+\mathrm{e}^+.$$

假设 π^0 介子是静止的, 电子和正电子的运动方向相反 (教材图 12.1). 由于 π^0 的自旋为零, 所以角动量守恒要求电子和正电子对处在自旋单态 $\dfrac{1}{\sqrt{2}}\left(\left|\uparrow\downarrow\right\rangle-\left\langle\downarrow\uparrow\right|\right)$. 量子力学无法给出你将得到哪一种自旋组合, 但是它明确指出测量值会相互关联, 平均来说你会得到每种组合的一半. 在实际测量中, 假设让电子和正电子沿相反方向飞离 10m 远, 或者, 原则上也可以是 10 光年, 然后测量电子的自旋, 这时你将得到自旋向上. 如果有人测量正电子, 你马上就会知道 20m (或 20 光年) 以外他的测量结果是自旋向下. EPR 论证所依据的基本假设是任何响应的传播速度都不能超过光速.

6. 贝尔定理

任何局部隐变量理论都与量子力学不兼容. 用数学的语言描述就是贝尔不等式.

7. 贝尔不等式

设电子-正电子系统的“完整”状态以隐变量 λ 描述. 进一步假设电子测量的结果是独立于正电子探测器方向 ($\boldsymbol{b}$), 那么, 存在确定电子测量结果的函数 $A(\boldsymbol{a},\lambda)$, 以及确定正电子测量结果的函数 $B(\boldsymbol{b},\lambda)$. 这些函数的值只能取 ±1:

$$A(\boldsymbol{a},\lambda)=\pm1;\ B(\boldsymbol{b},\lambda)=\pm1.$$

当探测器指向一致时, 对于所有的 λ 取值, 结果完全 (反) 相关联:

$$A(\boldsymbol{a},\lambda)=-B(\boldsymbol{a},\lambda).$$

现在, 测量结果的平均值为

$$P(\boldsymbol{a},\boldsymbol{b})=\int\rho(\lambda)A(\boldsymbol{a},\lambda)B(\boldsymbol{b},\lambda)\mathrm{d}\lambda,$$

其中 $\rho(\lambda)$ 是隐变量的几率密度. 以上两式消去 B, 得

$$P(\boldsymbol{a},\boldsymbol{b})=-\int\rho(\lambda)A(\boldsymbol{a},\lambda)A(\boldsymbol{b},\lambda)\mathrm{d}\lambda.$$

如果 $\boldsymbol{c}$ 是任一其他的单位矢量,

$$P(\boldsymbol{a},\boldsymbol{b})-P(\boldsymbol{a},\boldsymbol{c})=-\int\rho(\lambda)\left[A(\boldsymbol{a},\lambda)A(\boldsymbol{b},\lambda)-A(\boldsymbol{a},\lambda)A(\boldsymbol{c},\lambda)\right]\mathrm{d}\lambda.$$

或者, 由于 $[A(\boldsymbol{b},\lambda)]^2=1$:

$$P(\boldsymbol{a},\boldsymbol{b})-P(\boldsymbol{a},\boldsymbol{c})=-\int\rho(\lambda)\left[1-A(\boldsymbol{b},\lambda)A(\boldsymbol{c},\lambda)\right]A(\boldsymbol{a},\lambda)A(\boldsymbol{b},\lambda)\mathrm{d}\lambda.$$

由 $A(\boldsymbol{a},\lambda)=\pm1,\ B(\boldsymbol{b},\lambda)=\pm1$, 得 $|A(\boldsymbol{a},\lambda)B(\boldsymbol{b},\lambda)|=1$; 且 $\rho(\lambda)[1-A(\boldsymbol{b},\lambda)A(\boldsymbol{c},\lambda)]\geqslant0$, 所以

$$|P(\boldsymbol{a},\boldsymbol{b})-P(\boldsymbol{a},\boldsymbol{c})|\leqslant\int\rho(\lambda)\left[1-A(\boldsymbol{b},\lambda)A(\boldsymbol{c},\lambda)\right]\mathrm{d}\lambda,$$

或者,

$$|P(\boldsymbol{a},\boldsymbol{b})-P(\boldsymbol{a},\boldsymbol{c})|\leqslant1+P(\boldsymbol{b},\boldsymbol{c}),$$

这就是**贝尔不等式**. 它对任何隐变量理论都成立, 因为这里对隐变量的属性、数目和其分布 ρ 都没有做任何假设.

8. 不可克隆定理

量子测量通常是破坏性的, 因为它们改变了被测系统的状态. 这是不确定性原理在实验室中付诸实施的表现. 你可能想知道为什么我们不制备一堆同原始态完全相同的拷贝 (克隆), 然后测量它们, 让系统本身毫发无损. 但这是办不到的. 实际上, 如果你能制造一个克隆设备 (一个“量子复印机”), 量子力学将不复存在.

习题 12.1 纠缠态. 纠缠态的一个经典例子是自旋单态 (方程 (12.1))——双粒子态不能写成两个单粒子态波函数的乘积, 因此, 我们也无法单独讨论这两个粒子的"态".[①] 你可能想知道这是不是一个人造的错误概念——也许单粒子态的某些线性组合可以使体系退纠缠. 证明下列定理:

考虑一个两能级体系, $|\phi_a\rangle, |\phi_b\rangle$, 且 $\langle\phi_i|\,\phi_j\rangle = \delta_{ij}$. (例如, $|\phi_a\rangle$ 表示自旋向上, $|\phi_b\rangle$ 表示自旋向下.) 对任何的单粒子态 $|\psi_r\rangle$ 和 $|\psi_s\rangle$, 两粒子体系态

$$\alpha\,|\phi_a\,(1)\rangle\,|\phi_b\,(2)\rangle + \beta\,|\phi_b\,(1)\rangle\,|\phi_a\,(2)\rangle$$

($\alpha \neq 0$ 和 $\beta \neq 0$) 都不能够被表示为

$$|\psi_r\,(1)\rangle\,|\psi_s\,(2)\rangle$$

的乘积形式.

提示 把 $|\psi_r\rangle$ 和 $|\psi_s\rangle$ 分别写成 $|\phi_a\rangle$ 和 $|\phi_b\rangle$ 的线性组合.

证明 假定两粒子体系的态可以用单粒子态的乘积来表示, 即

$$\alpha\,|\phi_a\,(1)\rangle\,|\phi_b\,(2)\rangle + \beta\,|\phi_b\,(1)\rangle\,|\phi_a\,(2)\rangle = |\psi_r\,(1)\rangle\,|\psi_s\,(2)\rangle,$$

其中 $|\psi_r\,(1)\rangle$ 和 $|\psi_s\,(2)\rangle$ 表示单粒子态.

由于 $|\phi_a\rangle$ 和 $|\phi_b\rangle$ 是单粒子态的完备基, 所以 $|\psi_r\rangle$ 和 $|\psi_s\rangle$ 可以表示为单粒子态基矢的线性组合, 即 $|\psi_r\rangle = A\,|\phi_a\rangle + B\,|\phi_b\rangle$, $|\psi_r\rangle = C\,|\phi_a\rangle + D\,|\phi_b\rangle$, 其中 A, B, C 和 D 为复数系数.

因此,

$$\begin{aligned}
&\alpha\,|\phi_a\,(1)\rangle\,|\phi_b\,(2)\rangle + \beta\,|\phi_b\,(1)\rangle\,|\phi_a\,(2)\rangle \\
&= |\psi_r\,(1)\rangle\,|\psi_s\,(2)\rangle \\
&= (A\,|\phi_a\,(1)\rangle + B\,|\phi_b\,(1)\rangle)\,(C\,|\phi_a\,(2)\rangle + D\,|\phi_b\,(2)\rangle) \\
&= AC\,|\phi_a\,(1)\rangle\,|\phi_a\,(2)\rangle + AD\,|\phi_a\,(1)\rangle\,|\phi_b\,(2)\rangle + BC\,|\phi_b\,(1)\rangle\,|\phi_a\,(2)\rangle + BD\,|\phi_b\,(1)\rangle\,|\phi_b\,(2)\rangle\,.
\end{aligned}$$

对比等式两边, 可得

$$\alpha = AD,\ 0 = AC,\ \beta = BC \text{ 和 } 0 = BD.$$

由 $0 = AC$, 则 $A = 0$ 或 $C = 0$, 若 $A = 0$, 则 $\alpha = 0$, 若 $C = 0$, 则 $\beta = 0$.

由 $0 = BD$, 则 $B = 0$ 或 $D = 0$, 若 $B = 0$, 则 $\beta = 0$, 若 $D = 0$, 则 $\alpha = 0$.

因此, 两粒子态不可能由单粒子态的线性组合表示出来.

习题 12.2 爱因斯坦盒子. 在 EPR 佯谬提出之前, 有一个有趣的前兆, 爱因斯坦提出了下面的理想实验:[②] 想象一个粒子被限制在一个盒子里 (换句话说, 把它当作一维无限深方势阱). 它处于基态, 当引入一个不可穿透的隔板时, 它将盒子分成 B_1

① 虽然 "纠缠" 一词通常用于两个 (或更多) 粒子系统, 但相同的基本概念可以扩展到单粒子态 (习题 12.2 就是一个例子). 有关有趣的讨论, 请参见 D. V. Schroeder, *Am. J. Phys.* **85,** 812 (2017).

② 参见 T. Norsen, *Am. J. Phys.* **73,** 164 (2005).

和 B_2 两部分, 这样一来, 粒子在其中任何一个部分中被发现的几率相同.[①] 现在, 将两个盒子移开相距很远, 对 B_1 进行测量查看粒子是否在 B_1 中. 如果答案是肯定的. 我们马上就知道, 粒子不在 (远处的) 盒子 B_2 中.

(a) 爱因斯坦会怎么说呢?

(b) 哥本哈根学派是如何解释的? 在对 B_1 测量之后, B_2 中的波函数是什么?

解答 (a) 粒子必然一直处于盒子 B_1 中, 因为打开盒子 B_1 不可能立刻影响到远处盒子 B_2 中的结果.

(b) 对盒子 B_1 进行粒子测量, 发现粒子时粒子的波函数会立即塌缩成一个非常尖锐的函数 ($\delta(x)$), 即粒子出现的位置完全确定, 此时在盒子 B_2 处的波函数为零, 所以盒子 B_2 打开的时候是空的.

****习题 12.3** (局域) 确定性 ("隐变量") 理论的一个例子[②] 是 …… 经典力学! 假设用宏观物体 (比如棒球) 代替电子和质子进行贝尔实验. (通过一种双向投球机) 以相反方向发射它们, 其旋转矢量大小相同但方向相反 (角动量), $\boldsymbol{S}_a$ 和 $\boldsymbol{S}_b=-\boldsymbol{S}_a$. 这些都是经典物体——它们角动量的方向是在发射时已经设定好的 (比如说随机的), 可以指向任何位置. 现在, 放置在发射点两侧 10m 左右的探测器开始测量各自棒球的旋转矢量. 然而, 为了符合贝尔定理的条件, 它们只记录沿 $\boldsymbol{a}$ 和 $\boldsymbol{b}$ 方向的 $\boldsymbol{S}$ 分量的符号:

$$A\equiv\operatorname{sign}(\boldsymbol{a}\cdot\boldsymbol{S}_a),\quad B\equiv\operatorname{sign}(\boldsymbol{b}\cdot\boldsymbol{S}_b).$$

因此, 在给定的任何试验中, 每个探测器仅记录 $+1$ 或 -1.

在该例子中, "隐变量" 是 $\boldsymbol{S}_a$ 的实际方向, 由极角 θ 和方位角 ϕ 指定: $\lambda=(\theta,\phi)$.

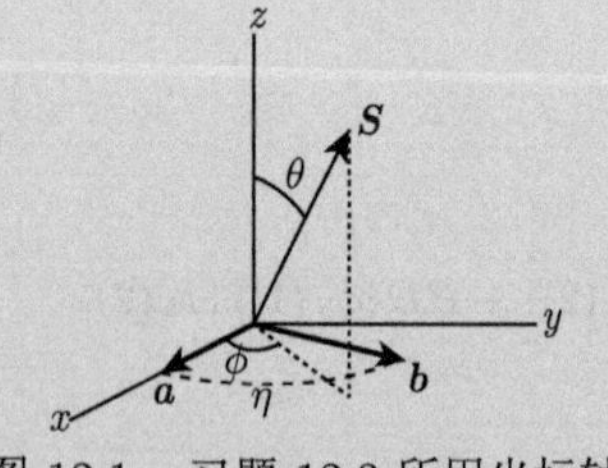

图 12.1　习题 12.3 所用坐标轴示意图

(a) 选择如图 12.1 所示的坐标轴, $\boldsymbol{a}$ 和 $\boldsymbol{b}$ 位于 xy 平面内, $\boldsymbol{a}$ 沿 x 轴方向, 证明:

$$A(\boldsymbol{a},\lambda)B(\boldsymbol{b},\lambda)=-\operatorname{sign}[\cos(\phi)\cos(\phi-\eta)],$$

其中 η 为 $\boldsymbol{a}$ 和 $\boldsymbol{b}$ 之间的夹角 (取值范围从 $-\pi$ 到 $+\pi$).

(b) 假设棒球发射时, $\boldsymbol{S}_a$ 指向任一方向的几率一样, 计算 $P(\boldsymbol{a},\boldsymbol{b})$. 答案: $(2|\eta|/\pi)-1$.

(c) 在 $\eta=-\pi$ 到 $+\pi$ 范围内, 作 $P(\boldsymbol{a},\boldsymbol{b})$ 图, 并 (在同一图上) 绘出量子公式 (方程 (12.4) 取 $\theta\to\eta$). 对于 η 取什么值, 该隐变量理论与量子力学结果一致?

(d) 验证结果满足方程 (12.12) 所表示的贝尔不等式. **提示** 矢量 $\boldsymbol{a},\boldsymbol{b}$ 和 $\boldsymbol{c}$ 定义单位球体表面上的三个点; 贝尔不等式可以用这些点之间的距离来表示.

---

① 如习题 11.34 所示, 快速插入隔板, 如果以绝热方式进行, 粒子可能会被迫进入其中较大的一个 (尽管稍大一点).

② 该问题基于 George Greenstein 和 Arthur G. Zajonc 著, 《量子挑战》, 第 2 版, Jones and Bartlett 出版公司, 马萨诸塞州, 萨德伯 (2006 年), 第 5.3 节.

解答 (a) 由图 12.1 可知,

$$\boldsymbol{a}=\hat{i},\quad \boldsymbol{b}=\cos\eta\,\hat{i}+\sin\eta\,\hat{j},\quad \boldsymbol{S}_a=S_a\left(\sin\theta\cos\varphi\,\hat{i}+\sin\theta\sin\varphi\,\hat{j}+\cos\theta\,\hat{k}\right)=-\boldsymbol{S}_b.$$

因此,

$$\begin{aligned}\boldsymbol{a}\cdot\boldsymbol{S}_a&=S_a\sin\theta\cos\varphi,\ \boldsymbol{b}\cdot\boldsymbol{S}_b\\&=-S_a\sin\theta\left(\cos\varphi\cos\eta+\sin\varphi\sin\eta\right)=-S_a\sin\theta\cos\left(\varphi-\eta\right).\end{aligned}$$

由于 θ 的范围是从 0 到 π, 所以

$$\begin{aligned}&A=\operatorname{sign}\left(\boldsymbol{a}\cdot\boldsymbol{S}_a\right)=\operatorname{sign}\left(\cos\varphi\right),\\&B=-\operatorname{sign}\left[\cos\left(\varphi-\eta\right)\right]\Rightarrow A\left(\boldsymbol{a},\lambda\right)B\left(\boldsymbol{b},\lambda\right)=-\operatorname{sign}\left[\cos\varphi\cos\left(\varphi-\eta\right)\right].\end{aligned}$$

(b)

$$\begin{aligned}P\left(\boldsymbol{a},\boldsymbol{b}\right)&=\left\langle A\left(\boldsymbol{a},\lambda\right)B\left(\boldsymbol{b},\lambda\right)\right\rangle=\frac{1}{4\pi}\int\left[A\left(\boldsymbol{a},\lambda\right)B\left(\boldsymbol{b},\lambda\right)\right]\sin\theta\mathrm{d}\theta\mathrm{d}\varphi\\&=-\frac{2}{4\pi}\int_0^{2\pi}\operatorname{sign}\left[\cos\varphi\cos\left(\varphi-\eta\right)\right]\mathrm{d}\varphi.\end{aligned}$$

在 $\pi/2<\varphi<3\pi/2$ 范围内, $\cos\varphi$ 为负, 其余范围内为正.
在 $\pi/2+\eta<\varphi<3\pi/2+\eta$ 范围内, $\cos\left(\varphi-\eta\right)$ 为负, 其余范围内为正.
对于 $0<\eta<\pi/2, P\left(\boldsymbol{a},\boldsymbol{b}\right)$ 的分段函数为

$$\begin{aligned}P\left(\boldsymbol{a},\boldsymbol{b}\right)=&-\frac{1}{2\pi}\left[\int_0^{\eta}(++)\,\mathrm{d}\varphi+\int_{\eta}^{\pi/2}(++)\,\mathrm{d}\varphi+\int_{\pi/2}^{\pi/2+\eta}(-+)\,\mathrm{d}\varphi+\int_{\pi/2+\eta}^{\pi}(--)\,\mathrm{d}\varphi\right.\\&\left.+\int_{\pi}^{\pi+\eta}(--)\,\mathrm{d}\varphi+\int_{\pi+\eta}^{3\pi/2}(--)\,\mathrm{d}\varphi+\int_{3\pi/2}^{3\pi/2+\eta}(+-)\,\mathrm{d}\varphi+\int_{3\pi/2+\eta}^{2\pi}(++)\,\mathrm{d}\varphi\right]\\=&-\frac{1}{2\pi}\left[(\eta-0)+\left(\frac{\pi}{2}-\eta\right)-\left(\frac{\pi}{2}+\eta-\frac{\pi}{2}\right)+\left(\pi-\frac{\pi}{2}-\eta\right)\right.\\&\left.+(\pi+\eta-\pi)+\left(\frac{3\pi}{2}-\pi-\eta\right)-\left(\frac{3\pi}{2}+\eta-\frac{3\pi}{2}\right)+\left(2\pi-\frac{3\pi}{2}-\eta\right)\right]\\=&-\frac{1}{2\pi}\left(2\pi-4\eta\right)=\frac{2\eta}{\pi}-1.\end{aligned}$$

对于 $\pi/2<\eta<\pi, P\left(\boldsymbol{a},\boldsymbol{b}\right)$ 的分段函数为

$$\begin{aligned}P\left(\boldsymbol{a},\boldsymbol{b}\right)=&-\frac{1}{2\pi}\left[\int_0^{\eta-\pi/2}(+-)\,\mathrm{d}\varphi+\int_{\eta-\pi/2}^{\pi/2}(++)\,\mathrm{d}\varphi+\int_{\pi/2}^{\eta}(-+)\,\mathrm{d}\varphi+\int_{\eta}^{\pi}(-+)\,\mathrm{d}\varphi\right.\\&\left.+\int_{\pi}^{\eta+\pi/2}(-+)\,\mathrm{d}\varphi+\int_{\eta+\pi/2}^{3\pi/2}(--)\,\mathrm{d}\varphi+\int_{3\pi/2}^{\eta+\pi}(+-)\,\mathrm{d}\varphi+\int_{\eta+\pi}^{2\pi}(+-)\,\mathrm{d}\varphi\right]\\=&-\frac{1}{2\pi}\left[-\left(\eta-\frac{\pi}{2}-0\right)+\left(\frac{\pi}{2}-\eta+\frac{\pi}{2}\right)-\left(\eta-\frac{\pi}{2}\right)-(\pi-\eta)-\left(\eta+\frac{\pi}{2}-\pi\right)\right.\\&\left.+\left(\frac{3\pi}{2}-\eta-\frac{\pi}{2}\right)-\left(\eta+\pi-\frac{3\pi}{2}\right)-(2\pi-\eta-\pi)\right]\\=&-\frac{1}{2\pi}\left(2\pi-4\eta\right)=\frac{2\eta}{\pi}-1.\end{aligned}$$

这与 $0<\eta<\pi/2$ 范围内 $P(\boldsymbol{a},\boldsymbol{b})$ 的结果一样.

因此, 平均值是关于 η 的偶函数, 在区间 $-\pi/2<\eta<\pi/2$ 内, 一般性结论可以写为 $\frac{2|\eta|}{\pi}-1$.

(c) 量子预测, 由方程 (12.4) 知 $P(\boldsymbol{a},\boldsymbol{b})=-a\cdot b=-\cos\eta$. 画出两个函数, 见图 12.2.

```
Plot[ {2 * Abs[x] / Pi -1, -Cos[x]}, {x, -Pi, Pi}, PlotRange → {-1,
    1}]
```

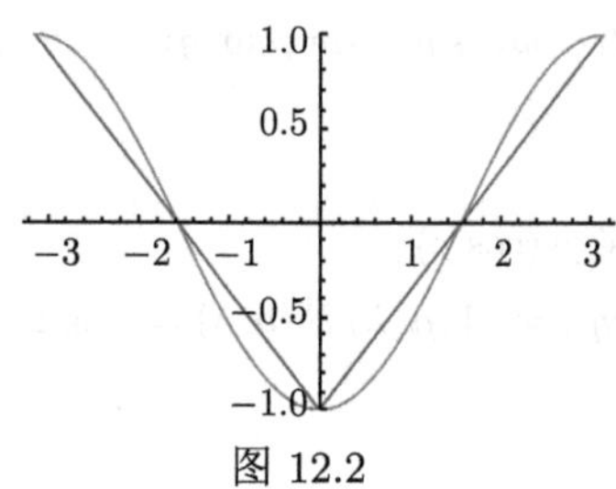

图 12.2

在 $\eta=0,\pm\frac{\pi}{2}$ 和 $\pm\pi$ 时, 隐变量理论与量子力学结果一致.

(d) 根据贝尔不等式, 有

$$\left|\frac{2}{\pi}|\eta_{ab}|-1-\frac{2}{\pi}|\eta_{ac}|+1\right|\leqslant 1+\frac{2}{\pi}|\eta_{bc}|-1,\qquad ||\eta_{ab}|-|\eta_{ac}||\leqslant|\eta_{bc}|.$$

如果 $|\eta_{ab}|>|\eta_{ac}|$, 则 $|\eta_{ab}|\leqslant|\eta_{bc}|+|\eta_{ac}|$. 如果 $|\eta_{ab}|<|\eta_{ac}|$, 则 $|\eta_{ac}|\leqslant|\eta_{ab}|+|\eta_{bc}|$.

因此, 无论是在哪一种情况下, 不等式告诉我们一个角度小于另外两个角度之和, 这是正确的. 因为矢量 $\boldsymbol{a},\boldsymbol{b}$ 和 $\boldsymbol{c}$ 定义在单位球面上, 角度的大小正比于矢量的长度, 所以不等式实质上给出的是任意两个矢量和大于第三个矢量长度. 当三个矢量平行时, 等号成立.

习题 12.4

(a) 证明: 方程 (12.17)、(12.18)、(12.19) 和 (12.20) 的性质.

(b) 证明: 密度算符随时间演化由下面方程确定

$$\mathrm{i}\hbar\frac{\mathrm{d}\hat{\rho}}{\mathrm{d}t}=\left[\hat{H},\hat{\rho}\right].$$

(这是由 $\hat{\rho}$ 来表示的薛定谔方程.)

证明 (a) 方程 (12.17):

$$\hat{\rho}^2=|\Psi\rangle\langle\Psi|\Psi\rangle\langle\Psi|=|\Psi\rangle\langle\Psi|=\hat{\rho},\text{ 其中 }|\Psi\rangle\text{ 是归一化的.}$$

方程 (12.18): 设 $|\Psi\rangle=\begin{pmatrix}a_1\\ \vdots\\ a_n\end{pmatrix}$, 则 $\langle\Psi|=\begin{pmatrix}a_1^* & \cdots & a_n^*\end{pmatrix}$.

$$|\Psi\rangle\langle\Psi|=\begin{pmatrix}a_1\\ \vdots\\ a_n\end{pmatrix}\begin{pmatrix}a_1^* & \cdots & a_n^*\end{pmatrix}=\begin{pmatrix}a_1a_1^* & \cdots & a_1a_n^*\\ \vdots & & \vdots\\ a_na_1^* & \cdots & a_na_n^*\end{pmatrix}.$$

因此,

$$(|\Psi\rangle\langle\Psi|)^{\dagger}=\left[\left(\begin{array}{ccc}a_1a_1^* & \cdots & a_1a_n^*\\ \vdots & & \vdots\\ a_na_1^* & \cdots & a_na_n^*\end{array}\right)^{\mathrm{T}}\right]^*=\left(\begin{array}{ccc}a_1a_1^* & \cdots & a_na_1^*\\ \vdots & & \vdots\\ a_1a_n^* & \cdots & a_na_n^*\end{array}\right)^*$$
$$=\left(\begin{array}{ccc}a_1^*a_1 & \cdots & a_n^*a_1\\ \vdots & & \vdots\\ a_1^*a_n & \cdots & a_n^*a_n\end{array}\right)=\left(\begin{array}{c}a_1\\ \vdots\\ a_n\end{array}\right)\left(\begin{array}{ccc}a_1^* & \cdots & a_n^*\end{array}\right)$$
$$=|\Psi\rangle\langle\Psi|.$$

即 $\rho^{\dagger}=\rho$, 方程 (12.18) 得证.

方程 (12.19):

$$\operatorname{Tr}(\rho)=\sum_i\rho_{ii}=\sum_i\langle e_i|\Psi\rangle\langle\Psi|e_i\rangle=\langle\Psi|\left(\sum_i|e_i\rangle\langle e_i|\right)|\Psi\rangle=\langle\Psi|\Psi\rangle=1.$$

方程 (12.20):

$$\operatorname{Tr}\left(\rho\hat{A}\right)=\sum_i\left(\rho\hat{A}\right)_{ii}=\sum_i\sum_j\rho_{ij}A_{ji}=\sum_i\sum_j\langle e_i|\Psi\rangle\langle\Psi|\rho_j\rangle\langle e_j\left|\hat{A}\right|e_i\rangle$$
$$=\sum_i\sum_j\langle\Psi|e_j\rangle\langle e_j\left|\hat{A}\right|e_i\rangle\langle e_i|\Psi\rangle$$
$$=\langle\Psi|\left(\sum_j|e_j\rangle\langle e_j|\right)\hat{A}\left(\sum_i|e_i\rangle\langle e_i|\right)|\Psi\rangle$$
$$=\langle\Psi\left|\hat{A}\right|\Psi\rangle=\left\langle\hat{A}\right\rangle.$$

(b) 由 $\mathrm{i}\hbar\left|\dot{\Psi}\right\rangle=\hat{H}|\Psi\rangle$ 和 $-\mathrm{i}\hbar\left\langle\dot{\Psi}\right|=\langle\Psi|\hat{H}$, 得

$$\mathrm{i}\hbar\frac{\mathrm{d}\hat{\rho}}{\mathrm{d}t}=\hat{H}|\Psi\rangle\langle\Psi|-|\Psi\rangle\langle\Psi|\hat{H}=\hat{H}\hat{\rho}-\hat{\rho}\hat{H}=\left[\hat{H},\hat{\rho}\right].$$

习题 12.5　对自旋向下沿 y 方向的电子重复例题 12.1 的计算.

解答　自旋沿 y 方向的角动量为

$$\boldsymbol{\mathcal{S}}_y=\frac{\hbar}{2}\left(\begin{array}{cc}0 & -\mathrm{i}\\ \mathrm{i} & 0\end{array}\right),$$

则沿 y 方向自旋向下的波函数为

$$|\Psi\rangle=\frac{1}{\sqrt{2}}\left(\begin{array}{c}1\\ -\mathrm{i}\end{array}\right),\quad\langle\Psi|=\frac{1}{\sqrt{2}}\left(\begin{array}{cc}1 & \mathrm{i}\end{array}\right).$$

构造密度矩阵

$$\rho_{11}=\frac{1}{2}\left[\left(\begin{array}{cc}1 & 0\end{array}\right)\left(\begin{array}{c}1\\ -\mathrm{i}\end{array}\right)\right]\left[\left(\begin{array}{cc}1 & \mathrm{i}\end{array}\right)\left(\begin{array}{c}1\\ 0\end{array}\right)\right]=\frac{1}{2}(1)(1)=\frac{1}{2},$$

$$\rho_{12}=\frac{1}{2}\left[\begin{pmatrix}1 & 0\end{pmatrix}\begin{pmatrix}1\\ -\mathrm{i}\end{pmatrix}\right]\left[\begin{pmatrix}1 & \mathrm{i}\end{pmatrix}\begin{pmatrix}0\\ 1\end{pmatrix}\right]=\frac{1}{2}(1)(\mathrm{i})=\frac{\mathrm{i}}{2},$$

$$\rho_{21}=\frac{1}{2}\left[\begin{pmatrix}0 & 1\end{pmatrix}\begin{pmatrix}1\\ -\mathrm{i}\end{pmatrix}\right]\left[\begin{pmatrix}1 & \mathrm{i}\end{pmatrix}\begin{pmatrix}1\\ 0\end{pmatrix}\right]=\frac{1}{2}(-\mathrm{i})(1)=-\frac{\mathrm{i}}{2},$$

$$\rho_{22}=\frac{1}{2}\left[\begin{pmatrix}0 & 1\end{pmatrix}\begin{pmatrix}1\\ -\mathrm{i}\end{pmatrix}\right]\left[\begin{pmatrix}1 & \mathrm{i}\end{pmatrix}\begin{pmatrix}0\\ 1\end{pmatrix}\right]=\frac{1}{2}(-\mathrm{i})(\mathrm{i})=\frac{1}{2}.$$

因此, $\rho=\frac{1}{2}\begin{pmatrix}1 & \mathrm{i}\\ -\mathrm{i} & 1\end{pmatrix}$, 或者

$$\rho=|\Psi\rangle\langle\Psi|=\frac{1}{\sqrt{2}}\begin{pmatrix}1\\ -\mathrm{i}\end{pmatrix}\frac{1}{\sqrt{2}}\begin{pmatrix}1 & \mathrm{i}\end{pmatrix}=\frac{1}{2}\begin{pmatrix}1 & \mathrm{i}\\ -\mathrm{i} & 1\end{pmatrix}.$$

习题 12.6

(a) 证明: 方程 (12.31)、(12.32)、(12.33) 和 (12.34) 的性质.

(b) 证明: $\mathrm{Tr}\left(\rho^2\right)\leqslant 1$, 且仅当 ρ 表示纯态时才等于 1.

(c) 证明: 当且仅当 ρ 表示纯态时, $\rho^2=\rho$.

证明 (a) 方程 (12.31):

$$\rho^{\dagger}=\left(\sum_k p_k\left|\Psi_k\right\rangle\left\langle\Psi_k\right|\right)^{\dagger}=\sum_k\left|\Psi_k\right\rangle\left\langle\Psi_k\right|p_k^*=\sum_k p_k\left|\Psi_k\right\rangle\left\langle\Psi_k\right|=\rho.$$

方程 (12.32):

$$\begin{aligned}\mathrm{Tr}(\rho)&=\sum_i\rho_{ii}=\sum_i\sum_k p_k\left\langle e_i\left|\Psi_k\right\rangle\left\langle\Psi_k\right|e_i\right\rangle=\sum_k p_k\left\langle\Psi_k\right|\sum_i\left|e_i\right\rangle\left\langle e_i\left|\Psi_k\right\rangle\right.\\&=\sum_k p_k\left\langle\Psi_k\middle|\Psi_k\right\rangle=\sum_k p_k=1.\end{aligned}$$

方程 (12.33):

$$\begin{aligned}\mathrm{Tr}(\rho\boldsymbol{A})&=\sum_i(\rho A)_{ii}=\sum_i\sum_j\rho_{ij}A_{ji}=\sum_i\sum_j\sum_k p_k\left\langle e_i\left|\Psi_k\right\rangle\left\langle\Psi_k\right|e_j\right\rangle\left\langle e_j\left|A\right|e_i\right\rangle\\&=\sum_k p_k\left\langle\Psi_k\right|\left(\sum_j\left|e_j\right\rangle\left\langle e_j\right|\right)A\left(\sum_i\left|e_i\right\rangle\left\langle e_i\right|\right)\left|\Psi_k\right\rangle\\&=\sum_k p_k\left\langle\Psi_k\right|A\left|\Psi_k\right\rangle=\langle A\rangle.\end{aligned}$$

方程 (12.34):

$$\begin{aligned}\mathrm{i}\hbar\frac{\mathrm{d}\hat{\rho}}{\mathrm{d}t}&=\mathrm{i}\hbar\sum_k p_k\left(\left|\dot{\Psi}_k\right\rangle\left\langle\Psi_k\right|+\left|\Psi_k\right\rangle\left\langle\dot{\Psi}_k\right|\right)=\sum_k p_k\left(\hat{H}\left|\Psi_k\right\rangle\left\langle\Psi_k\right|-\left|\Psi_k\right\rangle\left\langle\Psi_k\right|\hat{H}\right)\\&=\hat{H}\hat{\rho}-\hat{\rho}\hat{H}=\left[\hat{H},\hat{\rho}\right].\end{aligned}$$

(b)

$$\begin{aligned}\mathrm{Tr}\left(\rho^2\right) &= \sum_i \left(\rho^2\right)_{ii} = \sum_i \sum_k \sum_j p_k p_j \left\langle e_i \left|\Psi_k\right\rangle \left\langle \Psi_k \right| \Psi_j \right\rangle \left\langle \Psi_j \left| e_i \right\rangle \\ &= \sum_k \sum_j p_k p_j \left\langle \Psi_j \right| \left(\sum_i \left| e_i \right\rangle \left\langle e_i \right| \right) \left| \Psi_k \right\rangle \left\langle \Psi_k \middle| \Psi_j \right\rangle \\ &= \sum_k \sum_j p_k p_j \left\langle \Psi_j \middle| \Psi_k \right\rangle \left\langle \Psi_k \middle| \Psi_j \right\rangle = \sum_k \sum_j p_k p_j \left|\left\langle \Psi_k \middle| \Psi_j \right\rangle\right|^2 .\end{aligned}$$

由于波函数是归一化的, 则 $|\langle \Psi_k | \Psi_j \rangle| \leqslant 1$, 只有在纯态的时候等号才成立, 即 $k = j$,

$$\mathrm{Tr}\left(\rho^2\right) = \sum_k \sum_j p_k p_j = \sum_k p_k \sum_j p_j = (1)(1) = 1.$$

(c) 对于一个纯态 $\rho^2 = \rho$, 在 (b) 中已经得证, 对于一个非纯态 $\mathrm{Tr}\left(\rho^2\right) < 1$. 然而由 (a) 知 $\mathrm{Tr}(\rho) = 1$. 因此, 对于非纯态 $\mathrm{Tr}\left(\rho^2\right) \neq \mathrm{Tr}(\rho)$, ρ^2 与 ρ 的迹不一样, 显然 $\rho^2 \neq \rho$.

习题 12.7

(a) 构造电子态处于沿 x 轴自旋向上 (几率为 1/3) 或沿 y 轴自旋向下 (几率为 2/3) 的密度矩阵.

(b) 对 (a) 中的电子, 计算 $\langle S_y \rangle$.

解答 (a) 沿 x 轴自旋向上的态为

$$|\uparrow\rangle_x = \frac{1}{\sqrt{2}} \begin{pmatrix} 1 \\ 1 \end{pmatrix},$$

沿 y 轴自旋向下的态为

$$|\downarrow\rangle_y = \frac{1}{\sqrt{2}} \begin{pmatrix} 1 \\ -\mathrm{i} \end{pmatrix}.$$

由 $\rho = \sum\limits_k p_k \left|\Psi_k\right\rangle \left\langle \Psi_k\right|$, 得

$$\begin{aligned}\rho &= \frac{1}{3}\rho_{x+} + \frac{2}{3}\rho_{y-} = \frac{1}{3}\frac{1}{\sqrt{2}} \begin{pmatrix} 1 \\ 1 \end{pmatrix} \frac{1}{\sqrt{2}} \begin{pmatrix} 1 & 1 \end{pmatrix} + \frac{2}{3}\frac{1}{\sqrt{2}} \begin{pmatrix} 1 \\ -\mathrm{i} \end{pmatrix} \frac{1}{\sqrt{2}} \begin{pmatrix} 1 & \mathrm{i} \end{pmatrix} \\ &= \frac{1}{6} \begin{pmatrix} 1 & 1 \\ 1 & 1 \end{pmatrix} + \frac{2}{6} \begin{pmatrix} 1 & \mathrm{i} \\ -\mathrm{i} & 1 \end{pmatrix} \\ &= \begin{pmatrix} \dfrac{1}{2} & \dfrac{1+2\mathrm{i}}{6} \\ \dfrac{1-2\mathrm{i}}{6} & \dfrac{1}{2} \end{pmatrix}.\end{aligned}$$

(b) 由 $\boldsymbol{S}_y = \dfrac{\hbar}{2} \begin{pmatrix} 0 & -\mathrm{i} \\ \mathrm{i} & 0 \end{pmatrix}$, 得

$$\langle S_y \rangle = \mathrm{Tr}(\rho S_y) = \frac{\hbar}{2} \mathrm{Tr} \left[\begin{pmatrix} \dfrac{1}{2} & \dfrac{1+2\mathrm{i}}{6} \\ \dfrac{1-2\mathrm{i}}{6} & \dfrac{1}{2} \end{pmatrix} \begin{pmatrix} 0 & -\mathrm{i} \\ \mathrm{i} & 0 \end{pmatrix} \right]$$

$$= \frac{\hbar}{2}\mathrm{Tr}\begin{pmatrix} \frac{\mathrm{i}}{6} - \frac{1}{3} & -\frac{\mathrm{i}}{2} \\ \frac{\mathrm{i}}{2} & -\frac{\mathrm{i}}{6} - \frac{1}{3} \end{pmatrix}$$
$$= \frac{\hbar}{2}\left(\frac{\mathrm{i}}{6} - \frac{1}{3} - \frac{\mathrm{i}}{6} - \frac{1}{3}\right)$$
$$= -\frac{\hbar}{3}.$$

习题 12.8

(a) 证明: 最常见自旋为 1/2 的粒子的密度矩阵可以用 3 个实数 (a_1, a_2, a_3) 来表示

$$\rho = \frac{1}{2}\begin{pmatrix} 1 + a_3 & a_1 - \mathrm{i}a_2 \\ a_1 + \mathrm{i}a_2 & 1 - a_3 \end{pmatrix} = \frac{1}{2}(1 + \boldsymbol{a}\cdot\sigma), \tag{12.38}$$

其中 $\sigma_1, \sigma_2, \sigma_3$ 是 3 个泡利矩阵. **提示** 它必须是厄米的, 且它的迹必须是 1.

(b) 在文献中, $\boldsymbol{a}$ 称为**布洛赫矢量.** 证明: 当且仅当 $|\boldsymbol{a}| = 1$ 时, ρ 表示纯态; 对于 $|\boldsymbol{a}| < 1$, 则表示混合态. **提示** 使用习题 12.6(c) 结果. 因此, 自旋为 1/2 的粒子的密度矩阵对应于半径为 1 的**布洛赫球**中的一点. 表面上的点是纯态, 内部的点是混合态.

(c) 如果布洛赫矢量的尖端位于如下情况: (i) 北极($\boldsymbol{a}=(0, 0, 1)$), (ii) 球体的中心 ($\boldsymbol{a}=(0, 0, 0)$), (iii) 南极 ($\boldsymbol{a} = (0, 0, -1)$), 对 S_z 测量得到 $+\hbar/2$ 的几率是多少?

(d) 如果布洛赫矢量位于赤道上, 且方位角为 ϕ, 求系统纯态的旋量 χ.

解答 (a) 对于自旋为 1/2 的粒子的密度矩阵可以写成一个 2×2 的矩阵形式:

$$\rho = \begin{pmatrix} c_1 & c_2 \\ c_3 & c_4 \end{pmatrix},$$

其中 c_1, c_2, c_3 和 c_4 为复数. 由于 ρ 必须是厄米的, 则 c_1 和 c_4 必须为实数, c_2 和 c_3 互为复共轭. 因此,

$$\rho = \begin{pmatrix} b_1 & b_2 - \mathrm{i}b_3 \\ b_2 + \mathrm{i}b_3 & b_4 \end{pmatrix},$$

其中 b_1, b_2, b_3 和 b_4 都为实数.

又由密度矩阵的迹为 1, 即

$$b_1 + b_4 = 1.$$

定义 $a_1 = 2b_2$, $a_2 = 2b_3$, $a_3 = 2b_1 - 1$, 所以上式 ρ 又可化为

$$\rho = \frac{1}{2}\begin{pmatrix} 1 + a_3 & a_1 - \mathrm{i}a_2 \\ a_1 + \mathrm{i}a_2 & 1 - a_3 \end{pmatrix}$$
$$= \frac{1}{2}\left[\begin{pmatrix} 1 & 0 \\ 0 & 1 \end{pmatrix} + a_1\begin{pmatrix} 0 & 1 \\ 1 & 0 \end{pmatrix} + a_2\begin{pmatrix} 0 & -\mathrm{i} \\ \mathrm{i} & 0 \end{pmatrix} + a_3\begin{pmatrix} 1 & 0 \\ 0 & -1 \end{pmatrix}\right]$$
$$= \frac{1}{2}(1 + a_1\sigma_x + a_2\sigma_y + a_3\sigma_z)$$

$$= \frac{1}{2}(1 + \boldsymbol{a} \cdot \sigma).$$

(b) 密度矩阵平方的迹

$$\begin{aligned}
\operatorname{Tr}(\rho^2) &= \operatorname{Tr}\left[\frac{1}{2}\begin{pmatrix} 1+a_3 & a_1 - \mathrm{i}a_2 \\ a_1 + \mathrm{i}a_2 & 1 - a_3 \end{pmatrix} \frac{1}{2}\begin{pmatrix} 1+a_3 & a_1 - \mathrm{i}a_2 \\ a_1 + \mathrm{i}a_2 & 1 - a_3 \end{pmatrix}\right] \\
&= \frac{1}{4}\operatorname{Tr}\begin{bmatrix} a_1^2 + a_2^2 + (1+a_3)^2 & 2(a_1 - \mathrm{i}a_2) \\ 2(a_1 + \mathrm{i}a_2) & a_1^2 + a_2^2 + (1-a_3)^2 \end{bmatrix} \\
&= \frac{1}{2}\left(1 + |\boldsymbol{a}|^2\right).
\end{aligned}$$

因此, 当且仅当 $|\boldsymbol{a}| = 1$ 时, $\operatorname{Tr}(\rho^2) = 1, \rho$ 表示纯态.

(c) 测量 S_z 的期望值可以写成

$$\langle S_z \rangle = P_+\left(\frac{\hbar}{2}\right) + P_-\left(-\frac{\hbar}{2}\right) = P_+\left(\frac{\hbar}{2}\right) + (1 - P_+)\left(-\frac{\hbar}{2}\right) = \hbar\left(P_+ - \frac{1}{2}\right).$$

另一种方案, 用密度矩阵与 S_z 乘积的迹来求, 得

$$\begin{aligned}
\langle S_z \rangle &= \operatorname{Tr}\left(\frac{\hbar}{2}\sigma_z \rho\right) = \frac{\hbar}{2}\operatorname{Tr}\left[\begin{pmatrix} 1 & 0 \\ 0 & -1 \end{pmatrix} \frac{1}{2}\begin{pmatrix} 1+a_3 & a_1 - \mathrm{i}a_2 \\ a_1 + \mathrm{i}a_2 & 1 - a_3 \end{pmatrix}\right] \\
&= \frac{\hbar}{4}\operatorname{Tr}\begin{pmatrix} 1+a_3 & a_1 - \mathrm{i}a_2 \\ -a_1 - \mathrm{i}a_2 & -1 + a_3 \end{pmatrix} = \frac{\hbar}{2}a_3.
\end{aligned}$$

两种方法结合, 可得

$$\hbar\left(P_+ - \frac{1}{2}\right) = \frac{\hbar}{2}a_3, \quad P_+ = \frac{1+a_3}{2}.$$

因此, (i) $P_+ = 1$, (ii) $P_+ = \frac{1}{2}$, (iii) $P_+ = 0$.

(d) 如果布洛赫矢量位于赤道, 方位角为 ϕ, 则 $a_1 = \cos\phi, a_2 = \sin\phi, a_3 = 0$.

所以密度矩阵为

$$\begin{aligned}
\rho &= \frac{1}{2}\left[\begin{pmatrix} 1 & 0 \\ 0 & 1 \end{pmatrix} + \cos\phi\begin{pmatrix} 0 & 1 \\ 1 & 0 \end{pmatrix} + \sin\phi\begin{pmatrix} 0 & -\mathrm{i} \\ \mathrm{i} & 0 \end{pmatrix} + 0\begin{pmatrix} 1 & 0 \\ 0 & -1 \end{pmatrix}\right] \\
&= \frac{1}{2}\begin{pmatrix} 1 & \cos\phi - \mathrm{i}\sin\phi \\ \cos\phi + \mathrm{i}\sin\phi & 1 \end{pmatrix} \\
&= \frac{1}{2}\begin{pmatrix} 1 & \mathrm{e}^{-\mathrm{i}\phi} \\ \mathrm{e}^{\mathrm{i}\phi} & 1 \end{pmatrix}.
\end{aligned}$$

对于一个自旋态 $\chi = \begin{pmatrix} a \\ b \end{pmatrix}$, 其密度矩阵为

$$\rho = \chi\chi^\dagger = \begin{pmatrix} a \\ b \end{pmatrix}\begin{pmatrix} a^* & b^* \end{pmatrix} = \begin{pmatrix} |a|^2 & ab^* \\ ba^* & |b|^2 \end{pmatrix}.$$

类比 $\rho = \frac{1}{2}\begin{pmatrix} 1 & \mathrm{e}^{-\mathrm{i}\phi} \\ \mathrm{e}^{\mathrm{i}\phi} & 1 \end{pmatrix}$ 和 $\rho = \begin{pmatrix} |a|^2 & ab^* \\ ba^* & |b|^2 \end{pmatrix}$, 得 $\chi = \frac{1}{\sqrt{2}}\begin{pmatrix} 1 \\ \mathrm{e}^{\mathrm{i}\phi} \end{pmatrix}$, 其中 ϕ 是任意方位角.

附录　线性代数

如同在一年级物理所遇到的那些一般矢量, 线性代数概括和推广矢量运算. 这里推广到两个方面: ① 允许标量是复数, ② 不再局限于三维情况.

习题 A.1　考虑具有复数分量的三维矢量 $\left(a_x\hat{i}+a_y\hat{j}+a_z\hat{k}\right)$.

(a) $a_z=0$ 的所有矢量的子集是否构成一个矢量空间? 如果是, 其维数是多少? 若否, 原因为何?

(b) 那么 z 分量为 1 的所有矢量的子集呢? **提示**　两个这样的矢量之和会在子集中吗? 零矢量呢?

(c) 分量都相等的矢量子集呢?

解答　(a) 是, 构成一个二维的矢量空间.

(b) 否, 任意两个矢量分量 $a_z=1$ 之和得到新的矢量分量 $a_z=2$, 所以不构成子空间. 同样零矢量 $(0,0,0)$ 也不在子集中.

(c) 对于一维情况, 是.

***习题 A.2**　考虑 x 中所有小于 N 阶 (复系数) 多项式的集合.

(a)(多项式作为"矢量") 该集合是否构成矢量空间? 如果是, 给出一组合适的基矢, 并给出空间的维数. 如果不是, 它缺少哪些定义属性?

(b) 如果要求多项式是偶函数呢?

(c) 如果要求首项系数 (例如, 乘以 x^{N-1} 的数) 为 1 呢?

(d) 如果要求多项式在 $x=1$ 时的值为 0 呢?

(e) 如果要求多项式在 $x=0$ 时的值为 1 呢?

解答　(a) 是. 基矢可以是 $1,x,x^2,\cdots,x^{N-1}$, 维数为 N.

(b) 是. 对于 N 是偶数的情况, 基矢可以是 $1,x^2,x^4,\cdots$, 维数为 $N/2$. 对于 N 是奇数的情况, 维数为 $(N+1)/2$.

(c) 否. 首项系数为 1 的两个矢量之和, 其首项系数不一定为 1, 因此不在这个空间中.

(d) 是. 基矢可以写为 $(x-1),(x-1)^2,(x-1)^3,\cdots,(x-1)^{N-1}$, 维数为 $N-1$.

(e) 否. 这样的两个矢量和可能在 $x=0$ 时的值为 2.

习题 A.3　证明: 相对于给定基矢来说, 矢量的分量是唯一的.

证明　用反证法, 假定任意一个矢量 $|\alpha\rangle$ 可以在给定的基矢空间 $|e_j\rangle$ 中分解为两种情况, 即 $|\alpha\rangle=a_1|e_1\rangle+a_2|e_2\rangle+\cdots+a_n|e_n\rangle$ 和 $|\alpha\rangle=b_1|e_1\rangle+b_2|e_2\rangle+\cdots+b_n|e_n\rangle$. 两式相减, 得 $0=(a_1-b_1)|e_1\rangle+$

$(a_2-b_2)|e_2\rangle+\cdots+(a_n-b_n)|e_n\rangle$. 如果 $a_j\neq b_j$, 可以针对某一个 j, 两边同时除以 (a_j-b_j), 得

$$|e_j\rangle=-\frac{a_1-b_1}{a_j-b_j}|e_1\rangle-\frac{a_2-b_2}{a_j-b_j}|e_2\rangle-\cdots 0|e_j\rangle-\cdots-\frac{a_n-b_n}{a_j-b_j}|e_n\rangle.$$

因此, $|e_j\rangle$ 可以用其他基矢进行线性表示, $|e_j\rangle$ 就不是独立的. 若 $|e_j\rangle$ 必须是基矢, 那么必然有 $a_j=b_j$.

***习题 A.4** 假设你从一组非正交的基矢 $(|e_1\rangle,|e_2\rangle,\cdots,|e_n\rangle)$ 开始. **格拉姆–施密特过程**是一个产生标准正交基 $(|e_1'\rangle,|e_2'\rangle,\cdots,|e_n'\rangle)$ 的系统方法. 具体如下.

(i) 先把第 1 个基矢归一化 (除以它的模):

$$|e_1'\rangle=\frac{|e_1\rangle}{\|e_1\|}.$$

(ii) 求出第 2 个矢量在第 1 个矢量上的投影, 并减去它:

$$|e_2\rangle-\langle e_1'|\,e_2\rangle|\,e_1'\rangle.$$

该矢量和 $|e_1'\rangle$ 正交, 归一化后可得 $|e_2'\rangle$.

(iii) $|e_3\rangle$ 减去其在 $|e_1'\rangle$ 和 $|e_2'\rangle$ 上的投影:

$$|e_3\rangle-\langle e_1'|\,e_3\rangle|\,e_1'\rangle-\langle e_2'|\,e_3\rangle|\,e_2'\rangle.$$

该矢量和 $|e_1'\rangle,|e_2'\rangle$ 正交, 归一化可得 $|e_3'\rangle$, 如此下去.

利用格拉姆–施密特过程对下面三维空间基矢正交归一化:

$$|e_1\rangle=(1+\mathrm{i})\,\hat{i}+(1)\,\hat{j}+(\mathrm{i})\,\hat{k},|e_2\rangle=(\mathrm{i})\,\hat{i}+(3)\,\hat{j}+(1)\,\hat{k},|e_3\rangle=(0)\,\hat{i}+(28)\,\hat{j}+(0)\,\hat{k}.$$

解答 (i)

$$\begin{aligned}|e_1'\rangle=\frac{|e_1\rangle}{\|e_1\|}&=\frac{(1+\mathrm{i})\,\hat{i}+(1)\,\hat{j}+(\mathrm{i})\,\hat{k}}{\sqrt{|1+\mathrm{i}|^2+1^2+|i|^2}}\\&=\frac{(1+\mathrm{i})\,\hat{i}+\hat{j}+(\mathrm{i})\,\hat{k}}{\sqrt{(1+\mathrm{i})\,(1-\mathrm{i})+1+(\mathrm{i})\,(-\mathrm{i})}}\\&=\frac{(1+\mathrm{i})\,\hat{i}+\hat{j}+\mathrm{i}\hat{k}}{2}\\&=\frac{1+\mathrm{i}}{2}\hat{i}+\frac{1}{2}\hat{j}+\frac{\mathrm{i}}{2}\hat{k}.\end{aligned}$$

(ii)

$$\begin{aligned}|e_2''\rangle=|e_2\rangle-\langle e_1'|\,e_2\rangle|e_1'\rangle&=\left[(\mathrm{i})\,\hat{i}+3\hat{j}+\hat{k}\right]-\left(\frac{1+\mathrm{i}}{2}\hat{i}+\frac{1}{2}\hat{j}+\frac{\mathrm{i}}{2}\hat{k}\right)\\&=\left[(\mathrm{i})\,\hat{i}+3\hat{j}+\hat{k}\right]-\left(\frac{1-\mathrm{i}}{2}\hat{i}+\frac{1}{2}\hat{j}-\frac{\mathrm{i}}{2}\hat{k}\right)\left[(\mathrm{i})\,\hat{i}+3\hat{j}+\hat{k}\right]\left(\frac{1+\mathrm{i}}{2}\hat{i}+\frac{1}{2}\hat{j}+\frac{\mathrm{i}}{2}\hat{k}\right)\\&=\left[(\mathrm{i})\,\hat{i}+3\hat{j}+\hat{k}\right]-2\left(\frac{1+\mathrm{i}}{2}\hat{i}+\frac{1}{2}\hat{j}+\frac{\mathrm{i}}{2}\hat{k}\right)\end{aligned}$$

$$= (-1)\,\hat{\imath} + (2)\,\hat{\jmath} + (1-\mathrm{i})\,\hat{k}.$$

对上式归一化, 得

$$|e_2'\rangle = \frac{|e_2''\rangle}{\|e_2''\|} = \frac{(-1)\,\hat{\imath} + 2\hat{\jmath} + (1-\mathrm{i})\,\hat{k}}{\sqrt{(-1)^2 + 2^2 + (1+\mathrm{i})\,(1-\mathrm{i})}} = \frac{1}{\sqrt{7}}\left[-\hat{\imath} + 2\hat{\jmath} + (1-\mathrm{i})\,\hat{k}\right].$$

(iii)

$$\langle e_1' |\, e_3\rangle = \frac{1}{2} \times 28 = 14;\ \ \langle e_2' |\, e_3\rangle = \frac{2}{\sqrt{7}} \times 28 = 8\sqrt{7}.$$

$$\begin{aligned}|e_3''\rangle &= |e_3\rangle - \langle e_1' |\, e_3\rangle\,|e_1'\rangle - \langle e_2' |\, e_3\rangle\,|e_2'\rangle = |e_3\rangle - 7\,|e_1\rangle - 8\,|e_2''\rangle \\ &= (0 - 7 - 7\mathrm{i} + 8)\,\hat{\imath} + (28 - 7 - 16)\,\hat{\jmath} + (0 - 7\mathrm{i} - 8 + 8\mathrm{i})\,\hat{k} \\ &= (1 - 7\mathrm{i})\,\hat{\imath} + 5\hat{\jmath} + (-8 + \mathrm{i})\,\hat{k}.\end{aligned}$$

对上式归一化, 得

$$|e_3'\rangle = \frac{|e_3''\rangle}{\|e_3''\|} = \frac{(1-7\mathrm{i})\,\hat{\imath} + 5\hat{\jmath} + (-8+\mathrm{i})\,\hat{k}}{\sqrt{1+49+25+64+1}} = \frac{1}{2\sqrt{35}}\left[(1-7\mathrm{i})\,\hat{\imath} + 5\hat{\jmath} + (-8+\mathrm{i})\,\hat{k}\right].$$

习题 A.5 证明施瓦茨不等式 (方程 (A.27)). **提示** 令 $|\gamma\rangle = |\beta\rangle - (\langle\alpha/\beta\rangle / \langle\alpha/\alpha\rangle)\,|\alpha\rangle$, 并且利用 $\langle\gamma/\gamma\rangle \geqslant 0$.

证明 令 $|\gamma\rangle = |\beta\rangle - (\langle\alpha \mid \beta\rangle / \langle\alpha/\alpha\rangle)\,|\alpha\rangle$, 则

$$\langle\gamma \mid \gamma\rangle = \langle\gamma|\left(|\beta\rangle - \frac{\langle\alpha \mid \beta\rangle}{\langle\alpha \mid \alpha\rangle}\,|\alpha\rangle\right) = \langle\gamma \mid \beta\rangle - \frac{\langle\alpha \mid \beta\rangle}{\langle\alpha \mid \alpha\rangle}\,\langle\gamma \mid \alpha\rangle \geqslant 0.$$

$\langle\gamma \mid \beta\rangle^* = \langle\beta \mid \gamma\rangle = \langle\beta|\left(|\beta\rangle - \frac{\langle\alpha \mid \beta\rangle}{\langle\alpha \mid \alpha\rangle}\,|\alpha\rangle\right) = \langle\beta \mid \beta\rangle - \frac{\langle\alpha \mid \beta\rangle}{\langle\alpha \mid \alpha\rangle}\,\langle\beta \mid \alpha\rangle = \langle\beta \mid \beta\rangle - \frac{|\langle\alpha \mid \beta\rangle|^2}{\langle\alpha \mid \alpha\rangle}$, 这是实数.

$\langle\gamma \mid \alpha\rangle^* = \langle\alpha \mid \gamma\rangle = \langle\alpha|\left(|\beta\rangle - \frac{\langle\alpha \mid \beta\rangle}{\langle\alpha \mid \alpha\rangle}\,|\alpha\rangle\right) = \langle\alpha \mid \beta\rangle - \frac{\langle\alpha \mid \beta\rangle}{\langle\alpha \mid \alpha\rangle}\,\langle\alpha \mid \alpha\rangle = 0$. 因此, $\langle\gamma \mid \alpha\rangle = 0$.

所以,

$$\begin{aligned}\langle\gamma \mid \gamma\rangle &= \langle\gamma \mid \beta\rangle - \frac{\langle\alpha \mid \beta\rangle}{\langle\alpha \mid \alpha\rangle}\,\langle\gamma \mid \alpha\rangle \\ &= \langle\beta \mid \beta\rangle - \frac{|\langle\alpha \mid \beta\rangle|^2}{\langle\alpha \mid \alpha\rangle} \geqslant 0 \Rightarrow |\langle\alpha \mid \beta\rangle|^2 \leqslant \langle\alpha \mid \alpha\rangle\,\langle\beta \mid \beta\rangle.\end{aligned}$$

习题 A.6 求矢量 $|\alpha\rangle = (1+\mathrm{i})\,\hat{\imath} + (1)\,\hat{\jmath} + (\mathrm{i})\,\hat{k}, |\beta\rangle = (4-\mathrm{i})\,\hat{\imath} + (0)\,\hat{\jmath} + (2-2\mathrm{i})\,\hat{k}$ 之间的夹角 (基于方程 (A.28) 的定义).

解答

$$\langle\alpha \mid \beta\rangle = (1-\mathrm{i})\,(4-\mathrm{i}) + (1)\,(0) + (-\mathrm{i})\,(2-2\mathrm{i}) = 1 - 7\mathrm{i} \Rightarrow \langle\beta \mid \alpha\rangle = 1 + 7\mathrm{i},$$

$$\langle\alpha \mid \alpha\rangle = 1+1+1+1 = 4,\ \ \langle\beta \mid \beta\rangle = 16+1+4+4 = 25;$$

由方程 (A.28), 得

$$\cos\theta = \sqrt{\frac{\langle\alpha \mid \beta\rangle\,\langle\beta \mid \alpha\rangle}{\langle\alpha \mid \alpha\rangle\,\langle\beta \mid \beta\rangle}} = \sqrt{\frac{1+49}{4\cdot 25}} = \frac{1}{\sqrt{2}} \Rightarrow \theta = 45^\circ.$$

习题 A.7 证明: 三角不等式 $\|(|\alpha\rangle+|\beta\rangle)\| \leqslant \|\alpha\|+\|\beta\|$.

证明 令

$$
\begin{aligned}
&|\gamma\rangle=|\alpha\rangle+|\beta\rangle \Rightarrow \langle\gamma \mid \gamma\rangle=\langle\gamma| \alpha+\beta\rangle=\langle\gamma| \alpha\rangle+\langle\gamma| \beta\rangle . \\
&\langle\gamma \mid \alpha\rangle^* = \langle\alpha \mid \gamma\rangle=\langle\alpha \mid \alpha\rangle + \langle\alpha \mid \beta\rangle \Rightarrow\langle\gamma \mid \alpha\rangle=\langle\alpha \mid \alpha\rangle + \langle\beta \mid \alpha\rangle, \\
&\langle\gamma \mid \beta\rangle^*=\langle\beta \mid \gamma\rangle=\langle\beta \mid \alpha\rangle + \langle\beta \mid \beta\rangle \Rightarrow\langle\gamma \mid \beta\rangle=\langle\alpha \mid \beta\rangle + \langle\beta \mid \beta\rangle .
\end{aligned}
$$

所以, $\|(|\alpha\rangle+|\beta\rangle)\|^2=\langle\gamma \mid \gamma\rangle=\langle\alpha \mid \alpha\rangle+\langle\beta \mid \beta\rangle+\langle\alpha \mid \beta\rangle+\langle\beta \mid \alpha\rangle$.

由施瓦茨不等式, 知

$$
\langle\alpha \mid \beta\rangle + \langle\beta \mid \alpha\rangle=2 \operatorname{Re}(\langle\alpha \mid \beta\rangle) \leqslant 2\langle\alpha \mid \beta\rangle \leqslant 2 \sqrt{\langle\alpha \mid \alpha\rangle\langle\beta \mid \beta\rangle}=2\|\alpha\|\|\beta\|,
$$

因此

$$
\begin{aligned}
\|(|\alpha\rangle+|\beta\rangle)\|^2 &\leqslant \|\alpha\|^2+\|\beta\|^2+2\|\alpha\|\|\beta\|=(\|\alpha\|+\|\beta\|)^2 \\
&\Rightarrow \|(|\alpha\rangle+|\beta\rangle)\| \leqslant\|\alpha\|+\|\beta\| .
\end{aligned}
$$

***习题 A.8** 给定以下两个矩阵

$$
\mathcal{A}=\begin{pmatrix}
-1 & 1 & \mathrm{i} \\
2 & 0 & 3 \\
2\mathrm{i} & -2\mathrm{i} & 2
\end{pmatrix}, \quad \mathcal{B}=\begin{pmatrix}
2 & 0 & -\mathrm{i} \\
0 & 1 & 0 \\
\mathrm{i} & 3 & 2
\end{pmatrix},
$$

计算: (a) $\mathcal{A}+\mathcal{B}$, (b) $\mathcal{A}\mathcal{B}$, (c) $[\mathcal{A}, \mathcal{B}]$, (d) $\widetilde{\mathcal{A}}$, (e) $\mathcal{A}^*$, (f) $\mathcal{A}^{\dagger}$, (g) $\det(\mathcal{B})$,(h) $\mathcal{B}^{-1}$. 验证 $\mathcal{B}\mathcal{B}^{-1}=1, \mathcal{A}$ 存在逆矩阵吗?

解答 (a)

$$
\mathcal{A}+\mathcal{B}=\begin{bmatrix}
1 & 1 & 0 \\
2 & 1 & 3 \\
3\mathrm{i} & 3-2\mathrm{i} & 4
\end{bmatrix}.
$$

(b)

$$
\mathcal{A}\mathcal{B}=\begin{bmatrix}
-2+0-1 & 0+1+3\mathrm{i} & \mathrm{i}+0+2\mathrm{i} \\
4+0+3\mathrm{i} & 0+0+9 & -2\mathrm{i}+0+6 \\
4\mathrm{i}+0+2\mathrm{i} & 0-2\mathrm{i}+6 & 2+0+4
\end{bmatrix}=\begin{bmatrix}
-3 & 1+3\mathrm{i} & 3\mathrm{i} \\
4+3\mathrm{i} & 9 & 6-2\mathrm{i} \\
6\mathrm{i} & 6-2\mathrm{i} & 6
\end{bmatrix}.
$$

(c)

$$
\mathcal{B}\mathcal{A}=\begin{bmatrix}
-2+0+2 & 2+0-2 & 2\mathrm{i}+0-2\mathrm{i} \\
0+2+0 & 0+0+0 & 0+3+0 \\
-\mathrm{i}+6+4\mathrm{i} & \mathrm{i}+0-4\mathrm{i} & -1+9+4
\end{bmatrix}=\begin{bmatrix}
0 & 0 & 0 \\
2 & 0 & 3 \\
6+3\mathrm{i} & -3\mathrm{i} & 12
\end{bmatrix}.
$$

$$
\begin{aligned}
[\mathcal{A}, \mathcal{B}]=\mathcal{A}\mathcal{B}-\mathcal{B}\mathcal{A} &= \begin{bmatrix}
-3 & 1+3\mathrm{i} & 3\mathrm{i} \\
4+3\mathrm{i} & 9 & 6-2\mathrm{i} \\
6\mathrm{i} & 6-2\mathrm{i} & 6
\end{bmatrix}-\begin{bmatrix}
0 & 0 & 0 \\
2 & 0 & 3 \\
6+3\mathrm{i} & -3\mathrm{i} & 12
\end{bmatrix} \\
&=\begin{bmatrix}
-3 & 1+3\mathrm{i} & 3\mathrm{i} \\
2+3\mathrm{i} & 9 & 3-2\mathrm{i} \\
-6+3\mathrm{i} & 6+\mathrm{i} & -6
\end{bmatrix}.
\end{aligned}
$$

(d)

$$\widetilde{\mathcal{A}}=\begin{pmatrix}-1 & 2 & 2\mathrm{i}\\ 1 & 0 & -2\mathrm{i}\\ \mathrm{i} & 3 & 2\end{pmatrix}.$$

(e)

$$\mathcal{A}^{*}=\begin{pmatrix}-1 & 1 & -\mathrm{i}\\ 2 & 0 & 3\\ -2\mathrm{i} & 2\mathrm{i} & 2\end{pmatrix}.$$

(f)

$$\mathcal{A}^{\dagger}=\widetilde{\mathcal{A}}^{*}=\begin{pmatrix}-1 & 2 & 2\mathrm{i}\\ 1 & 0 & -2\mathrm{i}\\ \mathrm{i} & 3 & 2\end{pmatrix}^{*}=\begin{pmatrix}-1 & 2 & -2\mathrm{i}\\ 1 & 0 & 2\mathrm{i}\\ -\mathrm{i} & 3 & 2\end{pmatrix}.$$

(g)

$$\det(\mathcal{B})=\begin{vmatrix}2 & 0 & -\mathrm{i}\\ 0 & 1 & 0\\ \mathrm{i} & 3 & 2\end{vmatrix}=2\begin{vmatrix}1 & 0\\ 3 & 2\end{vmatrix}-0\begin{vmatrix}0 & 0\\ \mathrm{i} & 2\end{vmatrix}+(-\mathrm{i})\begin{vmatrix}0 & 1\\ \mathrm{i} & 3\end{vmatrix}$$

$$=2(2-0)-0-\mathrm{i}(0-\mathrm{i})=3.$$

(h)

$$[\mathcal{B}]\,[\mathcal{I}]=\begin{pmatrix}2 & 0 & -\mathrm{i} & 1 & 0 & 0\\ 0 & 1 & 0 & 0 & 1 & 0\\ \mathrm{i} & 3 & 2 & 0 & 0 & 1\end{pmatrix},$$

第一行和第三行分别乘以 $\frac{1}{2}$, 即 $(1)\times\frac{1}{2}$ 和 $(3)\times\frac{1}{2}$, 得

$$\begin{pmatrix}1 & 0 & -\frac{\mathrm{i}}{2} & \frac{1}{2} & 0 & 0\\ 0 & 1 & 0 & 0 & 1 & 0\\ \frac{\mathrm{i}}{2} & \frac{3}{2} & 1 & 0 & 0 & \frac{1}{2}\end{pmatrix}.$$

$(3)-(1)\times\frac{\mathrm{i}}{2}$, 得

$$\begin{pmatrix}1 & 0 & -\frac{\mathrm{i}}{2} & \frac{1}{2} & 0 & 0\\ 0 & 1 & 0 & 0 & 1 & 0\\ 0 & \frac{3}{2} & \frac{3}{4} & -\frac{\mathrm{i}}{4} & 0 & \frac{1}{2}\end{pmatrix}.$$

$(3)-(2)\times\frac{3}{2}$, 得

$$\begin{pmatrix}1 & 0 & -\frac{\mathrm{i}}{2} & \frac{1}{2} & 0 & 0\\ 0 & 1 & 0 & 0 & 1 & 0\\ 0 & 0 & \frac{3}{4} & -\frac{\mathrm{i}}{4} & -\frac{3}{2} & \frac{1}{2}\end{pmatrix}.$$

$(3)\times\frac{4}{3}$, 得

$$\begin{pmatrix} 1 & 0 & -\frac{\mathrm{i}}{2} & \frac{1}{2} & 0 & 0 \\ 0 & 1 & 0 & 0 & 1 & 0 \\ 0 & 0 & 1 & -\frac{\mathrm{i}}{3} & -2 & \frac{2}{3} \end{pmatrix}.$$

$(1)+(3)\times\frac{\mathrm{i}}{2}$, 得

$$\begin{pmatrix} 1 & 0 & 0 & \frac{2}{3} & -\mathrm{i} & \frac{\mathrm{i}}{3} \\ 0 & 1 & 0 & 0 & 1 & 0 \\ 0 & 0 & 1 & -\frac{\mathrm{i}}{3} & -2 & \frac{2}{3} \end{pmatrix},\ \text{即}\ \boldsymbol{\mathcal{B}}^{-1}=\frac{1}{3}\begin{pmatrix} 2 & -3\mathrm{i} & \mathrm{i} \\ 0 & 3 & 0 \\ -\mathrm{i} & -6 & 2 \end{pmatrix}.$$

$$\boldsymbol{\mathcal{B}}\boldsymbol{\mathcal{B}}^{-1}=\frac{1}{3}\begin{pmatrix} 4+0-1 & -6\mathrm{i}+0+6\mathrm{i} & 2\mathrm{i}+0-2\mathrm{i} \\ 0+0+0 & 0+3+0 & 0+0+0 \\ 2\mathrm{i}+0-2\mathrm{i} & 3+9-12 & -1+0+4 \end{pmatrix}=\begin{pmatrix} 1 & 0 & 0 \\ 0 & 1 & 0 \\ 0 & 0 & 1 \end{pmatrix}=1.$$

由 $\det(\boldsymbol{\mathcal{A}})=0+6\mathrm{i}+4-0-6\mathrm{i}-4=0$, 所以 $\boldsymbol{\mathcal{A}}$ 没有逆矩阵.

***习题 A.9** 利用习题 A.8 中的方矩阵和下面的列矩阵:

$$\boldsymbol{a}=\begin{pmatrix} \mathrm{i} \\ 2\mathrm{i} \\ 2 \end{pmatrix},\quad \boldsymbol{b}=\begin{pmatrix} 2 \\ 1-\mathrm{i} \\ 0 \end{pmatrix},$$

求: (a) $\boldsymbol{\mathcal{A}}\boldsymbol{a}$, (b) $\boldsymbol{a}^{\dagger}\boldsymbol{b}$, (c) $\tilde{\boldsymbol{a}}\boldsymbol{\mathcal{B}}\boldsymbol{b}$, (d) $\boldsymbol{a}\boldsymbol{b}^{\dagger}$.

解答 (a)

$$\boldsymbol{\mathcal{A}}\boldsymbol{a}=\begin{pmatrix} -1 & 1 & \mathrm{i} \\ 2 & 0 & 3 \\ 2\mathrm{i} & -2\mathrm{i} & 2 \end{pmatrix}\begin{pmatrix} \mathrm{i} \\ 2\mathrm{i} \\ 2 \end{pmatrix}=\begin{pmatrix} -\mathrm{i}+2\mathrm{i}+2\mathrm{i} \\ 2\mathrm{i}+0+6 \\ -2+4+4 \end{pmatrix}=\begin{pmatrix} 3\mathrm{i} \\ 6+2\mathrm{i} \\ 6 \end{pmatrix}.$$

(b)

$$\boldsymbol{a}^{\dagger}\boldsymbol{b}=\begin{pmatrix} -\mathrm{i} & -2\mathrm{i} & 2 \end{pmatrix}\begin{pmatrix} 2 \\ 1-\mathrm{i} \\ 0 \end{pmatrix}=[-2\mathrm{i}-2\mathrm{i}(1-\mathrm{i})+0]=-4\mathrm{i}-2.$$

(c)

$$\tilde{\boldsymbol{a}}\boldsymbol{\mathcal{B}}\boldsymbol{b}=\begin{pmatrix} \mathrm{i} & 2\mathrm{i} & 2 \end{pmatrix}\begin{pmatrix} 2 & 0 & -\mathrm{i} \\ 0 & 1 & 0 \\ \mathrm{i} & 3 & 2 \end{pmatrix}\begin{pmatrix} 2 \\ 1-\mathrm{i} \\ 0 \end{pmatrix}=\begin{pmatrix} \mathrm{i} & 2\mathrm{i} & 2 \end{pmatrix}\begin{pmatrix} 4 \\ 1-\mathrm{i} \\ 3-i \end{pmatrix}=8+4\mathrm{i}.$$

(d)

$$\boldsymbol{a}\boldsymbol{b}^{\dagger}=\begin{pmatrix} \mathrm{i} \\ 2\mathrm{i} \\ 2 \end{pmatrix}\begin{pmatrix} 2 & 1+\mathrm{i} & 0 \end{pmatrix}=\begin{bmatrix} 2\mathrm{i} & -1+\mathrm{i} & 0 \\ 4\mathrm{i} & -2+2\mathrm{i} & 0 \\ 4 & 2+2\mathrm{i} & 0 \end{bmatrix}.$$

习题 A.10　构造具体问题中的矩阵, 证明: 任意矩阵 $\mathcal{T}$ 可写成

(a) 对称矩阵 $\mathcal{S}$ 和反对称矩阵 $\mathcal{A}$ 的和;

(b) 实矩阵 $\mathcal{R}$ 和虚矩阵 $\mathcal{M}$ 的和;

(c) 厄米矩阵 $\mathcal{H}$ 和反厄米矩阵 $\mathcal{K}$ 的和.

证明

(a) $\mathcal{S}=\frac{1}{2}\left(\mathcal{T}+\tilde{\mathcal{T}}\right)$;　$\mathcal{A}=\frac{1}{2}\left(\mathcal{T}-\tilde{\mathcal{T}}\right)$.

(b) $\mathcal{R}=\frac{1}{2}\left(\mathcal{T}+\mathcal{T}^*\right)$;　$\mathcal{M}=\frac{1}{2}\left(\mathcal{T}-\mathcal{T}^*\right)$.

(c) $\mathcal{H}=\frac{1}{2}\left(\mathcal{T}+\mathcal{T}^\dagger\right)$;　$\mathcal{K}=\frac{1}{2}\left(\mathcal{T}-\mathcal{T}^\dagger\right)$.

***习题 A.11**　证明: 方程 (A.52)、(A.53) 和 (A.58). 验证两个幺正矩阵的积仍是幺正矩阵. 在什么条件下两个厄米矩阵的积是厄米矩阵? 两个幺正矩阵的和一定是幺正矩阵吗? 两个厄米矩阵的和是厄米矩阵吗?

解答　方程 (A.52):

$$\left(\widetilde{\mathcal{S}\mathcal{T}}\right)_{ki}=(\mathcal{S}\mathcal{T})_{ik}=\sum_{j=1}^{n}\mathcal{S}_{ij}\mathcal{T}_{jk}=\sum_{j=1}^{n}\tilde{\mathcal{T}}_{kj}\tilde{\mathcal{S}}_{ji}=\left(\tilde{\mathcal{T}}\tilde{\mathcal{S}}\right)_{ki}\Rightarrow\widetilde{\mathcal{S}\mathcal{T}}=\tilde{\mathcal{T}}\tilde{\mathcal{S}}.$$

方程 (A.53):

$$(\mathcal{S}\mathcal{T})^\dagger=\left(\widetilde{\mathcal{S}\mathcal{T}}\right)^*=\left(\tilde{\mathcal{T}}\tilde{\mathcal{S}}\right)^*=\tilde{\mathcal{T}}^*\tilde{\mathcal{S}}^*=\mathcal{T}^\dagger\mathcal{S}^\dagger.$$

方程 (A.58):

$$\left(\mathcal{T}^{-1}\mathcal{S}^{-1}\right)(\mathcal{S}\mathcal{T})=\mathcal{T}^{-1}\left(\mathcal{S}^{-1}\mathcal{S}\right)\mathcal{T}=\mathcal{T}^{-1}\mathcal{T}=\mathcal{I}\Rightarrow(\mathcal{S}\mathcal{T})^{-1}=\mathcal{T}^{-1}\mathcal{S}^{-1}.$$

验证两个幺正矩阵的积仍是幺正矩阵:

$$\begin{aligned}&\mathcal{U}^\dagger=\mathcal{U}^{-1},\\&\mathcal{W}^\dagger=\mathcal{W}^{-1},\\&\Rightarrow(\mathcal{W}\mathcal{U})^\dagger=\mathcal{U}^\dagger\mathcal{W}^\dagger=\mathcal{U}^{-1}\mathcal{W}^{-1}=(\mathcal{W}\mathcal{U})^{-1}.\end{aligned}$$

所以 $\mathcal{W}\mathcal{U}$ 是幺正的.

求两个厄米矩阵的积是厄米矩阵需要满足的条件:

$$\mathcal{H}=\mathcal{H}^\dagger,\quad\mathcal{J}=\mathcal{J}^\dagger\Rightarrow(\mathcal{H}\mathcal{J})^\dagger=\mathcal{J}^\dagger\mathcal{H}^\dagger=\mathcal{J}\mathcal{H}=\mathcal{J}\mathcal{H}\Rightarrow[\mathcal{J},\mathcal{H}]=0,$$

所以条件是这两个厄米矩阵是对易的.

判断两个幺正矩阵的和是否是幺正矩阵:

$$(\mathcal{U}+\mathcal{W})^\dagger=\mathcal{U}^\dagger+\mathcal{W}^\dagger=\mathcal{U}^{-1}+\mathcal{W}^{-1}\neq(\mathcal{U}+\mathcal{W})^{-1},$$

所以两个幺正矩阵的和不是幺正矩阵.

判断两个厄米矩阵的和是否是厄米矩阵:

$$(\mathcal{H}+\mathcal{J})^\dagger=\mathcal{H}^\dagger+\mathcal{J}^\dagger=\mathcal{H}+\mathcal{J},$$

所以两个厄米矩阵的和是厄米矩阵.

习题 A.12 证明: 幺正矩阵的行和列都构成正交集.

证明 由定义知幺正矩阵 $\mathcal{U}$ 的性质,

$$\mathcal{U}^\dagger\mathcal{U}=\mathcal{I}\Rightarrow\left(\mathcal{U}^\dagger\mathcal{U}\right)_{ik}=\delta_{ik}\Rightarrow\sum_{j=1}^n\mathcal{U}_{ij}^\dagger\mathcal{U}_{jk}=\sum_{j=1}^n\mathcal{U}_{ji}^*\mathcal{U}_{jk}=\delta_{ik}.$$

构建列矢量 $a_i^{(j)}=\mathcal{U}_{ij}$, 其中 j 是 $\mathcal{U}$ 的第 j 列, i 是 $\mathcal{U}$ 的第 i 行.
因此,

$$a^{(\mathrm{i})\dagger}a^{(k)}=\sum_{j=1}^n a_j^{(\mathrm{i})*}a_j^{(k)}=\sum_{j=1}^n\mathcal{U}_{ji}^*\mathcal{U}_{jk}=\delta_{ik}.$$

所以, 幺正矩阵的列是正交的.

同样地, 对于幺正矩阵的行,

$$\mathcal{U}\mathcal{U}^\dagger=I\Rightarrow\left(\mathcal{U}\mathcal{U}^\dagger\right)_{ik}=\delta_{ik}\Rightarrow\sum_{j=1}^n\mathcal{U}_{ij}\mathcal{U}_{jk}^\dagger=\sum_{j=1}^n\mathcal{U}_{kj}^*\mathcal{U}_{ij}=\delta_{ki}.$$

构建行矢量 $b_i^{(j)}=\mathcal{U}_{ji}$, 因此,

$$b^{(k)\dagger}b^{(i)}=\sum_{j=1}^n b_j^{(k)*}b_j^{(i)}=\sum_{j=1}^n\mathcal{U}_{kj}^*\mathcal{U}_{ij}=\delta_{ki}.$$

所以, 幺正矩阵的行也是正交的.

习题 A.13 注意到 $\det\left(\tilde{\mathcal{T}}\right)=\det\left(\mathcal{T}\right)$, 证明: 厄米矩阵的行列式是实数, 幺正矩阵行列式的模为 1(由此得名), 正交矩阵 (教材脚注 13) 的行列式等于 $+1$ 或 -1.

证明 厄米矩阵的行列式是实数:

$$\mathcal{H}^\dagger=\mathcal{H}\Rightarrow\det\mathcal{H}=\det\left(\mathcal{H}\right)=\det\left(\mathcal{H}^\dagger\right)=\det\left(\tilde{\mathcal{H}}^*\right)=\det\left(\tilde{\mathcal{H}}\right)^*=\det\left(\mathcal{H}\right)^*.$$

幺正矩阵行列式的模为 1:

$$\begin{aligned}\mathcal{U}^\dagger=\mathcal{U}^{-1}\Rightarrow\det\left(\mathcal{U}\left(\mathcal{U}\right)^\dagger\right)&=\left(\det\mathcal{U}\right)\left(\det\mathcal{U}^\dagger\right)=\left(\det\mathcal{U}\right)\left(\det\tilde{\mathcal{U}}\right)^*\\&=\left|\det\mathcal{U}\right|^2=\det\left(I\right)=1.\end{aligned}$$

正交矩阵的行列式等于 $+1$ 或 -1:

$$\tilde{\mathcal{S}}=\mathcal{S}^{-1}\Rightarrow\det\left(\mathcal{S}\tilde{\mathcal{S}}\right)=\left(\det\mathcal{S}\right)\det\left(\tilde{\mathcal{S}}\right)=\left(\det\mathcal{S}\right)^2=1\Rightarrow\det\mathcal{S}=\pm1.$$

习题 A.14 用三维矢量空间中的标准基矢 $\left(\hat{i},\hat{j},\hat{k}\right)$.

(a) 构造表示绕 z 轴旋转角度 θ (逆时针, 向下看轴指向原点) 的矩阵.

(b) 构造表示绕穿过点 $(1,1,1)$ 的轴旋转 120° 的矩阵 (沿轴向下看, 逆时针方向).

(c) 构造代表通过 xy 平面反射的矩阵.

(d) 验证所有这些矩阵是否正交, 并计算它们的行列式的值.

解答　(a)

$$\hat{i}' = \cos\theta\hat{i} + \sin\theta\hat{j}; \quad \hat{j}' = -\sin\theta\hat{i} + \cos\theta\hat{j}; \quad \hat{k}' = \hat{k}.$$

$$\boldsymbol{\mathcal{T}}_a = \begin{pmatrix} \cos\theta & -\sin\theta & 0 \\ \sin\theta & \cos\theta & 0 \\ 0 & 0 & 1 \end{pmatrix}.$$

三维矢量空间绕 z 轴旋转角度 θ, 如图 A.1 所示.

(b)

$$\hat{i}' = \hat{j}; \quad \hat{j}' = \hat{k}; \quad \hat{k}' = \hat{i}.$$

$$\boldsymbol{\mathcal{T}}_b = \begin{pmatrix} 0 & 0 & 1 \\ 1 & 0 & 0 \\ 0 & 1 & 0 \end{pmatrix}.$$

绕穿过点 (1,1,1) 的轴旋转 120°, 沿轴向下看, 逆时针方向, 如图 A.2 所示.

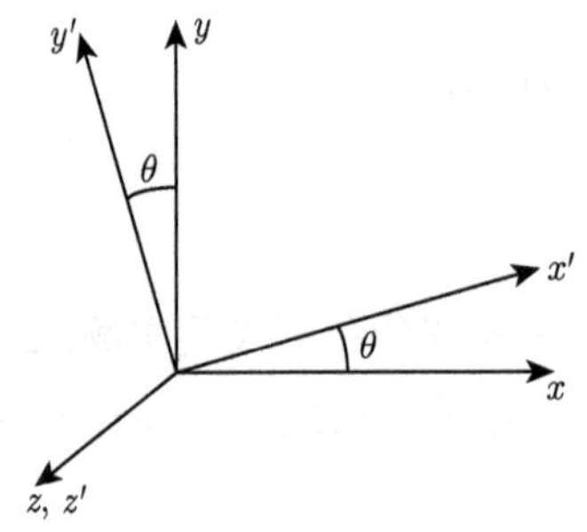

图 A.1

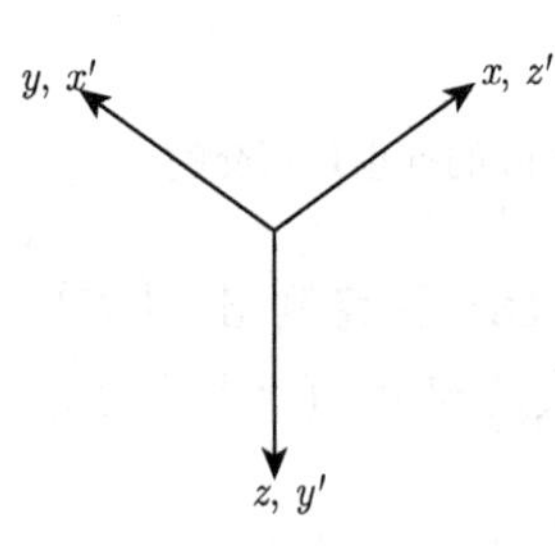

图 A.2

(c)

$$\hat{i}' = \hat{i}; \quad \hat{j}' = \hat{j}; \quad \hat{k}' = -\hat{k}.$$

$$\boldsymbol{\mathcal{T}}_c = \begin{pmatrix} 0 & 0 & 0 \\ 0 & 1 & 0 \\ 0 & 0 & -1 \end{pmatrix}.$$

(d)

$$\tilde{\boldsymbol{\mathcal{T}}}_a\boldsymbol{\mathcal{T}}_a = \begin{pmatrix} \cos\theta & \sin\theta & 0 \\ -\sin\theta & \cos\theta & 0 \\ 0 & 0 & 1 \end{pmatrix} \begin{pmatrix} \cos\theta & -\sin\theta & 0 \\ \sin\theta & \cos\theta & 0 \\ 0 & 0 & 1 \end{pmatrix} = \begin{pmatrix} 1 & 0 & 0 \\ 0 & 1 & 0 \\ 0 & 0 & 1 \end{pmatrix}.$$

$$\tilde{\boldsymbol{\mathcal{T}}}_b\boldsymbol{\mathcal{T}}_b = \begin{pmatrix} 0 & 1 & 0 \\ 0 & 0 & 1 \\ 1 & 0 & 0 \end{pmatrix} \begin{pmatrix} 0 & 0 & 1 \\ 1 & 0 & 0 \\ 0 & 1 & 0 \end{pmatrix} = \begin{pmatrix} 1 & 0 & 0 \\ 0 & 1 & 0 \\ 0 & 0 & 1 \end{pmatrix}.$$

$$\tilde{\boldsymbol{\mathcal{T}}}_c\boldsymbol{\mathcal{T}}_c = \begin{pmatrix} 1 & 0 & 0 \\ 0 & 1 & 0 \\ 0 & 0 & -1 \end{pmatrix} \begin{pmatrix} 1 & 0 & 0 \\ 0 & 1 & 0 \\ 0 & 0 & -1 \end{pmatrix} = \begin{pmatrix} 1 & 0 & 0 \\ 0 & 1 & 0 \\ 0 & 0 & 1 \end{pmatrix}.$$

$$\det(\mathcal{T}_a) = \cos^2\theta + \sin^2\theta = 1, \quad \det(\mathcal{T}_b) = 1, \quad \det(\mathcal{T}_c) = -1.$$

习题 A.15 利用基矢 $\left(\hat{i},\hat{j},\hat{k}\right)$, 构造绕 x 轴旋转 θ 的矩阵 $\mathcal{T}_x$, 绕 y 轴旋转 θ 的矩阵 $\mathcal{T}_y$. 假设我们把基矢变换成 $\hat{i}'=\hat{j}$, $\hat{j}'=-\hat{i}$, $\hat{k}'=\hat{k}$, 构造代表基矢的变换矩阵 $\mathcal{S}$, 并验证 $\mathcal{S}\mathcal{T}_x\mathcal{S}^{-1}$ 和 $\mathcal{S}\mathcal{T}_y\mathcal{S}^{-1}$ 是否是你所期望得到的.

解答 绕 x 轴旋转 θ 后的坐标如图 A.3 所示.

$$\hat{i}'=\hat{i};\quad \hat{j}'=\cos\theta\hat{j}+\sin\theta\hat{k};\quad \hat{k}'=\cos\theta\hat{k}-\sin\theta\hat{j}.$$

$$\mathcal{T}_x(\theta)=\begin{pmatrix}1&0&0\\0&\cos\theta&-\sin\theta\\0&\sin\theta&\cos\theta\end{pmatrix}.$$

绕 y 轴旋转 θ 后的坐标如图 A.4 所示.

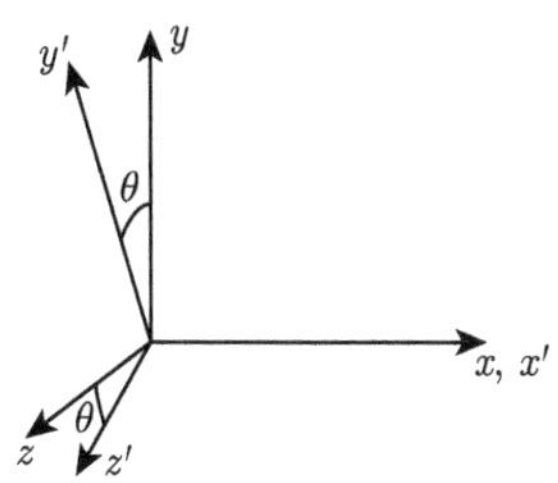

图 A.3

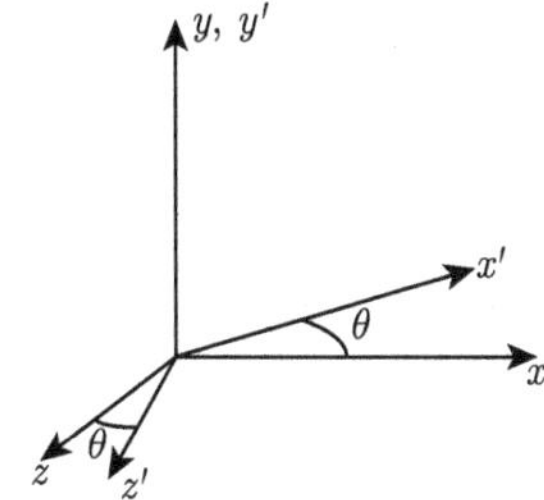

图 A.4

$$\hat{i}'=\cos\theta\hat{i}-\sin\theta\hat{k};\quad \hat{j}'=\hat{j};\quad \hat{k}'=\cos\theta\hat{k}+\sin\theta\hat{i}.$$

$$\mathcal{T}_y(\theta)=\begin{pmatrix}\cos\theta&0&\sin\theta\\0&1&0\\-\sin\theta&0&\cos\theta\end{pmatrix}.$$

假设基矢变为 $\hat{i}'=\hat{j}$, $\hat{j}'=-\hat{i}$, $\hat{k}'=\hat{k}$, 对应的变换矩阵为

$$\mathcal{S}=\begin{pmatrix}0&1&0\\-1&0&0\\0&0&1\end{pmatrix},\quad \mathcal{S}^{-1}=\begin{pmatrix}0&-1&0\\1&0&0\\0&0&1\end{pmatrix}.$$

$$\begin{aligned}\mathcal{S}\mathcal{T}_x\mathcal{S}^{-1}&=\begin{pmatrix}0&1&0\\-1&0&0\\0&0&1\end{pmatrix}\begin{pmatrix}1&0&0\\0&\cos\theta&-\sin\theta\\0&\sin\theta&\cos\theta\end{pmatrix}\begin{pmatrix}0&-1&0\\1&0&0\\0&0&1\end{pmatrix}\\&=\begin{pmatrix}0&\cos\theta&-\sin\theta\\-1&0&0\\0&\sin\theta&\cos\theta\end{pmatrix}\begin{pmatrix}0&-1&0\\1&0&0\\0&0&1\end{pmatrix}\end{aligned}$$

$$= \begin{pmatrix} \cos\theta & 0 & -\sin\theta \\ 0 & 1 & 0 \\ \sin\theta & 0 & \cos\theta \end{pmatrix} = \mathcal{T}_y(-\theta).$$

$$\mathcal{S}\mathcal{T}_y\mathcal{S}^{-1} = \begin{pmatrix} 0 & 1 & 0 \\ -1 & 0 & 0 \\ 0 & 0 & 1 \end{pmatrix} \begin{pmatrix} \cos\theta & 0 & \sin\theta \\ 0 & 1 & 0 \\ -\sin\theta & 0 & \cos\theta \end{pmatrix} \begin{pmatrix} 0 & -1 & 0 \\ 1 & 0 & 0 \\ 0 & 0 & 1 \end{pmatrix}$$

$$= \begin{pmatrix} 0 & 1 & 0 \\ -\cos\theta & 0 & -\sin\theta \\ -\sin\theta & 0 & \cos\theta \end{pmatrix} \begin{pmatrix} 0 & -1 & 0 \\ 1 & 0 & 0 \\ 0 & 0 & 1 \end{pmatrix}$$

$$= \begin{pmatrix} 1 & 0 & 0 \\ 0 & \cos\theta & -\sin\theta \\ 0 & \sin\theta & \cos\theta \end{pmatrix} = \mathcal{T}_x(\theta).$$

这正是我们所期望的那样, 对于原本关于 x 轴的旋转, 现在变为关于 $-y'$ 轴的旋转, 对于原本关于 y 轴的旋转, 现在变为关于 x' 轴的旋转.

习题 A.16 证明: 矩阵乘法相似性不变 (也就是说如果 $\mathcal{A}^e\mathcal{B}^e = \mathcal{C}^e$, 那么 $\mathcal{A}^f\mathcal{B}^f = \mathcal{C}^f$). 一般来讲, 对于对称性, 实数, 或厄米性, 其相似性并不保持; 然而, 如果 $\mathcal{S}$ 是幺正矩阵, 且 $\mathcal{H}^e$ 是厄米的, 则 $\mathcal{H}^f$ 也是厄米的. 证明: 当且仅当 $\mathcal{S}$ 是幺正时, $\mathcal{S}$ 将把一个正交基变换为另一个正交基.

证明 由方程 (A.64) $\mathcal{T}^f = \mathcal{S}\mathcal{T}^e\mathcal{S}^{-1}$, 可推导出

$$\mathcal{A}^f\mathcal{B}^f = \mathcal{S}\mathcal{A}^e\mathcal{S}^{-1}\mathcal{S}\mathcal{B}^e\mathcal{S}^{-1} = \mathcal{S}\left(\mathcal{A}^e\mathcal{B}^e\right)\mathcal{S}^{-1} = \mathcal{C}^f.$$

如果 $\mathcal{S}$ 是幺正矩阵, 且 $\mathcal{H}^e$ 是厄米的, 即 $\mathcal{S}^\dagger = \mathcal{S}^{-1}$ 和 $\mathcal{H}^e = \mathcal{H}^{e\dagger}$. 因此,

$$\mathcal{H}^{f\dagger} = \left(\mathcal{S}\mathcal{H}^e\mathcal{S}^{-1}\right)^\dagger = \left(\mathcal{S}^{-1}\right)^\dagger\left(\mathcal{H}^e\right)^\dagger\left(\mathcal{S}\right)^\dagger = \mathcal{S}\left(\mathcal{H}^e\right)^\dagger\mathcal{S}^{-1} = \mathcal{S}\mathcal{H}^e\mathcal{S}^{-1} = \mathcal{H}^f.$$

证得 $\mathcal{H}^f$ 是厄米的.

对于正交基矢, 由方程 (A.50) 知 $\langle\alpha\mid\beta\rangle = \mathbf{a}^\dagger\mathbf{b}$. 如果 $\{|f_i\rangle\}$ 是一组正交基, 则 $\langle\alpha\mid\beta\rangle = \mathbf{a}^{f\dagger}\mathbf{b}^f$. 又由方程 (A.63) 知 $\mathbf{b}^f = \mathcal{S}\mathbf{b}^e$ 和 $\mathbf{a}^{f\dagger} = \mathbf{a}^{e\dagger}\mathcal{S}^\dagger$. 因此, $\langle\alpha\mid\beta\rangle = \mathbf{a}^{e\dagger}\mathcal{S}^\dagger\mathcal{S}\mathbf{b}^e$. 如果 $\langle\alpha\mid\beta\rangle = \mathbf{a}^{e\dagger}\mathbf{b}^e$, 则必须满足 $\mathcal{S}$ 是幺正的条件.

***习题 A.17** 证明: $\mathrm{Tr}(\mathcal{T}_1\mathcal{T}_2) = \mathrm{Tr}(\mathcal{T}_2\mathcal{T}_1)$. 进而有 $\mathrm{Tr}(\mathcal{T}_1\mathcal{T}_2\mathcal{T}_3) = \mathrm{Tr}(\mathcal{T}_2\mathcal{T}_3\mathcal{T}_1)$, 但总的来说, $\mathrm{Tr}(\mathcal{T}_1\mathcal{T}_2\mathcal{T}_3) = \mathrm{Tr}(\mathcal{T}_2\mathcal{T}_1\mathcal{T}_3)$ 是这样吗? 证明它, 或者反驳它. 提示 最好的反证方法是找到一个反例——越简单越好!

证明

$$\mathrm{Tr}(\mathcal{T}_1\mathcal{T}_2) = \sum_{i=1}^{n}(\mathcal{T}_1\mathcal{T}_2)_{ii} = \sum_{i=1}^{n}\sum_{j=1}^{n}(\mathcal{T}_1)_{ij}(\mathcal{T}_2)_{ji} = \sum_{j=1}^{n}\sum_{i=1}^{n}(\mathcal{T}_2)_{ji}(\mathcal{T}_1)_{ij}$$

$$= \sum_{j=1}^{n}(\mathcal{T}_2\mathcal{T}_1)_{jj} = \mathrm{Tr}(\mathcal{T}_2\mathcal{T}_1).$$

对于 $\mathrm{Tr}(\mathcal{T}_1\mathcal{T}_2\mathcal{T}_3)=\mathrm{Tr}(\mathcal{T}_2\mathcal{T}_1\mathcal{T}_3)$ 不成立, 我们举以下实例:

设 $\mathcal{T}_1=\begin{pmatrix}0&1\\0&0\end{pmatrix}$, $\mathcal{T}_2=\begin{pmatrix}0&0\\1&0\end{pmatrix}$, $\mathcal{T}_3=\begin{pmatrix}1&0\\0&0\end{pmatrix}$, 则

$$\mathrm{Tr}(\mathcal{T}_1\mathcal{T}_2\mathcal{T}_3)=\mathrm{Tr}\left(\begin{pmatrix}0&1\\0&0\end{pmatrix}\begin{pmatrix}0&0\\1&0\end{pmatrix}\begin{pmatrix}1&0\\0&0\end{pmatrix}\right)=\mathrm{Tr}\begin{pmatrix}1&0\\0&0\end{pmatrix}=1.$$

$$\mathrm{Tr}(\mathcal{T}_2\mathcal{T}_1\mathcal{T}_3)=\mathrm{Tr}\left(\begin{pmatrix}0&0\\1&0\end{pmatrix}\begin{pmatrix}0&1\\0&0\end{pmatrix}\begin{pmatrix}1&0\\0&0\end{pmatrix}\right)=\mathrm{Tr}\begin{pmatrix}0&0\\0&0\end{pmatrix}=0.$$

***习题 A.18** 表示 xy 平面旋转的 2×2 矩阵为

$$\mathcal{T}=\begin{pmatrix}\cos\theta&-\sin\theta\\\sin\theta&\cos\theta\end{pmatrix}.\tag{A.91}$$

证明: (除了某些特殊角度——它们是什么?) 这个矩阵没有实本征值. (这反映了这样一个几何事实, 对比三维旋转, 平面中在这样一个旋转下没有矢量变回自身.) 然而, 这个矩阵有复本征值和本征矢. 求出它们. 构造一个矩阵 $\mathcal{S}$ 使 $\mathcal{T}$ 对角化, 做一个相似变换 $(\mathcal{S}\mathcal{T}\mathcal{S}^{-1})$, 并证明它可以使 $\mathcal{T}$ 对角化.

解答 久期方程为

$$\begin{vmatrix}\cos\theta-\lambda&-\sin\theta\\\sin\theta&\cos\theta-\lambda\end{vmatrix}=(\cos\theta-\lambda)^2+\sin^2\theta=\cos^2\theta-2\lambda\cos\theta+\lambda^2+\sin^2\theta=0,$$

即 $\lambda^2-2\lambda\cos\theta+1=0$.

所以 $\lambda=\dfrac{2\cos\theta\pm\sqrt{4\cos^2\theta-4}}{2}=\cos\theta\pm\sqrt{-\sin^2\theta}=\cos\theta\pm\mathrm{i}\sin\theta=\mathrm{e}^{\pm\mathrm{i}\theta}$.

因此, 有两个复的本征值, 仅当 $\theta=0$ 或 $\theta=\pi$ 时, 本征值才是实的.

本征值对应的本征矢为

$$\begin{pmatrix}\cos\theta&-\sin\theta\\\sin\theta&\cos\theta\end{pmatrix}\begin{pmatrix}\alpha\\\beta\end{pmatrix}=\mathrm{e}^{\pm\mathrm{i}\theta}\begin{pmatrix}\alpha\\\beta\end{pmatrix}$$
$$\Rightarrow\alpha\cos\theta-\beta\sin\theta=(\cos\theta\pm\mathrm{i}\sin\theta)\,\alpha\Rightarrow\beta=\mp\mathrm{i}\alpha.$$

归一化, 得

$$|1\rangle=\frac{1}{\sqrt{2}}\begin{pmatrix}1\\-\mathrm{i}\end{pmatrix},\qquad|2\rangle=\frac{1}{\sqrt{2}}\begin{pmatrix}1\\\mathrm{i}\end{pmatrix}.$$

先构建幺正矩阵

$$(\mathcal{S}^{-1})_{11}=|1\rangle_1=\frac{1}{\sqrt{2}},\qquad(\mathcal{S}^{-1})_{12}=|2\rangle_1=\frac{1}{\sqrt{2}},$$
$$(\mathcal{S}^{-1})_{21}=|1\rangle_2=-\frac{\mathrm{i}}{\sqrt{2}},\qquad(\mathcal{S}^{-1})_{22}=|2\rangle_2=\frac{\mathrm{i}}{\sqrt{2}}.$$

所以,

$$\mathcal{S}^{-1}=\frac{1}{\sqrt{2}}\begin{pmatrix}1&1\\-\mathrm{i}&\mathrm{i}\end{pmatrix},\qquad\mathcal{S}=(\mathcal{S}^{-1})^\dagger=\frac{1}{\sqrt{2}}\begin{pmatrix}1&\mathrm{i}\\1&-\mathrm{i}\end{pmatrix},$$

$$\mathcal{STS}^{-1}=\frac{1}{2}\begin{pmatrix}1&\mathrm{i}\\1&-\mathrm{i}\end{pmatrix}\begin{pmatrix}\cos\theta&-\sin\theta\\\sin\theta&\cos\theta\end{pmatrix}\begin{pmatrix}1&1\\-\mathrm{i}&\mathrm{i}\end{pmatrix}$$
$$=\frac{1}{2}\begin{pmatrix}1&\mathrm{i}\\1&-\mathrm{i}\end{pmatrix}\begin{pmatrix}\cos\theta+\mathrm{i}\sin\theta&\cos\theta-\mathrm{i}\sin\theta\\\sin\theta-\mathrm{i}\cos\theta&\sin\theta+\mathrm{i}\cos\theta\end{pmatrix}$$
$$=\frac{1}{2}\begin{pmatrix}1&\mathrm{i}\\1&-\mathrm{i}\end{pmatrix}\begin{pmatrix}\mathrm{e}^{\mathrm{i}\theta}&\mathrm{e}^{-\mathrm{i}\theta}\\-\mathrm{i}\mathrm{e}^{\mathrm{i}\theta}&\mathrm{i}\mathrm{e}^{-\mathrm{i}\theta}\end{pmatrix}$$
$$=\frac{1}{2}\begin{pmatrix}2\mathrm{e}^{\mathrm{i}\theta}&0\\0&2\mathrm{e}^{-\mathrm{i}\theta}\end{pmatrix}=\begin{pmatrix}\mathrm{e}^{\mathrm{i}\theta}&0\\0&\mathrm{e}^{-\mathrm{i}\theta}\end{pmatrix}.$$

习题 A.19　求解下面矩阵的本征值和本征矢:

$$\mathcal{M}=\begin{pmatrix}1&1\\0&1\end{pmatrix}.$$

这个矩阵能对角化吗?

解答　是否能对角化需要看其本征矢是否能够张成二维空间, 即是否有两个线性无关的本征矢. 解久期方程 $\begin{vmatrix}1-\lambda&1\\0&1-\lambda\end{vmatrix}=(1-\lambda)^2=0\Rightarrow\lambda=1$, 只有一个本征值. 求本征矢 $\begin{pmatrix}1&1\\0&1\end{pmatrix}\begin{pmatrix}\alpha\\\beta\end{pmatrix}=\begin{pmatrix}\alpha\\\beta\end{pmatrix}\Rightarrow\alpha+\beta=\alpha\Rightarrow\beta=0$, 即 $|a\rangle=\begin{pmatrix}1\\0\end{pmatrix}$. 由于矩阵是二维的, 而只有一个线性独立的本征矢, 所以该矩阵是无法对角化的.

习题 A.20　证明: 特征方程 (方程 (A.73)) 的第 1 个、第 2 个和最后一个系数分别为

$$C_n=(-1)^n,\quad C_{n-1}=(-1)^{n-1}\operatorname{Tr}(\mathcal{T}),\quad C_0=\det(\mathcal{T}).\tag{A.92}$$

对于元素为 T_{ij} 的 3×3 矩阵, C_1 是多少?

解答　用第一列元素结合第一列元素的代数余子式展开方程 (A.72), 得

$$\det(\mathcal{T}-\lambda\mathcal{I})=\begin{vmatrix}T_{22}-\lambda&\cdots&\cdots\\\vdots&\ddots&\\\vdots&&T_{nn}-\lambda\end{vmatrix}+\sum_{j=2}^{n}T_{j1}\mathrm{Cofactor}(T_{j1}).$$

代数余子式 $\mathrm{Cofactor}(T_{j1})$ 少了两个含有 λ 的对角元素 $(T_{11}-\lambda)$ 和 $(T_{jj}-\lambda)$, 因此, λ 的最高次幂在等式右边第二项中为 $(n-2)$. 因此, λ^n 和 λ^{n-1} 项都包含在等式右边第一项中. 将等式右边第一项进行展开, 得

$$\begin{aligned}&(T_{11}-\lambda)(T_{22}-\lambda)(T_{33}-\lambda)\cdots(T_{nn}-\lambda)\\&=(-\lambda)^n+(-\lambda)^{n-1}(T_{11}+T_{22}+T_{33}+\cdots+T_{nn})+\cdots,\end{aligned}$$

可以直接看出 $C_n=(-1)^n$ 和 $C_{n-1}=(-1)^{n-1}\operatorname{Tr}(\boldsymbol{\mathcal{T}})$. 为得到 C_0, 令 $\lambda=0$, 得 $C_0=\det(\boldsymbol{\mathcal{T}})$.

对于一个 3×3 的矩阵, 其久期行列式为

$$
\begin{aligned}
&\begin{vmatrix} T_{11}-\lambda & T_{12} & T_{13} \\ T_{21} & T_{22}-\lambda & T_{23} \\ T_{31} & T_{32} & T_{33}-\lambda \end{vmatrix} \\
=&\left(T_{11}-\lambda\right)\left(T_{22}-\lambda\right)\left(T_{33}-\lambda\right)+T_{12}T_{23}T_{31}+T_{13}T_{21}T_{32} \\
&-T_{31}T_{13}\left(T_{22}-\lambda\right)-T_{32}T_{23}\left(T_{11}-\lambda\right)-T_{12}T_{21}\left(T_{33}-\lambda\right) \\
=&-\lambda^3+\lambda^2\left(T_{11}+T_{22}+T_{33}\right)-\lambda\left(T_{11}T_{22}+T_{11}T_{33}+T_{22}T_{33}\right) \\
&+\lambda\left(T_{13}T_{31}+T_{23}T_{32}+T_{12}T_{21}\right)+T_{11}T_{22}T_{33}+T_{12}T_{23}T_{31}+T_{13}T_{21}T_{32} \\
&-T_{31}T_{13}T_{22}-T_{32}T_{23}T_{11}-T_{12}T_{21}T_{33} \\
=&-\lambda^3+\lambda^2\operatorname{Tr}(\boldsymbol{\mathcal{T}})+\lambda C_1+\det(\boldsymbol{\mathcal{T}}),
\end{aligned}
$$

其中 $C_1=-\left(T_{11}T_{22}+T_{11}T_{33}+T_{22}T_{33}\right)+\left(T_{13}T_{31}+T_{23}T_{32}+T_{12}T_{21}\right)$.

习题 A.21 很明显, 对角矩阵的迹是其本征值之和, 其行列式是它们的乘积 (参见方程 (A.79)). (根据方程 (A.65) 和 (A.68)) 对于任何可对角化矩阵都成立. 证明: 对任意矩阵有

$$
\det(\boldsymbol{\mathcal{T}})=\lambda_1\lambda_2\cdots\lambda_n,\quad \operatorname{Tr}(\boldsymbol{\mathcal{T}})=\lambda_1+\lambda_2+\cdots+\lambda_n, \tag{A.93}
$$

(λ 是特征方程的 n 个解——在重根的情况下, 线性独立的本征矢可能比较少, 但仍然计算每个 λ 出现的次数.) **提示** 将特征方程写成如下形式:

$$
\left(\lambda_1-\lambda\right)\left(\lambda_2-\lambda\right)\cdots\left(\lambda_n-\lambda\right)=0,
$$

并用习题 A.20 的结果.

证明 久期方程可以写成本征值 λ 的 n 阶多项式, 假设有 n 个本征值 $\lambda_1,\cdots,\lambda_n$, 则多项式可以写成 $\left(\lambda_1-\lambda\right)\left(\lambda_2-\lambda\right)\left(\lambda_3-\lambda\right)\cdots\left(\lambda_n-\lambda\right)=(-\lambda)^n+(-\lambda)^{n-1}\left(\lambda_1+\lambda_2+\cdots+\lambda_n\right)+\cdots+\lambda_1\lambda_2\cdots\lambda_n=0$.

对比方程 (A.92), 可以得到 $\operatorname{Tr}(\boldsymbol{\mathcal{T}})=\lambda_1+\lambda_2+\cdots+\lambda_n$ 和 $\det(\boldsymbol{\mathcal{T}})=\lambda_1\lambda_2\cdots\lambda_n$.

习题 A.22 考虑矩阵

$$
\boldsymbol{\mathcal{M}}=\begin{pmatrix} 1 & 1 \\ 1 & \mathrm{i} \end{pmatrix}.
$$

(a) 它是正规矩阵吗?

(b) 它可以对角化吗?

解答 (a) 按照正规矩阵的定义, 矩阵与其自身的转置共轭对易, 得

$$
\boldsymbol{\mathcal{M}}^{\dagger}=\begin{pmatrix} 1 & 1 \\ 1 & -\mathrm{i} \end{pmatrix},\quad \boldsymbol{\mathcal{M}}\boldsymbol{\mathcal{M}}^{\dagger}=\begin{pmatrix} 1 & 1 \\ 1 & \mathrm{i} \end{pmatrix}\begin{pmatrix} 1 & 1 \\ 1 & -\mathrm{i} \end{pmatrix}=\begin{pmatrix} 2 & 1-\mathrm{i} \\ 1+\mathrm{i} & 2 \end{pmatrix},
$$

$$\mathcal{M}^{\dagger}\mathcal{M}=\begin{pmatrix}1&1\\1&-\mathrm{i}\end{pmatrix}\begin{pmatrix}1&1\\1&\mathrm{i}\end{pmatrix}=\begin{pmatrix}2&1+\mathrm{i}\\1-\mathrm{i}&2\end{pmatrix},$$

所以, $\mathcal{M}\mathcal{M}^{\dagger}\neq\mathcal{M}^{\dagger}\mathcal{M}\Rightarrow\left[\mathcal{M},\mathcal{M}^{\dagger}\right]\neq0$. $\mathcal{M}$ 不是正规矩阵.

(b) 求本征值, 解久期方程:

$$\begin{vmatrix}1-\lambda&1\\1&\mathrm{i}-\lambda\end{vmatrix}=(1-\lambda)(\mathrm{i}-\lambda)-1=\lambda^2-(1+\mathrm{i})\lambda+(\mathrm{i}-1)=0.$$

所以,

$$\lambda=\frac{(1+\mathrm{i})\pm\sqrt{(1+\mathrm{i})^2-4(\mathrm{i}-1)}}{2}=\frac{(1+\mathrm{i})\pm\sqrt{4-2\mathrm{i}}}{2}.$$

两个独立的解对应两个独立的本征矢, 本征矢足够在整个空间中张开. 因此, 矩阵是可以对角化的.

习题 A.23 证明: 若在一个基矢中两矩阵对易, 那么它们在任何基矢中都对易. 也就是

$$\left[\mathcal{T}_1^e,\mathcal{T}_2^e\right]=0\Rightarrow\left[\mathcal{T}_1^f,\mathcal{T}_2^f\right]=0. \tag{A.94}$$

提示 使用方程 (A.64).

证明

$$\begin{aligned}\left[\mathcal{T}_1^f,\mathcal{T}_2^f\right]&=\mathcal{T}_1^f\mathcal{T}_2^f-\mathcal{T}_2^f\mathcal{T}_1^f=\mathcal{S}\mathcal{T}_1^e\mathcal{S}^{-1}\mathcal{S}\mathcal{T}_2^e\mathcal{S}^{-1}-\mathcal{S}\mathcal{T}_2^e\mathcal{S}^{-1}\mathcal{S}\mathcal{T}_1^e\mathcal{S}^{-1}\\&=\mathcal{S}\mathcal{T}_1^e\mathcal{T}_2^e\mathcal{S}^{-1}-\mathcal{S}\mathcal{T}_2^e\mathcal{T}_1^e\mathcal{S}^{-1}=\mathcal{S}\left[\mathcal{T}_1^e,\mathcal{T}_2^e\right]\mathcal{S}^{-1}=0.\end{aligned}$$

习题 A.24 证明: 根据方程 (A.88) 和 (A.90) 计算出的 $\tilde{\boldsymbol{a}}$ 是 $\mathcal{V}$ 的本征矢.

证明

$$\begin{aligned}\mathcal{V}\tilde{\boldsymbol{a}}^{(1)}&=d_{11}\mathcal{V}\boldsymbol{a}^{(1)}+d_{21}\mathcal{V}\boldsymbol{a}^{(2)}=d_{11}\left(c_{11}\boldsymbol{a}^{(1)}+c_{21}\boldsymbol{a}^{(2)}\right)+d_{21}\left(c_{12}\boldsymbol{a}^{(1)}+c_{22}\boldsymbol{a}^{(2)}\right)\\&=(c_{11}d_{11}+c_{12}d_{21})\,\boldsymbol{a}^{(1)}+(c_{21}d_{11}+c_{22}d_{21})\,\boldsymbol{a}^{(2)}\\&=\nu_1d_{11}\boldsymbol{a}^{(1)}+\nu_1d_{21}\boldsymbol{a}^{(2)}=\nu_1\tilde{\boldsymbol{a}}^{(1)}.\end{aligned}$$

同样, 对于 $\tilde{\boldsymbol{a}}^{(2)}$ 也有这样的结论.

***习题 A.25** 考虑下面矩阵:

$$\mathcal{A}=\begin{pmatrix}1&4&1\\4&-2&4\\1&4&1\end{pmatrix},\quad\mathcal{B}=\begin{pmatrix}1&-2&-1\\-2&2&-2\\-1&-2&1\end{pmatrix}.$$

(a) 验证它们是可对角化的, 并且对易.

(b) 求 $\mathcal{A}$ 的本征值和本征矢, 并验证其谱是非简并的.

(c) 证明: $\mathcal{A}$ 的本征矢也是 $\mathcal{B}$ 的本征矢.

解答　(a) 由于 $\mathcal{A}^\dagger=\mathcal{A}$ 和 $\mathcal{B}^\dagger=\mathcal{B}$, 所以 $\mathcal{A}$ 和 $\mathcal{B}$ 都是正规的. 由方程 (A.82) 知, 正规矩阵都是可以对角化的.

$$
\begin{aligned}
[\mathcal{A},\mathcal{B}]&=\mathcal{A}\mathcal{B}-\mathcal{B}\mathcal{A}\\
&=\begin{pmatrix}1&4&1\\4&-2&4\\1&4&1\end{pmatrix}\begin{pmatrix}1&-2&-1\\-2&2&-2\\-1&-2&1\end{pmatrix}-\begin{pmatrix}1&-2&-1\\-2&2&-2\\-1&-2&1\end{pmatrix}\begin{pmatrix}1&4&1\\4&-2&4\\1&4&1\end{pmatrix}\\
&=\begin{pmatrix}-8&4&-8\\4&-20&4\\-8&4&-8\end{pmatrix}-\begin{pmatrix}-8&4&-8\\4&-20&4\\-8&4&-8\end{pmatrix}=0.
\end{aligned}
$$

(b) 解久期方程,

$$
\begin{aligned}
\det(\mathcal{A}-\lambda\mathcal{I})&=\begin{vmatrix}1-\lambda&4&1\\4&-2-\lambda&4\\1&4&1-\lambda\end{vmatrix}\\
&=(1-\lambda)\left[(-2-\lambda)(1-\lambda)-4\cdot4\right]\\
&\quad-4\left[4(1-\lambda)-4\right]+\left[4\cdot4-(-2-\lambda)\right]\\
&=-\lambda^3-\lambda^2+18\lambda+\lambda^2+\lambda-18+16\lambda+\lambda+18\\
&=-\lambda^3+36\lambda=-\lambda(\lambda+6)(\lambda-6).
\end{aligned}
$$

所以, 三个本征值分别为 $\lambda_1=0,\ \lambda_2=6,\ \lambda_3=-6$.

对应的本征矢,

$$
\begin{pmatrix}1&4&1\\4&-2&4\\1&4&1\end{pmatrix}\begin{pmatrix}\nu_1\\\nu_2\\\nu_3\end{pmatrix}=\lambda\begin{pmatrix}\nu_1\\\nu_2\\\nu_3\end{pmatrix}\Rightarrow\begin{cases}\nu_1+4\nu_2+\nu_3=\lambda\nu_1,\\4\nu_1-2\nu_2+4\nu_3=\lambda\nu_2,\\\nu_1+4\nu_2+\nu_3=\lambda\nu_3.\end{cases}
$$

将 $\lambda_1=0,\ \lambda_2=6,\ \lambda_3=-6$ 分别代入上式, 得

$$
\begin{aligned}
&\lambda_1=0\Rightarrow\nu_1=-\nu_3,\nu_2=0,\\
&\lambda_1=6\Rightarrow\nu_1=\nu_2=\nu_3,\\
&\lambda_1=-6\Rightarrow\nu_1=\nu_3,\nu_2=-2\nu_1.
\end{aligned}
$$

因此, 矩阵 $\mathcal{A}$ 对应的正交归一本征矢为

$$
\begin{aligned}
&\lambda_1=0\to\boldsymbol{v}_1=\frac{1}{\sqrt{2}}\begin{pmatrix}1\\0\\-1\end{pmatrix};\quad\lambda_2=6\to\boldsymbol{v}_2=\frac{1}{\sqrt{3}}\begin{pmatrix}1\\1\\1\end{pmatrix};\\
&\lambda_3=-6\to\boldsymbol{v}_3=\frac{1}{\sqrt{6}}\begin{pmatrix}1\\-2\\1\end{pmatrix}.
\end{aligned}
$$

(c)

$$\mathcal{B}\boldsymbol{v}_1=\frac{1}{\sqrt{2}}\begin{pmatrix}1&-2&-1\\-2&2&-2\\-1&-2&1\end{pmatrix}\begin{pmatrix}1\\0\\-1\end{pmatrix}=\frac{1}{\sqrt{2}}\begin{pmatrix}2\\0\\-2\end{pmatrix}=2\boldsymbol{v}_1.$$

$$\mathcal{B}\boldsymbol{v}_2=\frac{1}{\sqrt{3}}\begin{pmatrix}1&-2&-1\\-2&2&-2\\-1&-2&1\end{pmatrix}\begin{pmatrix}1\\1\\1\end{pmatrix}=\frac{1}{\sqrt{3}}\begin{pmatrix}-2\\-2\\-2\end{pmatrix}=-2\boldsymbol{v}_2.$$

$$\mathcal{B}\boldsymbol{v}_3=\frac{1}{\sqrt{6}}\begin{pmatrix}1&-2&-1\\-2&2&-2\\-1&-2&1\end{pmatrix}\begin{pmatrix}1\\-2\\1\end{pmatrix}=\frac{1}{\sqrt{6}}\begin{pmatrix}4\\-8\\4\end{pmatrix}=4\boldsymbol{v}_3.$$

习题 A.26 考虑下面矩阵:

$$\mathcal{A}=\begin{pmatrix}2&2&-1\\2&-1&2\\-1&2&2\end{pmatrix},\quad \mathcal{B}=\begin{pmatrix}2&-1&2\\-1&5&-1\\2&-1&2\end{pmatrix}.$$

(a) 验证它们是可对角化的, 并且对易.

(b) 求 $\mathcal{A}$ 的本征值和本征矢, 并验证其谱是简并的.

(c) 你在 (b) 中得到的本征矢也是 $\mathcal{B}$ 的本征矢吗? 如果不是, 找出两个矩阵的共同本征矢.

解答 (a) 由于 $\mathcal{A}^\dagger=\mathcal{A}$ 和 $\mathcal{B}^\dagger=\mathcal{B}$, 所以 $\mathcal{A}$ 和 $\mathcal{B}$ 都是正规的. 由方程 (A.82) 知, 正规矩阵都是可以对角化的.

$$\begin{aligned}[\mathcal{A},\mathcal{B}]&=\mathcal{A}\mathcal{B}-\mathcal{B}\mathcal{A}\\&=\begin{pmatrix}2&2&-1\\2&-1&2\\-1&2&2\end{pmatrix}\begin{pmatrix}2&-1&2\\-1&5&-1\\2&-1&2\end{pmatrix}-\begin{pmatrix}2&-1&2\\-1&5&-1\\2&-1&2\end{pmatrix}\begin{pmatrix}2&2&-1\\2&-1&2\\-1&2&2\end{pmatrix}\\&=\begin{pmatrix}0&9&0\\9&-9&9\\0&9&0\end{pmatrix}-\begin{pmatrix}0&9&0\\9&-9&9\\0&9&0\end{pmatrix}=0.\end{aligned}$$

(b) $\mathcal{A}$ 的本征值:

$$\begin{aligned}\det(\mathcal{A}-\lambda\mathcal{I})&=\begin{vmatrix}2-\lambda&2&-1\\2&-1-\lambda&2\\-1&2&2-\lambda\end{vmatrix}\\&=-(2-\lambda)^2(1+\lambda)-4-4+(1+\lambda)-4(2-\lambda)-4(2-\lambda)\\&=-(\lambda+3)(\lambda-3)^2=0.\end{aligned}$$

本征值为 $\lambda_1=3,\ \lambda_2=3,\ \lambda_3=-3$.

本征矢:

$$\begin{pmatrix} 2 & 2 & -1 \\ 2 & -1 & 2 \\ -1 & 2 & 2 \end{pmatrix}\begin{pmatrix} \nu_1 \\ \nu_2 \\ \nu_3 \end{pmatrix} = \lambda \begin{pmatrix} \nu_1 \\ \nu_2 \\ \nu_3 \end{pmatrix} \Rightarrow \begin{cases} 2\nu_1 + 2\nu_2 - \nu_3 = \lambda\nu_1, \\ 2\nu_1 - \nu_2 + 2\nu_3 = \lambda\nu_2, \\ -\nu_1 + 2\nu_2 + 2\nu_3 = \lambda\nu_3. \end{cases}$$

$$\lambda = -3 \rightarrow 2\nu_1 + 2\nu_2 - \nu_3 = -3\nu_1,\ 2\nu_1 - \nu_2 + 2\nu_3 = -3\nu_2 \Rightarrow \nu_1 = \nu_3,\ \nu_2 = -2\nu_1.$$
$$\lambda = 3 \rightarrow 2\nu_1 + 2\nu_2 - \nu_3 = 3\nu_1,\ 2\nu_1 - \nu_2 + 2\nu_3 = 3\nu_2 \Rightarrow 2\nu_2 = \nu_1 + \nu_3.$$

对于 $\lambda = 3$ 的情况, ν_1 和 ν_3 可以是满足条件的任意值, 基矢量为 $\boldsymbol{v} = \begin{pmatrix} 2a \\ a+b \\ 2b \end{pmatrix}$, 为保证基矢的正交归一性, 可以选取如下基矢:

$$\lambda_1 = -3 \rightarrow \boldsymbol{v}_1 = \frac{1}{\sqrt{6}}\begin{pmatrix} 1 \\ -2 \\ 1 \end{pmatrix}; \quad \lambda_2 = 3 \rightarrow \boldsymbol{v}_2 = \frac{1}{\sqrt{2}}\begin{pmatrix} 1 \\ 0 \\ -1 \end{pmatrix};$$

$$\lambda_3 = 3 \rightarrow \boldsymbol{v}_3 = \frac{1}{\sqrt{3}}\begin{pmatrix} 1 \\ 1 \\ 1 \end{pmatrix}.$$

(c)

$$\boldsymbol{\mathcal{B}}\boldsymbol{v}_1 = \frac{1}{\sqrt{6}}\begin{pmatrix} 2 & -1 & 2 \\ -1 & 5 & -1 \\ 2 & -1 & 2 \end{pmatrix}\begin{pmatrix} 1 \\ -2 \\ 1 \end{pmatrix} = \frac{1}{\sqrt{6}}\begin{pmatrix} 6 \\ -12 \\ 6 \end{pmatrix} = 6\boldsymbol{v}_1.$$

$$\boldsymbol{\mathcal{B}}\boldsymbol{v}_2 = \frac{1}{\sqrt{2}}\begin{pmatrix} 2 & -1 & 2 \\ -1 & 5 & -1 \\ 2 & -1 & 2 \end{pmatrix}\begin{pmatrix} 1 \\ 0 \\ -1 \end{pmatrix} = \frac{1}{\sqrt{2}}\begin{pmatrix} 1 \\ 0 \\ -1 \end{pmatrix} = 0\boldsymbol{v}_2.$$

$$\boldsymbol{\mathcal{B}}\boldsymbol{v}_3 = \frac{1}{\sqrt{3}}\begin{pmatrix} 2 & -1 & 2 \\ -1 & 5 & -1 \\ 2 & -1 & 2 \end{pmatrix}\begin{pmatrix} 1 \\ 1 \\ 1 \end{pmatrix} = \frac{1}{\sqrt{3}}\begin{pmatrix} 3 \\ 3 \\ 3 \end{pmatrix} = 3\boldsymbol{v}_3.$$

我们刚好选到了 $\boldsymbol{\mathcal{A}}$ 的本征矢也是 $\boldsymbol{\mathcal{B}}$ 的本征矢.

但是一般情况下 $\boldsymbol{\mathcal{A}}$ 的本征值 $\lambda = 3$ 对应的本征矢不是 $\boldsymbol{\mathcal{B}}$ 的本征矢, 如

$$\begin{pmatrix} 2 & -1 & 2 \\ -1 & 5 & -1 \\ 2 & -1 & 2 \end{pmatrix}\begin{pmatrix} 2a \\ a+b \\ 2b \end{pmatrix} = \begin{pmatrix} 3(a+b) \\ 3(a+b) \\ 3(a+b) \end{pmatrix} \neq \lambda \begin{pmatrix} 2a \\ a+b \\ 2b \end{pmatrix},$$

$\lambda = 3$, $a = b$ 时, 等号成立, 基矢为 $\boldsymbol{v}_3$; $a = -b$ 时, 基矢为 $\boldsymbol{v}_2$.

习题 A.27 对于所有矢量 $|\alpha\rangle$ 和 $|\beta\rangle$, 厄米线性变换必须满足 $\left\langle \alpha \middle| \hat{T}\beta \right\rangle = \left\langle \hat{T}\alpha \middle| \beta \right\rangle$. 证明: 对所有的矢量 $|\gamma\rangle$, $\left\langle \gamma \middle| \hat{T}\gamma \right\rangle = \left\langle \hat{T}\gamma \middle| \gamma \right\rangle$ 也是 $\hat{T}$ 为厄米变换的充分条件 (这有点令人意外). **提示** 先令 $|\gamma\rangle = |\alpha\rangle + |\beta\rangle$, 再令 $|\gamma\rangle = |\alpha\rangle + \mathrm{i}\,|\beta\rangle$.

证明　令 $|\gamma\rangle = |\alpha\rangle + c|\beta\rangle$, 其中 c 为复数. 则

$$\begin{aligned}\left\langle\gamma \,\middle|\, \hat{T}\gamma\right\rangle &= (\langle\alpha| + c^*\langle\beta|)\,\hat{T}\,(|\alpha\rangle + c|\beta\rangle)\\ &= \left\langle\alpha \,\middle|\, \hat{T}\alpha\right\rangle + c\left\langle\alpha \,\middle|\, \hat{T}\beta\right\rangle + c^*\left\langle\beta \,\middle|\, \hat{T}\alpha\right\rangle + |c|^2\left\langle\beta \,\middle|\, \hat{T}\beta\right\rangle.\\ \left\langle\hat{T}\gamma \,\middle|\, \gamma\right\rangle &= \left(\left\langle\hat{T}\alpha\right| + c^*\left\langle\hat{T}\beta\right|\right)(|\alpha\rangle + c|\beta\rangle)\\ &= \left\langle\hat{T}\alpha \,\middle|\, \alpha\right\rangle + c\left\langle\hat{T}\alpha \,\middle|\, \beta\right\rangle + c^*\left\langle\hat{T}\beta \,\middle|\, \alpha\right\rangle + |c|^2\left\langle\hat{T}\beta \,\middle|\, \beta\right\rangle.\end{aligned}$$

假设 $\left\langle\gamma\middle|\hat{T}\gamma\right\rangle = \left\langle\hat{T}\gamma|\gamma\right\rangle$, 则 $\left\langle\hat{T}\alpha \,\middle|\, \alpha\right\rangle = \left\langle\alpha \,\middle|\, \hat{T}\alpha\right\rangle$, $\left\langle\hat{T}\beta \,\middle|\, \beta\right\rangle = \left\langle\beta \,\middle|\, \hat{T}\beta\right\rangle$. 结合以上两式, 得

$$c\left\langle\alpha \,\middle|\, \hat{T}\beta\right\rangle + c^*\left\langle\beta \,\middle|\, \hat{T}\alpha\right\rangle = c\left\langle\hat{T}\alpha \,\middle|\, \beta\right\rangle + c^*\left\langle\hat{T}\beta \,\middle|\, \alpha\right\rangle.$$

特别地, 当 $c = 1$ 时, $\left\langle\alpha \,\middle|\, \hat{T}\beta\right\rangle + \left\langle\beta \,\middle|\, \hat{T}\alpha\right\rangle = \left\langle\hat{T}\alpha \,\middle|\, \beta\right\rangle + \left\langle\hat{T}\beta \,\middle|\, \alpha\right\rangle$. 当 $c = \mathrm{i}$ 时, $\left\langle\alpha \,\middle|\, \hat{T}\beta\right\rangle - \left\langle\beta \,\middle|\, \hat{T}\alpha\right\rangle = \left\langle\hat{T}\alpha \,\middle|\, \beta\right\rangle - \left\langle\hat{T}\beta \,\middle|\, \alpha\right\rangle$.

***习题 A.28**　令

$$\boldsymbol{\mathcal{T}} = \begin{pmatrix} 1 & 1-\mathrm{i} \\ 1+\mathrm{i} & 0 \end{pmatrix}.$$

(a) 验证 $\boldsymbol{\mathcal{T}}$ 是厄米的.
(b) 求它的本征值 (注意它们是实的).
(c) 求归一化的本征矢 (注意它们是正交的).
(d) 构造幺正矩阵 $\boldsymbol{\mathcal{S}}$, 验证它能将 $\boldsymbol{\mathcal{T}}$ 对角化.
(e) 验证 $\boldsymbol{\mathcal{T}}$ 的 $\det(\boldsymbol{\mathcal{T}})$ 和 $\mathrm{Tr}(\boldsymbol{\mathcal{T}})$ 与其对角化形式是一样的.

解答　(a)

$$\boldsymbol{\mathcal{T}}^{\dagger} = \left(\boldsymbol{\mathcal{T}}^{\mathrm{T}}\right)^* = \begin{pmatrix} 1 & 1+\mathrm{i} \\ 1-\mathrm{i} & 0 \end{pmatrix} = \begin{pmatrix} 1 & 1-\mathrm{i} \\ 1+\mathrm{i} & 0 \end{pmatrix} = \boldsymbol{\mathcal{T}}.$$

(b) 解久期方程

$$\begin{vmatrix} 1-\lambda & 1-\mathrm{i} \\ 1+\mathrm{i} & -\lambda \end{vmatrix} = (1-\lambda)(-\lambda) - (1-\mathrm{i})(1+\mathrm{i}) = \lambda^2 - \lambda - 2 = (\lambda-2)(\lambda+1),$$

所以本征值为 $\lambda_1 = 2$, $\lambda_2 = -1$.

(c) $\lambda_1 = 2$ 时,

$$\begin{pmatrix} 1-2 & 1-\mathrm{i} \\ 1+\mathrm{i} & -2 \end{pmatrix}\begin{pmatrix} \alpha \\ \beta \end{pmatrix} = 0 \Rightarrow -\alpha + (1-\mathrm{i})\beta = 0 \Rightarrow \alpha = (1-\mathrm{i})\beta.$$

归一化, 得

$$|\alpha|^2 + |\beta|^2 = 1 \Rightarrow |(1-\mathrm{i})\beta|^2 + |\beta|^2 = 1 \Rightarrow 2|\beta|^2 + |\beta|^2 = 1 \Rightarrow |1\rangle = \frac{1}{\sqrt{3}}\begin{pmatrix} 1-\mathrm{i} \\ 1 \end{pmatrix}.$$

$\lambda_2 = -1$ 时,

$$\begin{pmatrix} 1+1 & 1-\mathrm{i} \\ 1+\mathrm{i} & 1 \end{pmatrix}\begin{pmatrix} \alpha \\ \beta \end{pmatrix} = 0 \Rightarrow (1+\mathrm{i})\,\alpha + \beta = 0 \Rightarrow \beta = -(1+\mathrm{i})\,\alpha.$$

归一化, 得

$$|\alpha|^2 + |\beta|^2 = 1 \Rightarrow |\alpha|^2 + |(1+\mathrm{i})\,\alpha|^2 = 1$$
$$\Rightarrow |\alpha|^2 + 2\,|\alpha|^2 = 1 \Rightarrow |2\rangle = \frac{1}{\sqrt{3}}\begin{pmatrix} 1 \\ -(1+\mathrm{i}) \end{pmatrix}.$$

所以,

$$\langle 1 \mid 2\rangle = \frac{1}{\sqrt{3}}\begin{pmatrix} 1+\mathrm{i} & 1 \end{pmatrix}\frac{1}{\sqrt{3}}\begin{pmatrix} 1 \\ -(1+\mathrm{i}) \end{pmatrix} = \frac{1}{3}(1+\mathrm{i}-1-\mathrm{i}) = 0.$$

(d) 由方程 (A.81), 得

$$\boldsymbol{\mathcal{S}}_{11}^{-1} = |1\rangle_1 = \frac{1-\mathrm{i}}{\sqrt{3}}, \quad \boldsymbol{\mathcal{S}}_{12}^{-1} = |2\rangle_1 = \frac{1}{\sqrt{3}},$$
$$\boldsymbol{\mathcal{S}}_{21}^{-1} = |1\rangle_2 = \frac{1}{\sqrt{3}}, \quad \boldsymbol{\mathcal{S}}_{22}^{-1} = |2\rangle_2 = -\frac{1+\mathrm{i}}{\sqrt{3}};$$

所以 $\boldsymbol{\mathcal{S}}^{-1} = \frac{1}{\sqrt{3}}\begin{pmatrix} 1-\mathrm{i} & 1 \\ 1 & -1-\mathrm{i} \end{pmatrix}$, $\boldsymbol{\mathcal{S}} = \frac{1}{\sqrt{3}}\begin{pmatrix} 1+\mathrm{i} & 1 \\ 1 & -1+\mathrm{i} \end{pmatrix}$;

$$\begin{aligned} \boldsymbol{\mathcal{S}}\boldsymbol{\mathcal{T}}\boldsymbol{\mathcal{S}}^{-1} &= \frac{1}{\sqrt{3}}\begin{pmatrix} 1+\mathrm{i} & 1 \\ 1 & -1+\mathrm{i} \end{pmatrix}\begin{pmatrix} 1 & 1-\mathrm{i} \\ 1+\mathrm{i} & 0 \end{pmatrix}\frac{1}{\sqrt{3}}\begin{pmatrix} 1-\mathrm{i} & 1 \\ 1 & -1-\mathrm{i} \end{pmatrix} \\ &= \frac{1}{3}\begin{pmatrix} 1+\mathrm{i} & 1 \\ 1 & -1+\mathrm{i} \end{pmatrix}\begin{pmatrix} 2\,(1-\mathrm{i}) & -1 \\ 2 & 1+\mathrm{i} \end{pmatrix} \\ &= \frac{1}{3}\begin{pmatrix} 6 & 0 \\ 0 & -3 \end{pmatrix} = \begin{pmatrix} 2 & 0 \\ 0 & -1 \end{pmatrix}. \end{aligned}$$

(e)

$$\mathrm{Tr}\,(\boldsymbol{\mathcal{T}}) = 1; \quad \det(\boldsymbol{\mathcal{T}}) = 0 - (1+\mathrm{i})\,(1-\mathrm{i}) = -2;$$
$$\mathrm{Tr}\left(\boldsymbol{\mathcal{S}}\boldsymbol{\mathcal{T}}\boldsymbol{\mathcal{S}}^{-1}\right) = 2 - 1 = 1; \quad \det\left(\boldsymbol{\mathcal{S}}\boldsymbol{\mathcal{T}}\boldsymbol{\mathcal{S}}^{-1}\right) = -2.$$

****习题 A.29** 考虑下面厄米矩阵:

$$\boldsymbol{\mathcal{T}} = \begin{pmatrix} 2 & \mathrm{i} & 1 \\ -\mathrm{i} & 2 & \mathrm{i} \\ 1 & -\mathrm{i} & 2 \end{pmatrix}.$$

(a) 计算 $\det(\boldsymbol{\mathcal{T}})$ 和 $\mathrm{Tr}\,(\boldsymbol{\mathcal{T}})$.

(b) 求 $\boldsymbol{\mathcal{T}}$ 的本征值. 根据方程 (A.93), 验证其和与积与 (a) 中结果一致. 写出 $\boldsymbol{\mathcal{T}}$ 的对角形式.

(c) 求 $\boldsymbol{\mathcal{T}}$ 的本征矢. 在简并矢内, 构造两个线性无关的本征矢 (这一步对于厄米矩阵总是可行的, 但对于任意矩阵就不成立——对比习题 A.19). 将它们正交化, 并验证它们与第 3 个正交. 归一化这 3 个本征矢.

(d) 构造幺正矩阵 $\boldsymbol{\mathcal{S}}$ 与 $\boldsymbol{\mathcal{T}}$ 对角化, 证明: $\boldsymbol{\mathcal{S}}$ 的相似变换使 $\boldsymbol{\mathcal{T}}$ 变换成适当的对角形式.

解答 (a)

$$\det(\boldsymbol{\mathcal{T}}) = 2\begin{vmatrix} 2 & \mathrm{i} \\ -\mathrm{i} & 2 \end{vmatrix} - \mathrm{i}\begin{vmatrix} -\mathrm{i} & \mathrm{i} \\ 1 & 2 \end{vmatrix} + 1\begin{vmatrix} -\mathrm{i} & 2 \\ 1 & -\mathrm{i} \end{vmatrix} = 6 - 3 - 3 = 0,$$

$$\mathrm{Tr}(\boldsymbol{\mathcal{T}}) = 2 + 2 + 2 = 6.$$

(b) 解久期方程

$$\begin{vmatrix} 2-\lambda & \mathrm{i} & 1 \\ -\mathrm{i} & 2-\lambda & \mathrm{i} \\ 1 & -\mathrm{i} & 2-\lambda \end{vmatrix} = (2-\lambda)\begin{vmatrix} 2-\lambda & \mathrm{i} \\ -\mathrm{i} & 2-\lambda \end{vmatrix} - \mathrm{i}\begin{vmatrix} -\mathrm{i} & \mathrm{i} \\ 1 & 2-\lambda \end{vmatrix} + 1\begin{vmatrix} -\mathrm{i} & 2-\lambda \\ 1 & -\mathrm{i} \end{vmatrix}$$

$$= \left(-\lambda^3 + 6\lambda^2 - 11\lambda + 6\right) + (-3 + \lambda) + (\lambda - 3)$$

$$= -\lambda(\lambda - 3)^2.$$

所以, 本征值为 $\lambda_1 = 0, \lambda_2 = \lambda_3 = 3$.

$$\mathrm{Tr}(\boldsymbol{\mathcal{T}}) = \lambda_1 + \lambda_2 + \lambda_3 = 6, \quad \det(\boldsymbol{\mathcal{T}}) = \lambda_1\lambda_2\lambda_3 = 0.$$

对角化矩阵为

$$\begin{pmatrix} 0 & 0 & 0 \\ 0 & 3 & 0 \\ 0 & 0 & 3 \end{pmatrix}.$$

(c)

$$\lambda_1 = 0 \to \begin{pmatrix} 2 & \mathrm{i} & 1 \\ -\mathrm{i} & 2 & \mathrm{i} \\ 1 & -\mathrm{i} & 2 \end{pmatrix}\begin{pmatrix} \nu_1 \\ \nu_2 \\ \nu_3 \end{pmatrix} = 0$$

$$\Rightarrow \begin{cases} 2\nu_1 + \mathrm{i}\nu_2 + \nu_3 = 0 \\ -\mathrm{i}\nu_1 + 2\nu_2 + \mathrm{i}\nu_3 = 0 \end{cases} \Rightarrow \nu_1 = -\mathrm{i}\nu_2, \nu_3 = \mathrm{i}\nu_2.$$

归一化后, 得 $|1\rangle = \dfrac{1}{\sqrt{3}}\begin{pmatrix} 1 \\ \mathrm{i} \\ -1 \end{pmatrix}$.

$$\lambda_1 = 3 \to \begin{pmatrix} -1 & \mathrm{i} & 1 \\ -\mathrm{i} & -1 & \mathrm{i} \\ 1 & -\mathrm{i} & -1 \end{pmatrix}\begin{pmatrix} \nu_1 \\ \nu_2 \\ \nu_3 \end{pmatrix} = 0 \Rightarrow \begin{cases} -\nu_1 + \mathrm{i}\nu_2 + \nu_3 = 0, \\ -\mathrm{i}\nu_1 - \nu_2 + \mathrm{i}\nu_3 = 0, \\ \nu_1 - \mathrm{i}\nu_2 - \nu_3 = 0, \end{cases}$$

$$\Rightarrow -\nu_1 + \mathrm{i}\nu_2 + \nu_3 = 0.$$

很容易选择 $|2\rangle' = \begin{pmatrix} \alpha \\ -\mathrm{i}\alpha \\ 0 \end{pmatrix}, |3\rangle' = \begin{pmatrix} \alpha \\ 0 \\ \alpha \end{pmatrix}$, 显然 $|2\rangle'$ 与 $|\mathbf{1}\rangle$ 正交, 那么归一化, 得

$$|2\rangle = \frac{1}{\sqrt{2}}\begin{pmatrix} 1 \\ -\mathrm{i} \\ 0 \end{pmatrix}, \quad \alpha = \frac{1}{\sqrt{2}}.$$

根据习题 A.4 中的格拉姆–施密特过程, 得

$$|3\rangle = |3\rangle' - \langle 2 \mid 3\rangle' |2\rangle = \begin{pmatrix} \alpha \\ 0 \\ \alpha \end{pmatrix} - \frac{1}{2}\alpha \begin{pmatrix} 1 \\ -\mathrm{i} \\ 0 \end{pmatrix} = \frac{1}{2}\begin{pmatrix} \alpha \\ \mathrm{i}\alpha \\ 2\alpha \end{pmatrix}.$$

归一化后, 得 $|3\rangle = \frac{1}{\sqrt{6}}\begin{pmatrix} 1 \\ \mathrm{i} \\ 2 \end{pmatrix}$.

验证正交性,

$$\langle 1 \mid 2\rangle = \frac{1}{\sqrt{3}}\begin{pmatrix} 1 & -\mathrm{i} & -1 \end{pmatrix}\frac{1}{\sqrt{2}}\begin{pmatrix} 1 \\ -\mathrm{i} \\ 0 \end{pmatrix} = 0.$$

$$\langle 1 \mid 3\rangle = \frac{1}{\sqrt{3}}\begin{pmatrix} 1 & -\mathrm{i} & -1 \end{pmatrix}\frac{1}{\sqrt{6}}\begin{pmatrix} 1 \\ \mathrm{i} \\ 2 \end{pmatrix} = 0.$$

(d) 幺正矩阵

$$\boldsymbol{\mathcal{S}}^{-1} = \frac{1}{\sqrt{6}}\begin{pmatrix} \sqrt{2} & \sqrt{3} & 1 \\ \sqrt{2}\mathrm{i} & -\sqrt{3}\mathrm{i} & \mathrm{i} \\ -\sqrt{2} & 0 & 2 \end{pmatrix}, \quad \boldsymbol{\mathcal{S}} = \left(\boldsymbol{\mathcal{S}}^{-1}\right)^{\dagger} = \frac{1}{\sqrt{6}}\begin{pmatrix} \sqrt{2} & -\sqrt{2}\mathrm{i} & -\sqrt{2} \\ \sqrt{3} & \sqrt{3}\mathrm{i} & \mathrm{i} \\ 1 & -\mathrm{i} & 2 \end{pmatrix}.$$

$$\boldsymbol{\mathcal{S}}\boldsymbol{\mathcal{T}}\boldsymbol{\mathcal{S}}^{-1} = \frac{1}{\sqrt{6}}\begin{pmatrix} \sqrt{2} & -\sqrt{2}\mathrm{i} & -\sqrt{2} \\ \sqrt{3} & \sqrt{3}\mathrm{i} & \mathrm{i} \\ 1 & -\mathrm{i} & 2 \end{pmatrix}\begin{pmatrix} 2 & \mathrm{i} & 1 \\ -\mathrm{i} & 2 & \mathrm{i} \\ 1 & -\mathrm{i} & 2 \end{pmatrix}\frac{1}{\sqrt{6}}\begin{pmatrix} \sqrt{2} & \sqrt{3} & 1 \\ \sqrt{2}\mathrm{i} & -\sqrt{3}\mathrm{i} & \mathrm{i} \\ -\sqrt{2} & 0 & 2 \end{pmatrix}$$

$$= \frac{1}{6}\begin{pmatrix} 0 & 0 & 0 \\ 0 & 18 & 0 \\ 0 & 0 & 18 \end{pmatrix} = \begin{pmatrix} 0 & 0 & 0 \\ 0 & 3 & 0 \\ 0 & 0 & 3 \end{pmatrix}.$$

习题 A.30 幺正变换是 $\hat{U}^{\dagger}\hat{U} = 1$ 的变换.

(a) 证明: 对所有的矢量 $|\alpha\rangle$ 和 $|\beta\rangle$, 幺正变换保持内积不变, 即 $\left\langle \hat{U}\alpha \middle| \hat{U}\beta \right\rangle = \langle \alpha | \beta \rangle$.

(b) 证明: 幺正变换本征值的模为 1.

(c) 证明: 幺正变换下不同本征值的本征矢彼此正交.

证明 (a)

$$\left\langle \hat{U}\alpha \,\middle|\, \hat{U}\beta \right\rangle = \left\langle \alpha \,\middle|\, \hat{U}^{\dagger}\hat{U}\beta \right\rangle = \left\langle \alpha \,\middle|\, \hat{U}^{-1}\hat{U}\beta \right\rangle = \langle \alpha \mid \beta \rangle .$$

(b) 设 $\hat{U}|\alpha\rangle = \lambda|\alpha\rangle \Rightarrow \left\langle \hat{U}\alpha \,\middle|\, \hat{U}\alpha \right\rangle = \lambda^*\lambda\left\langle \hat{U}\alpha \,\middle|\, \hat{U}\alpha \right\rangle = |\lambda|^2\langle \alpha \mid \alpha\rangle$. 对比 (a) 中结论, 得 $|\lambda| = 1$.

(c) 设 $\hat{U}|\alpha\rangle = \lambda|\alpha\rangle, \hat{U}|\beta\rangle = \mu|\beta\rangle$, 得

$$|\beta\rangle = \mu\hat{U}^{-1}|\beta\rangle \Rightarrow \hat{U}^{\dagger}|\beta\rangle = \frac{1}{\mu}|\beta\rangle = \mu^*|\beta\rangle .$$

$$\left\langle \beta \,\middle|\, \hat{U}\alpha \right\rangle = \lambda\langle\beta \mid \alpha\rangle = \left\langle \hat{U}^{\dagger}\beta \,\middle|\, \alpha \right\rangle = \left(\left\langle \alpha \,\middle|\, \hat{U}^{\dagger}\beta \right\rangle\right)^* = (\mu^*\langle\alpha \mid \beta\rangle)^* = \mu\langle\beta \mid \alpha\rangle$$

$$\Rightarrow (\lambda - \mu)\langle\beta \mid \alpha\rangle = 0.$$

如果 $\lambda \neq \mu$, 则必有 $\langle\beta \mid \alpha\rangle = 0$.

*****习题 A.31** 矩阵的函数通常由它们的泰勒级数展开式定义. 例如,

$$\mathrm{e}^{\mathcal{M}} \equiv \mathcal{I} + \mathcal{M} + \frac{1}{2}\mathcal{M}^2 + \frac{1}{3!}\mathcal{M}^3 + \cdots . \tag{A.99}$$

(a) 如果

$$\text{(i) } \mathcal{M} = \begin{pmatrix} 0 & 1 & 3 \\ 0 & 0 & 4 \\ 0 & 0 & 0 \end{pmatrix}, \text{(ii) } \mathcal{M} = \begin{pmatrix} 0 & \theta \\ -\theta & 0 \end{pmatrix},$$

求 $\exp(\mathcal{M})$.

(b) 证明: 如果 $\mathcal{M}$ 是可对角化的, 那么

$$\det\left(\mathrm{e}^{\mathcal{M}}\right) = \mathrm{e}^{\mathrm{Tr}(\mathcal{M})}. \tag{A.100}$$

注释 即使 $\mathcal{M}$ 不是可对角化的, 这也成立, 但在一般情况下很难证明.

(c) 证明: 如果矩阵 $\mathcal{M}$ 和 $\mathcal{N}$ 对易, 则

$$\mathrm{e}^{\mathcal{M}+\mathcal{N}} = \mathrm{e}^{\mathcal{M}}\mathrm{e}^{\mathcal{N}}. \tag{A.101}$$

证明: 一般情况下 (用你想象到的最简单的例子) 方程 (A.101) 对非对易矩阵不成立. ①

(d) 如果 $\mathcal{H}$ 是厄米的, 证明: $\mathrm{e}^{\mathrm{i}\mathcal{H}}$ 是幺正的.

解答 (a)

(i)

$$\mathcal{M} = \begin{pmatrix} 0 & 1 & 3 \\ 0 & 0 & 4 \\ 0 & 0 & 0 \end{pmatrix}, \quad \mathcal{M}^2 = \begin{pmatrix} 0 & 0 & 4 \\ 0 & 0 & 0 \\ 0 & 0 & 0 \end{pmatrix}, \quad \mathcal{M}^3 = \begin{pmatrix} 0 & 0 & 0 \\ 0 & 0 & 0 \\ 0 & 0 & 0 \end{pmatrix}.$$

① 关于更一般的 "贝克–坎贝尔–哈斯多夫" 公式, 请参见习题 3.29.

因此,

$$\mathrm{e}^{\mathcal{M}}=\mathcal{I}+\mathcal{M}+\frac{\mathcal{M}^2}{2!}=\begin{pmatrix}1&0&0\\0&1&0\\0&0&1\end{pmatrix}+\begin{pmatrix}0&1&3\\0&0&4\\0&0&0\end{pmatrix}+\frac{1}{2}\begin{pmatrix}0&0&4\\0&0&0\\0&0&0\end{pmatrix}$$
$$=\begin{pmatrix}1&1&5\\0&1&4\\0&0&1\end{pmatrix}.$$

(ii)

$$\mathcal{M}=\begin{pmatrix}0&\theta\\-\theta&0\end{pmatrix},\quad \mathcal{M}^2=\begin{pmatrix}-\theta^2&0\\0&-\theta^2\end{pmatrix}=-\theta^2\mathcal{I},$$
$$\mathcal{M}^3=-\theta^2\mathcal{M},\quad \mathcal{M}^4=\theta^4\mathcal{I};$$

因此,

$$\mathrm{e}^{\mathcal{M}}=\mathcal{I}+\theta\begin{pmatrix}0&1\\-1&0\end{pmatrix}-\frac{1}{2!}\theta^2\mathcal{I}-\frac{1}{3!}\theta^3\begin{pmatrix}0&1\\-1&0\end{pmatrix}+\frac{1}{4!}\theta^4\mathcal{I}-\frac{1}{5!}\theta^5\begin{pmatrix}0&1\\-1&0\end{pmatrix}+\cdots$$
$$=\left(1-\frac{1}{2!}\theta^2+\frac{1}{4!}\theta^4-\cdots\right)\mathcal{I}+\left(\theta-\frac{1}{3!}\theta^3+\frac{1}{5!}\theta^5-\cdots\right)\begin{pmatrix}0&1\\-1&0\end{pmatrix}$$
$$=\cos\theta\begin{pmatrix}1&0\\0&1\end{pmatrix}+\sin\theta\begin{pmatrix}0&1\\-1&0\end{pmatrix}=\begin{pmatrix}\cos\theta&\sin\theta\\-\sin\theta&\cos\theta\end{pmatrix}.$$

(b) 如果 $\mathcal{M}$ 可对角化, 则必有 $\mathcal{S}$ 使得下式成立:

$$\mathcal{S}\mathcal{M}\mathcal{S}^{-1}=\mathcal{D}=\begin{pmatrix}d_1&&0\\&\ddots&\\0&&d_n\end{pmatrix}.$$

$$\begin{aligned}\mathcal{S}\mathrm{e}^{\mathcal{M}}\mathcal{S}^{-1}&=\mathcal{S}\left(\mathcal{I}+\mathcal{M}+\frac{1}{2!}\mathcal{M}^2+\frac{1}{3!}\mathcal{M}^3+\cdots\right)\mathcal{S}^{-1}\\&=\mathcal{S}\mathcal{I}\mathcal{S}^{-1}+\mathcal{S}\mathcal{M}\mathcal{S}^{-1}+\frac{1}{2}\mathcal{S}\mathcal{M}\mathcal{S}^{-1}\mathcal{S}\mathcal{M}\mathcal{S}^{-1}\\&\quad+\frac{1}{3!}\mathcal{S}\mathcal{M}\mathcal{S}^{-1}\mathcal{S}\mathcal{M}\mathcal{S}^{-1}\mathcal{S}\mathcal{M}\mathcal{S}^{-1}+\cdots\\&=\mathcal{I}+\mathcal{D}+\frac{1}{2!}\mathcal{D}^2+\frac{1}{3!}\mathcal{D}^3+\cdots\\&=\mathrm{e}^{\mathcal{D}}.\end{aligned}$$

所以,

$$\det\left(\mathrm{e}^{\mathcal{D}}\right)=\det\left(\mathcal{S}\mathrm{e}^{\mathcal{M}}\mathcal{S}^{-1}\right)=\det(\mathcal{S})\det\left(\mathrm{e}^{\mathcal{M}}\right)\det\left(\mathcal{S}^{-1}\right)=\det\left(\mathrm{e}^{\mathcal{M}}\right).$$

由于

$$\mathcal{D}^2=\begin{pmatrix}d_1^2&&0\\&\ddots&\\0&&d_n^2\end{pmatrix},\quad \mathcal{D}^3=\begin{pmatrix}d_1^3&&0\\&\ddots&\\0&&d_n^3\end{pmatrix},\quad \mathcal{D}^k=\begin{pmatrix}d_1^k&&0\\&\ddots&\\0&&d_n^k\end{pmatrix},$$

所以,

$$\mathrm{e}^{\boldsymbol{\mathcal{D}}}=\boldsymbol{\mathcal{I}}+\begin{pmatrix} d_1 & & 0 \\ & \ddots & \\ 0 & & d_n \end{pmatrix}+\frac{1}{2}\begin{pmatrix} d_1^2 & & 0 \\ & \ddots & \\ 0 & & d_n^2 \end{pmatrix}+\frac{1}{3!}\begin{pmatrix} d_1^3 & & 0 \\ & \ddots & \\ 0 & & d_n^3 \end{pmatrix}+\cdots$$

$$=\begin{pmatrix} \mathrm{e}^{d_1} & & 0 \\ & \ddots & \\ 0 & & \mathrm{e}^{d_n} \end{pmatrix}.$$

故 $\det\left(\mathrm{e}^{\boldsymbol{\mathcal{D}}}\right)=\mathrm{e}^{d_1}\mathrm{e}^{d_2}\mathrm{e}^{d_3}\cdots\mathrm{e}^{d_n}=\mathrm{e}^{d_1+d_2+d_3+\cdots d_n}=\mathrm{e}^{\mathrm{Tr}(\boldsymbol{\mathcal{D}})}=\mathrm{e}^{\mathrm{Tr}(\boldsymbol{\mathcal{M}})}$, 因此 $\det\left(\mathrm{e}^{\boldsymbol{\mathcal{M}}}\right)=\mathrm{e}^{\mathrm{Tr}(\boldsymbol{\mathcal{M}})}$.

(c)

(i) 采用组合的方法, 由于矩阵 $\boldsymbol{\mathcal{M}}$ 和 $\boldsymbol{\mathcal{N}}$ 对易, 下式的运算中不考虑矩阵顺序:

$$\mathrm{e}^{\boldsymbol{\mathcal{M}}+\boldsymbol{\mathcal{N}}}=\sum_{n=0}^{\infty}\frac{1}{n!}(\boldsymbol{\mathcal{M}}+\boldsymbol{\mathcal{N}})^n=\sum_{n=0}^{\infty}\frac{1}{n!}\sum_{m=0}^{n}C_n^m\boldsymbol{\mathcal{M}}^m\boldsymbol{\mathcal{N}}^{n-m}$$

$$=\sum_{n=0}^{\infty}\sum_{m=0}^{n}\frac{1}{m!\,(n-m)!}\boldsymbol{\mathcal{M}}^m\boldsymbol{\mathcal{N}}^{n-m}.$$

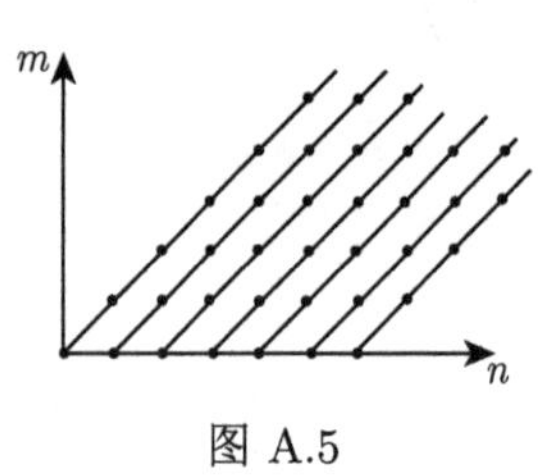

图 A.5

结合图 A.5, 对于一个固定的 n 值, m 的取值范围为 $[0,\ n]$, 对于一个固定的 m值, n 的取值范围为 $[m,\ \infty]$, 或者令 $k=n-m$, 则 k 的取值范围为 $[0,\ \infty]$.

因此, $\mathrm{e}^{\boldsymbol{\mathcal{M}}+\boldsymbol{\mathcal{N}}}=\sum\limits_{n=0}^{\infty}\frac{1}{m!}\sum\limits_{k=0}^{\infty}\frac{1}{k!}\boldsymbol{\mathcal{N}}^k=\mathrm{e}^{\boldsymbol{\mathcal{M}}}\mathrm{e}^{\boldsymbol{\mathcal{N}}}$.

(ii) 用解析法, 令 $\boldsymbol{\mathcal{S}}(\lambda)=\mathrm{e}^{\lambda\boldsymbol{\mathcal{M}}}\mathrm{e}^{\lambda\boldsymbol{\mathcal{N}}}$, 则

$$\frac{\mathrm{d}}{\mathrm{d}\lambda}\boldsymbol{\mathcal{S}}(\lambda)=\boldsymbol{\mathcal{M}}\mathrm{e}^{\lambda\boldsymbol{\mathcal{M}}}\mathrm{e}^{\lambda\boldsymbol{\mathcal{N}}}+\mathrm{e}^{\lambda\boldsymbol{\mathcal{M}}}\boldsymbol{\mathcal{N}}\mathrm{e}^{\lambda\boldsymbol{\mathcal{N}}}=(\boldsymbol{\mathcal{M}}+\boldsymbol{\mathcal{N}})\,\mathrm{e}^{\lambda\boldsymbol{\mathcal{M}}}\mathrm{e}^{\lambda\boldsymbol{\mathcal{N}}}$$

$$=(\boldsymbol{\mathcal{M}}+\boldsymbol{\mathcal{N}})\,\boldsymbol{\mathcal{S}}(\lambda).$$

解微分方程, 得

$$\frac{1}{\boldsymbol{\mathcal{S}}(\lambda)}\frac{\mathrm{d}}{\mathrm{d}\lambda}\boldsymbol{\mathcal{S}}(\lambda)=\boldsymbol{\mathcal{M}}+\boldsymbol{\mathcal{N}}\Rightarrow\boldsymbol{\mathcal{S}}(\lambda)=A\mathrm{e}^{(\boldsymbol{\mathcal{M}}+\boldsymbol{\mathcal{N}})\lambda},$$

其中 A 为常数.

由 $\boldsymbol{\mathcal{S}}(0)=\boldsymbol{\mathcal{I}}$, 所以 $A=1$. 因此 $\mathrm{e}^{\lambda\boldsymbol{\mathcal{M}}}\mathrm{e}^{\lambda\boldsymbol{\mathcal{N}}}=\mathrm{e}^{\lambda(\boldsymbol{\mathcal{M}}+\boldsymbol{\mathcal{N}})}$. 设 $\lambda=1$, 则 $\mathrm{e}^{\boldsymbol{\mathcal{M}}}\mathrm{e}^{\boldsymbol{\mathcal{N}}}=\mathrm{e}^{\boldsymbol{\mathcal{M}}+\boldsymbol{\mathcal{N}}}$.

当 $[\boldsymbol{\mathcal{M}},\ \boldsymbol{\mathcal{N}}]\neq 0$ 时, 设 $\boldsymbol{\mathcal{M}}=\begin{pmatrix} 0 & 1 \\ 0 & 0 \end{pmatrix}, \boldsymbol{\mathcal{N}}=\begin{pmatrix} 0 & 0 \\ -1 & 0 \end{pmatrix}\Rightarrow\boldsymbol{\mathcal{M}}^2=\boldsymbol{\mathcal{N}}^2=\begin{pmatrix} 0 & 0 \\ 0 & 0 \end{pmatrix}$, 因此,

$$\mathrm{e}^{\boldsymbol{\mathcal{M}}}=\boldsymbol{\mathcal{I}}+\boldsymbol{\mathcal{M}}=\begin{pmatrix} 1 & 0 \\ 0 & 1 \end{pmatrix}+\begin{pmatrix} 0 & 1 \\ 0 & 0 \end{pmatrix}=\begin{pmatrix} 1 & 1 \\ 0 & 1 \end{pmatrix}.$$

$$\mathrm{e}^{\boldsymbol{\mathcal{N}}}=\boldsymbol{\mathcal{I}}+\boldsymbol{\mathcal{N}}=\begin{pmatrix} 1 & 0 \\ 0 & 1 \end{pmatrix}+\begin{pmatrix} 0 & 0 \\ -1 & 0 \end{pmatrix}=\begin{pmatrix} 1 & 0 \\ -1 & 1 \end{pmatrix}.$$

$$\mathrm{e}^{\boldsymbol{\mathcal{M}}}\mathrm{e}^{\boldsymbol{\mathcal{N}}}=\begin{pmatrix} 1 & 1 \\ 0 & 1 \end{pmatrix}\begin{pmatrix} 1 & 0 \\ -1 & 1 \end{pmatrix}=\begin{pmatrix} 0 & 1 \\ -1 & 1 \end{pmatrix}.$$

由 $\boldsymbol{\mathcal{M}}+\boldsymbol{\mathcal{N}}=\begin{pmatrix}0&1\\0&0\end{pmatrix}+\begin{pmatrix}0&0\\-1&0\end{pmatrix}=\begin{pmatrix}0&1\\-1&0\end{pmatrix}$, 结合 (a) 中 (ii) 的结论, 得 $\mathrm{e}^{\boldsymbol{\mathcal{M}}+\boldsymbol{\mathcal{N}}}=\begin{pmatrix}\cos(1)&\sin(1)\\-\sin(1)&\cos(1)\end{pmatrix}$.

所以 $\mathrm{e}^{\boldsymbol{\mathcal{M}}}\mathrm{e}^{\boldsymbol{\mathcal{N}}}\neq\mathrm{e}^{\boldsymbol{\mathcal{M}}+\boldsymbol{\mathcal{N}}}$.

(d) 由于 $\boldsymbol{\mathcal{H}}$ 是厄米的, 所以下式成立：

$$\mathrm{e}^{\mathrm{i}\boldsymbol{\mathcal{H}}}=\sum_{n=0}^{\infty}\frac{1}{n!}\mathrm{i}^n\boldsymbol{\mathcal{H}}^n\Rightarrow\left(\mathrm{e}^{\mathrm{i}\boldsymbol{\mathcal{H}}}\right)^{\dagger}=\sum_{n=0}^{\infty}\frac{1}{n!}(-\mathrm{i})^n\left(\boldsymbol{\mathcal{H}}^{\dagger}\right)^n=\sum_{n=0}^{\infty}\frac{1}{n!}(-\mathrm{i})^n(\boldsymbol{\mathcal{H}})^n=\mathrm{e}^{-\mathrm{i}\boldsymbol{\mathcal{H}}}.$$

$$\left(\mathrm{e}^{\mathrm{i}\boldsymbol{\mathcal{H}}}\right)^{\dagger}\left(\mathrm{e}^{\mathrm{i}\boldsymbol{\mathcal{H}}}\right)=\mathrm{e}^{-\mathrm{i}\boldsymbol{\mathcal{H}}}\mathrm{e}^{\mathrm{i}\boldsymbol{\mathcal{H}}}=I.$$

因此, $\mathrm{e}^{\mathrm{i}\boldsymbol{\mathcal{H}}}$ 是幺正的.